Schwermetalle in Böden

Springer

Berlin
Heidelberg
New York
Barcelona
Hong Kong
London
Mailand
Paris
Singapur
Tokio

Brian J. Alloway (Hrsg.)

Schwermetalle in Böden

Analytik, Konzentration, Wechselwirkungen

Mit 40 Abbildungen und 83 Tabellen

Springer

PROFESSOR BRIAN J. ALLOWAY
The University of Reading
Department of Soil Science
Whiteknights, PO Box 233
Reading RG6 6DW
United Kingdom

ÜBERSETZER:

Dr. T. Reimer
81 Thaba Nchu/Erlemanor
Glenvista 2058, Südafrika

Dr. R. Eis
Stralsunder Weg 10
D-68309 Mannheim

Titel der englischen Originalausgabe „Heavy Metals in Soils"
© 1995 Chapman and Hall
This translation of Heavy Metals in Soils is published by arrangement with Blackie
Academic & Professional, an imprint of Chapman & Hall, UK.
With kind permission of Kluwer Academic Publishers.

ISBN 3-540-62086-9 Springer-Verlag Berlin Heidelberg New York

Die Deutsche Bibliothek - CIP-Einheitsaufnahme

Schwermetalle in Böden: Analytik, Konzentrationen, Wechselwirkungen / Hrsg.: Brian J. Alloway.
Übers. von T. Reimer; R. Eis. - Berlin; Heidelberg; New York; Barcelona; Hongkong;
London; Mailand; Paris; Singapur; Tokio: Springer 1999
ISBN 3-540-62086-9

Vorwort der englischen Ausgabe

Das Problem der Schwermetalle in Böden erregt immer wieder Aufmerksamkeit – zum einen bedingt durch das genauere Verständnis der toxikologischen Bedeutung für Ökosysteme, Landwirtschaft und die Gesundheit des Menschen sowie aufgrund der wachsenden Aufgeschlossenheit von Wissenschaft und Öffentlichkeit für Umweltfragen, zum anderen durch die Entwicklung immer empfindlicherer quantitativer Analyseverfahren. Ausgehend vom Erfolg der englischsprachigen Ausgabe dieses Werks und der Zustimmung, die diese fand, wurde das Buch gründlich überarbeitet und aktualisiert. Es liefert in zwei Teilen einen ausgewogenen umfassenden Überblick über das Thema. Der erste gibt eine Einführung in die Chemie dieser Metalle, ihre Quellen und die entsprechenden Analyseverfahren, während der zweite die einzelnen Elemente kapitelweise im Detail behandelt.

Dieses Werk ist für Bodenwissenschaftler, Chemiker in Forschung und Entwicklung, Geochemiker und Umweltwissenschaftler gedacht sowie für Fachleute, die sich mit verunreinigten Böden befassen.

B. J. A.

Vorwort der deutschen Ausgabe

In Deutschland, wie auch in anderen technisch fortgeschrittenen Ländern, sind Schwermetalle in Böden von erheblicher Bedeutung für landwirtschaftliche und natürliche Ökosysteme sowie für die menschliche Gesundheit. Die Aufmerksamkeit, die diese Metalle auf sich gezogen haben, richtete sich in den letzten Jahren vor allem auf Aspekte der Umweltverschmutzung. Es muß jedoch betont werden, daß Spurenelemente wie Cobalt, Kupfer, Mangan, Molybdän, Selen, Nickel und Zink in geringen Mengen und innerhalb enger Grenzen für das gesunde Wachstum und die Fortpflanzung sowohl von Pflanzen als auch von Tieren (und Menschen) unentbehrlich sind. Mangelhafte Versorgung mit essentiellen Elementen kann drastische Auswirkungen auf die landwirtschaftliche Produktivität besitzen. In den letzten 30 Jahren hat es große Fortschritte in der chemischen Analysetechnik gegeben, wodurch die rasche, zuverlässige und genaue Bestimmung der Metallgehalte von Böden, Pflanzen, Sedimenten, Gewässern und anderen Umweltmaterialien ermöglicht wurde. Dank der immensen Datenmengen über Schwermetallkonzentrationen in der Umwelt, die in der Fachliteratur zusammengetragen wurden, hat sich unser Verständnis der Verschmutzungsprozesse, des Verhaltens im Boden und der Pflanzenvefügbarkeit wesentlich vertieft. Wir sind nun daher in der Lage, die Risiken einzuschätzen, die zum einen von erhöhten Schwermetallkonzentrationen in Böden ausgehen, und die zum anderen – im Fall der essentiellen Elemente – mit zu geringen Gehalten verbunden sind.

In landschaftlicher und geologischer Hinsicht bietet Deutschland ein breites Spektrum von Bodenarten, deren Metallgehalte je nach geochemischer Herkunft stark schwanken. Dazu kommen vielerorts Einträge aus anthropogenen Quellen wie Industrie, Städtebau und Landwirtschaft sowie infolge militärischer Aktivität, die zu unterschiedlichen Verschmutzungsgraden geführt haben. Was das Engagement in Umweltfragen und – sofern möglich – bei der Regenerierung verschmutzter Flächen anbelangt, ist Deutschland eines der führenden Länder der Welt. Daher ist der Themenbereich dieses Buchs gerade für den deutschen Leserkreis hochrelevant.

Das vorliegende Werk liefert eine Zusammenfassung des heutigen Wissensstandes über Vorkommen und Verhalten der bedeutendsten Schwermetalle in Böden. Es wendet sich an Wissenschaftler, Forscher und Ingenieure in den Bereichen Chemie, Geochemie, Agronomie und im Baufach sowie an alle Experten, die mit verschmutztem Grund und Boden umzugehen haben. Eine ausführliche Darstellung der Bodenchemie würde den Rahmen dieses Buches sprengen, es werden jedoch umfangreiche Fachliteraturhinweise zur Verfügung gestellt.

Zur Ergänzung enthält die deutsche Ausgabe einige Daten zu deutschen Böden (Anhang ANH 5), eine umfangreiche Zusammenstellung von in deutscher Sprache verfaßter Literatur zum Thema des Buchs und zu verwandten Sachgebieten sowie eine Liste von Internet-Adressen thematisch relevanten Inhalts.

Der Autor dankt Herrn Dr. Reinald Eis für wertvolle Anregungen und Kritik.

B. J. A.

Autorenverzeichnis

Professor B. J. Alloway — Department of Soil Science, The University of Reading, Whiteknights, PO Box 233, Reading, Berks RG6 2DW, UK

Professor D. E. Baker — Land Management Decisions Inc., 3048 Research Drive, State College, Pennsylvania 16801, USA

Professor B. E. Davies — Department of Environmental Science, University of Bradford, Richmond Road, Bradford BD7 1DP, UK

Dr. R. Edwards — School of Biological and Earth Sciences, Liverpool John Moores University, Byrom Street, Liverpool L3 3AF, UK

Dr. K. C. Jones — Institute of Environmental and Biological Sciences, University of Lancaster, Bailrigg, Lancaster LA1 4YQ, UK

Professor L. Kiekens — Industriële Hogeschool van het Gemeenschapsonderwijs CTL, 9000 Gent, Voskenslaan 270, Belgium

Professor N. W. Lepp — School of Biological and Earth Sciences, Liverpool John Moores University, Byrom Street, Liverpool L3 3AF, UK

Professor S. P. McGrath — Soils and Crop Production Division, Rothamsted Experimental Station, Harpenden, Herts, AL5 2JQ, UK

Dr. R. H. Neal — Statewide Air Pollution Research Centre, University of California, Riverside, California 92521, USA

Dr. P. O'Neill — Department of Environmental Sciences, University of Plymouth, Drake's Circus, Plymouth, Devon PL4 8AA, UK

Dr. J. E. Paterson — Department of Soil Science, Scottish Agricultural College, West Mains Road, Edinburgh EH9 3JG, UK

Dr. J. P. Senft — Land Management Decisions Inc., 3048 Research Drive, State College, Pennsylvania 16801, USA

Dr. K. A. Smith — Department of Soil Science, East of Scotland College of Agriculture, West Mains Road, Edinburgh EH9 3JG, UK

Professor E. Steinnes — Department of Chemistry, University of Trondheim, 4VH, N-7055 Dragvoll, Norway

Dr. A. M. Ure — Department of Pure and Applied Chemistry, University of Strathclyde, Thomas Graham Building, 295 Cathedral Street, Glasgow G1 1XL, UK

Verzeichnis wichtiger Abkürzungen und Größen

8-HQ „8-hydroxyquinoline", 8-Hydroxychinolin
AAS Atomabsorptionsspektrometrie
ADP Adenosin-5´-diphosphat
AES Atomemissionsspektrometrie
AFS Atomfluoreszenzspektrometrie
APDC Ammoniumpyrrolidindithiocarbamat
ATAAS „atom trapping atomic absorption spectrometry", Atomsammel-
  Atomabsorptionsspektrometrie
ATP Adenosin-5´-triphosphat
BCR „Community Bureau of Reference", Eichsubstanzlieferant, Behörde der Euro-
  päischen Gemeinschaft
CCD „charge-coupled device", elektronischer Photodetektor
CCT „constant temperature tube", isothermisiertes Graphitrohr
CRM „certified reference material", Eichsubstanz mit beglaubigtem Gehalt
CRMP „Canadian Reference Materials Project", Projekt für Eichmaterialien, Kanada
CVAAS „cold vapor atomic absorption spectrometry", Kaltdampf-
  Atomabsorptionsspektrometrie
DCA-AES „direct current arc atomic emission spectrometry", Funkenbogen-
  Atomemissionsspektrometrie
DCP-AES „direct-current plasma atomic emission spectrometry", Gleichstromplasma-
  Atomemissionsspektrometrie
DMSe Dimethylselan $\langle(CH_3)_2Se\rangle$
DMDSe Dimethyldiselan $\langle(CH_3Se)_2\rangle$
DOE „Department of the Environment", britisches Umweltministerium
DTPA Diethylentriaminpentaacetat $\langle HOOCCH_2N(C_2H_4N(CH_2COOH)_2)_2\rangle$, ein Kom-
  plexon
EDRFA energiedispersive Röntgenfluoreszenzanalyse
EDTA Ethylendiamintetraacetat $\langle((HOOCCH_2)_2NCH_2)_2\rangle$, ein Komplexon
EMK elektromotorische Kraft
EN Elektronegativität
EPA „Environmental Protection Agency", US-Umweltschutzbehörde
ESR Elektronenspinresonanz
ETAAS elektrothermische Atomabsorptionsspektrometrie
FAAS Flammen-Atomabsorptionsspektrometrie
FAES Flammen-Atomemissionsspektrometrie
FAO „Food- and Agriculture Organization", Ernährungs- und Landwirtschafts-
  organisation der Vereinten Nationen
FTIR Fourier-Transform-Infrarotspektroskopie
GFAAS Graphitrohrofen-Atomabsorptionsspektrometrie
GK Grenzkonzentration
gM geometrisches Mittel
GTF Glukosetoleranzfaktor

HGAAS	„hydride generation atomic absorption spectrometry", Atomabsorptions-spektrometrie mit Hilfe von Hydridbildung
HGAES	„hydride generation atomic emission spectrometry", Atomemissions-spektrometrie mit Hilfe von Hydridbildung
HKL	Hohlkathodenlampe
HPLC	„high pressure liquid chromatography", Hochdruck-Flüssigkeits-chromatographie
HS	Huminsäuren
HSAB	„hard and soft acids and bases", harte und weiche Säuren und Basen
i.T.	in der Trockenmasse (nach Lagerung im Trockenschrank bei 105 °C)
IAA	„indole-3-acetic acid", β-Indolylessigsäure
IAEA	Internationale Atomenergieagentur
ICP-AES	„inductively coupled plasma–atomic emission spectrometry", induktions-gekoppelte Plasma-Atomemissionsspektrometrie
ICP-MS	„inductively coupled plasma–mass spectrometry", induktionsgekoppelte Plasma-Massenspektrometrie
ICRCL	„Interdepartmental Committee on the Redevelopment of Contaminated Land", Abteilungsübergreifendes Kommittee für die Rekultivierung von kontaminiertem Land in Großbritannien
INAA	„instrumental neutron activation analysis" (= NAA)
iP	isoelektrischer Punkt
IR	infraroter Bereich des elektromagnetischen Spektrums (0,75 $\mu m - 1,4$ mm)
KAK	Kationenaustauschkapazität
KOZ	Koordinationszahl
KW	Königswasser
LOAEL	„lowest observable adverse effects level", Schwellenkonzentration, oberhalb der erste Schäden zu beobachten sind
MAFF	„Ministry of Agriculture, Fisheries and Food", britisches Ministerium für Landwirtschaft, Fischerei und Ernährung
MAP	Monoammoniumphosphat ($NH_4H_2PO_4$)
MIBK	Methylisobutylketon
NAA	Neutronenaktivierungsanalyse
NAS	„National Academy of Sciences" (USA)
NE	Nicht-Eisen
NIST	„National Institute of Standards and Technologies", US-Eichbehörde
NMR	„nuclear magnetic resonance", Kernresonanzspektroskopie
NRCC	„National Research Council of Canada", Kanadischer Nationaler Forschungs-rat
NTA	Nitrilotriacetat $\langle N(CH_2COOH)_3\rangle$, ein Komplexon
OM	organisches Material
PAK	polycyclische aromatische Kohlenwasserstoffe
PCB	polychlorierte Biphenyle
pe	nach der Nernst-Gleichung auf eine dimensionslose Größe umgerechnetes Redoxpotential, die dem dekadischen Logarithmus der Gleichgewichtskon-stanten der Redoxreaktion entspricht
PE	Polyethylen

pH	negativer dekadischer Logarithmus des Zahlenwerts der Wasserstoffionen-konzentration, Maß für die saure bzw. basische Reaktion einer Lösung
ppb [1]	„parts per billion", 10^{-12}
ppm [1]	„parts per million", 10^{-9}
PSE	Periodensystem der Elemente
PTE	potentiell toxische Elemente
PTFE	Polytetrafluorethylen, Teflon
PVC	Polyvinylchlorid
QC	„quality criterion", Qualitätsmerkmal
RDA	„radiochemical deuteron activation analysis", Deuteronenaktivierungsanalyse
RF	Radiofrequenz (10 kHz – 300 GHz)
RFA	Röntgenfluoreszenzanalyse
RPLC	„reverse-phase liquid chromatograpy", Umkehrphasen-Flüssigkeits-chromatographie
RTE	„relative topsoil enrichment", relative Anreicherung im Oberboden
SCD	segmentiertes CCD
SCOPE	„Scientific Committee on Problems of the Environment", Umweltwissen-schaftskommittee der Vereinten Nationen
SM	Schwermetalle
SSMS	„spark source mass spectrometry", Funkenemissions-Massenspektrometrie
SSP	„single super phosphate", Superphosphat $\langle Ca(H_2PO_4)_2 + 2\,CaSO_4 \rangle$
STPF	„stabilized temperature platform furnace", Graphitrohrofen mit Isothermisierung
TEA	Triethanolamin $\langle N(CH_2CH_2OH)_3 \rangle$
TEP	tetraedrischer Echelle-Polychromator
THAM	Tris(hydroxymethyl)aminomethan $\langle (HOCH_2)_3CNH_2 \rangle$
THGA	„transverse-heated graphite atomizer", querbeheizter Graphitrohrofen
TTC	„true temperature control", genaue Temperatursteuerung
TWG	Trinkwassergrenzwert
TXRF	„total reflection X-ray fluorescence", Gesamtreflexions-Röntgenfluoreszenz-analyse
UNESCO	„United Nations Educational, Scientific, and Cultural Organization", Ausbildungs-, Wissenschafts- und Kulturorgan der Vereinten Nationen
UNO	„United Nations Organization" (USA), Exekutive der Vereinten Nationen
USGS	„United States Geological Survey", Geologischer Dienst der USA
UV	ultravioletter Bereich des elektromagnetischen Spektrums (3 – 400 nm)
VIS	sichtbarer Bereich des elektromagnetischen Spektrums (0,4 – 0,78 μm)
WDRFA	wellenlängendispersive Röntgenfluoreszenzanalyse
WHO	„World Health Organization", Weltgesundheitsorganisation
XRD	„X-ray diffraction", Röntgenbeugung
XRFS	„X-ray fluorescence spectrometry", Röntgenfluoreszenzanalyse, Sekundär-röntgenstrahlen-Spektroskopie

---

[1] Gewöhnlich auf den Molenbruch bezogene Konzentrationsangabe. Hier jedoch auf Gewichtsanteile bezogen.

Inhaltsverzeichnis

Teil II – Einzelne Elemente

Anhang

Internetadressen

Deutschsprachige Literatur

1 Einleitung

B. J. ALLOWAY

Dieses Buch befaßt sich mit dem Vorkommen und Verhalten von Schwermetallen (SM) in Böden. Man sollte stets bedenken, daß Böden sowohl Quellen als auch Senken für Metallschadstoffe darstellen können. Alle Faktoren, die die gesamte und die bioverfügbare Konzentration von Schwermetallen in Böden beeinflussen, spielen eine wichtige Rolle für die menschliche Gesundheit und die landwirtschaftliche Produktivität. Durch seine Funktion als Senke für Metalle (und andere Schadstoffe) wirkt der Boden auch als ein Filter, der das Grundwasser vor dem Eintrag potentiell schädlicher Metalle schützt.

Mit den Ausdrücken „Schwermetalle" oder „Spurenmetalle" wird eine große Gruppe von technisch und biologisch bedeutsamen Spurenelementen[1] bezeichnet. Aus chemischer Sicht erscheint der Begriff „Schwermetalle" zwar nicht befriedigend, er ist jedoch die gängigste Bezeichnung für Elemente mit Dichten von mehr als 6 g/cm^3 [1]. Gelegentlich findet man auch den Terminus „toxische Metalle", welcher aber noch weniger zutrifft, denn eine ganze Reihe dieser Elemente, beispielsweise Cobalt, Chrom, Kupfer, Mangan, Molybdän und Zink, ist in geringen Mengen sogar essentiell für das normale, gesunde Wachstum von Pflanze und Tier, obwohl die Wirkung in höheren Konzentrationen tatsächlich toxisch ist. Auch dem Ausdruck „Schwermetall" haftet etwas Negatives an, da meist Aspekte wie Verschmutzung und Toxizität im Vordergrund stehen und weniger die beträchtliche Bedeutung dieser Elemente für Wirtschaft und Umwelt. Eine Bezeichnung, die den Eigenschaften dieser Metalle eher gerecht wird und wachsende Akzeptanz findet, ist „potentiell toxische Elemente" (PTE). Diejenigen Schwermetalle, die hinsichtlich der menschlichen Gesundheit, Landwirtschaft und Ökotoxikologie am meisten Anlaß zur Besorgnis geben, sind Arsen, Cadmium, Quecksilber, Blei, Thallium und Uran. Andererseits begrenzt weltweit vielerorts ein Mangel an „essentiellen" Spurenelementen die landwirtschaftliche Produktivität. Diese Schwermetalle werden häufig als „Mikronährstoffe" bezeichnet. Für Feldfrüchte handelt es sich dabei z.B. um Kupfer, Zink und Mangan, für Tiere um Cobalt, Mangan, Kupfer und Zink.

Der Ausdruck „Verschmutzung" (engl. „pollution") ist in gewissem Sinne einfacher zu definieren als „Schwermetalle", er wird jedoch häufig mit „Verunreinigung" (engl. „contamination[2]") verwechselt bzw. synonym verwendet. Für beide Ausdrücke gibt es zwar eine Reihe verschiedener Definitionen, doch nur die von Holdgate [2] findet allgemein Zustimmung. Danach ist „Verschmutzung" der „durch den Menschen verursachte Eintrag von Stoffen oder Energien in die Umwelt, die die menschliche Gesundheit gefährden, lebende Ressourcen und ökologische Systeme verletzen, Strukturen oder Nutzungsmöglichkeiten schädigen oder legitime Nutzungen der Umwelt einschränken können". Nach anderen Definitionen spricht man von „Verunreinigung", wenn der Eintrag durch den Menschen keine

---

[1] Ob es sich bei einem Element um ein Spurenelement handelt, hängt auch davon ab, in welchem Zusammenhang die Klassifizierung erfolgt. So ist Eisen zwar in biologischer Hinsicht ein Spurenelement, nicht jedoch in geologischer.

[2] Der Oberbegiff „Kontamination" umfaßt im Deutschen „Vergiftung" mit chemischen Stoffen, „Verseuchung" durch biologische Agenzien und „Verstrahlung" durch radioaktive Substanzen.

sichtbare Schädigung verursacht, und von „Verschmutzung" in den Fällen, in denen Schäden durch Toxizität aufgetreten sind. Dies ist jedoch unbefriedigend, da der Einfluß einer „Verunreinigung" zum Entstehungszeitpunkt möglicherweise noch nicht voll erkannt wurde. Nach Holdgates Definition umfaßt „Verschmutzung" jegliche Konzentration einer potentiell schädlichen Substanz, unabhängig davon, ob schädliche Auswirkungen beobachtet wurden. In der Praxis werden die Begriffe „Verunreinigung" und „Verschmutzung" häufig ohne Unterschied verwendet, wobei jedoch „Verschmutzung" eine negativere Konnotation besitzt. Bei Böden spricht man üblicherweise von „Verunreinigung", wenn erhöhte Konzentrationen einer Substanz beobachtet wurden.

Untersuchungen von Schwermetallen in Ökosystemen haben gezeigt, daß viele Gebiete in der Nähe von städtischen Siedlungen, Erzgruben oder größeren Straßensystemen anormal hohe Konzentrationen an solchen Elementen aufweisen. Böden in diesen Regionen wurden insbesondere durch Blei, Cadmium, Quecksilber, Arsen und andere Schwermetalle aus einer Vielzahl von Quellen verunreinigt. Niriagu [3] wies darauf hin, daß wir möglicherweise eine „stille epidemische Vergiftung der Umwelt durch Metalle" erleiden, verursacht durch die ständig wachsende Menge der Metalle, die mit Abfällen in die Biosphäre gelangt. Förderung, Herstellung und Entsorgung von Metallen und metallhaltigen Materialien führen unvermeidlich zu Umweltverschmutzung. In Tabelle 1.1 werden die Trends in der Produktion einiger wichtiger Metalle und Schätzungen der in die Böden gelangenden Mengen zusammengestellt.

Aus dieser Tabelle geht hervor, daß Kupfer zwar in wesentlich größeren Mengen produziert wird als andere Metalle, daß aber Zink bei den weltweiten Emissionen in die Böden an erster Stelle steht. Über den dargestellten Zeitraum von 15 Jahren nahm die Produktion von Cadmium, Kupfer und Zink kontinuierlich zu, während die von Quecksilber allmählich zurückging. Dies ist auf die starke Toxizität von Quecksilber für Säugetiere zurückzuführen, welche den Anlaß gab, es in einer Vielzahl von Anwendungsbereichen durch weniger schädliche Materialien zu ersetzen. Die Abnahme bei Blei beruht auf den selben Umständen, insbesondere aber auf der zunehmenden Umstellung auf bleiarme oder bleifreie Kraftstoffe. Die Schwankungen bei Nickel und Zinn sind auf wirtschaftliche Faktoren und die Verwendung alternativer Materialien und Methoden zurückzuführen. Zinn wurde in Getränkedosen durch Aluminium ersetzt, und in Dosen verpackte Nahrungsmittel wurden weitgehend durch Tiefkühlkost verdrängt, was zu einem Rückgang der Nachfrage nach verzinnten Dosenblechen ge-

Tabelle 1.1.   Veränderungen der Primärproduktion ausgewählter Metalle [4] und der gegenwärtigen globalen Schwermetallemissionen, die in die Böden gelangen [5], [10^3 t/Jahr]

Metall	Jahresproduktion				Weltweite SM-Emissionen in Böden
	1975	1980	1985	1990	1980er
Cd	15,2	18,2	19,1	20,2	22
Cu	6739,0	7204,0	7870,0	8814,0	954
Hg	8,7	6,8	6,1	5,8	8,3
Ni	723,8	658,2	687,3	836,9	325
Pb	3432,2	3448,2	3431,2	3367,2	796
Sn	232,2	247,3	180,7	219,3	–
Zn	3975,4	4030,3	4723,1	5570,9	1372

geführt hat. Dennoch werden nach wie vor beträchtliche Mengen dieser Metalle jährlich aus ihren Erzen gewonnen und große Mengen werden entweder recycelt bzw. in nicht rückgewinnbarer Form in der Umwelt verstreut.

Beim Cadmium übertrifft die Emission in Böden die Primärproduktion, was zum einen darauf zurückzuführen ist, daß es in Erzen oft mit dem Hauptmetall vergesellschaftet vorkommt und bei deren Verhüttung in die Atmosphäre eingebracht wird, und zum anderen darauf, daß es in einigen Phosphatdüngern als Verunreinigung enthalten ist. Die jährliche Produktion dieses Elements hat sich von 6000 t im Jahr 1950 im Verlauf von 40 Jahren im wesentlichen durch die zunehmende Verwendung bei Kunststoffen, als Korrosionsschutz in Stahl und bei Trockenbatterien (Ni-Cd) mehr als verdreifacht. Bereits vor der industriellen Anwendung dieses Metalls traten Cadmiumverunreinigungen durch Erze und phosphathaltige Gesteine auf. Aufgrund des toxikologischen Risikos für Mensch und Ökosystem ist man mittlerweile bemüht, den Einsatz von Cadmium und seine Einbringung in die Umwelt zu verringern. Obwohl die toxikologische Gefahr von Zink für Tier und Mensch im allgemeinen für geringer erachtet wird als die von Cadmium, Arsen, Quecksilber und Blei, ist nach jüngeren Untersuchungen zu vermuten, daß die Einbringung von Zink in die Umwelt und seine Akkumulation in Böden insbesondere durch Klärschlämme von weitreichender Bedeutung für die Bodenfruchtbarkeit sein könnte, da es auf einige Mikroorganismen im Boden toxisch wirkt.

Mit der steigenden Nachfrage der Industrie nach Metallen steigt die Notwendigkeit, neue Erzvorkommen zu finden. Böden, Flußsedimente und Proben der natürlichen Vegetation werden zum Zweck der Erzexploration chemisch analysiert. Die Untersuchung von Flußsedimenten wurde ursprünglich für die Erzexploration entwickelt und hat sich mittlerweile auch als ein wichtiges Hilfsmittel erwiesen, wenn es gilt, für die Landwirtschaft bedeutende geochemische Anomalien herauszuarbeiten und regionale Muster der Bodenverunreinigung aufzuzeigen.

Im Gegensatz zu den durch Verschmutzung verursachten Problemen übermäßiger Schwermetallanreicherungen hat sich bei landwirtschaftlichen Flächen weltweit herausgestellt, daß hier häufig ein Defizit an einem oder mehreren Mikronährstoffen besteht. Dazu gehören die für Pflanzen und Tiere essentiellen Metalle Kupfer, Mangan und Zink sowie die nur von Tieren benötigten Elemente Cobalt, Chrom und Selen. Weitere bedeutende Mikronährstoffe, die nicht zu den Schwermetallen gezählt werden, sind Iod, Bor und Eisen. Für Feldfrüchte bestehen weltweit die größten Probleme mit Schwermetallen als Mikronährstoffen durch Zinkmangel, lokal treten vereinzelt auch Kupfer- und Manganmangel auf. Diese Mangelerscheinungen werden entweder dadurch bekämpft, daß die Böden mit Salzen der entsprechenden Metalle behandelt werden oder daß entsprechende Salze oder Chelate direkt auf die Blätter gesprüht werden. Mangelerscheinung bei Viehbeständen werden entweder durch Futterzusätze oder mit Injektionen behandelt. In einigen Teilen der Welt hat sich herausgestellt, daß die menschliche Gesundheit durch Mangel an bestimmten als Mikronährstoffe fungierenden Schwermetallen stark beeinflußt wird. Dazu gehören Mangel an Selen in China und an Zink in den USA.

Als Grenzfläche zwischen der Atmosphäre und der Erdkruste sowie als Substrat für natürliche und landwirtschaftliche Ökosysteme ist der Boden offen für den Eintrag von Schwermetallen aus einer Vielzahl von Quellen. Schwermetalle kommen als natürlicher Bestandteil in Böden meist in verhältnismäßig niedrigen Konzentrationen vor. Diese Gehalte sind die Folge von Verwitterung und anderen pedogenen Prozesse, die auf die Bruchstücke von Gesteinen einwirken, über denen sich die Böden bilden (sog. Bodenausgangsmaterialien). Zwischen den üblichen Konzentrationsspannweiten der einzelnen Elemente bestehen beträchtliche Unterschiede. Sie betragen für Gold z.B. 0,001–0,002 mg/kg, für Mangan hingegen 20–10000 mg/kg. Die mineralogische und chemische Zusammensetzung unterschiedlicher Gesteinsarten kann beträchtlich schwanken, wodurch sich zwischen verschiedenen Böden auch ohne nennenswerte Einträge aus externen Quellen starke Unterschiede in den entsprechenden Elementkonzentrationen ergeben können. Schwermetalle werden auch als „Spurenelemente" bezeichnet, da sie in den Gesteinen der Erdkruste in Konzentrationen von weniger als 1 % auftreten und meist sogar unter 0,01 % bzw. 100 mg/kg. Die aus den Bodenausgangsmaterialien übernommenen Schwermetallkonzentrationen werden sowohl durch bodenbildende und biochemische Prozesse modifiziert, als auch durch natürlichen Eintrag in Form von Staubpartikeln von Böden, Gesteinen und vulkanischen Aschen sowie ganz besonders durch menschliche Einflüsse in Form von Verschmutzungen.

Seit der Veröffentlichung der ersten Auflage der englischsprachigen Ausgabe dieses Buchs vor etwa acht Jahren haben sich hinsichtlich des Auftretens von Schwermetallen in Böden und in der Umwelt allgemein einige wichtige Entwicklungen ergeben, unter anderem die folgenden:

Bodenschutz und die Aufrechterhaltung landwirtschaftlicher Produktion wurden zunehmend zu wichtigen Themen der Diskussion und Forschung, und die Schwermetallverunreinigung von Böden spielt in vielen Detailaspekten des Themas wegen der potentiellen toxischen Effekte und der Langzeitbeständigkeit eine große Rolle. Mehrere Konferenzen haben sich damit befaßt, und eine Reihe von Forschungsprojekten wurden auf einige der Schlüsselprobleme angesetzt.

Obwohl die Erkenntnis, daß Aktivität von Mikroorganismen in Böden durch verschiedene Schwermetalle eingeschränkt wird, nicht neu ist, hat sie doch zunehmend das Interesse der Forschung auf sich gezogen, und in den letzten Jahren wurden eine Vielzahl wichtiger Arbeiten zu diesen Problemen veröffentlicht. Besondere Aufmerksamkeit wurde dabei auf die verschiedenen *Rhizobia*-Arten gerichtet, die bei der symbiotischen Stickstoffixierung in den Wurzeln von Kleearten mitwirken, da sich herausgestellt hat, daß deren Aktivität in einigen mit Klärschlamm beaufschlagten Weideflächen behindert wird. Die beobachtete Toxizitätsabfolge für *Rhizobium leguminosum* bv *trifolii* ist: Cu > Cd > Ni > Zn [6]. Anlaß zur Besorgnis gibt allerdings besonders Zink, das zwar weniger toxisch als die anderen drei Elemente wirkt, aber in wesentlich höheren Konzentrationen als diese auftritt. Eine beträchtliche Verringerung der Rhiozobienanzahl wurde in Großbritannien und Deutschland selbst in Testflächen beobachtet, deren Gesamtzinkgehalt unterhalb des in Großbritannien zulässigen Grenzwerts von 300 mg/kg für Zink in mit Klärschlamm behandelten Böden liegt. Eine kürzlich vom Ministerium für Landwirtschaft, Fischerei und Ernährung (MAFF) in Großbritannien eingesetzte Kommission hat empfohlen, daß der amtliche Grenzwert für Zink in mit Klärschlamm behandelten Böden auf 200 mg/kg reduziert werden sollte [7]. Diese Beobachtungen sind im Hinblick auf den Bodenschutz von Bedeutung, da sie zeigen, daß einige Schwermetalle bereits in Konzentrationen, die durch in der Landwirtschaft übliche Klärschlammausbringungsraten verursacht werden, die normale Aktivität der Biomasse in Böden deutlich hemmen und daß sie Mikroorganismen, die für die Bodenfruchtbarkeit wichtig sind, beeinträchtigen können (s. Kap. 2, 7 und 13).

Schwermetalle in Klärschlammen haben sowohl in den USA als auch in Großbritannien viel Aufmerksamkeit erregt. In den USA hat die Umweltschutzbehörde EPA Standards zur

Anwendung und Entsorgung von Klärschlamm festgelegt (Teil 503 von Abschn. 405 des Wasserreinhaltungsgesetzes (Clean Water Act) vom November 1992) [8]. Darin sind Tabellen für obere Grenzwerte von Metallen in Schlämmen, kumulative Belastungsraten, Schadstoffkonzentrationen in Böden und jährliche Schadstoffbelastungsraten enthalten (s. Kap. 3). Dabei ist bemerkenswert, daß die aufgestellten Werte und die Beweggründe dafür von denen der entsprechenden EU-Direktive stark abweichen.

In Großbritannien hat das Ministerium für Landwirtschaft, Fischerei und Ernährung unabhängige wissenschaftliche Kommissionen einberufen, welche die bestehenden Regeln zur Ausbringung von Schlämmen auf Landwirtschaftsflächen hinsichtlich der Wirkung potentieller toxischer Elemente für Bodenfruchtbarkeit, Nahrungsmittelsicherheit und Tiergesundheit überprüfen sollen. Entsprechende Berichte wurden im November 1993 veröffentlicht [7] (s. Kap. 3).

Neue Richtwerte für Schwermetalle in verunreinigten Böden wurden in Deutschland, den Niederlanden und Kanada eingeführt. Die in den Niederlanden geltenden Richtwerte und Qualitätsstandards für Metalle (und organische Schadstoffe) in Böden wurden revidiert [9]. Statt der in der ursprünglichen Version von 1986 [10] gegebenen A-, B- und C-Werte umfassen die Empfehlungen nun einen neuen Satz von Zielwerten zusammen mit den ursprünglichen C-Werten (Interventionskonzentrationen). Das Schema beruht noch auf der Mehrfachnutzung von Landflächen. Die in Kanada 1991 eingeführten vorläufigen Umweltqualitätsstandards enthalten jedoch bereits Werte für verschiedene spezifische Nutzungsarten, wobei die niedrigsten Werte für landwirtschaftlich genutzte Flächen gelten und die höchsten für Industrieflächen [11].

Eine Vielzahl von schwerwiegenden Boden- und allgemeinen Umweltverunreinigungen, insbesondere in den Ländern des früheren Ostblocks in Mittel- und Osteuropa, wurden mittlerweile beschrieben. Einige davon stehen im Zusammenhang mit aufgegebenen Militärstützpunkten und Manövergeländen, die meisten sind jedoch auf ungenügende Umweltschutzmaßnahmen bei Erzbergbau- und Verhüttungsbetrieben sowie in der metallurgischen Industrie zurückzuführen. So hat sich z. B. herausgestellt, daß in Rumänien städtische und ländliche Gebiete in der Umgebung der drei großen Buntmetallverhüttungskomplexe Bio Mare, Zlatna und Copsa Mica stark mit einer Vielzahl von Schwermetallen wie z. B. Cadmium, Kupfer, Blei und Zink verschmutzt sind. In Copsa Mica erstreckt sich die starke Verschmutzung über etwa 180 000 ha in der Umgebung, wobei die Umweltprobleme noch durch die atmosphärischen Emissionen organischer Schadstoffpartikel aus einer neben der Hütte liegenden Rußfabrik verschlimmert wurden.

Probleme mit verschmutzten Landflächen, deren Ursache weit in die Vergangenheit zurückreicht (sog. Altlasten), werden nach wie vor in technologisch fortgeschrittenen Ländern Westeuropas, in den USA und vielen anderen Teilen der Welt entdeckt. In Dänemark hat sich herausgestellt, daß eine Düngemittelfabrik im Landkreis Aarhus, die zwischen 1871 und 1921 in Betrieb war, den kleinen Ort Mandelstrup stark mit Blei verschmutzt hat. Als die Verschmutzung 1987 entdeckt wurde, lagen in den obersten Bodenschichten noch Konzentrationen von bis zu 67 562 mg/kg vor. In Anbetracht des Gesundheitsrisikos für die Bewohner von Häusern, die auf verschmutzten Flächen gebaut worden waren, wurde zwischen 1991 und 1992 ein sorgfältig geplantes Reinigungs- und Rehabilitationsprogramm durchgeführt. Böden mit Bleikonzentrationen von über 40 mg/kg wurden ausgekoffert, wodurch bei 33 Häusern etwa 50 000 m^3 zusammenkamen. Die verschmutzten Böden wurden auf eine sichere Deponie verbracht, und das dort ausgehobene Erdreich wurde dazu benutzt, den verschmutzten Boden aus der Umgebung der Häuser ersetzen. Die Kosten dieses Bodenaustauschs beliefen sich auf über 33 Mio. Dkr (etwa 10 Mio. DM) [12].

Es hat sich inzwischen gezeigt, daß die Bleikonzentrationen in der Luft als Folge der verringerten Zugabe von Blei zum Benzin, bzw. durch den weitverbreiteten Einsatz von bleifreiem Benzin in einer Vielzahl von Ländern signifikant zurückgegangen sind. In den USA und einigen anderen Ländern wurde bleifreies Benzin in den siebziger Jahren eingeführt, in Europa dagegen erst in den achtzigern. Die Anzahl der mit verbleitem Benzin betriebenen Kraftfahrzeuge ist mittlerweile stark zurückgegangen, was deutliche Auswirkungen auf den Bleigehalt der Atmosphäre hat. Obwohl die Verweildauer von Blei in vielen Böden auf hunderte oder tausende von Jahren geschätzt wird, gibt es Hinweise darauf, daß die Bleigehalte an einigen Orten als Folge des verminderten Eintrags aus der ehemals nahezu ubiquitären Quelle der Autoabgase schon heute deutliche Verringerungen aufweisen (s. Kap. 6).

Das Konzept der „chemischen Zeitbomben" hat seit der europäischen „Stand-der-Technik"-Konferenz zu „verzögerten Auswirkungen von Chemikalien in Böden und Sedimenten" in den Niederlanden 1992 [13] und diversen Artikeln in der populärwissenschaftlichen Presse großes Interesse auf sich gezogen. Viele der Beispiele für bisher identifizierte chemische Zeitbomben betreffen Schwermetalle in Böden. Die bisher festgestellten verzögerten Auswirkungen waren häufig starke Erhöhungen der Löslichkeit und Bioverfügbarkeit von Schwermetallen als Folge einer Bodenversauerung, Leckage von Deponien und chemischen Endlagern, Bodenerosion und die Verringerung der Gehalte an organischem Material in den Böden.

McGrath u. Loveland [14] veröffentlichten 1992 einen Atlas der Verteilung von 17 Elementen in Böden von England und Wales. Dieser „Bodengeochemische Atlas" beruht auf Analysen von 5692 Oberbodenproben (0–15 cm Tiefe), die auf einem 5×5-km^2-Raster zwischen den 1978 und 1982 als Teil des nationalen Bodenkatasters Großbritanniens gesammelt worden waren. Dabei wurden Karten und zusammenfassende Daten für 17 Elemente, darunter die neun Schwermetalle Ba, Cd, Cr, Co, Cu, Pb, Mn, Ni und Zn, zusammengestellt (s. Kap. 3).

Der Einsatz stark metallanreichernder Pflanzen („Supersammler") zur Dekontaminierung hochgradig belasteter Böden wurde von Baker u. McGrath [15] angeregt, die derzeit zusammen mit anderen Autoren die Durchführbarkeit dieses Konzepts erforschen. Wie sich gezeigt hat, können Pflanzenarten wie z.B. *Thlaspi caerulescens* bis zu 7000 mg Zn/kg anreichern, entsprechend einer Aufnahme von 43 kg/ha, wodurch es möglich erscheint, Pflanzen auf diese Art zur in-situ-Verringerung des Metallgehalts verunreinigter Böden einzusetzen.

In diesem Werk werden Daten zum Verhalten von Antimon, Arsen, Cadmium, Kupfer, Chrom, Cobalt, Gold, Blei, Mangan, Quecksilber, Molybdän, Nickel, Selen, Silber, Thallium, Zinn, Uran, Vanadium und Zink in Böden zusammengestellt, zu ihren Quellen, der Aufnahme durch Pflanzen und zu ihrem Eintritt in die Nahrungskette. Ausgehend von der ersten Auflage der überaus erfolgreichen englischsprachigen Ausgabe dieses Werks wurden die einzelnen Kapitel der zweiten Auflage, die nun als Übersetzung ins Deutsche vorliegt, von den ursprünglichen Autoren überarbeitet und auf den neuesten Kenntnisstand gebracht. Wo immer möglich, haben die Autoren Daten und Informationen aus einer Vielzahl von Quellen genutzt, um die weltweite Situation darzustellen. Teil I dieses Werks umfaßt eine kurze Einführung zu den die Dynamik beeinflussenden Eigenschaften und chemischen Vorgängen in Böden (Kap. 2), eine Zusammenfassung der wesentlichen Schwermetallquellen (Kap. 3) und eine Darstellung der Verfahren zur Bestimmung von Schwermetallen in Böden (Kap. 4). Dieser Teil soll eine Ergänzung zu den detaillierten Kapiteln über die einzelnen Elemente in Teil II darstellen und auch Laien, die sich mit Schwermetallmangel- bzw. -überschuß zu befassen haben, eine Einführung in grundlegende Aspekte geben. Die Anhänge enthalten u. a. Übersichten von Metallkonzentrationsdaten, gemessen in Böden, Pflanzen und Klärschlämmen, sowie der bisher festgelegten zulässigen Höchstkonzentrationen. Dem Praktiker wird jedoch empfohlen, möglichst auf regional gültige Zahlen zu Höchstkonzentrationen von Metallen in Böden und Früchten zurückzugreifen, da hier aufgrund von Unterschieden in den Bodeneigenschaften, Bodenuntersuchungsmethoden und Pflanzenarten in den verschiedenen Teilen der Welt bedeutende Unterschiede bestehen können.

Der Leser wird auf einige weitere Bücher verwiesen, die ergänzende Informationen liefern: die Monographien von Bowen [16], Kabata-Pendias u. Pendias [17] sowie Adriano [18], die verschiedenen, von Nriagu herausgegebenen Zusammenstellungen für Cadmium [20], Kupfer [22], Nickel [21], Quecksilber [23], Blei [24] und Zink [25], sowie den SCOPE-Bericht über Blei, Quecksilber, Cadmium und Arsen in der Umwelt [26]. Auf verschiedene spezielle Texte zu Einzelaspekten der analytischen Chemie, Bodenchemie, Mineralogie und Pflanzenphysiologie wird in den nachfolgenden Kapiteln gesondert hingewiesen.

Literatur

[1] Phipps DA (1981) In: Lepp NW (Hrsg) Effects of Heavy Metal Pollution on Plants. Applied Science Publishers, London, S 1–54
[2] Holdgate MW (1979) A Perspective of Environmental Pollution. Cambridge University Press, New York
[3] Nriagu JO (1988) Environ Pollut 50: 139–161
[4] World Resources Institute (1992) World Resources 1992/93. Oxford University Press, New York
[5] Nriagu JO, Pacyna JM (1988) Nature (London) 333: 134–139
[6] Chaudri AM, McGrath SP, Giller KE (1992) Soil Biol Biochem 24: 625–632
[7] Ministry of Agriculture, Fisheries and Food (1993) Review of the Rules for Sewage Sludge Application to Agricultural Land: Soil Fertility Aspects of Potentially Toxic Elements. MAFF Publications, No. PB 1561, London
[8] US Environmental Protection Agency (1992) 40 CFR Parts 257, 403, 503 [FRL-4203-31] Standards for the Use and Disposal of Sewage Sludge. US EPA, Washington/DC
[9] Ministry of Housing, Physical Planning and Environment, Director General for Environmental Protection, Netherlands (1991) Environmental Standards for Soil and Water. Leidschendam
[10] Moen JET, Cornet JP, Evers CWA (1986) In: Assink JW, van der Brink WJ (Hrsg) Contaminated Land. Nijhoff, Dordrecht
[11] Canada Council of Ministers of the Environment (1992) Interim Canadian Environmental Quality Criteria for Contaminated Sites, Report CCME EPC-c534. Winnipeg Manitoba
[12] Bauman J (1992) persönl. Mitteilung
[13] Ter Meulen GRB, Stigliani WM, Salomons W, Bridges EM, Ineson AC (1993) Chemical Time Bombs—Proc of the State of the Art Conference on Delayed Effects of Chemicals in Soils and Sediments. Foundation for Ecodevelopment, Hoofdorp
[14] McGrath SP, Loveland PJ (1992) The Soil Geochemical Atlas of England and Wales. Blackie Academic and Professional, Glasgow
[15] Baker AJM, McGrath SP, Sidoli CMD, Reeves RD (1994) Resources, Conservation and Recycling
[16] Bowen HJM (1979) Environmental Chemistry of the Elements. Academic Press, London

[17] Kabata-Pendias A, Pendias H (1992) Trace Elements. In: Soils and Plants, 2. Aufl. CRC Press, Boca Raton/FL

[18] Adriano DC (1986) Trace Elements in the Terrestrial Environment. Springer, Berlin Heidelberg New York

[19] Fergusson JE (1990) The Heavy Elements: Chemistry, Environmental Impact and Health Effects. Pergarnon Press, Oxford

[20] Nriagu JO (Hrsg) (1980) Cadmium in the Environment: Part 1—Ecological Cycling. Wiley, New York

[21] Nriagu JO (Hrsg) (1980) Nickel in the Environment. Wiley, New York

[22] Nriagu JO (Hrsg) (1979) Copper in the Environment: Part 1—Ecological Cycling. Wiley, New York

[23] Nriagu JO (Hrsg) (1979) The Biogeochemistry of Mercury in the Environment. Elsevier, Amsterdam

[24] Nriagu JO (Hrsg) (1978) The Biogeochemistry of Lead in the Environment. Elsevier, Amsterdam

[25] Nriagu JO (Hrsg) (1980) Zinc in the Environment: Part 1—Ecological Cycling. Wiley, New York

[26] Hutchinson TC, Meema KM (Hrsg) (1987) Lead, Mercury, Cadmium and Arsenic in the Environment. SCOPE 31. Wiley, Chichester

Teil I – Allgemeine Grundlagen

2 Vorgänge in Böden und das Verhalten von Schwermetallen

B. J. Alloway

2.1 Einführung in die Bodenkunde

Der Boden stellt ein Schlüsselelement der terrestrischen Ökosysteme dar, sowohl der natürlichen als auch der landwirtschaftlichen. Als Lebensraum für das Edaphon ist er von essentieller Bedeutung für das Pflanzenwachstum sowie für den Abbau und die Wiederverwertung toter Biomasse. Er ist ein komplexes heterogenes Medium aus mineralischen und organischen Feststoffen sowie aus wäßrigen und aus gasförmigen Bestandteilen. Bei den enthaltenen Mineralien handelt es sich meist um verwitternde Gesteinsbruchstücke, die sich physikalisch und chemisch zersetzen, und um sekundäre Mineralien wie die Schichtsilicate oder Tonmineralien, Oxide[1] von Eisen, Aluminium und Mangan sowie vereinzelt um Carbonate, meist $CaCO_3$. Das organische Material umfaßt lebende Organismen (Mesofauna und Mikroorganismen), totes Pflanzenmaterial (Streu) und kolloidalen Humus, der sich durch die Tätigkeit der Mikroorganismen aus der Streu bildet. Die festen Bestandteile sind üblicherweise zu Aggregaten verklumpt und bilden ein System untereinander verbundener Hohlräume (Poren) unterschiedlicher Größe, die mit Wasser (Bodenlösung) und/oder Luft gefüllt sind. Die Feststoffe können an ihrer Oberfläche Ionen adsorbieren, wobei diese Fähigkeit jedoch von Material zu Material schwankt und stark durch den herrschenden pH-Wert, die Redoxverhältnisse und durch die relativen Konzentrationen der in der wäßrigen Porenlösung vorhandenen Ionen beeinflußt wird.

Diese strukturierte, heterogene Mischung organischer und anorganischer Bestandteile stellt den Lebensraum für viele Organismen dar und ist das Medium, in dem die Wurzeln der Pflanzen wachsen und aus dem sie Wasser, Sauerstoff und Ionen beziehen. Die Wurzeln setzen auch Kohlendioxid frei und sondern organische Verbindungen ab, die für die intensive Mikrobenaktivität in der „Rhizosphäre" genannten Grenzzone zwischen Wurzel und Boden verantwortlich sind. Die Wurzeln der Pflanzen modifizieren die chemischen und physikalischen Eigenschaften im Boden in ihrer Umgebung und beeinflussen damit die Bioverfügbarkeit einiger Elemente.

Böden sind dynamische Systeme, die kurzzeitigen Schwankungen von z.B. Feuchtigkeitsstatus, pH-Wert und Redoxbedingungen unterliegen und außerdem allmähliche Änderungen durch Wechsel der Anbauverfahren und der Umwelteinflüsse erfähren. Die Änderungen der Bodeneigenschaften beeinflussen Art und Bioverfügbarkeit von Metallen und müssen bei Überlegungen zum Anbau auf verunreinigten Böden berücksichtigt werden sowie bei der Nutzung von Böden zur Entsorgung von Abfällen. Böden können im makro- und mikroskopischen Bereich ausgeprägte Unterschiede in ihren chemischen und physikalischen Eigen-

---

[1] Der Ausdruck „Oxide" umfaßt in diesem Werk alle Sauerstoffverbindungen der Metalle einschließlich der wasserhaltigen Oxide, Hydroxide und Oxidhydroxide.

schaften aufweisen, weshalb bei allen Standortuntersuchungen eine sorgfältige Probenahme zur Erfassung der ganzen Variationsbreite der einzelnen Parameter erforderlich ist.

2.2   Schlüsseleigenschaften von Böden

2.2.1   Bodenreaktion

Die Säure-Base-Eigenschaften eines Bodens sind der herausragende Faktor, der das chemische Verhalten der Metalle und viele andere wichtige Prozesse im Boden steuert. Das pH-Konzept besitzt für Böden jedoch wegen ihrer Heterogenität und des verhältnismäßig geringen Flüssigkeitsanteils bzw. Porenvolumens sowie der Adsorption der Hydrogeniumionen (H^+-Ionen) an festen Oberflächen nicht die gleiche Schärfe wie für Lösungen in vitro [1, 2]. Der pH-Wert eines Bodens, auch Bodenreaktion genannt, bezieht sich auf die Konzentration der H^+-Ionen in der Porenlösung. Diese befinden sich in einem dynamischen Gleichgewicht mit Metallkationen, die an die negativ geladenen Oberflächen der Bodenteilchen gebunden sind. Wasserstoffionen werden von den negativen Oberflächenladungen ebenfalls stark angezogen und können die meisten anderen Kationen verdrängen. Die oberflächennahe Zone weist daher stets eine etwas höhere H^+-Konzentration auf als der Raum in weiterer Entfernung im Inneren der Bodenlösung.

Bei Verdünnung der Bodenlösung mit reinem Wasser nimmt dieser Austauscheffekt zu und der pH-Wert der Gesamtlösung steigt. Dieser Sachverhalt muß bei der Messung von Boden-pH-Werten im Labor beachtet werden. Zur Messung wird üblicherweise getrockneter Boden mit dem 2- bis 2,5fachen seines Gewichts an Wasser vermischt und geschüttelt. Der pH-Wert der überstehenden Lösung wird nach 30 min gemessen. Dabei ergibt sich ein Wert, der um 1 bis 1,5 Einheiten höher als in der oberflächennahen Zone ist. Dieser Verdünnungseffekt läßt sich vermeiden, indem man den Boden zur pH-Messung in einer neutralen Salzlösung wie z.B. Calcium- oder Kaliumchlorid suspendiert. Böden, deren Ladung stark vom pH-Wert abhängt, liefern in verdünnter $CaCl_2$-Lösung oft leicht erhöhte pH-Werte. Normalerweise wird der pH-Wert in Suspensionen eines Bodens in destilliertem Wasser oder in einer neutralen Salzlösung mit $CaCl_2$ oder KCl bestimmt und dann zusammen mit dem Verhältnis Boden:Lösung und dem eingesetzten Lösungsmittel angegeben. Wenn das Lösungsmittel nicht genannt wird, ist davon auszugehen, daß destilliertes Wasser benutzt wurde.

Die Bodenreaktion wird auch durch Veränderungen des Redoxpotentials beeinflußt, wie sie in Böden auftreten, die periodisch wechselnd mit Wasser vollgesogen sind. Reduzierende Bedingungen führen im allgemeinen zu einer Zunahme des pH-Werts, oxidierende hingegen zu einer Abnahme. Schwankungen um bis zu zwei Einheiten können im Verlauf eines Jahres in Gleyböden auftreten, die zu Staunässe neigen. Die Oxidation von Pyrit (FeS_2) im Bodenausgangsmaterial kann zu einer deutlichen Abnahme des pH-Werts führen.

Böden verfügen über verschiedene Mechanismen, um den pH-Wert über weite Bereiche zu puffern, wie z.B. Aluminiumhydroxidverbindungen, Carbonate, Hydrogencarbonate und Kationenaustauschreaktionen [1]. Trotz solcher Pufferungsmechanismen schwankt der pH-Wert aufgrund lokaler Unterschiede innerhalb eines Bodens stark. Tägliche Schwankungen um mehr als eine Einheit und Unterschiede zwischen verschiedenen Teilen eines einzigen

Felds werden immer wieder beobachtet. Der Boden-pH-Wert nimmt in humiden Regionen, in denen die Basen im Profil nach unten herausgelöst werden, normalerweise mit der Tiefe zu, während er in arider Umgebung, in der die Salze durch Verdunstung im Oberflächenhorizont konzentriert werden, nach unten hin abnimmt. Aufgrund der möglichen Schwankungen ist es nicht sinnvoll, pH-Meßergebnisse auf mehr als eine Dezimalstelle genau anzugeben.

Im allgemeinen sind die Schwermetalle unter sauren Bedingungen am mobilsten; die Erhöhung des pH-Werts durch Kalken verringert ihre Bioverfügbarkeit. Molybdatanionen hingegen werden mit zunehmendem pH-Wert leichter verfügbar.

Die pH-Werte von Böden liegen im allgemeinen zwischen 4 und 8,5. Die Säureneutralisationsfähigkeit eines Boden wird am unteren Ende dieses pH-Spektrums durch Hydroxoaluminium-Ionen, am oberen Ende durch durch $CaCO_3$ bewirkt [2]. Brady [3] gibt an, daß der normale pH-Wert von Böden in humiden Gegenden bei 5–7 liegt, in ariden Gegenden hingegen bei 7–9. Die maximale Spannweite von pH-Werten in Böden liegt zwischen 2 und 10,5. In einer typischen gemäßigten Umgebung wie z.B. in Großbritannien weisen Böden üblicherweise pH-Werte im Bereich von 4–8 auf. Der optimale pH-Wert für Nutzpflanzen liegt in mineralischen Böden bei 6,5 und in torfreichen Böden bei 5,5. Für Weideflächen liegt der optimale Wert in Großbritannien auf mineralischen Böden bei 6,0 und bei 5,5 auf torfreichen Böden. Der Boden-pH kann durch Kalkung erhöht werden, umgekehrt ist es aber nicht praktikabel, landwirtschaftliche Böden mit erhöhten pH-Werten anzusäuern.

2.2.2   Organisches Material in Böden

Das Hauptmerkmal, in dem sich ein Boden vom Regolith, dem zersetzten Gestein, unterscheidet, ist sein Gehalt an lebenden Organismen, organischem Abfall und Humus. Alle Böden enthalten organisches Material, wobei Menge und Art beträchtlichen Schwankungen unterliegen. Kolloidales organisches Material in Böden übt einen bedeutenden Einfluß auf deren chemische Eigenschaften aus und kann in „humose" und „nicht-humose" Bestandteile unterteilt werden. Die nicht-humosen Substanzen umfassen unveränderte Biochemikalien wie Aminosäuren, Kohlenhydrate, organische Säuren, Fette und Wachse, die also noch in der ursprünglichen Form, in der sie von lebenden Organismen synthetisiert wurden, vorliegen. Humose Substanzen sind eine Reihe saurer, gelb bis schwarz gefärbter Polyelektrolyte mit Molekulargewichten mittlerer Größe. Sie bilden sich durch sekundäre Synthesereaktionen unter Mitwirkung von Mikroorganismen und unterscheiden sich in ihren Eigenschaften gänzlich von den in lebenden Organismen vorkommenden Verbindungen [4]. Sie weisen eine Vielzahl funktioneller Gruppen wie z.B. Carboxy-, phenolische Hydroxy-, Carbonyl-, Ester- und zum Teil auch Chinon- und Methoxygruppen auf [5, 6]. Bodenhumus besteht größtenteils aus humosen Substanzen, enthält aber auch einige an die Humuspolymere gebundene Biochemikalien. Die typische elementare Zusammensetzung von Humus ist: 44–53% C, 3,6–5,4% H, 1,8–3,6% N und 40–47% O (Gewichtsprozent auf aschefreier Basis berechnet) [7].

Gewöhnlich wird Humus im Labor in drei Fraktionen getrennt:

- das in Alkalien und Säuren unlösliche Humin,
- die in Alkalien lösliche, in Säuren hingegen unlösliche Huminsäure und
- die in Alkalien und Säuren lösliche Fulvosäure.

Diese drei Substanzen können nicht als grundsätzlich verschieden angesehen werden, sondern sind als Teil eines Kontinuums von Verbindungen zu betrachten, die sich in ihrem Molekulargewicht, Kohlenstoff- und Sauerstoffgehalt sowie in ihrer Kationenaustauschkapazität unterscheiden, wobei diese Größen in der Reihenfolge Humin > Huminsäure > Fulvosäure abnehmen, wohingegen der Stickstoffgehalt und die Säurestärke in derselben Reihe zunehmen [6]. Weniger als die Hälfte des Kohlenstoffs in Huminsäuren ist aromatisch gebunden, und ein großer Teil des Rests findet sich in ungesättigten aliphatischen Ketten mit Carboxygruppen, die den Großteil des titrierbaren Säuregehalts verursachen. Die Molekulargewichte von Huminsäuren liegen zwischen 20000 und 100000, während die Fulvosäurefraktion meist aus niederermolekularen Verbindungen besteht. Abgesehen von einem Polysaccharidgehalt von bis zu 10%, ist die Zusammensetzung der Fulvosäure der der Huminsäure ähnlich. Die Fulvosäurefraktion kann Ausgangs- und Abbauprodukte der Huminsäurefraktion enthalten. Als Humine bezeichnet man humussäureähnliche Verbindungen, die auf Mineralstoffen adsorbiert sind [7].

Die Verfahren zur Bestimmung des Gehalts an organischem Material (OM) in Böden beruhen entweder auf dem relativen Gewichtsverlust nach 16stündigem Glühen im Ofen bei 375 °C oder der Oxidation von Kohlenstoff durch saures Dichromat und der anschließenden Titration des überschüssigen Dichromats [8]. Organosäurematerial enthält etwa 58–60% Kohlenstoff (% $C_{org} \times 1,67$ = % OM). Tabelle 2.1 gibt einen Überblick über verschiedene Böden und ihren OM-Gehalt. Im Bodenprofil findet man den höchsten Gehalt an organischem Material immer im Oberflächenhorizont, in Podsolen und Vertisolen kann jedoch auch einiges organisches Material in tiefere Lagen umgelagert sein.

Tabelle 2.1.   Typische Gehalte von organischem Material (OM) in Böden [%]

Bodenart	OM	Literatur
Bewirtschaftete Böden (allgemein)	< 10	[9]
Mineralische Böden (allgemein)	3–5	[10]
Ackerböden (Südost-Großbritannien)	< 2	[9]
Ackerböden (Nord-England, Süd-Schottland)	2–6	[9]
Dauerweiden (Süd-Schottland)	7,9–9,5	[9]
Grassteppe (Prärie) (USA)	5–6	[3]
Schlecht entwässerte Böden (USA)	10	[3]
Alle Böden (West-Virginia, USA)	0,54–15	[3]
Tropische Böden (Südamerika)	0,5–21,7	[11]
Tundra (Rußland)	73	[12]
Podsole (Rußland)	10	[12]
Schwarzerden (Rußland)	3,5–10	[12]

In den Tabellen 2.2 und 2.3 sind einige zusammengefaßte Werte zu pH-Werten und Gehalten organischem Material in einer Reihe repräsentativer Bodenproben aus den USA bzw. aus England und Wales zu finden. Tabelle 2.2 enthält auch Angaben zur Kationenaustauschkapazität (*KAK*) amerikanischer Böden. Die Zahlen geben einen guten Überblick über die Spannweite dieser Werte in den beiden Ländern. Anzumerken ist hier, daß die Spanne der verschiedenen Bodenarten in den USA wesentlich breiter ist als in England und Wales. Die Schwermetallgehalte dieser Böden werden in Kap. 3 (Tabellen 3.11 und 3.12) wiedergegeben.

Tabelle 2.2. Zusammengefaßte Werte von pH, C_{org} und *KAK* in landwirtschaftlichen Böden in den USA [13], nach Analysen von 3045 Bodenproben aus 307 unterschiedlichen Bodenreihen auf Standorten mit gesundem Bewuchs fern von bekannten Schadstoffquellen (pH-Werte in Wasser bestimmt)

Parameter	Minimum	Mittelwert	Zentralwert	Maximum	σ_{rel} [a]
pH	3,9	6,26	6,1	8,9	17
C_{org} [%]	0,09	4,18	1,05	63,0	228
KAK [$cmol_c$/kg] [b]	0,6	26,3	14,0	204,0	143

[a] σ_{rel} = relative Standardabweichung [%] = 100 · Standardabweichung : Mittelwert.
[b] $cmol_c$ = Zentimol (10^{-2} mol) Ion / Ionenladung (Index c für charge).

Tabelle 2.3. Zusammengefaßte Werte von pH und C_{org}, in Böden aus England und Wales [14]. Die Proben wurden zur Vermeidung von Verfälschungen auf einem 5×5 km^2-Raster genommen (pH-Werte in Wasser bestimmt)

Parameter	Minimum	Zentralwert	Maximum	Probenzahl
pH	3,1	6,0	9,2	5679
C_{org} [%]	0,1	3,6	65,9	5666

2.2.3 Tonmineralien

Tonmineralien sind Produkte der Verwitterung von Gesteinen und beeinflussen die physikalischen und chemischen Eigenschaften von Böden wesentlich. Ihr Beitrag zu den chemischen Eigenschaften eines Bodens beruht auf ihrer verhältnismäßig großen inneren Oberfläche und der negativen Oberflächenladung. Die Bodenstrukturklassifikation richtet sich nach dem Anteil der Partikel der Korngrößenklassen Ton, Schluff und Sand. Die Tonfraktion umfaßt dispergierte Mineralpartikel mit Durchmessern unter 2 µm. Meist handelt es sich dabei um Tonmineralien im eigentlichen Sinne, es können sich aber auch feinzerriebene Bruchstücke anderer Mineralien darunter befinden. Tonmineralien sind Schichtsilicate, ihre strukturbestimmende Komponente sind miteinander zu ausgedehnten Ebenen verbundene SiO_4-Tetraeder. Gelegentlich (z.B. in Glimmern) ist Silicium auch partiell durch Aluminium ersetzt. Die basalen Sauerstoffatome, die die Grundflächen der Tetraeder bilden, gehören jeweils zwei benachbarten Tetraedern gemeinsam an, so daß sich hexagonale, seltener tetragonale Gittergrundebenen bilden [15]. Die apicalen Sauerstoffe der Tetraederschicht befinden sich alle auf der gleichen Seite der Grundebene und sind gleichzeitig Teil einer direkt angrenzenden oktaedrischen Schicht. Die von diesen Sauerstoffen und von OH-Gruppen oktaedrisch umgebenen Kationen sind meist Al^{3+}, Mg^{2+}, Fe^{2+} und Fe^{3+}, es können aber auch andere Kationen mittlerer Größe wie z.B. Li^+, Ti^{3+}, V^{3+}, Cr^{3+}, Co^{2+}, Ni^{2+}, Cu^{2+} und Zn^{2+} auftreten. Im Falle zweiwertiger Kationen sind sämtliche Oktaederplätze gefüllt, und für Mg^{2+} ergibt sich

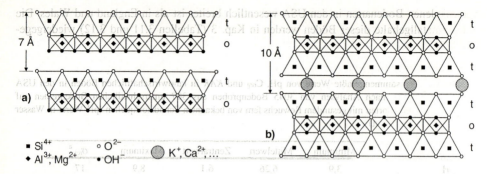

Abb. 2.1a,b. Typische Strukturen von Schichtsilicaten; schematische Seitenansicht einiger Schichten. Tetraedrische Schichten sind mit „t" bezeichnet, oktaedrische mit „o". Die Zentren der Oktaederschichten sind zum Teil mit Mg^{2+} oder Al^{3+} besetzt, zum Teil auch vakant. **a)** 1:1-Silicate (Kaolinit, Serpentin), **b)** 2:1-Silicate (Glimmer, z.B. Illite, Montmorillonit, Vermiculit, Phlogopit, Muskovit). Bei den Glimmern ist etwa jedes vierte Siliciumatom in den Tetraederschichten durch Aluminium ersetzt. Zum Ladungsausgleich sind zwischen den Dreierschichten ein- oder zweiwertige Kationen eingelagert (austauschbar)

so die Zusammensetzung $Mg_3(OH)_4Si_2O_5$ (Serpentin). Bei dreiwertigen Kationen sind nur zwei Drittel der oktaedrischen Lücken besetzt, mit Al^{3+} ergibt sich als Formel $Al_2(OH)_4Si_2O_5$ (Kaolinit). Wegen des Verhältnisses Metall:Si_2O_5 spricht man in letzterem Fall von einer dioktaedrischen Anordnung, in ersterem von einer trioktaedrischen Anordnung.

Zu den häufigsten Tonmineralen gehören die Kaolinite, die aus Doppelschichten aufgebaut sind, in welchen je eine tetraedrische Kieselsäureschicht mit einer $Al(OH)_3$-Oktaederschicht (Gibbsitschicht) verknüpft ist. Sie werden daher als 1:1-Tonmineralien oder Zweischichtmineralien bezeichnet (Abb. 2.1a). Bei den Illiten, Smectiten und Montmorilloniten handelt es sich um 2:1-Tonminerale (Dreischichtmineralien). In ihnen ist eine Oktaederschicht sandwichartig von zwei Tetraederschichten umgeben, d.h. sie enthalten jeweils zwei Kieselsäureschichten und eine Gibbsitschicht (Abb. 2.1b). In allen Tonmineralien außer den Kaoliniten stellt sich als Folge einer isomorphen Substitution im Gitter eine negative Nettoschichtladung ein, denn dabei wird Si^{4+} durch Al^{3+} bzw. Al^{3+} durch Mg^{2+} ersetzt.

– Im Kaolinit werden die Tetraeder-Oktaeder-Doppelschichten untereinander durch Wasserstoffbrückenbindungen zwischen den Wasserstoff- und den Sauerstoffatomen benachbarter Doppelschichten zusammengehalten. Die spezifische Oberfläche dieser Mineralien ist im Vergleich zu der anderer Tonmineralien mit 5–40 m^2/g verhältnismäßig klein und ihre Kationenaustauschkapazität ist wegen des geringen isomorphen Substitutionsgrads ebenfalls nur klein (3–20 $cmol_c$/kg).

– In Illitmineralien sind die negativ geladenen 2:1-Sandwichschichten durch zwischen den Schichten befindliche K^+-Ionen verbunden. Mit 100–200 m^2/g bzw. 10–40 $cmol_c$/kg ist ihre spezifische Oberfläche bzw. ihre Kationenaustauschkapazität größer als die der Kaolinite.

– Smectite besitzen kleinere negative Schichtladungen als Illite, weshalb die Bindungen zwischen den Schichten verhältnismäßig schwach sind und die Bodenlösung bis zwischen diese eindringen kann (innerkristalline Quellung). Daher verfügen sie über die größte spezifische Oberfläche (700–800 m^2/g). Durch diese hohe spezifische Oberfläche ist die Kationenaustauschkapazität mit 80 bis 120 cmol$_c$/kg ebenfalls sehr groß.

– Vermiculite verfügen über eine mittelmäßig hohe spezifische Oberfläche (300–500 m^2/g) und eine hohe Kationenaustauschkapazität von 100–150 cmol$_c$/kg [7].

Tonmineralien treten in Böden nur selten in reiner Form auf und sind üblicherweise mit Humuskolloiden und gefällten Hydroxiden verbunden. Solche kombinierten kolloidalen Komplexe aus Tonmineralien und organischem Material spielen bei der Steuerung der Ionenkonzentrationen in der Bodenlösung eine überaus wichtige Rolle. Auf die einzelnen Bodenbestandteile soll hier nicht weiter eingegangen werden; in den entsprechenden Lehrbüchern der Bodenchemie sind hierzu umfassende Abhandlungen zu finden [2, 3, 7, 12], s. auch Anhang LIT 13 (Bodenkunde).

2.2.4   Oxide des Eisens, Mangans und Aluminiums

Die Sauerstoffverbindungen des Eisens, des Mangans und des Aluminiums, die Oxide, Hydroxide und Oxidhydroxide dieser Metalle[2], spielen beim chemischen Verhalten von Metallen in Böden eine bedeutende Rolle. Sie liegen in der Tonfraktion (< 2 µm) vor, sind üblicherweise mit Tonmineralien vermengt und weisen eine ungeordnete Struktur auf. Unter den intensiveren Verwitterungbedingungen der Tropen kommen diese Oxide dort oft wesentlich häufiger vor als Tonmineralien [2].

In frei entwässernden (gut durchlüfteten) Böden fallen die Oxidhydrate von Eisen, Aluminium und Mangan aus Bodenlösungen aus. Sie treten in folgenden Formen auf:

• als Überzüge auf Bodenteilchen, wo sie häufig eng mit Tonen vermischt sind,
• als Füllungen in Hohlräumen und
• als Knöllchen von schalenförmigem Aufbau.

Wasserhaltige Eisenoxidmineralien stellen wohl die am weitesten verbreiteten Oxide dar. Gibbsit ist eine gewöhnliche Form von Aluminiumhydroxid, kommt in Böden jedoch weit weniger häufig vor als Eisenoxide. Dabei bilden einige tropische Böden, die intensiver Verwitterung unterliegen, eine Ausnahme [2].

Eisen wird zunächst meist in Form des gelatinösen Ferrihydrit ($5Fe_2O_3 \cdot 9H_2O$) gefällt, das dann allmählich zu stabileren Formen wie Goethit ⟨α-FeO(OH)⟩ entwässert [2, 21]. Goethit ist das häufigste Mineral in Böden, während Hämatit (α-Fe_2O_3) hauptsächlich in tropischen Böden auftritt. Lepidokrokit ⟨γ-FeO(OH)⟩ ist für die schwankenden Redoxbedingungen in Gleyböden charakteristisch. Die normalen Mineralmodifikationen der Manganoxide in Böden sind Birnessit, Hollandit und Lithiophorit [22].

Zur Dynamik der Schwermetalle in Böden ist zu sagen, daß bei der Präzipitation von Eisen- und Manganoxiden verschiedene Ionen aus der Lösung durch Adsorption eingefangen werden können, darunter Kationen der Metalle Co, Cr, Cu, Mn, Ni, V und Zn sowie HPO_4^{2-} und AsO_4^{3-}. Man spricht bei diesem Phänomen auch von Mitfällung. Diese hängt mit der

---

[2] Oxide dreiwertiger Metalle werden auch Sesquioxide genannt.

Ladung der Kolloidteilchen zusammen, die im allgemeinen unter alkalischen Bedingungen negativ und unter sauren positiv ist. Der pH-Wert, bei dem keine Ladung vorhanden ist und an dem die Teilchen koagulieren, heißt isoelektrischer Punkt[3] *iP* und schwankt für verschiedene Oxidmineralien. Der *iP* von reinem Eisenoxid liegt zwischen 7 und 10 und von Aluminiumoxid zwischen 8 und 9,4. Durch die Vermischung der Mineralien mit Tonen in den Böden sind die entsprechenden Werte jedoch meist wesentlich niedriger. Der isoelektrische Punkt bzw. Bereich für Mangan liegt mit 1,5–4,6 überaus niedrig.

Wie in Abschn. 2.2.5 noch genauer ausgeführt wird, üben Schwankungen der Redoxbedingungen einen bedeutenden Einfluß sowohl auf die im Boden vorhandenen Mengen an wasserhaltigen Oxiden als auch auf das Adsorptionsvermögen des Bodens für eine Vielzahl von Anionen und Kationen aus. Kommt es zu reduzierenden Bedingungen, entweder durch Staunässe oder eine Abnahme des Anteils an luftgefüllten Poren durch eine Zerstörung der Bodenstruktur, so setzt eine Auflösung der Oxide ein und die von ihnen adsorbierten Ionen werden freigesetzt. Spezialisierte Bakterien wie z.B. *Thiobacillus ferrooxidans* und *Metallogenum* spp wirken ebenfalls bei der Fällung von Eisen- bzw. Manganoxiden mit.

2.2.5   Oxidation und Reduktion in Böden

Böden unterliegen Änderungen im Reduktions-/Oxidations- oder Redox-Zustand, was sich hauptsächlich auf Verbindungen der Elemente Kohlenstoff, Stickstoff, Sauerstoff, Schwefel, Eisen und Mangan auswirkt, wobei allerdings auch Silber, Arsen, Chrom, Kupfer, Quecksilber und Blei beeinflußt werden können [16]. Redoxgleichgewichte werden durch die Elektronenaktivität in wäßriger Lösung gesteuert, die entweder als pe-Wert, d.h. den negativen dekadischen Logarithmus der Elektronenaktivität, oder durch das Redoxpotential[4] E_h, den Potentialunterschied in mV zwischen einer Platinelektrode und der Normalwasserstoffelektrode, ausgedrückt wird [17]. Der pe-Wert hat den Vorteil, daß auf diese Weise Elektronen wie andere Reaktionspartner oder -produkte behandelt werden können und sowohl chemische als auch elektrochemische Gleichgewichte mit einer einzigen Gleichgewichtskonstante ausgedrückt werden können. Die beiden Größen lassen sich wie folgt umrechnen: $E_h/\text{mV} = 59{,}2\ \text{pe}$ [17]. Bei hohen positiven Werten von pe (bzw. E_h) liegen bevorzugt oxidierte Spezies vor, niedrige oder negative Werte gehen mit reduzierten Spezies einher.

Zur Bestimmung des Redoxpotentials werden eine Platinmeßelektrode und eine Kalomelbezugselektrode in die Redoxlösung eingetaucht und an ein Voltmeter angeschlossen. Genaue Werte sind hier aber nur mit Schwierigkeiten zu erhalten. Bei guter Bodendurchlüftung ergeben sich häufig Werte zwischen +300 bis +800 mV (pe = 5,1 bis 13,5). In anaeroben Böden liegen die Redoxpotentiale bei –414 bis +118 mV (pe = –7 bis +2) [15, 19]. E_h-Messungen ermöglichen die quantitative Feststellung, ob oxidierende oder reduzierende Bedingungen vorliegen, aber häufig liefert schon die Bodenfarbe einen guten Hinweis auf den Redoxzustand. Rote und braune Farben sind ein Zeichen für gute Durchlüftung, blaugrüne und graue Farben hingegen charakterisieren Gleyböden. Andere, stärker gefärbte Bodenkomponenten können die Redox-Farbänderungen jedoch manchmal überdecken.

---

[3] Häufig fälschlich als Ladungsnullpunkt bezeichnet. Hierunter versteht man das Potential einer in eine Flüssigkeit eingetauchten Elektrode, bei dem diese ungeladen ist. (Anm. d. Übers.)

[4] Eine ältere Bezeichnung hierfür ist „elektromotorische Kraft" (*EMK*).

In Böden laufen Redoxreaktionen häufig nur langsam ab, sie können jedoch durch Mikroorganismen katalysiert werden, die über den gesamten Bereich der üblicherweise in Böden auftretenden pH- und E_h-Werte leben können, u.a. bei pH 3 bis 10 und pe +12,7 bis –6,0 [18]. Die Atmung von Bodenmikroorganismen (Mesofauna) und Pflanzenwurzeln verbraucht eine verhältnismäßig große Menge Sauerstoff. Wenn der Sauerstoff innerhalb einer bestimmten Bodenzone zur Neige geht, z.B. durch Staunässe oder Verdichtung, übernehmen Mikroorganismen mit anaerober Atmung die Vorherrschaft, und die davon betroffenen Verbindungen der Elemente Mangan, Cobalt, Quecksilber, Eisen, Kupfer und Molybdän werden allmählich reduziert [18, 19]. Wenn Fe^{3+} zu Fe^{2+} reduziert wird, ergibt sich in sauren Böden ein leichter Anstieg des pH-Werts und eine geringe Abnahme in alkalischen Böden. In den meisten Staunässeböden liegt der pH bei 6,7 bis 7,2 [19]. Wenn der E_h-Wert ansteigt, wird Fe^{2+} bevorzugt vor Mn^{2+} oxidiert.

Die gemeinsamen Auswirkungen von E_h- (bzw. pe)- und pH-Bedingungen auf Eisen- und Manganspezies lassen sich am besten in einem E_h-pH-Diagramm (s. Abb. 2.2) darstellen. Darin zeigt sich, daß die Oxide sowohl des Eisens als auch des Mangans bei sinkenden Werten von pH oder E_h in Lösung gehen können, wobei aber Manganoxide leichter in Lösung ge-

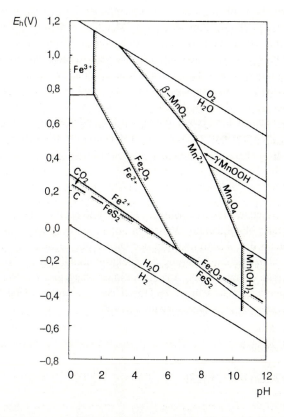

Abb. 2.2. Stabilitätsbereiche von Eisen- und Manganoxiden, Pyrit und C_{org} im E_h-pH-Diagramm. (Abgewandelt aus [20], mit Genehmigung der Autoren)

hen als Eisenoxide. Umgekehrt fallen die Eisenoxide bei steigendem E_h- oder pH-Wert vor denen des Mangans aus. Eisenoxide reagieren somit in ihrem Löslichkeitsverhalten bereits auf relativ geringe Schwankungen in den E_h- oder pH-Bedingungen [20].

Einige Schwermetalle können auch durch indirekte Auswirkungen reduzierender Verhältnisse betroffen werden. Sulfationen werden bei pe-Werten unter −2,0 zu Sulfid reduziert, wodurch Metallsulfide wie FeS_2, HgS, CdS, CuS, MnS oder ZnS gefällt werden können [18]. Wenn infolge reduzierender Bedingungen wasserhaltige Eisen-, Mangan- und Aluminiumoxide in Lösung gehen, so können zuvor mitgefällte Metalle ebenfalls in die Bodenlösung freigesetzt werden.

2.3   Adsorption von Metallionen durch Böden und Bodenbestandteile

Die wichtigsten chemischen Prozesse, die das Verhalten und die Bioverfügbarkeit von Metallen in Böden beeinflussen, treten bei der Adsorption von Metallen aus der flüssigen an der festen Phase auf. Diese Vorgänge steuern die Konzentrationen der Metallionen und Komplexe in der Bodenlösung und üben damit einen wesentlichen Einfluß auf ihre Aufnahme durch die Pflanzenwurzeln aus. Bei der Adsorption von Metallen wirken eine Vielzahl von Mechanismen mit, darunter z.B. Kationenaustausch (oder unspezifische Adsorption), spezifische Adsorption, Mitfällung und Reaktion mit organischen Komplexbildnern. Zwar kann das Ausmaß der Adsorption häufig gemessen werden und Isothermen können abgeleitet werden, aber es ist häufig schwer, genau zu sagen, welcher Prozeß im einzelnen für die Zurückhaltung von Metallen in einem bestimmten Boden verantwortlich ist. Um eine Einführung zu den Adsorptionsmechanismen zu geben, die in den folgenden Kapiteln angesprochen werden, sollen die vier oben erwähnten Prozesse nachstehend kurz erläutert werden.

2.3.1   Kationenaustausch[5]

Die meisten Schwermetalle, mit Ausnahme einiger Halbmetalle wie Arsen, Antimon und Selen bzw. der Metalle Molybdän und Vanadium, treten in der Bodenlösung vorwiegend als Kationen auf, weshalb ihre Adsorption von der Dichte der negativen Oberflächenladungen der Bodenkolloide abhängt. Zur Wahrung der Elektroneutralität wird die negative Oberflächenladung durch eine entsprechende Anzahl Kationen ausgeglichen. Der Ausdruck Ionenaustausch bezeichnet den Ersatz von an die Oberfläche angelagerten Gegenionen gegen Kationen aus der Bodenlösung [22]. Der Austauschprozeß ist:

• reversibel,
• durch Diffusion gesteuert,
• stöchiometrisch und
• (in den meisten Fällen) selektiv [23].

---

[5] Zum Anionenaustausch bzw. zur Anionenadsorption s. Abschn. 5.4 (As), 12.4.3 (Se) und 14.3 (Mo).

Diese Selektivität führt zu einer Rangfolge bei der Austauschtendenz unter den Kationen, je nach deren Ladung und Hydrathülle. Je höher die Ladungsdichte eines Kations und je niedriger sein Hydratationsgrad, desto stärker ist seine Verdrängungsfähigkeit. Hydrogeniumionen verhalten sich dabei wie mehrwertige Ionen.

Die Adsorption eines Kations bei Ionenaustauschprozessen kann auch als Outer-sphere-Komplexbindung durch Funktionsgruppen der Mineraloberfläche angesehen werden, wobei sich diese elektrostatisch an die Hydratliganden des Kations anlagern, ohne sie zu verdrängen [18].

Das Kationenaustauschvermögen mineralischer Böden beträgt bis zu 60 $cmol_c$/kg, während es in organischen Böden 200 $cmol_c$/kg überschreiten kann [24]. In Böden ist die Austauschkapazität für Kationen wegen der großen Zahl negativer Ladungen auf den Kolloidoberflächen wesentlich höher als für Anionen. Es gibt hier zwei Arten von negativen Ladungen:

- permanente Ladungen, die durch isomorphe Substitution im Kristallgitter entstanden und unabhängig vom pH sind, und
- pH-abhängige Ladungen an den Kanten von Tonmineralien, auf Humuspolymeren und Oxiden.

Letztere negative Ladungen entstehen durch die Ablösung (Dissoziation) von Protonen der Carboxygruppen und Hydroxyphenylreste von Huminpolymeren bzw. der Hydroxygruppen von Oxiden und Tonmineralien. Wie in Abschn. 2.2.4 ausgeführt, gibt es für jeden dieser Stoffe sog. *iP*-Werte, bei denen die Nettoladung null ist. Diese liegen z.B. für frisch gefällte Eisenoxide bei etwa pH 8,5 und für Aluminiumoxide bei etwa pH 8,3. Der *iP*-Wert von Mischungen in Böden weicht jedoch meist von dem der Reinsubstanz ab. Im allgemeinen tragen Oxide unterhalb pH 7 wenig zur Kationenaustauschkapazität von Böden bei, entwickeln dafür jedoch eine Anionenaustauschfähigkeit in sauren Böden [12].

Bei Humuspolymeren besitzen Carboxygruppen pK_s-Werte (Säurekonstanten) zwischen 3 und 5, während sie für Phenolverbindungen über 7 liegen. Aminogruppen liegen bei pH-Werten unter 3 meist protoniert als $-NH^{3+}$ vor. Alle Adsorptionsstellen auf Humuskolloiden sind pH-abhängig, wobei die Kationenaustauschkapazitäten zwischen 150 und 300 $cmol_c$/kg liegen. Obwohl der OM-Gehalt eines Bodens meist unter seinem Tongehalt liegt, trägt das organische Material wegen seiner hohen Adsorptionsfähigkeit bei pH-Werten über 5 wesentlich zu dessen Kationenaustauschkapazität bei.

2.3.2 Spezifische Adsorption

Spezifische Adsorption beruht auf der Anlagerung von Schwermetallkationen an Bodenoberflächenliganden unter Ausbildung von teilweise kovalenten Bindungen, bzw. bei Anionen auf deren Bindung an Gitterkationen [26]. Dies führt dazu, daß Metallionen in einem wesentlich größeren Ausmaß adsorbiert werden können als nach der bloßen Kationenaustauschkapazität eines Bodens zu erwarten ist. So wies z.B. Brummer [27] nach, daß die Adsorptionsfähigkeit von Eisen- bzw. Aluminiumoxid für Zn^{2+} 7- bzw. 26mal höher lag als ihre jeweilige Kationenaustauschkapazität bei pH 7,6. Wie bereits ausgeführt, liegt dieser Wert unter dem *iP* von reinem Aluminium- und Eisenoxid, so daß hier eigentlich keine sonderliche Kationenaustauschkapazität mehr erwartet werden sollte. Die spezifische Adsorption hängt stark vom pH-Wert ab und verläuft analog zur Hydrolyse von Schwermetallionen [27]. Metalle, die stark zur Bildung von Hydroxokomplexen neigen, werden auch stark spezifisch adsorbiert. Aus diesem Grund bestimmt die Gleichgewichtskonstante pK der Reaktion $M^{2+} + H_2O \rightleftharpoons MOH^+ + H^+$ das Adsorptionsverhalten des betreffenden Metalls. Die spezifische Adsorption nimmt mit abnehmendem pK-Wert zu, wobei jedoch im Falle von Kupfer und Blei, die beide den gleichen pK-Wert aufweisen, Pb^{2+} wegen seines größeren Ionenradius stärker adsorbiert wird. Für die Neigung zu spezifischer Adsorption gibt Brummer [27] die folgende Reihenfolge an (pK-Werte in Klammern):

$$Cd^{2+} (10,1) < Ni^{2+} (9,9) < Co^{2+} (9,7) < Zn^{2+} (9,0) << Cu^{2+} (7,7) < Pb^{2+} (7,7) < Hg^{2+} (3,4).$$

Es wird angenommen, daß die Hydroxide von Aluminium, Eisen und Mangan die wichtigsten bei der spezifischen Adsorption mitwirkenden Bodenbestandteile darstellen.

Schwermetallionen werden nicht nur von Mineraloberflächen adsorbiert, sondern können auch in Minerale wie Goethit, Manganoxide, Illite und Smectite eindiffundieren [27]. Die Diffusionsgeschwindigkeit von Metallionen in Minerale steigt mit dem pH-Wert bis zu einen Grenzwert an, der gleich dem pK-Wert ist, bei dem auf der Mineraloberfläche die Konzentrationen von M^{2+} und MOH^+ gleich groß sind. Oberhalb dieses pH-Werts ist die Konzentration von MOH^+ größer als die von M^{2+} und die Diffusionsgeschwindigkeit nimmt ab. Die Abnahme der maximalen Diffusionsgeschwindigkeit beispielsweise in der Reihenfolge Ni^{2+} > Zn^{2+} > Cd^{2+} findet eine Entsprechung in der Zunahme der Ionenradien (Ni^{2+}: 0,69 nm, Zn^{2+}: 0,74 nm, Cd^{2+}: 0,97 nm). Die Adsorption von Metallen durch Goethit umfaßt somit drei Schritte: ① Oberflächenadsorption, ② Diffusion ins Innere der Goethitpartikel und ③ Fixierung an bestimmten Gitterplätzen [27].

2.3.3   Mitfällung

Unter Mitfällung versteht man die gleichzeitige Ausfällung zweier oder mehrerer chemischer Verbindungen unabhängig von Mengenverhältnis, Mechanismus und Kinetik der Fällung [16]. Die üblicherweise gebildeten Feststoffgemische umfassen Tonminerale, Eisen- und Manganhydroxide und isomorph substituierten Calcit (s. Tabelle 2.4). Dieser kann außer durch Mitfällung auch entstehen, wenn Calcit z.B. mit cadmiumhaltigen Lösungen in Berührung kommt. Die Ca^{2+}-Kationen auf der Oberfläche von Calcitteilchen werden dann durch Cd^{2+} ersetzt. Erst wenn sämtliches Ca^{2+} an der Mineraloberfläche auf diese Weise ausgetauscht worden ist, setzt die Ausfällung des in Lösung übriggebliebenen Cd^{2+} als $CdCO_3$ ein [28].

Tabelle 2.4.   Spurenmetalle, die infolge von Mitfällung in sekundären Mineralien gefunden werden [16]

Mineral	Mitgefällte Spurenmetalle
Fe-Oxide	V, Mn, Ni, Cu, Zn, Mo
Mn-Oxide	Fe, Co, Ni, Zn, Pb
Ca-Carbonate	V, Mn, Fe, Co, Cd
Tonminerale	V, Ni, Co, Cr, Zn, Cu, Pb, Ti, Mn, Fe

2.3.4   Schwerlösliche Schwermetallverbindungen in Böden

Bei gleichzeitiger Anwesenheit bestimmter Ionen in einer Lösung kann das Löslichkeitsprodukt einiger schwerlöslicher Verbindungen überschritten werden, woraufhin diese als als feste Phasen ausfallen. Die Löslichkeitsprodukte schwerlöslicher Verbindungen legen die Metallionenkonzentrationen in der Bodenlösung fest. Nachstehende Informationen zu einigen Metallen stellen eine Zusammenfassung der Publikation von Lindsay dar [17].

Blei

Mehrere Bleiphosphate wie z.B. $Pb_5(PO_4)_3OH$, $Pb_3(PO_4)_2$ und $Pb_5(PO_4)_3Cl$ können in Böden vorkommen. Das letztere, Chloropyromorphit, ist das am wenigsten lösliche Bleiphosphat und könnte die Löslichkeit des Pb^{2+} über eine breite pH-Spannweite in Böden begrenzen, insbesondere in phosphatreichen Böden wie z.B. in mit Klärschlamm gedüngten.

Cadmium

Octavit ($CdCO_3$) könnte einen wichtigen limitierenden Faktor für die Löslichkeit von Cadmium in Böden mit hohen pH-Werten darstellen. In stark vergleyten Böden, u.a. unter reduzierenden Bedingungen, kann sich Greenockit (CdS) bilden, was die geringe Löslichkeit von Cadmium in gefluteten Reisfeldern erklärt. Allerdings führen die Trockenlegung dieser Böden und die sich danach wieder einstellenden oxidierenden Bedingungen zur Bildung von Cd^{2+} und SO_4^{2-}, wobei die gleichzeitige starke Absenkung des pH-Werts eine Zunahme der Mobilität und Bioverfügbarkeit von Cadmium zur Folge hat.

Kupfer

Unter den meisten in Böden angetroffenen physikalisch-chemischen Bedingungen ist Bodenkupfer, d.h. diffus verteiltes, adsorbiertes Cu^{2+}, stabiler als alle eigentlichen Kupfermineralien. Ausnahmen treten unter stark reduzierenden Bedingungen auf, wo Delafossit ($CuFe_2O_4$) stabiler ist als Bodenkupfer.

Mangan

Unter reichlich oxidierenden Bedingungen ist Pyrolusit (β-MnO_2) das stabilste Manganmineral. Mangan besitzt in seinen Sauerstoffverbindungen meist gemischte Oxidationszahlen, unter stark reduzierenden Bedingungen tritt jedoch bevorzugt Manganit $\langle\gamma$-$MnO(OH)\rangle$ auf.

Molybdän

Die löslichkeitsbestimmenden Minerale sind $MnCO_3$ (Rhodochrosit) unter niedrigen Redoxbedingungen bzw. Fe_3O_4 (Magnetit) unter oxidierenden Bedingungen, beide durch Adsorption. Ferrimolybdit $\langle Fe_2(MoO_4)_3\rangle$ und Wulfenit ($PbMoO_4$) sind ebenfalls von bedeutendem Einfluß.

Quecksilber

Die Halogenidverbindungen Hg_2Cl_2, Hg_2Br_2 und Hg_2I_2 können als Minerale in Böden vorkommen, wenn die Konzentrationen der entsprechenden Anionen hoch genug sind. Unter reduzierenden Bedingungen kann Zinnober (α-HgS) auftreten, aber auch methylierte Quecksilberspezies können im Boden gebildet werden.

Zink

Die in Böden sorbierten Formen von Zn^{2+} (Bodenzink) sind normalerweise stabiler als die meisten Zinkminerale außer Franklinit ($ZnFe_2O_4$), welches je nach der Fe^{2+}-Konzentration einen wichtigen Faktor bei der Festlegung der Löslichkeit von Zink darstellen dürfte.

2.3.5   Organische Komplexbildung

Zusätzlich zu ihrer Mitwirkung bei Kationenaustauschreaktionen adsorbieren feste Humus-stoffe wie z.B. Huminsäuren Metalle auch durch die Bildung von Chelatkomplexen. Die Bildungskonstanten[6] von Chelatkomplexen nehmen je nach Zentralmetall etwa in der folgenden Reihenfolge ab: $Cu^{2+} > Fe^{3+} = Al^{3+} > Mn^{2+} = Co^{2+} > Zn^{2+}$. Organische Liganden mit niedrigem Molekulargewicht, auch solche, die nicht von humosen Stoffen abstammen, können mit Metallen lösliche Komplexe bilden und damit ihre Adsorption oder Fällung verhindern. Humose Stoffe mit geeigneten Reaktionsstellen wie z.B. aliphatischen und aromatischen Hydroxy- sowie Carboxyfunktionen bilden mit Metallionen Koordinationskomplexe. Carboxygruppen spielen bei der Bindung von Metallen durch Humin- und Fulvosäuren die wichtigste Rolle. Die Höchstmenge an organisch-komplexgebundenem Metall entspricht empirisch etwa der Anzahl der vorhandenen Carboxygruppen [4].

2.3.6   Selektivität von Adsorbenzien für bestimmte Metalle

Der Grad, in dem Metalle durch die beschriebenen Mechanismen adsorbiert werden können, variiert, und die einzelnen Adsorbenzien zeigen, wie aus Tabelle 2.5 ersichtlich, Unterschiede in der Selektivitätsfolge für die einzelnen Metalle.

Es zeigt sich, daß die Rangfolge der Selektivität für bestimmte Metalle zwischen den einzelnen Adsorbenzien differiert und daß im Falle der Eisenhydroxide auch Unterschiede in der Abfolge bei den verschiedenen Oxidmineralien auftreten. Die relative Selektivität für Metall-

Tabelle 2.5.   Selektivität der Bodenbestandteile für zweiwertige Metalle

Adsorbens	Reihenfolge der Selektivität	Literatur
Montmorillonit (Na)	Ca > Pb > Cu > Mg > Cd > Zn	[29]
	Cd = Zn > Ni	[30]
Illit (Na)	Pb > Cu > Zn > Ca > Cd > Mg	[29]
Kaolinit (Na)	Pb > Ca > Cu > Mg > Zn > Cd	[29]
	Cd > Zn > Ni	[30]
Smectit, Vermiculit u. Kaolinit	Zn > Mn > Cd > Hg	[31]
Albit, Labradorit	Zn > Cd > Mn > Hg	[31]
Fe-Oxidhydroxide		
Ferrihydrit	Pb > Cu > Zn > Ni > Cd > Co > Sr > Mg	[32]
Hämatit	Pb > Cu > Zn > Co > Ni	[33]
Goethit	Cu > Pb > Zn > Co > Cd	[34]
Mineralboden auf marinem Ton	Pb > Cu > Zn > Cd > Ca	[35]
Torf	Pb > Cu > Cd > Zn > Ca	[36]

---

[6] Komplexbildungskonstanten werden auch als Assoziations- oder Stabilitätskonstanten bezeichnet.

kationen läßt sich im wesentlichen durch das Prinzip der harten bzw. weichen Lewis-Säuren und -Basen erklären („hard and soft acids and bases" (HSAB), Pearson-Konzept). Harte Lewis-Säuren bevorzugen Reaktionen oder Komplexbildung mit harten Lewis-Basen; weiche Säuren bevorzugen weiche Basen [30]. Die Bezeichnung „hart" beschreibt eine große Elektronegativität, geringe Polarisierbarkeit und einen kleinen Ionenradius, „weich" hingegen jeweils das Gegenteil. Zu den harten Lewis-Säuren gehören die folgenden Kationen: H^+, Li^+, Na^+, K^+, Rb^+, Cs^+, Be^{2+}, Mg^{2+}, Ca^{2+}, Sr^{2+}, Ti^{4+}, Cr^{3+}, Mn^{2+}, Fe^{3+} und Co^{3+}. Zu den weichen Lewis-Säuren gehören: Cu^+, Ag^+, As^{3+}, Cd^{2+}, Hg^+, Hg^{2+}, Tl^+, Pd^{2+}, und Pt^{2+}. Unter den Grenzfällen, die sich in diese Klassifizierung nicht gut einordnen lassen, sind: Fe^{2+}, Co^{2+}, Ni^{2+}, Zn^{2+}, Sb^{3+} und Pb^{4+} [37]. Die Anwesenheit von Komplexliganden kann die Anwendung der HSAB-Regeln erschweren, wie z.B. bei Chloridionen der Fall ist, die Cd^{2+} durch Komplexbildung „maskieren" und die adsorbierte Cadmiummenge herabsetzen [32]. Wasser ist eine sehr harte Base, Tonmineralien reagieren als weiche Basen, Eisen(III)-oxide hingegen als harte. Daher binden Tonminerale bevorzugt Cd^{2+} vor Zn^{2+} oder Ni^{2+}, die verhältnismäßig hart sind und von Eisen(III)-oxiden als härteren Basen stärker adsorbiert werden [30]. Die OSi-Umgebung der Zwischenschicht-Adsorptionspositionen beim Montmorillonit ist härter als die OH-Liganden enthaltende Umgebung in den Oktaederschichten von Kaolinit, der daher eine Bevorzugung für die weiche Säure Cd^{2+} zeigt [30].

2.3.7   Quantitative Beschreibung der Metallionenadsorption

Die Adsorption von Ionen durch Böden wird quantitativ üblicherweise entweder durch Langmuir- oder Freundlich-Adsorptionsisothermen beschrieben. Die Langmuir-Gleichung lautet

$$\frac{c}{x/m} = \frac{1}{K \cdot b} + \frac{c}{b}$$

wobei c die Ionenkonzentration der Lösung im Gleichgewicht, x/m die Menge des pro Adsorbenseinheit adsorbierten Ions, K eine mit der Bindungsenergie zusammenhängende Konstante und b die Maximalmenge eines Ions ist, das von einem bestimmten Adsorbens adsorbiert werden kann [26]. Diese Gleichung läßt sich bei Böden bequem anwenden, da K und b leicht experimentell bestimmt werden können, wodurch bei einem gegebenen Eintrag c die adsorbierte Menge errechnet werden kann [38]. Das Adsorptionsmaximum b in der Gleichung entspricht dem experimentellen Befund, daß Metalle umso weniger stark gebunden werden, je weiter die Adsorption voranschreitet. In stark SM-verunreinigten Böden besteht daher die Möglichkeit, daß Schwermetallionen aufgrund der adsorptiven Sättigung in Lösung bleiben.

Die Freundlich-Adsorptionsisotherme wird durch folgende Gleichung beschrieben:

$$x = k \cdot c^n \quad \text{bzw.} \quad \log x = \log k + n \cdot \log c \,,$$

wobei x die pro Einheit des Adsorbens adsorbierte Adsorbatmenge, c die Konzentration des Adsorbats in Lösung und k bzw. n eine Konstante ist [26]. Bei dieser Formulierung ergibt sich kein Adsorptionsmaximum [38].

Keine dieser beiden Gleichungen liefert Aufschluß über die mitwirkenden Adsorptionsmechanismen und beide gehen vereinfachend davon aus, daß die Adsorptionsstellen gleichmäßig verteilt sind und daß zwischen den adsorbierten Ionen keine Reaktion stattfindet. Die Gleichungen werden jedoch trotzdem als praxistauglich angesehen, denn die Meßergebnisse stimmen meist gut mit diesen Isothermen überein. De Haan u. Zwerman [38] stellten für besondere Sorptionsbedingungen eine vereinfachte, auf den Freundlich- und Langmuir-Gleichungen basierende Gleichung auf:

$$x/m = K_d \cdot c_0 \,,$$

wobei K_d eine Verteilungskonstante ist, die dem Gefälle der Isotherme entspricht, sowie c_0 die Konzentration des Adsorbats nach Einstellung des Adsorptionsgleichgewichts. Der Verteilungskoeffizient K_d ist ein nützlicher Parameter für den Vergleich der Sorptionskapazitäten verschiedener Böden und Stoffe für ein bestimmtes Ion unter den gleichen Versuchsbedingungen:

$$K_d \;=\; \frac{\text{pro Bodengewichtseinheit sorbierte Menge}}{\text{pro Flüssigkeitsvolumeneinheit gelöste Menge}} \,.$$

Allen [39] hat die jüngere Literatur zur Speziation (Vorliegen und Bildung verschieden gebundener Spezies) von Metallen in Sedimenten ausgewertet und, in geringerem Umfang, deren Anwendung auf Böden. Dabei ist sein Verweis auf die Arbeit von Lee et al. [40] von besonderem Interesse, wo Verteilungskoeffizienten von Böden benutzt wurden, um die Metallhöchstkonzentrationen zu bestimmen, bei denen ein Anstieg der Konzentrationen im Grundwasser über die Trinkwassergrenzwerte hinaus sicher ausgeschlossen ist. Die Autoren bestimmten die K_d-Werte von Böden für Cadmium bei einer Reihe von pH-Werten und leiteten daraus eine Bodengesamtkonzentration entsprechend den Trinkwassergrenzwerten ab. Damit entwickelten sie ein Qualitätskriterium für Böden, Boden-*QK* genannt [mg/kg]. Sie verwendeten dazu folgende Größen: Trinkwassergrenzwert *TWG* eines bestimmten Metalls, Porosität n, Teilchendichte D_s und Grad der Wassersättigung p des untersuchten Bodens. Damit ergab sich:

$$\text{Boden-}QK \;=\; TWG \cdot K_d \;+\; \frac{n \cdot p}{D_s \cdot (1-n)} \,.$$

Für eine Reihe von Böden aus New Jersey (USA) mit pH-Werten zwischen 3,9 und 6,2, OM-Gehalten von bis zu 2,9 %, Tongehalten von bis zu 37 % und *KAK*-Werten zwischen 0,9 und 9,5 cmol$_c$/kg erhielten sie als Boden-*QK* für Cadmium Werte zwischen 0,09 und 4,5 mg/kg.

2.3.8   Adsorption als Oberflächenkomplexbildung

In Anbetracht der Grenzen herkömmlicher Ansätze zur Beschreibung der Adsorption von Metallionen schlugen Sposito u. Page [18] ein alternatives Modell vor, in dem Adsorption als Komplexbildung mit funktionellen Gruppen auf den Feststoffoberflächen angesehen wird. Dabei werden an die Mineraloberfläche komplexierte Metallspezies gebildet, die im Prinzip

Tabelle 2.6. Chemische Hauptspezies von Metallen in Bodenlösungen unter oxidierenden Bedingungen. (Nach [16])

Metall	Saure Böden	Alkalische Böden
Cd	Cd^{2+}, $CdSO_4$, $CdCl^+$	Cd^{2+}, $CdCl^+$, $CdSO_4$, $CdHCO_3^+$
Cr	$Cr(OH)_2^+$, CrO_4^{2-}	CrO_4^{2-}, $Cr(OH)_4^-$
Cu	Org. Komplexe, Cu^{2+}	$CuCO_3$, org. Komplexe, $CuB(OH)_4^+$
Fe	Fe^{2+}, $FeSO_4$, $FeH_2PO_4^+$, $FeOH^{2+}$, $Fe(OH)_2$	$FeCO_3$, Fe^{2+}, $FeHCO_3$, $FeSO_4$, $Fe(OH)_3$, org. Komplexe
Mn	Mn^{2+}, $MnSO_4$, org. Komplexe	Mn^{2+}, $MnSO_4$, $MnCO_3$, $MnHCO_3^+$, $MnB(OH)_4^+$
Mo	H_2MoO_4, $HMoO_4^-$	$HMoO_4^-$, MoO_4^{2-}
Ni	Ni^{2+}, $NiSO_4$, $NiHCO_3^+$, org. Komplexe	$NiCO_3$, $NiHCO_3^+$, Ni^{2+}, $NiB(OH)_4^+$
Pb	Pb^{2+}, org. Komplexe, $PbSO_4$, $PbHCO_3^+$	$PbCO_3$, $PbHCO_3^+$, $Pb(CO_3)^{2-}$, $PbOH^+$
Zn	Zn^{2+}, $ZnSO_4$	$ZnHCO_3^+$, $ZnCO_3$, Zn^{2+}, $ZnB(OH)_4^+$

analog zu den in der Bodenlösung vorhandenen wäßrigen Komplexen sind. In Tabelle 2.6 sind die Hauptspezies in abnehmender Häufigkeit entsprechend den Berechnungen nach dem GEOCHEM-Modell zusammengestellt [18]. Der pH-Wert vieler Böden liegt im neutralen Bereich, so daß die dort vorhandenen Hauptspezies in einigen Fällen von den für saure oder alkalische Böden aufgeführten abweichen können.

Funktionsgruppen auf Oberflächen wie die Hydroxygruppen von Tonmineralien und Oxiden, die SiO-Liganden zwischen den Schichten in 2 : 1-Tonen und die Carboxy-, Amino- sowie phenolischen Hydroxygruppen auf den Oberflächen von organischen Komponenten reagieren mit den Metallspezies zu Oberflächenkomplexen [18]. Es gibt zwei Arten dieser Oberflächenkomplexe:

– Inner-sphere-Komplexe, in denen die Oberflächengruppe Aquoliganden der Metallspezies verdrängt und so direkt an das betreffende Ion gebunden ist und

– Outer-sphere-Komplexe, bei denen wenigstens ein Wassermolekül zwischen der Funktionsgruppe und dem Ion verbleibt.

Die Bindung in Outer-sphere-Komplexen ist in der Regel elektrostatischer Natur und entspricht der unspezifischen Adsorption beim Kationenaustausch. Outer-sphere-Komplexe sind weniger stabil als Inner-sphere-Komplexe, die den spezifisch adsorbierten und den organisch chelatisierten Metallionen entsprechen.

Zusätzlich zu Wechselwirkungen mit der festen Phase gibt es natürlich auch gelöste komplexbildende Liganden, die mit den Metallionen in der Bodenlösung reagieren.

2.3.9   Biologische Methylierung von Schwermetallen

Einige Elemente wie z.B. Quecksilber, Arsen, Selen, Tellur, Thallium und Indium können von Mikroorganismen zu flüchtigen Molekülen wie CH_3HgX (X=Halogen), $(CH_3)_2Se$ und $(CH_3)_3As$ methyliert werden, was einen wichtigen Mechanismus für den Verlust dieser Metalle aus Böden darstellen kann [41]. Die Methylierung wird bekanntermaßen sowohl von aeroben als auch von anaeroben Bakterien- und Pilzarten verursacht, sie läuft jedoch bevorzugt in anaeroben Sedimenten in aquatischer Umgebung ab. An der biologischen Methylierung ist stets Methylcobalamin, ein methyliertes Derivat des cobalthaltigen Vitamins B_{12}, beteiligt (s. Kap. 10). Die Geschwindigkeit, mit der biologische Methylierung abläuft, hängt von Umgebungsbedingungen wie Temperatur, Redoxverhältnissen und pH-Wert ab. Methylierung kann darüber hinaus auch auf nicht-biologischen Wegen erfolgen. Methylierte Quecksilberspezies sind das in alkalischer Umgebung beständigere $(CH_3)_2Hg$ und das in neutralen bis sauren Böden stabile CH_3Hg^+. Für Blei wird ebenfalls angenommen, daß es durch biologische und abiologische Mechanismen in der Umwelt methyliert wird, wobei die Beweise jedoch nicht schlüssig sind. Die meisten organischen Bleiverbindungen in der Umwelt dürften von Benzinzusätzen stammen.

2.4   Schwermetalle im System Boden-Pflanze

2.4.1   Wechselwirkungen zwischen Boden und Pflanze

Die wichtigsten Wechselwirkungen für die Dynamik der Schwermetalle zwischen Böden und Pflanzen sind in Abb. 2.3 dargestellt. Das System Boden-Pflanze stellt ein offenes System dar, das Einträgen in Form von Verunreinigungen, Düngemitteln, Pestiziden usw. bzw. Verlusten z.B. bei der Ernte von Pflanzen oder durch Auswaschung, Erosion und Verflüchtigung unterliegt.

2.4.2   Aufnahme von Schwermetallen durch Pflanzen

Die von einer Pflanze absorbierten Metallmengen werden durch folgende Faktoren bestimmt:
- die Konzentration und die chemische Spezies des Metalls in der Porenlösung,
- die Mobilität des Metalls bei seinem Weg aus dem Gesamtboden zur Wurzeloberfläche,
- den Transport des Metalls von der Oberfläche der Wurzel in diese hinein und
- die Verlagerung des Metalls von der Wurzel in die Triebe [2, 43].

Die Aufnahme der in der Bodenlösung vorhandenen mobilen Ionen durch die Pflanze wird im wesentlichen durch die im Boden vorhandene Gesamtmenge dieser Ionen bestimmt. Im Falle von stark adsorbierten Ionen hängt die Adsorption jedoch stärker von Menge und Oberfläche des Wurzelgeflechts ab [2]. Mycorrhizen sind symbiotische Pilze, die den Wurzeln zusätzliche Adsorptionsfläche zur Verfügung stellen und die Aufnahme von Makronährstoffionen wie Orthophosphaten und Mikronährstoffen unterstützen. Wurzeln verfügen vor allem

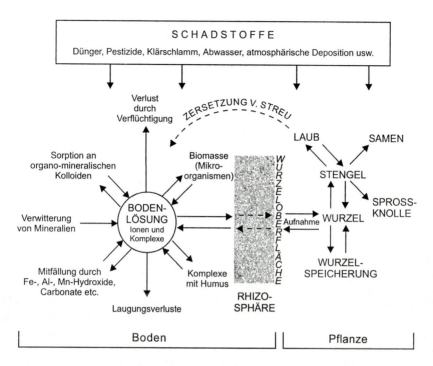

Abb. 2.3. Das System Pflanze-Boden mit den Schlüsselfaktoren der Schwermetalldynamik. (Abgewandelt aus [42])

aufgrund ihrer Carboxygruppen über eine beträchtliche Kationenaustauschkapazität, was für den Ionentransportmechanismus durch die Wurzelrinde bis an die Plasmalemmata (Plasmamembranen), wo die aktive Absorption stattfindet, sicher eine bedeutende Rolle spielt.

Die Absorption von Metallen durch Pflanzenwurzeln beinhaltet passive und aktive (metabolische) Prozesse. Die passive (nicht-metabolische) Aufnahme umfaßt die Diffusion von Ionen der Bodenlösung in die Endodermis der Wurzel (Trenngewebe zwischen Rinde und Leitbündel). Im Gegensatz dazu verläuft die aktive Aufnahme gegen einen Konzentrationsgradienten, benötigt somit Stoffwechselenergie und kann daher durch Toxine behindert werden. Die verantwortlichen Mechanismen scheinen von Metall zu Metall zu variieren. So ist z.B. die Aufnahme von Blei vermutlich passiv, die Aufnahme von Kupfer, Molybdän und Zink hingegen entweder aktiv metabolisch oder eine Kombination von aktiver und passiver Aufnahme [44].

Die Absorptionsmechanismen schwanken je nach Element. Es ist anzunehmen, daß Ionen, die von den Wurzeln aufgrund derselben Mechanismen absorbiert werden, in Konkurrenz zueinander stehen. So wird z.B. die Absorption von Zn^{2+} durch Cu^{2+} und H^+ inhibiert, jedoch nicht durch Fe^{2+} und Mn^{2+}; und die Aufnahme von Cu^{2+} wird durch Zn^{2+}, NH_4^+, Ca^{2+} und K^+ zurückgedrängt [45, 46].

Die Rhizosphäre ist eine etwa 1–2 Millimeter breite Zone zwischen den Pflanzenwurzeln und dem umgebenden Boden. In sie gelangen aus den Wurzeln beträchtliche Mengen an organischem Material wie z.B. Exsudate, Schleimstoffe, abgestorbene Zellen und deren

Auflösungsprodukte [47]. Diese organischen Bestandteile führen innerhalb der Rhizosphäre zu intensiver biologischer und biochemischer Aktivität, wodurch die Wurzeln in die Lage versetzt werden, einige der Metalle, die in den Böden stark adsorbiert sind, durch Ansäuerung, Redoxveränderungen oder die Bildung von organischen Komplexen zu mobilisieren. Von Phenolverbindungen und bestimmten Aminosäuren ist bekannt, daß sie dabei mitwirken, Fe^{3+} und Mn^{4+} in Lösung zu bringen.

Die Wurzelexsudate von Getreiden, die Mangel an Mikronährstoffen wie Eisen und Zink leiden, enthalten anscheinend Stoffe wie den Phytosiderophor 2´-Desoxymugineinsäure, die diese und andere Metalle aus den Sorptionsstellen in der Umgebung der Wurzeln mobilisieren können [44]. Mench u. Martin [48] haben nachgewiesen, daß die Wurzelexsudate von Mais und Tabak bei gleichen Kohlenstoffgehalten je nach Pflanzenart unterschiedliche Mengen Mangan, Kupfer, Cadmium und Eisen extrahieren. Tabakwurzelexsudate förden die Extraktion von Cadmium, aber senken die von Eisen, während Wurzelexsudate von Mais die Konzentrationen keines dieser beiden Metalle beeinflussen.

Die Aufnahme von Metallen aus Böden ist bei Topfpflanzen in Treibhäusern größer als bei den gleichen Pflanzen in denselben Böden im Freiland [45, 47]. De Vries u. Tiller [49, 50] beobachteten, daß die Aufnahme von Cadmium durch in Töpfen wachsende Salatpflanzen und Zwiebelknollen 6- bzw. 25mal größer ist, als wenn sie in den gleichen Böden im Freiland wachsen. Dies könnte möglicherweise auf Unterschiede im Mikroklima und der Bodenfeuchtigkeit zurückzuführen sein und darauf, daß die Wurzeln der Topfpflanzen ausschließlich in (verunreinigtem) Oberboden wachsen, während die Wurzeln der Feldpflanzen auch in weniger verunreinigte Bodenpartien hinunterreichen dürften.

Die relativen Unterschiede in der Aufnahme von Metallionen zwischen verschiedenen Pflanzenarten und -züchtungen ist genetisch bestimmt und läßt sich u. a. auf folgende Faktoren zurückführen: Wurzeloberfläche, Kationenaustauschkapazität der Wurzeln, Wurzelexsudate und Evapo-Transpirationsrate. Der letztgenannte Mechanismus beeinflußt den Massenfluß der Bodenlösung in der Umgebung der Wurzel und damit die Bewegung der Ionen in Richtung der absorbierenden Wurzeloberfläche. Kloke et al. [51] gaben für die biologisch bedeutendsten Schwermetalle die in Tabelle 2.7 aufgeführten ungefähren Transferkoeffizienten an. Der Transferkoeffizient errechnet sich als das Verhältnis von Metallkonzentration im oberirdischen Pflanzengewebe zur Gesamtbodenkonzentration dieses Metalls. Eine Vielzahl von Boden- und Pflanzenfaktoren kann die Ansammlung von Metallen in Pflanzen beeinflussen, so daß die obigen Werte nur als ein Hinweis auf die Größenordnung der Transferkoeffizienten und nicht als exakte Werte betrachtet werden können. Aus Tabelle 2.7 ist ersichtlich, daß Cadmium, Thallium und Zink die höchsten Transferkoeffizienten aufweisen und damit am leichtesten von allen betrachteten Metallen aufgenommen und umgelagert werden.

Es hat sich gezeigt, daß manche Pflanzenarten sehr hohe Konzentrationen bestimmter Metalle ansammeln können, weshalb sie auch als „Supersammler"-Arten bezeichnet werden. Baker et al. [52] berichteten, daß einige *Thlaspi*-Arten, die von Natur aus an metallreiche Böden in Blei-Zink-vererzten Regionen Europas angepaßt sind, solche Supersammler für Zink, Cadmium und Blei darstellen. In solchen *Thlaspi*-Arten wurden Konzentrationen von mehr als 3 % Zink, 0,01 % Cadmium und 0,8 % Blei festgestellt. Von Natur aus an serpentinithaltige Böden angepaßte *Alyssum*-Arten können in ihrem Gewebe mehr als 2 % Nickel anreichern. Solche Supersammler-Arten sind damit potentiell zum Einsatz bei der In-situ-

Tabelle 2.7. Boden-Pflanze-Transferquotienten verschiedener Schwermetalle [51]

Element	Boden-Pflanze-Transferquotient
As	0,01–0,1
Be	0,01–0,1
Cd	1–10
Co	0,01–0,1
Cr	0,01–0,1
Cu	0,1–10
Hg	0,01–0,1
Ni	0,1–1,0
Pb	0,01–0,1
Se	0,1–10
Sn	0,01–0,1
Ti	1–10
Zn	1–10

Regenerierung metallverunreinigter Böden geeignet. McGrath et al. [53] beobachteten, daß *T. caerulescens* Zink 150mal stärker ansammelt als nicht-akkumulierende Pflanzen und in der Lage ist, doppelt soviel Zink aus einem Boden zu extrahieren wie nach den bestehenden englischen Richtwerten [53] innerhalb einer Saison mit Klärschlamm aufgebracht werden dürfen. *A. tenium* kann etwa 45 % des zulässigen Nickeleintrags aus mit Klärschlamm beaufschlagtem Boden entfernen.

2.4.3   Absorption von Metallen durch Blätter

Neben der Absorption durch die Wurzeln können Pflanzen einige Elemente in beträchtlichen Mengen auch über die Oberfläche der Blätter absorbieren. Dies wird in der Landwirtschaft zur Versorgung von Pflanzen mit bestimmten Mikronährstoffen wie z.B. Mangan und Kupfer genutzt, kann aber auch einen bedeutenden Weg für das Eindringen atmosphärischer Schadstoffe wie Cadmium in die Nahrungskette darstellen [54]. Die Umfang der Absorption gelöster Stoffen durch die Blätter hängt von der Art der Pflanze ab, von ihrem Ernährungszustand, der Dicke der Cuticula (Überzug aus Pflanzenwachsen), dem Alter der Blätter, dem Vorhandensein von Schließzellen der Stomata (Spaltöffnungen), dem Feuchtigkeitsgrad der Blattoberfläche und der Art der gelösten Stoffe [47, 55]. Metallantagonismen, z.B. zwischen Kupfer und Zink, können bei der Absorption durch Blätter ebenso wie bei der Aufnahme durch Wurzeln auftreten, wobei eventuell vorhandene begleitende Ionen ebenfalls einen Einfluß ausüben [55]. Aus Aerosolen abgelagerte bleihaltige Teilchen können die Cuticula höherer Pflanzen nicht durchdringen, neigen aber dazu, auf der Blattoberfläche haften zu bleiben. Sie können hingegen durch die Cuticula einiger Bryophyten (Moose) absorbiert werden [56].

2.4.4   Umlagerung von Metallen in Pflanzen

Wenn Ionen erst einmal durch Wurzeln oder Blätter absorbiert und ins Xylem (Gefäß- oder Holzteil der Leitbündel) transportiert wurden, besteht für sie die Möglichkeit, in sämtliche Teile der Pflanze zu gelangen. Geschwindigkeit und Umfang der Wanderung innerhalb einer Pflanze hängt vom jeweiligen Metall ab, dem Organ der Pflanze und ihrem Alter. Nach Chaney u. Giordano [43] werden Mangan, Zink, Cadmium, Bor, Molybdän und Selen am leichtesten in die oberen Teile der Pflanze umgelagert und Chrom, Blei und Quecksilber am wenigsten; Nickel, Cobalt und Kupfer nehmen dabei eine mittlere Position ein. Bei Untersuchungen des Xylemsaftes zeigte sich, daß Mangan im wesentlichen als freies Ion auftritt, wohingegen in Reis 35 % des Mangans organisch gebunden ist. Nickel und Zink können in Anionenkomplexen auftreten, Chrom insbesondere als Trioxalatochromat(III) [57]. Kupfer liegt in Form von organischen Komplexen mit Aminosäuren oder in anderen, anionischen Komplexen vor [58].

In den Blättern können Metallionen in Proteine eingelagert werden oder im Phloem (Sieb- oder Bastteil der Leitbündel) zusammen mit Photosyntheseprodukten in andere Pflanzenteile umgelagert werden. Die relative Verteilung von Schwermetallen in den oberen Teilen von Pflanzen im Vergleich zu ihrer Konzentration in Nähr- oder Bodenlösungen ist in Abb. 2.4 dargestellt. Nach ihrer Absorption über die Wurzeln werden die Metalle in unterschiedlichem

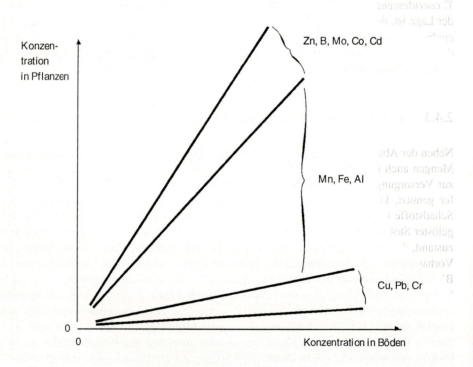

Abb. 2.4.   Metallaufnahme oberirdischer Pflanzenteile in Abhängigkeit der Metallkonzentration in Nähr- oder Bodenlösungen. (Nach [76], mit Genehmigung der Autoren)

Maße umverteilt, und zwar in der abnehmenden Reihenfolge Cd > B > Zn > Cu > Pb [44]. Viele Pilzarten können verhältnismäßig große Metallmengen selbst aus nicht verunreinigten Waldböden aufnehmen. Dies verdient gerade bei eßbaren Arten wie Champignons Beachtung, da in ihnen potentiell schädliche Metalle wie Cadmium zu beträchtlichen Konzentrationen angereichert werden können, insbesondere dort, wo die Böden stark verschmutzt sind. Da in vielen Ländern wie z. B. Rußland und anderen Ländern Mittel- und Osteuropas Pilze in den Wäldern gesammelt und auf verschiedenen Wegen zum Verzehr während der Wintermonate konserviert werden, können sie einen wesentlichen Beitrag zur Aufnahme von Metallen mit der Nahrung darstellen.

2.4.5   Wechselwirkungen zwischen Metallen und anderen Elementen

Abbildung 2.5 gibt eine Übersicht der antagonistischen und synergistischen Wechselwirkungen der Metalle untereinander, wobei sowohl Spuren- als auch Bodenhauptelemente aufgeführt sind, und zwar einerseits im Inneren von Pflanzen sowie andererseits im Boden an der Wurzeloberfläche, wo die Wechselwirkungen vorwiegend absorptiver Natur sind [44].

2.4.6   Biologische Bedeutung von Spurenelementen

Zur Feststellung, ob ein Spurenelement für das normale, gesunde Wachstum einer Pflanze und/oder eines Tiers essentiell ist, sind folgende drei Kriterien maßgebend:

– Ohne eine angemessene Zufuhr des Elements kann der Organismus weder wachsen, noch seinen Lebenszyklus vollenden.

– Das Element kann nicht vollständig durch ein anderes ersetzt werden.

– Das Element übt einen direkten Einfluß auf den Organismus aus und nimmt an seinem Stoffwechsel teil [57].

Neben C, H, O, N, P, K und S sind auch noch folgende Elemente für Pflanzen essentiell:

Al, B, Br (Algen), Ca, Cl, Co, Cu, F, Fe, I, K, Mg, Mn, Mo, Na, Ni, Rb, Si, Ti, V, Zn [44].

Obwohl all diese Elemente die Kriterien für essentielle Elemente erfüllen, dürften viele kaum je in Mangelerscheinungen bei landwirtschaftlichen Früchten eine Rolle spielen. Die zweifelsohne essentiellen Spurenelemente, die am ehesten zu Mangelerscheinungen bei Pflanzen ühren können, sind: B, Cu, Fe, Mn, Mo und Zn. Cobalt ist von lebenswichtiger Bedeutung für die symbiotischen Bakterien in den Wurzelknöllchen von Leguminosen [44, 59].

Die für Tiere essentiellen Elemente sind:

As, Ca, Cl, Co, Cr, Cu, F, Fe, I, Mg, Mn, Mo, Na, Ni, Se, Si, Sn, V und Zn.

(In sehr geringen Konzentrationen könnten Ba, Cd, Pb und Sr ebenfalls essentiell sein [57].)

Einige der genannten Elemente sind in sehr niedrigen Konzentrationen essentiell, jedoch bei Mangelerscheinungen von geringer praktischer Bedeutung. Für Tiere stellt die Toxizität von Blei eine ernsthafte Gefahr dar. Für sie sind die folgenden Spurenelemente eindeutig essentiell: Co (bei Wiederkäuern), Cu, Fe, I, Mg, Se und Zn [60].

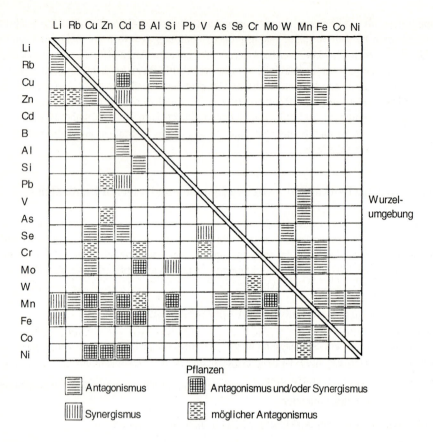

Abb. 2.5.   Wechselwirkungen zwischen Metallen in Pflanzen und an der Wurzeloberfläche. (Nach [44], mit
Genehmigung des Verlags)

Essentielle Spurenelemente werden häufig auch als „Mikronährstoffe" bezeichnet. Wird
ein Organismus nicht ausreichend mit solchen Mikronährstoffen versorgt, wird sein Wachstum beeinträchtigt. Andererseits wirkt das Überangebot eines Mikronährstoffs toxisch. Typische Kurven für die Relation zwischen Dosis und Wirkung für Mikronährstoffe und nicht-
essentielle Spurenelemente sind in Abb. 2.6 zusammengestellt. Abbildung 2.6a zeigt, daß bei
ungenügender Versorgung einer Pflanze mit einem Mikronährstoff Wachstum und Ertrag
drastisch sinken und Mangelerscheinungen auftreten. Bei steigenden Mikronährstoffgaben
nimmt die Ertragsminderung allmählich ab und die Mangelsymptome sind weniger ausgeprägt. Bei einigen Mikronährstoffen wie z.B. Kupfer können subklinische oder latente Män-
gel vorliegen, bei denen Ertragsminderungen von etwa 20% zu verzeichnen sind, ohne daß
deutliche Mangelsymptome erkennbar werden. Dieses Phänomen zeigen allerdings nicht alle
Mikronährstoffe. Wenn die Zugabe des Mikrostoffs über die untere kritische Grenze ansteigt,
tritt eine Plateauzone auf, innerhalb derer der weitere Anstieg ohne Einfluß auf den Ertrag
bleibt. Jenseits der oberen kritischen Konzentration setzen aufgrund des Toxizitätsanstiegs
Ertragseinbußen ein, deren Ausmaß bis zum Erreichen der letalen Dosis zunimmt.

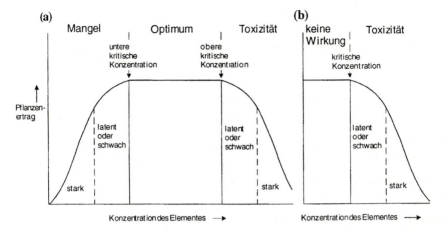

Abb. 2.6.   Typische Kurven für Dosis und Wirkung bei Spurenelementen: a) essentielle Spurenelemente (Mikronährstoffe), b) nicht-essentielle Spurenelemente. Den Bereich des Optimums bei den Mikronährstoffen (zwischen unterer und oberer kritischer Konzentration) bezeichnet man auch als Luxus

Wie aus Abb. 2.6b, der Kurve für die nicht-essentiellen Elemente, hervorgeht, zeigen sich hier bei geringeren Konzentrationen keine Mangelerscheinungen. Der Ertrag bleibt zum Erreichen der oberen Konzentrationsgrenze unbeeinflußt, danach stellen sich jedoch ebenso wie bei einem Mikronährstoffüberangebot Vergiftungserscheinungen ein.

2.4.7   Auftreten von Mikronährstoffmangel bei Pflanzen

Pflanzenspezies und -varietäten (bzw. -züchtungen) können große Unterschiede in ihrer Empfindlichkeit gegenüber einem Mikronährstoffmangel bzw. der Giftwirkung bei höherer Dosierung aufweisen. Tabelle 2.8 zeigt die Unterschiede in der Reaktion wichtiger Ackerpflanzenarten auf ungenügende Zufuhr von Mikronährstoffen. Einige Varietäten dieser Pflanzen können jedoch von dem allgemeinen Schema abweichen.

Tabelle 2.8.   Empfindlichkeit von Nutzpflanzen gegenüber ungenügender Versorgung mit Mikronährstoffen (h = hoch, m = mittel, n = niedrig). (Abgewandelt aus [61, 62])

Pflanze	Zn	Fe	Mn	Mo	Cu	B
Gerste	m	h	m	n	m	n
Mais	h	m	n	n	m	n
Kartoffeln	m	–	m	n	n	n
Reis	m	h	m	n	h	–
Sojabohnen	m	h	h	m	n	n
Zuckerrüben	m	h	h	m	m	h
Weizen	n	n	h	n	h	n

2.4.8   Schwermetalltoxizität bei Pflanzen

Übermäßige Konzentrationen an essentiellen und nicht-essentiellen Metallen führen zu Phytotoxizität. Kabata-Pendias u. Pendias [44] machen hierfür die folgenden Mechanismen verantwortlich:

– Veränderungen in der Permeabilität der Zellmembran:
  Ag^+, Au^+, Br^-, Cd^{2+}, Cu^{2+}, Hg^{2+}, I^-, Pb^{2+}, UO_2^{2+};

– Reaktion von Thio- (SH-) Gruppen mit Kationen:
  Ag^+, Hg^{2+}, Pb^{2+};

– Konkurrenz um Bindungsplätze für essentielle Metaboliten:
  AsO_4^{3-}, F^-; $Sb(OH)_4^-$, SeO_3^{2-}, TeO_3^{2-}, WO_4^{2-};

– Affinität zu Phosphatgruppen und aktiven Gruppen von ADP oder ATP:
  Al^{3+}, Be^{2+}, Y^{3+}, Zr^{4+}, Lanthanoide, möglicherweise sogar alle Schwermetalle;

– Verdrängung essentieller Kationen (Ca^{2+}, Mg^{2+}, K^+, Na^+):
  Ba^{2+}, Cs^+, Li^+, Rb^+, Sr^{2+};

– Besetzung von Bindungsstellen für essentielle Gruppen wie Phosphat und Nitrat:
  AsO_4^{3-}, F^-; BO_3^{3-}, BrO_4^-, SeO_3^{2-}, TeO_3^{2-}, WO_4^{2-}.

Obwohl die relative Toxizität verschiedener Metalle für Pflanzen mit Pflanzengenotyp und Untersuchungsbedingungen variieren kann, sind folgende Metalle, wenn im Übermaß vorhanden, für höhere Pflanzen und Mikroorganismen am giftigsten: Hg, Cu, Ni, Pb, Co, Cd sowie möglicherweise Ag, Be und Sn [48]. Nahrungspflanzen, die eine verhältnismäßig große Toleranz für potentiell schädliche Metalle besitzen, dürften für den Menschen ein größeres Gesundheitsrisiko darstellen als diejenigen, die empfindlicher reagieren und deutliche Vergiftungserscheinungen zeigen. Logan u. Chaney [63] haben nachgewiesen, daß verhältnismäßig hohe Konzentrationen an Zink, Kupfer, Nickel und Cadmium in mit Klärschlamm beaufschlagten Böden auf Mangold, Salat, Karotten, Rote Beete, Steckrüben und Erdnuß am stärksten toxisch wirken, während Mais, Hirse, Trespe und Roter Schwingel („Merlin") auf diese Metallkombination äußerst tolerant reagieren.

Zu den für die Metalltoleranz von Pflanzen ursächlichen Mechanismen gehören die folgenden [44]:

– selektive Aufnahme von Ionen;

– verringerte Permeabilität der Membranen oder andere Veränderungen in Struktur und Funktion der Membranen;

– Immobilisierung von Ionen in Wurzeln, Blättern und Samen;

– Abscheidung der Ionen aus dem Stoffwechsel durch Ablagerung (Speicherung) in gebundener und/oder unlöslicher Form;

– Veränderungen des Stoffwechsels: Verstärkung des durch Metall behinderten Enzymsystems, Verstärkung eines antagonistischen Metaboliten oder Umgehung eines blockierten Stoffwechselpfads;

– Anpassung an ein Enzym, in dem das physiologische Metall durch ein eigentlich toxisch wirkendes Metall ersetzt ist;

– Eliminierung der Ionen aus Pflanzen durch Herauswaschen aus Blättern, durch Blattabwurf und Exkretion aus Blättern und Wurzeln.

Die Toleranz wirkt üblicherweise spezifisch gegenüber einem bestimmten Metall, allerdings kann eine Pflanze auch über Mechanismen verfügen, die sie mehr als ein Element tolerieren lassen. Bei vielen Arten aus ganz unterschiedlichen Pflanzenfamilien wurde Toleranz gegenüber Schwermetallen festgestellt. So wurde z.B. Toleranz gegenüber überhöhten Kupferkonzentrationen bei verschiedenen Arten von Bakterien, Algen, Protozoen, Pilzen, Flechten, Moosen, Leberblümchen, Gräsern, Staudenpflanzen, Bäumen und Büschen beobachtet [64].

Bei der Untersuchung einer Vielzahl von Früchten auf dem gleichen klärschlammgedüngten Boden beobachteten Davis u. Carlton-Smith [65] die in Tabelle 2.9 zusammengefaßten Unterschiede in der relativen Metallakkumulation.

Tabelle 2.9. Relative Akkumulation in Pflanzen: Cadmium und Blei in eßbaren Teilen; Kupfer, Nickel und Zink in Blättern [65]

Metall	Starke Akkumulation	Geringe Akkumulation
Cd	Salat, Spinat, Sellerie, Kohl	Kartoffeln, Mais, Grüne Bohnen, Erbsen
Cu	Zuckerrüben, einige Gersterassen	Lauch, Kohl, Zwiebeln
Ni	Zuckerrüben, Winterlolch, Mangold, Steckrüben	Mais, Lauch, Gersterassen, Zwiebeln
Pb	Grünkohl, Winterlolch, Sellerie	Einige Gersterassen, Kartoffeln, Mais
Zn	Zuckerrüben, Mangold, Spinat, Rote Rübe	Kartoffeln, Lauch, Tomaten, Zwiebeln

2.4.9 Schwermetalle und mikrobielle Biomasse

Verschiedenen Autoren zufolge beeinträchtigen hohe Konzentrationen mancher Schwermetalle in Böden die mikrobielle Aktivität ganz deutlich. Aus Schweden berichtete Tyler [66], daß die normale Zersetzung von Nadelbaumstreu und der Kreislauf der Pflanzennährstoffe in einem Wald in der Umgebung einer Messinghütte inhibiert wurde, die über viele Jahre große Mengen Kupfer, Zink und anderer Metalle als Aerosole emittierte. Infolge der behinderten Mikrobenaktivität war das Baumwachstum in dieser Gegend durch den Mangel an Pflanzenmikronährstoffen verlangsamt. Olsen u. Thornton [67] fanden in Böden von SM-vergifteten Standorten wie Shipham in Somerset (England) (s. Kap. 7) Bakterien mit einer im Vergleich zu Bakterien aus nicht-verunreinigten Böden ausgeprägten Cadmiumtoleranz. Doelman u. Haanstra [68] fanden, daß Blei in verschmutzten niederländischen Böden die mikrobielle Atmung und die Dehydrogenaseaktivität behindert. Es gibt in verunreinigten Böden zwar schwermetalltolerante Mikrobenpopulationen, aber es liegen stets Verschiebungen in der Artenzusammensetzung vor, was sich auf die Bodenfruchtbarkeit auswirken könnte.

In einem langjährigen Feldversuch, der viel Aufsehen erregt hat, wurde festgestellt, daß mit Klärschlamm behandelte Böden mit einem verhältnismäßig hohen Metallgehalt eine um 50 % geringere mikrobielle Biomasse aufwiesen als benachbarte metallärmere Böden [69]. Dabei ergab sich insbesondere, daß Metalle aus Klärschlämmen, die zwischen 1942 und 1961 ausgebracht worden waren, die symbiotische Stickstoffixierung in den Wurzeln des Weißklees wegen der SM-Toxizität für *Rhizobium leguminosum* bv *trifolii* stark inhibierten. Laborversuche in vitro zeigten eine fallende Toxizität in der Abfolge: Cu > Cd > Ni > Zn [70]. Andere Autoren schlußfolgerten nach jüngeren Felduntersuchungen mit Rhizobien an anderen Orten in Großbritannien, daß sich die niedrigen Zahlen dieser Bakterien wahrscheinlich auf eine Inhibition durch Cadmium zurückführen lassen [71]. Bei Untersuchungen stickstoffbindender Bakterien in den USA ließ sich jedoch keine solch hohe Empfindlichkeit gegenüber toxischen Metallen nachweisen [72]. In Böden, die über 90 Jahre durch die Emissionen einer Zinkhütte verunreinigt worden waren, ergab sich keine Korrelation zwischen den Populationen von *Rhizobium meliloti* (symbiotisch mit Alfalfa (*Medicago sativa*)) und extrahierbaren Metallgehalten [72]. Japanische Untersuchungen zu den Auswirkungen von Cadmium, Chrom, Kupfer, Nickel und Blei auf die organische Zersetzung in Gley- und Adosolböden zeigten, daß alle diese Metalle die Bildung von Kohlendioxid behinderten, und zwar Kupfer und Cadmium am stärksten, Blei hingegen am wenigsten [73].

Obwohl sich bei den meisten Untersuchungen herausstellte, daß Kupfer und Cadmium am stärksten toxisch auf Bodenbakterien und dabei besonders auf Rhizobien wirken, stellt Zink aufgrund seiner hohen Konzentration in Klärschlämmen und in damit beaufschlagten Böden das größte Problem dar [74]. Auch wenn Zink für Ackerpflanzen aufgrund direkter Toxizität vermutlich keine ernste Gefahr darstellt, gibt die Tatsache, daß die Anzahl von *Rhizobium leguminosum* in Böden bereits durch Zinkkonzentrationen unterhalb des englischen und europäischen Grenzwerts von 300 mg/kg bedeutend verringert wird, Anlaß zu großer Besorgnis [74, 75]. Der durch Klee auf Weideflächen gebundene Stickstoff könnte auch mittels Kunstdünger zugeführt werden, dennoch stellen die obigen Befunde ein bedrohliches Zeichen der Auswirkungen von Schlämmen auf die Bodenfruchtbarkeit auch bei „normalen" Ausbringungsraten dar.

Literatur

[1]   Bache BW (1979) In: Fairbridge RW, Finkl CW (Hrsg) The Encyclopaedia of Soil Science. Dowden, Hutchinson and Ross, Stroudsburg/PA, S 487–492
[2]   Wild A (Hrsg) (1988) Russell's SoilConditions and Plant Growth, 11. Aufl. Longman, London
[3]   Brady NC (1984) The Nature and Properties of Soils, 9. Aufl. Collier Macmillan, New York
[4]   Chen Y, Stevenson FJ (1986) In: Chen Y, Avinmelech Y (Hrsg) The Role of Organic Matter in Modern Agriculture. Nijhoff, Dordrecht, S 73–112
[5]   Stevenson FJ (1979) In: Fairbridge RW, Finkl CW (Hrsg) Encyclopaedia of Soil Sciences. Dowden, Hutchinson and Ross, Stroudsburg/PA, S 195–205
[6]   Hayes MHB, Swift RS (1978) In: Greenland DJ, Hayes MHB (Hrsg) The Chemistry of Soil Constituents. Wiley, Chichester, S 179–320
[7]   White RE (1987) Introduction to the Principles and Practice of Soil Science, 2. Aufl. Blackwell, Oxford
[8]   Ball DF (1964) J Soil Sci 15: 84–92
[9]   Simpson K (1983) Soil. Longman, London
[10] Finkl CW (1979) In: Fairbridge RW, Finkl CW (Hrsg) Encyclopaedia of Soil Science. Dowden, Hutchinson and Ross, Stroudsburg/PA, S 348–349
[11] Sanchez PA (1976) Properties and Management of Soils in the Tropics. Wiley, New York
[12] Marshall CE (1964) The Physical Chemistry and Mineralogy of Soils, Bd 1: Soil Materials. Kreiger, Huntingdon NY

[13] Holmgren CGS, Meyer MW, Chancy RL, Daniels RB (1993) J Environ Qual 22: 335
[14] McGrath SP, Loveland PJ (1992) The Soil Geochemical Atlas of England and Wales. Blackie Academic and Professional, Glasgow
[15] Bailey SW (1980) Crystal Structures of Clay Minerals and their X-ray Identification. Mineralogical Society, London
[16] Sposito G (1983) In: Thornton I (Hrsg) Applied Environmental Geochemistry. Academic Press, London, S 123–170
[17] Lindsay WL (1979) Chemical Equilibria in Soils. Wiley, New York
[18] Sposito G, Page AL (1985) In: Sigel H (Hrsg) Metal Ions in Biological Systems, Bd 18: Circulation of Metals in the Environment. Marcel Dekker, New York, S 287–332
[19] Rowell DL (1981) In: Greenland DJ, Hayes MHB (Hrsg) The Chemistry of Soil Processes. Wiley, Chichester, S 401–462
[20] Rose AW, Hawkes HE, Webb JS (1979) Geochemistry in Mineral Exploration, 2. Aufl. Academic Press, London
[21] O'Neill P (1985) Environmental Chemistry. Allen and Unwin, London
[22] Brown G (1954) J Soil Sci 5: 145–155
[23] Gast RG (1979) In: Fairbridge RW, Finkl CW (Hrsg) Encyclopaedia of Soil Science. Dowden, Hutchinson and Ross, Stroudsburg/PA, S 148–152
[24] Wiklander L (1964) In: Bear FE (Hrsg) Chemistry of the Soil, 2. Aufl. Reinhold, New York, 163–205
[25] Talibudeen O (1981) In: Greenland DJ, Hayes MHB (Hrsg) The Chemistry of Soil Processes. Wiley, Chichester, S 115–178
[26] Keeney DR (1979) In: Fairbridge RW, Finkl CW (Hrsg) Encyclopaedia of Soil Science. Dowden, Hutchinson and Ross, Stroudsburg/PA, S 8–9
[27] Brummer GW (1986) In: The Importance of Chemical Speciation in Environmental Processes Springer, Berlin Heidelberg New York Tokyo, S 169–192
[28] Papodopoulos P, Rowell DK (1988) J Soil Sci 39: 23–36
[29] Bittel JE, Miller RJ (1974) J Environ Qual 3: 243–244
[30] Pulls RW, Bohn HL (1988) Soil Sci Soc Am J 52: 1289–1292
[31] Stuanes A (1976) Acta Agric Scand 26: 243–250
[32] Kinniburgh DG, Jackson ML, Syers JK (176) Soil Sci Soc Am J 40: 769–799
[33] Mackenzie RM (1980) Aust J Soil Res 18: 61–73
[34] Forbes EA, Posner AM, Quirk JP (1976) J Soil Sci 27: 154–166
[35] Harmsen K (1977) Behaviour of Heavy Metals in Soils. Centre for Agricultural Publishing and Documentation, Wageningen
[36] Bunzl K, Schmidt W, Sansomi B (1976) J Soil Sci 27: 32–41
[37] Phipps DA (1981) In: Lepp NW (Hrsg) Effect of Heavy Pollution on Plants, Bd 1. Applied Science Publishers, London, S 1–54
[38] De Haan FAM, Zweman PJ (1976) In: Bolt GJ, Bruggenwirt MGM (Hrsg) Soil Chemistry: A Basic Element. Elsevier, Amsterdam, S 192–27 1
[39] Allen HE (1993) Sci Total Environ (Supplement): 23
[40] Lee J, Chen B, Allen HE, Huang CP, Sparks DL, Sunders P, In: Reed BE, Sack WA (Hrsg) Proc of 24th Mid-Atlantic Industrial Waste Conference
[41] Fergusson JE (1990) The Heavy Elements: Chemistry, Environmental Impact and Health Effects. Pergamon, Oxford
[42] Peterson PJ, Alloway BJ (1979) In: Webb M (Hrsg) The Chemistry, Biochemistry and Biology of Cadmium. Elsevier, Amsterdam, S 45–92
[43] Chaney RL, Giordano PM (1977) In: Elliot LF, Stevenson FJ (Hrsg) Soils for the Management of Organic Wastes and Waste Waters. Soil Sci Soc Am, Am Soc Agron, Crop Sci Soc Am, Madison/WI, S 235–279
[44] Kabata-Pendias A, Pendias H (1992) Trace Elements in Soils and Plants, 2. Aufl. CRC Press, Boca Raton/FL
[45] Graham RD (1981) In: Loneragan JF, Robson AD, Graham RD (Hrsg) Copper in Soils and Plants. Academic Press, Sydney, S 141–163

[46] Barber S (1984) Soil Nutrient Bioavailability—A Mechanistic Approach. Wiley, New York
[47] Marschner H (1986) Mineral Nutrition in Higher Plants. Academic Press, London
[48] Mench M, Martin E (1991) Plant and Soil 132: 187
[49] Page AL, Chang AC (1978) In: Proc 5th Nat Conf Acceptable Sludge Disposal Techniques. Information Transfer Inc, Rockville/MD, S 91–96
[50] De Vries MPC, Tiller KFG (1978) Environ Pollut 16: 231–240
[51] Kloke A Sauerbeck DR, Vetter H (1994) In: Nriagu J (Hrsg) Changing Metal Cycles and Human Health. Springer, Berlin Heidelberg New York Tokyo, S 113
[52] Baker AJM, McGrath SP, Sidoli CMD, Reeves RD (1994) Resources, Conservation and Recycling
[53] McGrath SP, Sidoli CMD, Baker AJM, Reeves RD (1993) In: Eijackers HJP, Hamers T (Hrsg) Integrated Soil and Sediment Research: A Basis for Proper Protection. Kluwer Academic, Dordrecht, S 673
[54] Hovmand MF, Tjell JC, Mossbaek H (1983) Environ Pollut A30: 27–38
[55] Chamel A (1986) In: (Hrsg) Foliar Fertilization. Nijhoff, Dordrecht, S 66–86
[56] Zimdahl RL, Koeppe DE (1977) In: Boggess WR (Hrsg) Lead in the Environment. National Science Foundation, Washington/DC, S 99–104
[57] Bowen HJM (1979) Environmental Chemistry of the Elements. Academic Press, London
[58] Loneragan JF (1979) In: Loneragan JF, Robson AD, Graham RD (Hrsg) Copper in Soils and Plants. Academic Press, Sydney, S 165–188
[59] Price CA, Clark HE, Funkhauser EA (1972) In: Mortvedt JJ, Giordano PM, Lindsay WL (Hrsg) Micronutrients in Agriculture. Soil Sci Soc Am, Madison/WI, S 231–242
[60] Scott ML (1972) In: Mortvedt JJ Giordano PM, Lindsay WL (Hrsg) Micronutrients in Agriculture. Soil Sci Soc Am, Madison/WI, S 265–288
[61] Lucas RE, Knezek BD (1972) In: Mortvedt JJ Giordano PM, Lindsay WL (Hrsg) Micronutrients in Agriculture. Soil Sci Soc Am, Madison/WI, S 265–288
[62] Shorrocks VM, Alloway BJ (1986) Copper in Plant, Animal and Human Nutrition. Copper Development Association, Potters Bar, Großbritannien
[63] Logan TJ, Chaney RL (1984) In: Page AL Gleason, TI Smith, J, Iskundar IK, Sommers LE (Hrsg) Utilization of Municipal Wastewater and Sludge on Land Univ California Press, Riverside/CA, S 165–267
[64] Lepp NW (1981) In: Effect of Heavy Metal Pollution on Plants, Bd 1. Applied Science Publ, London, S 111–143
[65] Davis RD, Calton-Smith C (1980) Crop as Indicators of the Significance of Contamination of Soil by Heavy Metals, Tech Rept 140. Water Research Centre, Stevenage, Großbritannien
[66] Tyler G, Balsberg MA, Bengtsson G, Baath E, Trannk L (1989) Water Air Soil Pollut 47: 189–215
[67] Olsen BH, Thomton IT, J Soil Sci 33: 271
[68] Doelman P, Haanstra L (1979) Soil Biol Biochem 11: 475
[69] Brooks PC, McGrath SP (1984) J Soil Sci 35: 341
[70] Chaudri AM, MeGrath SP, Giller KE (1992) Soil Biol Biochem 24: 625
[71] Obbard JP, Jones KC (1993) Environ Pollut 79: 105
[72] Angle JS, Chaney RL (1991) Water Air Soil Pollut 57–58: 597
[73] Hattori H (1992) Soil Sci Plant Nutr 38: 93
[74] Chaudri AM, McGrath SP, Giller KE, Reitz E, Sauerbeck DR (1993) Soil Biol Biochem 25: 301
[75] Ministry of Agriculture, Fisheries and Food (1993) Review of the Rules for Sewage Sludge Application to Agricultural Land: Soil Fertility Aspects of Potentially Toxic Elements. MAFF Publications, Nr PB 1561, London
[76] Cottenie A, Velghe G, Verloo M, Kiekens L (1982) Biological and Analytical Aspects of Soil Pollution. Laboratory of Analytical and Agrochemistry, Univ Ghent, Belgien

3 Herkunft von Schwermetallen in Böden

B. J. ALLOWAY

3.1 Geochemische Herkunft

Nur zehn „Hauptelemente" O, Si, Al, Fe, Ca, Na, K, Mg, Ti und P machen mehr als 99 % des gesamten Elementgehalts der Erdkruste aus. Die Konzentrationen der restlichen Elemente des Periodensystems überschreiten normalerweise nicht 1000 mg/kg (0,1 %) und können daher in geochemischer Hinsicht als „Spurenelemente" bezeichnet werden. Bei den meisten davon liegen die Durchschnittswerte sogar unter 100 mg/kg [1]. Es gibt jedoch auch Erzmineralien mit hohen Konzentrationen eines oder mehrerer Schwermetalle, die damit die Hauptquellen für bestimmte Metalle darstellen. Die bedeutendsten Erzmineralien für die verschiedenen in diesem Buch besprochenen Metalle werden in den entsprechenden Kapiteln vorgestellt.

Spurenelemente treten als Spurenbestandteile von primären Mineralien in Erstarrungsgesteinen auf, d. h. in Gesteinen, die aus der magmatischen Schmelze kristallisiert sind. Die Spurenelemente werden während der Kristallisation im Gitter dieser Mineralien durch isomorphe Substitution anstelle der Mengen- oder Hauptelemente eingebaut. Für diese Stellvertretung sind Ionenradius, Ionenladung und Elektronegativität des Hauptelements und des substituierenden Elements bestimmend. Eine Substitution ist möglich, wenn die Radien des Haupt- und des Spurenelementions um weniger als 15 % voneinander abweichen und die Ladungen sich um höchstens eine Einheit unterscheiden [2]. Die Spurenbestandteile der üblichen primären gesteinsbildenden Mineralien sind in Tabelle 3.1 zusammengestellt.

Sedimentgesteine bilden etwa 75 % der Gesteine an der Erdoberfläche und sind daher als Bodenausgangsmaterial bedeutender als Erstarrungsgesteine. Sie entstehen bei der Verfestigung von Sedimenten, die aus Felsfragmenten und widerstandsfähigen Primärmineralien, aus sekundären Mineralien wie Tonen und aus chemischen Fällungsprodukten wie $CaCO_3$ bestehen. Die Spurenelementgehalte von Sedimentgesteinen hängen ab von den mineralogischen und adsorptiven Eigenschaften des Sedimentmaterials sowie von den Spezies und Konzentrationen der Metalle im Wasser, in dem die Sedimente lagern bzw. lagerten. Im allgemeinen weisen Tone und Tonschiefer aufgrund ihrer Adsorptionsfähigkeit für Metallionen verhältnismäßig hohe Spurenelementgehalte auf. Schwarze (bituminöse) Tonschiefer enthalten hohe Konzentrationen an verschiedenen Metallen und Halbmetallen wie Ag, As, Cd, Mo, Pb, U, V und Zn [3]. Die Ausgangssedimente der Schiefer fungieren sowohl als Adsorbens für Schwermetalle als auch als Substrat für Mikroorganismen. Letztere können reduzierende Bedingungen erzeugen, die infolge der Fällung von Metallsulfiden zu einer weiteren Schwermetallanreicherung führen. Kim u. Thornton [4] berichteten, daß die uranhaltigen Okchon-Schwarzschiefer Südkoreas Gehalte von 0,4–46 mg/kg Cadmium, 0,1–992 mg/kg Molybdän und 0,1–41 mg/kg Selen aufweisen. Böden an Orten, wo diese Schiefer zutage getreten sind, enthalten 0,38–3 mg/kg Cadmium, 0,1(*GK*)–275 mg/kg Molybdän und 0,1(*GK*) –24 mg/kg Selen; der Urangehalt liegt zwischen 2,7 und 91 mg/kg. Die außergewöhnlich hohen Molybdän- und Selengehalte der Tonschiefer und der Böden darauf spie-

Tabelle 3.1.   Spurenbestandteile gemeiner gesteinsbildender Mineralien. (Abgewandelt aus [1])

Mineral	Spurenbestandteil	Verwitterungsanfälligkeit
Olivin	Ni, Co, Mn, Li, Zn, Cu, Mo	Leicht verwitterbar
Hornblende	Ni, Co, Mn, Se, Li, V, Zn, Cu, Ga	
Augit	Ni, Co, Mn, Se, Li, V, Zn, Pb, Cu, Ga	
Biotit	Rb, Ba, Ni, Co, Mn, Se, Li, V, Zn, Cu, Ga	
Apatit	Seltene Erden, Pb, Sr	
Anorthit	Sr, Cu, Ga, Mn	
Andesin	Sr, Cu, Ga, Mn	
Oligoklas	Cu, Ga	
Albit	Cu, Ga	
Granat	Mn, Cr, Ga	Mäßig stabil
Orthoklas	Rb, Ba, Sr, Cu, Ga	
Muskovit	F, Rb, Ba, Sr, Cu, Ga, V	
Titanit	Seltene Erden, V, Sn	
Ilmenit	Co, Ni, Cr, V	
Magnetit	Zn, Co, Ni, Cr, V	
Turmalin	Li, F, Ga	
Zirkon	Hf, U	
Quarz	–	Resistent

geln sich auch in der Zusammensetzung der darauf wachsenden Ackerpflanzen wider. Ähnliche Bedingungen herrschten auch in gewissem Umfang im Frühstadium der Inkohlung, wodurch sich die hohen Gehalte verschiedener Metalle in Kohlen erklären lassen. Sandsteine enthalten meist sehr wenig Spurenbestandteile, da diese Gesteine im wesentlichen aus Quarzkörnern bestehen, die selbst keine Schwermetalle enthalten und diese auch kaum adsorbieren können. Tabelle 3.2 zeigt die Durchschnittsgehalte von Schwermetallen in einer Reihe repräsentativer Erstarrungs- und Sedimentgesteine.

Die in dem vorliegenden Werk behandelten Schwermetalle lassen sich anhand der geochemischen Klassifizierung der Elemente nach V. M. Goldschmidt unterteilen (s. Tabelle 3.3). Siderophile Elemente besitzen danach eine Affinität zu metallischem Eisen, chalcophile Elemente sind meist an Schwefel gebunden und kommen üblicherweise in Sulfidlagerstätten vor. Die lithophilen Elemente treten vorwiegend in oder zusammen mit Silicaten auf. Darüber hinaus unterscheidet man noch die atmophilen Elemente, welche als Gase in der Luft vorhanden sind. Diese Klassifizierung ist nicht mehr sehr gebräuchlich; dennoch spricht man auch heute noch von der chalcophilen Gruppe, die wichtige, in Erzlagerstätten auftretende Metalle umfaßt.

Tabelle 3.2. Mittlere Schwermetallgehalte der Hauptgesteinsarten [mg/kg]. Maximalwerte bzw. Spannweiten sind in Klammern angegeben. (Teile aus [2, 3] entnommen)

	Erdkruste	Erstarrungsgesteine			Sedimentgesteine		
		Ultra-basisch [a]	Basisch [a]	Granitisch	Kalkstein	Sandstein	Tonschiefer [b]
Ag	0,07	0,06	0,1	0,04	0,12	0,25	0,07
As	1,5	1	1,5	1,5	1	1	13 (1–900)
Au	0,004	0,003	0,003	0,002	0,002	0,003	0,0025
Cd	0,1	0,12	0,13	0,09	0,028	0,05	0,22 (< 240)
Co	20	110	35	1	0,1	0,3	19
Cr	100	2980	200	4	11	35	90 (< 500)
Cu	50	42	90	13	5,5	30	39 (< 300)
Hg	0,05	0,004	0,01	0,08	0,16	0,29	0,18
Mn	950	1040	1500	400	620	460	850
Mo	1,5	0,3	1	2	0,16	0,2	2,6 (< 300)
Ni	80	2000	150	0,5	7	9	68 (< 300)
Pb	14	14	3	24	5,7	10	23 (< 400)
Sb	0,2	0,1	0,2	0,2	0,3	0,005	1,5
Se	0,05	0,13	0,05	0,05	0,03	0,01	0,5 (< 675)
Sn	2,2	0,5	1,5	3,5	0,5	0,5	6
Ti	0,6	0,0005	0,08	1,1	0,14	0,36	1,2
U	2,4	0,03	0,43	4,4	2,2	0,45	3,7 (< 1250)
V	160	40	250	72	45	20	130 (< 2000)
W	1	0,1	0,36	1,5	0,56	1,6	1,9
Zn	75	58	100	52	20	30	120 (< 1000)

[a] Basische, d. h. Si-arme Erstarrungsgesteine werden auch als „mafisch" bezeichnet, so z. B. das Ergußgestein Basalt. Sie enthalten dunkel gefärbte Eisenmagnesiumminerale. Bei höheren Gehalten dieser Minerale werden die Gesteine auch ultrabasisch („ultramafisch") genannt. Beispiele sind Dunit, Serpentinit und Peridotit.
[b] Die Tonschiefer umfassen auch Tone.

Tabelle 3.3. Unterteilung der in diesem Werk besprochenen Metalle und Halbmetalle nach der geochemischen Elementklassifizierung von Goldschmidt. In Klammern gesetzte Elemente weisen zwar Verwandschaft zu der betreffenden Gruppe auf, gehören aber hauptsächlich zu einer anderen. (Abgewandelt aus [2])

Siderophil	Chalcophil	Lithophil
Co, Ni, Au, Mo, (Pb), (As)	Cu, Ag, (Au), Zn Cd, Hg, Pb, As, Sb Se, Tl, (Mo)	V, Cr, Mn, U, W, (Tl)

3.2   Bodenbildung und Umlagerung von Schwermetallen in Böden

Die Pedogenese oder Bodenbildung beschreibt den Vorgang, durch welchen sich eine dünne Oberflächenschicht aus Boden auf verwitterndem Gesteinsmaterial bildet, allmählich an Mächtigkeit zunimmt und dabei einer Differenzierung zu einem Bodenprofil unterliegt. Das Bodenprofil umfaßt übereinander geschichtete Lagen, sog. Horizonte, die sich in Farbe, Textur und/oder Struktur unterscheiden und so die Grundlage für eine Bodenklassifikation bilden [6]. Abbildung 3.1 zeigt die wesentlichen Horizonte eines Bodenprofils.

Für das Verhältnis zwischen Pflanze und Boden in bezug auf Metalle sind Eigenschaften und Zusammensetzung der Pflugschicht (Ap-Horizont) von besonderer Bedeutung, da dieser oberste Teil eines Profils den größten Teil der Wurzelmasse enthält. Der auch Mutterboden genannte Ap-Horizont umfaßt den ursprünglichen organischen (O) und den organisch-mineralischen (A) Horizont sowie in einigen Fällen den obersten Teil der darunterliegenden E- oder B-Horizonte. In bearbeiteten Böden haben sich diese Horizonte im Laufe der Zeit vermischt; Mist und Dünger zur Bodenverbesserung wurden hineingearbeitet und die atmosphärische Ablagerung aus verschiedenen Quellen führte zu Verunreinigungen.

Innerhalb eines Bodenprofils sind Ag, As, Cd, Cu, Hg, Pb, Sb und Zn im obersten Horizont angereichert, bedingt durch die Einbindung in den Vegetationskreislauf sowie durch at-

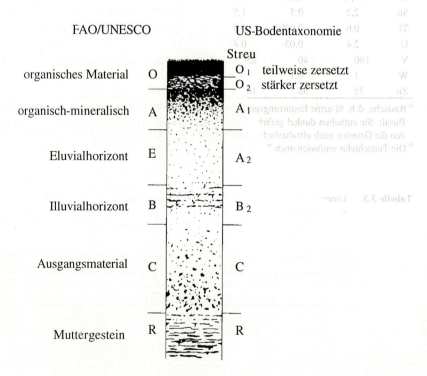

Abb. 3.1.   Ein typisches Bodenprofil mit der Nomenklatur der Bodenhorizonte gemäß FAO-/UNESCO- und US-Bodentaxonomie

mossphärische Ablagerung und Adsorption an organisches Material im Boden. Zu den in den unteren Horizonten eines Bodenprofils konzentrierten Elementen gehören Al, Fe, Ga, Mg, Ni, Sc, Ti, V und Zr, die bevorzugt in Ansammlungen von umgelagerten Tonen und Hydroxiden zu finden sind [6]. In jüngerer Zeit verunreinigte Böden weisen im Bereich des Mutterbodens häufig höhere Metallgehalte auf, da die bodenbildenden Prozesse noch nicht lange genug abgelaufen sind, um eine Umverteilung zu bewirken.

3.2.1   Bodenbildung

Böden bilden sich durch den interaktiven Einfluß von Umweltbedingungen und biologischer Aktivität an der Oberfläche verwitternden, zutageliegenden Gesteins. Jenny [7] drückte die Faktoren für die Bodenbildung in einer Formel aus:

Bodenbildung $= f\,(Cl, O, R, P, T)$,

d. h. die Pedogenese ist eine Funktion von Klima Cl, Bodenorganismen O, Topographie R, Bodenausgangsmaterial P und Zeit T. Diese Faktoren steuern die Bodenbildung, indem sie die Intensität der lokalen bodenbildenden Prozesse bestimmen.

Die wichtigsten Aspekte der Bodenbildung in bezug auf das Verhalten von Schwermetallen in Böden sind:

• die Freisetzung der Metalle aus dem Ausgangsmaterial durch Verwitterung und
• die Umlagerung und Ansammlung von metalladsorbierenden Bodenbestandteilen wie Tonen, Hydroxiden und organischem Material.

Für die Ausbildung von Bodenhorizonten und Bodenprofilen sind mehrere unterschiedliche bodenbildende Prozesse verantwortlich. An einem bestimmten Standort überwiegt zumeist ein Prozeß und führt zu den bei der Bodenklassifizierung berücksichtigten Eigenschaften eines Profils (Anhang ANH 9). Verwitterung, d.h. die physikalische Zerkleinerung und chemische Zersetzung von Mineralien, ist ein wichtiger Vorgang bei jeglicher Bodenbildung. Sie ist jedoch nicht auf Böden beschränkt, sondern kann auch in Felsgestein auftreten, das sich nicht im Kontakt mit der Biosphäre befindet.

Bei der Verwitterung von Mineralien in Bodenausgangsmaterialien wirken Hydrolyse, Hydratation, Auflösung, Oxidation, Reduktion, Ionenaustausch und Carbonatisierung mit. Diese Reaktionen benötigen Wasser, zum einen für den Fortgang der Reaktion selbst, zum anderen für die Abfuhr der Reaktionsprodukte. Die Reaktionsgeschwindigkeiten hängen direkt von der Temperatur ab und sind daher in den humiden Tropen höher, in trockener und/oder kalter Umgebung hingegen niedrig. Unterschiede in der Empfindlichkeit der Mineralien und ihrer Teilchengröße beeinflussen die Verwitterungsgeschwindigkeit ebenfalls. Das Vorkommen von organischem Material und Biomasse in Böden führt dazu, daß zusätzlich zu den anorganischen Reaktionen auch gleichzeitig biochemische Verwitterung abläuft [7].

Die anderen bodenbildenden Prozesse, die für das Verhalten der Metalle von Bedeutung sind, betreffen die Umlagerung von Bodenbestandteilen. Dabei handelt es sich um Auswaschung, Ausschwemmung, Versalzung, Verkalkung, Podsolisierung und Ferralitisierung sowie Vergleyung, d.h. die Entwicklung reduzierender Bedingungen als Folge von Staunässe, und die Ansammlung von organischem Material [8, 9].

3.3   Quellen von Schwermetallverunreinigungen in Böden

Schwermetalle sind in Bodenausgangsmaterialien naturgegeben weit verbreitet. Dazu kommen anthropogene Quellen für Metalle in Böden und der Umwelt wie:

- Erzbergbau und Verhüttung;
- Landwirtschafts- und Gartenbaumaterialien;
- Klärschlämme;
- Verbrennung fossiler Brennstoffe;
- Metallverarbeitende Industrie: Herstellung, Einsatz und Entsorgung von metallischen Werkstoffen, von Kraftfahrzeugen und Zubehör (u. a. Batterien);
- Elektronikindustrie: Herstellung, Einsatz und Entsorgung von elektronischen Produkten;
- chemische und andere Industrien;
- häusliche und gewerbliche Abfälle;
- Sportschießen, Jagd und Fischfang;
- Kriege und Manöver.

3.3.1   Erzbergbau und Verhüttung

Die von der Industrie benötigten Metalle werden entweder aus dem Abbau von Erzlagerstätten in der Erdkruste oder dem Recycling von Schrott bezogen. Erze sind natürlich vorkommende Mineralansammlungen mit Metallgehalten, die ausreichen, um ihren Abbau wirtschaftlich zu machen. Bei zunehmender Nachfrage nach Metallen und Verbesserungen in Aufbereitungstechnologien werden Lagerstätten mit immer niedrigeren Metallgehalten abgebaut. Für die Produktion gleicher Metallmengen muß in ärmeren Lagerstätten eine entsprechend größere Gesteinsmenge abgebaut werden, was zu wesentlich größeren Abfallmengen führt, insbesondere in Form von Bergehalden. Bei letzteren handelt es sich um zerbrochene oder gemahlene Gesteinsbruchstücke und um übriggebliebene Erzpartikel, die im Aufbereitungsverfahren nicht abgetrennt wurden. Moderne Erzaufbereitungsverfahren sind im allgemeinen recht effizient, weshalb die dabei entstehenden Halden nur noch verhältnismäßig wenig Metall enthalten. In historischen Bergbaugebieten des 19. und 20. Jahrhunderts haben die Bergehalden jedoch aufgrund der weniger gründlichen Aufbereitungsverfahren noch höhere Metallgehalte. Diese Bergeteilchen, die durch Wind oder Wasser weiterverbreitet werden können, stellen eine bedeutende Quelle für Metallverunreinigungen für Böden in der Umgebung der Bergwerke und den stromabwärts gelegenen alluvialen Böden dar.

Überschwemmungen infolge von Dammbruch bei Bergeteichen haben in mehreren Ländern zu schweren Fällen von SM-Verschmutzung geführt. Sobald die Erzbruchstücke in die Böden gelangt sind, unterliegen sie der Oxidation und anderen Verwitterungsprozessen, wodurch die Metallionen im Bodensystem verteilt und damit potentiell stärker bioverfügbar werden. Einige der wesentlichen Erzminerale der Nichteisenmetalle (NE-Metalle) sind in Tabelle 3.4 aufgeführt.

Bei vielen Erzen der NE-Metalle handelt es sich um Sulfide, deren Oxidation in den Böden Sulfat liefert und damit zu erhöhter Versäuerung führt, sofern der Boden nicht über eine hohe Pufferkapazität verfügt. Große Schwefeldioxidmengen werden während der Verhüttung dieser Erze emittiert, was in der windabgewandten Umgebung der Hütten zu starkem sauren Niederschlag führen kann, wenn gas- und staubförmige Emissionen nicht ausreichend herausgefiltert werden. Dieser saure Niederschlag führt zum Absterben der Vegetation und damit zu beträchtlicher Bodenerosion, wie dies in vielen Gebieten wie z. B. um die Nickel-Kupfer-Hütte in Sudbury, Ontario (Kanada), und die rumänische Blei-Zink-Hütte Zlatna zu beobachten ist. In technisch fortgeschrittenen Ländern ist es üblich, den Hüttenrauch einer Entschwefelung zu unterziehen, aber auch dort besteht bei alten Anlagen häufig noch eine Hinterlassenschaft der Bodenversauerung und Metallverunreinigung aus der Zeit vor der Einführung von Umweltschutzmaßnahmen.

Tabelle 3.4 zeigt, daß die meisten Erzmineralien weitere Metalle als Nebenbestandteile enthalten, weshalb Böden in der Umgebung von Bergwerken und Hüttenbetrieben zusätzlich zu den Hauptmetallen noch beträchtlichem Maß mit diesen Nebenbestandteilen verunreinigt sein können. So hat z. B. Cadmium erst im Verlauf der letzten 50 Jahre verbreitete Anwendung gefunden, aber durch Blei-Zink-Hütten wurde es bereits vorher in deren Umgebung emittiert, da es in den dort verarbeiteten Erzen ebenfalls auftritt. Nach Pacyna [10] führte die Primärproduktion von NE-Metallen zu atmosphärischen Cadmiumemissionen von jährlich etwa 1630 t. Kupferhütten sind bedeutende Quellen für die Verunreinigung durch Arsen. Beispiele für die Verunreinigung durch Bergwerke und Hüttenbetriebe sind in Kap. 5 (As), Kap. 6 (Pb), Kap. 7 (Cd), Kap. 9 (Cu), Kap. 13 (Zn) und Kap. 14 (Sb und Sn) zu finden.

Tabelle 3.4. Verbreitete Erzmineralien der NE-Metalle. (Zusammengestellt aus [3] und [9])

Metall	Erzmineralien	Vergesellschaftete Schwermetalle
Ag	Ag_2S, PbS	Au, Cu, Sb, Zn, Pb, Se, Te
As	FeAsS, AsS, Cu-Erze	Au, Ag, Sb, Hg, U, Bi, Mo, Sn, Cu
Au	Au [a], $AuTe_2$, $(Au, Ag)Te_2$	Te, Ag, As, Sb, Hg, Se
Ba	$BaSO_4$	Pb, Zn
Cd	ZnS	Zn, Pb, Cu
Cr	$FeCr_2O_4$	Ni, Co
Cu	$CuFeS_2$, Cu_5FeS_4, Cu_2S, Cu_3AsS_4, CuS, Cu [a]	Zn, Cd, Pb, As, Se, Sb, Ni, Pt, Mo, Au, Te
Hg	HgS, Hg [a], Zn-Erze	Sb, Se, Te, Ag, Zn, Pb
Mn	MnO_2	Verschiedene (z. B. Fe, Co, Ni, Zn, Pb)
Mo	MoS_2	Cu, Re, W, Sn
Ni	$(Ni, Fe)_9S_8$, NiAs, $(Co, Ni)_3S_4$	Co, Cr, As, Pt, Se, Te
Pb	PbS	Ag, Zn, Cu, Cd, Sb, Ti, Se, Te
Pt	Pt [a], $PtAs_2$	Ni, Cu, Cr
Sb	Sb_2S_3, Ag_3SbS_3	Ag, Au, Hg, As
Se	Cu-Erze	As, Sb, Cu, Ag, Au
Sn	SnO_2, $Cu_2(Fe, Zn) SnS_4$	Nb, Ta, W, Rb
U	U_3O_8	V, As, Mo, Se, Pb, Cu, Co, Ag
V	V_2O_5, VS_4	U
W	WO_3, $CaWO_4$	Mo, Sn, Nb
Zn	ZnS	Cd, Cu, Pb, As, Se, Sb, Ag, Au, In

[a] Gediegene Metalle.

3.3.2   Landwirtschafts- und Gartenbaumaterialien

Landwirtschaftliche Praktiken stellen wichtige diffuse Metallquellen dar und leisten einen bedeutenden Beitrag zu deren Gesamtkonzentrationen in vielen Teilen der Welt, insbesondere dort, wo intensive Landwirtschaft betrieben wird. Die wesentlichen Quellen sind [11]:

- Verunreinigungen in Düngemitteln: Cd, Cr, Mo, Pb, U, V, Zn;
- Klärschlamm: insbesondere Cd, Ni, Cu, Pb, Zn (und viele andere Elemente);
- Gülle aus der Intensivhaltung von Tieren wie Schweinen und Geflügel: Cu, As, Zn;
- Pestizide: Cu, As, Hg, Pb, Mn, Zn;
- Aus Müll hergestellter Kompost (in der Landwirtschaft nur wenig eingesetzt): Cd, Cu, Ni, Pb, Zn;
- Trocknungsmittel: As;
- Holzschutzmittel: As, Cu, Cr;
- Korrosion von Metallgegenständen (galvanisierte Blechdächer und Drahtzäune): Zn, Cd.

Hierbei ist zu beachten, daß nicht alle dieser Quellen heute noch für gängige Verfahren und Materialien zutreffen.

In den technologisch fortgeschrittenen Ländern erhalten die meisten landwirtschaftlichen und gartenbaulichen Böden Düngemittelgaben und in vielen Fällen auch Kalk sowie Gülle, d.h. eine verdünnte Mischung aus tierischen Faeces (Kot und Urin). Die typischen Schwermetallgehalte dieser sog. Bodenverbesserer sind in Tabelle 3.5 zusammengestellt.

Tabelle 3.5.   Typische Schwermetallkonzentrationen in Düngern, Gülle, Kalk und Kompost [mg/kg]. (Teile aus [17, 18, 22] entnommen)

Metall	Phosphatdünger	Nitratdünger	Gülle	Kalk	Kompostierter Abfall [a]
Ag	–	–	–	–	–
As	2–1200	2,2–120	3–25	0,1–25	2–52
B	5–115	–	0,3–0,6	10	–
Cd	0,1–170	0,05–8,5	0,1–0,8	0,04–0,1	0,01–100
Co	1–12	5,4–12	0,3–24	0,4–3	–
Cr	66–245	3,2–19	1,1–55	10–15	1,8–410
Cu	1–300	–	2–172	2–125	13–3580
Hg	0,01–1,2	0,3–2,9	0,01–0,36	0,05	0,09–21
Mn	40–2000	–	30–969	40–1200	–
Mo	0,1–60	1–7	0,05–3	0,1–15	–
Ni	7–38	7–34	2,1–30	10–20	0,9–279
Pb	7–225	2–27	1,1–27	20–1250	1,3–2240
Sb	< 100	–	–	–	–
Se	0,5	–	2,4	0,08–0,1	–
U	30–300	–	–	–	–
V	2–1600	–	–	20	–
Zn	50–1450	1–42	15–566	10–450	82–5894

[a] Daten zur Verfügung gestellt vom Warren Springs Laboratory, Großbritannien.

Aus dieser Tabelle geht hervor, daß Phosphatdünger und kompostierte Abfälle erhebliche Quellen für Schwermetalle sind. Mit Phosphatdüngern werden auch fernab von industriellen Verunreinigungsquellen beträchtliche Cadmiummengen in Böden eingetragen. Einige Düngemittel, z.B. Superphosphat, können die Böden stark versauern und damit überdies das von ihnen eingebrachte Cadmium mobilisieren und seine Aufnahme durch Pflanzen erleichtern (s. Kap. 7).

Gülle aus Viehhaltung kann hohe Konzentrationen einiger Metalle enthalten. In Schweine- und Geflügelgülle sind oft hohe Kupfer- und Zinkwerte festzustellen, da diese Metalle dem Vieh zur Verbesserung der Futterverwertung zugefüttert werden. In der Vergangenheit wurde zu diesem Zweck auch Arsen gegeben. In Großbritannien betrugen die Konzentrationen in Schweinegülle Mitte der achtziger Jahre für Kupfer 300–2000 mg/kg bei einem Mittelwert von 870 mg/kg bzw. 200–1500 mg/kg und 600 mg/kg für Zink [12]. Neuere Werte dürften niedriger sein, aber Schlämme mit solchen Gehalten sind in der Vergangenheit jahrzehntelang auf Feldern ausgebracht worden. In Anbetracht der Toxizität von Zink für Bodenmikroorganismen, auf die man in jüngster Zeit aufmerksam wurde, kann Gülle als eine ebenso wichtige Schadstoffquelle angesehen werden wie Klärschlamm.

3.3.3 Klärschlämme

Klärschlamm ist der Rückstand aus der Reinigung häuslicher und industrieller Abwässer und fällt weltweit in gewaltigen Mengen an. In den frühen neunziger Jahren betrugen die jährlich anfallenden Mengen (hier angegeben als Trockenmasse) in Großbritannien 1,1 Mio. t, in den USA 5,4 Mio. t, der Bundesrepublik Deutschland 2,5 Mio. t, Frankreich 0,7 Mio. t, den Niederlanden 0,28 Mio. t, der Schweiz 0,215 Mio. t und in der gesamten EU 6,3 Mio. t.

Es wird angenommen, daß die anfallenden Schlammengen bis zum Jahr 2006 in Großbritannien auf 2,2 Mio. t Trockenmasse steigen wird und in der gesamten EU auf 8 Mio. t [13, 14]. Im Jahr 1993 wurde in Großbritannien 43% (entsprechend 465000 t) auf landwirtschaftlichen Böden ausgebracht und 30% auf See verklappt. Bis 1998 muß die Verklappung eingestellt werden, so daß entsprechend mehr Schlamm auf Land entsorgt werden muß. Zur Zeit wird jährlich auf weniger als 1% aller Ackerflächen Schlamm ausgebracht, aber etwa 10% aller Flächen sind bereits in der Vergangenheit mit Schlamm beaufschlagt worden. In den USA werden etwa 22,2% der anfallenden Schlämme (entsprechend 1,2 Mio. t) auf landwirtschaftlichen Böden verteilt [13].

Klärschlämme stellen eine wichtige Quelle von Pflanzennährstoffen und organischem Material dar, und einige besonders behandelte Schlämme, die Kalk- oder Zementofenstäube enthalten, stellen ein brauchbares Material zur Kalkung von Böden dar. Die positiven Eigenschaften der Schlämme werden jedoch durch ihren Gehalt potentiell schädlicher Bestandteile wie Schwermetalle und organische Mikroschadstoffe wie polycyclische aromatische Kohlenwasserstoffe (PAK), polychlorierte Biphenyle (PCB) und Pestizide eingeschränkt. Obwohl alle Schlämme eine große Anzahl von Metallen und anderen Verunreinigungen enthalten, weisen die aus industriellen Einzugsgebieten im allgemeinen höhere Metallgehalte auf als die vorwiegend aus Vorortlagen stammenden. Der Metalleintrag von Haushalten in Abwassersysteme ist dennoch keinesfalls vernachlässigbar, da bei seiner Herkunft aus der Korrosion von Wasserversorgungsleitungen, aus menschlichen Exkrementen und Urin, aus Kosmetika,

Körperpflegeartikeln (wie zink- oder selenhaltige Haarwaschmittel und zinkhaltige Baby-cremes) und anderen Haushaltsprodukten große Mengen zustande kommen. Man schätzt, daß in Großbritannien 62% des Kupfers und 64% des Zinks häuslichen Quellen entstammen [15]. Die für den Anbau auf mit Klärschlamm gedüngten Flächen wohl problematischsten Elemente dürften Cadmium, Kupfer, Nickel und Zink sein [16]. In Tabelle 3.6 sind aus der Literatur bekannte Schwermetallkonzentrationen in Klärschlämmen zusammengestellt.

Bei Gehalten in der Trockenmasse von 0,2–2,2% Stickstoff und 0,1–3,7% P_2O_5 müssen beträchtliche Schlammengen ausgebracht werden, um diese Nährstoffe in für den Anbau ausreichendem Maße zur Verfügung zu stellen. Mit einer Gabe von 25 t/ha an entwässertem Schlamm kann ein ausreichender Phosphorstatus für 2–3 Jahre aufrechterhalten werden [17]. Typische Ausbringungsraten auf Acker- und Weideböden liegen für flüssige Schlämme bei 3–5 t/ha i.T. und für entwässerte Schlämme bei 5–8 t/ha i.T. [18].

Wegen ihrer verhältnismäßig hohen Belastung mit Schwermetallen stellen Klärschlämme in der Regel die Hauptverunreinigungsquelle für die mit ihnen behandelten Böden dar.

Darüberhinaus tragen atmosphärische Ablagerung und andere Quellen für Metalle ebenfalls zum Gesamteintrag von Schwermetallen in Böden und Bodenprodukte der mit Schlamm behandelten Standorte bei. Verschiedene Autoren haben darauf hingewiesen, daß der Transfer von Schwermetallen aus mit Schlamm beaufschlagten Böden in Pflanzen hinein deutlich niedriger ist als der aus anorganischen Quellen wie Metallsalzen und Bergbauabfällen [19].

In jüngster Zeit wurde in vielen technologisch fortschrittlichen Ländern festgestellt, daß die Konzentrationen der meisten Schwermetalle in Schlämmen eine deutlich abnehmende Tendenz infolge verbesserter Abwasserkontrollen und Abfallverminderungsstrategien auf-

Tabelle 3.6.   Spannweite der Metallkonzentrationen in Klärschlämmen sowie zulässige Grenzwerte in der EU und den USA [mg/kg i.T.]. (Nach [14, 17, 18])

Metall	Minimum	Maximum	Zulässige Grenzwerte	
			EU	USA
Ag	1	960		
As	3	30		
Cd	< 1	3410	20–40	85
Co	1	260		
Cr	8	40600	600 [a]	3000
Cu	50	8000	1000–1750	4300
Hg	0,1	55	16–25	57
Mn	60	3900		
Mo	1	40		
Ni	6	5300	300–400	420
Pb	29	3600	750–1200	840
Sb	3	44		
Se	1	10		
U	< 2	5		
V	20	400		
Zn	91	49000	2500–4000	7500

[a] Chrom: vorläufiger Wert.

Tabelle 3.7. Vergleich der Metallgehalte von 1982/1983 auf landwirtschaftlichen Flächen ausgebrachten Schlämmen in Großbritannien mit den Werten von 1990/1991 [mg/kg i. T.]. (Aus [20])

Metall	10%-Quantil		50%-Quantil		90%-Quantil	
	Jahr		Jahr		Jahr	
	82/83	90/91	82/83	90/91	82/83	90/91
Cd	4,0	1,5	9,0	3,2	33	12
Cu	261	215	625	473	1087	974
Cr	25	27	124	86	696	489
Pb	164	70	418	217	761	585
Hg	< 2	1,1	3,0	3,2	7,0	6,1
Ni	21	15	59	37	303	225
Zn	643	454	1205	889	2058	1471

weisen. Dies wird z.B. durch die in Tabelle 3.7 [20] angegebenen Vergleichsdaten für Schlämme in Großbritannien aus den Jahren 1982/1983 und 1990/1991 illustriert. Sie zeigen, daß für Voraussagen der Metallbelastung aus Schlämmen für Böden neuere Analysedaten eingesetzt werden sollten. In Anbetracht von Jahrhunderten bis Jahrtausenden betragenden Verweilzeiten der Schwermetalle in den meisten Böden müssen auch die in der Vergangenheit durch Schlämme ausgebrachten Metallgehalte berücksichtigt werden, da auch sie zu den Gesamtgehalten beigetragen haben. In Tabelle 3.8 sind die Metallgehalte in Böden Großbritanniens, die 1990/1991 mit Klärschlamm behandelt wurden, zusammengestellt.

Tabelle 3.8. Metallgehalte von im Zeitraum 1990/1991 mit Schlamm behandelten landwirtschaftlichen Böden in Großbritannien [mg/kg i. T.]. (Aus [24])

Metall	pH-Klasse [a]	10%-Quantil	50%-Quantil	90%-Quantil	Grenzwerte
Cd	e	0,06	0,55	1,3	3
Cr	e	11	33	53	400
Cu	a	7	17	37	80
	b	7	19	38	100
	c	8	18	38	135
	d	8	17	34	200
Hg	e	0,06	0,13	0,38	1
Ni	a	5	14	29	50
	b	5	16	36	60
	c	6	17	33	75
	d	8	20	35	110
Pb	e	17	33	78	300
Zn	a	23	57	109	200
	b	23	61	121	250
	c	29	67	124	300
	d	40	74	121	450

[a] pH-Bereiche: a = pH 5,5–5,0 (3920 ha), b = pH 5,5–6,0 (7840 ha), c = pH 6,0–7,0 (27440 ha), d = pH > 7,0 (16800 ha), e = pH > 5,0 (56000 ha).

Aus dieser Tabelle ergibt sich, daß selbst die 90%-Quantile noch innerhalb der zulässigen Grenzwerte liegen und daß 28% der mit Klärschlamm behandelten Flächen pH-Werte von 6,0 oder darunter aufweisen. Mit Ausnahme von Molybdän nimmt die Bioverfügbarkeit aller Metalle in sauren Böden, verglichen mit pH-neutralen oder alkalischen Böden, zu.

Bei Standorten wie alten Rieselfeldern, die über viele Jahre (in manchen Fällen bis zu hundert Jahre) mit Klärschlamm beaufschlagt wurden, muß mit hohen Gehalten verschiedener Metalle gerechnet werden. Zusammenfassend läßt sich sagen, daß Klärschlämme aufgrund ihrer verhältnismäßig hohen Schwermetallgehalte die wichtigste Quelle für Metalle in den Böden darstellen, auf denen sie ausgebracht werden. Da aber Schlämme nur auf einem verhältnismäßig geringen Anteil der landwirtschaftlichen Flächen ausgebracht werden, sind sie z. B. bei Cadmium zumindest in Europa eine weniger signifikante Quelle als atmophärische Ablagerung aus industriellen Quellen und Düngemitteln [21].

Die EU- und US-Grenzwerte für schlammbehandelte Böden sind in den Anhängen ANH 3 und ANH 4 kompiliert. Eine kritische Diskussion dieser Werte liefern McGrath et al. [14].

3.3.4   Verbrennung fossiler Brennstoffe

Ohne besondere Schutzmaßnahmen führt die Verbrennung fossiler Brennstoffe zu einer weitflächigen Verteilung einer Vielzahl von Schwermetallen wie Pb, Cd, Cr, Zn, As, Sb, Be, Ba, Cu, Mo, U und V, wobei jedoch anzumerken ist, daß diese Metalle nicht in allen Kohle- und Ölarten in beträchtlichen Konzentrationen vorkommen. Die Metalle sammeln sich in Kohlen und Ölen bei deren Bildung an und werden bei der Verbrennung entweder in Form von Aerosolen in die Umwelt freigesetzt oder reichern sich in den Aschen an, die dann entweder weiterverfrachtet werden und anderenorts Wasser und Böden verunreinigen oder in situ ausgelaugt werden können. Die Verbrennung von bleihaltigen Motorkraftstoffen war bisher die bedeutendste Quelle dieses Metalls für die Umwelt und hat die Böden eines großen Teils der Erdoberfläche in Mitleidenschaft gezogen. Bleihaltiges Benzin wurde 1923 erstmals in den USA verwendet. Der Verbrauch von Blei für diesen Zweck stieg schließlich weltweit auf mehr als 375000 t/Jahr an [25]. Die Einführung bleifreien Benzins begann 1972 in Japan und 1975 in den USA. In den europäischen Ländern lag die Einführungsphase zwischen 1986 und 1989, wobei der Bleigehalt von Benzin generell europaweit auf maximal 0,15 g/l begrenzt wurde [25]. Blei wird in den Abgasen von Motoren, die bleihaltiges Benzin verbrennen, in Form von $0,01-0,1$ µm großen Aerosolpartikeln emittiert. Diese Primärpartikel können sich zu größeren Teilchen $(0,3-1$ µm) zusammenballen. Sie bestehen hauptsächlich aus PbBrCl, können jedoch mit anderen Luftschadstoffen zu komplexeren Verbindungen wie α-2PbBrCl·NH$_4$Cl reagieren. Die bleihaltigen Teilchen in Autoabgasen bilden in ländlichen Gebieten und in der Nähe von Hauptstraßen meist größere Partikel als in städtischen Bezirken [26]. In Großbritannien enthielt verbleites Benzin im Jahr 1966 0,64 g/l und seit 1986 maximal 0,14 g/l. Die dort jährlich emittierte Bleimenge liegt heute mit etwa 3000 t/Jahr niedriger als vor 1955. Das Maximum betrug 1973 (bei einem Bleigehalt von 0,53 g/l Benzin) 8700 t/Jahr [27]. An archivierten Proben von Blattpflanzen aus einem Langzeitfeldversuch auf der Versuchsanstalt Rothamsted nördlich von London konnten Jones et al. [27] nachweisen, daß der Bleigehalt der Blätter im Zeitraum 1966–1986 abgenommen hat. Sie errechneten daraus, daß die atmosphärische Bleiablagerung in diesem Zeitraum jährlich um 1,7 g/ha zurückging.

3.3.5   Metallverarbeitende Industrie

Die metallurgische und metallverarbeitende Industrie kann auf mehreren Wegen zur Boden-verunreinigung beitragen:

- durch Emission von Aerosolen und Stäuben, die durch die Luft verfrachtet und schließlich auf Vegetation oder Böden abgelagert werden;
- durch Abwässer, die bei Überschwemmungen die Böden verunreinigen können;
- durch die Schaffung von Halden, in denen die Metalle durch Verwitterung freigesetzt und in den darunterliegenden Boden ausgelaugt werden können.

Viele Schwermetalle werden für Speziallegierungen und -stähle benötigt, so z.B. V, Mn, Pb, W, Mo, Cr, Co, Ni, Cu, Zn, Sn, Si, Ti, Te, Ir, Ge, Tl, Sb, In, Cd, Be, Bi, Li, As, Sb, Pr, Os, Nb, Nd, und Gd [11]. Somit können sowohl die Herstellung dieser Werkstoffe als auch ihre Verarbeitung zu Produkten wie Maschinen und Fahrzeugen und ihre Entsorgung oder ihr Recycling in Form von Schrott zu Verunreinigung der Umwelt mit einer großen Anzahl von Metallen führen. Bei der Herstellung von Stahl werden häufig große Mengen Schrott einge-setzt. Stahlwerke bilden daher oft lokal eminente Quellen für Aerosole diverser Metalle.

3.3.6   Elektronikindustrie

Zur Herstellung von Halbleitern, Kabeln, Lötverbindungen und anderen elektronischen Komponenten werden eine Vielzahl von Metallen wie Cu, Zn, Au, Ag, Pb, Sn, Y, W, Cr, Se, Sm, Ir, In, Ga, Re, Sn, Tb, Co, Mo, Hg, Se, As und Gd verwendet [11]. Umweltverschmut-zungen können bei der Herstellung von Bauteilen und bei Unfällen, die diese Elemente frei-setzen, sowie bei der Entsorgung von Elektronikmüll auftreten. Ältere elektronische Geräte enthalten neben Metallschadstoffen in Kondensatoren und Transformatoren oft auch noch polychlorierte Biphenyle, biologisch nur schwer abbaubare organische Schadstoffe, die für Böden eine persistente Belastung darstellen.

3.3.7   Chemische Industrie und sonstige industrielle Quellen

Bedeutende Quellen der Schwermetallverunreinigung von Böden und Umwelt bestehen in der Herstellung, dem Einsatz und der Entsorgung diverser Industrie- und Haushaltsprodukte [11].

Besonders gravierend sind die Umweltbelastungen aus folgenden Bereichen:

- Chlorproduktion: Hg;
- Batterien: Pb, Sb, Zn, Cd, Ni, Hg;
- Pigmente und Farben: Pb, Cr, As, Sb, Se, Mo, Cd, Ba, Zn, Co;
- Katalysatoren: Pt, Sm, Sb, Ru, Co, Cu, Rh, Re, Pd, Os, Ni, Mo;
- Polymerstabilisatoren: Cd, Zn, Sn, Pb (bei der Verbrennung von Kunststoffen);
- Druck und Graphik: Se, Pb, Zn, Cd, Cr, Ba;
- Medizin: Ag, As, Ba, Cu, Hg, Sb, Se, Sn, Pt, Zn;
- Treib- und Schmierstoffzusätze: Se, Te, Pb, Mo, Li.

3.3.8   Abfallentsorgung

Die Entsorgung von Haushalts-, Kommunal- und Industrieabfällen kann auf mehreren Wegen Schwermetallverunreinigung von Böden verursachen. Die Deponierung von festen Kommunalabfällen kann bei nicht ordnungsgemäßem Betrieb der Deponie dazu führen, daß Metalle wie Cadmium, Kupfer, Blei, Zinn und Zink durch Ausschwemmung in Böden sowie in Grund- und Oberflächenwasser gelangen. Deponiesickerwässer enthalten oft hohe Chloridkonzentrationen, so daß viele Metalle in Form von Chlorokomplexen vorliegen, die häufig mobiler und schwerer adsorbierbar als freie Metallkationen sind. Wenn geeignete Entstaubungsanlagen fehlen, kann Abfallverbrennung zur Emission von schwermetallhaltigen Aerosolen führen (z.B. cadmium- und bleihaltige Stäube). Zwischendeponien von Abfällen können starke Bodenverunreinigungen verursachen, die oft erst zu einem späteren Zeitpunkt, wenn das Gelände gar nicht mehr zu diesem Zweck genutzt wird, durch Analysen nachgewiesen werden. Dieser Sachverhalt war die Ursache für Schwermetallverunreinigungen in mehreren Schrebergartenkolonien in Großbritannien. Wilde Verbrennungen und das Vergraben metallhaltiger Haushaltsabfälle in Hausgärten können ebenfalls zu bedeutenden Metallansammlungen in Böden führen, auf denen Gemüse und Früchte angebaut werden.

Komposte werden üblicherweise aus dem verrottbaren Anteil fester Kommunalabfälle hergestellt. Nachdem sie sich im Anschluß an aerobe Zersetzung und der damit einhergehenden Erwärmung stabilisiert haben, können sie als Bodenverbesserer, Torfersatz oder Wachstumsmedien eingesetzt werden. Die produzierten Kompostmengen sind noch verhältnismäßig klein, und in vielen Fällen wird die Verwendbarkeit durch den Anteil an Schwermetallen und organischen Schadstoffen eingeschränkt. Eine besonders vielversprechende Kompostart geht aus Gartenabfällen hervor, d.h. aus gehäckselten Ästen, Laub, Grasschnitt und anderem relativ wenig verunreinigtem Material, dessen Entsorgung durch Verbrennung oder Deponierung zu hohe Kosten verursachen würde.

3.3.9   Sportschießen

Schrotkugeln aus Blei mit bis zu 2% Antimon sind seit vielen Jahren bei der Jagd auf Wildvögel und beim Tontaubenschießen in Gebrauch. Gerade letztere Sportart erfreut sich neuerdings zunehmender Beliebtheit, und an häufig genutzten Schießplätzen liegen im Boden hohe Konzentrationen dieser Metalle vor, so z.B. Gesamtbleikonzentrationen von oftmals mehreren Prozent. Auch wenn der Großteil dieser Metalle im Boden in Form von Schrotkugeln und nicht in bioverfügbarer Form vorliegt, wird sich bei der allmählichen Korrosion der Kugeloberfläche einiges Material ablösen und die dabei entstehenden kleineren Teilchen werden leichter im Boden verteilt. Einige Schrotarten sind mit Nickel beschichtet, so daß sich dieses Metall bei einigen Schießplätzen als zusätzliche Verunreinigung findet. Zur Zeit befinden sich Maschinen in der Entwicklung, mit deren Hilfe die Kugeln aus stark verunreinigten Böden zurückgewonnen werden können.

Die Bioverfügbarkeit der Metallrückstände muß beobachtet und, wo erforderlich und möglich, mit chemischen Mitteln eingeschränkt werden.

Da die Tontaubenschießplätze jedoch kaum landwirtschaftlich genutzt werden, sind sie ernährungstoxikologisch nur von geringer Bedeutung. Die hiervon ausgehenden Risiken dürften noch weiter reduziert werden, wenn sich die mechanische Beseitigung der Kugeln als praktikabel erweist.

Vom Gesichtspunkt der Bodenchemie aus betrachtet, führt der Schießsport zum Eintrag von Blei, Antimon und vereinzelt Nickel in eine Vielzahl von Böden mit unterschiedlichen chemisch-physikalischen Eigenschaften. Obwohl Blei im allgemeinen als stark adsorbiert angesehen wird und einen niedrigen Boden-Pflanze-Transferkoeffizienten aufweist, dürfte das Ausmaß der Adsorption von Boden zu Boden unterschiedlich sein. Der Einsatz von Blei in Gewichten für Angelschnüre wurde wegen seiner toxischen Wirkung für Wasservögel mittlerweile verboten. Aus ähnlichen Gründen darf Bleischrot nicht mehr bei der Wildenten-jagd in Feuchtgebieten verwendet werden. Alternativen für bleihaltiges Schrot, beispiels-weise Stahl, Molybdän- und Bismutlegierungen, befinden sich zur Zeit in der Erprobung.

3.3.10 Militärische Konflikte und Manöver

So wie Sportschießen zu hohen Metallkonzentrationen in einigen Böden geführt hat, sind auch Schlachtfelder und Truppenübungsplätze schwer durch Metalle verunreinigt worden. Schwermetallquellen sind hierbei vor allem Kugeln aus Blei und verschiedenen anderen Legierungsmetallen, Kupfer und Zink aus Patronenhülsen und Kartuschen, abgereichertes Uran aus panzerbrechenden Geschossen sowie eine Vielzahl von Metallen aus zurückgelas-senen oder zerstörten Ausrüstungsgegenständen und Fahrzeugen, aus versickernden Treib- und Schmierstoffen und abgebrannten Gebäuden. Daher sind weltweit ehemalige Kriegs- und Kampfgebiete, insbesondere die des ersten Weltkriegs, in großem Umfang durch Metalle und verschiedene persistente organische Mikroschadstoffe verunreinigt. Während sich die organi-schen Schadstoffe nach einigen Jahrzehnten zersetzt haben dürften, werden die Schwer-metalle in den meisten Böden über Jahrhunderte erhalten bleiben [11, 38, 39].

Nicht nur auf Schlachtfeldern, sondern auch auf Truppenübungs- und Schießplätzen, in Kasernen, Luftwaffen- und Marinestützpunkten dürften die Böden ebenfalls stark mit Schwermetallen verunreinigt sein. Dies erweist sich insbesondere in den Ländern des ehema-ligen Warschauer Pakts in Ost- und Mitteleuropa als ein großes Problem, wo sich viele ver-lassene militärische Standorte befinden, die Gelder zur Erfassung und Beseitigung der Schä-den jedoch weitgehend fehlen.

3.4 Schwermetalle aus atmosphärischer Ablagerung

Die Atmosphäre stellt ein wichtiges Transportmedium für Metalle aus den verschiedensten Quellen dar, wodurch Böden häufig über hunderte von Kilometern im Umkreis der Emissi-onsquelle verunreinigt werden. Die Metalle liegen in der Luft üblicherweise als Aerosolparti-kel mit Teilchengrößen von 5 nm bis 20 µm vor, meist aber zwischen 0,1 und 10 µm, und besitzen eine mittlere Verweildauer von 10–30 Tagen [5].

Ein größerer Teil der Metalle in jüngeren Staubablagerungen ist anthropogenen Ursprungs. Aber bereits vor dem Beginn des Industriezeitalters mit seinem verbreiteten Einsatz von Metallen trug die Verbrennung von Kohle auf der Nordhalbkugel beträchtliche Mengen an

Tabelle 3.9.   Konzentrationen ausgewählter Elemente in der Luft verschiedene Standorte [ng/m³]. (Aus [5])

Metall	Südpol	Europa Zentralwert (Spannweite)	Nordamerika Zentralwert (Spannweite)	Vulkane: Hawaii u. Ätna
Ag	< 0,004	1 (0,2−7)	1 (0,04(*GK*)−2,4)	30
As	0,007	16 (1,5−53)	15 (1,7−40)	5,5−850
Au	0,00004	(0,0001−0,006)	(0,003(*GK*)−0,3)	8
Cd	< 0,015	(0,5−620)	(< 1−41)	8−92
Co	0,00005	(0,2−37)	3 (0,13−23)	4,5−27
Cr	0,005	25 (1−140)	60 (1−300)	45−67
Cu	0,036	340 (8−4900)	280 (5−1100)	200−3000
Hg	–	(0,009(*GK*)−2,8)	(0,007−38)	18−250
Mn	0,01	43 (9−210)	150 (6−900)	55−1300
Mo	–	(0,2(*GK*)−3,2)	(1(*GK*)−10)	–
Ni	–	25 (4−120)	90 (1(*GK*)−120)	330
Pb	0,63	120 (55−340)	2700 (45−13000)	28−1200
Sb	0,0008	8 (0,6−32)	12 (0,08−55)	45
Se	0,0056	3 (0,15−800)	5 (0,06−30)	9−21000
Sn	–	(1,5−800)	(10(*GK*)−70)	–
Ti	–	0,06	0,22	–
U	–	0,02	< 0,5	–
W	0,0015	0,7 (0,35−1,5)	4 (0,03−6)	–
Zn	0,13	1200 (13−16000)	500 (10(*GK*)−1700)	1000

Ruß und Metallen zur Aerosolbelastung bei [5]. In Tabelle 3.9 sind typische Metallkonzentrationen in der Luft über abgelegenen sowie dicht besiedelten industrialisierten Regionen und aus der Umgebung von Vulkanen zusammengestellt. Die Konzentrationen liegen am Südpol am niedrigsten und sind in den industrialisierten städtischen Bereichen Europas und Nordamerikas hoch (s. Tabellen 3.9 und 3.10). Es zeigt sich, daß der natürliche Eintrag von Metallen in die Umwelt durch Vulkane verhältnismäßig hoch ist, so daß es sich hierbei um die hauptsächliche Quelle der natürlichen atmosphärischen Ablagerung von Metallen handelt. In Aerosolen enthaltene Metalle werden zwar von Mensch und Tier eingeatmet, ihren langfristig größten Einfluß auf die Umwelt entfalten sie jedoch mit ihrer gravitationsbedingten Ablagerung oder durch Ausregnen auf Vegetation, Böden, Flüsse, Seen und das Meer. Einige Vergleichsdaten zu den in ländlichen und städtischen Gebieten abgelagerten Metallmengen zeigt Tabelle 3.10.

Bowen [5] vergleicht die Anreicherungsfaktoren *E* für die Gesamtablagerung (gegenüber Scandium bzw. Titan), die Cawse [30] bzw. Hamilton [31] unabhängig voneinander ermittelten. Cawse [30] gab folgende *E*-Werte an:

$E = 1-5$	Al, Ce, Cr, Fe, K, La, Mn, Rb, Sn;
$E = 5-50$	Ca, Co, Mg, Mo, Ni, Sb, V;
$E = 50-500$	Ag, As, Au, Cu, I, In, W, Zn;
$E = 500-5000$	Br, Cd, Pb, Se.

Die von Hamilton angegebenen E-Werte wichen für Cadmium (50–500), für Selen (5–50) und für Vanadium (50–500) von den genannten Werten ab, stimmten aber ansonsten überein. Die hohen Anreicherungsfaktoren für Cadmium, Blei, und Selen unterstreichen die Bedeutung der atmosphärischen Deposition als Quelle dieser Metalle für Böden und Pflanzen. Auf alle Fälle hat die räumliche Nähe zu Schadstoffquellen einen deutlichen Einfluß auf die atmosphärischen Gehalte. In der Luft ländlicher Gebiete im Norden Nigerias, weit entfernt von aller Industrie, lagen die Anreicherungsfaktoren wesentlich niedriger als in Nottinghamshire im industrialisierten Mittelengland, und zwar für Blei um den Faktor 167, für Selen um 117 und für Zink um 129.

Yaaqub et al. [32] verglichen Aerosole aus Großbritannien mit solchen aus West- und Osteuropa auf einer gegenüber Zink normalisierten Berechnungsgrundlage, unter der Annahme, daß es sich bei diesem Element um eine für menschlichen Eintrag charakteristische Komponente handelt. Sie konnten feststellen, daß die Aerosole in Großbritannien an Blei, Cadmium, Rußkohlenstoff und Nitrat gegenüber Zink angereichert sind, während osteuropäische Aerosole an diesen Bestandteilen gegenüber Zink abgereichert sind. Diese Anreicherungsmuster stimmen im wesentlichen mit den Emissionskatastern anderer Autoren überein. Yaaqub et al. [32] kamen zu der Schlußfolgerung, daß die Partikelkonzentrationen in Luftmassen, die aus westlicher Richtung nach Großbritannien heranströmen, wegen größerer Verdünnung durch Vermischung in starken Winden und durch Ausregnen niedriger liegen, während hohe Schadstoffkonzentrationen eher in aus dem Osten durch die Hochdrucksysteme über Europa anströmender Luft auftreten, bedingt durch geringe vertikale Vermischung und weniger Auswaschen durch Regen.

In Dänemark beobachteten Hovmand et al. [33], daß die atmosphärische Cadmiumablagerung während der Wachstumsperiode auf landwirtschaftlich genutzten Böden zwischen $12–26$ µg/m^3 lag. Aus dieser Quelle stammten bis zu 60 % des Cadmiums einer Probeernte, was die Bedeutung dieser Metallquelle unterstreicht. In den gegenüberliegenden Bereichen Südnorwegens stellte Steinnes [34] fest, daß die Konzentrationen von Blei, Cadmium, Zink, Arsen, Antimon und Selen in Moosen, Bodenhumus und den obersten Horizonten von Bodenprofilen etwa um das Zehnfache höher lagen als im mittleren Teil Norwegens. Dies ist auf die Ablagerung von Metallen aus den Luftmassen zurückzuführen, die aus

Tabelle 3.10. Gesamte jährliche Ablagerung von Metallen an verschiedenen Standorten [g/ha]. (Aus [29])

Metall	Ländliche Bereiche				Städtische Bereiche		
	Groß-britannien	Tennessee (USA)	Große Seen (USA)	Texel (Niederl.)	New York (USA)	Swansea (UK)	Göttingen (Deutschl.)
As	8–55	–	–	–	–	61	–
Cu	98–480	280	64	29	–	360	110
Cr	21–88	44	–	–	–	1900	53
Cd	< 100	120	–	2,9	9,1	< 200	3,9
Ni	35–110	–	37	–	66	220	–
Pb	160–450	130	120	150	790	620	230
Se	2,2–6,5	–	–	–	–	73	–
Zn	490–1200	540	530	400	–	1000	470

den stärker industrialisierten Teilen Europas nach Südnorwegen vordringen. Die jährliche Bleiablagerung betrug in Norwegen zwischen 0,6 und 12,9 mg/m^2, die von Cadmium zwischen 0,02 und 1,04 mg/m^2 [34].

3.5   Schwermetallkonzentrationen in landwirtschaftlichen Böden

Der Gesamtgehalt eines Metalls im Boden ist das Ergebnis des Metalleintrags aus verschiedenen Quellen: dem Ausgangsmaterial, atmosphärischer Deposition, Düngung, Agrochemikalien, organischen Abfällen und anderen, anorganischen Verunreinigungen abzüglich der Metallverluste durch Einholen von Ernte, durch Auswaschung und Verflüchtigung. Dies läßt sich durch folgende Formel ausdrücken:

$$M_{total} = (M_p + M_a + M_f + M_{ac} + M_{ow} + M_{ip}) - (M_{cr} + M_l),$$

wobei M eine Schwermetallmenge ist und die (aus dem Englischen stammenden) Indices „p" das Ausgangsmaterial, „a" die atmosphärische Deposition, „f" Düngemittel, „ac" Agrochemikalien, „ow" organische Abfälle und „ip" sonstige, anorganische Schadstoffe bezeichnen. Der Verlust durch Abernten wird mit dem Index „cr" angegeben, und Verluste durch Auswaschung, Verflüchtigung usw. mit „l".

Obwohl damit der Gesamtgehalt eines Metalls im Boden pauschal beschrieben ist, hängen die bioverfügbaren Konzentrationen von den bodenchemischen Verhältnissen ab, die, wie in Kap. 2 dargelegt, die jeweils in Böden und Pflanzen vorliegenden Metallspezies bestimmen. Auch wenn Böden durch normale landwirtschaftliche Methoden in einem gewissen Umfang verunreinigt werden, dürfte das Ausmaß dieser Verunreinigungen nicht sehr groß sein. Repräsentative Werte für verschiedene Verschmutzungsgrade sind in den Anhängen ANH 6 und ANH 7 zusammengestellt.

Tabelle 3.11. Konzentrationen einiger Schwermetalle im Oberboden (0–15 cm) an verschiedenen Standorten in England und Wales [a] [mg/kg]. (Aus [35])

Metall	Minimum	Mittelwert	Zentralwert	Maximum	σ_{rel} [%] [b]
Ba	11	141	121	29,73	94
Cd	< 0,2	0,8	0,7	40,9	116
Cr	0,2	41,2	39,3	838	106
Co	0,2	10,6	9,8	322	136
Cu	1,2	23,1	18,1	1508	401
Pb	3,0	74,0	40,0	16338	613
Mn	41	3736	300,5	62690	277
Ni	0,8	24,5	22,6	440	104
Zn	5,0	97,1	82,0	3648	316

[a] Grundlage: 5692 Proben auf einem Raster von 5×5 km^2, wobei jede Probe dem Durchschnitt von 25 auf einem Feld von 20×20 m^2 am entsprechenden Rasterpunkt genommenen Einzelproben entspricht.
[b] σ_{rel} = relative Standardabweichung [%] = 100 · Standardabweichung : Mittelwert.

Tabelle 3.12. Schwermetallgehalte[a] in landwirtschaftlichen Böden in den USA [mg/kg]. (Aus [36])

Metall	Minimum	Mittelwert	Zentralwert	Maximum	σ_{rel} [%]
Cd	< 0,01	0,265	0,20	2,0	95
Cu	< 0,6	29,6	18,5	495,0	137
Ni	0,7	23,9	18,2	269,0	118
Pb	7,5	12,3	11,0	135,0	61
Zn	< 3,0	56,5	53,0	264,0	66

[a] Grundlage: 3045 Bodenproben aus 307 verschiedenen Bodenreihen von Standorten mit gesundem Bewuchs, die abseits von bekannten Schadstoffquellen liegen.

Neuere Untersuchungen der Schwermetallgehalte in Böden aus den USA, England und Wales liefern brauchbare Hinweise auf „normale", in landwirtschaftlichen Böden anzutreffende Metallkonzentrationen. Eine Zusammenfassung der regionalen Bodenuntersuchungen von McGrath u. Loveland [35] in England und Wales wird in Tabelle 3.11 wiedergegeben und eine Übersicht der Untersuchungsergebnisse von Holmgren et al. [36] aus den USA in Tabelle 3.12. Dabei ist zu berücksichtigen, daß die amerikanischen Proben nicht auf einem „neutralen" Raster genommen wurden, sondern an Standorten, die wegen ihrer Lage, entfernt von offensichtlichen Quellen für Metallverunreinigungen, ausgewählt worden waren und somit nur normalen landwirtschaftlichen Einträgen und einem Hintergrund aus atmosphärischer Deposition ausgesetzt waren. Im Gegensatz dazu waren die Bodenproben bei der Untersuchung in England und Wales auf einem Raster mit 5×5 km^2 Maschenweite genommen worden, das auch Standorte in der Nähe von punktförmigen Verunreinigungsquellen, städtischen und industriellen Gebieten und anderen Quellen wie Erzbergwerken umfaßte sowie Böden, die unterschiedlich mit Klärschlämmen beaufschlagt worden waren. Den beiden Untersuchungen lagen unterschiedliche Ziele zugrunde: Holmgren et al. [36] wollten ergründen, in welchem Umfang normale landwirtschaftliche Verfahren zur Akkumulation toxikologisch bedeutender Metalle in einer Reihe unterschiedlicher Bodenarten führen, während die Untersuchung in England und Wales den allgemeinen Nährstoff- und Metallbelastungsstatus von Böden bewerten und regionale Verteilungsmuster aufdecken sollte.

Ein Vergleich der Tabellen 3.11 und 3.12 zeigt deutlich, daß die Cadmium-, Blei- und Zinkgehalte in amerikanischen Böden von abgelegenen Standorten wesentlich unter den Werten einer Vielzahl unterschiedlicher Standorte im dichter besiedelten England und Wales liegen. Bei Cadmium, mit seiner für Menschen größten toxikologischen Bedeutung, betragen Mittel- und Zentralwerte in englischen und walisischen Böden etwa das Dreifache der amerikanischen Werte, während der Zentralwert für Blei das Vierfache beträgt und der für Zink das Eineinhalbfache.

Die Höchstwerte spiegeln deutlich die Unterschiede in der Probenahmemethodik wider. Wie zu erwarten, liegen die Höchstwerte für alle Metalle in den amerikanischen Böden wesentlich niedriger. Die größten Unterschiede treten beim Bleigehalt auf, der in den englisch-walisischen Proben 121mal höher ist, da hier auch Standorte in Erzbergbaugebieten beprobt wurden. Im allgemeinen stammten die meisten der Proben mit Bleigehalten über dem EU-Grenzwert von 300 mg/kg (für mit Schlamm beaufschlagte Böden) aus Gegenden mit Blei-Zink-Bergbau oder aus Ballungs- und Industriegebieten. Interessanterweise liegen bei allen amerikanischen Landwirtschaftsböden die Zinkgehalte unter dem EU-Grenzwert von

300 mg/kg (für schlammbehandelte Böden). Neuere Felduntersuchungen in England und Deutschland haben jedoch ergeben, daß dieser Wert für bestimmte Mikroorganismen im Boden bereits zu hoch ist (s. Kap. 2 und 13).

Die allgemeine Schlußfolgerung aus den amerikanischen Untersuchungen ist, daß es durch normale landwirtschaftliche Methoden wie den Einsatz von Düngemitteln, Kalk, Mist und Gülle nicht zu gefährlich hohen Akkumulationen der untersuchten Metalle im Boden kommt. Wie in England und Wales, so gibt es auch in den USA eine Vielzahl von Standorten, auf denen die Böden aus einer Vielzahl von Quellen verunreinigt wurden. Solche Standorte waren jedoch in dieser Studie absichtlich nicht beprobt worden. Bleigehalte von bis zu 49000 mg/kg wurden in durch Bergbau verunreinigten Böden in den USA gemessen [37], und in Großbritannien wurden Werte von mehr als 12 % Blei in Böden festgestellt, die aus anderen Quellen stark kontaminiert worden waren (Alloway u. Merrington, unveröffentlichte Daten).

Bowen [5] schätzte, daß die Verweildauer von Cadmium in Böden zwischen 75 und 380 Jahren liegt. Quecksilber persistiert 500–1000 Jahre lang, während stärker sorbierte Elemente wie Arsen, Kupfer, Nickel, Blei, Selen und Zink Verweilzeiten von 1000–3000 Jahren aufweisen. Iimura et al. [38, 39] schätzten, daß die Halbwertszeiten in Böden für Cadmium 15–1100 Jahre betragen, für Kupfer 350–1500 Jahre und für Blei 740–5900 Jahre. Auch wenn die angegebenen Werte wegen der Berücksichtigung unterschiedlicher Bodenbedingungen stark streuen, zeigen sie eindeutig, daß es sich bei der Schwermetallverunreinigung von Böden um ein äußerst langfristiges Problem handelt.

Literatur

[1] Mitchell RL (1964) In: Bear FE (Hrsg) Chemistry of the Soil. 2. Ausg. Reinhold, New York, S 320–268

[2] Krauskopf KB (1967) Introduction to Geochemistry. McGraw-Hill, New York

[3] Rose AW, Hawkes HE, Webb JS (1979) Geochemistry in Mineral Exploration. 2. Ausg. Academic Press, London

[4] Kim KW, Thornton I (1993) Environ Geochem and Health 15: 119–133

[5] Bowen HJM (1979) Environmental Chemistry of the Elements. Academic Press, London

[6] Duchaufour P (1977) Pedology. Allen and Unwin, London

[7] Jenny H (1941) The Factors of Soil Formation. McGraw-Hill, New York

[8] Fenwick IM, Knapp BJ (1982) Soils, Process and Response. Duckworth, London

[9] Peters WC (1978) Exploration and Mining Geology. Wiley, New York

[10] Pacyna JM (1987) In: Hutchinson TC, Meema KM (Hrsg) Lead, Mercury, Cadmium and Arsenic in the Environment, SCOPE 31. Wiley, Chichester

[11] Alloway BJ, Ayres DC (1993) Chemical Principles of Environmental Pollution. Blackie Academic and Professional, Glasgow

[12] MAFF (1986) Advice on Avoiding Pollution from Manures and other Slurry Wastes. MAFF Booklet 2200, MAFF Publications, London

[13] US Environmental Protection Agency (1992) 40 CFR Parts 257, 403, 503   [FRL-4203-3]   Standards for the Use and Disposal of Sewage Sludge. US EPA, Washington/DC

[14] McGrath SP, Chang AC, Page AL, Witter E (1994) Environmental Reviews.

[15] Critchley RF, Agg AR (1986) Sources and Pathways of Trace Metals in the UK. WRc Report No ER 822-M. WRc Medmenham, Marlow, Großbritannien

[16] Page AL (1982) Fate and Effects of Trace Elements in Sewage Sludge when Applied to Agricultural Lands: A Literature Review. US EPA Report No EPA-67012-74-005. National Technical Information Service, Springfield/VA

[17] Kabata-Pendias A, Pendias H (1992) Trace Elements in Soils and Plants. 2. Aufl. CRC Press, Boca Raton/FL

[18] Webber MD, Kloke A, Tjell JC (1984) In: L'Hermite P, Ott J (Hrsg) Processing and Use of Sewage Sludge. Reidel, Dordrecht, S 371–386

[19] Alloway BJ, Jackson AP (1991) Sci Total Environ 100: 151–176

[20] Department of the Environment (1993) UK Sewage Sludge Survey, Final Report. Consultants in Environmental Sciences, Gateshead

[21] Hutton M (1982) Cadmium in the European Community. MARC Report No 2. MARC, London

[22] Andersson A (1977) Swedish J Agric Res 7: 1–5

[23] Ministry of Agriculture, Fisheries and Food (1982) The Use of Sewage Sludge on Agricultural Land, Booklet 2409. HMSO, London

[24] Ministry of Agriculture, Fisheries and Food (1993) Review of the Rules for Sewage Sludge Application to Agricultural Land. Soil Fertility Aspects of Potentially Toxic Elements, Report No PB 1561. MAFF, London

[25] Nriagu JO (1990) Sci Total Environ 92: 13–28

[26] Fergusson JE (1990) The Heavy Elements, Chemistry, Environmental Impact and Health Effects. Pergamon, Oxford

[27] Jones KC, Symon C, Taylor PJL, Walsh J, Johnston AE (1991) Atmos Environ 25A: 361–369

[28] Matthews PJ, Andrews DA, Critchley RF (1984) In: L'Hermite P, Ott J (Hrsg) Processing and Use of Sewage Sludge. Reidel, Dordrecht, S 244–258

[29] Cawse PA (1978) In: MAFF (Hrsg) Inorganic Pollution and Agriculture. HMSO, London

[30] Cawse PA (1976) UK Atomic Energy Report, AERE-R 8398. HMSO, London

[31] Hamilton EI (1974) Sci Total Environ 3: 8

[32] Yaaqub RR, Davics TD, Jickells TD, Miller JM (1991) Atmos Environ 25A: 985–996

[33] Hovmand MF, Tjell JC, Mossbaek H (1983) Environ Pollut A 30: 27–3 8

[34] Steinnes E (1987) In: Hutchinson TC, Meema KM (Hrsg) Lead, Mercury, Cadmium and Arsenic in the Environment, SCOPE 31. Wiley, Chichester. S 107–117

[35] McGrath SP, Loveland PJ (1992) The Soil Geochemical Atlas of England and Wales. Blackie Academic and Professional, Glasgow

[36] Holmgren CGS, Meyer MW, Chaney RL, RB Daniels (1993) J Environ Qual 22: 335–348

[37] Levy DB, Barabaryk KA, Siemer EG, Sommers LE (1992) J Environ Qual 21: 185–195

[38] Iimura K, Ito H, Chino M, Marishita T, Hiruta H (1977) Proc Int Sem. SEFMIA, Tokyo, S 357–366

[39] Kabata-Pendias A (1987) Trans XIII Cong Int Soc Soil Sci Hamburg. ISSS, Hamburg, S 570–580

4 Methoden zur Analyse von Schwermetallen in Böden

A. M. URE

4.1 Einführung: Analysearten

Die Bestimmung von Schwermetallen in Böden kann verschiedene Zielsetzungen besitzen, deren häufigste und wichtigste die Bestimmung der Elementgesamtgehalte ist. Analysen mit dieser Zielsetzung liefern eine Grundkenntnis der Bodenbestandteile, aufgrund derer etwaige Veränderungen der Bodenzusammensetzung durch Auswaschung, Verunreinigung, Aufnahme durch Pflanzen oder landwirtschaftliche Bearbeitung beurteilt werden können. Außerdem kann eine Analyse angesetzt werden, um die Verfügbarkeit der Elemente für Nutzpflanzen zu beurteilen und damit deren mögliches Eindringen in die Nahrungskette von Mensch und Tier. Die Bodenanalyse spielt daher eine bedeutende Rolle für die Voraussage der Elementaufnahme durch Pflanzen und bei der Vorhersage und Diagnose von Mangelerscheinungen bei Nutzpflanzen und Vieh sowie bei der Beurteilung von Toxizitätsfragen in Landwirtschaft und Umwelt.

Das Ausmaß der Verunreinigung eines Bodens mit einem bestimmten Element kann bestimmt werden, indem man seine Konzentration mißt und das Ergebnis mit früheren Analysen oder mit Werten aus nicht verunreinigten Böden vergleicht. Oft ist es erforderlich, die verschiedenen Anteile eines Schwermetallgehalts zu ermitteln, beispielsweise die mobile, die leicht lösliche, die austauschbare oder die für Pflanzen verfügbare Fraktion, da diese einen direkteren Hinweis auf mögliche schädliche oder toxische Umweltauswirkungen liefern. Letztere Analyseart kann zur Bestimmung der Speziation dienen, bei der bestimmte Phasen, chemische Spezies oder Oxidationszustände eines Elements nachgewiesen und quantitativ erfaßt werden.

Die Analyseverfahren lassen sich grob einteilen in:

- Einzelelementanalysen wie die Atomabsorptionspektrometrie (AAS) oder
- simultane Mehrelementanalysen wie die induktionsgekoppelte Plasma-Atomemissions-spektrometrie (ICP-AES) oder die Röntgenfluoreszenzanalyse (RFA).

Sie lassen sich weiter unterteilen in Verfahren, bei denen Probelösungen untersucht werden (z.B. AAS) und Analysen an festen Proben (wie RFA). Bei der Wahl einer Methode für einen bestimmten Zweck sollten aber nicht nur diese Gesichtspunkte berücksichtigt werden, sondern auch ihre Empfindlichkeit, Präzision und Genauigkeit. Die Auswahl wird darüberhinaus noch durch Kostenaspekte bestimmt werden, in denen sich die heute verfügbaren meist instrumentellen Verfahren unterscheiden.

Die meisten Analysetechniken lassen sich in manuell betriebenen Einzelprobesystemen ebenso wie in kommerziellen Analyseautomaten mit automatisch arbeitenden Probenzuführungseinrichtungen nach Skeggs [1] oder unter Verwendung von Strömungsinjektionsverfahren nach Ruzicka [2] anwenden. Der Einsatz solcher automatischer Verfahren zur Analyse von Böden wurde recht ausführlich von Smith u. Scott [3] behandelt und wird daher hier nur kurz gestreift.

Die Grenzkonzentrationen[1] verschiedener Analysemethoden für eine Reihe von Schwermetallen, untergliedert nach Feststoff- und Lösungsmethoden, werden einander in Tabelle 4.1 gegenübergestellt, die aus [4] übernommen und erweitert wurde. Der Vergleich von Nachweisgrenzen ist zwar bekanntermaßen wenig aussagekräftig, trotzdem liefert die Tabelle einige Hinweise zur Verwendbarkeit der einzelnen Verfahren bei Bodenanalysen. Sie zeigt außerdem, daß die angegebene Empfindlichkeit bei Methoden, die gelöste Proben erfordern, bei Rückrechnung auf die festen Proben um den jeweils verwendeten Verdünnungsfaktor von einhundert bis eintausend verringert wird.

Tabelle 4.1.   Vergleich der Grenzkonzentrationen verschiedener Analyseverfahren[a]. (Abgewandelt aus [4], mit Genehmigung des „Macaulay Land Use Research Institute", Aberdeen, und der „Royal Society of Chemistry")

	Gelöste Proben				Feste Proben	
	FAAS	GFAAS	ICP-AES	ICP-MS	RFA	SSMS
GK in Lösung [µg/ml]	0,022	$1,7 \cdot 10^{-3}$	$0,8 \cdot 10^{-3}$	$0,01 \cdot 10^{-3}$	–	–
GK in fester Probe [µg/g]					1	0,01
GK in Feststoff [µg/g], bestimmt in 1 % (m/v) Lösung	2,2	0,17	0,08	0,001		
GK in Feststoff [µg/g], bestimmt in 0,1 % (m/v) Lösung	22,0	1,7	0,8	0,01		

[a] Flammen-Atomabsorptions- (FAAS), Graphitrohrofen-Atomabsorptions- (GFAAS), induktionsgekoppelte Plasma-Atomemissions-Spektrometrie (ICP-AES), induktionsgekoppelte Plasma-Massenspektrometrie (ICP-MS), Röntgenfluoreszenzanalyse (RFA) und Funkenemissions-Massenspektrometrie (SSMS). Durchschnittliche Grenzkonzentrationen für Elemente der 4. Periode (K, Ca, Sc, Ti, V, Cr, Mn, Fe, Co, Ni, Cu, Zn, Ga, Ge, As, jedoch nicht Se, Br und Kr).

4.2   Probenahme

Repräsentative Bodenproben zu erhalten ist ein Problem, das allen Analyseverfahren gleichermaßen zu eigen ist [5, 6]. Richtlinien zur Probenahme und -aufbereitung für analytische AAS und verwandte Verfahren wurden in [7] veröffentlicht. Die meisten Probenahmeverfahren beruhen auf dem Sammeln einer Reihe von Probeeinheiten aus einem Feld oder Grundstück und ihrem Vermischen zu einer Gesamtprobe, die repräsentativ für das entsprechende Gelände ist. Bei einem häufig angewandten Verfahren wird ein Feld in z.B. 20 kleinere Probenahmebereiche unterteilt, aus denen in einer Zickzackfolge über das Feld jeweils eine Probeeinheit genommen wird [6]. Die Einzelproben werden mit einem 30- bis 40-mm-Spiralbohrer oder Kernrohr bis zu einer einheitlichen Tiefe genommen (üblicherweise Pflug-

---

[1] Zur Angabe der (quantitativ-) analytischen Empfindlichkeit ist daneben auch der Begriff Bestimmungsgrenze gebräuchlich. Nachweis- und Erfassungsgrenze sind für die qualitative Analyse definiert, wobei man unter letzterer keine Konzentrations-, sondern eine Mengenangabe versteht.

schartiefe, d. h. 15–20 cm auf Ackerflächen und 7,5–10 cm auf Weiden) und zu einer Gesamtprobe von 0,5–1 kg naturfeuchten Bodens vereinigt. Bei Torfböden oder Böden, die reich an organischem Material sind, können auch größere Proben erforderlich werden. Für Spurenelementanalysen sollten die Proben zur Verminderung von Probenverunreinigung in Polyethylen- (PE-) Beuteln verpackt werden. Bodenproben, die zur Analyse von Quecksilber genommen werden, sollten jedoch nicht in PE-Behältern gelagert werden, da möglicherweise durch Reduktion im Boden gebildetes elementares Quecksilber PE durchdringen und so entweichen kann. Dadurch wird nicht nur die Analyse dieser Probe entwertet, sondern es besteht auch die Möglichkeit, daß in der Nähe gelagerte Proben verunreinigt werden.

Die Probenehmer sollten aus einem Material bestehen, das die Proben nicht mit dem zu analysierenden Element verunreinigen kann. Unlegierter C-Stahl ist rostfreiem oder hochlegiertem Stahl zu vorzuziehen. Auch Aluminium und stabiles Polypropylen oder Polytetrafluorethylen (PTFE, Teflon) sind geeignet. Werkzeuge und Geräte aus Polyvinylchlorid (PVC) sollten vermieden werden, da sie lösliche Schwermetallstearate (Cd, Pb, Zn) enthalten. Die Beschriftung der Proben muß eindeutig sein, und der Aufkleber muß auf der Außenseite und keinesfalls innen angebracht werden. Das Papier des Etiketts könnte nämlich Füllstoffe und Pigmente wie BaO, TiO_2, oder ZnO enthalten, und Schreib- und Markierstifte verdanken die Farbe oft ihrem Schwermetallgehalt. Weitere verunreinigungsbedingte Probleme werden von Scott u. Ure [8] erörtert, auch in Abschn. 4.4 wird näher darauf eingegangen.

4.3 Trocknung und Lagerung von Proben, Teilprobenahme

Zur Vorbereitung der Trocknung müssen die Probenklumpen zerkleinert werden. Die Krumen werden auf Polyethylenfolien in Aluminiumschalen ausgebreitet und bei 25 °C getrocknet. Der getrocknete Boden wird durch ein 2-mm-Sieb aus Aluminium gestrichen. Steine usw. mit einer Korngröße von über 2 mm werden verworfen. Die Bodenproben von weniger als 2 mm werden bis zur Untersuchung in Polyethylenbeuteln oder -schachteln gelagert.

Eine repräsentative Teilprobe des getrockneten Bodens kann durch Kegeln und Vierteilen bis zur gewünschten Menge oder mit Hilfe eines mechanischen Probenteilers genommen werden. Je nach Heterogenität und Korngröße gibt es ein Mindestgewicht für die Teilprobe, die noch die Zusammensetzung der Ausgangsprobe repräsentiert. Als allgemeiner Grundsatz gilt nach Jackson [9], daß die Probe mindestens tausend Teilchen von der Größe der Maschenweite des Siebs enthalten sollte. Beispiele für Mindestprobemengen für verschiedene Korngrößen nach Jackson [9] sind in Tabelle 4.2 zusammengestellt. Die Werte stimmen gut mit empirischen Probemengen von etwa 10–20 g bei einem Boden mit Korngrößen bis zu 2 mm überein. Eine hervorragende und sehr detaillierte Besprechung der Probenahme inhomogener geochemischer Materialien findet sich bei Ingamells u. Pitard [10]. Bodenproben von bis zu 2 mm Korngröße werden hauptsächlich zur Bestimmung der Schwermetallgehalte in verschiedenen Extraktionsmethoden benutzt. Zur Bestimmung des Gesamtgehalts werden die Proben üblicherweise pulverisiert. Dazu zermahlt man 25 g einer wie geschildert hergestellten repräsentativen Teilprobe in einem Achatmörser oder einem ähnlichen Gerät zu einem feinen Mehl mit Korngrößen unter 150 µm. Zur Analyse werden davon repräsentative Teilproben von etwa 10–50 mg genommen. Die nötige Feinheit des Pulvers hängt im wesent-

Tabelle 4.2.   Zusammenhang zwischen Korngröße und Probemenge [9]

Maschenweite [mm]	Mindestmenge[a] [g]	Optimale Menge [g] (etwa 4 × Mindestmenge)		
4	44	176	gerundet	150
2	5,3	21,2	gerundet	20
1	0,68	2,72	gerundet	2,5
[mm]	[mg]	[mg]		[mg]
0,16	2,7	10,8	gerundet	10
0,1	0,68	2,72	gerundet	2,5

[a] Berechnet für eine durchschnittliche Bodendichte von 1,3 g/cm³.

lichen von der Analysemethode und dem Gewicht der Probe ab, welches bei Funkenbogen-Atomemissionsspektrometrie zwischen 10 und 20 mg und bei Röntgenfluoreszenzanalyse zwischen 0,1 und 1 g liegt.

4.4   Verunreinigung

Die Gefahr der Verunreinigung von Proben besteht jederzeit. Sie kann bei der Probenahme und beim Transport zum Labor ebenso wie bei der Aufbereitung der Proben zur Analyse auftreten. Verunreinigungsquellen speziell in landwirtschaftlichen Laboratorien wurden z. B. in [8] besprochen, während Verunreinigungen als allgemeines Problem bei Analysen ausführlich von Zief u. Mitchell [11] behandelt wurden.

Es ist nicht möglich, jegliche Verunreinigung auszuschalten, da bei Entnahme, Handhabung und Aufbereitung der Proben Materialien und Gerätschaften benutzt werden müssen. Die einzige Vorkehrung, die man treffen kann, besteht in der Auswahl von Materialien, die keine der zu bestimmenden Elemente eintragen können. Es sollten möglichst Metallwerkzeuge aus Aluminium oder unlegiertem Stahl benutzt werden. Rostfreier Stahl kann bis zu 30 % Chrom und sowie beträchtliche Gehalte an Nickel, Molybdän und Mangan aufweisen, während Schnelldrehstähle außerdem noch Cobalt, Vanadium und Wolfram enthalten. Schleif- und Trennscheiben auf Wolframcarbidbasis sollten nicht verwendet werden, da sie cobalthaltige Fixierharze enthalten. In kommerziell erhältlichen Geräten wie Mühlen sollten die Metallteile durch unlegierten Stahl oder Titan ersetzt werden [12]. Oberflächenbeschichtete Metallteile sind zu vermeiden, da sie Quellen für Chrom, Nickel, Cadmium, Kupfer, Phosphor und Zink darstellen können. Galvanisiertes Eisen ist eine Quelle für Zink und Cadmium und scheidet deshalb als Arbeitsmaterial aus. Kupfer und seine Legierungen sollten auf alle Fälle vermieden werden.

Das Labor selbst und seine Baumaterialien sollten vom Gesichtspunkt der Verunreinigung aus kritisch betrachtet werden. In Farben können schwermetallhaltige Trocknungsmittel und Pigmente (Barium, Titan, Zink, Cadmium usw.) enthalten sein. Farben auf Wasserbasis und Emulsionen können Quecksilberverbindungen als Fungizide enthalten. Der zunehmende Einsatz von Kunststoffen zur Herstellung „sauberer" Wand- und Tischoberflächen stellt manchmal auch ein Problem dar, da PVC und Polystyrol Quellen von Schwermetallen wie Cadmium, Blei und Zink darstellen können. Im allgemeinen sind Polyolefinkunststoffe wie Polyethylen und Polypropylen weitestgehend frei von Schwermetallen, ebenso wie Siliconkautschuke und PTFE. Natürlicher Gummi enthält beträchtliche Mengen Zink und stellt daher eine stete Verunreinigungsquelle für dieses Element dar, was auch die in Labors häufig zum Abwischen von Pipettenspitzen usw. benutzten Papiertücher gilt.

Auch die Reagenzien selbst können Verunreinigungen mit sich bringen. Sie müssen, wie auch das eingesetzte destillierte oder entionisierte Wasser und die Säuren, von größter Reinheit sein und durch Blindproben überprüft werden. Entionisiertes Wasser kann aufgrund seiner Herstellung organisch komplexgebundene Schwermetalle wie Kupfer enthalten. Bei Säuren kann es erforderlich sein, sie durch Destillation bei Normal- oder Unterdruck zu reinigen [13, 14]. Andere Reagenzien müssen gegebenenfalls ebenfalls gereinigt werden [15, 16] oder Lieferungen mit niedrigen Verunreinigungsgehalten müssen ausgewählt werden. Im Labor müssen Aufzeichnungen der Lieferungsnummer von Reagenzien, Filterpapieren usw. geführt werden, damit im Falle hoher Blindprobenwerte die Verunreinigungsursache auf eine bestimmte Lieferung oder auf einen Wechsel des Lieferanten zurückverfolgt werden kann. Es treten immer wieder unerwartete Verunreinigungsquellen auf, was in einem Analyselabor die ständige Überwachung von Blindproben und Qualitätskontrollmaßnahmen wie den Einsatz von Eichsubstanzen in Kontrollanalysen erforderlich macht.

4.5   Eichsubstanzen

Zur Bestimmung der Präzision eines Analyseverfahrens sind zwei Ansätze möglich. Der erste, bei dem die Ergebnisse mit denen eines anderen, bewährten Verfahrens verglichen werden, könnte ausgeschlossen sein, wenn es keine Alternative gibt oder eine solche im Analyselabor nicht zur Verfügung steht. Außerdem könnte das Prüfverfahren selbst mit Ungenauigkeiten oder systematischen Fehlern belastet sein. Bei dem zweiten Ansatz wird eine Eichsubstanz bekannten Gehalts analysiert, dessen quantitative Zusammensetzung von dem ausliefernden Institut nach verschiedenen Zertifikationsanalysen beglaubigt wurde. Dieser Ansatz eignet sich nicht nur, um die Genauigkeit eines zu beurteilenden Verfahrens zu überprüfen, sondern auch zur routinemäßigen Qualitätskontrolle.

Zur Verifizierung von Bodengesamtanalysen lassen sich die geologischen „Certified Reference Materials" (CRM) des amerikanischen Geologischen Dienstes (USGS), des „US National Bureau of Standards" und vieler anderer Stellen einsetzen. Außerdem steht eine Vielzahl von Referenzböden und -klärschlämmen zur Verfügung, deren zertifizierte Gehalte auch diejenigen Schwermetalle umfassen dürften, mit denen wir uns hier beschäftigen. Diese Eichmaterialien für die Analyse von Böden und Klärschlämmen sind im Anhang (ANH 8) zusammen mit ihren Metallgehalten und den Bezugsquellen [17−23] aufgeführt. Für Referenzböden und -schlämme des „Community Bureau of Reference" (BCR) der EU-Kommission liegen ebenfalls, allerdings nicht in zertifizierter Form, Analysen für eine Reihe in Königswasser löslicher Metalle sowie ihre zertifizierten Gesamtelementgehalte vor. Diese BCR-Eichmaterialien sind besonders wertvoll, da der Aufschluß in Königswasser bei der Beurteilung von Bodenverunreinigungen von zunehmender Bedeutung ist (s. auch Abschn. 4.13).

4.6   Verfahren zur Gesamtanalyse fester Proben

4.6.1   Röntgenfluoreszenzanalyse (RFA)

Bei der Röntgenfluoreszenzspektrometrie (XRFS, auch RFA) handelt es sich um ein Mehrelementverfahren, das zur Bestimmung der meisten Elemente, außer denen mit einer Ordnungszahl unter 8, geeignet ist. Für die letzteren ist besondere Analyseausrüstung erforderlich. In der wellenlängendispersiven Form (WDRFA) kann es Elementkonzentrationen von 1 µg/g bis 100 % bestimmen. Die energiedispersive RFA (EDRFA) wurde erfolgreich zur computergestützten Bestimmung der Bodenhauptelemente eingesetzt [24], aber wegen der niedrigeren Auflösung und Empfindlichkeit ist dieses Verfahren für die Analyse von Neben- und Spurenelementen weniger geeignet. Daher stellt die WDRFA das bei der Bodenanalyse am weitesten verbreitete Verfahren dar. Halbquantitative und qualitative Bestimmungen können direkt an feingemahlenen getrockneten Bodenproben ausgeführt werden, die hydraulisch zu einer Tablette gepreßt werden, die an der Oberfläche mit Borsäure versiegelt ist [25].

Da jedoch Teilchengröße, Zusammensetzung und Bindungsform des Elements die Analyse beeinflussen, wird zur quantitativen Analyse üblicherweise eine homogene Probe durch einen Boratschmelzaufschluß hergestellt. Viele der gängigen Verfahren wurden aus dem nachstehend beschriebenen Aufschluß nach Norrish u. Hutton [26] abgeleitet.

Schmelzverfahren zur Aufbereitung von RFA-Proben [26]
Man schmelze 0,28 g geglühten Boden in 1,5 g Flußmittel und 0,02 g NaNO$_3$. Das Flußmittel wird aus 29,6 g LiCO$_3$ und 13,2 g La$_2$O$_3$ hergestellt, die bei 1000 °C homogen geschmolzen, abgeschreckt und gemahlen werden. Das Verfahren wurde in [39] mit ICP-AES zur Analyse von Bodenproben verglichen. Ein ähnliches Verfahren mit einer geringeren Verdünnung der Probe beschreibt [27]. Bei anderen Schmelzaufschlußverfahren wird z.B. Lithiummetaborat (LiBO$_2$) eingesetzt [28, 29]. Eine gewisse Einschränkung erfahren diese Verfahren und somit die RFA allgemein durch die verhältnismäßig große Probemenge von 0,1–1 g. Bei kleineren Probemengen muß auf andere Verfahren wie Schmelzaufschluß-Lösung-AAS zurückgegriffen werden (s. auch Abschn. 4.8). Umfangreiche Beschreibungen von Theorie und Praxis der RFA bei der Analyse von Bodenproben wurden kürzlich von Wilkins [30] und von Bain et al. [31] veröffentlicht.

Die hiermit bestimmten Schwermetalle umfassen bei normalen Bodenkonzentrationen Kupfer, Mangan und Zink [32] sowie Titan und Zirkon [33–36]. Andere Schwermetalle und Halbmetalle wie Arsen, Chrom, Nickel, Blei und Zink können ebenfalls bestimmt werden [32], bei den besonders wichtigen Elementen Cadmium, Quecksilber und Zinn ist dies jedoch nicht ohne Vorkonzentration möglich, während Cobalt und Molybdän bei den in Böden üblichen geringen Konzentrationen mit RFA nicht bestimmt werden können. In neueren Anwendungen wird die wellenlängendispersive Methode für Arsen [37] eingesetzt und die energiedispersive für Bor, Chrom und Vanadium [38].

Zusammenfassend läßt sich sagen, daß die RFA eine Schlüsselrolle bei der raschen und genauen Gehaltsbestimmung einzelner Bodenhauptelemente sowie bei der quantitativen Mehrelementuntersuchung auf Haupt- [37–40] und Nebenbestandteile [41–46] besitzt. Ein Vergleich der Grenzkonzentrationen mit weltweiten Durchschnittsgehalten in Böden in

Tabelle 4.3.   RFA-Bestimmung von Schwermetallen in Böden [47, 48]

Element	Durchschnitt im Boden [mg/kg]; aus [47]	Analytische Grenz- konzentration [mg/kg]; aus [48]	Proben- aufbereitung
Ba	568	4	Preßtablette
Cd	0,62	–	Vorkonzentriert
Ce	84,2	–	Vorkonzentriert
Co	12	< 1	Vorkonzentriert
Cr	84	< 1	Pulver/Glas
Cs	3	–	Preßtablette
Cu	25,8	< 1	Preßtablette
Fe	3,2 %	< 1	Pulver/Glas
Ga	21,1	< 1	Preßtablette
Ge	3	–	Vorkonzentriert
Hg	0,098	–	Vorkonzentriert
La	41,2	–	Vorkonzentriert
Mn	760	< 1	Pulver/Glas
Mo	1,92	–	Vorkonzentriert
Ni	33,7	< 1	Preßtablette
Pb	29,2	5	Preßtablette
Rb	120	< 1	Preßtablette
Sc	10,1	–	Vorkonzentriert
Sn	5,8	–	Vorkonzentriert
Sr	278	< 1	Preßtablette
Ti	2,18	30	Glasrundscheibe
U	5100	1	Preßtablette, vorkonz.
V	108	1	Preßtablette
Y	27,7	< 1	Preßtablette
Zn	59,8	< 1	Preßtablette
Zr	345	< 1	Preßtablette

Tabelle 4.3 zeigt jedoch, daß die Empfindlichkeiten insbesondere bei unverschmutzten Böden ungenügend sein können. Die dank der kürzlich entwickelten Gesamtreflexions-RFA (TXRF) verbesserten Nachweisgrenzen fanden bei Bodenuntersuchungen wenig Anwendung [49], besitzen jedoch bei der Analyse von Bodenlösungen und -extrakten ein beträchtliches Leistungspotential und wurden bereits bei der Analyse von Schwermetallen und anderen Metallen in Sedimentauszügen mit Grenzkonzentrationen von meist unter 30 mg/kg [50] mit Erfolg eingesetzt. Das Verfahren und seine Anwendungen wurden unlängst von Klocken-kaemper et al. [5] und von Reus u. Prange [52] beurteilt. Der Einsatz tragbarer EDRFA-Geräte zur schnellen Bestimmung von Verunreinigungsschwerpunkten auf verunreinigten Standorten [53] ist dabei besonders attraktiv. Entwicklungen im RFA-Bereich werden jähr-lich im „Journal of Analytical Atomic Spectrometry" kritisch besprochen (s. dazu auch z.B. die Arbeit von Ellis [54]).

4.6.2   Neutronenaktivierungsanalyse (NAA)

Bei der Neutronenaktivierungsanalyse („instrumental neutron activation analysis", INAA, auch NAA) handelt es sich um ein Mehrelementverfahren an festen Proben, das zur Analyse von Böden, Pflanzen und biologischen Materialien geeignet ist. Dabei nutzt man die bei der Bestrahlung einer Probe mit Neutronen entstehende γ-Strahlung. Ihr großes Potential für die Analyse von Schwermetallen und anderen Elementen wird durch die Erfordernis eingeschränkt, eine Neutronenquelle, d. h. meist einen Kernreaktor, zur Verfügung zu haben. Alternative Neutronenquellen besitzen gegenüber Reaktorquellen allgemein geringere Empfindlichkeit. Als Folge eines niedrigen Neutronenflusses und des stark anisotropen Strahlungsfelds sind die Anwendungsmöglichkeiten begrenzt. Die häufigsten Reaktorquellen bei der Neutronenaktivierungsanalyse sind leichtwassermoderierte Schwimmbeckenreaktoren.

Empfindliche Mehrelementanalysen setzen die Kombination korrekt bemessener Expositions- und Zerfallsvorlaufzeiten voraus, bevor das γ-Spektrum aufgenommen wird, wobei die jeweiligen Zeiten von Probematerial und den Komponenten seiner Matrix abhängen, die selbst zu störender Strahlung angeregt werden können. Für dieses Verfahren sind somit aufwendige Geräte und Computerausrüstung sowie erfahrenes Personal eine Vorbedingung. Aus diesem Grund sind Neutronenaktivierungsanalysen nur in nationalen Großlabors möglich bzw. in Labors, die über ein lokales Reaktorzentrum verfügen. In einem neueren Übersichtsartikel zur NAA und ihrer Anwendung bei Bodenanalysen beschreiben Salmon u. Cawse ein Protokoll für eine Bodenanalyse mit zwei Proben von 50–100 mg eines fein gemahlenen Bodens (Korngröße kleiner als 200 µm). Die erste wird einige Sekunden in einem Schwerwasserreaktor bestrahlt und nachfolgend die Strahlung nach 5 min, 30 min, 3 h und 14 h gemessen. Die zweite Probe wird 4–8 h bestrahlt und erst nach 2–20 Tagen gemessen. Mehrelementanalysen können also sehr zeitaufwendig sein.

Die Empfindlichkeit hängt von den Matrixkomponenten und ihrem Beitrag zur Hintergrundstrahlung ab, die in Böden hauptsächlich von Aluminium und Natrium bestimmt wird. Für Kupfer wurde die Grenzkonzentration als 1 % des Natriumgehalts definiert [56], während die induzierte ^{24}Na-Strahlung die Messungen auf Isotope mit einer Halbwertszeit von über 15 h beschränken dürfte. Die Messungen sind bei relativen Standardabweichungen von ± 1 % sehr präzise und mit etwa 10 % Genauigkeit recht exakt. Die nachweisbaren Mindestgehalte sind in Tabelle 4.4 zusammengestellt [55]. Laul [56] gibt für dieses Verfahren bei den meisten Elementen Grenzkonzentrationen in der Größenordnung von 1–0,01 mg/kg an.

Das Verfahren wurde bei Mehrelementgesamtanalysen von Böden für mehr als 30 Elemente benutzt. So bestimmten z. B. Salmon u. Cawse in einer Reihe englischer Böden folgende Elemente: Ag, Al, As, Au, Br, Ca, Cd, Ce, Co, Cs, Fe, Hf, Hg, I, In, K, Mn, Mo, Na, Ni, Rb, Sc, Se, Sm, Th, Ti, V, W, Zn und fünf Lanthanoide. In anderen Mehrelementanalysen wurde folgendes gemessen: Gesamtgehalte in Böden [57–59], in mit Klärschlamm behandelten Böden [55], Klärschlämmen [60], Böden auf sanierten Mülldeponien [61] und Böden auf vulkanischen Aschen [55, 56]. In weiteren Untersuchungen wurden verschmutzte Böden in der Umgebung von Bergwerken und von Hütten- und Verarbeitungsbetrieben insbesondere auf Arsen, Antimon, [64–65], Blei [65] und Arsen, Kupfer, Nickel, Selen und Zink [66, 67] analysiert, und im Rahmen von epidemiologischen Untersuchungen von Böden und Pflanzen wurde auf Arsen und eine Vielzahl anderer Schwermetalle hin analysiert [68, 69]. NAA eignet sich gut für die Bestimmung von Halogeniden in Böden, was im Fall von Brom als In-

Tabelle 4.4. Durchschnittliche Minimalgehalte bestimmter Elemente in einer Reihe englischer Boden-proben [µg/g] [a]. (Aus [55] mit freundlicher Genehmigung der Autoren)

Element	Gehalt	Element	Gehalt
Ag	0,05	K	0,15%
Al	0,15%	La	1,5
As	0,5	Mn	20
Au	0,005	Mo	5
Br	2,0	Na	300
Ca	0,4%	Ni	30
Cd	4	Rb	20
Ce	2	Sb	0,5
Co	0,35	Sc	0,25
Cr	2,5	Se	0,4
Cs	0,3	Sm	0,2
Cu	4	Tb	0,1
Dy	1	Th	0,3
Eu	0,02	Ti	1000
Fe	0,10%	V	10
Hf	0,15	W	0,3
Hg	0,6	Yb	0,3
I	10	Zn	4,0
In	0,05		

[a] Sofern nicht anders angegeben.

dikator für Verschmutzung durch Auspuffgase besonders nützlich ist. Låg u. Steinnes [72] untersuchten eingehend die Verteilung von Chlor, Brom und Iod in organischen Oberböden Norwegens. Außerdem wurden Tracer-Studien mit dem stabilen Isotop [127]I durchgeführt [73]. NAA hat sich auch bei der Klärung der Frage nützlich erwiesen, welcher Anteil der Schwermetalle in Böden oder Pflanzen aus atmosphärischer Deposition stammt [74, 75].

Andere Anwendungen der Neutronenaktivierungsanalyse umfassen die Bestimmung von Iridium [76] und Uran [58] in Böden sowie die Bestimmung des stabilen Isotops [133]Cs bei der Untersuchung des Cäsiumtransports in Sedimenten [77].

4.6.3 Funkenbogen-Atomemissionsspektrometrie (DCA-AES)

Die Entwicklung spektrographischer Analyseverfahren, bei denen Proben nichtleitender Pulver wie Böden zur Emission von Spektren in einem Gleichstromlichtbogen angeregt werden, wurden in Großbritannien von Mitchell [78, 79] vorangetrieben und in anderen Ländern von Ivanov [80], Rogers [81], Pinta [83], Alvens [84] und von Specht et al. [85]. Es handelt sich um eine simultane Mehrelementanalyse, deren Empfindlichkeit für die Bestimmung der Gesamtelementgehalte in den meisten biologisch wichtigen Materialien ausreicht. Wie die anderen Feststoffmethoden benötigt auch sie nur einen geringen Vorbereitungs- oder Vorbehandlungsaufwand und leidet daher weder unter der Verringerung der Empfindlichkeit noch unter den Verunreinigungsproblemen, die sich beim Arbeiten mit Lösungen fester Proben ergeben. Man bedient sich hierbei meist spektrographischer Methoden, d. h. Verfahren, bei denen photographische Platten als Detektoren dienen, da diese verhältnismäßig preiswerte Mehrelementanalysen ermöglichen. Es stehen jedoch auch genauere und schnellere, aber damit auch teurere, direkt ablesbare Polychromatormethoden zur Verfügung, bei denen lichtverstärkende Detektoren eingesetzt werden [86]. Die AES wird zunehmend in Kombination mit induktiv gekoppelten Plasmaquellen (ICP-AES) [113] zur Anregung der Spektralemission benutzt, seltener jedoch mit Gleichstromplasmen (DCP-AES). Bei diesen beiden Verfahren müssen die Proben jedoch in Lösung gebracht werden.

Für eine Funkenbogen-Emissionsspektrometrie werden nur 10–25 mg eines feingemahlenen Bodens (Korngröße < 150 μm) benötigt. Es können etwa 70 Elemente quantitativ bestimmt werden. In Böden reicht die Empfindlichkeit des Verfahrens für die Bestimmung von rund 30 Elementen. Details zur halbquantitativen (± 30%) Analyse von Böden sind bei Scott et al. [87] und bei Mitchell [78] zu finden. Gebräuchliche Wellenlängen und Grenzkonzentrationen (nach [87]) sind in Tabelle 4.5 zusammengestellt.

Daraus ergibt sich, daß die Grenzkonzentrationen für die meisten biologisch bedeutsamen Schwerelemente bei 1–10 μg/kg liegen. Das Verfahren ist allerdings nicht für flüchtige Ele-

Tabelle 4.5.   Grenzkonzentrationen für Funkenbogen-Atomemissionsspektrometrie mit Hilfe des Kathodenschichteffekts. (Aus [87] (S. 51), mit freundlicher Genehmigung des „Macaulay Land Use Research Institute", Aberdeen)

Element	Wellenlänge [nm]	*GK* [μg/kg]	Element	Wellenlänge [nm]	*GK* [μg/kg]
Ag	328,068	1	In	451,132	10
As	234,984	1000	La	333,749	10
As	286,045	3000	La	433,373	3
B	249,678	3	Li	670,784	1
B	249,773	3	Mn	280,106	3
Ba	493,409	5	Mn	403,449	10
Be	313,042	5	Mo	317,035	1
Bi	289,798	300	Ni	341,477	2
Bi	306,772	30	Pb	283,307	10
Cd	326,106	300	Rb	780,023	20
Ce	422,260	500	Sb	287,792	300
Co	345,351	2	Sc	391,181	10
Cr	425,435	1	Se	241,352	10 000
Cs	807,902	300	Sn	283,999	5
Cs	852,110	200	Sr	460,733	10
Cu	324,754	1	Ti	276,789	50
Ga	294,363	1	Ti	398,976	10
Ge	265,118	10	V	318,540	5
Ge	303,906	30	Y	332,788	10
Hg	253,652	1000	Zn	334,502	300
In	303,936	3	Zr	339,198	10

mente wie Quecksilber geeignet, und für Cadmium, Cäsium, Thallium, Wolfram und die Halbmetalle Arsen, Antimon und Selen ist die Empfindlichkeit für eine aussagefähige Bestimmung nicht ausreichend.

Durch die Matrix verursachte Störeffekte stellen ein ernstes Problem dar, das jedoch durch die Verwendung von gepulverten Eichproben umgangen werden kann, die in den Hauptbestandteilen mit den Proben übereinstimmen. Die Auswahl von Spektrallinien zur Analyse muß so getroffen werden, daß möglichst keine Störungen auftreten. Das Verfahren kann nicht nur zur direkten Analyse von Bodenproben eingesetzt werden, sondern auch zur Bestimmung der Schwermetallgehalte in landwirtschaftlichen Nutzpflanzen durch Analyse der entsprechenden Aschen sowie von Extrakten, die mit Hilfe von 8-Hydroxychinolin aufkonzentriert wurden [88]. Bodenextrakte können auf ähnliche Weise analysiert werden [89, 90]. Damit wird die Störung vermieden, die die Matrix des Ausgangsmaterials sonst verursachen würde.

Mit Hilfe dieses Verfahrens wurden etwa 30 Elementen bei einer weiträumigen Bodenuntersuchung bestimmt [91, 92], die typischen Gesamtgehalte von 25 Elementen und die extrahierbaren Gehalte von 13 Elementen in Klärschlämmen aus England und Wales festgestellt [93] sowie unlösliche Rückstände von in Königswasser gelösten Böden analysiert [94].

4.6.4   Gesamtanalyse von Aufschlämmungen

Wäßrige Aufschlämmungen pulverisierter Materialien werden im allgemeinen zur Verbesserung der Nachweisgrenzen bei Analyseverfahren mit gelösten Proben und zur Verringerung des Zeitaufwands bei der Probenaufbereitung eingesetzt. Bei Bodenproben hat sich dieses Vorgehen jedoch als schwierig herausgestellt. Das Verfahren wurde bei der Flammen-Atomabsorption angewandt [95], aber zufriedenstellende Ergebnisse lassen sich nur erzielen, wenn der Schlamm ständig gerührt wird und Eichproben benutzt werden, deren Matrixzusammensetzung den Proben gut entspricht. Bei der Verwendung von Aufschlämmungen in ICP- und DCP-AES-Analysen wurde festgestellt, daß Schlammteilchen bereits ab 5 µm Teilchengröße nicht mehr ausreichend in das Plasma transportiert werden. Eine Zerkleinerung auf Teilchengrößen unter 10 µm ist bei Böden im allgemeinen nicht praktikabel, wenn nicht sogar unmöglich. Dieses Verfahren wurde mit einigem Erfolg zur Bestimmung von Blei in Böden und in simulierten Bodenmatrices mittels elektrothermischer AAS eingesetzt, wobei sich klar herausstellte, daß Matrixmodifikatoren erforderlich sind [97–99]. Schlämme aus Tonen (Kaolin) [86] und Böden [100] wurden mittels DCP-AES bzw. ICP-MS untersucht, und die Analyse homogenisierter Torfproben durch GFAAS konnte den Vergleich mit der FAAS und colorimetrischen Analysen gelöster Proben aushalten [101, 102].

4.7   Säurelösung zur Gesamtanalyse gelöster Proben

Die bei der Auflösung eintretende Verdünnung beschränkt dieses Verfahren auf die hauptsächlichen Bodenbestandteile und einige Nebenkomponenten. Spurengehalte erfordern in der Regel vor der Analyse eine Vorkonzentration, die sich häufig aufgrund der bei der Auflösung eingesetzten Reagenzien als schwierig erweist. Da AAS-Verfahren mit Abstand am häufigsten angewandt werden, werden die Auflösungsverfahren nachstehend hinsichtlich ihrer Eignung für diese Analysemethoden beschrieben.

Lösung in Flußsäure
Da die Bodenmatrix zu einem großen Teil aus Quarz und Silicaten besteht, ist zur völligen Auflösung ein Verfahren erforderlich, das auch diese zersetzen kann. Wäßrige Flußsäurelösungen (ca. 40 Gew.-% HF) sind im Handel erhältlich. Da dieses Reagenz Silicate angreift, kann es nicht in Glasflaschen aufbewahrt werden. Deshalb werden Zersetzungen mit HF üblicherweise in Gefäßen aus Platin, PTFE, Polypropylen oder Polyethylen durchgeführt. Die Säure muß, wenn nötig, durch Destillation unter Normal- [103] oder Unterdruck [104] gereinigt werden oder in Reinform durch Einleiten des Gases in destilliertes Wasser [105] dargestellt werden. Der Einsatz der wäßrigen Säure kann umgangen werden, indem man den Aufschluß durch direkte Einwirkung von HF-Gas [105] in entsprechend ausgelegten Geräten [106, 107] vornimmt.

Lösung in Flußsäure ohne Abrauchen überschüssiger HF
Bei diesem Verfahren wird die Probe ausschließlich mit HF (25–50 ml 40%ige HF pro 1 g Probe) über Nacht bei Zimmertemperatur angesetzt [108] oder 0,2 g Probe mit 5 ml HF werden bei 150–250 °C in einem Druckgefäß [109] für 30 –60 min umgesetzt. Durch Zugabe eines Überschusses an Borsäure [110] (2,8 g H_3BO_3 zu 3 ml HF in 40 ml Wasser) wird restliche HF gebunden. Dadurch kann die weitere Durchführung der Analyse (bis zu 1 h) in Glasbehältern erfolgen, ohne daß diese merklich angegriffen werden [111]. Nach Behandlung mit KI kann Arsen als AsI_3 extrahiert werden [112].

Lösung in Flußsäure und einer oxidierenden Säure
Da Böden sowohl organisches Material als auch Sulfide enthalten, wird es meist erforderlich sein, zusätzlich zu Flußsäure oxidierende Säuren wie Salpetersäure (HNO_3) und/oder Perchlorsäure ($HClO_4$) zu verwenden. Zwei typische bei ICP-AES angewandte Verfahren werden nachstehend beschrieben [113].

– Verfahren für die Hauptbodenelemente Al, Ca, Fe, K, Mg, Na, P, Si und Ti
100 mg einer feingemahlenen und bei 1050 °C geglühten Bodenprobe werden mit 2 ml Königswasser und 3 ml HF in einer versiegelten Teflonbombe 1 h lang bei 140 °C aufgeschlossen. Nach Abkühlung werden 50 ml einer 4,4 % (m/v) Borsäurelösung zugegeben und die Lösung zur direkten ICP-AES-Analyse mit destilliertem Wasser auf 100 ml aufgefüllt. Der Verdünnungsfaktor Boden:Lösung beträgt 100.

– Verfahren für Spurenelemente
1,000 g einer feingemahlenen, trockenen Bodenprobe wird mit destilliertem Wasser angefeuchtet, mit 10 ml HNO_3 konz. in einem 100 ml Teflonbecher erhitzt und auf ein kleines Volumen eingedampft. Dann wird HF zugefügt und das ganze bis zur Entwicklung von Perchlorsäuredämpfen erhitzt. Nach 30minütigem Abrauchen werden 10 ml HCl (1/1, v/v) zugegeben, die Mischung 10 min gekocht, abgekühlt und mit destilliertem Wasser auf 100 ml aufgefüllt. Das Verfahren wird zur Analyse von Ba, Cd, Cr, Cu, Mo, Ni, Pb, Se, Th, V und Zn durch ICP-AES eingesetzt, ist jedoch auch für AAS verwendbar. Der Verdünnungsfaktor Boden:Lösung beträgt 100.

Der Aufschluß mit Salpetersäure oder Säuregemischen in verschlossenen Teflonbehältern, die in Druckgefäßen aus rostfreiem Stahl oder Aluminium auf Heizplatten oder in einem

Ofen erhitzt werden, wird für Pflanzen und stark organische Materialien empfohlen [114, 115] sowie auch für anorganische Materialien [103]. Das Verfahren eignet sich auch zum Aufschließen von Torf, wobei aber die empfohlene Probemenge nicht überschritten werden darf, da sonst Explosionsgefahr besteht [116].

Lösungsverfahren mit Mikrowellen

Lösungs- und Aufschlußverfahren, die sich eines Mikrowellenofens bedienen, verdrängen zunehmend die konventionellen Öfen und Heizplatten und wurden vom NIST ausdrücklich für verunreinigte Umweltproben empfohlen [117]. Die Auflösung in Mikrowellenöfen läuft in verschlossenen Behältern aus PTFE oder ähnlichem Material ab und nutzt das durch die höheren Temperaturen verstärkte Oxidationspotential, um eine raschere Auflösung zu erreichen. Solche abgeschlossenen Systeme sind weniger anfällig für Verunreinigung im Labor und auch zur Analyse flüchtiger Elemente wie Arsen, Cadmium, Blei, Antimon, Selen und Thallium [118] geeignet. Sie wurden erfolgreich eingesetzt bei der Gesamtauflösung von Umweltproben wie z.B. Flugaschen, geologischen Materialien, Kohlen und Klärschlämmen [118], Torf [119] und bei Sedimenten [120] nach Behandlung mit Säuremischungen, in denen auch Flußsäure enthalten sein kann. Konventionelle Verfahren der Lösung in Königswasser oder Salpetersäure zur Bestimmung der Pseudogesamtgehalte (s. Abschn. 4.9) von Schwermetallen können ohne weiteres für die Mikrowellenmethode modifiziert werden. Haushaltsübliche Mikrowellenöfen können zwar für diese Zwecke mit Erfolg eingesetzt werden, erfordern aber doch aus Sicherheitsgründen größere Aufmerksamkeit. Im Handel mittlerweile erhältliche Laborgeräte verfügen über Merkmale wie Überdruckventile, Temperatur- und Drucksensoren und programmierbare Steuerung des Auflösungsprozesses, der so für verschiedene Materialien individuell angepaßt werden kann, wodurch eine gute Reproduzierbarkeit ermöglicht wird. Die Mikrowellentrocknung von geologischen Materialien wie Tonen und Kalksteinen hat sich bereits als praktikabel erwiesen [121], aber die Autoren verweisen darauf, daß dort, wo eine große Anzahl verschiedener Materialien analysiert werden muß, die langen, für Mikrowellenheizung erforderlichen Verfahrensentwicklungszeiten deren Vorteile gegenüber anderen Verfahren stark verringern. Änderungen in der Zusammensetzung, d.h. der chemischen Spezies, können durch temporäre Schwankungen der Mikrowellenintensität induziert werden. Daher kann die Mikrowellentrocknung nicht bei der Bestimmung der Elementspeziation oder zur Herstellung von Eichproben empfohlen werden.

4.8 Schmelzaufschlußverfahren zur Herstellung von gelösten Proben für die Gesamtanalyse

Bei einigen Mineralbestandteilen reicht der Aufschluß allein mit Flußsäure oder auch in Kombination mit anderen Säuren für eine völlige Auflösung nicht aus [122]. Bei diesen Substanzen sowie bei silicathaltigen Stoffen allgemein haben sich Schmelzaufschlußverfahren als besonders nützlich erwiesen. Beim gebräuchlichsten Verfahren wird die Probe mit Lithiummetaborat ($LiBO_2$) aufgeschmolzen und das dabei gebildete Glas in Salpetersäure aufgelöst. Dieses Verfahren wurde von Ingamells [122–124] entwickelt und besitzt sowohl Vor- als auch Nachteile.

Die Vorteile sind:

- höhere Lösungsgeschwindigkeit im Vergleich zu Säureaufschlüssen;
- Lösung der meisten mineralischen Nebenbestandteile;
- Entbehrlichkeit von Autoklaven;
- Erzeugung einer klaren, analysefertigen Lösung;
- spektrochemische Pufferwirkung von $LiBO_2$ (zur Minimierung von Störeffekten bei der Flammenspektrometrie) [125];
- Vermeidung von Störungen durch starke Lichtstreuung, die beim Sodaaufschluß auftreten.

Der Nachteil besteht jedoch darin, daß es zu Lösungen mit hohen Salzgehalten führt, wodurch insbesondere bei der ICP-AES die Nachweisgrenzen durch verstärkte Hintergrundemissionen heraufgesetzt werden. Im Vergleich zu Verfahren mit Säurelösung bedingt der Lithiummetaborataufschluß mit nachfolgender Lösung in Salpetersäure eine um mindestens den Faktor zehn größere Verdünnung (von der festen Probe zur Lösung), wodurch die Nachweisgrenzen zusätzlich verschlechtert werden.

Der Lithiummetaborataufschluß wird daher hauptsächlich zur Bestimmung der Bodenhauptelemente und einiger Nebenbestandteile angesetzt. Bei vielen Spuren- und Ultraspurenanalysen können Schmelzaufschlußverfahren in Verbindung mit Säurelösung nur nach einer Vorkonzentration vor der Analyse zum Einsatz kommen.

Für einen Schmelzaufschluß zur Analyse von Böden durch FAAS [126] und FAES werden nur 50–100 mg einer getrockneten, auf unter 150 µm Korngröße gemahlenen Probe benötigt, womit zehn Bodenhaupt- und Nebenelemente bestimmt werden können. Das Schmelz-/Auflösungsverfahren wird nachstehend beschrieben.

Lithiummetaborataufschluß mit Lösung in HNO_3
100 mg getrockneter Boden (< 100 µm) werden mit 700 mg wasserfreiem $LiBO_2$ in einem 10-ml-Platintiegel vermischt und aufgeheizt, bis Probe und Flußmittel komplett geschmolzen sind. Die Schmelze wird für 10 min auf 900–950 °C erhitzt. Die Schmelze läßt man erstarren und nach Abkühlung wird der Tiegel samt Inhalt in einen 50-ml-Becher gelegt, mit destilliertem Wasser bedeckt, dem 4 ml konz. HNO_3 zugesetzt werden. Das Ganze wird vorsichtig mit einem magnetischen Rührer gerührt, bis das Glas nach etwa 1 h völlig aufgelöst ist. Der Inhalt und die Spülwässer werden in einen Maßkolben gegeben und mit destilliertem Wasser auf 100 ml aufgefüllt.

4.9   Pseudogesamtanalysen: Aufschluß mit starken Säuren

Verschiedene mineralische Säuren (HCl, HNO_3, $HClO_4$, H_2SO_4) und ihre Mischungen werden zur Auflösung von Bodenproben und zur Extraktion der in ihnen enthaltenen Elemente eingesetzt [127, 128]. Diese können zwar Silicate und Quarz nicht völlig auflösen, sind jedoch stark genug, die nicht an Silicatphasen gebundenen Schwermetalle zu lösen. Die meisten Schwermetallschadstoffe fallen in diese Kategorie.

Die bereits beschriebenen Aufschlüsse in Druckgefäßen [110, 114–116] sind besonders zur Vermeidung von Verlusten an flüchtigen Elementen von großem Wert. Bei einem dieser Verfahren wird Salzsäure für den Druckaufschluß von Arsen, Bismut und Antimon in Böden

eingesetzt, wobei die Ergebnisse mit den eines trockenen Veraschungsverfahrens gut übereinstimmen, bei dem $MgNO_3$ zur Verhinderung von Verflüchtigungsverlusten beigefügt
wird.

Ein Aufschluß mit Schwefelsäure eignet sich wegen der resultierenden komplexen Störeffekte nicht besonders für AAS. Blei kann in Form von unlöslichem $PbSO_4$ verloren gehen
und andere Elemente gehen durch Okklusion in ausgefälltem $CaSO_4$ verloren, das sich bei
Böden mit hohen Calciumgehalten bildet.

Einfache Säureaufschlußverfahren wurden bei Böden und Klärschlämmen zur Mehrelementanalyse eingesetzt [130]. Dazu gehören der Aufschluß in offenen Gefäßen mit Salzsäure, Salpetersäure oder Königswasser [94] sowie der Aufschluß mit Salpetersäure in frei-
stehenden, verschlossenen PTFE-Töpfen [132].

Der Aufschluß mit Perchlorsäure, meist in Kombination mit Salpetersäure, wird bei der
Analyse von Böden vielfach eingesetzt [133], obwohl dabei für Proben mit hohen Gehalten
an organischem Material Explosionsgefahr besteht. Mit etwas Sorgfalt kann Perchlorsäure für
derartige Materialien risikofrei eingesetzt werden, und die Gefahr kann nahezu völlig ausge-
schaltet werden, wenn zunächst mit Salpetersäure voroxidiert wird und erst dann die Oxidation mit Perchlorsäure erfolgt.

Da sich Perchlorsäure in Abzugssystemen anreichern kann, besteht bei Kontakt mit Holz
oder Kunststoff Explosionsgefahr. Daher müssen die Dämpfe intensiv gewaschen und über
wirkungsvolle Absaugsysteme entfernt werden. Neben entsprechend gebauten Abzugssystemen sind auf dem Markt auch völlig in sich abgeschlossene Aufschlußapparaturen verfügbar,
bei denen auch die Dämpfe gewaschen und mit dem Waschwasser abgeführt werden, wie
schematisch in Abb. 4.1 gezeigt. Bei Aufschluß mit Perchlorsäure kann Chrom als flüchtiges
Chromylchlorid (CrO_2Cl_2) oder durch Retention in säureunlöslichen Silicat- oder Quarzrück-
ständen verloren gehen [134, 135].

Die Wirksamkeit von HCl (6 M), HNO_3 (12 M) und Königswasser (HCl/HNO_3, 3/1, v/v)
bei der Extraktion von sieben wichtigen Schwermetalle (Cd, Cr, Cu, Mn, Ni, Pb, Zn) aus mit
Schlämmen beaufschlagten Böden wurde vergleichend untersucht [94], wobei sowohl offene
als auch mit Uhrgläsern bedeckte Becher benutzt wurden. Dabei stellte sich heraus, daß bei
allen sechs Verfahrensweisen bei sechs dieser Elemente nahezu identische Mengen extrahiert
wurden. Nur für Chrom ergaben sich bei allen drei Säuren Verluste, wenn die Becher beim
Aufschluß nicht bedeckt waren.

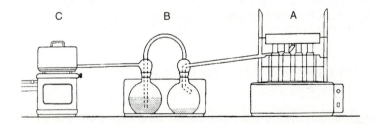

Abb. 4.1.   Schematische Darstellung des TURBOSOG-Säureaufschlußsystems mit der Aufschlußeinheit A,
dem Vorseparator B und dem Zentrifugensaugwäscher C zur sicheren Ableitung der Dämpfe.
(Aus der Gebrauchsanweisung des Herstellers (C. Gerhardt UK Ltd.), mit freundlicher Genehmigung)

Zersetzungsverfahren für selenhaltige Materialien wurden von Raptis et al. [136] detailliert beurteilt.

Das Verfahren, welches bei Pseudogesamtanalysen wohl am häufigsten benutzt wird, ist das Königswasserverfahren in der Form, wie es von der Eichbehörde der EU-Kommission bei der Analyse ihrer Eichproben von Böden und Schlämmen angewendet wird. Es wurde in wesentlichen Zügen auch von Unternehmen der Wasserwirtschaft in Großbritannien übernommen [137], wobei der Hauptunterschied darin besteht, daß dort doppelt destillierte HCl (6 M) statt der konzentrierten Salzsäure zur Herstellung des Königswassers verwendet wird.

Königswasseraufschluß zur Pseudogesamtanalyse von Böden und Schlämmen
Zu 3 g einer luftgetrockneten, auf unter 150 µm Korngröße gemahlenen Bodenprobe oder 1 g trockenen gemahlenen Schlamms werden in einem 100-ml-Rundkolben etwa 2−3 ml Wasser zur Bildung eines dünnflüssigen Schlamms hinzugefügt. Dann werden für jedes Gramm der trockenen Probe 5,7 ml redestillierter HCl (6 M) und dann 2,5 ml HNO_3 (konz.) zugegeben. Den Kolben läßt man bei Zimmertemperatur über Nacht bedeckt stehen. Die Mischung wird danach 2 h unter leichtem Rückfluß (40-cm-Kühlschlange) erhitzt und dann abkühlen gelassen. Der Kühler wird mit 30 ml destilliertem Wasser in den Kolben ausgespült. Die Lösung wird durch einen vorher mit 12,5%iger HNO_3 (v/v) gewaschenes säurebeständiges Zellulosefilter (gehärtet, aschefrei, Porosität 0,4−1,1 µm) in einen 100-ml-Maßkolben abgefiltert. Das Filter wird mit einigen ml 50 °C warmer HNO_3 ausgespült. Die Lösung läßt man abkühlen und füllt mit HNO_3 (2 M) auf 100 ml auf.

Der Königswasseraufschluß extrahiert 70−90% der Gesamtgehalte der biologischen Spurenelemente Cd, Co, Cr, Cu, Fe, Mn, Ni und Pb, während bei den Bodenhauptelementen 30−40% des Aluminiums, 30−60% des Calciums, 10−20% des Kaliums und 60−70% des Magnesiums, hingegen nur 2−5% des Natriums aus nicht verunreinigten Böden extrahiert werden [94, 137, 138]. Ein Vorteil des Aufschlusses mit Königswasser liegt darin, daß die in BCR-Referenzböden und -schlämmen mittels Königswasser bestimmten Gehalte mehrerer Elemente als Vergleichswerte zur Verfügung stehen (s. ANH 8), weshalb sich diese Böden zu einer Validierung des Extraktionsverfahrens einsetzen lassen. Andere Elemente, darunter auch flüchtige wie Arsen, dürften sich mit Königswasser ohne nennenswerte Verluste aus Böden herauslösen lassen. Mit Hilfe von FAAS und ICP-AES können viele wichtige Schwermetalle in Konzentrationen, die beim Aufschluß normaler, nicht verunreinigter Böden auftreten, bestimmt werden. Bei einigen Böden mit niedrigen Cadmiumgehalten ergeben sich hier allerdings Probleme. Dieses und viele andere Elemente liegen im Bereich der Nachweismöglichkeiten der GFAAS, allerdings greifen die stark oxidierenden Säurelösungen die dabei verwendeten Öfen an und verringern so ihre Nutzbarkeitsdauer.

4.10   Atomspektrometrische Verfahren zur Analyse von Lösungen

Die beiden Haupttechniken, die zur Zeit bei der Bestimmung der meisten Metalle, Halbmetalle und einiger Nichtmetalle am häufigsten eingesetzt werden, sind die Atomabsorptions- (AAS) und die Atomemissionsspektrometrie (AES). Die Atomfluoreszenzspektrometrie (AFS) wird vereinzelt eingesetzt und verwendet Geräte, die denen für AAS und AES ähneln.

4.10.1 Atomabsorptionsspektrometrie (AAS)

Die Atomabsorptionsspektrometrie bedient sich der Resonanzabsorption elektromagnetischer Strahlung durch freie Atome eines Elements. Die Absorption erfolgt bei diskreten Wellenlängen, die für das Element charakteristisch und nur durch die energetische Struktur der äußeren Elektronenhülle des absorbierenden Atoms bedingt sind. Die Extinktion eingestrahlten Lichts bei einer solchen Wellenlänge ist ein Maß für die Anzahl der im Lichtweg befindlichen Atome. Wie in Abb. 4.2a gezeigt, sind die wesentlichen Komponenten eines Atomabsorptionsspektrometers eine Lichtquelle (A); eine Energiequelle (B) zur Zersetzung der Probe in ihre Atome, z.B. eine Flamme; ein Monochromator (C) zur Filterung der gewünschten Wellenlänge; ein Photoverstärker und -detektor (D) sowie eine Aufzeichnungsvorrichtung (E). Bei der Lichtquelle handelt es sich üblicherweise um eine Hohlkathoden-Entladungslampe (HKL) (s. Abb. 4.3a), deren Kathode aus dem zu bestimmenden Element besteht. In Einzelfällen wird aber auch eine elektrodenlose Entladungslampe (s. Abb. 4.3c) mit einem Mikrowellenhohlraum (s. Abb. 4.3b) (für die Elemente Arsen, Antimon oder Selen) oder eine Metalldampf-Entladungslampe (s. Abb. 4.3d) (für Quecksilber oder Alkalimetalle) verwendet.

Bei all diesen Lampen wird das zu bestimmende Metall als Quelle für das auszusendende Spektrum benutzt. Das ausgestrahlte Licht besitzt somit das charakteristische Spektrum des Analyts, z.B. Kupfer. Das Licht wird durch die Flamme (B) geführt, in die ein feiner Nebel (Aerosol) der Probenlösung mit Hilfe einer pneumatischen Sprühvorrichtung eingebracht wird. Die Flamme entfernt das Lösungsmittel aus dem Probennebel und zerlegt die dabei entstehenden Partikel in Atome (hier u.a. Kupfer). Die Kupferatome in der Flamme absorbieren einen Teil der eingestrahlten Kupferspektralstrahlung. Vor der Intensitätsmessung wird die charakteristischen Kupferwellenlänge durch einen Monochromator (C) separiert. Die Extinktion der Strahlung, die den Detektor nach der Passage durch die kupferatomhaltige Flamme erreicht, stellt ein Maß für die Konzentration der enthaltenen Kupferatome und somit für den Kupfergehalt der Probe dar.

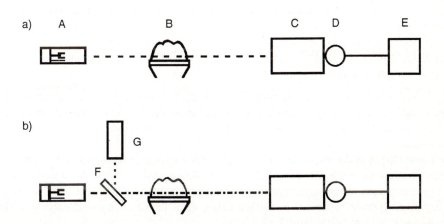

Abb. 4.2. Schematische Darstellung einer FAAS-Meßanordnung: **a)** Hohlkathodenlampe A, Flammenatomisator B, Monochromator C, Detektor D und Signalverarbeitungssystem E sowie **b)** Untergrundkorrektursystem mit Deuteriumlampe G und Strahlenkombinator F

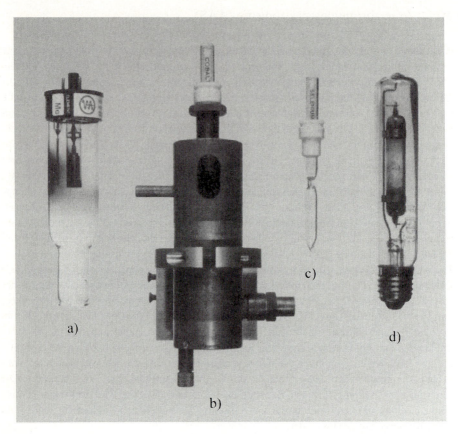

Abb. 4.3. Lichtquellen für AAS: **a)** Hohlkathodenlampe, **b)** Mikrowellenheizung für elektrodenlose Entladungslampen, **c)** elektrodenlose Entladungslampe, **d)** Metalldampf-Entladungslampe

Für die Extinktion E bei der AAS gilt das Lambert-Beersche Gesetz:

$$E = \log I_0/I_t = k \cdot c,$$

wobei I_0 die Intensität des einfallenden Strahls, I_t die Intensität des von den Atomen durchgelassenen Strahls, c die Konzentration der Atome im Atomisator und k eine Konstante ist.

Das lineare Verhältnis von gemessener Extinktion zur Konzentration von Atomen des Analyts in der Flamme, die wiederum proportional zur Konzentration der Atome in der Probelösung ist, gilt in der Praxis über etwa zwei Größenordnungen. Das präzise Verhältnis von Extinktion zur Konzentration des Analyts in der Lösung wird durch die Analyse einer Reihe von Eichlösungen mit bekannten Analytkonzentrationen über die interessierende Konzentrationsspanne hinweg bestimmt. In einigen Fällen dient hierzu auch die Zugabe von Titerlösungen (s. *Interne Kalibrierung*).

Die Hohlkathodenlampe emittiert sehr schmale Spektrallinien (X, Y und Z in Abb. 4.4). Die Extinktion wird am Maximum der Absorptionslinie (P) gemessen, so daß sich das größtmögliche Meßsignal ergibt. Die Monochromatisierung wird somit eigentlich schon von der Hohlkathodenlampe vorgenommen. Der Monochromator dient dazu, ausschließlich die gewünschte Linie (X) durchzulassen, indem er nur für die Bandbreite *W* durchlässig ist, und damit die nicht benötigten Linien (Y und Z) auszuschließen. Im Unterschied zur AES, bei der hochauflösende Spektrometer erforderlich sind, reichen bei der AAS relativ preiswerte Monochromatoren mit niedriger Auflösung aus. Die sehr geringe Breite der von der Hohlkathodenlampe emittierten Linien ermöglicht eine hervorragende Linienseparation und erklärt im wesentlichen, warum die AAS frei von Interferenzen durch sich überlagernde Linien und hochspezifisch für die einzelnen Elemente ist.

Das Verfahren selbst und die zur AAS-Analyse von Böden erforderlichen Geräte wurden kürzlich eingehend beschrieben [139].

Flammen-Absorptionsspektrometrie (FAAS)
Bei der konventionellen FAAS mit kontinuierlichem Versprühen der Probelösung liegen die Grenzkonzentrationen für die meisten Metalle in der Größenordnung von 0,05–1 mg/l mit einer relativen Standardabweichung von 2–5%. Das Verfahren ist schnell, und für Handhabung der Proben, Messungen, Berechnung und Ausdruck der Ergebnisse gibt es mittlerweile von allen Herstellern automatisierte Anlagen. Üblicherweise werden Lösungen von 2–10 ml benötigt, bei kleineren Probemengen von etwa 50–100 µl können gepulste Sprühverfahren eingesetzt werden.

Für den meisten Analyseanwendungen wird eine Flamme aus einem vor dem Brenner (10-cm-Schnittbrenner) zusammengeführten Luft-Acetylen-Gemisch verwendet. Eine Reihe

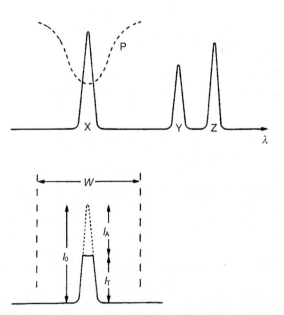

Abb. 4.4.   Zum Meßprinzip der Atomabsorptionspektrometrie: Das eingestrahlte Signal X wird am Maximum der Absorptionskurve P teilweise absorbiert. Zur Messung wird es mit Hilfe eines Monochromators der Bandbreite W herausgefiltert. Von der eingestrahlten Signalintensität I_0 wird der Teil I_A absorbiert und der Rest I_T durchgelassen. Die Meßgrößen sind I_0 und I_A

von Elementen wie z.B. Al, Be, Ca, Mg, Mo, V, Ti und Zr bildet in der Flamme hitzebeständige Oxide, die nur unvollständig atomisiert werden können. Andere Elemente wie Chrom, Mangan und Eisen unterliegen in der Luft-Acetylen-Flamme dämpfenden Matrix-Störeffekten. Mit Hilfe freisetzender Reagenzien, z.B. eines Überschusses (500–1000 mg/l) Strontium oder Lanthan, lassen sich die Schwierigkeiten zwar bei der Calcium- und Magnesiumbestimmung verringern, als allgemein brauchbare Lösung bleibt jedoch nur der Einsatz einer heißeren Flamme aus Stickoxid und Acetylen. Indem man in dieser Flamme durch einen Brennstoffüberschuß reduzierende Bedingungen schafft, kann die Bildung hitzebeständiger Oxide verhindert und eine wirkungsvolle Atomisierung ermöglicht werden.

Je heißer eine Flamme ist, desto leichter kann ein Element ionisiert werden und damit nicht mehr ausschließlich in der erwünschten atomaren Form vorliegen. Bei niedrigtemperierten Flammen können andererseits Probleme durch eine unvollständige Zersetzung der Probenbestandteile zu Atomen des Analyts auftreten. Normalerweise wird als Kompromiß die Luft-Acetylen-Flamme benutzt. Für leicht ionisierbare Elemente wie die Alkalien Rubidium, Kalium und Natrium sowie für die Erdalkalien Calcium und Barium kann die Ionisierung durch Zugabe eines Überschusses an Cäsium (2000–5000 mg/l) oder eines anderen leicht ionisierbaren Elements zu Proben und Eichlösungen unterdrückt werden. Dieser Einsatz freisetzender Reagenzien oder Ionisationshemmer kann allerdings durch mit diesen eventuell eingeschleppten Verunreinigungen zu neuen Problemen führen. Eine an zugemischter Luft brennende Argon-Wasserstoff-Flamme wurde zur Bestimmung von Arsen verwendet [140]. Das Hauptproblem bei der FAAS besteht in den mit der niedrigen Energie der Flammenatomisierung einhergehenden Störungen durch die chemische Matrix.

Elektrothermische Atomabsorptionsspektrometrie (ETAAS)
Die eingeschränkte Empfindlichkeit der FAAS, die sich aus der ineffizienten Probenzuführung durch die pneumatische Vernebelung (Wirkungsgrad unter 10%) und der starken Verdünnung durch die sich ausdehnenden Flammengase ergibt, konnte durch den Einsatz elektrothermischer Atomisatoren umgangen werden [142–145]. Diese bestehen im allgemeinen aus einem Graphitrohr (Graphitrohrofen-Atomabsorptionsspektrometrie, GFAAS), welches durch einen hindurchfließenden elektrischen Strom erhitzt werden kann. Proben von 5–100 µl werden durch ein kleines, in der Rohrmitte befindliches Loch in den Ofen eingebracht. Eine Oxidation des Ofens wird dadurch verhindert, daß er von einer Schutzgasatmosphäre (meist Argon oder Stickstoff) umgeben ist. Bei der Messung geht das Licht von der HKL durch das Rohr zum Monochromator und Detektor. Nach Einführung der Probenlösung durchläuft der Atomisator programmgesteuert ein Trocknungs-, Pyrolyse- und Atomisierungsstadium, indem für bestimmte Zeitspannen immer höhere Ströme in den Ofen eingespeist werden. Im Stadium der Atomisierung erfolgt die Atomabsorptionsmessung durch das Rohr hindurch. Da die gesamte Probe atomisiert wird und der entstehende Atomdampf größtenteils im Rohr eingeschlossen bleibt, ist die Empfindlichkeit der GFAAS etwa hundert- bis tausendmal höher als die der FAAS. Einige Grenzkonzentrationen für die GFAAS sind in Tabelle 4.6 zusammengestellt. Die geringen benötigten Probemengen (5–50 µl) stellen ebenfalls einen Vorteil der GFAAS dar. Trotz dieser einzigartigen Vorteile der sehr hohen Empfindlichkeit und der kleinen Probemengen hat sich die Methode bei der Analyse von Böden und Schwermetallverunreinigungen bisher nur langsam entwickelt, da oft starke und komplexe Störungen auftreten. Die Natur vieler dieser störenden Erscheinungen ist jedoch mittlerweile bekannt, und zu ihrer Minimierung stehen wirksame Methoden zur Verfügung.

Tabelle 4.6. Grenzkonzentrationen für GFAAS [µg/l] für 10-µl-Proben. (Berechnet aus Angaben in [141])

Element	*GK*	Element	*GK*
Ag	0,05	Mo	0,08
As	2,5	Ni	3
Au	2,5	Pb	0,5
Bi	3	Sb	1
Cd	0,05	Se	20
Co	1	Sn	20
Cr	2	Te	10
Cu	0,5	Ti	50
Fe	1	V	20
Mn	0,08	Zn	0,02

Die Analyse kann durch Wechselwirkungen in der festen Phase an der Rohrwandung zwischen Matrix und Analyt oder zwischen Analyt und Graphit selbst beeinträchtigt werden. Von noch größerer Bedeutung sind die Störungen, welche durch Kondensations- und Rekombinationsreaktionen in der Gasphase bedingt sind, da diese die Population der Analytatome und damit das Absorptionssignal herabsetzen. Diese Störeffekte sind am gravierendsten, wenn die Atomisierung unter nicht-isothermen Bedingungen abläuft, in der Ofenatmosphäre also kühlere Zonen vorhanden sind, oder wenn flüchtige Elemente in Gegenwart von Halogeniden bestimmt werden sollen. Der Störhintergrund ist bei der GFAAS wesentlich ausgeprägter als bei der FAAS, was auf die Verflüchtigung organischer und anderer Matrices, auf Rauchbildung und auf die Anwesenheit von Graphitpartikeln zurückzuführen ist. Diese führen zu molekularer Absorption und nichtspezifischen Lichtverlusten durch Streuung, wodurch sich irrtümlich zu hohe Meßwerte der Analytkonzentration ergeben.

Zuverlässige Analysen lassen sich normalerweise erreichen, wenn folgende von B. L'vov [146] aufgestellte Grundsätze beachtet werden:

– Einsatz einer L'vov-Plattform (s. Abb. 4.5) zur Verzögerung der Atomisierung, bis die Temperatur der Ofenatmosphäre hoch genug für eine isotherme Atomisierung ist („stabilized temperature platform furnace", STPF). Das ist besonders wichtig zur Vermeidung von Störeffekten durch Rekombination und Kondensation, insbesondere wenn in der Matrix flüchtige Bestandteile wie Chlorid vorhanden sind.

– Einsatz von Matrixmodifikatoren (s. Tabelle 4.7) zur Modifikation von Probe und/oder Matrix, damit die Matrix im Pyrolysestadium ohne Verluste des Analyts verdampft werden kann. Dadurch wird nicht nur der Einfluß von Untergrundeffekten verringert, sondern flüchtige Analyte wie Cadmium und Blei können zurückgehalten werden, während potentiell störende Matrices wie Chlorid im Pyrolysestadium entfernt werden.

– Einsatz wirkungsvoller Untergrundkorrektursysteme (s. unten) zur Korrektur von molekularer Absorption und Streueffekten.

– Messung der integrierten Extinktion (Extinktionssekunden) anstelle der Signalhöhe (Extinktion). Hierdurch können Unterschiede in der Atomisierungsgeschwindigkeit, die eventuell zwischen Probe und Eichlösung bestehen, ausgeglichen werden.

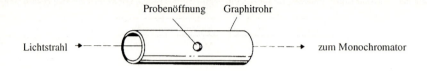

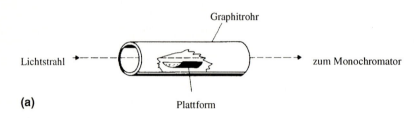

(a)

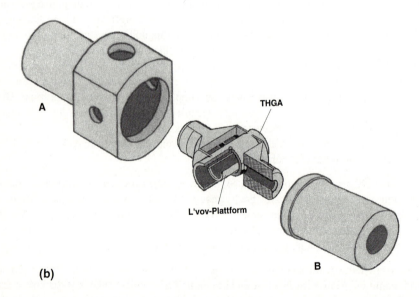

(b)

Abb. 4.5.   **a**) Schemazeichnung eines Graphitrohrofens. Die L'vov-Plattform ist so innerhalb des Rohrs angebracht, daß sie nur in geringem thermischen Kontakt mit ihm steht. Die Aufheizung wird hauptsächlich durch Strahlung bewirkt, wodurch eine Atomisierung des Analyts im thermischen Gleichgewicht ermöglicht wird (STPF, stabilized temperature platform furnace).
b) Querbeheizter Grahitrohrofen (THGA, transverse heated graphite atomizer): Die Heizspannung liegt zwischen A und B an. Durch diese Konstruktion wird eine gleichmäßige Temperatur über die gesamte Rohrlänge erzielt (CTT, constant temperature tube) und eine genaue Einstellung der Temperatur ermöglicht (TTC, true temperature control). (Mit freundlicher Genehmigung der Firma Bodenseewerk Perkin-Elmer GmbH, Überlingen)

Tabelle 4.7.   Matrixmodifikatoren für verschiedene Analyte

Modifikator	Element	Literatur
PO_4^{3-}	Ag	[147]
$PO_4^{3-} + Mg(NO_3)_2$	Cd, Sn	[147]
$Mg(NO_3)_2$	Al, Be, Co, Cr, Fe, Ni, Pb, Sb, Zn	[147]
Ni	As, Au, Bi, Te	[147]
$Ni + Mg(NO_3)_2$	Se	[147]
H_2SO_4	Ti	[147]
$Pd + Mg(NO_3)_2$	„Universal"	[99, 148–150]
Pd + Ascorbinsäure	In, Se	[151, 152]
PO_4^{3-}	Pb, Cd	[153]
Ni, Pt	As, Se	[154]
Thioharnstoff-EDTA-PO_4^{3-}	Cd	[155]

Eine Atomisierung unter wirklich isothermen Bedingungen läßt sich auch mittels Sondenatomisatoren [158] erreichen, die mittlerweile im Handel angeboten werden. Bei diesem Verfahren befindet sich in der Mitte des Rohrs ein Schlitz. In diesen wird eine Graphitsonde eingeführt, nachdem darauf die Probelösung pipettiert wurde. Daraufhin unterzieht man die Probe auf der Sonde im Ofen dem üblichen Trocken- und Pyrolyseprogramm. Die Sonde wird dann herausgenommen, der Ofen bis auf die Atomisierungstemperatur aufgeheizt und die Sonde erneut eingeführt, damit die Probe im korrekt vorgeheizten Ofen atomisiert werden kann.

Interne Kalibrierung
Wenn das Einmessen mit Hilfe externer Eichlösungen nicht ausreicht, kann statt dessen auch mit der Zugabe von Lösungen bekannten Titers gearbeitet werden. Bei dieser Methode stellt die Probelösung selbst die Matrix für die Kalibrierung dar. Man setzt aliquoten Teilen der Probelösung jeweils 0 bzw. *A* bzw. 2*A* bzw. 3*A* usw. Vielfache des Analyts zu und erhält durch Messung dieser Lösungen eine Eichkurve. Durch Extrapolation auf Zugabe 0 kann die Probenkonzentration ermittelt werden. Mit diesem Verfahren lassen sich jedoch etwaige hohe Untergrundwerte nicht kompensieren.

Systeme zur Untergrundkorrektur
Sowohl bei der FAAS als auch bei der GFAAS kann die Extinktion in unerwünschter Weise über die reine Atomabsorption hinaus durch Molekularabsorption und nichtspezifischen Lichtverlust verstärkt werden. Die unspezifische Absorption entsteht durch Streuung des Lichts der Hohlkathodenlampe auf dem Weg zum Monochromator durch Aerosoltröpfchen oder -klümpchen (bei der FAAS) bzw. durch Rauch und Kohlenstoffpartikel (bei der GFAAS).

Bei der am häufigsten angewandten Methode zur Untergrundkorrektur wird eine Lichtquelle mit kontinuierlicher Strahlung, z.B. eine Wasserstoff- oder Deuteriumlampe, zur Bestimmung der Nullextinktion verwendet. Die Instrumentenanordnung in Abb. 4.3b zeigt den Einsatz alternierender Messungen der Atomabsorption mit der Hohlkathodenlampe (A) und der Nullextinktion durch eine Deuteriumlampe (G). Die Subtraktion der beiden Signale voneinander liefert das untergrundkorrigierte Atomabsorptionssignal. Echte Doppelstrahlsysteme zur Korrektur des Nulleffekts werden ebenfalls angeboten. Sie besitzen den Vorteil, daß die

Korrektur gleichzeitig mit der Messung durchgeführt wird, was besonders bei der GFAAS von Bedeutung ist, da das zu messende Signal nur von kurzer Dauer ist. Oberhalb etwa 300 nm Wellenlänge nimmt die Wirksamkeit der Wasserstoff- bzw. Deuteriumlampen ab. Oberhalb 350 nm sind sie wirkungslos, weshalb dann Wolframfadenlampen eingesetzt werden müssen. Oberhalb dieser Wellenlänge sind zwar Streuverluste meist niedrig, aber Molekularabsorption ist weiterhin zu verzeichnen.

In den meisten Fällen wird das beschriebene Korrektursystem ausreichen, allerdings muß insbesondere bei der GFAAS von Proben mit organischer Matrix eine Untergrundkorrekturmethode zum Einsatz kommen, die sehr hohe Nullextinktionen abdecken kann. Zu diesem Zweck sind mittlerweile zwei Verfahren verfügbar. Das eine nutzt den Zeeman-Effekt [157, 158] und wirkt bis zu einer Nullextinktion von 2; das andere bedient sich einer gepulsten Hohlkathodenlampe und benutzt die Flanken der durch Eigenabsorbtion entstehenden Linie (Selbstumkehr) zur Korrektur. Diese sog. Smith-Hieftje-Methode [159] benötigt wie auch die Zeeman-Methode nur eine Hohlkathodenlampe zur Messung der Atomabsorption und des Störhintergrunds, wodurch die Notwendigkeit der diffizilen Operation entfällt, die Strahlungsachse einer zweiten Lampe genau auszurichten. Zusätzlich zu der Tatsache, daß diese beiden Systeme starke Untergrundeffekte verkraften können, sind sie selbst dann zu wirkungsvollen Korrekturen fähig, wenn der Störhintergrund eine Feinstruktur aufweist, die von Deuterium-Untergrundkorrektursystemen nicht verarbeitet werden kann.

GFAAS-Anwendungen

Elektrothermische Atomabsorptionsspektrometrie (ETAAS) mit Hilfe eines Graphitrohrofen-Atomisators wurde in jüngster Zeit bei einer Studie der Untergrundkorrektur bei der Bestimmung von Blei und Cadmium in Boden- und Pflanzenproben mit hohen Eisengehalten [160] eingesetzt, bei der Bestimmung von Selen in Bodenextrakten [161] und von Zinn in Silicaten [162]. Extrakte von Iodkomplexen des Palladiums und Platins [163] wurden analysiert und in Schlämmen aus Bodenmaterial wurde Blei sowohl mit Modifikatoren [164] als auch ohne diese [165] analysiert. ETAAS wurde außerdem bei der Bestimmung von Submikrogramm-mengen von Kupfer und Mangan benutzt, die als 8-Hydroxychinolate direkt im Graphitofen zur Analyse ausgefällt wurden [166]. Die große Empfindlichkeit der GFAAS wurde erfolgreich bei der Bestimmung von Cadmium in den verschiedenen Stufen einer sequenziellen Extraktion eingesetzt, wobei die Summe der Einzelextraktgehalte sehr gut mit dem Gesamtgehalt an Cadmium übereinstimmte [167]. Dies ist ein Beispiel für den Erfolg der oben beschriebenen STPF-Methode. Es wurden auch Plattformen aus anderem Material als Graphit eingesetzt. Bei der Verwendung einer Tantalplattform wurden verbesserte Ergebnisse bei der Bestimmung von Cadmium in Böden beschrieben [168].

Geräte

Die Technik heute verfügbarer Atomabsorptionsanlagen ist mittlerweile sehr ausgeklügelt. Während in letzter Zeit kaum revolutionäre Fortschritte zu verzeichnen waren, gab es doch beträchtliche Detailverbesserungen. Dazu gehören höhere Modulationsfrequenzen, mit deren Hilfe die Zeitspanne zwischen Gesamt- und Untergrundmessung möglichst klein gehalten wird, damit der bei der elektrothermischen Absorption benutzte schnelle Signalanstieg [169]

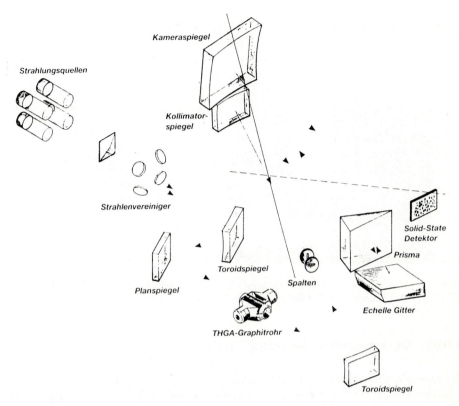

Abb. 4.6.   Strahlengang innerhalb des AAS-Spektrometer- und Detektorsystems, welches in das in Abb. 4.7 gezeigte Tischgerät integriert ist. Es handelt sich hierbei um eine tetraedrische Echelle-Polychromator- (TEP-) Optik mit Solid-State-Detektor für die simultane Multielementanalyse. (Mit freundlicher Genehmigung der Firma Bodenseewerk Perkin-Elmer GmbH, Überlingen)

verarbeitet werden kann. Automatische Probehandhabungssysteme gehören mittlerweile zur Grundausrüstung und übernehmen meist auch den Zusatz der Eichlösungen, der häufig zur Erlangung hochpräziser störungsfreier Analysen erforderlich ist, aber bei manueller Ausführung eine sehr monotone Tätigkeit darstellt [170]. Die meisten Instrumente verfügen über einen Mikrocomputer, der die Instrumentenparameter einstellt sowie den Betrieb der Anlage steuert und überwacht. Die Analysenergebnisse werden berechnet und automatisch zusammen mit den statistischen Daten der Analysenreihe ausgedruckt, bei Bedarf auch in Form eines endgültigen Analyseberichts.

Abbildung 4.6 zeigt den prinzipiellen Strahlengang einer modernen AAS-Anlage, die eine vollautomatische, simultane Mehrelementbestimmung ermöglicht. Das Gerät selbst ist in Abb. 4.7 dargestellt.

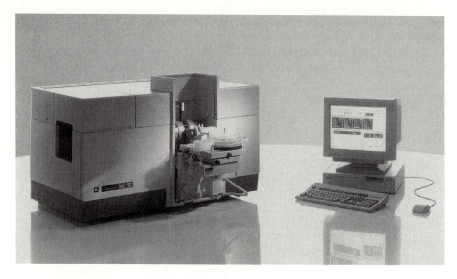

Abb. 4.7.   Modernes GFAAS-System für automatische Simultan-Multielementbestimmung (SIMAA 6000). (Mit freundlicher Genehmigung der Firma Bodenseewerk Perkin-Elmer GmbH, Überlingen)

4.10.2   Atomemissionsspektrometrie (AES)

Bei diesem Verfahren wird eine Probelösung in eine Energiequelle wie z. B. eine Flamme, ein Induktionsplasma, ein Funkenbogenplasma oder sogar einen Graphitrohrofen versprüht. Die Quelle dient nicht nur der Atomisierung der Probe, sondern auch dazu, die so entstehenden Atome zur Aussendung der für sie charakteristischen Spektrallinien anzuregen. Die Intensität der ausgestrahlten Linien ist eine Funktion der Konzentration der Atome in der anregenden Quelle und damit auch in der Lösung selbst. AES-Anlagen bestehen im Prinzip aus einer Erregerquelle und einem Monochromator/Detektor, der in der Lage sein kann, die Wellenlängen zur schnellen sequenziellen Mehrelementanalyse abzutasten oder einem Polychromator mit mehreren feststehenden Auslaßschlitzen und Detektoren zur simultanen Mehrelementanalyse. Die AES weicht insofern von der herkömmlichen AAS ab, als sie ohne weiteres in der Lage ist, simultane oder sehr schnelle sequenzielle Bestimmungen mehrerer Elemente in einer einzigen Probelösung zu liefern. Bei der Atomabsorption wird dagegen im Prinzip immer nur ein Element je Probedurchgang bestimmt. Kommerzielle AAS-Anlagen können jedoch vollautomatisch alle zur Bestimmung eines Elements erforderlichen Parameter mit Hilfe eines Computerprogramms auf einen anderen Parametersatz umschalten. Auf diese Weise lassen sich bis zu zehn Elemente bestimmen. Für bis zu sechs Elemente ist dieses Verfahren genauso schnell wie sequenzielle ICP-AES, und es ist in Anschaffung und Betrieb preisgünstiger und nicht so anfällig für Störungen aufgrund von Interferenz- und Untergrundeffekten. Mit steigender Zahl der bestimmbaren Elemente wird die Emissionsspektrometrie jedoch vergleichsweise schneller, wirtschaftlicher und bequemer.

Energiereiche Quellen zersetzen die Verbindungen leichter in ihre Atome und ermöglichen eine vollständigere Atomisierung, die nicht für chemische Störeffekte anfällig ist. So unterliegt z.B. die Stickstoffoxid-Acetylen-Flamme nicht der dämpfenden Matrixstörung, die bei der Bestimmung von Chrom, Eisen und Mangan in einer Luft-Acetylen-Flamme zu verzeichnen ist. Die mit 6500 K deutlich höhere Temperatur eines Induktionsplasmas weist charakteristischerweise kaum chemische Störeffekte auf. Hochtemperaturquellen regen jedoch mehr Elemente zur Emission an, was zu komplexen, linienreichen Spektren führt, bei denen zur Isolation der gewünschten Linien teure hochauflösende Spektrometer erforderlich werden.

Flammen-Emissionsspektrometrie (FAES)
Dieses Verfahren ging, historisch gesehen, der FAAS voraus. Die Flammen-Emissionsspektrometrie nach Lundegardh stellte eines der ersten praktikablen Mehrelementverfahren zur Analyse von Bodenextrakten dar [171]. In den fünfziger und sechziger Jahren wurde die FAES unter der Bezeichnung Flammenphotometrie zur Bestimmung der Alkalien, Erdalkalien und einiger Spurenelemente benutzt (s. z.B. [172]). Seit der Einführung der Atomabsorptionsmethoden durch Walsh [173] in den fünfziger Jahren hat die Bedeutung der FAES abgenommen, und sie wird heute nur zur Bestimmung von Natrium und Kalium in Bodenextrakten benutzt. Die Einführung der Stickstoffoxid-Acetylen-Flamme hat die Empfindlichkeit der FAES allerdings soweit gesteigert, daß sie für viele Elemente, und dabei besonders für die mit charakteristischen Linien oberhalb von 350 nm, mindestens genauso gut ist wie die der FAAS, wenn nicht teilweise sogar noch besser. Die FAES wurde jedoch fast völlig durch die AAS verdrängt, da die letztere besser für die Speziationsanalyse geeignet ist und keine spektralen Interferenzeffekte auftreten. Dies ist auf die inhärent bessere Monochromierung dieser Methode zurückzuführen.

Induktionsplasma-Atomemissionsspektrometrie (ICP-AES)
Das analytische Potential eines ICP als Emissionsquelle wurde zuerst von Greenfield et al. [1975] erkannt; frühe Entwicklungen dieser Gruppe [176] und von Scott et al. [177] und Boumans [178, 179] führten zu den heute gebräuchlichen leistungsstarken Geräten.

Das Verfahren bedient sich der Emission eines flammenähnlichen Plasmas. Dieses wird mittels eines Quarzbrenners erzeugt, in dessen Auslaßöffnung die Elektronen in einem ionisierten Argonplasma mit einem elektomagnetischen Feld von Radiofrequenz elektromagnetisch „gekoppelt" werden. Das Plasma wird somit durch den hindurchfließenden Strom geheizt, der wegen der hohen Frequenz auf den äußeren Bereich des Plasmas konzentriert ist. Aufgrund dieses Effekts und durch die Brennerparameter wird das Plasma zu einem Torus geformt. Das Probenaerosol wird in dessen zentrale Öffnung eingeführt. Die Temperaturen liegen im Plasma zwischen 6000 und 10000 K und in der Meßzone üblicherweise bei 6500 K. Die allgemeinen Grundlagen der Plasmaemissionsspektrometrie werden in [180] beschrieben, während Sharp [181] die speziell mit Bodenanalytik zusammenhängenden Probleme erörtert. Bei solch hohen Temperaturen ist die Atomisierung bei den meisten Elementen nahezu vollständig. Starke Emissionslinien für Atome und Ionen können auftreten, die beide zu Analysezwecken benutzt werden. Die geringe optische Dichte des Probeplasmas trägt dazu bei, daß die Eichkurven über 5–6 Größenordnungen linear verlaufen.

Eine ICP-Quelle besteht aus einem Quarzbrenner, dem Argon und Probenaerosol, wie in Abb. 4.8 schematisch gezeigt, zugeführt werden. Elektromagnetische Energie wird über einen RF-Generator zugeführt, üblicherweise bei einer Frequenz von 30–40 MHz und mit einer Leistung von etwa 2 kW bei einem Argonfluß von 11–15 l/min.

Die Proben werden normalerweise als Aerosol zugeführt, das auf pneumatischem Wege mittels einer peristaltischen Pumpe hergestellt wird. Konzeption und Bau von Versprühanla-

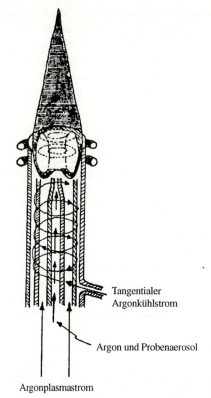

Tangentialer
Argonkühlstrom

Argon und Probenaerosol

Argonplasmastrom

Abb. 4.8.   Schnitt durch einen
Plasmabrenner (schematisch)

gen für ICP-Geräte sind häufig kritischer als bei der AAS, da meist dünne Kapillaren mit geringerer Durchflußgeschwindigkeit erforderlich sind, die zu Verstopfungen neigen.

Einige dieser Schwierigkeiten werden durch das Versprühgerät von Babington [182] und seine Weiterentwicklungen vermieden, die auch Lösungen von hoher Viskosität und mit hohen Feststoffgehalten sowie sogar dünnflüssige Schlämme verkraften. Theorie, Konstruktion und Ausführung von Versprühgeräten wurden ausführlich von Sharp [183] beschrieben.

Chemische Dampferzeugungsverfahren wurden z.B. zur Einführung flüchtiger Hydride von Elementen wie Arsen, Blei, Selen, Antimon, Zinn usw. eingesetzt, wobei die Empfindlichkeit um Größenordnungen verbessert werden konnte. Derartige Systeme verwenden meist kontinuierliche Verfahren zur Erzeugung der Hydride in Verbindung mit ICP-AES [184, 185]. Das Hydridverfahren selbst wird im Detail in [186] und [187] abgehandelt.

Zwei Spektrometrietypen sind im Einsatz: ein Einzelkanal-Abtastmonochromator und ein Mehrkanal-Festfrequenzpolychromator. Zur Erzielung optimaler Ergebnisse ist für Arsen, Quecksilber, Phosphor und Schwefel ein Vakuumspektrometer erforderlich, da bei diesen Elementen die günstigsten Linien unter 200 nm liegen. Ein Abtastmonochromator weist gegenüber einem Polychromator eine Reihe von Vorzügen auf: Die Trennschärfe ist größer, durch die beliebige Wählbarkeit der Linien ist er wesentlich flexibler, Untergrundkorrekturen lassen sich leicht durchführen, und er ist außerdem preiswerter. Das Verfahren ist jedoch deutlich langsamer als beim Polychromator, dessen Geschwindigkeitsvorteil mit zunehmender Zahl der zu bestimmenden Elementen steigt. Bei Mehrelementanalysen mit einem Abtastmonochromator ist der Probenverbrauch größer als bei einem Polychromatorsystem. Dieser Aspekt ist insbesondere dann wichtig, wenn nur kleine Probemengen zur Verfügung stehen. Polychromatorgeräte werden üblicherweise bei der Routineanalyse großer Probenzahlen vorgezogen und in Fällen, bei denen die Anzahl der zu analysierenden Elemente von vornherein bekannt ist. Solche Systeme sind teuer, und wenn beide Verfahren in einem Gerät kombiniert werden, steigt der Preis noch weiter.

Interferenzbedingte Störeffekte sind bei der ICP-AES ausgeprägter als bei der FAAS, da im Gegensatz zur AAS die praktisch erzielbare Auflösung häufig zur Vermeidung von Linienüberschneidungen nicht ausreicht. Desweiteren führt die hohe Temperatur des ICPs zu komplexen Mehrlinienspektren und beträchtlicher Untergrundemission. Hohe Konzentrationen an Aluminium, Calcium und Magnesium, wie sie in Bodenproben zu erwarten sind, können aufgrund der starken Streulichtstrahlung, die infolge der starken Emission dieser Elemente auftreten kann, zu beträchtlichen Untergrundfehlern führen. Solche Hintergrundstörungen lassen sich häufig durch die Wahl einer anderen Linie vermeiden oder durch Korrekturverfahren ausgleichen. Eine Korrektur erfolgt entweder durch Subtraktion eines Blindprobenwerts oder, indem man den Signalanteil, den ein störendes Element bei der Wellenlänge des Analyts besitzt, anderweitig bestimmt. Die Subtraktion einer Blindprobe ist aber nur in den wenigen Fällen zulässig, in denen die Konzentration des Störelements über die gesamte Probenreihe konstant ist. Sämtliche Korrekturverfahren haben einen Verlust an Präzision und eine Verringerung der analytischen Empfindlichkeit zur Folge. Daher ist es für einen Bodenanalytiker unrealistisch, zu erwarten, in seiner Praxis Nachweisgrenzen reproduzieren zu können, die für verdünnte, reine Lösungen veröffentlicht wurden.

Chemisch oder durch Matrix verursachte Störungen sind meist geringfügig, treten jedoch vereinzelt auf, wenn die Matrix Elemente mit niedrigen Ionisierungspotentialen und Verbindungen mit hohen Dissoziationsenergien enthält [188]. Ionisierungshemmer sind hier nutzlos, da es sich hier um andere Mechanismen handelt.

Physikalische Effekte aufgrund von Viskosität, Lösungsmittelflüchtigkeit usf. können Probentransport und Wirksamkeit der Vernebelung beeinflussen. Im allgemeinen wird es ausreichen, Probe und Eichlösungen im Säure- und Lösungsmittelgehalt aufeinander abzustimmen, in einigen Fällen müssen jedoch auch die Hauptbestandteile und/oder störende Komponenten abgestimmt werden. Eine interne Eichung ist zur Verbesserung von Präzision und Genauigkeit und zur Verringerung von Matrix-Störungen von Nutzen. Zu diesem Zweck sind zwei Ansätze entwickelt worden: die Myers-Tracy- [189] und die PRISM-Methode [190, 191].

Tabelle 4.8 enthält eine Gegenüberstellung der geschätzten analytischen Grenzen der ICP-AES und der FAAS für eine Reihe von Schwermetallen sowie die weltweiten mittleren Bodengehalte und die üblicherweise zu erwartenden Konzentrationen in Königswasser-Aufschlüssen von Bodenproben.

Das Polychromator-Spektrometer-System einer modernen ICP-AES-Anlage ist in schematischer Darstellung in Abb. 4.9 wiedergegeben. Wesentliche Bestandteile des optischen Systems sind das hochdispergierende Echelle-Gitter, der Schmidt-Kreuzdispersionsreflektor zur Korrektur von Abbildungsfehlern und zur Aufteilung die Bereiche UV und VIS sowie die segmentierten Diodenarraydetektoren (SCD) für die beiden Spektralbereiche. Eine Photographie des zugehörigen ICP-AES-Geräts ist in Abb. 4.10 zu sehen.

Tabelle 4.8.   Pseudogesamtelementgehalte in Königswasser-Aufschlüssen von Böden. (Zusammengestellt aus [125, 181, 31])

Element	Weltweiter mittlerer Bodengehalt[b] [mg/kg]	Erwarteter Gehalt (KW-Aufschl.) [mg/l]	Effektive Grenzkonzentration[a] [mg/l]	
			FAAS	ICP-AES
Ba	1000	270	0,1	–
Cd	0,62	0,007	0,004	0,015
Co	12	0,2	0,04	0,02
Cu	26	0,5	0,01	0,01
Fe	3,2 %	600	0,03	0,01
Mn	760	11	0,01	0,005
Ni	34	0,3	0,04	0,04
Pb	29	0,5	0,1	0,2
Sr	280	–	0,01	–
Ti	0,5 %	6	0,25	0,02
Zn	60	1,4	0,005	0,09

[a] 5 × Grenzkonzentration für reine Komponente.
[b] Sofern nicht anders angegeben.

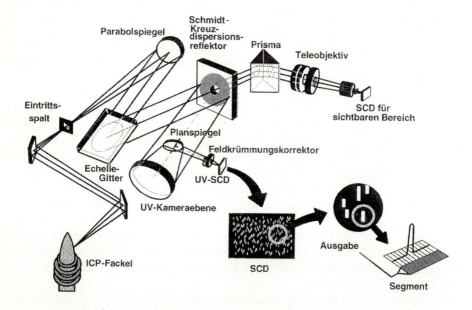

Abb. 4.9.   Optischer Aufbau des Spektrometer- und Detektorsystems des ICP-AES-Geräts in Abb. 4.10. (Mit freundlicher Genehmigung der Firma Bodenseewerk Perkin-Elmer GmbH, Überlingen)

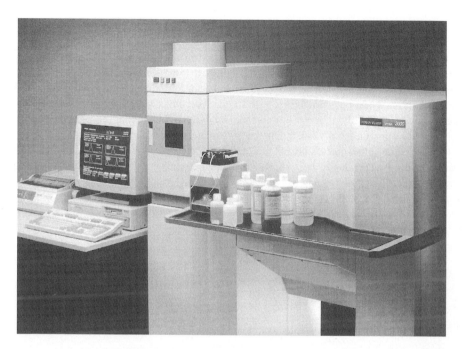

Abb. 4.10. Modernes ICP-AES-Gerät (Optima 3000) mit automatischem Probeneinführungssystem sowie Steuer- und Auswerterechner. (Mit freundlicher Genehmigung der Firma Bodenseewerk Perkin-Elmer GmbH, Überlingen)

Anwendungen der ICP-AES

Durch seine Fähigkeit zur Mehrelementanalyse stellt dieses Verfahren bei der Analyse von Bodenextrakten und -aufschlüssen eine zunehmende Konkurrenz für die FAAS dar. Es besitzt eine der FAAS ähnliche Empfindlichkeit, ist allerdings weniger anfällig für chemische oder matrixbedingte Störungen. Die Anfälligkeit für spektrale Interferenzen ist größer, kann jedoch mit Hilfe chemometrischer Verfahren wesentlich verringert werden [192]. Wie bei der FAAS sind seine Nachweisgrenzen im allgemeinen um den Faktor einhundert bis eintausend schlechter als der ETAAS und in vielen Fällen ist eine Vorkonzentration erforderlich. Sowohl für FAAS [193] als auch für ICP-AES [194] befinden sich zur Zeit bequeme Online-Verfahren in der Entwicklung.

Broekaert [195] beschrieb den Einsatz der ICP-AES bei der Analyse von Umweltproben in einem Übersichtsartikel. Mit Hilfe diese Verfahrens wurden Borgehalte bestimmt [196, 197] sowie eine Vielzahl von Elementen in normalen Bodenextrakten und Ionenaustauschharz-extrakten [198]. Gartenerden wurden ebenfalls mit diesem Verfahren untersucht [198]. Zusätzlich zur konventionellen Versprühmethode wurden auch eine Reihe anderer Verfahren für die Zufuhr der Proben untersucht, darunter Suspensionen von Tonen [200] und Schlämmen [201], elektrothermische Verdampfung [202] und Hydridbildung [203].

4.10.3 Massenspektrometrie

Bei neueren massenspektrometrischen Verfahren wird ein Quadrupol-Massenspektrometer, seltener ein Magnetsektoren-Instrument, mit einem ICP als Ionenquelle gekoppelt. Dies ermöglicht die Bestimmung nahezu aller Elemente des Periodensystems, und zwar mit Lösungsgrenzkonzentrationen im Bereich von ng/l. Allerdings benötigen nur wenige Boden- und Landwirtschaftslabors derart umfassende Analysemöglichkeiten, die meisten beschäftigen sich nur mit weniger als einem Dutzend Elementen. Außerdem werden für die verschiedenen Elemente unterschiedliche Extraktionsmittel benötigt, wodurch sich der Analyseaufwand mit der Anzahl der zu bestimmenden Elemente erhöht. Aufgrund dieser Sachverhalte und der hohen Anschaffungskosten von ICP-MS Geräten konnte sich dieses Verfahren trotz seiner Leistungsfähigkeit bei der Analyse von Böden und Bodenextrakten bisher nicht durchsetzen. Es blieb bislang im wesentlichen auf besondere Fragestellungen wie die Analyse von Radionukliden beschränkt [204, 205].

4.11   Besondere Methoden bei der Atomspektrometrie

4.11.1 Hydridbildungsverfahren

Bei der Atomabsorptions- bzw. Atomemissionsspektrometrie mit Hilfe von Hydridbildung (HGAAS bzw. HGAES) wird die Probe der Versprüheinrichtung nicht als Aerosol, sondern in Form eines aus der Probe gebildeten, flüchtigen, gasförmigen Hydrids zugeführt. Das Verfahren wurde von Holek [206] eingeführt, der Arsan (AsH_3) mit Hilfe von nascierendem Wasserstoff (Zn+HCl) herstellte und es in einer mit flüssigem Stickstoff gekühlten Falle sammelte. Das Arsan wurde dann verdampft und in einem Stickstoffstrom zur Bestimmung mittels AAS in eine Luft-Acetylen-Flamme eingebracht. Das Verfahren wurde mittlerweile bei acht Elementen erfolgreich eingesetzt und führt, außer bei Blei, zu gegenüber der FAAS deutlich verbesserten Nachweisgrenzen (s. Tabelle 4.9). In der Anfangszeit wurde eine Vielzahl von Reduktionsreaktionen verwendet, aber inzwischen findet das von Braman [208] eingeführte und von Schmidt u. Royer [203] erstmals bei der AAS zur Bestimmung von Arsen, Bismut, Antimon und Selen eingesetzte Natriumborhydrid nahezu ausschließliche Anwendung. Es wird mittlerweile auch bei Germanium [210], Zinn und Eisen [211] sowie bei Blei [212] benutzt. Da die Bedingungen der Hydridbildung für die verschiedenen Elemente nicht allzu stark voneinander abweichen, ist deren gleichzeitige Bestimmung mittels ICP-AES möglich [213]. Zu den Energiequellen für die Atomisierung gehören die Luft-Acetylen-Flamme [206] sowie kühlere Flammen wie die von Kahn u. Schallis [207] entwickelte Flamme aus Ar, H_2 und zugemischter Luft oder die N_2-H_2-Luft-Flamme [215, 216]. Die

Tabelle 4.9.   Grenzkonzentrationen für HGFAAS [µg/l]. (Berechnet nach [231])

Element	As	Bi	Ge	Pb	Sb	Se	Sn	Te
Grenzkonzentration	8	0,2	4	100	0,5	1,8	0,5	1,5

Spektometrie mit kühlen Flammen leidet unter molekularen Absorptionseffekten, weshalb heute meist der elektrisch geheizte Quarzrohrofen [217, 218] oder die bereits erwähnte Luft-Acetylen-Flamme [212, 219, 220] eingesetzt wird. Es wurde auch ein Atomisator mit rohrummantelter Flamme beschrieben, bei dem das Hydrid im Rohr durch eine kleine Flamme zersetzt wird, die vom begleitenden H_2 unter geringer O_2-Zugabe aufrechterhalten wird [221 – 224]. In diesem Zusammenhang ist zu erwähnen, daß Sauerstoff am Atomisierungsprozeß teilnimmt und in geringen Konzentrationen die Empfindlichkeit verbessert [224, 225].

Der Graphitrohrofen wurde ebenfalls zur Atomisierung von Hydriden der Elemente Arsen, Bismut, Antimon und Selen [226, 227] eingesetzt, sowie in einer Kombination von Falle und Atomisator mit ausgezeichneten Erfassungsgrenzen von 0,2 pg für Antimon [228], 70 pg für Selen [229] und 40 pg für Arsen [230]. Ein automatisiertes Durchflußsystem wurde zur FAAS-Bestimmung des Antimongehalts in Böden und Klärschlämmen nach Königswasser-Aufschluß eingesetzt [231]. Der Königswasser-Aufschluß erwies sich als eine der besten Methoden unter zehn Aufschlußverfahren für Arsen [232]. Die automatisierte Fließinjektion wurde auch bei der Hydridbildung für die ICP-AES-Analytik eingesetzt [184].

4.11.2 Atomsammel-Atomabsorptionsspektrometrie (ATAAS)

Die Atomsammelmethode wurde im Jahr 1976 von Lau u. Stephens [233] eingeführt und in der Folgezeit am Macaulay-Institut für Bodenforschung in Aberdeen zu einem In-situ-Vorkonzentrationsverfahren weiterentwickelt [234, 235]. Weitere Entwicklungen stammen von Thomson [236]. Das Verfahren wurde mit Erfolg bei der Analyse von Bodenaufschlüssen und -extrakten und dabei insbesondere für Blei und Cadmium [237, 238] eingesetzt. Die Störungen sind gering und die Empfindlichkeit wird gegenüber der konventionellen FAAS bis um den Faktor 40 verbessert. Die Grenzkonzentrationen bei diesem Verfahren sind in Tabelle 4.10 zusammengestellt. In Tabelle 4.11 werden die mit diesem Verfahren bei Königswasser-Aufschlüssen von Böden erzielten Ergebnisse für Cadmium und Blei mit denen der konventionellen FAAS verglichen [237]. Das Verfahren läßt sich für etwa ein Dutzend Elemente einsetzen und eignet sich gut zur Bestimmung von Cadmium und Blei in $CaCl_2$-Bodenextrakten, bei denen die Konzentrationen in den Extrakten für konventionelle FAAS zu niedrig sind und die GFAAS durch die hohen Chloridgehalte erschwert wird. Die Ergebnisse einer solchen Cadmiumanalyse sind in Tabelle 4.12 zusammengestellt.

Tabelle 4.10. Grenzkonzentrationen bei der ATAAS [µg/ml] bei 2 min Sammelzeit auf aluminiumoxidbeschichteten Röhren

Element	GK	Element	GK
Ag	0,0008	Mn	0,010
As	0,15	Pb	0,001
Au	0,035	Sb	0,048
Bi	0,030	Se	0,050
Cd	0,0003	Ti	0,011
Cu	0,019	Zn	0,0017

Tabelle 4.11. Gehalte von Cadmium und Blei in Königswasser-Aufschlüssen einiger Oberbodenproben mit (A) konventioneller AAE und (B) dem Atomsammelverfahren [µg/g trockener Boden]. (Aus [237] mit freundlicher Genehmigung des „Macaulay Land Use Research Institute", Aberdeen)

Probe	Cd-Gehalt		Pb-Gehalt		Probe	Cd-Gehalt		Pb-Gehalt	
	(A)	(B)	(A)	(B)		(A)	(B)	(A)	(B)
1	< 0,25	0,21	16,0	15,8	7	< 0,25	0,14	14,0	13,8
2	< 0,25	0,10	9,3	8,5	8	0,25	0,28	26,5	27,3
3	< 0,25	0,28	14,0	14,5	9	< 0,25	0,16	22,0	23,0
4	< 0,25	0,18	55,0	52,0	10	0,25	0,25	22,0	23,0
5	< 0,25	0,32	29,0	29,0	11	< 0,25	0,21	24,5	24,8
6	< 0,25	0,21	23,3	25,5	12	< 0,25	0,25	21,0	21,8

Tabelle 4.12. Durch 0,05 M $CaCl_2$ extrahiertes Cadmium in 16 schottischen Oberböden [µg/g i.T.]. (Aus [238] mit freundlicher Genehmigung des „Macaulay Land Use Research Institute", Aberdeen)

Boden-Nr.	Extrahierbares Cd	Boden-Nr.	Extrahierbares Cd
1	0,007	9	< 0,033
2	< 0,004	10	< 0,004
3	0,031	11	0,004
4	0,044	12	0,007
5	0,072	13	0,004
6	0,044	14	0,041
7	0,051	15	0,073
8	0,035	16	0,024

4.11.3 Vorkonzentrations- und Separationsverfahren bei der Atomspektrometrie

Eine gute allgemeine Beschreibung von Vorkonzentrationsverfahren wird von Zolotov [239] gegeben, detailliertere Besprechungen sind in [240, 241] zu finden. Das gebräuchlichste Verfahren besteht in der Lösungsextraktion des mittels eines organischen Reagens komplexierten Metalls, wobei zur Komplexbildung meist Ammoniumpyrrolidindithiocarbamat (APDC) und als Lösungsmittel zur Extraktion Methylisobutylketon (MIBK) verwendet wird [242]. Die Elemente Ag, As, Bi, Cd, Co, Cr, Cu, Fe, Hg, In, Mn, Mo, Ni, Pb, Se, V und Zn lassen sich auf diese Weise bei verschiedenen pH-Werten extrahieren. Die Extraktionsbedingungen für eine Vielzahl von Metallen werden im Detail in [243] beschrieben. Kirkbright et al. [244] stellen experimentell ermittelte Daten zur Lösungsextraktion mit Hilfe der APDC-, 8-HQ- und Ionenpaarmethode gegenüber. Die bei der APDC-Methode in stark sauren Aufschlüssen von Böden und anderen geologischen Materialien auftretenden Probleme lassen sich z.B. für Silber, Cadmium, Selen, Tellur und Thallium durch die Bildung von Metalliodid-Ionenassoziationssystemen umgehen [245]. Der Einsatz von Dithizon [246], üblicherweise gefolgt von einer Extraktion mit chlorierten Kohlenwasserstoffen, ist bei der Atomspektrometrie in den Hintergrund getreten, weil dabei die Gefahr besteht, daß sich in der Flamme das Giftgas Phosgen bildet. Dieses Verfahren läßt sich jedoch gefahrlos in elektrothermischen Atomisatoren verwenden und wurde dabei mit Erfolg zur Bestimmung von Cadmium und Blei in Bodenextrakten benutzt [247, 248].

4.11.4 Kaltdampf-Atomabsorptionsspektrometrie (CVAAS)

Zur Bestimmung von Quecksilber in Böden sind die üblichen Flammenverfahren nicht empfindlich genug. Mit Grenzkonzentrationen im Bereich von 1–10 µg/l ist die Kaltdampf-Atomabsorptionsmethode zur Bestimmung von Quecksilber in unbelasteten oder verunreinigten Böden und Klärschlämmen gut geeignet. Zur Zerstörung organischen Materials ist ein oxidativer Säureaufschluß erforderlich, an den sich die Reduktion der Quecksilberverbindungen zu elementarem Quecksilber zur Analyse in der Dampfphase anschließt. Da Quecksilberdampf einatomig ist, kann eine Atomabsorptionsmessung an dem aus der reduzierten Lösung freigesetzten kalten Quecksilberdampf durchgeführt werden. Die meisten Verfahren zur entsprechenden Analyse von Böden und Torfen folgen dem von Hatch u. Ott [249] oder seiner Weiterentwicklungen [250–252]. Das Verfahren wurde in Übersichtsartikeln von Ure [253] und Chilov [254] im Detail diskutiert.

Stärkere Störungen treten auf durch Iod, Selen und die Edelmetalle Gold, Palladium, Platin und insbesondere Palladium [251]. Mit handelsüblichen Hydridbildungsvorrichtungen ist meist auch die Kaltdampfbestimmung von Quecksilber möglich (s. Abb. 4.6).

4.12 Analyse von Bodenextrakten

4.12.1 Bodenextraktionsverfahren

Im Laufe der Jahre wurden eine Reihe empirisch abgeleiteter Extraktionsverfahren entwikkelt, mit Hilfe derer sich die Verfügbarkeit der essentiellen und einiger toxischer Elemente für Pflanzen simulieren läßt. Sie wurden häufig lokal für eine Vielzahl diagnostischer Zwekke wie die Vorhersage von Spurenelementmangel bei Nutzpflanzen und Vieh entwickelt. Die Faktoren, welche die Verfügbarkeit von Spurenelementen in Böden beeinflussen, wurden von Mitchell [255] erörtert. Auf unterschiedlichen Extraktionsverfahren kann hier nicht eingegangen werden; zu näheren Informationen wird auf die entsprechenden detaillierten Arbeiten verwiesen [9, 87, 128, 256–263]. Bei den für Böden am häufigsten eingesetzten Verfahren wird ein einziges Extraktionsmittel verwendet, dessen Gehalt an einem bestimmten Element mit dem pflanzenverfügbaren Gehalt korreliert und dazu benutzt werden kann, eine Voraussage für die Aufnahme durch die Pflanze und die Wahrscheinlichkeit des Auftretens von Mangel- oder Vergiftungserscheinungen bei Pflanzen und Tieren zu treffen. Dieses Vorgehen hat sich in der Bodenkunde bewährt, um bei natürlichen Konzentrationen die Aufnahme von essentiellen Schwermetallen wie **Kupfer, Cobalt, Mangan und Zink** und von potentiell toxischen Elementen wie **Molybdän und Nickel** vorauszusagen. Bei Schwermetallen, die in

Verunreinigungen durch Klärschlämme oder Industrieabfälle und -abwässer auftreten, wie die Elemente Cadmium, Chrom, Quecksilber, Blei und Zinn, oder selbst bei essentiellen Elementen in erhöhten Konzentrationen haben sich Extraktionsverfahren jedoch bislang nicht bewährt. Die Ergebnisse der Analyse solcher Bodenextrakte lassen sich nicht zuverlässig auf das Ausmaß der pflanzlichen Aufnahme übertragen. Einige Beispiele für Bodenextraktionsmittel sind in Tabelle 4.13 zusammengestellt.

Wie man sieht, gibt es zwar eine Reihe Extraktionsverfahren mit recht verläßlichem Voraussagewert, viele Verfahren eignen sich aber nur für jeweils ein Element, beziehen sich nur auf bestimmte Nutzpflanzen oder sind in ihrer Anwendung auf bestimmte Bodentypen beschränkt. Die im allgemeinen wohl am besten einsetzbaren Extraktionsmittel für die Schwermetallanalyse sind 0,01 M bzw. 0,05 M EDTA und 0,005 M DTPA. Für die wichtigsten Boden-

Tabelle 4.13. Einige Extraktionsmittel für Schwermetalle aus Böden

Extraktionsmittel	Milieu	Elemente	Korrelierender Pflanzengehalt	Literatur
Wasser	Boden	Zn	Weizen	[333]
	Schlammbehandelter Boden	Cd	Salat	[334]
	Schlammbehandelter Boden	Cd, Cu, Zn	Salat, Weizen	[335]
EDTA	Boden	Cd, Cu, Ni, Pb, Zn	Allgemein	[336–338]
	Gewächshausboden	Se, Mo		[339]
DTPA	Kalkiger Boden	Zn		[338, 340]
	Boden	Fe, Mn, Zn	Hirsekörner	[341]
	Boden	Cd, Cu, Zn	Bohnen	[342]
	Boden	Zn	Salat	[335]
	Boden	Zn	Weizen	[333, 335]
	Schlammbehandelter Boden	Cd	Mais	[343]
	Schlammbehandelter Boden	Ni		[339]
	Boden	Mn, Zn	Weizen	[344]
Essigsäure	Boden	Cd, Cu, Ni, Pb, Zn	Allgemein	[337, 345]
	Boden	Cu, Co		[346]
	Boden	Cd, Ni		[347, 348]
	Boden	Ni		[349]
	Boden	Cr	Gras	[350]
Ammoniumacetat	Boden	Zn	Mangold	[347]
	Boden	Zn	Reis	[351]
	Boden	Ni	Hirse	[349]
	Boden	Pb	Hafer	[174]
	Boden	Mo	Weidegras	[352, 353]
Ammoniumacetat + EDTA	Boden	Cu, Zn		[354]
	Boden	Cu, Zn		[344]
	Boden	Zn	Weizenkörner	[333]
CaCl₂	Boden	Cd, Pb	Gemüse	[264]
NaNO₃	Boden	Cd, Pb	Gemüse	[265]

verunreinigungen, Cadmium und Blei, ermöglichen 0,05 M CaCl$_2$ [264] und 0,1 M NaNO$_3$ [265] ähnlich gute Voraussetzungen zur Voraussage der Aufnahme durch Pflanzen, allerdings nur für eine begrenzte Zahl von Arten. 0,1 M NaNO$_3$ ist analytisch die schwierigere von den beiden Lösungen, da die damit extrahierten Mengen wesentlich geringer als im Falle der 0,05 M CaCl$_2$ und damit zu niedrig für die FAAS sind, aber für die GFAAS noch ausreichen. Die mit 0,05 M CaCl$_2$ extrahierbaren Gehalte an Blei und Cadmium liegen in einigen Böden nahe an der Nachweisgrenze der FAAS und sind mit der GFAAS wegen der Chloridmatrix schwer zu bestimmen, können jedoch leicht mittels ATAAS erfaßt werden [238]. Bei Elementen wie Blei und Cadmium, deren Verhalten im Boden vom pH-Wert abhängt, sollten diese schwächeren Extraktionsmittel bevorzugt werden. Davon ausgehend sollte eigentlich die Bodenlösung selbst zur Ermittlung der Aufnahme von Schwermetallen durch Pflanzen diagnostisch genutzt werden, jedoch sind die Konzentrationen in ihr so niedrig, daß nur die empfindlichsten Analyseverfahren wie GFAAS anwendbar sein dürften. Dieser Ansatz wurde empfohlen [266] und angewendet für Blei [267] sowie für Cadmium, Kupfer und Blei in Rettich, Spinat und Gras [268]. Daß die Gehalte in Bodenlösungen gut mit der Aufnahme durch Pflanzen korrelieren, wurde für Kupfer, Nickel und Zink [267] nachgewiesen. Es gibt unterschiedliche Methoden zur Gewinnung der Bodenlösung, z.B. Verdrängung [270, 271] und Zentrifugieren [272].

4.13   Speziationsanalyse

Die Bestimmung der Speziation von Schwermetallen in Böden kann auf verschiedene Weisen erfolgen. Eine Variante besteht darin, die Extraktion und Quantifizierung einer Bodenphase so auszuführen, daß der auf diese Weise bestimmte Elementgehalt z.B. dem pflanzenverfügbaren Gehalt entspricht. Die meisten der eigenständig gebrauchten, oben zu Diagnosezwecken beschriebenen Extraktionsmittel fallen in diese Kategorie. Die extrahierte Spezies wird hier funktional – in diesem Fall durch die Verfügbarkeit für Pflanzen – definiert.

Zum anderen kann die Speziationsanalyse operational ausgelegt werden, d.h. die Definition der Spezies erfolgt durch das Extraktionsverfahren selbst. Die Extraktion hier wird üblicherweise so durchgeführt, daß ein an eine bestimmte Bodenphase gebundenes oder mit ihr assoziiertes Element isoliert wird. Dabei ist die Bodenphase aber in der Praxis nur ungenau abgegrenzt, und das Extraktionsmittel wirkt meist nicht spezifisch allein auf diese Phase. Zur Erklärung der Funktionsweise selektiver Extraktionsmittel bei der quantitativen Bestimmung des Elementgehalts einer bestimmten Phase entwickelte Viets [273] ein Konzept von „Pools" (Reservoirs) in Böden, bei denen es sich um Elementvorkommen handelt, die unterschiedliche Löslichkeiten und Mobilitäten besitzen und die durch Lösungsmittel unterschiedlicher Stärke selektiv extrahiert werden können. Das Konzept wurde von Jones et al. [274] weiter ausgearbeitet und wird in Abb. 4.11 illustriert. Daraus ist ersichtlich, daß die meisten Extraktionsmittel nicht spezifisch auf eine einzelne Phase oder eine bestimmte Spezies des Elements wirken. Durch eine Abfolge verschiedener Extraktionsschritte mit Reagenzien von zunehmender Stärke lassen sich die einzelnen Phasen jedoch, wenigstens im Prinzip, genauer isolieren. Zu diesem Thema liegt ein Übersichtartikel von Pickering [276] vor. Sequenzielle Extraktionsmethoden für Sedimente wurden in anderen Arbeiten intensiv untersucht [273–

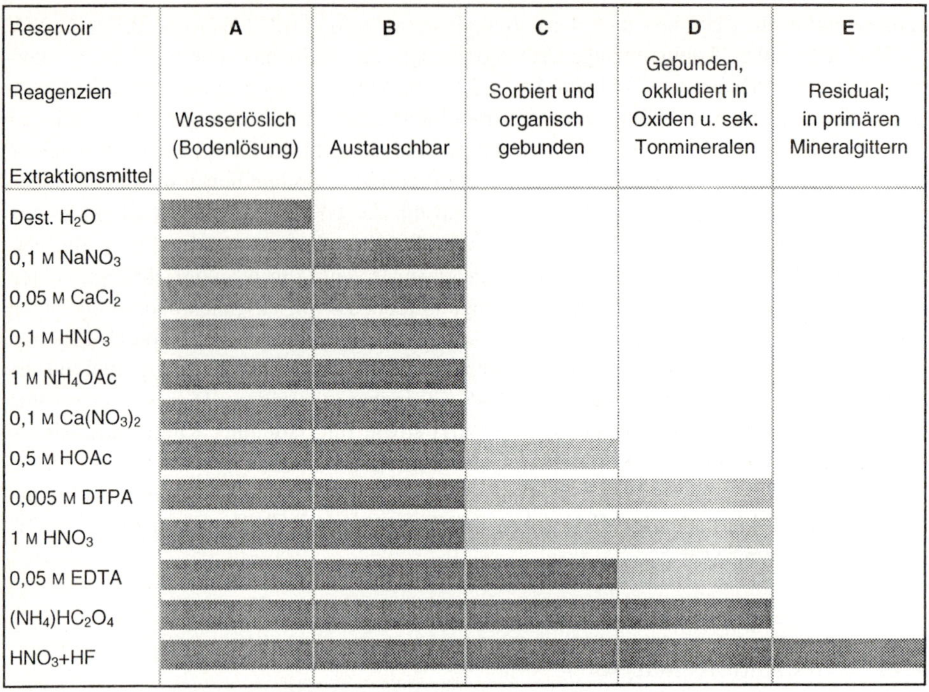

Reservoir	A	B	C	D	E
Reagenzien	Wasserlöslich (Bodenlösung)	Austauschbar	Sorbiert und organisch gebunden	Gebunden, okkludiert in Oxiden u. sek. Tonmineralen	Residual; in primären Mineralgittern
Extraktionsmittel					
Dest. H_2O	■				
0,1 M $NaNO_3$	■	■			
0,05 M $CaCl_2$	■	■			
0,1 M HNO_3	■	■			
1 M NH_4OAc	■	■			
0,1 M $Ca(NO_3)_2$	■	■			
0,5 M HOAc	■	■	▨		
0,005 M DTPA	■	■	▨	▨	
1 M HNO_3	■	■	▨	▨	
0,05 M EDTA	■	■	■	▨	
$(NH_4)HC_2O_4$	■	■	■	■	
HNO_3+HF	■	■	■	■	■

Abb. 4.11. Diagramm der Fähigkeit verschiedener Extraktionsmittel zur Extraktion eines Elements aus verschiedenen Reservoiren oder Phasen. *Dunkle Balken* geben Extraktion an, *helle Balken* teilweise Extraktion. (Mit Genehmigung abgewandelt aus [274] und durch Daten aus [273, 275] ergänzt)

284]. Häufig handelt es sich dabei um Verbesserungen oder Modifikationen der Methode von Tessier [285], der am meistverwendeten Methode. Andere Untersuchungen betreffen Böden [286–294], mit Schlamm beaufschlagte Böden [295, 296] und Klärschlämme [297].

Wegen der Vielzahl der praktizierten Einzel- oder Sequenzextraktionsmethoden können Ergebnisse unterschiedlicher Labors nicht ohne weiteres verglichen werden. Dies erschwert die Einhaltung der internationalen Richtlinien über die Gehalte von toxischen oder Schwermetallen in der Umwelt. Die EU-Eichbehörde (BCR) organisiert daher im Rahmen der Qualitätskontrolle bei der quantitativen Bestimmung von Metallen und ihrer Speziation einen Ringversuch zur Abstimmung der Extraktions- und Analyseverfahren von Böden und Sedimenten, an dem etwa 35 europäische Labors teilnehmen. Eines der Ziele war die Herstellung von Boden- (und Sediment-) Standards mit zertifizierten Speziesgehalten, für die einheitliche und bewertete Extraktionsverfahren vorgeschrieben sind. Zwei solche Böden sind als zertifizierte Eichmaterialien (CRM) vom BCR seit Ende 1994 erhältlich, und ihre Schwermetallgehalte können durch 0,05 M EDTA bei pH 7 bzw. durch 0,043 M Essigsäure nach genau festgelegten Analysevorschriften mit reproduzierbaren Ergebnissen extrahiert und bestimmt werden [298]. Das in Tabelle 4.14 beschriebene kurze dreistufige sequenzielle Verfahren wird zur Zeit zur Herstellung eines ähnlichen Referenzsediments mit zertifizierten Schwermetallgehalten eingesetzt [299]. Chemische Extraktionsverfahren zur Ermittlung der Spezia-

Tabelle 4.14. Sequenzielle Extraktion bei der Harmonisierungsstudie des BCR

PROBE
Über Nacht (16 h) mit 0,11 M Essigsäure (40 ml Extraktionsmittel pro g Boden) bei 20 °C extrahieren; zentrifugieren; überstehende Lösung (Nr. 1) analysieren; Rückstand aufbewahren.

RÜCKSTAND 1
Über Nacht (16 h) mit 0,1 M NH$_2$OH·HCl (pH 2 mit Salpetersäure[2] eingestellt, 40 ml Extraktionsmittel pro g Boden) bei 20 °C extrahieren; zentrifugieren; überstehende Lösung (Nr. 2) analysieren; Rückstand 2 aufbewahren.

RÜCKSTAND 2
Bei Zimmertemperatur 1 h mit 10 ml 8,8 M H$_2$O$_2$ pro g Boden, pH 2 mit Salpetersäure eingestellt, behandeln und dann 1 h bei 85 °C. Auf einige ml einengen, erneut Wasserstoffperoxid zufügen und 1 h bei 85 °C halten. Wieder auf einige ml einengen. Mit 50 ml pro g Boden einer mit Salpetersäure auf pH 2 eingestellten 1 M Ammoniumacetatlösung versetzen und über Nacht bei 20 °C extrahieren. Zentrifugieren; überstehende Lösung (Nr. 3) analysieren.

Analysierte Lösung	Extrahierte Phase(n)
Nr. 1	Wasser- und säurelöslich, extrahierbar
Nr. 2	Reduzierbar, Fe- u. Mn-Oxide
Nr. 3	Organisch + Sulfide

tion wurden auch mit Elektro-Ultrafiltrationsverfahren [300] und mit der Methode progressiver Ansäuerung [301] zur Beurteilung von Mobilität und Aufnahme von Schwermetallen verglichen.

Als letzte und genauere Definition der Speziationsanalyse sei die Bestimmung der tatsächlich vorliegenden chemischen Spezies und der Oxidationsstufen eines Elements erwähnt. Dabei kann es sich z.B. um die Isolation und Bestimmung des Methylquecksilbergehalts handeln oder um die Messung der Cr^{3+}-Menge in einem Boden oder Bodenextrakt. Eine Speziationsanalyse in engeren Sinn ist insbesondere bei Spurengehalten sehr schwierig, da die meisten Behandlungs- oder Extraktionsverfahren per se die vorliegenden Spezies verändern. Die direkten, nicht destruktiven Verfahren zur Bestimmung der Bindungsform eines Elements, d.h. seiner Speziation, durch z.B. ESR, IR, XRD, NMR und Mößbauer-Spektroskopie, reichen in ihrer Empfindlichkeit nur für die Hauptbestandteile eines Bodens. Nur in wenigen Fällen eignen sie sich auch für Schwermetalle. So wurden Mößbauer- [302] bzw. FTIR-Spektroskopie [303] z.B. bei der Bestimmung von Eisenkomplexen eingesetzt. Die Anwendbarkeit von ESR bei der Untersuchung von Fulvosäure-Metall-Komplexen wurde in [304] mit Fluoreszenzverfahren verglichen. Die meisten Untersuchungen beschränken sich aus den genannten Gründen auf Bodenlösungen oder -porenwässer. Haswell et al. [305] untersuchten Bodenporenwässer auf ihren Gehalt an Arsenat, Arsenit und Monomethyl-

---

[2] Anstelle von HNO$_3$ sollte hier HCl zum Ansäuern genommen werden. (Anm. d. Übers.)

arsonäure mit Hilfe von Anionenaustausch-HPLC in Verbindung mit einem Durchfluß-HGAAS-System. Tills u. Alloway [306] führten Untersuchungen zur Speziation der Metalle Cadmium und Blei in Bodenlösungen aus verunreinigten Böden durch.

4.14   Neuere Anwendungen der Atomspektrometrie

Das ICP-AES-Verfahren bei geologischen Proben wurde kürzlich in einem Übersichtsbeitrag behandelt [306] und auch mit der AAS bei Pflanzen- und Bodenanalysen verglichen [307].

Flüssig-Flüssig-Extraktionsverfahren für ICP- und AAS-Methoden wurden für Molybdän [308], Molybdän und Zinn [309], Arsen [310] sowie für Silber, Bismut, Kupfer, Cadmium, Indium und Antimon [311] beschrieben.

Die Hydridverfahren wurden intensiv weiterentwickelt. Hier wurden automatisierte Verfahren für Selen [312, 313], Arsen [313, 314] und Antimon [314] sowie Fließinjektionsverfahren für Arsen und Selen unter Einsatz von DC-Plasmen [315] vorgestellt. Die Bestimmung von Zinn in Schlämmen [316] und von Bismut [317] sowie der Einsatz eines Schlitzrohr-Flammenatomisators [318] wurden beschrieben. Darstellungsverfahren für Hydride wurden gegenübergestellt [319] und Wege zur Verringerung von Störungen für Arsen und Antimon [313, 320] vorgestellt.

Speziationsuntersuchungen wurden für Arsen [321, 322] und Antimon [323] durchgeführt, und Bleialkyle wurden in Böden und Oberflächenabflüssen bestimmt [324].

Atomfluoreszenz (AFS) wurde auf diesem Gebiet nur selten eingesetzt, meist in der nichtdispersiven Variante [325] zur Bestimmung von Quecksilber [326, 327]. AFS wurde außerdem für Bismut verwendet [328], und Atomfluoreszenz-Laserspektrometrie wurde kürzlich für Böden eingesetzt [329].

Neuere Anwendungen der RFA umfassen die wellenlängendispersive Messung von Arsen [330] in geologischen Materialien und die energiedispersive RFA von Chrom und Vanadium [331]. Einen Vergleich mit der ICP-AES bei Bodenanalysen liefert [332].

4.15   Schlußbemerkungen

Um den Rahmen dieses Werks nicht zu sprengen, wurden eine Vielzahl weiterer Verfahren, die bei der Analyse von Böden eine Rolle gespielt haben und wohl auch noch weiter spielen werden, hier nicht berücksichtigt. Die Betonung lag in diesem Beitrag auf spektrochemischen Analysemethoden wie der AES und AAS, worin sich deren dominierende Rolle in jüngerer Zeit widerspiegelt. Die Vorherrschaft der AAS ändert sich allerdings zusehends, und wir werden in den nächsten Jahren aufgrund der Vorteile der ICP-AES bei der Mehrelementanalyse gewiß eine starke Popularisierung dieser Methode erleben. Die damit verwandte ICP-MS wird trotz ihrer breiten Elementabdeckung und hohen Empfindlichkeit wegen der hohen Kosten wahrscheinlich vor allem auf die Spurenelementanalyse in Böden beschränkt bleiben. Dennoch wird die ICP-MS der Bodenforschung Dank ihrer Eignung zur Isotopenanalyse und insbesondere ihrer Bedeutung bei Analysen mit Hilfe der Isotopenverdünnungsmethode auch weiterhin wichtige Erkenntnisse liefern. Entwicklungen in diesem Bereich sowie bei der RFA und den anderen atomspektrometrischen Analyseverfahren werden alljährlich in den „Atomic Spectrometry Updates" in dem von der „Royal Society of Chemistry" herausgegebenen „Journal of Analytical Atomic Spectrometry" kritisch betrachtet.

Literatur

[1] Skeggs LT (1957) Am J Clin Pathol 28: 311
[2] Ruzicka J, Hansen EH (1981) Flow Injection Analysis. Wiley, New York
[3] Smith KA, Scott A (1983) In: KA Smith (Hrsg) Soil Analysis. Marcel Dekker, New York, Kap 3
[4] Ure AM (1980) Anal Proc 17: 409
[5] Kubota J (1972) Ann New York Acad Sci 199: 104
[6] Scott RO, Mitchell RL, Purves D, Voss RC (1971) Spectrochemical Methods for the Analyses of Soils, Plants and Other Agricultural Materials, Consultative Committee for Development of Spectrochemical Work, Bulletin Nr 2. Macaulay Inst for Soil Research, Aberdeen, S 8
[7] Ure AM, Butler LRP, Scott RO, Jenkins R (1988) Pure Appl Chem 60: 1461
[8] Scott R0, Ure AM (1972) Anal Proc 9: 288
[9] Jackson ML (1958) Soil Chemical Analysis. Prentice-Hall, Englewood Cliffs/NJ, S 30
[10] Ingamells CO, Pitard FF (1986) In: Applied Geochemical Analysis. Wiley, New York, Kap 1 und S 593–606
[11] Zeif M, Mitchell JW (1976) Contamination Control in the Laboratory. Wiley, New York
[12] Shand CA, Aggett PJ, Ure AM (1983) In: Bratter P, Schramel P (Hrsg) Proceedings of Conference on Trace Element Analytical Chemistry in Medicine and Biology, München. deGruyter, Berlin, S 1025
[13] NBS Tech Bull, Ausg Mai (1972) 104
[14] Moody JR, Beary ES (1982) Talanta 29: 1003
[15] Mitchell JW (1982) Talanta 29: 993
[16] Tschopel B (1982) Pure and Appl Chem 54: 913
[17] Colinet E, Gonska H, Griepink B, Mantau H (1983) Commission of the European Communities, Brüssel. Report EHR8833EN
[18] Colinet E, Gonska H, Griepink B, Mantau H (1983) Commission of the European Communities, Brüssel. Report EHR8834EN
[19] Colinet E, Gonska H, Griepink B, Mantau H (1983) Commission of the European Communities, Brüssel. Report EHR8835EN
[20] Colinet E, Gonska H, Griepink B, Mantau H (1983) Commission of the European Communities, Brüssel. Report EHR8836EN
[21] Colinet E, Gonska H, Griepink B, Mantau H (1983) Commission of the European Communities, Brüssel. Report EHR8837EN
[22] Colinet E, Gonska H, Griepink B, Mantau H (1983) Commission of the European Communities, Brüssel. Report EHR8838EN
[23] Bowman WS, Faye GH, Sutarno S, McKeague JA, Kodama H (1979) Geostandards Newsletter 3(2): 109
[24] van Grieken R, van't Dack L, Costa Dantas C, da Silviera Dantas H (1979) Anal Chim Acta 108: 93
[25] Childs CW, Furkert RJ (1974) Geoderma 11: 67
[26] Norrish K, Hutton JT (1969) Geochim Cosmochim Acta 33: 431
[27] Hutton JT, Elliott SM (1980) Chem Geol 29: 1
[28] Hauka MT, Thomas IL (1977) X-ray Spectr 6: 204
[29] Thomas IL, Hauka MT (1978) Chem Geol 21: 39
[30] Wilkins C (1983) In: Smith KA (Hrsg) Soil Analysis, Marcel Dekker, New York, S 195

[31] Bain DC, Berrow ML, McHardy WJ, Paterson E, Russell JD, Sharp BL, Ure AM, West TS (1986) Anal Chim Acta 180: 163

[32] Wilkins C J (1979) Agric Sci 92: 61

[33] Fanning DS, Jackson ML (1967) Soil Sci 103: 253

[34] Bain DC (1976) J Soil Sci 27: 68

[35] Hubert AE, Chao TT (1977) Anal Chim Acta 92: 197

[36] Murad E (1978) J Soil Sci 29: 219

[37] Watts SH (1977) Geochim Cosmochim Acta 41: 1164

[38] Wakatsuki T, Furukama H, Kyama K (1977) Geochim Cosmochim Acta 41: 891

[39] Williams C, Rayner JH (1977) J Soil Sci 28: 180

[40] Drees LR, Wilding LP (1973) Soil Sci Amer Proc 37: 523

[41] Evans LJ, Adams WA (1975) J Soil Sci 26: 319

[42] Oertel AC (1961) J Soil Sci 12: 119

[43] Gilkes RJ, Scholz G, Dimmock CM (1973) J Soil Sci, 24: 523

[44] Childs CW (1975) Geoderma 13: 141

[45   Cowgill UM (1 966) Dev Appl Spectrosc, 5: 3

[46] Bradley I, Rudeforth CC Wilkins C (1978) J Soil Sci, 29: 258

[47] Ure AM, Berrow ML (1982) The Elemental Constituents of Soils. In: Bowen HJM (Hrsg) Environmental Chemistry, Bd 2. The Royal Society of Chemistry, London, S 94

[48] Jones AA (1991) X-ray Fluorescence Analysis. In: Smith KA (Hrsg) Soil analysis, 2. Ausg. Marcel Dekker, New York, S 287

[49] Mukhtar S, Haswell SJ, Ellis AT, Hawkes DT (1991) Analyst, 116: 333

[50] Prange A, Knoth J, Stoessel RP, Boeddeker H, Kramer K (1987) Anal Chim Acta 195: 275

[51] Klockenkaemper R, Knoth J, Prange A, Schwenke H (1992) Anal Chem 64: 1115A

[52] Reus U, Prange A (1993) Spectrosc Europe 5: 26

[53] Report ONRL/TM-1 1385, Best-Nr AD-A216871

[54] Bacon JR, Ellis AT, McMahon AW, Potts PJ, Williams JG (1993) J Anal Atom Spectrom 8: 26IR

[55] Salmon L, Cawse PA (1983) In: KA Smith (Hrsg) Soil Analysis. Marcel Dekker, New York, S 299

[56] Laul JC (1979) Atomic Energy Review 173: 611

[57] Khera AK, Steinnes E (1969) Agrochimica 13: 524

[58] Murmann RP, Winters RW, Martin TG (1971) Soil Sci Amer Proc 35: 647

[59] Buenafama HD (1973) J Radioanal Chem 18: 111

[60] Weaver JN, Hanson A, McGaughey J, Steinkruger FJ (1974) Water Air Soil Pollution 3: 327

[61] Van der Klugt N, Poelstra P, Zwemmer E (1977) J Radioanal Chem 35: 109

[62] Borchard GA, Harward ME (1971) Soil Sci Soc Amer Proc 35: 626

[63] Borchard GA, Harward ME, Schmitt RA (1971) Quatern Res 1: 247

[64] O'Toole JJ, Clark RG, Malaby KL, Trauger DL (1971) In: Vogt JR, Parkinson TF, Carter RL (Hrsg) Nuclear Methods in Environmental Research, University of Missouri, Columbia/MO, S 172

[65] Crecelius AE, Johnson CJ, Hofer CC (1974) Water Air Soil Pollution 3: 337

[66] Pattenden NJ (1974) AERE Harwell Report No R 7729. HMSO, London

[67] Bowen HJM (1966) Trace Elements in Biochemistry. Academic Press, New York

[68] Jervis RE, Paciga JJ, Chattopadhyay AA (1975) Trans Amer Nucl Soc 21: 95

[69] Gounchev H, Dimchev T (1973) Pochvozn Agrokhim 8: 77

[70] Farmer JG, Cross JD (1978) Water Air Soil Pollution 9: 193

[71] Oakes TW, Furr AK, Adair DJ, Parkinson TF (1977) J Radioanal Chem 37: 881

[72] Låg J, Steinnes E (1972) Isotopes and Radiation in Soil Plant Relationships Including Forestry. IAEA, Wien

[73] Benes J, Frana J, Mastalka A (1974) Collect Czech Chem Commun 39: 2783

[74] Cause PA (1977) In: Inorganic Pollution and Agriculture, Proc ADAS Conf, London. HMSO, London S 180

[75] Cause PA (1974) AERE Harwell Report No R7669. HMSO, London

[76] Stefanov G, Daieva L (1972) Isotopenpraxis 4: 146

[77] Hakonson TE, Whicker FW (1975) Health Phys 28: 699

[78] Mitchell RL (1964) Tech Commun No 44A, Commonwealth Bur Soils, Commonwealth Agric Bureaux, Farnham Royal, Bucks, Großbritannien
[79] Mitchell RL (1971) Soil Sci 83: 1
[80] Ivanov DN (1939) Pedology 34 (11) 4
[81] Rogers LH (1941) J Opt Soc Am 31: 260
[82] Oertel AC (1944) J Counc Scient Ind Res Aust 17: 225
[83] Pinta M (1955) Am Agron 2: 189
[84] Ahrens LH, Taylor SR (1961) Spectrochemical Analysis, 2. Ausg. Pergamon, London
[85] Specht AW, Myers AT, Oda U (1965) In: Black CA, Evans DD, White JL, Ensminger LE, Clark FE (Hrsg) Methods of Soil Analysis. Amer Soc Agronomy Inc Madison, S 822
[86] Scott RO, Burridge JC, Mitchell RL (1970) Proc XV Coll Spectros Internat, Madrid. 1: 56
[87] Scott RO, Mitchell RL, Purves D, Voss RC (1971) Bull Consult Comm Devel Spectogr Work. Macaulay Inst, Aberdeen, Bd 2
[88] Scott RO, Mitchell RL (1943) J Soc Chem Ind London 62: 4
[89] Mitchell RL, Scott RO (1957) Appl Spectrosc 11: 6
[90] Mitchell RL, Scott RO (1947) J Soc Chem Ind London 66: 330
[91] Mitchell RL (1971) In: Trace Elements in Soils and Crops. Min Agric Fish Food Tech Bull 21: 8
[92] Mitchell RL (1964) In: Bear FE (Hrsg) Chemistry of the Soil. Reinhold, New York, S 428
[93] Berrow ML, Webber J (1972) J Sci Fd Agric 2: 93
[94] Berrow ML, Stein WM (1983) Analyst 108: 277
[95] Stupar J, Ajlec R (1982) Analyst 107: 144
[96] Ebdon L, Sparks ST (1985) European Winter Conf on Plasma Spectrochemistry. Leysin, Schweiz
[97] HindsWW, Jackson KW (1988) J Anal Atom Spectrom 3: 997
[98] HindsWW, Jackson KW (1987) J Anal Atom Spectrom 2: 441
[99] HindsWW, Kutyal M, Jackson KW (1988) J Anal Atom Spectrom 3: 83
[100] Williams JG, Gray AL, Norman P, Ebdon L (1987) J Anal Atom Spectrom 2: 469
[101] Carrondo MJT, Perry R, Lester JN (1979) Sci Total Environ 12: 1
[102] Stoveland S, Astruc M, Perry R, Lester JN (1979) Sci Total Environ 13: 33
[103] Tölg G (1975) Pure and Appl Chem 44: 645
[104] Tatsumoto M (1969) Anal Chem 41: 2088
[105] Zilbershtein KI, Piryutko MM, Nikitina ON, Fedorov YF, Nenarokov AN (1963) Zavodsk Lab 29: 1266
[106] Mitchell JW, Nash DL (1974) Anal Chem 46: 327
[107] Woolley JF (1975) Analyst 100: 896
[108] Block R (1979) Decomposition Methods in Analytical Chemistry. Int Textbook, London, S 57
[109] Langmyhr FJ, Paus PE (1969) Anal Chem 43: 397
[110] Bernas B (1968) Anal Chem 40: 1682
[111] Pakalus P (1974) Anal Chim Acta 69: 211
[112] Kreshkov AP, Myshlyaeva LV, Sibirtseva AB (1969) Zh Analit Kim 24: 1194
[113] Lechier PJ, Roy WR, Leininger RK (1980) Soil Sci 130: 23 8
[114] Holak W, Kritiz B, Willaims JC (1972) J Assoc Offic Anal Chem 55: 741
[115] Holak W (1975) J Assoc Offic Anal Chem, 58: 777
[116] Borggard OK, Willems M (1982) J Assoc Offic Anal Chem 65: 762
[117] ASTM Spec (1990) Tech Publ 1062: 259
[118] Bettinelli M, Baroni U, Pastorelli N (1989) Anal Chim Acia, 225: 159
[119] Papp CSE, Fischer LB (1987) Analyst 112: 337
[120] Nakashima S, Sturgeon RE, Willie SN, Berman SS (1988) Analyst 113: 159
[121] Beary S (1988) Anal Chem 60: 742
[122] Ingamells CO (1964) Talanta 11: 665
[123] Ingamells CO (1966) Anal Chem 38:1228
[124] Suhr NH, Ingamells CO (1966) Anal Chem 38: 730
[125] Ure AM (1983) In: Smith KA (Hrsg) Soil Analysis. Marcel Dekker, New York, S 30
[126] Verbeek AA, Mitchell MC, Ure AM (1982) Anal Chim Acta 135: 215

[127] Brotzen O, Kvalheim A, Marmor V (1967) In: Geochemical Prospecting in Fennoscandia, Interscience, New York, S 89

[129] Hesse PR (1971) A Textbook of Soil Chemical Analysis. Murray, London

[129] Pahlavanpour B, Thompson M, Thorne L (1980) Analyst 105: 756

[130] Pahlavanpour B, Weatley M, Thompson M (1984) Int Conf on Environmental Pollution, London. CEP Consultants, Edinburgh, S 816

[131] McGrath SP, Cunliffe CH (1985) J Sci Fd Agric 87: 163

[132] Hawke DT, Lloyd A (1988) Analyst 113: 413

[133] Archer FC (1980) In: Inorganic Pollution and Agriculture, MAFF Reference Book 326. HMSO, London, S 184

[134] Scott K (1978) Analyst 103: 754

[135] Chao SC, Pickett EE (1980) Anal Chem 52: 335

[136] Raptis SE, Kaiser G, Tolg G (1983) Fres Z Anal Chem 316: 105

[137] Anonym (1987) Methods for the Determination of Metals in Soils, Sediments and Sewage Sludge and Plants by Hydrochloric-Citric Acid Digestion. HMSO, London

[138] Berrow ML, Ure AM (1981) Environ Technol Lett 2: 485

[139] Ure AM (1983) In: Smith KA (Hrsg) Soil Analysis. Marcel Dekker, New York, Kap 1

[140] Nakamura Y, Nagai H, Kubota D, Himeno S (1973) Bunseki Kagaku 22: 1543

[141] Van Loon JC (1985) Selected Methods of Trace Metal Analysis. Wiley, New York, S 30

[142] L'vov BV (1959) Ing Fiz Zhur 11: 44

[143] L'vov BV (1961) Spectrochim Acta 17: 761

[144] Massmann H (1967) Z Anal Chem 225: 203

[145] Massmann H (1968) Spectrochim Acta 23B: 215

[146] L'vov BV (1978) Spectrochim Acta 36B: 153

[147] Slavin W, Carnrick GR, Manning DC, Prusekowska E (1983) At Spectrosc 3: 69

[148] Shan X-Q, Ni Z-M (1982) Can J Spectrosc 27: 75

[149] Shan X-Q, Wang D-X (1985) Anal Chim Acta 173: 315

[150] Schlemmer G, Welz B (1986) Spectrochim Acta 41B: 1157

[151] Shan K-Q, Ni Z-M (1995) Anal Chim Acta 171: 269

[152] Knowles MB, Brodie KG (1988) J Anal Atom Spectrom 3: 511

[153] Jin F, Liu F (1986) Guangpuxue Yu Guangpu Fenxi 6: 45

[154] Bauslaugh J, Radziuk B, Saced K, Thomassen Y (1984) Anal Chim Acta 165: 149

[155] Lin F, Liu F (1986) Guangpuxue Yu Guangpu Fenxi 6: 45

[156] Littlejohn D (1987) Lab Practice 36: 121

[157] Koizumi H, Yasuda K (1 976) Spectrochim Acta 31B: 523

[158] Grassam E, Dawson JB, Ellis JD (1977) Analyst 102: 904

[159] Sotera J, Kahn HL (1982) Am Lab 14: 100

[160] Van der Lee JJ, Temminghoff E, Houba VG, Novozamsky I (1987) Appl Spectrosc 41: 388

[161] Poole S (1988) Commun Soil Sci Plant Anal 19: 1681

[162] Eisheimer HN, Fries TL (1990) Anal Chim Acta, 239: 145

[163] Brooks RR, Lee B-S (1988) Anal Chim Acta 204: 333

[164] Hinds MW, Jackson KW (1988) J Anal Atom Spectrom 3: 997

[165] Hinds MW, Latimer KE, Jackson KW (1991) J Anal Atom Spectrom 6: 473

[166] Akatsuka K, Atsuya I (1987) Anal Chim Acta 202: 223

[167] Dubois JP (1991) J Trace Microprobe Tech 9: 149

[168] Ma Y, Bai J, Wang J, Li Z, Zhu L, Li Zheng H, Li B (1992) J Anal AtomSpectrom 7: 425

[169] Littlejohn D, Egila JN, Gosland SM, Kunwar UK, Smith C, Shan X-Q (1991) Anal Chim Acta, 250: 71

[170] Ure AM, Thomas R, Littlejohn D (1993) Internat J Environ Anal Chem 51: 65

[171] Lundegardh H (1929) Die Quantitative Spektralanalyse der Elemente, Bd A. Fischer, Jena

[172] Dean JA, Rains TC (1975) Flame Emission and Atomic Absorption Spectrometry, Bd 3. Marcel Dekker, New York

[173] Walsh A (1955) Spectrochim Acta 7: 108

[174] John MK (1 972) J Environ Qual 1: 295

[175] Greenfield S, Jones IL, Berry CT (1964) Analyst 89: 713

[176] Greenfield S, McGeachin H (1980) Chem Brit 16: 653

[177] Scott RH, Fassel VA, Kniseley RN, Nixon DE (1974) Anal Chem 46: 76

[178] Boumans PWJM, de Boer FJ (1972) Spectrochim Acta 27B: 391

[179] Boumans PWJM, de Boer FJ (1975) Spectrochim Acta 30B: 309

[180] Anderson TA, Bums DW, Parsons ML (1984) Spectrochim Acta 39B: 559

[181] Sharp BL (1989) In: Smith KA (Hrsg) Soil Analysis, 2. Ausg. Marcel Dekker, New York

[182] Babington RS, US Patents 3421 692; 3421 699; 3425 058; 3425 059; 3504 859

[183] Sharp BL (1988) J Anal Atom Spectrom 3: 652 und 939

[184] Liversage R, Van Loon JC, Andrade JC (1984) Anal Chim Acta 161: 275

[185] Wang X, Barnes RM (1986) Spectrochim Acta 41: 967

[186] Welz B, Schubert-Jacobs M (1986) J Anal Atom Spectrom 1: 23

[187] Agterdenbos J, van Noort JPM, Peters FF, Box D (1986) Spectrochim Acta 41B: 283

[188] Ramsey MH, Thompson M (1986) J Anal Atom Spectrom 1: 185

[189] Myers SA, Tracy DH (1983) Spectrochim Acta 39B: 1227

[190] Ramsey MH, Thompson M (1985) Analyst 110: 519

[191] Ramsey MH, Thompson M (1987) J Anal Atom Spectrom 2: 497

[192] Zhang P, Littlejohn D, Neal P (1993) Spectrochim Acta 48B: 1517

[193] Mohammad B, Ure AM, Littlejohn D (1993) J Anal Atom Spectrom 8: 325

[194] Alexandrova A, Arpadjan S (1993) Analyst 118: 1309

[195] Brockaert (1990) Metal Speciation in the Environment, NATO ASI Ser G 23: 213

[196] Zarcinas BA, Cartwright B (1987) Analyst 112: 1107

[197] Jeffrey AJ, McCallum LE (1988) Commun Soil Sci Plant Anal 19: 663

[198] Somasiri LLW, Birnie A, Edwards AC (1991) Analyst, 116: 601

[199] Boon DY, Soltanpour PN (1991) Commun Soil Sci Plant Anal 22: 369

[200] Ebdon L, Collier AR (1988) J Anal Atom Spectrom 3: 557

[201] Hawke DJ, Lloyd A (1988) Analyst, 113: 413

[202] Sturgeon RE, Willie SN, Luong Van T, Berman SS (1990) J Anal Atom Spectrom 5: 635

[203] Hwang JD, Huxiey HP, Diomiguardi JP, Vaughn WJ (1990) Appl Spectrosc 44: 491

[204] Morita S, Kim CK, Takatu Y, Seki R, Ikeda N (1991) Applied Rad Isot 42: 531

[205] Kim CK, Otsuji M, Takatu Y, Kawamura H, Shiraishi K, Igarashi Y, Igarashi S, Ikeda N (1989) Radioisotopes 38: 151

[206] Holak W (1969) Anal Chem 41: 1712

[207] Lakanen E, Ervio R (1971) Acta Agr Fenn 123: 223

[208] Braman RS, Justin LL, Foreback CC (1972) Anal Chem 44: 2195

[209] Schmidt FJ, Royer JL (1973) Anal Letts 6: 17

[210] Pollock EN, West SJ (1973) At Absorpt Newslett 12: 6

[211] Femandez FJ (1973) At Absorpt Newslett 12: 93

[212] Thompson KC, Thomerson DR (1974) Analyst, 99: 595

[213] Thompson M, Pahlavanpour B, Walton SJ (1978) Analyst 103: 568

[214] Kahn HL, Schallis JE (1968) At Absorpt Newslett 7: 5

[215] Fiorino JA, Jones TW, Capar SG (1976) Anal Chem 48: 120

[216] May I, Greenland PL (1977) Anal Chem 49: 2376

[217] Chu RC, Barman PG, Baumgarner PAW (1972) Anal Chem 44: 1476

[218] Van Cleuvenbergen JAR, Van Mol WE, Adams FC (1988) J Anal Atom Spectrom 3: 169

[219] Collett DL, Fleming DE, Taylor GA (1978) Analyst 103: 1074

[220] Anderson RK, Thompson M, Culbard E (1986) Analyst 111: 1143

[221] Siemer DD, Hagemann L (1975) Anal Lett 8: 323

[222] Siemer DD, Koteel P, Jarawala V (1976) Anal Chem 48: 836

[223] Siemer DD, Vitek RK, Koteel P, Houser WL (1977) Anal Lett 10: 357

[224] Dedina J, Rubeska I (1980) Spectrochim Acta 35B: 119

[225] Goulden PD, Brooksbank PA (1974) Anal Chem 46: 1431

[226] Knudson EJ, Christian GD (1973) Anal Lett 6: 1039

[227] McDaniel M, Shendrikar AD, Reiszner KD, West PW (1976) Anal Chem 14: 2240

[228] Sturgeon RE, Willie SN, Berman SS (1985) J Anal Atom Spectrom 57: 2311

[229] Willie SN, Sturgeon RE, Berman SS (1986) Anal Chem 58: 1140

[230] Sturgeon RE, Willie SN, Berman SS (1986) J Anal Atom Spectrom 1: 115

[231] Mohammad B (1989) The Development of a Continuous Flow Hydride Generation Atomic Absorption Spectrochemical Method for Determination of Antimony in Environmental Materials. MSc thesis, Strathclyde University, Glasgow

[232] Van der Veen NG, Keukens HJ, Vos G (1985) Anal Chim Acta 171: 285

[233] Lau C, Held A, Stephens R (1976) Can J Spectrosc 21: 100

[234] Khaligie J, Ure AM, West TS (1979) Anal Chim Acta 107: 191

[235] Lau CM, Ure AM, West TS (1982) Anal Chim Acta 141: 213

[236] Hallam C, Thompson KC (1985) Analyst 110: 497

[237] Lau CM, Ure AM, West TS (1983) Anal Chim Acta 146: 171

[238] Fraser SM, Ure AM, Mitchell MC, West TS (1986) J Anal Atom Spectrom 1: 19

[239] Zolotov YuA (1978) Pure and Appl Chem 50: 129

[240] Morrison GH, Frelser H (1957) Solvent Extraction in Analytical Chemistry. Wiley, New York

[241] Cresser MS (1978) Solvent Extraction in Flame Spectroscopic Analysis. Butterworths, London

[242] Malissa H, Schoffman E (1955) Microchim Acta 1: 187

[243] Lakanen E (1966) At Absorpt Newslett 5: 17

[244] Kirkbright GF, Sargent M (1974) Atomic Absorption and Fluorescence Spectrometry, Academic Press, London, S 491

[245] Ebervia B, Macalalad E, Rogue N, Rubeska I (1988) J Anal Atom Spectrom 3: 199

[246] De AK, Khopkar SM, Chalmers RA (1970) Solvent Extration of Metals. Van Nostrand-Reinhold, London, S 128

[247] Ure AM, Mitchell MC (1976) Anal Chim Acta 87: 283

[248] Ure AM, Hernandez MP (1977) Anal Chim Acta 94: 195

[249] Hatch WR, Ott WL (1968) Anal Chem 40: 2085

[250] Iskandar IK, Syers JK, Jacobs LW, Keeney DR, Gilmour JT (1972) Analyst 97: 388

[251] Ure AM, Shand CA (1974) Anal Chim Acta 72: 63

[252] Hoover WL, Melton JR, Howard PA (1971) J Assoc Offic Anal Chem 54: 860

[253] Ure AM (1975) Anal Chim Acta 76: 1

[254] Chilov S (1975) Talanta 22: 205

[255] Mitchell RL (1972) Geol Soc Am Bull 83: 1069

[256] Cox FR, Kamprath EJ (1972) In: Morvedt JJ, Giordano PM, Lindsay WL (Hrsg) Micronutrients in Agriculture. Soil Sci Soc Amer, Madison/WI, S 289

[257] Chapman HD (Hrsg) (1966) Diagnostic Criteria for Plants and Soils. University of California Press, Los Angeles/CA

[258] Dolar SG, Keeney DR (1971) J Sci Fd Agric 22: 273 und 279

[259] Borggard OK (1976) Acta Agric Scand 26: 144

[260] Lindsay WL, Norvell WA (1978) Soil Sci Soc Amer J 41: 42 1

[261] Ministry of Agriculture, Fisheries and Food (1973) The Analysis of Agricultural Materials, Tech Bull 27. HMSO, London

[262] Sillanpaa M (1982) Micronutrients and the Nutrient Status of Soils, FAO Soil Bulletin 48. FAO, Rom

[263] Leschber R, Davis RD, L'Hermite P (Hrsg) (1985) Chemical Methods for Assessing Bioavailable Metals in Sludges and Soils. Elsevier, Amsterdam

[264] Sauerbeck DR, Styperek P (1985) In: Leschber R, Davis RD, L'Hermite P (Hrsg) Chemical Methods for Assessing Bioavailable Metals in Sludges and Soils. Elsevier, Amsterdam, S 49

[265] Häni H, Gupta S (1982) In: Davis RD, Hucker G, L'Hermite P (Hrsg) Environmental Effects of Organic and Inorganic Contaminants in Sewage Sludge. Reidel, Dordrecht, S 121

[266] Davis RD (1979) J Sci Fd Agric 30: 937

[267] Ellis RH, Alloway BJ (1983) Proc Int Conf on Heavy Metals in the Environment, Heidelberg. CEP Consultants, Edinburgh, S 358

[268] Christensen TH, Tjell JC (1984) Proc Int Symp Processing and Use of Sewage Sludge 1983. Brighton, S 358
[269] Sanders JR, McGrath SP, Adams TMcM (1986) J Sci Fd Agric 37: 961
[270] Adams TMcM, Sanders JR (1984) Int Conf on Environmental Contamination, London. CEP Consultants, Edinburgh, S 400
[271] Sanders TR (1983) J Soil Sci 34: 315
[272] Linehan DJ, Sinclair AH, Mitchell MC (1985) Plant and Soil 86: 147
[273] Viets FG (1962) J Agric Fd Chem 10: 174
[274] Jones KC, Peterson PJ, Davies BE (1984) Geoderma 33: 157
[275] Tiller KG, Honeysett JL, DeVries MPG (1972) Soil Sci 10: 165
[276] Pickering WF (1 986) Ore Geology Reviews 1: 100
[277] Chao TT (1972) Soil Sci Soc Amer Proc 36: 764
[278] Salomans W, Förstner U (1980) Environ Lett 1: 506
[279] Heath GR, Dymond J (1977) Geol Soc Am Bull 88: 723
[280] McKeague JA (1967) Can J Soil Sci 5: 167
[281] De Groot AJ, Zschuppel KH, Salomans W (1982) Hydrobiologia 92: 689
[282] Kersten M, Förstner U (1986) Water Sci Technol 18: 121
[283] Meguellati M, Robbe D, Marchandise P, Astruc M (1983) Proc Int Conf, Heavy Metals in the Environment, Heidelberg. CEP Consultants, Edinburgh, S 1090
[284] Lum KR, Edgar DC (1983) Analyst 108: 918
[285] Tessier A, Campbell PGC, Bisson M (1979) Anal Chem 51: 844
[286] Fischer WL, Fechter H (1982) Z Pfanzenernähr Bodenk 145: 151
[287] Shuman LM (1982) J Soil Sci Amer 46: 1099
[288] Miller WP, McFee WW, Kelly JM (1983) J Environ Qual 12: 579
[289] Shuman LM (1985) Soil Sci 140: 11
[290] McLaren RG, Crawford DV (1973) J Soil Sci 24: 172
[291] Shuman LM (1979) Soil Sci 127: 10
[292] Sposito G, Lund LJ, Chang AC (1982) J Soil Sci Soc Amer 46: 260
[293] Stoner RG, Sommers LE, Silviera DJ (1976) J Water Pollution Control Fed 48: 2165
[294] Gatehouse S, Russell W, Van Moort JC (1977) J Geochem Explor 8: 483
[295] Soon YK, Bates TE, Moyer JR (1980) J Environ Qual 9: 497
[296] Petrozelli G Giudi G, Lubrano L (1983) Proc Int Conf Heavy Metals in the Environment, Heidelberg. CEP Consultants, Edinburgh, S 475
[297] Lakanen E, Ervio R (1971) Acta Agr Fenn 123: 233
[298] Ure AM, Quevauviller P, Muntau H, Griepink B (1993) Internat J Environ Anal Chem S51: 135
[299] Eadem Report EUR 14763 EN (1993) Commission of the European Communities, Community Bureau of Reference, Brüssel, S 85
[300] Murthy ASP, Schoen HG (1987) Plant and Soil 102: 207
[301] Rudd T, Lake L, Mehotra I, Sterritt RM, Campbell JA, Lester JN (1988) Sci Total Environ 74: 149
[302] Kodama H, Schnitzer M, Murad E (1988) Soil Sci Soc Amer J 52: 994
[303] Hareland WA, Grant SE, Ward SP, Anderson DR (1987) Appl Spectros, 41: 1428
[304] Senesi N (1990) Anal Chim Acta 232: 51 und 77
[305] Haswell SJ, O'Neill P, Bancroft KCC (1985) Talanta 32: 69
[306] Tills AR, Alloway BJ (1983) Int Conf Heavy Metals in the Environment, Heidelberg, Bd 2. CEP Consultants, Edinburgh, S 1211
[307] Walsh J, Howie RA (1986) Appl Geochem 1: 161
[308] Thompson M, Zao L (1985) Analyst 110: 229
[309] Welsch EP (1985) Talanta 32: 996
[310] Huang YQ, Wai CM (1986) Commun Soil Sci Plant Anal 17: 125
[311] Donaldson EM (1986) Talanta 33: 233
[312] Chan CY (1985) Anal Chem 57: 1482
[313] Terashima S (1986) Geostandard Newslett 10: 127
[314] Terashima S (1984) Bunseki Kagaku 33: 561

[315] Ek P, Hulden SG (1987) Talanta 34: 495
[316] Legret M, Divet L (1986) Anal Chim Acta 189: 313
[317] Crock JG (1986) Anal Lett 19: 1367
[318] Yang M, Guo X (1986) Guangpuxui Yu Guangpu Fenxi 6: 53
[319] Van der Veen NG, Keubens HJ, Vos G (1985) Anal Chim Acta 171: 285
[320] Hon PK, Lau OW, Tsui SK (1986) J Anal Atom Spectrom 1: 125
[321] Sarx B, Baechmann K (1986) Atom Spektrom Spurenanal 2: 619
[322] Pohl B, Baechmann K (1986) Fres Z Anal Chem 323: 859
[323] Cutter GA (1985) Anal Chem 57: 2951
[324] Blais JS, Marshall WD (1986) J Environ Qual 15: 255
[325] Larkins PL (1985) Anal Chim Acta 173: 77
[326] Yang Z, Mao Z (1986) Fenxi Huaxue 14: 457
[327] Zhang J, Zhang Q (1986) Yankuang Ceshi 5: 37
[328] Yang M, Guo X (1986) Fenxi Huaxue 14: 333
[329] Bol'shov MA, Zybin AV, Kolomiiskii YuR, Koloshnikov VG, Loginov Yu M, Smirenkiva II (1986) Zh Anal Khim 41: 402
[330] Hemens CM, Elson CM (1986) Anal Chim Acta 188: 311
[331] Ports PJ, Webb PC, Watson JS, Wright DW (1987) J Anal Atom Spectrom 2: 67
[332] Coetzee PP, Hoffmann P, Speer R, Lieser KH (1986) Fres Z Anal Chem 363: 254
[333] Bansal RL, Takiar PN, Sanota NS, Mann MS (1980) Field Crops Research 3: 43–51
[334] Mahler RJ, Bingham FT, Sposito G, Page AL (1980) J Environ Qual 9: 359–364
[335] Mitchell GA, Bingham FT, Page AL (1974) J Environ Qual 7: 165
[336] Davis RD (1979) J Sci Fd Agric 30: 937–947
[337] Clayton PM, Tiller KG (1971) CSIRO Div of Soils Tech Papers 41: 1–17
[338] Haq AU, Miller MH (1972) Agron J 64: 779
[339] Williams C, Thomton I (1973) Plant and Soil 39: 149–159
[340] Soltanpour PN, Schwab AP (1977) Commun Soil Sci Plant Anal 8: 195
[341] Lindsay WL, Norvell WA (1978) Water Pollution Control 82: 421–428
[342] Latterell JJ, Dowdy RH, Larson WE (1978) J Environ Qual 7: 435–440
[343] Street JJ, Lindsay WL, Sabey BR (1977) J Environ Qual 6: 72–77
[344] Sillanpaa M (1982) Micronutrients and the Nutrient Status of Soils, FAO Soil Bulletin 48. FAO, Rom
[345] Ellis RJ, Alloway BJ (1983) Proc Int Conf on Heavy Metals in the Environment, Heidelberg, CEP Consultants, Edinburgh, S 358
[346] Mitchell RL, Reith JWS, Johnston IM (1957) J Sci Fd Agric 8: 51–59
[347] Haq AU, Bares TE, Soon K (1980) J Soil Sci Soc Amer 44: 772–777
[348] Burridge JC, Berrow ML (1984) Proc Int Conf on Environmental Contamination, London, CEP Consultants, Edinburgh, S 215
[349] Misra SG, Pande P (1974) Plant and Soil 41: 697–700
[350] Fleming GA, Murphy WE (1985) An Investigation of a Nitrogenous Waste Water as a Source of Nitrogen for Grassland, Internal Report. Johnstown Castle Research Centre, Wexford, Irland
[351] Sedberry JE, Miller BJ, Said MB (1979) Commun Soil Plant Anual 10: 689–701
[352] Berrow ML, Burridge JC, Reith JWS (1983) J Sci Fd Agric 34: 53–54
[353] Pierzynski GM, Crouch SR, Jacobs LW (1986) Commun Soil Sci Plant Anal 17: 419
[354] Macaulay Institute (1981/1982) Annual Report Nr 52, S 58

Teil II – Einzelne Elemente

5 Arsen

P. O'NEILL

5.1 Einleitung

Arsen ist berüchtigt für die Giftigkeit einiger seiner Verbindungen. In der Toxizität der einzelnen Verbindungen bestehen aber große Unterschiede, und die in Böden am häufigsten auftretenden Spezies gehören zum Glück nicht zu den giftigsten. Die Arsenaufnahme vieler terrestrischer Pflanzen ist eher gering, weshalb Pflanzen selbst auf relativ arsenreichen Böden üblicherweise keine gefährlichen Gehalte dieses Elements aufweisen.

Arsenverbindungen werden von Menschen schon seit Jahrtausenden verwendet. Kipling [1] betrachtet in einer allgemein gehaltenen Darstellung die Geschichte des Arsengebrauchs bzw. -mißbrauchs. In den Zusammenstellungen [2–4] sind mehr Details zu den gesundheitlichen Auswirkungen und Stoffwechselveränderungen bei Tieren, Pflanzen und Menschen zu finden als in diesem kurzen Kapitel vorgestellt werden können.

Die wichtigsten heutigen Anwendungen von Arsenverbindungen betreffen Pestizide, Holzschutzmittel und Wachstumsförderung bei Geflügel und Schweinen.

Eine Betrachtung des weltweiten Arsenkreislaufs [5] ergab, daß aus natürlichen Quellen jährlich 45000 t Arsen in die Atmosphäre eingetragen werden, durch den Menschen hingegen 28000 t. In Böden hängen die natürlichen Gehalte vom Ausgangsgestein ab, wobei die normale Spannweite 1–40 g As/kg beträgt und die meisten Böden in der unteren Hälfte dieses Bereichs liegen [6–9]. Erhöht werden die Gehalte durch Mineralisierung, industriell verursachte Verunreinigung (besonders durch Kupferhütten) und durch den Einsatz arsenhaltiger Pestizide.

Arsen unterscheidet sich von vielen gewöhnlichen Schwermetallen dadurch, daß die meisten organischen Arsenverbindungen weniger toxisch sind als die anorganischen. Obwohl Arsen viele chemische Ähnlichkeiten mit Phosphor aufweist, ist seine Bodenchemie wesentlich komplexer, da es unter normalen Bodenbedingungen in mehr als einer Oxidationsstufe auftritt und leichter als Phosphor chemische Bindungen mit Schwefel und Kohlenstoff eingehen kann.

5.2 Geochemische Verbreitung

Über 2000 verschiedene arsenhaltige Mineralien wurden bisher identifiziert, bei denen es sich zu etwa 60% um Arsenate handelt und zu 20% um Sulfide und Sulfidsalze, während die restlichen 20% Arsenide, Arsenite, Oxide und elementares Arsen umfassen [6]. Das häufigste Arsenmineral ist der Arsenkies oder Arsenopyrit (FeAsS). Arsen tritt in vielen Erzlagerstätten auf, insbesondere in sulfidisch mineralisierten [7]. Die Konzentration von Arsen als Begleitbestandteil schwankt zwischen einigen ppm und mehreren Prozent.

Die Arsengehalte von Gesteinen unterscheiden sich verhältnismäßig wenig, sofern sie nicht durch Begleitmineralbildung erhöht werden. In Erstarrungs- und Sedimentgesteinen liegen die häufigsten Durchschnittswerte in der Größenordnung von 2 mg/kg, wohingegen feinerkörnige tonige Gesteine und Phosphorite durchschnittlich 10–15 mg/kg Arsen enthalten. Eine detaillierte Untersuchung der Peterborough-Einheit der Oxford-Tonformation, eines lehmigen Gesteins, das reich an organischem Material ist und 5–11 mg As/kg enthält, ergab, daß Arsen in Zonen angereichert ist, in denen während der Perkolation von Meerwasser durch das Sediment Sulfat zu Sulfid reduziert wurde. Erhöhte Arsengehalte sind häufig in Gesellschaft von Sulfidmineralien wie Pyrit zu finden. Die Arsengehalte metamorpher Gesteine entsprechen denen des magmatischen oder sedimentären Ausgangsgesteins.

Arsen dient oft als „Pfadfinder"- oder Indikatorelement bei der geochemischen Prospektion von Erzlagerstätten. Es ist zu diesem Zweck besonders gut geeignet, da es in einer Vielzahl verschiedener Lagerstätten auftritt, der allgemeine Hintergrundwert für Arsen in Gesteinen niedrig ist und weil es häufig stärker flüchtige und besser lösliche Phasen bildet als die Hauptminerale, die es begleitet, weshalb der Arsensaum um eine Lagerstätte häufig verhältnismäßig breit ist. Im übrigen stehen eine Reihe empfindlicher Nachweisverfahren zur Verfügung. Das Element eignet sich besonders als Indikator für Gold- und Silberlagerstätten, tritt jedoch auch in Lagerstätten von Bi, Cd, Co, Cu, Fe, Hg, Mo, Ni, Pb, Pt-Metallen, Sb, Se, Sn, U, W und Zn auf.

Während schlichte Arsenmineralien wie Arsenopyrit, Auripigment (As_2S_3), Realgar (As_4S_4) und Enargit (Cu_3AsS_4) früher in eigenständigen Vorkommen als Arsenerze abgebaut wurden, gewinnt man den Großteil des Arsens heute als Nebenprodukt der Verhüttung von Kupfer-, Blei-, Gold- und Silbererzen.

5.3   Herkunft von Arsen in Böden

5.3.1   Bodenausgangsmaterialien

Bei Arsenkonzentrationen von 1(*GK*)–15 mg/kg besteht zwischen den verschiedenen Arten von Erstarrungsgesteinen wenig Unterschied. Tonige Sedimentgesteine (Letten, Schiefer) weisen mit 1(*GK*)–900 mg/kg deutlich höhere Gehalte auf als Sand- und Kalkstein mit 1(*GK*)–20 mg/kg. In Phosphatgesteinen liegen die Werte bei 1(*GK*)–200 mg/kg.

Schwefel stellt einen bevorzugten Bindungspartner von Arsen dar, was zur Folge hat, daß dieses Element häufig in sulfidischen Erzvorkommen zu finden ist. Dort kann es in Form eigenständiger Arsenmineralien oder als Spuren- bzw. Nebenbestandteil anderer Sulfidmineralien auftreten. Die Affinität zwischen Arsen und Schwefel erklärt im übrigen die erhöhten Arsengehalte in den Böden vieler erzführender Regionen.

Für 2691 nicht verunreinigte Böden ergab sich ein durchschnittlicher Arsengehalt von 10 mg/kg [8]. In 127 polnischen Böden [11] betrug das geometrische Mittel (*gM*) 2,63 mg/kg Arsen mit einer Streuung von 0,5–15 mg/kg, wobei sandige Böden mit 1,99 mg/kg (*gM*) einen geringeren Gehalt aufwiesen als schluffige Böden mit 4,62 mg/kg (*gM*). Ein ähnlich niedriger Wert (1,1 mg/kg (*gM*)) wurde in deutschen sandigen Böden [12] festgestellt. Hintergrundwerte in den USA (*gM*: 5,2 mg/kg) [13] unterscheiden sich kaum von denen in Alaska (*gM*: 6,7 mg/kg) [14]. Bei 2982 Böden aus Festlandchina inkl. Tibet lag der geometrische Mittelwert der Arsengehalte mit 9,2 mg/kg höher, wobei Lithosole (Terra rossa und purpurfarbene Tonböden) und Böden aus kalten Hochflächen (felische Inceptisole) mit 16–17 mg/kg (*gM*) die höchsten Werte aufwiesen und Alfisole die niedrigsten (*gM*: 4,95 mg/kg) [15]. Im Vergleich hierzu enthielten ein vererzter Landstrich und seine Umgebung in Südwestengland in den obersten 0–5 cm des Bodens mittlere Konzentrationen von 424 mg/kg, während anscheinend nicht vererzte Gebiete in der gleichen Gegend 29–51 mg As/kg aufwiesen [16].

5.3.2   Landwirtschaftliche Materialien

Arsenverbindungen wurden mehr als hundert Jahre lang weitverbreitet als Pestizide eingesetzt, jedoch ist diese Verwendung mittlerweile rückläufig und hat sich zwischen 1970–1980 etwa halbiert. Durch ihre phytotoxische Wirkung haben sich Arsenverbindungen als attraktive Herbizide sowie als Trocknungsmittel zur Erleichterung der Baumwollernte nach dem Blattabwurf erwiesen. Mittlerweile ist jedoch Besorgnis über die Akkumulation von Arsenrückständen in Böden und Gewässersedimenten aufgekommen, die nach dem Einsatz großer Mengen anorganischer Arsenverbindungen eingetreten ist. Daher wurden herbizide Arsenverbindungen wie Bleiarsenat, das allenthalben zur Bekämpfung von Schadinsekten in Obstplantagen eingesetzt wurde, und Natriumarsenit, das in großem Umfang als Herbizid zur Beseitigung unerwünschter Wasserpflanzen und zur Entblätterung von Saatkartoffeln diente, durch andere Stoffe ersetzt.

Neuere Schätzungen des weltweiten jährlichen Arseneinsatzes gehen von 8000 t für Herbizide, 12000 t für Baumwolltrocknung und 16000 t für Holzschutzmittel aus [5]. Die Ausbringungsrate liegt bei Pestiziden im allgemeinen bei 2–4 kg As/ha, sie können jedoch beim Einsatz von Dimethylarsinsäure auch bis zu dreimal höher sein [2]. Außerdem dienen organische Arsenverbindungen in geringen Konzentrationen als Tierfutterzusatz (10–50 mg As/kg Futter), zur Wachstumsförderung von Hühnern, Truthähnen und Schweinen. Diese Verbindungen werden von den Tieren rasch wieder ausgeschieden, wobei häufig kaum eine chemische Veränderung zu verzeichnen ist.

Böden werden im allgemeinen weniger stark als aquatische Sedimente von Arsenanreicherung betroffen, es sei denn, daß Bleiarsenat eingesetzt wurde, was zu Rückstandswerten in Böden von 100–200 mg As/kg mit Spitzenkonzentrationen von mehr als 2500 mg As/kg geführt hat [17]. Das Fehlen einer langfristigen Anreicherung von Arsen in Böden wird auf die Bildung flüchtiger Arsenverbindungen durch Mikroorganismen und auf Auswaschung zurückgeführt. In aquatischen Sedimenten scheint die Mobilität von Arsen durch reichliche Mengen Eisenoxidhydrate und/oder Sulfid eingeschränkt zu werden [18].

Phosphatdünger stellen eine mögliche Arsenquelle dar. Die Arsengehalte im Dünger hängen von der Herkunft des zu seiner Herstellung eingesetzten Phosphats ab. Schätzungen aus Großbritannien gehen von einer Grundbelastung von 7,7 mg As/kg Phosphaterz aus [19]. Mit einer gewichteten mittleren Ausbringungsrate von 54,5 kg P_2O_5/ha ergibt sich daraus ein jährlicher Arseneintrag in britische Ackerböden von etwa 0,12 mg/m^2. Dies entspricht einer Erhöhung der Arsengehalte um weniger als 0,005 % bei einer angenommenen Pflugtiefe von 20 cm.

Die Arsengehalte in Stickstoff- und Kaliumdüngern sind belangslos. Das gleiche gilt für Kalksteinmehl, welches zur Kalkung von Böden dient. Die Arsenkonzentrationen von Mist und Gülle hängen von den Arsenmengen ab, die das Vieh mit der Nahrung aufnimmt. Im allgemeinen sind die Arsengehalte von Futtermitteln niedrig, außer wenn entsprechende Verbindungen zur Wachstumsförderung zugesetzt werden. In solchen Fällen kann die Arsenkonzentration auf 30–40 mg As/kg i.T. in Mist und Gülle steigen, wobei aber die Arsengehalte in den Pflanzen, die auf damit gedüngten Böden wachsen, nicht merklich erhöht sind und das zugeführte Arsen schnell entfernt wird [17].

5.3.3   Atmosphärische Deposition

Die relativ hohe Flüchtigkeit einer Reihe von Arsenverbindungen führt dazu, daß im geochemischen Kreislauf von Arsen ein beträchtlicher Teil über die Atmosphäre umgesetzt wird. Man nimmt an, daß gasförmige Arsenverbindungen nur etwa 7 % der atmosphärischen Belastung ausmachen und der Rest in Form von Stäuben auftritt.

Die atmosphärische Kreislaufkomponente bei Arsen wird auf etwa 73 540 t/Jahr geschätzt und teilt sich auf natürliche und anthropogene Quellen im Verhältnis 60:40 auf [5]. Frühere Schätzungen gingen von 31 400 t/Jahr mit einer Verteilung von 25:75 bzw. von 296 470 t/Jahr und einer Verteilung von 70:30 aus [20]. Niriagu [20] schätzt, daß der anthropogene Arseneintrag in die Atmosphäre 18 800 t/Jahr beträgt.

Die Arsendeposition in verschiedenen ländlichen Gebieten Großbritanniens wurde mit 0,8–5,5 mg/m^2 jährlich bestimmt [21]. Wenn man eine mittlere jährliche Deposition von 1 mg/m^2 zugrunde legt, liegt die durchschnittliche Arsenzunahme in den obersten 5 cm eines Bodens bei 0,15 %, unter der Annahme einer durchschnittlichen Bodenkonzentration von 10 mg As/kg und einer Bodendichte von 1,4 g/cm^3. Da jedoch schätzungsweise etwa 35 % des atmosphärischen Anteils am Arsenkreislauf aus der Verflüchtigung von Arsen aus Böden bei niedrigen Temperaturen stammt [5], ergibt sich eine Nettozunahme von 0,1 % jährlich. Auf weltweiter Basis beträgt die geschätzte durchschnittliche Zunahme auf der Nordhalbkugel etwa 0,05 %, bei einer Depositionsrate von 0,44–0,50 mg As/m^2 jährlich, während sich für die Südhalbkugel 0,02 % bei 0,16–0,21 mg As/m^2 ergeben.

Nach der Verdampfung bei niedrigen Temperaturen stellt Vulkanismus weltweit die zweitwichtigste natürliche Arsenquelle dar und dürfte in einigen Fällen lokal sogar die wichtigste atmosphärische Quelle sein.

Kupferhütten stellen mit einem Anteil von etwa 40 % die größte einzelne anthropogene Arsenquelle dar, gefolgt von der Kohleverbrennung mit etwa 20 %. Je nach Grad der Industrialisierung eines Landes und den praktizierten Umweltschutzmaßnahmen können die anthropogenen Arsenemissionen in die Atmosphäre beträchtlich schwanken. Eine 1979 in Europa durchgeführte Erhebung [22] ergab eine Gesamtemission von 6500 t aus 28 Ländern, wobei 65 % davon alleine durch die drei Länder ehemalige UdSSR, ehemalige DDR und Polen verursacht wurden sowie weitere 14 % durch Belgien, Spanien und Frankreich.

5.3.4   Klärschlämme

Die Arsengehalte in Klärschlämmen hängen vom Industrialisierungsgrad des Gebiets ab, aus dem die Abwässer kommen. Das Arsen stammt meist aus dem Oberflächenabfluß, der atmosphärisch abgelagertes Arsen und Rückstände aus dem Einsatz von Pestiziden einbringt. Phosphathaltige Detergenzien steuern nur geringe Mengen bei, während Industrieabwässer, besonders solche aus der metallverarbeitenden Industrie, ganz erhebliche Mengen eintragen können. Arsengehalte von bis zu 188 mg/kg i.T. werden in der Literatur erwähnt [17]. In Großbritannien wird für auf landwirtschaftlichen Flächen ausgebrachte Klärschlämme ein maximaler Durchschnittsgehalt von 8 mg As/kg i.T. empfohlen, wohingegen der empfohlene Höchstgehalt für alle Arten von Schlämmen bei 10 mg As/kg i.T. liegt [19]. Stärker verunreinigte Schlämme mit durchschnittlichen Arsengehalten von 29 mg/kg i.T. werden in Großbritannien in der Regel verbrannt.

Es ist anzunehmen, daß die Entsorgung von Klärschlämmen an Land zu keiner bedeutenden Erhöhung der Arsengehalte in Nutzpflanzen führt. Bei einer üblichen Schlammausbringungsrate von 5 t/ha liegt der Arseneintrag bei 4 mg/m^3. Dies entspricht mehr als dem 30fachen des Eintrags durch Phosphatdünger und einer Zunahme von etwa 0,15 % in den obersten 20 cm eines Bodens. Da die zur Entsorgung von Klärschlamm genutzte Fläche in Großbritannien wesentlich kleiner ist als die mit Phosphaten gedüngte, werden den Böden dort landesweit jährlich durch Schlämme etwa 2,5 t Arsen und durch Phosphatdünger 6,1 t Arsen zugeführt. Der weltweite Eintrag von Arsen durch Klärschlämme in Böden wird auf 10–250 t/Jahr geschätzt [23]. Die zulässigen Höchstwerte für an Land ausbringbare Klärschlämme liegen zwischen 10 mg/kg i.T. in Norwegen und Belgien und 75 mg/kg i.T. in Kanada.

5.3.5 Andere Arsenquellen

Die erhöhten Arsengehalte in den Gangmineralien, die ein Vorkommen wirtschaftlich nutzbarer Erze begleiten, führen dazu, daß Arsen besonders von Deponien aufgeschütteten feingemahlenen Berge- und Abraumguts durch Windverfrachtung oder Ausschwemmung weiter verbreitet werden kann. Dies hat oft sehr hohe Arsengehalte in der Umgebung von alten Halden zur Folge, mit Werten von über 40 000 mg/kg in Virginia (USA) oder über 25 000 mg/kg im Südwesten Englands [24], wobei die Gehalte allerdings mit zunehmender Entfernung von den Halden sehr rasch abnehmen. Die Abnahme der Arsengehalte wird durch den Stabilisierungsgrad des Abraumguts beeinflußt, der sich wiederum auf Windverfrachtung und Auswaschung auswirkt. Bemerkenswert ist, daß sich an den beiden genannten Standorten trotz der hohen Arsenbelastung eine Vegetation, wenn auch mit einem begrenzten Artenspektrum, angesiedelt hat.

Der stark zunehmende Einsatz von Arsenverbindungen (als Kupferchrom- oder Ammoniumkupferarsenat) hat anscheinend bisher nicht in größerem Maße zu einer direkten Bodenverunreinigung beigetragen. Einige erhöhte Arsengehalte (10–220 mg/kg) wurden in Böden an behandelten Holzpfosten beobachtet, gingen jedoch innerhalb weniger Zentimeter auf Hintergrundwerte zurück [17]. Einige der Pfosten hatten bereits 30 Jahre im Boden gestanden. Die Entsorgung von behandeltem Holz dürfte in Zukunft zu Problemen führen, wenn das Holz verbrannt wird, anstatt ordnungsgemäß auf Deponien entsorgt zu werden. Der Einsatz von Arsen bei der Behandlung von Holz wird wohl über die augenblickliche Menge von 16 000 t/Jahr hinaus steigen. Somit nimmt auch die Gefahr unkontrollierter Arsenentsorgung zu.

Die Verbrennung von Kohle emittiert Arsen nicht nur in die Atmosphäre, sondern liefert auch arsenhaltige Asche. Die Arsengehalte liegen hier üblicherweise zwischen 7–60 mg/kg, es wurden jedoch auch Werte von mehr als 200 mg/kg berichtet [25]. In Großbritannien werden Asche und gemahlene Feuerungsschlacke häufig zur Wiederauffüllung ehemaliger Sand- und Kiesgruben verwandt.

Ölschiefer, eine potentielle Quelle für Petroleumprodukte, enthalten etwa 50 mg As/kg, aber der weitaus größte Teil des Arsens bleibt im aufbereiteten Schiefer zurück, der nach der Extraktion des Öls entsorgt werden müßte. Durch die großen Materialmengen, die anfielen, wenn dieses Verfahren je wirtschaftlich werden sollte, würden sich große Entsorgungsprobleme ergeben.

Die Bewässerung mit arsenhaltigen Wässern in ariden Gebieten dürfte die Arsenkonzentrationen in Böden erhöhen, indem das Wasser verdunstet. Die Arsengehalte in Oberflächen- und Grundwässern sind mit $2-3$ µg/l im allgemeinen sehr niedrig, können jedoch in Wässern aus hydrothermalen Prozessen auf bis zu 35 mg/l steigen [1, 2]. In Montana stieg die Arsenkonzentration im Grundwasser von 26 µg/l auf 150 µg/l, nachdem dort sandige Böden mit im Mittel 50 µg As/l enthaltendem Wasser bewässert wurden. Dies lag vermutlich am Zustrom des nach Verdunstung mit Arsen stark angereicherten Wassers in einen oberflächennahen Aquifer [26].

Die geothermische Stromerzeugung, bei der arsenreiche Wässer zur Erzeugung von Dampf genutzt werden, kann unter Umständen zur Verunreinigung von Böden führen.

Aus Flüssen und ihren Mündungsbereichen gebaggertes Material kann, wie im Fall des Rheins, erhöhte Arsengehalte anthropogenen Ursprungs aufweisen. Bei der Ausbaggerung des Rotterdamer Hafens fällt ein Schlick mit 23 mg As/kg an, der zur Landgewinnung eingesetzt wird [27]. Während das Porenwasser anfänglich einen Arsengehalt von 8 µg/l aufwies, dürfte die Konzentration im Laufe der Zeit auf $100-160$ µg/l steigen und bei wenig Wanderung des Arsens für Jahrhunderte auf diesem Niveau bleiben.

5.4   Chemisches Verhalten im Boden

Arsen besitzt die äußere Elektronenkonfiguration $4s^2 4p^3$ und befindet sich im Periodensystem der Elemente in der Stickstoffgruppe (N, P, As, Sb, Bi). Die mit zunehmender Ordnungszahl in dieser Gruppe beobachtbare Abnahme der Elektronegativität reicht nicht dazu aus, Arsen einen deutlichen Metallcharakter zu verleihen oder die Bildung einfacher Arsenkationen zu ermöglichen. Arsen wird oft als Halbmetall bezeichnet, aber zur Beschreibung seines chemischen Verhaltens in Böden kann man es als Nichtmetall ansehen, das kovalente Bindungen eingeht bzw. in anionischen Spezies auftritt.

Zwischen Arsen und Phosphor besteht eine gewisse chemische Ähnlichkeit, da beide in Böden üblicherweise Oxoanionen (Arsenat und Phosphat) in der Oxidationsstufe +5 bilden. Phosphat ist jedoch über einen wesentlich größeren E_h- und pH-Bereich stabil als Arsenat. Arsen tritt in Böden auch in der Oxidationsstufe +3 auf (Arsenit). Außer mit Sauerstoff werden auch mit anderen Liganden stabile Spezies gebildet, die bei Phosphor nicht vorkommen.

Die natürlichen Quellen des Arsen in Böden sind meist Oxidsalze und schwefelhaltige Minerale. Die normalen oxidierenden Verwitterungsbedingungen an der Erdoberfläche führen zur Bildung von Oxoanionen der Oxidationsstufe +5. Bei den üblichen E_h- und pH-Werten der Böden bildet sich entweder Arsen(V) oder Arsen(III), wobei die Aktivität von Mikroben zu Methylierung, Demethylierung und/oder zur Veränderung der Oxidationsstufe führen kann. Bei ausreichend tiefem Redoxpotential und in Gegenwart von Schwefelspezies kann die Bildung von Arsensulfidmineralen begünstigt sein [28]. Eine weitere Komplikation der Verhältnisse kann sich aus der Anwesenheit von Tonmineralien, Eisen- und Aluminiumoxiden sowie von organischem Material ergeben, welche die Löslichkeit und die Oxidationsgeschwindigkeit beeinflussen können.

Die Gleichgewichte für arsenige Säure $\langle As(III)\rangle$ und Arsensäure $\langle As(V)\rangle$ in wäßriger Lösung werden nachstehend aufgeführt. An den pK_S-Werten erkennt man, welche Spezies bei den normalen pH-Werten in Böden von 4–8 thermodynamisch am stabilsten sein sollten, nämlich:

H_3AsO_3 (bis etwa pH 9),
$H_2AsO_4^{4-}$ (etwa pH 2–7) und
$HAsO_4^{2-}$ (über pH 7).

Arsenige Säure

H_3AsO_4	+	H_2O	$\rightleftharpoons$	$H_2AsO_4^{4-}$	+	H_3O^+	pK_S 2,20
$H_2AsO_4^{4-}$	+	H_2O	$\rightleftharpoons$	$HAsO_4^{2-}$	+	H_3O^+	pK_S 6,97
$HAsO_4^{2-}$	+	H_2O	$\rightleftharpoons$	AsO_4^{3-}	+	H_3O^+	pK_S 11,53

Arsensäure

H_3AsO_3	+	H_2O	$\rightleftharpoons$	$H_2AsO_3^{3-}$	+	H_3O^+	pK_S 9,22
$H_2AsO_3^{3-}$	+	H_2O	$\rightleftharpoons$	$HAsO_3^{2-}$	+	H_3O^+	pK_S 12,13
$HAsO_3^{2-}$	+	H_2O	$\rightleftharpoons$	AsO_3^{3-}	+	H_3O^+	pK_S 13,40

Wenn das Redoxpotential E_h bei einem pH-Wert von 4 unter +300 mV fällt bzw. bei pH 8 unter −100 mV, wird in Abwesenheit von Komplexbildnern und methylübertragenden Organismen H_3AsO_3 zur thermodynamisch stabilsten Arsenspezies. Der Wechsel in der Oxidationsstufe bei Veränderungen von E_h und pH scheint in wäßriger Umgebung nicht immer sehr rasch zu erfolgen. Aus diesem Grund muß der Anteil der verschiedenen im Bodenporenwasser vorhandenen Arsenspezies nicht immer der erwarteten Verteilung entsprechen.

Eine Änderung des Verhältnisses zwischen Arsen(V) und Arsen(III) kann allein durch einen anorganischen Mechanismus mit E_h- und/oder pH-Änderungen ausgelöst werden, allerdings kann auch die Anwesenheit von Mikroorganismen den Reaktionsablauf beeinflussen. So kann insbesondere eine Methylierung der Anionen stattfinden, die zu Methylarsonsäure $\langle CH_3AsO(OH)_2\rangle$, Dimethylarsinsäure oder Kakodylsäure $\langle (CH_3)_2AsO(OH)\rangle$, Trimethylarsanoxid $\langle (CH_3)_3AsO\rangle$, Trimethylarsan $\langle (CH_3)_3As\rangle$ und Dimethylarsan $\langle (CH_3)_2AsH\rangle$ führen kann.

Die in Wirklichkeit ablaufenden Biomethylierungsschritte hängen davon ab, welche Mikroorganismen und welche Arsenverbindungen vorhandenen sind [3]. Manche Mikroorganismen können über einen weiten pH-Bereich die vollständige Methylierung von Arsenverbindungen bewirken, während die meisten anderen in den von ihnen methylierbaren Substraten und dem Grad ihrer Methylierung wesentlich stärker beschränkt zu sein scheinen.

Für $CH_3AsO(OH)_2$ liegen die pK_S-Werte bei 4,19 bzw. 8,77 (bei 25 °C), weshalb das Anion der ersten Dissoziationsstufe $\langle CH_3AsO_2(OH)^-\rangle$ bei normalen Boden-pH-Werten im allgemeinen die Hauptspezies darstellt. Da der pK_S der Dimethylarsinsäure 6,27 beträgt, wird der Übergang von der neutralen zur anionischen Form, $(CH_3)_2AsO_2^-$, nahe bei pH 6 stattfinden.

Die Schwierigkeiten bei der Bestimmung der Arsenspezies in Böden spiegelt sich in der geringen Anzahl von verfügbaren Daten wider. Probleme bei der Isolation und Aufbewahrung mancher fester Begleitphasen und jeglicher löslicher Spezies im Porenwasser von Böden führten dazu, daß viele der Informationen über die Bodenchemie von Arsen aus vereinfachten Systemen abgeleitet werden mußten, die nur eine begrenzte Anzahl von Komponenten enthalten.

Bodenporenwässer aus dem Landkreis Tamar Valley in Südwestengland, in dem natürlicherhöhte Arsengehalte als Folge hydrothermaler Zinn-Kupfer-Arsen-Gangvererzungen auftreten, enthielten Arsenat, Arsenit und vereinzelt Methylarsonsäure [29]. Arsenate repräsentieren bis zu 90% der gelösten Arsenspezies in aeroben Böden in vererzten und nicht vererzten Gebieten, jedoch nur 15–40% in anaeroben Staunässeböden. Dimethylarsinsäure wurde in keinem der Porenwässer festgestellt. Methylarsonsäure wurde in den meisten Proben aus vererzten Gebieten gefunden, in denen es 3–11% des löslichen Arsens ausmachte, jedoch nur vereinzelt in Wässern aus nicht vererzten Gebieten. In Staunässeböden war Arsen(III) die hauptsächliche Arsenspezies, während Methylarsonsäure nur in Spuren auftrat. Im allgemeinen war die Summe der Prozentanteile von Arsen(III) und Methylarsonsäure ziemlich konstant, wobei zwischen den beiden Anteilen ein inverses Verhältnis besteht. Die Reduktion von Arsenat zu Arsenit wird entweder durch Mikroorganismen ausgelöst oder durch eine Veränderung der physikochemischen Bedingungen ohne mikrobielle Mitwirkung. Die Bildung von Methylarsonsäure zeigt, daß in einigen Böden mikrobielle Reaktionen stattfinden. In mit arsenhaltigen Pestiziden behandelten Böden hat sich gezeigt, daß Dimethylarsinsäure die vorherrschende methylierte Spezies darstellt.

Im Tamar-Ästuar, dessen Sedimente aus dem oben erwähnten vererzten Gebiet stammen, steigt der Gehalt an methylierten Arsenspezies in den Proben zur Mündung hin an [30], während im oberen Bereich des Ästuars in der Nähe der vererzten Bereiche nur wenig methyliertes Arsen auftritt. Die Ergebnisse hängen anscheinend von der Aktivität der Mikroorganismen und Makrophyten ab. Das Auftreten von Methylarsonsäure wurde der Mikrobenaktivität im Sediment zugeschrieben, während der Gehalt an Dimethylarsinsäure auf makrophytische Produktion zurückgeführt wurde.

Es ist noch unklar, in welchem Ausmaß flüchtige Arsenverbindungen in Böden im Gegensatz zu aquatischen Sedimenten gebildet werden. Eine Reihe von Untersuchungen deuten an, daß flüchtige Arsane in Rasen und feuchten Böden entstehen, während Arsane und Methylarsanen in Böden entstehen, die mit Arsenat, Arsenit, Methylarsonat oder Dimethylarsinat behandelt wurden. Es wurde allerdings berichtet, daß in der Atmosphäre, außer in der Nähe eindeutiger lokaler Quellen, keine organischen Arsenverbindungen beobachtet werden konnten [31].

Trotz der anscheinenden Stabilität der löslichen Ionenspezies von Arsen ist der Gehalt in Bodenporenwässern mit weniger als 10 μg/l meist niedrig, sofern die Gegend nicht vererzt ist. Die Auswaschung von Arsen aus Böden wird durch hydratisierte Eisen- und Aluminiumoxide sowie durch Tone und organisches Material behindert.

Die Untersuchungen von Pierce u. Moore [32] zur Sorption von Arsenat und Arsenit durch amorphe Eisenoxide zeigten, daß hier zwei Prozesse ablaufen. Die anfängliche Sorption der Arsenspezies ließ sich durch eine Adsorptionsisotherme vom Langmuir-Typ beschreiben, in der sich, wenn das Verhältnis c/s gegen c aufgetragen wird, ein linearer Zusammenhang zeigt, wobei c die Konzentration der Arsenspezies in Lösung darstellt und s die Konzentration der Arsenspezies in der sorbierten Phase.

Eine Langmuir-Isotherme wird erhalten, wenn die Oberfläche der Festphase aus einer Anordnung von Adsorptionsstellen gleicher Energie besteht, an die sich jeweils ein Adsorbatteilchen anlagern kann. Diesem Idealfall kommt man bei der Adsorption auf der Oberfläche eines reinen kristallinen Festkörpers mit nur wenigen Defekten nahe. Langmuir-Isothermen wurden zur Beschreibung der Sorption von Arsenat [28] und Arsenit [34] auf Aluminiumhydroxid sowie von Arsenat in Böden [35] verwendet. Nach der Adsorption von 0,5 mmol As(III)/g Fe(OH)$_3$ paßten die Daten am besten zu einer linearen Isotherme. Bei höheren Sorptionsdichten ergibt sich beim Auftragen von s gegen c eine Gerade. Der Bereich der Oberflächenbedeckung, bei dem sich die Art der Isotherme änderte, lag deutlich unter dem Wert, für den Pierce u. Moore die begrenzte Zahl der Adsorptionsstellen als Problem erwarteten. Sie entwarfen daher ein Modell heterogener Adsorption und erklärten die hohe Adsorptionskapazität von mehr als 55 mmol As(V)/g Fe(OH)$_3$ durch eine lockere, sehr stark hydratisierte Struktur, die hydratisierten Ionen die Diffusion durch die Struktur hindurch ermöglicht. Daraus folgt, daß die Sorption nicht, wie eigentlich bei einem kristallinen Feststoff zu erwarten, auf die Oberfläche beschränkt ist. Es erwies sich, daß der pH-Wert der Lösung eine kritische Größe ist, wobei die maximale Arsen(V)-Sorption mit H$_2$AsO^{4-} als Hauptspezies bei pH 4 auftritt und für Arsen(III) in Form von H$_3$AsO$_3$ bei pH 7. Generell kann gesagt werden, daß bei Eisen- und Aluminiumhydroxiden die Sorption von Arsen(V) ausgeprägter ist als die von Arsen(III).

Zusätzlich zu dem homogenen, durch die Langmuir-Isothermen angedeuteten Adsorptionsmechanismus und der durch lineare Isothermen angedeuteten heterogenen Sorption tritt noch eine dritte Art von Sorptionsprozeß auf, die sich durch Freundlich-Isothermen beschreiben läßt. Bei diesen Isothermen zeigt sich bei Auftragung von $\log s$ gegen $\log c$ ein linearer Zusammenhang, was als Hinweis auf Oberflächenheterogenitäten gewertet wird, bei denen energetisch unterschiedliche Gruppen oder Bereiche von Adsorptionsstellen auftreten, die in sich homogen sind und jeweils Langmuir-Wechselwirkungen unterliegen. Ein solcher Fall ist für Böden vorstellbar, die aus einer Vielzahl von Mineralien bestehen, welche jeweils ihre eigenen Oberflächeneigenschaften aufweisen und möglicherweise von Schichten verschiedener hydratisierter Eisen-, Mangan- und Aluminiumoxide überzogen sind.

Elkhatib et al. [33] beobachteten, daß sich die Sorption von Arsenit in den A- und B-Horizonten von fünf Böden aus West Virginia (USA) am besten durch eine Freundlich-Isotherme beschreiben läßt. Unterschiede in den Adsorptionsraten der verschiedenen Böden wurden auf Unterschiede im pH sowie in den Gehalten an Fe$_2$O$_3$ und C$_{org}$ zurückgeführt. Das Ausmaß der Desorption von Arsen(III) war sehr gering und hing teilweise vom pH-Wert und dem Fe$_2$O$_3$-Gehalt ab.

Die Arsenitsorptionscharakteristik von 15 japanischen Böden ließ sich am besten durch eine lineare Isotherme beschreiben [36]. Der mit Dithionit extrahierbare Eisengehalt der Böden, der als äquivalent der Menge der amorphen Eisenoxide und -hydroxide betrachtet wurde, zeigte eine gute Korrelation ($r = 0,90$) mit den Schwankungen der Arsen(III)-Sorption bei den verschiedenen Böden.

Untersuchungen an der Suspension eines Sediments bei Redoxpotentialen von +500 mV bis –200 mV und bei pH 4,0–7,5 ergaben, daß die Arsenlöslichkeit um das 25fache stieg, wenn man von 500 mV bei pH 4,0 auf –200 mV und pH 6,9 überging [37]. Etwa 50% des gesamten Arsen wurde unter stärker reduzierenden Bedingungen in Lösung gebracht.

Allerdings lagen selbst bei −200 mV etwa 15% des löslichen Arsens in Form von Arsen(V) vor, was auf eine sehr langsame Umwandlung in Arsen(III) hinweist. Bei keinem der untersuchten pH- und E_h-Werte wurden methylierte Spezies beobachtet. Die Veränderungen der Arsengesamtkonzentration in Lösung wiesen eine sehr starke Korrelation ($p < 0,01$) mit dem Gesamteisengehalt in Lösung auf, woraus zu schließen ist, daß durch die Auflösung von Eisenoxiden und -hydroxiden auch sorbierte Arsenspezies freigesetzt wurden.

Laboruntersuchungen der Struktur von frischgefälltem $Fe(OH)_3$ und seines Alterungsverhaltens in Gegenwart von Arsen(V) in Lösung ergaben, daß Arsen in dieser Oxidationsstufe an Ferrihydrit durch die Bildung zweikerniger Inner-sphere-Komplexe adsorbiert wird und daß mit der Alterung keine erkennbaren Veränderungen der Arsen- und der Eisenbindungen einhergehen [38]. As–O–As-Bindungen waren nicht zu beobachten und Koordinationszahlen und Abstände der As–O–Fe-Bindungen wiesen signifikante Unterschiede zu Eisen(III)-arsenat (Skorodit) auf, d.h. es bildeten sich an der Oberfläche weder Arsenoxide noch Eisenarsenat.

Nachfolgende Untersuchungen der Kinetik der Arsenatadsorption an Eisen(III)-hydroxid ergaben, daß Diffusionsprozesse bei der Steuerung der Geschwindigkeit, mit der Adsorptions- und Desorptionsprozesse an den Bindungsstellen auf der Oberfläche vor sich gehen, eine herausragende Rolle spielen [39]. Die Wechselwirkungen zwischen der großen Zahl von Ionen, die in natürlichen Lösungen vorhanden sind, erschweren allerdings die Übertragung von Labordaten auf reale Systeme.

Die Dissoziationskonstanten der Orthophosphorsäure (H_3PO_4) ähneln sehr stark den jeweils in Klammern angegebenen Werten der Arsensäure: $pK_1 = 2,12$ (2,20), $pK_2 = 7,20$ (6,97), $pK_3 = 12,40$ (11,53). Als Folge davon konkurrieren gleichgeladene Arsen- und Phosphorspezies miteinander um die Sorptionsstellen der Bodenbestandteile. Spezies von Phosphatanionen sind im Vergleich zu den entsprechenden Arsenspezies kleiner und tragen eine höhere Ladung, demzufolge zu erwarten ist, daß Phosphat stärker gebunden wird als Arsenit oder Arsenat. Diese Erwartung erwies sich mittlerweile als richtig [35, 40], wobei aber die relativen Konzentrationen der verschiedenen Spezies berücksichtigt werden müssen, da, wie bei allen Gleichgewichtsreaktionen, die Lage des Gleichgewichts verschoben werden kann. Dies zeigt sich an der Möglichkeit, mit höher konzentrierten Arsenatlösungen Phosphat aus Böden zu verdrängen. Phosphat tritt auch bei der Sorption von Arsenat und Arsenit an Huminstoffen in Konkurrenz [41]. Das Sorptionsmaximum für Arsen(V) an Huminstoffe lag etwa bei pH 5,5, während die Maxima für Arsen(III) bei höheren pH-Werten lagen. Je nach Art des Huminmaterials zeigte die Sorption hier eine größere Variabilität in Abhängigkeit vom pH-Wert. Im allgemeinen sorbierten die Humine 20% weniger Arsen(III) als Arsen(V), und das Sorptionsverhalten ließ sich durch eine Langmuir-Isotherme beschreiben, wich aber bei höheren Konzentrationen von dieser Isotherme ab. Der Aufnahmemechanismus ließ sich am besten durch die Annahme erklären, daß die Humine als Anionenaustauscher fungieren. Bei stärker alkalischem pH-Wert gingen die Humine selbst in Lösung, und ihre Fähigkeit zur Entfernung von Arsen aus der Lösung nahm ab.

Methylarsonate werden auf Bodenbestandteilen ähnlich wie die Arsenate sorbiert, Dimethylarsinate allerdings wahrscheinlich wegen ihres höheren pK-Werts von 6,27 und ihrer Größe weniger stark.

Der Sulfidgehalt von Böden ist im allgemeinen niedrig, und wegen des relativ hohen Redoxpotentials werden alle aus dem Muttergestein eingetragenen Sulfide zu Sulfat oxidiert und ausgelaugt. Daher ist das Vorkommen von Arsensulfiden in Böden ungewöhnlich, selbst wenn sie unter reduzierenden Bedingungen, wie sie in Staunässeböden auftreten, eine stabile Phase wären. In Seen, Flüssen, Ästuaren und marinen Sedimenten kann das Auftreten von Sulfid und reduzierenden Bedingungen zur Fällung von As_2S_3 führen [43]. Eine Untersuchung der Sedimente des Ohakuri-Sees lieferte keine Hinweise auf As_2S_3, obwohl Eisensulfide vorhanden waren [44]. Erhöhte Konzentrationen von Eisen und Arsen (bis zu 6000 mg/kg) in den oberflächlichen Sedimentlagen war vermutlich auf die Reduktion von Eisen(III) zu Eisen(II) in der Tiefe zurückzuführen, wodurch Eisen und mitgefälltes Arsen leichter in Lösung gingen und dann bei dem an der Sedimentoberfläche herrschenden höheren E_h-Wert wieder gefällt wurden. In den Porenwässern wurden Arsen(V) und bis zu 90% des gesamten Arsens als Arsen(III) gefunden, während Methylarsonsäure und Dimethylarsinsäure trotz eines Gehalts von etwa 10% organischem Material im Sediment nicht nachweisbar waren.

Die Verteilung von Arsen in einigen sauren sulfathaltigen Böden Kanadas von höhergelegenen, gut entwässerten und von weiter hangabwärts gelegenen, schlecht entwässerten Standorten wurde in [45, 46] veröffentlicht. Die Arsenkonzentration lag in gut entwässerten Böden an der Oberkante des A-Horizonts zwischen 5 und 10 mg/kg und nahm in den B- und C-Horizonten auf 30–50 mg/kg zu. Das Profil ähnelt dem anderer Forstböden vom Typ „Grauer Luvisol", außer daß die sauren sulfathaltigen Böden einen etwa zehnmal höheren Arsengehalt aufwiesen. Die schlecht entwässerten Gleyböden wiesen ähnliche Arsengehalte auf wie die weiter hangaufwärts gelegenen Bereiche, was auf das Fehlen eines hangabwärts gerichteten Transports hinweist. Die oberen, an organischem Material angereicherten Teile der Gleyböden enthielten sehr wenig Arsen. Das wurde als Hinweis darauf gewertet, daß Mikrobenaktivität mit der Bildung flüchtiger Arsenverbindungen für den größten Teil des Arsenverlusts aus den Oberflächenschichten verantwortlich ist. Vom B- zum C-Horizont war die Zunahme der Arsengehalte gering, was ein Anzeichen für eine geringe Umlagerung aus dem A-Horizont sein könnte und zusätzliche Argumente für einen hypothetischen Arsenverlust durch Verflüchtigung liefert. Diese Böden paßten außerdem gut zum Modell der Sorptionsmechanismen für Arsen, wonach feineres Material mehr Arsen enthalten sollte, denn die Gehalte in Tonen betrugen das Vierfache der Konzentration in der Schluffraktion.

5.5   Arsen im System Boden-Pflanze

Die Arsengehalte von eßbaren Pflanzen sind im allgemeinen gering und liegen häufig an der Nachweisgrenze, selbst dann, wenn die Pflanzen auf verunreinigten Böden wachsen [2, 47]. Die Daten zeigen, daß bei vergleichbaren Arsengehalten verschiedener Bodenarten geringere Gehalte in Pflanzen gefunden werden, welche auf Tonen und Schluffen wachsen, die einen hohen Gehalt an Tonmineralien und Eisen-Aluminium-Oxiden besitzen, als in Pflanzen, die auf leichteren Böden wie Sanden oder sandigen Lehmen gedeihen. Darin spiegeln sich die Sorptionseigenschaften der Böden wider.

Eine Zusammenstellung von Arsengehalten mit phytotoxischer Wirkung in Böden zeigt den geringen Unterschied zwischen den Hintergrundwerten und toxischen Konzentrationen [48]. Bei anorganischen Quellen unterscheiden sich ein- oder zweikeimblättrige Pflanzen hinsichtlich ihrer Reaktion auf Bodenarsen nicht signifikant. Anorganisch gebundenes Arsen weist in sandigen Böden eine fünfmal höhere Verfügbarkeit auf als in tonigen Böden, was mit den entsprechenden Auswirkungen hinsichtlich der Phytotoxizität einhergeht. Die Toxizitätsschwelle in sandigen Böden beträgt etwa 40 mg/kg, in Tonen hingegen 200 mg/kg. Die Rückstände aus dem Einsatz organischer arsenhaltiger Pestizide sind toxischer als die aus anorganischen Quellen.

Wie bei den meisten Spurenelementen schwankt der Grad der Aufnahme stark zwischen den einzelnen Arten von Lebewesen. Im Gegensatz zu einigen Meeres- und Süßwasserorganismen, bei denen extrem hohe Gehalte beobachtet wurden (für einige Makrophyten mehr als 1000 mg As/kg Frischgewicht, ähnlich hoch wie in Sedimenten), liegen die Gehalte terrestrischer Pflanzen deutlich unter denen der Böden. Im allgemeinen weisen Wurzeln höhere Gehalte als Stengel, Blätter oder Früchte auf. Während Gehalte von bis zu 1 mg/kg Frischgewicht in Nahrungspflanzen selten sind, wurden in Gräsern auf den Abraumhalden alter Arsengruben in Südwest-England Arsengehalte von 3460 mg/kg i.T. bei Gehalten von bis zu 26530 mg As/kg im Haldenmaterial selbst [49] gemessen. Bei ähnlichen Gräsern, die in städtischen Gebieten auf Böden mit 20 mg As/kg wuchsen, betrugen die Maximalgehalte 3 mg As/kg i.T.

Bei einer Reihe von Nutzpflanzen, die auf Baggergut aus dem Rhein und der Maas (35–108 mg As/kg) angebaut wurden, wiesen Rettiche mit 0,8–21 mg/kg i.T. die höchsten Arsengehalte auf [50]. Während die Arsengehalte in den Pflanzen nicht direkt denen der Böden entsprachen, blieben Reihenfolge und Größenordnung der Arsenakkumulation in den Pflanzen konstant. Der Vergleich der Arsengehalte (auf Trockenbasis) einer Pflanzenspezies mit dem Arsengehalt von Rettichen, die auf den gleichen Böden gewachsen waren, liefert einen relativen Konzentrationsfaktor, der konstant ist, egal, ob es sich um Haldenmaterial oder um unverschmutzte Flußlehme (8 mg As/kg) handelt. In abnehmender Folge beträgt dieser Wert für die verschiedenen Pflanzen:

Rettich: 1,0 > Gras: 0,33 > Salat: 0,26 > Karotten: 0,17 > Kartoffelknollen: 0,07 > Körner von Frühjahrsweizen: 0,04.

Die Verfügbarkeit von Arsen in Böden wird durch Veränderungen des pH-Werts beeinflußt. Im allgemeinen nehmen die toxischen Wirkungen von Arsen auf Pflanzen mit steigendem Säuregehalt des Bodens zu, insbesondere unterhalb pH 5, wenn arsenbindende Spezies wie Eisen- und Aluminiumoxide leichter löslich werden. Die Aufnahme von Arsen durch Pflanzen kann jedoch auch auf Böden mit höherem pH-Wert verstärkt werden [51]. Topf- und Feldversuche zur Auswirkung arsenathaltiger Klärschlämme auf sandigen Lehm (pH 6) und kalkigen Lehm (pH 8) ergaben für Salatpflanzen und Winterlolch, die auf dem kalkigen Lehm wuchsen, um das drei- bis vierfache höhere Anreicherungsfaktoren. Die höchsten Arsengehalte in den untersuchten Pflanzen ergaben sich mit 2 mg/kg i.T. für Salat. Die Zunahme des Arsengehalts in den Pflanzengeweben wies bei beiden Böden eine signifikante Korrelation ($p < 0,01$) mit dem Bodenarsen auf.

Die phytotoxischen Wirkungen von Arsen weisen auf eine plötzliche Abnahme der Wassertransportfähigkeit hin, wie sich an der Plasmolyse der Wurzeln und der Verfärbung und nachfolgenden Nekrose von Blattspitzen und -rändern erkennen läßt. Die Keimung von Samen wird ebenfalls gestoppt. Die Empfindlichkeit einer Pflanze gegenüber Arsen scheint von ihrer Fähigkeit abzuhängen, Arsen entweder nicht zu absorbieren oder nicht zu empfindlichen Stellen zu transportieren. Bohnen und andere Fabales (Leguminosen) gehören zu den für Arsentoxizität empfindlichsten Pflanzen, was aus einer im NRCC-Bericht [3] enthaltenen Tabelle der Empfindlichkeit von Nutzpflanzen gegenüber Arsen hervorgeht. Aufnahme und Toxizität hängen auch von der jeweiligen Arsenspezies ab. Das Ausmaß der Aufnahme und die Konzentration der Arsenspezies, die aus Nährlösungen durch Bohnenwurzeln aufgenommenen wurden, verlief in der Abfolge:

Arsenat > Arsenit > Methylarsonat > Dimethylarsinat,

wobei die Toxizität direkt proportional zur Wurzelkonzentration war.

Der Gehalt eines Bodens an „verfügbarem" Arsen stellt einen besser geeigneten Indikator für die Phytotoxizität dar als die Arsengesamtkonzentration. Die Menge des (potentiell) löslichen Arsens im Boden schwankt je nach den herrschenden pH- und E_h-Bedingungen und wird auch durch andere Bodenbestandteile wie Eisen-, Aluminium- und Tonmineralien oder organisches Material bestimmt. Welche Werte sich für das „verfügbare" Arsen ergeben, hängt vom eingesetzten Extraktionsmittel ab. Da in den Analyselabors aber meist nicht die gleichen Extraktionsmittel verwendet werden, ist oft ein Vergleich der Ergebnisse strenggenommen nicht möglich.

Durch Zugabe von Phosphat lassen sich die toxischen Auswirkungen von Arsen teilweise herabsetzen, teilweise jedoch auch nicht [31]. Bei schluff- und tonreichen Böden konnte der Ernteertrag durch Gabe von Phosphaten gesteigert werden. Bei stärker sandigen Böden war entweder keine Verbesserung feststellbar oder die Toxizität von Arsen nahm zu, da gleichzeitig das „verfügbare" Arsen im Boden anstieg. Die unterschiedlichen Auswirkungen hängen davon ab, wie stark Phosphat und Arsenat untereinander in Konkurrenz treten. In ton- und schluffreichen Böden mit ihrer großen Anzahl von Sorptionsstellen wird die Konkurrenz um diese Stellen weniger ausgeprägt sein, die Konkurrenz um die Aufnahme durch die Pflanze hingegen umso mehr. In sandigen Böden, die weniger Sorptionsstellen besitzen, kann das Phosphat einige der adsorbierten Arsenationen verdrängen, wodurch diese in die gelöste Phase geraten und für die Aufnahme durch Pflanzen verfügbar werden.

Tiefes Umpflügen kann die Auswirkungen von an der Oberfläche ausgebrachtem Arsen verringern, da es zu einer Verdünnung führt, zusätzliche Bindungspositionen bereitstellt, insbesondere, wenn der eisen-, aluminium- und tonreiche B-Horizont aufgeschnitten wird, und weil Arsen unter die Wurzelzone verlagert wird. Unterschiedlich erfolgreich waren Versuche, die Arsentoxizität in Böden zu verringern, indem Eisen-, Aluminium- oder Zinkverbindungen, Schwefel, Kalk oder organisches Material zugeführt wurden [17].

Beim Besprühen wachsender Pflanzen mit arsenhaltigen Pestiziden erfolgt die Aufnahme eher über die Blätter als über Boden und Wurzeln. Sowohl anorganische Arsenat- und Arsenitverbindungen als auch Methylarsonsäure oder Dimethylarsinsäure und ihre Salze haben hier breite Anwendung erfahren. Rückstände aus der Anwendung solcher Verbindungen können zu hohen Arsengehalten in Böden führen und zu einem Andauern der phytotoxischen Wirkungen noch lange nach der Aufbringung. Bleiarsenatrückstände haben sich in den Böden von Obstplantagen, in denen die Ausbringungsraten in der Vergangenheit wesentlich höher waren als bei heutigen arsenhaltigen Pestiziden, als besonders langlebig erwiesen [17].

Da die Arsengehalte in terrestrischen Pflanzen im allgemeinen niedrig sind, wird auch die Arsenaufnahme von Tieren durch Pflanzen gering sein. Bei Weidetieren kann allerdings die direkte Aufnahme von arsenhaltigem Boden mit der Nahrung eine wesentliche Arsenquelle darstellen [52]. Die aufgenommene Bodenmenge schwankt je nach der Jahreszeit und ist im

Frühsommer am niedrigsten, wenn die Grasbedeckung des Bodens am dichtesten ist. Der durchschnittliche Anteil des Arsens an der Gesamtaufnahme, der direkt aus dem Boden stammt, wird auf 60–75% geschätzt, wobei die Spannweite aber 2–90% betrug. Es wurde außerdem geschätzt, daß nur etwa 1% des im Boden enthaltenen Arsens durch das Vieh wirklich über die Verdauung aufgenommen wurde, während der Rest unverändert wieder ausgeschieden wurde.

5.6   Verunreinigte Böden

Die Verunreinigung von Böden durch Bergbauaktivitäten ist meist räumlich begrenzt und bleibt wegen der phytotoxischen Wirkungen von Arsen in den seltensten Fällen unbemerkt. Da Arsen häufig einen ausgedehnten „Hof" um Erzlagerstätten herum bildet, weisen auch die umgebenden Böden meist bereits hohe natürliche Arsengehalte auf. In Südwestengland wurden insgesamt 722 km^2 (7,9% der untersuchten Landfläche) anhand der Korrelation zwischen den Arsengehalten der Böden und der Flußsedimente als verunreinigt eingestuft [53]. Der Großteil dieser Verunreinigungen stellt allerdings eher eine natürliche Folge der Vererzung dar als ein Ergebnis menschlicher Aktivitäten. Nutzpflanzen aus solchen Gebieten weisen üblicherweise keine ungewöhnlich hohen Arsengehalte auf, wenn auch beispielsweise festgestellt wurde, daß auf Abraumhalden wachsende Gräser erhöhte Arsenkonzentrationen enthalten [49].

Die Verhüttung von Metallen, besonders die von Kupfer, sowie die Verbrennung fossiler Brennstoffe, insbesondere unter Verwendung niedriger Schornsteine, können in Böden und Pflanzen der Umgebung zu Verunreinigungen führen. So hing die Arsenkonzentration von Gemüse einer polnischen Studie zufolge direkt von der Nähe zu verschiedenen industriellen Verunreinigungsquellen ab [54]. Der Durchschnittsgehalt von Arsen in 16 Gemüsearten in nicht verunreinigten Gebieten lag bei 0,05 mg/kg Frischgewicht. Bei diesen Gemüsearten stieg der Durchschnitt auf 0,09 mg/kg Frischgewicht in der Nähe von Kraftwerken mit Fossilbrennstoffen, 0,15 mg/kg Frischgewicht in der Nähe einer Superphosphatdüngerfabrik und 0,18 mg/kg Frischgewicht in der Nähe von Metallhütten.

Diese Werte entsprachen gerade noch den Verordnungen des polnischen Gesundheitsministeriums, wonach die Arsengehalte 0,2 mg/kg Frischgewicht bei Nahrungsmitteln nicht überschreiten sollten, die bis zu 20% Trockenmasse enthalten. Ob die erhöhten Konzentrationen in Gemüse durch Blätter oder Wurzeln aufgenommen wurden, war nicht Gegenstand der Untersuchung.

Zusätzlich zu der Verteilung von Arsen durch Kohlekraftwerke in der Atmosphäre muß auch das Arsen in Flugaschen und Rostaschen von Hochöfen berücksichtigt werden. In Großbritannien werden 60% der Aschen auf Deponien entsorgt [55]. Der wasserlösliche Anteil des Arsens schwankt, und die Schätzwerte hängen von der Methode ihrer Ermittlung ab. Bei einem hohen Verhältnis von Feststoff zu Flüssigkeit waren bei drei englischen Kraftwerken etwa 1% des Arsens in der Kohlenasche wasserlöslich, während in amerikanischen Flugaschen unter umgekehrten Bedingungen 4% des Arsens in löslicher Form vorlagen. Bei dem im Wasserextrakt vorliegenden Arsen handelte es sich ausschließlich um Arsen(v). Das Ausbringen von gemahlenen Brennstoffaschen und -schlacken auf wieder urbar gemachten

Flächen führte bei den darauf wachsenden Pflanzen nicht zu Toxizitätsproblemen durch Arsen.

Bodenverunreinigungen durch Buntmetallhütten können beträchtliche Ausmaße erreichen, und der durchschnittliche atmosphärische Emissionsfaktor je Tonne produzierten Metalls beträgt schätzungsweise 1,5 kg As/t Cu, 0,4 kg As/t Pb und 0,65 kg As/t Zn [5]. Die Emissionsfaktoren selbst schwanken zwischen den einzelnen Hütten und auch mit der Zeit, da die Arsengehalte der Erze stark differieren und unterschiedliche Reinigungstechnologien zur Anwendung kommen. Bei der Tacoma-Hütte im Staate Washington (USA) schwankte der Emissionsfaktor in den Jahren 1970–1980 zwischen 1,8 und 16,8 kg As/t Cu. Der Verschmutzungsgrad der Böden in der Umgebung dieser mittlerweile geschlossenen Hütte hängt von Windrichtung und Entfernung vom Schornstein ab. Auf den Inseln, die auf der Seite der Hütte gelegen sind, welche der vorherrschenden Windrichtung abgekehrt ist, enthielten die Böden 90–340 mg As/kg, während die Arsengehalte luvwärts nur 1–90 mg/kg betrugen. Wesentlich höhere Gehalte wurden in der Umgebung von Goldhütten bei Yellowknife (Kanada) [56] festgestellt. Bodenoberflächenschichten enthielten in einer Entfernung von weniger als 0,28 km von der Hütte über 20 000 mg As/kg, nach 0,8 km 10 000 mg As/kg und nach 8 km noch 600 mg As/kg. Auch die Bergehalden führten zu einer Verunreinigung der Böden der Umgebung. Die auf den verunreinigten Flächen wachsende Vegetation enthielt im allgemeinen nur geringe Arsenkonzentrationen, außer dort, wo die Böden über 1000 mg As/kg aufwiesen, was zu phytotoxischen Effekten führte oder nur wenige tolerante Arten wachsen ließ.

In arsenbelasteten japanischen Böden waren Arsenat, Arsenit, Methylarsonsäure und Dimethylarsinsäure in der extrahierbaren Arsenfraktion zu finden, die stets weniger als 50% des gesamten Arsens ausmachte [57]. Der Anteil der Dimethylarsinsäure nahm mit steigendem Anteil der Methylarsonsäure ab. Dies wurde darauf zurückgeführt, daß die Reaktionsgeschwindigkeiten der Bildung von Methylarsonsäure aus Arsenit und der Rückreaktion sowohl unter aeroben als auch unter anaeroben Bedingungen relativ konstant bleiben, während sich die Dimethylarsinsäure unter anaeroben Bedingungen schneller aus Methylarsonsäure bildet als sie abgebaut wird.

Die EU hat vorgeschlagen, die tolerierbare Arsenhöchstkonzentration in Ackerböden auf 20 mg/kg festzulegen. In Großbritannien empfahl das Umweltministerium einen „Signalwert" von 10 mg As/kg für lufttrockene Böden aus Haus- und Schrebergärten bzw. von 40 mg As/kg für Parks, Spielplätze und offene Flächen. Der Signalwert stellt die Schwelle dar, bei deren Überschreitung eine sachverständige Risikobewertung und die Beurteilung eventuell erforderlicher Maßnahmen erfolgen sollte.

5.7   Schlußbemerkungen

Während die wesentlichen Gesichtspunkte der Arsenbodenchemie untersucht und bekannt sind, liegen über die Details vieler Prozesse, die dabei eine Rolle spielen, noch zu wenige Erkenntnisse vor, um das Schicksal von Arsenverbindungen, die einem bestimmten Boden zugefügt werden, verläßlich und genau voraussagen zu können. Auch die Frage, ob mikrobieller Methylierungsreaktionen überall auftreten, und der Umfang der Mobilisierung von

Arsenverbindungen durch die Umwandlung in gasförmige oder gelöste Spezies bedürfen noch der Klärung.

Die Schwierigkeiten bei der Identifikation und Quantifizierung der verschiedenen Arsenspezies in Böden und den darin enthaltenen Lösungen und Gasen stellen noch ein großes Problem dar. Die Unterschiede im chemischen Verhalten und in der Toxizität verschiedener Arsenverbindungen zeigen, wie wichtig es ist, die Konzentrationen der einzelnen Spezies zu bestimmen, statt nur den Gesamtgehalt an Arsen. Um Arsenvergiftungen von Menschen, Tieren und Pflanzen zu verhüten, insbesondere wenn arsenhaltige Abfälle auf Landflächen entsorgt werden sollen, werden Richtlinien auf der Basis tatsächlicher und potentiell entstehbarer Gehalte verschiedener Arsenspezies benötigt. Glücklicherweise ist bei terrestrischen Systemen, im Gegensatz zu aquatischen Systemen, die Kontamination von Nahrungspflanzen durch Arsenaufnahme aus Böden verhältnismäßig selten. Die Wechselbeziehung zwischen dem Arsen in Böden und in Gewässern muß allerdings noch genauer untersucht werden.

Literatur

[1] Kipling MD (1977) In: Lenihan J, Fletcher WW (Hrsg) The Chemical Environment. Blackie Academic and Professional, Glasgow, Kap 4
[2] National Academy of Sciences (1977) Medical and Biologic Effects of Environmental Pollutants: Arsenic. NAS, Washington/DC
[3] National Research Council of Canada (1978) Effects of Arsenic in the Canadian Environment. NRCC No 15391. Ottawa, Canada
[4] Fowler BA, Vahler M, Pershagen G, Squibb KS (1983) In: Fowler BA (Hrsg) Biological and Environmental Effects of Arsenic. Elsevier, Amsterdam, Kap 4–7
[5] Chilvers DC, Peterson PJ (1987) In: Hutchinson TC, Meema KM (Hrsg) Lead, Mercury, Cadmium and Arsenic in the Environment. Wiley, New York, Kap 17
[6] Onishi H (1969) In: Wedepohl KH (Hrsg) Handbook of Geochemistry. Springer, Berlin Heidelberg New York
[7] Boyle RW, Jonasson IR (1973) J Geochem Explor 2: 251
[8] Berrow ML, Reaves GA (1984) In: Proc Int Symp on Environmental Contamination, London. S 333
[9] Tanaka T (1988) Appl Organomet Chem 2: 283
[10] Norry MJ, Dunham, AC, Hudson, JD (1994) J Geol Soc 151: 195
[11] Dudka S, Markert B (1992) Sci Total Environ 122: 279
[12] Severson RC, Gough PL, Van Den Boom G (1992) Water Air Soil Pollut 61: 169
[13] Schacklette HT, Boerngen JG (1984) Element Concentrations in Soil and Other Surface Materials of the Continuous United States. US Geol Survey Professional Paper 574-B
[14] Gough PL, Severson RC, Schacklette HT (1988) Element Concentrations in Soil and Other Surficial Materials of Alaska. US Geol Survey Professional Paper 1458
[15] Chen J, Wei F, Zhey C, Wu Y, Adriano DC (1991) Water Air Soil Pollut 57/58: 699
[16] Culbard EB, Johnson LR (1984) In: Proc Int Symp on Environmental Contamination, London. S 276
[17] Woolson EA (1983) In: Fowler BA (Hrsg) Biological and Environmental Effects of Arsenic. Elsevier, Amsterdam, Kap 2
[18] Siami M, McNabb CD, Batterson TR, Glandon RP (1987) Env Toxicol Chem 6: 595
[19] Hutton M, Symon C (1986) Sci Total Environ 57: 129
[20] Nriagu JO (1988) Environ Pollut 50; 139
[21] Cawse PA (1980) In: Inorganic Pollution and Agriculture. MAFF Reference Book 326. HMSO, London, Kap 2

[22] Pacyna JM (1983) In: Proc Int Symp on Heavy Metals in the Environment, Heidelberg. Bd 1, S 178
[23] Alloway BJ, Jackson AP (1991) Sci Total Environ 100: 15 1
[24] Porter EK, Peterson PJ (1977) Environ Pollut 14: 255
[25] Wodge A, Hutton M, Peterson PJ (1986) Sci Total Environ 54: 13
[26] Sonderegger JL, Ohguchi T (1988) Environ Geol Water Sci 11: 153
[27] Nijssen JPJ, Wijnen EJE (1985) In: Proc Int Symp on Heavy Metals in the Environment, Athen. Bd 2, S 204
[28] Moore JN, Ficklin WH, Johns C (1988) Environ Sci Technol 22: 432
[29] Haswell SJ, O'Neill P, Bancroft KCC (1985) Talanta 32: 69
[30] Walton AP, Ebdon L, Millward GE (1986) Anal Proc 23: 22
[31] Andrea MO (1986) In: Graig PJ (Hrsg) Organometallic Compounds in The Environment. Longman, London, Kap 5
[32] Pierce ML, Moore CB (1980) Environ Sci Technol 14: 214
[33] Elkhatib EA, Bennett OL, Wright RJ (1984) Soil Soc Am J 48: 1025
[34] Gupta SK, Chen KY (1978) J Water Pollut Control Fed 50: 493
[35] Livesey NT, Huang PM (1981) Soil Sci 131: 88
[36] Sakato M (1987) Environ Sci Technol 21: 1126
[37] Masscheloyn PJ, Delaune RD, Patrick WH (1991) J Environ Qual 20: 522
[38] Waychunas GA, Rea BA, Fuller CC, Davis JA (1993) Geochim Cosmochim Acta 57: 2251
[39] Fuller CC, Davis JA, Wagchunas GA (1993) Geochim Cosmochim Acta 57: 2271
[40] Roy WR, Hassett JJ, Giffin RA (1986) Soil Sci Soc Am J 50: 1176
[41] Thanabalasingam P, Pickering WF (1986) Environ Pollut Ser B 12: 233
[42] Gosh MM, Yuan JR (1987) Environ Progress 6: 150
[43] Moore JN, Ficklin WH, Johns C (1988) Environ Sci Technol 22: 432
[44] Aggett J, O'Brien GA (1985) Environ Sci Technol 19: 231
[45] Dudas MJ (1987) Can J Soil Sci 67: 317
[46] Dudas MJ, Warren CJ, Spiers GA (1988) Commun in Soil Sci Plant Anal 19: 887
[47] Ministry of Agriculture, Fisheries and Food (1982) Survey of Arsenic in Food. HMSO, London
[48] Sheppard SC (1992) Water Air Soil Pollut 64: 539
[49] Porter EK, Peterson PJ (1977) Environ Pollut 14: 255
[50] Smilde KW, Van Driel W, Van Luit B (1982) Sci Total Environ 25: 225
[51] Campbell JA, Stark JH, Carlton-Smith CH (1985) In: Proc Int Symp on Heavy Metals in the Environment, Athen. Bd 1, S 478
[52] Thornton I, Abrahams PW (1983) Sci Total Environ 28: 287
[53] Abrahams PW, Thornton I (1987) Trans Instn Min Metall, Sect B (Appl Earth Sci) 96: B1
[54] Grajeta H (1987) Rocz Pantw Zakl Hig 38: 340
[55] Wodge A, Hutton M (1987) Environ Pollut 48: 85
[56] Hocking D, Kucher P, Plambech JA, Smith RA (1978) J Air Pollut Control Assoc 28: 133
[57] Takamatsu T, Aoki H, Yoshida Y (1982) Soil Sci 133: 239

6 Blei

B. E. DAVIES

6.1 Einleitung

Blei ist ein Element, das für Pflanzen und Tiere keinerlei essentielle Bedeutung oder irgend-
eine günstige Wirkung besitzt. Auf Säugetiere wirkt es bekanntermaßen toxisch. Es ist zu
befürchten, daß eine kumulative Bleibelastung im menschlichen Körpergewebe bei kleinen
Kindern bereits in Mengen, bei denen noch keine klinischen Toxizitätssymptome auftreten,
zu geistigen Behinderungen führen kann. Böden und Staub sind für kleine Kinder wesentliche Bleiquellen, was sich darin zeigt, daß Bleigehalte im Blut direkt mit dem Bleigehalt der
Böden in Verbindung gebracht werden können [1]. Im Verlauf der letzten 20 Jahre gab es
eine Vielzahl von Untersuchungen zum Problemkreis Blei in Umweltmaterialien, unter denen
sich auch Böden befanden. Wir verfügen nun über genaue Kenntnisse der Umweltchemie
und der ökologischen und gesundheitlichen Bedeutung dieses Metalls. Der Bleigehalt unbe-
lasteter Böden liegt unter 20 mg/kg, aber in vielen Regionen wurden wesentliche höhere
Gehalte festgestellt, bei denen es sich um die Folgen anthropogener Emissionen handelt, die
sich manchmal über sehr lange Zeiträume erstrecken. Zum Thema Bleiverwendung und
-vergiftungen im Altertum wird auf das Werk von Niriagu [2] verwiesen. Wird Blei in die
Umwelt freigesetzt, so ist seine Verweilzeit im Vergleich zu anderen Schadstoffen sehr groß.
Blei und seine Verbindung neigen zur Ansammlung in Böden und Sedimenten, wo sie wegen
ihrer geringen Löslichkeit und der verhältnismäßig geringen mikrobiellen Abbaubarkeit bis
weit in die Zukunft hinein bioverfügbar bleiben.

6.2 Chemie und Geochemie von Blei

6.2.1 Angewandte Chemie

Blei gehört zur Gruppe IV a des Periodensystems der Elemente und tritt in den beiden stabilen Oxidationsstufen +2 und +4 auf. In der Umweltchemie dieses Metalls herrscht allerdings
das Pb^{2+} vor. Elementares Blei ist ein blaugraues, schweres Metall (Dichte 11,3 g/cm^3), das
bei 327 °C schmilzt und bei 1744 °C verdampft. Der niedrige Schmelzpunkt führte dazu, daß
es bereits in primitiven Kulturen verhüttet, geschmolzen und verarbeitet werden konnte. Das
Metall ist sehr weich und neigt unter anhaltendem Druck zu Kriech- oder Fließverformung.
Es läßt sich daher leicht schneiden und verformen und wurde lange Zeit zum Dachdecken
und als Material für Rohrleitungen verwendet. Metallisches Blei ist für ionisierende Strahlung nur schwer durchlässig und stellt daher ein wirksames Abschirmmaterial beim Arbeiten
mit Röntgenstrahlen und Radioisotopen dar. Blei bildet leicht Legierungen mit anderen Metallen. Blei-Antimon-Legierungen werden hauptsächlich für Akkumulatorplatten und Schrot-

kugeln benutzt, während Blei-Zinn-Legierungen häufig zum Löten verwendet werden. Metallisches Blei wird zusammen mit Blei(IV)-oxid (PbO_2) zur Herstellung von Blei-Schwefelsäure-Akkumulatoren benutzt. Andere anorganische Bleiverbindungen finden ebenfalls breite Anwendung. So dient Bleichromat als gelbes Pigment für Straßenmarkierungen und Mennige (Pb_3O_4) als Rostschutzpigment. Viele Anstreichfarben enthalten Bleioxide oder -seifen, um die Polymerisation zu fördern. In der organischen Chemie sind Bleiverbindungen der formalen Oxidationsstufe +4 wie Bleitetraalkyle und -aryle weit verbreitet [3].

6.2.2   Bleigehalt von Gesteinen und Böden

Mit einem Ionenradius von 124 pm kann Pb^{2+} Kationen wie K^+ (133 pm) in Silicatgittern und Ca^{2+} (106 pm) in Carbonaten und Apatiten isomorph ersetzen. Blei weist außerdem eine große Affinität zu Schwefel auf und gehört damit zu den chalcophilen Elementen. Es reichert sich daher in den schwefelhaltigen Phasen der Gesteine an. Das wichtigste Erzmineral ist der Bleiglanz oder Galenit (PbS).

Es besteht allgemeine Übereinstimmung darüber, daß der durchschnittliche Bleigehalt des Gesteins der Erdkruste bei etwa 6 mg/kg liegt. Nriagu [4] gab für Gabbro einen mittleren Bleigehalt von 1,9 mg/kg an, für Andesit 8,3 mg/kg und für Granit 22,7 mg/kg. Aus diesen Zahlen wird ersichtlich, daß der Bleigehalt in den Gesteinen mit steigenden SiO_2-Gehalten, d.h. von den ultrabasischen zu den sauren Erstarrungsgesteinen hin, zunimmt.

Obwohl 95% der Gesteine der Kruste magmatischer Herkunft sind, machen die Sedimentgesteine etwa 75% der Aufschlüsse, d.h. des an die Oberfläche tretenden Gesteins aus und sind damit das am weitesten verbreitete Bodenausgangsmaterial. Die häufigsten Sedimentgesteine sind Tonschiefer und Mergel (80%), deren durchschnittlicher Bleigehalt 23 mg/kg beträgt. Schwarzschiefer sind reich an organischem Material und Sulfiden [5] und weisen im allgemeinen höhere Bleigehalte auf. Sandsteine bilden 15% der Sedimentgesteine und enthalten im Mittel 10 mg Pb/kg, während Kalksteine und Dolomite, die insgesamt 5% der Sedimentgesteine bilden, etwa 71 mg Pb/kg enthalten.

Schätzungen der Bleigehalte in unbelasteten Böden schwanken. Nriagu [4] gab einen Mittelwert von 17 mg/kg an, Ure u. Berrow [6] hingegen 29 mg/kg. Eine statistische Auswertung von Bodenanalysen aus England und Wales [7] zeigte, daß der normale Bleigehalt der Oberböden (0–15 cm Tiefe) zwischen 15 und 106 µg/g liegt, bei einem geometrischen Mittelwert von 42 µg/g. Reaves u. Berrow [8] untersuchten die Verteilung von Blei in 3944 Proben aus 896 Bodenprofilen aus Schottland und erhielten für alle mineralischen Proben einen geometrischen Mittelwert von 13 mg Pb/kg und für alle organischen Proben 30 mg Pb/kg. Severson et al. [9] veröffentlichten für die Oberflächenböden der Friesischen Inseln der deutschen Nordseeküste einen geometrischen Mittelwert von 7,9 mg Pb/kg bei einer Streuung von 4(*GK*)–11 mg/kg. Es ist zu vermuten, daß die Bleigehalte im Boden in abgelegenen oder erst vor kurzem besiedelten Gebieten unter 20 mg/kg liegen, wohingegen an anderen Orten eine allgemeine Verunreinigung auf niedrigem Niveau die Gehalte insgesamt auf über 30–100 mg Pb/kg erhöht hat. Die statistische Auswertung verschiedener Datensätze stützt die Hypothese, daß ein Großteil des Bleis, das in Böden verschiedener Gebiete gefunden wurde, aus anthropogener Emission stammt [10, 11].

6.3   Herkunft von Blei in Böden

Die Böden stellen eine Senke für anthropogenes Blei dar, und verschiedene eindeutig identifizierbare Quellen für dieses Element sind bekannt: Bergbau und Verhüttung, Dung, Klärschlammausbringung in der Landwirtschaft und Autoabgase. Bleiarsenat ($PbHAsO_4$) wurde früher in Obstplantagen zur Bekämpfung von Schadinsekten eingesetzt, und manche Plantagenböden enthalten daher erhöhte Bleikonzentrationen [12, 13]. Der Einsatz solcher Sprühmittel hat mittlerweile stark nachgelassen, da diese durch organische Pestizide ersetzt wurden.

6.3.1   Blei aus Autoabgasen

Im gleichen Maße, in dem die Entwicklung des Verbrennungsmotors in den ersten Jahrzehnten unseres Jahrhunderts Fortschritte machte, stieg auch die Nachfrage nach Kraftstoffen mit höheren Oktanzahlen, durch die sich die unregelmäßige Verbrennung in den Zylindern, das sog. Klopfen oder Klingeln, unterdrücken ließ. In den frühen zwanziger Jahren wurde entdeckt, daß sich das Problem durch die Zugabe von Bleialkylen (meist Tetraethyl- oder Tetramethylblei) beheben ließ. Das erste verbleite Benzin kam 1923 auf den Markt und entwickelte sich schnell zum Standard.

Warren u. Delavault [14] beobachteten, daß Boden- und Pflanzenproben, die in der Nähe von Straßen gesammelt wurden, ungewöhnlich hohe Bleigehalte aufwiesen und verwiesen darauf, daß Bleieinträge durch Fahrzeugabgase stärker beachtet werden sollten. Später wiesen Cannon u. Bowles [15] nach, daß Gras, welches innerhalb eines Streifens von 152 m auf der windabgewandten Seite von Straßen in Denver, Colorado (USA), wuchs, mit Blei verunreinigt war und daß eine exponentielle Relation zwischen Bleigehalt und Abstand von der Straße bestand. Diese bedeutende Quelle für das Blei in Böden wurde von anderen Forschern in den USA bestätigt [16, 17]. In England wurden erhöhte Bleigehalte aus der Gegend um Birmingham berichtet, und auch hier nahmen die Konzentrationen in Boden und Gras mit zunehmendem Abstand von der Straße ab [18]. Ähnliche Berichte liegen auch aus einer Reihe anderer Länder vor, wie z. B. aus der Schweiz [19], Neuseeland [20], Australien [21], Japan [22], Ägypten [23], Venezuela [24], Belgien [25], Italien [26], Griechenland [27] und Hongkong [28]. Aus der Literatur ergibt sich, daß bei den meisten Straßen auf beiden Seiten ein 15 m breiter Streifen existiert, innerhalb dessen die Bleigehalte deutlich über den lokalen Hintergrundwerten liegen, und daß die Verunreinigung der Straßenränder mit Blei eine weltweite Folge der Verwendung verbleiter Kraftstoffe darstellt.

Der überzeugendste direkte Beweis dafür, daß Autoabgase eine Quelle für Blei darstellen, ergab sich aus der Untersuchung von Bleiisotopenverhältnissen. Gulson et al. [29] kamen nach ihren Isotopenanalysen zu dem Schluß, daß Autoabgase in der Umgebung von Adelaide (Australien) die Hauptquelle der Bleiverunreinigungen darstellen. Bereits vorher hatte Chow [30] Boden- und Grasproben an zwei Straßen im US-Staat Maryland analysiert und die Isotopenverhältnisse von ^{204}Pb, ^{206}Pb, ^{207}Pb und ^{208}Pb in Böden, Gras und Benzinadditiven veröffentlicht. Aus der Untersuchung ging klar hervor, daß der im Oberboden festgestellte Bleiüberschuß auf Blei aus Autoabgasen zurückzuführen war. Das Blei im Gras stammte aus dem

Oberboden und nicht aus tieferen Schichten. Rabinowitz u. Wetherill [31] berichteten über eine ähnliche Untersuchung im US-Staat Missouri, bei der das verunreinigende Blei entweder aus verbleitem Benzin oder aus der Aufbereitung und Verhüttung von Bleierzen stammen konnte. Die ^{206}Pb/^{204}Pb-Verhältnisse der beiden Quellen unterschieden sich voneinander. Für vier Benzinproben lag das mittlere Verhältnis bei 18,49 und für 131 Proben der lokalen Bleierze bei 20,81. Für drei entlang der Straße entnommene Bodenproben betrugen die Werte 18,43, 18,58 und 18,52, wonach die Bleiverunreinigungen im wesentlichen aus Autoabgasen stammten.

Wheeler u. Rolfe [32] modellierten die Deposition von Blei in Form der nachstehenden doppelten Exponentialgleichung:

$$[Pb] = A_1 \exp(-kD) + A_2 \exp(k'D) \,,$$

wobei A_1 und A_2 lineare Funktionen des täglichen Verkehrsaufkommens sind und die bei den Exponenten zwei Teilchengruppen mit unterschiedlichen Durchmessern darstellen sollen. Die größeren Teilchen wurden innerhalb eines 5 m breiten Streifens entlang der Straße abgelagert, die kleineren hingegen innerhalb von 100 m.

Es ist schwierig, die Ergebnisse verschiedener Studien zu vergleichen, da unterschiedliche Probenahmetiefen, Abstände von der Straße und Analyseverfahren gewählt wurden. Die von Smith [33] bis 1976 gesammelten Literaturdaten wurden unter der Annahme, daß die Spurenelementkonzentrationen in den Böden logarithmisch-normal verteilt sind (s. Tabelle I in [33]), logarithmisch transformiert und geometrische Mittelwerte und Abweichungen für Böden an Standorten innerhalb eines Streifens von 10 m von einer Straße, für etwa 15 m und für weiter als 30 m berechnet. Der 95%-Wahrscheinlichkeitsbereich wurde ebenfalls berechnet, um hohe und niedrige Bleigehalte zu definieren (s. Tabelle 6.1). Die Werte zeigen, daß sich die Bleiverunreinigungen nicht wesentlich über größere Entfernungen als 30 m von der Straße erstrecken.

Tabelle 6.1.   Bleigehalte in Böden entlang typischer Hauptstraßen [mg/kg]. (Berechnet aus [33])

Abstand von Straße [m]	Geometrischer Mittelwert	95%-Wahrschein- lichkeitsbereich	Anzahl
< 10	192	18–2017	20
15	161	50–511	6
> 30	53	14–203	17

6.3.2   Atmosphärische Deposition von Blei

Bleiaerosole, die mit Abgasen von Fahrzeugen oder durch allgemeinen Industriebetrieb in die Atmosphäre emittiert werden, können über große Entfernungen verfrachtet werden [34–37]. Steinnes [38] ermittelte, daß der durchschnittliche Bleigehalt von Oberflächenböden in Norwegen im Süden des Landes weniger als 120 mg/kg beträgt und bis in den hohen Norden auf unter 10 mg/kg im abnimmt. Er führte diese niedrigen Werte auf die größere Entfernung von den westeuropäischen Industriezentren zurück.

Elias et al. [39] untersuchten die Deposition von Bleiaerosolen in einem abgelegenen sub-
alpinen Ökosystem im Yosemite Nationalpark in Kalifornien (USA). Im Verlauf der zwei-
jährigen Studie schwankte die tägliche Deposition auf horizontale Untersuchungsflächen
zwischen 92 und 270 pg Pb/cm^2 bei einem Mittelwert von 158 pg Pb/cm^2. Diese Werte liegen
um etwa zwei Größenordnungen unter denen in städtischen Gebieten. Lindberg u. Harris [40]
bestimmten die atmosphärische Deposition von Blei und anderen Metallen in einem Laub-
waldgebiet im Osten des US-Staates Tennessee, das in etwa 20 km Entfernung von drei Kohlekraftwerken lag. Die tägliche Depositionsrate für Blei auf ebenen inerten Oberflächen lag
bei 3–15 µg/m^2, was etwa 0,1–0,6 µg Pb/cm^2 jährlich entspricht. Lindberg u. Harris [40]
führen auch Angaben anderer Autoren zur gesamten jährlichen Bleideposition an abgelegenen,
ländlichen oder industriellen Standorten in verschiedenen Teilen der Welt auf. Die Gesamtdeposition von Blei aus der Atmosphäre pro Jahr lag in abgelegenen und ländlichen Gebieten
zwischen 3,1 und 31 mg/m^2 und in Vorstadt- und Industriegebieten zwischen 27–140
mg/cm^2.

Sposito u. Page [41] berechneten aus veröffentlichten Daten der Konzentrationen von Blei
und anderen Metallen in der Luft die Metalldepositionsraten auf dem Festland für verschiedene abgelegene Regionen. Die jährliche Bleideposition betrug am Südpol 0,4 g/ha, im
Nordwesten Kanadas 7,2 g/ha und im Norden des US-Staates Michigan 6,3 g/ha. Für ländliche, industrielle und großstädtische Bereiche in Europa lagen die berechneten jährlichen
Depositionsraten für Blei zwischen 87 und 536 g/ha mit einem Zentralwert von 189 g/ha und
in Nordamerika bei 71–20498 g Pb/ha mit einem Zentralwert von 4257 g/ha. Die berechnete
starke Anreicherung von Blei wurde auf „einen beträchtlichen Beitrag der Autoabgase" zurückgeführt. Beim Vergleich der Gehalte verschiedener Metalle in der Luft mit dem des aus
natürlichen Quellen stammenden Aluminium ergaben sich hohe Anreicherungsfaktoren (über
einhundert) für abgelegene, ländliche und großstädtische Bereiche in Europa und Nordamerika,
was die Autoren auf anthropogene Einträge zurückführten.

Williams [42] verglich die Bleigehalte von Bodenproben, die im Jahr 1972 an der Ver-
suchsstation Rothamsted genommen wurden, mit denen von Proben vom Ende des 19. Jahrhunderts und konnte Zunahmen von 17–46% feststellen. Eine direkte Verunreinigung der
Proben durch Einträge aus dem Straßenverkehr konnte aufgrund der Lage ausgeschlossen
werden. Die Zunahme dieser Konzentrationen entspricht somit der allgemeinen Verunreinigung der Umwelt durch atmosphärisches Blei im 20. Jahrhundert. Jones et al. [43] untersuchten ebenfalls archivierte Bodenproben der Versuchsanstalt Rothamsted. Im Probensatz
aus Hoosfield schien das Blei mit 38 mg/kg konstant geblieben zu sein, während bei den
Proben aus Broadbalk der mittlere Bleigehalt der vor 1900 genommenen Proben bei
39 mg/kg lag, in den jüngeren Proben jedoch bei 46 mg/kg.

Viele Länder haben mittlerweile den Bleigehalt im Benzin herabgesetzt bzw. den Verkauf
verbleiter Kraftstoffe nach Ablauf einer Übergangsfrist völlig verboten [44]. Als Folge davon
scheint der Bleigehalt in krautigen Pflanzen abzusinken [46–47]. Sippola u. Makela-Kuritito
[48] berichteten, daß der Gesamtgehalt finnischer Böden an Blei von 1974–1987 um 4%
zurückgegangen ist.

6.3.3   Blei in städtischen Böden

Böden in städtischen Bereichen sind zwar für die Landwirtschaft von nur geringer Bedeutung, dennoch sollten sie nicht als unwichtig angesehen werden. In Stadtgärten angebautes Gemüse stellt oft einen Teil der häuslichen Nahrung dar [49], außerdem neigen Kinder manchmal zu Pikazismus und können beim Spielen in Parks und Gärten verunreinigten Boden aufnehmen [1].

Purves [50] sowie Purves u. Mackenzie [51] berichteten als erste von erhöhten Spurenelementgehalte in städtischen Böden, deren Bleigehalt etwa viermal höher lag als in Böden aus ländlichen Bereichen Südostschottlands. Warren et al. [52] veröffentlichten Bleigehalte von Böden aus Liverpool (England) und verschiedenen kanadischen Städten. Die städtischen Böden wiesen unterschiedliche Verunreinigungsgrade auf, und die Erhöhung der Werte lag in der gleichen Größenordnung wie bei einigen Bergbau- und Hüttenzentren.

Diese frühen Berichte wurden durch weitere Untersuchungen in vielen anderen Ländern bestätigt. Fleming u. Parle [53] fanden in Böden aus dem Dublin (Irland) Gehalte von bis zu 540 mg/kg, wobei allerdings ein Großteil der Werte zwischen 70 und 150 mg/kg lag. Die Autoren vermuteten, daß das Blei in städtischen Böden aus Autoabgasen, Reifenabrieb, Kohle, Kunststoff- oder Gummifabriken, Insektiziden und aus Autobatterien stammt. In der Nähe von Gebäuden können ältere Farben ebenfalls eine Quelle für Blei sein.

Crzarnowska et al. [54] analysierten Extrakte (20 % HCl) von 760 Bodenproben aus Warschau und fanden Bleigehalte in einer Spannweite von 2,0–551 mg/kg, wobei 28 % der Proben im Bereich 50–550 mg Pb/kg lagen. Preer et al. [55] gaben für 95 Bodenproben aus Gärten in Washington/DC (USA) eine Spannweite von 44–5300 mg Pb/kg bei einem Zentralwert von 480 mg Pb/kg an. Tiller [56] veröffentlichte eine Spannweite von 2–160 mg Pb/kg für 160 Proben ländlicher Böden aus Australien sowie 212 mg Pb/kg in der Stadt Adelaide.

Nach Davies et al. [57] betrug die Spannweite für durch EDTA extrahierbares Blei 42–1840 mg Pb/kg. Es zeigte sich eine Zonierung der Werte nach der Entfernung von der Stadtmitte, wobei der Bleigehalt des Bodens mit zunehmendem Abstand vom Zentrum exponentiell abnahm. In Birmingham waren Bodenblei und Entfernung von der Stadtmitte durch folgendes Regressionspolynom korreliert:

$$y = 272,5 - 275\,x + 0,82\,x^2 \qquad (r^2 = 0,528)\,,$$

wobei x die Entfernung von der Stadtmitte in km und y der Bleigehalt sind [58]. In Neuseeland beobachteten Fergusson u. Stewart [59], daß die Ablagerungsmengen von Blei annähernd exponentiell mit zunehmender Entfernung von Canterbury abklangen. Tiller et al. [60] berichteten, daß ländliche Gebiete in der Umgebung der australischen Stadt Adelaide über etwa 50 km in Windrichtung durch die Stadt verunreinigt sind.

Davies [61] veröffentlichte Analyseergebnisse für den mit EDTA extrahierbaren Bleigehalt von 87 Böden aus ländlicher und städtischer Umgebung in Großbritannien: 63 % Böden waren im Vergleich zu Hintergrundwerten (ländliches Ackerland) verunreinigt. Die höchsten Werte stammten aus Gebieten mit Bleibergbau und aus Stadtgärten, aber auch ältere ländliche Gärten waren leicht verunreinigt. Bei zwei Ortschaften in Devon und Cornwall ergab sich eine signifikante Korrelationen zwischen dem Alter der Häuser, bzw. Gärten, d. h. der Dauer der Bewohnung, und dem Bleigehalt des Bodens. Culbard et al. [62] veröffentlichten

Werte einer landesweiten Untersuchung der Metallgehalte städtischer Böden und Stäube in Großbritannien. Für 4126 Gartenböden betrug der geometrische Mittelwert 226 mg Pb/kg bei einer Spannweite von 13–14100 mg Pb/kg. Bei 578 Proben aus Londoner Vorstädten lag der mittlere Gehalt bei 654 mg Pb/kg, und die Spannweite betrug 60–13700 mg Pb/kg.

6.3.4   Verunreinigungen durch Bergbau und Metallhütten

In den Jahren 1908–1913 untersuchte Griffith [63] die häufigen Klagen von Landwirten aus der Gegend von Aberystwyth in Wales über die geringe Fruchtbarkeit ihrer Böden und kam zu dem Schluß, daß der Hauptgrund dafür in den hohen Bleigehalten der Böden lag, die ein Erbe des Bleibergbaus während des 19. Jahrhunderts darstellten. Später veröffentlichten Alloway u. Davies [64] eine umfangreiche Untersuchung von mit Blei verunreinigten Böden in Wales. In den alluvialen Böden des Ystwyth-Tals fanden sie Gehalte von 90–2900 mg Pb/kg (Mittelwert 1419 mg/kg), während die Gehalte in einem benachbarten, zum Vergleich herangezogenen Tal nur bei 24–56 mg Pb/kg (Mittelwert 42 mg/kg) lagen. Colbourn u. Thornton [65] beobachteten hohe Bleigehalte in Landwirtschaftsböden im Peak-Distrikt der englischen Grafschaft Derbyshire. 100 m um einen ehemaligen Schmelzofen lag der mittlere Bleigehalt bei 30090 mg/kg, und im Umkreis von 100 m um eine alte Erzaufbereitungsanlage betrug der Mittelwert 19400 mg Pb/kg. In Südwestengland stellte Davies [66] fest, daß die Weideflächen im Tamar-Tal stark verunreinigt waren. Davies u. Roberts [67] veröffentlichten computergenerierte Isoplethenkarten der Bodenbleigehalte für ein Gebiet im nordwestlichen Wales. Sie berechneten, daß die Böden auf einer Fläche von 171 km^2 mehr als 100 mg Pb/kg enthalten und auf 47 km^2 sogar zwischen 1000–10000 mg Pb/kg. Ein ähnlicher Ansatz wurde bei einer Studie von Bleigehaltsspannen im US-Staat Missouri verwendet [68]. Die Untersuchung wurde im Madison-Bezirk durchgeführt, wo mit dem Abbau von Bleierzen im späten 18. Jahrhundert begonnen worden war und der Bergbau in den folgenden 150 Jahren intensiv weiter betrieben wurde. Der höchste gefundene Bleigehalt lag bei 2200 mg/kg, allerdings enthielten 95 % der Proben weniger als 355 mg Pb/kg. Die Isoplethen der Bleigehalte im Boden wiesen eine ausgeprägten Zusammenhang der Werte über 355 mg Pb/kg mit der Lage alter Bergwerke, Aufbereitungsanlagen und Eisenbahnverladestationen der Erze auf, wo eine eine Anreicherung um das 15fache der Hintergrundwerte nachgewiesen werden konnte.

Das große Volumen der heutigen bleiverarbeitenden Industrie führt trotz strenger Umweltschutzmaßnahmen zu beträchtlichen Bleianreicherungen in Böden in der Umgebung der Werke. Einige der neueren Bergwerke und Hütten stehen an Standorten alter, verschmutzter Anlagen, die Altlasten hinterlassen haben. In der englischen Anlage Avonmouth wird seit 1919 Blei verhüttet, und der Ofen der Neuanlage wurde 1967 errichtet. Roach u. Wakely [144] geben einen Überblick der früheren Umweltuntersuchungen in diesem Gebiet und berichten über die derzeitigen Schutzmaßnahmen. Burkitt et al. [69] berichteten, daß die Böden im Umkreis von 320 m um die Hütte 600 mg Pb/kg enthalten. Die Gehalte nehmen gewöhnlich mit dem Abstand von den Bergwerken rasch ab, jedoch noch in 11 km Entfernung konnten beträchtliche Bleimengen nachgewiesen werden.

Bei Untersuchungen anderer Hütten wurden die höchsten Bleigehalte in der Nähe des Schornsteins festgestellt. Von dort ausgehend nehmen die Werte rapide ab. Die Abklingkurve zeigt üblicherweise einen exponentiellen Verlauf. Lagerwerff et al. [70] untersuchte das Gelände einer Hütte bei Galena, Kansas (USA), die 1903 ihren Betrieb aufnahm. In 330 m Abstand in nordöstlicher Richtung zu der Fabrik enthielt der Oberboden 1600 mg Pb/kg, während der Gehalt in 1670 m Entfernung in der gleichen Richtung 428 mg Pb/kg betrug. Bei Kellogg, Idaho (USA) wurde Ende des 19. Jahrhunderts mit der Verhüttung begonnen. [71]. Bleiansammlungen im Oberboden (2 cm Tiefe) wurden auf atmosphärische Staubdeposition zurückgeführt, wobei die Gehalte von der Windrichtung abhingen. Die Autoren fanden im Umkreis von 3,2 km um den Schornstein 7600, 6700, 5300 und 1700 mg Pb/kg Boden. In Japan wies Kobayashi [72] im Oberboden innerhalb von 250 m um eine größere Metallraffinerie 310–2100 mg Pb/kg Boden nach.

Über die Bleigehalte, die in der Umgebung von Hüttenkomplexen zu erwarten sind, kann man nur schwer eindeutige Aussagen treffen. Nach den oben erwähnten Untersuchungen läßt sich jedoch annehmen, daß die Böden im Umkreis von 3 km um eine altansässige Hütte 1500–2000 mg Pb/kg enthalten. Bleianreicherungen sind auch in Böden in der Umgebung von Wiederaufbereitungsanlagen und anderen bleiverarbeitenden Industrien anzutreffen.

6.3.5   Blei aus landwirtschaftlichen Materialien

Dung und Mist aus Bauernhöfen sind seit langem als Bodenverbesserer bekannt und begehrt. Diese Stoffe stellen eine kurz- und langfristige Quelle der essentiellen Pflanzennährstoffe Phosphor, Stickstoff und Kalium sowie von für Pflanzen und Tiere essentiellen Mikronährstoffen dar [73]. Leider hat die Verfügbarkeit von Hofdung zu wirtschaftlich akzeptablen Preisen im gleichen Maße abgenommen, wie die gemischte Landwirtschaft zurückging und der spezialisierte Ackerbau zunahm. Die Bauern wichen daher auf alternative Materialien aus. In Holland werden zunehmend Haushaltsabfälle kompostiert, und das Augenmerk richtete sich auch auf deren Bleigehalte [74].

Als Folge der in vielen Ländern erlassenen Gesetze, die die direkte Ableitung von Abwässern in Gewässer verbieten, haben die Kommunen viel Geld in Kläranlagen investiert, die die organischen Anteile der Abwässer zurückhalten sollen. Der organische Schlamm wird zur Zerstörung der Pathogene ausgefault. Nach der Eindickung erhält man ein organisches Material mit schwankenden, aber brauchbaren Gehalten an Stickstoff und Phosphor [75–77]. Dieser Rückstand wird Bauern als Alternative zu Hofdung angeboten. Nach Davis [78] fallen in Großbritannien jährlich 30 Mio. t (Naßgewicht) Klärschlamm an, wovon etwa 40% auf Feldern ausgebracht wird.

Leider weist Klärschlamm oft einen hohen Gehalt an Schwermetallen auf. Coker u. Matthews [79] berichteten, daß der durchschnittliche Bleigehalt in menschlichen Exkrementen 11 mg/kg i.T. beträgt, wohingegen Schlämme aus nicht industriell belasteten Gebieten 121 mg Pb/kg (Zentralwert) enthalten. Das zusätzliche Blei stammt aus bleihaltigen Wasserleitungen und aus dem Straßenablauf. Außerdem ist es üblich, industrielle Abflüsse mit organischem Abwasser zu mischen, damit die Schwermetalle durch das organische Material komplex gebunden und aus der Lösung entfernt werden. Dadurch bleiben diese Verunreinigungen allerdings in den Klärschlämmen zurück. Die Auswirkungen dieser Methode wurden lange Zeit nicht erkannt. Le Riche [80] veröffentlichte als erster Angaben zur Bodenverunreinigung mit Metallen nach intensiver Ausbringung von Klärschlamm über längere Zeiträume. Seither gibt es eine Flut von Veröffentlichungen zu den Metallgehalten in Klärschlämmen und Nutzpflanzen, die auf schlammbehandelten Böden angebaut wurden.

Zu den Bleigehalten von Klärschlämmen liegt eine Reihe von Berichten vor. Berrow u. Webber [81] untersuchten 42 Schlämme aus ländlichen Kommunen und aus Industriestädten in England und Wales. Die Gehalte lagen zwischen 120 und 3000 mg Pb/kg i.T. mit einem Mittelwert von 820 mg Pb/kg und einem Zentralwert von 700 mg Pb/kg. Sommers [76] berichtete eine Spannweite von 545–7431 mg Pb/kg in Schlämmen von acht Städten im US-Staat Indiana. Bei 189 Proben lag der Bleigehalt zwischen 13 und 19700 mg/kg, der Mittelwert bei 1360 mg/kg und der Zentralwert bei 500 mg/kg. Es besteht Einigkeit darüber, daß der Bleigehalt von Schlämmen sehr unterschiedlich sein kann, daß der typische Durchschnittswert aber weniger als 1000 mg Pb/kg i.T. beträgt (s. Kap. 3).

Die Beobachtung, daß sich Metalle in mit Schlamm behandelten Böden soweit anreichern können, daß im Fall von Zink Symptome von Phytotoxizität zu verzeichnen sind, sowie die Tatsache, daß die Akkumulation von Blei in Nutzpflanzen zu gefährlichen Konzentrationen führen kann, hat eine Reihe von Ländern dazu veranlaßt, Richtlinien für den Einsatz von Schlämmen herauszugeben. Der Rat der EU verabschiedete 1986 eine Direktive zum Einsatz von Klärschlämmen in der Landwirtschaft. Die wiederholte Ausbringung von Schlamm sollte nicht zu einer Bleianreicherung im Boden von mehr als 50–300 mg/kg führen. Ausgehend von einem auf zehn Jahre bezogenen Durchschnitt sollten jährlich nicht mehr als 15 kg Pb/ha mit Klärschlamm ausgebracht werden. Nähere Angaben zum Verhalten von Blei und anderen Metallen in schlammbehandelten Böden sind bei Alloway u. Jackson [82] zu finden.

Der Bleigehalt anderer landwirtschaftlicher Materialien war bisher von geringem Interesse. Aufgrund der Ähnlichkeiten der Ionenradien kann Pb^{2+} im Calcit Ca^{2+} substituieren. Bei der Untersuchung der Substanzen, die in Großbritannien zur Bodenkalkung verwendet werden, fanden Chater u. Williams [83] einen Durchschnitt von 2 mg Pb/kg. Davies et al. [84] bemerkten, daß Kalksteinrückstände aus dem Blei-Zink-Bergbau in einigen Regionen als billige Quelle für landwirtschaftlichen Kalk verwendet wurden. Obwohl dies zur Anreicherung von Blei in den betroffenen Böden führt, dürfte ein mäßiger Einsatz wahrscheinlich keine Probleme in der Landwirtschaft verursachen.

6.4   Blei in Bodenprofilen

Blei scheint sich auf natürliche Weise in den obersten Lagen eines Bodens anzureichern. Lounamaa [85] erkannte dies an Bodenproben, die an entlegenen Standorten in Finnland gesammelt worden waren. Er beobachtete dabei:

> Blei unterscheidet sich von ... anderen ... Elementen darin, daß Bodenproben an verschiedenen Aufschluß-orten stets einen höheren Gehalt daran aufweisen als die jeweiligen Gesteine. Die Anreicherung von Blei in den Böden auf kieselsäurereichen Gesteinen ist dabei besonders bemerkenswert.

Wright et al. [86] stellten fest, daß sich Blei im östlichen Kanada proportional am stärksten in den Oberflächenhorizonten von podsolischen Böden und graubraunen Podsolen ansammelt. Andere Autoren beschrieben ebenfalls Bleiansammlungen im obersten Teil nicht-verunreinigter Böden [13, 87–92]. Colbourn u. Thornton [65] verwendeten das Verhältnis von Bleigehalt im Oberboden (0–15 cm) zur Konzentration im unteren Teil (30–45 cm) als Kennzeichen für Oberflächenverschmutzung. Diese Kenngröße nannten sie die relative Oberbodenanreicherung („relative topsoil enrichment", *RTE*). In normalen Landwirtschaftsregionen in Großbritannien liegt der *RTE*-Wert bei 1,2–2,0, während in durch Bergbau und Metallhütten beeinflußten Gebieten Werte von 4–20 die Regel sind.

Es gibt kaum Hinweise darauf, daß Blei leicht aus Bodenprofilen ausgewaschen wird. Das Blei, wie auch die meisten anderen Schwermetalle, bleibt nach der Ausbringung von Klärschlämmen in einer unlöslichen oder stabilen Form in den obersten Schichten [93–95]. Zimdahl u. Skogerboe [96] zeigten, daß Böden recht große Mengen von Blei immobilisieren können, daß vor allem die organische Fraktion für die beobachtete Fixierung des Metalls verantwortlich ist und daß das Blei aus Autoabgasen meist in den obersten Bodenschichten verbleibt. Korte et al. [97] laugten elf Böden mit einem natürlichen Elutionsmittel aus, das mit Blei und anderen Spurenelementen angereichert war. Blei war in allen Böden immobil außer in einem als Ultisol klassifizierten Boden, der eine lehmig-sandige Textur und ein sehr niedriges Kationenaustauschvermögen von 2 $cmol_c/kg$ besaß. Hooghiemstra-Tielbeek et al. [98] suchten nach Wegen, um den Bleigehalt von Oberböden herabzusetzen und damit die Bleimenge zu reduzieren, die durch Kinder direkt aufgenommen werden kann. Für eine wirksame Behandlung mußte der Boden-pH-Wert durch Behandlung mit 1 M HCl oder durch Ausbringung von festem oder gelöstem $FeCl_3$ auf die Bodenoberfläche auf 3–2,5 herabgesetzt werden.

6.5   Chemisches Verhalten von Blei in Böden

Im Gegensatz zum Kenntnisstand bei der Identifizierung von Bleiquellen und der Beurteilung der Gesamtgehalte an Bodenblei ist unser Wissen bei der Chemie und Speziation von Blei im Boden recht begrenzt. Bestimmungen des gesamten Bleigehalts sind bei der Identifizierung und Beschreibung von Gebieten von großem Wert, bei denen die Bodendecke verunreinigt wurde. In Analogie zum Verhalten der Nährstoffelemente kann davon ausgegangen werden, daß nur ein Teil des gesamten Bleis zur Aufnahme durch die Pflanzen zur Verfügung steht und daß die eingebrachten Bleiverbindungen auf mehrere Bodenkompartimente verteilt werden. Die Hauptkompartimente für Blei im Boden sind die Bodenlösung, die Kationenaustausch- und Adsorptionsoberflächen von Ton und Humus, gefällte Formen, sekundäre Eisen- und Manganoxide und Erdalkalicarbonate, der Bodenhumus und Silicatgitter.

6.5.1   Verbleib von in Böden eingetragenem Blei und seiner Verbindungen

Da dem durch menschliche Aktivitäten eingetragenen Blei eine so große Bedeutung zukommt, versuchten einige Autoren den Verbleib von Blei zu ermitteln, das dem Boden in Form verschiedener anorganischer Verbindungen zugegeben wurde. Beispielsweise brachten Santillan-Medrano u. Jurinak [99] Bleiacetatlösungen ins Gleichgewicht mit Böden. Sie folgerten, daß die Löslichkeit von Blei in kalkfreien Böden durch $Pb(OH)_2$, $Pb_3(PO_4)_2$ und $Pb_5(PO_4)_3(OH)$ bestimmt wird, während in kalkigen Böden $PbCO_3$ von Bedeutung ist.

Die chemischen Veränderungen, denen bleireiche Partikel auf ihrem Weg vom Auspuff-rohr bis auf Boden- und Pflanzenoberflächen unterliegen, wurden genauer untersucht. Zum Zeitpunkt der Emission bestehen die Abgasteilchen hauptsächlich aus $PbBr_2$, $PbBrCl$, $Pb(OH)Br$, $(PbO)_2PbBr_2$ und $(PbO)_2PbBrCl$ [100]. Innerhalb von 18 Stunden gehen etwa 75 % des Bromgehalts verloren, ebenso wie 30–40 % der Chlorverbindungen, während sich Bleicarbonate, -oxidcarbonate und -oxide bilden. In Luftproben aus Phoenix im US-Staat Arizona war α-$2PbBrCl\cdot NH_4Cl$ mit 33 % die häufigste Spezies. Unter den anderen identifi-zierten Verbindungen waren $PbBrCl$ und $(PbO)_2PbBrCl$. Partikel, die nur Blei und Brom enthielten, wurden nicht beobachtet.

Olson u. Skogerboe [102] untersuchten das Schicksal von Bleiverbindungen aus Autoab-gasen nach ihrem Eintritt in den Boden. Bei Proben aus zwei Gebieten waren mehr als 75 % des Bleis an die Bodenfraktion (Dichte über 3,32 g/ml) gebunden und $PbSO_4$ war die Haupt-verbindung. Im Gegensatz dazu kamen Harrison et al. [103] zu dem Schluß, daß $PbSO_4$ in Böden entlang von Straßen nicht von Bedeutung ist und daß das Blei mit Eisen-Mangan-Oxiden und organischem Material verbunden war sowie in geringerem Umfang mit Carbo-naten.

Vereinzelt tritt Blei auch in elementarer Form in Böden ein. Jorgenson u. Willems [104] zeigten, daß Bleischrotkugeln in dänischen Böden in Hydrocerussit $Pb_3(CO_3)_2(OH)_2$, Cerussit $(PbCO_3)$ und Anglesit $(PbSO_4)$ umgewandelt wurden. Die vollständige Umwandlung sollte 100–300 Jahre dauern, kann jedoch auch schon innerhalb 15–20 Jahren ablaufen.

6.5.2   Blei in den verschiedenen Bodenfraktionen

Ein anderer Ansatz zur Ermittlung der chemischen Spezies, in denen das Bodenblei vorliegt, bedient sich verschiedener Fraktionierungsverfahren. Zimdahl u. Skogerboe [96] untersuch-ten die Fixierung von Blei, das den Böden in Form von $Pb(NO_3)_2$ zugeführt wurde. Es dau-erte zwischen 24 und 48 Stunden, bis sich die Bleiionen in den Bodenkompartimenten ver-teilt hatten, wobei die Einstellung des Gleichgewichts zwischen 20 und 40 °C nicht durch die Temperatur beeinflußt wurde. Aus der statistischen Auswertung der Daten schlossen die Autoren, daß pH-Wert und Kationenaustauschkapazität bei der Immobilisierung von Blei die wichtigsten Bodenfaktoren darstellen und daß das organische Material im Boden bei diesem Prozeß wichtiger ist als Carbonate oder die Sorption durch Oxidhydroxide. Khan u. Frank-land [105] bemerkten nach der Zugabe von $PbCl_2$ oder PbO zu verunreinigten Böden, daß es nur etwa eine Stunde dauerte, bis ein Großteil des wasserlöslichen Bleis in die weniger lös-liche, aber mit EDTA extrahierbare Form umgewandelt wurde.

Das Fazit der Untersuchungen von Garcia-Miragaya [24] war, daß in Böden in der Nähe von Straßen weniger als 0,7 % Blei in leicht austauschbaren Formen auftritt, daß der größte Teil des Bleis in der organischen und der Rückstandsfraktion vorliegt oder spezifisch an anorganischen Bindestellen fixiert ist und daß der in Eisenoxiden okkludierte Anteil gering ist. Berrow u. Mitchell [106] bemerkten bei Bodenproben aus Schottland, daß die Bleikon-zentrationen häufig mit abnehmender Teilchengröße ansteigen. Das durch Verwitterung freigesetzte Blei wird anscheinend zu einem großen Teil durch Schluff und Ton adsorbiert.

Hildebrand u. Blum [107] berichteten, daß der Bodenhumus am meisten zur Immobilisierung von Blei beiträgt, das einem Boden zugeführt wurde, daß daran insbesondere die Huminsäuren mit hohem Molekulargewicht beteiligt sind und daß das Blei dabei koordinativ gebunden wird. Im Gegensatz kam Harter [108] nach Adsorptionsstudien aufgrund von Langmuir-Isothermen zu dem Schluß, daß das organische Material bei der Adsorption von Blei in Oberflächenböden keinen wesentlichen Einfluß hat.

6.5.3   Blei in der Bodenlösung

Das Blei in der Bodenlösung stellt für Pflanzenwurzeln die direkte Quelle für dieses Element dar, wobei zwischen der Bodenlösung und den anderen Kompartimenten im Boden ein dynamisches Gleichgewicht bestehen dürfte. Die geringen Bleikonzentrationen in Bodenlösungen bereiten analytische Schwierigkeiten, was dazu führt, daß den Untersuchungen dieser Matrix des Elements Grenzen gesetzt sind.

Kabata-Pendias [109] stellte fest, daß die Konzentration von Schwermetallen in Lösungen, die sich durch Zentrifugieren aus Böden erhalten lassen, in der Größenordnung von 10^{-7} M liegen. Die Bodenlösung kann auch direkt durch einen „Sättigungs"-Extrakt des Bodens gewonnen werden. Bradford et al. [110] stellten bei 68 Bodenproben aus dem US-Staat Kalifornien fest, daß der Bleigehalt im Sättigungsextrakt etwa 10^{-9} M betrug.

Davies [7] schlug als durchschnittlichen Bleigehalt nicht-verunreinigter Böden einen Wert von etwa 40 mg Pb/kg ($0,2 \cdot 10^{-6}$ M) vor. Wenn angenommen wird, daß der Bleigehalt in der Bodenlösung bei 10^{-8} M liegt, dann enthält dieses Kompartiment weniger als 0,005 % der gesamten Bleimenge in nicht verunreinigten Böden.

Gregson u. Alloway [111] extrahierten Bodenlösungen aus verunreinigten Böden durch Zentrifugieren und fraktionierten diese Lösungen chromatographisch mit Hilfe von Sephadexgelen. In Tabelle 6.2 sind einige ausgewählte Werte dieser Untersuchung zusammengefaßt. Die Gesamtkonzentrationen für Blei liegen um den Faktor einhundert bis eintausend über den normalen Gehalten von 40 mg/kg [7]. Die Bleigehalte in den Bodenlösungen liegen mit etwa 10^{-6} M 1000- bis 10000mal höher als die normalen, oben angegebenen Bodenlösungskonzentrationen. Der Anteil des Bleis in der Bodenlösung am Gesamtblei Böden lag zwischen 0,005–0,13 % und damit etwas höher als in nicht-verunreinigten Böden, was Anlaß zu der Frage gibt, ob Blei in verunreinigten Böden leichter für Pflanzen verfügbar ist.

Tills u. Alloway [112] führten die Speziationsbestimmung für Blei in Bodenlösungen mit Hilfe von Ionenaustauschchromatographie durch. Es stellte sich heraus, daß Blei in sauren Böden hauptsächlich kationisch auftritt und in geringem Umfang in organischen Komplexen. In kalkigen Böden herrschten neben kationischen Bleispezies neutrale Komplexe vor. Gregson u. Alloway [111] veröffentlichten ähnliche Ergebnisse für Bodenlösungen, die mit Gelchromatographie fraktioniert wurden. In stark verunreinigten Böden trat ein Teil des Bleis in organischen Bleikomplexen mit hohem Molekulargewicht auf, wobei der Anteil dieser Spezies in Böden mit hohem pH-Wert größer war.

Tabelle 6.2. Bleigehalt von Böden und Bodenlösungen. (Nach [111])

Gesamtblei [mg/kg]	Pb in Bodenlösung [mg/l]	Gelöstes Pb [% der Gesamtbleimenge]
49 900	112	0,05
2820	18	0,13
45 800	11	0,005
1890	4	0,04
3830	4	0,02

6.6 Blei im System Boden-Pflanze

6.6.1 Aufnahme von Blei aus Böden und Umlagerung in die Triebe

Im großen ganzen besteht eine eindeutige Korrelation zwischen der Bleikonzentration im Boden und in den darauf wachsenden Pflanzen [113–115]. Es herrscht ein allgemeines Einverständnis darüber, daß nur ein kleiner Teil des Bodenbleis den Pflanzen zur Aufnahme zur Verfügung steht. Die Aufnahme von Blei durch Englisches Raigras (Lolch) und sein Transport zu den Trieben wurde von Jones et al. [116] bei konventionellem Anbau und beim Züchten mit strömenden Nährstofflösungen untersucht. Blei wurde selbst dann rasch absorbiert, wenn der Trieb entfernt wurde oder die Wurzel abgestorben war. Die in die Triebe umgelagerte Bleimenge war gering und betrug nur etwa 3,5–22 % der Gesamtaufnahme nach mehreren Tagen.

Lane u. Martin [117] untersuchten die Verteilung von Blei in Rettichsämlingen mit Hilfe histochemischer Verfahren. Das Metall sammelte sich an der Endodermis an, die als Barriere für die Umlagerung des Bleis in die Triebe fungiert, wobei die Barriere nur teilweise wirksam ist. Koeppe [118] wertete Daten zur Aufnahme und Umlagerung von Blei in Pflanzen aus und kam zu dem Schluß, daß die Umlagerung stark vom physiologischen Status der Pflanze abhängt. Unter optimalen Wachstumsbedingungen fällt Blei an den Zellwänden der Wurzel in unlöslicher amorpher Form aus, die bei Mais als ein Bleiphosphat identifiziert werden konnte.

Dollard [119] untersuchte die Umverteilung von Blei, das auf Blättern aufgebracht wurde, mit Hilfe des Radioisotops ^{210}Pb. Er schätzte, daß bei Rettichen etwa 35 % der internen Bleibelastung des Speichergewebes durch den Transport aus den Blättern erklärt werden kann. Bei Möhren lieferte dieser Weg etwa 3 %. Der Autor ist der Ansicht, daß aber selbst im Falle des Rettichs diese zusätzliche Möglichkeit der Bleiaufnahme nicht ausreicht, um die häufig beträchtlichen Diskrepanzen bei den Konzentrationsfaktoren zu erklären, die in Feldstudien bzw. Tracerversuchen ermittelt wurden.

Die Aufnahme von Blei durch die Pflanzenwurzeln und seine Umlagerung in die Triebe hängen von der Jahreszeit ab. Mitchell u. Reith [120] lenkten als erste die Aufmerksamkeit auf dieses Phänomen, als sie berichteten, daß der Bleigehalt von Grastrieben im Herbst und

Winter höher ist. Während der aktiven Wachstumsperiode betrug der Bleigehalt im Gras 0,3–1,5 mg/kg i.T., stieg im Spätherbst auf 10 mg/kg und erreichte im späten Winter 30–40 mg/kg.

Baker [121] sowie Simon u. Ibrahim [122] erörterten die Frage, durch welche Kurvenform die Korrelation zwischen der Aufnahme durch die Pflanze und der Konzentration im Substrat beschrieben werden kann. Einige Pflanzen scheinen einen Sperrmechanismus zu besitzen, da sie die Metallkonzentration in den Trieben selbst über einen größeren Konzentrationsbereich im Boden konstant auf einem niedrigen Wert halten können, bis ein Schwellenwert überschritten wird, oberhalb dessen die Aufnahme nicht mehr beschränkt ist. Bei „Sammler"-Arten verläuft die Aufnahme durch die Pflanze mit steigender Konzentration im Substrat entlang einer gekrümmten Kurve, wobei die Aufnahme bei höheren Konzentrationen abnimmt. Simon u. Ibrahim [122] erweiterten dieses Konzept auf die Elemente selbst und bezeichneten Blei nach Versuchen mit dem Isotop ^{210}Pb als ein „Sammlermetall". Sie beschrieben die Aufnahme durch folgende Gleichung, in der s der Bleigehalt im Substrat ist:

$$\text{Pflanzen-Pb} = 0{,}74 \cdot (1 - \exp(-1{,}4\,s)) + 0{,}16\,s .$$

Obwohl Blei nicht sehr toxisch auf Pflanzen wirkt, führen hohe Konzentrationen im Substrat zu Kümmerwuchs oder Absterben. Einige Pflanzen, insbesondere Gräser, können eine Toleranz gegenüber hohen Bleigehalten im Boden entwickeln und sogar zur Rekultivierung verunreinigter Standorte eingesetzt werden [123–125]. Es wurden sogar einige „Supersammler"-Pflanzen entdeckt [126, 127].

6.6.2   Luftverfrachtetes Blei und seine Deposition auf Blättern

Tjell et al. [128] führten Untersuchungen im ländlichen Dänemark durch, bei denen sie ^{210}Pb zur Markierung benutzten. Sie beobachteten dabei, daß die Aufnahme von Blei durch Gräser aus dem Boden überaus gering ist, was sie zu der Schlußfolgerung brachte, daß 90–99% des Bleis in den Blättern über die Blattoberfläche aufgenommen werden. Crump u. Barlow [129] stellten fest, daß 45–80% des gesamten Bleis in Gräsern an einer Schnellstraße der Deposition aus der Luft entstammt. Dalenberg u. van Driel [130] fanden heraus, daß über 90% des Bleis in Gräsern und Möhrenblättern auf atmosphärisches Blei zurückzuführen sind, hingegen nur 5,7% des Bleis in Möhrenwurzeln.

Chamberlain [131] wertete eine Reihe von Veröffentlichungen aus, in denen die Bleigehalte von Pflanzen und Böden untereinander verglichen wurden. Aus den veröffentlichten Daten berechnete er einen Konzentrationsfaktor f_c:

$$f_c = \frac{\text{Pflanzen-Pb}}{\text{Boden-Pb}} , \text{ wobei die Gehalte in μg/g i.T. eingesetzt wurden.}$$

Chamberlain überprüfte so die von anderen Autoren angegebenen Werte. Die Ergebnisse von Felduntersuchungen an Rettich und Kartoffeln ergaben f_c-Werte zwischen 0,05 und 0,2, die auch bei Versuchen an verschiedenen Pflanzen in Treibhäusern, die von gefilterter Luft durchströmt waren, bestätigt wurden. Karamanos et al. [113] erhielten für die Aufnahme von radiostabilem Blei und ^{210}Pb durch Luzerne und Trespe f_c-Werte zwischen 0,09 und 0,19. Im Gegensatz dazu ergab sich bei Englischem Raigras, das auf mit ^{210}Pb markierten Böden wuchs, ein f_c-Wert von nur $1-3 \cdot 10^{-3}$. Ein ähnlicher Wert wurde auch nach den Daten von Solgaard et al. [132] für Getreide berechnet.

Dieser Blattoberflächeneffekt hat bei vielen Felduntersuchungen zur Aufnahme von Blei für Verwirrung gesorgt, und es bestehen nach wie vor Zweifel, welcher Anteil des in Pflanzen festgestellten Bleigehalts aus der Aufnahme über Blätter bzw. durch die Wurzeln stammt.

6.6.3 Bodenfaktoren bei der Steuerung der Bleiaufnahme

Es hat sich herausgestellt, daß die Aufnahme von Blei durch eine Reihe von Bodenfaktoren gesteuert wird. Der Einfluß des Boden-pH-Werts ist nicht groß; selbst auf kalkigen Böden wachsende Pflanzen können beträchtliche Bleigehalte aufweisen [133]. Lagerwerff et al. [70] bauten Luzerne und Mais auf Böden an, denen Blei in Form von $PbCl_2$ zugegeben worden war und deren pH-Wert durch Kalkgaben von 5,2 auf 7,2 angehoben wurde. Die Bleigehalte der Pflanzen wurden dabei um 9–21 % herabgesetzt. Dijkshoorn et al. [134] beobachteten nur geringe Änderungen der Bleiaufnahme durch Gras bei unterschiedlichen pH-Werten, wobei allerdings die Interpretation durch die sehr niedrigen Bleigehalte erschwert wurde. Davies [135] baute Rettich an verschiedenen Freilandstandorten an und interpretierte die Aufnahme der Metalle und die Wechselwirkungen der Bodenparameter mit Hilfe von multivariater Statistik. Zwischen dem Bleigehalt des Hypokotyls (der Knolle) und dem Boden-pH-Wert konnte nur eine schwache Korrelation gefunden werden. Jopony u. Young [136] beobachteten bei Rettich und Rotem Schwingel, daß die Bleiaufnahme und der Boden-pH-Wert ebenfalls nur schwach korreliert waren.

Es zeigte sich, daß Hauptnährstoffelemente und andere Schwermetalle die Aufnahme von Blei durch Pflanzen ebenfalls beeinflussen. Aus der Literatur lassen sich jedoch kaum klare Folgerungen ableiten, und es gibt keine überzeugenden Beweise dafür, daß andere landwirtschaftliche Verfahren wie der Einsatz von Mist und Dünger hierbei besonders wirksam sind.

6.7 Blei und Mikroorganismen im Boden

Einige Schwermetalle können die Aktivität von Mikroben in Böden beeinträchtigen und damit die Bodenproduktivität herabsetzen. Liang u. Tabatabai [137] fanden, daß Blei die Stickstofffixierung im Boden behindern kann. Tyler [138] hingegen stellte fest, daß zwar Kupferverunreinigungen in sauren schwedischen Böden die Stickstoffmineralisation herabsetzen, daß aber Blei darauf keinen ausgeprägten Einfluß hat. Chang u. Broadbent [139] berichteten, daß Blei die Assimilation von Stickstoff und die Nitrifizierung behinderten, wobei der Behinderungsgrad in der folgenden Reihenfolge abnahm: $Cr > Cd > Cu > Zn > Mn > Pb$. Cornfield [14] untersuchte die Herabsetzung der Freisetzung von Kohlendioxid in einem sandigen sauren Boden, der nach Zugabe verschiedener Schwermetalle inkubiert wurde. Nach einer zweiwöchigen Inkubationszeit ergab sich bei einem Bleigehalt von 10 mg/kg im Boden keine Behinderung und bei 100 mg/kg nur eine Verminderung um 14 %. Nach acht Wochen lag die Absenkung der CO_2-Entwicklung bei 6 % bzw. 25 %. Im Vergleich dazu verursachte die höchste Silberdosis eine Verringerung von 72 % und die höchste Quecksilberdosis 55% Reduzierung. Hattori [141] beobachtete ebenfalls, daß Blei von allen Schwermetallen die Entwicklung von Kohlendioxid am wenigsten behindert.

Al-Khafaji u. Tabatabai [142] untersuchten den Einfluß von Schwermetallen auf die Arylsulfataseaktivität in Böden und beobachteten dabei eine Absenkung um 11% für Blei, für Silber hingegen 95% und für Quecksilber 94%. Khan u. Frankland [105] untersuchten den Einfluß von Schwermetallen auf die Zersetzung von Zellulose in Böden. Nach 30 Tagen waren 43,6% der einem Vergleichsboden zugegebenen Zellulose zersetzt. Nach der Zugabe von Blei in Form von $PbCl_2$ zum Boden in Dosen von 100 µg/g, 500 µg/g bzw. 1000 µg/g fiel die Zellulosezersetzung auf 40,0, 37,1 bzw. 33,8%. McNeilly et al. [143] untersuchten mit Blei und Zink verunreinigtes Weideland in einem ehemaligen Erzbergbaugebiet im nördlichen Wales. Sie kamen dabei zu dem Schluß, daß das Wachstum, speziell die Erträge der Pflanzen, weniger empfindlich auf Schwermetallverunreinigungen reagieren als die nach dem Absterben der Pflanze einsetzenden Zersetzungsprozesse. Die Empfindlichkeit der einzelnen biologischen Prozesse gegenüber Metallen wurde in der folgenden Reihenfolge angegeben: Pflanzenwachstum < Streuansammlung < Zerfall organischen Materials im Boden < Zersetzung von Bodenhumus.

6.8   Schlußbemerkungen

Blei ist eine weitverbreitete Bodenverunreinigung, die nur in solchen Gebieten nicht auftritt, die weitab von Siedlungsschwerpunkten liegen oder dort, wo die Besiedelung erst in jüngster Zeit einsetzte. Das Metall gerät aus einer Vielzahl von Quellen in den Boden, und die weite Verbreitung ist ein Abbild seines vielseitigen Einsatzes. Seine Verweilzeit in Böden ist so hoch, daß es dort als permanent angesehen werden kann. In vielen Gebieten hält die Akkumulation noch heute an. Blei kann von Pflanzen aufgenommen werden, wobei allerdings seine Löslichkeit und Mobilität und damit seine Bioverfügbarkeit glücklicherweise niedrig sind. Dennoch sind die Konzentrationen vielerorts so hoch, daß sie ein potentielles Gesundheitsrisiko darstellen, insbesondere in der Umgebung größerer bleiverbrauchender Industriezentren und in Großstädten.

Literatur

[1]   Wixson NG, Davies BE (1994) Environ Sci Technol 28: 26A–31A
[2]   Nriagu JO (1983) Lead and Lead Poisoning in Antiquity. Wiley, New York
[3]   Greninger D, Kollonitsch V, Kline CH (1974) Lead Chemicals. International Lead Zinc Research Organisation, New York
[4]   Nriagu JO (1978) In: Nriagu JO (Hrsg) The Biogeochemistry of Lead. Elsevier Biomedical, Amsterdam, S 18–88
[5]   Meyers PA, Pratt LM, Nagy B (1992) Chem Geol 99: 7–11
[6]   Ure AM, Berrow ML (1982) In: Bowen HJM (Hrsg) Environmental Chemistry, Bd 2. Royal Society of Chemistry, London 94–204
[7]   Davies BE (1983) Geoderma 29: 67–75

[8] Reaves GA, Berrow ML (1984) Geoderma 32: 1–8
[9] Severson RC, Gough LP, Boom GUD (1992) Water Air Soil Pollut 61: 169–184
[10] Davies BE, Wixson BG (1987) Water Air Soil Pollut 33: 339–348
[11] Dudka S (1992) Sci Total Environ 121: 39–52
[12] Frank R, Ishida K, Suda P (1976) Can J Soil Sci 56: 181–196
[13] Merry RJ, Tiller KG, Alston AM (1983) Austr J Soil Sci 21: 549–561
[14] Warren HV, Delavault RE (1960) Trans Roy Soc Can 54: 1–20
[15] Cannon HL, Bowles JM (1962) Science 137: 765–766
[16] Singer MJ, Hanson L (1969) Soil Sci Soc Am Proc 33: 152–153
[17] Lagerwerff JV, Specht AW (1970) Environ Sci Technol 4: 583–586
[18] Davies BE, Holmes PL (1972) J Agric Sci (Camb) 79: 479–484
[19] Quinche JP, Zuber R, Bovay E (1969) Phytopathol Z, Sonderdr 66: 259–274
[20] Ward NI, Brooks RR (1974) Environ Pollut 6:149–158
[21] David DJ, Williams CH (1975) Austr J Exp Agric Anim Husb 15: 414–418
[22] Minami K, Araki K (I975) Soil Sci Plant Nutr 21: 185–188
[23] Belal M, Saleh H (1978) Atmos Environ 12: 1561–1562
[24] Garcia-Miragaya J (1984) Soil Sci 138: 147–152
[25] Albasel N, Cottenie A (1985) Water Air and Soil Pollut 24: 103–109
[26] Favretto L, Marletta GP, Favretto L (1986) J Sci Food Agric 37: 481–486
[27] Fytianos K, Vasilikiotos G, Saminidov V (1985) Chemosphere 14: 271–277
[28] Ho YB (1990) Sci Total Environ 93: 411–418
[29] Gulson BL, Tiller KG, Mizon KJ, Merry RM (1981) Environ Sci Technol 15: 691–696
[30] Chow TJ (1969) Nature (London) 225: 295–296
[31] Rabinowitz MB, Wetherill GW (1972) Environ Sci Technol 8: 705–709
[32] Wheeler GL, Role GL (1979) Environ Pollut 18: 265–274
[33] Smith WH (1976) J Air Pollut Control Assoc 26: 753–766
[34] Nriagu JO, Pacyna JF (1988) Sci Total Environ 333: 134–139
[35] Nriago JO (1989) Nature (London) 338: 47–49
[36] Radlein N, Heumann KG (1992) Int J Environ Anal Chem 48: 127–150
[37] Kral R, Mejstrik V, Velicka J (1992) Sci Total Environ 111: 125–133
[38] Steinnes E (1984) In: Yaron B, Dagan G, Goldshmid J (Hrsg) Pollutants in Porous Media. Springer, Berlin Heidelberg New York Tokyo, S 115–122
[39] Elias RW, Davidson C (1980) Atmos Environ 14: 1427–1432
[40] Lindberg SE, Haffis RC (1981) Water Air Soil Pollut 16: 13–31
[41] Sposito G, Page AL (1984) In: Sigel H (Hrsg) Metal Ions in Biological Systems. Marcel Dekker, New York, S 287–232
[42] Williams C (1974) J Agric Sci (Camb) 82: 189–192
[43] Jones KC, Symina CJ, Johnson AE (1987) Sci Total Environ 61: 131–144
[44] Nriagu JO (1990) Sci Total Environ 92: 13–28
[45] Jones KC (1991) Environ Pollut 69: 311–325
[46] Jones KC, Johnston AE (1991) Environ Sci Technol 25: 1174–1178
[47] Jones KC, Symon C, Taylor PJL, Walsh J, Johnston AE (1991) Atmos Environ 25A: 361–369
[48] Sippola J, Makela-Kuritito R (993) Int J Environ Anal Chem 51: 201–203
[49] Van Lune P (1987) Neth J Agric 35: 207–210
[50] Purves D (1968) Trans 9th Intern Cong Soil Sci 2: 351–355
[51] Purves D, MacKenzie EJ (1969) J Soil Sci 20: 288–290
[52] Warren HV, Delavault RE, Fletcher KW (1977) Can Min Metal Bull, Ausg Juli: 1–12
[53] Fleming GA, Parle PJ (1977) Irish J Agric Res 16: 35–48
[54] Czamowska K, Gworek B, Janowska E, Kozanecka T (1983) Polish Ecological Studies 9: 81–95
[55] Preer JR, Akintoe JO, Martin JL (1984) Biological Trace Elements 6: 79–91
[56] Tiller KG (1992) Austr J Soil Res 30: 937–957
[57] Davies BE, Conway D, Holt S (1979) J Agric Sci (Camb) 93: 749–752
[58] Davies BE, Houghton JJ (1984) Urban Ecol 8: 285–294
[59] Fergusson JE, Stewart C (1992) Sci Total Environ 121: 247–269

[60] Tiller KG, Smith LH, Merry RH, Clayton PM (1987) Austr J Soil Res 25: 155–166
[61] Davies BE (1978) Sci Total Environ 9: 243–262
[62] Culbard EB, Thornton I, Watt J, Wheatley M, Moorcroft S, Thompson M (1988) J Environ Qual 17: 226–234
[63] Griffith JJ (1919) J Agric Sci (Camb) 4: 367–394
[64] Alloway BJ, Davies BE (1971) Geoderma 5: 197–208
[65] Colbourn P, Thornton I (1978) J Soil Sci 29: 513–526
[66] Davies BE (1971) Oikos 22: 366–372
[67] Davies BE, Roberts LJ (1975) Sci Total Environ 4: 249–26 1
[68] Davies BE, Wixson BG (1985) J Soil Sci 36: 551–570
[69] Burkitt A, Lester P, Nickless G (1972) Nature (London) 238: 327–328
[70] Lagerwerff JV, Brower DL, Biersdorf GT (1973) In: Hemphill DD (Hrsg) Trace Substances in Environmental Health. University of Missouri, Columbia/MO, Bd VI, S 71–78
[71] Ragaini RC, Falston HR, Roberts N (1977) Environ Sci Technol 11: 773–781
[72] Kobayashi J (1972) In: Hemphill DD (Hrsg) Trace Substances in Environmental Health, Bd 5. University of Missouri, Columbia/MO, S 117–120
[73] Atkinson JJ, Giles GR, Desjardins JG (1954) Can J Agric Sci 34: 76–80
[74] Lustenhouwer J, Hin J (1993) Sci Total Environ 128: 269–278
[75] Sommers LE, Nelson DW, Yost KJ (1976) J Environ Qual 5: 303–306
[76] Sommers LE (1977) J Environ Qual 6: 225–232
[77] de Haan S (1980) Phosphorus in Agriculture 78: 33–4 1
[78] Davies RD (1987) Water Sci Technol 19: 1–8
[79] Coker EG, Matthews PJ (1983) Water Sci Technol 15: 209–225
[80] Le Riche HH (1968) J Agric Sci 71: 205–208
[81] Berrow JL, Webber J (1972) J Sci Food Agric 23: 93–1 00
[82] Alloway BJ Jackson AR (1991) Sci Total Environ 100: 151–176
[83] Chater M, Williams RJB (1974) J Agric Sci (Camb) 82: 193–205
[84] Davies BE, Paveley CF, Wixson BG (1993) Soil Use and Man 9: 47–52
[85] Lounamaa J (1956) Ann Bat Soc Vanama 29: 1–196
[86] Wright JL, Levick R, Atkinson HJ (1955) Soil Sci Soc Am Proc 19: 340–344
[87] Swaine DJ, Mitchell RL (1960) J Soil Sci 11: 347–368
[88] Archer FC (1963) J Soil Sci 14: 144–148
[89] Presant EW, Turner WM (1965) Can J Soil Sci 45: 305–310
[90] Bradley RI, Rudeforth CC, Wilkins C (1978) J Soil Sci 29: 258–270
[91] Berrow ML, Mitchell RL (180) Trans Roy Soc Edin 71: 103–121
[92] Friedland AJ, Johnson AH, Siccama TG (1984) Water Air Soil Pollut 21: 161–170
[93] McGrath SP (1984) J Agric Sci (Camb) 103: 25–35
[94] Ganze CW, Wahlstrom JS, Turner DC (1987) Water Sci Technol 19: 19–26
[95] Davis RD, Carlton-Smith CH, Stark JH, Campbell JA (1988) Environ Pollut 49: 99–115
[96] Zimdahl RL, Skogerboe RK (1977) Environ Sci Technol 11: 1202–1207
[97] Korte HE, Skopp J, Fuller WH, Niebla EE, Alesh BA (1976) Soil Sci 122: 350–359
[98] Hooghiemstra-Tielbeek M, Keizer MG, de Haan FAM (1983) Neth J Agric Sci 31: 189–199
[99] Santillan-Medrano J, Jurinak JJ (1975) Soil Sci Soc Am Proc 39: 851–856
[100] Ter Haar GL, Bayard MA (1971) Nature (London) 232: 553–554
[101] Post JE, Buseck PR (1985) Environ Sci Technol 19: 682–685
[102] Olson KW, Skogerboe RK (1975) Environ Sci Technol 9: 227–230
[103] Harrison RM, Laxen DPH, Wilson SJ (1981) Environ Sci Technol 15: 1378–1383
[104] Jorgensen SS, Williams M (1987) Ambio 16 11–15
[105] Khan DE, Frankland B (1984) Environ Pollut A33: 63–74
[106] Berrow JL, Mitchell RL (1991) Trans Roy Soc Edin 82: 195–209
[107] Hildebrand EE, Blum WE (1975) Z Pflanzen Bodenk 3: 279–294
[108] Harter RD (1879) Soil Sci Soc Am J 43: 679–683
[109] Kabata-Pendias A (1972) Roczniki Gleboznawcze 43: 3–14

[110] Bradford GR, Page AL, Lund LJ, Olmstead W (1975) J Environ Qual 4: 123–127
[111] Gregson SK, Alloway BJ (1984) J Soil Sci 35: 55–61
[112] Tills AR, Alloway BJ (1983) Environ Technol Lett 4: 529–534
[113] Karamanos RE, Bettany JR, Stewart JWB (1976) Can J Soil Sci 56: 485–496
[114] Hemkes OJ, Kemp A, Van Broekhoven LW (1983) Neth J Agric Sci 31: 227–232
[115] Korcak RF, Fanning DS (1985) Soil Sci 140: 23–24
[116] Jones LHP, Clement CR, Hopper MJ (1973) Plant Soil 38: 403–414
[117] Lane SD, Martin ES (1977) New Phytol 79: 281–286
[118] Koeppe DE (1977) Sci Total Environ 7: 197–206
[119] Dollard GJ (1986) Environ Pollut B40: 109–119
[120] Mitchell RL, Reith JWS (1966) J Sci Food Agric 17: 437–440
[121] Baker AJM (1987) New Phytol 106: 93–1 1 1
[122] Simon SL, Ibrahim SA (1987) J Environ Radioactivity 5: 123–142
[123] Oxbrow A, Moffat J (1979) Plant Soil 52: 127–130
[124] Atkins DP, Trueman IC, Clarke CB, Bradshaw AD (1982) Environ Pollut A27: 233–241
[125] Wong MH Environ Res (1982) 29: 42–47
[126] Reeves RD, Brooks RR (1983) Environ Pollut B31: 277–285
[127] Baker AJM, Brooks RR (1989) Biorecovery 1: 81–126
[128] Tjell JC, Hovmand EMF, Mosbaek H (1979) Nature (London) 280: 25–26
[129] Crump DE, Barlow PJ (1980) Sci Total Environ 15: 269–274
[130] Dalenberg JW, Van Driel W (1990) Neth J Agric Sci 38: 369–379
[131] Chamberlain AC (1983) Atmos Environ 17: 693–706
[132] Solgaard P, Aarkrog A, Flyger H, Fenger J, Graabaek AM (1978) Nature (London) 272: 346–347
[133] Thornton I, Webb JS (1976) In: Hemphill DD (Hrsg) Trace Substances in Environmental Health, Bd 9. University of Missouri, Columbia/MO, S 14–25
[134] Dijkshoorn W, Lampe JEM, Van Broekhoven LW (1983) Neth J Agric Sci 31: 181–188
[135] Davies BE (1992) Water Air Soil Pollut 63: 331–342
[136] Jopony M, Young S (1993) Plant Soil 151: 273–278
[137] Liang CN, Tabatabai MA (1977) Environ Pollut 12: 141–147
[138] Tyler G (1975) Nature (London) 255: 701–702
[139] Chang FH, Broadbent FE (1982) J Environ Qual 11: 115–119
[140] Cornfield AH (1977) Geoderma 19: 199–203
[141] Hattori H (1992) Soil Sci Plant Nutr 38: 93–100
[142] Al-Khafaji AA, Tabatabai MA (1979) Soil Sci 127: 129–133
[143] McNeilly T, Williams ST, Christian PJ (1984) Sci Total Environ 38: 183–198
[144] Roach SA, Wakely RW (1974) In: Minerals and the Environment, Int Symp. Institute of Mining and Metallurgy, Veröffentlichung Nr. 34: 1–7

7 Cadmium

B. J. Alloway

7.1 Einleitung

Bei Cadmium, einem Element der Gruppe IIb des Periodensystems, handelt es sich um ein verhältnismäßig seltenes Metall, das auf Position 67 der Elementhäufigkeitsliste steht. Es erfüllt keine essentielle biologische Funktion und wirkt hochgradig toxisch auf Tiere und Pflanzen. Die normalerweise in der Umwelt anzutreffenden Cadmiumgehalte führen jedoch nicht zu akuten Vergiftungserscheinungen. Die größte Gefährdung der menschlichen Gesundheit durch Cadmium ist seine chronische Toxizität durch Ansammlung in den Nieren. Dort kommt es zu Funktionsstörungen, wenn der Cadmiumgehalt in der Nierenrinde 200 mg/kg Frischgewicht übersteigt [1]. Die Nahrung stellt den Hauptweg dar, auf dem Cadmium in den Körper gelangt, allerdings sind Rauchen und berufsbedingte Exposition gegenüber CdO-Dämpfen ebenfalls wichtige Quellen für dieses Element. Der von der FAO und der Weltgesundheitsorganisation (WHO) empfohlene maximal tolerierbare Aufnahmewert liegt bei 400–500 µg/Woche, entsprechend etwa 70 µg/Tag [1]. Die durchschnittliche Aufnahme mit der Nahrung schwankt weltweit zwischen 25 und 75 µg/Tag [2], und dort, wo die Aufnahme im obersten Bereich liegt, ergeben sich ganz klar Probleme. Raucher nehmen im Durchschnitt 20–35 µg Cd/Tag zusätzlich zur normalen Nichtraucherdosis auf.

In Anbetracht der Gesundheitsgefahr durch die chronische Ansammlung von Cadmium im menschlichen Körper sind die Faktoren, die seine Konzentration in den Bestandteilen der Nahrung beeinflussen, von großer Bedeutung. Da die Konzentrationen dieses Metalls in nicht verunreinigten Böden üblicherweise niedrig sind, sind die Verunreinigungsquellen und das Verhalten von Cadmium in belasteten Böden der Hauptgegenstand dieses Kapitels. Schätzungen der Halbwertszeit von Cadmium in Böden schwanken zwischen 15 und 1100 Jahren [3]. Es handelt sich hier um ein Langzeitproblem, und Verunreinigungen mit diesem Metall müssen soweit wie möglich vermieden oder reduziert werden. Einige Länder haben bereits den Einsatz von Cadmium beschränkt oder planen solche Schritte, aber nahezu alle besitzen eine Hinterlassenschaft an Verschmutzung aus den verschiedensten Cadmiumquellen.

Die Verunreinigung der Umwelt mit Cadmium hat in den letzten Jahrzehnten infolge des wachsenden industriellen Verbrauchs dieses Metalls stark zugenommen. Umweltverschmutzung stellt eine unvermeidliche Folge von Gewinnung, Herstellung und Entsorgung von Metallen dar. Im Gegensatz zu Blei, Kupfer und Quecksilber, die schon seit Jahrhunderten genutzt werden, fand Cadmium erst in diesem Jahrhundert breite Anwendung, wobei mehr als die Hälfte des gesamten bisher von der Industrie eingesetzten Cadmiums in den letzten 25 Jahren produziert wurden [4]. Es fällt als Nebenprodukt bei der Verhüttung von Zink und anderen Metallen an; Cadmiumerze stellen keine primäre Quelle für die Gewinnung dieses Metalls dar. Die Weltproduktion von Cadmium stieg von 11 000 t im Jahr 1960 auf 20 200 t in 1990 [5, 6].

Die wichtigsten Anwendungsbereiche von Cadmium sind:

• Schutzbeschichtung von Stahl,
• Bestandteil verschiedener Legierungen,
• Pigmente für Kunststoffe, Emails und Glasuren,
• Stabilisator für Kunststoffe,
• Nickel-Cadmium-Trockenbatterien sowie
• verschiedene andere Bereiche, z.B. photovoltaische Zellen und Moderatorstäbe für Kernreaktoren [7].

Quellen für die Verunreinigung von Böden durch Cadmium sind die Gewinnung und Verhüttung von Blei- und Zinkerzen, atmosphärische Emissionen von metallverarbeitenden Betrieben, die Entsorgung cadmiumhaltiger Abfälle, z.B. bei der Verbrennung von Kunststoffbehältern und Batterien, die Ausbringung von Klärschlämmen auf Landwirtschaftsflächen und die Verbrennung fossiler Brennstoffe [8]. Selbst vor seinem kommerziellen Einsatz kam es durch eine Vielzahl von Stoffen, die Cadmium als Verunreinigung enthielten, zu Verschmutzungen. Phosphatdünger sind hierfür ein wichtiges Beispiel. Ihre Cadmiumgehalte schwanken zwar, aber ihre ständige Anwendung hat zu beträchtlichen Steigerungen des Cadmiumgehalts vieler landwirtschaftlich genutzter Böden geführt. Auch die Ablagerung von Aerosolpartikeln aus städtischer oder industrieller Luftverschmutzung beeinflußt in den meisten Industrieländern die Böden. Cadmium aus dieser Quelle kann von den Pflanzen direkt durch die Blätter aufgenommen werden.

7.2   Geochemische Verbreitung

Der Durchschnittsgehalt der Erdkruste an Cadmium wird auf etwa 0,1 mg/kg geschätzt [9, 10]. Zu Zink weist Cadmium geochemisch eine nahe Verwandtschaft auf. Beide Elemente haben ähnliche Ionenstrukturen und Elektronegativitäten (eine Eigenschaft, die mit dem Ionisierungspotential zusammenhängt), und beide sind stark chalcophil (s. Kap. 3), wobei Cadmium eine größere Affinität zu Schwefel besitzt als Zink. Das durchschnittliche Verhältnis Zn:Cd für alle Gesteine liegt bei etwa 500:1, wobei die Spannweite von 27:1 bis 7000:1 reicht [11]. Das Metall fällt als Nebenprodukt bei der Verhüttung von Sulfiderzen an, in denen es einen Teil des Zink substituiert. Die häufigsten Quellen für Cadmium sind die ZnS-Modifikationen Sphalerit (Zinkblende) und Wurtzit sowie sekundäre Zinkminerale wie Smithsonit ($ZnCO_3$), die üblicherweise 0,2–0,4 % Cadmium, z.T. jedoch auch bis 5 % Cadmium enthalten können [7, 12].

Sedimentgesteine weisen eine größere Spannweite der Cadmiumkonzentrationen als anderen Gesteine auf, wobei Phosphorite (sedimentäre Calciumphosphate) und marine Schwarzschiefer die höchsten Gehalte besitzen (s. Tabelle 7.1). Neben Cadmium enthalten Phosphorite und Schwarzschiefer auch abnorm hohe Konzentrationen einiger anderer Schwermetalle (s. Kap. 3). Beide Gesteinsarten bilden sich unter anaeroben Bedingungen aus Sedimenten, die reich an organischem Material sind, wobei sich die Schwermetalle als Sulfide und in Form organischer Komplexe ansammeln.

Tabelle 7.1.   Cadmiumgehalte von Gesteinen [11–16]

Gesteinsart	Spannweite [mg/kg]	Mittelwert [mg/kg]
Erstarrungsgesteine		
Rhyolithe	0,03–0,57	0,23
Granite	0,01–1,60	0,20
Basalte	0,01–160	0,13
Metamorphe Gesteine		
Gneise	0,007–0,26	0,04
Glimmerschiefer	0,005–0,89	0,02
Sedimentgesteine		
Schiefer und Tone	0,017–11	–
Schwarzschiefer	0,30–219	–
Sandsteine und Konglomerate	0,019–0,4	–
Carbonatgesteine	0,007–12	0,065
Phosphorite	10(GK)–980	–
Kohle	0,01–300	–
Rohöl	0,01–10000	–
Sulfidische Erzmineralien		
Sphalerit (ZnS)	0,2–0,4 (< 5%)	
Galenit (PbS)	< 0,5%	
Tetraedrit-Tennartit		
(Cu, Zn) Sb, As) S	< 0,24%	
Metazinnober (HgS)	11,7%	

7.3   Herkunft von Cadmium in Böden

7.3.1   Bodenausgangsmaterialien

Nach Page u. Bingham [17] enthalten Böden, die aus Erstarrungsgesteinen entstanden sind, 0,1–0,3 mg Cd/kg, Böden auf metamorphen Gesteinen 0,1–1,0 mg Cd/kg und die aus Sedimentgesteinen entstandenen Böden 0,3–11 mg Cd/kg. Im allgemeinen kann davon ausgegangen werden, daß Böden weniger als 1 mg/kg enthalten, es sei denn, daß sie aus einzelnen Quellen verunreinigt wurden oder von Muttergesteinen mit abnorm hohen Cadmiumgehalten, z.B. von Schwarzschiefern, abstammen.

Cadmiumgehalte in Böden
Aus einer synoptischen Betrachtung der Literatur folgerten Kabata-Pendias u. Pendias [3], daß die mittleren Cadmiumgehalte, die sich bei den meisten analytischen Untersuchungen der Hintergrundgehalte von Metallen in Böden ergaben, zwischen 0,06 und 1,1 mg/kg liegen und daß der weltweite Mittelwert 0,53 mg/kg beträgt. Eine Zusammenstellung von Werten landwirtschaftlicher Böden in den USA, die auf 3045 Proben aus 307 verschiedenen Bodenreihen

beruht, welche von Standorten genommen wurden, die weit entfernt von bekannten starken Schwermetallemittenten liegen, ergaben im Oberboden einen durchschnittlichen Cadmiumgehalt von 0,265 mg/kg bei einem Zentralwert von 0,2 mg/kg und einer Spannweite von 0,01(GK)–2,0 mg/kg [18]. Die höchsten Cadmiumgehalte wurden vor allem in Kalifornien in Gebieten auf den verhältnismäßig cadmiumreichen Monterey-Schiefern (s. unten) und in alluvialen Böden in Colorado festgestellt, die durch Silberabbau verunreinigt worden waren. In den Bundesstaaten an den Großen Seen sowie in Oregon und Florida wiesen zum Gemüseanbau genutzte organische Böden Cadmiumanreicherungen auf, die vermutlich auf einen starken Einsatz von Phosphatdüngern oder Klärschlämmen zurückzuführen sind [8]. Leicht erhöhte Cadmiumgehalte waren oft in Böden zu finden, die hohe Gaben von Phosphatdüngern erhalten hatten, insbesondere bei Düngern, die aus Phosphatgestein der westlichen USA hergestellt wurden, das meist mehr Cadmium enthält als solches aus Florida [18]. Eine Untersuchung von 2746 Bodenproben aus japanischen Reisfeldern von anscheinend nicht verunreinigten Standorten ergab eine mittlere Cadmiumkonzentration von 0,4 mg/kg [19].

Eine kürzlich veröffentlichte Untersuchung von 5692 in ganz England und Wales auf einem regelmäßigen Raster genommenen Bodenproben ergab für Mutterböden einen mittleren Cadmiumgehalt von 0,8 mg/kg bei einem Zentralwert von 0,7 mg/kg und einer Spannweite von 0,2(GK)–40,9 mg/kg [20]. Im Gegensatz zu der tendenziellen Untersuchung in den USA erfaßte diese Untersuchung sowohl „normale" Landwirtschaftsflächen als auch offenkundig verunreinigte Standorte. Einige der Böden waren mit Klärschlamm beaufschlagt worden, während andere durch Erzbergbau verunreinigt worden waren (s. Kap. 3). Eine zu einem früheren Zeitpunkt von Archer [21] durchgeführte Untersuchung in Großbritannien, die 659 Proben umfaßte, ergab für den Cadmiumgehalt einen Zentralwert von 1,0 mg/kg bei einer Spannweite von 0,08–10 mg/kg. Ure u. Berrow [22] gaben als geometrisches Mittel für den weltweiten Cadmiumgehalt in Böden einen Wert von 0,62 mg/kg bei einer Spannweite von 0,005(GK)–8,1 mg/kg an.

Eine geochemische Studie in England und Wales, die auf der Analyse von etwa 50 000 Sedimentproben aus den dortigen Fließgewässern beruhte, ergab, daß etwa 1200 km^2, entsprechend 0,33% des untersuchten Gebiets, deutlich erhöhte Cadmiumkonzentrationen aufwiesen, die sowohl durch geologisch anormale Bodenausgangsgesteine als auch durch verschiedene Umweltverschmutzungsquellen bedingt waren [23]. Es handelt sich dabei wohl um eine eher konservative Schätzung, da die Daten statistisch „geglättet" worden waren, wodurch vereinzelte abnorme Konzentrationen eliminiert wurden.

Bei einer Untersuchung von Böden in 94 städtischen Gemüsegärten in England fanden Moir u. Thornton [24] einen geometrischen Mittelwert von 0,53 mg Cd/kg bei einer Spannweite von 0,2(GK)–5,9 mg/kg. Culbard et al. [25] erhielten bei 579 Gartenböden aus verschiedenen Londoner Vororten einen geometrischen Mittelwert von 1,3 mg Cd/kg bei einer Spannweite von 1(GK)–4,0 mg/kg.

Böden, die sich auf Ausgangsmaterialien mit abnorm hohen Cadmiumgehalten bilden, z.B. Schwarzschiefer, können selbst da deutlich erhöhte Cadmiumgehalte aufweisen, wo keine ausgeprägte anthropogene Verunreinigungursache vorhanden ist. Für Cadmiumkonzentrationen in Böden auf Schwarzschiefern wurden folgende Werte veröffentlicht: unter 22 mg/kg für Böden auf zutageliegenden Monterey-Schiefern in Kalifornien [14], unter 24 mg/kg für Böden auf karbonischen Schwarzschiefern in Derbyshire (Großbritannien) [23] und unter 11 mg/kg für Böden auf zutageliegenden Schwarzschiefern in Südkorea [26] (s. Kap. 3).

Innerhalb der einzelnen Bodenprofile ist Cadmium üblicherweise im oberflächennahen Bereich angereichert, was auf eine Reihe von Gründen zurückzuführen ist. Grundsätzlich handelt es sich hierbei um die Zone mit dem höchsten Anteil an organischem Material, durch dessen hohes Adsorptionsvermögen Schwermetalle stark zurückgehalten werden, wenn sie diese Schicht nach dem Durchlaufen des Vegetationszyklus erreichen, wenn cadmiumhaltige Düngemittel oder Gülle aufgebracht werden und wenn nasse oder trockene Deposition aus der Atmosphäre erfolgt. Im Gegensatz zu Kupfer und Blei können Cadmium, Zink und Nikkel im Bodenprofil nach unten wandern, wobei Ausmaß und Geschwindigkeit von verschiedenen Boden- und anderen lokalen Faktoren abhängen [3, 27]. Holmgren et al. [18] veröffentlichten Werte für Krume (Oberboden) und Unterboden, d. h. den Bereich direkt unter der Pflugschicht, von 26 Probenahmeorten mit Cadmiumgehalten des Oberbodens von mehr als 1 mg/kg. Bei drei von zehn Probenahmeorten auf Mineralböden war der Cadmiumgehalt des Unterbodens höher, wobei das Verhältnis der Cadmiumgehalte von Ober- zu Unterboden bei den zehn Standorten zwischen 0,88 (1,4 mg/kg im Oberboden : 1,6 mg/kg im Unterboden) und 11,0 (1,8 mg/kg im Oberboden : 0,16 mg/kg im Unterboden) lag. Von 16 Probenahmeorten auf organischen Böden hatten 15 im Oberboden höhere Cadmiumgehalte, wobei das Verhältnis Oberboden : Unterboden bei allen 16 Orten zwischen 5,9 und 0,61 (1,3 : 0,22 bzw. 1,1 : 1,8 (jew. mg/kg)) schwankte. Bei Laboruntersuchung der Auswaschungsverhaltens stellte Tyler [28] fest, daß es sechs Jahre dauerte, um den Cadmiumgehalt des O-Horizonts in einem Moorhumus bei einem konstant gehaltenen pH-Wert von 4,2 um eine bestimmte Menge herabzusetzen, während für eine gleich hohe Verminderung bei pH 3,2 nur drei Jahre benötigt wurden.

Bei mit Klärschlamm behandelten Böden wird üblicherweise angenommen, daß innerhalb kurzer Zeiträume (5–10 Jahre) nur wenig Abwärtsbewegung von Schwermetallen stattfindet [29]. Dabei müssen allerdings viele Faktoren berücksichtigt werden, darunter vor allem Klima (Verhältnis von Niederschlag und Verdunstung), pH-Wert und Bodendurchlässigkeit (unter Berücksichtigung von Makroporen und Rissen). Bei semiariden Böden Kaliforniens fanden Williams et al. [30], daß Cadmium und andere Metalle nach dem Aufbringen von insgesamt 1800 t/ha Klärschlamm noch nach neun Jahren in der Zone der Einarbeitung verblieben waren. Unter den humiden Bedingungen in Großbritannien fanden Davis et al. [31], daß 60–100% der Elemente Cd, Cr, Cu, Mo, Ni, Pb und Zn noch nach mehreren Jahren in den obersten 10 cm von mit Klärschlamm behandelten Grasflächen verblieben. In Analogie hierzu beobachteten andere Autoren, daß in mit Klärschlamm beaufschlagten Forstflächen ebenfalls nur wenig Abwärtsbewegung von Metallen stattfand.

Es sind in der Literatur allerdings auch Berichte zu finden, nach denen sich Cadmium in größerem Umfang in einigen Bodenprofilen an mit Klärschlamm behandelten Standorten in tiefere Horizonte verlagert. Legret et al. [32] beobachteten, daß bei einem Langzeitversuch auf einem grobstrukturierten Boden in Südwestfrankreich, der stark mit Klärschlamm behandelt worden war, das Cadmium im Profil bis auf eine Tiefe von 60–80 cm hinuntergewandert war. Bei einer alten Schlammfeldanlage auf einem kalkigen geröllhaltigen Lehmboden in England wurde beobachtet, daß das Cadmium im Profil bis auf 100 cm und stellenweise sogar noch tiefer hinabgewandert war [33, 34]. Diese Beobachtungen sind besonders wichtig, da sie im Gegensatz zu einer Vielzahl von Kurzzeituntersuchungen Zeiträume von mehr als hundert Jahren umfassen.

7.3.2   Landwirtschaftliche Materialien

Phosphathaltige Düngemittel werden allgemein als die am weitesten verbreitete Quelle von Cadmiumverunreinigungen landwirtschaftlicher Böden angesehen. Verhältnismäßig hohe Konzentration von mehr als 500 mg/kg sind in Phosphoriten (Phosphaterzen) zu finden, die zur Herstellung von Düngemitteln eingesetzt werden (s. Tabelle 7.2). Diese Tabelle zeigt auch, daß die Cadmiumgehalte in Düngemitteln je nach Herkunft der Phosphaterze stark variieren können. Die Herstellung von Phosphordünger wird ebenfalls als eine Hauptquelle der Umweltverunreinigung mit Cadmium in Form von Abwässern und festen Abfällen angesehen. Bei Langzeituntersuchungen der Bodenfruchtbarkeit in den USA brachten aus Phosphoriten Floridas hergestellte Phosphordüngemittel mit weniger als 10 mg Cd/kg jährlich 0,3–1,2 g Cd/ha in die Böden ein. Im Gegensatz dazu lieferten Düngemittel, zu deren Herstellung Phosphorite aus dem Westen der USA verwendet wurden und die durchschnittlich 174 mg Cd/kg enthielten, bei einem über 36 Jahre laufenden Feldversuch in Kalifornien jährlich 100 g Cd/ha. Die Cadmiumkonzentration stieg von 0,07 mg/kg an Blindversuchsstandorten auf 1,0 mg Cd/kg in den gedüngten Böden [40]. Bei Früchten, die auf diesen gedüngten Böden gewachsen waren, wurden deutliche Anstiege im Cadmiumgehalt festgestellt, jedoch nicht dort, wo Düngemittel verwendet wurden, die aus Florida-Phosphorit hergestellt worden waren. Etwa 70 % der in den USA eingesetzten Düngemittel werden aus dem verhältnismäßig cadmiumarmen Florida-Phosphorit hergestellt. Australische Düngemittel

Tabelle 7.2.   Cadmiumkonzentrationen von aus verschiedenen Phosphoriten hergestellten Düngemittel

Herkunft des Phosphorites	Spannweite	Literatur
	[mg Cd/kg Dünger]	
Divers	0,1–170	[3]
Divers	3,3–40	[35]
Pazifikinseln	18–91	[36]
Westliche USA	< 200	[37]
Florida (USA)	< 20	[37]
	[mg Cd/kg P]	
Marokko	137	[8]
USA	80	[8]
Togo	367	[8]
Senegal	584	[8]
Rußland	1,8	[8]
Tunesien, Algerien	137	[8]
Israel, Jordanien	82	[8]
In verschiedenen Ländern eingesetzte Phosphatdünger	[mg Cd/kg Dünger]	
Kanada	2,1–9,3	[38]
Australien	18–91	
USA	7,4–156	
Niederlande	9–30	
Schweden	2–30	

enthalten im allgemeinen 25–50 mg Cd/kg [36]. Bei Langzeitfelduntersuchungen in Rothamsted (Großbritannien) eingesetzte phosphathaltige Düngemittel mit 3–8 mg Cd/kg brachten jährlich 2 g Cd/ha in Ackerböden ein und 7,2 g Cd/ha in ungepflügte, grasbewachsene Böden [35]. Die erhöhte Akkumulation des Cadmiums in den Grasflächen könnte zum Teil auf die fehlende Bodenbearbeitung und Durchmischung zurückzuführen sein sowie auf stärkere Retention durch die größere Menge organischen Materials und auf einen effektiveren Einfang atmosphärischer Schadstoffe durch die Grasnarbe [35].

Schätzungen des Cadmiumeintrags durch phosphathaltige Düngemittel ergaben jährlich 4,3 g/ha in Großbritannien [41] und 3,5 g/ha in den alten Bundesländern Deutschlands [42]. Nriagu u. Pacyna [43] schätzten die weltweit mit Düngern in Böden aller Arten eingebrachten Cadmiummengen auf 30–350 t jährlich, wobei sie Cadmiumgehalte im Dünger zwischen 0,2 und 15 mg/kg zugrundelegten.

Da man sich in jüngster Zeit zunehmend dieser Quelle für die Cadmiumverunreinigung von Böden bewußt wird, haben einige der großen Produzenten ihr Rohmaterial auf Phosphaterze mit geringeren Cadmiumgehalten umgestellt, was in einigen Ländern oder Regionen zu einer Herabsetzung der Cadmiumgehalte in Phosphatdüngemitteln geführt hat. Eine vor kurzem in Großbritannien an 66 Düngerproben durchgeführte Untersuchung ergab einen mittleren Cadmiumgehalt von 36,7 mg/kg P_2O_5 bzw. 84 mg/kg Phosphor (MAFF, persönliche Mitteilung). In der EU wird der Cadmiumeintrag durch Dünger auf etwa 300 t jährlich geschätzt, und es wird erwartet, daß er bis zum Jahr 2000 auf 346 t jährlich steigen wird [8]. Der Einsatz phosphathaltiger Düngemittel wird den Cadmiumgehalt in nahezu allen landwirtschaftlich genutzten Böden erhöhen, zumindest in einem geringen Umfang.

Obwohl der Cadmiumgehalt der australischen Nahrung mit einer Aufnahme von 15 µg/Tag zu den niedrigsten der Welt gehört, stieg auch hier in jüngster Zeit die Besorgnis über die aus Phosphatdüngemitteln herrührende Anreicherung von Cadmium in Kartoffeln und anderen pflanzlichen Nahrungsmitteln. Man schätzt, daß Kartoffeln 55 % des Cadmiums in der australischen Nahrung liefern, in den USA hingegen nur 24 %. Die australische Regierung hat für Nahrungsmittel einen Cadmiumgehalt von 50 µg/kg Frischgewicht als zulässigen Höchstwert festgelegt [44]. Auch in Australien werden phosphathaltige Düngemittel als die Hauptquelle für Cadmium in Landwirtschaftsböden angesehen, zumal einige dieser Dünger aus relativ cadmiumreichen Phosphoriten hergestellt werden. Gehalte von bis zu 300 mg Cd/kg Phosphor sind in australischen Düngemitteln nicht ungewöhnlich, was bei Kartoffelanbauflächen jährlich 30–60 g Cd/ha einbringen kann [44]. Dies ist darauf zurückzuführen, daß bei einigen australischen Böden ein großer Phosphatmangel herrscht und Kartoffeln einen großen Phosphorbedarf aufweisen, wodurch für jede Kartoffelernte verhältnismäßig große Mengen an Düngemitteln ausgebracht werden müssen. Bei Versuchen in Südaustralien schwankte der jährliche Cadmiumeintrag durch phosphathaltige Düngemittel auf Kartoffelfeldern zwischen 2,8 g/ha bei Monoammoniumphosphat (MAP) und 40 g Cd/ha bei einfachem Superphosphat (SSP). Der Cadmiumaustrag durch Kartoffelernte schwankte zwischen 0,8 g/ha bei MAP und 9,6 g/ha bei SSP [44]. Einige Autoren berichteten von Unterschieden in der Bioverfügbarkeit von Cadmium in verschiedenen Phosphordüngern bei Treibhausexperimenten, wonach Cadmium in Diammoniumphosphat weniger leicht für Pflanzen verfügbar ist als in Trisuperphosphat [45]. McLaughlin et al. [44] beobachteten bei südaustralischen Feldversuchen mit Kartoffeln keine signifikanten Unterschiede zwischen den verschiedenen Phosphordüngern und waren der Ansicht, daß Cadmiumrückstände aus früheren Düngungen die wichtigste Quelle für die Pflanzen darstellten.

Gülle

Werte von 0,3–1,8 mg Cd/kg i.T. wurden für Gülle genannt [3, 36]. Hohe jährliche Ausbringungsraten von 35 t Frischgew./ha erwiesen sich bei den erwähnten Langzeituntersuchungen in Rothamsted als eine wichtigere Cadmiumquelle als Phosphatdünger und atmosphärische Deposition zusammen [35].

7.3.3   Atmosphärische Deposition

Die Cadmiumgehalte in der Luft liegen je nach der Entfernung von einer Emissionsquelle zwischen 1 und 50 ng/m^3 [37]. In Europa betragen die atmosphärischen Cadmiumkonzentrationen in ländlichen Gebieten zwischen 1 und 6 ng/m^3, in städtischen Bereichen 3,6 und 20 ng/m^3 und in Industrierevieren zwischen 16,5 und 54 ng/m^3, können allerdings wie in der Nähe einer Metallwiederaufbereitungsanlage – auf 11 000 ng/m^3 steigen [8]. Wie aus Tabelle 7.3 ersichtlich ist, stellen NE-Metallhütten, die Verbrennung fossiler Brennstoffe, Müllverbrennung sowie Eisen- und Stahlproduktion die Hauptquellen für die Cadmiumverunreinigung der Atmosphäre dar [38]. Die verhältnismäßig hohe Flüchtigkeit von Cadmium bei Temperaturen über 400 °C erklärt das Ausmaß dieser atmosphärischen Immissionen [10]. Die weltweite jährliche Cadmiumemission in die Atmosphäre wurde von Nriagu [49] auf 8100 t geschätzt, wovon 800 t aus natürlichen Quellen stammen und die restlichen 7300 t aus anthropogenen. Die durchschnittliche Emission pro Jahr aus anthropogenen Quellen stieg weltweit von 3400 t (zwischen 1951 und 1960) über 5400 t (1961–1970) auf 7400 t (1971–1980) [50]. Der jährliche Gesamteintrag an Cadmium durch trockene und feuchte Deposition liegt in ländlichen Gebieten zwischen 2,6 und 19 g/ha, wobei ein Wert von 3 g/ha als Durchschnitt für die Cadmiumablagerung auf landwirtschaftlichen Böden der EU angesehen wird [8]. Die atmosphärische Ablagerung liegt zwischen 0,06 g/ha jährlich in Grönland und 44,4 g/ha in New York und beträgt bis zu 135,6 g/ha in der Nähe der großen Blei-Zink-Hütte von Avonmouth (Großbritannien) [51]. Nriagu u. Pacyna [43] setzten die weltweite atmosphärische Deposition von Cadmium auf Böden für das Jahr 1988 bei 2200–8400 t an. Einer Schätzung von Sposito u. Page [52] zufolge beträgt die Cadmiumdeposition auf europäische und amerikanische Böden zwischen 0,2 und 978 g/ha jährlich, wobei sich die Werte für Europa im oberen Bereich bewegen. Sie schätzten, daß die durch atmosphärische Deposition verursachte Erhöhung der Cadmiumgehalte im Oberboden (0–15 cm) in den USA in ländlichen Gebieten weniger als 0,089 µg/kg jährlich betrug, gegenüber 29 µg/kg in Industrie-

Tabelle 7.3.   Schätzung der atmosphärischen Cadmiumemission aus den Hauptquellen in Europa im Jahr 1979 [t/Jahr]. (Aus [48])

Cd-Quelle	Menge
Primäre Nichteisenmetallproduktion	1613,4
Kohleverbrennung	143,7
Ölverbrennung	108,2
Müllverbrennung	83,6
Eisen und Stahlproduktion	59,0
Industrielle Verwendung von Metallen	19,7

gebieten und 0,98 µg/kg in städtischen Ballungszentren [52]. Nriagu [49] schätzte, daß von der weltweiten aus der Atmosphäre abgelagerten Cadmiummenge etwa 5700 t jährlich über Land ausfielen und 2400 t über dem Meer.

7.3.4   Klärschlämme

Abwässer schwanken stark in ihrer Zusammensetzung und enthalten Cadmium aus einer Vielzahl von Quellen, z.B. aus menschlichen Exkrementen, zinkhaltigen Haushaltsmitteln, Regenwasser mit Reifenabriebpartikeln und verschiedenen Industrieeinleitungen. Fast das gesamte Cadmium sammelt sich bei der Abwasserklärung in dem anfallenden Schlamm an, und die Cadmiumgehalte in Klärschlämmen besitzen verschiedenen Veröffentlichungen zufolge weltweit eine große Spannweite, wobei der Höchstwert bei 3650 mg/kg i.T. lag. Ältere Zentralwerte für Schlämme in Großbritannien lagen bei 17 bzw. 23 mg/kg i.T. [53, 54] sowie für amerikanische Schlämme bei 16 mg/kg i.T. [55]. Mit Werten zwischen 1,0 und 20 mg Cd/kg in kommunalen Klärschlämmen errechneten Nriagu u. Pacyna [43] Gesamtmengen von 20–340 t Cd/Jahr. Seit einem Jahrzehnt oder schon etwas länger sind die Cadmiumgehalte von Klärschlämmen dank der Anwendung von Abfallvermeidungsstrategien und infolge von Einleitungsbeschränkungen im Abnehmen begriffen. Wie in Kap. 3 dargestellt, sank der Zentralwert (50%-Quantil) von auf Landwirtschaftsflächen eingesetzten Klärschlämmen in Großbritannien von 9,0 mg/kg i.T. (1980–1981) auf 3,2 mg/kg i.T. (1990–1991), während im oberen Bereich das 90%-Quantil im gleichen Zeitraum von 33 mg Cd/kg auf 12,0 mg Cd/kg abnahm [58]. Der Zentralwert für den Cadmiumgehalt von zwischen 1990 und 1991 mit Schlamm behandelten Böden lag bei 0,55 mg/kg und damit deutlich unter dem in Großbritannien und der EU zulässigen Höchstwert von 3,0 mg/kg [56].

In den USA wurde 1990 eine landesweite Untersuchung von Klärschlämmen durchgeführt, bei der nach einer Fragebogenaktion unter allen 11 407 öffentlichen Kläranlagen der Staaten 208 repräsentative Anlagen ausgewählt wurden, deren Schlämme auf 412 Faktoren analysiert wurden [57]. Für Cadmium ergab sich dabei ein Zentralwert von 7,0 mg/kg, ein 95%-Quantil von 21 mg/kg und ein 98%-Quantil von 25 mg/kg. Die Daten aus dieser Untersuchung wurden bei einer Expositionsbeurteilung eingesetzt, mit Hilfe derer die Höchstwerte für Gehalte in Schlämmen und für Ausbringungsraten auf Böden bestimmt werden sollten.

Die zulässigen Cadmiumhöchstgehalte in Klärschlämmen für den landwirtschaftlichen Einsatz in den USA und europäischen Ländern wurden von McGrath et al. [58] zusammengefaßt und kommentiert. Die entsprechenden Grenzwerte werden in Tabelle 7.4 zusammen mit den Grenzwerten für Cadmium in mit Klärschlamm behandelten Böden aufgeführt. Zwischen den einzelnen Ländern der EU bestehen beträchtliche Unterschiede für die zulässigen Maxima, aber alle Werte sind wesentlich niedriger als die in den USA nach Paragraph 503 der neuen (1992er) Verordnung der dortigen Umweltschutzbehörde (EPA) zulässigen. Es besteht eine deutliche Diskrepanz zwischen den Bestimmungen der EPA einerseits und denen der Umweltbehörden der EU und der einzelnen Mitgliedsländer andererseits. Im Prinzip beruht der EPA-Ansatz auf der Analyse von 14 verschiedenen Expositionspfaden in Kombination mit den Daten der Nationalen Klärschlammuntersuchung von 1990, aus der die Höchstwerte der kumulativen Schadstoffbelastung abgeleitet worden waren. Die Verordnungen geben Höchstkonzentrationen für qualitativ hochwertige „saubere" Schlämme an, die mit einer jährlichen Rate von 10 t/ha einhundert Jahre lang ausgebracht werden können, bevor die Bela-

Tabelle 7.4.   Zulässige Höchstwerte für Cadmium in Klärschlämmen, die auf Landwirtschaftsflächen ausgebracht werden, zusammen mit Werten aus mit Schlamm behandelten Böden sowie jährliche Ausbringungsgrenzen [58]

Land	Jahr	Höchstwerte im Schlamm [mg/kg i.T.]	Gehalte in schlamm-behandelten Böden [mg/kg i.T.]	Jährliche Aus-bringungsgrenzen [kg/ha]
Europäische Union	1986	20–40	1–3	0,15
Frankreich	1988	20	2	0,15
Deutschland	1992	10 [a]	1,5 [b]	0,15
Spanien	1990	20	1,0	0,15
Dänemark	1990	1,2	0,5	0,008
	1995	0,8	–	–
Finnland	1995	1,5	0,5	0,0015
Schweden	1995	2,0	0,5	0,002
USA	1993	8,5	2,0	1,9

[a] Höchstkonzentration im Schlamm ist auf 5 mg Cd/kg erniedrigt, wenn der Zielboden weniger als 5% Ton enthält oder der Boden-pH 5–6 beträgt.
[b] Maximalwert für Böden mit pH über 6; bei pH 5–6 auf höchstens 1,0 mg Cd/kg erniedrigt.

stungsgrenzwerte überschritten werden. Mit dem in den USA angewandten kumulativen Belastungsprinzip wird auf die Fähigkeit eines Bodens vertraut, Schadstoffe zu assimilieren und ihre Bioverfügbarkeit zu verringern. Im Gegensatz dazu legt man in europäischen Ländern bei der Bodenschutzpolitik meist das „Metallgleichgewicht" zugrunde. Da der Eintrag von Metallen in Industrieländern stets die Verluste durch Pflanzenernte und Auswaschung übertrifft, beabsichtigen mehrere Länder, u.a. die Niederlande, Dänemark und Schweden, den Metalleintrag durch Schlämme in Böden soweit wie möglich zu minimieren. In Großbritannien wurde ein pragmatischer Ansatz gewählt, doch im November 1993 empfahl ein vom Ministerium für Landwirtschaft, Fischerei und Ernährung (MAFF) eingesetztes Sonderkommittee, den zulässigen Höchstgehalt von Zink in mit Klärschlämmen behandelten Böden von 300 mg/kg auf 250 mg/kg herabzusetzen, nachdem sich herausgestellt hatte, daß die Mikroorganismen in Böden bei Konzentrationen von über 250 mg Zn/kg stark betroffen werden. Hier wurde das LOAEL-Prinzip („lowest observed adverse effect level") angewandt, wobei die zulässigen Höchstwerte an der „niedrigsten beobachteten Konzentration mit schädlichen Auswirkungen" ausgerichtet werden, also auf tatsächlichen Beobachtungen toxischer Auswirkungen auf verschiedene Arten von Schlüsselorganismen beruhen [58].

Die in den Niederlanden entwickelten Bodenschutzmaßnahmen dienten ursprünglich zur Beurteilung und Sanierung verunreinigter Flächen und umfaßten zu diesem Zweck A-, B- und C-Werte. Bei den A-Werten handelt es sich um Referenzwerte aus Böden in Naturschutzgebieten, die nur einer „Hintergrund"-Verunreinigung durch atmosphärische Deposition unterliegen. Die B-Werte finden keine Anwendung mehr, dienten aber ursprünglich als Auslöserwerte für die Notwendigkeit weiterer Untersuchungen. Bei den C-Werten handelt es sich um „Interventions"-Werte, die aus öko- und humantoxikologischen Risikoabschätzungen gewonnen wurden. Wie die Werte der amerikanischen Umweltschutzbehörde EPA basieren auch diese Werte auf Expositionspfaden und geben diejenigen Gehalte an, oberhalb welcher die Funktionsfähigkeit des Bodens ernsthaft bedroht ist. In den Niederlanden liegen die

„A"- und „C"-Werte für Cadmium bei 0,8 bzw. 12 mg Cd/kg [58, 59]. Böden die abnorm hohe Mengen von Klärschlamm erhalten haben, werden in Abschn. 7.6 behandelt.

Obwohl es sich dabei um eine bequeme Art der Abfallentsorgung und um eine Quelle der Makronährstoffe Phosphor und Stickstoff handelt, hat die Ausbringung von Klärschlämmen auf Land beträchtliche Verunreinigungen der Böden mit Cadmium und anderen nicht-essentiellen Metallen zur Folge, was unvermeidlich auch zu einer verstärkten Aufnahme dieser Metalle durch Pflanzen führt.

7.3.5   Weitere Cadmiumquellen

Weitere wesentliche Cadmiumquellen, die zur Verunreinigung von Böden führen können, sind Abbau, Aufbereitung und Verhüttung von cadmiumhaltigen Sulfiderzen, die bis zu 5 % Cadmium enthalten können. Die Verbreitung von Partikeln aus diesen Quellen kann durch Wind- und Wassererosion von den Abraum- und Bergehalden alter Gruben oder Erzaufbe-reitungsstandorten erfolgen. In durch Blei-Zink-Bergbau und -verhüttung stark verschmutz-ten Böden wurden Cadmiumgehalte von bis zu 750 mg/kg [60] gemessen. Mit Cadmium verunreinigte Böden werden in Abschn. 7.6 im Detail diskutiert.

7.3.6   Cadmiumeinträge in Böden: Zusammenfassung

In einigen westlichen Ländern wurden die Anteile der wesentlichen anthropogenen Quellen für Cadmium wie folgt geschätzt: phosphathaltige Dünger 54−58 %, atmosphärische Ablage-rung 39−41 % und Klärschlämme 2−5 % [61, 62]. In Dänemark führen diese Quellen zu einer jährlichen Zunahme des Cadmiumgehalts in landwirtschaftlichen Böden um 0,6 % [62]. Wesentlich höhere Einträge ergeben sich an Standorten in der Nähe von cadmium-emittierenden Metallhütten oder dort, wo Klärschlämme auf Böden ausgebracht werden.

7.4   Chemie von Cadmium in Böden

7.4.1   Speziation von Cadmium in der Bodenlösung

Um die Dynamik von Metallen in landwirtschaftlichen oder natürlichen Ökosystemen besser zu verstehen, muß man die Formen identifizieren, in denen sie im Boden und insbesondere in der Bodenlösung auftreten. Die toxischen Auswirkungen eines Metalls hängen mehr von seiner Bindungsform als von der Konzentration ab. Das freie Ion Cd^{2+} wird eher auf den Oberflächen von Bodenteilchen adsorbiert als andere, beispielsweise neutrale oder anioni-sche Spezies. Die vorwiegende Cadmiumspezies in der Bodenlösung ist Cd^{2+}, das Metall kann allerdings auch die folgenden Komplexionen[1] bilden: $CdCl^+$, $CdOH^+$, $CdHCO_3^+$, $CdCl_3^-$, $CdCl_4^{2-}$, $Cd(OH)_3^-$ und $Cd(OH)_4^{2-}$ sowie außerdem organische Komplexe [3].

---

[1] Aquoliganden nicht mit aufgeführt.

Konzentrationen und Speziation von Metallen wie Cadmium in der Bodenlösung hängen hauptsächlich von der Konzentration der Liganden in der Lösung und von den Komplexbildungskonstanten ab. Zur theoretischen Berechnung der in aquatischen Systemen auftretenden Spezies liegen mehrere Modelle vor, u. a. GEOCHEM von Mattigod u. Sposito [63], welches speziell für Böden entwickelt wurde. Das Modell enthält eine Datenbank mit typischen Werten für die Komplexbildungskonstanten der einzelnen Ligand-Metall-Paarungen. Das Einsetzen von Parametern wie pH, C_{org} sowie Kationen- und Anionenkonzentrationen ermöglicht die Prognose der vorherrschenden Spezies. Mit Hilfe dieses Modells ergaben sich für Cadmium in sauerstoffreichen Bodenlösungen als Hauptspezies in abnehmender Folge: Cd^{2+}, $CdSO_4$, $CdCl^+$ und $CdHCO_3^+$ in sauren Böden und Cd^{2+}, $CdCl_4^{2-}$ und $CdSO_4$ in alkalischen [52]. Verschiedene Autoren beobachteten jedoch, daß die von GEOCHEM vorhergesagten Gehalte der Bodenlösungen an freien Ionen bei einigen Metallen mit den experimentellen Befunden nicht gut übereinstimmen. So bemerkten McGrath et al. [64, 65], daß die Anteile von Kupfer, Nickel und Blei in der Bodenlösung von mit Schlamm behandelten Böden durch GEOCHEM beträchtlich überschätzt wurden, wenn auch die Vorhersagen des Modells in genau definierten Lösungen den wirklichen Verhältnissen gut entsprachen. Mittlerweile wurde das Modell überarbeitet und in SOILCHEM umbenannt. Viele der bei GEOCHEM auftretenden Probleme wurden dabei behoben.

Die löslichen Hauptspezies von Cadmium in Böden, die aus verschiedenen Quellen verunreinigt worden waren, wurden von Tills u. Alloway [66] mittels einer Kombination von Ionenaustausch und Umkehrphasen-Chromatographie (RPLC) fraktioniert. Dabei stellte sich heraus, daß das freie Ion Cd^{2+} allgemein überwiegt und daß die Gehalte an neutralen Spezies wie $CdSO_4$ oder $CdCl_2$ bei pH-Werten oberhalb von 6,5 zunehmen. Der Anteil von organisch gebundenem Cadmium in der Bodenlösung war verhältnismäßig gering. In einem stark mit Klärschlamm behandelten Boden lagen nur 13,2 % des Cadmiums in Form organischer Komplexen vor. Das Analyseverfahren lieferte möglicherweise zu niedrige Gehalte an organisch gebundenem Cadmium, die Ergebnisse sind jedoch vergleichbar mit den theoretischen Werten, die Mahler et al. [67] mit Hilfe von GEOCHEM für schlammgedüngte Böden errechneten.

7.4.2   Adsorption von Cadmium in Böden

Das dynamische Gleichgewicht zwischen dem in der Bodenlösung solvatisierten und dem auf der festen Phase des Bodens adsorbierten Cadmium hängt ab vom pH-Wert und von der Ladung der vorhandenen Komplexe, von der Stabilität der Cadmiumkomplexe, dem Bindungsvermögen der funktionellen Gruppen sowie von der Konzentration der konkurrierenden Ionen [68, 69]. Die Adsorption eines Schwermetalls im Boden stellt nur selten eine einfache Relation zwischen seinem Verteilungskoeffizienten und den Bodeneigenschaften dar, da aufgrund der Bildung verschiedener anorganischer und organischer Komplexe üblicherweise mehr als nur eine Spezies eines Metalls in der Bodenlösung vorhanden ist. Einige Aspekte des chemischen Verhaltens von Cadmium in Böden können durch das Pearson-Konzept der harten und weichen Säuren und Basen („hard and soft acids and bases" (HSAB)) erklärt werden. Als weiche Lewis-Säure reagiert Cadmium bevorzugt mit weichen Lewis-Basen wie Chlorid- und Hydroxygruppen und bildet mit ihnen Komplexe [70].

Cadmium besitzt in Böden eine höhere Mobilität als viele andere Schwermetalle, u. a. Blei und Kupfer, und ist daher für Pflanzen leichter verfügbar. Wie in Kap. 2 beschrieben, ist die

Selektivität mehrerer Bodenadsorbenzien für Cadmium geringer als für Kupfer und Blei. Adsorptionsmechanismen sind dennoch sehr wichtig bei der Erklärung der Dynamik von Cadmium in Böden. Darum soll im folgenden ein kurzer Überblick über die wesentlichen Faktoren, die bei der Adsorption eine Rolle spielen, gegeben werden.

Eines der Probleme bei der Bewertung der Arbeiten zur Cadmiumadsorption in Böden stellen die unrealistisch hohen Cadmiumkonzentrationen dar, die bei vielen Untersuchungen eingesetzt wurden. Dadurch können die Befunde nicht ohne weiteres auf Geländebedingungen übertragen werden [71]. Christensen [71] ist der Ansicht, daß die Cadmiumkonzentrationen von Lösungen 50 µg/l nicht überschreiten sollten und daß der Gesamtgehalt unter 20 mg Cd/kg liegen sollte, jedoch wurden bei einigen Untersuchungen auch Gehalte von bis zu 500 mg Cd/l eingesetzt [72]. Bei den üblicherweise in verunreinigten Böden angetroffenen Konzentrationen scheint die Verteilung des Cadmiums zwischen löslichen und an den Boden gebundenen Formen eher durch Adsorptionsprozesse als durch Ausfällung gesteuert zu werden. Nur bei außergewöhnlich hohen Cadmiumgehalten sind auch Ausfällungen von Cadmiumphosphaten und -carbonaten zu erwarten [72].

Adsorptionsisothermen

In vielen Fällen hat sich erwiesen, daß die Cadmiumadsorption in Suspensionen von Böden oder Bodenbestandteilen entweder durch Langmuir- oder Freundlich-Isothermen beschrieben werden können [73, 74]. Die Wahl des Modells ist dabei unmaßgeblich, da die Cadmiumgehalte unter der Annahme realistischer Konzentrationen deutlich unterhalb der Sättigung liegen [79]. Gerritse u. Van Driel [69] untersuchten 33 verunreinigte Böden aus den Niederlanden, Frankreich und England und stellten fest, daß sich Langmuir-Isothermen zur Beschreibung der Cadmiumadsorption in diesen Böden am besten eigneten. Die Adsorption/ Desorption von Cadmium und Zink wurde dabei stärker vom pH-Wert beeinflußt als die von Blei und Kupfer. Zwischen 10 und 50 % vom adsorbierten Cadmium, Zink und Kupfer waren austauschbar, vom Blei hingegen nur 1−5 %.

Bei zwei unabhängigen Untersuchungen zur spezifischen Adsorption von Cadmium in einer Vielzahl von Böden ergab sich, daß die Daten durch Freundlich-Adsorptionsisothermen in zwei unterschiedlichen Bereichen beschrieben werden konnten [76, 77]. Dies läßt sich als Hinweis auf das Vorhandensein zweier Arten von Adsorptionsstellen werten:

• Stellen mit geringer Kapazität und hoher Affinität für Cadmium bei niedrigen Cadmiumgehalten in der Lösung und
• Stellen mit niedrigerer Affinität, aber höherer Kapazität bei höheren Konzentrationen.

Derartige zweiteilige Kurven wurden auch in anderen Arbeiten bei Zink, Nickel, Kupfer und Blei beobachtet. Die Adsorption von Cadmium läuft meist schnell ab; 90 % werden innerhalb der ersten zehn Minuten adsorbiert [71].

Einfluß des pH-Werts

Untersuchungen von Christensen [71] zufolge nimmt die Cadmiumadsorption in sandigen und lehmigen Böden zwischen pH 4 und 7,7 mit jeder pH-Einheit um den Faktor drei zu. Farrah u. Pickering [78] berichteten, daß die Adsorption von Cadmium mit dem pH-Wert (bis pH 8) deutlich ansteigt. Naidu et al. [79] beobachteten, daß die Cadmiumadsorption in zwei australischen Oxisol-Böden sowie in einem Andept und einem Fragiaqulf aus Neuseeland als Folge der zunehmenden negativen Oberflächenladung mit dem pH-Wert anstieg. Zunehmende Ionenstärke führte zu einer Verringerung der Cadmiumadsorption. Ihre Ergebnisse zeigten, daß unabhängig von pH-Wert und isoelektrischem Punkt Indizien sowohl für spezifische als auch für unspezifische Adsorption von Cadmium vorlagen. Garcia-Miragaya u. Page [80] fanden, daß Böden mit hohem Gehalt an organischem Material oder Eisenhydroxiden im pH-Bereich zwischen 6 und 7 mehr Cadmium adsorbierten als solche mit hohem Gehalt an 2:1-Tonen, obwohl letztere höhere Kationenaustauschkapazitäten aufweisen. Pickering [68] berichtete, daß Goethit sämtliches Cadmium aus einer Lösung bei einem pH-Wert adsorbierte, der drei Einheiten unter dem theoretischen pK_i-Wert lag. Mit zunehmendem pH-Wert sank der Cadmiumgehalt der Lösung wegen des Ansteigens der Hydrolyse, der Anzahl von Chemisorptionsplätzen und der pH-abhängigen negativen Ladung. Mit Hilfe multipler Regression wiesen Alloway et al. [77] bei einer Untersuchung von 22 verschiedenen Böden nach, daß der pH-Wert einer der Schlüsselfaktoren bei der Steuerung der Cadmiumadsorption ist, zusammen mit dem Gehalt an organischem Material und wasserhaltigen Oxiden. Die von Manganoxidhydraten adsorbierte Cadmiummenge stieg nahezu linear mit dem pH-Wert bis zu einem Maximum, wobei dieser pH-abhängige Adsorptionsprozeß nahezu völlig reversibel ist [68].

Auswirkung der Konkurrenz durch andere Metallionen
Die Konkurrenz seitens anderer Ionen wie die der Metalle Ca, Co, Cr, Cu, Ni und Pb kann die Adsorption von Cadmium behindern. Christensen [71] berichtete, daß die Adsorptionskapazität eines sandigen Lehmbodens um 67% sank, wenn der Calciumgehalt in Lösung von 10^{-3} auf 10^{-2} M erhöht wurde. Cowan et al. [81] beobachteten eine starke Konkurrenz zwischen Cadmium und Calcium bei der Adsorption an Eisenoxidhydraten und erklärten dies unter der Annahme, daß die Adsorptionsstellen für beide Metalle gleichermaßen zugänglich sind, über das Massenwirkungsgesetz. Naidu et al. [79] fanden ebenfalls, daß Calcium mit Cadmium bei der Adsorption an Oxisolen sowie an einem Andept und einem Fragiaqulf in Konkurrenz stand. Christensen [82] berichtete, daß Zink die Adsorption von Cadmium am stärksten behindert, was auf konkurrierende Langmuir-Adsorption zurückzuführen sein könnte. Obwohl die Adsorption von Cadmium verringert wurde, blieb die Form der Adsorptionsisothermen gleich [82].

Adsorption auf Calcit
Alloway et al. [83] wiesen nach, daß Böden, die $CaCO_3$ enthalten, Cadmium sorbieren und seine Bioverfügbarkeit verringern können. Die Adsorption von Cadmium an Calcit wurde im Detail von McBride [84] sowie von Papadoupolos u. Rowell [85] untersucht. Es ergab sich dabei, daß Calcit eine hohe Affinität für Cadmium aufweist, wobei die Adsorptionsisotherme bei geringen Cadmiumgehalten (unter 1 µmol/g) linear verläuft. Bei hohen Cadmiumkonzentrationen überwog allerdings die Ausfällung von $CdCO_3$. Die Chemisorption von Cadmium bei niedrigen Konzentrationen erfolgt vermutlich u.a. durch die Verdrängung von Calcium durch Cadmium an der Oberfläche der Calcitkristalle [85].

Wirkung organischer Liganden
Die Komplexierung von Cadmium durch organische Liganden in der Bodenlösung kann sich deutlich auf die sorbierten Mengen auswirken. Farrah u. Pickering [86] beobachteten, daß EDTA die Adsorption von Cadmium über einen pH-Bereich von 3–11 hinweg verhinderte. Der Ligand NTA bildet Anionenkomplexe, die sich bei niedrigen pH-Werten zersetzen, was dazu führt, daß einiges Cadmium adsorbiert wird. Große Mengen der Aminosäure Glycin führten dazu, daß die Fällung zu höheren pH-Werten hin verschoben wurde. Weinsäure ließ keinen Einfluß auf die Adsorption erkennen. Es wurde festgestellt, daß anionische Metallkomplexe von Tonen nicht in nennenswertem Umfang adsorbiert werden und daß die Ad-

sorption kationischer Spezies durch die Konkurrenz mit Protonen wesentlich herabgesetzt werden kann. Elliot u. Denneny [87] beobachteten, daß NTA und EDTA die Adsorption von Cadmium in Böden durch die Bildung schwer adsorbierbarer Komplexe behinderten, wohingegen Oxalat und Acetat keinen Einfluß zeigten. Alle Adsorptionsisothermen zeigten charakteristische pH-Abhängigkeit, wobei das Maximum bei etwa pH 7 lag. Mit zunehmendem Säuregehalt der Lösung geht die organische Metallkomplexierung zurück, da die Liganden bei niedrigem pH-Wert bevorzugt H^+ binden. Cadmium bildet zwar Anionenkomplexe mit Humus- und Fulvosäuren [88], diese sind jedoch weniger stabil als die von Blei und Kupfer [75, 89].

Neal u. Sposito [90] beobachteten s-förmige Adsorptionsisothermen für Cadmium in mit Schlamm behandelten Böden. Dies ist ein Hinweis darauf, daß die Liganden in der wäßrigen Lösung bei geringen Cadmiumkonzentrationen eine stärkere Affinität für dieses Metall besitzen als die Oberflächenladungen im Boden. Nach dem Waschen der Böden zur Entfernung löslicher organischer Liganden nahmen die Adsorptionsisothermen eher die normale L-Form an. Organische Liganden erhöhen nicht nur die Löslichkeit von Spurenmetallen, sondern verringern auch deren toxische Auswirkungen auf Pflanzen. Das freie (hydratisierte) Ion wirkt offenbar stärker toxisch als wenn das Metall in Form stabiler Komplexe vorliegt, beispielsweise als $CdCl^+_{aq}$ oder auch organisch komplexiert [91]. Baham et al. [92] beobachteten, daß das Cadmium in Fulvosäurelösungen, die aus Klärschlämmen extrahiert wurden, nur schwach gebunden war (weniger stark als Zink und Nickel). In den aus verschiedenen Klärschlämmen extrahierten Fulvosäuren traten dabei jedoch Unterschiede auf. Stevenson [93] bestimmte die Bildungskonstanten von Cadmiumkomplexen mit Humussäuren mit Hilfe potentiometrischer Titrationen. Cadmium ist demzufolge schwächer gebunden als Blei und Kupfer, insbesondere bei niedrigerem pH-Wert. Daraus wurde geschlossen, daß Carboxy- und phenolische Hydroxygruppen bei der Bindung der genannten Metalle mitwirken. Fletcher u. Beckett [94] beobachteten, daß das lösliche organische Material in ausgefaulten Klärschlämmen zwei Arten von Austauschstellen enthält: die einen binden Ca^{2+}, Mg^{2+}, Zn^{2+}, Ni^{2+}, Co^{2+}, Mn^{2+}, Cd^{2+}, Pb^{2+} und Fe^{3+}, die anderen hingegen nur Cu^{2+}, Pb^{2+} und H^+.

Einfluß von Chlorid
Cadmium bildet sehr stabile lösliche Chlorokomplexe. Mehrere Autoren berichteten eine Abnahme der Adsorption bzw. Zunahme der Mobilisierung in Böden in Gegenwart hoher Chloridkonzentrationen, wie sie in versalzten Böden, bei der Bewässerung mit salzhaltigem Wasser und bei der Verunreinigung durch Deponiesickerwässer auftreten. Evans et al. [95] zufolge ist die Abnahme der Metalladsorption in Gegenwart von Chloridionen in der Reihenfolge $Zn^{2+} < Pb^{2+} < Cd^{2+} < Hg^{2+}$ verstärkt zu beobachten, was mit der Neigung der Metalle zusammenhängt, Chlorokomplexe zu bilden. In Südaustralien stellten McLaughlin et al. [96] fest, daß die Aufnahme von Cadmium durch Kartoffeln bei Bewässerung mit salzhaltigem Wasser höher war. Sie beobachteten, daß der Cadmiumgehalt von Kartoffelknollen in dieser Gegend eindeutig mit dem Gehalt an wasserextrahierbarem Chlorid im Boden korreliert war.

7.5   Cadmium im System Boden-Pflanze

Die chemischen Bodenprozesse, die die Verfügbarkeit von Cadmium bei der Aufnahme durch Pflanzen beeinflussen, sind für die Abschätzung der Auswirkungen von Bodenverunreinigungen auf die menschliche Gesundheit von besonderer Bedeutung. Cadmiumtoxizität bei Pflanzen kann auf stark verschmutzten Böden in offenkundiger Weise auftreten. Die Akkumulation dieses Metalls in Nutzpflanzen in subphytotoxischen Größenordnungen gibt jedoch zu größerer Besorgnis Anlaß, da so die Gefahr besteht, daß es unbemerkt in die Nahrungskette geraten kann. Schon geringfügig erhöhte Cadmiumgehalte in Nahrungsmitteln können sich langfristig folgenschwer auswirken.

Mitchell et al. [97] beobachteten, daß die Giftwirkung von Schwermetallen auf Weizen und Salatpflanzen in der Reihenfolge Cd > Ni > Zn abnimmt. Chaney et al. [98] betonten, daß man sich nicht auf das Einsetzen sichtbarer Symptome einer Schwermetallvergiftung bei Pflanzen als Warnsignal verlassen darf, sondern daß sich auch schon davor gesundheitsgefährdende Metallkonzentrationen akkumuliert haben können. Verhältnismäßig hohe Cadmiumgehalte können sich in den eßbaren Teilen ansammeln, ohne daß die Pflanze Streßsymptome aufweist. Akute Cadmiumtoxizität in Form von Blattchlorose, Verwelkung und Zwergwachstum wird nur selten beobachtet. Fälle von Pflanzenvergiftung auf stark mit Metallen verschmutzten Böden sind meist auf überhöhte Gehalte anderer Metalle zurückzuführen.

Das Ausmaß, in dem Cadmium von Pflanzen aufgenommen wird, hängt von der Kombination der nachstehend besprochenen Boden- und Pflanzenfaktoren ab.

7.5.1   Einfluß von Bodenfaktoren auf die Cadmiumaufnahme durch Pflanzen

Der Cadmiumgehalt im Boden
Unter den verschiedenen Bodenparametern, welche die Verfügbarkeit von Cadmium beeinflussen können, stellt der Gesamtgehalt dieses Elements im Boden den bestimmenden Faktor für den Cadmiumgehalt von Pflanzen dar. Kabata-Pendias u. Pendias [3] beziehen sich auf Daten, die zeigen, daß zwischen dem Cadmiumgehalt in Kartoffelpflanzen und Gerstekörnern und dem Cadmiumgehalt im Boden eine lineare Relation besteht, während die Beziehung bei Spinatblättern logarithmisch-normal ist. Alloway [34] stellte fest, daß der Cadmiumgehalt in den eßbaren Teilen von Kohl, Karotten, Salat und Rettich, die auf 50 durch verschiedene Quellen verunreinigten Böden gewachsen waren, stark mit dem Gesamtgehalt der Böden korreliert war. Chumbley u. Unwin [94] beobachteten signifikante Korrelationen zwischen dem Cadmiumgesamtgehalt von mit Klärschlamm behandelten Böden und dem Gehalt von Salat und Kohl. Lund et al. [100] beschrieben ebenfalls signifikante Korrelationen zwischen dem Cadmiumgehalt von Böden und den Konzentrationen in Blättern verschiedener Nutzpflanzen. Hornberg u. Brummer [101] fanden eine lineare Korrelation zwischen den Cadmiumgehalten von Weizenkörnern und dem Gesamtgehalt der betreffenden Böden.

Die Herkunft des Cadmiums im Boden kann die Bioverfügbarkeit dieses Elements ebenfalls beeinflussen. Alloway et al. [77] stellten fest, daß das Cadmium in Böden, die durch anorganische Quellen wie Erzbergbau und Metallverhüttung verunreinigt waren, stärker in den eßbaren Teilen von Gemüsen angesammelt wurde als das Cadmium in mit Klärschlamm behandelten Böden. Die niedrigsten Akkumulationsfaktoren (Cadmium in Pflanze/Cadmium im Boden) wurden jedoch alle bei Nutzpflanzen gefunden, die auf den kalkhaltigen, durch Bergbau verunreinigten Böden von Shipham wuchsen [83] (s. Abschn. 7.6). Klärschlämme stellen die häufigste Quelle für erhöhte Cadmiumgehalte in Böden dar. Das mit dem Klärschlamm eingebrachte organische Material verstärkt die Fähigkeit des behandelten Bodens zur Adsorption von Metallen.

Verschiedene Autoren berichteten, daß Nutzpflanzen, die auf mit Cadmiumsalzen versetzten Böden gewachsen waren, mehr Cadmium aufnahmen als solche, die von Böden stammten, denen eine gleich große Menge Cadmium mit Klärschlamm zugeführt worden war. Korcak u. Fanning [102] zeigten, daß die Cadmiumaufnahme von Mais aus Böden, denen $CdSO_4$ zugesetzt worden war, fünf- bis achtzehnmal höher war als bei Böden mit Zugabe der gleichen Cadmiummenge aus Klärschlamm. Mahler et al. [103] reicherten Schlamm mit $CdSO_4$ an und beaufschlagten damit Böden. Der Vergleich mit Böden, die ohne Schlamm mit Cadmium versetzt worden waren, ergab, daß das Cadmium in den Böden, die mit cadmiumangereichertem Schlamm behandelt worden waren, weniger verfügbar war. Die Kalkung der Böden führte zu einer verminderten Cadmiumaufnahme, wobei dieser Effekt bei den schlammbehandelten Böden am größten war. Alloway [34] beobachtete, daß Cadmium in mit Metallsalzen behandelten Böden leichter verfügbar war als in Böden, die von verunreinigten Freilandstandorten entnommen worden waren, obwohl den behandelten Böden mehrere Monate lang Gelegenheit zur Gleichgewichteinstellung gegeben worden war.

Bingham et al. [104] fanden, daß die Cd^{2+}-Aktivität in Bodenlösungen besser mit der Aufnahme durch Mangold korrelierte als das Gesamtgehalt an löslichem Cadmium oder die Konzentrationen der freien Ionen oder Ionenpaare. Sie gaben an, daß das GEOCHEM-Modell am besten zur Abschätzung der löslichen Hauptcadmiumspezies geeignet ist.

Boden-pH-Wert

Der Boden-pH-Wert stellt den zentralen Faktor bei der Steuerung der Cadmiumverfügbarkeit in Böden dar, da er alle Adsorptionsmechanismen und die Speziation der Metalle in der Bodenlösung beeinflußt. Die Cadmiumaufnahme ist umgekehrt proportional zum pH-Wert. Page et al. [2] berichteten, daß der Cadmiumgehalt von Mangoldblättern um den Faktor 2–3,9 anstieg, wenn der Boden-pH-Wert von 7,4 auf 4,5 herabgesetzt wurde. Die Aufnahme von Cadmium durch Reis sank bei pH-Erhöhung von 5,5 auf 7,5, eine Beobachtung, die auch bei Weizen gemacht wurde [105]. Jackson u. Alloway [106] berichteten, daß eine Reihe verschiedener, mit Schlamm behandelter, saurer Böden durch Kalkung neutralisiert wurden, was dazu führte, daß die Cadmiumkonzentration in Kohl um durchschnittlich 43% und in Salatpflanzen um 41% abnahm, wohingegen sich bei Kartoffelknollen keine signifikante Reduktion der Cadmiumgehalte ergab.

Andersson u. Nilsson [107] bemerkten, daß die Zugabe von gebranntem Kalk zu Böden die Aufnahme von Cadmium durch Futterraps herabsetzte, was sie auf den erhöhten pH-Wert und die Konkurrenz zwischen Ca^{2+}- und Cd^{2+}-Ionen zurückführten. Die steigende Aktivität von Cd^{2+} bei zunehmendem Säuregehalt ist zum Teil durch die Auflösung von Hydroxiden und Oxidhydroxiden und der gemeinsam mit ihnen gefällten Metalle sowie auf die verminderte Adsorption an Kolloiden in Folge einer Abnahme der pH-abhängigen negativen Ladung bedingt. Eine Ausnahme dieses Zusammenhangs zwischen pH-Wert und Metallaufnahme wurde von Pepper et al. [108] berichtet, die bei Mais keinerlei Verringerung des Cadmiumgehalts registrieren konnten, nachdem ein mit anaerob ausgefaultem Klärschlamm behandelter Boden bis zu einem pH-Wert von 6,5 gekalkt worden war.

Alloway et al. [109] stellten multiple Regressionsgleichungen zur Beschreibung der Akkumulation von Cadmium in vier Nutzpflanzen auf 50 verschiedenen verunreinigten Böden und Vergleichsböden auf und dabei fest, daß der pH-Wert, gemessen in 0,01 M $CaCl_2$, nach dem Cadmiumgesamtgehalt den zweitwichtigsten Einflußfaktor darstellte. Die höchsten Quoten für die Cadmiumakkumulation waren bevorzugt in auf sauren Böden wachsenden Pflanzen [83] festzustellen.

Sorptionskapazität von Böden

Verschiedene Autoren haben gezeigt, daß sich der Cadmiumgehalt von Pflanzen umgekehrt proportional zum Kationenaustauschvermögen der Böden verhält, auf denen sie wachsen [110–112]. Alloway et al. [77] stellten eine reziproke Beziehung zwischen den Verteilungskoeffizienten K_d für Cadmium, die anhand von Isothermen bestimmt wurden, welche bei der Untersuchung der spezifischen Adsorption erhalten wurden, und dem Cadmiumgehalt von Kohl auf verschiedenen Böden fest (s. Tabelle 7.5).

Organisches Material trägt einen Teil zum Kationenaustauschvermögen eines Bodens bei, adsorbiert aber durch die Bildung von Komplexen auch selbst Schwermetalle. Hinesly et al. [110] berichteten, daß die Cadmiumaufnahme durch Mais in reziprokem Verhältnis zum Kationenaustauschvermögen von Böden stand, die mit $CdCl_2$ versetzt waren, daß aber keine Korrelation zu dem Austauschvermögen von mit cadmiumhaltigem Klärschlamm behandelten Böden bestand. Mahler et al. [103] fanden keine konsistente Beziehung zwischen der Austauschkapazität von Böden und dem Cadmiumgehalt von Salat- und Mangoldblättern. Alloway u. Jackson [109] zufolge handelt es sich beim Kationenaustauschvermögen nicht um eine wichtige Variable in den Rechnungen, die zur Modellierung der Cadmiumaufnahme von vier Nutzpflanzen aus einer Reihe von Böden angestellt wurden.

Das Verhältnis zwischen Kationenaustauschvermögen und der Aufnahme durch Pflanzen bleibt weiter ungeklärt, da es sich beim Kationenaustausch nur um einen von mehreren Adsorptionsmechanismen handelt, die die Löslichkeit von Cadmium in Böden beeinflussen. Obwohl Oxidhydrate unterhalb von pH 8 nur wenig zum Kationenaustauschvermögen eines Bodens beitragen (s. Kap. 2), können sie beträchtliche Mengen Cadmium spezifisch adsorbieren. Daraus war zu folgern, daß das Kationenaustauschvermögen selbst nicht der am besten geeignete Parameter ist, um die Adsorptionsfähigkeit eines Bodens für Metalle wie Cadmium zu beschreiben.

Redoxbedingungen

Beim Reis handelt es sich um eine ungewöhnliche Nahrungspflanze, die sowohl unter den reduzierenden Bedingungen überschwemmter Reisfelder wachsen kann, als auch unter oxidierenden Bedingungen nach der Trockenlegung der Felder. Einige Reissorten, z.B. der sog. Hochlandreis, können auch auf Feldern ohne Überflutung angebaut werden. Es ist bekannt, daß unter gefluteten (reduzierenden) Verhältnissen wachsender Reis wesentlich weniger Cadmium einlagert als unter oxidierenden Bedingungen wachsender und daß er geringere Er-

Tabelle 7.5.   Unterschiede in der pflanzlichen Cadmiumaufnahme und verschiedenen Bodenparametern zwischen zwei Böden unterschiedlicher Struktur und Redoxverhältnisse bei einem Feldversuch mit identischen Klärschlammgaben [77]

Bodenbeschaffen-heit	pH	OM [%]	Fe-Oxide [%]	Mn-Oxide [mg/l]	Boden-Cd [mg/kg]	K_d	Cd in Kohl [mg/kg i.T.]
Tonig	5,4	13,6	2,07	98	7,8	297	9,5
Sandig-lehmig	5,5	8,5	4,18	535	6,1	582	4,9

tragsverluste aufweist als letzterer [113]. Dies läßt sich auf die Bildung von festem CdS in den sauerstoffarmen, überschwemmten Feldern zurückführen. Wird das Sulfid oxidiert, so ergibt sich eine gewisse Ansäuerung, die zur Verfügbarkeit von Cadmium beiträgt. Im Jintsu-Tal in Japan, wo in den fünfziger Jahren die sog. „Itai-Itai"-Krankheit auftrat (s. Abschn. 7.6.1), zeigte sich, daß der Cadmiumgehalt im Reis mit der Anzahl der Tage korrelierte, während derer die Felder vor der Ernte trockengelegt und belüftet wurden [2].

Die meisten Arten von Nutzpflanzen können zwar reduzierende Bedingungen nicht lange ertragen, dennoch sind viele den indirekten Folgen von niedrigen E_h-Werten bei der Vergleyung ausgesetzt. Bei bewirtschafteten Tonböden handelt es sich oft um Gleye, bei denen im Oberboden infolge von Trockenlegung und Bearbeitung die meiste Zeit des Jahres oxidierende Bedingungen herrschen. Da solche Böden wegen ihres geringeren Gehalts an Eisen- und Manganhydroxiden geringere Adsorptionskapazitäten für Cadmium besitzen, kann Cadmium in diesen Böden stärker verfügbar sein als in unvergleyten Böden. Dieser Sachverhalt ist ebenfalls aus Tabelle 7.5 ersichtlich. Bei Kohlpflanzen, die in Tonboden (entwässertem Gley) bzw. sandigen frei entwässernden Lehm eingetopft wurden – beide Böden waren in Feldversuchen gleichermaßen mit Klärschlamm gedüngt worden – ergab sich auf dem tonigen Boden eine verstärkte Aufnahme. Dieser Tonboden wies geringere Gehalte an Eisen- und Mangan(hydr)oxiden und einen geringeren K_d-Wert für Cadmium auf als der sandige Lehmboden [77].

Einflüsse der anderen Elemente im Boden

Relative Überschüsse an Kupfer, Nickel, Selen, Mangan und Phosphor können die Aufnahme von Cadmium durch Pflanzen herabsetzen. Bei Zink ist der Fall weniger klar, hier scheint die Aufnahmeverringerung vom jeweiligen Cadmiumgehalt des Bodens abzuhängen. Es wurde beobachtet, daß Zink bei niedrigen Cadmiumgehalten antagonistisch auf die Cadmiumaufnahme von Pflanzen wirkt und daß der Effekt bei verhältnismäßig hohen Cadmiumgehalten entweder synergistisch ist oder daß sich kein Einfluß zeigt [2]. Smilde et al. [114] beschrieben einen antagonistischen Effekt von dem Boden zugesetzten Zink auf die Aufnahme von zugefügtem Cadmium durch Pflanzen bei einem über fünf Jahre laufenden Versuch mit eingetopften Salaten, Spinat, Frühjahrsweizen, Endivien und Mais in einem sandigen und einem lehmigen Boden. Umgekehrt wirkt Cadmium der Zinkaufnahme entgegen, allerdings ist dieser Antagonismus weniger ausgeprägt. Bei dem lehmigen Boden waren sogar Hinweise auf einen verstärkenden Einfluß des zugesetzten Cadmiums auf die Aufnahme von Zink zu finden. Oliver et al. [115] beobachteten, daß die Ausbringung geringer Zinkmengen (5 kg/ha) bei der Aussaat in Böden mit leichtem bis schwerem Zinkmangel in Südaustralien die Cadmiumgehalte von Weizenkörnern herabsetzte. Die Autoren sind der Ansicht, daß dieser Effekt zum einen auf eine Behebung von Wurzelschäden, die durch Zinkmangel verursacht wurden, zum anderen auch auf die Konkurrenz zwischen Zink und Cadmium bei der Aufnahme zurückzuführen ist. Für Blei wird angenommen, daß es die Cadmiumaufnahme fördert, indem es im Boden bevorzugt adsorbiert wird und damit mehr Cadmium in der Lösung beläßt [15]. Die Verlagerung von Cadmium in die Triebe von Pflanzen kann ebenfalls durch relative Überschüsse anderer Elemente behindert werden [98]. Villarroel et al. [116] zeigten, daß die Stickstoffdüngung von Mangold, der auf mit Schlamm behandeltem Boden wuchs, die Aufnahme von Cadmium verstärkte. Mit zunehmendem Ertrag stieg die Aufnahme von Cadmium um 50 %, während die von Zink unverändert blieb. Daraus wurde geschlossen, daß die Aufnahme von Cadmium und Zink durch die Desorptionsgeschwindigkeit der beiden

Metalle begrenzt ist. Das durch die Stickstoffdüngung verursachte verstärkte Wurzelwachstum erleichtert offenbar die Desorption von Cadmium in der Rhizosphäre.

7.5.2   Einfluß pflanzlicher Faktoren auf die Cadmiumaufnahme aus Böden

Pflanzengenotyp

Pflanzenarten und -rassen (bzw. -züchtungen) weisen große Unterschiede in ihrer Fähigkeit auf, Schwermetalle zu absorbieren, zu akkumulieren und zu tolerieren. Davis u. Carlton-Smith [117] wiesen nach, daß Salat, Spinat, Sellerie und Kohl höhere Cadmiumkonzentrationen anreicherten als Kartoffelknollen, Mais, Stangenbohnen und Erbsen, die nur geringe Cadmiummengen akkumulierten. Mehrere Autoren beobachteten, daß Salat Cadmium am stärksten von allen Nahrungspflanzen anreichert [15]. Tomatenblätter nahmen aus derselben Nährlösung 70mal mehr Cadmium auf als die Blätter von Karotten [118]. Ausgehend von der Cadmiumkonzentration im Boden, bei der eine Ertragsminderung von 25 % zu verzeichnen war, gaben Bingham et al. [119] die folgende absteigende Reihenfolge für die Empfindlichkeit von Pflanzen gegenüber Cadmium an:

Spinat > Sojabohnen > krause Kresse > Salat > Mais > Karotten > Rüben > Feldbohnen > Weizen > Rettich > Tomaten > Kürbis > Kohl > Mangold > Hochlandreis.

Dies gilt jedoch nur für jeweils eine Rasse der genannten Arten. Verschiedenen Rassen bzw. Züchtungen innerhalb einer Spezies können bei der Schwermetalltoleranz beträchtliche Unterschiede aufweisen. In Südaustralien verglichen McLaughlin et al. [120] die Cadmiumaufnahme von vierzehn verbreiteten Kartoffelsorten an zwölf Standorten, wobei sie bei einer durchschnittlichen Spannweite der Cadmiumgehalte von 30–50 µg/kg Frischgewicht zwischen den verschiedenen Sorten an den meisten Standorten signifikante Unterschiede beobachteten. An einigen Standorten überstieg die Konzentration bei einzelnen Sorten den zulässigen Höchstwert von 50 µg/kg Frischgewicht.

Sposito u. Page [52] gaben für die Beseitigung von Cadmium aus den Böden durch Abernten von Pflanzen folgende Schätzwerte [g/(ha·Jahr)]: Kartoffeln 0,79; Tomaten 0,22; Spinat 0,57; Weizen 0,6. Vergleicht man diese Werte mit den geschätzten Cadmiumeinträgen in Böden (s. Abschn. 7.3), so ergibt sich eine positive Bilanz, d.h. der Eintrag übersteigt den Austrag.

Verteilung von Cadmium in Pflanzen

Cadmium wird, ebenso wie Mangan, Zink, Bor, Molybdän und Selen, als ein Spurenelement angesehen, das nach der Aufnahme durch die Wurzeln rasch in die Pflanzenspitzen umgelagert wird [98]. MacLean [123] wies nach, daß Cadmium in den Wurzeln von Hafer, Sojabohnen, Wiesenlieschgras, Alfalfa, Mais und Tomaten in höherer Konzentration vorkommt als in den anderen Teilen dieser Pflanzen, die allerdings nicht zum Verzehr ihrer Wurzeln angebaut werden. Bei Salat, Karotten, Tabak und Kartoffeln hingegen waren die Cadmiumgehalte in den Blättern am höchsten [123]. In Sojapflanzen liegen 2 % des angesammelten Cadmiums in den Blättern und 8 % in den Samen vor [124].

Die Speziation von Cadmium in den verschiedenen Pflanzengeweben legt mithin fest, wieviel davon und in welcher Form es im menschlichen Körper aufgenommen wird. Cadmium ist an cytoplasmatische Proteine gebunden, die im allgemeinen Cystein enthalten und die

Sammelbezeichnung Phytochelatine tragen. Diese Proteine wurden in Pilzen, Bohnen, Sojabohnen, Kohl, Weizen und anderen Pflanzen nachgewiesen [125]. Es ist noch nicht bekannt, ob bzw. welche Bodenfaktoren die Speziation von Cadmium in Nahrungspflanzen beeinflussen, klar ist nur, daß sie die mengenmäßige Aufnahme durch die Pflanze steuern. Erhöhte Cadmiumgehalte in Pflanzengeweben können die Bildung von Phytochelatinen auslösen.

Cadmium kann nicht nur durch die Wurzeln, sondern auch sehr effektiv durch die Blätter aufgenommen und an andere Orte in den Pflanzen verlagert werden. In Gebieten, die unter Luftverschmutzung leiden, stellt dieser Mechanismus einen wesentlichen Pfad für das Eindringen von Cadmium in die Nahrungskette dar [126] (s. Kap. 3).

7.6   Mit Cadmium verunreinigte Böden

Abgesehen von den geringen, aber nicht unbedeutenden Einträgen von Cadmium durch atmosphärische Deposition und Phosphatdünger, die nahezu allerorts vorhanden sind, werden die stärksten Cadmiumverunreinigungen in Böden durch folgende Quellen verursacht:

• Blei-Zink-Bergbau und -verhüttung sowie
• intensive, langjährige Ausbringung von Klärschlämmen.

7.6.1   Verunreinigungen durch Erzbergbau und -verhüttung

Überall, wo ZnS, $ZnCO_3$ oder Sulfide anderer Metalle abgebaut oder verhüttet werden, besteht die Gefahr der Verunreinigung durch Cadmium. Die Hauptquelle für Metalleinträge in Böden in der Umgebung alter Bergwerke sind die Halden feingemahlener Aufbereitungsrückstände („Berge"), deren Gehalte üblicherweise bei 1–10 mg Cd/kg liegen, aber vereinzelt auch bis zu 500 mg/kg betragen. Bei einer Untersuchung an zwei alten Blei-Zink-Gruben in Großbritannien fanden Merrington u. Alloway [127], daß verwehte Bergeteilchen jährlich etwa 3,3 kg Cadmium in die Böden im Umkreis von 300 m um die Halden einbrachten. Bis zu 4,8 kg Cadmium jährlich wurden durch Fließgewässer von den Halden fortgetragen, wovon sich 88 % in gelöster Form befand und aus der Verwitterung von Sphaleritresten stammte. Davis u. Roberts [128] beschrieben Gesamtgehalte an Cadmium von bis zu 500 mg/kg in Böden im nördlichen Wales (Großbritannien), die durch Blei-Zink-Bergbau verunreinigt worden waren. In Montana (USA) fand Buchauer [139] bis zu 750 mg Cd/kg in Böden in der Nähe einer Zinkhütte. Abnorme Cadmiumgehalte in Böden wurden noch in 40 km Entfernung von einem Hüttenkomplex in Süd-Wales (Großbritannien) beobachtet [13], ebenso wie in bis zu 15 km Entfernung von der Avonmouth-Hütte bei Bristol (Großbritannien) [129].

Der einzige eindeutig belegte Fall, bei dem die Verschmutzung von Böden und Wasser zu Cadmiumvergiftungserscheinungen bei Menschen führte, trat unter Reisbauern im Jintsu-Tal in der Toyama-Präfektur in Japan auf. Ein Blei-Zink-Bergwerk hatte jahrelang intensiv das Flußwasser und damit auch die Reisfelder in der Überschwemmungsebene des Jintsu-Tals verschmutzt. In den Jahren des zweiten Weltkriegs und danach entwickelten sich bei älteren Frauen, die mehrere Kinder zur Welt gebracht hatten, Skelettmißbildungen und Nierenschäden, was zum Tod von 65 dieser Frauen führte. Die Symptome dieser „Itai-Itai" (japanisch für „Aua-Aua") genannten Krankheit wurden primär durch die Toxizität von Cadmium verursacht und durch Mangel an Calcium, Vitamin D und Proteinen in der Nahrung sowie durch die Auswirkungen von Schwangerschaft und Alterungsprozessen noch verstärkt. Sowohl der lokal angebaute Reis als auch das Trinkwasser waren durch Cadmium stark verunreinigt worden [1]. Die durchschnittlichen Cadmiumgehalte im Reis lagen mit 0,7 mg/kg Frischgewicht bei dem Zehnfachen der Gehalte örtlicher Vergleichspflanzen (0,07 mg/kg), wobei der Höchstwert 3,4 mg Cd/kg betrug [1, 15]. Eine jüngere Untersuchung an Reis aus 22 Ländern ergab einen Durchschnittswert von 0,029 mg Cd/kg, wohingegen der Durchschnitt für Japan bei 0,065 mg Cd/kg lag [15]. Es wurde geschätzt, daß die Einwohner des Jintsu-Tals mit der Nahrung täglich etwa 600 µg Cadmium aufgenommen hatten, was dem Zehnfachen der zulässigen Tageshöchstmenge entspricht [1]. Betrachtet man ein Reisfeld als mit Cadmium verunreinigt, wenn der dort angebaute Reis 1 mg Cd/kg oder mehr enthält, dann trifft dies in Japan auf 9,5 % der Reisfelder zu. Weitere 3,2 % der Hochlandböden und 7,5 % der Obstplantagen sind ebenfalls mit Cadmium verunreinigt [130]. In den Gebieten Japans, die nicht als verunreinigt gelten, stellt Reis die Quelle von mehr als 60 % des mit der Nahrung aufgenommenen Cadmiums dar [130]. Der Reisertrag wird durch die Toxizität von Cadmium erst beeinträchtigt, wenn die Cadmiumgehalte im Reis die maximal für den menschlichen Verbrauch zugelassene Höchstkonzentration von 1 mg/kg wesentlich überschreiten [130]. Kjellstrom [131] stellte fest, daß die Werte der Hintergrundexposition an Cadmium in Japan das Dreifache derjenigen in den USA und Schweden betragen, was darauf zurückzuführen ist, daß das Grundnahrungsmittel Reis dort mehr Cadmium enthält als die in anderen Ländern übliche Nahrung.

Ein weiterer Fall von umfangreicher Umweltverschmutzung durch Cadmium, Blei und Zink in einem bewohnten Gebiet trat in der Ortschaft Shipham in Somerset (Großbritannien) auf, wo im 18. und 19. Jahrhundert Zink abgebaut worden war. Die Ortschaft dehnte sich zwischen 1951 und 1981 beträchtlich aus, und die meisten der neuen Häuser wurden auf alten Grubengeländen errichtet. Geochemische Bodenuntersuchungen zeigten, daß die Böden der Ortschaft hohe Gehalte an Zink, Blei und Cadmium aufwiesen [132]. In Anbetracht der möglichen Gesundheitrisiken für die Bevölkerung wurde 1979 in Shipham und einem benachbarten Referenzdorf eine umfassende Untersuchung angestellt, bei der die Schwermetallgehalte in Böden, Hausstaub und angebauten Nahrungspflanzen überwacht wurden.

Die Schwermetallgehalte bei 329 Bodenproben aus Shipham (alle Werte [mg/kg]) betrugen für Cadmium 2–360 (91), für Zink 25–37 200 (7600) und für Blei 108–6540 (2340), wobei hier neben den Spannweiten die Zentralwerte in Klammern angegeben sind. Die mittlere Cadmiumkonzentration von fast tausend Gemüseproben betrug 0,25 mg/kg Frischgewicht und lag damit fast um das 17fache über dem landesweiten Durchschnitt von 0,015 mg Cd/kg. Die höchsten Cadmiumgehalte wurden in Blattgemüsen wie Spinat, Salat und Brassica (Kohl) gefunden. Die am stärksten verunreinigten Gemüse enthielten 15- bis 60mal mehr Cadmium als gleiche, auf normalen Böden wachsenden Arten. Gesundheitsüberprüfungen von 500 Personen, d. h. fast der Hälfte der Bevölkerung, ergaben geringe, aber signifikante Unterschiede bei einigen biochemischen Parametern, jedoch ließen sich bei dem an der Untersuchung teilnehmenden Personenkreis keine Gesundheitsschäden feststellen [133]. Zwischen den Verhältnissen in Shipham und denen im Jintsu-Tal bestehen beträchtliche Unterschiede: Die Bevölkerung von Shipham verfügt über eine bessere Ernährung, nur ein kleiner

Teil der Nahrungsmittel wurde auf verunreinigten Böden angebaut und viele wohnten erst seit wenigen Jahren in der Gegend.

In Laboruntersuchungen an weiblichen Mäusen beobachtete Bhattacharya [134], daß ein erhöhte Cadmiumgehalte in der Nahrung mengenabhäng zu einem Verlust von Calcium aus den Knochen von Mäusen mit Mehrfachgeburten führt, während dies bei Mäusen mit Einfachgeburten nicht beobachtet werden konnte. Die Autorin schloß daraus, daß die Schwangerschaft zur Pathogenese von Cadmium beiträgt. Die schädigende Wirkung setzt wahrscheinlich direkt bei der Knochenbildung an und weniger auf dem Umweg über eine Funktionsstörung der Nieren.

7.6.2 Bodenverunreinigung durch intensive Ausbringung von Klärschlamm

In vielen Ländern bestehen Empfehlungen für Höchstwerte der Bodenbelastung mit Cadmium durch Klärschlamm. In der EU soll die Höchstgrenze für den Eintrag auf 0,15 kg Cd/ha jährlich bei einem zulässigen Bodengesamthöchstgehalt von 3 mg Cd/kg festgelegt werden [58]. An vielen Standorten, die in der Vergangenheit im großen Maßstab zur Schlammentsorgung benutzt wurden, wie z.B. auf Klärschlammfeldern, werden die Böden wesentlich höhere Cadmiumwerte aufweisen.

Pike et al. [33] berichteten Gehalte bis zu 61 mg Cd/kg, 2470 mg Pb/kg und 2020 mg Cr/kg in Böden auf einer ehemaligen Schlammfeldanlage in Leicester (Großbritannien). Alloway et al. [83] fanden bei einer Untersuchung von mehr als 20 Standorten, die stark mit Klärschlamm beaufschlagt worden waren, bis zu 64,2 mg Cd/kg bei gleichzeitig bis zu 938 mg Pb/kg, 1748 mg Zn/kg, 770 mg Cu/kg, 333 mg Ni/kg und 6000 mg Cr/kg. Chumbley u. Unwin [99] maßen Konzentrationen von bis zu 16,8 mg Cd/kg i.T. in Salat und 8,0 mg Cd/kg i.T. in Spinat auf Böden, die über mehrere Jahre mit Klärschlamm gedüngt worden waren, dessen Cadmiumgesamtgehalt bis zu 26,2 mg/kg betrug. Mahler et al. [103] fanden Gehalte von bis zu 96,3 Cd/kg i.T. in Mais und bis zu 53,2 mg/kg in Mangold auf Böden, die mit Schlamm behandelt worden waren.

McGrath [135] berichtete, daß bei einem Feldversuch noch 40 Jahre nach Ausbringung des Klärschlamms abnorm hohe Gehalte an Zink, Kupfer, Nickel, Cadmium und Chrom im Oberboden erhalten geblieben waren. Der Gehalt von Gesamtmetall und extrahierbarem Metall hatte sich in den behandelten Böden infolge Bodenmaterialbewegungen im Zuge der Bewirtschaftung nur geringfügig erniedrigt. Bei der Auswertung von Arbeiten anderer Autoren stellte McGrath [135] fest, daß neun von elf Untersuchungen ergeben hatten, daß die Metallaufnahme der Pflanzen noch Jahre nach der Ausbringung des Schlamms konstant geblieben war. Von den beiden Studien, die eine Abnahme der Aufnahme durch die Pflanzen in der Folgezeit beschrieben, wurde die eine durch starke pH-Schwankungen verkompliziert, während sich bei der zweiten, von Hinesly et al. [136] vorgelegten Arbeit als gesichertes Resultat eine Senkung der pflanzlichen Aufnahme innerhalb von vier Jahren nach der Ausbringung des Schlamms ergab. Eine rasche Verringerung der Cadmiumaufnahme durch Mais wurde später von Bidwell u. Dowdy beschrieben [137]. Sie zeigten, daß Schlammdüngung die Zink- und Cadmiumgehalte von Maissilage und -korn erhöhten, daß diese Konzentrationen aber innerhalb der ersten zwei bis drei Jahre nach Beendigung der Bodenbehandlung rasch wieder absanken. Sechs Jahre nach Ende der Behandlung waren die Cadmiumgehalte um

80% gesunkenen. Weder Bodentests mit DTPA noch solche mit Salpetersäure ließen eine solche Abnahme der Aufnahme durch die Pflanzen erwarten. Hinesly et al. [136] sind der Ansicht, daß die Höhe der Cadmiumzufuhr durch Klärschlamm pro Jahr im Hinblick auf die Bioverfügbarkeit stärker maßgeblich ist als die kumulierte Zufuhr. Die massive Ausbringung von Klärschlamm führt den Böden sowohl Metalle als auch metalladsorbierende Materialien zu. Corey et al. [138] verwiesen darauf, daß bei hohen Ausbringungsraten der Klärschlamm selbst zum Hauptfaktor bei der Steuerung der Bioverfügbarkeit der im Schlamm enthaltenen Metalle wird und daß die Bodeneigenschaften an Einfluß verlieren. Jing u. Logan [140] zeigten, daß die Cadmiumaufnahme von Pflanzen aus mit Schlamm behandeltem Boden stark mit dem Cadmiumgehalt des Schlamms und seinem Cadmium-Phosphor-Verhältnis korreliert. Sie betrachteten dies als eine Unterstützung für die Hypothese von Corey und wiesen darauf hin, daß „saubere" Schlämme eine geringere Gefahr für die Nahrungskette darstellen als stärker verunreinigte. Hooda u. Alloway [141] stellten fest, daß die Cadmiumaufnahme durch Winterlolch (Englisches Raigras) aus Schlamm-Boden-Mischungen bei einer Ausbringungsrate von 50 t/ha höher war als bei 150 t/ha. Dieser Befund wird dahingehend interpretiert, daß die höhere Rate zwar mehr Cadmium und andere Metalle in das Wachstumsmedium einbrachte, daß aber die größere Menge an organischem Material und anderen Adsorbenzien die Metalle bei dieser Behandlung weniger verfügbar werden ließ.

Die Bioverfügbarkeit von Metallen in mit Schlamm behandelten Böden in der Folgezeit hängt von Änderungen des pH-Werts ab. Durch die Mineralisierung der organischen Bestandteile wird der Boden meist sauer. Die spätere Kalkung von mit Schlamm behandelten Böden auf pH 7 führt zu einer Verringerung der pflanzlichen Cadmiumaufnahme [103, 106]. Jackson u. Alloway [106] beobachteten, daß bei 18 verschiedenen Böden, die stark mit Schlamm behandelt worden waren, eine pH-neutralisierende Kalkung dazu führte, daß der Cadmiumgehalt von Kohl im Mittel um 43% und der von Salat um 41% gesenkt wurde. Ryan et al. [142] berechneten, daß man nahezu die dreifache Cadmiummenge auf nahrungspflanzentragende Böden ausbringen kann, wenn man mit Schlamm behandelte Böden bei pH 7 hält, verglichen mit sauren Böden (pH 5,6).

Wie bereits in Abschn. 2.4.9 ausgeführt, hemmen die erhöhten Metallgehalte in Böden, die intensiv mit Klärschlamm gedüngt worden waren, die Funktionstüchtigkeit der mikrobiellen Biomasse im Boden. Dies zeigte sich besonders ausgeprägt bei *Rhizobium leguminosum* bv *trifolii*, das sich als sehr empfindlich für die Giftwirkung von Cadmium erwies [143]. Der Zinkgehalt vieler mit Schlamm behandelter Böden wird als größeres Toxizitätsproblem für Mikroben angesehen als das Cadmium, welches häufig in wesentlich geringeren Konzentrationen auftritt. Cadmium wirkt jedoch erheblich stärker toxizisch auf Mikroorganismen. Folgende Reihenfolge der Toxizität wurde hier beobachtet: $Cu > Cd > Ni > Zn$ [143].

Neben der Herabsetzung des pH-Werts kann die Mineralisierung des organischen Materials auch die Adsorptionsfähigkeit einiger Böden für Cadmium verringern. Dies gilt insbesondere für sandige Böden mit geringen Gehalten an anorganischen Adsorbenzien. Alloway [34] fand Hinweise darauf in einem mit Schlamm behandelten sandigen Boden bei einem Feldversuch im südwestlichen Frankreich, der nur 1,8% organisches Material und einen beträchtlichen Anteil an löslichem Cadmium enthielt (s. Tabelle 7.6). McGrath [135] konnte jedoch keinen Hinweis auf eine steigende Bioverfügbarkeit von Cadmium in einem sandigen Lehmboden 30 Jahre nach Ende der Schlammbehandlung beobachten. Das Klima war dabei allerdings nicht so günstig für eine Oxidation des organischen Materials wie in dem Feld in Südwestfrankreich. Hooda u. Alloway [144] zeigten, daß sowohl der pH-Wert als auch der Gehalt an organischem Material in Schlamm-Boden-Mischungen über einen Zeitraum von zwei Jahren nach der Zumischung abnahmen. Diese Abnahme verlief in den ersten zwei Monaten verhältnismäßig rasch, danach jedoch langsamer. Der pH-Wert der Mischung mit der geringeren Schlammausbringungsrate (50 t/ha) fiel deutlich unter den des unbehandelten Vergleichsbodens ab, während er in dem mit der höheren Ausbringung auf den Wert im Vergleichsboden abfiel. Diese Befunde zeigen, daß Schlammdüngung auf Böden mit einer geringen Pufferkapazität versauernd wirken kann. Die Änderungen des Weltklimas, die als Folge des „Treibhauseffekts" schon in den kommenden 40 Jahren zu erwarten sind, dürften beträchtliche Auswirkungen auf den Gehalt an organischen Bestandteilen in Böden und auf das Ausmaß der Bodenauswaschung ausüben. Damit einhergehend dürfte sich die Bioverfügbarkeit von Cadmium und anderen Schwermetallen in verunreinigten Böden vieler Gebiete ebenfalls verändern.

In Tabelle 7.6 werden die Daten einiger durch Bergbau und durch hohe Klärschlammgaben verunreinigte Böden aufgeführt, Beispiele, die ähnlich gelagert sind wie die oben beschriebenen Fälle. Wie man sieht, weisen die Böden von Shipham die geringsten relativen Cadmiumgehalte (Bodenlösung / Gesamt) auf, was auf ihre hohen pH-Werte und die hohen Carbonatgehalte zurückzuführen ist. In dem durch Bergbauaktivitäten verunreinigten westwaliser Boden liegt der höchste relative Gehalt vor, gleichzeitig aber der geringste Gesamtgehalt an Cadmium. Die hohe Löslichkeit beruht vermutlich auf dem niedrigen pH-Wert dieses Bodens. Der schlammgedüngte französische Boden besitzt nur einen geringen Gehalt an organischer Substanz und einen verhältnismäßig hohen Anteil an löslichem Cadmium, verglichen mit den Böden von Schlammfeldanlagen, deren OM-Anteile höher und deren pH-Werte gleich hoch oder niedriger sind. Der Boden aus dem Jintsu-Tal befand sich nicht in seinem typischen sauerstoffarmen, wassergesättigten Zustand, sondern war gut belüftet. Seine geringe Adsorptionsfähigkeit für Cadmium wurde wahrscheinlich durch den geringen Gehalt an Oxidhydraten, den verhältnismäßig niedrigen pH-Wert und OM-Gehalt verursacht.

Tabelle 7.6. Gesamtgehalte an Cadmium und Gehalte an löslichem Cadmium in Böden, die durch verschiedene Quellen verunreinigt wurden. % OM = prozentualer Glühverlust, pH-Wert in Wasser bestimmt, lösliches Cadmium nach Zentrifugieren bei Feldkapazität bestimmt, L/G% = lösliches Cadmium als % vom Gesamtcadmium [34]

Boden	Cd-Quelle	pH	% OM	Ges.-Cd	Lösl. Cd	L/G%
Jintsu-Tal (Japan)	Pb-Zn-Grube	5,1	7,5	3,0	0,119	3,97
Shipham						
Gärten	Zn-Grube	7,5	10,2	134	0,053	0,04
Felder	Zn-Grube	7,8	8,6	365	0,158	0,04
Westl. Wales	Pb-Zn-Grube	4,1	12,4	1,4	0,227	16,2
Frankreich	Schlamm	6,4	1,8	80,2	2,652	3,31
Schlammfeld 1	Schlamm	5,1	28,4	20,0	0,236	1,18
Schlammfeld 2	Schlamm	6,5	26,9	64,24	0,099	0,15
Schlammfeld 3	Schlamm	5,5	19,6	59,8	0,250	0,43

7.6.3   Sanierung und Regenerierung cadmiumverunreinigter Böden

Die Gesundheitsgefahren für Pflanzen, Tiere und Menschen, die von cadmiumverunreinigten Böden ausgehen, können durch folgende Maßnahmen verringert oder gebannt werden:

– Vollständige Abräumung von verunreinigtem Boden und sichere Entsorgung, z.B. auf einer Sondermülldeponie, sowie Auffüllung des Geländes mit sauberem Boden. Dies wirkt sich störend auf das Geländebiotop aus und kann sehr teuer werden.

– Abdecken des Bodens mit einer mindestens 1 m dicken Schicht nicht verunreinigten Bodens. Häufig wird zuvor noch eine Schutzmembran auf dem verunreinigten Boden ausgelegt, damit die durch Kapillarsog verursachte Aufwärtsbewegung der gelösten Stoffe unterbunden wird. Cadmiumverunreinigte Reisfelder können durch Aufbringen einer 30 cm dicken Lage aus sauberer Erde auf dem verunreinigten Boden wieder nutzbar gemacht werden. Die in der Tiefe herrschenden reduzierenden Bedingungen erleichtern dieses Verfahren, da ein großer Teil des Cadmiums dort in Form von schwerlöslichem CdS zurückgehalten wird. Ebenso wie die Entfernung des verunreinigten Bodens ist auch das Aufbringen einer Deckschicht teuer und kann vereinzelt technische Probleme mit sich bringen.

– pH-neutralisierende Kalkung, um die Bioverfügbarkeit herabzusetzen. Es handelt sich hierbei um das am häufigsten angewandte Verfahren, das jedoch eine regelmäßige pH-Kontrolle und Nachkalkung erfordert, da Böden oft versauern, wenn man sie sich selbst überläßt.

– Einbringung zusätzlichen organischen Materials (sauberer Klärschlamm, Mist, Gülle oder andere organische Abfälle) in den Oberboden zur Erhöhung der Sorptionsfähigkeit. Dieses Verfahren kann zwar eine gewisse Abhilfe schaffen, es wird allerdings nur selten ohne begleitende Maßnahmen eingesetzt.

– Einbringung adsorbierender Mineralien wie Zeolithe, Kieselgur (Diatomeenerde) und eventuell Manganit in den Oberboden zur Erhöhung der Adsorptionsfähigkeit für Cadmium und andere potentiell toxische Elemente. Gworek [144] wies nach, daß die Zugabe von Pellets aus synthetischem Zeolith zu verunreinigten Böden die Aufnahme von Cadmium durch Hafer und Winterlolch bei Topfversuchen um bis zu 86% herabsetzte. Mench et al. [145] beobachteten zwar, daß sich Manganoxidhydrate von fünf untersuchten adsorbierenden Materialien als am wirkungsvollsten bei der Reduzierung der Aufnahme von Cadmium und Blei aus einem Boden erwies, der durch Hüttenemissionen verunreinigt war, äußerten jedoch Bedenken, daß die Stabilität dieser Oxide auf lange Sicht bei niedrigen pH- und E_h-Werten nicht gegeben sein könnte.

– Verringerung des Cadmiumgehalts des verunreinigten Bodens durch Elution mit Säuren oder Chelaten in oder ex situ. Dabei müssen allerdings wegen der Gefahr von Grundwasserverunreinigung besondere Vorsichtsmaßnahmen ergriffen werden. Bei der Säureelution besteht die Möglichkeit, daß die Bioverfügbarkeit erhöht wird, auch wenn der Cadmiumgesamtgehalt so beträchtlich reduziert werden kann.

– Überflutung zur Einstellung reduzierender Bedingungen und zur Fällung von Cadmium als unlösliches CdS. Dieses Verfahren ist nur für Reisanbauregionen geeignet oder dort, wo Teiche oder Sümpfe angelegt werden können.

– Anbau von „Supersammler"-Pflanzen zur Entfernung großer Mengen von bioverfügbarem Cadmium und anderen Metallen. Dieses Verfahren steckt erst in den Kinderschuhen, scheint aber zumindestens für Zink beträchtliches Potential zu besitzen [146].

– Anbau von nicht zum Verzehr bestimmten Pflanzen oder, in Fällen von nur geringer Verunreinigung, Anbau von Arten oder Rassen, die nur wenig zur Akkumulation von Cadmium neigen. Alternativ können Futterpflanzen für Wiederkäuer angebaut werden und dann die cadmiumsammelnden Organe der Tiere, z.B. die Nieren, von menschlichem Verzehr ausgeschlossen werden.

7.7   Schlußbemerkungen

Das hochgradig labile Verhalten von Cadmium in Böden, insbesondere an Standorten, die mit hohen Konzentrationen dieses Metalls verunreinigt sind, stellt einen wichtigen Faktor für die Ansammlung dieses Elements in der menschlichen Nahrung dar. Die Identifizierung aller Böden mit abnorm hohen Cadmiumwerten ist von größter Bedeutung, damit dort geeignete Maßnahmen ergriffen werden können. Dabei muß bedacht werden, daß diese Böden in den meisten Fällen über Jahrhunderte, wenn nicht sogar über mehr als tausend Jahre, verunreinigt bleiben werden und daß die Bioverfügbarkeit von Cadmium infolge von Veränderungen in den Bodeneigenschaften schwanken kann. Obwohl eine „Reinigung" in manchen Fällen möglich sein sollte, wird dies bei den meisten Landwirtschaftsflächen nicht durchführbar sein.

Holmgren et al. [18] stellten bei ihrer Untersuchung „nicht verunreinigter" Landwirtschaftsflächen in den USA fest, daß die Akkumulation von Cadmium in Böden kein großes Problem darstellt. In vielen Ländern wurden jedoch große Bodenflächen bereits durch eine Vielzahl von Quellen wie atmosphärische Emissionen, Klärschlamm oder cadmiumreiche Phosphatdünger verunreinigt oder werden in der Zukunft dieses Schicksal noch erleiden.

Es ist eigentlich folgerichtig, die weitere Verunreinigung von Böden durch Cadmium zu vermeiden oder wenigstens zu minimieren, aber Phosphatdünger und Klärschlämme werden weiterhin ein Problem darstellen. Phosphatdünger sind bei modernen, intensiven Ackerbaumethoden unverzichtbar, und die einzige Möglichkeit, den Eintrag aus dieser Quelle herabzusetzen, besteht im Einsatz von Rohmaterial mit geringen Cadmiumgehalten oder in der Entfernung dieses Metalls bei der Düngerproduktion. Zwar unterscheiden sich die Cadmiumgehalte von Phosphoritlagerstätten beträchtlich, es dürfte jedoch wirtschaflich gesehen kaum durchzusetzen sein, die Verwendung von Erzen mit höheren Cadmiumgehalten zu verhindern. Es könnte allerdings technisch möglich werden, Cadmium bei der Düngemittelproduktion zu entfernen. Beim Klärschlamm wird die Entsorgung an Land zumindest in den europäischen Meeresanrainerstaaten als Folge der verbotenen Schlammverklappung auf See weiterhin zunehmen. Zum Glück sind die Cadmiumgehalte in Klärschlämmen rückläufig, aber selbst wenn die Konzentrationen der mit Klärschlamm behandelten Böden unter den Grenzwerten gehalten werden, wird das Metall noch über viele Jahre bioverfügbar bleiben. Die Forschung muß es sich zur Aufgabe machen, das Verhalten von Cadmium und anderen Metallen in mit Schlamm behandelten Böden langfristig zu überwachen. Die meisten Arbeiten zu diesem Thema erfassen nur einen Zeitraum von zehn Jahren. In ihrer zusammenfassenden Betrachtung von Langzeituntersuchungen mit Schlämmen stellten Juste u. Mench [147] fest, daß von den 40 Feldversuchen, über die Einzelheiten verfügbar sind, der älteste 1942 in Woburn (Großbritannien) begonnen wurde und der zweitälteste 1958 in Bonn. Ein halbes Jahrhundert stellt in Anbetracht der Persistenz der Metalle in den Böden allerdings nur eine kurze Zeitspanne dar. Daher müssen die Langzeitversuchsfelder erhalten bleiben und weiter beobachtet werden. Es gibt auch Standorte, wo Böden seit noch längerer Zeit mit Schlamm behandelt werden, für eine Untersuchung müssen die Verhältnisse dort aber noch genauer bestimmt werden. Das wichtigste Kriterium ist dabei, wie lange die letzte Behandlung mit Schlamm zurückliegt.

Offensichtliche Verunreinigungen in der Umgebung von aufgelassenen Bergwerken und stillgelegten Industriekomplexen sind leichter in Griff zu bekommen und dürften im Gegensatz zu Klärschlämmen kaum zur einer Belastung von Nutzpflanzen führen. Bei nicht mehr genutzten Grundstücken besteht die Möglichkeit, das verunreinigte Material bzw. den Boden abzutrennen und einzufassen oder den Standort komplett zu reinigen. In den meisten Fällen werden diese Flächen anschließend weiter zu industriellen oder kommerziellen Zwecken oder als Erholungsgebiete genutzt und nicht einer landwirtschaftlichen Verwendung zugeführt. Wo jedoch ehemalige Industrieflächen zur Wohnbebauung verwendet werden, muß dafür Sorge getragen werden, daß die Gartenböden zum Gemüseanbau geeignet sind.

Obwohl bei der Shipham-Studie in Großbritannien [133] keine ernstlichen Auswirkungen der cadmiumverunreinigten Böden auf die Gesundheit der Bewohner festgestellt werden konnten, führten wesentlich geringere Verunreinigungen (< 2,5 mg Cd/kg) aus Industrie–emissionen in der Ortschaft Luykgestel in Kempenland (Niederlande) bei den Einwohnern zu erhöhter physiologischer Belastung und veränderten Nierenfunktionen [148]. Es bedarf offenkundig weiterer Untersuchungen zur Risikoabschätzung bei cadmiumverunreinigten Böden. Die sicherste Strategie dürfte auf alle Fälle darin bestehen, den Cadmiumeintrag in Böden von vornherein weitestgehend zu minimieren bzw. die Bioverfügbarkeit in verunreinigten Böden zu begrenzen. Den Gebieten der Umweltanalytik und Bodenchemie kommt hier eine Schlüsselrolle zu, aber auch die Biowissenschaften können durch Züchtung von Pflanzengenotypen, die möglichst wenig Cadmium und andere potentiell toxische Metalle akkumulieren, einen wichtigen Beitrag leisten. Umgekehrt könnten sich ausgeprägte Schwermetallsammlerpflanzen bei der In-situ-Reinigung verunreinigter Böden als nützlich erweisen.

Literatur

[1] Fassett DW (1980) In: Waldron HA (Hrsg) Metals in the Environment. Academic Press, London, S 61–110

[2] Page AL, Bingham FT, Chang AC (1981) In: Lepp NW (Hrsg) Effect of Heavy Metal Pollution on Plants, Bd 1. Applied Science, London, S 72–109

[3] Kabata-Pendias A, Pendias H (1992) Trace Elements in Soils and Plants, 2. Aufl. CRC Press, Baton Rouge/FL

[4] Hutton M (1987) In: Hutchinson TC, Meema KM (Hrsg) Lead, Mercury, Cadmium and Arsenic in the Environment, SCOPE 31. Wiley, Chichester, S 35–41

[5] Nriagu JD (1988) Environ Pollut 50: 139–161

[6]   Aylett BJ (1979) In: Webb M (Hrsg) The Chemistry, Biochemistry and Biology of Cadmium. Elsevier, Amsterdam, S 1–43

[7]   World Resources Institute (1992) World Resources 1992/1993. Oxford University Press, New York

[8]   Hutton M (1982) Cadmium in the European Community, MARC Rep No 2. MARC, London

[9]   Heinrichs H, Schultz-Dobrick B, Wedepohl KJ (1980) Geochim Cosmochim Acta 44: 1519–1532

[10]   Bowen HJM (1979) Environmental Chemistry of the Elements Academic Press, London

[11]   Fleischer M, Sarofim AF, Fassett DW, Hammond P, Shacklette HT, Nisbet ICT, Epstein S (1974) Environ Health Perspect 7: 253–323

[12]   Rose AW, Hawkes HE, Webb JS (1979) Geochemistry in Mineral Exploration, 2. Ausg. Academic Press, London

[13]   Holmes R (1976) The Regional Distribution of Cadmium in England and Wales. PhD Thesis, University of London

[14]   Page AL, Chang AC, Mohamed El-Amamy (1987) In: Hutchinson TC, Meema KM (Hrsg) Lead, Mercury, Cadmium and Arsenic in the Environment, SCOPE 31. Wiley, Chichester, S 119–146

[15]   Adriano DC (1986) Trace Elements in the Terrestrial Environment. Springer, Berlin Heidelberg New York Tokyo

[16]   Thornton I (1992) Sources and Pathways of Cadmium in the Environment. In: Nordberg GF, Alessio L, Herber RFM (Hrsg) Cadmium in the Human Environment. International Agency for Research on Cancer (IARC), Lyon

[17]   Page AL, Bingham FT (1973) Residue Rev 48: 1–43

[18]   Holmgren CGS, Meyer MW, Chaney RL, Daniels RB (1993) J Environ Qual 22: 335–348

[19]   Yamagata N (1978) Cadmium in the Environment and Humans. In: Tsuchiya K (Hrsg) Cadmium Studies in Japan: A Review. Elsevier/North Holland Biomedical Press, Amsterdam, S 19–43

[20]   McGrath SP, Loveland PJ (1992) The Soil Geochemical Atlas of England and Wales. Blackie Academic and Professional, Glasgow

[21]   Archer FC (1980) Trace Elements in England and Wales. In: Inorganic Pollution and Agriculture, Reference Book 326. Ministry of Agriculture, Fisheries and Food London, S 184–190

[22]   Ure AM, Berrow ML (1982) In: Bowen HJM (Hrsg) Environmental Chemistry. Roy Soc Chem, London

[23]   Marples AE, Thornton I (1980) The Distribution of Cadminum Derived from Geochemical and Industrial Sources in Agricultural and Pasture Herbage in Parts of Britain. In: Cadmium '79, Proc 2nd Int Cadmium Conference, Cannes 1979. Metal Bulletin, London, S 74–79

[24]   Moir AM, Thornton I (1990) Environ Geochem Health 11: 113–120

[25]   Culbard EB, Thornton I, Watt J, Wheatley M, Moorcroft S, Thompson M (1988) J Environ Qual 17: 226–234

[26]   Kim KW, Thornton I (1993) Environ Geochem Health 15: 119–133

[27]   Merington G, Alloway BJ (1994) Applied Geochemistry 9: 677–687

[28]   Tyler G (1981) Water Air Soil Pollut 15: 353

[29]   Alloway BJ, Jackson AP (1991) Sci Total Environ 100: 151–176

[30]   Williams DE, Vlamis J, Pukite AH, Corey JE (1987) Soil Sci 143: 124–131

[31]   Davis RD, Carlton-Smith CH, Stark JH, Campbell JA (1988) Environ Pollut 49: 99–115

[32]   Legret ML, Divet L, Juste C (1988) Water Res 22: 953–959

[33]   Pike ER, Graham LC, Fogden MW (1975) J Ass Publ Analysis 13: 48–63

[34]   Alloway BJ (1986) Res Report DOE PECD 7/8/05 (unveröffentl)

[35]   Jones KC, Symon KC, Johnston AE (1987) Sci Total Environ 67: 75–90

[36]   Williams CH, David DJ (1973) Aust J Soil Res 11: 43–56

[37]   Jones KC, Symon KC, Johnston AE (1987) Sci Total Environ 67: 75–90

[38]   Tiller KG (1989) Adv Soil Sci 9: 113–142

[39]   Mortvedt JJ (1987) J Environ Qual 16: 137–142

[40]   Mulla DJ, Page AL, Ganje TJ (1980) J Environ Qual 9: 408–412

[41]   Hutton M, Symon C (1986) Sci Total Environ 57: 129–150

[42]   Kloke A, Sauerbeck DR, Vetter H (1984) The Contamination of Plants and Soils with Heavy Metals and Transport of Metals in Terrestrial Food Chains. In: Nriagu JO (Hrsg) Changing Metal Cycles in Human Health. Springer, Berlin Heidelberg New York Tokyo, S 113–141

[43] Nriagu JO, Pacyna JM (1988) Nature (London) 333: 134–139

[44] McLaughlin MJ, Maier NA, Freeman K, Tiller KG, Williams CMJ, Smart MK (1994) Fert Res

[45] Reuss JO, Dooley HL, Griffiss W (1978) J Environ Qual 7: 128–133

[46] McGrath SP (1984) J Agric Sci (Camb) 103: 25–35

[47] Bennett BG (1981) Exposure Committment Assessments of Environmental Pollutants, Bd 1, Nr 1. MARC, London

[48] Pacyna JM (1987) In: Hutchinson TC, Meema KM (Hrsg) Lead, Mercury, Cadmium and Arsenic in the Environment, SCOPE 31. Wiley, Chichester, S 69–87

[49] Nriagu JO (1980) (Hrsg) Cadmium in the Environment, Bd 1: Ecological Cycling. Wiley, New York

[50] Nriagu JO (1979) Nature 279: 409–41 1

[51] Williams CR, Harrison RM (1984) Experientia 40: 29–36

[52] Sposito G, Page AL (1984) In: Sigel H (Hrsg) Metal Ions in Biological Systems. Marcel Dekker, New York

[53] Davis RD (1983) In: Heavy Metals in the Environment. CEP Consultants, Edinburgh, S 330–337

[54] Williams JH (1975) Water Pollut Control 1975: 635–642

[55] Sommers LW (1977) J Environ Qual 3: 225–232

[56] Department of the Environment (1993) UK Sewage Sludge Survey, Final Report. Consultants in: Environmental Sciences, Gateshead

[57] Chaney RL (1990) Biocycle 31(10): 68–73

[58] McGrath SP, Chang AC, Page AL, Witter E (1994) Environmental Reviews

[59] Ministry of Housing, Physical Planning and Environment, Director General for Environmental Protection, Netherlands (1991) Environmental Standards for Soil and Water. MHPP&E, Leidschendam

[60] Fergusson JE (1990) The Heavy Elements: Chemistry, Environmental Impact and Health Effects. Pergamon, Oxford

[61] Yost KJ, Miles LJ (1979) J Environ Sci Health A14: 285–311

[62] Tjell JC, Hansen JA, Christensen TH, Hovmand MF (1981) In: L'Hermite P, Oft HD (Hrsg) Characterisation, Treatment and Use of Sewage Sludge. Reidel, Dordrecht, S 1493–1498

[63] Mattigod SV, Sposito G (1979) In: Jenne A (Hrsg) Chemical Modelling in Aqueous Systems. Am Chem Soc, Washington/DC, S 837–856

[64] McGrath SP, Sunders JR, Tancock NP, Laurie SH (1984) In: Soil Contamination. CEP Consultants, Edinburgh, S 707–712

[65] McGrath SP, Sunders JR, Laurie SH, Tancock NP (1986) Analyst 111: 559–565

[66] Tills AR, Alloway BJ (1983) J Soil Sci 34: 769–781

[67] Mahler RJ, Bingham FT, Sposito G, Page AL (1980) J Environ Qual 9: 359–364

[68] Pickering W (1980) In: Nriagu JO (Hrsg) Cadmium in the Environment, Part 1: Ecological Cycling. Wiley, New York, S 365–397

[69] Gerritse RG, Van Driel W (1984) J Environ Qual 13: 197–204

[70] Pulls RW, Bohn HL (1988) Soil Soc Am J 52: 1289–1292

[71] Christensen TH (1984) Water Air Soil Pollut 21: 105–114

[72] Street J, Lindsay WL, Sabey BR (1977) J Environ Qual 6: 72–77

[73] Levi-Minzi R, Soldatini GFD, Riffaldi R (1976) J Soil Sci 27: 10–15

[74] Cavallaro N, McBride MB (1978) Soil Sci Soc Am J 42: 550–556

[75] Tjell JC, Christensen TH, Bro-Rasmussen B (1983) Ecotoxicol Environ Safety 7: 122–140

[76] Jarvis SC, Jones LHP (1980) J Soil Sci 31: 469–479

[77] Alloway BJ, Tills AR, Morgan H (1985) In: Hemphill DD (Hrsg) Trace Substances in Environmental Health, Bd 18. Univ Missouri, Columbia/MO, S 187–201

[78] Farrah H, Pickering WF (1977) Water Air Soil Pollut 8: 189–197

[79] Naidu R, Bolan NS, Kookana RS, Tiller KG (1994) European J Soil Sci

[80] Garcia-Miragaya J, Page AL (1978) Water Air and Soil Pollution 8: 289–299

[81] Cowan CE, Zachara JM, Resch CT (1991) Environ Sci Technol 25: 437–446

[82] Christensen TJ (1987) Water Air and Soil Pollution 34: 305–314

[83] Alloway BJ, Thornton I, Smart GA, Sherlock J, Quinn MJ (1988) Sci Total Environ 75: 41–69

[84] McBride MB (1980) Soil Sci Soc Am J 43: 26–28

[85] Papadopoulos P, Rowell DL (1988) J Soil Sci 39: 23–36
[86] Farrah H, Pickering WF (1977) Aust J Chem 30: 1417–1422
[87] Elliot HA, Denneny CM (1982)J Environ Qual 11: 65 8–662
[88] Duffy SJ, Hay GW, Micklethwaite RK, Van Loon GW (1988) Sci Total Environ 76: 203–215
[89] Livens FR (1991) Environ Pollut 70: 183–208
[90] Neal RH, Sposito G (1986) Soil Sci 142: 164–172
[91] Sposito G (1983) In: Thornton I (Hrsg) Applied Environmental Geochemistry. Academic Press, New York, S 123–170
[92] Baham J, Ball NB, Sposito G (1978) J Environ Qual 7: 181–188
[93] Stevenson FJ (1976) Soil Sci Soc Am J 40: 665–672
[94] Fletcher P, Beckett PHT (1987) Water Res 21: 1163–1172
[95] Evans LJ, Lumsdon DG, Bolton KA (1991) The Influence of pH and Chloride on the Retention of Zinc, Lead, Cadmium and Mercury by Soil. In: Proc Technology Transfer Conf—The Multimedia Approach: Integrated Environmental Protection, Bd 1. Environment, Toronto, Canada, S 123–130
[96] McLaughlin MJ, Palmer LT, Tiller KG, Breech TA, Smart MK (1994) J Environ Qual 23
[97] Mitchell GA, Bingham FT, Page AL, Nash P (1978) J Environ Qual 7:165–171
[98] Chaney R, Giordano PM (1977) In: Elliot LF, Stevenson FJ (Hrsg) Soils for the Management of Organic Wastes and Waste Waters. Soil Sci Soc Am, Am Soc Agron and Crop Sci Soc Am, Madison/WI, S 235–279
[99] Chumbley CG, Unwin RJ (1982) Environ Pollut B4: 231–237
[100] Lund LJ, Betty EE, Page AL, Elliott RA (1981) J Environ Qual 10: 551–556
[101] Hornberg V, Brummer GW (1986) Cadmium Availability in Soils and Content in Wheat. In: Anke M, Braunlich H, Bruckner C, Groppel B (Hrsg) Fifth Symposium on Iodine and other Elements. Schiller Univ, Jena, S 916
[102] Korcak RF, Fanning DS (1985) Soil Sci ?: 23–34
[103] Mahler RJ, Bingham FT, Page AL (1978) J Environ Qual 7: 274–281
[104] Bingham FT, Strong JE, Sposito G (1983) Soil Sci 135: 160–165
[105] Bingham FT, Peryea FJ, Jarrell W (1986) In: Sigel H (Hrsg) Metal Ions in Biological Systems, Bd 20. Marcel Dekker, New York, S 119–156
[106] Jackson AP, Alloway BJ (1992) Transfer of Cadmium from Soils to the Human Food Chain. In: Adriano DC (Hrsg) Biogeochemistry of Trace Metals. Lewis, Baton Rouge/FL, S 109–158
[107] Andersson A, Nilsson KO (1974) Ambio 3: 198–200
[108] Pepper IL, Bedizeck DF, Baker AS, Sims JM (1983) J Environ Qual 12: 270–275
[109] Alloway BJ, Jackson AP, Morgan H (1990) Sci Total Environ 91: 223–236
[110] Hinesly TD, Redborg KE, Ziegler EL, Alexander JD (1982) Soil Sci Soc Am J 46: 490–497
[111] John MK, Van Laerhoven CJ, Church HH (1972) Environ Sci Technol 6: 1005–1009
[112] Miller JE, Hassett JJ, Koeppe DE (1976) J Environ Qual 6: 18–20
[113] Bingham FT, Page AL, Mahler RJ, Ganje TJ (1976) Soil Sci Soc Am J 40: 715–719
[114] Smilde KW, van Luit B, van Driel W (1992) Plant Soil 143: 233–238
[115] Oliver DP, Hannani R, Tiller KG, Wilhelm NS, Merry RH, Cozens GD (1994) J Environ Qual 23: 705–711
[116] De Villarroel JR, Chang AC, Amrhein C (1993) Soil Sci 155: 197–205
[117] Davis RD, Calton-Smith C (1980) Crops as Indicators of the Significance of Contamination of Soil by Heavy Metals. WRC, Stevenage, TR 140
[118] Turner MA (1977) J Environ Qual 2: 118–119
[119] Bingham FT, Page AL, Mahler RJ, Ganje TJ (1975) J Environ Qual 2:207–211
[120] McLaughlin MJ, Williams CMJ, McKay A, Kirkham R, Gunton J, Jackson KJ, Thompson R, Dowling B, Partington D, Smart MK, Tiller KG (1994) Austr J Agric Res 45: 1483–1495
[121] Mench M, Martin E (1991) Plant Soil 132: 187–196
[122] Kuboi T, Noguchi A, Yazaki I (1987) Plant Soil 104: 275–280
[123] MacLean, AJ (1976) Can J Soil Sci 56: 129–138
[124] Cataldo DA, Garland TR, Wildung REC (1981) Plant Phys 68: 835–839
[125] Spivey-Fox MR (1988) J Environ Quad 17: 175–180

[126] Tjell JC, Christensen TH, Bro-Rasmussen B (1983) Ecotoxicology and Environ Safety 7: 122–140

[127] Merrington G, Alloway BJ (1994) Water Air and Soil Pollut 73: 333–334

[128] Davies BE, Roberts LJ (1975) Environ Pollut 6: 49–57

[129] Little P, Martin MH (1972) Environ Pollut 3: 159–172

[130] Asami T (1984) In: Nriagu JO (Hrsg) Changing Metal Cycles and Human Health. Springer, Berlin Heidelberg New York Tokyo, S 95–111

[131] Kjellstrom T (1979) Environ Health Persp 28: 169–197

[132] Sims DL, Morgan H (1988) Sci Total Environ 75: 1–10

[133] Morgan H, Sims DL (1988) Sci Total Environ 75: 135–143

[134] Bhattacharya MJ (1991) Water Air Soil Pollut 57–58: 665–673

[135] McGrath SP (1987) In: Coughtrey PJ, Martin MH, Unsworth MJ (Hrsg) Pollutant Transport and Fate in Ecosystems. Blackwell, Oxford, S 301–307

[136] Hinesly TD, Ziegler EL, Barrett GL (1979) J Environ Qual 8: 35–38

[137] Bidwell AM, Dowdy RH (1987) J Environ Qual 16: 438–442

[138] Corey RB, King LD, Lue-Hing C, Fanning DS, Street JJ, Walker M (1987) Effects of Sludge Properties on Accumulation of Trace Elements by Crops. In: Page AL, Logan TJ, Ryan JA (Hrsg) Land Application of Sludge: Food Chain Implications. Lewis, Chelsea/MI, S 25–27

[139] Buchauer, MJ (1973) Environ Sci Technol 7: 131–135

[140] Jing J, Logan TJ (1992) J Environ Qual 21: 73–8 1

[141] Hooda, PS Alloway BJ (1993) J Soil Sci 44: 97

[142] Ryan JA, Pahren HR, Lucas JB (1982) Environ Res 27: 251–302

[143] Chaudri AM, McGrath SP, Giller KE (1992) Soil Biol Biochem 24: 625–632

[144] Gworek B (1992) Environ Pollut 75: 269–271

[145] Mench M, Didier V, Gomez A, Loffler M (1993) Remediation of metal contaminated soils In: Eijsakkers HJP, Hamers T (Hrsg) Integrated Soil and Sediment Research: A Basis for Proper Protection. Kluwer, Dordrecht

[146] McGrath SP, Sidoli CMD, Baker AJM, Reeves RD (1993) The Potential for the Use of Metal-Accumulating Plants for the in-situ Decontamination of Metal-Polluted Soils. In: Eijsackers HJP, Hamers T (Hrsg) Integrated Soil and Sediment Research: A Basis for Proper Protection. Kluwer, Dordrecht

[147] Juste C, Mench M (1992) Long-Term Application of Sewage Sludge and its Effect on Metal Uptake by Crops. In: Adriano DC (Hrsg) Biogeochemistry of Trace Metals. Lewis, Boca Raton/FL, S 159–193

[148] Kreis IA, Wijga A, van Wijnen JH (1992) Sci Total Environ 127: 281–292

8 Chrom und Nickel

S. P. MᴄGʀᴀᴛʜ [*]

8.1 Einleitung

Chrom ist ein d-Übergangselement der Gruppe VIb des Periodensystems. Es hat die Ordnungszahl 24 und eine relative Atommasse von 51,996. Von seinen fünf Radioisotopen ist
^{51}Cr mit einer Halbwertszeit von 27,8 Tagen das bei Versuchen am häufigsten eingesetzte.
   Chrom wird seit etwa 1877 in Stahllegierungen eingesetzt und bei der Verchromung seit
etwa 1926. Es ist ein graues, sprödes Metall, das sich auf Hochglanz polieren läßt. Es ist
gegenüber oxidativem Angriff resistent und wird daher in korrosionsfesten Legierungen
eingesetzt. Die Anwesenheit von Chrom in Legierungen erhöht deren Härte und die mechanische Abriebfestigkeit. Es tritt in der Umwelt in den Oxidationsstufen +3 und +6 auf, wobei
Cr^{3+} am stabilsten ist. Der Ionenradius von Cr^{3+} beträgt 0,064 nm, der von Cr^{6+} 0,053 nm.
Cr^{6+} tritt im bodenchemischen Kontext allerdings nicht als freies Ion, sondern nur kovalent
gebunden auf.
   Nickel ist ebenfalls ein äußeres Übergangsmetall, gehört aber der Gruppe VIIIb des Periodensystems an. Seine Ordnungszahl ist 28 und seine relative Atommasse beträgt 58,71. Es
gibt sieben Radioisotope dieses Elements, davon ist ^{63}Ni mit einer Halbwertszeit von 92
Jahren bei Pflanzen- und Bodenuntersuchungen das am besten geeignete. Nickel kann in
einer Reihe von Oxidationsstufen auftreten, aber nur Ni^{2+} ist über die breite Spanne der in
Böden anzutreffenden pH-Werte und Redoxbedingungen stabil. Der Ionenradius von Ni^{2+}
beträgt 0,0065 nm und ähnelt damit Radien von Fe^{2+}, Mg^{2+}, Cu^{2+} und Zn^{2+}. Nickel kann
essentielle Metalle in metallhaltigen Enzymen ersetzen und dadurch Stoffwechselpfade stö-
ren oder unterbrechen. Während des 19. Jahrhunderts wurden verschiedene nickelhaltige
Stahllegierungen entwickelt, die aufgrund ihrer Korrosionsfestigkeit bei der Herstellung von
Motorfahrzeugen, Waffen, Flugzeugen und Bestecken eingesetzt wurde. In jüngerer Zeit wird
es auch in Batterien und elektronischen Bauteilen eingesetzt. Nickel ist ein silbrig-weißes,
hartes, sprödes Metall, das sich gut polieren läßt und sowohl für Wärme als auch für Elektrizität leitfähig ist.

8.1.1 Verwendung

Chrom wird aus dem Erz Chromit hergestellt, bei dem es sich um ein Mischoxid mit der
Formel $FeO \cdot Cr_2O_3$ handelt, das zusätzlich unterschiedliche Mengen an Magnesium und Aluminium enthalten kann. Jährlich werden etwa 10 Mio. t Chrom produziert [1], wovon 60–
70 % in Legierungen wie z.B. in rostfreiem Stahl eingesetzt werden, dem je nach den Anforderungen an das Endprodukt noch Eisen, Chrom und Nickel in unterschiedlichen Konzentrationen zulegiert sind. Stahllegierungen enthalten 10–26 % Chrom. Die Hitzebeständigkeit

---

[*] S. Smith wirkte als Mitautor dieses Kapitels bei der ersten (englischen) Ausgabe mit.

Tabelle 8.1. Einige Verwendungen chromhaltiger Chemikalien [2]

Fäulnishemmende Pigmente	Oberflächenveredlung von Metallen
Antiklopfmittel	Metallgrundierungen
Katalysatoren	Beizen
Keramik	Phosphatbeschichtung
Rostschutz	Photosensitivierung
Bohrschlamm	Pyrotechnika
Elektronik	Feuerfestmaterialien
Emulsionshärter	Gerberei
Flexographie	Textilschutz
Fungizide	Textildrucke und -farben
Gasabsorber	Haftgrundiermittel
Hochtemperaturbatterien	Holzschutzmittel
Magnetbänder	

von Chromit wird bei der Herstellung von Schamottsteinen zur Ausmauerung von Brenn-kammern und Öfen genutzt, wozu etwa 15% des Chromiterzes verbraucht werden. Weitere 15% werden in der allgemeinen chemischen Industrie, z.B. als Chromalaun zum Gerben von Leder, in Pigmenten oder in Holzschutzmitteln (Natriumdichromat) eingesetzt. Wichtige Einsatzgebiete von chromhaltigen Chemikalien werden in Tabelle 8.1 aufgeführt. Etwa 4% werden in Chromsäure umgewandelt und bei der Verchromung oder als Oxidationsmittel eingesetzt.

Nickel wird aus sulfidischen und oxidischen Erzen gewonnen, wobei es nur zwei wirt-schaftlich nutzbare Nickelerze gibt: lateritische Oxide und das Sulfid Pentlandit. Das letztere ist das kommerziell bedeutendste und tritt, ebenso wie Chromit, in mafischen bis ultramafi-schen Gesteinsformationen auf [3]. Die Weltproduktion an Nickel liegt bei etwa 0,8 Mio. t jährlich. Das bedeutendste Einsatzgebiet ist, wie bei Chrom, die Herstellung rostfreier Stähle. Andere wichtige Bereiche sind elektrolytische Beschichtung, andere Legierungen, Nickel-Cadmium-Batterien, elektronische Bauteile, Katalysatoren zur Hydrierung von Fetten, zur Methanisierung und bei der Erdölraffinerie.

8.1.2   Biologische Bedeutung

Die essentiellen Eigenschaften von Chrom wurde erstmals 1955 von Mertz et al. [4] an Rat-ten nachgewiesen. Ratten, die mit auf *Torula*-Hefen basierender Nahrung versorgt wurden, entwickelten eine Unverträglichkeit gegenüber Glucose, verringerte Glycogenvorräte und dem klassischen Diabetes ähnliche Symptome. Wurden diese Ratten mit geringen Mengen von Brauhefe gefüttert, erholten sie sich rasch und entwickelten eine normale Glucosetole-ranz. In der Folgezeit wurde aus Brauhefe der sog. Glucosetoleranzfaktor (GTF) isoliert, der in *Torula*-Hefe fehlt. GTF wurde mittlerweile als ein aktiver Dinicotinatochrom(III)-Glutathion-Komplex identifiziert, es gelang aber noch nicht, die Verbindung kristallin zu erhalten. Obwohl auch einfache Chromsalze wirksam sind, wirkt aus Brauhefe oder Schweinenieren isoliertes GTF biologisch wesentlich stärker. Untersuchungen an unter beschränkter Glucosetoleranz leidenden Menschen (z. B. Diabetikern, älteren oder unzureichend ernährten Menschen) ergaben in einigen Fällen eine Verbesserung nach einer Behandlung mit Chromgaben, allerdings scheinen noch andere Faktoren eine Rolle zu spielen. Epidemiologische Untersuchungen in kleinerem Maßstab ergaben eine Korrelation zwischen Chrommangel in der Nahrung und Altersdiabetes sowie Herz-Kreislauf-Problemen [5]. Es wurde berichtet, daß die Mortalität durch Herz-Kreislauf-Krankheiten in Ländern mit hohen Gehalten an Bodenchrom niedrig ist [6]. In der Tat lag daher das Ziel mehrerer Studien zum Verhältnis zwischen Boden und Pflanze darin, Wege zur Erhöhung des Chromgehalts in Nahrungspflanzen zu finden, um damit die Chromaufnahme durch die Nahrung zu verbessern [7, 8]. Die normale tägliche Dosis dürfte unter 200 µg liegen [9]. Aus einigen Untersuchungen ergab sich zwar, daß Chrom auf Pflanzen stimulierend wirkt, bisher konnte aber eine essentielle Bedeutung dieses Elements für Pflanzen noch nicht nachgewiesen werden.

Im Unterschied zu Chrom wird seit vielen Jahren vermutet, daß Nickel eine essentielle Rolle bei den Stoffwechselvorgängen höherer Pflanzen spielt [10]. So wurde 1975 festgestellt, daß Nickel ein Bestandteil des Enzyms Urease in Bohnen ist [11]. Es wurde behauptet, daß Nickel essentiell für alle Leguminosen und möglicherweise sogar für sämtliche höheren Pflanzen ist [12], aber Untersuchen zur Feststellung der essentiellen Wirkung bei Nicht-Leguminosen wurden erst 1987 beschrieben [10]. In der letztgenannten Studie wurde darauf hingewiesen, daß zum Nachweis der essentiellen Wirkung eines Nährstoffs die folgenden Kriterien erfüllt sein müssen:

– Der Organismus kann ohne das essentielle Element seinen Lebenszyklus nicht vollenden.

– Keine andere Substanz kann dieses Element ersetzen.

Brown et al. [10] untersuchten die Essentialität von Nickel für Gerste (*Hordeum vulgare* L.) und stellten fest, daß Nickelmangel die Keimungsfähigkeit und Wachstumsgeschwindigkeit herabsetzt und daß die bis zur Reife gewachsenen Pflanzen eine lückenhafte Körnerfüllung besitzen. Diese Effekte zeigen sich nur bei „Niedrig-Nickel"-Sämlingen von Pflanzen, die über mehrere Generationen in Nährlösungen mit weniger als 30 ng Ni/l gezüchtet wurden. Körner mit weniger als 30 ng Ni/kg i. T. waren nicht keimfähig, und solche mit geringen Nickelgehalten wiesen niedrige Keimgeschwindigkeiten auf. Bei Inkubation mit 1,0 µM $NiSO_4$-Lösung wurde die Keimung nahezu völlig wiederhergestellt. Die Autoren gaben an, daß Nickelmangel bei herkömmlichen Untersuchungen mit Nährlösungen kaum auftreten dürfte, da schon die als Verunreinigungen in Nährsalzen und Wässern auftretenden Nickelgehalte den Bedarf der Pflanzen decken. Daher ist anzunehmen, daß Mangelerscheinungen bei in normalen Böden wachsenden Pflanzen unwahrscheinlich sind, denn die niedrigen essentiellen Nickelmengen sind dort sicherlich verfügbar. Beim Wachstum von Sojabohnen wurden keine Hinweise dafür gefunden, daß sich Nickel durch Aluminium, Cadmium, Zinn oder Vanadium ersetzen läßt [12].

Nickel hat sich als essentiell für das Wachstum einiger Mikroorganismen erwiesen. Es zeigte sich bei Untersuchungen in besonders gereinigten Medien, daß das Wachstum eines Stamms der Blaugrünalge *Oscillatoria* spp und des Bakteriums *Alcaligenes eutrophus* vom Vorhandensein dieses Elements abhängig ist [13, 14]. In keinem dieser Fälle konnte jedoch die biochemische Rolle von Nickel genau identifiziert werden. Nickel scheint jedoch für das Wachstum von marinen Mikroalgen von Bedeutung zu sein, die auf Harnstoff als alleiniger

Stickstoffquelle gezüchtet werden [15]. Wahrscheinlich wird das Nickel zur Synthese und Aktivität der Urease in diesen Organismen benötigt.

In einer Reihe von Versuchen konnte gezeigt werden, daß Nickel auch für Tiere ein essentielles Element ist [16]. Analog dazu wird vermutet, daß es auch für den menschlichen Metabolismus essentiell ist, obwohl seine genaue Funktion noch nicht geklärt ist. Eine Ernährung mit sehr geringen Nickelgehalten von z.B. 40 µg/kg führte bei Tieren zu gestörtem Leberstoffwechsel, verringerte Eisenaufnahme und erniedrigter Aktivität vieler Enzyme [16, 17]. Mangelerscheinungen sind bei Tieren und Menschen kaum zu erwarten, da die normale Aufnahme mit Nahrung und Trinkwasser deutlich über den Werten liegt, die in den Untersuchungen zum Nickelmangel ermittelt wurden. Die mittlere Aufnahme in westlichen Ländern liegt schätzungsweise bei 200–300 µg/Tag [18].

Wie auch die anderen Spurenelemente wirken Nickel und Chrom oberhalb der oben angegebenen Durchschnittsexpositionen auf Pflanzen und Tiere toxisch. In Fällen intensiver Exposition von Menschen, z.B. beruflich bedingt, können Nickel und Chrom sowohl toxisch als auch karzinogen wirken [19, 20].

8.2   Geochemische Verbreitung

Bei der Elementhäufigkeit des Planeten Erde steht Chrom an siebter Stelle, beim Vorkommen in der Erdkruste jedoch nur an 21. Stelle, wobei der Durchschnittsgehalt hier 100 mg/kg Gestein beträgt. Chrom tritt in Erstarrungsgesteinen auf (s. Tabelle 8.2), in denen es häufig Fe^{3+} substituiert, dessen Ionenradius mit 0,067 nm dem von Cr^{3+} ähnelt. Basische und ultrabasische Gesteine weisen die höchsten Chromgehalte auf, 3400 mg/kg, begleitet von bis zu 3600 mg Ni/kg (s. Tabelle 8.2). Das einzige wirtschaftlich gewinnbare Erz ist Chromit, ein auch als Chromeisenstein bekannter Spinell, das zusammen mit basischen und ultrabasischen Gesteinen auftritt. Seine Zusammensetzung schwankt zwischen 42 und 56 % Cr_2O_3 und zwischen 10 und 26 % FeO, zusammen mit unterschiedlichen Gehalten an MgO, Al_2O_3 und SiO_2. Je nach Verwendung werden drei Arten von Erzen unterschieden: metallurgischer Chromit mit mehr als 48 % Cr_2O_3 bei einem Chrom-Eisen-Verhältnis von 3:1, Feuerfestmaterial mit hohen Cr_2O_3- und Al_2O_3-Gehalten bei niedrigem Eisengehalt und schließlich chemischindustrieller Chromit mit hohen Cr_2O_3-, aber niedrigen SiO_2- und Al_2O_3-Gehalten. Cr^{3+} kann in vielen Mineralien Fe^{3+} und Al^{3+} isomorph ersetzen, was zu chromhaltigen Turmalinen, Granaten, Glimmern und Chloriten führt. Spuren von Chrom wirken in manchen Mineralien färbend, so sind z.B. die grüne Farbe von Smaragd und das Rot des Rubins beide durch Cr^{3+}-Ionen verursacht.

Der durchschnittliche Nickelgehalt der Erdkruste beträgt 75 mg/kg Gestein. Nickel liegt auf dem 24. Platz in der Häufigkeit der Elemente und kommt doppelt so häufig vor wie Kupfer. Sulfiderzkörper bilden sich durch die Abtrennung von Nickel, Kupfer und Eisen in Form von Sulfiden aus geschmolzenem basischem Magma. Das wirtschaftlich bedeutendste Nickelerz ist Pentlandit $\langle(Ni,Fe)_9S_8\rangle$. Nickel substituiert Eisen auch in anderen Sulfiden, z.B. in Pyrit. Siderophile, d.h. „eisenliebende" Elemente wie Nickel, Chrom und Cobalt neigen zur Anreicherung in ultrabasischen Gesteinen. Chrom tritt häufig in lokal begrenzten Vorkommen mit äußerst hohen Konzentrationen auf, da Chromit meist scharf abgegrenzte Erzkörper

Tabelle 8.2. Konzentrationen von Chrom und Nickel in verschiedenen Gesteinen [mg/kg]. (Aus [21])

	Cr		Ni	
	Mittelwert	Spannweite	Mittelwert	Spannweite
Ultrabas. Erstarrungsgesteine	1800	1000–3400	2000	270–3600
Basaltische Erstarrungsgesteine	200	40–600	140	45–410
Granitische Erstarrungsgesteine	20	2–90	8	2–20
Tonschiefer und Tone	120	30–590	68	20–250
Schwarzschiefer	100	26–1000	50	10–500
Kalkstein	10	–	20	–
Sandstein	35	–	2	–

bildet. Ni^{2+} substituiert z.T. Mg^{2+} in magnesiumhaltigen Mineralien und ist daher in ultrabasischen Gesteinen gleichmäßiger verteilt als Chrom [22]. Nickelsilicate, insbesondere das wasserhaltige Magnesiumsilicat Garnierit $\langle (Ni,Mg)_6Si_4O_{10}(OH)_8 \rangle$, das erstmals in Lagerstätten in Neukaledonien entdeckt wurde, stellen wichtige Quellen für Nickel dar. Eine andere nickelhaltige Mineralgruppe sind die Laterite, die sich durch anhaltende, intensive Verwitterung aus ultrabasischem Peridotit bilden. Die Verwitterung des Ausgangsgesteins hinterläßt einen stark nickelhaltigen Rückstand von Kieselsäure, aus dem sich Silicatminerale bilden können. Bei den meisten wichtigen Nickelerzen handelt es sich jedoch um Sulfide, die unter Tage abgebaut werden. Solche Erzkörper sind in Gebieten mit basischen und ultrabasischen Erstarrungsgesteinen zu finden. Im Gegensatz dazu sind die Nickeloxide lateritisch und werden im Tagebau gewonnen.

Wie aus Tabelle 8.2 ersichtlich ist, schwanken die Nickelgehalte der verschiedenen Gesteinstypen. Ultrabasische Gesteine wie Peridotit, Dunit und Pyroxenit weisen die höchsten Nickelgehalte auf, gefolgt von den basischen Gesteinen Gabbro und Basalt sowie den intermediären Gesteinen. Erstarrungsgesteine mit hohen Gehalten an Eisen-Magnesium- und Sulfidmineralien wie Pyroxen, Olivin, Biotit und Chlorit sind ebenfalls reich an Nickel. In solchen Mineralien sind Eisen und Magnesium teilweise durch Nickel ersetzt, was an der Ähnlichkeit der Ionenradien dieser Elemente liegt (s. Abschn. 8.1). Saure Erstarrungsgesteine enthalten weniger Nickel als die zuvor genannten, während alkalische Gesteine und Sedimentgesteine besonders niedrige Nickelgehalte besitzen.

8.3   Herkunft von Chrom und Nickel in Böden

8.3.1   Nickel und Chrom in Böden und Bodenausgangsmaterialien

Der weltweite Durchschnittsgehalt von Nickel in Böden liegt vermutlich bei etwa 20 mg/kg, wobei jedoch zwischen den einzelnen Bodenarten beträchtliche Unterschiede auftreten können. Der Nickelgehalt eines Bodens hängt sehr stark von der Art des Ausgangsmaterials ab. So enthalten z.B. Böden, die sich auf Serpentinit gebildet haben, 100–7000 mg Ni/kg [22] und gleichzeitig außergewöhnlich viel Chrom, Magnesium und Eisen, hingegen wenig Calci-

Tabelle 8.3.   Gehalte an Chrom und Nickel in Böden [mg/kg]

Cr			Ni			
Mittelwert	Zentralwert	Spannweite	Mittelwert	Zentralwert	Spannweite	Literatur
200	–	–	40	–	–	[23]
–	–	5–3000	–	–	10–800	[27]
–	70	5–1500	–	50	2–750	[28]
–	6,3	–	–	17	–	[29]
–	54	1–2000	–	19	5–700	[30]
84	–	0,9–1500	34	–	0,1–1523	[24]
150	62 [a]	0,5–10 000	53	27 [a]	0,5–54 000	[25]
41	39	0,3–837	25	20	0,8–440	[26]
–	–	–	24	18	1–269	[31]

[a] Geometrischer Mittelwert.

um und Silicat. Der Grund für die geringe Fruchtbarkeit von Serpentinböden ist zwar noch immer umstritten, aber es besteht Einigkeit darüber, daß die Ursache wahrscheinlich in der Toxizität von Nickel liegt, auch wenn Chrom und Cobalt in höheren Konzentrationen vorliegen [22]. Ein weiterer wachstumslimitierender Faktor dürfte das hohe Magnesium-Calcium-Verhältnis in solchen Böden sein. Die durchschnittlichen Nickelgehalte und die Spannweiten der Konzentrationen in verschiedenen Gesteins- und Bodenarten sind in den Tabellen 8.2 und 8.3 zusammengestellt. Vinogradov [23] gab für Böden einen Durchschnittsgehalt von 40 mg Ni/kg an. In einer statistischen Auswertung jüngeren Datums von 13 000 in der weltweiten Literatur veröffentlichten Bodenanalysen erhielten Ure u. Berrow [24] einen Durchschnitt von 84 mg Cr/kg und 34 mg Ni/kg. Bei der Auswertung von 2944 bzw. 4122 schottischen Bodenproben ergaben sich geometrische Mittelwerte von 62 mg Cr/kg bzw. 27 mg Ni/kg [25], wohingegen McGrath u. Loveland bei einer kürzlich fertiggestellten Statistik über nahezu 6000 Oberböden in England und Wales geometrische Mittelwerte von 34 mg Cr/kg und 20 mg Ni/kg erhielten [26].

In Tabelle 8.4 zeigt sich deutlich der Einfluß von geologischen und bodenbildenden Prozessen auf die Chrom- und Nickelgehalte in Böden. Danach liegt der Nickel- und Chromgehalt grobkörnig-lehmiger, sandiger und torfiger Böden unter den Durchschnittswerten sämtlicher Böden, wohingegen die Gehalte tonreicher Böden an diesen Elementen die jeweiligen Mittelwerte überschreiten.

Verschiedene Studien zur Verteilung von Nickel in Bodenprofilen erbrachten widersprüchliche Ergebnisse. Je nach der Herkunft des Bodens und den bodenbildenden Prozessen kann die Oberfläche oder der Unterboden relativ an Nickel angereichert sein oder gleichhohe Gehalte aufweisen [3]. In einigen Böden kann sich Nickel, wie auch Eisen und Mangan, im B-Horizont in Form von Mischoxiden anreichern, während es sich in anderen Böden an der Oberfläche in der Streu und im Humus anreichern kann. Berrow u. Reeves [25] beobachteten, daß der organische Abfall in den obersten 6 cm schottischer Böden im Durchschnitt geringere Nickel- und Chromgehalte aufwies als der mineralische Boden, während unterhalb von 6 cm nur geringe Schwankungen der Nickel- und Chromgehalte mit der Tiefe zu verzeichnen waren.

Tabelle 8.4. Statistische Zusammenfassung der Chrom- und Nickelgehalte von Oberböden aus Wales und England, unterteilt nach Bodentexturklassen [26]

Bodentextur	Probenzahl	Minimum	Quantil			Maximum
			25%	50%	75%	
Chrom						
Tonig	479	18,7	50,3	59,0	69,6	837,9
Feinkörnig lehmig	202	5,0	35,3	43,5	54,0	692,9
Feinschluffig	1063	6,3	38,4	48,0	57,6	285,4
Grobschluffig	184	0,2	29,5	39,3	47,4	143,5
Grobkörnig lehmig	1143	0,2	21,1	27,4	36,0	356,3
Sandig	229	0,2	9,4	13,2	18,0	91,5
Torfig	557	0,2	6,2	12,2	24,8	153,7
ALLE BÖDEN	5692	0,2	26,5	19,3	52,6	837,8
Nickel						
Tonig	479	10,5	31,4	38,2	44,5	194,6
Feinkörnig lehmig	202	1,6	19,0	25,3	32,8	439,5
Feinschluffig	1063	2,3	20,7	28,2	36,2	298,8
Grobschluffig	184	4,5	17,7	22,4	31,0	89,7
Grobkörnig lehmig	1143	0,8	10,8	15,8	21,9	436,4
Sandig	229	0,8	4,5	7,5	12,1	74,3
Torfig	557	0,8	4,5	6,6	12,7	123,9
ALLE BÖDEN	5692	0,8	14,0	22,6	32,4	139,5

8.3.2 Landwirtschaftliche Materialien

Der jährliche weltweite Eintrag in Böden wurde auf 0,48–1,3 Mio. t Chrom und 0,106–0,544 Mio. t Nickel geschätzt [32].

Dünger enthalten mehr Chrom als Nickel, wobei Phosphate die höchsten Gehalte an beiden Elementen aufweisen (s. Tabelle 8.5). Der Kanadische Nationale Forschungsrat [33] berichtete eine Spannweite von 30–3000 mg Cr/kg für Phosphatdünger. Phosphatlagerstätten enthalten in der Regel 30 mg Ni/kg, es gibt jedoch auch Lager mit 1000 mg/kg oder noch höheren Gehalten [34]. In den meisten Phosphatdüngern ist Nickel nur in geringen Mengen enthalten, weshalb sich dieses Element bei normalem Einsatz von durchschnittlich nickelhaltigen Phosphaten in Böden nicht zu Konzentrationen anreichert, die im Hinblick auf mögliche Auswirkungen in der Nahrungskette besorgniserregend sind. Die Menge des durch Phosphatdünger in Böden eingebrachten Chroms ist nicht genau bekannt. Da es in Böden wahrscheinlich in der Oxidationsstufe +3 auftritt, wird es aber kaum toxisch wirken.

Dung aus der Viehhaltung enthält zwar relativ viel Zink und Kupfer, aber nur wenig Chrom und Nickel (s. Tabelle 8.5). In landwirtschaftlichen Pestiziden werden Chrom und Nickel nicht eingesetzt, allerdings enthält Kalkstein, der zur Korrektur des pH-Werts von Böden eingesetzt wird, ebenso wie Zement, Chrom. Es wurden verschiedene Werte für Kalk veröffentlicht: 1(*GK*)–120 mg Cr/kg bei einem Durchschnitt von 10 mg/kg [33] bzw. 10–60 mg Cr/kg [32]. Kalkstein enthält kleinere Mengen Nickel (s. Tabelle 8.5).

Tabelle 8.5.   Chrom- und Nickelgehalte in Düngern, Kalkstein und Tierdung [mg/kg]

Bodenadditiv	Cr	Ni	Literatur
Dünger			[35]
Stickstoff-	Sp.[a]–50	Sp.–80	
Phosphat-	Sp.–1000	Sp.–300	
Kali-	Sp.–1000	Sp.–80	
Mischungen	Sp.–900	Sp.–800	
Kalkstein	Sp.–300	Sp.–130	[36]
Tierfaeces (i. T.)			
Viehdung	20–31	–	[36]
Geflügeldung	6	–	[36]
Schweinegülle	14	–	[37]
Hofmist	12	17	[37, 38]
Kuhdung	56	29	[39]

[a] Sp. = in Spuren vorhanden (< *GK*).

Ein Vergleich der Tabellen 8.5 (Düngemittel) und 8.3 (Böden) zeigt, daß die Nickel- und Chromgehalte in Phosphaten, Kalkstein und tierischen Düngern nur in wenigen Fällen über den bereits in den Böden enthaltenen Konzentrationen liegen. Es ist daher wenig wahrscheinlich, daß der Einsatz gewöhnlicher Dünger und landwirtschaftlicher Abfälle zu einer größeren Anreicherung dieser Elemente im Boden führen wird.

8.3.3   Atmosphärische Deposition

Die insgesamt größten Chrommengen, die durch Menschen in die Atmosphäre freigesetzt werden, entstammen der metallurgischen Industrie. Chromoxid wird in Form von Partikeln z. B. aus Lichtbogenöfen emittiert. Bei einer Erfassung der Luftemissionen in den USA [40] wurde als wichtigste Quelle die Ferrochromproduktion ermittelt, wobei die freigesetzten Mengen selbst nach der Einführung von Maßnahmen zur Vermeidung von Luftverschmutzung schätzungsweise 12 360 t jährlich betragen. Die zweitwichtigste Quelle für atmosphärisches Chrom ist mit 1630 t/Jahr die Herstellung von Feuerfeststeinen, dicht gefolgt von der Kohleverbrennung mit 1564 t/Jahr. Bei der Stahlherstellung werden 520 t/Jahr freigesetzt. Nriagu u. Pacyna kamen dagegen zu dem Schluß, daß die Eisen- und Stahlindustrie weltweit die größte anthropogene Quelle für Chromemissionen darstellt [32].

Die größte anthropogene Nickelquelle ist die Verbrennung von Heiz- und Treibstoffen sowie Altölen, wobei weltweit jährlich 26 700 t Nickel emittiert werden [41]. Die Nickelgehalte von Dieselabgasen können beträchtlich sein [42]. Öl enthält mehr Nickel als Kohle. Wie auch bei Blei, Zink und Kupfer gibt es Indizien für eine Abnahme der Nickelgehalte in Böden und Gräsern mit zunehmender Entfernung von größeren Verkehrswegen [43]. Die Verbrennung von Kohle stellt die zweitgrößte Emissionsquelle dar, gefolgt von Nickelbergbau und -verhüttung, die z. B. in der Umgebung von Standorten wie Sudbury in Ontario (Kanada) oder Clydach in Südwales (Großbritannien) lokal schwerwiegende Verschmutzungen verursachen.

Es gibt auch in der Natur reiche Quellen für Nickel und Chrom in der Atmosphäre: verwehte Bodenstäube, vulkanische Aktivität, Waldbrände, Partikel aus Meteoren und salzhaltige Aerosole aus Meeresgischt. Dabei sind für Chrom allerdings nur die beiden erstgenannten von Bedeutung. Biogene Emissionen durch Vegetation sind minimal, aber für Nickel jedenfalls nachgewiesen [41]. Ein weiterer Unterschied zwischen den beiden Metallen besteht darin, daß für Chrom natürliche Quellen den höheren Stellenwert besitzen, während über 80% der Nickelemissionen anthropogenen Ursprungs sind (s. Tabelle 8.6). Es sollte allerdings bedacht werden, daß die Emissionsdaten unvollkommen sind und daß es zur Berechnung der Gesamtemissionen viele Annahmen bedurfte [32, 41]. Insbesondere fehlen bei der metallurgischen und chemischen Industrie genauere Daten. Außerdem liegen für beide Elemente keine Angaben zu den Emissionen aus der weiterverarbeitenden NE-Metallindustrie und zum Schrottrecycling vor.

Tabelle 8.6. Geschätzte weltweite atmosphärische Emissionen von Nickel und Chrom aus natürlichen und anthropogenen Quellen im Jahre 1983, in 10^3 t/Jahr

Metallquelle	Cr	Ni
Anthropogene Quellen [a]		
Kohleverbrennung	2,92–19,63	3,38–24,15
Ölverbrennung	0,45–2,27	11,00–43,13
NE-Pyrometallurgie		
Bergbau		0,80
Pb-Produktion		0,33
Cu-Ni-Produktion		7,65
Stahl und Eisen	2,84–28,40	0,04–7,10
Müllverbrennung		
Kommunale M.	0,098–0,98	0,098–0,42
Klärschlammverbr.	0,15–0,45	0,03–0,18
Phosphatdünger	–	0,14–0,69
Zementherstellung	0,89–1,78	0,09–0,89
Holzverbrennung	–	0,60–1,80
Verkehr	–	0,9 [b]
Summe	7,34–53,61	25,05–88,05
Durchschnitt	30,48 (36%)	55,65 (87%)
Natürliche Quellen		
Bodenstäube	50 [b]	4,8
Vulkane	3,9 [b]	2,5
Vegetation	–	0,82
Waldbrände	–	0,19
Meteorstaub	–	0,18
Meersalz	–	0,009
Summe	53,9 (64%)	8,5 (13%)
Gesamtmenge	84,38	64,15

[a] Nach [32].
[b] Nach [41].

Nriagu u. Pacyna [32] schätzten die jährliche weltweite Deposition aus der Atmosphäre in Böden auf $5,1 - 38 \cdot 10^3$ t Chrom und $11 - 37 \cdot 10^3$ t Nickel. Dem stehen Schätzwerte für die mittleren weltweiten Gesamteinträge aus allen Quellen in Böden von 896 bzw. $325 \cdot 10^3$ t/Jahr gegenüber. Der größte Teil des Gesamteintrags stammt von der Entsorgung verschiedener Abfälle an Land. Durch die höheren lokalen Konzentrationen ist die Verteilung hierbei weniger einheitlich als bei der atmosphärischen Deposition. Freilich werden die atmosphärischen Einträge in der Umgebung starker lokaler Quellen ebenfalls ein beträchtlich größeres Ausmaß annehmen. Metalle werden aus der Atmosphäre durch trockene oder nasse Deposition abgelagert. Größere Teilchen setzen sich schnell ab und fallen in der Nähe der Emissionsquelle aus, wobei sie in einigen Fällen verheerende Auswirkungen auf benachbarte Böden, Pflanzen und Tiere besitzen (s. Abschn. 8.6).

Meßwerte für die jährliche Gesamtdeposition von Nickel schwanken zwischen 2 kg/km^2 in ländlichen Gebieten und 88 kg/km^2 in Industriegebieten und städtischen Bereichen [41]. Die bei der Deposition auftretenden Nickelspezies umfassen vermutlich Bodenmineralien, Oxide und Sulfate [41]. Die jährliche Gesamtdeposition an Chrom beträgt weniger als 0,2 kg/km^2 in abgelegenen Regionen und $0,5 - 5$ kg/km^2 in ländlichen Gebieten. In städtischen Bezirken ist sie variabel, beträgt aber meist über 10 kg/km^2 [44]. Cawse [45] verdeutlichte die Bedeutung der langfristigen Deposition dieser Metalle aus der Atmosphäre, indem er Meßergebnisse zugrunde legte, die auf einer Beobachtungsstation in Chiltern (Großbritannien) für die Gesamtkonzentrationen in den obersten 5 cm von Böden gewonnen worden waren. Im Verlauf von 30 Jahren würde die Deposition bei durchschnittlichen Raten, ausgehend von den Werten des Jahres 1973, das Bodenchrom um 1% und das Nickel um 13% ansteigen lassen. Über die bei der Deposition vorliegenden Chromspezies ist nur wenig bekannt. Der in Regenwasser lösliche Anteil des Chroms in verschiedenen Teilen der Erde dürfte unter 2% liegen [44]. Zum Oxidationszustand von Chrom bei der Deposition liegen keine allgemeinen Daten vor. Von bestimmten industriellen Verfahren ist jedoch bekannt, daß sie Chrom(III)- oder Chrom(VI)-haltige Stäube verursachen [44]. So enthalten 40% des von Ferrochromhütten ausgestoßenen Staubs Chrom(VI).

8.3.4   Klärschlämme

Metalle aus natürlichen, häuslichen und industriellen Quellen werden bei der Abwasserklärung bevorzugt im organischen Rückstand angereichert. Die Möglichkeit, Chrom und Nickel durch Schlamm aus dem Abwasser zu entfernen, hängt vom eingesetzten Verfahren und dem „Alter" des Schlamms ab. Bei Versuchen in kontinuierlich betriebenen Belebtschlammbecken wurden nahezu 100% des Chroms (Oxidationsstufe +3) und zwischen 92 und 100% des Nickels entfernt, ersteres hauptsächlich durch Ausfällung. Vom Chrom(VI) wurden hingegen nur $26 - 48$% entfernt [46]. Industrieabwässer lieferten 68% des Chroms und 83% des Nickels im Gesamtabwasser von New York City (USA) [47]. Etwa 70% des Nickels stammten aus galvanischen Betrieben. Nickel ist auch in vielen Haushaltsreinigungsmitteln enthalten: Seife enthält $100 - 700$ mg/kg, Scheuermittelpulver $400 - 700$ mg/kg und Bleichpulver 800 mg/kg [48]. Chromhaltige Abwässer fallen bei folgenden Verfahren an: Beschichtung von Metallen, Eloxieren, Herstellung von Tinten, Farbstoffen, Pigmenten, Glas, Keramik, Klebstoffen und Textilien, in der Gerberei, beim Holzschutz und als antikorrosiver Zusatz zu Kühlwasser. Sowohl Chrom(III) als auch Chrom(VI) treten in solchen Abwässern auf. Im

Rohabwasser galvanischer Betriebe beispielsweise liegt sogar überwiegend Chrom(VI) vor [49]. Viele Abwässer werden jedoch schon vor Ort zur Verringerung der toxischen Belastung behandelt oder anschließend in den Kläranlagen. Das Chrom(VI) wird dabei durch organisches Material reduziert, weshalb in Klärschlamm in der Regel nur Chrom(III)-Verbindungen vorhanden sind [50].

Nriagu u. Pacyna [32] schätzten, daß den Böden durch Klärschlammentsorgung weltweit jährlich zwischen 1,4 und $11 \cdot 10^3$ t Chrom bzw. $5-22 \cdot 10^3$ t Nickel zugeführt werden. Die oberste Zone von mit Klärschlamm behandelten Böden reichert sich oft zu hohen Metallkonzentrationen an. Dabei hängt die Tiefe der verunreinigten Schicht davon ab, bis zu welcher Tiefe der Klärschlamm durch Umpflügen oder andere Verfahren eingearbeitet wird oder wie tief Risse, Spalten und Kanäle im Boden zum Zeitpunkt der Flüssigschlammausbringung reichen. Nach der Schlammzugabe sind im Boden auch nach längerer Zeit keine Hinweise auf eine nennenswerte Abwärtswanderung von Metallen wie Nickel und Chrom [51, 52, 53] zu finden. Die Verweilzeit der aus dem Schlamm stammenden Metalle dürfte in der Größenordnung von $10^3 - 10^4$ Jahren liegen [51]. Es sollte jedoch bedacht werden, daß sich in Laborversuchen die Indizien mehren, daß negativ geladene Komplexe von Cadmium mit organischem Material nach der Ausbringung von frischem Schlamm auch tief in Böden hinabwandern können [54]. Aber selbst nach 45 Jahren lassen sich noch 80% des bei einem Langzeitfeldversuch ausgebrachten Nickels und Chroms in der Pflugschicht nachweisen [55].

Viele Länder beschränken mittlerweile die Metallgehalte, die durch Klärschlamm den Böden zugeführt werden dürfen, oder erlassen Höchstwerte für die Gehalte in den Böden selbst (s. Abschn. 8.7). Da solche Regeln in der Vergangenheit nicht bestanden, können an einzelnen Standorten auch überhöhte Konzentrationen vorliegen, je nach der Menge des ausgebrachten Schlamms und seinem Metallgehalt. Der Betrieb von Gerbereien und Galvanisieranlagen erklärt die hohen Obergrenzen bei den Spannweiten der Nickel- und Chromgehalte, die von Klärschlämmen verschiedener Länder berichtet werden (s. Tabelle 8.7). Im allgemeinen werden Schlämme aus ländlichen Gebieten die niedrigsten Nickel- und Chromgehalte aufweisen. Daher enthalten Böden von Feldern, die mit städtischen und industriellen Schlämmen behandelt wurden, höhere Nickel- und Chrommengen als solche, die mit Schlamm aus ländlichen Bezirken gedüngt wurden. Als Schlammfelder bezeichnet man Felder, die über viele Jahre hinweg zur Entsorgung von Schlamm aus Kläranlagen dienten. Sie weisen extrem hohe Gehalte an Chrom und Nickel sowie anderen Metallen auf, wenn der deponierte Schlamm aus städtischen Regionen stammt. Metallgehalte von Böden solcher Felder sind in Tabelle 8.8 zusammengestellt. Ein Beispiel ist die Anlage bei Stoke Bardolph in der Nähe von Nottingham (Großbritannien), auf der seit über einhundert Jahren etwa 600 kg Ni/Jahr in Klärschlämmen ausgebracht wurden, die im Mittel 550 mg Ni/kg i.T. und 2600 mg Cr/kg i.T. enthielten.

Bei einem Versuch mit einem sandigen Lehmboden mit Ausgangsgehalten von 26 mg Cr/kg und 11 mg Ni/kg, der zwischen 1942 und 1961 mit Klärschlamm aus West-London (Großbritannien) behandelt worden war, dessen Durchschnittsgehalte 919 mg Cr/kg und 188 mg Ni/kg betrugen [51], wurden 1985 Gehalte von 126 mg Cr/kg und 27 mg Ni/kg beobachtet [55]. Die Verfügbarkeit von Chrom in schlammbehandelten Böden scheint gering zu sein [51, 66]. Die Chrom(III)-Aufnahme von Pflanzen und die Umlagerung in die oberirdischen Teile ist bei pH-neutralen Böden nur gering [67]. Im Vergleich zum Chrom ist Nickel in schlammgedüngten Böden relativ gut verfügbar, zwar weniger als Zink und Cadmium, aber mehr als Kupfer, das durch organisches Material stärker in Komplexen gebunden wird.

Tabelle 8.7.   Chrom- und Nickelgehalte von Klärschlämmen [mg/kg i. T.]

Land	Cr	Ni	Probenzahl	Literatur
	(Zentralwert und Spannweite)			
Großbritannien[a]	86	37	–	[56]
	24–1255	15–900		
Ontario (Kanada)	530	120	17	[57]
	100–9740	23–410		
England und Wales	250	80	42	[58]
	40–8800	20–5300		
England und Wales	335	94	193	[59]
USA	1290	190	16	[39]
	169–14000	36–562		
USA	890	82	165	[60]
	10–99000	2–3520		
Schweden	–	–	93	[61]
	20–40615	16–2120		

[a] Zentralwert (Median) für in der Landwirtschaft eingesetzte Schlämme, Spannweite = 10%- und 90%-Quantil aller Schlämme.

Tabelle 8.8.   Chrom- und Nickelkonzentrationen in Oberflächenböden mit Schlamm behandelter Flächen [mg/kg Boden]

Ort	Cr	Ni	Literatur
Braunschweig (BRD)			[62]
Behandelt	202	32	
Unbehandelt	38	10	
Beaumont Leys (GB)	2020	385	[63, 64]
Stoke Bardolph (GB)	1500	387	[65]

8.3.5   Andere Chrom- und Nickelquellen

Die Entsorgung von Flugasche an Land stellt den größten einzelnen Eintrag von Chrom und Nickel in Böden dar [32]. In Tabelle 8.9 sind Durchschnittsgehalte für Chrom und Nickel in Kohle und Flugasche angegeben. Flugasche ist verhältnismäßig reich an Chrom, weshalb Böden in der Umgebung von Kohlekraftwerken mit diesem Metall etwas angereichert sein können [69]. Das Ausbringen großer Mengen gemahlener Brennstoffaschen auf Böden führt zu gegenüber unbelasteten Vergleichsböden stark erhöhten Chromgehalten. Die Nickelgehalte in einigen Kohlesorten können bis zu 70 mg/kg betragen, wobei die Flugaschen in diesen seltenen Fällen bis zu 900 mg Ni/kg enthalten können [70]. Im allgemeinen ist jedoch die Belastung von Flugasche mit Nickel geringer als die mit Chrom. Obwohl Flugasche das Bodenchrom beträchtlich erhöhen kann, scheint es von Pflanzen, die auf mit Flugasche behandelten Böden wachsen, nur wenig aufgenommen zu werden [71]. In ähnlicher Weise wird

Tabelle 8.9.   Gehalte an Chrom und Nickel in Kohle und Flugasche [mg/kg]. (Aus [72])

Substanz	Cr	Ni
Kohle	15	15
Flugasche		
Bituminös	172	11
Sub-bituminös	50	1,8
Braunkohle	43	13

das Nickel aus Flugasche, im Gegensatz zu dem aus Klärschlamm, von Pflanzen nicht in nennenswerter Menge aufgenommen [72]. Der Flugaschegehalt an löslichen Elementen wie Bor, Magnesium und Schwefel gibt zu größerer Besorgnis Anlaß als der Gehalt an Nickel und Chrom.

Emissionen von Nickel aus Hüttenbetrieben und von Chrom bei der Chromatherstellung führen in Böden zu starken Zunahmen der Nickel- und Chromgehalte [33, 73]. Es wird geschätzt, daß jährlich weltweit $22-64 \cdot 10^3$ t Nickel durch Freisetzung aus Bergehalden in Böden gelangen [32]. Das in Halden von Chromatabfällen im Croal-Tal im Norden Englands auftretende Chrom(VI) erwies sich als stark phytotoxisch [74]. Die chemische Reduktion von Chrom(VI) zu Chrom(III) wurde als Möglichkeit vorgeschlagen, die Toxizität zu reduzieren und die Begrünung des Standorts wieder zu ermöglichen.

Zu den weniger bedeutenden Chromquellen gehören Abrieb aus chromhaltigen Asbestbremsbelägen von Fahrzeugen und Stäube aus Emissionssenkungssystemen zur Abgasbehandlung, in denen Chromkatalysatoren eingesetzt werden. Diese beiden Quellen dürften von größter Bedeutung für am Straßenrand gelegene Böden sein.

Zum Abschluß dieser Ausführungen über den Eintrag von Chrom und Nickel in Böden ist es angebracht, einen Vergleich mit den Einträgen dieser Metalle in Wasser und Luft anzustellen (s. Tabelle 8.10). Daraus wird ersichtlich, daß Böden wesentlich größere Mengen an diesen Metallen aufnehmen als die anderen Umweltmedien. Zwei weitere Gesichtspunkte sind bei der Gestaltung zukünftiger Umweltschutzrichtlinien von herausragender Bedeutung:

- Wasser und Luft unterliegen einer wesentlich stärkeren Vermischung als Böden und damit einer stärkeren Verdünnung der Metallbelastung.

- Der größte Teil des in die Luft emittierten Chroms und Nickels und Teile der ins Wasser freigesetzten Mengen werden auch die Böden belasten.

Als Konsequenz dieser beiden Faktoren werden sich Metalle in den Oberböden sowohl lokal als auch weltweit stärker anreichern als in den anderen Bereichen der Biosphäre.

Tabelle 8.10.   Weltweite Emissionen von Chrom und Nickel in Luft, Wasser und Böden [10^3 t/Jahr] (Schätzwerte). (Aus [32])

Rezipient	Cr	Ni
Luft	30	56
Wasser	142	113
Boden	896	325

8.4   Chemisches Verhalten im Boden

Chrom tritt in verschiedenen Oxidationsstufen auf, von denen Chrom(III) und (VI) die stabilsten und damit häufigsten sind. Ihr chemisches Verhalten steht in krassem Gegensatz zueinander: Chrom(VI) tritt in Form von Anionen auf, wird leichter aus Boden- und Sedimentpartikeln extrahiert und wird als die stärker toxische Spezies angesehen. Chromat (CrO_4^{2-}) steht in einem pH-abhängigen Gleichgewicht mit anderen Formen von Chrom(VI) wie $HCrO_4^-$ und Dichromat ($Cr_2O_7^{2-}$), wobei CrO_4^{2-} bei pH-Werten über 6 die vorherrschende Spezies darstellt. Im Gegensatz dazu ist Chrom(III) wesentlich weniger mobil und wird von Bodenpartikeln stärker adsorbiert. Die Löslichkeit von Chrom(III) nimmt oberhalb von pH 4 ab, und bei höherem pH-Wert als 5,5 tritt vollständige Fällung ein.

Im Gleichgewicht mit atmosphärischem Sauerstoff stellt Chrom(VI) die stabilere Form dar. Aufgrund seines hohen positiven Redoxpotentials ist es jedoch eine stark oxidierend wirkende Spezies, die in Gegenwart von organischem Material im Boden zu Chrom(III) reduziert wird [8, 50, 75, 76], wobei die Reduktion in sauren Böden rascher abläuft als in alkalischen [8, 77]. Damit überwiegt in den meisten Böden das verhältnismäßig schlecht lösliche und weniger mobile Chrom(III), das im allgemeinen in Form schwer löslicher Hydroxide und Oxide auftritt [8, 50, 78]. So beobachteten z.B. Cary et al. [8], daß Chrom(VI) oder Chrom(III) in Lösung nach ihrer Zugabe zu Böden in Spezies umgewandelt wurden, die unlöslich und damit nicht für Pflanzen verfügbar waren. Nach der Reduktion des Chroms(VI), so folgerten die Autoren, war das unlösliche Chrom in den Böden in Form von Chrom(III)-oxidhydraten vorhanden. Die Komplexbildung mit löslichen organischen Säuren wie Citronensäure, DTPA, Fulvosäuren und Bodenextrakten wasserlöslicher organischer Substanzen hält geringe Chrom(III)-Mengen auch oberhalb des pH-Werts, bei dem nicht komplex gebundenes Chrom ausfällt, in Lösung und stellt damit ein Mittel zur Erhöhung seiner Mobilität dar [79, 80]. Bartlett u. Kimble [75] sowie Bartlett u. James [76] verwiesen darauf, daß sich Cr^{3+} und Al^{3+} in bezug auf Adsorption und Löslichkeit bei Änderungen von pH-Wert und Phosphatgehalt von Böden ganz ähnlich verhalten. Die Oxidation eines Teiles des Chroms(III) in Böden mit pH-Werten über 5 und hohen Gehalten an oxidiertem Mangan wird als wahrscheinlich erachtet, obwohl Schwierigkeiten bei der Beobachtung dieser Reaktion auftreten, da Trocknung und Lagerung eines Bodens anscheinend seine Fähigkeit zur Oxidation dieses Elements aufheben [81]. Insbesondere wird der Boden-pH-Wert durch Trocknung herabgesetzt [76]. Bartlett u. James [81] beobachteten, daß der Anteil des Chroms(III), der zu Chrom(VI) oxidiert wird, proportional zu dem reduzierten Mangan sowie zu dem durch Hydrochinon reduzierbaren Anteil ist. In den Fällen, in denen Chrom(VI) im Boden erhalten bleibt, sind Bartlett u. Kimble [76] der Ansicht, daß die Adsorptionsfähigkeit der Chromate der von Orthophosphat ähnelt und das Anion nur dann mobil bleibt, wenn seine Konzentration die Adsorptions- und Reduktionskapazität des Bodens überschreitet. Tatsächlich kann die Adsorption von Chrom(VI) in bestimmten Böden seine Reduktion übersteigen [82].

Im Vergleich zum Chrom ist die Bodenchemie von Nickel wesentlich einfacher, da sie ausschließlich auf dem zweiwertigen Metallion Ni^{2+} beruht. Die Löslichkeit der Hydroxide von Chrom(III) und Nickel sowie anderen siderophilen Elementen bei verschiedenen pH-Werten gibt Anhaltspunkte für die relative Mobilität dieser Spezies in Böden (s. Abb. 8.1). Bei beiden nimmt mit sinkendem pH-Wert die Löslichkeit zu, wobei Nickel aber eindeutig leichter löslich als Chrom ist.

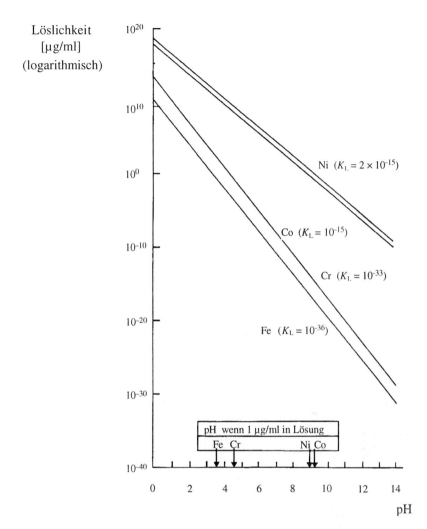

Löslichkeit
[µg/ml]
(logarithmisch)

10^{20}

10^{10}

10^{0} Ni $(K_L = 2 \times 10^{-15})$

10^{-10} Co $(K_L = 10^{-15})$

Cr $(K_L = 10^{-33})$

10^{-20} Fe $(K_L = 10^{-36})$

10^{-30}

pH wenn 1 µg/ml in Lösung

Fe Cr   Ni Co

10^{-40}

0   2   4   6   8   10   12   14

pH

Abb. 8.1. Löslichkeit der Hydroxide von Chrom- und Nickel sowie von Eisen und Cobalt [µg/l] in Abhängigkeit vom pH-Wert (K_{LP} = Löslichkeitsprodukt) [22]

Die thermodynamisch stabilste nickelhaltige feste Phase in Böden ist Nickelferrit ($NiFe_2O_4$) [83, 84]. In saurer und reduzierender Umgebung steuert das schwerlösliche Nickelsulfid die Konzentration von Nickel in der Bodenlösung. Der Hydroxokomplex $Ni(OH)^+$ und Ni^{2+}-Ionen stellen bei pH-Werten über 8 in der Bodenlösung die Hauptspezies dar, während in sauren Böden Ni^{2+}, $NiSO_4$ und $NiHPO_4$ vorwiegen, wobei die Konzentrationsverhältnisse von den Sulfat- und Phosphatgehalten in Lösung abhängen. Sposito u. Page [85] stimmen diesen Befunden im wesentlichen zu, betonen jedoch die Rolle von Nickelcarbonaten und -hydrogencarbonaten stärker. Unter sauerstoffreichen Bedingungen in sauren Böden werden als hauptsächliche Spezies Ni^{2+}, $NiSO_4$, $NiHCO_3^+$ und organische Komplexe erwartet, in alkalischen Böden, wie z.B. in Boron (Kalifornien), hingegen $NiCO_3$, $NiHCO_3^+$, Ni^{2+} und $NiB(OH)_4^+$.

Sequenzielle Extraktionen aus Böden mit verschiedenen chemischen Reagenzien wurden dazu eingesetzt, operational (vom Verfahren her) definierte „Fraktionen" von Metallen in Böden zu identifizieren (s. Kap. 4). Über 50% des Bodennickels kann in der Rückstandsfraktion enthalten sein (löslich in Fluß- und Perchlorsäure), etwa 20% liegen in der Eisen-Mangan-Oxidfraktion vor sowie ein großer Teil des Rests in der Carbonatfraktion und nur ein verhältnismäßig kleiner Teil in der austauschbaren und der organischen Fraktion [86]. In mit Klärschlamm behandelten Böden gewinnt die organische Fraktion an Gewicht [87]. Studien zur Selektivität der Adsorption an Tonmineralien und Eisenoxiden zeigen, daß Nickel eines der am schwächsten sorbierten Übergangselemente ist. So verlief bei Kaolinit und Montmorillonit in einer Lösung ohne konkurrierende Liganden die Sorption in der abnehmenden Reihenfolge Cd > Zn > Ni [88], während die Bindungsstärke auf der äußeren Oberfläche von Goethit eine Abnahme von Zn > Cd > Ni aufwies [89].

Das bestimmende Moment für die Verteilung von Nickel zwischen fester und gelöster Phase scheint der pH-Wert zu sein, wohingegen Faktoren wie der Gehalt an Ton oder Eisen- und Manganoxidhydraten im Boden von untergeordneter Bedeutung sind [90]. Die Mobilität von Nickel in Böden steigt mit abnehmendem pH-Wert und sinkender Kationenaustauschkapazität [91–93]. In schlammgedüngten Böden wurde mit abnehmenden pH-Werten eine starke Zunahme des löslichen Nickels beobachtet, die unter etwa pH 6 besonders ausgeprägt war [94]. Außerdem stellte sich in solchen Böden heraus, daß der Gehalt an extrahierbarem Nickel eine Funktion von Metallbelastung, pH-Wert und Kationenaustauschfähigkeit ist [95]. Eine steigende Belastung des Bodens mit Nickel erhöht die adsorbierte Menge dieses Metalls, und der Verteilungskoeffizient K_d von Nickel, d.h. das Verhältnis zwischen der vom Boden adsorbierten Metallmenge und der Menge in der Bodenlösung, steigt in Gegenwart von Tonen mit hohem Kationenaustauschvermögen ebenfalls an [96]. Wird Nickel den Böden jedoch als EDTA-Komplex zugesetzt, wächst der Anteil dieses Metalls in der gelösten Phase des Bodens [91]. In mit Schlamm behandelten Böden besteht der lösliche Nickelanteil im wesentlichen aus organischen und anorganischen Komplexen [97]. Saure Sulfatböden in Finnland und die mit Nickel verunreinigten Böden der Region bei Sudbury (Kanada), die zusätzlich durch industrielle Schwefeldioxidemissionen beeinträchtigt worden waren, weisen wegen des niedrigen Boden-pH-Werts erhöhte Gehalte an extrahierbarem Nickel auf [73, 98–100].

Die in Essigsäure löslichen Chromanteile liegen gewöhnlich unter der Nachweisgrenze und machen weniger als 0,1% der Gesamtmenge aus, weshalb diese Extraktionsmethode zur Bestimmung des bioverfügbaren Chroms als ungeeignet angesehen wird. Shewry u. Peterson [104] verglichen die Wirksamkeit einer Reihe von Extraktionsmitteln in schottischen Serpentinböden und stellten dabei fest, daß der in verdünnter Essigsäure lösliche Anteil unter 0,05% der Gesamtmenge lag und daß erst eine Behandlung mit Oxalat größere Mengen Chrom freisetzte. Beim Vergleich der gesamten und der extrahierbaren Metallgehalte in einer Reihe von Untersuchungen in Serpentinböden aus geographisch weit auseinanderliegenden Gebieten fand Brooks [12] als Fazit, daß bei den Werten keine einheitliche Tendenz zu erkennen ist, wenn man von der allgemein geringeren Löslichkeit von Chrom gegenüber Nickel absieht.

Es wurde vorgeschlagen, wäßrige Lösungen von Pyrophosphat ($Na_4P_2O_7$) zur Abtrennung von organisch gebundenem Chrom(III) und Salzsäure zur Extraktion der meisten anorganischen Chrom(III)-Spezies, z.B. der Hydroxide und Phosphate, zu verwenden. Die geringen

Chrom(III)-Mengen, die durch Ammoniumacetat oder Natriumfluorid extrahiert werden, stammen von den mobilen, mit der organischen Fraktion im Gleichgewicht stehenden Formen [75]. Kaliumdihydrogenphosphat (KH_2PO_4) wurde zur Extraktion von adsorbiertem Chrom(VI) eingesetzt [75], wobei die Wirksamkeit dieses Verfahrens jedoch in Frage gestellt wurde. Als Alternativen wurden wäßrige Ammoniaklösung oder wäßriges Tris(hydroxymethyl)aminomethan (THAM) angegeben [77].

Die Ausbringung von Klärschlämmen auf Böden kann bei beiden Metallen zu Veränderungen der physikochemischen Formen führen, in denen diese vorliegen. Beispielsweise ist der Nickelgehalt im wäßrigen Extrakt schlammbehandelter Böden niedriger als im Schlamm selbst, während die Wasserlöslichkeit von Chrom ansteigt, wenn dem Boden Schlamm zugesetzt wird [102, 103]. Sowohl bei dem mit 0,05 M EDTA extrahierbaren Nickel als auch bei dem mit 0,5 M Essigsäure extrahierbaren Chrom wurde eine Verringerung in der Schlamm-Boden-Mischung gegenüber dem Schlamm selbst festgestellt [102]. Eine pH-Erhöhung durch Kalkung beeinflußt ebenfalls die Extrahierbarkeit von Metallen in schlammbehandelten Böden, wobei Bloomfield u. Pruden [103] allerdings keine einheitlichen Trends feststellen konnten: Die mit Wasser und Essigsäure extrahierbaren Nickelmengen nahmen zwar nach Kalkung ab, allerdings war diese Abnahme der Löslichkeit nur gering, wohingegen die Löslichkeit des Chroms sogar zunahm. Dies steht im Einklang mit der Beobachtung, daß die Toxizität von Chrom mit dem Boden-pH-Wert ansteigt, was auf eine Zunahme der Chrom(VI)-Anteils im Boden zurückzuführen sein dürfte.

Beckett et al. [104] verzeichneten in mit Schlamm gedüngten Böden eine größere Extrahierbarkeit von Nickel als in den unbehandelten Böden. Lake et al. [102] bemerkten, daß in schlammbehandelten Boden eine allgemeine Verschiebung in den festen Metallspezies derart abläuft, daß die sulfidische/sonstige Rückstandsfraktion abnimmt, während der mit milderen Reagenzien extrahierbare Anteil zunimmt. So lagen 80–94 % des Nickels in drei unbehandelten Böden im sulfidischen und sonstigen Rückstand vor, während dieser Anteil nach der Ausbringung von Schlamm und einer Verwitterungsperiode von 21 Monaten auf 61–69 % sank. Bei anderen Untersuchungen wurde beobachtet, daß das mit DTPA extrahierbare Nickel in Boden-Schlamm-Mischungen mit der Zeit zunahm, was auf eine Auflösung von Metallniederschlägen wie Carbonaten, Hydroxiden und Phosphaten als Folge von Veränderungen des Boden-pH-Werts oder in der Zusammensetzung der Bodengase durch die Aktivität von Mikroben zurückgeführt wurde. Sanders et al. [95] stellten eine Reihe von Boden-Schlamm-Mischungen her, aus denen etwa 10 % des zugesetzten Nickels mit $CaCl_2$ extrahierbar war. Nach einer Inkubationszeit von 21 Monaten stiegen die durchschnittlichen Nickelkonzentrationen in den $CaCl_2$-Extrakten und den verdrängten Lösungen parallel mit der Abnahme des Boden-pH-Werts an, wobei das Metall in den Lösungen hauptsächlich als freies Ni^{2+}-Ion vorlag.

Studien zur vertikalen Verlagerung von Metallen in Böden, insbesondere in mit Schlamm behandelten, haben viel Aufmerksamkeit auf sich gezogen. Die Ergebnisse sind widersprüchlich, aber bei der überwiegenden Zahl der Untersuchungen zeigte sich, daß unterhalb der Zone, in die der Schlamm eingearbeitet wurde, im allgemeinen keine Auswaschung auftrat [115, 116]. Bei einem Versuch ergaben die Nickel- und Chromanalysen von Böden, die von 1942–1961 mit Schlamm behandelt worden waren, auch 25 Jahre später keine Anzeichen für eine signifikante Bewegung unterhalb der Schichttiefe, bis zu der der Boden bearbeitet worden war [51]. In Fällen, bei denen sich eine beträchtliche senkrechte Verlagerung nachweisen ließ [107–110], dürften Bodenversauerung und -texturveränderungen (inkl. Rißbildung) eine wichtige Rolle spielen, darüberhinaus kann auch der Durchtränkungssgrad von Bedeutung sein [109].

8.5   Chrom und Nickel im System Boden-Pflanze

In den meisten Böden liegt pflanzenverfügbares Chrom nur in äußerst geringen Konzentrationen vor. Diese schwache Löslichkeit erklärt auch die niedrigen Gehalte an diesem Element in Pflanzen. Konzentrationen in den Blatteilen von Pflanzen weisen kaum eine Korrelation mit dem Chromgesamtgehalt in Böden auf. Werte für nicht-verunreinigte Pflanzen bzw. Hintergrundwerte in Pflanzen liegen bei 0,23 mg/kg, und im allgemeinen überschreiten die Pflanzengehalte auch bei einer breiten Spannweite von Chromwerten in Böden nicht 1 mg/kg [28]. Studien zur Bioverfügbarkeit von Chrom für Pflanzen wurden von Carey [111] und vom Nationalen Forschungsrat der NAS [112] ausgewertet. Die Verhältnisse lassen sich gut bei Serpentinböden zeigen. In vielen dieser Böden mit einem durchschnittlichen pH-Wert von 6,8 liegt die Gesamtkonzentration von Chrom über der von Nickel, aber da der Gehalt an verfügbarem Chrom äußerst gering ist, wird davon ausgegangen, daß Nickel als „Serpentinfaktor" wesentlich bedeutender ist als Chrom [22]. Tatsächlich enthalten Pflanzen auf Serpentinböden nur selten mehr als 100 mg Cr/kg, und Brooks [22] gab an, daß über diesem Wert liegende Chromgehalte auf Bodenverunreinigungen zurückzuführen sind. So wiesen beispielsweise Serpentinpflanzen auf dem Great Dyke in Zimbabwe einen Höchstwert von 77 mg Cr/kg auf [113] und in *Geissois*-Arten aus Neukaledonien wurden Gehalte von bis zu 45 mg Cr/kg beobachtet [114]. Shewry u. Peterson [101] stellten deutliche Unterschiede bei den Chromgehalten zwischen Arten fest, die auf schottischen Serpentinböden wachsen, wobei sich deutlich zeigte, daß die Schwankungen zwischen einzelnen Standorten keine einfache Funktion des in HNO_3 löslichen oder des austauschbaren Chroms waren.

In Pflanzen, die auf Abraumhalden und anderen chromhaltigen Abfällen wachsen, liegen die Chromgehalte meist bei 10–190 mg/kg. Toxische Konzentrationen können sich in Pflanzen ansammeln, die auf Chromatabfällen wachsen, in denen besser lösliche Chrom(VI)-Verbindungen überwiegen [74]. Bartlett u. James [81] konnten durch Zugabe von Chrom(III) zu frischen feuchten Böden, die hohe Gehalte an Manganoxiden aufwiesen, bei Senf, Gerste und Alfalfa Anzeichen von Chromtoxizität auslösen. Wenn das Chrom(III) hingegen lufttrockenen Böden zugesetzt wurde, waren deutlich geringere Schäden zu verzeichnen. Der Unterschied wurde damit erklärt, daß sich in frischen Böden Chrom(VI) aus Chrom(III) bildet. Die Chromgehalte von Nutzpflanzen, die auf mit stark chromhaltigen Schlämmen behandelten Böden wachsen, liegen kaum über den Hintergrundwerten [115, 116], was auf die Bildung sehr stabiler organischer Komplexe oder Niederschläge von Chrom(III) hinweist.

Die Nickelgehalte von Pflanzen, die auf nicht verunreinigten, serpentinitfreien Böden wachsen, liegen im allgemeinen in der Größenordnung von 0,1–5 mg/kg [22, 73, 117–119]. Leicht erhöhte Gehalte wurden in Nutzpflanzen, die auf stark OM-haltigen Böden wachsen [120], und in bestimmten Forstbaumarten beobachtet [118]. Die Nickelgehalte von Pflanzen aus serpentinithaltigen Gebieten liegen üblicherweise im Bereich von 20–100 mg/kg. In der Serpentinflora gibt es allerdings eine Gruppe von Pflanzen mit Nickelgehalten von mehr als

1000 mg/kg, die als „Supersammler" für Nickel bezeichnet werden [22]. Der neukaledonische Baum *Sebertia acuminata* z. b. enthält einen blauen Saft mit einer Nickelkonzentration von 11 Gew.% (gemessen in frischem Saft) [121].

Es hat sich gezeigt, daß Supersammler für Nickel einen „Nickelzyklus" unterhalten, bei dem Nickelaufnahme und Umlagerung in Verbindung mit dem Laubfall den Oberboden kontinuierlich mit leicht verfügbarem Nickel anreichern [122]. Als Folge davon wurde in Bodenbakterien unter solchen Supersammlerbäumen eine ausgeprägte Nickeltoleranz festgestellt, nicht jedoch bei Bakterien unter nicht-sammelnden Bäumen oder in abgeholzten Bereichen auf ähnlichen Serpentinböden.

In jüngster Zeit hat das Interesse an dem Konzept zugenommen, zur Dekontamination verunreinigter Oberflächenböden Supersammler von Nickel und anderen Metallen anzubauen und dann deren oberirdische Biomasse zu entfernen [123]. Nickelverunreinigte Böden sind im Vergleich zu mit Zink, Cadmium und Blei belasteten Böden allerdings verhältnismäßig selten.

Erhöhte Nickelgehalte weisen auch eine Reihe von Pflanzen auf stark belasteten Böden in der Umgebung des großen Nickel-Kupfer-Hüttenkomplexes im kanadischen Sudbury, Ontario, auf. Dort wurden Blattkonzentrationen von über 900 mg Ni/kg in *Deschampsia flexuosa* und *Vaccinium angustifolium* in einigen Kilometern Entfernung von der Verunreinigungsquelle festgestellt [73]. Die Grasart *Deschampsia cespitosa* hat sogar eine mehrfache Metalltoleranz auf mit Kupfer, Nickel und Cobalt verunreinigten Böden im Bergbau- und Hüttengebiet Sudbury entwickelt [124]. Weitere nickeltolerante Arten sind u. a. *Agrostis gigantea* und *Phragmites communis* [124–126].

Der Nickelgehalt in Pflanzen spiegelt im allgemeinen die Konzentration dieses Elements im Boden wider, obwohl offensichtlich das Verhältnis stärker von der Konzentration der löslichen Nickelionen und von der Wiederauffüllung dieses mobilen Reservoirs abhängt [73, 127]. Faktoren, die die Löslichkeit und die Austauschbarkeit von Nickel in Böden erhöhen, führen auch zu einer höheren Konzentration des Elements in Pflanzen. Die Nickelaufnahme durch eine Reihe von Nutzpflanzen wurde mit dem wasserlöslichen oder austauschbaren Nickelanteil in mit Schlamm behandelten Böden in Verbindung gebracht [128]. Mycorrhizen können die Metallkonzentration in Bäumen herabsetzen, was vermutlich darauf beruht, daß sie die Umlagerung in die Blätter verringern [129]. Es gilt als erwiesen, daß das austauschbare Bodennickel etwa proportional zum Anstieg des Säuregehalts zunimmt und daß die Nickelaufnahme durch Pflanzen parallel zur Zunahme der austauschbaren Fraktion in den Böden ansteigt [98, 118, 130]. Ein Vergleich des Verhältnisses zwischen den verschiedenen extrahierten Gehalten und der Aufnahme durch Pflanzen hat ergeben, daß das durch $CaCl_2$-Lösung extrahierbare Nickel im Vergleich zu gepufferten EDTA- und DTPA-Extrakten bei einer Abnahme des pH-Werts in Boden-Schlamm-Gemischen eine ausgeprägtere Zunahme aufweist und deutlicher mit den Nickelgehalten von Winterlolch korreliert ist [131]. Kalkung und Zufuhr von organischem Material zu Böden führen zu einer Senkung sowohl des mit Ammoniumacetat extrahierbaren Nickelanteils als auch der von Pflanzen aufgenommenen Mengen [132]. Es liegen Berichte vor, wonach die austauschbaren und pflanzenverfügbaren Nickelmengen in schlecht entwässerten Böden zunehmen [118]. Zusätzlich zum pH-Wert kann eine Abnahme der Kationenaustauschkapazität die Nickelmobilität in Böden erhöhen und damit die Aufnahme durch Pflanzen verstärken [91]. Als EDTA-Komplex zugesetztes Nickel verstärkt die Wasserlöslichkeit dieses Metalls und seine Ansammlung in Pflanzen. Im

Pflanzeninneren stellt Nickel ein hochgradig mobiles Element dar. Cataldo et al. [133] sind der Ansicht, daß es sich dort ähnlich wie Kupfer und Zink verhält. Es wurde festgestellt, daß Nickel während der Vegetationsperiode von Sojabohnen hauptsächlich in den Blättern angesammelt wird, während in der Reifezeit ein beträchtlicher Anteil in die Samen umgelagert wird. Sauerbeck u. Hein beobachteten, daß die Nickelgehalte in Getreidekörnern höher als in -stroh waren, und postulierten einen physiologischen Zusammenhang zwischen dem Transport von Photosyntheseproduktion und Nickel [134].

Nach der vorherrschenden Ansicht wirkt Chrom(VI) toxischer als Chrom(III). Skeffington et al. [135] stellten fest, daß Chrom(VI) das Wachstum von Gerstensämlingswurzeln und -trieben in größerem Ausmaß behindert als Chrom(III), wenn auch festgestellt wurde, daß die Aufnahme von Chrom durch die Wurzeln in Form von Chrom(III) höher ist als die von Chrom(VI). Eine andere Erklärung hierfür wurde von McGrath [67] vorgeschlagen. Er ist der Ansicht, daß der scheinbare Toxizitätsunterschied zwischen den Oxidationsstufen auf der stark verringerten Bioverfügbarkeit von Chrom(III) oberhalb von pH 5 beruht. Wurde der Hafer auf einem Durchflußmedium angebaut, in dem die Chrom(III)- und Chrom(VI)-Konzentrationen gleich hoch eingestellt waren, so zeigte sich, daß beide Oxidationsstufen auf die Sämlinge toxisch wirkten und daß Chrom(III) bei den Versuchskonzentrationen das Wachstum von Wurzeln sogar stärker behinderte als Chrom(VI). Daher ist es, außer in extrem sauren Böden, wenig wahrscheinlich, daß Chrom(III) eine Giftwirkung ausübt [67]. In dieser Oxidationsstufe wird es daher als relativ ungiftig angesehen, wohingegen Chrom(VI) stets toxisch auf Pflanzen wirkt. Chromationen sind bei hohen pH-Werten stärker verfügbar [50]. Zur Entgiftung von Böden mit geringem Gehalt an organischem Material, die mit Chrom(VI) verunreinigt wurden, oder von Chrom(VI)-haltigen Abfalldeponien muß die Fähigkeit des Bodens zur Reduktion von Chrom(VI) zu dem weniger toxischen Chrom(III) durch Zugabe von organischem Material verstärkt werden. Dieser Prozeß läuft in den meisten Böden von allein ab [74, 77].

Unabhängig von der Form des Chroms, in der es einer Pflanze angeboten wird, bleibt der größte Teil des aufgenommenen Metalls im Wurzelgewebe zurück. So beobachteten Skeffington et al. [135] einen Abfall der Chromkonzentration zwischen Wurzel und Stengel von Gerstesämlingen, die Chrom(III) oder Chrom(VI) ausgesetzt waren, um den Faktor hundert. Bei neun anderen Nutzpflanzen blieben 98 % des von der Pflanze absorbierten Chroms(III) oder Chroms(VI) in den Wurzeln zurück [136]. Ähnliche Trends beschrieben auch Ramachandran et al. [137]. Selbst wenn man Pflanzen organisch-komplex gebundenes Chrom anbietet, ergibt sich im Vergleich zu anorganischem Chrom(III) oder Chrom(VI) keine erhöhte Aufnahme dieses Elements. Die Umlagerung innerhalb der Pflanze wird ebenfalls nicht erhöht, wenn Chrom in Form organischer Säuren angeboten wird [7]. Bei der Aufnahme von Chrom aus mit K_2CrO_4 behandelten Böden durch verschiedene Pflanzenarten zeigte sich, daß die Blätter von Getreide Chrom weniger effektiv akkumulieren als Blattgemüse. Es wird vermutet, daß eisenanreichernde Pflanzen ebenfalls Chrom anreichern können.

In *Leptospermum scoparium* wurde Trioxalatochromat(III) als die Spezies identifiziert, in der Chrom im Pflanzengewebe auftritt [136]. Eine ähnliche chromhaltige Verbindung wurde in Ethanolextrakten von Gerste und Blumenkohl nachgewiesen [135, 136]. In Luzerne und Alfalfa scheint Chrom in anionischen Komplexen mit Molekulargewichten von etwa 2900 Da aufzutreten, die sich von dem aus Brauhefe isolierten Glucosetoleranzfaktor (GTF) unterscheiden lassen [123, 139–141].

Es wurde berichtet, daß über 90 % des Nickels in Wurzeln und Blattgewebe von Sojaboh-
nen in der löslichen Fraktion vorliegt [133]. Bei den löslichen und umgelagerten Formen von
Nickel soll es sich insbesondere bei Nickelsupersammlerpflanzen wie *Sebertia acuminata* um
Citratkomplexe handeln [22, 121, 123]. Wenn der Nickel-EDTA-Komplex Böden zugegeben
wurde, ließ sich dort in Spinatpflanzen Nickel-EDTA nachweisen. Selbst wenn man den
Pflanzen Nickelkationen anbot, wurden diese sofort komplexgebunden und erschienen in
Pflanzenextrakten in Form ungeladener oder anionischer Komplexe [91]. In Xylemexsudaten
von Sojabohnenpflanzen wurden eine Reihe anionischer und kationischer Nickelkomplexe
gefunden, wobei als wichtigste nickelhaltige Verbindung ein Tripeptid nachgewiesen wurde
[142]. Der Nickelsupersammler *Dichapetalum gelonoides* von den Philippinen enthielt über
2 % Nickel in der trockenen Blattmasse, wovon das meiste in Form anionischer Citrat- oder
Malatkomplexe vorlag [143].

8.6   Verunreinigte Böden

Beispiele für Chromverunreinigungen in Böden infolge von Klärschlammausbringung oder
durch Entsorgung von chromathaltigen Abfällen wurden bereits oben beschrieben. Hier sollen nun zwei Beispiele für mit Nickel verunreinigte Böden dargestellt werden, eines aus
Kanada, das andere aus Wales (Großbritannien).

Das Sudbury-Becken in Ontario (Kanada) stellt wahrscheinlich den am besten dokumentierten Fall einer Nickelverunreinigung dar [144, 145]. Die Entlaubung und das Fehlen von
Vegetation in Teilen dieser Region sind auf nickel-, kupfer- und eisenhaltige Emissionen und
schwefeldioxidhaltige Röstgase aus den großen Nickelhütten zurückzuführen. Das Erzmineral Pentlandit wird in den Bergwerken der Region unter Tage gewonnen, und in der Anfangszeit wurde zur Verhüttung beim Röstprozeß Holz eingesetzt. Der mineralische Schwefel
wurde dabei verbrannt und bei jedem Röstvorgang monatelang in Form von schwefeldioxid-
haltigem Rauch freigesetzt. Im Jahr 1972 wurde ein 300 m hoher Schornstein in Copper Cliff
errichtet. Freedman u. Hutchinson [100] schätzten, daß trotz des hohen Schornsteins über
40 % des emittierten Nickels und Kupfers im Umkreis von 60 km von der Hütte abgelagert
werden.

Die Nickel- und Kupfergehalte der Böden und damit auch der Vegetation nehmen mit dem
Abstand von den Hütten ab (s. Tabelle 8.11). Im übrigen findet die stärkste Nickelanreiche-
rung in der Bodenoberfläche und den Streulagen statt. Diese Ansammlung in den obersten
Bodenhorizonten hat einen überaus schädlichen Einfluß auf die Aktivität von Bodenmikro-
ben, die Samenreifung und das Pflanzenwachstum in dieser Gegend [73].

Im Gebiet um Clydach in Wales, wo Nickel seit 1900 verhüttet wird, liegen die Nickelgehalte in Böden in einem Gebiet von 6 km^2 über den Hintergrundwerten [46]. Diese Belastungen könnten auf das Verkippen von Abfällen auf Halden zurückzuführen sein sowie auf
ältere Verhüttungsmethoden von Nickel, bei denen Stäube und Rauch entstanden. Mittlerweile wird jedoch das sog. Mond-Verfahren eingesetzt. Hierbei tritt das extrem toxische Gas
Nickeltetracarbonyl auf, weshalb der Prozeß in einem geschlossenen System abläuft. Die
Emissionen wurden zwar insgesamt verringert, dennoch stellt die atmosphärische Deposition
von Nickel sowie die von Kupfer und Cobalt noch immer die Hauptquelle der Bodenverun-

Tabelle 8.11. Nickel- und Kupfergehalte von Böden in der Nähe der Nickelhütten in Sudbury, Ontario (Kanada) [mg/kg]. (Aus [144])

Entfernung von der Hütte [km]	Ni	Cu
1,1	5104	2892
1,6	1851	2416
2,2	2337	2418
2,9	1202	1657
7,4	1771	1371
10,4	282	287
13,5	271	233
19,3	306	184
24,1	101	45
32,1	35	46
38,6	39	2
49,8	35	26

reinigung dieses Gebiets dar [147, 148]. Wie auch bei anderen Metallkationen stellt die Erhöhung des Boden-pH-Werts durch Kalkung ein wirkungsvolles und praktisches Mittel zur Verringerung der Toxizität von Ni^{2+} im Boden dar [149]. Das Verfahren dürfte auch bei Böden wirken, die durch Klärschlammausbringung und Hüttenemissionen belastet werden. Die Erhöhung des OM-Gehalts kann die Verfügbarkeit von Nickel durch Bindung des Metalls in organischen Komplexen ebenfalls herabsetzen [150].

8.7   Schutz des Bodens vor Chrom und Nickel

In vielen westlichen Ländern wurden Verordnungen und Richtlinien als Teil der Umweltpolitik eingeführt. Mit einer Kategorie von Richtlinien soll die Zugaberate von Metallen zu Böden begrenzt werden, während mit der anderen Höchstwerte für die Metallgehalte von Böden festgelegt werden, die mit Abfällen wie Klärschlamm beaufschlagt werden. Solche Vorsorgemaßnahmen lassen sich natürlich nur treffen, bevor der Boden verunreinigt wird. Eine weitere Art von Verordnungen betrifft die Klassifizierung von bereits z.B. aus industriellen Quellen verunreinigten Böden im Hinblick auf die „Sicherheit" bei der Nutzung zu verschiedenen Zwecken. In einigen Ländern wird für Böden mit Werten oberhalb bestimmter Grenzen vorgegeben, daß sie „gereinigt" werden müssen, was sehr aufwendig sein kann. Beispiele für Höchstwerte für Metallkonzentrationen in Böden, die mit Klärschlamm behandelt werden, sind in Tabelle 8.12 zu finden. Die Grenzwerte für Chrom schwanken in weiten Grenzen, was zum Teil auf eine unzureichend große Zahl von Versuchen mit unterschiedlichen Chromkonzentrationen in Böden zurückzuführen ist, bei denen die Veränderungen des Ernteertrags gemessen wurden. Aus diesem Grund hat die EU-Kommission 1986 keinen Grenzwert für Chrom angegeben [152]. In der Folgezeit wurden jedoch die Ergebnisse von

Tabelle 8.12. Richtlinien für zulässige Höchstwerte von Chrom und Nickel in Böden bei etwa pH 7, die mit Klärschlamm behandelt werden, im Vergleich zu vermutlichen Hintergrundwerten [mg/kg]. (Grenzwerte aus [151])

Land	Cr	Ni
	Grenzwerte	
EU	–	30–75
Dänemark	30	15
Deutschland	100	30
Finnland	200	60
Frankreich	150	50
Italien	150	50
Norwegen	100	50
Spanien	100	30
Schweden	30 [a]	15 [a]
Großbritannien	400 [a]	75
USA	1500	210
	Hintergrundwerte	
Deutschland	30	30
England und Wales	50	25

[a] Vorläufige Werte

Feld- und Topfversuchen ausgewertet, und bei berechtigter Bevorzugung ersterer wurde ein empfohlener EU-Grenzwert von 150–250 mg Cr/kg für mit Klärschlamm behandelte Böden vorgeschlagen [153]. Dies stellt für die Chrom(III)-Konzentration im Boden einen eher konservativen Wert dar, es war jedoch eine Sicherheitsmarge enthalten. Mittlerweile wurde dieser vorgeschlagene Grenzwert jedoch fallengelassen. Die amerikanische Behörde EPA hat kürzlich Verordnungen zur Begrenzung der Bodenbelastung mit Metallen aus Klärschlämmen erlassen [154], die auf einer Risikoabschätzung für 14 verschiedene potentielle Schwermetallexpositionswege beruhen. Die Konzentrationen für Nickel und Chrom in Böden, die sich bei Erreichen dieser Belastungsgrenzen unter der Annahme einer Vermischungstiefe von 20 cm ergeben, sind im Vergleich zu den anderen in Tabelle 8.12 aufgeführten Grenzwerten sehr hoch.

In Großbritannien wurden für die Konzentration verschiedener Metalle in Böden „Auslöserwerte" eingeführt [155]. Dabei handelt es sich um Schwellenwerte, die zur Anwendung kommen, wenn ein Gebiet erschlossen werden soll. Wenn die Konzentration der Metalle unter diesem Schwellenwert liegt, wird das Gelände als nicht verunreinigt angesehen. Der Schwellenwert hängt von der vorgesehenen Verwendung der Fläche ab: bei landwirtschaftlich bewirtschaftetem Boden 70 mg Ni oder Cr/kg, bei Haus- und Schrebergärten 600 mg Cr/kg und 1000 mg Cr/kg bei weniger intensiver Nutzung wie in Parks, auf Spielplätzen und offenen Flächen [155]. In Anbetracht der höheren Toxizität von Chrom(VI) wurde der Schwellenwert dafür bei allen Nutzungsarten auf 25 mg Cr(VI)/kg festgelegt. Die Niederlande verfügen über ein Bodenbeurteilungssystem, bei dem der „A"-Wert (Referenzwert) in etwa der untersten Auslöseschwellenkonzentration in Großbritannien entspricht (s. Tabelle 8.13). Überschreitet der Gehalt in den Niederlanden einen höheren Wert,

Tabelle 8.13. Nickel- und Chromkonzentrationen in Böden [mg/kg], die in den Niederlanden bei der Beurteilung von Böden zur Anwendung kommen [156]

SM	Referenzwert	Interventionswert
Cr	100	380
Ni	35	210

den sog. Interventionswert, müssen weitere Untersuchungen durchgeführt werden, bei denen eine komplette Risikoabschätzung für den verunreinigten Standort erfolgt. Je nach dem Ausgang der Untersuchungen kann die Reinigung der Fläche erforderlich werden.

Abschließend sei der Leser auf vier zusammenfassende Arbeiten verwiesen, die zusätzliche Informationen und Literaturhinweise zur Geochemie von Chrom und Nickel, zu ihrer Chemie in Böden und zur biologischen Verfügbarkeit und der Auswirkung auf Organismen enthalten [157–160].

Literatur

[1] Papp JF (1988) In: US Bureau of Mines (Hrsg) Minerals Yearbook 1986, Bd 1: Metals and Minerals. US Dept of Interior, Washington/DC, S 225–244

[2] Stern RM (1982) In: Langård S (Hrsg) Biological and Environmental Aspects of Chromium. Elsevier, Amsterdam, Kap 2

[3] Adriano DC (1986) Trace Elements in the Terrestrial Environment. Springer, Berlin Heidelberg New York Tokyo

[4] Mertz W, Schwarz K (1955) Arch Biochem Biophys 58: 504–508

[5] Anderson RA (1981) Sci Total Environ 17: 13–29

[6] Cannon HL, Hopps HC (1970) Geol Soc Am (Boulder/CO) Spec Paper No 140

[7] Cary EE, Allaway WH, Olsen OE (1977) J Agric Food Chem 25: 300–304

[8] Cary EE, Allaway WH, Olsen OE (1977) J Agric Food Chem 25: 305–309

[9] Guthrie BE (1982) In: Langård S (Hrsg) Biological and Environmental Aspects of Chromium. Elsevier, Amsterdam, Kap 6

[10] Brown PH, Welch RM, Cary EE (1987) Plant Physiol 85: 801–803

[11] Dixon NE, Gazzola C, Blakety RL, Zerner B (1975) J Am Chem Soc 97: 413 I4133

[12] Eskew DL, Welch RM, Norvell WA (1984) Plant Physiol 76: 691–693

[13] Repaske R, Repaske AC (1976) Appl Environ Microbial 32: 585–591

[14] Van Baalen C, O'Donnell R (1978) J Gen Microbiol 105: 351–353

[15] Oliverira L, Antia NJ (1986) Can J Fisheries Aquatic Sci 43: 2427

[16] Welch RM (1981) J Plant Nutr 3: 345–356

[17] Kirchgessner M, Schnegg A (1980) In: Nriagu JO (Hrsg) Nickel in the Environment. Wiley, New York, Kap 27

[18] Clemente GF, Rossi LC, Santaroni GP (1980) In: Nriagu JO (Hrsg) Nickel in the Environment. Wiley, New York, Kap 19

[19] Levis AG, Bianchi V (1982) In: Langard S (Hrsg) Biological and Environmental Aspects of Chromium. Elsevier, Amsterdam, Kap 8

[20] Furst A, Radding SB (1980) In: Nriagu JO (Hrsg) Nickel in the Environment. Wiley, New York, Kap 24

[21] Cannon HL (1978) Geochem Environ 3: 17–31

[22] Brooks RR (1987) Serpentine and its Vegetation. Croom Helm, London

[23]   Vinogradov AP (1959) The Geochemistry of Rare and Dispersed Chemical Elements in Soils. Consul-
        tants Bureau, New York
[24]   Ure AM, Berrow ML (1982) In: Environmental Chemistry, Bd 2. Royal Society of Chemistry, London,
        Kap 3
[25]   Berrow ML, Reaves OA (1986) Geoderma 37: 15–27
[26]   McGrath SP, Loveland PJ (1992) The Soil Geochemical Atlas of England and Wales. Blackie Acade-
        mic and Professional, Glasgow
[27]   Mitchell RL (1964) In: Bear FE (Hrsg) Chemistry of the Soil. Reinhold, New York, S 320–368
[28]   Bowen HJM (1979) Environmental Chemistry of the Elements. Academic Press, London
[29]   Rose AW, Hawkes HE, Webb JS (1979) Geochemistry in Mineral Exploration. 2. Ausg. Academic
        Press, London
[30]   Shacklette HT, Boerngen JG (1984) Element Concentration in Soils and other Surficial Materials of the
        Continous United States. US Geol Surv Prof Paper 1270. Govt Printing Office, Washington/DC
[31]   Holmgren GGS, Meyer MW, Chaney RL, Daniels RB (1993) J Environ Qual 22: 335–348
[32]   Nriagu JO, Pacyna JM (1988) Nature (London) 333: 134–139
[33]   National Research Council of Canada (1976) Effects of Chromium in the Canadian Environment.
        NRCC/CNRC, Ottawa
[34]   Boyle RW, Robinson HA (1988) In: Sigel H, Sigel A (Hrsg) Nickel and its Role in Biology Metal Ions
        in Biological Systems, Bd 23. Marcel Dekker, New York
[35]   Mattigod SV, Page AL (1983) In: Thornton, I (Hrsg) Applied Envrional Geochemistry, Academic
        Press, London, Kap 12
[36]   Caper SG, Tanner JT, Friedman MH, Boyer KW (1978) Environ Sci Technol 12: 785–790
[37]   Arora CL, Nayyar VK, Randhawa NS5(1975) Indian J Agric Sci 4: 80–85
[38]   McGrath SP (1984) J Agric Sci 103: 25–35
[39]   Furr AK, Lawrence AW, Tong SSC, Grandolfo MC, Hofstader RA, Bache CA, Guttenmann WH, Lisk
        DJ (1976) Environ Sci Technol 10: 683–687
[40]   GCA Corporation (1973) National Emissions Inventory of Sources and Emissions of Chromium. US
        National Technical Information Service No PB 230-034
[41]   Schmidt JA, Andren AW (1980) In: Nriagu JO (Hrsg) Nickel in the Environment. Wiley, New York,
        Kap 4
[42]   Frey JW, Corn M (1967) Am Ind Hyg Assoc J 28: 468
[43]   Lagerwerff JV, Specht AW (1970) Environ Sci Technol 4: 583–586
[44]   Nriagu JO, Pacyna JM, Milford JB, Davidson CI (1988) In: Nriagu JO, Nieboer E (Hrsg) Chromium in
        the Natural and Human Environment. Wiley, NewYork, Kap 5
[45]   Cawse PA (1987) In: Pollutant Transport and the Fate in Ecosystems, Sonderpublikation Nr 6 der
        British Ecological Society. Blackwell Scientific, Oxford, S 89–112
[46]   Sterritt RM, Brown MJ, Lester JN (1981) Environ Pollut Series A 24: 313–323
[47]   Yapijakis C, Papamichael F (1987) Water Science and Technology 19: 133–144
[48]   Gurnham CF, Ritchie RR, Smith AW, Rose BA (1979) In: Source and Control of Heavy Metals in
        Municipal Sludge. Loftus, Chicago/IL
[49]   Beszedits S (1988) In: Nriagu JO, Nieboer E (Hrsg) Chromium in the Natural and Human Environ-
        ment. Wiley, New York, Kap 9
[50]   Grove JH, Ellis BG (1980) Soil Sci Soc Am J 44: 238–242
[51]   McGrath SP (1987) In: Pollutant Transport and Fate in Ecosystems, Sonderpublikation Nr 6 der British
        Ecology Society. Blackwell Scientific, Oxford, S 301–317
[52]   Davis RD, Cariton-Smith CH, Stark JH, Cambell JA (1988) Environ Pollut 49: 99–115
[53]   Baxter JC, Aguilar M, Brown K (1983) J Environ Qual 12: 311–316
[54]   Christensen TH (1984) Water Air Soil Pollut 44: 43–56
[55]   McGrath SP, Lane PW (1989) Environ Pollut 60: 236–256
[56]   Department of the Environment (1993) UK Sewage Sludge Survey, Final Report. CES, Beckenham, Kent
[57]   Ontario Ministry of Environment (1977) Plant Operating Summary. Water Pollution Control Projects,
        Toronto/Canada
[58]   Berrow ML, Webber J (1972) J Sci Fd Agric 23: 93–100

[59] Department of the Environment (1981) Standing Technical Committee Reports No 20. National Water Council, London
[60] Sommers LE (1977) J Environ Qual 6: 225–232
[61] Berggren B, Oden S (1972) Analysresultat Rorande Fung Metaller Och Klorerade Kolvaten I Rötslam Fran Svenska Reningsverk 1968–1971. Institutioren for Markvetenskap Lantbrukshogskolan, 750 07 Uppsala, Schweden
[62] El-Bassam N, Tietjen C, Esser J (1979) In: Management and Control of Heavy Metals in the Environment CEP Consultants, Edinburgh, S 521–524
[63] Pike ER, Graham LC, Fogden MW (1975) J Assoc Publ Analysts 13: 19–33
[64] Pike ER, Graham LC, Fogden MW (1975) J Assoc Publ Analysts 13: 48–63
[65] Rundle HJ, Holt C (1983) In: Heavy Metals in the Environment, Proceedings of an International Conference, Heidelberg, 1983, Bd 1. CEP Consultants, Edinburgh, S 353–357
[66] Dowdy RJ, Larson WE (1975) J Environ Qual 4: 229–233
[67] McGrath SP (1982) New Phytol 92: 381–390
[68] Logan TJ, Chaney RL (1984) In: Page AL, Gleson TL, Smith JE, Iskandar IK, Sommers LE (Hrsg) Utilization of Municipal Wastewater Sludge on Land. US Environmental Protection Agency, Washington/DC, S 235–326
[69] Klein DH, Russel P (1973) Environ Sci Technol 7: 357
[70] Swaine DJ (1980) In: Nriagu JO (Hrsg) Nickel in the Environment. Wiley, New York, Kap 4
[71] Furr AK, Kelly WC, Bache CA, Guttenmann WH, Lisk DJ (1976) J Agric Fd Chem 24: 885–888
[72] Adriano DC, Page AL, Elseewi AA, Chang AC, Straughan I (1980) J Environ Qual 9: 333–344
[73] Hutchinson TC (1981) In: Lepp NW (Hrsg) Effect of Heavy Metal Pollution on Plants, Bd 1. Applied Science Publishers, London, Kap 6
[74] Breeze VG (1973) J Appl Ecol 10: 513
[75] Bartlett RJ, Kimble JM (1976) J Environ Qual 5: 379–383
[76] Bardett RJ, James BR (1988) In: Nriagu JO, Nieboer E (Hrsg) Chromium in the Natural and Human Environment. Wiley, New York, Kap 10
[77] Bloomfleld C, Pruden G (1980) Environ Pollut A23: 103–114
[78] Smith S, Peterson PJ, Kwan KHM (1989) Toxicol Environ Chem 24: 241–251
[79] James BR, Bargett RJ (1983) J Environ Qual 12: 169–172
[80] James BR, Bartlett RJ (1983) J Environ Qual 12: 173–176
[81] Bartlett BR, James BR (1979) J Environ Qual 8: 31–35
[82] James BR, Bartlett RJ (1983) J Environ Qual 12: 177–181
[83] Sadiq M, Enfield CG (1984) Soil Science 138: 262–270
[84] Sadiq M, Enfield CG (1984) Soil Science 138: 335–340
[85] Sposito G, Page AL (1984) In: Sigel H (Hrsg) Circulation of Metal Ions in the Environment Metal Ions in Biological Systems, Bd 18. Marcel Dekker, New York
[86] Hickey MF, Kittrick JA (1984) J Environ Qual 13: 372–376
[87] Dudley LM, McNeal BL, Baham JE (1986) J Environ Qual 15: 188–192
[88] Puls RW, Bohn HL (1988) Soil Sci Soc Am J 52: 1289–1292
[89] Brümmer GW, Gerth J, Tiller KG (1988) J Soil Science 39: 37–52
[90] Anderson PR, Christensen TH (1988) J Soil Science 39: 15–22
[91] Willaert G, Verloo M (1988) Plant Soil 107: 285–292
[92] Kiekens L (1983) In: Utilisation of Sewage Sludge on Land Rates of Application and Long-Term Effects of Metals, Proc Summary of Commission of the European Communities, Uppsala, Schweden
[93] Verloo M, Kiekens L, Cottenie A (1980) Pedologie 30: 163–175
[94] Sanders JR, Adams T McM (1987) Environ Pollut 43: 219–228
[95] Sanders JR, McGrath SP, Adams T McM (1987) Environ Pollut 44: 193–22O
[96] Reddy MR, Dunn SJ (1986) Environ Pollut Series B 11: 303–313
[97] Dudley LM, McNeal BL, Baham JE, Coray CS, Cheng HH (1987) J Environ Qual 16: 341–348
[98] Palko J, Yli-Halla M (1988) Acta Agric Scand 38: 153–158
[99] Whitby LM, Hutchinson TC (1974) Environ Conserv 1: 191–200
[100] Freedman B, Hutchinson TC (1980) Can J Biol 58: 108–132

[101] Shewry PR, Peterson PJ (1976) J Ecol 64: 195–212
[102] Lake DL, Kirk PWW, Lester JN (1984) J Environ Qual 13: 175–183
[103] Bloomfield C, Pruden G (1975) Environ Pollut 8: 217–232
[104] Beckett PHT, Warr E, Brindley P (1983) Water Pollution Control 82: 107–113
[105] Williams DE, Vlwnis J, Pukite AH, Corey JE (1985) Soil Science 140: 120–125
[106] Chang AC, Warnedke JE, Page AL, Lund LJ (1984) J Environ Qual 13: 87–91
[107] Kirkham MB (1975) Environ Sci Technol 9: 765–768
[108] Schirado T, Vergara I, Schalscha EB, Pratt PF (1986) J Environ Qual 15:9–12
[109] Welch JE, Lund LJ (1987) J Environ Qual 16: 403–410
[110] Legret M, Divet L, Juste C (188) Water Research 22: 953–959
[111] Cary EE (1982) In: Langard S (Hrsg) Biological and Environmental Aspects of Chromium. Elsevier, Amsterdam, S 49–64
[112] National Research Council (1974) Committee on Biological Effects of Atmospheric Pollutants: Chromium. National Academy of Science, Washington/DC
[113] Brooks RR, Yang XH (1984) Taxon 33: 392–399
[114] Jaffré T, Brooks RR, Trow JM (1979) Plant Soil 51: 157–162
[115] Mortvedt JJ, Giordano PM (1975) J Environ Qual 4: 17–174
[116] Chang AC, Granato TC, Page AL (1992) J Environ Qual 21: 521–536
[117] Vanselow AP (1966) In: Chapman HD (Hrsg) Diagnostic Criteria for Plants and Soil. Quality Printing, Abilene/TX, S 302–309
[118] Farago ME, Cole MM (1988) In: Sigel H, Sigel A (Hrsg) Nickel and Its Role in Biology Metal Ions in Biological Systems, Bd 23. Marcel Dekker, New York, Kap 3
[119] Hutchinson TC, Freedman B, Whitby L (1981) In: Effects of Nickel in the Canadian Environment National Research Council, Canada, Kap 5
[120] Hutchinson TC, Czuba M, Cunningham LM (1974) In: Hemphill DD (Hrsg) Trace Elements in Environmental Health Symposium 8. University of Missouri, Columbia/MO, S 81–93
[121] Jaffré T, Brooks RR, Lee J, Reeves RD (1976) Science 193: 579–580
[122] Schlegel HG, Cosson J-P, Baker AJM (1991) Bot Acta 104: 18–25
[123] Baker AJM, Brooks RR, Reeves R (1988) New Scientist, März-Ausg: 44–48
[124] Cox RM, Hutchinson TC (1980) New Phytol 84: 631–647
[125] Hogan GD, Rauser WE (1979) New Phytol 83: 665–670
[126] Cox RM, Hutchinson TC (1979) Nature 279: 231–233
[127] Duneman L, Von Wiren N, Schulz R, Marschener H (1991) Plant Soil 133: 263–269
[128] Keefer RF, Singh RN, Horvath DJ (1986) J Environ Qual 15: 146–152
[129] Wilkins DA (1991) Agric Ecos Environ 35: 245–260
[130] Mizuno N (1968) Nature 219: 1271–1272
[131] Sanders JR, McGrath SP, Adams TMcM (1986) J Sci Food Agric 37: 961–968
[132] Halstead RL, Finn BJ, MacLean AJ (1969) Can J Soil Sci 49: 335–342
[133] Cataldo DA, Garland TR, Wildung RE, Drucker H (1978) Plant Physiol 62: 566–570
[134] Sauerbeck DR, Hein A (1991) Water Air Soil Pollut 57158: 861–871
[135] Skeffington RA, Shewry PR, Peterson PJ (1976) Planta 132: 209–214
[136] Lahouti M, Peterson PJ (1979) J Sci Food Agric 30: 136–142
[137] Ramachandran V, D'Souza TJ, Mistry KB (1980) J Nuclear Agric Biol 9: 126–128
[138] Lyon GL, Peterson PJ, Brooks RR (1969) Planta 88: 282–287
[139] Blincoe C (1974) J Sci Food Agric 25: 973–979
[140] Starich GH, Blincoe C (1983) Sci Total Environ 28: 443–454
[141] Starich GH, Blincoe C (1983) J Agric Food Chem 28: 458–462
[142] Cataldo DA, Wildung RE, Garland TR (1987) J Environ Qual 16: 289–295
[143] Homer FA, Reeves RD, Brooks RR, Baker AJM (1991) Phytochem 30: 2141–2145
[144] Hutchinson TC, Whitby LM (1974) Environ Conserv 1: 123–132
[145] Hutchinson TC, Whitby LM (1977) Water Air Soil Pollut 7: 421–438
[146] Davies BE (1980) In: Davis BE (Hrsg) Applied Soil Trace Elements. Wiley, Chichester, Kap 9
[147] Goodman GT, Roberts TM (1971) Nature 231: 287–292

[148] Goodman GT, Smith S (1975) In: Report of a Collaborative Study on Certain Elements in Air, Soil, Plants, Animals and Humans in the Swansea-Neath-Port Talbot Area together with a Report on a Moss-Bag Study of Atmospheric Pollution across South Wales. Welsh Office

[149] Bingham FT, Page AL, Mitchell GA, Strong JE (1979) J Environ Qual 8: 202–207

[150] Leeper GW (1978) Managing Heavy Metals on the Land Marcel Dekker, New York

[151] McGrath SP, Chang AC, Page AL, Witter E . In: Environmental Reviews 2

[152] Commission of the European Communities (1986) Council Directive on the Protection of the Environment, and in Particular of the Soil, when Sewage Sludge is used in Agriculture, Official Journal of the European Communities No L 181, Annex 1A, S 10

[153] Williams JH (1988) Chromium in Sewage Sludge Applied to Agricultural Land. Commission of the European Communities SL/124/88, Brüssel

[154] US EPA (1993) Standards for the Use or Disposal of Sewage Sludge. Federal Register 58:9248–9415

[155] Interdepartmental Committee on the Redevelopment of Contaminated Land (1987) Guidance on the Assessment and Redevelopment of Contaminated Land 59/83, 2. Ausg. Department of the Environment, London

[156] van den Berg R, Denneman CAJ, Roels JM (1993) In: Arendt F, et al. (Hrsg) Contaminated Soil '93. Kluwer Academic, Niederlande

[157] Nriagu JO (1980) Nickel in the Environment. Wiley, New York

[158] Langård S (1982) In: Biological and Environmental Aspects of Chromium. Elsevier, Amsterdam

[159] Nriagu JO, Nieboer E (1988) Chromium in the Natural and Human Environment. Wiley, New York

[160] Sigel H, Sigel A (1988) Nickel and its Role in Biology Metal Ions in Biological Systems, Bd 23. Marcel Dekker, New York

9 Kupfer

D. E. Baker und J. P. Senft

9.1 Einleitung

Kupfer ist eines der wichtigsten essentiellen Elemente für Pflanzen und Tiere. Metallisches Kupfer ist rötlich gefärbt, glänzend, schmiedbar, duktil und ein guter Leiter für Wärme und Elektrizität. Die Hauptverwendungszwecke von Kupfer sind die Herstellung von Drähten sowie von Bronze- und Messinglegierungen. In der Natur bildet Kupfer Sulfide, Sulfate, Sulfosalze, Carbonate und andere Verbindungen und kann unter reduzierenden Bedingungen auch als gediegenes Metall auftreten. Bei der Häufigkeit in der Lithosphäre steht Kupfer hinter Zink an 26. Stelle. Der durchschnittliche Gehalt in der Lithosphäre wird auf 70 mg/kg geschätzt, während die für die Erdkruste angegebenen Werte zwischen 24 und 55 mg/kg schwanken. Für die Böden weltweit wurde der ältere Literaturwert von 20 mg Cu/kg kürzlich auf 30 mg/kg geändert. Kupfer ist in der organischen Fraktion des Bodens enthalten und ist oft mit Eisen- und Manganoxiden, mit den Tonmineralien und anderen Mineralien vergesellschaftet.

Der Ausdruck „extrahierbares Kupfer", manchmal auch „verfügbares Kupfer" genannt, bezeichnet diejenige Menge des Elements im Boden, für die eine statistische Korrelation mit den durch Pflanzen absorbierten und assimilierten Gehalten besteht. Die „Verfügbarkeit" von Kupfer für Pflanzen bezieht sich auf die Leichtigkeit, mit der Pflanzen das Ion $[Cu(H_2O)_6]^{2+}$ in sauren Böden bzw. das Hydroxid $Cu(OH)_2$ in neutralen und alkalischen Böden absorbieren. Die Verfügbarkeit von Kupfer hängt vom chemischen Potential (analog zum pH-Wert definiert) der betreffenden Spezies in der Bodenlösung ab. Menge und Verteilung des gesamten und des extrahierbaren Kupfers im Bodenprofil schwanken mit der Art des Bodens und dem Bodenausgangsmaterial. Kupfer wird in Böden spezifisch adsorbiert oder „fixiert" und ist damit eines der am wenigsten mobilen Spurenmetalle. Höhere Kupfergehalte im Oberflächenhorizont eines Bodens sind Hinweis auf eine Zufuhr aus Hüttenbetrieben, Düngern, Klärschlämmen oder anderen Abfällen, Fungiziden, Bakteriziden oder dem Dung von Schweinen und Geflügel, denen bestimmte Kupferverbindungen zur Verbesserung der Nahrungsverwertung und zur Wachstumsförderung zugefüttert wurden.

Die Häufigkeit der essentiellen Mikronährstoffe in Pflanzen nimmt im allgemeinen in der Folge Fe > Mn > B > Zn > Cu > Mo > Cl ab. Die essentielle Bedeutung von Kupfer für Pflanzen wurde in den dreißiger Jahren bestätigt. Arnon u. Stout veröffentlichten 1939 einen Beitrag über die Kriterien, die für die Essentialität von Elementen in der Nahrung von Pflanzen erfüllt sein müssen. Dabei nahm Kupfer eine besondere Stellung ein. Typische Kupferkonzentrationen in Pflanzen liegen zwischen 5 und 20 mg/kg, die Spanne kann jedoch auch 1–30 mg/kg betragen. Der Grad der Ansammlung von Kupfer schwankt zwischen einzelnen Pflanzenarten sowie auch zwischen verschiedenen Rassen einer Art. Es ist daher nicht möglich, allgemeingültige Werte für Kupfergehalte anzugeben, die Vergiftungs- oder Mangelerscheinungen hervorrufen. In Pflanzen stellt Kupfer einen Teil der prosthetischen Gruppen von Enzymsystemen dar und wirkt als fakultativer Aktivator von Enzymsystemen.

Bei der Ernährung von Tieren ist Kupfermangel fast ausschließlich auf Weiderinder und -schafe beschränkt, deren Futter sehr wenig Kupfer enthält oder bei denen eine normale bis mangelnde Kupferversorgung in Kombination mit erhöhter Aufnahme von Molybdän, Schwefel, oder Eisen bzw. von Bodenmaterialien besteht, die geeignet sind, die metabolische Absorption und Retention von Kupfer zu verringern. Unter normalen Umständen ist Kupfer für den Menschen ungiftig. Der Gesamtgehalt an Kupfer im Körper eines Erwachsenen liegt bei 100–150 mg, normale Nahrung liefert 1–5 mg Kupfer täglich, und es ist schwierig, eine Diät herzustellen, die weniger als 1 mg Kupfer täglich liefert.

Die unter der Bezeichnung Wilson-Krankheit oder hepatolentikuläre Degeneration bekannte erbliche Kupfertoxikose beim Menschen wurde erstmals 1912 beschrieben. Dabei weisen die bei der Kupferhomöostase mitwirkenden kupferbindenden Liganden Defekte auf, was zur Ansammlung toxischer Gehalte in verschiedenen Geweben führt.

9.2   Geochemische Verbreitung von Kupfer

Während über Kupfer in Böden und Boden-Wasser-Systemen umfangreiche Informationen vorliegen, beschränken sich die quantitativ verläßlichen Angaben auf kristalline Phasen und komplexgebundene Ionen in verhältnismäßig hoch konzentrierten Systemen. So wurde z.B. mit Hilfe von Elektronenspinresonanz nachgewiesen, daß, wenn eine Monoschicht von Wasser den interlamellaren Bereich von Kupferhectorit besetzt und die Silicatschichten parallel zueinander liegen, Cu^{2+} mit vier Wassermolekülen in der xy-Ebene und mit zwei Silicatsauerstoffen entlang der Symmetrieachse z senkrecht zu den Silicatschichten koordiniert ist. Wenn mehrere Lagen von Wassermolekülen den interlamellaren Bereich von Kupferhectorit anfüllen, überwiegt $Cu(H_2O)_6^{2+}$ ebenso wie auch in wäßriger Lösung [2]. Im vorliegenden Kapitel wird das Hexaquokupfer(II)-Ion kurz als Cu^{2+} bezeichnet, während „Kupfer" für die Summe aller Kupferspezies ohne Berücksichtigung der Wertigkeit steht. Wie bereits erwähnt, hat man es bei durchschnittlichen Kupfergesamtgehalten in Böden von 20–30 mg/kg mit niedrigen Konzentrationen zu tun. Bei den Böden im normalen pH-Bereich, stellt Cu^{2+} die als Bodenkupfer analytisch bestimmte Spezies dar [3]. Organische Substanzen im Boden binden Kupfer. Die Bindung erfolgt dabei über Carboxygruppen als Komplexliganden, die sowohl in flüssigen als auch in festen Phasen vorkommen. Komplexbindung an die feste Phase ist für die geringe Kupferverfügbarkeit in organischen Böden verantwortlich. Derselbe Mechanismus ermöglicht die Senkung der Kupfertoxizität für Pflanzen durch die Zugabe von Torf oder anderen Quellen organischen Materials zu kupferreichen Substraten [4]. Seit dem Übersichtsartikel von Allaway [5] im Jahre 1968 wurden verschiedene ausführliche Zusammenfassungen zur Bodenchemie von Kupfer veröffentlicht [6–14].

Kupfer hat die Ordnungszahl 29 und ist das erste Element der Nebengruppe Ib im Periodensystem. Die Elektronenkonfiguration des Kupferatoms ist $1s^2\ 2s^2\ 2p^6\ 3s^2\ 3p^6\ 3d^{10}\ 4s^1$. Das einzelne 4s-Elektron liegt außerhalb der gefüllten 3d-Schale und ist verhältnismäßig stabil. Wie bei allen Elementen der ersten Übergangsreihe (z.B. Chrom, Mangan, Eisen, Cobalt und Nickel) und im Gegensatz zu den Elementen der Gruppe Ia (z.B. Lithium, Natrium, Kalium, und Rubidium) lassen sich aus den Kupferatomen verhältnismäßig leicht zwei Elektronen abspalten [3]. Cu^{2+} ist zwar in Wasser relativ stabil, aber das zweite Ionisierungspotential von Kupfer liegt so viel höher als das erste, daß eine Reihe von stabilen Kupfer(I)-Spezies in der Umwelt existieren können. In wäßrigen Lösungen, die große Mengen Halogenidionen, Acetonitril, Pyridin oder Cyanidionen enthalten, tritt Kupfer als Cu^+ auf. Parker [3] verwies auf die Arbeit von Lindsay [15], wonach in kupferreichen feuchten Böden mit $10^{-6}-10^{-7}$ M Gesamtgehalt $1 \cdot 10^{-7}$ M Cu^{2+} und $3 \cdot 10^{-7}$ M Cu^+ vorliegen. Dieses Verhältnis ergibt sich daraus, daß der $[Cu^+]$-Term in der Massenwirkungsgleichung für die Disproportionierung von Cu^+-Ionen im Quadrat steht.

$$2 \, Cu^+_{(aq)} \quad \rightleftharpoons \quad Cu^{2+}_{(aq)} \quad + \quad Cu_{(s)} \qquad\qquad K = 10^6 \text{ l/mol bei 25 °C} \qquad\qquad (1)$$

Bei Kupferkonzentrationen von $10^{-2}-10^{-3}$ M in der Lösung ist sehr wenig Cu^+ vorhanden. Im Anschluß an eine Betrachtung der atomaren und physikalischen Eigenschaften des Kupfers und der Chemie von Kupferionen in verschiedenen Umgebungen unter Anwendung des Konzepts der freien Energie für den Transfer einzelner Ionen zwischen verschiedenen Lösungsmitteln kam Parker [3] zu dem Schluß, daß das hydratisierte Kupfer(II)-Ion $Cu(H_2O)_6^{2+}$ im Bereich der Bodenwissenschaften die wichtigste Kupferspezies darstellt. Durch Wassersättigung von Böden kann jedoch der Fall eintreten, daß Cu^+ und in einigen Fällen sogar Cu^0 thermodynamisch stabiler als Cu^{2+} sind [15]. Die häufigsten Kupfermineralien sind in Tabelle 9.1 zusammen mit ihren Strukturmerkmalen aufgeführt. Dabei ist Chalcopyrit (Kupferkies) das am weitesten verbreitete Kupfermineral. Es kommt in vielen Gesteinen in fein verteilter Form und in den wichtigsten Kupferlagerstätten konzentriert vor [16]. Zusätzlich zu den Erzmineralien tritt Kupfer in der Natur auch verteilt in gewöhnlichen Gesteinen, Sedimenten und Böden auf.

Tabelle 9.1. Verbreitete Kupfermineralien in Böden und der Lithosphäre [16, 17]

Name	Formel	Cu-Gehalt (Gew.%)	Struktur
Kupfer (gediegen)	Cu	100	Kubisch dichteste Packung; Cu in KOZ 12
Chalcocit, Digenit u. ä. Mineralien	$Cu_{1,75-2,0}S$	80	Meist ebene Cu-Schichten; S ist 3fach koordiniert
Covelit	CuS	66	2/3 Cu^+ und 1/3 Cu^{2+} in planaren CuS_3-Dreiecken, Cu^+ in CuS_4-Tetraedern
Bornit	Cu_5FeS_4	63	Kubische, antifluoritartige Struktur; Cu und Fe in tetraedischer Umgebung, dabei sind 18 Cu- u. Fe-Atome wahllos auf 24 Positionen verteilt
Chalcopyrit	$CuFeS_2$	34	Zinkblendeartige Struktur; kubisch-dichteste Packung von S-Atomen; Cu tetraedrisch von S umgeben
Cubanit	$CuFe_2S_3$	23	
Enargit	Cu_3AsS_4	48	Wurtzitähnliche Struktur; Cu und As tetraedisch umgeben
Famatinit	Cu_3SbS_4	43	
Tennanit	$(CuFe)_{10}(FeZnCu)_2 As_4S_3$	52	

Tabelle 9.1.   (Fortsetzung)

Name	Formel	Cu-Gehalt (Gew.%)	Struktur
Tetraedrit	$(CuAg)_{10}(FeZnCu)_2$ $SbAs_4S_{13}$	46	Gitter aus $Cu(I)S_4$-Tetraedern. Große Gitterlücken enthalten 4 Cu(I) und 2 Cu(II), beide trigonal planar koordiniert, sowie 4 Sb(III) oder As(III) in trigonal pyramidaler Umgebung
Cuprit	Cu_2O	89	O-Atome bilden Zentrum und Ecken eines Würfels, Cu in linearer Koordination zwischen 2 O-Atomen
Tenorit	CuO	80	Cu (dsp^2-hybridisiert) quadratisch-planar umgeben von 4 O
Malachit	$Cu_2(OH)_2(CO_3)_2$	57	Cu in gestreckten Oktaedern; planare Koordination durch 2 O und 2 OH, die beiden axialen Positionen besetzt mit O-Atomen (bei der einen Hälfte des Cu) bzw. mit OH-Gruppen (bei der anderen Hälfte)
Azurit	$Cu_2(OH)_2(CO_3)_2$	55	2/3 des Cu in quadratisch-planarer Umgebung durch 2 O und 2 OH, 1/3 des Cu trigonal-bipyramidal von 3 O und 2 OH umgeben
Chrysocoll	$CuSiO_3 \cdot 5H_2O$	25	Unendliche SiO_3-Ketten (wie in Pyroxenen), verbunden durch Cu-Atome, die von 4 O-Atomen umgeben sind
Atacamit	$Cu_2(OH)_3Cl$	74	Zentren von OH und Cl in kubisch dichtester Packung; Cu in 2 oktaedrischen Umgebungen: entweder 4 OH und 2 Cl oder 5 OH und 1 Cl
Brochantit	$Cu_4(OH)_6SO_4$	56	Cu oktaedrisch koordiniert: 4 OH in einer Ebene, 1 O und 1 OH in den Axialpositionen
Antlerit	$Cu_3(OH)_4SO_4$	54	
Chalcanthit	$CuSO_4 \cdot 5H_2O$	25	

9.3   Herkunft von Kupfer in Böden

9.3.1   Bodenausgangsmaterialien

Bodenkupfer ist Gegenstand eines Beitrags von McBride [17]. Aubert u. Pinta [7] veröffentlichten eine 17 Seiten umfassende Tabelle mit den Kupferkonzentrationen in Ausgangsgesteinen, den darauf gebildeten Bodenarten und deren Kupfergesamtgehalten. Unter anderem wird ein Ausgangsgestein aus kristallinen Schiefern (granathaltige Granulite) mit einer Noritintrusion beschrieben, das 1000 mg Cu/kg enthält, wobei der Kupfergehalt im C-Horizont der Böden bis zu 100 mg/kg beträgt. Typische Kupferkonzentrationen in den wesentlichen Gesteinsarten sind in Tabelle 9.2 zusammengestellt [7, 18–20].

Aus der vor 1975 veröffentlichten Literatur berichteten Baker u. Chesnin [18] als Durchschnittsgehalt in der Lithosphäre 70 mg Cu/kg und als Spannweite in Böden 2–100 mg Cu/kg bei einem ausgewählten Durchschnittswert von 20 mg. Cox [16] zitierte im Jahr 1979 Werte von 24–55 mg/kg als Spannweite für die Kupfergehalte der Erdkruste; Bowen [8] gab 50 mg Cu/kg an. Lindsay [15] nannte als Durchschnitt für die Lithosphäre einen Wert von 70 mg Cu/kg, nahm jedoch wie Bowen als Mittelwert für Böden 30 mg Cu/kg an. Parker [3] gab (Hodgson [21] zufolge) als Mittelwert 70 mg Cu/kg für die Erdkruste und 20 mg Cu/kg für Böden an. Aus den Werten in der Literatur ergibt sich, daß die mittlere Spannweite für den Kupfergehalt in der Erdkruste 24–55 mg/kg und in Böden 20–30 mg/kg beträgt. Der Kupfergehalt von Böden und Pflanzen liegt unter dem von Zink, es sei denn, daß der Boden durch eine industrielle Kupferquelle verunreinigt wurde.

Die Kupfergehalte von Basalten liegen über denen von Graniten, während sie in Carbonatgesteinen sehr gering sind [22]. Gabbros und Basalte weisen die höchsten Gehalte auf, Granite und Granodiorite die niedrigsten. Die Kupfergehalte von Erstarrungsgesteinen werden zum Teil durch Differentiationsprozesse während der Kristallisation der Schmelze gesteuert. Zu einem frühen Zeitpunkt gebildete Kristalle sondern sich aus der silicatischen Schmelze ab und sinken in der Magmakammer nach unten. Im allgemeinen besitzen Magnesiumsilicate höhere Schmelzpunkte, kristallisieren daher als erste aus und führen so zu einer relativen Anreicherung der anderen Bestandteile in der Schmelze. Eisen- und calciumhaltige Minerale folgen als nächste und hinterlassen einen Rückstand aus niedrigschmelzenden Alkalialumosilicaten und Quarz. Mit Fortschreiten der Kristallisation sättigt sich die übrige Schmelze an Sulfid und eine unmischbare kupferreiche Sulfidphase wird abgeschieden. Das darin vorhandene Kupfer liegt schließlich als Bornit oder Chalcopyrit vor [16]. Zwischen Cu^+- und Sulfidionen (S^{2-}) bilden sich starke kovalente Bindungen. In silicatischen Tonen und mafischen, d.h. magnesium- und eisenreichen Gesteinen kann Cu^{2+} durch isomorphe Substitution ver-

Tabelle 9.2. Typische Kupfergehalte in den wesentlichen Gesteinsarten [mg/kg]. (Aus [7, 18–20])

Gesteinsart	Spannweite	Mittelwert
Basische Erstarrungsgesteine (Basalte)	30–160	90
Saure Erstarrungsgesteine (Granite)	4–30	15
Ultrabasite (Pyroxenite)	10–40	15
Tonschiefer und Tone	30–150	50
Schwarzschiefer	20–200	70
Vulkanite	5–20	
Tonige Sedimente	40–60	
Kalksteine	5–20	
Sandsteine	5–20	
Lithosphäre		70
Erdkruste	24–55	
Böden	2–100	20–30

schiedene Metalle in oktaedrischer Koordinationsumgebung, beispielsweise Mg^{2+}, Fe^{2+}, Zn^{2+}, Ni^{2+}, Mn^{2+} ersetzen. Cu^{2+} besitzt mit 2,0 eine höhere Pauling-Elektonegativität als Fe^{2+} (1,8) und Mg^{2+} (1,3), was die isomorphe Substitution dieser Ionen durch Cu^{2+} im Bodenausgangs-material einschränkt [17]. Typische Kupfergehalte von Böden verschiedener Genese sind in Tabelle 9.3 [19] zusammengestellt.

Tabelle 9.3.   Typische Kupfergehalte in Böden auf verschiedenen Ausgangsmaterialien [mg/kg]. (Aus [19])

Boden	Cu-Gehalt
Torf (Histosole)	15–40
Sandige Böden auf Geschiebe (Arenosole, Podsole)	2–10
Sandige Böden auf Granit	10
Schluffig-tonige Lehme auf Tonschiefern (Gleysole, Cambisole usw.)	40
Tone auf Tonsteinen (Gleysole)	10–27
Lehme auf Basalten (Cambisole u. a.)	40–150
Humushaltige Lehme auf Kreide	7–28
OM-reiche Lehme auf Löß (Tschernozeme) (Ø = 30)	1–100
Böden auf Bimstuffen (Lithosole/Arenosole)	3–25
Tropische Böden (Ferralsole)	8–128

9.3.2   Landwirtschaftliche Materialien

Die Behandlung von Böden mit Kupfer zur Ertragsverbesserung wurde eingehend untersucht, nachdem Grossenbacher u. Floyd (zitiert in [23]) im Jahr 1917 nachwiesen, daß durch die Zugabe von $CuSO_4 \cdot 5H_2O$ zum Boden und durch den Einsatz der sog. Bordeaux-Brühe als Laubsprühmittel bei der Eindämmung von in Florida (USA) verbreiteten Citruskrankheiten (Exanthem, Baumsterben) günstige Ergebnisse erzielt werden konnten. Quellen für Kupfer zum Einsatz in der Landwirtschaft sind in Tabelle 9.4 aufgeführt. Zum Zweck der Kupferver-sorgung von Böden kann eine Vielzahl von Stoffen und Verbindungen eingesetzt werden [24]. Eine häufig eingesetzte Substanz ist $CuSO_4 \cdot 5H_2O$ (Kupfervitriol), jedoch werden auch andere Verbindungen, Mischungen oder Chelate verwendet. Hydratisiertes Kupfersulfat löst sich vorzüglich in Wasser und ist mit den meisten Düngemitteln gut verträglich. Der anthro-pogene Eintrag von Kupfer auf Landflächen ist sehr vielgestaltig. Die Kupfergehalte von Böden werden durch eine Vielzahl von Boden- und Pflanzenbehandlungsmaßnahmen beein-flußt. Dazu gehört der Einsatz von Fungiziden und auch von Düngemitteln, die nicht eigens zur Behebung von Kupfermangel eingesetzt werden, das Ausbringen von Gülle und Klär-schlamm sowie die atmosphärische Deposition. So liegen z. B. Berichte vor, denen zufolge Schweinegülle bis zu 1990 mg Cu/kg enthält [12, 25–27].

Tabelle 9.4.   Quellen für Kupfer zu Düngezwecken [22, 63]

Cu-Quelle	Formel	% Cu	Löslichkeit in Wasser
Kupfer (gediegen)	Cu	100	Unlöslich
Cuprit	Cu_2O	89	Unlöslich
Tenorit	CuO	75	Unlöslich
Covellit	CuS	66	Unlöslich
Chalcocit	Cu_2S	80	Unlöslich
Chalcopyrit	$CuFeS_2$	35	Unlöslich
Malachit	$CuCO_3 \cdot Cu(OH)_2$	57	Unlöslich
Azurit	$2CuCO_3 \cdot Cu(OH)_2$	55	Unlöslich
Chalcanthit	$CuSO_4 \cdot 5H_2O$	25	Löslich
Kupfersulfatmonohydrat	$CuSO_4 \cdot H_2O$	35	Löslich
Basisches Kupfersulfat	$CuSO_4 \cdot 3Cu(OH)_2$	13–53	Unlöslich
Kupfernitrat	$Cu(NO_3)_2 \cdot 3H_2O$		Löslich
Kupferacetat	$Cu(C_2H_3O_2)_2 \cdot H_2O$	32	Schwach löslich
Kupferoxalat	$CuC_2O_4 \cdot 0,5H_2O$	40	Unlöslich
Kupferoxychlorid	$CuCl_2 \cdot 2CuO \cdot 4H_2O$	52	Unlöslich
Kupferammoniumphosphat	$Cu(NH_4)PO_4 \cdot H_2O$	32	Unlöslich
Kupferchelat	$Na_2CuEDTA$	13	
Kupferchelat	NaCuHEDTA	9	
Kupferpolyflavonoide	–	5–7	
Kupfer-Schwefel-Fritte	–	Variabel	Unterschiedlich
Kupfer-Glas-Schmelze	–	Variabel	Unterschiedlich
Klärschlämme	–	0,04–1,0	Schwach löslich
Tierische Exkremente (ohne Kupfer-Zufütterung)	–	0,002–0,00	Schwach löslich
Tierische Exkremente (mit Kupfer-Zufütterung)	–	0,06–0,19	Schwach löslich

9.3.3 Atmosphärische Deposition

Der atmosphärische Eintrag von Kupfer in Böden durch Regen oder trockene Deposition hängt von der Entfernung zu der jeweiligen industriellen Kupferquelle ab sowie von Art und Menge des windverfrachteten Staubs. In Großbritannien ergaben sich für die gesamte jährliche Kupferdeposition durch Staub Werte zwischen 100 und 480 g/ha. Obwohl mit der Ernte schätzungsweise nur 50–100 g Cu/ha jährlich entfernt wurden, reichte die Staubdeposition nicht aus, den Kupfermangel für Nutzpflanzen und Vieh auszugleichen [19]. Die mangelhafte Verfügbarkeit von Kupfer in deponiertem Staub wurde auf die vorliegenden Kupfer-spezies und auf die Adsorption im Boden zurückgeführt. Nach einer kürzlich veröffentlichten Untersuchung der langfristigen Verunreinigung von Böden mit Kupfer, Zink, Blei und Cad-mium durch Zinkhütten im US-Staat Pennsylvania konnten zum Verzehr geeignete Salat-pflanzen auf Böden angebaut werden, die mit 254 mg Cu/kg, 12 800 mg Zn/kg, 222 mg Cd/kg und 1106 mg Pb/kg verunreinigt waren. Böden mit Gehalten von mehr als 200 mg Cu/kg, 400 mg Zn/kg, 25 mg Cd/kg oder 500 mg Pb/kg sind normalerweise nicht zum Anbau von Nahrungspflanzen geeignet, es sei denn, in den Gärten wurde über Jahrzehnte organi-sches Material eingearbeitet und durch stete Kalkung für pH-Werte über 7,0 gesorgt [28].

Die Summe des seit etwa 3800 v. Chr. in die Atmosphäre emittierten Kupfers wurde auf 3,2 Mio. t geschätzt und entspricht damit etwa 1 % der seither produzierten 307 Mio. t [12]. Diese Menge liegt um etwa drei Größenordnungen über der derzeitigen Kupferbelastung der Atmosphäre. Wegen der verhältnismäßig kurzen Verweilzeit kupferhaltiger Stäube in der Luft ist es fraglich, ob sich Kupfer überhaupt in nennenswerter Menge in der Atmosphäre ansammeln kann. Trotzdem stellt die Atmosphäre ein wichtiges Transportmedium für Kup-ferverunreinigungen auch in die entlegensten Winkel der Erde dar. Aus der Analyse von Moosproben und Eis aus dem Inneren polarer Gletscher ergibt sich ein starker Anstieg von lufttransportiertem Kupfer auch in großer Entfernung von Emissionsquellen. Etwa 80 % des insgesamt produzierten Kupfers wurde im 20. Jahrhundert hergestellt, und es wurde geschätzt, daß etwa 30 % der Gesamtmenge allein während der siebziger Jahre gewonnen wurde [12]. Der größte Teil dieser enormen Menge landet offenbar im Abfall, auch wenn die Stoffumsatzzeit bei Artefakten beträchtlich sein kann. Die beschleunigenden Auswirkungen der in die Umwelt emittierten sauren Gase und die Entsorgung von Klärschlämmen und anderen Abfällen könnten eine beträchtliche Auswirkung auf Böden und die dazugehörige Flora und Fauna zeitigen. Die gesamten bisher produzierten 307 Mio. t Kupfer entsprechen etwa dem Doppelten des Kupfergehalts der obersten 2 cm aller Böden der Erde und liegen um etwa eine Größenordnung über dem jährlichen Kupferbedarf alles an Land befindlichen Lebens [12].

9.3.4   Klärschlämme

Die in der Literatur für Böden, Pflanzen und Klärschlämme berichteten Werte für Kupfer, Zink, Cadmium, Mangan und Eisen sind in Tabelle 9.5 zusammengestellt. Bei achtstündigen Sammelproben aus einer Kläranlage im kanadischen Burlington, Ontario ergab sich eine durchschnittliche Kupferkonzentration von 0,31 mg/kg im Rohabwasser, 0,21 mg/kg im Überlauf der ersten Stufe und 0,08 mg/kg im endgültigen Ablauf [29]. Läßt man Änderungen im Volumen außer acht, so ergibt sich, daß etwa 75 % des Kupfers im Rohwasser im Klär-schlamm zurückgehalten werden. Für Zink und Blei betragen die entsprechenden Werte 77 % bzw. 93 %. Bei einer Anlage in Dallas im US-Staat Texas lag die Abscheidung bei 33 % für Kupfer, 65 % für Zink, 56 % für Blei und 39 % für Cadmium. Ergebnissen aus Zürich zufolge wird Kupfer zu etwa 55 % entfernt. Aus diesen Zahlen und den Daten in Tabelle 9.5 kann geschlossen werden, daß Klärschlämme in Vergleich zu Pflanzen und Böden mit Kupfer, Zink und Cadmium angereichert sind. Obwohl mit Ausbringung von Schlämmen auf Land-flächen wegen der Gehalte an Kupfer, Zink, Cadmium und anderen Schwermetallen ein

Tabelle 9.5. Gehalte an Kupfer, Cadmium, Eisen, Zink und Mangan in Böden, Pflanzen und Klärschlämmen [mg/kg]. (Aus [18, 29, 31, 44])

Element	Böden	Pflanzen			Klärschlämme			
	Spannweite	Mittel-wert	Spannweite	Max.	Spannweite	Zentralwert		Sicherer Max.wert
						a	b	
Cu	10–80	20	7–30	150	84–17000	800	1230	1000
Zn	10–300	50	21–70	300	101–49000	1700	2780	25000
Cd	0,01–0,7	0,1	0,05–0,2	3	1–3410	15	31	25
Mn	20–3000	850	31–100	300	32–9780	260	–	–
Fe	10000–100000	–	27–70	750	–	–	–	–

[a] USA [31]; [b] Europa [29].

gewisses Risiko verbunden ist, wird dieses Verfahren jedoch häufig angewandt, wobei es einerseits der Entsorgung dient und andererseits eine Quelle für organisches Material sowie für Stickstoff und Phosphor darstellt. Zusätzlich zu den in Tabelle 9.5 zusammengestellten Zentralwerten wurden verschiedene andere Medianwerte für Kupfer veröffentlicht.

Sie umfassen 42 trockene Schlämme aus England und Wales mit 800 mg/kg, 93 Proben aus Schweden mit 560 mg/kg, 57 Proben aus dem US-Staat Michigan mit 700 mg/kg und 16 Proben aus 16 US-Städten mit 1200 mg/kg [30].

In Pennsylvania und anderen Staaten der nordöstlichen USA wird empfohlen, Klärschlämme mit Konzentrationen von mehr als 1000 mg Cu/kg, 2500 mg Zn/kg, 1000 mg Cr/kg, 1000 mg Pb/kg, 200 mg Ni/kg, 25 mg Cd/kg, 10 mg Hg/kg oder 10 mg PCB/kg (jeweils i. T.) nicht auf landwirtschaftlich genutzte Böden auszubringen [31]. In Pennsylvania wurde kürzlich festgestellt, daß Gehalte in dortigen Klärschlämmen das Limit von 1000 mg Cu/kg häufig überschreiten, nicht hingegen einen Grenzwert von 1200 mg Cu/kg. Stärker mit Schwermetallen verunreinigte Klärschlämme überschreiten die tatsächliche Retentionsfähigkeit von Böden für Metalle, selbst wenn noch organisches Material, Stickstoff oder Phosphor zugeführt werden. Auch für die kumulative Metallbelastung von Böden durch Klärschlämme wurden in Pennsylvania Höchstwerte eingeführt: Der Grenzwert von 60 ppm Kupfer in der Pflugschicht soll langfristig nachteilige Einflüsse auf biologische Prozesse, die für die Bodenfruchtbarkeit wichtig sind, sowie Gesundheitsschäden bei Schafen und Rindern, die auf mit Schlamm behandelten Weiden gehalten werden, verhindern [31, 32]. Da in Klärschlämmen mit immer erhöhten Schwermetallgehalten zu rechnen ist, sollten diese vor ihrer Ausbringung analysiert und nur dann als Düngemittel eingesetzt werden, wenn sie den Richtlinien in Tabelle 9.5 entsprechen. Auf keinen Fall dürfen Klärschlämme zur Bodenverbesserung verwendet werden, ohne ihren Gehalt an Schwermetallen wie Kupfer und die resultierende Belastung der Böden zu berücksichtigen, insbesondere wenn Nutzpflanzen angebaut werden.

Die Ausbringung von kupferreichem Klärschlamm (6000 ppm Kupfer i. T., davon 2300 ppm in 0,005 M EDTA extrahierbar) mit 125 t/ha im ersten Jahr und 31 t/ha in jedem der drei folgenden Jahre erhöhte das gesamte Bodenkupfer von 30 mg/kg auf 600 mg/kg und das mit 0,05 M EDTA extrahierbare Kupfer von 8 mg/kg auf 280 mg/kg, wovon 180 mg/kg noch nach vier Jahren mit EDTA extrahierbar waren [30]. Hohe Gehalte an extrahierbarem

Bodenkupfer zeigten sich auch in der verstärkten Aufnahme durch Gemüse und Wiesen-lieschgras (*Phleum pratense*). Eine Vielzahl von Autoren veröffentlichten Untersuchungen über die Kupferzufuhr zu Böden durch Klärschlämme und die damit einhergehende Aufnahme durch Nahrungspflanzen und andere Pflanzen [9, 13, 33, 34].

Während Klärschlämme die Kupfergehalte in Böden beträchtlich erhöhen können, liegen keine Berichte zur Toxizität von Schlammkupfer für Pflanzen vor, die auf fruchtbaren, gekalkten Böden wachsen. Das organische Material im Boden scheint der Hauptfaktor bei der Retention von Kupfer zu sein [34]. Daher wird die Zersetzungsgeschwindigkeit des im Schlamm enthaltenen organischen Materials zu einem wesentlichen Gesichtspunkt für mit Schlamm behandelte Böden. Wenn auch die Toxizität von Kupfer für höhere Pflanzen von großer Bedeutung ist, dürfte die mikrobiologische Aktivität in Böden wesentlich empfindlicher auf den Eintrag von Kupfer durch Schlämme reagieren. Schlämme mit nur 10 mg/kg durch DTPA extrahierbarem Kupfer setzen die Aktivität von Bodenenzymen herab [35], eine Kupferlösung von nur 5 ppm verstärkt die chemische Denitrifizierung in Böden mit hohem pH-Wert [36] und jede Art von zugesetztem Kupfer behindert die Nitrifizierung [37].

9.4   Chemisches Verhalten von Kupfer im Boden

Der Gesamtgehalt des Kupfers im Boden läßt sich in sechs „Pools" (Reservoirs) aufteilen, die sich in ihrem physikalisch-chemischen Verhalten unterscheiden. Es handelt sich dabei um:

• lösliche Spezies wie anorganische und organische Komplexe in der Bodenlösung,
• austauschbares Kupfer,
• stabile organische Komplexe im Humus,
• durch Mangan-, Eisen- und Aluminiumoxidhydrate adsorbiertes Kupfer,
• durch kolloidale Ton-Humus-Komplexe absorbiertes Kupfer und
• im Kristallgitter der Bodenmineralien gebundenes Kupfer.

Wenn Böden mit verdünnten Salzlösungen wie 0,01 M $CaCl_2$ extrahiert werden, erhält man das in der Bodenlösung enthaltene und das austauschbare Kupfer in einer Fraktion [19]. Es ist bisher nicht möglich, das an organisches Material, Eisen- und Manganoxide und Silicatmineralien gebundene Kupfer getrennt zu bestimmen [38], die Ergebnisse von Böden und Sedimenten sind jedoch ein Indiz für die folgende Reihenfolge dieser Komponenten [33]:

organisches Material > Fe-Mn-Oxide ≫ Tonmineralien.

Hierbei waren innerhalb von 24 Stunden beim organischen Material 20%, bei den Oxiden 65% und bei den Tonen 75% durch [65]Cu-Isotope austauschbar [39].

Wegen seiner hohen Affinität zur Adsorption an organische und anorganische Kolloide beträgt die gesamte Kupferkonzentration in der Bodenlösung von Oberböden üblicherweise nur 0,01–0,06 µM [19, 26]. Gehalte von mehr als 1,5–4,5 mg/kg schädigen die Wurzeln wachsender Pflanzen bis zur Lebensunfähigkeit [26]. Der durch Isotopenaustausch bestimmte Gehalt an labilem Metall, der durch ein Chelatisierungsmittel wie EDTA oder DTPA extrahierbare Anteil oder das durch ein Austauscherharz entfernte Kontingent wird als pflanzenverfügbar angesehen und enthält das in Lösung befindliche Kupfer sowie einen Teil des an der Festphase der Böden adsorbierten Kupfers. Die chemische Aktivität dieses Kupfers schwankt jedoch, weshalb die Kupferaufnahme durch Pflanzen keine eindeutige Korrelation mit den Mengen aufweist, die in den verschiedenen Reservoirs vorhanden sind oder die durch verschiedene Extraktionsmittel entfernt werden. Da die meisten Böden insgesamt nur 20–30 mg Cu/kg enthalten, dürfte Kupfer dort meist in Form von Hexaquokupfer(II)-Ionen auftreten, die an Mineraloberflächen adsorbiert sind, zusammen mit Tonmineralien oder Metalloxidhydraten gefällt oder in diesen okkludiert sind oder in Form von organischen Komplexen auftreten [15, 17, 41, 51]. Während in der Bodenlösung saurer Böden Cu^{2+} das dominierende Ion ist, enthalten Bodenlösungen mit höheren pH-Werten auch andere Kupferspezies, z.B. $CuSO_4$, $Cu(OH)_2$, $CuCO_3$, Cu^+, $CuCl$, $Cu(Cl)_2^-$ und verschiedene organische Kupferkomplexe [42].

Die meisten kupferhaltigen Mineralien sind so löslich, daß sie nicht die sehr niedrigen Kupferaktivitäten in Bodenlösungen steuern können [15, 17]. McBride [17] kam zu dem Schluß, daß die einfache Fällung von Kupfer in Form von $Cu(OH)2$, CuO oder $Cu_2(OH)_2CO_3$ im allgemeinen nicht für die „Adsorption" von Cu^{2+}, das Böden zugefügt wurde, verantwortlich ist.

9.4.1 Löslichkeit von Kupfer(II)-Mineralien und Bodenkupfer

Die Aktivität des Cu^{2+} im Boden wurde von Lindsay [15] nach der folgenden Formel geschätzt:

$$pCu = -\log [Cu^{2+}] = 2\,pH - 2,8 . \tag{2}$$

Für eine Bodenlösung mit einem pCu von 6 wäre der Boden-pH 4,4 und bei einem pCu von 14 läge der Boden-pH bei 8,4. Die meisten Kupfermineralien sind leichter löslich als das Bodenkupfer, und für die Löslichkeit kristalliner Feststoffe (c) bzw. Mineralien besteht folgende abnehmende Reihenfolge:

$CuCO_3(c) > Cu_3(OH)_2(CO_3)_2$ (Azurit) $> Cu(OH)_2(c) > Cu_2(OH)_2CO_3$ (Malachit) $>$
CuO (Tenorit) $> CuFe_2O_4$ (Kupferferrit) $>$ Bodenkupfer.

Aus diesen Löslichkeitsverhältnissen schloß Lindsay [15], daß es sich „beim Bodenkupfer eigentlich um Kupferferrit handeln könnte". McBride [17] hingegen ist der Ansicht, daß die für diese Struktur erforderliche tetraedrische Koordination des Fe^{3+} ihre Bildung unter den im Boden herrschenden Bedingungen verhindern dürfte. In Böden, die beträchtliche Mengen an Aluminium- und Eisenoxiden mit großen spezifischen Oberflächen enthalten, könnte Cu^{2+} eher in Form von chemisorbierten oder okkludierten Ionen als in getrennten Phasen existieren, was in der Lösung zu einer geringeren Kupferaktivität führt als für reine Cu^{2+}-Mineralien erwartet. Da Cu^{2+} in oktaedrischer Koordination in Tonen und okkludiert in Carbonaten auftreten kann, läßt sich ein Teil des Cu^{2+} im Boden nur durch Auflösen der Tone entfernen [41, 43]. In verdünnter Säure lösliches, nicht diffundierendes Kupfer in kalkigen Böden dürfte als Verunreinigung in Carbonatmineralien auftreten und stellt eine weitere Form von nicht-labilem Kupfer dar, das in anderen Bodenmineralien immobilisiert ist [17].

9.4.2   Kupferadsorption durch Böden

Zu den Reaktionen von Kupfer mit den organischen und anorganischen Bestandteilen von Böden liegen eine Reihe von Übersichtartikeln vor [17, 30, 44]. Die Grundlagen der Chemie von Oberflächen und die Handhabung spezieller Meßinstrumente gehören zum Curriculum von chemischen und physikalischen Instituten an Hochschulen. Harter [34] faßte die wichtigsten Arbeiten über Adsorptionsphänomene zusammen und gibt viele Literaturhinweise an. Es besteht jedoch ein Bedarf für ein genaueres Verständnis der Bodeneigenschaften und ihrer Steuerung im Hinblick auf Agrarproduktion und Umweltqualität. In den meisten Landwirtschaftsböden mit pH-Werten über 5,5 tritt Kupfer in Form von „spezifisch" adsorbierten Ionen und Komplexen auf. Während nichtspezifisch adsorbierte Ionen entweder in der diffusen Gouy-Chapman-Zone oder in der äußeren Helmholtz-Schicht auftreten, wo sie von der festen Oberfläche durch mindestens ein Wassermolekül getrennt sind, können die spezifisch auf einer festen Oberfläche adsorbierten Ionen unter dem Aspekt des Wachstums einer vorhandenen Festphase oder der Bildung neuer fester Phasen aus wäßriger Lösung betrachtet werden. Somit wird spezifisch adsorbiertes Cu^{2+} auch dann nicht durch Kationenaustausch verdrängt, wenn einem Boden ein Überschuß an Ca^{2+} oder anderen austauschbaren Ionen zugeführt wird. Besonderheiten der Kupferadsorption wurden von einer Reihe Autoren untersucht [17, 39, 40, 44–46]. Die verhältnismäßig niedrige Geschwindigkeit, mit der Cu^{2+} von Böden spezifisch adsorbiert wird, erschwert die Übertragung der Ergebnisse von Adsorptionsversuchen im Labor auf unter natürlichen Bedingungen ablaufende Bodenprozesse. Bei Zugabe zu Böden kann Cu^{2+} hydrolytisch reagieren sowie anorganische und/oder organische Komplexe bilden.

Stabilitäts- und Löslichkeitskonstanten wirken bei der Steuerung der Konzentrationen von Cu^+ oder Cu^{2+} im Boden unabhängig voneinander. Leckie u. Davis [47] gaben die Hydrolysekonstanten von Cu^{2+} bei 25 °C wie folgt an:

$$Cu^{2+} \quad + \quad H_2O \quad \rightleftharpoons \quad CuOH^+ \quad + \quad H^+ \qquad *B_1$$
$$Cu^{2+} \quad + \quad 2H_2O \quad \rightleftharpoons \quad Cu(OH)_2 \quad + \quad 2H^+ \qquad *B_2$$
$$2Cu^{2+} \quad + \quad 2H_2O \quad \rightleftharpoons \quad Cu_2(OH)_2^{2+} + \quad 2H^+ \qquad *B_{22}$$

Die angegebenen Werte für $-log*B_1$ liegen zwischen 7,2 und 8,1, für $-log*B_2$ zwischen 13,7 und 17,3 und die für $-log*B_{22}$ zwischen 10,3 und 10,95. Die Hydrolyse von Cu^{2+} ist eine Funktion des gesamten Kupfergehalts in der Lösung und des pH-Werts. Die entsprechenden Konstanten sind Lindsay [15] zufolge 7,70, 13,78 bzw. 10,68. Die in der Lösung gebildeten Hydrolyseprodukte steuern durch ihre anfängliche Adsorption oder Fällung die Kupferkonzentrationen. Während Cu^{2+} das dominierende Ion in der Lösung bei pH-Werten unter 6,9 ist, stellt $Cu(OH)_2$ die wichtigste Spezies in der Lösung oberhalb von pH 7 dar [15]. Außer Daten zu wichtigen Hydrolysereaktionen veröffentlichten Leckie u. Davis [47] Löslichkeitswerte für elf Kupferverbindungen und Bildungskonstanten für 23 anorganische und 36 organische Kupferkomplexe. Mattigod u. Sposito [42] stellten ebenfalls Komplexbildungskonstanten für Übergangsmetallationen mit anorganischen Liganden zusammen. Die Bindung von Kupfer- und anderen Metallkationen durch das organische Material im Boden übt einen bedeutenden Einfluß auf die physikalischen und chemischen Eigenschaften von Böden aus [48]. Zur quantitativen Bestimmung von pflanzenverfügbarem Kupfer in Bodensuspensionen müssen zumindest das labile Kupfer, d.h. die Spezies in festen und gelösten Phasen, die mit freien Kupferionen in der Bodenlösung im Gleichgewicht stehen, und die Aktivität von Cu^{2+} in der Bodenlösung von sauren Böden bzw. von $Cu(OH)_2$ in neutralen oder alkalischen Böden bestimmt werden.

Zur Erklärung der spezifischen Adsorption des Cu^{2+} und anderer Ionen in oktaedrischer Koordination in silicatischen Tonen wurden zwei Mechanismen herangezogen [49]. Die erste betrifft die Ausweitung der oktaedrischen Schicht in Tonen mit einem 2:1-Gitter. Der hervorstehende Teil der Oktaederschicht stellt eine Hydroxidphase dar, deren Protonen sich mit den Metallionen der Lösung im Gleichgewicht befinden. Während die resultierende Löslichkeit wohl nicht derjenigen entspricht, die ein entsprechendes makrokristallines Hydroxid besitzt, kann sie sich dieser doch annähern, wenn ausreichend Hydroxid zur Verfügung steht, um die Lücken zwischen aufeinanderfolgenden Schichten zu überbrücken und so Hydroxiddomänen von dreidimensionaler kristallartiger Beschaffenheit zu bilden. Die zweite Erklärung betrifft die Wiederherstellung der Oktaederschicht, die zwischen den tetraedrischen Kieselsäureschichten von Tonmineralien gelegen ist. Mineralsäuren lösen die einzelnen Schichten von Schichtsilicaten unterschiedlich rasch auf, wobei die Oktaederschicht schneller angegriffen wird als die Kieselsäureschichten. Wenn veränderte Bedingungen die Bildung von Hydroxiden fördern, tritt eine Wiederherstellung der ursprünglichen Oktaederschicht ein. Diese Mechanismen laufen ab, wenn Cu^{2+} der Lösung bei einem pH-Wert zugesetzt wird, der über demjenigen liegt, bei dem Ton in Lösung geht [49, 50].

Die Adsorption von Cu^{2+} je Gewichtseinheit Ton nimmt wie folgt ab:

Kaolinit > Schamotteton-Kaolinit > Illit > Smectit.

Wie man sieht, steigt die Adsorption oder Fixierung von Cu^{2+} mit abnehmendem Verhältnis Kieselsäure/Sesquioxide im Boden. Da mit dieser Veränderung in der Zusammensetzung ein Anstieg der oktaedrische Koordination der Metalle einhergeht, scheinen beide Mechanismen die spezifische Adsorption von Cu^{2+} durch die Tonminerale im Boden erklären zu können. Sie liefern außerdem eine Erklärung dafür, daß die spezifische Adsorption von Cu^{2+} durch Natriummontmorillonit rasch abnimmt, nachdem eine Kupfermenge hinzugegeben wurde, die etwa 30% der Natriummenge entspricht [51]. Die spezifische Adsorption oder Okklusion von Kupfer in oktaedrischer Koordination legt es nahe, daß die Adsorption von Cu^{2+} nicht direkt von der Kationenaustauschkapazität der Tone abhängt, sondern stärker vom pH-Wert und damit von der Basensättigung des Austauschkomplexes und der Menge von oktaedrisch koordinierten Ionen auf den exponierten Oberflächen.

Es wurde zwar gezeigt, daß die Adsorption von Cu^{2+} entsprechend einer Freundlich-Isotherme verläuft [6, 53], aber die obigen Mechanismen lassen vermuten, daß die Adsorption von Cu^{2+} durch Tone bei konstantem pH-Wert eher mit der übereinstimmt, die durch Langmuir-Adsorptionsisothermen für Chemisorption vorausgesagt wird [37, 45, 46, 54]. Die Adsorption von Cu^{2+} bei einer Lösungsaktivität oberhalb ungefähr 10^{-6} M, der höchsten Cu^{2+}-Aktivität, welche die meisten kupfertoleranten höheren Pflanzen verkraften können, ist bei der Bodenbewirtschaftung nicht von Bedeutung. Der Mindestgehalt von Metallen für eine spezifische Adsorption wurde als diejenige Konzentration eines Ions in Lösung definiert, die eine Umkehr der Ladung bzw. des Zeta-Potentials der Kolloidteilchen bei unendlicher Verdünnung verursacht. Für Cu^{2+} wurde diese Konzentration mit $2,5 \cdot 10^{-4}$ M für kolloides SiO_2 bei pH 6,5 angegeben und mit $5 \cdot 10^{-5}$ M für Kaolinit bei pH 5 [44], beides Kupferkonzentrationen, die für die meisten Pflanzenarten toxisch wirken würden.

Da die Aktivität von Cu^{2+} in der Lösung mit der Menge des spezifisch adsorbierten Kupfers zunimmt, wird auch der Gehalt an labilem Kupfer zunehmen, wobei allerdings das Verhältnis der drei Fraktionen zueinander mit dem Boden-pH-Wert, der Menge und der Zusammensetzung des organischen Materials sowie der Menge und Art der Bodenmineralien schwankt. Aus diesem Grund neigen Torfe und mineralische Böden, die reich an organischem Material sind, am ehesten zu Kupfermangel. Selbst in Böden mit normalem Gehalt an organischem Material (1–8%) liegt der Großteil des nicht mineralisch fixierten Kupfers organisch gebunden vor [30]. Eine Untersuchung der Fraktionierung von Kupfer in repräsentativen Proben aus 24 verschiedenen englischen Bodenserien ergab, daß der Großteil (über 50%) des Metalls im Gitter verwitterbarer Mineralien enthalten war, während etwa 30% durch organisches Material gebunden und 15% an Eisen- und Manganoxidhydrate adsorbiert war. Die Summe an wasserlöslichem und austauschbarem Kupfer, die mit der Aktivität des Cu^{2+} in der Bodenlösung zusammenhängen, war mit 1–2% sehr niedrig [45].

Die Anwesenheit von organischem Material kann den Befund erklären, daß aus verschiedenen Böden abgetrennte Tonmineralien ähnliche Adsorptionskapazitäten für Metalle aufweisen, die mit etwa 35 meq/kg über den bei reinen Tonmineralien beobachteten Werten liegen. Die aus Langmuir-Adsorptionsdiagrammen abgeleiteten Konstanten wurden zum Vergleich der relativen Bindungsstärken von Kationen an einem kaolinitischen Bodenton bei pH 6 herangezogen [55, 56], wobei sich die nachstehende Abfolge ergab:

$$Cr^{3+} > Fe^{3+}, Al^{3+} > Ga^{3+} > Cu^{2+} > Pb^{2+} > Y^{3+}, La^{3+} >$$
$$Mn^{2+} > Ni^{2+}, Co^{2+} > Zn^{2+} > Sr^{2+}, Mg^{2+} > NH_4^+, K^+.$$

Bei Tonkolloiden aus dem A-Horizont desselben Bodens mit Humusüberzügen ergab sich als einzige Änderung der Abfolge: $Y^{3+}, La^{3+} > Pb^{2+} > Cu^{2+}$. Die natürliche Affinität der Schwermetalle zu Goethit $\langle FeO(OH) \rangle$ verläuft in der Reihenfolge $Cu > Pb > Zn > Co > Cd$, und der pH-Wert für eine 50%ige Retention aus einer 10^{-5} M Lösung beträgt 5,2 für Kupfer, 5,6 für Blei und 7,7 für Chrom [51].

Es gibt ausreichende Hinweise darauf, daß die chemische Form des Kupfers für die Steuerung der geochemischen und biologischen Prozesse von Bedeutung ist. Die für die spezifische Adsorption von Kupfer durch Silicate, oxidhydroxidhaltige Tone und organisches Material im Boden vorgeschlagenen Mechanismen erscheinen für Böden annehmbar, die abwechselnder Durchfeuchtung und Trocknung unterworfen sind. Zur Nachbildung der Adsorptionsprozesse durch anorganische und organische Bodenbestandteile müssen die Speziation des Kupfers, die organische Fraktion und die Tonmineralien genau bekannt sein. Es wird empfohlen, ausgewählte, gut charakterisierte Komponenten einzusetzen und geschätzte Bildungskonstanten für anorganische [42] und organische Kupferkomplexe [30, 47] zugrunde zu legen. Mit diesem Ansatz und unter Zuhilfenahme angemessener Konzentrationen und Aktivitäten von Cu^{2+} und anderen Metalle sollte es möglich sein, genauere Vorstellungen vom Verhalten des Kupfers in Böden zu entwickeln. Es werden aber noch wesentlich mehr Versuche an gut definierten einfachen Systemen erforderlich sein, bevor Böden hinsichtlich der Struktur ihrer festen Phasen, der Ionenaktivitäten in Lösung und der Konzentrationen anderer Kupferspezies charakterisiert werden können.

Das Grundlagenwissen zur Retention von Kupfer in Tonen, Böden und Sedimenten wächst stetig weiter an, und Entscheidungen zur Bodenbewirtschaftung können sich auf Messungen des gesamten sorbierten Kupfers, des labilen Kupfers und der Aktivität bzw. des chemischen

Potentials von Cu^{2+} in der Bodenlösung stützen, sofern der Boden-pH-Wert in dem Bereich liegt, der für den Pflanzenanbau geeignet ist [26, 50, 51, 57–59]. Das von Dragun [60] veröffentlichte Werk kann als Beispiel für den Einsatz der Bodenchemie bei der Bodenbewirtschaftung zum Zwecke der Umweltqualität dienen.

9.5 Kupfer im System Boden-Pflanze

9.5.1 Kupfer und Pflanzenernährung

Die Daten, die über Kupfermangel vorliegen, wurden so weit wie möglich von Shorrocks u. Alloway [19] zusammengefaßt. Dabei zeigte sich, daß Böden mit Kupfermangel in vielen Teilen der Welt vorkommen. Aus insgesamt 23 Ländern wurde Kupfermangel bei Weizen berichtet, aus jeweils zwölf bei Hafer, bei Weideflächen, Mais und Gerste sowie aus neun bei Reis. Mangelerscheinungen treten, geordnet nach Ausmaß und Häufigkeit, in folgenden Bodengruppen auf:

– Organische Böden (Histosole),

– Podsole (Spodosole), bei denen es sich um stark ausgelaugte, saure Mineralböden handelt,

– Arenosole (Psamments), die sich auf Sanden gebildet haben und die unzureichende Speichereigenschaften zur Zurückhaltung von Wasser und Nährstoffen besitzen,

– Solonets (Natrixerolle), also natriumreiche Böden mit hohem pH-Wert, fein dispergiertem Ton und schwacher innerer Entwässerung, sowie

– Kastanozeme (Ustolle), d. h. kastanienbraune Böden der subariden Steppen, in deren Oberflächenzone organisches Material angereichert ist und die einen hohen Basengehalt und hohen pH-Wert aufweisen, was zu einer hohen spezifischen Adsorption von Kupfer, Zink, Mangan und Eisen führt.

Für die verschiedenen Länder wurde jeweils die Gesamtfläche dieser fünf Bodengruppen berechnet. Aus diesen Daten wurde die Fläche ermittelt, die auf ackerbaulich bewirtschaftete Böden dieser Bodentypen entfällt (ohne Weideland), indem die Zahlen mit dem Anteil der Wirtschaftsflächen an der Landesgesamtfläche multipliziert wurden, wobei davon ausgegangen wurde, daß alle Bodentypen gleichermaßen auf den bewirtschafteten Flächen vertreten sind. Unter den Ländern, in denen mehr als 5 Mio. ha der landwirtschaftlich genutzten Böden geringe Gehalte an verfügbarem Kupfer aufweisen, sind Polen (6,085), Argentinien (5,665), Kanada (12,915), die USA (42,115), Australien (8,290) und Indien (8,254). Zu den Ländern mit mehr als 1 Mio. ha Kupfermangel-Landflächen gehören Dänemark, Finnland, Deutschland, Großbritannien, Brasilien, Mexico, China, Indonesien, Pakistan, die Türkei, Nigeria und Südafrika. Da in dieser Zusammenstellung auch Böden berücksichtigt sind, die neben Kupfermangel auch andere ungünstige Faktoren aufweisen, wird eine stärker aussagekräftige Zusammenstellung in Tabelle 9.6 aufgeführt, die auch Daten dazu enthält, wie die Pflanzen auf den Ausgleich von Kupfermangel ansprechen. Viele der in ökonomischer Hin-

Tabelle 9.6. Kupfermangel und seine Auswirkungen auf den Ernteertrag bei Nutzpflanzen in Feldversuchen [19]

Pflanze	Bodentyp[a] und Land[b]	Ertrag nach Kupferzusatz [t/ha]	Kupferbedingte Ertragssteigerung [%]
Weizen	Torf (USA)	2,42	47,2
	Torf (USA)	2,82	95–100
	Sand (S.Afr.)	2,75	75–90
	Kalkiger Sand (S.Austr.)	0,45	91–100
	Sand (S.Austr.)	0,70	67
	Lateritischer Podsol (S.Austr.)	1,84	11–91
	Sand (W.Austr.)	0,80	29–91
	Ton (Austr. Qnsld.)	0,80	100
	Organische Rendsina (UK)	7,72	13,5
	Rendsina (Frankreich)	7,01–7,83	37–124
	Sandiger Lehm (Frankreich)	3,50	22,4
	Kalkiger Lehm (Frankreich)	3,51	5–33
	Schluffiger Lehm (USA)	1,23	47–100
	Sandiger Lehm (Indien)	1,87	14
	Toniger Lehm (Kenia)	1,90	24–45
	Sand, Lehm, Torf (21 Standorte in Deutschland (alte Bundesländer)	3,3–4,7	9,8–29,8
Gerste	Torf (USA)	1,83	14,7
	Torf (UK)	5,84	275
	Sand auf Glacialschutt (UK)	2,00–3,21	17,5–22,4
	Lehmiger Sand (UK)	2,26–2,32	63–69
Gerste und Hafer	Sande auf fluv.-glac. Schutt (20 schottische Standorte)	2,70	50–100
Mais	Sand (USA)	8,31	3–15
Reis	Sand (Brasilien)	9,5	70
	Sand (Pakistan)	3,95	8,6
Zuckerrüben	Sand auf Glacialschutt (UK)	8,74 (Zucker)	15,5
Kassava	Torf (Malaysia)	12	66,7
Erdnüsse	Torf (Malaysia)	0,27	96,8
Hirse	Torf (Malaysia)	2,2	100

[a] Bodentypen (meist nach Textur); äquivalente FAO-/UNESCO-Klassen: Torf = Histosol, Sand = Arenosol oder Podsol, lateritische Böden = Ferralsol; Rendsina und Podsol in beiden Klassifikationen gleich. Bodenausgangsmaterialien: fluv.-glac. = fluvio-glaciale Ablagerungen; kalkiger Sand: kalkhaltiger Arenosol.
[b] S.Afr. = Südafrika, S. bzw. W.Austr. = Süd- bzw. Westaustralien, Qnsld. = Queensland, UK = Großbritannien.

sicht bedeutenden Ertragssteigerungen ergaben sich bei Fällen von subklinischem Mangel, wenn also die Erträge auch ohne das Auftreten ausgeprägter Mangelsymptome vermindert waren. Bei Frühjahrsgerste auf einem braunen Sand führte die Versprühung von $Cu(OH)_2$ auf Blätter mit einer Ausbringungsrate von 1 l/ha vor dem Ende des Bodenpflügens zu einer

Steigerung um 22,4 %. Diese Ertragssteigerung war auf eine deutliche Zunahme der Körnerzahl pro Ähre zurückzuführen. Die Versprühung von $CuSO_4 \cdot 5H_2O$ auf Blätter erhöhte den Weizenertrag auf einer organischen Rendsina um 13,5 %, obwohl zuvor keine Mangelsymptome festzustellen waren. Bei Zuckerrüben auf einem braunen Sand ergab sich eine Zunahme von 18 % im Knollenertrag, nachdem 50 kg $CuSO_4$/ha auf das Treibbeet ausgebracht worden waren, auch wenn keine Mangelsymptome erkennbar waren. Mittlere Steigerungen von bis zu 30 % ergaben sich bei 21 Versuchen zwischen 1966 und 1968, bei denen 10 kg Cu/ha auf Böden mit der intensivsten Stickstoffdüngung ausgebracht wurden [19].

Die Qualität der Ernteprodukte wird ebenfalls durch Kupfermangel beeinträchtigt. Darunter befinden sich Faktoren wie Größe, Form und Farbe von Obst und Gemüsen sowie die Festigkeit und die damit einhergehenden Lagerungsverluste, Nährwert und Produktakzeptanz, die von wirtschaftlicher Bedeutung sind und Aufmerksamkeit verdienen. Einige Beispiele für schädliche Einflüsse von Kupfermangel sind unattraktives Aussehen und geringere Größe bei Citrusfrüchten, Verfärbungen und schwammige Textur bei Zwiebeln, Verfärbungen bei Karotten, Chlorose und Verwelken bei Salat, verringerter Proteingehalt und veränderte Mengenverhältnisse der verschiedenen Aminosäuren und veränderter Kupfergehalt von Weizen und Gerste, hohe Gehalte an Aminosäuren im Saft von Zuckerrüben, verstärktes Auftreten von Schorfflecken bei Birnen und Kupfermangel bei Wiederkäuern auf Weiden mit kupferarmem Gras, insbesondere dort, wo der Boden erhöhte Molybdängehalte aufweist [61].

Diese Erfahrungen zeigen, daß es überaus wichtig ist, die Verfügbarkeit aller essentiellen und toxischen Elemente zu steuern. Nutzpflanzen und -tiere leiden allzu oft an unerkannten Mängeln oder latenten Vergiftungen. Die Reaktion einer Pflanze auf ein bestimmtes Element oder einen Nährstoff läßt sich nicht erfassen, wenn Wachstum und Entwicklung durch einen Mangel an einem anderen Element oder durch dessen Toxizität begrenzt werden [57, 58].

9.5.2   Adsorption und Umlagerung von Kupfer

Die Adsorptionsgeschwindigkeit für Kupfer gehört zu den niedrigsten für essentielle Elemente. Es bestehen große genetisch bedingte Unterschiede zwischen einzelnen Pflanzenarten und zwischen den verschiedenen Rassen einer Art [62, 63]. Das Kupfer in der Rhizosphäre um die Wurzel herum wird fast ausschließlich durch Wurzelexsudate und Bodenhumus komplexiert, während Aufnahme und Umlagerung des Elements von der Aktivität des in echter Lösung befindlichen Cu^{2+} am Ort der aktiven Absorption abhängt [64]. Während bei der Aufnahme von Kupfer durch die Wurzel die spezifische Adsorption an den Zellwänden des wurzelfreien Raums eine Rolle spielt, wirkt bei der Begrenzung des Transports durch die Plasmamembran der elektrochemische Gradient zwischen der Aktivität des außerhalb der Wurzel in Lösung befindlichen Kupfer und der des Cytoplasmas der Cortex- (Rinden-) Zellen mit. Der Beitrag der Pflanze am Absorptionsprozeß schwankt je nach Pflanzenart oder -rasse, was bedeutet, daß die Aufnahme von Kupfer von der Aktivität des Cu^{2+} an den Absorptionsstellen außerhalb der Plasmamembran abhängt [50, 58, 59, 64].

Die Aktivität des Cu^{2+}, das von der Aufnahme durch die Pflanzenwurzeln betroffen ist, stellt eine Funktion des Cu^{2+} in der Bodenlösung dar, die ihrerseits durch den Einfluß der Mycorrhizen modifiziert wird. Die Aufnahme von Kupfer, Zink und Phosphor wird durch diese symbiotischen, im Wurzelraum wachsenden Pilze verstärkt. Sie dringen an einem Ende mit ihren Hyphen in die Wurzel ein, während sich das andere Ende mehrere Zentimeter weit in den Boden erstreckt [65]. Es ist allerdings noch nicht bekannt, ob die positiven Einflüsse der Mycorrhizen auf eine verstärkte Ionenaktivität oder auf eine Vergrößerung der wirksamen Wurzeloberfläche zurückzuführen sind. Bei der Aufnahme von Cu^{2+} und Zn^{2+}, zumindest bei normalen Bodenkonzentrationen, handelt es sich um einen metabolisch aktiven Prozeß, worauf auch der Umstand hinweist, daß die Absorption durch Stoffwechselinhibitoren verringert wird. Da eine höhere Aktivität des Zn^{2+} bzw. Cu^{2+} in Böden oder Kulturlösungen für das jeweils andere Ion antagonistisch wirkt, wird allgemein anerkannt, daß beide Ionen auf die gleiche Weise aufgenommen werden. Andere Ionen, die die Aufnahme von Kupfer herabsetzen, sind Ca^{2+}, K^+ und NH_4^+, jedoch nicht NO_3^-. Es ist jedoch wahrscheinlich, daß diese Ionen die Aufnahme von Cu^{2+} durch konkurrierende Komplexbildung beeinflussen und durch andere Oberflächeneffekte, die sich auf die Aktivität des Cu^{2+} in der Bodenlösung und auf die Permeabilität der Membranen auswirken [66].

Die Verlagerung des Cu^{2+} innerhalb der Pflanze findet sowohl in Xylem als auch im Phloem statt, wo das Metall an organische Stickstoffverbindungen wie z.B. Aminosäuren gebunden ist. Konzentrationen von 1,5–2,0 µm Cu^{2+} wurden für das Xylem und von 3–140 µm für das Phloem berichtet [66]. Ein großer Teil des Cu^{2+} aus den Pflanzenwurzeln kann möglicherweise selbst dann nicht in die Triebe umgelagert werden, wenn in den oberirdischen Teilen ein Kupfermangel herrscht. In den Trieben steuert vermutlich der Stickstoffmetabolismus die Bindung und den Transport des Cu^{2+}. Kupfer ist in Pflanzen ein relativ wenig mobiles Element, was auch für Eisen, Mangan und andere Elemente zutrifft, die aus absterbenden Blättern nicht an Stellen neuen Wachstums wandern. Grüne Blätter können hohe Cu^{2+}-Gehalte ansammeln und geben sie, wenn später ein Mangel auftritt, trotzdem nicht an junge Blätter und andere Gewebe, z.B. bei der Blüte, weiter. Bei intensiver Stickstoffdüngung, aber nur marginalen verfügbaren Cu^{2+}-Mengen, wird die Pflanze wahrscheinlich zunächst ein normales Wachstum aufweisen, woraufhin jedoch die mangelnde Umlagerung des Kupfers aus den älteren Blättern zusammen mit der sinkenden Aufnahme bei nachlassendem Wurzelwachstum zu Chlorose und Spitzennekrose der neuen Blätter führt. Es zeigen sich später also die typischen Symptome von Mangelerkrankungen [26, 59, 67].

9.6   Verunreinigte Böden

Die Verwendung von metallischem Kupfer in Werkzeugen, Waffen, Gerätschaften und Schmuckgegenständen hat wichtige Perioden der menschlichen Zivilisation gekennzeichnet. Kupfer war ein wichtiges Handelsgut in der Alten Welt, in der „Alten Kupferkultur" der Oberen Großen Seen der USA und Kanadas sowie bei den „Kupfer-Eskimos" des Nordwestterritoriums in Kanada und in Alaska [68]. Das Erhitzen von Kupfernuggets in einer offenen Flamme zur Erhöhung der Schmiedbarkeit wurde im Laufe der Zeit durch Verfahren ersetzt, bei denen die erforderlichen hohen Energiemengen entweder direkt oder indirekt durch Nutzung der Kohlevorräte der Erde erbracht werden.

Die in Kohlekraftwerken entstehende aufgefangene Flugasche ist ebenfalls eine potentielle Quelle für Verunreinigungen durch Kupfer. Die Zugabe von Kohleaschen zu Böden wird häufig schon durch hohe Bor- und Selengehalte in der Asche beschränkt, es wurden aber auch hohe Kupfergehalte von 14–2800 mg/kg berichtet [69]. Die Anreicherung von Böden durch Kupfer aus verwehter Flugasche dürfte vernachlässigbar sein. In dem Maße, in dem die Nutzung und Entsorgung von Flugasche an Land zunimmt, müssen die Gehalte an Kupfer und anderen Elementen ständig überwacht werden.

Durch die Verbrennung von Holzprodukten, fossilen Brennstoffen und Abfällen weisen Böden aus städtischen Gebieten einen fünf- bis zehnmal höheren Gehalt an extrahierbarem Kupfer auf als die benachbarter ländlicher Bereiche. Hochspannungsleitungen können einen bis zu 20 m breiten Geländestreifen verunreinigen, und darüberhinaus wurde die Verunreinigung von Böden entlang von Straßen durch Kupfer aus Stäuben berichtet, wobei die Auswirkungen allerdings als gering erachtet werden [12].

Aus der obigen Darstellung geht klar hervor, daß industrielle und andere Anwendungen von Kupfer in Kombination mit der Verbrennung von Kohle, Öl, Holz und bestimmten Abfällen zu einer Verunreinigung der Umwelt mit Kupfer aus lokalisierten und diffusen Quellen führt. Selbst in mit Kupfer stark angereicherten Böden wird Kupfer innerhalb des Bodens hauptsächlich in der Lösungsphase wandern und mit dem Boden zusammen durch Erosion entfernt werden. Die durch Auswaschung verlorengegangenen Kupfermengen sind gering. Neben Emissionen aus Hüttenkomplexen sind die Ausbringung von Klärschlämmen und von Gülle von Geflügel und Schweinen, denen $CuSO_4$ zugefüttert wird, der Einsatz von kupferhaltigen Fungiziden und Algiziden sowie die Verwendung von Kupfer in der galvanischen und chemischen Industrie die häufigsten Quellen für hohe und überhöhte Gehalte von Cu^{2+} in Böden.

Bei ausgeprägten Quellen wie z.B. Hüttenkomplexen treten die höchsten Gehalte 1–3 km vom Schornstein auf, wobei die Konzentrationen mit der Entfernung exponentiell abnehmen. Im Fall des Kupfer-Nickel-Komplexes von Sudbury, Ontario (Kanada) wird das meiste Kupfer innerhalb einer Entfernung von 32 km abgelagert, aber Böden in einer Entfernung von weniger als 7,5 km enthalten häufig deutlich über 1000 mg Cu/kg. Zusätzlich zum atmosphärischen Eintrag von Kupfer und anderen Metallen in Böden und Vegetation gelangen Metalle in Bergbaugebieten durch Abwässer und Erosion in die Gewässer, was zu starken Anreicherungen in Fischen und anderen Lebewesen führen kann sowie zur Verlagerung der Schadstoffe in stromabwärts gelegene alluviale Böden [68]. Hüttenemissionen sind sehr komplex und enthalten neben Kupfer und anderen Metalle auch Schwefeldioxid. Bei manchen Anlagen werden Schwefeldioxid und Staubemissionen zurückgehalten, für die einzelnen Metalle bestehen jedoch keine spezifischen Grenzwerte. Kupferhütten und Messinggießereien setzen zusätzlich große Mengen Arsen und Zink frei, Zinkhütten hingegen Kupfer, Zink, Cadmium, Blei und Nickel. Die Auswirkungen der gleichzeitigen Emission mehrerer Elemente wurden bereits untersucht, wobei jedoch nur selten auf die jeweiligen Auswirkungen der einzelnen Elemente geachtet wurde. Im US-Staat Pennsylvania lassen sich die Emissionen von Zinkhütten im Boden auf eine Entfernung von 19 km durch erhöhte Konzentrationen von Zink, Kupfer, Blei und Cadmium nachweisen [70]. Bei vielen Gemüsegärten, die 25–50% des Gemüsebedarfs der entsprechenden Familien decken, liegen die Bodengehalte dieser vier Elemente in Größenordnungen, die als überhöht angesehen werden [28]. Eine neuere Beurteilung der möglichen schädlichen Auswirkungen auf die Gesundheit ergab, daß bei Kalkung und häufiger Zugabe von Humus zu den Böden Gemüse angebaut werden kann, das zum menschlichen Verzehr geeignet ist [28]. Die menschliche Gesundheit wurde somit durch die phytotoxischen Wirkungen von Zink oder der Summe der anderen Metalle und durch den Säuregehalt des Bodens geschützt, wodurch eine übermäßige Aufnahme des für den Menschen toxischen Cadmium und Blei verhindert wurde. Das akzeptable Ausmaß der Akkumulation von Blei und Cadmium im Körper könnte auch auf die Schutzwirkung hoher Zinkgehalte in Luftemissionen und Gemüsen zurückzuführen sein. Eventuelle schädliche Auswirkungen von Kupfer auf die Gesundheit des Menschen wurden als nicht signifikant bezeichnet. Selbst in Gegenden mit hohen Kupfergehalten im Boden wiesen Hirsche und Pferde Gewebeveränderungen in den Gelenken auf, die für Kupfermangel bezeichnend sind. Diese Symptome wurden auf übermäßige Gehalte an Zink und Cadmium im Futter zurückgeführt [28].

Praktiken, die zur absichtlichen diffusen Verunreinigung landwirtschaftlicher Böden führen, stellen eine größere Bedrohung für den Erhalt der Produktivität an Nahrungsmitteln und Fasern dar als punktuelle Verunreinigungen. Da die Ausbringung von Klärschlamm, kommunalem Kompost und Schweine- und Geflügelgülle sowie der Einsatz von Fungiziden usw. auf landwirtschaftlichen Flächen vom jeweiligen Besitzer eingeleitet wird, können sie im Ausmaß umfangreicher, allerdings auch schlechter erkennbar sein, bevor das Wachstum der Pflanzen sichtbar zurückbleibt und sich Symptome einer Metalltoxizität zeigen [19, 26]. Chemische Dünger enthalten selten mehr als 100 mg Cu/kg und tragen damit selbst bei längerer Anreicherung kaum stärker zur Verunreinigung von Böden mit Kupfer bei [71].

Die höchsten Kupferkonzentrationen in landwirtschaftlichen Böden ergeben sich bei der Versprühung von Fungiziden in Obstplantagen, wo dieses Element Jahr für Jahr direkt oder indirekt als Laubfall auf den Boden gerät [71]. Jährlich werden $7 \cdot 10^7$ kg Kupfer in Form der sog. Bordeaux-Mischung auf Weinberge und in Obstgärten, auf Bananen, Citrusfrüchte und andere Pflanzen versprüht werden. Es hat sich herausgestellt, daß das in den Böden angereicherte Kupfer häufig toxisch für Neupflanzungen derselben oder einer anderen Frucht ist. Da diese Sprühmittel allerdings sehr wirksam sind, dürfte sich ihre weitverbreitete Anwendung fortsetzen. Durch dieses Verfahren ergeben sich Kupferkonzentrationen von 110–1500 mg/kg im Boden, wohingegen die Hintergrundwerte für landwirtschaftlich genutzte Böden bei 20–30 mg Cu/kg liegen. In Australien wurden etwa 30 000 ha Apfel- und Birnenplantagen zu anderen Zwecken umgenutzt. Die Auswirkungen dieser Böden auf den Fruchtertrag und die Gesundheit der Weidetiere, dabei insbesondere die von Schafen und Rindern, wurden bisher noch nicht im Detail untersucht, aber die Gefahr eines durch Kupfer verursachten Molybdänmangels ist zu erwarten [32].

Selbst nach der Beschränkung industrieller Abwassereinleitungen enthalten Klärschlämme hohe Gehalte an Kupfer und Zink, da diese Metalle häufig in häuslichen Wasserleitungen eingesetzt werden (s. Tabelle 9.5). Klärschlämme werden landwirtschaftlich genutzten Böden hauptsächlich als Quelle für organisches Material zugeführt und wegen ihrer durch Phosphor und Stickstoff verursachten Düngewirkung. Die Bedeutung des Kupfergehalts der Schlämme kann nur im Zusammenhang mit den begleitenden Gehalten an Nickel, Zink und Cadmium beurteilt werden. Verordnungen über den Metallgehalt in Böden werden auf der Basis der Konzentrationen sowohl in Böden als auch in Schlämmen erlassen. Die Beaufschlagungsgrenzwerte für Metalle wurden in den „Criteria and Recommendations for Land Applications of Sludges in the Northeast", den Kriterien und Empfehlungen für die Ausbringung von Klärschlämmen im Nordosten, nach der Bodentextur festgelegt [31]. Die zulässigen jährlichen Eintragsmengen für Sande und Tone betragen 25–150 kg/ha für Kupfer, 2–4,5 kg/ha für Cadmium, 50–300 kg/ha für Zink, 10–60 kg/ha für Nickel sowie 100–600 kg/ha für Blei bzw. Chrom [31]. Für die meisten der im US-Staat Pennsylvania vorkommenden Kombinationen von Böden und Schlämmen ist Kupfer dasjenige Element, das am häufigsten die Dauer der möglichen Schlammausbringung beschränkt. Da die Verfügbarkeit von Cu^{2+} so stark von den die Cu^{2+}-Adsorption und den pH-bestimmenden Bodeneigenschaften abhängt, kann die Gesamtbelastung des einen Gebiets nicht ohne weiteres auf ein anderes übertragen werden. Die von der amerikanischen Umweltbehörde EPA im Jahre 1983 festgelegte maximale sichere Metallbelastung für Böden von 280 kg/ha kann als adäquat und praktikabel bezeichnet werden [72]. Die neuen, 1993 von der EPA erlassenen Regeln zur Ausbringung von Klärschlamm an Land [73] erlauben, daß die Belastungen von Böden mit Kupfer und anderen Metallen Konzentrationen erreichen, die für „Schlamm-Bio-Feststoffe", d.h. für Böden und den Böden zugesetzte Abfälle, als angemessen betrachtet werden. Schlämme, andere Abfälle und Böden dürfen mit Kupfer bis zu 1500 mg/kg verunreinigt sein, mit Zink bis zu 2800 mg/kg, mit Nickel bis zu 420 mg/kg, mit Chrom bis zu 1500 mg/kg und mit Cadmium bis zu 39 mg/kg. Eine Landfläche in Pennsylvania verfügt noch heute über keine Pflanzendecke, nachdem vor 30 Jahren ein Schlamm, der die Kriterien der „Bio-Feststoffe" erfüllte, nur einmal in großer Menge ausgebracht worden war, wodurch der Boden so verunreinigt wurde, daß er nun 805 mg Cu/kg, 636 mg Zn/kg, 144 mg Ni/kg, 312 mg Cr/kg und 12,3 mg Cd/kg enthält. Landwirte sollten daher die Möglichkeit, die Böden durch die Zugabe von Metallen in Schlämmen und Gülle bis zu den von der EPA zur Zeit zugelassenen Konzentration anzureichern, auf keinen Fall ausschöpfen, da sonst die Gefahr einer längerfristigen, wenn nicht sogar permanenten Sterilisation der Böden besteht [73].

9.7   Kupfer in der Kette Boden-Pflanze-Tier

Kupfermangel bei Wiederkäuern in Weidehaltung wurde in vielen Teilen der Welt beobachtet und kann entweder auf geringe Kupfergehalte in Böden und Futter zurückgeführt werden oder, was häufiger der Fall ist, auf überhöhte Gehalte an Molybdän und/oder die Wechselwirkung zwischen Kupfer, Molybdän und Schwefel [20, 32, 74, 75]. Der Kupfergehalt von Grünfutter und Gras hängt von der Verfügbarkeit des Kupfers im Boden ab, von der Pflanzenart, dem Wachstumsstadium, der Jahreszeit sowie von der Ausbringung von Kalk und Düngern. Leguminosen nehmen im allgemeinen mehr Kupfer auf als Gräser. Unter Umständen können auch Unkräuter die Kupferaufnahme von Weidetieren mit der Nahrung erhöhen. Pflanzen aus Mischbewuchs auf Weiden enthalten selten mehr als 20 mg Cu/kg i.T. und meist weniger als 10 mg Cu/kg [61].

Schweine- und Geflügeldung sind häufig an Kupfer angereichert, da in vielen Teilen der Welt $CuSO_4$ zur Wachstumsförderung und zur Verbesserung der Futterverwertung zugefüttert wird [76–78]. Baker [26] präsentierte anläßlich der 57. Jahrestagung der Vereinigung der Amerikanischen Gesellschaften für experimentelle Biologie eine Bewertung der Beziehungen zwischen Böden, Tieren und Pflanzen bei Kupfer hinsichtlich „ökologischer Probleme der intensiven Zufütterung von Nährstoffen". Er schätzte, daß diese Praxis die Ausbringung von etwa 6,7 kg Cu/ha jährlich erfordert, was bei einigen sandigen Böden nur über einen Zeitraum von 5–10 Jahren und auf Böden mit hoher Kationenaustauschkapazität über etwa 60 Jahre möglich wäre. Die Rolle des organischen Anteils von Dung und Schlämmen läßt sich nicht exakt definieren, da die Stabilität der kupferhaltigen organischen Komplexe in Böden bisher nicht quantitativ bestimmt wurde. Dung mit Kupfergehalten von 800–1300 mg/kg wurde wiederholt zu Entsorgungszwecken auf Feldern ausgebracht [19, 26, 76–78]. Drei jährliche Ausbringungen von mit Kupfer angereichertem Schweinedung, entsprechend einer Dosis von 12,3 kg Cu/ha, die kurz nach der ersten Mahd ausgebracht wurden, um so zu vermeiden, daß die Weidetiere mit Dung verunreinigtes Futter aufnehmen, erhöhte zwar den Kupfergehalt der Weidegräser, jedoch nicht bis zu einer Höhe, die für die Weidetiere gefährlich werden könnte [79]. Ernteminderungen waren nur dort zu verzeichnen, wo die Pflanzen durch den Dung begraben worden waren.

Die Fütterung von Schweinen mit Kupfer in wachstumsfördernden Mengen wird in europäischen Ländern seit mehr als 30 Jahren praktiziert [79–81]. Zu diesem Zweck wird das Futter mit 125–255 mg Cu/kg in Form von $CuSO_4$ angereichert. Schafe sind auf Weiden, auf denen solcher Dung ausgebracht wird, wegen ihrer besonderen Empfindlichkeit gegenüber Kupfer in gewissem Umfang gefährdet, insbesondere wenn der Dung direkt auf die Grasnarbe ausgebracht und nicht in den Boden eingearbeitet wird.

Die Zufütterung von Kupfer in hohen Dosen verbessert bei Schweinen die Gewichtszunahme und Futterverwertung [74–76]. Martens, Kornegay und ihre Mitarbeiter vom Polytechnischen Institut Virginia und der Universität von Virginia (USA) führten zwischen 1972 und 1992 Feld-, Gewächshaus- und Laborversuchen zur Bestimmung des Einflusses von mit Kupfer angereicherter Schweinegülle auf Wachstum und Zusammensetzung von Pflanzen durch [76–78]. Sie berichteten äquivalente Maiskornerträge und Zusammensetzungen nach fünf jährlichen Ausbringungen von mit Kupfer angereicherter Schweinegülle entsprechend einer jährlichen Dosis von 22,9 kg Cu/ha im Vergleich mit unbehandelten Kontrollflächen. Anderson et al. [77] veröffentlichten die Ergebnisse von drei Langzeitfeldversuchen zur Bestimmung der Reaktion von Mais (*Zea mays* L.) auf hohe Kupfergaben in Form von kupferreicher Schweinegülle oder $CuSO_4$-Ausbringungen, die 1978 begannen und bis 1988 fortgesetzt wurden. Die drei Experimente wurden auf Böden mit unterschiedlichen Eigenschaften durchgeführt. Nach den Kriterien der Umweltbehörde EPA von 1983 beträgt die unbedenkliche Kupferbelastung 280 kg/ha [72], allerdings wurde in den Experimenten eine höhere Kupfermenge auf die Böden ausgebracht. Kupfergaben von mehr als 300 kg/ha entweder in Form von Schweinegülle oder $CuSO_4$ führten bei einem Boden-pH-Wert von 6,7–7,2 zu keiner Ertragsverringerung. Allerdings stiegen die Gehalte an extrahierbarem Phosphor in den Böden auf der Basis von Eichdaten sehr stark an, was darauf hinweist, daß Gehalte von mehr als 56 mg/kg im Boden für die verdünnte-HCl-H_2SO_4-Methode sehr hoch sind [83]. Auch im Hinblick auf eine eventuelle Minderung der Wasserqualität infolge von Eutrophierung von Oberflächen- und Grundwasser sind nach diesen Zahlenwerten keine schädlichen Auswirkungen auf Pflanzenwachstum oder Wasserqualität zu erwarten, solange durch die Ausbringung von Dung keine Gleichgewichtskonzentration für Phosphor von mehr als 200 ppb in der Bodenlösung herbeigeführt wird [84, 85]. Daraus läßt sich schließen, daß angereicherter Dung als Quelle von Stickstoff und/oder Phosphor in der Landwirtschaft verwendet werden kann, bis der Boden einen optimalen Gehalt an Stickstoff und/oder Phosphor aufweist, aber ohne mit diesen Elementen verunreinigt zu sein. Wenn Bodenbelastungswerte für Phosphor eingesetzt werden, um die maximalen Beaufschlagung des Bodens mit Schweine- oder Geflügeldung zu festzulegen, dann dürfte die kumulierte Belastung des Bodens mit Kupfer nicht zu Kupfergehalten im Grünfutter von mehr als 20–30 mg/kg führen. Daher kann solches Futter als sicher für Schafe und Rinder angesehen werden, solange der

Molybdängehalt im Boden in der Größenordnung von 2–5 mg/kg und der pH-Wert bei 6 oder darüber liegt. Weidetiere können jedoch bis zu zehnmal mehr Kupfer mit Erdkrümeln aufnehmen, die am Futter haften, als durch das Futter selbst. Bodensubstanz kann bei Rindern 1–10% und bei Schafen sogar 30% der gesamten Futteraufnahme ausmachen (jeweils i. T.) [20].

Als Trinkwasser für den Menschen vorgesehenes Wasser aus Brunnen und anderen Quellen enthält fast immer weniger Kupfer als der vorläufige, auf geschmacklichen Aspekten beruhende Grenzwert von 1 mg/kg [86]. Aufgrund der Verunreinigung der häuslichen Wasserversorgung mit Kupfer aus den Leitungsrohren wurden in verschiedenen Ländern Überlegungen zur Einführung von Kupfergrenzwerten im Wasser angestellt. Die tägliche Kupferaufnahme eines Menschen liegt fast ausnahmslos über der empfohlenen Tagesdosis von 2 mg. In westlichen Ländern liegt die Aufnahme zwischen 2 und 5 mg Kupfer täglich, und es ist schwierig, eine Diät mit weniger als 1 mg Kupfer zusammenzustellen [2, 59].

Die erbliche Kupfertoxikose wird als Wilson-Krankheit bezeichnet. In der Leber der betroffenen Kinder sammelt sich Kupfer kontinuierlich an, so daß sich histologische Schäden schon in der frühen Kindheit nachweisen lassen. Klinische Krankheitssymptome werden jedoch meist nicht vor dem fünften Lebensjahr beobachtet [59]. Die Wilson-Krankheit ist selten und kann durch medikamentöse Behandlung aufgehalten bzw. verhindert werden. Bei den meisten Menschen verhindern Homöostasemechanismen eine übermäßige Ansammlung von Kupfer.

9.8 Der Baker-Test[1] zur Bodendiagnose

Der Baker-Bodentest wurde 1993 zum offiziellen Verfahren der amerikanischen Normenbehörde ASTM erklärt. Die exakte Bezeichnung lautet in ihrer Übersetzung „D5435-93 – Standardisiertes Bodendiagnoseverfahren zum Schutz des Pflanzenwachstums und der Nahrungskette". Das Verfahren nutzt Makrokationen und den Chelatbildner DTPA, schwach gepuffert auf pH 7,3, um einen geringen Austausch der verfügbaren Elemente zu erzeugen. Aus den Mengen der jeweils extrahierten Elemente berechnet die zum Baker-Bodentest ™ gehörende Software die Mengen und die Intensitätsparameter (Q/I-Parameter) für jedes Element. Die graphische Auswertung beruht auf den Forschungsergebnissen und Daten von tausenden von Anwenderproben aus einer Vielzahl von Böden, darunter auch mit Schlamm behandelte Felder und rekultivierte Flächen [28, 57, 58, 64, 65, 86–92].

In einem Boden, der zwischen 25 und 40 mg/kg Kupfer enthält, beträgt die Kupferkonzentration in der Bodenlösung bei normalen pH-Werten 0,01–0,6 µM, bei Boden-pH-Werten von unter ca. 5,5 können die Konzentrationen verfügbarer Metalle wie Cu^{2+}, Zn^{2+} und Al^{3+} jedoch für viele höhere Pflanzen toxisch wirken. Aufgrund dieses Befunds sind viele Wissenschaftler der Auffassung, daß der Boden-pH-Wert der wichtigste Faktor bei der Steuerung der Pflanzenverfügbarkeit von Cu^{2+}, Cd^{2+} und Zn^{2+} ist. In verunreinigten Böden kann es erforderlich sein, einen ungewöhnlich hohen pH-Wert im Boden einzustellen, um die Ver-

---

[1] Bei dem „Baker Soil Test" ™ handelt es sich um ein getragenes Warenzeichen der Land Management Decisions, Inc., 1429 Harris Street, State College, Pa., USA.

fügbarkeit dieser Elemente einzuschränken und überhöhten Gehalten in Pflanzen und in der Nahrungskette vorzubeugen. Wie bereits angeführt, ist es wegen des Einflusses von organischen Stoffen und pH-Wert auf die Cu^{2+}-Verfügbarkeit nicht möglich, den Kupfergesamtgehalt oder eine Meßgröße des „extrahierbaren" Kupfers zur Abschätzung der pflanzenwirksamen Lösungsaktivität des Cu^{2+} zu benutzen. Eine Übersicht der verfügbaren Verfahren zur Analyse von Kupfer und anderen Spurenmetallen ist in [93] zu finden. Da das Wachstum der Pflanzenwurzeln stärker betroffen ist als das oberirdische Pflanzengewebe, eignet sich die Analyse von Pflanzen nicht als verläßlicher Indikator für verunreinigende Kupfergehalte in Böden [26, 50]. Inhärente Unterschiede zwischen einzelnen Pflanzenarten sowie zwischen den Rassen einer Art führen zu einer derart großen Spannweite der Kupfergehalte in Blättern, daß der Versuch, einen bestimmten Werte gezielt zu induzieren, bei einigen Pflanzen Kupfermangel, bei anderen hingegen -toxizität erzeugen würde. Eigene Untersuchungen des Autors führten zu den obigen Schlußfolgerungen und lieferten den Anstoß zur Entwicklung des Baker-Bodentests.

Extraktionslösungen für Bodentests werden weltweit angewandt. Seit mehr als 60 Jahren ist bekannt, daß sich die verfügbare Menge eines Elements im Boden nicht aus der Gesamtzusammensetzung des Bodens ableiten läßt [94]. Viele Bodentestextraktionsmittel wurden mit dem Ziel entwickelt, durch die Entfernung eines Teils des labilen Reservoirs eines bestimmten Elements im Boden ein Maß für die „verfügbare Menge" zu gewinnen [67]. Wenn die eingesetzten Extraktionsmittel mit den Pflanzenerträgen in verhältnismäßig kleinen Gebieten mit ähnlichen Böden, Klimaten und Vegetationstypen geeicht wurden, lassen sich die Ergebnisse der Bodentests mit den Erträgen besonders für Phosphor, Kalium und Magnesium korrelieren. Die DTPA-Methode nach Lindsay u. Norvell [95] findet breite Anwendung bei der Bestimmung der relativen Gehalte von verfügbaren Metallen in Böden. Bei Kupfer und anderen Spurenmetallen hängt die Aufnahme durch die Pflanzen jedoch vom Boden-pH-Wert und anderen Bodenfaktoren ab, welche die Aktivität des Metalls in der Bodenlösung in der Umgebung der Pflanzenwurzeln steuern, wo die Absorption stattfindet [26, 57, 58, 62, 64]. Der pH-Effekt für Kupfer wird durch den beim Baker-Bodentest berechneten pCu-Wert widergespiegelt.

Sowohl die Diffusion innerhalb der Bodenlösung, die von Zonen hoher Aktivität zu Zonen niedrigerer Aktivität erfolgt, als auch die Absorption durch die Wurzeln werden durch die relative partielle molare freie Energie eines Ions in der Bodenlösung bestimmt, die indirekt mit der Menge des (labilen) Cu^{2+} im Boden zusammenhängt [64, 86]. Für Kupfer lassen diese Verhältnisse wie folgt ausdrücken:

$$(\overline{G} - \overline{G}^0)_{Cu} = RT \ln \overline{A}_{Cu} = RT \ln \overline{\lambda}_{Cu} \overline{C}_{Cu} ,$$

wobei $(\overline{G} - \overline{G}^0)_{Cu}$ die relative partielle molare freie Energie der Cu^{2+}-Ionen in der Lösung, R die allgemeine Gaskonstante, T die Temperatur [K], ln der natürliche Logarithmus und $\overline{A}_{Cu}$ die mit einer spezifischen Elektrode bestimmte Aktivität des Cu^{2+} in der Bodenlösung oder -suspension ist. $\overline{\lambda}_{Cu}$ stellt den mittleren Aktivitätskoeffizienten und $\overline{C}_{Cu}$ die mittlere Konzentration des verfügbaren Cu^{2+} im System dar. Der dem pH-Wert analoge pCu-Wert ist proportional zu $(\overline{G} - \overline{G}^0)_{Cu}$. Es leuchtet daher ein, daß die Bestimmung von pH, pCu, pZn, pCd usw. zur Abschätzung der Pflanzenverfügbarkeit dieser Ionen in Bodenlösungen oder -suspensionen erforderlich ist.

Für den diffusen Fluß J_{Cu} lautet die Formel:

$$J_{Cu} = -A\,B\,\overline{C}_{Cu}\pi_{Cu}\frac{\mathrm{d}\overline{G}_{Cu}}{\mathrm{d}X}\ ,$$

wobei A die Querschnittsfläche des Diffusionswegs, B ein geometrischer Faktor zur Korrektur von Porosität im Bodenmedium und Gewundenheit des Pfads, π_{Cu} die durchschnittliche Mobilität des Ions und X die durch Diffusion zurückgelegte Strecke ist. Die übrigen Größen entsprechen denen der vorherigen Formel. Unabhängig davon, ob die Aufnahme der Ionen durch Diffusion oder einen Trägermechanismus begrenzt wird, sollte der Schluß zutreffen, daß die Aufnahme durch $\overline{G}_{Cu}$ beschränkt wird [64].

Mit Hilfe von Bodentest-Eichdaten, die aufgrund der Vorstellung entwickelt wurden, daß die Aktivitäten der Kationen und deren Aufnahme durch die Pflanzen mit ihrem molaren oder Äquivalentanteil am Austauschkomplex im Boden zusammenhängen, und aufgrund des Konzepts der Austauschenergien von Schofield u. Woodruff wurde berechnet, daß pK, pCa und pMg in der Größenordnung liegen, die von Marshall [49] als angemessen für die Ernährung der Pflanzen bestimmt wurden. Diese Ergebnisse dienten als Anstoß für die Entwicklung des Baker-Bodentests, der die Verfügbarkeit von Ionen mit intensiven und extensiven Parametern für mehrere Ionen in Verbindung bringt [86].

Für den Baker-Bodentest wird eine der vielen Kombinationsmöglichkeiten von Ionenaktivitäten in Lösung verwendet, die sich zum Vergleich von Böden anbieten. Das Verfahren ist zur Beobachtung von Hauptbestandteilen und Spurenelementen in Böden eingesetzt worden, die mit Klärschlamm, Flugasche und Bergematerial behandelt wurden sowie in Mischungen, die zur vegetativen Stabilisierung gestörter Standorte behandelt und eingesetzt wurden. Der Ansatz umfaßt die Charakterisierung der Materialien hinsichtlich pH-Wert und Kalkbedarf und die Zubereitung der einzusetzenden Mischungen aus Boden, Bergehalden und Flugasche. Wenn sich die Mischungen durch eine Sättigungsextraktion als ausreichend hinsichtlich pH-Wert, löslichen Salzen, Bor, Selen und Molybdän erweisen, wird der Baker-Bodentest eingesetzt, um das Makronährstoffgleichgewicht (Aktivitätsverhältnisse der chemischen Elemente), die Ionenaktivitäten (pH, pK, pCa, pMg, pFe, pMn, pCu, pZn, pAl, pNi und pCd) sowie die labilen und die insgesamt sorbierten Mengen bei jedem Element zu bestimmen. Im US-Staat Pennsylvania ist diese Vorgehensweise zur Festlegung der Bodennutzung behördlich vorgeschrieben. Der Baker-Bodentest wurde bei einer von der amerikanischen Umweltbehörde EPA durchgeführten Reinigung eines Standorts eingesetzt, der durch eine Zinkhütte verunreinigt worden war, und die der Gegenstand umfangreicher Untersuchungen war [28]. Die für eine jede Probe gesammelten Daten werden von Rechnern ausgewertet und die Ergebnisse anschließend zur Dokumentation ausgedruckt [28, 75, 58].

Bei der Nachuntersuchung der Reinigung von verunreinigten Gärten in der Nähe einer Zinkhütte im US-Staat Pennsylvania ergaben sich statistisch folgende Regressionsergebnisse für die Pflanzengehalte (PT), die durch den Baker-Test aus Böden extrahierten Mengen (BT) und die chemischen Potentiale der jeweiligen Ionen (H^+, Cu^{2+}, Zn^{2+} und Cd^{2+}), gebunden an DTPA, und des freien DTPA-Liganden (LI), im Gleichgewicht:

$$PT_{Cu} = 231{,}6 - 0{,}111\,BT_{Cu} - 8{,}97\,pCu + 3{,}095\,pH - 7{,}68\,pLI \qquad (R^2 = 0{,}38)$$

$$PT_{Zn} = -3798 + 0{,}88\,BT_{Zn} + 182{,}6\,pZn - 168{,}1\,pH + 201{,}8\,pLI \qquad (R^2 = 0{,}54)$$

$$PT_{Cd} = -263{,}3 + 0{,}99\,BT_{Cd} + 9{,}90\,pCd - 2{,}1\,pH + 12{,}19\,pLI \qquad (R^2 = 0{,}85)$$

Wie man erkennt, sind die Regressionen alle höchst signifikant, und die Koeffizienten nehmen mit zunehmender Neigung des Ions zu Komplexbildung ab. Man vermutet, daß ein beträchtlicher Teil des Kupfers durch gelöste organische Bestandteile in Form von Chelaten gebunden wird. Da angenommen werden muß, daß alles Kupfer in der Probelösung von DTPA komplexiert ist, verfälschen in der Lösung auftretende natürlich-organische Bestandteile die berechneten pCu-Werte. Der Ansatz des Baker-Bodentests wird zwar als den anderen verfügbaren Verfahren überlegen angesehen, jedoch bietet der Einsatz ionenspezifischer Elektroden zur Bestimmung des Potentials von Kupfer und anderen Spurenelementen theoretisch eine wünschenswerte alternative Möglichkeit. Es gab hierbei einigen Fortschritt, allerdings werden die Einsatzmöglichkeiten ionenspezifischer Elektroden durch Schwankungen ihres Normalpotentials und durch ihre ungenügende Empfindlichkeit bei normalen Kupfergehalten im Boden eingeschränkt [50].

9.9   Schlußbemerkungen

Die Bewirtschaftung von Ackerland besitzt im Hinblick auf Kupfer viele Parallelen zu den Verhältnissen bei Aluminium. Wenn der pH-Wert nicht in dem für viele Pflanzen erforderlichen Bereich von 6–7 gehalten wird, dürfte sich die Verfügbarkeit von Kupfer, Zink, Mangan und anderen Elementen zu einem Problem entwickeln. Die Chemie des Kupfers in Böden ähnelt der des Bleis insoweit, wie beide in Böden spezifisch adsorbiert oder „fixiert" werden. Wo die Bodenkupfergehalte durch den Entsorgung von Abfällen um ein Mehrfaches erhöht wurden, sind genauere Methoden zur Bestimmung der Pflanzenverfügbarkeit erforderlich. Dabei müssen folgende Aspekte besonders beachtet werden:

– Ionenspezifische Elektroden und andere Verfahren werden benötigt, um die Ionenaktivität von Cu^{2+} in der Bodenlösung, in Sättigungsextrakten oder in verdünnten $Ca(NO_3)_2$-Extrakten von Böden genau und verläßlich zu bestimmen. Der Kupfergehalt in der Lösung wird so sehr durch Bildung organischer und anorganischer Kupferkomplexe beeinflußt, daß eine genaue Voraussage der Verfügbarkeit von Kupfer nicht möglich ist. Der Baker-Bodentest gilt zur Zeit als das verläßlichste Verfahren zur Voraussage der Kupferverfügbarkeit von für Pflanzen. Mit Hilfe von Bodenproben von Standorten, bei denen die Auswirkungen auf das Pflanzenwachstum gemessen wurden, wurde festgestellt, daß Böden mit einem pCu_{DTPA} von mehr als 14,5 und mit weniger als 0,2 mg/kg extrahierbarem Kupfer im allgemeinen einen für optimales Pflanzenwachstum zu geringen Kupfergehalt aufweisen.

– Die Entsorgung von stark kupferhaltigen Abfällen wie z.B. Klärschlämme, Dung aus der Schweine- und Geflügelhaltung und Verschmutzungen aus anderen Kupferquellen auf landwirtschaftlichen Flächen sollte unter Berücksichtigung der Auswirkungen von Kupfer auf den Stickstoffkreislauf bewertet werden. Dieser indirekte Einfluß von Kupfer dürfte das angemessenste Bewertungskriterium für eine Regelung der Entsorgung kupferhaltiger Abfälle an Land darstellen.

– Die gegenwärtig eingesetzten Analyseverfahren und andere, die sich zur Bestimmung der Mechanismen in der Entwicklung befinden, durch die Kupfer in Tonen, organischem Material und Mischungen zurückgehalten wird, sollten weiter verfolgt werden, wobei im Gleichgewicht befindliche Systeme mit bekannten Bestandteilen, deren Kupferaktivitäten in Lösung weniger als 1 μM betragen, besondere Beachtung erhalten sollten. Es werden noch wesentlich mehr Daten zur Chemie und Mineralogie von Kupfer sowie zu seinen biologischen Auswirkungen bei Gleichgewichtslösungsaktivitäten im Bereich $10^{-12}-10^{-6}$ M benötigt. Wenn die Adsorptionsmechanismen für Kupfer in diesem Aktivitätsbereich bekannt sind, wird es wichtiger sein, Kenntnisse zur Lösungskinetik zu erlangen.

Literatur

[1] Arnon DI, Stout PR (1939) Plant Physiol 14: 371–375

[2] Clementz DM, Pinnavaia TJ, Mortland MM (1973) J Phys Chem 77: 196–200

[3] Parker AJ (1981) In: Loneragan JF, Robson AD, Graham RD (Hrsg) Copper in Soils and Plants, S 1–22

[4] Soltanpour PN, Schwab AP (1977) Commun Soil Sci, Plant Anal 8: 195–207

[5] Allaway WH (1968) Adv in Agron 20: 235–274

[6] Adrinao DC (1986) Trace Elements in the Terrestrial Environment. Springer, Berlin Heidelberg New York Tokyo

[7] Aubert H, Pinta M (1977) Trace Elements in Soils. Elsevier, Amsterdam

[8] Bowen HJM (1979) Environmental Chemistry of the Elements. Academic Press, New York

[9] Davis BE (1980) Applied Soil Trace Elements. Wiley, New York

[10] Jeffrey DW (1987) Soil–Plant Relationships: An Ecological Approach. Croom Helm, London Sydney and Timber Press, Portland/OR

[11] Loneragan JF, Robson AD, Graham RD (Hrsg) (1981) Copper in Soils and Plants. Academic Press, New York

[12] Nriagu JO (Hrsg) (1979) Copper in the Environment, Teil 1: Ecological Cycling. Wiley, New York

[13] Kabata-Pendias AK, Pendias H (1984) Trace Elements in Soils and Plants. CRC, Boca Raton/FL

[14] Purves D (1985) Trace element contamination of the environment. Elsevier, New York

[15] Lindsay WL (1979) Chemical Equilibria in Soils. Wiley and Sons, New York

[16] Cox DP (1979) In: Nriagu JO (Hrsg) Copper in the Environment, Teil 1: Ecological Cycling. Wiley, New York, S 19–42

[17] McBride MB (1981) In: Loneragan JF, Robson AD, Graham RD (Hrsg) Copper in Soils and Plants. Academic Press, New York, S 25–45

[18] Baker DE, Chesnin L (1975) Adv in Agron 27: 305–374

[19] Shorrocks VM, Alloway BJ (1987) Copper in Plant, Animal and Human Nutrition. Copper Development Assn, Potters Bar

[20] Thornton I (1979) In: Nriagu JO (Hrsg) Copper in the Environment, Teil 1: Ecological Cycling. Wiley, New York

[21] Hodgson JF (1963) Adv in Agron 15: 119

[22] Krauskopf DB (1972) In: Mortvedt JJ, Giordano PM, Lindsay WL (Hrsg) Geochemistry of Micronutrients: Micronutrients Agriculture. Soil Sci Soc Am, Madison/WI, S–40

[23] Reuther W, Labanauska CK (1965) In: Chapman HD (Hrsg) Diagnostic Criteria for Plants and Soils. 830 South University Drive, Riverside/CA, S 157–179

[24] Gartrell JW (1981) In: Loneragan JF, Robson AD, Graham RD (Hrsg) Copper in Soils and Plants Academic Press, New York, S 313–349

[25] Alloway BJ, Gregson JM, Gregson SK, Tanner R, Tills A () In: Management and Control of Heavy Metals in the Environment. CEP Consultants, Edinburgh, S 545–548

[26] Baker DE (1974) Fed Proc Am Soc Exp Biol 33: 1188–1193

[27] Follett RH, Murphy LS, Donahue RL (1981) Fertilizers and Soil Amendments. Prentice Hall, Englewood Cliffs/NJ

[28] Baker DE, Bowers ME (1988) In: Hemphill DD (Hrsg) Trace Substances in Environmental Health, Teil XXII. Univ of Missouri, Columbia/MO, S 281–295

[29] Netzer A, Beszedits S (1979) In: Nriagu JO (Hrsg) Copper in the Environment, Teil 1: Ecological Cycling. Wiley, New York, S 123–169

[30] Stevenson FJ, Fitch A (1981) In: Loneragan JF, Robson AD, Graham RD (Hrsg) Copper in Soils and Plants. Academic Press, New York, S 69–95

[31] Baker DE, Bouldin DR, Elliott HA, Miller JR (Hrsg) (1985) Criteria and Recommendations for Land Application of Sludges in the Northeast. Pennsylvania State Univ, Agri Exp Sta Bull 851

[32] Hornick SB, Baker DE, Guss SB (1976) In: Chappell WR, Petersen KK (Hrsg) Molybdenum in the Environment, Bd 2. Marcel Dekker, New York, S 655–684

[33] Adediran SA, Kramer JR (1987) Appl Geochem 2: 213–216

[34] Harter RD (Hrsg) (1986) Adsorption Phenomena. Van Nostrand-Reinhold, New York

[35] Mathur SP, Sanderson RB (1980) Soil Sci Soc Am J 44: 750–755

[36] Buresh RJ, Maragtian JT (1976) J Environ Qual 5: 320–325

[37] Chang FH, Broadbent FE (1982) J Environ Qual 11: 1–4

[38] Cavallaro N, McBride MB (1978) Soil Sci Soc Am J 48: 1050–1054

[39] McLaren RG, Crawford DV (1974) J Soil Sci 25: 111–119

[40] McLaren RG, Crawford DV (1973) J Soil Sci 24: 172–181

[41] Shuman LM (1979) Soil Sci 127: 10–17

[42] Mattigod SC, Sposito G (1977) Soil Sci Soc Am J 41: 1092–1097

[43] Kline JR, Rust RH (1966) Soil Sci Soc Am Proc 30: 188–192

[44] James RO, Barrow NJ (1981) In: Loneragan JF, Robson AD, Graham RD (Hrsg) Copper in Soils and Plants. Academic Press, New York, S 47–68

[45] McLaren RG, Crawford DV (1973) J Soil Sci 24: 443–452

[46] Harter RD (1979) Soil Sci Soc Am J 43: 943

[47] Leckie JO, Davis JA III (1979) In: Nriagu JO (Hrsg) Copper in the Environment, Teil 1: Ecological Cycling. Wiley, New York, S 89–121

[48] Bloom PR (1981) In: Dowdy RH, Ryan JA, Volk VV, Baker DE (Hrsg) Chemistry in the Soil Environment, ASA Spec Publ Nr 40. ASA, Madison/WI, S 129–150

[49] Marshall CE (1964) The Physical Chemistry and Mineralogy of Soils, Bd 1: Soil Materials. Wiley, New York

[50] Dragun J, Baker DE (1982) Soil Sci Soc Am J 46: 921–925

[51] Pickering WF (1979) In: Nriagu JO (Hrsg) Copper in the Environment, Teil I: Ecological Cycling. Wiley, New York, S 217–253

[52] Kuo S, Baker AS (1980) Soil Sci Soc Am J 44: 969–974

[53] Sidle RC, Kardos LT (1977) J Environ Qual 6: 313–317

[54] Ellis BG, Knezek BD (1972) In: Mortvedt JJ, Giordano PM, Lindsay WL (Hrsg) Micronutrients in Agriculture. Soil Sci Soc Am, Madison/WI, S 59–78

[55] Wakatsuki T, Furukawa H, Kawaguchi K (1974) Soil Sci Plant Nutr 20: 353–362

[56] Wakatsuki T, Furukawa H, Kawaguchi K (1975) Soil Sci Plant Nutr 21: 351–360

[57] Baker DE (1973) Soil Sci Soc Am Proc 37: 537–54 1

[58] Baker DE, Amacher MC (1981) The Development and Interpretaion of a Diagnostic Soil Testing Program. The Pennsylvania State Univ Exp Sta Bull 826

[59] Gupta UC (1979) In: Nriagu JO (Hrsg) Copper in the Environment, Teil I: Ecological Cycling. Wiley, New York, S 255–288

[60] Dragun J (1988) The Soil Chemistry of Hazardous Materials. Hazardous Materials Control Research Institute, Silver Spring/MD

[61] Kubota J (1983) Agron J 75: 913–918

[62] Baker DE (1976) In: Wright MJ (Hrsg) Proc of Workshop on Plant Adaptation to Mineral Stress in Problem Soils. Conell Univ, Ithaca/NY, S 127–149

[63] Gilkes RJ (1981) In: Loneragan JF, Robson AD, Graham RD (Hrsg) Copper in Soils and Plants. Academic Press, NY, S 97–117

[64] Baker DE, Low PF (1970) Soil Sci Soc Am Proc 34: 49–56

[65] Lambert DH, Baker DE, Cole H Jr (1970) Soil Sci Soc Am J 43: 976–980
[66] Loneragan JF (1987) In: Loneragan JF, Robinson AD, Graham RD (Hrsg) Copper in Soils and Plants. Academic Press, New York, S 165–188
[67] Viets FG (1962) J Agric Food Chem 10: 174–177
[68] Hutchinson TC (1979) In: Nriagu JO (Hrsg) Copper in the Environment, Teil 1: Ecological Cycling. Wiley, New York, S 451–502
[69] Page AL, Elseewi A, Straughan I (1979) Residue Rev 71: 3–120
[70] Buchaeur M (1973) J Environ Sci Technol 7: 131–135
[71] Tiller KG, Merry RH (1981) In: Loneragan JF, Robinson AD, Grahan RD (Hrsg) Copper in Soils and Plants. Academic Press, New York, S 119–137
[72] US Environment Protection Agency (1983) Process Design Manual for Land Application of Municipal Sludge, EPA-625/1-83-016. US EPA, Cincinnati/OH
[73] US Environment Protection Agency (1993) Standards for the Use and Disposal of Sewage Sludge, 40 CFR Part 503, Final Rule. US EPA, Cincinnati/OH
[74] Nriagu JO (Hrsg) (1979) Copper in the Environment, Teil 2: Health Effects. Wiley, New York
[75] Thornton I, Webb JS (1980) In: Davies BE (Hrsg) Applied Soil Trace Elements. Wiley, New York, S 381–439
[76] Kornegay ET, Hedges JD, Martens DC, Kramer CY (1976) Plant Soil 45: 151–162
[77] Anderson MA, McKenna JR, Martens DC, Donohue SJ, Komegay ET, Lindemann MD (1991) Commun Soil Sci Plant Anal 22: 993–1002
[78] International Copper Assn (1993) Crop Response to High Levels of Copper Application, Final Report, ICA Project No 292 (N)
[79] Batey TE, Berryman C, Line C (1972) J Brit Grassld Soc 27: 139–143
[80] Lexmond ThM, de Haan FAM (1977) In: Proc Internatl Seminar on Soil, Environ and Fertility Management in Intensive Agric, Tokyo, Japan. S 383–393
[81] Braude R (1981) In: L'Hermite P, Dehandtschutter J (Hrsg) Copper in Animal Wastes and Sewage Sludge. Reidel, Boston/MA, S 3–15
[82] Madsen A, Hansen V (1981) In: L'Hermite P, Dehandtschutter, J (Hrsg) Copper in Animal Wastes and Sewage Sludge. Reidel, Boston/MA, S 42–49
[83] Olsen SR, Sommers LE (1982) In: Page AL Miller RH, Keeney DR (Hrsg) Methods of Soil Analysis, Teil 2: Chemical and Microbiological Properties, 2. Ausg. S 418–419
[84] Wolf AM, Baker DE, Pionke HB, Kunishi HM (1983) In: Proceedings of Natural Resources Modeling Symposium, Pingree Park/CO, S 164–169
[85] Baker DE (1988) In: Proceedings of International Phosphorus Symposium, CSIR Conference Center, Pretoria, Süd Afrika. S 198–208
[86] Baker DE (1973) Soil Sci Soc Am Proc 37: 537–541
[87] Baker DE (1977) In: Soil Testing: Correlating and Interpreting the Analytical Results. Am Soc Agron, Madison/WI, S 55–74
[88] Dragun J, Baker DE (1982) Soil Sci Soc Am J 46: 921–925
[89] Baker DE (1990) Proc Int Conf Soil Testing and Plant Analysis, Fresno/CA. Comm Soil Sci and Plant Analysis 21: 981–1008
[90] Baker DE, Pannebaker FG, Senft JP, Coetzee JP (1993) In: Keefer RF, Sajwan KS (Hrsg) Trace Elements in Coal and Coal Combustion Residues. Lewis, S 119–133
[91] Senft JP, Baker DE (1993) In: Hoddinott KB, O'Shay TA (Hrsg) Application of Agricultural Analysis in Environmental Studies. ASTM STP 1162, Am Soc Test Mat, Philadelphia/PA, S 151–159
[92] Senft JP, Baker DE (1991) Proceedings Second Int Conf on the Abatement of Acidic Drainage, Teil 1. Montreal, Kanada, S 209–220
[93] Knezek BD, Ellis BG (1980) In: Davies BEW (Hrsg) Applied Soil Trace Elements. Wiley, New York, S 259–286
[94] Schreiner O, Anderson MS (1938) In: Soils and Men, Yearbook of Agriculture. US Department of Agriculture, S 469–486
[95] Lindsay WL, Norvell WA (1978) Soil Sci Soc Am J 42: 421–428

10   Mangan und Cobalt

K. A. Smith und J. E. Paterson

10.1   Einleitung

Mangan und Cobalt stellen in unserer industriellen Zivilisation Elemente von großer Bedeutung dar und sind in Spuren in der Nahrung zur Aufrechterhaltung des Lebens unabdingbar. Manganerze werden in großen Mengen abgebaut. Die wichtigsten Anwendungsbereiche von Mangan sind Baustähle und elektrische Batterien. Cobalt ist ein wesentlich selteneres Element als Mangan und daher teurer, wird aber ebenfalls zur Herstellung von Spezialstählen eingesetzt und findet seit Jahrhunderten bei der Herstellung von blauen Pigmenten und Gläsern Verwendung. Beide Elemente sind für lebende Organismen essentiell: Mangan für Mikroorganismen und höhere Pflanzen, Cobalt für einige Mikroorganismen und beide Elemente für Tiere. Im Vergleich zu der Umweltbelastung, die durch manche anderen Schwermetalle verursacht wird, bereiten Verschmutzungen mit Mangan und Cobalt kaum nennenswerte Probleme. Die häufigsten Toxizitätserscheinungen treten bei Pflanzen auf, die einem Überschuß von Mangan ausgesetzt sind, der insbesondere in überfluteten Böden oft auftritt.

10.1.1   Vorbemerkung zu Mangan

Das wissenschaftliche Interesse an Mangan in Böden richtet sich hauptsächlich auf seine Rolle in tierischen und pflanzlichen Systemen. Die essentielle Rolle des Mangans wurde bereits 1863 erkannt, als J. Raulin (zitiert in [1]) zeigte, daß es für das Wachstum des Pilzes *Rhizopus* (*Ascophora*) *nigricans* erforderlich ist. Die Bedeutung dieses Metalls als Mikronährstoff für höhere Pflanzen wurde zuerst durch McHargue [2] bei Untersuchungen an Hafer, Sojabohnen und Tomaten nachgewiesen und später durch Samuel u. Piper [3] bestätigt. Kurz darauf zeigte sich, daß Mangan auch für Säugetiere essentiell ist [4]. Es stellte sich heraus, daß Mn^{2+} Enzyme aktiviert, bei der Synthese von Glycoproteinen mitwirkt [5] und in Metalloenzymen wie Arginase [6] und Pyruvatcarboxylase [7] auftritt. Mangan ist bei der Synthese von Fettsäuren [8] und bei der Knochenbildung von Geflügel [9] beteiligt. Bei einer Reihe wichtiger Pflanzenfunktionen ist Mangan ebenfalls von essentieller Bedeutung. Es tritt z.B. im NAD-Äpfelsäure-Enzymsystem von Blättern der C_4-Pflanzen auf [10] und scheint einen spezifischen Bestandteil des sauerstoffbildenden Photosynthesesystems der Chloroplasten darzustellen [11].

In Großbritannien besteht zur Zeit bei Getreidepflanzen häufig ein Mangel an diesem Spurenelement [12]. Sojabohnenerträge reagieren besonders empfindlich auf Manganmangel, wie in den USA festgestellt wurde [13]. Dies kann in den betroffenen Landwirtschaftszonen ein großes ökonomisches Problem darstellen. Solche Gebiete liegen häufig in kühlen, gemäßigten Regionen, auf Böden mit hohen pH-Werten, hohen Gehalten an organischem Material und Carbonat sowie niedrigen Gehalten an leicht reduzierbarem Mangan [14].

10.1.2   Vorbemerkung zu Cobalt

Das Hauptinteresse an Cobalt als Bodenbestandteil beruht auf seiner essentiellen Rolle für Wiederkäuer und Mikroorganismen. Es geht bei diesem Element mehr um Mangelerscheinungen und nicht so sehr um überhöhte Konzentrationen. Seit Jahrhunderten ist Viehzüchtern in vielen Teilen der Welt bekannt, daß bestimmte Weiden für Schafe und Rinder ungeeignet sind. Selbst auf augenscheinlich saftigen Weiden verloren die Tiere an Appetit, wurden schwach und dürr, litten unter schwerer Anämie und starben schließlich. In den dreißiger Jahren wurden diese Symptome auf zu geringe Cobaltgehalte im Grünfutter zurückgeführt. Zur Behebung dieser Mangelerscheinungen beaufschlagt man die Weiden mit Cobaltverbindungen oder gibt diese dem Futter zu [15–17]. Im Jahr 1948 wurde ein „Anti-perniziöse-Anämie-Faktor", der 4% Cobalt enthält, aus der Leber isoliert [18, 19]. Diese Substanz wurde als Vitamin B_{12} bekannt. Wie sich zeigte, läßt sich damit bei Lämmern „Schwindsucht" heilen [20]. Diese Arbeit bewies schlüssig, welche Bedeutung Cobaltmangel für Wiederkäuer besitzt, und zeigte, daß die Mangelerkrankungen eigentlich auf eine Unterversorgung mit Vitamin B_{12} bzw. seinem Coenzym zurückzuführen sind [21]. Es zeigte sich später, daß Vitamin B_{12} und sein Coenzym komplexe Moleküle sind, die Co^{3+} im Zentrum einer porphinartigen Struktur (Corrin) enthalten (s. Abb. 10.1), und im Magen von Wiederkäuern von Mikroorganismen synthetisiert werden.

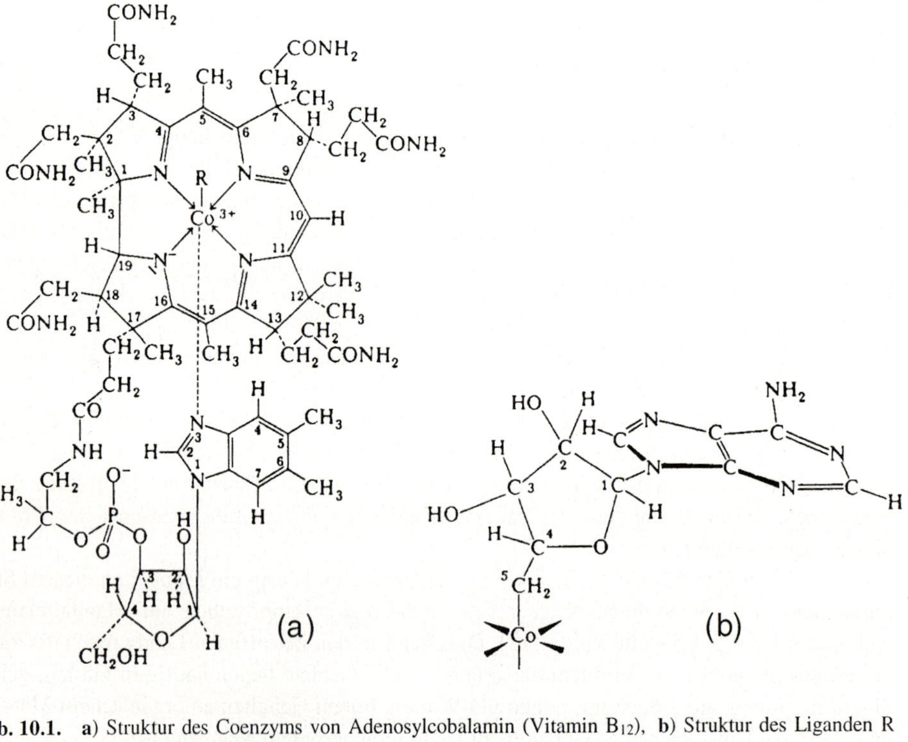

Abb. 10.1.   a) Struktur des Coenzyms von Adenosylcobalamin (Vitamin B_{12}), b) Struktur des Liganden R in a (5′-Desoxyadenosin) [21]

Das Interesse an Cobalt in der Pflanzenbiologie liegt besonders an seiner essentiellen Rolle bei der biologischen Stickstoffixierung. Für *Rhizobium*-Bakterien [22, 23], die symbiotisch mit Leguminosenwurzeln sind, und für freilebende stickstoffbindende Bakterien wie *Azotobacter* spp [24] wurde gezeigt, daß dieses Element eine Grunderfordernis darstellt. Auch für Blaugrünalgen scheint Cobalt essentiell zu sein [25]. Obwohl zur Zeit noch kein schlüssiger Beweis dafür vorliegt, daß auch bei höheren Pflanzen ein vergleichbarer essentieller Bedarf für dieses Element besteht, gibt es Indizien hierfür. Es ist erwiesen, daß eine besser ausreichende Versorgung mit Cobalt ihr Wachstum fördern kann und z.B. bei Getreide zu Ertragssteigerungen führt [26].

10.2 Geochemische Verbreitung

10.2.1 Verbreitung von Mangan

Die Gesteine der Erdkruste enthalten Mangan im allgemeinen in wesentlich höheren Konzentrationen als dies bei anderen Mikronährstoffen, mit Ausnahme von Eisen, der Fall ist. Die höchsten Gehalte, bis zu mehreren tausend mg/kg, sind in basischen Erstarrungsgesteinen wie z.B. Basalt und Gabbro zu finden, was darauf zurückzuführen ist, daß Mangan hauptsächlich das Fe^{2+} in den oktaedrischen Gitterplätzen von Fe-Mg-Silicaten ersetzt [27]. Die Gehalte variieren sehr stark bei den verschiedenen sauren Gesteinen wie Granit und Rhyolith sowie bei metamorphen Gesteinen wie Glimmerschiefern, liegen aber meist im Bereich von 200–1000 mg/kg. Bei den Sedimentgesteinen liegen die Gehalte in Kalkstein etwa zwischen 400 und 600 mg/kg, während Sandsteine meist wesentlich niedrigere Gehalte (20–500 mg/kg) aufweisen [27–29].

Mangan kann in allen Oxidationsstufen von +2 bis +7 vorkommen, von denen die Stufen +2, +3 und +4 in Oxid-, Carbonat- und Silicatmineralen auftreten. Beispiele dafür sind die Erzmineralien Pyrolusit (Braunstein, MnO_2), Rhodochrosit ($MnCO_3$) und Rhodonit ($MnSiO_3$) [30] und viele andere Oxide und Oxidhydroxide (s. Tabelle 10.1), in denen dieses Element meist nicht in einheitlicher Oxidationsstufe vorliegt: Die vierwertige Stufe wird häufig durch die Stufen +2 und +3 ersetzt [27, 31]. Die Manganionen in diesen Oxiden können oxidiert oder reduziert werden, ohne ihre Position im Kristall zu verändern. Erst wenn sich die Wertigkeit einer hinreichend großen Zahl von Ionen geändert hat, wird die Struktur mechanisch instabil und ordnet sich zu einer neuen Phase um [32, 33].

Für eine Reihe von Manganoxiden gibt es mehr als einen Namen. Synthetische Formen werden üblicherweise anders benannt, auch wenn sie identisch mit den natürlich vorkommenden sind (s. Tabelle 10.1). Die Bezeichnung Birnessit bezieht sich auf eine Reihe unterschiedlicher Formen des MnO_2, von denen einige synthetische Formen als δ-MnO_2 oder Mangan(II)-manganit bezeichnet werden. Diese Verbindung ist in Erzvorkommen weit verbreitet und stellt neben Vernadit eine der beiden häufigsten Formen von mineralischem Mangan in Böden dar [27].

Auf die Manganvorkommen in der Tiefsee (Manganknollen, Mn-Gehalt 15–20 %) soll hier nicht weiter eingegangen werden.

Tabelle 10.1. In Böden vorkommende Oxide und Oxidhydroxide von Mangan [27]

Mineral	Formel	Verbreitung
Pyrolusit	MnO_2	Gering
Ramsdellit	MnO_2	Gering
Nsutit	$(Mn^{II},Mn^{III},Mn^{IV})[O(OH)]_2$	Gering
Hollandit	$Ba_2Mn_8O_{16}$	Mittel
Kryptomelan	$K_2Mn_8O_{16}$	Mittel
Coronadit	$Pb_2Mn_8O_{16}$	Mittel
Romanechit	$(Ba,K,Mn,Ca)_2Mn_5O_{10}$	Mittel
Todorokit	$(Na,Ca,K,Ba,Mn^{II})_2Mn_5O_{12}\cdot3H_2O$	Mittel
Birnessit	$(Na_{0,71},Ca_{0,3})Mn_7O_{14}\cdot2,8H_2O$	Weit
Vernadit	MnO_2 (?)	Weit
Ranceit	$(Ca,Mn)Mn_4O_9\cdot3H_2O$	Mittel
Buserit	$Na_4Mn_{14}O_{27}\cdot9H_2O$	Gering
Lithiophorit	$(Al,Li)MnO_2(OH)_2$	Mittel
Manganit	$Mn^{III}O(OH)$	Gering
Hausmannit	$Mn^{II}Mn^{III}_2O_4$	Gering

10.2.2   Verbreitung von Cobalt

Zu den Cobalterzmineralien gehören Cobaltit (CoAsS–FeAsS) und Skudderudit (Speiscobalt, CoAs₃–NiAs₃). Abgesehen von derartigen Vorkommen ist Cobalt am häufigsten in verhältnismäßig unbeständigen Ferromagnesiummineralen wie z.B. Olivin, Pyroxenen, Amphibol und Biotit zu finden, die in basischen bis ultrabasischen Gesteinen konzentriert auftreten [28, 29] (s. Abb. 10.2). Diese Minerale enthalten als Hauptkationen Mg^{2+} (Ionenradius 7,8 nm) und Fe^{2+} (8,3 nm), die durch Cobalt (8,2 nm) im Kristallgitter isomorph substituiert werden können. Im Gegensatz dazu weisen saure Gesteine, beispielsweise Granit, nur geringe Cobaltgehalte auf, da diese keine Fe-Mg-Minerale enthalten [28].

Ultrabasische Gesteine wie Dunit und Peridotit und durch Metamorphose daraus gebildete Produkte wie Serpentin enthalten 100–200 mg Co/kg. Basische Gesteine wie Basalte und intermediäre wie Andesit enthalten 30–45 mg Co/kg, während saure Gesteine wie Granit und Rhyolith nur 5–10 mg Co/kg enthalten [29].

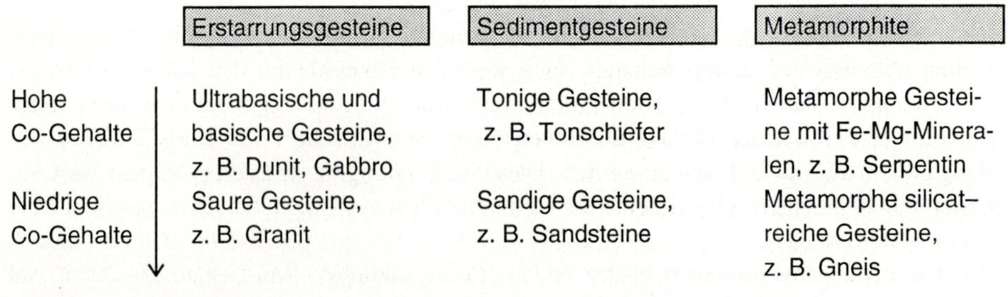

	Erstarrungsgesteine	Sedimentgesteine	Metamorphite
Hohe Co-Gehalte	Ultrabasische und basische Gesteine, z. B. Dunit, Gabbro	Tonige Gesteine, z. B. Tonschiefer	Metamorphe Gesteine mit Fe-Mg-Mineralen, z. B. Serpentin
Niedrige Co-Gehalte	Saure Gesteine, z. B. Granit	Sandige Gesteine, z. B. Sandsteine	Metamorphe silicat–reiche Gesteine, z. B. Gneis

Abb. 10.2. Allgemeine Beziehung zwischen Gesteinstypen und Cobaltgehalt [93]

Der Cobaltgehalt von Sedimentgestein spiegelt die Gehalte der jeweiligen Ausgangsgesteine wider. So enthalten Tonschiefer mit Material aus leicht verwitternden ultrabasischen bis basischen Gesteinen mit 5–10 mg/kg verhältnismäßig viel Cobalt [28], während Sandstein aus silicatreichem, saurem Ausgangsgestein einen wesentlich geringeren Gehalt aufweist.

10.3   Herkunft von Mangan und Cobalt in Böden

10.3.1   Mangan in Böden

Fast sämtliches Mangan in Böden stammt aus deren Ausgangsmaterialien. Die Konzentrationen, die in mineralischen Böden auftreten, entsprechen daher der Zusammensetzung dieser Ausgangssubstanzen (s. Tabelle 10.2). In Böden tritt Mangan üblicherweise in Form der Oxide Birnessit und Vernadit auf [27]. Es gibt allerdings noch eine Vielzahl anderer Oxide, und sieben weitere wurden bei Böden verschiedener Standorte beschrieben [27]. Durch die Oxidation von Mangan(II) bzw. die Reduktion von Mangan(IV) ergeben sich häufig nichtstöchiometrische Oxide mit unterschiedlichen Wertigkeiten [36]. Dubois [37] trug Informationen zu 150 Materialien zusammen, deren Zusammensetzung zwischen $MnO_{1,2}$ und $MnO_{2,0}$ lag. Die verschiedenen Manganoxide weisen eine Neigung zur Bildung von Mischkristallen mit anderen Übergangselementen wie Cobalt auf.

Birnessit ist das erste Oxidationsprodukt verwitternder Carbonatgesteine [36] und tritt sowohl in Konkretionen als auch in feinverteilter Form auf. Lithiophorit ist ein doppelschichtiger Manganit mit beträchtlichen Mengen an Lithium und Aluminium (s. Tabelle 10.1). In gut durchlüfteten Böden ist die Oxidationsstufe +4 unter neutralen bis schwach alkalischen Bedingungen am stabilsten. Die Zusammensetzung der Manganoxide schwankt hier zwischen Mn_3O_4 und MnO_2. Unter reduzierenden Bedingungen ist die Stufe Mangan(II) bevorzugt [38].

Die Manganoxide unterscheiden sich in ihrer Löslichkeit und der Leichtigkeit, mit der sie reduziert werden, was einen Einfluß auf ihre Fähigkeit haben dürfte, den Wurzeln Mangan zur Verfügung zu stellen. In Versuchen konnten individuelle Unterschiede zwischen den Oxidmineralen aufgezeigt werden, sie widersprechen sich jedoch im Hinblick darauf, welches Oxid die wirksamste Quelle darstellt. So beobachteten Jones u. Leeper [39], daß Hafer aus Pyrolusit und Manganit Mangan aufnimmt, nicht jedoch aus Hausmannit, während Page [40] angab, daß die Verfügbarkeit von Mangan aus diesen drei Mineralien in der Reihenfolge Pyrolusit < Manganit < Hausmannit zunimmt.

Wenn Pflanzen aufgrund unzureichender natürlicher mineralischer Quellen an Manganmangel leiden, so kann dieser durch Zugabe von Manganverbindungen ausgeglichen werden. Dazu werden üblicherweise $MnSO_4$ oder MnO entweder direkt ausgebracht oder Makronährstoffdüngern zugesetzt. Eine Übersicht zu diesem Thema gibt Walter [41]. Die ausgebrachten Mengen liegen zwischen 10(*GK*) und 100 kg Mn/ha. Diese Mengen bewegen sich im unteren Bereich, wenn die Mangangaben direkt auf die Blätter ausgebracht werden. Da nur ein Bruchteil den Boden erreicht, ergibt sich so nur ein sehr kleiner Beitrag zum gesamten Mangan im Boden.

Tabelle 10.2. Gehalte an Mangan und Cobalt in Böden aus Schottland und Wales, die aus verschiedenen Ausgangsmaterialien hervorgegangen sind. (Aus [29], nach Originaldaten aus [34] und [35])

Ort	Ausgangsgestein	Bodenart	Bodenklassifizie-rung (7. Nähe-rung, USDA)	Gesamt-Mn im Boden [mg/kg]	Gesamt-Co im Boden [mg/kg]
Schottland	Serpentinit-Schutt	Brauner podsolischer Boden, frei entwässernd	Haplorthod	1500	40–200
	Olivin-Gabbro-Schutt	Brauner podsolischer Boden mit vergleyten B- und C-Horizonten, schlecht entwässernd	Haplorthod	7000	40
	Andesithaltige Moräne	Brauner Waldboden, frei entwässernd	Ochrept	1000	10–20
	Granitschutt	Torfhaltiger vergleyter Podsol mit Eisenort-stein, schwach entwäs-sernd	Ferrod oder Sideraquod	50	1(*GK*)–3
	Granit-Gneis-Schutt	Frei entwässernder Podsol	Spodosol	1000	10–20
	Quarz-Glimmer-Schiefer-Schutt	Frei entwässernder Podsol	Spodosol	3000	25–40
	Silurischer Schiefer-schutt	Kalkfreier Gleyboden, schwach entwässernd	Haplaquept	300	10–30
	Sandsteinschutt	Torfhaltiger Podsol mit Eisenkruste, frei ent-wässernd	Placaquod	80	3(*GK*)–4
Wales	Rhyolith			1000–1200	3
	Mischgeschiebe	Böden auf diesen		3000	30
	Dolerit	Ausgangsmate-		2500–3000	20–30
	Bimstuff	rialien		1000–11500	20–25
	Mischgeschiebe			2500–3000	8–15

10.3.2   Cobalt in Böden

Die einzigen nennenswerten Quellen für Cobalt in Böden sind zum einen die Ausgangsmate-rialien der jeweiligen Böden und andererseits die gezielte Zugabe von Cobaltsalzen oder von Phosphatdüngern, die mit Cobalt versetzt sind und zur Bekämpfung von Mangelerscheinun-gen dienen, die bei der Ernährung von Wiederkäuern oder beim Anbau von Leguminosen zu Problemen führen können.

Die Cobaltgesamtgehalte in Böden unterliegen starken Schwankungen. Die Spannweite beträgt 0,05–300 mg/kg bei einem Mittelwert von etwa 10–15 mg/kg [29]. Die Gehalte werden hauptsächlich durch die Ausgangsgesteine bestimmt, obwohl auch innerhalb eines Bodenprofils Unterschiede auftreten können sowie zwischen unterschiedlichen Bodenarten, die sich durch verschiedene Bodenbildungsprozesse aus dem gleichen Ausgangsmaterial gebildet haben. In Schottland z.B. betragen die Cobaltgehalte von Böden auf Serpentinit, Andesit bzw. Granit 40–200 mg/kg, 10–20 mg/kg bzw. 1(*GK*)–3 mg/kg (s. Tabelle 10.2). Unter den völlig andersartigen tropischen Bedingungen in der Republik Zentralafrika wurden ähnliche Trends beobachtet, wobei graue, eisenhaltige Böden auf Amphibolit 20–100 mg Co/kg enthielten, Böden auf Migmatiten 39–60 mg Co/kg und solche auf Granit weniger als 4 mg/kg [29].

Innerhalb eines bestimmten Bodenprofils ist Cobalt im allgemeinen in denjenigen Zonen angereichert, die viel organisches Material und Tone enthalten. In Podsolen sammelt sich Cobalt im illuvialen B-Horizont an, während der eluviale Ea-Horizont üblicherweise an Cobalt verarmt ist. Im Gegensatz dazu ist Cobalt in Tschernozems (Schwarzerden) und Vertisolen verhältnismäßig einheitlich über das Profil verteilt [29]. Die Oxide, Hydroxide und Carbonate des Cobalts sind kaum löslich, weshalb dieses Element in alkalischer Umgebung immobil ist. Unter sauren Bedingungen hingegen sind Auflösung und Auswaschung leichter möglich, was dazu führt, daß die Gesamtgehalte an Cobalt in alkalischen Böden über denen von sauren Böden liegen.

10.4 Chemische Eigenschaften von Mangan und Cobalt und ihr Einfluß auf die Verfügbarkeit für Pflanzen

Die Aufnahme von Cobalt und Mangan durch Pflanzen ist eine Funktion der Ionenkonzentration dieser Elemente in der Bodenlösung sowie der Konzentration in den Komplexbindungsstellen des Ionenaustauschmediums, d.h. des „verfügbaren" oder labilen Reservoirs. Bei Mangan und Cobalt, wie auch bei anderen Nährstoffen, wurde viel Aufwand getrieben, um diese labilen Reservoirs quantitativ abzuschätzen und damit vorauszusagen, inwieweit diese Elemente aus einem bestimmten Boden durch Pflanzen aufgenommen werden können. Die Pflanzen nehmen Mangan als Mn^{2+} auf. Alle Faktoren, die die Reduktion des Mangans aus höheren Oxidationsstufen zu der labileren, zweiwertigen Form begünstigen, verbessern die Fähigkeit eines Bodens zur ausreichenden Versorgung der Pflanzen mit Mangan. Cobalt wird ebenfalls als zweiwertiges Kation aufgenommen, der einzigen Oxidationsstufe, die üblicherweise in Böden gefunden wird. Die Faktoren, welche die Verfügbarkeit des Mangans regeln, treffen auch auf Cobalt zu, da letzteres im allgemeinen mit Manganoxiden zusammen auftritt.

10.4.1 Verfügbarkeit von Mangan

In Abb. 10.3 ist eine Möglichkeit gezeigt, die verschiedenen in Böden auftretenden Manganspezies in Kategorien einzuteilen. Abbildung 10.4 gibt ein illustratives Beispiel für die Verteilung von Mangan auf die verschiedenen Fraktionen in einem sauren Boden [38]. Die Verfügbarkeit des Mangans wird im wesentlichen durch den Nachschub an H^+-Ionen und Elektronen bestimmt, welche die höheren Oxidationsstufen des Mangans reduzieren.

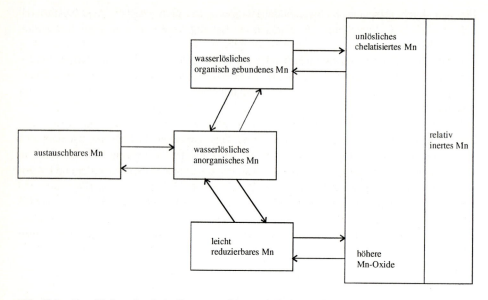

Abb. 10.3.   Verschiedene chemische Formen von Mangan in Böden und ihre gegenseitigen Beziehungen [42]

Die Freisetzung von Mn^{2+} aus Pyrolusit beispielsweise erfolgt nach folgender Gleichung:

$$MnO_2 + 4H^+ + 2\,e^- \;\rightleftharpoons\; Mn^{2+} + 2H_2O\,.$$

Unter Vernachässigung der Rolle der übertragenen Elektronen könnte man daher annehmen, daß die Beziehung zwischen den Größen pMn und pH in gut durchlüfteten Böden von der folgenden Form ist:

$$pMn^{2+} \;=\; 4\,pH \;+\; \mathrm{const.}$$

Diese einfache theoretische Relation ließ sich jedoch in Messungen nicht finden, da offenbar noch einige weitere Faktoren bei der Reduktion eine Rolle spielen. Dazu gehört außer den Elektronen, d.h. dem Redoxpotential, sicherlich noch die Komplexbildung in der Bodenlösung.

Empirisch bei Feldversuchen gefundene lineare Zusammenhänge zwischen mit $CaCl_2$ extrahierbarem Mn^{2+} und dem pH-Wert, wie sie in Abb. 10.5 wiedergegeben sind, sollten sich zumindest bei einer begrenzten Anzahl von Bodentypen als brauchbar für eine Abschätzung der Auswirkungen von pH-Wert-Änderungen auf die Verfügbarkeit des Mangans erweisen, die bei üblichen landwirtschaftlichen Praktiken (z.B. Düngung und Kalkung) zu erwarten sind.

Zwischen dem in $CaCl_2$-Extraktionslösung bestimmten Mangangehalt von Böden und dem Mangangehalt von dort wachsenden Pflanzen wurde ebenfalls eine annähernd lineare Korrelation gefunden (s. Abb. 10.6).

An Abbildung 10.6 fällt auf, daß die Steigung der Ausgleichsgeraden ebenso wie die ausgebrachte Menge Stickstoffdüngemittel von (a) (75 kg/ha) nach (c) (175 kg/ha) zunimmt. Es handelte sich dabei um einen Ammoniumdünger, was für diese Resultate die denkbare Erklä-

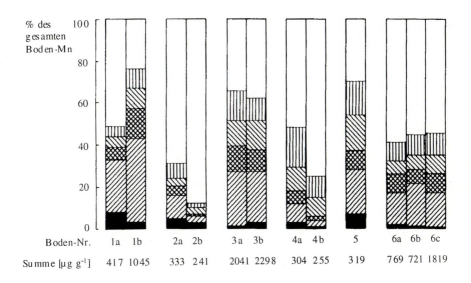

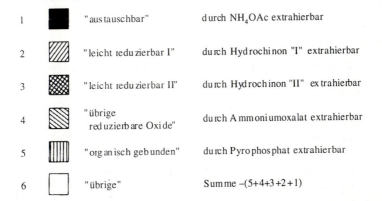

Abb. 10.4. Verteilung des Mangans im Boden auf verschiedene Fraktionen. Die Werte wurden durch suk-
zessive Extraktion bestimmt. Der Extraktionsschritt „Hydrochinon I" unterscheidet sich von
„Hydrochinon II" durch die Einwirkungsdauer. (Nach [38])

rung zuläßt, daß die Rhizosphäre durch den Dünger acidifiziert wurde [49]. Dies könnte eine
Folge verstärkter H^+-Ausscheidung infolge der erhöhten NH^+-Absorption sein und/oder auf
die mikrobielle Umwandlung von Ammonium in Nitrat zurückzuführen sein.

In Staunässeböden erfolgt die Reduktion der höheren Oxidationsstufen des Mangans sowohl auf chemischem als auch auf biochemischem Wege [45]. In der thermodynamischen
Reihe der Reduktionsreaktionen im Boden (s. Tabelle 10.3) erfolgt die Reduktion von MnO_2
nach der des Nitrats, jedoch vor der von Fe^{3+}. Nach Ponnamperuma [45] kann in mangan-
reichen, sauren Böden mit hohen Gehalten an organischem Material die Konzentration des
wasserlöslichen Mn^{2+} bei Temperaturen von 25–35 °C innerhalb von zwei Wochen nach der

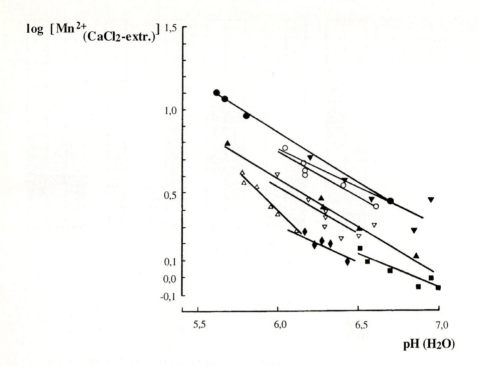

Abb. 10.5. Beziehung zwischen pH-Wert und durch CaCl$_2$-Lösung extrahierbarem Mangan in Böden von acht Bauernhöfen in Südostschottland [44]

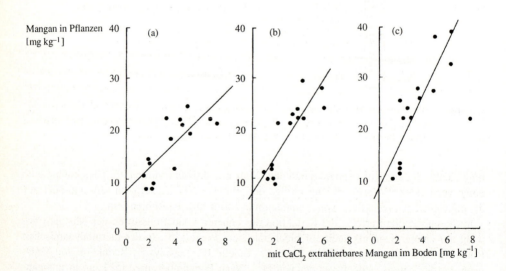

Abb. 10.6. Beziehung zwischen Mangan in jungen Gerstenpflanzen und dem mit CaCl$_2$-Lösung extrahierbaren Mangan im Boden: **a)** geringe, **b)** mittlere, **c)** starke Stickstoffdüngung [44]

Tabelle 10.3. Thermodynamische Abfolge der Reduktion in Böden. (Nach [45])

System	E_0^7 [a]	pe_0^7 [b]
$O_2 + 4H^+ + 4e^- \rightleftharpoons 2H_2O$	0,814	13,80
$2NO_3^- + 12H^+ + 10e^- \rightleftharpoons N_2 + 6H_2O$	0,741	12,66
$MnO_2 + 4H^+ + 2e^- \rightleftharpoons Mn_2^+ + 2H_2O$	0,401	6,80
$CH_3COCOOH + 2H^+ + 2e^- \rightleftharpoons CH_3CHOHCOOH$	−0,158	−2,67
$Fe(OH)_3 + 3H^+ + e^- \rightleftharpoons Fe^{2+} + 3H_2O$	−0,185	−3,13
$SO_4^{2-} + 10H^+ + 8e^- \rightleftharpoons H_2S + 4H_2O$	−0,214	−3,63
$CO_2 + 8H^+ + 8e^- \rightleftharpoons CH_4 + 2H_2O$	−0,244	−4,14
$N_2 + 8H^+ + 6e^- \rightleftharpoons 2NH_4^+$	−0,278	−4,69
$NADP^+ + H^+ + 2e^- \rightleftharpoons NADPH$	−0,317	−5,29
$NAD^+ + H^+ + 2e^- \rightleftharpoons NADH$	−0,329	−5,58
$2H^+ + 2e^- \rightleftharpoons H_2$	−0,413	−7,00
Ferredoxin $(Fe^{3+}) + e^- \rightleftharpoons$ Ferrodoxin (Fe^{2+})	−0,431	−7,31

[a] E_0 auf pH 7,0 korrigiert.
[b] pe_0 auf pH 7,0 korrigiert.

Wassersättigung auf bis zu 90 mg/l steigen (s. Abb. 10.7). Alkalische Böden und Böden mit geringen Mangangehalten weisen unabhängig vom Grad ihrer Durchtränkung nur selten Konzentrationen an wasserlöslichem Mangan von mehr als 10 mg/l auf [45]. Werden große Manganmengen freigesetzt, zeigen sich bei Pflanzen oft toxische Auswirkungen. In solchen Fällen können Pflanzen mehr als 300 mg Mn/kg i.T. enthalten.

Nach einem anfänglichen, durch die Flutung verursachten Anstieg des wasserlöslichen Mangans folgt eine Abnahme, die aus der Ausfällung in Form von $MnCO_3$ resultiert [45]. Die Aktivität von Mn^{2+} nach dem vorübergehenden Maximum ergibt sich aus:

$$pH + 0,5 \log [Mn^{2+}] + 0,5 \log p(CO_2) = 4,4 .$$

Es wurde festgestellt, daß die Menge des extrahierbaren Mangans bei der Lufttrocknung von Böden zunehmen kann. Diese Zunahme ist bei Trocknung im Wärmeschrank noch ausgeprägter [12, 95]. Zur Vermeidung von Artefakten bei der analytischen Bestimmung sollte der Boden daher möglichst nur kurze Zeit und unter Erhaltung der ursprünglichen Bodenfeuchte gelagert werden. Im Anschluß an Trocken- oder Dürreperioden ist diesen Beobachtungen zufolge mit einer Erhöhung des pflanzenverfügbaren Mangans zu rechnen.

Obwohl eine Vielzahl von im Boden ablaufenden Prozessen bei der Steuerung der Verfügbarkeit von Mangan für die Pflanzenwurzeln eine Rolle spielt, kommt den Veränderungen der Manganlöslichkeit, die innerhalb der Rhizosphäre stattfinden, die größte Bedeutung zu [46]. Der pH-Wert der Rhizosphäre kann um bis zu zwei Einheiten von dem des restlichen Bodens abweichen [47]. Wie bereits erwähnt, wird die Rhizosphäre durch den Einsatz ammoniumhaltiger Stickstoffdünger saurer als der Boden selbst, da infolge der verstärkten Aufnahme von NH_4^+ durch die Wurzeln mehr H^+ ausgeschieden wird [48, 49] und/oder das Ammonium durch Mikroben zu Nitrat umgewandelt wird [48]. Godo u. Reisenauer [50] beobachteten, daß im Boden aus der Rhizosphäre von Weizenwurzeln der Gehalt an mit 0,01 M $CaCl_2$ extrahierbarem Mangan deutlich über dem des Gesamtbodens liegt und daß die An-

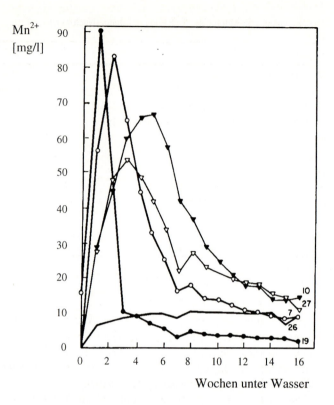

Abb. 10.7. Kinetik des wasserlöslichen Mangans in fünf wassergetränkten Böden [45]

stiegsrate mit abnehmendem pH-Wert unter pH 5,5 beträchtlich zunahm. Diese abrupte Zunahme bei pH 5,5 wurde ebenfalls von Sarkar u. Wyn Jones [51] bei Stangenbohnen beobachtet (s. Abb. 10.8). Bei Messungen der Schwankungen der Mangan- sowie der Kupfer- und Zinkgehalte während der Wachstumsperiode in der Bodenlösung von mit Gerste bewachsenen Böden beobachteten Linehan et al. [52, 53] einen starken Anstieg der Mangankonzentration während der Sommermonate, der von einem schwachen Anstieg des pH-Werts begleitet wurde (s. Abb. 10.9). Die Autoren vermuten, daß während dieser stärksten Wachstumsperiode von den Wurzeln organische Verbindungen mit geringem Molekulargewicht gebildet werden, die als Komplexbildner wirken und so die Verfügbarkeit des Mangans erhöhen. Dieser Effekt scheint die Auswirkungen des erhöhten pH-Werts zu überwiegen.

Bromfield [54, 55] lieferte den ersten experimentellen Beweis dafür, daß auch MnO_2 durch Wurzelexsudate in Lösung gebracht werden kann. Bei Pflanzen wie den Weißen Lupinen bilden sich Rhizosphären, die nicht nur den pH-Wert herabsetzen sondern auch mehr Reduktions- und Chelatisierungsmittel enthalten als der Boden als ganzes. Bodenlösungen, die aus der Rhizosphäre Weißer Lupinen herausgelaugt wurden, konnten im Vergleich zu Lösungen aus dem Gesamtboden die zehnfache Menge an MnO_2 in Lösung bringen [56, 57].

Der Ausdruck Wurzelexsudat bezeichnet eine Reihe organischer Verbindungen, die von den Pflanzenwurzeln produziert und freigesetzt werden, darunter niedermolekulare lösliche

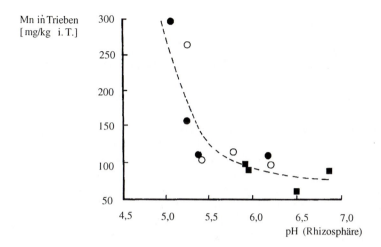

Abb. 10.8. Einfluß des pH-Werts der Rhizosphäre auf Mangangehalte in Trieben, festgestellt bei Einsatz folgender Stickstoffquellen: Cholindihydrogenphosphat (●), Ammoniumdihydrogenphosphat (○), Calciumnitrat (■) [51]

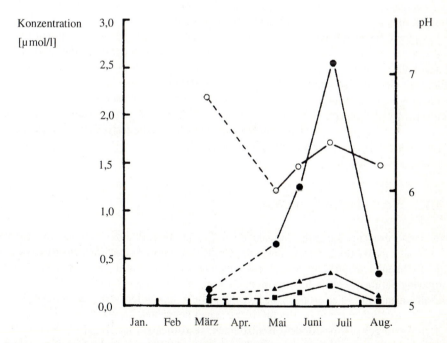

Abb. 10.9. Veränderungen der Konzentrationen von Mangan, Kupfer und Zink in Bodenlösungen und des pH-Werts im Verlauf des Jahres (März-Werte = Werte in Lösungen, die vor der Aussaat aus dem Boden gewonnen wurden; danach Lösungen aus dem Rhizosphäreboden). pH (○), Mn (●), Cu (■), Zn (▲) [52]

organische Produkte, Schleime und abgestoßene Zellen oder Gewebeteile [46]. Die Verbindungen mit geringem Molekulargewicht sind die wesentlichen Agenzien bei der Komplexbildung des Mangans. Es handelt sich dabei hauptsächlich um organische Säuren, von denen sich die Äpfelsäure als besonders effektiv bei der Solubilisierung des Mangans erwiesen hat [47, 48]. Phenolische Säuren wie z.B. die Sinapin- oder die Ferulasäure liegen zwar in wesentlich geringeren Konzentrationen vor, sind aber gegenüber mikrobiellem Abbau resistent und bei der Reduktion des MnO_2 überaus wirkungsvoll [59].

Da die Rhizosphäre über einen reichlichen Nachschub an organischem Material verfügt, ist die Mikrobenpopulation in ihr bis zu 50mal höher als insgesamt im Boden [46]. Eine derart erhöhte Mikrobenaktivität beeinflußt auch die Verfügbarkeit von Mangan, ob allerdings in verstärkendem oder abschwächendem Sinne hängt u.a. vom Aktivitätsverhältnis der Bakterien ab, die Mangan oxidieren oder reduzieren, sowie von Veränderungen des E_h infolge mikrobieller Atmung [46]. Durch Oxidation wird Mn^{2+} der Pflanzenverfügbarkeit entzogen. Manganoxidierende Bakterien sind wenig empfindlich gegen erhöhte Säuregrade, zeigen jedoch im pH-Bereich von 6–7,5 besonders hohe Aktivität. Bromfield [60] beobachtete, daß die Mangangehalte in Haferpflanzen, die mit dem manganoxidierenden Bakterium *Arthrobacter* spp behandelt wurden, niedriger waren als in unbehandelten Pflanzen, wenn die Behandlung oberhalb von pH 6,0 stattfand. Bei einer Untersuchung, in der Natriumazid zur Behinderung der Mikrobenaktivität in einem sauren Boden eingesetzt wurde, erwies sich jedoch, daß die für die Manganoxidation verantwortlichen Organismen an saure Bedingungen gut angepaßt waren und daß das Oxidationsvermögen nachließ, sobald der pH-Wert durch Kalkung von 5,0 auf 6,5 gebracht worden war [61].

Symptome für eine Toxizität des Mangans wurden bei einer großen Anzahl von Pflanzen wie z.B. Sojabohnen, Baumwolle, Tabak und Hochlandreis festgestellt, die in Böden mit einem hohen Gehalt an verfügbarem Mangan wuchsen. Die berichteten toxischen Konzentrationen für diese und andere Arten liegen zwischen 80 und 5000 mg Mn/kg [62]. Die Toxizität zeigt sich meist bei sauren Böden und in warmen Klimaten. Wasserlösliches Bodenmangan scheint ein verläßlicherer Hinweis auf eine drohende Toxizitätsgefahr zu sein als die Gehalte an austauschbaren oder reduzierbarem Mangan, jedoch sind die festgestellten Werte anscheinend nicht auf andere Böden übertragbar, sondern können nur unter den lokalen Bedingungen angewendet werden [62].

10.4.2   Verfügbarkeit von Cobalt

Wie bereits erwähnt, hängt die Aufnahme von Cobalt durch Pflanzen von der Konzentration des Cobalts in der Bodenlösung sowie der Größe des „verfügbaren" (labilen) Reservoirs ab, d.h. der Menge von an Kationenaustauscher gebundenem Cobalt. Es besteht wenig Übereinstimmung darüber, welche In-vitro-Methode geeignet ist, dieses Reservoir labil gebundenen Cobalts quantitativ so zu erfassen, daß das pflanzliche Extraktionsverhalten optimal simuliert wird. Dieses Problem wird in Abschn. 10.5 genauer betrachtet.

Der Wassergehalt eines Bodens besitzt einen wesentlichen Einfluß auf die Menge des für Pflanzen verfügbaren Cobalts. In schlecht entwässerten Böden liegt der Gehalt an extrahierbarem Cobalt meist über demjenigen von benachbarten, jedoch gut entwässerten Böden [63–66]. Auch die Aufnahme durch Pflanzen ist bedeutend erhöht (s. Tabelle 10.4). Mitchell et al. [63] führten dies auf Unterschiede in der Verwitterbarkeit der Fe-Mg-Silicate und in den

Tabelle 10.4. Beziehung zwischen Nässegrad eines Bodens, extrahierbarem Cobalt und Aufnahme durch Pflanzen [mg/kg]. (Nach [63])

Nässegrad	Mit Essigsäure extrahierbares Cobalt	Cobaltgehalt in krautigen Pflanzen
Frei entwässert	1,0	0,12
Schlecht entwässert	2,7	0,86

Eigenschaften einzelner Tonmineralien sowie in der organischen Komplexbildung bei den verschiedenen Nässegraden zurück.

Neben dem Wassergehalt stellt der pH-Wert den wichtigsten Bodenfaktor dar, der die Verfügbarkeit von Cobalt steuert [67]. Es ergaben sich Hinweise, daß die Aufnahme von Cobalt mit abnehmendem Boden-pH-Wert ansteigt [68–71]. Mitchell [72] beobachtete, daß eine Erhöhung des pH-Werts von 5,4 auf 6,4 den Cobaltgehalt von Sträuchern nahezu halbierte, während andere Autoren feststellten, daß eine Erhöhung über 6,0 hinaus kaum zu einer weiteren Steigerung führte [71, 73]. Zur Erklärung dieses Phänomens wurden verschiedene Möglichkeiten genannt, wie z. B. Veränderungen der bei verschiedenen pH-Werten vorliegenden Cobaltspezies [69], stärkere und irreversible Austauschreaktionen auf den Oberflächen von Tonen und Sesquioxiden [74] sowie die Fällung verschiedener Cobaltsalze [75].

Cobalt kann von z. B. von oxidischen Manganmineralien zunächst locker adsorbiert und dann mit der Zeit stärker gebunden werden, indem es oxidiert wird und Mangan im Kristallgitter ersetzt [27, 76]. Der isoelektrische Punkt einiger synthetischer Mangandioxide schwankt zwischen pH 1,5 bei Birnessit und 7,3 bei Pyrolusit [27, 31, 77] und nimmt mit dem Grad der Kristallinität zu. Bei synthetisch hergestellten Oxiden, die den in Böden auftretenden Mineralen entsprechen, liegen die *iP*-Werte zwischen 1,5 und 4,6 [31]. So sollte Birnessit in allen Böden negativ geladen sein, wie auch die meisten anderen Manganoxide in allen Böden außer den sauren negative Ladung tragen sollten. Diese Materialien enthalten sehr wirkungsvolle Adsorptionsstellen für andere Kationen, insbesondere für Eisen, Cobalt, Nickel, Kupfer, Blei und Zink [78–80]. Die Adsorption hängt stark vom pH-Wert ab (s. Abb. 10.10).

Taylor u. McKenzie [31, 81, 82] untersuchten die Assoziation anderer Spurenelemente mit Mangandioxiden in einer Reihe australischer Böden. Die Oxidmineralien wurden mit angesäuertem Wasserstoffperoxid extrahiert, und für jedes Spurenelement wurde das Verhältnis von extrahierter Menge zum Gesamtgehalt im Boden gegen das entsprechende Verhältnis für Mangan aufgetragen. Die daraus resultierende Abb. 10.11 weist einen bemerkenswerte Zusammengehörigkeit von Cobalt und Mangan auf, woraus geschlossen wurde, daß der größte Teil des Cobalts (durchschnittlich 79%) in den Böden in Manganmineralien enthalten oder mit ihnen vergesellschaftet war. Taylor [83] wies nach, daß der Großteil des Cobalts in Böden aus Europa, Bermuda und dem Mittleren Osten ebenfalls mit Mangan vergesellschaftet ist.

Andere Untersuchungen [84, 85] unterstrichen die Bedeutung der Vergesellschaftung von Cobalt mit Manganmineralien für die Verfügbarkeit des Cobalts für Pflanzen. Adams et al. [84] beobachteten, daß die Aufnahme von Cobalt durch Klee, das einigen australischen Böden in Topf- und Feldversuchen zugegeben worden war, invers mit dem Gesamtmangan im Boden korreliert war. Auf mäßig sauren Böden mit niedrigen Mangangehalten (etwa 100 mg/kg)

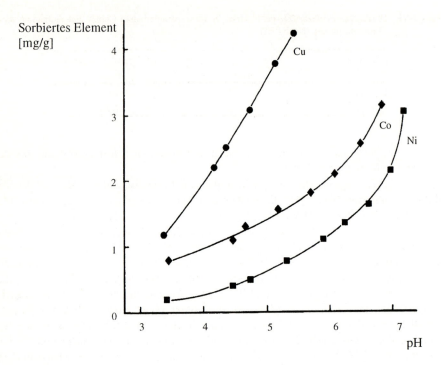

Abb. 10.10. Einfluß des pH-Werts auf die Sorption von Cobalt, Kupfer und Nickel durch MnO₂ [78]

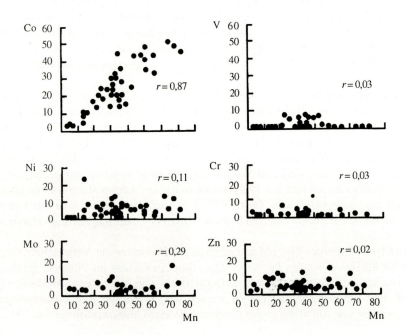

schien eine Zufuhr mit $CoSO_4 \cdot 7H_2O$ von 1,1 kg/ha für die Grundversorgung auszureichen. Bei Böden mit Mangangehalten von 100–1000 mg/kg konnte der Cobaltmangel ebenfalls durch Cobaltzugabe behoben werden, aber es waren höhere Dosierungen erforderlich. Der Einsatz von Cobalt zur Bodenverbesserung stellte hingegen bei Gehalten von über 1000 mg Mn/kg im Boden keine praktikable Lösung mehr dar. Die Versuche zeigten, daß die Immobilisierung von Cobalt durch Mangandioxide verhältnismäßig rasch abläuft und daß das Cobalt den Pflanzen anschließend nicht mehr für eine Aufnahme zur Verfügung steht.

Nach Jarvis [86] weisen die jüngeren Böden der gemäßigten Klimazonen wegen der Veränderungen ihres Redoxpotentials und möglicherweise auch des pH-Werts stärkere Variationsbreite der Spezies auf, in denen Mangan auftritt, als australische Böden. Der Autor untersuchte bei einigen sauren, grasbewachsenen Böden in England die Beziehung zwischen Cobalt und den reaktivsten Manganoxiden, d.h. der leicht reduzierbaren, mit Hydrochinon extrahierbaren Manganfraktion. Er beobachtete dabei einen generellen Trend, wonach das Gesamtcobalt mit dem Mangan ansteigt, und zwar insbesondere mit der leicht reduzierbaren Fraktion. Die Beziehung ließ sich durch folgende Gleichung beschreiben:

$$y = 6{,}23 + 0{,}013 \, x \quad (r = 0{,}759) \, ,$$

wobei y das Gesamtcobalt und x das leicht reduzierbare Mangan ist (Werte in mg/kg).

Durch Markierungsversuche mit [58]Co gelang es McLaren et al. [87], die Sorption von Cobalt an einzelnen Bestandteilen in Lösungen zu untersuchen, deren Cobaltgehalte in der Größenordnung der in natürlichen Bodenlösungen auftretenden Konzentrationen lagen. Aus Böden stammende Oxide sorbierten die bei weitem größten Cobaltmengen, obwohl auch organische Stoffe beträchtliche Cobaltmengen sorbierten. Tonmineralien und nicht aus Bodenbildungsprozessen hervorgegangene Eisen- und Manganoxide hingegen sorbierten verhältnismäßig wenig Cobalt. Das von den Bodenoxiden sorbierte Cobalt konnte nicht mehr leicht desorbiert werden und verlor rasch seine Austauschbarkeit mit dem isotopisch markierten Cobalt der Lösung, während das durch Huminsäuren sorbierte Cobalt verhältnismäßig leicht desorbiert wurde und ein großer Anteil davon mit den [58]Co-Isotopen der Lösung austauschbar blieb (s. Abb. 10.12).

Abb. 10.11. Vergesellschaftung von Cobalt (und fünf anderen Spurenelementen) mit Manganoxidmineralien in Böden. Die Böden wurden mit angesäuertem Wasserstoffperoxid extrahiert. Das Verhältnis von extrahierter Menge und Gesamtmenge im Boden wurde für jedes Element gegen den entsprechenden Wert für Mangan aufgetragen (Gehalte in %). (Aus [31])

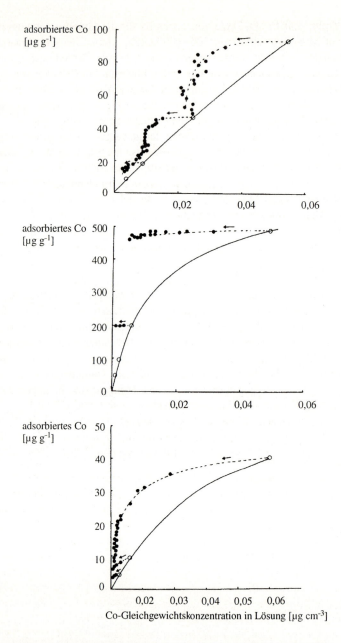

Abb. 10.12. Desorption von Cobalt aus Bodenbestandteilen; ○ Sorption, ● Desorption [87]

10.5 Abschätzung der Pflanzenverfügbarkeit

10.5.1 Bodenextraktion bei Mangan

Die Bodenanalyse ist zwar ein wenig verläßlicher Indikator für die pflanzliche Verfügbarkeit von Mangan, sie wird dennoch zu diesem Zweck häufig eingesetzt. Reisenauer [88] führt vier Gruppen von zur Zeit eingesetzten Extraktionsmitteln für Bodenmangan an:

• Wasser und verdünnte neutrale Salzlösungen,
• 1 M Ammoniumacetat bei pH 4 oder 7 mit oder ohne Reduktionsmittel,
• Säuren und
• Lösungen von Chelatisierungsmitteln.

Auch Schmelzverfahren werden eingesetzt. Reisenauer kam zu dem Schluß, daß die Boden-analysewerte weder bei Treibhaus- noch bei Feldversuchen mit der Aufnahme durch die Pflanzen korrelierten. Ein Grund dafür könnten Veränderungen in der Rhizosphäre (wie in Kap. 10.4 besprochen) sein, die in Bestimmungen am Gesamtboden nicht nachvollzogen werden können und zu einer Steigerung oder Senkung der Manganlöslichkeit und somit auch der Aufnahme durch die Pflanzen führen können.

10.5.2 Bodenextraktion bei Cobalt

Wie beim Mangan muß auch beim Cobalt davon ausgegangen werden, daß die meisten der gebräuchlichen Reagenzien unter natürlichen oder nahezu natürlichen Bedingungen nicht mit der Aufnahme durch die Pflanzen in Einklang stehen. Unter den Reagenzien sind solche wie verdünnte Essigsäure, die den Boden-pH-Wert, einen der beiden wichtigsten Faktoren bei der Steuerung der Cobaltverfügbarkeit, stark verändern. Somit scheinen Böden mit verhältnis-mäßig hohem pH-Wert, auf denen Pflanzen charakteristischerweise geringe Cobaltgehalte aufweisen, über ein geringeres Defizit zu verfügen als dies in Wirklichkeit der Fall ist. Das Gegenteil trifft allerdings auch zu: Neutrales 1 M Ammoniumacetat hebt bei sauren Böden durch Pufferwirkung den pH-Wert an, der vor der Extraktion zu verzeichnen war, und kann dadurch die Cobaltmenge, die in Lösung gebracht wird, herabsetzen.

Noch vor einigen Jahren war es sehr schwierig, mit den damals verfügbaren Verfahren die Cobaltgehalte am unteren Ende der Konzentrationsspanne, die in Bodenextrakten auftritt, experimentell zu erfassen. Beim Einsatz eines verdünnten Extraktionsmittels wie $CaCl_2$ wären die Gehalte häufig unter die Bestimmungsgrenze gefallen, weshalb verständlicherwei-se Reagenzien verwendet wurden, die größere Mengen extrahieren. Bei der Untersuchung einer Reihe von Böden, deren pH-Werte in weiten Grenzen schwanken, hat der Einsatz von Extraktionsmitteln, die den pH-Wert so stark absenken, zur Folge, daß die Verhältnisse auf die der sauersten Böden normiert werden. Dadurch wurden natürliche Veränderungen der Schwankungen, die auf pH-abhängige Faktoren wie Unterschiede in der Löslichkeit der Cobaltoxide, -oxidhydroxide und/oder -carbonate zurückzuführen sind, weitgehend verdeckt.

10.5.3   Beurteilung mittels Isotopenaustausch

Abschätzungen des verfügbaren Mangans durch Isotopenaustausch führen im allgemeinen zu Werten, die über den Werten für das labile Reservoir liegen und gewöhnlich mittels direkter Extraktion durch 0,05 M $CaCl_2$ bestimmt werden (s. Tabelle 10.5 und [89]). Eine mögliche Erklärung könnte darin bestehen, daß Mangan in einigen Böden in Formen vorliegt, die durch gelöstes Mn^{2+} austauschbar sind, nicht jedoch durch Ca^{2+}-Ionen. Auch bei Verwendung des Komplexbildners DTPA werden höhere Werte für das labil gebundene Mangan erhalten als mit $CaCl_2$-Lösung. Goldberg u. Smith [90] zeigten, daß DTPA nicht nur Mangan von den Ionenaustausch-Bindungsstellen entfernt sondern anscheinend außerdem einen Teil des Mangans aus der mineralisch gebundenen Fraktion herauslöst.

Tabelle 10.5.   Austauschbares Mangan: Vergleich der durch Isotopenaustausch bzw. einfache Extraktion erhaltenen Meßergebnisse [mg/kg]. (Abgewandelt aus [90])

Isotopenaustauschbares Mn		Extrahierbares Mn	
$CaCl_2$	DTPA	$CaCl_2$	DTPA
51,7		37,1	
71,0		50,4	
165	264	37,2	263
101	157	75,2	155
13,5		13,1	
1,5		1,3	
16,4	35	6,4	35
31,1		15,7	
42,6	106	40,9	106
135	327	34,1	325

Tiller et al. [91] verwendeten das langlebige Isotop ^{60}Co und konnten zeigen, daß die Menge des isotopenaustauschbaren Cobalts bei 25 australischen Böden im Bereich zwischen 0,16 und 5,4 mg/kg liegt und daß diese Werte eine starke Korrelation mit der Summe des durch Ammoniumacetat und Hydrochinon extrahierbaren Cobalts aufweisen. Sie beobachteten ferner, daß die Bindung des Cobalts bei geringer Absättigung der Adsorptionspositionen stärker ist und sind der Ansicht, daß die anfängliche Steigung der Cobaltadsorptionstherme ein Maß für die Begrenzung der Verfügbarkeit von Cobalt für Pflanzen (des sog. Intensitätsfaktors) darstellen könnte. Diese Hypothese wurde später von McLaren et al. [71] durch Untersuchungen an 20 schottischen Böden untermauert. Die von diesen Autoren beobachtete Zunahme der Pflanzengehalte mit der (fallenden) Sorptionsisothermensteigung für Cobalt ist in Abb. 10.13 dargestellt.

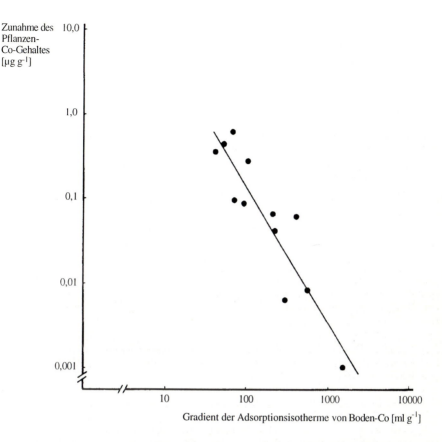

Abb. 10.13. Beziehung zwischen der Zunahme der Cobaltkonzentration in Pflanzen und den Isothermensteigungen für Sorption des Bodencobalts [71]

10.6   Schlußbemerkungen

Der essentielle Bedarf höherer Pflanzen an Mangan und an Cobalt bei Wiederkäuern und stickstoffbindenden Mikroorganismen war Anlaß für eine Vielzahl von Untersuchungen über die Formen, Mengen und das chemische Verhalten dieser beiden Elemente in Böden. Insbesondere die anorganische Seite ihrer Bodenchemie ist mittlerweile gut bekannt. Bei den Faktoren, die ihre Freisetzung aus den Bodenmineralien und die Gehalte in Bodenlösungen beeinflussen, wie z.B. die Rolle der Exsudate von Wurzeln oder Mikroorganismen, verbessern sich unsere Kenntnisse ständig. Es ist jedoch noch viel Forschungsarbeit zu leisten, insbesondere auf dem Gebiet der chemischen Speziation, um die Funktionsweise der von Pflanzenwurzeln und Mesofauna zur Mobilisierung dieser beiden Elemente verwendeten organischen Stoffe genauer zu verstehen.

Literatur

[1] Hewitt EJ, Smith TA (1974) Plant Mineral Nutrition. English Univ Press, London.

[2] McHargue JS (1923) Agric Res 24: 781

[3] Samuel F, Piper CS (1928) J Agric S Aust 31: 696, 789 (zitiert in [11])

[4] Kemmerer AR, Elvehjem CA, Hart EB (1931) J Biol Chem 92: 623.

[5] Bowen HJM (1979) Environmental Chemistry of the Elements. Academic Press, London

[6] Hirsch-Kolb H, Kolb HJ, Greenberg JM (1971) J Biol Chem 246: 395

[7] Scrutton MC, Utter MF, Mildvan MS (1966) J Biol Chem 241: 3480

[8] Tietz A (1957) Biochim Biophys Acta 25: 303

[9] Leach RM (1968) Poultry Sci 47: 828

[10] Hatch MD, Kagawa T (1974) Arch Biochim Biophys 160: 346

[11] Cheniae GM, Martin IF (1970) Biochim Biophys Acta 197:219

[12] Berndt GF (1988) J Sci Fd Agric 45: 119

[13] Masagni HJ, Cox FR (1985) Soil Sci Soc Am J 49: 382

[14] Reuter DJ, Alston AM, McFarlane JD (1988) In: Graham RD, Hannam RJ, Uren NC (Hrsg) Manganese in Soils and Plants. Kluwer, Dordrecht, Kap 14

[15] Underwood EJ, Filmer JF (1935) Aust Vet J 11: 84

[16] Askew HO, Dixon JK (1937) N Z J Sci Technol 18: 688

[17] Corner H, Smith AM (1938) Biochem J 32: 1800

[18] Rickes EL, Brink NG, Koniosky FR, Wood TR, Folkers K (1948) Science 108: 134

[19] Smith EL (1948) Nature (London) 162: 144

[20] Smith KE, Koch BA, Turk KL (1951) J Nutr 44: 455

[21] Purcell KF, Kotz J (1977) Inorganic Chemistry. Saunders, Philadelphia/PA

[22] Ahmed S, Evans HJ (1959) Biochim Biophys Res Comm 1: 271

[23] Reisenauer HM (1960) Nature (London) 198: 375

[24] Iswaran V, Sundara Rao WVB (1960) Nature, (London) 203: 549

[25] Young RS (1979) Cobalt in Biology and Biochemistry. Academic Press, London

[26] Busse M (1959) Planta 53: 25

[27] Cjilkes RJ, McKenzie RM (1988) In: Graham RD, Hannam RJ, Uren NC (Hrsg) Manganese in Soils and Plants. Kluwer, Dordrecht, Kap 2

[28] Mitchell RL (1964) In: Bear FE (Hrsg) Chemistry of the Soil. Van Nostrand-Reinhold, New York, Kap 8

[29] Aubert H, Pinta M (1977) Trace Elements in Soils. Elsevier, Amsterdam

[30] Krauskopf KB (1972) In: Mordvedt JJ, Giordano PM, Lindsay WL (Hrsg) Micronutrients in Agriculture. Soil Sci Soc Am, Madison/WI, Kap 2

[31] McKenzie RM (1972) Z Pflanzen Bodenk 131: 221

[32] Feitnecht W, Oswald HP, Feitnecht-Steimann V (1960) Helv Chim Acta 48: 1947

[33] Wadsley AD, Walkley A (1951) Rev Pure Appl Chem 1: 203

[34] Swaine DJ, Mitchell RL (1960) J Soil Sci 11: 347

[35] Archer FC (1963) J Soil Sci 14: 144

[36] Ponnamperuma FN, Loy TA, Tianco EM (1969) Soil Sci 108: 48

[37] Dubois P (1936) Ann Chim 5: 411

[38] Jarvis SC (1984) J Soil Sci 35: 421

[39] Jones LHP, Leeper GW (1951) Pl Soil 3: 141

[40] Page ER (1962) Pl Soil 17: 99

[41] Walter KH (1988) In: Graham RD, Hannam RJ, Uren NC (Hrsg) Manganese in Soils and Plants. Kluwer, Dordrecht, Kap 15

[42] Ghanem I, El-Gabaly MM, Hassan MN, Trados V (1971) Pl Soil 34: 653

[43] Lindsay WL (1979) Chemical Equilibria in Soils. Wiley, New York

[44] Goldberg SP, Smith KA, Holmes JC (1983) J Sci Fd Agric 34: 657

[45] Ponnamperuma FN (1984) In: Kozlowski TT (Hrsg) Flooding and Plant Growth. Academic Press, Orlando/FL, Kap 2

[46] Marschner H (1988) In: Graham RD, Hannam RJ, Uren NC (Hrsg) Manganese in Soils and Plants. Kluwer, Dordrecht, Kap 13
[47] Marschner H, Römheld V, Kissel M (1986) J Plant Nutr 9: 695
[48] Smiley RW (1074) Soil Sci Soc Am Proc 38: 795
[49] Marschner H, Römheld V, Horst WJ, Martin P (1986) Z Pflanzen Bodenk 149: 441
[50] Godo GH, Reisenauer HM (1980) Soil Sci Soc Am J 44: 993
[51] Sarker AN, Wyn Jones RG (1982) Pl Soil 66: 361
[52] Linehan DJ, Sinclair AH, Mitchell MC (1985) Pl Soil 86: 147
[53] Linehan DJ, Sinclair AH, Mitchell MC (1989) J Soil Sci 40: 103
[54] Bromfield SM (1958) Pl Soil 9: 325
[55] Bromfield SM (1958) Pl Soil 10: 147
[56] Gardner WK, Parbery DG, Barber DA (1982) Pl Soil 68: 19
[57] Gardner WK, Parbery DG, Barber DA (1982) Pl Soil 68: 33
[58] Juaregui MA, Reisenauer HM (1982) Soil Sci Soc Am J 46: 314
[59] Lehmann RG, Cheng HH, Harsh JB (1987) Soil Sci Soc Am J 51: 352
[60] Bromfield SM (1978) Pl Soil 49: 23
[61] Sparrow LA, Uren NC (1987) Soil Biol Biochem, 19: 143
[62] Page ER (1962) Pl Soil 16: 247
[63] Mitchell RL, Reith JWS, Johnson IM (1957) J Sci Fd Agric 8: 51
[64] Walsh T, Fleming GA, Kavanagh TJ (1956) J Eire Dept Agric 52: 56
[65] Adams SN, Honeysett JL (1964) Aust J Agric Res 15: 357
[66] Berrow ML, Mitchell RL (1980) Trans Roy Soc Edinburgh, Earth Sci 71:103
[67] West TS (1981) Phil Trans Roy Soc Lond B 294: 19
[68] Finch T, Rogers PAM (1979) Ir J Agric Res 17: 107
[69] Sanders JR (1983) J Soil Sci, 34: 315
[70] Lawson DM (1983) PhD Thesis, Univ of Edinburgh (unveröffentlicht)
[71] McLaren RG, Lawson DM, Swift RS (1987) J Sci Fd Agric 39: 101
[72] Klessa DA, Dixon J, Voss RC (1989) Res Dev Agric 6: 25
[73] Mitchell RL (1972) Geol Soc Am Bull 83: 1069
[74] Wild A (1988) Russell's Soil Conditions and Plant Growth. 11. Aufl. Longman Scientific, Harlow
[75] Young RA (1949) Soil Sci Soc Am Proc 13: 122
[76] Murray JW, Dillard JG (1979) Geochim Cosmochim Acta 43: 781
[77] Morgan JJ, Stumm WJ (1964) Colloid Sci 19: 347
[78] McKenzie RM (1967) Aust J Soil Res 5: 235
[79] Murray DJ, Healy TW, Furstenau DW (1968) Adv Chem 79: 577
[80] McKenzie RM (1980) Aust J Soil Res 16: 61
[81] Taylor RM, McKenzie RM (1966) Aust J Soil Res 4: 29
[82] McKenzie RM, Taylor RM (1968) Trans 9th Int Congr Soil Sci 2: 577
[83] Taylor RM (1968) J Soil Sci 19: 77
[84] Adams SN, Honeysett JL, Tiller KJ, Norrish K (1969) Aust J Agric Res 7: 29
[85] McLaren RG, Lawson DM, Swift RS (1986) J Sci Fd Agric 37: 223
[86] Jarvis SC (1984) J Soil Sci 35: 431
[87] McLaren RG, Lawson DM, Swift RS (1986) J Sci Fd Agric 37: 413
[88] Reisenauer HM (1988) In: Graham RD, Hannam RJ, Uren NC (Hrsg) Manganese in Soils and Plants. Kluwer, Dordrecht, Kap 6
[89] Reisenauer HM (1988) In: Graham RD, Hannam RJ, Uren NC (Hrsg) Manganese in Soils and Plants. Kluwer, Dordrecht, Kap 6
[90] Bromfield SM (1958) Pl Soil 10: 147
[91] Goldberg SP, Smith KA (1984) Soil Sci Soc Am J 48: 559
[92] Tiller KG, Honeysett JL, Hallsworth EG (1969) Aust J Soil Res 7: 43
[93] Paterson JE (1988) Diss. Universität Glasgow
[94] Alexander M (1977) Introduction to Soil Microbiology. 2. Aufl, Wiley, New York

11 Quecksilber

E. STEINNES

11.1 Einleitung

Nach archäologischen Befunden liegt der erste bewußte Gebrauch von Quecksilber mindestens 3500 Jahre zurück [1]. Die Ägypter des Altertums konnten offenbar schon im sechsten Jahrhundert v. Chr. Amalgame mit Zinn und Kupfer herstellen, und Zinnober sowie metallisches Quecksilber wurden etwa zur gleichen Zeit in der indischen und chinesischen Medizin eingeführt. Den Griechen waren die Verfahren zur Gewinnung von Quecksilber aus seinen Erzen sowie verschiedene medizinische Anwendungen bekannt. Die Römer übernahmen diese Kenntnisse zum größten Teil, wobei das Metall in verstärktem Maß kommerzielle Anwendung erfuhr. Sie benutzten Quecksilber hauptsächlich zur Herstellung des Farbstoffs Zinnoberrot, aber auch zur Behandlung einer Reihe von Krankheiten wurde es eingesetzt.

Nach dem Zerfall des römischen Reichs war der Einsatz von Quecksilber im wesentlichen auf Medizin und Pharmazie beschränkt, bis dieses Metall mit der Erfindung wissenschaftlicher Instrumente wie des Barometers (E. Torricelli, 1644) und des Quecksilberthermometers (D. G. Fahrenheit, 1714) Eingang in die wissenschaftliche Forschung fand. In der Folgezeit ergaben sich in der Industrie eine Vielzahl von Anwendungen für das Metall, so z.B. als Quecksilberkathode in der Chlor-Alkali-Elektrolyse.

11.1.1 Gegenwärtige Verwendung des Quecksilbers

Die Hauptanwendungsbereiche für Quecksilber waren in jüngerer Zeit beträchtlichen Veränderungen unterworfen. Noch zu Beginn dieses Jahrhunderts bestand die wesentliche Rolle dieses Metalls in der Gewinnung von Gold und Silber aus ihren Erzen und in der Herstellung von Knallquecksilber (Quecksilberfulminat) und Zinnoberrot [1]. Diese Anwendungen sind mittlerweile nahezu völlig verschwunden. Stattdessen haben sich im Laufe der Jahre eine Reihe neuer Einsatzmöglichkeiten ergeben. Die Entwicklung des jährlichen Quecksilberverbrauchs in den USA im Zeitraum 1950–1984 ist in Tabelle 11.1 dargestellt [2]. Während der Verbrauch in Landwirtschaft, Pharmazie und allgemeinen Laborverfahren während der vergangenen 20 Jahre rückläufig war, werden in elektrischen Geräten, Chlor-Alkali-Anlagen und in der Zahnmedizin (Amalgamfüllung) nach wie vor beträchtliche Mengen verbraucht, die keinen deutlichen Abnahmetrend erkennen lassen. Es wird angenommen, daß der Gesamtbedarf an Quecksilber in den USA noch einige Jahrzehnte lang auf derselben Höhe bleiben wird [3]. Die zunehmende Besorgnis über die von Quecksilber ausgehenden Gefahren für die Umwelt könnte diese Schätzung jedoch über den Haufen werfen.

Tabelle 11.1. Haupteinsatzgebiete für Quecksilber in den USA (1954 – 1980) [2,5-l-Gefäße à 34 kg]. (Aus [2])

Einsatzgebiet	1950	1955	1960	1965	1970	1975	1980	1984
Landwirtschaft	4504	7399	2974	3116	1811	600	–	–
Chlor-Alkali-Verfahren	1309	3108	6211	8753	15011	15222	9470	7342
Zahnmedizin	1458	1409	1783	1619	2286	2340	1779	1432
elektrische Geräte	12049	9268	9630	14764	15752	16971		
Batterien							27829	29700
sonstiges							4098	3210
Laboranwendungen	646	976	1302	2827	1806	335	363	217
Meß- und Regeltechnik	5385	5628	6525	4628	4832	4598	3049	2812
Pharmazie	5996	1578	1729	3261	690	445	–	–
Farben								
Bakterizide	3133	724	1360	255	198	–	–	–
Fungizide	–	–	2861	7534	10149	6928	8621	4651
Doppelt destilliert[a]	7600	9583	9678	12257	–	–	–	–
Sonstige	7135	14983	7472	17440	8768	3399	3774	5238
Summe	49214	54656	51525	76454	61503	50838	58983	54602

[a] Zulieferungen für obige Einsatzgebiete, hauptsächlich Zahnmedizin, elektrische Geräte und Meß- und Regeltechnik.

11.1.2 Freisetzung von Quecksilber in die Umwelt

Zur Zeit sind die wichtigsten anthropogenen Quellen, die Quecksilber in Boden, Wasser und Luft emittieren:

- Bergbau und Verhüttung von Erzen (insbesondere Kupfer- und Zinkverhüttung),
- Verbrennung fossiler Brennstoffe (insbesondere Kohle),
- industrielle Verfahren (insbesondere als Quecksilberkathoden im Chlor-Alkali-Verfahren zur Herstellung von Chlor und Natronlauge),
- konsumbedingte Emissionen, z. B. bei der Abfallverbrennung, die in einigen Ländern stark an Bedeutung gewinnt.

Der Umfang der Einträge in Atmosphäre, Hydrosphäre und Pedosphäre läßt sich anhand von Schätzungen der weltweiten Produktion von Quecksilber und seiner Freisetzung in die Umwelt illustrieren, die Andren u. Nriagu [4] abgaben. Danach betrug die anthropogene Freisetzung von Quecksilber um die Jahrhundertwende weltweit jährlich etwa 3 Mio. kg und nahm bis 1970 auf das Dreifache zu. Etwa 45 % davon wurden in die Luft abgegeben, 7 % in das Wasser und 48% an Böden. Die natürliche Verflüchtigung von Quecksilber aus der Kontinentalfläche wurde auf 18 Mio. kg jährlich geschätzt, d.h. die menschlichen Aktivitäten beeinflussen mittlerweile den natürlichen Quecksilberzyklus in beträchtlichem Ausmaß. Zahlen aus dem Jahr 1973 für die USA zeigen, daß mehr als 30% der atmosphärischen Quecksilberbelastung anthropogen ist [4]. In Europa überstiegen die atmosphärischen Emissionen im Jahr 1975 die Verdampfung natürlichen Urprungs [2].

11.1.3 Schädliche Auswirkungen von Quecksilber

Für Quecksilber ist keine essentielle biologische Funktion bekannt. Vielmehr gehört es zu den Elementen mit der höchsten Toxizität für den Menschen und viele höhere Tiere. Sämtliche Quecksilberverbindungen wirken humantoxisch [5]. Offenbar muß metallisches Quecksilber erst oxidiert werden, damit es toxische Auswirkungen zeigt. Die Salze des Quecksilbers besitzen eine hohe akute Toxizität und führen zu einer Vielzahl von Symptomen und Schäden. Einige organische Quecksilberverbindungen, besonders Alkylquecksilberverbindungen mit niedrigem Molekulargewicht, werden als für den Menschen noch schädlicher angesehen, da sie hohe chronische Toxizität besitzen und das Nervensystem irreversibel schädigen können. Methylquecksilber kommt dabei eine besondere Bedeutung zu, da es in einer Vielzahl von natürlichen Umgebungen durch Mikroorganismen aus Hg^{2+} produziert wird. Methylquecksilber scheint stark teratogen zu wirken, und karzinogene sowie mutagene Wirkungen werden ebenfalls vermutet.

Fälle von berufsbedingter Quecksilbervergiftung – z.B. bei Bergleuten – sind seit einigen Jahrhunderten dokumentiert, wohingegen Umweltskandale im Zusammenhang mit Quecksilber wesentlich jüngeren Datums sind. Der erste bekannte Vorfall stammt aus den späten fünfziger Jahren in Japan, wo die Einwohner der Kleinstadt Minamata durch den Verzehr von Fischen, die hohe Gehalte an Methylquecksilber aufwiesen, vergiftet wurden. Mehrere Fälle, bei denen Wild durch mit Methylquecksilber behandeltes Saatgut vergiftet wurde, wurden in Schweden zwischen 1948 und 1965 dokumentiert [6]. Vorfälle dieser Art lösten in dem darauf folgenden Jahrzehnt eine Vielzahl von Untersuchungen aus. Dabei ergab sich, daß hohe Methylquecksilbergehalte in Fischen ein weltweites Phänomen darstellen. Die Studien erbrachten, daß Methylquecksilber die dominante toxische Spezies des Quecksilbers in der Umwelt ist und daß der Verzehr von Fischen und Schalentieren die hauptsächliche Gefährdung für Menschen und höhere Tiere darstellt.

Andererseits scheint Quecksilber im Hinblick auf Phytotoxizität kein Problem darzustellen, da die Gehalte, bei denen Toxizitätssymptome auftreten, weit über den Werten liegen, die unter normalen Bedingungen zu finden sind [7]. Im allgemeinen ist die Verfügbarkeit von Bodenquecksilber für Pflanzen gering, und die Wurzeln wirken als Barriere gegen die Aufnahme dieses Elements.

Quecksilber ist eines der Elemente, die in Bodenbiotopen am stärksten toxisch wirken. Bei einer Reihe von Versuchen schien zugeführtes Hg^{2+} auf die Bodenatmung stark toxisch zu wirken, wobei die Konzentrationen teilweise in derselben Größenordnung wie die natürlichen Gehalte im Boden lagen [8]. In anderen Fällen waren zur Erreichung meßbarer Auswirkungen wesentlich höhere Konzentrationen erforderlich. Der kritische Gehalt dürfte daher sehr stark von den Eigenschaften des jeweiligen Bodens abhängen.

11.2   Geochemische Verbreitung

Obwohl mehr als 20 verschiedene Hauptmineralien des Quecksilbers in der Natur bekannt sind, erfolgt seine industrielle Darstellung nahezu ausschließlich aus Zinnober (HgS) [1]. Quecksilber tritt in der Erdkruste außerdem in gemischten Sulfiden von Zink, Eisen und anderen Metallen auf, jedoch nur in geringem Umfang in gediegener, d. h. metallischer Form. Die wichtigsten Quecksilberlagerstätten bildeten sich hydrothermal aus Lösungen, in denen Quecksilber in Form von Sulfid- oder Chloridkomplexen transportiert wurde. Der durchschnittliche Quecksilbergehalt der Erdkruste liegt bei 50 µg/kg [9] bzw. sogar noch darunter. Weitere Angaben zu den Quecksilbergehalten der verschiedenen Gesteinsarten sind in Abschn. 11.3 zu finden.

Zinnober ist gegenüber normalen Oxidations- und Verwitterungsprozessen resistent. Es ist in Wasser äußerst wenig löslich, weshalb es in den geochemischen Kreislauf hauptsächlich in Form mechanisch zerkleinerter Teilchen Eingang findet. Eine wesentlich wichtigere Quelle für die Freisetzung von Quecksilber aus Gesteinen der Kruste ist die Vedampfung von elementarem Quecksilber. Geringe Mengen Quecksilberdampf stammen aus vulkanischen Emissionen, aus Pflanzen und aus dem Meer. Die wichtigsten chemischen Quecksilberspezies, die am geochemischen Kreislauf dieses Elements teilnehmen, lassen sich wie folgt klassifizieren [6]:

– Flüchtige Verbindungen: Hg; $(CH_3)_2Hg$;

– Reaktive Spezies: Hg^{2+}; HgX_2, HgX_3^- und HgX_4^{2-}, wobei $X = OH^-$, Cl^- oder Br^-; HgO auf Aerosolteilchen; Hg^{2+}-Komplexe mit organischen Säuren;

– Unreaktive Spezies: Methylquecksilber- (CH_3Hg^+, CH_3HgCl, CH_3HgOH) und andere organische Quecksilberverbindungen; $Hg(CN)_2$; HgS; an Schwefelatome in humosem Material gebundenes Hg^{2+}.

Typische Hintergrundkonzentrationen in der Luft [6] liegen bei etwa 3 ng/m^3 über dem Festland und etwas weniger über dem Meer, wobei es sich in beiden Fällen hauptsächlich um elementares Quecksilber handelt. In aquatischen Systemen liegen repräsentative Gehalte im Bereich von 0,5–3 ng/l im offenen Meer und bei 1–3 ng/l in Flüssen und Seen. Der größte Teil davon dürfte in anorganischen Quecksilber(II)-Spezies vorliegen.

11.3   Herkunft von Quecksilber in Böden

Die Mineralien, aus denen die Gesteine der Bodenausgangsmaterialien bestehen, sind die ursprünglichen, allen Böden gemeinsamen Quecksilberquellen. Im Falle von Oberflächenböden spielt die atmosphärische Deposition von Quecksilber ebenfalls eine große Rolle, die durch den zunehmenden Beitrag aus anthropogenen Aktivitäten zum Quecksilbergehalt der Luft noch an Bedeutung gewinnt. Bei Landwirtschaftsböden kann der Einsatz von Düngemitteln (handelsüblicher Dünger, Gülle, Klärschlamm), Kalk und quecksilberhaltigen Fungiziden die Quecksilberbelastung vereinzelt beträchtlich erhöhen.

11.3.1 Bodenausgangsmaterialien

Daten zum Quecksilbergehalt von Gesteinen werden seit mehr als 50 Jahren gesammelt. Wir verfügen hier mittlerweile über mehr Informationen als bei den meisten anderen Spurenelementen, die in ähnlichen Konzentrationen in Böden vorkommen. Möglicherweise sind die Angaben in der Literatur insbesondere bei älteren Arbeiten fehlerhaft und zu hoch, es besteht jedoch bei einem Aspekt verhältnismäßig große Einigkeit, daß nämlich der Quecksilbergehalt von Gesteinen, die nur geringe Mengen an organischem Material enthalten, sehr niedrig ist und häufig unter 30 µg/kg liegt.

In Tabelle 11.2 sind Angaben aus Untersuchungen zusammengestellt, von denen angenommen werden kann, daß sie repräsentativ für die Quecksilbergehalte der wesentlichen Typen von Erstarrungs- und Sedimentgesteinen sind [10–13]. Bei Erstarrungsgesteinen sind

Tabelle 11.2. Ausgewählte Daten zum Quecksilbergehalt der wichtigsten Gesteinstypen [µg/kg]

	Connor u. Shacklette [10]	McNeal u. Rose [11]	Henriques [12]	Cameron u. Jonasson [13]
Erstarrungsgestein				8,4 [a]
Basalt				
Mittelwert	–	–	3,9	(–)
Spannweite			0,2–17,7	
Granit				
Mittelwert	–	–	3,5	(–)
Spannweite			1,4–28,1	
Sedimentgestein				
Sandstein				
Mittelwert	12	7	25	
Spannweite	10(*GK*)–50		0,8–6,0	
Kalkstein				
Mittelwert	49	9	6,0	
Spannweite	10(*GK*)–290		0,8–31,2	
Tonschiefer				
Mittelwert	45	23	5,9	513; 129; 42 [d]
Spannweite	10(*GK*)–190		0,9–33,5	
Mittelwert	340 [b]		234 [c]	
Spannweite	40(*GK*)–1500		31,9–340	

[a] Mittelwert für verschiedene Erstarrungsgesteine (Basalte, Andesite, Rhyolithe)
[b] Bituminöse Schiefer
[c] Schwarzschiefer
[d] Mittelwerte für drei Gruppen präkambrischer Tonschiefer

die Quecksilbergehalte im allgemeinen sehr niedrig, und ein Wert von 10 µg/kg kann als repräsentativ angesehen werden. Die Werte bei Sedimentgesteinen wie Sand- und Kalksteinen liegen in derselben Größenordnung wie bei Erstarrungsgesteinen, während die Spannweite bei Tonschiefern sehr groß ist. Dabei spielt der Gehalt an organischem Material offenbar eine große Rolle [11, 13], aber auch andere Faktoren sind nicht zu vernachlässigen [11]. Aus vulkanischem Gesteinsschutt entstandenes oder in vulkanischen Gebieten abgelagertes Gestein weist höhere Quecksilbergehalte auf. Von Bedeutung könnten dabei gelöste Quecksilberspezies sein, deren Stabilität durch E_h- und pH-Wert der sedimentären Umgebung bestimmt wird. In reduzierender Umgebung abgelagerte Sedimente mit ihrem typischen Gehalt an organischem Material und Schwefel enthalten mehr Quecksilber. In oxidierender Umgebung gebildetes Sedimentgestein enthält dann mehr Quecksilber, wenn in ihnen bei der Entstehung frisch gefällte Eisen- und Manganoxide vorkommen. Diagenetische und thermische Einflüsse sind ebenfalls von Bedeutung.

Nach den obigen Angaben erscheint ein Wert von 20 µg/kg als durchschnittlicher Quecksilbergehalt der Kruste wahrscheinlicher als die älteren Werte von 50 µg/kg [9] bzw. 80 µg/kg [14].

11.3.2 Atmosphärische Deposition

Ein Teil des Quecksilbers in Böden und Wasser kann langsam in flüchtige Spezies wie das elementare Metall und Dimethylquecksilber $\langle(CH_3)_2Hg\rangle$ umgewandelt und in die Atmosphäre emittiert werden werden. Beide Formen können bei biologischen Vorgängen gebildet werden [6]. Es wird allgemein angenommen, daß der größte Teil des gasförmigen Quecksilbers in der Atmosphäre elementar vorliegt. Messungen über Europa und dem Atlantik ergaben, daß ein Großteil ursprünglich in Form von $(CH_3)_2Hg$ emittiert wird, das in der Luft aber rasch zu elementarem Quecksilber abgebaut wird. Die Verweilzeit von metallischem Quecksilber in der Atmosphäre ist verhältnismäßig hoch, sie beträgt bis zu einem Jahr [6].

Es wird vermutet, daß metallisches Quecksilber schließlich doch der atmosphärischen Oxidation zu wasserlöslichen Formen unterliegt, die danach durch trockene oder nasse Deposition aus der Luft entfernt werden [15]. Über Industriegebieten können Luftschadstoffe wie Ozon die Bildungsgeschwindigkeit oxidierter Quecksilberspezies stark beeinflussen [16]. In welchem Umfang Quecksilber durch trockene Deposition aus der Atmosphäre eliminiert wird, ist nur wenig bekannt [6]. Typische Quecksilberkonzentrationen von Niederschlägen in abgelegenen Gebieten dürften in der Größenordnung von 2–10 ng/l liegen. In stärker verunreinigten Gebieten, abgesehen von der Umgebung quecksilberemittierender Industrie, dürften die Gehalte bei dem Fünffachen dieser Zahlen liegen. Bei einem jährlichen Niederschlag von 1000 mm und einem Quecksilbergehalt von 20 ng/l beträgt die nasse Deposition pro Jahr etwa 20 µg/m², was etwas niedriger ist als der Wert von 30–60 µg/m², den Andersson [17] als Hintergrundkonzentration einschätzte, und auch unter den 30–200 µg/m² liegt, die aus den Daten von dänischen Torfmooren abgeleitet wurden [6].

Es wurde bisher allgemein angenommen, daß der größte Teil des in die Atmosphäre emittierten Quecksilbers (auch der Emissionen aus anthropogenen Quellen) in elementarer Dampfform auftritt [18]. Zumindest bei hochtemperierten Verbrennungsprozessen ist dies zu bezweifeln. Brosset [19] beobachtete, daß etwa 50% des Quecksilbers in den Emissionen eines Kohlekraftwerks in Form von Quecksilber(II)-Verbindungen auftraten. Sollte sich diese

Beobachtung als repräsentativ herausstellen, so könnte die Deposition von Quecksilber aus Kohlekraftwerken und Müllverbrennungsanlagen von größerer Bedeutung sein als bisher angenommen.

Jüngere Untersuchungen in Skandinavien [20, 21] und den USA [22] ergaben, daß der atmosphärische Transport aus anthropogenen Quellen über längere Strecken eine wichtigere Quelle für das Quecksilber in Oberflächenböden darstellt als bisher erwartet wurde, zumindest bei humusreichen natürlichen Böden. In Schweden stammen angeblich mehr als 50% des Quecksilbers in der Moorschicht aus Verunreinigungen [20], und dabei zum Teil von einer kleinen Zahl starker inländische lokalen Quellen und zum Teil aus anderen Teilen Europas. Die Auswirkungen dieser Oberflächenakkumulation von Quecksilber und Böden werden in Abschn. 11.6 erörtert.

11.3.3 Landwirtschaftliche Materialien

Wie aus von Andersson [17] zusammengestellten Literaturdaten ersichtlich, können landwirtschaftlichen Böden beträchtliche Mengen an Quecksilber mittels Düngern, Kalk und Gülle zugeführt werden. Bei den meisten handelsüblichen Düngemitteln liegen die Quecksilbergehalte unter 50 µg/kg, jedoch kommen bei Phosphatdüngern wesentlich höhere Werte vor. Das Quecksilber kann zum Teil aus den ursprünglichen Phosphaterzen stammen, andererseits aber auch aus der Schwefelsäure, die zu ihrem Aufschluß eingesetzt wurde. Kalke weisen meist Gehalte von unter 20 µg/kg auf, während die Werte bei Dung üblicherweise in der Größenordnung von 100 µg/kg liegen.

Seit Anfang des 20. Jahrhunderts werden Quecksilberverbindungen in der Landwirtschaft als Fungizide und zur Desinfizierung von Saatgut verwandt. Während des größten Teils dieser Zeitspanne, insbesondere zwischen 1945 und 1970, wurden organische Quecksilberverbindungen eingesetzt. Der Eintrag von Quecksilber in Böden durch solchermaßen behandeltes Saatgut liegt bei bis zu 1 mg/m^2. Die Behandlung erfolgt normalerweise nicht in jedem Jahr, weshalb bei getreidetragenden Böden ein Durchschnitt von 100–200 ng/m^2 jährlich plausibel erscheint [17]. Dieser Wert liegt in derselben Größenordnung wie das gesamte Quecksilber, das in den obersten 20 cm eines Bodens bereits vorhanden ist, und beträchtlich über derjenigen Menge, die dem Boden normalerweise durch atmosphärische Deposition zugeführt wird.

11.3.4 Klärschlämme

Klärschlämme aus Abwasseraufbereitungsanlagen werden häufig auf Ackerböden als Dünger ausgebracht. Oftmals wird der Einsatz von Klärschlämmen wegen der hohen darin festgestellten Gehalte an Schwermetallen wie Quecksilber beschränkt. Nach den von Andersson [17] zusammengestellten Literaturdaten kann ein Wert von 5–10 µg/g als typisch für den Quecksilbergehalt in Klärschlämmen angesetzt werden, obwohl vereinzelt auch Werte von 100 µg/g und darüber berichtet werden. Daten aus jüngeren Veröffentlichungen befinden sich damit in Einklang [23, 24]. Ausgehend von einer Schlammausbringung von 50 t/ha läßt sich die Quecksilberzufuhr auf etwa 50 mg/m^2 schätzen und führt damit zu Gehalten, die beträchtlich über den normalen Hintergrundwerten liegen.

11.4   Chemisches Verhalten von Quecksilber in Böden

11.4.1   Vorkommen und Stabilität anorganischer Quecksilberspezies in Böden

Je nach den vorherrschenden Redoxbedingungen kann Quecksilber in drei Oxidationsstufen auftreten, nämlich als Hg^0, Hg_2^{2+} und Hg^{2+}, wobei die metallische Stufe und Hg^{2+} die Zustände sind, die man üblicherweise in Böden antrifft. Zusätzlich zum Redoxpotential sind pH-Wert und Chloridkonzentration wichtige Faktoren bei der Steuerung der Quecksilberspezies in Bodenlösungen und der dort ablaufenden Umwandlungsprozesse. Umbildungen können außer durch chemische Vorgänge auch durch mikrobielle Aktivität verursacht werden. Bildungs- und Umwandlungsreaktionen der Spezies müssen bekannt sein, um Retention und Mobilität dieses Elements im Boden sowie die Gleichgewichte zwischen fester Phase und Bodenlösung sowie die Verfügbarkeit zur Aufnahme durch Pflanzen zu verstehen.

Aufgrund seiner starken Neigung zur Komplexbildung tritt Hg^{2+} unter natürlichen Bedingungen selten in Form freier Ionen auf. In sauren Lösungen ist Hg^{2+} bei einem Redoxpotential oberhalb von 0,4 V stabil und tritt üblicherweise als $HgCl_2$-Komplex auf. Oberhalb von pH 7 stellt der $Hg(OH)_2$-Komplex die stabile Phase dar. Hg^{2+} bildet mit Huminstoffen ebenfalls stabile Komplexe, über deren Natur allerdings wenig bekannt ist.

Eine andere wichtige Eigenschaft des Quecksilbers ist seine Fähigkeit, sich fest an Sulfidionen zu binden. Unter stark reduzierenden Bedingungen ist metallisches Quecksilber auch in Gegenwart von H_2S oder HS^- stabil. Bei zunehmendem Redoxpotential bildet sich schwerlösliches HgS, bzw. in stark alkalischen Böden das lösliche HgS_2^{2-}-Ion. Eine weitere Zunahme führt zur Oxidation von Sulfid zu Sulfat, aber das Potential reicht auch dann noch nicht aus, um die Reduktion zu elementarem Quecksilber ganz zu verhindern. Ein weiteres Ansteigen des Redoxpotentials auf Werte, wie sie in Oberflächenböden üblicherweise auftreten, transformiert das Quecksilber schließlich in die Oxidationsstufe +2. Eine detailliertere Beschreibung der physikalischen Chemie von Quecksilber in wäßrigen Lösungen ist bei Andersson [17, 25] zu finden.

Nur ein sehr geringer Anteil des Hg^{2+} ist in der Bodenlösung enthalten. Der weitaus größte Teil ist entweder an Bodenmineralien gebunden oder auf festen anorganischen und organischen Oberflächen adsorbiert. Da $HgCl_2$ nur sehr schwach von mineralischen Stoffen zurückgehalten wird, ist anzunehmen, daß Hg^{2+} in sauren Böden hauptsächlich von organischem Material aufgenommen wird, während in neutralen und schwach alkalischen Böden auch Mineralien mitwirken. Schuster [26] gibt eine neuere Übersicht der Literatur zum Verhalten von Quecksilber in Böden mit besonderer Betonung der Komplexbildungs- und Adsorptionsprozesse.

11.4.2   Verflüchtigung von Quecksilber aus Böden

In verschiedenen Untersuchungen wurde ein Quecksilberverlust in Böden festgestellt, denen es in Form anorganischer Salze zugeführt worden war [27–30]. Durch organisches Material wurde der Verlust noch verstärkt. Die Verflüchtigung wird anscheinend durch Mikroorganismen gefördert [30], aber auch bei sterilisierten Böden wurden beträchtliche Verluste beobachtet [27]. Diese und ähnliche Untersuchungen wurden normalerweise bei Quecksilberkonzentrationen durchgeführt, die weit über den natürlich vorkommenden Werten lagen. Eine Übertragung der dabei aufgezeigten Reaktionen und Prozesse auf die Umsetzung von Quecksilber unter natürlichen Bedingungen ist daher von fragwürdiger Aussagekraft [17].

Einige der experimentellen Befunde scheinen sich in bezug auf den Einfluß von pH-Wert und OM-Gehalt auf die Verflüchtigung von Quecksilber aus Böden zu widersprechen [29]. Bei Böden mit niedrigen Gehalten an Ton und organischem Material wurde mehr Quecksilber aus neutralen als aus sauren Proben verflüchtigt, während bei zwei Böden mit 4–5% Humus und 15–17% Ton das Gegenteil der Fall war. In einem sauren Boden behinderte ein höherer Humusgehalt die Verflüchtigung von Quecksilber bei einer Konzentration von 1 mg/kg in der Oberflächenschicht, während der Verlust bei 50 mg Hg/kg auch bei einem höheren Humusgehalt größer war. Eine mögliche Erklärung dafür könnte darin zu suchen sein, daß die Komplexbildungskapazität des Humus bei einem niedrigen Quecksilbergehalt ausreicht, um den Gehalt in der Bodenlösung so niedrig zu halten, daß nur wenig reduziert werden kann und durch Verflüchtigung verloren geht [17]. Bei einem höheren Quecksilbergehalt kann ein beträchtlicher Teil in der Bodenlösung auftreten und schließlich nach der Reduktion verloren gehen.

Unter natürlichen Bedingungen spielt die Freisetzung von Quecksilber und möglicherweise auch von flüchtigen Quecksilberverbindungen aus Böden eine bedeutende Rolle im Quecksilberkreislauf. So werden abnorm hohe Konzentrationen von elementarem Quecksilber in der Luft häufig in der Umgebung von quecksilberhaltigen Erzvorkommen beobachtet. Es wurde vermutet, daß die Verarmung des A-Horizonts natürlicher Böden an Quecksilber gegenüber den tieferen Horizonten auf solche Verdunstungsverluste zurückzuführen sind [31]. Bei der Erhitzung von Böden, die niedrige Quecksilbergehalte aufwiesen, ergaben sich bereits bei 50 °C erste Quecksilberverluste. Andererseits wurde bei Markierungsversuchen mit Radioisotopen festgestellt, daß Quecksilberdampf in natürlichen Oberflächenboden sorbiert wird [32]. Das sorbierte Quecksilber konnte zum größten Teil bei 100–200°C wieder verflüchtigt werden. Die Extraktion mit verschiedenen Eluationsmitteln ergab bei diesem Experiment, daß der größte Teil des radioaktiv markierten Quecksilbers im Boden organisch gebunden vorlag.

11.4.3 Auswaschung von Quecksilber aus Böden

Da Hg^{2+} in Böden stark fixiert wird, können bei Elutionsversuchen nur unbedeutende Quecksilbermengen extrahiert werden [28, 29, 33, 34]. Hogg et al. [33] führten Versuche durch, bei denen radioaktiv markierte Quecksilberverbindungen auf bodengefüllte Säulen aufgetragen und anschließend mit dem Ablauf von Kläranlagen durchspült wurden. Es schien, daß weder $HgCl_2$ noch Methylquecksilberchlorid oder Phenylquecksilberacetat in nachweisbaren Mengen unter einer Tiefe von 20 cm in den Böden auftreten. Lodenius et al. [34] stellten bei Untersuchungen der Auswaschung von Hg^{2+} in Torflysimetern fest, daß die Zugabe von Chlorid, Dünger oder einem Sterilisationsmittel die Auswaschung von Quecksilber nicht beeinflußt. Die einzige Behandlung, die eine Wirkung zeigte, war die Trocknung der Säule, die zu Rissen führte, welche es dem an Humuskolloide gebundenen Quecksilber anschließend erlaubten, die Säule zu durchdringen. In analoger Weise könnte ein Transport seitwärts in der Oberflächenschicht von Böden stattfinden, wenn Niederschläge oberflächlich ablaufen, statt zu versickern. Der Transport von Quecksilber mit Humuskolloiden aus Waldböden in Schweden pro Jahr wird auf weniger als 1% der in der Humusschicht des Bodens gespeicherten Gesamtmenge geschätzt [35].

11.4.4 Retention von Quecksilber in Böden

Adsorption ist anscheinend der wichtigste Prozeß für die Retention von Quecksilberspezies in Böden. Die Adsorption von Quecksilber hängt von einer Reihe Faktoren wie z. B. der chemischen Form des zugeführten Quecksilbers, der Korngrößenverteilung des Bodens, der Art und Menge der anorganischen und organischen Bodenkolloide, dem Boden-pH-Wert und dem Redoxpotential ab. Zusätzlich kann Hg^{2+} in Form wenig löslicher Fällungsprodukte, insbesondere als Sulfid oder Selenid, fixiert werden.

Die Retention von Hg^{2+} kann das Resultat eines Ionenaustauschs darstellen, jedoch wirken wahrscheinlich oft auch stärkere Bindungen mit, wie z. B. die durch Hydroxoliganden im Fall von Sesquioxiden sowie durch verschiedene Liganden bei Humussubstanzen. Andersson [25] beobachtete die nachstehende Reihenfolge für die Retention anorganischer Quecksilberverbindungen unter neutralen Bedingungen:

$Al(OH)_3$ < Kaolinit < Montmorillonit < Boden mit illitischem Ton < lateritischer Boden < organische Böden < $Fe_2O_3 \cdot nH_2O$.

Unterhalb von pH 5,5, wo $HgCl_2$ die dominante Spezies in Lösung darstellt, dürfte hauptsächlich organisches Material für die Sorption von Quecksilber verantwortlich sein. Unterhalb von pH 4 wird die Retention von Quecksilber im organischen Boden nicht merklich verringert, sinkt danach jedoch leicht ab. In schwach sauren bis neutralen Böden (pH > 5,5) tragen Eisenoxide und Tonmineralien stärker zur Adsorption von Hg^{2+} bei. Das Adsorptionsmaximum liegt bei etwa pH 7, wo Hg(OH)Cl die vorherrschende Spezies ist [17]. Auch organische Quecksilberverbindungen wie Methylquecksilber oder Phenylquecksilberacetat werden bei einem nahezu neutralen pH-Wert in Böden stark adsorbiert [33]. Tonmineralien scheinen dabei auch zu wirken [36], allerdings nur in einem engen pH-Bereich und wenn die Verbindungen in so geringen Konzentrationen auftreten, daß sie hauptsächlich in dissoziierter Form vorliegen.

11.4.5 Methylierung von Quecksilber in Böden

Seitdem zum ersten Mal beobachtet wurde, daß Mikroorganismen in natürlichen Sedimenten von Seen Quecksilber methylieren können [37], gab es mehrere Studien, welche die Produktion von Mono- und Dimethylquecksilber in aquatischer und terrestrischer Umgebung bestätigten. Eine Übersicht zu diesem Thema gibt Adriano [7]. Es scheint, daß Methylquecksilber in Böden unter einer Vielzahl von Bedingungen gebildet werden kann, wozu auch eine rein nicht-biologische Methylierung zählt, die vermutlich in Verbindung mit der Fulvosäurereaktion im Boden auftritt [38]. Westling [39] beobachtete bei einer Untersuchung der unterschiedlichen Formen von Quecksilber im Ablauf von Torfgebieten im südlichen und mittleren Schweden bei entwässerten Sümpfen einen größeren Anteil von Methylquecksilber (3,5–14,2%) als bei nicht entwässerten (2,0–5,7%).

11.4.6 Gehalte und Verteilung von Quecksilber in Böden

In den meisten Böden, besonders in von Menschen unberührten Böden, ändern sich die Quecksilbergehalte mit der Tiefe, weshalb der Probenahmetiefe eine große Bedeutung zukommt. In landwirtschaftlich genutzten Böden wird die Pflugschicht (0–20 cm) durch die Bewirtschaftung recht gründlich homogenisiert. Daher ist der Vergleich von Daten von bewirtschafteten und nicht bewirtschafteten Böden nur möglich, wenn die Proben bei beiden bis zur gleichen Tiefe genommen und homogenisiert wurden. Zum Vergleich verschiedener unberührter Böden sollten ähnliche Probenabnahmetiefen verwendet bzw. dieselben Horizonte analysiert werden [17].

Tabelle 11.3 enthält ausgewählte Literaturwerte mit typischen Quecksilbergehalten in vermutlich nicht verunreinigten Böden. Der Großteil der Daten stammt aus den USA, aus Großbritannien und Skandinavien. Zu den Quecksilbergehalten in Böden aus Süd- und Osteuropa, Asien, Afrika, Lateinamerika und Australien scheinen nur wenig Daten vorzuliegen. Es ist zwar nicht ausgeschlossen, daß einige der in Tabelle 11.3 erfaßten Werte von Böden stammen, die mit organischen Quecksilberverbindungen behandelt wurden, insgesamt dürften die Daten jedoch für Gebiete repräsentativ sein, in denen keine ausgeprägten anthropogenen Quellen zu erhöhten Quecksilbergehalten in den Oberböden geführt haben.

Organische Böden weisen meist höhere Quecksilbergehalte auf als mineralische [47, 48]. Låg u. Steinnes [53] beobachteten eine hochsignifikante Korrelation zwischen dem Quecksilbergehalt und dem Anteil an organischem Material in der obersten Lage von Waldböden. Andersson [25] wies bei einer Untersuchung der Quecksilbergehalte in Profilen unberührter Böden eine enge Korrelation zwischen Quecksilber und dem organischen Anteil in sauren Böden nach, während in neutralen Böden (pH > 6), in denen $Hg(OH)Cl$ und $Hg(OH)_2$ statt $HgCl_2$ die dominanten Spezies sind, die Korrelation des Quecksilbers mit Eisen ausgeprägter war als die mit dem organischen Material. Es ist möglich, daß die im Vergleich zum westlichen Teil der USA deutlich höheren Gehalte im östlichen Teil zum Teil durch Unterschiede in den Gehalten an organischem Material erklärt werden können [40].

Bei einigen Untersuchungen wie z. B. den von Dudas u. Pawluk [31, 39] an Tschernozem- und Luvisolböden in Alberta (Kanada) schien Quecksilber in der Oberflächenlage gegenüber den tieferen Zonen abgereichert zu sein. Bei Böden mit pH > 6 und geringen Gehalten an organischem Material ist dieser Trend zu erwarten. McKeague u. Kloosterman [46] beobachteten bei einer umfangreichen Untersuchung unberührter Böden aus allen Teilen Kanadas, daß die höchsten Quecksilbergehalte bei mehr als der Hälfte der Proben, insbesondere bei Podsolen und Gleysolen, im Oberflächenboden zu verzeichnen waren.

In bewirtschafteten Böden sind die Quecksilbergehalte innerhalb der Pflugschicht verhältnismäßig konstant. Darunter ist eine allmähliche Abnahme bis auf die Hintergrundwerte der entsprechenden Ausgangsmaterialien zu verzeichnen [17, 59]. In einigen Fällen ist jedoch der Quecksilbergehalt im Oberflächenhorizont etwa gleich dem der tieferen Lagen [60].

Ombrotrophe Torfmoore bieten die einzigartige Möglichkeit, den Transfer von Quecksilber zwischen der Atmosphäre und organischen Böden nahezu unabhängig von unterlagerndem mineralischem Material zu studieren [50, 54]. Bei einer Untersuchung von Torfkernen aus 20 norwegischen Mooren [54] wurde in der Oberflächenlage ein durchgehend höherer Quecksilbergehalt festgestellt als in einer Tiefe von 50 cm. Es ist unklar, inwieweit dies auf eine

Tabelle 11.3. Ausgewählte Literaturdaten zum Quecksilbergehalt von Oberböden

Land	Bodentyp	Probenzahl	Hg [µg/kg] Spannweite	Mittelwert[a]	Literatur
USA	Oberflächenböden (landesweit)	912	10(*GK*)–4600	112	[40]
	Oberflächenböden (Westteil)	492	10(*GK*)–4600	83	
	Oberflächenböden (Ostteil)	420	10–3400	147	
	Oberflächenhorizont (Missouri)	1140	10(*GK*)–800	39	[9]
	B-Horizont (Missouri)	300	10–1500	72	
	Oberflächenhorizont (Colorado)	168	10(*GK*)–420	35	
	B-Horizont (östl. Staaten)	420	10–3400	96	
	B-Horizont (westl. Staaten)	492	10(*GK*)–4600	55	
	Städt. u.landwirtschaftl. (0–5 cm)	264	–	110	[41]
	Bewirtsch. und unbewirtsch. Flächen (0–7,5 cm)	379	50(*GK*)–1060	(70–80)	[42]
	Bewirtschaftet (0–15 cm)	250	–		[43]
	Bewirtschaftet (0–7,5 cm)	96	50–360	30	[44]
Kanada	Bewirtsch. und unbewirtsch.	27	5–36	22	[45]
	Unberührte Böden, A-Horizont	65	5(*GK*)–660	64	[46]
	Bewirtsch. u. unber., A-Horizont	170	13–741	102	[47]
	Bewirtschaftet (0–15 cm)	290	10–1140	110	[48]
	53 Profile	173	5–100	59	[49]
	Torf (0–40 cm)	11	10–110	60	[50]
Österreich	Bewirtsch. u. unbew. (0–20 cm)	40	5–340	95	[51]
Schweden	Bewirtsch. u. unbew. (0–20 cm)	273	4–920	60	[52]
Norwegen	Waldboden, A_0-Horizont	700	20–550	188	[53]
	Ombrogener Torf (0–5 cm)	20	35–255	119	[54]
	Ombrogener Torf (50 cm)	13	15–40	31	
Groß-britannien	Bewirtsch. u. unbew. (0–15 cm)	51	10–1780	32	[55]
	Oberboden und Bodenprofile	354	10(*GK*)–1710	40	[57]
	Bewirtschaftet (0–15 cm)	53	8–190	40	[57]
	Bewirtschaftet (0–15 cm)	305	20–400	90[b]	[58]
Ost- und Zentralafrika	Oberflächenhorizonte	14	11–41	23	[52]
Indien	Oberflächenhorizonte	12	3–689	20	

[a] In einigen Untersuchungen sind Spannweite und Mittelwert nach Aussonderung anomaler Werte angegeben.
[b] Zentralwert.

Zunahme der atmosphärischen Deposition von Quecksilber in jüngerer Zeit zurückzuführen ist oder auf eine natürliche Umlagerung des Quecksilbers innerhalb des Torfprofils. Es scheint jedoch, daß die stärkste Anreicherung im Oberflächentorf im Süden des Landes zu verzeichnen war, wo die Zufuhr von Schadstoffen, die über große Strecken transportiert werden, wesentlich ausgeprägter ist als weiter im Norden, was auf eine Ansammlung von Quecksilber anthropogener Herkunft an der Oberfläche hinweist. Jensen u. Jensen [61] berichteten ähnliche Beobachtungen bei einer Untersuchung von datierten Torfkernen aus skandinavischen Mooren.

In einem Überblick, der auf den Quecksilbergehalten von 3049 Böden basiert, gaben Ure u. Berrow [56] einen Mittelwert von 98 µg/kg an. Für die Daten der Tabelle 11.3 läßt sich keine ähnliche Berechnung durchführen, da die Werte nicht in einheitlicher Form vorliegen. Einige Autoren gaben alle für bestimmte Materialien gefundenen Analysen an, während andere vor der Berechnung des Durchschnitts anomale Werte ausschlossen. Nach den Werten scheint es jedoch eindeutig zu sein, daß der Quecksilbergehalt von Oberflächenböden üblicherweise den ihrer mineralischen Ausgangsmaterialien beträchtlich übersteigt. Ein großer Teil dieses Quecksilberüberschusses dürfte wahrscheinlich in einer Form vorliegen, die es ihm ermöglicht, an den Austauschprozessen innerhalb des Bodens und zwischen Boden und Atmosphäre teilzunehmen.

11.5   Quecksilber im System Boden-Pflanze

Die Aufnahme von Quecksilber durch terrestrische Pflanzen war Gegenstand vieler Untersuchungen. Zusammenfassungen dieser Studien liegen ebenfalls vor [7, 62]. Der größte Teil der Untersuchungen wurde an Nutzpflanzen unter vorgegebenen Versuchsbedingungen durchgeführt, wobei allerdings die Quecksilberbelastungen fast immer weit über den unter normalen Bedingungen anzutreffenden Werten lagen. Im allgemeinen ist die Verfügbarkeit des Bodenquecksilbers für Pflanzen gering und das Quecksilber neigt meist dazu, sich in den Wurzeln anzureichern, was darauf hindeutet, daß die Wurzeln als Barriere für die Quecksilberaufnahme wirken [63, 64]. Versuche zur Aufnahme von Hg^{2+} durch höhere Pflanzen aus Nährlösungen [65] ließen einen gewissen Transport des Quecksilbers in die Triebe erkennen, wenn die Gehalte im äußeren Medium 0,1 mg Hg/kg überschritten. Der in den Wurzeln zurückgehaltene Anteil lag bei dem 20fachen der Gehalte in den Trieben. Bei Untersuchungen der Quecksilberaufnahme durch Pflanzen auf landwirtschaftlichen Böden in der Nähe einer Quecksilbergrube beobachteten Lindberg et al. [64], daß der relative Quecksilbergehalt in den Wurzeln stark mit dem durch Ammoniumacetat extrahierbaren Quecksilbergehalt im Boden korreliert war. Die Quecksilberkonzentration in den oberirdischen Teilen der Pflanzen schien andererseits hauptsächlich von der Aufnahme des aus dem Boden verflüchtigten elementaren Quecksilbers durch die Blätter abzuhängen. Verschiedene Autoren berichteten, daß einigen oberirdischen Pflanzenteilen zugeführte Quecksilberverbindungen leicht in andere Teile umgelagert werden können [7]. Die Quecksilbergehalte von Ackerpflanzen auf Böden mit niedrigen Quecksilbergehalten liegen in derselben Größenordnung wie die der Ackerböden selbst [45]. Bei Getreiden lag der Quecksilbergehalt der Körner bei 10–30 % der Gehalte im Stroh. Andere Arbeiten ergaben noch geringere Quecksilbergehalte (ca. 1–2 µg/kg) in Gerste- und Weizenkörnern [66]. Selbst bei diesen sehr geringen Gehalten dürfte die Aufnahme von elementarem Quecksilber aus der Luft durch die Blätter eine wesentliche Rolle spielen.

11.6   Untersuchungen an quecksilberverschmutzten Böden

Die gegenwärtigen Aktivitäten des Menschen führen zu erhöhten Quecksilberemissionen in die Atmosphäre. Die Oberflächenböden in der Umgebung von Emissionsquellen können dabei stark verunreinigt werden. Zu den antropogenen Quellen dieses Metalls gehören die Verhüttung von NE-Metallen, der Einsatz fossiler Brennstoffe, die Chlor-Alkali-Elektrolyse und die Müllverbrennung. Im Umkreis von 0,5 km um eine Chlor-Alkali-Fabrik wiesen die Böden Quecksilbergehalte im Bereich von 1–10 mg/kg auf [67]. In der Umgebung von Quecksilbergruben wurden sogar Werte in der Größenordnung von 100 mg Hg/kg in landwirtschaftlich genutzten Böden festgestellt [64, 68].

Der hohe Methylquecksilbergehalt in Fischen aus bestimmten Gebieten in Europa und Nordamerika lenkte die Aufmerksamkeit auf die Tatsache, daß die atmosphärische Deposition von Quecksilber auch noch in großer Entfernung von den Emissionsorten zu Kontaminationen führt. Die wahrscheinlich umfangreichste Untersuchung der Pfade, über die Quecksilbers aus der Luft über den Boden ins Süßwasser gelangt, wurde in Schweden durchgeführt [69, 70]. Bei den gegenwärtigen Depositionsraten sammeln sich 80% der Quecksilberzufuhr in der Humusschicht des Bodens an [71]. Das Quecksilber wird hauptsächlich mit humosem Material in Oberflächengewässer eingetragen. Dieser Prozeß wird durch Faktoren wie die Bodenversauerung kaum merklich beeinflußt [72]. Um den Quecksilbergehalt von Fisch auf ein akzeptables Maß reduzieren, müßte die feuchte Quecksilberdeposition auf etwa 20% des derzeitigen Werts erniedrigt werden [73].

Das größte Problem bei der Verunreinigung landwirtschaftlicher Böden mit Quecksilber scheinen noch immer die organischen Quecksilberpräparate darzustellen, die zur Behandlung von Saatgut und als Blattsprühmittel gegen Pflanzenkrankheiten eingesetzt werden. Die Verwendung als Saatgutbeizmittel wurde inzwischen in vielen Ländern eingestellt. Das Verhalten dieser organischen Quecksilberverbindungen in Böden wurde von Andersson [17] erörtert. Es scheint, daß diese Verbindungen durch organische und anorganische Bodenkolloide gebunden werden, wobei die mineralischen Komponenten, insbesondere die Tonmineralien, bei der Retention wirksamer sind. Die einzelnen organischen Quecksilberverbindungen weisen in Böden ein unterschiedliches Retentionsverhalten und verschiedene Zersetzungsgeschwindigkeiten auf. Wenn organische Quecksilberverbindungen in den Mengen zugesetzt werden, die in der landwirtschaftlichen Praxis üblich sind, dürfte ihr Anteil an der jährlichen Zufuhr den aus Niederschlägen und normaler Düngung übertreffen [17].

11.7   Weltweite Quecksilberbilanz

Die Freisetzung flüchtiger Quecksilberverbindungen aus der Erdoberfläche und die in entgegengesetzter Richtung wirkende atmosphärische Quecksilberdeposition stellen nicht nur für die Bodenchemie des Quecksilbers sondern auch für seinen weltweiten Kreislauf bedeutende Prozesse dar. In der Literatur sind verschiedene Modelle für den weltweiten Quecksilberkreislauf zu finden. In Tabelle 11.4 sind die für die Quecksilberbilanz von Böden wichtigen Mengenströme anhand von Daten aus zwei Literaturstellen zusammengestellt [4, 6]. Die bei-

Tabelle 11.4. Schätzungen der weltweiten Mengenströme im Quecksilberkreislauf [10^6 kg Hg/Jahr]

Prozeß	Andren u. Nriagu [4]	Lindqvist et al. [6]
Gegenwärtige anthropogene Emissionen	10	2–10
Gegenwärtige Hintergrundemissionen	21	< 15
Summe der gegenwärtigen Emissionen	31	2–17
Feuchte Deposition	–	2–10
Trockene Deposition	–	< 7
Summe der gegenwärtigen Depositionen	31	2–17
Vorindustrielle Deposition/Emission		2–10

den Bilanzen gehen von der Annahme aus, daß Freisetzung und Nachlieferung von Quecksilbers einander ausgleichen und stimmen darin überein, daß der gesamte jährliche Mengenstrom weltweit in der Größenordnung von 10^7 kg liegt. Dabei bestehen aber hauptsächlich im Hinblick auf die technisch bedingte mangelhafte Verläßlichkeit der Meßergebnisse beträchtliche Unsicherheiten. Andren u. Nriagu [4] schätzen, daß weltweit etwa $2,1 \cdot 10^{10}$ kg Quecksilbers in Böden gespeichert werden. Wenn wir von ihren Werten der natürlichen Quecksilberemission in die Atmosphäre ausgehen, dann ergibt sich unter der Voraussetzung, daß die Auswaschverluste für Quecksilbers gegenüber der Verflüchtigung gering sind, eine mittlere Verweilzeit für Quecksilber in Böden von etwa tausend Jahren.

Literatur

[1] Nriagu JO (1979) In: Nriagu JO (Hrsg) The Biogeochemistry of Mercury in the Environment. Elsevier, Amsterdam, Kap 2
[2] Minerals Yearbook (1950–1984) US Bureau of Mines, Washington/DC
[3] Watson WD (1979) In: Nriagu JO (Hrsg) The Biogeochemistry of Mercury in the Environment. Elsevier, Amsterdam, Kap 3
[4] Andren AW, Nriagu JO (1979) In: Nriagu JO (Hrsg) The Biogeochemistry of Mercury in the Environment. Elsevier, Amsterdam, Kap 1
[5] Greenwood MR, Von Burg R (1984) In: E Merian (Hrsg) Metalle der Umwelt. VCH, Weinheim, Kap 2, S 18
[6] Lindqvist O, Jernelöv A, Johansson K, Rodhe H (1984) Mercury in the Swedish Environment. National Swedish Environment Protection Board, Report SNV PM 1816
[7] Adriano DC (1986) In: Trace Elements in the Terrestrial Environment. Springer, Berlin Heidelberg New York Tokyo, Kap 9
[8] Rundgren S, Rühling A, Schlüter K, Tyler G (1992) Mercury in Soil-Distribution, Speciation and Biological Effects. Nordic Council of Ministers, Report Nord, Bd 3
[9] Bowen HJM (1979) In: Environmental Chemistry of the Elements. Academic Press, London, Kap 3
[10] Connor JJ, Shacklette H (1975) Background Geochemistry of some Rocks, Soils, Plants and Vegetables in the Conterminous United States. US Geol Survey Prof Paper 574-F
[11] McNeal JM, Rose AW (1974) Geochem Cosmochim Acta 38:1759
[12] Henriques A (1973) Zitiert in: Fern R, Larsson JE (Hrsg) Kvicksilver-användning, kontroll och miljöeffekter. National Swedish Environment Protection Board Report SNV PM 421

[13] Cameron EM, Jonasson IR (1972) Geochim Cosmochim Acta 36: 985
[14] Vinogradov AP (1954) Geochemie seltener und nur in Spuren vorhandener chemischer Elemente im Boden. Akademie-Verlag, Berlin, 203
[15] Brosset C (1981) Water Air Soil Pollut 16: 253
[16] Iverfeldt Å, Lindqvist O (1986) Atmos Environ 20: 1567
[17] Andersson A (1979) In: Nriagu JO (Hrsg) The Biogeochemistry of Mercury in the Environment. Elsevier, Amsterdam, Kap 4
[18] Matheson DH (1979) In: Nriagu JO (Hrsg) The Biogeochemistry of Mercury in the Environment. Elsevier, Amsterdam, Kap 5
[19] Brosset C (1987) Water Air Soil Pollut 34: 145
[20] Håkanson L, Nilsson Å, Andersson T (1990) Water Air Soil Pollut 50: 311
[21] Steinnes E, Andersson EM (1991) Water Air Soil Pollut 56: 391
[22] Nater EA, Grigal DF (1992) Nature 358: 139
[23] Lester JN, Sterritt RM, Kirk PWW (1983) Sci Total Environ 30: 45
[24] Chaney RL (1984) In: Proc Pan American Health Organization Workshop on the International Transportation, Utilization or Disposal of Sewage Sludge
[25] Andersson A (1970) Grundförbättring 23(5): 31
[26] Schuster E (1991) Water Air Soil Pollut 56: 667
[27] Frear DEH, Dills LE (1967) J Econ Entomol 60: 970
[28] Gilmour JT, Miller MS (1973) J Environ Qual 2: 145
[29] Wimmer J (1974) Bodenkultur 25: 369
[30] Rogers RD, McFarlane JC (1979) J Environ Qual 8: 255
[31] Dudas MJ, Pawluk S (1976) Can J Soil Sci 56: 413
[32] Landa ER (1978) Geochim Cosmochim Acta 42: 1407
[33] Hogg TJ, Stewart JWB, Bettany JR (1978) J Environ Qual 7: 440
[34] Lodenius M, Seppänen A, Autio S (1987) Chemosphere 16: 1215
[35] Johansson K, Lindqvist O, Timm B (1988) Kvicksilvers förekomst och omsättning i miljöen. National Swedish Environment Protection Board, Report 3470
[36] Inoue K, Aomine S (1969) Soil Sci Plant Nutr 15: 86
[37] Jensen S, Jernelöv A (1969) Nature (London) 223: 753
[38] Rogers RD (1977) J Environ Qual 6: 463
[39] Westling O (1991) Water Air Soil Pollut 56: 419
[40] Shacklette HT, Boerngen JG, Turner RL (1971) Mercury in the Environment – Surficial Materials in the Conterminous United States. US Geological Survey Circular 644
[41] Klein DH (1972) Environ Sci Technol 6: 560
[42] Wiersma GB, Tai H (1974) Pesticid Monit J 7:214
[43] Sell JL, Deitz FD, Buchanan ML (1975) Arch Environ Contam Toxicol 3: 278
[44] Gowen HA, Wiersma GB, Tai H (1976) Pesticid Monit J 10: 111
[45] Gracey HI, Stewart HBW (1974) Can J Soil Sci 54: 105
[46] McKeague JA, Kloosterman B (1974) Can J Soil Sci 54: 503
[47] John MK, van Laerhoven CJ, Osborne VE, Cotic I (1975) Water Air Soil Pollut 5: 213
[48] Frank R, Ishida K, Suda P (1971) Can J Soil Sci 56: 181
[49] McKeague JA, Wolynetz MS (1980) Geoderma 24: 299
[50] Glooschenko WA, Capoblanko JA (1982) Environ Sci Technol 16: 187
[51] Wimmer J, Haunold E (1973) Bodenkultur 24: 25
[52] Andersson A (1967) Grundförbättring 20: 95
[53] Läg J, Steinnes E (1978) Acta Agric Scand 28: 393
[54] Hvatum OØ, Steinnes E (unveröffentlicht)
[55] Davies BE (1976) Geoderma 16: 183
[56] Ure AM, Berrow ML (1982) In: Bowen HJM (Hrsg) Environmental Chemistry, Bd 2. Royal Society of Chemistry, London, Kap 3, S 155
[57] Archer FC (1980) Ministry of Agriculture, Fisheries und Food Reference Book 326: 184
[58] Archer FC, Hodgson IP (1987) J Soil Sci 38: 421

[59] Whitby LM, Gaynor J, MacLean AJ (1978) Can J Soil Sci 58: 325

[60] Mills JG, Zwarich MA (1975) Can J Soil Sci 55: 295

[61] Jensen A, Jensen A (1991) Water Air Soil Pollut 56: 769

[62] Kaiser G, Tölg G (1980) In: Hutzinger O (Hrsg) The Handbook of Environmental Chemistry, Bd 3A. Springer, Berlin Heidelberg New York, S 1

[63] Gracey HI, Stewart JWB (1974) In: Proc Int Conf Land Waste Management, Ottawa, S 97

[64] Lindberg SE, Jackson DR, Huckabee JW, Janzen SA, Levin MJ, Lund JR (1979) J Environ Qual 8: 572

[65] Beauford W, Barber J, Barringer AR (1977) Physiol Plant 39: 261

[66] Läg J, Steinnes E (1978) Scientific Reports of the Agricultural University of Norway 57: 10

[67] Bull KR, Roberts RD, Inskip MJ, Goodman GT (1977) Environ Pollut 12: 135

[68] Morishita T, Kishino K, Idaka S (1982) Soil Sci Plant Nutr 28: 523

[69] Lindqvist O, Johansson K, Aastrup M, Andersson A, Bringmark L, Hovsenius G, Häkanson L, Iverfeldt Å, Meili M, Timm B (1991) Water Air Soil Pollut 55: 1

[70] Meili M (1991) Water Air Soil Pollut 56: 333

[71] Aastrup M, Johnson J, Bringmark E, Bringmark L, Iverfeldt A (1991) Water Air Soil Pollut 56: 155

[72] Johansson K, Iverfeldt A (1991) Verh Internat Verein Limnol 24: 2200

[73] Johansson K, Aastrup M, Andersson A, Bringmark L, Iverfeldt Å (1991) Water Air Soil Pollut 56: 267

12 Selen

R. H. NEAL

12.1 Einleitung

Das Interesse an Selen ist aufgrund von Erkenntnissen und Erfahrungen aus der jüngeren Zeit wiedererwacht, die u. a. in den westlichen USA, China und Australien gesammelt wurden. Dabei ging es sowohl um toxische Eigenschaften als auch um Mangelerscheinungen. Selen gehört zur Gruppe VIa des Periodensystems und hat die Ordnungszahl 34. Es weist in Hinsicht auf seine Chemie nahe Verwandtschaft mit Schwefel auf, weshalb sich viele Vebindungen und Spezies dieser Elemente stark ähneln. Derlei Ähnlichkeiten haben eine Reihe von biologischen Querbeziehungen zur Folge, die sich bei Mensch und Tier sowohl durch toxische Reaktionen als auch durch Mangelsymptome bemerkbar machen. Es gibt weltweit keine Lagerstätten diese Elements, die von wirtschaftlich nutzbarer Größe sind. Selen fällt in bedarfsdeckender Menge als Nebenprodukt bei der elektrolytischen Raffination von Kupfer, Zink und Nickel im Anodenschlamm an. Es dient zur die Herstellung elektronischer Bauteile, Glas, Kunststoffe und Keramik und wird in der chemischen Industrie bei der Herstellung von Pigmenten und Schmiermitteln eingesetzt [1]. Außerdem findet Selensulfid Anwendung in Haarwaschmitteln zur Bekämpfung bestimmter Kopfhauterkrankungen. Kombinationspräparate von Selen mit Vitamin E zur Ergänzung der täglichen Nahrung werden in vielen Apotheken und Reformhäusern angeboten.

Bei Tieren kann Selen je nach dem Gehalt im Futter toxisch wirken oder Mangelerscheinungen hervorrufen. Das Vorkommen von Selen in natürlicher Vegetation in Konzentrationen, die für Tiere toxisch sind, ist nur von historischem Interesse [2]. Obwohl die meisten Selenindikatorpflanzen von Weidetieren verschmäht werden, sind Fälle bekannt, in denen die Aufnahme von Pflanzenmaterial mit hohen Selengehalten zu Erkrankungen führte. Im Jahr 1857 trat in den USA in den Staaten Nebraska und Dakota bei Pferden die Alkali-Krankheit (alkali disease) auf, eine chronische Vergiftung mit Symptomen wie Abmagerung, Wachstumsstörungen, Haarausfall, Hufablösung und -deformierung sowie Gelenkversteifung [3]. Weiterhin ist das „Blinde Stolpern" (blind staggers) bekannt, eine akute Vergiftungserscheinung, die sich durch Kreiswandern, Kollaps infolge zentralnervöser Lähmungen und Ataxie sowie durch Erbrechen, Koliken, Durchfall und Freßunlust äußert. Akute Vergiftung durch Selen ist zwar selten, hat aber bei Rindern und Schafen schon zum Tode geführt [4]. Andererseits können unzureichende Selengehalte im Futter zu der dystrophischen „Weißmuskelkrankheit" (white muscle disease) führen. Dieses Problem kann behoben werden, wenn Selen zusammen mit Vitamin E als Beifutter verwendet wird [3]. Die Spanne zwischen Selenmangel und -überschuß bei der Tierfütterung ist sehr schmal. Eine tägliche Mindestaufnahme von 0,10 mg Se/kg wird als ausreichend zur Verhinderung der Weißmuskelkrankheit angesehen, wobei die richtige Dosierung allerdings von der Versorgung mit Vitamin E abhängt [2]. Die Toxizitätsschwelle von Selen für Weidevieh liegt bei 3–4 mg/kg Futter. Wegen dieser geringen Breite der essentiellen Wirkung sind sowohl die pflanzliche

Aufnahme von Selen als auch seine Zufuhr mit menschlicher und tierischer Nahrung wichtige Forschungsgegenstände.

Obwohl Selen für die tierische Ernährung essentiell ist, gibt es kaum Hinweise darauf, daß es für das Pflanzenwachstum von ähnlicher Bedeutung sein könnte. Die Selengehalte von Pflanzen eignen sich in der Regel für die Einstufung eines Gebiets als Selenmangel- oder -überschußregion. Im allgemeinen leiden Pflanzen auf selenreichen Böden unter Selenose, was sich in Blattchlorose und der Rosafärbung von Wurzeln äußert. Selensammler wie *Astragalus* sp nehmen ohne Vergiftungserscheinungen um mehrere Größenordnungen mehr Selen auf als landwirtschaftliche Nutzpflanzen [3] und können damit bei Tieren Selenvergiftungen verursachen. Andererseits können nicht-sammelnde Pflanzen wie *Munroa squarrosa* auf selenreichen Böden wachsen, ohne mehr als einige Milligramm Se/kg aufzunehmen [5]. Umgekehrt können Sammlerpflanzen, die auf selenarmen Böden wachsen, in ihren eßbaren Teilen höhere Selenkonzentrationen aufweisen als Pflanzen mit geringerer Selenaufnahmefähigkeit und sich damit eignen, einen Selenmangel bei Tieren verringern. Eine detaillierte Darstellung der Rolle des Selens im Verhältnis Boden-Pflanze ist in Abschn. 12.5 zu finden.

Lesern, die sich über die ernährungsphysiologischen Rolle des Selens informieren wollen, wird empfohlen, die Übersichtsarbeiten von Adriano [1], Ihnat [6] und Gissel-Nielsen [7] zu Rate zu ziehen. Außerdem liegen eine Reihe hervorragender Fachbücher zu den umweltwissenschaftlichen Aspekten des Selens vor, in denen einige der in diesem Kapitel besprochenen Punkte wesentlich ausführlicher behandelt werden [3, 8–10].

12.2   Geochemische Verbreitung

Für die Häufigkeit des Selens in der Erdkruste wurden Werte von 0,05–0,09 mg/kg genannt. Als chalkophiles Element [11] kommt Selen in Sulfiderzlagerstätten vergesellschaftet vor. Seine Häufigkeit beträgt 1/6000 des Schwefelvorkommens [12]. Selen ist regellos in geologischen Lagerstätten verteilt, läßt sich aber in den meisten Erden nachweisen. In Schwarzschiefern ist es häufig angereichert, wobei die Gehalte bis zu 675 mg Se/kg betragen [1]. Erhöhte Selengehalte in Tonschiefern und in kohlenstoffhaltigen Bruchstücken von Sandsteinen lassen sich auf eine Ablagerung unter reduzierenden Bedingungen zurückführen, die durch die Anwesenheit von organischem Material bei der Gesteinsbildung verursacht wurden. Reduktion in Gegenwart von Sulfidionen führt zur Ausfällung [13] und ein ähnlicher Mechanismus könnte für die Bildung von Seleniden verantwortlich sein. Erhöhte Selengehalte sind in einigen Phosphaterztypen zu finden, für die Gehalte von zwischen 1 und 300 mg/kg berichtet wurden [3]. Es scheint kaum eine Korrelation zwischen den Selen- und Phosphatgehalten dieser Lagerstätten zu bestehen, obwohl dunklere (und damit phosphatärmere) Erze höhere Selengehalte aufweisen. Größere Vorkommen eigenständiger Selenmineralien wurden bisher nicht entdeckt, was darauf zurückzuführen ist, daß zu deren Ausbildung außergewöhnliche Anreicherungen dieses Elements erforderlich wären. Normalerweise ist Selen mit Sulfiden vergesellschaftet, in deren Gitter es durch isomorphe Substitution des Schwefels Eingang findet [9]. Die Ähnlichkeiten in der Kristallchemie dieser beiden Elemente erklärt, warum Selen Schwefel substituiert und in Pyritlagerstätten nicht in Form eigenständiger Selenminerale auftritt.

Primäre Selenquellen in der Natur sind vulkanische Emissionen und aus vulkanischer Aktivität hervorgegangene Sulfidlagerstätten. So enthalten Tuffe im US-Staat Wyoming vulkanogene Selenite, Selenate und gediegenes Selen. Eine detaillierte Übersicht zum Auftreten von Selen in geologischen Materialien ist bei Berrow u. Ure [14] zu finden, wonach beträchtliche Mengen selenhaltiger Mineralien in kieselsäurereichen Gesteinen u. a. in Rußland, China, Kanada, den USA und Neuseeland vorkommen. Außerdem befinden sich hohe Selenkonzentrationen in fossilen Brennstoffen wie z.B. Kohle und Öl, obwohl die Gehalte in letzterem niedriger liegen. Diese Vergesellschaftung ist bei der Beurteilung des Einflusses lufttransportierter Verbrennungsprodukte auf Boden und Wasser von Bedeutung. Biologische Reservoirs, in denen sich Selen angereichert hat, sind sekundäre Quellen dieses Elements.

12.3   Herkunft von Selen in Böden

12.3.1   Bodenausgangsmaterialien

Der Selengehalt eines Boden spiegelt die Verwitterung der Ausgangsmaterialien wider. Unter bestimmten Bedingungen können allerdings auch atmosphärische bzw. in jüngerer Zeit anthropogene Faktoren die Zusammensetzung beeinflussen. In einer natürlichen Umgebung gehen erhöhte Selengehalte in Böden im wesentlichen mit vulkanischen Gesteinen, mit Sulfiderzlagerstätten, Schwarzschiefern und kohlenstoffhaltigen Sandsteinen einher. Die Intensität der Prozesse, durch welche die Ausgangsmaterialien verwittern und ausgelaugt werden, bestimmen die Selengehalte der jeweiligen Böden. Selen wird bei der Verwitterung offenbar leicht oxidiert, und seine Mobilität nimmt mit zunehmender Oxidationsstufe zu [1]. In trockener alkalischer Umgebung tritt Selen in den Böden meist als verfügbares Selenat auf. In humider Umgebung stellt Selenit die vorherrschende Spezies dar. Unter diesen Bedingungen ist Selen schlechter löslich, wie noch zu zeigen sein wird. In den USA sind selenhaltige Böden vor allem auf einen breiten Gürtel in der Mitte des Kontinents konzentriert, aber auch in eisenoxidhaltigen Böden in Hawaii wurden hohe Gehalte festgestellt [15]. Böden und Unterböden in Wyoming und Süd-Dakota waren Gegenstand detaillierter Studien, da die dort gedeihende Vegetation mit einem Gehalt von mehr als 2 mg Se/kg Pflanzenmaterial eine Gefahr für das Vieh darstellte. Nachdem kürzlich selenhaltige Böden auch in Kalifornien gefunden wurden, hat das wissenschaftliche Interesse an diesen Bodenarten erneut zugenommen. Typische Selengehalte verschiedener Bodenausgangsmaterialien und Böden sind in Tabelle 12.1 zusammengestellt. Die Selenkonzentrationen in Böden sind sehr unterschiedlich und reichen von Spurengehalten ($< 0,1$ mg/kg) bis zu Bereichen akuter Toxizität (bis zu 8000 mg/kg) [14, 16]. Archer u. Hodgson [17] untersuchten die gesamten und die extrahierbaren Gehalte von Spurenelementen in englischen und walisischen Böden. Die Gesamtkonzentrationen, d. h. die mit Perchlorsäure+Salpetersäure aufschließbaren Selenmengen, wurden an 229 Bodenproben aus den obersten 15 cm einer Vielzahl von landwirtschaftlich genutzten Böden bestimmt. Die Werte lagen zwischen 0,02 und 2,0 mg Se/kg bei einem Zentralwert von 0,5 mg Se/kg. Selenhaltigen Böden sind häufig in semi-ariden Gebieten wie den westlichen Staaten der USA zu finden, aber auch unter humiden Bedingungen traten toxische Selenkonzentrationen auf [18]. Die natürliche Auswaschung von selenreichen Gesteinsforma-

Tabelle 12.1. Selengehalte von Böden und deren Ausgangsmaterialien [mg/kg]

Material	Mittelwert	Spannweite	Literatur
Erstarrungsgesteine	0,35	0,09−1,08	[14]
Vulkanische Gesteine, USA			[119]
CO, CA, NM, ID, AK	< 1,0		
HI	< 2,0		
Vulkanische Tuffe (WY)	9,15	12,5−187	[3]
Sandsteine		0,01(*GK*)−0,05	[16, 103]
Carbonate	0,08		[14, 16]
Marine Carbonate	0,17		[121]
Kohlenstoffhaltige Gesteine			
Tonschiefer (westl. USA)		1(*GK*)−675	[118]
Tonschiefer (WY)	19,86	2,3−52,0	[3]
Tonschiefer (allgemein)	0,05		[16, 122]
Tonsteine		< 1500	[120]
Kalkstein	0,03		[122]
Phosphaterze		1−300	[120, 121]
Kohle			
USA	3,36	0,46−10,65	[123]
Australien	0,79	0,21−2,5	[16]
Öl		0,01−1,4	[14]
Böden			
USA		0,1(*GK*)−5000	[16]
CA (Auswahl)	1,5	0,6−1,6	[61, 124]
Großbritannien	0,5	0,2−2,0	[17]
Wales, Irland (Auswahl)		30−3000	[18]

tionen aus dem Zeitalter des Karbons in verschiedenen Teilen Irlands führte zu hohen Selengehalten in Talböden, die hohe Gehalte an organischem Material besitzen.

12.3.2 Landwirtschaftliche Materialien

Die Anwendung von Selen in der Agrochemie umfaßt eine Vielzahl von Gebieten wie z.B. Schädlingsbekämpfung und Zusatz zum Futter von Weidetieren in Gebieten mit Selenmangel. Zum Einsatz als Pestizid wird Selen in Kaliumammoniumsulfid gelöst, wobei man $[K(NH_4)S]_5Se$ erhält. Diese Mittel wirkt gegen Milben und andere Schadinsekten bei Citrusfrüchten, Trauben und Schmuckblumen [19]. Einige Milbenarten scheinen aber eine Resistenz gegen dieses Mittel entwickelt zu haben, und sein Einsatz ist mittlerweile zurückgegangen. In der Absicht, den Selengehalt von Pflanzengewebe zu erhöhen und die Pflanzen damit für bestimmte Insekten toxisch zu machen, wurden Selenate in Blattsprühmittel verwendet bzw. auf Böden ausgebracht. Der Einsatz dieser Art von Pestiziden bei Obst wurde aufgrund gesundheitlicher Bedenken bereits vor 1961 eingestellt. Selen dient heutzutage agrikulturell hauptsächlich zur Vorbeugung von Selenmangelerscheinungen beim Vieh (Futterzusätze).

12.3.3   Atmosphärische Deposition

Die bedeutendste anthropogene Quelle für Selen in der Atmosphäre ist die Verbrennung von Kohle in Kraftwerken sowie in industriellen und häuslichen Feuerungsanlagen. Nriagu u. Pacyna [20] berichteten, daß aus der für 1983 geschätzten maximalen Emission von 5780 t weltweit etwa 2755 t der Kohlenverbrennung entstammten. Zu den anderen nennenswerten Quellen für atmosphärisches Selen gehören die Verbrennung von Öl (jährl. 827 t) und die Freisetzung von Selen bei pyrometallurgischen Industrieprozessen wie der Raffination von Kupfer und Nickel (jährl. 1280 t). Die mittlere weltweite Emission von Selen aus natürlichen Quellen wurde unlängst auf $6-13 \cdot 10^3$ t jährlich geschätzt [21], wovon 60–80% marin-biogenen Ursprungs sind. Die Zusammenstellung von Nriagu u. Pacyna [20] zeigt eindeutig, daß den Böden große Mengen Selen auch durch breites Spektrum von Industrieabfällen zugeführt werden. Die beiden wichtigsten Quellen sind hierbei die Deponierung von Asche und Schlacke aus der Kohleverbrennung und die ungeregelte Entsorgung von allgemeinem Verbrauchsartikelmüll an Land.

12.3.4   Klärschlämme

Über die Selengehalte von Klärschlämmen und von schlammbehandelten Böden liegt nur wenig Information vor. In den USA wurden bei einer Untersuchung von Klärschlämmen aus 16 Ballungsgebieten Selengehalte von zwischen 1,7 und 8,7 mg/kg gefunden [22]. Die Auswertung einiger Klärschlämme aus dem Großraum Los Angeles ergab Werte, die zwischen 2 und 6 mg Se/kg lagen [23]. Bei einer großangelegten Untersuchung von Klärschlämmen aus 40 Städten wurde ein Zentralwert von 1,1 mg Se/kg ermittelt. Die verfügbaren Daten zeigen, daß Selen aus kommunalen Abwässer im allgemeinen in der Primärstufe entfernt und somit im Klärschlamm angereichert wird. Der Ablauf aus erster und zweiter Stufe enthält nur noch etwa 0,2% der ursprünglichen Selenmenge, die zum größten Teil, wie oben ausgeführt, vermutlich durch die Industrie eingebracht wurde.

Im Vergleich zu anderen Metallen ist der Selengehalt der meisten Klärschlämme recht niedrig. Logan et al. [24] untersuchten den Einfluß von Selen in mit Klärschlamm behandelten Böden auf eine Reihe von dort angebauten Pflanzen: Gerste (*Hordeum vulgare* L. var. Briggs), Mangold (*Beta vulgaris* L. var. Fordhook) und Radieschen (*Raphanus sativa* L. var. Cherry Belle). Die Autoren berichteten, daß nur 13–25% des mit dem Schlamm eingebrachten Selens im Boden innerhalb der Einarbeitungstiefe von 0–15 cm wiedergefunden wird und daß bis in eine Tiefe von 1,5 m keine meßbaren Anzeichen für eine Auswaschung in tieferliegende Schichten festgestellt werden konnten. Diese Ergebnisse liegen deutlich unter den Werten für andere Elemente wie z.B. Cadmium, Zink, Nickel und Blei, die in einer analogen Untersuchung von Chang et al. [25] festgestellt wurden. Bei dieser Studie konnten mehr als 90% der genannten Elemente in den obersten 15 cm wiedergefunden werden. Die Autoren schlossen mit der Vermutung, daß Selen entweder durch Verflüchtigung oder durch Ausspülung verlorengeht. Die Aufnahme von Selen durch sämtliche angebauten Pflanzen war ebenfalls gering, und es wurden keine Hinweise für eine Korrelation zwischen der ausgebrachten Selenmenge und der von den Pflanzen aufgenommenen gefunden.

12.4   Chemisches Verhalten in Böden

12.4.1   Speziation: anorganische Ionen

Selen tritt in den Oxidationsstufen −2, 0, +4 und +6 auf, die alle unter verschiedenen Bedingungen in Böden auftreten können. Speziation und Verteilung des Selens hängen von den verschiedenen Bodenfaktoren ab, insbesondere vom pH-Wert und dem Redoxpotential. Andere physikalisch-chemische Faktoren, welche die Speziation von Selen in Böden beeinflussen, sind die chemische und mineralogische Zusammensetzung, die mikrobielle Mitwirkung und die Art der adsorbierenden Oberflächen. Die Wechselwirkungen zwischen den verschiedenen Faktoren sind recht komplex, daher soll hier zunächst das Verhalten von Selen unter einfachen chemischen Bedingungen betrachtet werden.

Abbildung 12.1 veranschaulicht die Selenspeziation in Abhängigkeit von Redoxpotential[1] und pH-Wert für ein wäßrigen System mit einem Gesamtgehalt von 1 mmol/m^3 (78,96 µg/l). Dieses Diagramm wurde nach thermodynamischen Daten konstruiert, die von Sposito et al. [26] zusammengestellt wurden und umfaßt nur anorganische Komplexe. Der schraffierte Bereich zeigt die üblicherweise in Böden herrschenden pH-E_h-Bedingungen. Wie man sieht, sollten unter normalen Bedingungen in Böden nur elementares Selen, Selenit und Selenat auftreten. Die Reduktion zu Seleniden kann nur unter geeigneten Bedingungen ablaufen, d.h. unter Sauerstoffmangel bei Staunässe. Selen(IV) liegt je nach pH-Wert als Selenit (SeO_3^{2-}) oder Hydrogenselenit ($HSeO_3^{-}$) vor. Selen(VI) kommt als Selenat (SeO_4^{2-}) vor. Diese Oxyanionen sind hauptverantwortlich für die Reaktivität von Selen in Böden. Selen ist im Vergleich zu Schwefel stabiler gegen Oxidation. So ist Selenit gegenüber Selenat, jedoch umgekehrt Sulfat gegenüber Sulfit bevorzugt. Ein Vergleich der Redoxpotentiale der verschiedenen Paare, die üblicherweise in wäßrigen Systemen und Böden auftreten, mit den Selenredoxpaaren SeO_4^{2-}/SeO_3^{2-} und SeO_3^{2-}/Se ist hier von Interesse (s. Tabelle 12.2).

Nach thermodynamischen Berechnungen sollte SeO_4^{2-} bei abnehmendem E_h in Böden vor MnO_2, aber nach NO_3^{-} reduziert werden. Diese Abfolge wurde bei einer Untersuchung der Kinetik von Reduktionsprozessen bestätigt, bei der eine Suspension eines Bodens in Wasser im Mengenverhältnis 1:8 bis zu 250 h ohne Sauerstoffzufuhr inkubiert wurde [28]. Masscheleyn et al. [29] wiesen eine ähnliche Abfolge in Suspensionen selenhaltiger Böden unter experimentell eingestellten pH- und pe-Bedingungen nach. Selenat war nur in Gegenwart von Nitrat nachweisbar. Die Autoren kamen zu dem Schluß, daß pe- und pH-Werte die wichtigsten Faktoren für die Biogeochemie von Selen in Sedimenten sind. Andere Autoren halten es für wahrscheinlich, daß Nitrat die Reduktion von Selenat verzögert [28, 30–32]. Dieser Effekt kann zum einen chemischer Natur sein, d.h., daß im Überschuß vorhandenes Nitrat ein hohes Redoxpotential bedingt [33], zum anderen biochemischer Natur, indem die Atmung der selenatreduzierenden Mikroorganismen direkt behindert wird [30]. Vor kurzem wurde eine *Pseudomonas*-Art isoliert, die ein besonderes Selenatreduktase-Enzym (zur Katalyse der Reduktion von SeO_4^{2-} zu SeO_3^{2-}) besitzt [34], dessen Synthese jedoch durch Nitrat behindert wird. Bei einem ausreichend niedrigen E_h treten Selenatreduktion sowie Methan- und Ammoniumbildung nebeneinander auf.

---

[1] Redoxpotential = E_h [mV]; pe = E_h / 59,16 mV .

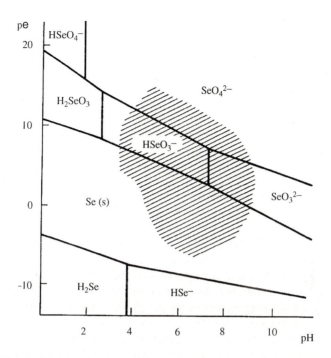

Abb. 12.1.   pe-pH-Diagramm für das System Se/H_2O mit $[Se]_{ges} = 78,96$ µg/l (1 mmol/m^3). (Aus [38])

Tabelle 12.2.   Gleichgewichtspotentiale von Redoxpaaren in Bodensystemen

Reaktion	E_h bei pH 7 [V]	Literatur
O_2/H_2O	0,82	[125]
NO_3^-/NO_2^-	0,54	[125]
SeO_4^{2-}/SeO_3^{2-}	0,44	[125]
MnO_2/Mn^{2+}	0,40	[26]
SeO_3^{2-}/Se	0,27	[26]
$FeO(OH)/Fe^{2+}$	0,17	[125]
SO_4^{2-}/HS^-	–0,16	[125]
CO_2/CH_4	–0,24	[27]
N_2/NH_4^+	–0,28	[27]

Im Gegensatz zu der Fülle an thermodynamischen Daten zu den in Böden ablaufenden Redoxprozessen liegen über die Kinetik dieser Reaktionen kaum Informationen vor.

Die Konzentrationen der Selenoxyanionen in Böden sowie in Oberflächen- und Grundwasser werden ebenfalls durch die Löslichkeit der Selenmineralien in Böden geregelt. In einer neueren Untersuchung von Elrashidi et al. [35] wird die Theorie der Gleichgewichtsreaktionen und -konstanten für eine große Zahl von Selenmineralien und anorganische gelöste Spezies betrachtet. Die Autoren verwiesen darauf, daß Metallselenat- und -selenitmineralien im allgemeinen zu gut löslich sind, um in Böden zurückgehalten zu werden, und daß die Bildung von schwerlöslichen Seleniden wie Cu_2Se, $PbSe$ und $SnSe$ unter reduzierenden Bedingungen die Entstehung von elementarem Selen verhindern dürfte. In ähnlichen Berechnungen wurde die Stabilität von Selenmineralien in schlecht belüfteten Boden- und Sedimentporenwassersystemen untersucht, in denen unter anaerobischen Bedingungen mikrobiell beeinflußte Umwandlungen von Selenoxyanionen ablaufen [36]. Es zeigte sich, daß elementares Selen und die Bildung von $FeSe$ und $FeSe_2$ die Löslichkeit von Selen steuern, selbst wenn Eisenselenide im Vergleich zu Sulfiden thermodynamisch weniger stabil sind. Bei einer Untersuchung von Stauseesedimentensuspensionen bei eingestellten Redoxpotentialen (500, 200, 0, –200 mV) und pH-Werten (pH 5; naturbelassen; pH 7,5) wurden bei der Reduktion abnehmende Gehalte an Nickel, Kupfer und Zink festgestellt. Die Fällung von Metallseleniden unter anaeroben Bedingungen könnte somit dazu dienen, Selen aus Lösungen zu entfernen [37]. Entgegen den früheren Annahmen von Lakin [12] und Rosenfeld u. Beath [3] sollten Eisenselenite in sauren Böden nicht vorkommen. In alkalischen Böden sollte die Bildung von Eisenhydroxid-Selenit-Addukten als Faktor für die Steuerung der Löslichkeit von Selenit nicht ausgeschlossen werden. Ein ähnlicher Einschluß von Selenit in Gips ($CaSO_4$) kann die Konzentration an gelöstem Selenit ebenfalls herabsetzen, wobei die Struktur solcher Mitfällungen allerdings noch nicht genauer bestimmt wurde [38].

Berechnungen der Bildungskonstanten für verschiedene Selenate, Selenite und Selenide ergaben, daß nur Verbindungen wie $MnSeO_4$, $NiSeO_4$, $NaHSeO_3$ sowie $KHSe$ und NH_4HSe (je nach Redoxbedingungen) einen Beitrag zum löslichen Selen in normalen bewirtschafteten Böden liefern können. Unter oxidierenden Bedingungen und in Abwesenheit organischer Stoffe scheint oberhalb von pH 2 Selenat die vorherrschende Spezies zu sein, während das lösliche Selen in Systemen mit mäßigem Redoxpotential vorwiegend in Form von Selenit und Hydrogenselenit vorliegt. Es ist jedoch sehr wahrscheinlich, daß unter natürlichen Bedingungen reduzierende Mikroorganismen einen starken Einfluß auf die Stabilität von Oxyanionen ausüben.

12.4.2   Speziation: organische Ionen

Zum Verhalten der organischen Selenverbindungen in Böden liegen weniger Informationen vor. Die organische Chemie des Selens ist jedoch recht gut bekannt, wobei die Betonung in jüngster Zeit auf Selenokohlenhydraten, Selenoaminosäuren, Selenopeptiden und anderen selenhaltigen Molekülen von biochemischer Relevanz lag [39]. Es ist allerdings häufig schwer, die in Bodensystemen gefundenen Verbindungen genauer zu identifizieren. Dabei handelt es sich entweder um Produkte oder Nebenprodukte mikrobieller Prozesse oder um Verbindungen, die sich bei der direkten Reaktion mit organischen Substanzen wie Humin- oder Fulvosäuren bilden. Verschiedene lösliche organische Selenverbindungen wie z.B. nicht-flüchtige organische Selenide, Selenoaminosäuren, das Dimethylseleniumdikation und die flüchtigen methylierten Verbindungen Dimethylselan (DMSe) und Dimethyldiselan (DMDSe) wurden inzwischen identifiziert. Dimethylselan ist eine der einfachsten und im Hinblick auf Umweltaspekte wohl wichtigsten organischen Selenverbindungen in Böden. Diese Verbindung entsteht vermutlich bei der mikrobiellen Methylierung anorganischer Selenspezies. Dabei bilden sich flüchtige organische Selenspezies, die aus Böden und Was-

seroberflächen in die Atmosphäre abgegeben werden. In vielen Untersuchungen zur Speziation von Selen in Böden wird das lösliche organisch gebundene Selen gewöhnlich pauschal
angegeben, da analytische Bestimmung der einzelnen organischen Spezies schwierig ist. In
jüngerer Zeit wurden jedoch bei der Fraktionierung des organischen Selens Fortschritte
gemacht, wie aus der Arbeit von Abrams et al. [41] ersichtlich ist. Organische Selenverbindungen, die aus einer ausgewählten topographischen Abfolge von Böden aus Kalifornien mit
einer Lösung von Natriumpyrophosphat (0,1 M NaOH+0,1 M $Na_4P_2O_7$) extrahiert worden
waren, wurden in Humate sowie in hydrophile und hydrophobe Fulvate aufgespalten. Das bei
dieser Untersuchung ebenfalls identifizierte Selenomethionin könnte eine Quelle für die
Aufnahme von Selen durch Pflanzen darstellen. Ähnliche Ergebnisse wurden bei der Untersuchung der Selenfraktionen von Bodenprofilen aus drei schwedischen Podsolen erhalten
[42]. Es zeigte sich, daß Selen in der organischen Fraktion des Bodens beträchtlich angereichert war, besonders in der hydrophoben Fulvatfraktion, und es stellte sich heraus, daß die
Verteilung des Selens auf die verschiedenen organischen Fraktionen von der des Schwefels
beträchtlich abwich.

Zusammenfassend kann gesagt werden, daß die Reaktivität und schließlich auch das Verhalten von Selen in Böden von den chemischen Spezies bestimmt wird, in denen es dort
überwiegend vorliegt. Chemie und Mobilität der anorganischen Oxyanionen, Selenat und
Selenit, unterscheiden sich stark voneinander. In Abwesenheit von organischem Material ist
zu erwarten, daß die Redoxbedingungen das Vorliegen von Oxyanionen begünstigen, wohingegen in Gegenwart organischer Substanzen und von Bakterien eher eine Reduktion stattfindet. Die große Menge nicht identifizierter organischer Spezies kompliziert das Bild weiter.
Daher sollte ein genaueres Verständnis dieser Spezies und ihrer gegenseitigen Wechselwirkungen Ziel der weiteren Forschungen sein.

12.4.3 Adsorption

Die Adsorption von Ionen auf festen Oberflächen stellt einen wichtigen Mechanismus dar,
durch den eine Verbindung im Boden festgehalten werden kann und welcher deren Wande-
rung durch das Profil beeinflußt. Die Unterschiede im Verhalten von Selenat und Selenit
lassen sich durch einen Vergleich ihres Adsorptionsverhaltens erfassen. Die meisten Forscher
teilen die Auffassung, daß Selenit im Boden bzw. in Mustermineralien stärker adsorbiert
wird als Selenat und daß dieser Unterschied höchstwahrscheinlich auf Adsorptionsmechanismen zurückzuführen ist.

Es gilt als bewiesen, daß Selenit auf festen Oberflächen durch den sog. Ligandenaustausch
spezifisch adsorbiert wird. An einem solchen Austausch sind üblicherweise Hydroxygruppen
auf der Oberfläche von Tonpartikeln oder Metallhydroxiden beteiligt [43, 44]. Man nimmt
an, daß dieser spezifische Adsorptionsmechanismus bei Anionen wie z.B. Phosphat und
Arsenat ähnlich verläuft und in gewissem Umfang vom pH-Wert abhängt, da die Anwesenheit von Wasserstoffionen die auch Fähigkeit der Oberfläche zur spezifischen Adsorption
von Ions beeinflußt. Daher nimmt die Selenitmenge bzw. die Menge anderer Anionen, die an
einer festen Oberfläche adsorbiert werden, mit steigendem pH-Wert ab. Dieses Verhalten
steht in direktem Gegensatz zu dem von Kationen, die bei steigendem pH-Wert stärker adsorbiert werden.

Im Unterschied zu Selenit verhält sich Selenat so, wie man es von unspezifisch adsorbierten Ionen wie Sulfat oder Nitrat erwartet: Die pH-Abhängigkeit der Adsorption ist hier wesentlich stärker ausgeprägt als im spezifischen Fall. Die unspezifische Adsorption verläuft vermutlich über die Bildung von Outer-sphere-Oberflächenkomplexen, bei denen zwischen der Oberfläche und der adsorbierten Spezies mindestens ein Wassermolekül vorhanden ist [45]. Der Nachweis solcher Mechanismen kann nicht mit makroskopischen Methoden wie anhand von Adsorptionsisothermen gelingen, auch wenn sich letztere für den Vergleich des Verhaltens verschiedener Ionen und Oberflächen im Experiment als überaus nützlich erwiesen haben. Eine neuere Untersuchung von Komplexen, die sich an der Goethit-Wasser-Grenzschicht mit Selenoxyanionen bilden, mit Hilfe der ausgedehnten Röntgenabsorptionsfeinstrukturanalyse (EXAFS) ergab, daß Selenat tatsächlich nur schwach in Form von Outer-sphere-Komplex gebunden ist und daß Selenit Inner-sphere-Komplexe mit festeren Bindungen bildet [46]. In der Praxis bedeutet dies, daß Selenit in Böden im Vergleich zu Selenat und anderen Ionen wie Sulfat und Chlorid stärker zurückgehalten wird, daß es aber durch Phosphat verdrängt werden kann. Bei Ausbringung von Phosphatdüngern auf selenhaltige Böden muß also mit einer Erhöhung der Selenverfügbarkeit gerechnet werden.

Zur Untersuchung des Verhaltens von Ionen in wäßriger Lösung an festen Oberflächen werden häufig Adsorptionsisothermen und Grenz-pH-Effekte herangezogen. Studien zur Adsorption von Selenit an Mustermineralien erbrachten Hinweise zu den mechanistischen Aspekten, die für die Löslichkeit von Selen in Böden eine Rolle spielen. Hingston et al. [43] und Hingston [47] untersuchten die Adsorption von Selenit an Goethit und Gibbsit und beobachteten eine Zunahme des pH-Werts der Suspension sowie eine Erhöhung der negativen Oberflächenladung der Oxide, was sie auf spezifische Adsorption zurückführten. Hamdy u. Gissel-Nielsen [48] zeigten, daß die Adsorption von Selenit an Eisenoxiden im pH-Bereich 3–8 schnell und nahezu vollständig abläuft, aber mit dem pH-Wert abnimmt. Die Autoren wiesen außerdem nach, daß die Sorption von Selenit an Tonmineralien stärker vom pH-Wert als vom Schichttyp des Minerals abhängt, auch wenn sich Hinweise dafür ergaben, daß die Sorptionskapazität bei 1:1-Mineralien wie Kaolinit höher ist als bei den 2:1-Mineralien Vermiculit und Montmorillonit. Bar-Yosef u. Meek [49] führten diese Unterschiede darauf zurück, daß die Mineraloberflächen in Montmorillonit stärker negativ geladen sind als in Kaolinit, wodurch die Zugänglichkeit der Anionenadsorptionsstellen herabgesetzt wird. Scott [50] beobachtete, daß die Selenitadsorption an Goethit und Birnessit innerhalb weniger Minuten stattfindet und nach einigen Stunden einen Gleichgewichtszustand erreicht. Wenn Selenit einer wäßrigen Birnessitsuspension zugegeben wird, beobachtet man als Redoxprodukte Mn^{2+} und Selenat, wobei letzteres in nachweisbaren Mengen nur langsam als Funktion der sorbierten Selenitmenge entsteht.

Auf Mustermineralien wurde eine beträchtliche Adsorption von Selenat beobachtet [49, 51–54]. Eine weitgehende Entfernung der Selenanionen wurde bei niedrigem pH-Wert (z.B. 80% einer 10 μM Selenatlösung bei pH 4,5 durch Eisenoxide [51, 52] und Kaolinit [49]) beobachtet. Auch wenn es Indizien dafür gibt, daß sich auch bei der Adsorption von Selenat Inner-sphere-Oberflächenkomplexe bilden [53], wird im allgemeinen angenommen, daß es sich hier um ein unspezifischen Prozeß handelt, der im Gegensatz zu Selenit empfindlich auf Veränderungen der Ionenstärke reagiert [46].

Die Adsorptionscharakteristika von Böden hängen vom Ausmaß der pedochemischen Verwitterung ab, weshalb es ist unwahrscheinlich ist, daß sich Mustermineralien genauso verhalten wie verwitterte heterogene Adsorbenzien [45]. Außerdem schwanken nicht nur die absoluten Mengen von in Böden vorhandenen Adsorbenzien wie Oxiden und Tonmineralien, sondern auch die relativen Anteile der adsorbierenden Oberflächen. John et al. [55] kamen bei der Untersuchung von 66 neuseeländischen Böden zu dem Schluß, daß die Adsorption von Selenit im allgemeinen mit dem Verwitterungsgrad des Bodens zunimmt. In der Literatur gibt es nur wenig experimentelle Daten zur Adsorption von Selenat in Böden, und selbst diese sind widersprüchlich [56, 57]. Singh et al. [58] und Goldhamer et al. [59] berichteten übereinstimmend, daß aus einer Lösung mit $5-150$ µM SeO_4^{2-} von Böden unterschiedlicher Zusammensetzung mindestens 15 % des Selens adsorbiert wird, während Neal u. Sposito [56] und Goldberg u. Glaubig [57] selbst bei niedrigem pH ($< 5,0$) keine signifikante Adsorption nachweisen konnten. Alemi et al. [60] beobachteten in Batchversuchen mit Böden eine Adsorption von Selenat, jedoch nicht bei Lysimetermessungen. Ebenso waren Fio et al. [61] nicht in der Lage, eine Adsorption von Selenat in Bodensäulen nachzuweisen, wohingegen bei beiden Untersuchungen eine Adsorption von Selenit festgestellt wurde [60, 61].

Untersuchungen haben gezeigt, daß neben den physikalischen und chemischen Eigenschaften des Adsorbens auch die Zusammensetzung der Lösung einen beträchtlichen Einfluß auf das Ausmaß hat, in dem die verschiedenen Adsorptionsmechanismen auftreten. So können z.B. Veränderungen der Ionenstärke indirekt die Ladungsverteilung auf festen Oberflächen und in der umgebenden Lösung beeinflussen und damit anziehende und abstoßende Wechselwirkungen zwischen den adsorbierten Anionen und der Oberfläche verändern [62]. Versuche einer Reihe von Autoren haben jedoch gezeigt, daß sich Veränderungen der Ionenstärke auf das Ausmaß der Sorption von Selenit nur wenig auswirken [38, 43, 46], wohingegen sich die Sorption von Selenat dabei stark verändert. Variationen der Ionenstärke können als Änderungen der Konzentration miteinander konkurrierender Ionen angesehen werden. Im Fall von Chlorid wird die Konkurrenz minimal sein, während bestimmte Anionen, insbesondere Phosphat und Sulfat, als wirksame Konkurrenten für Selenit und Selenat in wäßrigen kolloidalen Systemen betrachtet werden können. Bei der Auswertung von Daten aus einer Reihe von Arbeiten ergab sich die folgende Affinitätssequenz für die Adsorption ausgewählter Anionen in Böden und an Mustermineralien [43, 44, 54, 56, 63–65]:

Phosphat > Arsenat ≥ *Selenit* ≥ Silicat ≫ Sulfat ≥ *Selenat* > Nitrat > Chlorid.

Das unterschiedliche Verhalten von vier solchen Anionen wird in Abb. 12.2 gezeigt. Selenat ($0,74$ mg SeO_4^{2-}/l), Selenit ($0,24$ mg SeO_3^{2-}/l), Sulfat (96 g SO_4^{2-}/l) und Chlorid ($1,7$ g/l) wurden mit einem alluvialen Boden, einem feinen lehmigen gemischt-thermischen Haplargid aus der kalifornischen Panhill-Bodenserie äquilibriert. Die adsorbierte Menge wurde gemessen und als Prozentsatz der ursprünglichen Anionenkonzentration ausgedrückt [56]. Die Adsorption von Selenit zeigt bei Untersuchungen im Grenz-pH-Bereich das typische Verhalten eines Anions, welches durch die Bildung von Inner-sphere-Oberflächenkomplexen adsorbiert wird, so daß eine Zunahme des pH-Werts nur zu vergleichweise geringer Desorption führt. Selenat und Sulfat, deren Reaktionen nahezu identisch sind, zeigen unter diesen Versuchsbedingungen keine Adsorption, während bei Chlorid das als Anionenverdrängung bekannte Phänomen beobachtet wird. Letzteres kann mechanistisch als die Abstoßung eines Ions durch eine gleichsinnig geladene Oberfläche angesehen werden [45]. Phosphat würde in dieser Darstellung vermutlich ein dem Selenit ähnliches Verhalten zeigen.

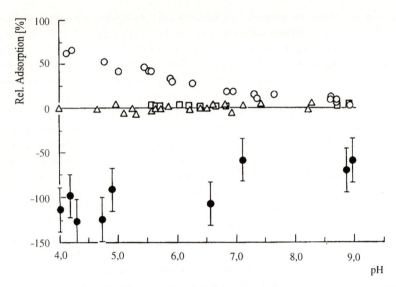

Abb. 12.2.   Adsorption von vier Anionen durch einen Panhill-Boden. O = Selenit, △ = Selenat, □ = Sulfat,
● = Chlorid [56]

12.4.4   Biologische Umwandlungsprozesse

In Böden scheinen Selenverbindungen meist durch die Einwirkung von Mikroben umgewandelt zu werden, wobei diese Transformationen zu einer oder mehreren der folgenden Kategorien gehören dürften:

• Oxidation/Reduktion,
• Immobilisierung/Mineralisierung und
• Methylierung.

Da Selen in den höheren Oxidationsstufen leichter verfügbar ist und stärker toxisch wirkt, richtete sich das Augenmerk der Forscher beim Versuch der Entgiftung auf die mikrobielle Reduktion solcher Spezies zu ihrer elementaren Form oder auf ihre Einführung in organische Verbindungen. Viele der in Böden auftretenden Bakterien und Pilze, speziell Actinomyceten (Strahlenpilze), können anorganische Selensalze verhältnismäßig rasch entweder zur elementaren Form reduzieren, die dann in roten intrazellulären Ablagerungen auftritt [66], oder in flüchtige oder nicht-flüchtige organische Verbindungen umwandeln [67]. Unter anaeroben Bedingungen wurde die Bildung von Selan (Selenwasserstoff, H_2Se) in Böden beobachtet, die mit Selenit, Selenat und elementarem Selen behandelt wurden [68]. Die Bildung von Metallseleniden und/oder elementarem Selen in sauerstoffarmen Zonen wurde postuliert.

Bei der Immobilisierung von Selen, d. h. bei Prozessen, die seine Verfügbarkeit für Pflanzen, Tiere und Mikroorganismen herabsetzen, bilden sich verschiedene organische Selenverbindungen wie Seleno-Aminosäuren und -Proteine sowie Selenide [66]. Die chemische Ähnlichkeit zwischen Selen und Schwefel führt dazu, daß es viele Selenverbindungen gibt, die analog zu verschiedenen Schwefelverbindungen gebaut sind, und daß die Verstoffwechselung organischer Selenverbindungen auf ähnlichen Wegen abläuft wie die der entsprechenden Schwefelanaloga [69]. Neuere Untersuchungen für Verfahren zur Reinigung selenhaltiger landwirtschaftlicher Abwässer führten zur Isolation von zwei Mikroorganismen, die gemeinsam Selenat zu elementarem Selen reduzieren. Einer der beiden, *Pseudomonas stutzeri*, ist fakultativ anaerob und veratmet Selenat zu Selenit, während der zweite, obligat anaerobe Organismus Selenit zu Selen reduziert [70, 71]. Da aber die Selenatreduktion bei beiden Organismen im Gegenwart von Nitrat behindert ist, wird angenommen, daß ihre Systeme zur Veratmung von Nitrat auch zur Reduktion von Selenat dienen. Im Gegensatz dazu reduziert *Thauera selenatis* Selenat und Nitrit gleichzeitig, wobei es Acetat als Elektronendonator bevorzugt [71].

Eine der auffälligsten Folgen der biologischen Umwandlung von Selen in Böden ist die Entstehung flüchtiger organischer Formen. Zu den sich aus Böden entwickelnden flüchtigen Spezies gehören Dimethylselan $\langle$DMSe, $(CH_3)_2Se\rangle$, Dimethyldiselan $\langle$DMDSe, $(CH_3Se)_2\rangle$ und Dimethylselenon[2] $\langle(CH_3)_2SeO_2\rangle$ [72], von denen angenommen wird, daß sie hauptsächlich durch Bodenpilze [67, 73–75] und Bakterien [66, 76] produziert werden. Die zusätzliche Verfütterung bestimmter Kohlenstoffverbindungen an solche Mikroben zur Erreichung erhöhter Verflüchtigungsraten wurde in jüngster Zeit verstärkt untersucht, da die Umwandlung des potentiell toxischen Selenats zu flüchtigen Spezies ein wichtiges Verfahren zur Verminderung der Mobilität und Toxizität des Selens in Böden darstellen könnte [77]. Pektin [76] und bestimmte Proteine wie z.B. Hühnereiweiß [67] erwiesen sich als geeignet, die Verflüchtigung von Selen in Boden- bzw. Wasserproben zu fördern. In Böden identifizierten Karlson u. Frankenberger [75] die Pilze *Acremonium falciforme, Penicillium citrinum* und *Ulocladium tuberculatum* als aktive Umwandler von Selenit und in geringem Umfang von Selenat. Weiterhin konnten sie zeigen, daß die Verflüchtigungsraten durch die Zugabe einer Kohlenstoffquelle wie z.B. Pektin erhöht werden können. Ähnliche Befunde lieferten Thompson-Eagle u. Frankenberger [67] für die Verflüchtigung von Selen durch *Alternaria alternata* in selenhaltigen Wässern.

12.4.5   Selen im Grundwasser

Die Selenmengen, die ins Grundwasser gelangen, hängen von einer Reihe von Faktoren ab, wie z.B. der Tiefe des Grundwassers und der Art des Materials, durch das das selenhaltige Wasser hindurchsickern muß. In Gebieten mit Grundwasser von geringer Tiefe wie dem San-Joaquin-Tal in Kalifornien (USA) wird die Anreicherung des Selens auf eine Verdunstung des Grundwassers zurückgeführt [78]. Bei hohen Grundwasserspiegeln und unter alkalischen, oxidierenden Bedingungen tritt Selen hauptsächlich als Selenat auf, in Konzentrationen von $1(GK)–3800$ µg/l. In dieser Form ist Selen am mobilsten und kann daher leicht vom Grundwasser transportiert werden. Es ist unwahrscheinlich, daß tiefere Grundwässer unter sauren Böden viel Selen enthalten. In Anbetracht der für die Mobilität von Selen erforder-

---

[2] Die Biogenese von Dialkylselenonen erscheint aufgrund ihrer literaturbekannten starken Oxidationswirkung und geringen Stabilität eher unwahrscheinlich. (Anm. d. Übers.)

lichen sauerstoffreichen Umgebungsbedingungen ist zu erwarten, daß in solchen Wässern kaum Selen vorhanden ist, da es in wenig mobilen reduzierten Spezies vorliegt.

12.4.6   Unterschiedliches Verhalten in Meerwasser und marinen Sedimenten

Die im Meerwasser vorhandene Selenmenge müßte eigentlich gefährliche Konzentrationen erreichen, träten nicht Adsorptions- und Fällungsreaktionen mit Oxidhydraten, organischen Stoffen und Eisensulfiden auf [3]. Als Folge davon sind marine Sedimente üblicherweise mit Selen aus mineralischen und biologischen Quellen angereichert, wobei letzteres aus der Zersetzung von Organismen stammt, die zu ihren Lebzeiten Selen aufgenommen hatten. Die Verteilung des Selens im Meerwasser weist mit zunehmender Tiefe höhere Gehalte auf [79]. Selenat ist im Oberflächenwasser mit ca. 20 µg/l die überwiegende Spezies, und der Anteil des Selenits nimmt mit der Tiefe zu. Erhöhte Selengehalte sind vor allem in Bereichen mit Sauerstoffmangel zu verzeichnen. Das Verhalten von Selen in den Sedimenten scheint widersprüchlich, da nicht nur die Oxidation von Selenit zu Selenat, sondern auch der entgegengesetzte Prozeß nachgewiesen wurde [8]. Sowohl die Oxidations- als auch die Reduktionsvorgänge in Süßwassersedimenten, die aus kanadischen Seen stammen, wurde auf biologische Prozesse oder auf das Vorhandensein von organischer Substanz zurückgeführt. Letzteres spielt zusammen mit Sesquioxiden eine bedeutende Rolle bei der Retention von Selenit in diesen Sedimenten.

12.5   Selen im System Boden-Pflanze

Die Aufnahme und Ansammlung von Selen durch Pflanzen kann durch eine Reihe von Umweltfaktoren beeinflußt werden, deren wichtigste die Konzentration und Speziation von Selen im Boden sind. Andere Faktoren, die zum resultierenden Selengehalt von Pflanzen beitragen, wie z.B. pH-Wert, mineralogische Zusammensetzung des Bodens oder Pflanzenart, können unter bestimmten Bedingungen bei der Verstärkung oder Abschwächung der Umlagerung von Selen aus dem Boden in die Pflanzen zusammenwirken. In den letzten Jahren wurde eine Reihe hervorragender Übersichtswerke zu diesem Themenkreis vorgelegt, die diese Fragen in größerer Ausführlichkeit behandeln, als es im Rahmen der vorliegenden Arbeit möglich ist [1, 3, 81].

In den vorausgegangenen Teilen dieses Kapitels wurde die Bedeutung der Speziation für das Verhalten von Selen in Böden ausführlich behandelt. Es ist evident, daß die in einem Boden vorherrschende Selenspezies einen ausgeprägten Einfluß auf Aufnahme und Akkumulation dieses Elements durch eine bestimmte Pflanze ausübt. Selenat, die mobilste, löslichste und am wenigsten sorbierte anorganische Spezies dürfte die dominante Form des Selens in durchlüfteten alkalischen Böden wie denen semiarider Regionen darstellen und wird daher leicht für eine Aufnahme durch Pflanzen zur Verfügung stehen. Durch die Bewässerung solcher Böden kann das Selen bis in Tiefen unterhalb der Wurzelzone gespült und damit aus dem Einzugsbereich von Pflanzen entfernt werden. Es ist jedoch unwahrscheinlich, daß dieser Prozeß auch in Regionen abläuft, in denen übermäßige Verdunstung oberflächennahen Grundwassers zu erhöhten Konzentrationen von Salzen und damit auch von Selen an der Bodenoberfläche führt. In neutralen und sauren Böden ist Selenit die vorherrschende wäßrige Spezies (s. Abb.12.1), und wegen der Adsorption an Tonmineralien und Oxide ist es zum größten Teil nicht pflanzenverfügbar (s. Abb. 12.2). Diese Befunde wurden bei Versuchen zur Selenaufnahme von Pflanzen als Funktion des pH-Werts bestätigt. In Alfalfa (*Medicago sativa*) auf sauren bzw. pH-neutralen Böden wurden höhere Selengehalte in den Pflanzen beobachtet, die auf Böden mit höherem pH-Wert wuchsen [82]. Die Kalkung von Böden erhöhte die Selengehalte in Pflanzen im Vergleich zu solchen, die nicht auf gekalkten Böden wuchsen [83]. In gleicher Weise war die Aufnahme von Selen durch Weizen (*Triticum aestivum*) und Raps (*Brassica napus*), die auf sandigen Böden von pH 5 bzw. pH 7 wuchsen, bei dem höheren pH-Wert am stärksten [84].

Während der pH-Wert die Aufnahme von Selen durch Oberflächenwechselwirkungen in Böden beeinflussen kann, wird das Ausmaß, zu dem sich solche Phänome auf die Aufnahme durch Pflanzen auswirkt, von der Textur und Mineralogie des Bodens abhängen. Daß die Bodentextur die Aufnahme von Selen beeinflußt, wurde bei einer Reihe von Pflanzen wie z.B. Alfalfa, Weizen und Raps nachgewiesen [84–86]. Auf sandigen Böden wachsende Pflanzen enthielten deutlich mehr Selen als solche auf schluffigen, lehmigen und tonigen Böden und auf mit organischem Material behandelten. In all diesen Fällen bestand eine inverse Korrelation zwischen dem Tongehalt des Bodens und den Selenkonzentrationen in den Pflanzengeweben, und in einigen Fällen betrug die Aufnahme an Selenat das Zehnfache desjenigen von Selenit. Ein solches Verhalten ist zu erwarten, wenn man die Adsorptionswirkungen von Tonoberflächen für Selenit im Vergleich zu Selenat betrachtet. Die Wechselwirkung zwischen Selen und organischem Material ist andererseits weniger klar, obwohl der Einfluß des letzteren auf die Verfügbarkeit gemessen werden konnte. So ergab sich bei einigen Untersuchungen, daß die Verfügbarkeit von Selen mit dem steigenden Gehalt an organischem Material in den Böden abnimmt [58, 87], wohingegen Davies u. Watkinson [88] bei der Aufnahme von zugeführtem Selenit aus Torfböden das Gegenteil im Vergleich zu der Aufnahme aus mineralischen Böden beobachteten. Die Komplexität, die die Frage der organischen Selenverbindungen in Böden umgibt, verhindert eine eindeutige Erklärung dieser Phänomene, da zur Verfügbarkeit dieser Formen nur wenig Informationen vorliegen.

Bei der vorausgegangenen Erörterung der Adsorptionsphänomene hatte sich ergeben, daß die Adsorption von Selen durch Böden durch die Anwesenheit anderer Kationen und Anionen beeinflußt wird. Phosphat verdrängt leicht Selenat von den Oberflächen und steht mit Selenit in Konkurrenz um Bindungspositionen für Inner-sphere-Komplexe auf den Oberflächen der Bodenpartikel. Sulfat beeinflußt andererseits die Adsorption von Selenit nicht, tritt aber in Konkurrenz zu Selenat. Als Folge davon wird die Anwesenheit von konkurrierenden Anionen in Böden das jeweilige Ausmaß der Selenadsorption beeinflussen und je nach den relativen Konzentrationen auch seine Verfügbarkeit für Pflanzen. Es wurde berichtet, daß Wechselwirkungen zwischen Selen und Phosphat in Böden die Ansammlung von Selen durch Pflanzen beeinflussen [88, 90]. Erhöhte Phosphatausbringung auf Böden führte zu erhöhten Selengehalten in Klee, während umgekehrt eine Erhöhung der Selenitgaben zu Böden die Phosphorgehalte der Pflanzen ansteigen ließ. In gleicher Weise wurde der dämpfende Einfluß von Phosphor auf die Ansammlung von Selenat in Alfalfa-Pflanzen (*Medicago sativa* L. cv Germain WL 512), die auf Sand wuchsen, der mit einer modifizierten Hoaglands

Lösung (A-Z-Lösung) getränkt war, als hoch signifikant angesehen, wohingegen die Anwesenheit von Arsenat unter den gleichen Versuchsbedingungen die Aufnahme von Selen anregte [91]. Während diese Beobachtungen auf die Konkurrenz um Oberflächenpositionen als eine Erklärung zurückgeführt werden könnten, kann das durch die erhöhte Phosphordüngung verstärkte Wachstum der Wurzeln ebenfalls von Bedeutung sein, da es zu einer größeren Kontaktfläche zwischen Boden und Wurzel führt sowie zu einem größeren Bodenvolumen, aus dem Selen extrahiert werden kann [89]. Daten aus Untersuchungen, bei denen für Pflanzen essentielle Elemente wie Phosphor eingesetzt werden, dürfen nur mit Vorsicht übernommen werden, da zusätzliche Effekte wie z.B. die resultierende Verdünnung, die Behebung von Mangelerscheinungen und die Verunreinigung mit Selen aus den eingesetzten Phosphaterzen einen beträchtlichen Betrag zur Verfügbarkeit von Selen leisten können.

Die Wechselwirkung zwischen Selen und Sulfat in Böden ist wohl bekannt. Bei verschiedenen Untersuchungen stellte sich heraus, daß der Einfluß von Sulfat auf die Aufnahme von Selenat größer ist als auf die von Selenit [92–95]. Im allgemeinen führen höhere Gehalte an Sulfat in der Bodenlösung zu einer Verringerung der Selenansammlung durch die Pflanzen [95, 96], wobei wesentlich weniger Selen in den eßbaren Teilen von Alfalfa (*Medicago sativa* L.), Gerste (*Hordeum vulgare* L.), Steckrüben (*Beta vulgaris* L.) und Tomaten (*Lycopersicon esculentum* Mill) eingelagert wurde als in den ungenießbaren Teilen. Mikkelsen et al. [97] untersuchten die Auswirkung von pH-Wert und der Oxidationsstufe des Selens auf die Aufnahme von Selen auf Alfalfa, das in Nährlösungen wuchs, die 0–3,0 mg Se/l entweder als Selenit oder als Selenat enthielten. Sowohl der Selengehalt der Gewebe als auch das Triebwachstum wurden unabhängig von der Oxidationsstufe beeinflußt, während das Wurzelwachstum nur in Anwesenheit von Selenat verringert wurde. Zugaben von Selenat zu sauren Böden aus den südöstlichen USA wirkten auf das Wachstum von Futterpflanzen wie Mohrenhirse (*Sorghum vulgare*) stärker als eine vergleichbare Zugabe von Selenit, indem sie zu einer Abnahme der Biomasse der Pflanzen führten und zu einem beträchtlichen Anstieg der Selenkonzentrationen im Gewebe [85]. Mikkelsen et al. [98] untersuchten den Einfluß der beim Reisanbau angewandten Überflutung auf die Aufnahme von Selen. Selen sammelte sich in allen Pflanzenteilen von Reis (*Oryza sativa* L. cv M 101), wobei allerdings in den Geweben von Pflanzen, die in einem gefluteten Boden wuchsen, dem organisches Material zugesetzt worden war, die Selengehalte um 20% unter denen in Reispflanzen lagen, die in unbehandelten gefluteten oder unbehandelten nicht-gefluteten Böden wuchsen. Wahrscheinlich führte die Einarbeitung von organischem Material zu einer verstärkten Reduktion von Selenat zu weniger für Pflanzen verfügbaren Formen wie Selenit, organischen Selenverbindungen und Selanen, was die Phytotoxizität des Selens und die Ertragsverluste herabsetzte.

Selen wird von Pflanzen in organischer und anorganischer Form aufgenommen. Die Aufnahme von Selenit und Selenat in den Wurzeln scheint nicht auf denselben Wegen abzulaufen. Die Selenataufnahme erwies sich als endothermer Prozeß, während die Assimilation von Selenit energetisch neutral ist [90, 100]. In eine selenhaltige Lösung eingetauchte Wurzeln reichern Selen nicht zu Konzentrationen an, die über denen der umgebenden Lösung liegen, während Selenat aktiv auf Konzentrationen angereichert werden kann, die weit über denen der Wurzelumgebung liegen. Wenn Selenit und Selenat in die Wurzeln gelangt sind, weisen sie unterschiedliche Neigung zur Umlagerung in die Triebe der Pflanze auf. Selenat wandert unverändert durch die Pflanze [101] und kann zu Konzentrationen angereichert werden, die um ein Mehrfaches über den Gehalten in der umgebenden Lösung liegen [102]. Selenit wird andererseits rasch zu Selenat und organischen Selenverbindungen umgewandelt. Die Umwandlung von Selenat zu organischen Verbindungen scheint in den Blättern stattzufinden [103]. Die Verbindungen, die dabei primär gebildet werden, beinhalten die Selenanalogen von schwefelhaltigen Aminosäuren, die bei einigen Pflanzen in Proteine eingebaut werden und zu Toxizität führen [104]. Selensammelnde Pflanzen haben einen Mechanismus entwikkelt, der den Einbau selenhaltiger Verbindungen in Proteine verhindert und der sie damit gegen durch Selen verursachte Phytotoxizität immunisiert.

Pflanzen unterscheiden sich stark in ihrer Fähigkeit, Selen anzusammeln. Primäre Selensammler wie verschiedene Arten von *Astragalus* (Leguminosae), *Conopsis* (Compositae), *Stanleya* (Cruciferae) und *Xylorhiza* (Compositae) können Selen aus Böden extrahieren, die nur wenige Milligramm Se/kg enthalten und es in hohen Konzentrationen (10^3–10^4 mg/kg i. T.) anreichern [105]. Das Selen wird dabei in erster Linie in organischer Form gespeichert [1]. Solche Pflanzen verströmen einen typischen widerwärtigen Geruch, der manches grasende Vieh möglicherweise vom Verzehr abhält. Sekundäre Indikatorpflanzen wie verschiedene Arten von *Aster, Atriplex, Mentizelia* und *Sideranthus* akkumulieren wesentlich geringere Selengehalte, meist nur einige hundert mg/kg, die bei diesen Arten vorwiegend in Form von Selenat und weniger häufig organisch gebunden vorliegen. Beim Verzehr solcher Pflanzen kann es beim Weidevieh zu Fällen von chronischer oder sogar akuter Selenose kommen. Generell reichern die meisten Ackerpflanzen, Getreide und heimischen Gräser Selen nicht über Gehalte von 50 µg/kg hinaus an. Zuchtpflanzen wie einige *Cruciferae*-Arten [126] sowie manche Zwiebel- (*Liliacea*-) und Erbsen- (*Leguminosae*-) Arten [127] neigen zu stärkerer Selenakkumulation als andere Nutzpflanzen. Eine Reihe von Untersuchungen zur Ansammlung von Selen durch Ackerpflanzen ergab, daß zwar Unterschiede in der Fähigkeit der verschiedenen Pflanzenarten zur Anreicherung von Selen bestehen, daß aber sämtliche Pflanzen und Pflanzenteile in der Lage sind, Selen anzureichern, wenn sie in Böden wachsen, die mäßige Gehalte an wasserlöslichem Selen aufweisen [81]. Bei den Arten wilder brauner Senf (*Brassica juncae* Czern L.), Salzbusch (*Atriplex nummularia* Lindl L.), kriechender Salzbusch (*Atriplex semibaccata* R.Br.L.), *Astragalus incanus* und großer Schwingel (*Festuca arundinacea* Schreb L.) hat sich herausgestellt, daß sie Selen in ihrem Gewebe anreichern, wenn sie in mit Selenit oder Selenat behandelten Böden wachsen. Dabei akkumulieren diese Arten allerdings aus den mit Selenat behandelten Böden mehr Selen [105]. Sulfat bewirkt bei primären Sammlern wie *Astragalus bisulcatus* eine bevorzugte Selenaufnahme [106]. Dieser Befund steht im Gegensatz zu dem für Schwefel und Selen berichteten Konkurrenzverhalten bei den meisten nicht-sammelnden Pflanzen wie Alfalfa (*Medicago sativa* L.) und gibt Anlaß zu der Vermutung, daß nur primäre Selensammler die Fähigkeit besitzen, Selenat trotz der Konkurrenz durch Sulfat anzusammeln [106].

Die Verflüchtigung von Selen durch Pflanzen erwies sich als einer der Hauptwege bei der Entfernung von Selen aus Böden [107–109]. Für Arten wie *Astragalus bisulcatus*, Broccoli (*Brassica oleracea* Waltham 29 var. Mittsaison), Reis (*Oryza sativa* L.) und Blumenkohl (*Brassica oleracea capitata* L.) wurden die höchsten Verflüchtigungsraten für Selen beobachtet. Untersuchungen einer Reihe anderer Ackerpflanzen ergaben, daß die Verflüchtigungsraten sehr stark mit dem Selengehalt der Pflanzengewebe korrelieren. Es wurde jedoch angedeutet, daß Sulfatsalinität in Böden, wie sie an der Westseite des San-Joaquin-Tals in Kalifornien auftritt, die Verflüchtigungsrate für Selen in nicht spezifisch an diese Umgebung angepaßte Pflanzen beträchtlich herabsetzt [109].

12.6   Verunreinigte Böden: Fallbeispiele

12.6.1   Kalifornien

Einer der jüngsten Fälle von Selenverunreinigung ist im kalifornischen San-Joaquin-Tal zu verzeichnen. In dem betroffenen Areal liegt eines der produktivsten Landwirtschaftsgebiete der Welt. Daher erregten die ökologischen und ökonomischen Implikationen dieses Falls große Besorgnis, und es besteht starkes Interesse an der Durchführung von „Reinigungs"-Projekten. In der Literatur gibt es eine ganze Reihe von Veröffentlichungen, in denen die weitreichenden Aspekte dieses Problems im Detail erörtert werden.

Abbildung 12.3 zeigt die Lage des San-Joaquin-Tals in Kalifornien. Auf einer Länge von etwa 640 km wird in diesem breiten und ziemlich flachen Tal eine Vielzahl von Gemüsesorten angebaut. Während der gesamten Anbausaison herrscht nur in durchschnittlich zehn Nächten pro Jahr Frost. Die Bedeutung dieser Region für die Versorgung der „Eßtische Amerikas" mit Nahrungsmitteln kann nicht stark genug betont werden, und es sind diese wirtschaftlichen Gesichtspunkte, die erklären, warum das Problem mit solcher Entschlossenheit angegangen wurde. Man nimmt an, daß das Selen, welches in den Böden im Westteil des Tals und generell westlich des San-Joaquin-Flusses vorkommt, natürlicher Herkunft ist und führt die Gehalte auf folgende geologisch-geochemischen Prozesse zurück:

1. Während des Jura und der Kreide wurden bei der Deposition der Sandsteine, Tonschiefer und Konglomerate wahrscheinlich auch Selenosulfide des Eisens abgelagert.

2. Die nachfolgende Hebung und Faltung des Sedimentgesteins zu den Gebirgszügen der Coast-Ranges setzte es oxidativen Einflüssen aus. Große Mengen Selen wurden dabei in Form von Selenit- und Selenatsalzen freigesetzt, während der Sulfidschwefel zu Sulfat umgewandelt wurde [110].

3. Erosion am Ost- und am Westrand des Tals führte dann zu den heutigen weiten, flachen und fruchtbaren Niederungen.

Die Böden der beiden Talseiten unterscheiden sich aufgrund ihrer Ausgangsmaterialien beträchtlich. Die Alluvionen auf der Ostseite stammen von granitischen Gesteinen der Sierra Nevada, die nur wenig ursprüngliche Salze oder Spurenelemente enthalten. Im Gegensatz dazu sind die Alluvialböden der Westseite feinkörniger. Sie entstammen dem Sedimentgestein der Coast Range und enthalten beträchtliche Mengen löslicher Mineralsalze und Spurenelemente wie Selen, Arsen, Bor und Cadmium [11]. Diese alkalischen Böden überlagern kalkigen Unterboden, vereinzelte Nester von wasserundurchlässigem Ton sowie sandige „Trümer", in denen ein etwas rascherer unterirdischer Wasserfluß möglich ist. Die zur Ergänzung von Regenwassermengen und zur Erhöhung der Ernteerträge eingesetzte Bewässerung führte zu verstärkter Versalzung dieser Böden. Um die Bodenfruchtbarkeit aufrechtzuerhalten, wurde versucht, die Salze unter die Wurzelzone auszuschwemmen, wobei noch größere Wassermengen zum Einsatz kamen. Infolgedessen und wegen der undurchlässigen Schichten stieg der Grundwasserspiegel, und die Versalzung der Wurzelzone nahm weiter zu. Zur Behebung dieses Problems wurde ein Drainagenetz aus offenen und unterirdischen Kanälen angelegt. Das Drainagewasser des westlichen San-Joaquin-Tals wurde nach Norden geführt,

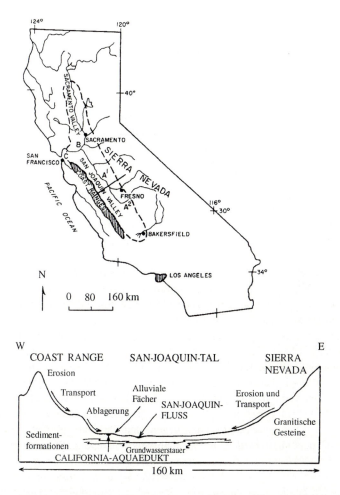

Abb. 12.3. San-Joaquin-Tal in Kalifornien (USA). *Gestrichelter Umriß*: Rand des Talbereichs; *gerade Linie*: Querschnitt (im unteren Teil der Abb. gezeichnet); *schraffierter Bereich*: Küstengebirge; A¹ San-Joaquin-River; A²: King's River; B: Sacramento-Delta; C: Bucht von San Francisco

um es in das Sacramento-Delta abzuleiten. Im Jahr 1973 wurde jedoch der Bau des Endab-schnitts des primären Ablaufs (des sog. „San-Luis-Drains") aufgrund von ökologischen Bedenken eingestellt und der Drainageabfluß in eine Talsperre, den Kesterson-Stausee um-geleitet. Seit 1978 wurden die ersten unterirdischen Drainagewässer in den Kesterson-See eingeleitet, aber erst in den frühen achtziger Jahren machten sich schädliche Auswirkungen wie Totgeburten und Mißbildungen bei Wildvögeln bemerkbar. Nachdem erhöhte Selenge-halte im Kesterson-See festgestellt wurden und auf die Wässer aus der unterirdischen Drainage aus den alluvialen Böden aus dem Westteil des San-Joaquin-Tals zurückgeführt werden konnten, begann man, sich ernsthaft Sorgen zu machen, nicht nur hinsichtlich der erforderlichen Reinigung des Kesterson-Stausees sondern auch in bezug auf die Entsorgung der selenhaltigen Drainagewässer. Die Selenkonzentrationen der Drainagewässer und der oberflächennahen Grundwässer schwanken innerhalb weiter Grenzen, wobei für letztere Gehalte von unterhalb der Nachweisgrenze bis zu einigen tausend µg/l angegeben wurden [112]. Der höchste im San-Joaquin-Fluß festgestellte Gehalt lag mit 2 µg/l noch deutlich unter dem für die öffentliche Gesundheit zulässigen Grenzwert von 10 µg/l.

Die Einleitung der Drainagewässer in den Kesterson-See wurde daraufhin gestoppt und die Talsperre geöffnet. In den vorher im Staubereich gelegenen Böden blieben jedoch beträchtliche Restmengen an Selen, anderen Spurenelementen und Salzen zurück. Bei großen Schwankungen liegt die durchschnittliche Gesamtkonzentration an Selen in den obersten 15 cm der Böden bei etwa 2 mg/kg, und die Gehalte unterhalb dieser Tiefe liegen üblicherweise unter 2 mg/kg [113]. Diese Aufteilung ist darauf zurückzuführen, daß das im Stauwasser gelöste Selenat in die sauerstoffarmen Bereiche am Grund des Sees gelangte, wo es durch Mikroben zu den relativ wenig verfügbaren Formen Selenit, elementares Selen und verschiedenen organischen Selenverbindungen reduziert wurde [114]. Dadurch wurde ein großer Teil des Selens der infiltrierenden Wässer im Verlauf des Staubetriebs selektiv in den Oberflächenböden immobilisiert. Seit die Böden nach Ablauf des Stauwassers wieder der Luft ausgesetzt wurden, unterliegen die vorher unlöslichen und adsorbierten Selenreservoirs in den Oberflächenböden der allmählichen Rückoxidation. Sie werden damit für Umlagerung verfügbar und können in die Nahrungskette eindringen [113]. Eine der von den Behörden für das Kesterson-Areal in Betracht gezogenen Optionen bestand in der Abtragung der Oberflächenböden bis zu einer Tiefe von mindestens 15 cm in dem ehemals überfluteten Gebiet und ihre Endlagerung in einer nahegelegenen abgedichteten Deponie. Die Verteilung des Selens unterhalb dieser Tiefe und der jährliche Anstieg des hohen Grundwasserspiegels erschwerten es jedoch, das Reinigungsziel von 4 mg Se/kg Boden zu erreichen. Daher zieht man zur Zeit biologische Sanierungsmaßnahmen in Betracht. Dazu gehört der Anbau von Sammlerpflanzen wie Salzgras und *Astragalus* zur Entfernung von Selen aus Böden [105, 106, 108, 109, 115]. Idealerweise sollten solche Pflanzen angebaut werden, deren maximale Selengehalte in den oberirdischen Teilen liegen, und die dann geerntet, abgefahren und an anderer Stelle deponiert würden. Es ist allerdings notwendig, Pflanzen auszuwählen, die nicht nur Selen anreichern können, sondern auch Bodensalinität und hohe Borgehalte tolerieren. Hierfür kommen eventuell *Astragalus bisulcatus* und *Astragalus racemosus* in Frage [115]. Auch ein begleitender Anbau von salz- und dürretoleranten Pflanzen wie Eukalyptus und hohem Glatthafer (*Arrhenatherum elatius*) erscheint sinnvoll. Die Verflüchtigung von Selen in Form von Alkylselanen durch Mikroben wurde ebenfalls als mögliche Sanierungsmaßnahme vorgeschlagen, zumal sich dieser Prozeß durch die Zugabe organischer Kohlenstoffquellen verstärken läßt [116]. Die Biomethylierung von Selen im Wasser austrocknender Teiche könnte durch die Zugabe besonderer Hilfsmittel wie Aminosäuren stimuliert werden [67].

Das dringlichste Problem dürfte jedoch die Entsorgung der Drainagewässer darstellen. Es werden Überlegungen angestellt, das Drainagewasser zur Bewässerung salzresistenter Nutzpflanzen einzusetzen, um die zu deponierenden Mengen zu reduzieren [110]. Falls sich dies als nicht durchführbar erweisen sollte, steht als vielversprechende Alternative noch der Einsatz Selenat-veratmender Bakterien in einem Bioreaktor zu Verfügung, in welchem das Drainagewasser zur Entfernung der Selenoxide behandelt würde [71].

12.6.2   China

Die Bevölkerung Zentralkaliforniens ist zwar über das San-Joaquin-Problem sehr besorgt, es gibt dort aber kaum Hinweise auf das Auftreten von Selenose als Folge der oben beschriebenen Selenverunreinigung. Das könnte auf die breite Palette von Nahrungmitteln, welche die örtliche Bevölkerung verzehrt, und somit auf eine „Verdünnung" eventuell selenhaltiger Lebensmittel im Marktangebot zurückgeführt werden. In der Volksrepublik China war der Fall jedoch anders gelagert. Im Landkreis Enshi der Provinz Hubei trat im Jahr 1961 eine Krankheit auf, die direkt auf die Nahrung der dortigen Bevölkerung zurückgeführt werden konnte [117]. Am Kulminationspunkt der Endemie betrug die Erkrankungsrate in den am stärksten betroffenen Gebieten fast 50%, und als Ursache wurde eine Selenvergiftung festgestellt. Die häufigsten Toxizitätssymptome waren der Verlust von Haaren und Nägeln. Die Selenaufnahme mit der Nahrung lag zwischen 3,20–6,69 mg täglich und damit etwa um den Faktor tausend höher als bei der Keshan-Krankheit, einer Herzmuskelerkrankung, die auf Selenmangel zurückzuführen ist. (Diese tritt ebenfalls in China auf, und zwar in einem breiten Landstreifen, der sich von der nordöstlichen Provinz Helongjiang bis in die südwestliche Provinz Yünnan erstreckt.) Als eigentliche Quelle des Selens stellte sich Kohle heraus, aus der das Selen durch Verwitterung, Auswaschung und biologische Vorgänge mobilisiert und in den Boden freigesetzt wurde. Der traditionelle Einsatz von Kalkdüngern alkalisierte den Boden und verstärkte die Verfügbarkeit von Selen für die Aufnahme durch Ackerpflanzen. Außerdem hatte eine Dürre die Reisernte in diesem Gebiet ausfallen lassen, weshalb vermehrt lokal angebaute Gemüse zur Ernährung herangezogen wurden. Dieses Beispiel einer Selenvergiftung zeigt, wie eine ganze Reihe von Bodenprozessen durch Umwelteinflüsse und anthropogene Bedingungen intensiviert werden können und so zu toxischen Selengehalten in der Nahrung führen.

12.7   Schlußbemerkungen

In diesem Kapitel wurde versucht, die große Zahl der Informationen zum Selen in Böden und seiner Bioverfügbarkeit zusammenzufassen. Die zwiespältige Natur des Selens als einerseits essentielles aber andererseits auch potentiell toxisches Element führte dazu, daß sich große Aufmerksamkeit auf seine Rolle bei der menschlichen und tierischen Ernährung sowie auf sein Verhalten in Böden und Pflanzen richtete. Obwohl eine Vielzahl von Umweltfaktoren die Reaktivität des Selens in Böden beeinflussen, lassen sich die wesentlichen Einflüsse wie folgt zusammenfassen:

– Reaktivität und Mobilität des Selens in Böden hängen von seiner chemischen Speziation ab. Das unter alkalisch oxischen Bedingungen vorherrschende Selenat ist mobiler, löslicher und weniger leicht adsorbierbar als Selenit. Organische Selenspezies sind bekannt und treten zusammen mit der organischen Fraktion in Böden auf, wobei die Identifizierung dieser Verbindungen aber erst am Anfang steht.

– In sauren Böden beeinflußt die Anwesenheit von Tonen, Eisenoxiden und organischen Stoffen die Verfügbarkeit von Selen in einem größeren Umfang als in Böden, in denen Selenat die vorherrschende Spezies ist. Dies ist auf Unterschiede im Adsorptionsverhalten dieser beiden anorganischen Oxyanionen zurückzuführen. Umwandlungen zwischen den Selenspezies hängen vom pH-Wert und Redoxpotential ab und können häufig durch Mikroben erleichtert werden. Außerdem führt die Aktivität von Mikroben zur Bildung flüchtiger Spezies, die in die Atmosphäre entweichen können.

– Die Verfügbarkeit von Selen für Pflanzen ist in Form von Selenat wesentlich höher als bei Selenit. Pflanzen akkumulieren Selen auch in Form organischer Verbindungen, allerdings gibt es zu den entsprechenden Auswirkungen kaum Informationen. Die bei der Aufnahme der anorganischen Spezies mitwirkenden Mechanismen sind vielgestaltig und können zu unterschiedlichen Graden von Phytotoxizität führen. Änderungen im pH-Wert und die Anwesenheit anderer Anionen wie Phosphat und Sulfat beeinflussen die Ansammlung von Selen durch Pflanzen ebenfalls. Die Phytotoxizität rührt daher, daß die Selenanalogen der essentiellen Schwefelverbindungen in die Pflanzengewebe aufgenommen werden. Die Fähigkeit unterschiedlicher Pflanzenarten, Selen einzubauen und zu tolerieren, schwankt innerhalb weiter Grenzen.

Zusammenfassend muß jedoch gesagt werden, daß viele Aspekte der Chemie von Selen noch weiter untersucht werden sollten, um ein möglichst vollständiges Bild seiner Rolle in der Umwelt zu erhalten. Fundamentale Aspekte wie die kinetischen Wechselwirkungen unter unterschiedlichen Bodenbedingungen sowie Art und Verhalten der noch nicht bestimmten organischen Verbindungen sind noch weitgehend unklar. Diese Bereich müssen noch weiter untersucht werden, wenn wir zu umfassenden Lösungsansätzen für potentielle Probleme in bezug auf Selentoxizität bzw. -mangelerscheinungen kommen wollen.

Danksagung

Wir möchten Linda Bobbit für die Erstellung der Abbildungen in diesem Kapitel danken.

Literatur

[1] Adriano DC (1986) In: Trace Elements in the Terrestrial Environment. Springer-Verlag, Berlin Heidelberg New York Tokyo, Kap 12
[2] Allaway WH (1968) In: Hemphill DD (Hrsg) Trace Substances in Environmental Health. Univ of Missouri, Columbia/MO, S 181
[3] Rosenfeld I, Beath OA (1964) Selenium: Geobotany, Biochemistry, Toxicity and Nutrition. Academic Press, New York
[4] Beath OA, Draize JH, Eppson HF (1932) Wyoming Agr Expt Sta Bull 189: 1
[5] Miller JT, Byers HG (1937) J Agric Sci 42: 182
[6] Ihnat M (1989) Occurrence and Distribution of Selenium. CRC, Boca Raton/FL
[7] Gissel-Nielsen G, Gupta UC, Lamand M, Westermarck T (1984) Advances in Agronomy 37: 397

[8] Moxon AL, Olson OE (1974) In: Zingaro RA, Cooper WC (Hrsg) Selenium. Reinhold, New York, Kap 12

[9] Cooper WC, Bennett KG, Croxton FC (1974) In: Zingaro RA, Cooper WC (Hrsg) Selenium. Reinhold, New York, Kap 1

[10] Combs GF, Combs SB (1986) The Role of Selenium in Nutrition. Academic Press, New York

[11] Goldschmidt VM (1954) Geochemistry. Oxford Univ Press, New York

[12] Lakin HW (1972) Geol Soc Am Bull 83: 181

[13] Krauskopf KB (1979) Introduction to Geochemistry, 2. Aufl. MacGraw-Hill, Tokyo

[14] Berrow ML, Ure AM (1989) In: Ihnat M (Hrsg) Occurrence and Distribution of Selenium. CRC, Boca Raton/FL, Kap 9

[15] Byers HG, Miller JT, Williams KT, Lakin HW (1938) In: USDA Tech Bull 601. USDA-ARS, Washington/DC, S 74

[16] Swaine DJ (1978) In: Hemphill DD (Hrsg) Trace Substances in Environmental Health-XII. Univ Missouri-Columbia/MO, S 129

[17] Archer FC, Hodgson IH (1987) Soil Sci 38: 421

[18] Walsh T, Fleming GA (1952) Trans Intern Soc Soil Sci Comm II and IE 2: 178

[19] National Research Council (1976) Selenium. National Academy of Sciences, Washington/DC

[20] Nriagu JO, Pacyna JM (1988) Nature 333: 134

[21] Mosher BW, Duce RA (1987) J Geophys Res 92: 13289

[22] Furr AK, Lawrence AW, Tong SSC, Grandolfo MC, Hofstader RA, Bache CA, Gutenmann WH, Lisk DJ (1976) Env Sci Technol 10: 683

[23] Los Angeles/Orange County Metropolitan Area Project (1977) Technical Report. PO Box 4998, Whittier/CA 90607

[24] Logan TJ, Chang AC, Page AL, Gange TJ (1987) J Environ Qual 16: 349

[25] Chang AC, Warneke JE, Page AL, Lund LJ (1984) J Environ Qual 13: 87

[26] Sposito G, Neal RH, Holtzclaw KM, Traina SJ (1986) In: 1985–86 Technical Progress Report, Salinity Drainage Task Force. Univ Calif, Davis/CA, S 81

[27] Stumm W, Morgan JJ (1981) Aquatic Chemistry, 2. Aufl. Wiley-Interscience, NewYork, Kap 7

[28] Sposito G, Yang A, Neal RH,, Mackzum A (1991) Soil Sci Soc Am J 55: 1597

[29] Masscheleyn PH, Delaune RD, Patrick Jr WH (1989) Environ Sci Technol 24: 91

[30] Oremland RS, Hollibaugh JT, Maest AS, Presser TS, Miller LG, Culbertson CW (1989) Appl Environ Microbiol 55: 2333

[31] Oremland RS, Steinberg NA, Maest AS, Miller LG, Hollibaugh JT (1990) Environ Sci Technol 24: 1157

[32] Steinberg NA, Oremland RS (1990) Appl Environ Microbial 56: 3550

[33] Weres O, Bowman HR, Goldstein A, Smith EC, Tsao L, Harnden W (1990) Water Air Soil Pollut 49: 251

[34] Macy JM (1990) In: UC Salinity/Drainage Task Force 1989–1990 Tech Progress Rep 95

[35] Elrashidi MA, Adriano DC, Workman SM, Lindsay WL (1987) Soil Science 144: 141

[36] Masscheleyn PH, Delaune RD, Patrick Jr WH (1991) Environ Sci Health 26: 555

[37] Masscheleyn PH, Delaune RD, Patrick Jr WH (1991) J Environ Qual 20: 522

[38] Neal RH, Sposito G, Holtzclaw KM, Traina SJ (1987) Soil Sci Soc J 51: 1161

[39] Irgolic KJ, Kudchadker MV (1974) In: Zingaro RA, Cooper WC (Hrsg) Selenium. Reinhold, New York, Kap 8

[40] Cooke TD, Bruland KW (1987) Environ Sci Technol 21: 1214

[41] Abrams MM, Burau RG, Zasoski RJ (1990) Soil Sc Soc Am J 54: 979

[42] Gustafsson JP, Johnsson L (1992) J Soil Sci 43: 461

[43] Hingston FJ, Posner AM, Quirk JP (1968) Adv Chem Ser 79: 82

[44] Parfitt RL (1978) Adv Agron 30: 1

[45] Sposito G (1984) The Surface Chemistry of Soils. Oxford Univ Press, Kap 4

[46] Hayes KF, Roe AL, Brown Jr GE, Hodgson KO, Leckie JO, Parks GA (1987) Science 238: 783

[47] Hingston FJ (1970) Specific Adsorption of Anions on Goethite and Gibbsite. PhD thesis, Univ W Australia, Nedlands

[48] Hamdy AA, Gissel-Nielsen G (1977) Z Pfanzenernaehr Bodenkd 140: 63

[49] Barr-Yosef B, Meek D (1987) Soil Sci 144: 11
[50] Scott MJ (1991) Kinetics of Adsorption and Redox Processes on Iron and Manganese Oxides: Reactions of As(III) and Se(IV) at Geothite and Birnessite Surfaces. EQL Rep 33, Calif Inst Technol, Pasadena/CA
[51] Benjamin MM (1983) Environ Sci Technol 17: 686
[52] Davis JA, Leckie JO (1980) J Colloid Interface Sci 14: 32
[53] Harrison JB, Berkheiser VE (1982) Clays and Clay Minerals 30: 97
[54] Balistrieri LS, Chao TT (1987) Soil Sci Soc Am J 51: 1145
[55] John MK, Saunders WMH, Watkinson JH (1976) NZ J Agric Res 19: 143
[56] Neal RH, Sposito G (1989) Soil Sci Soc Am J 53: 70
[57] Goldberg S, Glaubig RA (1988) Soil Sci Soc J 52: 954
[58] Singh M, Singh N, Relan PS (1981) Soil Sci 132: 134
[59] Goldhamer DA, Nielsen DR, Grismer M, Biggar JW (1986) In: 1985–86 Technical Progress Report, Salinity Drainage Task Force, Univ Calif, Davis/CA, S 55
[60] Alemi MH, Goldhamer DA, Nielsen DR (1991) J Environ Qual 20: 89
[61] Fio JL, Fujii R, Deverel SJ (1991) Soil Sci Soc Am J 55: 1313
[62] Hingston FJ (1981) In: Anderson MA, Rubin AJ (Hrsg) Adsorption of Inorganics at Solid/Liquid Interfaces. Ann Arbor Science, Ann Arbor/MI, S 51
[63] Neal RH, Sposito G, Holtzclaw KM, Traina SJ (1987) Soil Sci Soc Am J 51: 1165
[64] Marsh KB, Tillman RW, Syers JK (1987) Soil Sci Soc Am J 51: 318
[65] Ryden JC, Syers JK, Tillman RW (1987) Soil Sci 38: 211
[66] Doran JW (1982) In: Marshall KC (Hrsg) Advance in Microbial Ecology, Bd 6. Plenum, New York, S 1
[67] Thompson-Eagle ET, Frankenberger Jr WT (1990) J Environ Qual 19: 125
[68] Doran JW, Alexander M (1977) Sci Soc Am J 40: 687
[69] Shrift A (1973) In: McElroy WD, Gunther WHH (Hrsg) Organic Selenium Compounds: Their Chemistry and Biology. Wiley, New York, S 763
[70] Macy JM (1991) In: 1990–91 Technical Progress Report, Salinity Drainage Task Force. Univ Calif, Davis/CA, S 120
[71] Macy JM, Lawson S, DeMoll H, Rech S (1992) In: 1991–92 Technical Progress Report, Salinity Drainage Task Force, Univ Calif, Davis/CA, S 66
[72] Reamer DC, Zoller WH (1980) Science 208: 500
[73] Fleming RW, Alexander M (1972) Appl Microbiol 24: 424
[74] Barkes L, Fleming RW (1974) Bull Environ Contam Toxicol 12: 308
[75] Karlson U, Frankenberger Jr WT (1989) Soil Sci Soc Am J 53: 749
[76] Thompson-Eagle ET, Frankenberger Jr WT, Karlson U (1989) Appl Environ Microbial 55: 1406
[77] Craig PJ (1986) In: Craig PJ (Hrsg) Organometallic Compounds in the Environment. Longman, Harlow, Essex, S 1
[78] Deverel SJ, Fujii R (1988) Water Resources Research 24: 516
[79] Measures CI, Burton JD (1980) Earth and Planetary Science Letters 46: 385
[80] Lipinski NG, Huang PM, Liaw WK, Hammer UT (1986) Can Tech Rep Fish Aquat Sci 1986: 166
[81] Mikkelsen RL, Page AL, Bingham FT (1989) In: Jacobs LW (Hrsg) Selenium in Agriculture and the Environment. Soil Science Society of America Special Publication 24 ASA Madison/WI
[82] Cary EE, Allaway WH (1969) Soil Sci Soc Am Proc 33: 571
[83] Gupta UC, McRae KB, Winter KA (1982) Can J Soil Sci 62: 145
[84] Johnsson L (1991) Plant and Soil 133: 57
[85] Carlson CL, Adriano DC, Dixon PM (1991) J Environ Qual 20: 363
[86] Cary EE, Wieczorek GA, Allaway WH (1967) Soil Sci Soc Am Proc 31: 21
[87] Ylaranta T (1983) Ann Agric Fenn 22: 29
[88] Davies EB, Watkinson JH (1966) N Z J Agric Res 9: 641
[89] Carter DL, Robbins CW, Brown MJ (1972) Soil Sci Soc Am Proc 36: 624
[90] Singh M, Malhotra PK (1976) Plant Soil 44: 261
[91] Khattak RA, Page AL, Parker DR, Bakhtar D (1991) J Environ Qual 20: 165

[92] Prately JE, MacFarlane JD (1974) Aust J Exp Agric Anim Husb 14: 533
[93] Gissel-Nielsen G (1973) J Sci Food Agric 24: 649
[94] Mikkelsen RL, Hagnia GH, Page AL (1988) Plant and Soil 107: 63
[95] Mikkelsen RL, Hagnia GH, Page AL, Bingham FT (1988) J Environ Qual 17: 85
[96] Wan HF, Mikkelsen RL, Page AK (1988) J Environ Qual 17: 269
[97] Mikkelsen RL, Hagnia GH, Page AL (1987) J Plant Nutrition 10: 937
[98] Mikkelsen RL, Mikkelsen DS, Abshahi A (1989) Soil Sci Soc Am J 53: 122
[99] Shrift A, Ulrich JM (1969) Plant Physiol 44: 893
[100] Ulrich JM, Shrift A (1968) Plant Physiol 43: 14
[101] Peterson PJ, Benson LM, Zieve R (1981) In: Lepp NW (Hrsg) Effects of Heavy Metal Pollution on Plants, Bd 1. Applied Sci Publ, London, Kap 8
[102] Asher FC, Butler GW, Peterson PJ (1977) J Exp Bat 28: 279
[103] Brown TA, Shrift A (1982) Biol Rev 57: 59
[104] Anderson JW, Scarf AR (1983) In: Robb DA, Pierpoint WS (Hrsg) Metals and Micronutrients: Uptake and Utilization by Plants. Academic Press, NewYork, S 241
[105] Banuelos GS, Meek DW (1990) J Environ Qual 19: 772
[106] Bell PF, Parker DR, Page AL (1992) Soil Sci Soc Am J 56: 1818
[107] Zieve R, Peterson PJ (1984) Sci Total Environ 32: 197
[108] Duckart EC, Waldron LJ, Doner HE (1991) Soil Sci 53: 94
[109] Terry N, Carlson C, Raab TK, Zayed AM (1992) J Environ Qual 21: 341
[110] UC Salinity/Drainage Task Force (1991) Principal Accomplishments 1985–1990 Regents of the University of California, Division of Agricultural and Natural Sciences
[111] Letey J, Robers C, Penberth M, Vasek C (1986) An Agricultural Dilemma. Regents of the University of California, Division of Agricultural and Natural Sciences
[112] Deverel SJ, Gilliom RJ, Fujii R, Izbicki JA, Fields JC (1984) Water Resources Investigations Report 84–4319 US Geological Survey, Denver/CO
[113] Tokunaga TK, Benson SM (1992) J Environ Qual 21: 246
[114] Weres O, Jaouni A-R, Tsao L (1989) Appl Geochem 4: 543
[115] Parker DR, Page AL, Thomason DN (1991) J Environ Qual 20: 157
[116] Frankenberger Jr WT, Karlson U (1989) Soil Sci Soc Am J 53: 1435
[117] Yang S, Wang R, Zhou R, Sun S (1983) Am J Nutr 37: 872
[118] Davidson DF, Lakin HW (1961) US Geol Survey Res. Prof Paper Nr 424-C: 329
[119] Davidson DF, Powers HA (1959) US Geol Survey Bull Nr 1084-C: 69
[120] Davidson DF, Gulbrandsen RA (1957) Geol Soc Am Bull Nr 68: 1714
[121] Bowen HJM (1979) Environmental Chemistry of the Elements. Academic Press, London
[122] Kolijonen T (1972) Oikos 25: 353
[123] Pillay KKS, Thomas Jr CC, Kaminski JW (1969) Nucl Appl Tech 7: 478
[124] Fujii R, Deverel SJ (1989) In: Jacobs LW (Hrsg) Selenium in Agriculture and the Environment. Soil Science Society of America Special Publication 24, ASA, Madison/WI
[125] Bohn HL, McNeal BL, O'Connor GA (1985) Soil Chemistry, 2. Aufl. Wiley Interscience, New York
[126] Hurd-Karrer, AM (1935) J Agric Res 50: 413
[127] Fleming GA (1962) Soils Sci 94: 28

13 Zink

L. KIEKENS

13.1 Einleitung

Zink ist ein für Menschen, Tiere und höhere Pflanzen essentielles Spurenelement. Daß es das Wachstum von *Aspergillus niger* fördert, wurde bereits 1869 von J. Raulin entdeckt. Der eigentliche Nachweis der essentiellen Bedeutung von Zink für höhere Pflanzen erfolgte erst im Jahr 1926 durch A. L. Sommer und C. B. Lipman.

Essentialität eines bestimmten Elements bedeutet, daß dessen ungenügende Aufnahme stets zu einer Verschlechterung physiologischer Funktionen führt, wobei die Zufuhr dieses (aber keines anderen) Elements in angemessenen Konzentrationen die betreffende Funktionsverschlechterung verhindern oder beheben kann [1]. Die empfohlene Tagesdosis für den erwachsenen Menschen liegt bei etwa 15 µg Zink [2]. Zink wirkt als katalytische oder strukturelle Komponente bei vielen Enzymen, die beim Energiestoffwechsel und der Transkription und Translation der Erbinformationen mitwirken. Symptome für Zinkmangel bei Menschen und Tieren sind Appetitlosigkeit, Wachstumsstörungen, schlechte Wundheilung und sexuelle Unreife. Bei Menschen treten außerdem Immunschwäche und Veränderungen im Geschmacksinn auf.

Höhere Pflanzen nehmen Zink hauptsächlich in Form des zweiwertigen Kations Zn^{2+} auf, das als metallische Komponente zur Enzymaktivierung bzw. als funktioneller, struktureller oder steuernder Cofaktor einer Vielzahl von Enzymen fungiert. Nach Marschner [3] enthalten wenigstens vier Enzyme Zink in gebundener Form: Kohlensäureanhydrase, Alkoholdehydrogenase, Cu-Zn-Peroxid-Dismutase und RNS-Polymerase. Das Element wird außerdem als Aktivator verschiedener Enzyme wie Dehydrogenasen, Aldolasen, Isomerasen, Transphosphorylasen sowie RNS- und DNS-Polymerasen benötigt. Somit nimmt Zink am Kohlehydrat- und Proteinstoffwechsel teil. Außerdem wird Zink für die Synthese von Tryptophan benötigt, dem biochemischen Vorläufer der 3-Indolylessigsäure (IAA). Es gilt als erwiesen, daß ausgeprägte Symptome von Zinkmangel wie Zwergwuchs und „Kleinblattrosetten" an Bäumen auf die letztgenannte physiologische Funktion von Zink zurückzuführen sind.

Besonders für Zinkmangel anfällige Ackerfrüchte sind Mais, Hirse, Flachs, Hopfen, Baumwolle, Leguminosen, Trauben, sowie Citrus- und andere Obstbäume (Pfirsich, Apfel). Im allgemeinen sind die permanenten Symptome eines Zinkmangels Zwischenader-Chlorose (besonders bei Einkeimblättrigen), Kümmerwuchs, Stengel- und Blattmißbildungen (bei Bäumen auch als Kleinblattrosette bekannt) und punktförmige violettrote Verfärbungen der Blätter. Typische Zinkmangelerkrankungen sind Weiße Knospe (Mais und Hirse), Kleinblattrosette (Obstbäume), Blattflecken- (Citrus) und Sichelblattkrankheit (Kakao).

Der Zinkgehalt von Pflanzen unterliegt je nach den Boden- und Klimaverhältnissen sowie den Pflanzengenotypen großen Schwankungen.

In grober Näherung läßt sich der Zinkgehalt in reifem Blattgewebe wie folgt klassifizieren:

- mangelhaft, wenn er unter 10–20 mg/kg i. T. liegt;
- ausreichend oder normal zwischen 25–150 mg/kg i. T.;
- überhöht (toxisch) bei Gehalten von über 400 mg/kg i. T. [45].

Zum Zinkgehalt der verschiedenen Pflanzenarten liegt eine große Menge an Daten vor [6–8].

13.2   Geochemische Verbreitung von Zink

Der durchschnittliche Zinkgehalt der Lithosphäre wird auf etwa 80 mg/kg geschätzt [9]. Die am weitesten verbreiteten Quellen von Zink sind die ZnS-Minerale Zinkblende (Sphalerit) und Wurtzit sowie im geringerem Umfang Smithsonit ($ZnCO_3$), Willemit (Zn_2SiO_4), Zincit (ZnO), Zinkosit ($ZnSO_4$), Franklinit ($ZnFe_2O_4$) und Hopeit $\langle Zn_3(PO_4)_2 \cdot 4H_2O \rangle$ [9].

In magmatischen Gesteinen scheint Zink gleichmäßig verteilt zu sein, die mittleren Gehalte betragen zwischen 40 mg/kg in sauren Gesteinen (Graniten) und 100 mg/kg in Basalten [10]. Bei Sedimentgestein treten die höchsten Gehalte in Tonschiefern und tonigen Gesteinen auf (80–120 mg/kg), während die Gehalte bei Sandsteinen, Kalksteinen und Dolomiten mit 10–30 mg/kg meist darunter liegen.

13.3   Herkunft von Zink in Böden

13.3.1   Bodenausgangsmaterialien

Der Gesamtgehalt eines Bodens an Zink hängt vor allem von der Zusammensetzung der Bodenausgangsmaterialien ab [5, 11, 14]. Die Spannweite der Gesamtgehalte an Zink in Böden liegt zwischen 10 und 300 mg/kg bei einem Durchschnitt von 50 mg/kg [9]. Kabata-Pendias et al. [15] untersuchten die Hintergrundwerte verschiedener Spurenelemente in Böden der gemäßigt humiden Zonen Europas. Innerhalb der verschiedenen Bodentypen wies Zink eine verhältnismäßig einheitliche Verteilung auf. Die niedrigsten Zinkgehalte wiesen stets Podsole (28 mg/kg) und Luvisole (35 mg/kg) auf, während höhere Gehalte in Fluvisolen (60 mg/kg) und Histosolen (58 mg/kg) gefunden wurden.

Der durchschnittliche Zinkgehalt aller Böden der untersuchten Region betrug 50 mg/kg bei einer Spannweite der Durchschnitte der einzelnen Bodentypen von 10–105 mg/kg. Ein ähnliches Muster der unterschiedlichen Zinkgehalte wurde auch für polnische Böden festgestellt. Angelone u. Bini [16] werteten die Literatur zur Verteilung von Spurenelementen in westeuropäischen Böden aus. Die Zinkgehalte der meisten Böden in Westeuropa liegen innerhalb der als Hintergrundwerte angesehenen Konzentrationen, abgesehen von denen aus Bergbaugebieten. In Tabelle 13.1 werden europäische Böden bezüglich ihres durchschnittlichen Zinkgehalts mit Böden aus den USA und Kanada sowie mit dem weltweiten Mittelwert verglichen.

Tabelle 13.1. Spannweite und mittlerer Zinkgehalt von Böden [mg/kg]. (Aus [16])

Land	Spannweite	Mittelwert
Österreich	36–8900[a]	65
Belgien	14–130	57
Dänemark	7–76	7
Frankreich	5–38	16
Deutschland	13–492	83
Griechenland	80–10547	1038
Italien	–	89
Niederlande	9–1020 [a]	72,5
Norwegen	40–100	60
Portugal	–	58,4
Spanien	10–109	59
Schweden	100–318	182
England u. Wales	–	78,2
Schottland	0,7–987	58
USA	–	54
Kanada	–	74
Weltweit	–	50

[a] Daten im Mittelwert nicht enthalten.

13.3.2 Atmosphärische Deposition

Die Verbrennung von Kohle und anderen fossilen Brennstoffen sowie die Verhüttung von NE-Metallen stellen die wesentlichen Zinkquellen bei der Luftverschmutzung dar. Eine Abschätzung der weltweiten Freisetzung von Zink als Umweltschadstoff läßt sich anhand des weltweiten Verbrauches und Bedarfs an Energie und Mineralien vornehmen. Nach Kabata-Pendias [5] wird der Zinkbedarf für das Jahr 2000 auf etwa 11 Mio. t geschätzt, was einer Verdoppelung gegenüber dem Verbrauch im Jahr 1975 entspricht. Die weltweite Zunahme der Zinkkonzentrationen in der Atmosphäre ist aus folgenden Analysen von Luftproben ersichtlich [ng/m^3]: 0,002–0,05 am Südpol, 10 in Norwegen, 15 auf den Shetland-Inseln, 14–6800 in Japan und 550–1600 in Deutschland [5]. Es ist zu betonen, daß natürliche Quellen wie Vulkanausbrüche und äolische Stäube ebenfalls zur Zinkverunreinigung beitragen können.

13.3.3 Einsatz von Klärschlämmen in der Landwirtschaft

Klärschlamm ist ein Nebenprodukt der Abwasserreinigung und enthält Stickstoff, Phosphor und organisches Material als wesentliche für Pflanzen und Böden nützliche Bestandteile. Einige Schlämme enthalten jedoch erhebliche Zinkmengen, die Ackerpflanzen beeinträchtigen können. Im Abwasser ist Zink meist an die suspendierten Teilchen gebunden und geht mit diesen bei der Behandlung in den Schlamm über. Bei der konventionellen Abwasserklärung werden 40–74 % des Zinks im Zulauf entfernt [17].

Schlämme weisen eine breite Spanne von Zinkkonzentrationen auf, die im allgemeinen über den Hintergrundwerten in Böden liegen [18]. Als Beispiele seien die folgenden Spannweiten von Zinkkonzentrationen in Schlämmen genannt: 700–49000 mg/kg [19], 600–20000 mg/kg [17], 101–27800 mg/kg [20] und 91–28766 mg/kg [21]. Für diese Werte betragen die mittleren Zinkgehalte 4100, 1500, 2790 bzw. 1579 mg/kg i.T.

Somit ist klar, daß die ungeregelte Ausbringung von Klärschlämmen auf landwirtschaftlichen Böden zu einer Ansammlung von Zink und anderen Schwermetallen führen kann, die eine potentielle Gefahr für die angebauten Pflanzen darstellt. Es gibt daher eine Vielzahl von Versuchen, diese Risiken durch eine Regelung der Klärschlammverwendung auf landwirtschaftlichen Böden zu minimieren. In vielen Ländern wurden Richtlinien herausgegeben, die im allgemeinen auf folgenden Annahmen beruhen [18]:

– Der Zinkgehalt von Klärschlamm darf einen definierten Grenzwert nicht überschreiten. Eine EU-Richtlinie gibt eine empfohlene Grenze von 2500 mg Zn/kg an und eine gesetzliche Grenze von 4000 mg Zn/kg. In den meisten Ländern liegen die zulässigen Höchstwerte für Schlämme zwischen 1000–5000 mg Zn/kg bei einem Mittelwert von 2500–3000 mg Zn/kg.

– Der Zinkgehalt im Boden darf einen definierten Grenzwert nicht überschreiten. Der Maximalwert wurde in den meisten Ländern auf 300 mg Zn/kg festgelegt.

– Die Schwermetallbelastung landwirtschaftlich genutzter Böden darf einen definierten Grenzwert nicht überschreiten. Die genannte EU-Richtlinie empfiehlt Werte von 175–550 kg/ha als maximale Zinkbelastung, wobei davon ausgegangen wird, daß die normale Hintergrundkonzentration in Böden bei 80 mg Zn/kg liegt und eine Zugabe von 2,5 kg Zn/ha zu einer Erhöhung des Zinkgehalts der obersten 20 cm eines Bodens um 1 mg/kg führt.

– Zink wird weniger wahrscheinlich zu Problemen führen, wenn es dem Boden in mehreren geringen Dosen über einen längeren Zeitraum zugeführt wird, als wenn die gesamte Zugabe auf einmal oder in nur wenigen Ausbringungen erfolgt. In diesem Zusammenhang empfiehlt die EU-Richtlinie eine maximale Zinkbeaufschlagung von 30 kg/ha jährlich über einen Zeitraum von 10 Jahren.

13.3.4   Agrochemikalien

Zusätzlich zu den atmosphärischen Zinkquellen und dem Eintrag aus Klärschlämmen können auch Düngemittel und Pestizide zur Zinkbelastung von Böden beitragen. Alle Düngemittel, sowohl anorganischer als auch organischer Natur, und Bodenverbesserer enthalten Zink, in den meisten Fällen in Form von Verunreinigungen. Die Zinkgehalte anorganischer Phosphatdünger liegen zwischen 50–1450 mg/kg, die von Kalksteinen zwischen 10–450 mg/kg, und für tierischen Dung wurden Werte von 15–250 mg Zn/kg veröffentlicht [5, 22–24]. Einige Pestizide enthalten bis zu 25 % Zink und können somit zur Zinkbelastung von Böden beitragen.

Für Eintrag und Austrag von Zink in Böden lassen sich Bilanzen aufstellen, die im allgemeinen auf den oben erwähnten Verunreinigungsquellen für Zink beruhen und auf den mit abgeernteten Pflanzen entfernten Mengen. Für Belgien berechneten Verloo et al. [25] ein

Input-Output-Verhältnis von 7,7, was erkennen läßt, daß in Landwirtschaftsböden eine all-mähliche Anreicherung von Zink stattfindet. Die Bedeutung der verschiedenen Eintrags-quellen nahm relativ in der folgenden Staffelung ab: tierischer Dung 70 % > atmosphärische Deposition 25 % > Mineraldünger 4,5 % > Kompost 0,3 % > Klärschlamm 0,2 %. Der bemer-kenswert geringe Eintrag durch Klärschlamm erklärt sich dadurch, daß in Belgien Klär-schlamm im Vergleich zu anderen Ländern in der Landwirtschaft nur sehr wenig eingesetzt wird. Aus diesem Grund lassen sich diese Zahlen nicht verallgemeinern. In anderen Ländern ergeben sich deutlich abweichende Verhältnisse zwischen Eintrag und Austrag, die sich hauptsächlich auf Unterschiede in der Klärschlammausbringung und der Industrieaktivität zurückführen lassen.

13.4   Chemisches Verhalten von Zink in Böden

13.4.1   Zinkfraktionen in Böden

Die Gesamtsumme des Zinks in Böden ist auf einige mehr oder weniger deutlich unter-scheidbare Fraktionen verteilt. Viets [15] unterscheidet die nachstehenden fünf Reservoirs:

- wasserlösliches Reservoir: die in der Bodenlösung auftretende Fraktion,
- austauschbares Reservoir: elektrostatisch an geladene Bodenpartikel gebundene Ionen,
- adsorbiertes, chelatisiertes oder komplexgebundenes Reservoir: an organische Liganden gebundene Metalle,
- Reservoir der sekundären Tonmineralien und unlöslicher Metalloxide,
- Reservoir der primären Mineralien.

Nur diejenigen Fraktionen, die löslich sind oder in Lösung gebracht werden können, sind bioverfügbar. Es ist daher von Bedeutung, zwischen der Gesamtmenge in einem Boden und denjenigen Anteilen zu unterscheiden, die in besser lösliche Formen überführt werden kön-nen. In Abb. 13.1 sind die verschiedenen Speichermöglichkeiten für Zn^{2+} in Böden darge-stellt.

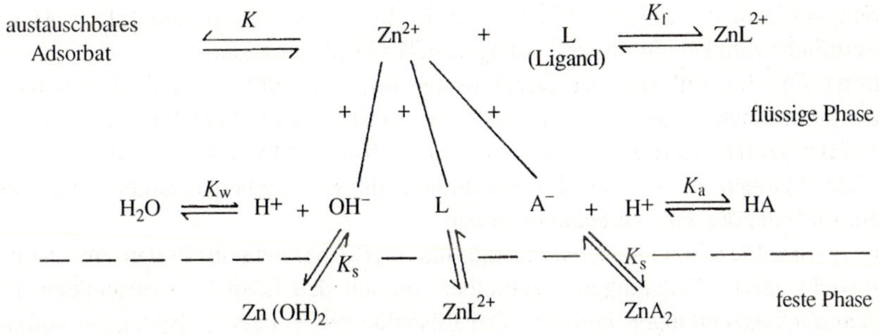

Abb. 13.1.   Chemische Gleichgewichte zwischen Zink und Bodenbestandteilen

Das gesamte Zink in Böden verteilt sich auf folgende Formen:

- freie Zn^{2+}-Ionen und organische Zinkkomplexe in der Bodenlösung;
- adsorbiertes und austauschbares Zink in der Kolloidfraktion des Bodens, die aus Tonteilchen, Huminstoffen sowie Eisen- und Aluminiumhydroxiden besteht;
- sekundäre Mineralien und unlösliche Komplexe in der festen Phase des Bodens.

Die Verteilung des Zinks zwischen den verschiedenen Formen wird durch die Gleichgewichtskonstanten der jeweiligen Reaktionen bestimmt, an denen das Zink teilnimmt:

- Fällung und Auflösung;
- Bildung und Zerfall von Komplexen;
- Adsorption und Desorption.

Welche Wechselwirkungen in dem betreffenden System am kritischsten sind, hängt u. a. von folgenden Parametern ab:

- Konzentration von Zn^{2+} und anderen Ionen in der Bodenlösung;
- Art und Menge der Adsorptionsstellen, die in der Festphase des Bodens vorhanden;
- Konzentration aller Liganden, die organische Zinkkomplexe bilden können;
- pH-Wert und Redoxpotential des Bodens.

Eine Veränderung eines oder mehrerer Parameter führt zu einer Verschiebung des gesamten Gleichgewichts, und die Umlagerung von Zink aus der einen Form in eine andere wird solange ablaufen, bis sich ein neues Gleichgewicht eingestellt hat. Gründe für solche Gleichgewichtsverlagerungen können sein: Zinkaufnahme durch Pflanzen, Verluste durch Auswaschung, Eintrag von Zink aus verschiedenen Quellen, Veränderungen im Feuchtigkeitsgehalt des Bodens, Änderung des pH-Werts, Mineralisierung des organischen Materials und geänderte Redoxverhältnisse im Boden.

13.4.2 Löslichkeit von Zink in Böden

Im Vergleich zum durchschnittlichen Gesamtgehalt an Zink in Böden (50 mg/kg) ist die Zinkkonzentration in der Bodenlösung sehr gering. Hodgson et al. [27] gaben Werte von 0,03–3 µM an. Wäre der gesamte Zinkgehalt eines Bodens bei einer Bodenfeuchte von 10% in Lösung, so ergäbe sich eine Zinkkonzentration von 7586 µM [14]. Kabata-Pendias [5] zufolge schwanken die Literaturangaben zwischen 4 und 270 µg/l, je nach Bodenart und Verfahren, mit dem die Lösung erhalten wurde. In sehr sauren Böden (pH < 4) wurden durchschnittliche Zinkgehalte in der Lösung von 7137 µg/l gemessen.

Ein freies Zn^{2+}-Ion fällt aus der Bodenlösung aus, wenn das Löslichkeitsprodukt seiner Verbindung mit einem Reaktionspartner R^{m-} überschritten wird. Ausfällungsprodukte bilden sich mit Hydroxiden, Carbonaten, Phosphaten, Sulfiden, Molybdaten und verschiedenen organischen Anionen. Wenn die Konzentrationen dieser Anionen bekannt sind, kann die maximale Aktivität des Zn^{2+} berechnet werden.

Nach Lindsay [9, 28] läßt sich die Aktivität von Zinkionen in Böden im chemischen Gleichgewicht durch Gleichungen beschreiben, die auf den Löslichkeitsprodukten der verschiedenen Zinkverbindungen beruhen. Die Löslichkeiten einiger in Böden vorkommender Zinkmineralien sind aus den in Tabelle 13.2 angegebenen Reaktionen und den zugehörigen Gleichgewichtskonstanten K_L ersichtlich.

Tabelle 13.2.   Löslichkeit von Zinkmineralien [9, 28–30]

Gleichgewichtsreaktion	$\log K_L$
Oxide und Hydroxide	
$Zn(OH)_2(amorph) + 2H^+ \rightleftharpoons Zn^{2+} + 2H_2O$	12,48
$\alpha\text{--}Zn(OH)_2 + 2H^+ \rightleftharpoons Zn^{2+} + 2H_2O$	12,19
$\beta\text{--}Zn(OH)_2 + 2H^+ \rightleftharpoons Zn^{2+} + 2H_2O$	11,78
$\gamma\text{--}Zn(OH)_2 + 2H^+ \rightleftharpoons Zn^{2+} + 2H_2O$	11,74
$\varepsilon\text{--}Zn(OH)_2 + 2H^+ \rightleftharpoons Zn^{2+} + 2H_2O$	11,53
$ZnO(Zincit) + 2H^+ \rightleftharpoons Zn^{2+} + H_2O$	11,16
Carbonate	
$ZnCO_3(Smithsonit) + 2H^+ \rightleftharpoons Zn^{2+} + CO_2 + H_2O$	7,91
Boden-Zn und Zn-Fe-Oxide	
$(ZnL_2)_{Boden} + 2H^+ \rightleftharpoons Zn^{2+} + (LH_2)_{Boden}$	5,80
$ZnFe_2O_4(Franklinit) + 8H^+ \rightleftharpoons Zn^{2+} + 2Fe^{3+} + 4H_2O$	9,85
Silicate	
$Zn_2SiO_4(Willemit) + 4H^+ \rightleftharpoons 2Zn^{2+} + Si(OH)_4$	13,15
Chloride	
$ZnCl_2 + 2H^+ \rightleftharpoons Zn^{2+} + 2Cl^-$	7,07
Sulfate	
$ZnSO_4(Zinkosit) \rightleftharpoons Zn^{2+} + SO_4^{2-}$	3,41
$ZnO{\cdot}2ZnSO_4 + 2H^+ \rightleftharpoons 3Zn^{2+} + 2SO_4^{2-} + H_2O$	19,12
$Zn(OH)_2{\cdot}ZnSO_4 + 2H^+ \rightleftharpoons 2Zn^{2+} + SO_4^{2-} + 2H_2O$	7,50
Phosphate	
$Zn_3(PO_4)_2{\cdot}4H_2O(Hopeit) + 4H^+ \rightleftharpoons 3Zn^{2+} + 2H_2PO_4^- + 4H_2O$	3,80

Offenbar spielt bei den meisten dieser Reaktionen der pH-Wert eine wichtige Rolle. Die Löslichkeit des Bodenzinks nach der Reaktion

$$(ZnL_2)_{Boden} + 2H^+ \rightleftharpoons Zn^{2+} + (LH_2)_{Boden} \qquad \log K_L = 5{,}8$$

wurde aus aus experimentellen Bestimmungen an einer Reihe von Böden erhalten [9, 28–30]. Die Gleichgewichtslage dieser Reaktion kann auch wie folgt ausgedrückt werden:

$$\log [Zn^{2+}] = 5{,}8 - 2\,pH \quad \text{bzw.} \quad pZn = 2\,pH - 5{,}8\ .$$

Diese Gleichung ist zur Abschätzung der Löslichkeit von Zn^{2+} in Böden sehr nützlich.. Die Aktivität von Zn^{2+} in der Bodenlösung ist direkt proportional zum Quadrat der Protonenaktivität, d. h. die Löslichkeit von Zink nimmt mit abnehmendem Boden-pH-Wert stark zu. Die Löslichkeit verschiedener Zinkmineralien nimmt in nachstehender Folge ab:

$Zn(OH)_2$ (amorph) > α-$Zn(OH)_2$ > β-$Zn(OH)_2$ > γ-$Zn(OH)_2$ > ε-$Zn(OH)_2$ > $ZnCO_3$ (Smithsonit) > ZnO (Zincit) > Zn_2SiO_4 (Willemit) > Boden-Zn > $ZnFe_2O_4$ (Franklinit).

Die Löslichkeit der genannten Mineralien umfaßt eine Spanne von acht Größenordnungen. Alle $Zn(OH)_2$-Minerale, ZnO (Zincit) und $ZnCO_3$ (Smithsonit) sind um den Faktor 10^5 besser löslich als Bodenzink. Wenn diese Salze in der Nähe der Wurzeln zugeführt werden, stellen sie gute Zinkdünger dar. Die verschiedenen löslichen Zinkspezies, die sich mit Bodenzink im Gleichgewicht befinden, sind in Tabelle 13.3 zusammengestellt [9, 28].

Tabelle 13.3. Mit Bodenzink im Gleichgewicht befindliche lösliche Zinkspezies [9, 28]

Gleichgewichtsreaktion		log K_L
Hydrolyse-Spezies		
$Zn^{2+} + H_2O \rightleftharpoons$	$ZnOH^+ \quad + H^+$	-7,69
$Zn^{2+} + 2H_2O \rightleftharpoons$	$Zn(OH)_2 \quad + 2H^+$	-16,80
$Zn^{2+} + 3H_2O \rightleftharpoons$	$Zn(OH)_3^- \quad + 3H^+$	-27,68
$Zn^{2+} + 4H_2O \rightleftharpoons$	$Zn(OH)_3^{2-} + 4H^+$	-38,29
Chlorokomplexe		
$Zn^{2+} + Cl^- \rightleftharpoons$	$ZnCl^+$	0,43
$Zn^{2+} + 2Cl^- \rightleftharpoons$	$ZnCl_2$	0,00
$Zn^{2+} + 3Cl^- \rightleftharpoons$	$ZnCl_3^-$	0,50
$Zn^{2+} + 4Cl^- \rightleftharpoons$	$ZnCl_4^{2-}$	0,20
Andere Komplexe		
$Zn^{2+} + H_2PO_4^- \rightleftharpoons$	$ZnH_2PO_4^+$	1,60
$Zn^{2+} + H_2PO_4^- \rightleftharpoons$	$ZnHPO_4 \quad + H^+$	-3,90
$Zn^{2+} + NO_3^- \rightleftharpoons$	$ZnNO_3^+$	0,40
$Zn^{2+} + 2NO_3^- \rightleftharpoons$	$Zn(NO_3)_2$	-0,30
$Zn^{2+} + SO_4^{2-} \rightleftharpoons$	$ZnSO_4$	2,33

Bei der Berechnung der Aktivitäten unterschiedlicher Zinkspezies in Abhängigkeit vom pH-Wert ergibt sich, daß unterhalb von pH 7,7 Zn^{2+} als Spezies überwiegt, wohingegen oberhalb dieses pH-Werts $ZnOH^+$ vorherrscht. Bei pH-Werten über 9,11 überwiegt die neutrale Spezies $Zn(OH)_2$. Innerhalb des in Böden üblichen pH-Bereichs treten weder $Zn(OH)_3^-$ noch $Zn(OH)_4^{2-}$ auf. Weiterhin ergibt sich rechnerisch, daß die Aktivität des Zn^{2+} in Lösung bei pH 5 etwa 10^{-4} M (6,5 mg/l) beträgt und bei pH 8 auf etwa 10^{-10} M (0,007 µg/l) abnimmt.

Zink bildet außerdem Komplexe mit Chlorid, Phosphat, Nitrat und Sulfat. Nach den in Tabelle 13.3 zusammengestellten Gleichgewichtsreaktionen scheinen die Komplexe $ZnSO_4$ und $ZnHPO_4$ am wichtigsten zu sein und stark zum Gesamtgehalt an Zink in der Lösung beizutragen. Die Aktivität der Spezies $ZnSO_4$ entspricht der des Zn^{2+}, wenn $[SO_4^{2-}]$ gleich $10^{-2,33}$ M ist. Daher kann der $ZnSO_4$-Komplex Löslichkeit und Mobilität des Zn^{2+} in Böden erhöhen. Dies erklärt, warum ansäuernd wirkende Dünger wie $(NH_4)_2SO_4$ die Verfügbarkeit von Zink erhöhen können. Die Spezies $ZnHPO_4$ kann je nach Phosphataktivität insbesondere in neutralen und alkalischen Böden zur Menge des gelösten Zinks beitragen.

Die Zinkspezies, welche in größerem Umfang zum gesamten anorganischen Zink in der Lösung beitragen, lassen sich wie folgt aufsummieren:

$$[Zn_{anorg}] = [Zn^{2+}] + [ZnSO_4] + [ZnOH^+] + [Zn(OH)_2] + [ZnHPO_4] \, .$$

Wenn man die Aktivitäten durch Konzentrationen ersetzt und die Gleichgewichtskonstanten der Tabelle 13.3 einsetzt, läßt sich diese Gleichung folgendermaßen umformen [9, 28]:

$$\left(Zn^{2+}\right) = \cfrac{\left[Zn_{anorg}\right]}{\cfrac{1}{\gamma_{Zn^{2+}}} + 10^{2,33}\left(SO_4^{2-}\right) + \cfrac{10^{-7,69}}{\gamma_{ZnOH^+}\left(H^+\right)} + \cfrac{10^{-16,80}}{\left(H^+\right)^2} + \cfrac{10^{-3,90}\left(H_2PO_4^{\,-}\right)}{\left(H^+\right)}} \cdot$$

Die Gleichung zeigt, daß sich die Zn^{2+}-Aktivität berechnen läßt, wenn folgende Parameter bekannt sind: Summe anorganisches Zink, pH-Wert, Aktivitätskoeffizienten, Konzentration von SO_4^{2-} und $H_2PO_4^-$.

In der Bodenlösung kann Zink allerdings auch in organischen Spezies auftreten. Die Summe des Zinks ist also in eine organische und eine anorganische Fraktion aufgespalten. Nach Hodgson et al. [27] läßt sich der anorganische Zinkanteil am gesamten löslichen Zink abschätzen, indem man Böden unter Zugabe von Aktivkohle extrahiert, wobei organische Zinkkomplexe adsorbiert werden.

Auch andere Autoren untersuchten die Löslichkeit von Zink in Böden. So bestimmte Herms [31] die Löslichkeit von Zink experimentell als Funktion des pH-Werts und erhielt dabei folgende empirische Gleichung:

$$\log (Zn^{2+}) = -0,5\ pH - 1,02 \quad bzw. \quad pZn = 0,5\ pH + 1,02 \,.$$

Diese Gleichung unterscheidet sich deutlich von der oben erwähnten Formel nach Lindsay [9, 28]. Dies weist darauf hin, daß die Löslichkeit des Zinks in Böden nicht nur durch Auflösungs-/Fällungsreaktionen bestimmt wird, sondern daß andere Mechanismen wie Adsorption/Desorption und Komplexbildung hierbei ebenfalls eine Rolle spielen.

13.4.3 Adsorption und Desorption von Zink in Böden

Der Begriff Adsorption beschreibt üblicherweise die Sorption von gelösten chemischen Spezies an die Oberfläche von Bodenpartikeln [5]. Er bezieht sich also auf alle an der Grenzschicht zwischen Lösung und Feststoff ablaufenden Phänomene. Die wichtigsten Bodenbestandteile, die zur Adsorption von Zink beitragen, sind Tonmineralien, Metalloxidhydroxide und organisches Material. Alle diese Komponenten machen die sog. kolloide Phase eines Bodens aus. Im allgemeinen ist die Oberfläche der kolloiden Phase bei normaler Bodenreaktion negativ geladen. Die negativ geladenen Adsorptionspositionen werden durch eine äquivalente Menge positiver Ladungen kompensiert, z.B. durch Protonen und andere Kationen wie Zn^{2+}. Die Adsorption von Zn^{2+} durch Feststoffpartikel aus der Bodenlösung geht im allgemeinen mit der Desorption entsprechender Mengen anderer Kationen aus der Festphase in die Lösung einher. Dieser Prozeß wird Ionenaustausch oder Äquivalentadsorption genannt.

Die Adsorption von Zink durch Böden bzw. Bodenbestandteile wurde intensiv untersucht. Dabei ergab sich, daß Tone und organisches Material Zink sehr stark adsorbieren können und daß es anscheinend zwei unterschiedliche Mechanismen zur Adsorption von Zink gibt [9, 32, 33]:

- Unter sauren Bedingungen läuft ein Prozeß ab, der sich vorwiegend an den Kationenaustauschpositionen abspielt.

- Unter alkalischen Bedingungen findet vor allem Chemisorption statt, die durch organische Liganden stark beeinflußt wird.

Tiller u. Hodgson [34] beobachteten, daß Tonmineralien Zink reversibel durch Ionenaustausch adsorbieren und irreversibel in ihr Gitter einbauen. Letzteren Mechanismus beschreibt auch Elgabaly [35]. De Mumbrum u. Jackson [36] und Bingham et al. [37] berichteten, daß Montmorillonit besonders im Neutralen und Alkalischen mehr Zink bindet, als seiner Kationenaustauschkapazität entspricht. Dies läßt sich durch die Adsorption von Zink in hydroly-sierter Form und durch die Fällung von $Zn(OH)_2$ erklären. Nach Misra u. Tiwari [38] ist auch die Bildung von Zinkcarbonaten möglich. McBride u. Blasiak [39] berichteten, daß die Kri-stallkeimbildung von Zinkhydroxid auf Tonoberflächen zu einer stark pH-abhängigen Reten-tion von Zink in Böden führen kann. Reddy u. Perkins [40] untersuchten die Adsorption von Zink durch Bentonit, Illit und Kaolinit bei verschiedenen pH-Werten mit abwechselnder Anfeuchtung und Trocknung sowie mit Inkubation bei Feuchtesättigung. Sie beobachteten eine Zinkfixierung infolge von Ausfällung, durch Okklusion in und zwischen Tonteilchen oder durch starke Adsorption an Austauschpositionen. Adsorptionsversuche mit Tonminera-lien [41] und organischer Substanz [42] ergaben, daß Zink unter alkalischen Bedingungen stärker adsorbiert wird. Shuman [43] untersuchte den Einfluß von Bodeneigenschaften auf die Adsorption von Zink und stellte fest, daß Böden mit einem hohen Anteil an Tonminerali-en oder organischen Stoffen über eine höhere Adsorptionskapazität für Zink verfügen als sandige Böden mit geringem organischen Gehalt. Bei einer Untersuchung der pH-Abhängigkeit der Zinkadsorption zeigte sich, daß die Adsorption in sandigen Böden bei niedrigem pH-Wert stärker herabgesetzt wurde als in Böden mit einem großen Anteil an kolloidem Material. Abd-Elfattah u. Wada [44] beobachteten die höchste selektive Adsorpti-on von Zink bei Eisenoxiden, Hallyosit und Allophan und die niedrigste bei Montmorillonit. Tonmineralien, Oxidhydroxide, organisches Material und die Bodenreaktion sind somit wohl die wichtigsten Einflußfaktoren für die Adsorption von Zink in Böden.

Nach der Entdeckung der Ionenaustauschphänomene in Böden durch Thomas Way [45] im Jahr 1850 versuchten viele Forscher, eine Verbindung zwischen den adsorbierten Mengen eines Ions und seiner Konzentration in der Gleichgewichtslösung herzustellen. Zunächst führte dies zu empirischen Gleichungen, da die adsorbierte Ionenmenge den experimentellen Befunden zufolge proportional zu den Konzentrationen in der Lösung war, solange letztere gering waren. Zu dieser Gruppe gehören auch die Langmuir- und Freundlich-Gleichungen. Viele Autoren haben nachgewiesen, daß die Adsorption von Zink durch Böden in guter Nä-herung durch die Langmuir-Adsorptionsgleichung beschrieben werden kann [43, 46–52].

In Tabelle 13.4 sind die berechneten Langmuir-Parameter zur Beschreibung der Zink-adsorption durch drei Böden mit unterschiedlicher Textur zusammengestellt [52].

Tabelle 13.4.   Berechnete Langmuir-Parameter zur Zinkadsorption in Böden [52]

Bodentextur	Boden-kennwerte	Adsorptionsmaximum		Bindungsener-giekoeffizient	Korrelations-koeffizient	Bestimmt-heitsgrad
		[mg/kg]	% der *KAK*	K [ppm^{-1}]	r	r^2
Leichter, sandi-ger Lehm	pH = 6,25	2000	68	0,013	0,981	0,963
	% C = 1,3					
	% Ton = 7,8					
Leichter Lehm	pH = 6,50	2500	66,5	0,043	0,990	0,980
	% C = 1,42					
	% Ton = 13,6					
Schwerer Ton	pH = 7,0	5000	73,9	0,250	0,994	0,988
	% C = 1,74					
	% Ton = 39,6					

Die hohen Werte für r und r^2 zeigen, daß die experimentellen Adsorptionsdaten für Zink in den drei Böden gut mit den Werten nach der Langmuir-Gleichung übereinstimmen. Der Wert für den Bindungsenergiekoeffizienten K war in dem schweren tonigen Boden am höchsten und in dem leichten sandigen Lehm am niedrigsten. Dies unterstreicht deutlich den Einfluß der physikalisch-chemischen Bodenparameter auf die Adsorption von Zink.

Eine Zinkfraktion von gewissem Umfang kann bei spezifischen Adsorptionsreaktionen mitwirken. Nach Maes [53] und Van Der Weiden [54] können pH-abhängige Adsorptionspositionen und freie Bindungen wirksam zu selektiver oder bevorzugter Adsorption beitragen. Kiekens [51] untersuchte die Umkehrbarkeit der Austauschreaktion

$$(CaL)_{Boden} + Zn^{2+} \underset{K_2}{\overset{K_1}{\rightleftharpoons}} (ZnL)_{Boden} + Ca^{2+}, \qquad L = \text{anionischer Ligand im Boden}.$$

Die Reaktion ist umkehrbar, wenn $K_1 = 1/K_2$ gilt. Für den Fall $K_1 \neq 1/K_2$ tritt Hysterese auf, d.h. es stellt sich je nach Reaktionsrichtung ein anderes Gleichgewicht ein. Eine solche Hysterese läßt auf eine irreversible Bindung eines Teils des Zinks schließen und ist in Böden häufig zu beobachten: Die Adsorptionskurve (O) in Abb. 13.2 gibt den Austausch von Zn^{2+} gegen Ca^{2+} wieder, d.h. Adsorption von Zn^{2+} und Desorption von Ca^{2+}. Hierzu wurde die vom Boden kumulativ adsorbierte Zinkmenge gegen das Mengenäquivalent $N_{Zn^{2+}}$ aufgetragen. Die Größe $N_{Zn^{2+}}$ errechnet sich als das Konzentrationsverhältnis von Zn^{2+} zu der Sum-

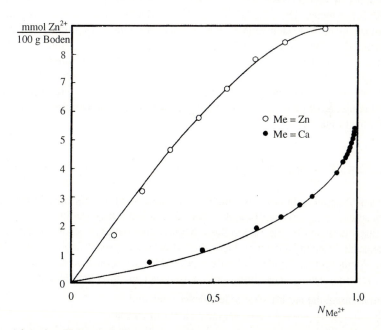

Abb. 13.2. Adsorptions-Desorptions-Hysterese von Zink im Boden [51]. Für die Adsorptions- (O) und Desorptions- (●) Isotherme sind die ad- bzw. desorbierten Zn^{2+}-Mengen in Abhängigkeit vom Mengenäquivalent $N_{Zn^{2+}}$ bzw. $N_{Ca^{2+}}$ in der äquilibrierten Lösung aufgetragen. Weitere Erläuterungen im Text

me von Zn^{2+} + Ca^{2+} im Lösungsgleichgewicht. Für die Desorptionskurve ($\bullet$) wurde die gesamte desorbierte Zinkmenge in Abhängigkeit von N_{Ca}^{2+}, dem Quotienten der Gleichgewichtskonzentrationen von Ca^{2+} und der Summe von Ca^{2+} + Zn^{2+} in der Bodenlösung, aufgezeichnet, wobei die desorbierte Zinkmenge aus der Differenz von maximal adsorbierter Menge (N_{Me}^{2+}= 1) und noch enthaltener Restmenge erhalten wird.

Der Teil des Zinks, welcher der Divergenz zwischen Adsorptions- und Desorptionsisotherme entspricht, kann als im Boden irreversibel fixiert angesehen werden. Der Hystereseeffekt macht sich anscheinend bei geringer Besetzung des Adsorptionskomplexes mit Zink stärker bemerkbar. Das Phänomen der Hysterese ist ein Zeichen dafür, daß bei der Immobilisierung von Zink in Böden noch andere Reaktionen als bloßer Ionenaustausch mitwirken.

Bei der selektiven Adsorption von Zink und der Adsorptions-Desorptions-Hysterese spielen die nachstehend genannten Faktoren möglicherweise eine Rolle:

• Anzahl der pH-abhängigen Adsorptionsstellen,
• Wechselwirkungen mit amorphen Hydroxiden,
• Affinität zur Bildung organomineralischer Komplexe und deren Stabilität,
• Bildung von Hydroxokomplexen,
• sterische Faktoren,
• Ioneneigenschaften wie Ionenradius, Polarisierbarkeit, Dicke der Hydrathülle, Äquivalentleitfähigkeit, Hydratationsenthalpie und -entropie.

Aus dem beobachteten Hystereseeffekt können sich wichtige praktische Auswirkungen und Anwendungen ergeben. Die Zugabe von selektiven Kationenaustauschern wie großporigen Polystyrolharzen mit schwach sauren komplexbildenden Funktionsgruppen verringerten die Zinkaufnahme bei Pflanzen, die auf einem verunreinigten sandigen Boden wuchsen [55]. Ähnliche Wirkungen wurden bei der Zugabe eines schweren tonigen Bodens beobachtet [52]. Der Säuregehalt des Bodens kann die Adsorption von Zink ebenfalls beeinflussen. Bei normalen Boden-pH-Werten ist die adsorbierte Zinkfraktion wesentlich größer als die wasserlösliche. Bei niedrigen pH-Werten tritt Desorption auf, wobei der kritische pH-Wert für Zink bei etwa 5 liegt [56].

13.4.4   Einfluß organischer Substanzen auf das Verhalten von Zink in Böden

Organisches Material stellt einen wichtigen Bodenbestandteil dar. Es entsteht bei der Zersetzung pflanzlicher und tierischer Produkte, die dabei in den relativ stabilen Humus umgewandelt werden. Huminstoffe, die Endprodukte beim Abbau biologischer Rückstände, bestehen aus organischen Säuren mit unterschiedlicher Molekularmasse, Kohlenhydraten, Proteinen, Peptiden, Aminosäuren, Lipiden, Wachsen, polyzyklischen aromatischen Kohlenwasserstoffen und Ligninfragmenten. Die Huminstoffe lassen sich wie folgt unterteilen:

• in Huminsäuren, die nur im alkalischen löslich sind, und
• in Fulvosäuren, die sowohl säure- als auch alkalilöslich sind.

Ihr chemischer Aufbau ist ähnlich, allerdings haben Huminsäuren im allgemeinen eine höheres Molekularmasse als Fulvosäuren. Beide Arten von Huminstoffen enthalten eine verhältnismäßig große Zahl funktioneller Gruppen wie –OH, –COOH, –SH und $\rangle$C=O, die eine hohe Affinität zu Metallionen wie Zn^{2+} besitzen.

Fulvosäuren bilden mit Zinkionen über einen breiten pH-Bereich hauptsächlich Chelate und erhöhen damit die Löslichkeit und Mobilität des Elements. Ein Großteil des in der Bodenlösung und in Oberflächenwässern auftretenden Zinks scheint an eine gelbliche Verbindung mit Fulvosäureeigenschaften gebunden zu sein. Verloo [57] wies nach, daß im Eluat eines Bodens 16% des löslichen Zinks in dieser Form auftrat. Hodgson et al. [27] und Geering et al. [58] beobachteten andererseits, daß 60–75% des löslichen Zinks in löslichen organischen Komplexen auftreten.

Die Wechselwirkungen zwischen Huminstoffen und Zink wurden von vielen Autoren untersucht [29, 59–66]. Sämtliche Untersuchungen ergaben, daß Fulvosäuren eine Selektivität für Metallionen besitzen, was sich in den Stabilitätskonstanten der Metall-Fulvosäurekomplexe oder -chelate ausdrückt.

Die Stabilitätskonstante K wird definiert als die Gleichsgewichtskonstante einer Reaktion, die zur Bildung eines Komplexes oder Chelats führt. Für die Reaktion zwischen a Mol des Kations M^{x+} mit b Mol des Liganden L^{y-}

$$a M^{x+} + b L^{y-} \rightleftharpoons M_a L_b^{ax-by}$$

ergibt sich die Stabilitätskonstante als

$$K = \frac{\left[M_a L_b^{ax-by}\right]}{\left[M^{x+}\right]^a \left[L^{y-}\right]^b},$$

wobei die eckigen Klammern Aktivitäten bezeichnen. Die Stabilitätskonstanten von Zinkfulvaten wurden von einer Reihe von Autoren experimentell bestimmt. Nach Schnitzer u. Skinner [67, 68] und Stevenson u. Ardakani [62] betragen die Stabilitätskonstanten (log K) von Zinkfulvaten 1,7 bei pH 3,5 bzw. 2,3 bei pH 5. Schnitzer u. Khan [63] gaben für log K Werte von 2,3 bei pH 3 und 3,6 bei pH 5 an. Courpron [69] ermittelte einen log K-Wert von 2,83 für Zinkfulvate. Die Stabilität der Komplexe nimmt mit steigendem pH-Wert zu. Verloo [57–64] wies nach, daß genaugenommen zwei Stabilitätsmaxima auftreten, eines etwa bei pH 6 und das andere bei pH 9. Dieser Befund könnte auf eine stufenweise erfolgende Dissoziation von Carboxy- und Hydroxygruppen der Fulvosäure zurückzuführen sein. Außerdem weisen Zinkfulvate nur schwache Kolloideigenschaften auf, was bedeutet, daß die Ausflokkung von Fulvosäuren erst bei hohen Elektrolytkonzentrationen erfolgt. Auf diese Weise wirken Fulvosäuren in Böden als Mobilisatoren für Zink und andere Metalle wie Kupfer, Eisen und Blei.

Huminsäuren weisen ein komplizierteres Verhalten bei Wechselwirkungen und Löslichkeit auf. Sie sind unter sauren Bedingungen unlöslich und gehen mit steigendem pH-Wert allmählich in Lösung. In alkalischen Medien sind sie vollständig löslich, verhalten sich jedoch wie ein kolloidales System, d. h. sie können durch Kationen ausgeflockt werden. In neutralen und alkalischen Böden sind Ca^{2+} und Mg^{2+} die dominierenden ausflockenden Ionen, während in sauren Böden auch Fe^{3+} und Al^{3+} in dieser Hinsicht wirksamer sind. In extrem ausgewaschenen Böden können Huminsäuren peptisiert werden und je nach vorherrschendem Wasserhaushalt im Bodenprofil abwärts oder aufwärts wandern.

Die Wechselwirkungen zwischen Zink und Huminsäuren werden stark vom pH-Wert beeinflußt, da ihre Löslichkeiten sehr stark pH-abhängig sind und dabei gegenläufiges Verhalten zeigen. Unter sauren Bedingungen geht der größte Teil des Zinks in Lösung, die Huminsäuren sind hingegen unlöslich.

Verloo [57] stellte eine Untersuchung des Systems gereinigte Huminsäure/Zink an, in welcher er das Löslichkeitsverhalten verschiedener Zinkspezies eingehend charakterisierte. Abbildung 13.3 zeigt die Existenzbereiche von Zinkhumaten in Abhängigkeit vom pH-Wert der Lösung. Aus dem Diagramm geht deutlich hervor, daß das Verhalten von Zink durch die Anwesenheit von Huminsäure stark beeinflußt wird. Bei niedrigem pH-Wert tritt das meiste Zink in kationischer Form auf. Humatkomplexe können erst bei höheren pH-Werten gebildet werden. Die meisten der gebildeten Zinkhumate sind löslich. Unter alkalischen Bedingungen tritt daher nur ein geringer Teil des Zinks in Form von Hydroxiden auf. Die löslichen bzw. suspendierten Zinkhumate können in Gegenwart von Elektrolyten ausflocken.

Abschließend sollte noch darauf verwiesen werden, daß einfache organische Verbindungen wie Aminosäuren und Hydroxysäuren sowie Phosphorsäuren ebenfalls wirkungsvolle Komplex- oder Chelatbildner für Zink darstellen und damit seine Mobilität und Löslichkeit in Böden erhöhen [5].

Zusammenfassend läßt sich feststellen, daß das organische Material im Boden einen wichtigen Faktor für das Verhalten von Zink in Böden darstellt. Die Fulvosäurefraktion und niedermolekulare organische Säuren bilden mit Zink hauptsächlich lösliche Komplexe und Chelate und erhöhen auf diese Weise seine Mobilität. Aufgrund ihrer Kolloideigenschaften stellen Zinkhumate ein organisches Speicherreservoir für Zink dar.

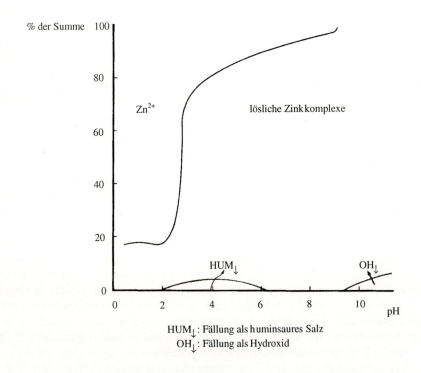

HUM$_\downarrow$: Fällung als huminsaures Salz
OH$_\downarrow$: Fällung als Hydroxid

Abb. 13.3. Löslichkeits- und Fällungsverhalten von Zinkhumaten als Funktion des pH-Werts [57]

13.5 Zink im System Boden-Pflanze

13.5.1 Parameter der Verfügbarkeit von Zink in Böden

Die Form, in der Zink überwiegend von Pflanzenwurzeln absorbiert wird, scheint Zn^{2+}, bzw. solvatisiertes Zn^{2+} zu sein, allerdings können Pflanzen auch verschiedene Komplexe, insbesondere organische Zinkchelate absorbieren [5, 70–72]. Die Faktoren, welche die Löslichkeit und Verfügbarkeit von Zink in Böden bestimmen, wurden von einer Reihe Autoren im Detail behandelt [14, 61, 73–75]. Unter den Faktoren, die die Verfügbarkeit von Zink in Böden beeinflussen, spielen hauptsächlich Bodenparameter wie Gesamtgehalt dieses Elements, pH-Wert, organisches Material, Anzahl und Art der Adsorptionspositionen, Mikrobenaktivität und Feuchtigkeitszustand eine Rolle. Andere Faktoren, wie z.B. klimatische Bedingungen sowie Wechselwirkungen zwischen Zink und anderen Makro- und Mikronährstoffen im Boden und in der Pflanze selbst, können ebenfalls einen bedeutenden Einfluß auf die Verfügbarkeit dieses Metalls ausüben. Der Einfluß der verschiedenen Bodenkennwerte und der anderen wesentlichen Faktoren auf die Verfügbarkeit von Zink läßt sich wie folgt zusammenfassen:

— In einigen stark ausgewaschenen sauren Böden kann der Gesamtgehalt an Zink sehr niedrig sein, was zu geringen verfügbaren Gehalten führt.

— Die Verfügbarkeit von Zink nimmt mit steigendem Boden-pH-Wert ab, da die Löslichkeit der Zinkmineralien dann niedriger ist und die Adsorption von Zink durch negativ geladene Bodenkolloidpartikel zunimmt.

— In Böden mit einem geringen Anteil an organischen Stoffen wird die Verfügbarkeit von Zink direkt durch den Gehalt an organischem komplex- bzw. chelatbindenden Liganden beeinflußt, die aus dem Zerfall organischer Bestandteile oder aus Wurzelexsudaten stammen.

— Niedrige Temperaturen und Lichtintensitäten setzen die Verfügbarkeit von Zink im allgemeinen herab, was hauptsächlich durch verringertes Wurzelwachstum bedingt ist.

— Hohe Phosphorgehalte im Boden können die Verfügbarkeit von Zink und seine Aufnahme durch Pflanzen herabsetzen. Dieser Antagonismus zwischen Phosphor und Zink ist eine der am besten bekannten Wechselwirkungen zwischen Nährstoffen in der Bodenchemie und bei der Pflanzenernährung. Er scheint im wesentlichen auf chemischen Reaktionen in der Rhizosphäre zu beruhen [76]. Nach Smilde et al. [77] kann dieser Zink-Phosphor-Antagonismus auf pflanzenphysiologische Gründe zurückgeführt werden.

— Auch Wechselwirkungen mit anderen Nährstoffen können die Verfügbarkeit von Zink herabsetzen. Hier ist vor allem der Antagonismus zwischen Zink und Eisen zu nennen, aber auch zwischen Zink und Kupfer, Zink und Stickstoff sowie Zink und Calcium bestehen Wechselwirkungen.

13.5.2   Bestimmung der Verfügbarkeit von Zink in Böden

Die Verfügbarkeit von Zink in Böden wird im allgemeinen durch die Extraktion einer bestimmten Fraktion des gesamten Zinks mittels chemischer Reagenzien bestimmt. Einige Extraktionsmittel werden zur selektiven Bestimmung von Zink benutzt, während mit anderen gleichzeitig auch eine Reihe anderer Nährelemente extrahiert werden.

Die Wahl des Extraktionsmittels beruht häufig eher auf einer empirischen Einschätzung als auf theoretischen Überlegungen. Ihr Wert bemißt sich häufig nach der Güte der Korrelation zwischen der extrahierten Zinkmenge und der Aufnahme des Elements durch Pflanzen. Die Analyseergebnisse werden außerdem durch Versuchsbedingungen wie das Mengenverhältnis Boden/Lösung, Extraktionsdauer, Bodeneigenschaften und chemische Form oder Matrix des Bodenzinks beeinflußt [78, 79].

Da der biologisch wirksame Anteil des Zinks in Böden hauptsächlich aus löslichen, austauschbaren und komplexgebundenen Spezies besteht, lassen sich für Zinkextraktionen folgende Effekte zugrunde legen: Auflösung von in der Festphase des Bodens auftretenden Verbindungen, Ionenaustausch und Komplexbildung. Um die Voraussetzungen für eine möglichst optimale Korrelation mit der Metallaufnahme durch die Pflanze zu schaffen, sollte eine Extraktionslösung die folgenden Kriterien erfüllen:

– Sie sollte ausreichend sauer reagieren, um ausgefällte Zinkverbindungen in Lösung zu bringen, die zur Aufnahme durch die Pflanze beitragen.

– Sie sollte ein verdrängendes Kation enthalten, um dieses gegen adsorbiertes Zink austauschen zu können.

– Sie sollte in der Lage sein, lösliche organische Zinkverbindungen zu extrahieren.

Ausgehend von diesen Überlegungen haben verschiedene Autoren eine Anzahl von Extraktionsmittel vorgeschlagen.

In diesem Zusammenhang hat die Europäische Spurenelement-Arbeitsgemeinschaft der FAO als Standard eine Extraktionslösung aus 0,5 M Ammoniumacetat + 0,02 M EDTA bei pH 4,65 vorgeschlagen [80].

Andere gebräuchliche Extraktionsmittel sind

- 0,005 M DTPA + 0,01 M $CaCl_2$ + 0,1 M TEA bei 7,30 [30],
- 1 M NH_4HCO_3 + 0,005 M DTPA bei pH 7,60 [81],
- 0,1 M HCl [82, 83],
- 1 M $MgCl_2$ [84],
- $(NH_4)_2CO_3$ + EDTA [85],
- 0,1 M $NaNO_3$ [86],
- 0,05 M $CaCl_2$ [87],
- 0,5 M HNO_3 [88],
- 0,5 M Natriumacetat + DTPA bei pH 4,8 [89].

Des weiteren wurden eine Reihe von sequenziellen Extraktionsverfahren für Schwermetalle in Böden, Schlämmen und Sedimenten vorgeschlagen [90–93]. Das Hauptziel dieser Fraktionierungen ist es, die Verteilung von Zink zwischen seinen verschiedenen Spezies aufzuklären. Eine Reihe von Reagenzien wurden zur fraktionierenden Extraktion der löslichen, austauschbaren, organischen, adsorbierten bzw. gefällten Formen empfohlen. Die

Vielzahl der Extraktions- und Fraktionierungsverfahren und die daraus resultierende Schwierigkeit, Ergebnisse, die mit verschieden Methoden erhalten wurden, miteinander zu vergleichen, haben Bemühungen notwendig gemacht, ein möglichst universell einsetzbares Verfahren zur Beurteilung der Verfügbarkeit von Zink und anderen Schwermetallen in Böden zu entwickeln. Es wurde vorgeschlagen, die Mobilität des Zinks durch stufenweise Ansäuerung einer Boden-Wasser-Suspension zu bestimmen [94]. Die mobile Zinkfraktion läßt sich so definieren als die Summe der Zinkmenge, die intrinsisch in der Bodenlösung vorhandenen ist (die sog. Nährstoffintensität), und dem Teil der in der Feststoffphase vorhandenen Menge, die durch eine Änderung der Bodenreaktion in die flüssige Phase überführt werden kann.

Beim Einsatz des vorgeschlagenen Mobilitätstests bei einer großen Zahl verunreinigter und nicht-verunreinigter Böden wurden folgende Beobachtungen gemacht:

– Es ergeben sich typische Mobilisierungsmuster, die im wesentlichen durch die physikalisch-chemischen Eigenschaften des Bodens bestimmt werden. Der Einfluß der Bodentextur auf die Zinkmobilität in einem leichten, mittleren und einem schweren Boden, die dieselben Zinkgesamtkonzentrationen enthalten, ist in Abb. 13.4 dargestellt.

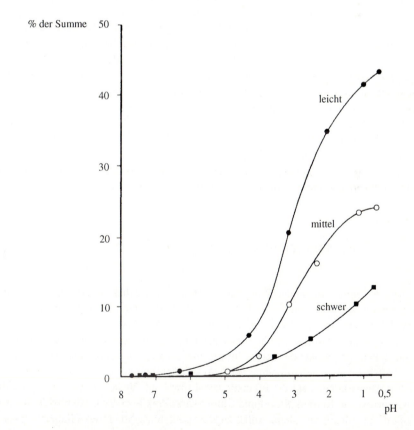

Abb. 13.4. Anteil des gelösten Zinks am Gesamtgehalt in drei Böden mit unterschiedlicher Textur in Abhängigkeit vom pH-Wert

– Der Mobilitätstest ermöglicht eine Unterscheidung zwischen Böden mit normalen und erhöhten Zinkgehalten [96].

– Hochsignifikante Zusammenhänge ergaben sich zwischen der Aufnahme von Zink durch Pflanzen und den bei verschiedenen pH-Wert in Lösung gebrachten Mengen.

– Die chemischen Spezies, in denen das Zink auftritt, sind auch in den Mobilisationsmustern wiederzufinden.

Die stufenweise oder allmähliche Ansäuerung einer Boden-Wasser-Suspension setzt Zinkmengen frei, die als Hinweis für die direkt verfügbaren Mengen dienen können und für die Mengen, die erst nach längerer Zeit freigesetzt werden.

13.5.3   Artspezifische Unterschiede in der pflanzlichen Zinkaufnahme

Adsorption und Akkumulation von Zink durch Pflanzen unterliegen großen Schwankungen je nach Art und Rasse (bzw. Züchtung). Im allgemeinen führen höhere Zinkgehalte im Boden auch zur Zunahme der Zinkgehalte von Pflanzengeweben. Falahi-Ardakani et al. [97] ließen sechs Gemüsearten (Broccoli, Weißkohl, Salat, Aubergine, Paprika und Tomate) acht Wochen in einem mit kompostiertem Klärschlamm angereicherten Medium wachsen. Dabei betrug die Akkumulationsgeschwindigkeit von Zink durch die Pflanzen 4–10 mg/Woche. Henry u. Harrison [98] untersuchten die Aufnahme von Metallen durch Rasengräser, Tomaten, Salat und Möhren aus einem unbehandelten Referenzboden, einem mit handelsüblichem NPK-Dünger gedüngten Boden, aus einem Kompost und aus einer Mischung von Kompost und Boden im Verhältnis 1:1. Die Zinkbeaufschlagungsraten für den Referenzboden, die Kompostmischung und den Kompost lagen bei 232, 239 bzw. 245 kg/ha. Bei dieser Untersuchung ergab sich für die Zinkaufnahmegeschwindigkeit der Pflanzen folgende Reihenfolge: Salat > Gras > Möhren > Tomaten. Die Aufnahmegeschwindigkeit für Zink durch Salat, Gras und Tomaten lagen in Kompost höher als in Böden.

13.6   Mit Zink verunreinigte Böden

In den letzten Jahren haben die Zinkgehalte infolge menschlicher Aktivitäten in einigen Böden zugenommen, insbesondere in Industrieländern. Berichten zufolge können die Zinkgehalte in Böden mehrere hundert bis zu einigen tausend ppm betragen.

Zink gehört zu einer Gruppe von Spurenelementen, die eine potentielle Gefahr für die Biosphäre darstellen. Die größte Besorgnis im Zusammenhang mit überhöhten Zinkgehalten in Böden betrifft die mögliche Aufnahme durch Ackerpflanzen und die sich daraus ergebenden schädlichen Auswirkungen auf die Pflanzen selbst sowie auf Weidetiere und die menschliche Nahrung. Ebenso wie Kupfer, Nickel und Chrom wirkt Zink in erster Linie phytotoxisch, und somit gibt dieses Metall vor allem Anlaß zu Besorgnis hinsichtlich des Pflanzenertrags und der Bodenfruchtbarkeit.

Die Hauptverunreinigungsquellen für Zink sind Erzbergbau, Einsatz von Klärschlamm und kompostiertem Material in der Landwirtschaft und der Einsatz von Agrochemikalien wie Düngern und Pestiziden.

13.6.1   Verunreinigung durch Erzbergbau und Verhüttung

Gewinnung und Verhüttung zinkhaltiger Erze stellen wesentliche Quellen für Verunreinigungen durch dieses Element dar. Der Abbau von Zink im 18. und 19. Jahrhundert in der Umgebung der Ortschaft Shipham in Somerset (England) führte zu einem starken Anstieg der Zinkgehalte im Boden. Bei 320 Bodenproben aus dieser Gegend lagen die Zinkgehalte zwischen 250–37 200 mg/kg bei einem Median von 7600 mg Zn/kg [99].

In Polen wurden Gehalte von 1665–4245 ng Zn/kg in Böden festgestellt [100], die durch metallverarbeitende Betriebe verunreinigt worden waren. Letunova u. Krivitsky [101] berichteten aus Rußland Werte von 400–4250 mg Zn/kg für Böden, die durch NE-Metallbergbau verunreinigt worden waren. In Japan befanden sich Zinkverunreinigungen von gefluteten Böden hauptsächlich dort, wo Abwässer der Ikuno-Grube [102] und anderer Gruben im Yoneshiro-Flußbecken [103] zur Bewässerung benutzt worden waren. Die Zinkgehalte der Oberflächenwässer im verunreinigten Bereich lagen mit 3,40–6,20 mg/l beträchtlich über dem für natürliches Bewässerungswasser zugelassene Höchstwert von 0,5 mg Zn/l [103]. Asami [102] beobachtete Zinkgehalte von 1310–1780 mg/kg in verunreinigten gefluteten Böden in der Nähe des Maruyame-Flusses in Japan.

13.6.2   Bodenverunreinigung durch intensive Ausbringung von Klärschlamm

Juste u. Mench [104] betrachteten die Auswirkungen der langjährigen Ausbringung von Klärschlamm auf die Verteilung von Metallen im Bodenprofil und auf deren Aufnahme durch Pflanzen, wobei sie sich auf Feldversuchen in Europa und den USA bezogen. Der gesamte Zinkeintrags in den Boden schien der bestimmende Faktor für die Zinkgehalte der Pflanzengewebe zu sein.

Bei Versuchen in den USA lag der maximale Zinkeintrag zwischen 290–4937 kg/ha und bei den europäischen Langzeitversuchen zwischen 746–4882 kg/ha. Derlei Unterschiede im Zinkeintrag führten naturgemäß zu ausgeprägten Unterschieden im Verhalten von Zink in Böden und Pflanzen. Bei den Versuchen in Bordeaux (Frankreich) nahm der Zinkgehalt von 8,1 mg/kg in Kontrollböden auf 1074 mg/kg in den kumulativ am intensivsten gedüngten Feldern zu. Es stellte sich heraus, daß der Abwärtstransport von Zink mit der Ausbringungsrate zunahm.

Alloway et al. [105] beobachteten für das Gesamtzink in Böden Werte bis zu 1748 mg/kg an Standorten, an denen intensiv Klärschlamm ausgebracht worden war. Elhassanin et al. [106] untersuchten das Ausmaß der Zinkverunreinigung in sandigen Böden der Gebiete um Abu Rawash und Gabal el Asfar in Ägypten, die auf den langjährigen Einsatz von ungeklärtem Abwasser zu Bewässerungszwecken zurückzuführen war. Die Ergebnisse zeigten, daß eine Verlängerung der Bewässerungszeiträume zu ausgeprägten Steigerungen im Gesamtzinkgehalt der Böden und bei den verfügbaren Zinkformen führte.

Es ist seit über zehn Jahren bekannt, daß die mikrobielle Biomasse in Böden, die mehrere Jahre lang stark mit Klärschlamm gedüngt worden waren, im Vergleich zur Biomasse in nicht mit Schlamm behandelten Böden stark zurückging [107]. Verschiedene Forscher haben die Gründe für diesen Rückgang der Biomasse untersucht und kamen zu dem Schluß, daß dafür vor allem erhöhte Gehalte verschiedener Schwermetalle wie z. B. Zink verantwortlich sind. Ein wichtiger Aspekt ist dabei, daß *Rhizobia*-Arten, stickstofffixierende Bakterien, die mit Leguminosenwurzeln symbiotisch sind, sehr empfindlich auf diese Metalle reagieren. Obwohl Chaudri et al. [108] feststellten, daß die Toxizität für *Rhizobium leguminosum* bv *trifolii* in Weißklee in der Reihenfolge Cu > Cd > Ni > Zn abnimmt, wird angenommen, daß Zink das größte Problem bei der Bodenbewirtschaftung darstellt. Die Zinkgehalte von Klärschlämmen sind noch immer verhältnismäßig hoch, obwohl die Gehalte nahezu aller Metalle in den letzten Jahren gesunken sind (s. Kap. 3). Chaudri et al. [109] beobachteten, daß auch unterhalb der EG-Richtlinie von 300 mg/kg liegende Gehalte auf *R. leguminosum* bv *trifolii* deutlich toxisch wirken. Obwohl in einigen europäischen Ländern die Grenzwerte bereits darunter liegen (Deutschland: 200 mg/kg), wird in Großbritannien noch ein Wert von 300 mg/kg toleriert. Aufgrund von Versuchsergebnissen aus Deutschland und Großbritannien empfahl das Ministerium für Landwirtschaft, Fischerei und Ernährung in London im November 1993, den Grenzwert von 300 mg/kg auf 250 mg/kg herabzusetzen (s. Abschn. 2.4.9).

Bei der Untersuchung anderer *Rhizobia*-Spezies stellte sich heraus, daß *R. melitoti* (symbiotisch an Alfalfawurzeln) in Böden, die durch atmosphärische Deposition aus einer Zinkhütte verunreinigt wurden, weniger empfindlich gegenüber Zink ist als *R. leguminosum* [110].

Schlußbemerkungen

Zink kann ebenso wie Cadmium als überaus mobiles und leicht bioverfügbares Metall angesehen werden, das sich in Nutzpflanzen und der menschlichen Nahrung ansammeln kann. Daher benötigen wir dringend eine genauere Kenntnis der lang- und kurzfristigen Auswirkungen der atmosphärischen Deposition und der Ausbringung von Klärschlamm auf Böden. Trotz der Vielzahl vorhandener Ergebnisse aus Langzeitfeldversuchen benötigen wir mehr Datenmaterial zur Bewertung langfristiger Veränderungen der Faktoren, welche die Bioverfügbarkeit von Zink bestimmen.

13.8   Literatur

[1] Mertz W (1972) Ann NY Acad Sci 199: 191
[2] Mertz W (1981) Science 213: 1332
[3] Marschner H (1986) Mineral Nutrition in Higher Plants. Academic Press, London
[4] Loué A (1986) Les Oligo-éléments en Agriculture. Agri-Nathan, Paris
[5] Kabata-Pendias A, Pendias H (1992) In: Trace Elements in Soils and Plants, 2. Aufl. Lewis, Boca Raton/FL

[6]   Chapman HD (1972) Diagnostic Criteria for Plants and Soils. Univ California, Riverside/CA

[7]   Bergmann W, Neubert P (1976) In: Pflanzendiagnose und Pflanzenanalyse. Fischer, Jena

[8]   Bergman W (1983) In: Ernährungsstörungen bei Kulturpflanzen, Entstehung und Diagnose. Fischer, Jena

[9]   Lindsay WL (1972) Adv Agron 24: 147

[10] Lindsay WL (1991) Soil Sci Soc of America (Madison), Kap 2

[11] Graham ER (1953) Soil Sci 75: 333

[12] Swaine DJ, Mitchell RL (1960) J Soil Sci 11: 347

[13] Wells N (1960) J Soil Sci 11: 409

[14] Sillanpää M (1972) Trace Elements in Soils and Agriculture. Soils Bulletin, FAO Rom

[15] Kabata-Pendias A, Dudka S, Chipecka A, Gawinsowska T (1992) In: Adriano DC (Hrsg) Biogeochemistry of Trace Metals. Lewis, Boca Raton/FL, Kap 3

[16] Angelone M, Bini C (1992) In: Adriano DC (Hrsg) Biogeochemistry of Trace Metals. Lewis, Boca Raton/FL, Kap 2

[17] Davis RD (1980) Control of Contamination Problems in the Treatment und Disposal of Sewage Sludge. WRC Technical Report TR 156, Stevenage

[18] Webber MD, Kloke A, Tjell JC (1984) In: L'Hermite P, Ott H (Hrsg) Processing and Use of Sewage Sludge. Reidel, Dordrecht, S 371

[19] Berrow ML, Webber J (1972) J Sci Fd Agric 23: 93

[20] Dowdy RJ, Larson RE, Epstein E (1976) In: Proc Soil Conservation Society of America, Ankeny/IA, S 118

[21] O'Riordan EG (1986) Ir J Agric Res 25: 239

[22] Andersson A (1977) Swed J Agric Res 7: 1

[23] Kloke A (1980) Gesunde Pflanz 32: 261

[24] Adriano DC (1986) Trace Elements in the Terrestrial Environment. Springer, Berlin Heidelberg New York Tokyo

[25] Verloo M, Tack F (1988) In: Grondontleding en bemestingsadviezen. Genootschap Plantenproduktie en Ekosfeer, KVIV, Antwerpen, S 6

[26] Viets FG (1962) J Agr Fd Chem 10: 174

[27] Hodgson JF, Lindsay WL, Trierweiler JF (1966) Soil Sci Soc Amer Proc 30: 723

[28] Lindsay WL (1979) Chemical Equilibria in Soils. Wiley Interscience, New York

[29] Norvell WA (1991) In: Mordvedt JJ, Giordano P, Lindsay WL (Hrsg) Micronutrients in Agriculture. Soil Sci Soc of America, Madison, Kap 6

[30] Lindsay WL, Norvell WA (1969) Agron Abstr 61: 84

[31] Herms U (1982) Untersuchungen zur Schwermetalllöslichkeit in kontaminierten Böden und kompostierten Siedlungsabfällen in Abhängigkeit von Bodenreaktion, Redoxbedingungen und Stoffbestand. Diss, Univ Kiel

[32] Farrah H, Pickering WF (1977) Aust J Chem 30: 1417

[33] Wada K, Abd-Elfattah A (1978) J Soil Sci Plant Nutr 24: 417

[34] Tiller KG, Hodgson JF (1962) Clays and Minerals 9: 393

[35] Elgabaly MM (1950) Soil Sci 85: 319

[36] Demumbrum LE, Jackson ML (1956) Soil Sci Soc Amer Proc 20: 334

[37] Bingham FF, Page AL, Sims JR (1965) Soil Sci Soc Amer Proc 28: 351

[38] Misra SG, Tiwari RC (1966) Soil Sci 101: 465

[39] McBride MB, Blasiak JJ (1979) Soil Sci Soc Am J 43: 866

[40] Reddy NR, Perkins HF (1974) Soil Sci Soc Amer Proc 38: 229

[41] Jurinak JJ, Bauer N (1956) Soil Sci Soc Amer Proc 20: 446

[42] Randhawa NS, Broadbent FE (1965) Soil Sci 99: 362

[43] Shuman LM (1975) Soil Sci Soc Amer Proc 39: 454

[44] Abd-Elfattah A, Wada K (1981) J Soil Sci 32: 271

[45] Way JT (1850) J Roy Agr Soc Eng 11: 313

[46] Udo EJ, Bohn HL, Tucker TC (1970) Soil Sci Soc Amer Proc 34: 405

[47] Griffin RA, Shimp NF (1976) Environ Sci Technol 10: 1256

[48] Sinha MK, Dhillon SK, Pundeer GS, Randhawa NS, Dhillon KS (1975) Geoderma 13: 349

[49] Bolt GH, Bruggenwert MGM (1976) In: Soil Chemistry A, Basic Elements. Elsevier, Amsterdam
[50] Kiekens L (1975) Med Fac Landbouww Rijksuniv Gent 40: 1481
[51] Kiekens L (1980) Adsorptieverschijnselen van zware metalen in gronden. Doctoral Thesis, Gent
[52] Kiekens L (1986) Academiae Analecta 48: 45
[53] Maes A (1973) Ion Exchange of Some Transition Metal Ions in Montmorillonites and Synthetic Faujasites. Doctoral Thesis, Louvain
[54] Van Der Weijden CH (1975) Report 221, Reactor Centrum Nederland, Petten
[55] Van Assche C, Jansen G (1978) Landwirtsch Forsch 34: 215
[56] Cottenie A, Kiekens L (1972) In: Potassium in Soil. Proc 9th IPI Colloq, Landshut, S 91
[57] Verloo MG (1974) Komplexvorming van sporenelementen met organische bodemkomponenten. Doctoral Thesis, Gent
[58] Geering HR, Hodgson JF (1969) Soil Sci Soc Amer Proc 33: 54
[59] Mortensen JL (1963) Soil Sci Soc Amer Proc 27: 179
[60] Wallace A (1963) Soil Sci Soc Amer Proc 27: 176
[61] Hodgson JF (1963) Adv Agron 15: 119
[62] Stevenson FJ, Ardakani MS (1991) In: Mordvedt JJ, Giordano P, Lindsay WL (Hrsg) Micronutrients in Agriculture. Soil Sci Soc of America, Madison/WI, Kap 5
[63] Schnitzer M, Khan SU (1978) Soil Organic Matter. Elsevier, Amsterdam
[64] Verloo M (1979) In: Cottenie A (Hrsg) Essential and Non-Essential Trace Elements in the System Soil–Water–Plant. State University, Gent, S 7
[65] Kitagishi K, Yamane I (1981) Heavy Metal Pollution in Soils of Japan. Japan Scientific Society
[66] Sillanpää M (1982) Micronutrients and the Nutrient Status of Soils: A Global Study. FAO
[67] Schnitzer M, Skinner SIM (1966) Soil Sci 102: 361
[68] Schnitzer M, Skinner SIM (1967) Soil Sci 103: 247
[69] Courpron C (1967) Ann Agron 18: 623
[70] Loneragan JF (1975) Trace Elements in Soil-Plant-Animal Systems. Academic Press, London
[71] Tiffin LO (1991) In: Mordvedt JJ, Giordano P, Lindsay WL (Hrsg) Micronutrients in Agriculture. Soil Sci Soc of America, Madison, Kap 9
[72] Weinberg ED (1977) In: Microorganisms and Minerals. Marcel Dekker, New York
[73] Mitchell RL (1964) In: Bear FE (Hrsg) Chemistry of the Soil. Reinhold, New York
[74] Lucas RL, Knezek BD (1991) In: Mordvedt JJ, Giordano P, Lindsay WL (Hrsg) Micronutrients in Agriculture. Soil Sci Soc America, Madison, Kap 12
[75] Kiekens L (1985) Proc 1st Int ISAMA Symp Gent, S 4
[76] Olsen SR (1991) In: Mordvedt JJ, Giordano P, Lindsay WL (Hrsg) Micronutrients in Agriculture. Soil Sci Soc America, Madison, Kap 11
[77] Smilde KW, Koukoulakis P, van Luit B (1974) Pl Soil 41: 445
[78] Kiekens L, Camerlynck R (1982) Landwirtsch Forsch 39: 255
[79] Verloo M, Cottenie A, Van Landschoot G (1982) Landwirtsch Forsch 39: 394
[80] Larkanen EE, Erviö R (1971) Acta Agr Fenn 123: 223
[81] Soltanpour PN, Schwab AP (1977) Commun Soil Sci Plant Anal 8:195
[82] Viets FG, Boawn LC, Crawford CL (1954) Soil Sci 78: 305
[83] Nelson JL, Boawn LC, Viets FG Jr (1959) Soil Sci 88: 275
[84] Stewart JA, Berger KC (1965) Soil Sci 100: 244
[85] Trierweiler JF, Lindsay WL (1969) Soil Sci Soc Amer Proc 33: 49
[86] Häni H, Gupta S (1983) In: Davis RD, Hucker G, L'Hermite P (Hrsg) Environmental Effects of Organic and Inorganic Contaminants in Sewage Sludge. Reidel, Dordrecht, S 121
[87] Sauerbeck DR, Styperek P (1985) In: Leschber R, Davis RD, L'Herrnite P (Hrsg) Chemical Methods for Assessing Bio-Available Metals in Sludges and Soils. Elsevier, London, S 49
[88] Cottenie A, Verloo M, Kiekens L, Velghe G (1982) In: Cottenie A (Hrsg) Biological and Analytical Aspects of Soil Pollution. State University of Gent
[89] Wolf B (1982) Comm Soil Sci Plant Anal 13: 1005
[90] Badri MA, Aston SR (1981) In: Proc Int Conf Heavy Metals in the Environment, Amsterdam. CEP Consultants, Edinburgh, S 705

[91] Forstner U, Calmano W, Conradt K, Jaksch H, Schimkus C, Schoer J (1981) In: Proc Int Conf Heavy Metals in the Environment, Amsterdam. S 691

[92] Kiekens L, Cottenie A (1983) In: Proc Int Conf Heavy Metals in the Environment, Heidelberg. CEP Consultants, Edinburgh, S 657

[93] Tessier A, Campbell PGC, Bisson M (1979) Anal Chem 51: 844

[94] Cottenie A, Kiekens L (1981) Korrespondenz Abwasser 28: 206

[95] Kiekens L (1984) In: Berglund S, Davies RD, L'Hermite P (Hrsg) Utilization of Sewage Sludge on Land Rates of Application and Long-Term Effects of Metals. Reidel, Dordrecht, S 126

[96] Kiekens L, Cottenie A (1984) In: L'Hermite P, Ott H (Hrsg) Processing and Use of Sewage Sludge. Reidel, Dordrecht, S 140

[97] Falahi-Ardakani A, Bouwkamp JC, Gouin FR, Chaney RL (1987) J Environ. Hart 5: 112

[98] Henry CL, Harrison RB (1992) In: Adriano DC (Hrsg) Biogeochemistry of Trace Metals. Lewis, Boca Raton/FL, Kap 7

[99] Sims DL, Morgan H (1988) Sci Total Environ 75: 1

[100] Faber A, Niezgoda J (1982) Rocz Glebozn 33: 93

[101] Letunova SV, Krivitskiy VA (1979) Agrokhimiya 6: 104

[102] Asami T (1981) In: Kitagishim K, Yamane I (Hrsg) Heavy Metal Pollution in Soils of Japan. Japan Scientific Society, S 149

[103] Homma S (1981) In: Kitagishim K, Yamane I (Hrsg) Heavy Metal Pollution in Soils of Japan. Japan Scientific Society, S 137

[104] Juste C, Mench C (1992) In: Adriano DC (Hrsg) Biogeochemistry of Trace Metals. Lewis, Boca Raton/FL, Kap 7

[105] Alloway BJ, Thornton I, Smart GA, Sherlock I, Quinn MJ (1988) Sci Total Environ 75: 41

[106] Elhassanin AS, Labib TM, Dobal AT (1993) Water Air and Soil Pollution 66: 239

[107] Brooks PC, McGrath SP (1984) J Soil Sci 35: 341 – 346

[108] Chaudri AM, McGrath SP, Giller KE (1992) Soil Biol Biochem 24: 625 – 632

[109] Chaudri AM, McGrath SP, Giller KE, Reitz E, Sauerbeck DR (1993) Soil Biol Biochem 25: 301 – 309

[110] Angle JS, Chaney RL (1991) Water, Air and Soil Pollut 57 – 58: 597 – 604

14 Weniger häufig vorkommende Elemente mit potentieller Bedeutung für die Umwelt

R. EDWARDS, N. W. LEPP und K. C. JONES

14.1 Antimon

Antimon besitzt für Pflanzen keine essentielle Bedeutung, wird aber über die Wurzeln leicht aufgenommen, wenn es in löslicher Form im Boden auftritt. Es kann daher in Industriegebieten zu einem bedeutenden Pflanzenschadstoff werden. Antimon existiert in den Oxidationsstufen +3 und +5 und liegt in der Lithosphäre in Form von Antimonsulfiden, Metallantimoniden und Antimonoxiden vor [1]. Antimon wird im Frühstadium der magmatischen Differentiation in Form des primären Minerals Stibnit (Sb_2S_3) angereichert und kommt in hydrothermalen Lagerstätten als Pyrargyrit (Ag_3SbS_3), Tetraedrit (Cu_3SbS_3) und Bournonit $\langle PbCu(Sb,As)S_3 \rangle$ vor [2]. Es tritt auch zusammen mit Sphalerit, Pyrit und Galenit auf und ist in geringen Mengen auch in Quecksilberlagerstätten zu finden [2]. Die wichtigsten kommerziellen Quellen für Antimon sind Stibnit, antimonhaltige Bleierze und in geringeren Mengen auch Antimonoxide. Eine antimonhaltige Bleilegierung findet in elektrischen Akkumulatoren Verwendung [3]. Andere Anwendungsbereiche sind Flammschutzmittel, Pigmente und Sprengstoffe. Einige Organoantimonpräparate besitzen trypanocidale und antisyphilitische Wirkung und werden als Pharmazeutika verwendet, was jedoch kaum zu umweltrelevanten Folgen führen dürfte [4].

Antimon ist in Böden im Vergleich zu deren Ausgangsmaterialien meist angereichert. Die Durchschnittsgehalte für Muttergesteine liegen in der Größenordnung von 0,1–0,2 mg/kg für basische Gesteine und 0,2 mg/kg für intermediäre bis saure Gesteine [5]. Insgesamt liegt der Mittelwert für magmatische Gesteine bei 0,2 mg/kg. Für Tonschiefer liegt der Mittelwert bei 1–2 mg/kg, während Kalksteine und Sandsteine etwa 0,2 mg/kg enthalten [2]. Stibnithaltige Gesteine und solche mit anderen Antimonmineralien wie Valentit und Kermesit weisen erwartungsgemäß höhere Gehalte auf. Böden enthalten im Durchschnitt etwa 1 mg Sb/kg [5], jedoch ist die Spannweite der Literaturwerte groß (s. Tabelle 14.1).

Antimon kann durch feuchte oder trockene Deposition in landwirtschaftliche Böden gelangen. Die ursächlichen Emissionen hierfür stammen aus der Verbrennung von Müll oder von fossilen Brennstoffen und aus Bodenverbesserern wie chemischen Düngern, Klärschlamm und Flugasche. Die Antimongehalte der Atmosphäre liegen in der Umgebung von Bergbau- und Verhüttungsbetrieben um den Faktor $10^3 - 10^5$ höher als in ländlichen Gebieten und sind in Gegenden mit intensiver Verbrennung von Kohle erhöht. Die Antimongehalte englischer Kohle liegen zwischen 1 und 10 mg/kg bei einem Mittelwert von 3,3 mg/kg. In australischer Kohle können die Gehalte 20 mg/kg erreichen [11]. Die Antimongehalte von Flugaschen betragen im Mittel 3,5 mg/kg und sind umgekehrt proportional zur Teilchengröße [12]. Als Folge der Gesetzgebung zur Bekämpfung von Luftverschmutzung nahmen die mittleren atmosphärischen Antimongehalte in Großbritannien von 1957–1974 ab [13]. Die atmosphärische Deposition von Antimon führte in der Nähe von Blei-Zink-Hütten zu Antimongehalten

Tabelle 14.1.   Antimongehalt von Böden [mg/kg]

Ort	Antimongehalt	Literatur
Weltweit	0,05–260	[6]
USA	2,3–9,5	[3]
Großbritannien	1,1–8,6	[7]
Schottland	0,29–1,3	[8]
Kanada	1–3	[3]
Nigeria	1–5	[1]
Bulgarien	0,8–2,2	[1]
Niederlande	0,6–2,1	[1]

im Boden von 50–100 mg/kg [14, 15], und in der Umgebung einer Kupferhütten sogar bis zu 200 mg/kg [16]. Noch höhere Gehalte wurden für die Umgebung einer Antimonhütte berichtet. In der unmittelbaren Umgebung der Schmelzanlagen wurde im Boden ein Maximum von 1489 mg Sb/kg i. T. erreicht. Die Gehalte waren noch in einer Entfernung von 1 km mit 263 mg/kg deutlich erhöht [17]. Staubteilchen aus Abraumhalden von Goldminen können in Bergbaugebieten ebenfalls zu einer bedeutenden Antimonquelle werden, da das Haldenmaterial bei Anwesenheit von Arsen bis zu 50000 mg Sb/kg enthalten kann [18]. Die Analyse von 500 Bodenproben aus Norwegen ergab, daß Antimon in der Humusschicht angereichert ist, wenn es aus Verunreinigungsquellen oder marinen Quellen atmosphärisch deponiert wurde, oft über große Entfernungen hinweg [19]. In indischen Böden wurde das aus oberirdischen Atomwaffenversuchen stammende radioaktive Isotop ^{125}Sb festgestellt [6].

Antimongehalte von Klärschlämmen liegen in den USA zwischen 2,6 und 44,4 mg/kg [20] und in Großbritannien zwischen 15 und 19 mg/kg [21]. Beckett et al. [22] empfahlen, zusätzlich zu den üblicherweise in Schlämmen auftretenden Verunreinigungen wie Kupfer, Zink und Nickel auch seltenere Elemente wie Antimon zu überwachen, bis sich eventuell resultierende Bodenanreicherungen als unschädlich erwiesen haben. Daten zum Antimongehalt von chemischen Düngern sind selten, aber Superphosphate können in Einzelfällen bis zu 100 mg Sb/kg enthalten und damit eine signifikante Quelle für Verunreinigungen darstellen [6].

Die Verwitterungsreaktionen von Antimon sind kaum untersucht. Antimonsulfide werden in die entsprechenden Oxide umgewandelt, und Antimon kann von Tonen und Oxidhydroxiden adsorbiert werden [2]. In Form des Oxids Sb_2O_3 ist Antimon ziemlich immobil. Eine Untersuchung der obersten 20 cm eines aus der Luft mit Antimon(III)-oxid verunreinigten Bodens ergab, daß Antimon an der Oberfläche angereichert war und daß die Gehalte mit der Tiefe abnahmen. In größerer Tiefe traten größere Antimonmengen in leicht verfügbaren Formen auf, was auf eine Verlagerung des Antimons in tiefere Zonen nach der Umwandlung in mobilere Formen zurückzuführen sein könnte [23, 24]. Antimon wird in Böden als mäßig mobil eingestuft [25] und tritt wahrscheinlich als Antimonat in löslicher Form auf [16]. Im Boden sind auch Komplexe mit Bodenhumaten möglich [16]. Man nimmt an, daß ein großer Teil des Antimons in labiler Form erhalten bleibt und über längere Zeit hinweg nur wenig durch Bodenbestandteile adsorbiert wird [6]. Das in den Boden eingebrachte Isotop ^{125}Sb wanderte im Profil rasch nach unten [6]. Versuche zur Adsorption von fünfwertigem ^{119}Sb durch Hämatit ergaben eine starke Adsorption unterhalb von pH 7 mit einer raschen Abnahme der Adsorption bei höheren pH-Werten [26]. Im pH-Bereich 2–5 adsorbierte Antimonionen wurden nicht desorbiert, auch wenn anschließend alkalische Bedingungen eingestellt wurden. Das Ion $Sb(OH)_6^-$ wurde als vorherrschende Spezies beobachtet, wobei sich die Adsorption durch Hämatit als elektrostatische Anziehung interpretieren läßt.

Methylantimonverbindungen wurden in natürlichen Wässern entdeckt, für Böden und Sedimente fehlen die entsprechenden Daten jedoch. Trotz der chemischen Ähnlichkeit zwischen Antimon, Arsen und Selen konnte die Biomethylierung von Antimon noch nicht schlüssig nachgewiesen werden. Es gibt jedoch starke Indizien dafür, daß methylierte Antimonverbindungen in Schimmelkulturen produziert werden [4]. Die Zugabe von Phenylstibonsäure $\langle C_6H_5SbO(OH)_2\rangle$ oder eines löslichen Antimonatsalzes wie $KSbO_3$ zu *Penicillium notatum* führte zur Bildung flüchtiger Antimonverbindungen. Allerdings könnte auch die Reduktion zu Stiban (SbH_3) dieses Ergebnis erklären. Wenn Biomethylierung wirklich vorkommt, so wirkt sie wahrscheinlich als Entgiftungsmechanismus, bei dem Antimonionen in weniger toxische organische Formen umgewandelt werden. Somit besteht für Pflanzen auch die Möglichkeit, aus Böden abgegebenes methyliertes Antimon durch die Blätter aufzunehmen. Andere Hinweise auf eine Wechselwirkung zwischen Antimon und Mikroorganismen sind selten, obwohl sich gezeigt hat, daß die mikrobielle Biomasse in einigen Lagerstätten und Halden bis zu 2,61 % des gesamten Antimons enthalten kann [27].

Als phytotoxische Werte wurden Gehalte von 5–10 mg Sb/kg Pflanzengewebe angegeben [25]. Die Toxizität von Antimon für Pflanzen wurde als mäßig beschrieben [28]. Es sind bisher keine Fälle von Antimonvergiftung in der Umwelt bekannt. Antimontoxizität bei Weißkohl äußert sich durch eine Purpurfärbung der Blattadern und Mittelrippen der äußeren Blätter bei Gehalten von nur 2–4 mg/kg [29]. Pflanzen waren im Experiment gegenüber einem Überschuß an Antimon toleranter als gegenüber Arsen. Normale Gehalte wurden für terrestrische Flora mit 2–30 µg/kg [30], 50 µg/kg [28] und 0,2–5000 µg/kg angegeben [6]. Coughtrey et al. [6] stellten die verfügbaren Daten zusammen und erhielten Werte von 0,1 mg/kg für natürliche Vegetation, 50 µg/kg für Weidegras, krautige Pflanzen, Blattgemüse, Getreide und Getreideprodukte und 5 µg/kg für Leguminosen, Wurzelgemüse und Gartenfrüchte. Nach anderen Untersuchungen liegen die Gehalte für eßbare Pflanzen bei 0,2–4,3 µg/kg, wobei Maiskörnern und Knollen weniger als 2 µg/kg enthielten [25].

Radiologische Untersuchungen der Umlagerung von Antimon in Pflanzen ergaben, daß Antimon in älterem Blattgewebe, in den unteren Teilen von Stengeln und besonders in den Wurzeln angereichert ist [6]. Ausgehend von einer mittleren Bodenkonzentration von 1 mg Sb/kg berechneten Coughtrey et al. [6] Boden-Pflanze-Verhältnisse für Antimon von 0,1, $5 \cdot 10^{-2}$ bzw. $5 \cdot 10^{-3}$ für obige Gewebe. Die Umlagerung von den Wurzeln in die Triebe überschreitet wahrscheinlich nicht 15 % der Gesamtaufnahme durch die Pflanze [6]. Gerste- und Flachswurzeln ergaben bei Wachstum in Torfböden eine verringerte Aufnahme von Antimon bei gleichbleibenden Konzentrationen in den Blättern [25].

Es gibt zwar kaum Informationen zum Stoffwechsel und zur Toxizität von Antimon in Pflanzen aus verunreinigten Gebieten, immerhin liegen aber Berichte über erhöhte Gehalte in Geweben vor. Konzentrationen von zwischen 0,35–2,5 mg Sb/kg wurden in Bäumen und Büschen aus vererzten Gebieten Alaskas festgestellt [31], und Werte von bis zu 110 mg/kg wurden in ungewaschenen Gräsern in der Nähe einer Bleihütte gemessen [15]. In der Umgebung von Antimonhütten betrugen die Gehalte von Gräsern 336 mg/kg [23] und 900 mg/kg [32]. Gräser in der Nähe von Goldbergwerken und Aufbereitungsanlagen enthielten bis zu 15,4 mg Sb/kg und überschritten damit die Hintergrundwerte um den Faktor drei [17]. Artenabhängige Auswirkungen bei der Antimonaufnahme zeigen sich bei Pflanzen, die auf mit Flugasche behandelten Böden wachsen. So weisen z. B. Zwiebeln eine erhöhte Aufnahme von Antimon auf, während die Aufnahme bei Klee ebenso hoch wie in nicht verunreinigten Böden ist oder darunter liegt [20, 30].

Insgesamt wurde das Verhalten von Antimon in Böden und seine Aufnahme und Verteilung in Pflanzen bisher nur ungenügend erforscht. Geochemische Untersuchungen sind nötig, um die Adsorptions-/Desorptionsprozesse, die Mobilität in Böden und die Transferrouten insbesondere für atmosphärisches und durch verunreinigte Bodenverbesserer eingebrachtes Antimon besser zu verstehen. Gleichermaßen muß die Aufnahme und Verstoffwechselung von Antimon in terrestrischer Vegetation zusammen mit den Auswirkungen auf die Mikroflora im Boden genauer studiert werden, damit potentielle Toxizitätsprobleme rechtzeitig erkannt werden. Eine Bestätigung der Biomethylierung von Antimon könnte Anhaltspunkte für mögliche Wechselwirkungen zwischen Boden, Mikroorganismen und Pflanzen liefern, die durch flüchtige Antimonverbindungen vermittelt werden können.

Literatur: Antimon

[1] Monitoring and Assessment Research Centre (1983) Exposure Commitment Assessments of Environmental Pollutants, Bd 3. Chelsea College, University of London

[2] Fairbridge RW (1972) The Encyclopedia of Geochemistry and Environmental Sciences. Encyclopedia of Earth Sciences Series, Bd IV A. Van Nostrand Reinhold, New York

[3] Onishi H (1978) In: Wedepohl KH (Hrsg) Handbook of Geochemistry, II–4/51. Springer, Berlin Heidelberg New York

[4] Craig PJ (1986) Organometallic Compounds in the Environment – Principles and Reactions. Longman, Harlow

[5] Ure AM, Berrow ML (1980) In: Bowen HJM (Hrsg) Environmental Chemistry, Bd 2. Royal Society of Chemistry, London

[6] Coughtrey PJ, Jackson D, Thorne MC (1983) Radionuclide Distribution and Transport in Terrestrial and Aquatic Ecosystems, Bd 3. Balkema, Rotterdam

[7] Cawse PA (1976) A Survey of Atmospheric Trace Elements in the UK (1972–1973). UK Atomic Energy Report AERE-R 7669. HMSO, London

[8] Ure AM, Beacon JR, Berrow ML, Watt JJ (1979) Geoderma 22: 1

[9] Greenberg RR, Zoller WH, Jacko RB, Nuenendorf DW, Yost KJ (1978) Environ Sci Technol 12: 1329

[10] Goetz L, Sabbioni E, Springer A, Pietra R (1979) In: Proc Internat Conf Management and Control of Heavy Metals in the Environment, London

[11] Swaine DJ (1979) In: Hemphill DD (Hrsg) Trace Substances in Environmental Health XI. Univ Missouri

[12] Coles DG, Ragaini RC, Ondov UM, Fisher GL, Silberman D, Prentice BA (1979) Environ Sci Technol 13: 455

[13] Salmon L, Atkins DHF, Fisher EMR, Healy C, Law DV (1980) Sci Total Environ 9: 161

[14] Lynch AJ, McQuaker NR, Brown DF (1980) J Air Pollut Control Assoc 30: 257

[15] Ragaini RC, Ralston HR, Roberts N (1977) Environ Sci Technol 11: 773

[16] Crecelius EA, Johnson CJ, Hofer GC (1974) Water Air Soil Pollut 3: 337

[17] Ainsworth N, Cooke JA, Johnson MS (1990) Environ Pollut 65: 65

[18] Peterson PJ, Girling CA (1981) In: Lepp NW (Hrsg) Effects of Heavy Metal Pollution on Plants, Bd 1. Effect of Trace Metals on Plant Function. Applied Science, London

[19] Steinnes E (1980) In: Låg J (Hrsg) Geomedical Aspects in Present and Future Research. Norwegian Academy of Science, Oslo

[20] Furr AK, Lawrence AW, Tong SSC, Grundfoli MC, Hofstader PA, Bachje CA, Gutenmann WH, Lisk DJ (1976) Environ Sci Technol 10: 683

[21] Wiseman BFH, Bedri GM (1975) J Radioanal Chem 24:313

[22] Beckett PHT, Davis RD, Brindley P, Chem C (1979) J Water Pollut Control 78: 419

[23] Ainsworth N, Cooke JA, Johnson MS (1991) Water, Air and Soil Pollut 57–58 : 193

[24] Ainsworth N, Cooke JA, Johnson MS (1990) Environ Pollut 65: 79

[25] Kabata-Pendias A, Pendias H (1984) Trace Elements in Soils and Plants. CRC Press, Boca Raton/FL

[26] Ambe F, Ambe S, Odada T, Sekizawa H (1986) In: Davis JA, Hayes KF (Hrsg) Geochemical Processes at Mineral Surfaces. American Chemical Society, Washington/DC

[27] Hara T, Sonada Y, Iwai I (1977) Soil Sci Plant Nut 23: 253

[28] Brooks RR (1972) Geobotany and Biogeochemistry in Mineral Exploration. Harper and Row, New York

[29] Letunova SV, Ermakov VV, Alekseeva SA (1984) Agrokhimiya 4: 77

[30] Bowen HJM (1979) Environmental Chemistry of the Elements. Academic Press, London

[31] Shacklette HT, Erdman JA, Harms TF, Papp CSE (1978) In: Oehme FW (Hrsg) Toxicity of Heavy Metals in the Environment Teil 1. Marcel Dekker, New York

[32] Programmatie van het Wetenschapsbeleid (1982) Report of the National Research and Development Programme on Environment – Air. Brüssel, Belgien, S 373

[33] Furr AK, Kelly WC, Bache CA, Gutenmann WH, Lisk DJ (1976) J Agric Fd Chem 24: 885

[34] Furr AK, Kelly WC, Bache CA, Gutenmann WH, Lisk DJ (1975) Arch Env Health 30: 244

14.2   Gold

Gold übt von jeher eine starke Faszination auf den Menschen aus. Die Suche nach diesem Edelmetall hat den Einfallsreichtum immer wieder beflügelt, denn es besitzt einzigartige Eigenschaften und ist von beträchtlicher wirtschaftlicher und politischer Bedeutung. Ein Interesse am Verhalten von Gold in der Umwelt ergab sich hauptsächlich mit dem Ziel, seinen Kreislauf und seine Bewegung zum Zwecke der Prospektion zu verstehen und zu nutzen. Gold ist in der Erdkruste selten. Es ist häufig lokal in Flözen und Lagerstätten angereichert, d.h. seine Mobilität ist sehr beschränkt. Bei der Verwitterung werden die Sulfide, Sulfosalze und Telluride, mit denen Gold häufig vergesellschaftet ist, oxidiert, und das Metall bleibt in gediegener Form zurück oder wird dazu reduziert. Nichtsdestotrotz spricht das Auftreten von Gold in Pflanzen, in Flüssen und im Meer dafür, daß es natürliche Mechanismen zur Auflösung dieses Elements gibt. Geochemiker versuchen seit längerem, diese Prozesse zu ergründen, um daraus Anwendungsmöglichkeiten zur Exploration und Prospektion von Gold und zur Abtrennung aus seinen Armerzen abzuleiten. Die Aufmerksamkeit galt dabei insbesondere dem Verhalten von Gold in Böden und Pflanzen. Diesbezügliche Untersuchungen wurden in den letzten Jahren besonders durch verbesserte Analysentechniken ermöglicht, die es mittlerweile zur Routine werden lassen, die in Pflanzen und Böden gewöhnlich vorhandenen Gehalte, die in der Größenordnung ppb (µg/kg) liegen, zu bestimmen. Dabei finden zwei Verfahren Anwendung: die Neutronenaktivierung (NAA) [35–39] und die Graphitrohr-Atomabsorption (GFAAS) [40]. Diese instrumentellen Verfahren sind mittlerweile ausgereift und genügend zuverlässig. Zur NAA setzt man Proben und Eichproben meist acht Stunden lang einem Neutronenfluß von etwa 10^{12} Neutronen/cm^2 aus, woran sich eine Abklingzeit von drei Tagen anschließt, damit das gammastrahlende Isotop ^{198}Au (Halbwertszeit 2,7 Tage, Energie 412 keV) optimal detektiert werden kann. Die NAA kann auch dazu eingesetzt werden, mehrere potentielle Indikatorelemente wie Arsen, Antimon und Cobalt zu bestimmen, die häufig zusammen mit Gold in vererzten Gebieten auftreten [41, 42]. Bei der Probenahme sowie der Vor- und Aufbereitung der Proben zur Goldanalyse muß mit großer Sorgfalt vorgegangen werden. Eines der größten Probleme ist dabei die Schwierigkeit, im Gelände repräsentative Boden- und Sedimentproben zu nehmen, da das Gold in Proben oft ungleichmäßig verteilt ist und in mesoskopischen Körnchen oder Blättchen auftritt. Clifton et al. [41] untersuchten, wie groß eine Bodenprobe für eine aussagefähige Goldanalyse sein muß. Das Ziel war, in der Lage zu sein, „den wahren Goldgehalt einer Lagerstätte mit 95 % Wahrscheinlichkeit so genau zu ermitteln, daß dieser Wert um höchstens 50 % über dem durch chemische Analyse der Probe festgestellten Goldgehalt liegt". Die Autoren gaben außerdem an: „Die Anzahl der Goldpartikel in einer Probe ist der einzige Faktor, der die Präzision der chemischen Analyse bestimmt, wenn von folgenden Annahmen ausgegangen wird:

- regellose Verteilung der Goldpartikel;
- einheitliche Teilchenmasse;
- Goldteilchenkonzentration von weniger als 0,1 % aller Teilchen;
- Probengehalt von wenigstens eintausend Teilchen der verschiedenen Arten;
- Abwesenheit von Analysefehlern."

Sie kamen zu dem Schluß, daß „eine Probe eine hinreichende Größe besitzt ..., wenn darin ein Gehalt von 20 Goldpartikeln erwartet werden kann". Dieses idealisierte Modell der regellosen Verteilung von Goldpartikeln einheitlicher Masse und fehlerfreier Analyse setzt also für eine maximale Abweichung von ± 50% mindestens 20 Goldpartikel voraus. Die Schwierigkeit der Probennahme aus Böden mit gröberen Goldteilen wird durch die in Tabelle 14.2 angegebenen Resultate von Goldbestimmungen an 18 Teilproben mit je 10 g aus einer einzigen Bodenprobe veranschaulicht [45].

Wegen dieser und anderer Probleme bei der Analyse von Böden empfahlen eine Reihe von Forschern, stattdessen bei Prospektionsuntersuchungen Bodenhumus oder Mull zu analysieren [39, 45–47]. Lakin et al. [45] geben an, daß Mull „häufig ein hervorragendes Probenmedium für eine erste Übersichtsprospektion auf Gold darstellt". Das in dieser Schicht vorkommende Gold stammt primär aus dem biogeochemischen Kreislauf durch die Vegetation (s. unten). Dunn [48] beschrieb Pflanzen bildhaft als „... effiziente geochemische Probenahmegeräte. In Wurzelgeflechten tritt eine hochgradig korrosive Mikroumgebung auf. Von Pflanzen werden nicht nur solche Elemente in Lösung gebracht und aufgenommen, die für das Wachstum essentiell sind, sondern auch Spuren anderer Elemente, die von den Zellen nur toleriert werden. In früheren Gletschergebieten liegen weite Bereiche unter einer Deckschicht, die vererzte Gesteine verbergen könnte. In solchen Gebieten ist eine biogeochemische Exploration oft das einzige erfolgversprechende Verfahren zur Entdeckung von Metallen wie Gold, die sich in nur geringen Gehalten ansammeln". In der Humusschicht bleibt Gold in äußerst feiner Verteilung oder in Form von Komplexen mit organischen Stoffen zurück, nachdem es durch die Vegetation aus einem großen Bodenvolumen extrahiert wurde. Der Vorteil bei der Analyse von Humus anstelle von Pflanzen liegt darin, daß sich so ein integriertes Bild von biologisch angesammeltem Gold ergibt, wobei jahreszeitliche Schwankungen und artenspezifische Unterschiede bei der Goldaufnahme durch Pflanzen vermieden werden. Die Anreicherung von Gold in oberflächennahen Bodenschichten wurde bereits 1937 durch Goldschmidt [49] in der Bodenhumuslage eines alten, unberührten Buchen- und Eichenwaldes festgestellt. In einer späteren Diskussion der Geochemie von Gold schloß der Autor, daß die Anreicherung dieses Elements in den oberen Bodenlagen ein Beweis für die aktive Umlagerung von Gold durch Pflanzen darstellt [50]. Er vertrat die Ansicht, daß die Metalle bei der Zersetzung von abgestorbenen Pflanzenteilen zusammen mit den beständigsten organischen Verbindungen in der Humusschicht verbleiben. Jüngere, umfassende Beweise für eine Oberflächenanreicherung von Gold ergeben sich aus den Untersuchungen von Lakin et al. [45]. Bei ihrer Untersuchung von Bodenprofilen und Vegetation aus zwölf Goldrevieren in den US-amerikanischen Staaten Colorado, Utah und Nevada ergab sich tendenziell eine Anreicherung von Gold sowohl in den oberen, OM-reichen Zonen als auch in der untersten Schicht der Profile. Sie schlossen daraus, daß biogeochemische Kreisläufe die wesentlichen Faktoren für die Konzentration in den obersten Lagen darstellen und daß die

Tabelle 14.2. Bestimmung des Goldgehalts in Teilproben einer Bodenprobe [mg/kg]; Erläuterung s. Text

Anzahl Teilproben	Au
14	< 0,04
1	0,06
1	0,12
1	0,25
1	1,0

hohen Goldgehalte an der Basis der Profile auf die Freisetzung von Gold aus weiter zerfallenden Bruchstücken der Erzgänge zurückzuführen sind oder auf eine Abwärtswanderung der spezifisch schweren Goldpartikel innerhalb des Bodenprofils beim Talzuschub der Böden. Gewöhnlich werden für die NAA 20–50 g mazerierter und getrockneter Bodenhumus zu Pellets gepreßt [38].

Die Chemie von Gold in Böden ist im wesentlichen eine Chemie von Komplexverbindungen, da einfache Goldkationen in wäßrigen Lösungen nicht vorkommen [45]. Durch die Wechselwirkungen mit organischem Material, über deren Natur noch keine Klarheit besteht, kompliziert sich das Bild. Das Verhalten von Gold in Böden kann in vereinfachender Weise als eine Reihe einzelner Schritte oder Prozesse angesehen werden:

1. Mechanismen, die zur Herauslösung aus Mineralien führen,
2. Mechanismen für Transport und Mobilität in der Bodenlösung,
3. verschiedene komplexe Wechselwirkungen mit anorganischen und organischen Bodenbestandteilen und
4. die gemeinsame Rolle der Faktoren für die Verfügbarkeit von Gold zur Aufnahme durch biologische Systeme.

Die vorhandenen Daten liefern ein recht widersprüchliches Bild der möglichen Mechanismen zur Auflösung von Gold. Das Element ist bekanntermaßen ziemlich wenig mobil und geht nicht leicht in die wäßrige Phase über [37, 45]. Einige Autoren berichteten, daß Gold aus Mineralien und Böden infolge mikrobieller Aktivität in Lösung gebracht werden kann [51, 52], während andere Ergebnisse weniger eindeutig sind [45]. In gleicher Weise bestehen unterschiedliche Meinungen über die Rolle organischer Säuren bei der Auflösung von Gold [53, 54]. Mehrfach bestätigten Befunden zufolge wird Gold durch Cyanide solubilisiert, die von cyanogenen Pflanzen in die Bodenlösung freigesetzt werden [45, 55, 56]. Die bei Analysen oft auftretenden Diskrepanzen beruhen zum Teil auf der Komplexität der Goldchemie und verdeutlichen die Notwendigkeit von Auflösungsversuchen unter genau festgelegten Versuchsbedingungen. Bei der Auflösung von Gold in Böden lassen sich je nach Anwesenheit anderer chemischer Bestandteile und den herrschenden pH- und Redoxbedingungen große Unterschiede feststellen. Gold kann mit sauerstoffhaltigem Wasser jahrzehntelang ohne die geringsten Zeichen einer Auflösung in Kontakt stehen. Sobald dem Wasser nur 250 mg/l Cyanid (CN^-) beigefügt werden, geht Gold jedoch leicht in Lösung. Das Cyanid wirkt dabei nicht als Oxidationsmittel, sondern als Komplexbildner. In der Gegenwart von CN^- wird das Potential Au/Au^+ von 1,60 V auf 0,20 V herabgesetzt, so daß im Wasser gelöster Sauerstoff zur Oxidation von Gold genügt. In gleicher Weise wird Gold durch MnO_2 in saurer chloridhaltiger Lösung oxidiert [45]. Krauskopf [57] betonte, daß die Rolle des Chloridions hierbei in der Bildung eines stabilen löslichen Goldkomplexes besteht. Gold wird in saurer Eisen(III)- oder Kupfer(II)-sulfatlösung (pH 2) in Anwesenheit von Chlorid und in Abwesenheit von MnO_2 kaum angegriffen. In der gleichen sauren sulfathaltigen Lösung wird es langsam oxidiert, wenn sie Bromid enthält, und es wird rasch oxidiert, wenn die Lösung Iodid enthält. So wird Blattgold bei pH 2 in einer Lösung von $Fe_2(SO_4)_3$ und $CuSO_4$ mit 0,05 M Cl^- innerhalb eines Monats sehr wenig ($\leq$ 0,004 mg/l), wenn überhaupt, aufgelöst. Bei 0,005 M Br^- werden 1,2 mg/l in einem Monat aufgelöst, bei 0,005 M I^- sogar 72 mg Au/l innerhalb von nur einer Woche. Diese Abfolge unterstreicht, daß die Leichtigkeit der Goldoxidation vom Komplexierungsvermögen der vorhandenen Anionen abhängt. Zwar nimmt die Leichtigkeit der Oxidation von Gold in der Reihenfolge Cl^-, Br^- und I^- zu, jedoch sinkt die Häufigkeit der Halogenide in der Erdkruste in derselben Richtung: Ihre Mengenverhältnisse sind etwa $100:0,6:0,06$. In carbonatischer Umgebung kann die Oxidation von Pyrit genug Thiosulfat ($S_2O_3^{2-}$) zur Auflösung von Gold liefern. Unter oxidierenden Bedingungen sollten bei pH $5-8$ nur $S_2O_3^{2-}$, SCN^- (Thiocyanat) und CN^- Gold auflösen können [45]. Thiosulfate sind vergängliche Stoffwechselprodukte von Bodenorganismen und werden daher kaum größere Konzentrationen erreichen. Thiocyanate sind in Böden sogar noch seltener. Somit dürften diese Verbindungen in den meisten Böden ohne Bedeutung sein. Im Gegensatz dazu entstehen Cyanide bei der Hydrolyse cyanogener Glykoside, die in Pflanzenrückständen und Böden häufig vorkommen. Mehr als tausend Pflanzenarten bilden bei der Hydrolyse Blausäure (HCN), ebenso wie viele Arthropoden und Pilze. Mazerierte wäßrige Suspensionen von 16 einheimischen Pflanzen aus den mittleren Staaten der USA z.B. waren in der Lage, unter den Versuchsbedingungen Blattgold aufzulösen [45].

Die Fähigkeit von Mikroorganismen zur Auflösung von elementarem Gold wurde in mehreren Arbeiten erörtert und von Doxtader [45] zusammengefaßt. Allerdings sind auch diese Beobachtungen nicht eindeutig. Doxtader unternahm Versuche mit kolloidem Gold in Gegenwart von Bakterien- und Pilzstämmen, bei denen andere Autoren die Fähigkeit, die Löslichkeit von Gold zu verstärken, berichtet hatten. Auf der Basis der geringen festgestellten Goldgehalte und der Erfassungsgrenzen der chemischen Analysen ließen sich nur schwer definitive Folgerungen zum Solubilisierungsvermögen der verschiedenen Kulturen treffen, es fand jedoch anscheinend eine gewisse Auflösung sowohl in Kulturen als auch in den sterilen Medien statt. Bei einem Vergleich mit den Goldgehalten in keimfreien Medien zeigte sich, daß durch die verschiedenen Teststämme nur wenig zusätzliches Gold in Lösung gebracht wurde, wenn überhaupt. Es gab sogar Hinweise darauf, daß einige Kulturen Gold aus der Lösung entfernten. Doxtader vermerkte, daß die Anwesenheit größerer gelöster Goldmengen in sterilen Kulturmedien darauf hinweisen könnten, daß Lösungen von Pepton, Hefeextrakt u.a. organischen Substanzen ohne andere Agenzien Gold in Lösung bringen können [45].

Baker [58, 59] veröffentlichte Versuchsergebnisse, nach denen Huminsäuren (HS) Gold auflösen, komplex binden und transportieren können. So gingen z.B. von Goldpartikeln der Größe $0,07-0,15$ mm innerhalb 50 Tagen in einer Huminsäurelösung von 500 mg/l bis zu 330 µg Au/l in Lösung. In Eluaten von goldhaltigem Mull wurden Konzentrationen von $0,02-0,12$ µg Au/l festgestellt [60]. Der Gehalt an organischer Substanz in Bodenlösungen liegt verschiedenen Veröffentlichungen zufolge zwischen $1-1600$ mg/l, d.h. die Bedingungen bei dem obigen Versuch können als typisch für Feldverhältnisse angesehen werden [61]. Gold konnte bei Elektrophoreseversuchen in Anwesenheit von Huminsäuren mobilisiert werden, während dabei Gold alleine immobil blieb. Indizien für die Bildung von Komplexen zwischen Gold und Huminsäure wurden auch polarographisch und röntgendiffraktometrisch gefunden [58]. Hochspannungs-Elektrophoreseuntersuchungen an äquilibrierten Mischungen von ^{198}Au mit im Handel erhältlichen Huminsäurepräparaten (10 bzw. 100 mg/l) zeigten als vorläufiges Ergebnis, daß mehrere organisch-komplexgebundene Goldspezies in Bodenextrakten auftreten können, die jeweils unterschiedliche Masse-Ladungs-Charakteristika aufweisen [62]. Ein großer Teil des ^{198}Au schien jedoch in einer ähnlichen, wahrscheinlich komplexgebundenen Form vorzuliegen wie in einer Lösung von ^{198}AuCl$_4^-$. Das Gold war anscheinend außerdem an Fraktionen unterschiedlichen Molekulargewichts komplexgebunden. Etwa $9,5\%$ der ^{198}Au-Aktivität einer Lösung, die mit 10 mg Huminsäure (HS)/l angesetzt worden war, blieb bei der Filterung auf einem 0,8 µm Millipore-Filter zurück. Bei einer Lösung von 100 mg HS/l betrug der zurückgehaltene Anteil 8,0 %. Die Größenfraktionierung mittels Gelpermeation ergab, daß [198]Au in Form von Komponenten mit einer gewissen Spanne von Molekulargewichten zurückgehalten wird [63]. Anderen Forschern zufolge treten feinkörnige Goldkolloide (< 0,05 µm) in Bodenlösungen auf [60, 64]. Die Bildung eines Gold-Huminsäure-Komplexes ist von großer Bedeutung für die Mobilisierung von Gold in der Umwelt. Es scheint, daß das Gold, wenn es bei der Auflösung in die wäßrige Phase gelangt ist, rasch mit Humus- und/oder Fulvosäuren Komplexe bildet [65] und als organischer Komplex transportiert wird [66]. Die Anreicherung von Gold im Humusmull und in oberflächennahen Bodenschichten weist ebenfalls darauf hin, daß die Mobilität von Gold als Komplexion nur von begrenzter Dauer ist. Den folgenden Komplexionen wurde eine Rolle bei der Migration von Gold zugeschrieben: $AuCl_4^-$, $AuBr_4^-$, AuI_4^-, $Au(CN)_2^-$, $Au(SCN)_4^-$, und $Au(S_2O_3)_2^{3-}$.

Es besteht allerdings ein großer Unterschied in der Stabilität der verschiedenen Spezies in Böden, insbesondere zwischen den Halogenokomplexen und den Komplexen mit Cyanid, Thiocyanat und Thiosulfat. Die Halogenokomplexe sind wesentlich weniger stabil und daher in der natürlichen Umwelt weniger mobil [45].

Die biologische Verfügbarkeit von Gold und damit auch sein Umsatz im Bodensystem wird auch durch Adsorption und Retention der löslichen Goldspezies durch Humate begrenzt. Starke Adsorption und Komplexbildung von Gold mit Humuskolloiden, möglicherweise in Kombination mit dem Einbau in die Struktur der Humuskomponenten [66] oder die Bildung verhältnismäßig stabiler organischer Chelatkomplexe könnten somit seine spätere Entfernung aus den oberen Bodenhorizonten wie z. B. Waldstreu und Humusmull verhindern. Die erklärt das große Potential von Bodenhumusanalysen auf Gold bzw. verschiedene Indikatorelemente für biogeochemische Prospektionsuntersuchungen [39, 47, 48, 67, 68].

Zu den biogeochemischen Explorationsmethoden für Gold und zur Bestimmung der pflanzlichen Goldaufnahme liegt umfangreiche Literatur vor [66, 69–76]. Ein großer Teil der jüngeren Arbeiten dazu stammt aus Nordamerika und Kanada, wo sich diese Prospektionsverfahren für Goldlagerstätten unter Böden, die aus mächtigen Glazialdeckschichten hervorgingen und mit tiefwurzelnden borealen Waldbaumarten wie Erle (*Alnus*), Fichte (*Picea*), Birke (*Betula*) und Kiefer (*Pinus*) bewachsen sind, etabliert haben.

Die Adsorption von Gold aus einer Lösung durch eine bestimmte Pflanzenart hängt davon ab, welcher Goldkomplex vorliegt. Da kolloides Gold von Pflanzen nicht aufgenommen wird und die einfachen Ionen Au^+ und Au^{3+} in wäßrigen Lösungen nicht in hinreichenden Mengen vorkommen, muß Gold in Form eines löslichen Komplexions durch die Pflanzen aufgenommen werden. Goldchlorid, -thiocyanat und -thiosulfat werden z. B. in sehr geringen Mengen durch die Wurzeln von *Impatiens hostii* aufgenommen, während Goldbromid und -iodid etwa hundertmal stärker aufgenommen werden als das Chlorid [51]. Cyanid- und Thiocyanationen verfügen über die Fähigkeit, Gold in mäßig oxidierender Umgebung komplex zu binden, so daß es im Kontakt mit gewöhnlichen Gesteinen und Mineralien in Lösung bleibt und von Pflanzen aufgenommen werden kann. Die anderen Ionen (Chlorid, Bromid, Iodid und Thiosulfat) können mit Gold Komplexe bilden, die gerade so lange stabil sind, daß eine gewisse Mobilität von Gold unter bestimmten Bedingungen ermöglicht wird. Thiocyanat tritt in vielen Pflanzen in größeren Mengen auf, so z. B. in den Gattungen *Brassica* (Kohl) und *Umbelliferae* (Möhren). Mit Humin- und Fulvosäuren hergestellte Goldkomplexe werden von in hydroponischer Lösung wachsenden Pflanzen nicht so leicht aufgenommen wie andere wasserlösliche Goldspezies wie z.B. $AuCl_3$ oder $Au(CN)_3$ [62].

Typische Hintergrundwerte für Gold in der Pflanzenwelt liegen unter 1 mg/kg [56]. Untersuchungen des Goldgehalts von Reissaat in Vietnam mit Hilfe der NAA ergaben eine Spannweite von 0,05–0,28 µg/kg i.T. Untersuchungen verschiedener Baumarten in Kanada zeigten, daß die Goldgehalte im Verlauf eines Jahres stark schwanken. Für einige hundert Standorte ergaben sich als Hintergrundwerte in veraschten Erlenzweigen im Frühsommer Gehalte von 20 µg/kg, im Hochsommer 10 µg/kg und im Spätsommer 15 µg/kg. Im April können die Hintergrundwerte bei 30–50 µg/kg liegen [42]. Eine Komplikation bei der biogeochemischen Prospektion ergibt sich daraus, daß anomale Goldkonzentrationen über einer Lagerstätte oft nur vorübergehend feststellbar sind, da sie in der dort wachsenden Vegetation nur zu bestimmten Zeiten eines Jahres auftreten. Dunn [42] wies auf ein weiteres Problem hin, nämlich daß die biogeochemische Reaktion auf Goldmineralisierung von einem Standort zum anderen unterschiedlich sein kann.

In einer neueren Untersuchung beschrieb Xu [77] eine Reihe von Umweltproblemen, die auf eine Goldkontamination der Vegetation im Westen der chinesischen Provinzen Guandong und Hainan zurückzuführen sein könnten. In diesen Regionen ist der Goldgehalt um etwa 10% über die dortigen Hintergrundgehalte erhöht, was mit einigen charakteristischen Veränderungen der physischen und biochemischen Eigenschaften der betroffenen Pflanzen einhergeht. Dazu gehören Verringerungen in Wasser- und Carotinoidgehalt, Absenkungen der Blattemperatur und eine Zunahme des spektralen Reflexionsvermögens. Die Identifizierung solcher Merkmale in der örtlichen Vegetation läßt sich als Hilfsmittel bei der Entdeckung goldreicher Anomalien bei der radiometrischen Fernerkundung per Satellit einsetzen. Xu gab an, daß er mit Hilfe dieses Systems zwei potentielle erzhöffige Gebiete in dicht bewachsenem Gelände identifizieren konnte.

Literatur: Gold

[35] Minski MJ, Girling CA, Peterson PJ (1977) Radiochem Radioanal Lett 30: 179–186
[36] Tjioe PS, Vokers KJ, Kroon JJ (1984) In: Goei JJM, The SK (Hrsg) Internat J Environ Anal Chem 17:13–24
[37] Jones KC (1985) J Geochem Explor 24: 237–246
[38] Hoffman EL, Booker EJ (1985) In: Carlisle D, Berry WL, Kaplan IR, Watterson JR (Hrsg) Mineral Exploration: Biological Systems and Organic Matter. Rubey Series Bd 5. Prentice-Hall, Englewood Cliffs/NJ, S 160–169
[39] Dunn CE (1985) In: Carlisle D, Berry WL, Kaplan IR, Watterson JR (Hrsg) Mineral Exploration: Biological Systems and Organic Matter. Rubey Series Bd 5. Prentice-Hall, Englewood Cliffs/NJ, S 134–139
[40] Brooks RR, Naidu SD (1985) Anal Chim Acta 170: 325–329
[41] Dunn CE (1983) Summary of Investigations. Saskatchewan Geological Survey, Miscellaneous Report 83-4, S 106–122
[42] Dunn CE (1985) Summary of Investigations. Saskatchewan Geological Survey, Miscellaneous Report 85-4, S 37–49
[43] Gregoire DC (1985) J Geochem. Explor 23: 299–313
[44] Clifton HE, Hunter RE, Swanson FJ, Phillips RL (1969) US Geological Survey Prof Paper 625-C

[45] Lakin HW, Curtin GC, Hubert AE (1974) US Geological Survey Bull 1330
[46] Curtin GC, Lakin HW, Hubert AE, Mosier EL, Watts KC (1971) US Geological Survey Bull 1278-B
[47] Curtin GC, King HD (1985) In: Carlisle D, Berry WL, Kaplan IR, Watterson JR (Hrsg) Mineral Explo-ration: Biological Systems and Organic Matter. Rubey Series Bd 5. PrenticeHall, Englewood Cliffs/NJ, S 357–375
[48] Dunn CE (1986) J Geochem Explor 25: 21–40
[49] Goldschmidt VM (1937) Chem Soc (London) Journal 655–673
[50] Goldschmidt VM (1954) Geochemistry. Blackwell, Oxford
[51] Korbushkina ED, Chernyak AS, Mineev GG (1974) Mikrobiologiya 43: 49–54
[52] Korbushkina ED, Karavaiko GI,, Korobushkin IM (1983) In: Environmental Biogeochemistry, Ecol Bull (Stockholm) Bd 35, S 325–333
[53] Fetzer WG (1946) Econ Geol 41: 47–56
[54] Fetzer WG (1931) Econ Geol 26: 421–431
[55] Girling CA, Peterson PJ, Warren HV (1979) Econ Geol 74: 902–907
[56] Girling CA, Peterson PJ (1978) In: Hemphill DD (Hrsg) Trace Substance in Environmental Health-Xll. University of Missouri, Columbia/MO
[57] Krauskopf KB (1951) Econ Geol 46: 858–870
[58] Baker WE (1978) Geochim Cosmochim Acta 42: 645–649
[59] Baker WE (1985) In: Carlisle D, Berry WL, Kaplan IR, Watterson JR (Hrsg) Mineral Exploration: Biological Systems and Organic Matter. Rubey Series Bd 5. Prentice-Hall, Englewood Cliffs/NJ, S 378–407
[60] Curtin GC, Lakin HW, Hubert AE (1970) US Geological Survey Prof Paper 700-C
[61] Burch RS, Langford CH, Gamble DS (1978) Can J Chem 56:1196–1201
[62] Jones KC, Peterson PJ (1989) Biogeochemistry 7: 3–10
[63] Jones KC, unveröffentliche Daten
[64] Ong HL, Swanson VE . Colorado School of Mines Quarterly 69: 395–425
[65] Kerndorff H, Schnitzer M (1980) Geochem Cosmochim Acta 44: 1701–1708
[66] Boyle RW (1979) Canadian Geological Survey Bull 280
[67] Banister DP (1970) US Bureau of Mines Report of Investigations 7417
[68] Schnitzer M (1985) In: Carlisle D, Berry WL, Kaplan IR, Watterson JR (Hrsg) Mineral Exploration: Biological Systems and Organic Matter. Rubey Series Bd 5. Prentice-Hall, Englewood Cliffs/NJ, S 409–427
[69] Kovalevskii AL . Biogeochemical Exploration for Mineral Deposits. Amerind, Neu-Delhi
[70] Brooks RR (1982) J Geochem Explor 17:109–122
[71] Baker WE (1985) In: Carlisle D, Berry WL, Kaplan IR, Watterson JR (Hrsg) Mineral Exploration: Biological Systems and Organic Matter. Rubey Series Bd 5. Prentice-Hall, Englewood Cliffs/NJ, S 151–158
[72] Schacklette HT, Lakin HW, Hubert AE, Curtin GC (1970) US Geological Survey Bull 1314-B: 1–23
[73] Warren HV, Delavault RE (195): Bull Geol Soc America 61: 123–128
[74] Warren HV, Towers GHN, Horsky SJ, Kruckeberg A, Lipp C (1983) Western Miner 19–25
[75] Malyuga DP (1964) Biogeochemical Methods of Prospecting. Consultants Bureau, New York
[76] Jones RS (1970) US Geol Surv Circ 625: 1–15
[77] Van Tran L, Teherani K (1988) J Radioanal Nuc Chem 128: 43–52
[78] Xu R (1992) Acta Geologica Sinica 66 170–180

14.3 Molybdän

Molybdän nimmt unter den Pflanzennährstoffen eine Sonderstellung ein, da es in Böden als Anion auftritt und infolgedessen mit steigendem pH-Wert verstärkt in Lösung geht. Es tritt vor allem zusammen mit Eisen- und Aluminiumhydroxiden sowie mit organischer Substanz auf. Zu vielen anderen Bodenelementen bestehen ausgeprägte antagonistische oder synergistische Wechselwirkungen. Molybdän wird hauptsächlich bei der Stahlerzeugung und bei Legierungen zur Erhöhung der Härte und der Korrosionsfestigkeit sowie zur Verhinderung von Metallermüdung verwendet. Fossile Brennstoffe enthalten häufig Molybdän. Das Element wird bei ihrer Verbrennung mobilisiert, was zur Verunreinigung von Böden durch atmosphärische Deposition führen kann. Auch Bodenverbesserungsmittel wie Flugasche oder Klärschlamm können zu Bodenverunreinigung führen, mit den entsprechenden Folgen für die Ernährung von Pflanzen und Tieren. Molybdän spielt im Stickstoffwechsel der Pflanze eine essentielle Rolle. Hohe Gehalte im Grünfutter führen zu Molybdänose, einem durch Molybdän verursachten Kupfermangel bei Weidetieren [79].

Molybdän tritt in der Lithosphäre in den Oxidationsstufen +3 bis +6 auf, wobei Molybdän(IV) unter reduzierenden Bedingungen überwiegt und Molybdän(VI) unter oxidierenden. Molybdän tritt sowohl in sauren als auch in basischen Erstarrungsgesteinen auf sowie insbesondere in tonigen Sedimenten, die reich an organischem Material sind. Das primäre chalcophile Molybdänmineral Molybdänit $\langle MoS_2$; Molybdän(IV)$\rangle$ wird kommerziell aus magmatischen, metasedimentären und metasomatischen Lagerstätten gewonnen [80]. Es wird oft aus Quarzgängen in (häufig pegmatitischen) Graniten abgebaut. Die Paragenese mit Scheelit, Wolframit, Topas und Fluorit sowie, in kontaktmetamorphen Lagerstätten, mit Calciumsilicaten, Scheelit und Chalcopyrit ist häufig zu finden [81]. Molybdänit tritt auch zusammen mit Mineralien des Wolframs, Eisens, Zinns und Titans auf. Andere Mineralien von wirtschaftlicher Bedeutung sind Molybdit (MoO_3), Wulfenit ($PbMoO_4$) und Powellit ($CaMoO_4$). Molybdän weist lithophiles Verhalten auf, da Mo^{4+} Kationen wie Al^{3+} in Glimmern und Feldspäten abfangen kann.

Gewöhnlich findet der Molybdängehalt des Bodenausgangsgesteins seine Entsprechung in den darüberliegenden Böden [82, 83]. Typische Molybdängehalte liegen bei 1,4 mg/kg in basischen Gesteinen, 1 mg/kg in sauren Gesteinen und 2 mg/kg in Sedimentgesteinen [84]. Pyritfreie Tonschiefer mit geringem organischem Gehalt weisen ähnliche Molybdängehalte wie magmatische Gesteine auf [85], wohingegen schwarze bituminöse Tonschiefer bis zu 70 mg/kg [86] oder mehr [87] enthalten können. Molybdatgehalte in Carbonatgesteinen wie Dolomiten und Kalksteinen können durch die Anwesenheit organischer Substanz oder anderer Fremdbestandteile in der Gesteinsmatrix erhöht werden. Weltweit liegen die durchschnittlichen Molybdängehalte in Böden bei 1–2 mg/kg [80, 88, 89]. Für Böden aus Großbritannien wurde ein Durchschnitt von 1 mg/kg angegeben [90] und für schottische Böden eine Spannweite von 1–5 mg/kg [91]. In malaysischen Böden liegen die Molybdängesamtgehalte zwischen 1,13 und 10,83 mg/kg [92] und in US-amerikanischen Böden im Bereich von 0,08–30 mg/kg [93] bzw. 1–40 mg/kg [94], mit Medianwerten von 1 mg/kg bzw. 1,2–1,3 mg/kg. Böden auf marinen Schwarzschiefern wiesen Molybdängehalte bis zu 100 mg/kg auf, wobei der Durchschnitt für Böden dieser Art in Großbritannien bei 7,1 mg/kg lag [95]. In Torfproben aus rekultivierten Torfgebieten der irischen Midlands wurden Molybdängehalte von bis zu 4000 mg/kg [96] festgestellt.

Molybdän kann als eigenständiges Düngemittel (in Form von Ammoniummolybdat, Natriummolybdat oder Molybdäntrioxid) oder zur Erzielung einer ausreichenden Verteilung in den üblicherweise benötigten geringen Mengen als Zusatz zu NPK-Düngern ausgebracht werden [94]. Das ursprünglich im Boden vorhandene Molybdän wird stark durch die Bodenbedingungen beeinflußt. Daher kann die Zugabe von Dünger durch synergistische/antagonistische Wechselwirkungen einen direkten Einfluß auf die Geochemie von Molybdän ausüben. So ist bekannt, daß z. B. Kupfer, Mangan und Aluminium antagonistisch auf die Verfügbarkeit von Molybdän wirken [89, 97]. Die Zugabe von Sulfatdüngern wirkt wegen der versauernden Wirkung auf den Boden ebenfalls antagonistisch, während sich bei der Zufuhr von Gips in einigen Fällen durch die Herabsetzung der Carbonat- und Hydroxidionenkonzentration in Lösung eine Zunahme der Verfügbarkeit ergab [98]. Die Ausbringung von Superphosphat erhöht meist die Molybdänverfügbarkeit infolge der Verdrängung von Molybdat (MoO_4^{2-}) durch Phosphationen (Anionenaustausch) und aufgrund der erhöhten Löslichkeit von Ammoniumphosphomolybdat [97, 98]. Dieser Effekt ist jedoch nicht immer deutlich ausgeprägt, da in Superphosphatdüngern enthaltenes Sulfat die Aufnahme von Molybdän herabsetzen kann [99]. Stickstoffdünger wirken unterschiedlich, je nachdem, ob sie überwiegend Ammonium- oder Nitrationen enthalten. Eine Zusammenstellung von Molybdänanalysen landwirtschaftlicher Materialien ergab, daß Phosphatdünger im Mittel 0,1–60 mg Mo/kg enthalten, Kalkstein 0,1–15 mg Mo/kg, Nitratdünger 1,7 mg Mo/kg und Dung 0,5–3 mg Mo/kg [97].

Wie bereits erwähnt, hängt die Verfügbarkeit von Molybdän stark vom pH-Wert ab, wobei die Anionenverfügbarkeit mit dem pH-Wert zunimmt, da die Hydroxidionen um spezifische Adsorptionspositionen konkurrieren. Die Zugabe von Kalk zu Böden kann daher zur Erhöhung der Verfügbarkeit des ursprünglich im Boden enthaltenen Molybdäns genutzt werden, sofern ausreichend MoO_4^{2-} zum Austausch gegen OH^- zur Verfügung steht. Bei hohen Kalkungsraten sollte jedoch sichergestellt werden, daß man nicht über das Ziel hinausschießt, daß also infolge hoher $CaCO_3$-Konzentrationen keine übermäßige pflanzliche Absorption des Molybdäns erfolgt [100].

Atmosphärische Molybdändeposition tritt beim Metallverhütten und -verarbeiten sowie bei der Raffination von Öl und der Verbrennung fossiler Brennstoffe auf. Obwohl die Mobilisierung von Molybdän durch die Verbrennung im allgemeinen verglichen mit der natürlichen Verwitterung gering ist (2300 t/Jahr aus Kohle und Öl im Vergleich zu 64000 t/Jahr Flußfracht) [101], können lokale Bodenverunreinigungen auftreten. Molybdän ist in Flugaschen aus der Verbrennung von Kohle konzentriert; typische Werte für Kohle in den USA sind 0,2–50 mg/kg bei Spannweiten von 7–160 mg/kg [103]. Die jeweilige Konzentration hängt von der Art der Kohle ab, wobei kleine Ascheteilchen eine besonders hohe Affinität für Molybdän aufweisen [103]. Wegen der Basizität der Aschen kommt der Deposition von Feinstäuben auf Böden und dem Einsatz von Flugaschen zur Bodenverbesserung eine besondere Bedeutung zu. In Großbritannien wurden in der Atmosphäre über ländlichen Gebieten Molybdängehalte von 0,29–1,29 ng/m^3 gemessen, innerhalb von Stahlwerken hingegen 2–18 ng/m^3 [104]. Die atmosphärische Deposition in der Umgebung von Aluminiumlegierungsbetrieben, Stahlwerken und Ölraffinerien führte zu hohen Molybdängehalten auf Weiden und dadurch zu Molybdänose bei Weidevieh [104]. Ein direkter Effekt der Luftverunreinigung auf das Verhalten von Molybdän im Boden wurde bei der Deposition von Sulfat beobachtet, und zwar führte die Versauerung von Waldböden zu verringerter Aufnahme von Molybdän durch Bäume [105].

Die Zuführung von Klärschlämmen zu Böden stellt eine weitere Quelle für lokale Verunreinigungen mit Molybdän dar, zusätzlich zu kationischen Schadstoffen. In englischen und walisischen Klärschlämmen aus einer Reihe industrieller und nichtindustrieller Quellen lagen die Gehalte zwischen 2–30 mg/kg bei einem Medianwert von 5 mg/kg [106]. In den USA betrugen die Konzentrationen 1,2–40 mg/kg mit einem Medianwert von 8,1 mg/kg [107, 108], aber auch höhere Gehalte wurden berichtet [109]. Wenn Klärschlamm in Gegenwart von Kalkrückständen ausgebracht wird, so ergibt sich meist ein Anstieg des pH-Werts, weshalb man erwarten sollte, daß die Verfügbarkeit des ursprünglichen sowie des durch den Schlamm eingebrachten Molybdäns zunimmt. Vorschriften zur Aufrechterhaltung eines hohen Boden-pH-Werts nach der Zugabe von Schlamm mit dem Ziel, die Kationentoxizität zu verringern, werden andererseits die Verfügbarkeit von Molybdän erhöhen. Eine mögliche positive Auswirkung der Zugabe eines mit Kupfer angereicherten Schlamms liegt in der verstärkten Aufnahme von Kupfer durch die Vegetation und einer Verringerung des Auftretens von Molybdänose, wobei dieser Effekt aber meist nur von begrenzter Wirkung ist.

Die Oxidation von Molybdänmineralien bei der Verwitterung führt über lösliche Zwischenstufen wie MoO_2SO_4 hauptsächlich zu Molybdat (MoO_4^{2-}) in der Bodenlösung. Unterhalb von pH 4,2 werden die Molybdatanionen zu monomerem $HMoO_4^-$ und H_2MoO_4 (Molybdänsäure) protoniert, woran sich die Kondensation zu Polymolybdaten anschließt [111]. Mobilisierte Anionen werden leicht zusammen mit organischem Material und Kationen gefällt, oder sie werden von Sesquioxiden adsorbiert. Untersuchungen von Oberflächenreaktionen in Böden ergaben, daß Molybdän von Eisenoxidhydraten wie Hämatit und Goethit am stärksten adsorbiert wird, in denen Fe^{3+} durch Mo^{4+} substituiert wird [112, 113]. Es hat sich weiterhin gezeigt, daß die Größe der reaktiven Fläche bei den Adsorptionsprozessen eine größere Rolle spielt als der Eisengehalt [114]. Molybdat kann auch auf Tonoberflächen oder auf Sekundärmineralien als Anion zurückgehalten werden sowie von organischen Verbindungen komplex gebunden werden [91].

Die Lage des Gleichgewichts zwischen sorbierter und gelöster Phase hängt in erster Linie von den chemischen Bedingungen im Boden ab, und zwar besonders vom pH- und E_h-Wert. Die Verfügbarkeit wird durch organische Substanzen und, wie bereits erwähnt, auch durch andere Elemente modifiziert.

Der Einfluß des pH-Werts auf die Verfügbarkeit von Molybdän wird durch folgende Gleichung beschrieben [115]:

$$\text{Boden-}(OH)_2 + MoO_4^{2-} \rightleftharpoons \text{Boden-}MoO_4 + 2\,OH^-.$$

Die Löslichkeit von Molybdän kann sich bei pH-Werten unter 7 auf das hundertfache erhöhen, was an der Auflösung von Wulfenit ($PbMoO_4$) liegen könnte. Einem vorgeschlagenen Austauschmechanismus bei niedrigem pH-Wert zufolge wird durch Protonierung Molybdän(VI)-säure gebildet und Hydroxygruppen an der Austauschoberfläche zu Wassermolekülen protoniert, welche dann durch die Anionen verdrängt werden. Die Reaktion ist exotherm; es entstehen dabei chemische Bindungen an den Stellen, wo die Adsorptionsoberfläche eine spezifische Affinität für Molybdän aufweist sowie eine erhöhte negative Ladung bei der Adsorption [116]. Erhöhte Molybdänkonzentrationen in der Bodenlösung treten als Folge starker Adsorption von Sesquioxiden nur in alkalischen Böden mit eingeschränkter Entwässerung auf. Normale Konzentrationen betragen $2-8 \cdot 10^{-3}$ mg Mo/kg. Die Phasengleichgewichte zwischen Feststoff und Lösung unterliegen durch die Mineraldiagenese amorpher

Eisenoxide und die Fixierung von Molybdän mit der Zeit einer Veränderung, bei der sich Ferromolybdit $\langle Fe_2(MoO_4)_3 \cdot 8H_2O \rangle$ und andere halbkristalline Formen bilden [117, 118]. Dies hat sich bei gelagerten sauren Böden gezeigt, die einer intensiven Auswaschung unterworfen waren [119]. Die Fixierung konnte auch mit dem Kohlenstoff-Stickstoff-Verhältnis im Boden korreliert werden, was einen Hinweis auf die Bedeutung der organischen Bestandteile des Bodens darstellt [120].

Die Bildung organischer Molybdänkomplexe ist noch nicht ganz geklärt, und ihr Einfluß auf den Boden kann durch Änderungen in den pH- und E_h-Bedingungen, z.B. infolge schlechter Entwässerung, überdeckt werden. Obwohl Molybdän in Böden hauptsächlich in Form komplexer Anionen vorkommt, läßt sich eine verstärkte Fixierung bei niedrigem pH-Wert auf die Reduktion von Molybdat zu dem Kation Mo^{5+} durch Huminsäuren oder Polysaccharidverbindungen erklären [121, 122]. Wie sich zeigte, wurde Molybdän in anionischer Form bei der aeroben Zersetzung von Pflanzenmaterial mobilisiert und anschließend durch organische kolloidale Komplexe bei niedrigem pH-Wert fixiert [123]. Unter anaeroben Bedingungen blieb die anionische Form erhalten. Im Versuch ergaben sich unterschiedliche Reaktionen auf die Zugabe von organischer Substanz zu Böden, je nachdem, ob gleichzeitig auch Molybdän zugeführt wurde [124]. Die alleinige Zufuhr von organischem Material erhöhte die Verfügbarkeit des ursprünglich im Boden enthaltenen Molybdäns, während die gleichzeitige Zufuhr von Molybdän das Gegenteil bewirkte. Bei der Zugabe von organischer Substanz über einen längeren Zeitraum nahm die in Ammoniumoxalatlösung lösliche Molybdänmenge bzw. die Verfügbarkeit von Molybdän für Pflanzen zu [125]. Organisches Material kann die Molybdänverfügbarkeit innerhalb einer gewissen pH-Spanne erhöhen, da die Bildung organischer Molybdänchelate die Diagenese verhindert [81]. Es hat sich gezeigt, daß Molybdän im unteren A- und im oberen B-Horizont zusammen mit Humus sowie dort, wo der pH-Wert in frei entwässernden Böden ein Minimum erreicht, angereichert wird [86].

Schlecht entwässernde Böden weisen häufig hohe Gehalte an verfügbarem Molybdän auf. Der pH-Wert und der Anteil an organischem Material sind häufig hoch, wodurch die Mobilisierung von Anionen gefördert wird. Unzureichende Entwässerung führt aufgrund höherer Molybdängehalte in der Bodenlösung zu verstärkten Gehalten dieses Elements in der Vegetation [127, 128]. Dabei wirkt möglicherweise ein Wechsel von Fe^{3+} zu Fe^{2+} in Verbindung mit einer verstärkten Auflösung von Ferrimolybdatverbindungen oder -komplexen mit [128]. Die hohe Molybdataktivität unter alkalischen Bedingungen und die Fähigkeit, unter reduzierenden Bedingungen lösliche Thiomolybdate zu bilden, dürfte ebenfalls zu diesem Sachverhalt beitragen. In Gegenwart von organischer Substanz können die Redoxpotentiale bei einer Durchfeuchtung schneller herabgesetzt werden [128]. Unter diesen Bedingungen führt eine Herabsetzung des Boden-pH-Werts zu einer Verringerung der Molybdänverfügbarkeit. Andere Untersuchungen haben ergeben, daß eine Senkung des Boden-pH-Werts um eine halbe Einheit den Molybdängehalt von Pflanzen um etwa die Hälfte verringert [129].

Molybdängehalte in Pflanzengeweben von 0,03–0,15 mg/kg reichen im allgemeinen für den physiologischen Bedarf der Pflanzen aus, wobei die normalen Gehalte in gesundem Blattgewebe bei etwa 1 mg/kg liegen. Unter 0,5 mg/kg zeigen sich Mangelsymptome wie Chlorose, Nekrose und abwärtsgerichtetes Zusammenrollen der Blätter [130]. Leguminosen benötigen größere Molybdänmengen, da das Element ein Bestandteil des Enzyms Nitrogenase ist, das in den Wurzelknöllchen Stickstoff bindet. Typische Werte liegen hier bei 0,13–2,3 mg Mo/kg [131]. Ein Mangel an Molybdän führt somit zu einer verringerten Fixierung von Stickstoff und damit zu für Stickstoffmangel typischen Symptomen bei Pflanzen. Molybdän ist im Stickstoffmetabolismus von Pflanzen auch bei der Nitratreduktase beteiligt, deren Aufgabe in der Reduktion von Nitrat zu durch Pflanzen nutzbarem Ammonium besteht. Die Empfindlichkeit bezüglich molybdänhaltiger Enzyme wurde zur Feststellung von Molybdänmangel in Böden und Pflanzengeweben genutzt [132, 133]. Niedrige Molybdängehalte gehen auch mit einem veränderten Phosphorstoffwechsel [134] und mit verringerten Gehalten an Zucker, Ascorbinsäure und bestimmten Aminosäuren [135] einher. Brassica-(Kohl-) Arten sind häufig für Molybdänmangel anfällig und weisen dann typische Mangelsymptome auf. Beispielsweise geht der sog. Peitschenschwanz bei Blumenkohl mit Blattverformungen und biochemischen und mikrostrukturellen Veränderungen im Photosynthesesystem einher [136]. Ausgeprägter Molybdänmangel setzt die Gehalte an 5-Methylcytosin in Tomaten- und Blumenkohlpflanzen herab. Dies führt zu Störungen in der Replikation und Transkription der DNS, wodurch sich Schäden in den Fortpflanzungsstrukturen der Pflanzen ergeben können [137]. Durch die Zugabe von Molybdän oder von Kalk zur Erhöhung des pH-Werts konnten eine verstärkte Knöllchenbildung bei Leguminosen, eine größere Nitrogenaseaktivität und höhere Leghämoglobingehalte bewirkt werden [138, 139] und vermutlich auch die Nitratreduktaseaktivität erhöht werden.

Pflanzen nehmen Molybdän aus der Bodenlösung hauptsächlich in Form von Molybdat auf, weshalb physikalisch-chemische Bodenbedingungen, insbesondere der pH-Wert, die Gehalte in den Pflanzengeweben stark beeinflussen. Direkte Beweise für eine aktive Aufnahme durch Pflanzen fehlen zwar, aber die entsprechenden Mechanismen sollten vergleichbar zu denen anderer Anionen wie Sulfat, Nitrat und Phosphat sein. In welcher Form Molybdän umlagert wird, ist nicht bekannt, jedoch könnten organische Komplexe eine Rolle spielen [140]. Verbindungen von Elementen wie Schwefel behindern die Aufnahme von Molybdat, da sie infolge ähnlicher Ionenradien und -ladungen mit diesem um Absorptionspositionen in der Wurzeloberfläche konkurrieren. Es ist bekannt, daß Phosphor die Umlagerung verstärkt, was auf die Bildung löslicher Molybdatophosphate zurückzuführen sein könnte, die von den Wurzeln leicht aufgenommen werden oder auf biochemische Veränderungen in der Pflanze, die organischen Phosphor in das Umlagerungssystem freisetzen [125].

Die Zugabe von Molybdän zu Böden wirkt sich bekanntermaßen vorteilhaft auf Bodenmikroorganismen aus. Folgende mikrobielle Reaktionen lassen sich beobachten: erhöhte Zersetzung, höhere Geschwindigkeit der nichtsymbiotischen Stickstoffixierung, erhöhte Actinomycetenzahlen und verstärkte Bodenenzymaktivität [141]. Das Besprühen von Reisblättern mit molybdänhaltiger Lösung förderte das Wachstum einer Reihe von Rhizosphärenbakterien [142]. Wie sich zeigte, kann die Mikroflora aus der Rhizosphäre von Rettichpflanzen, die in einem flüssigen, Bodenextrakt enthaltenden Medium wachsen, bis 55 mg Mo/kg ansammeln [143]. Für Pflanzen mit Mycorrhiza-Infektionen sind erhöhte Gehalte von verfügbarem Molybdän günstig [144]. Eine Untersuchung des in einer Reihe von Böden immobilisierten Molybdäns zeigte, daß bis zu 0,16 % des Molybdäns in der mikrobiellen Biomasse auftritt [145], während andere Befunde andeuten, daß bis zu 148 g Mo/ha in den obersten 20 cm eines Bodens in der Biomasse gebunden sein können [146]. Diese Immobilisierung kann durch mikrobielle Nährstoffumsetzungsprozesse sowohl als Quelle wie auch als Senke für pflanzenverfügbares Molybdän wirken [147]. Durch die Mikroflora des Bodens gebildete organische Komplexe können eine Bindung des Molybdäns durch andere Bodenbestandteile unter sauren Bedingungen verhindern [127].

Bei Gehalten von 10–50 mg/kg in reifem Blattgewebe (oder bereits darunter) beginnt Molybdän, toxisch zu wirken, was bei Weidetieren, die molybdänreiches Grünfutter fressen, zu Molybdänose führen kann [93]. Wiederkäuer sind besonders anfällig für Molybdäntoxizität, die sich in Form eines Kupfermangels äußert und eine zusätzliche Wechselwirkung mit Sulfat zeigt [79, 147]. Kupfer-Molybdän-Verhältnisse im Futter unter 2:1 wurden als potentiell toxisch bezeichnet, allerdings muß außer den Gesamtgehalten an Kupfer und Molybdän auch die Sulfataufnahme berücksichtigt werden, um die Risiken, die mit der Aufnahme von Molybdän durch die Nahrung zusammenhängen, richtig beurteilen zu können [147]. Die Ausbringung von Klärschlamm mit 0,41 mg Mo/ha bei pH 7,2 führte zu Molybdängehalten von 94 mg/kg in Weißklee und 20,4 mg/kg in Englischem Raigras [148], während in einer anderen Untersuchung die Ausbringung von bis zu 17 kg Mo/ha bei pH 8,0 zu Gehalten von 31 mg Mo/kg in Klee führten [149]. Die Zufuhr von 8% Flugasche zu einem Boden ergab 44,6 mg Mo/kg in Weißklee [107]. Pflanzen, die in der Umgebung einer molybdänverarbeitenden Fabrik wuchsen, wiesen Molybdängehalte von bis zu 1016 mg/kg auf [150].

Verunreinigungen durch Molybdän können infolge von Zugaben zu Böden und von atmosphärischer Deposition lokal bedeutende Ausmaße annehmen und sich auf die Ernährung von Pflanzen und Tieren auswirken. Bei der Regelung der Zufuhr dieses Metalls zu Böden sind sorgfältige Überlegungen anzustellen, da sich sein Verhalten in Böden völlig von dem der kationischen Elemente unterscheidet. Je genauer das Verhalten bei den verschiedenen physikalisch-chemischen Bodenparametern bekannt ist, desto besser läßt sich dieses Element als Mikronährstoff einsetzen, der günstig auf die Aktivität von Mikroben und die Produktion von Nutzpflanzen wirkt.

Literatur: Molybdän

[79] Underwood EJ (1977) Trace Elements in Human and Animal Nutrition, 4. Aufl. Academic Press, New York
[80] Ronov AB, Yarovshevskii AA (1972) In: Fairbridge RW (Hrsg) Encyclopedia of Geochemistry and Environmental Sciences 4A. Van Nostrand-Reinhold, New York
[81] Mason B, Berry LG (1968) Elements of Mineralogy. Freeman, San Francisco/CA
[82] Massey HF, Lowe RH (1961) Soil Sci Soc Amer Proc 25: 161
[83] Gorbacheva AE (1976) Sov Soil Sci 8: 129
[84] Vinogradov AP (1962) Geochemistry 7: 641
[85] Kuroda PK, Sandell EB (1954) Geochim Cosmochim Acta 8: 213
[86] Wedepohl KH (1978) Handbook of Geochemistry II-4142. Springer-Verlag, Berlin Heidelberg New York
[87] Manskaya SM, Drozdova TV (1968) Geochemistry of Organic Substances. Pergamon, New York
[88] Taylor SR (1964) Geochim Cosmochim Acta 28: 1273
[89] Ure AM, Berrow ML (1980) In: Bowen HJM (Hrsg) Environmental Chemistry Bd 2. The Royal Society of Chemistry, London
[90] Swaine DJ, Mitchell RL (1966) J Soil Sci 11: 347
[91] Mitchell RL (1971) In: Trace Elements in Soils and Crops Technical Bulletin 21, Ministry of Agriculture Fisheries and Food, HMSO, London
[92] Lau CH, Lim TS (1992) J Nat Rubber Res 7: 60
[93] Kubota J (1985) In: Chappell WR, Peterson KK (Hrsg) Molybdenum in the Environment, Bd 2. Marcel Dekker, New York

[94] Tisdale SL, Nelson WL, Beaton JD . Soil Fertility and Fertilisers. Macmillan, New York
[95] Thornton I, Webb JS (1976) In: Copper in Farming Symposium. Copper Development Association, Potters Bar, UK
[96] Talbot V, Ryan P (1988) Sci Total Environ 76: 217
[97] Barshad I (1951) Soil Sci 71: 297
[98] Adams F (1976) In: Proc Symp Role of Phosphorus in Agriculture. ASA, CSSA und SSSA. Madison/WI
[99] Takkar PN (1982) Abstr 12th Int Soil Sci Congr, Tl 1. Neu Delhi
[100] Kabata-Pendias A, Pendias H (1984) Trace Elements in Soils and Plants. CRC, Boca Raton/FL
[101] Bertine KK, Goldberg ED (1971) Science 173: 233
[102] Swanson VE, Medlin JM, Hatch JR, Coleman SL, Wood GH Jr, Woodruff SD, Hildebrand RT (1976) Collection, Chemical Analysis and Evalution of Coal Samples in 1975. US Dept of the Int Geological Survey, Open File Rep 76–468. US Geological Survey, Reston/NJ
[103] Page AL, Elseewi AA, Straughan IR (1979) Resid Rev 71: 83
[104] Thornton I (1977) In: Chappell WR, Peterson KK (Hrsg) Molybdenum in the Environment, Bd 1. Marcel Dekker, New York
[105] Fiedler HJ, Ilgen G, Hoffman W (1987) Arch Naturschutz Landschaftsforsch 27: 177
[106] Berrow ML, Burridge JC (1980) In: Inorganic Pollution and Agriculture. MAFF Reference Book 326
[107] Jarrel WM, Page AL, Elseewi AA (1980) Resid Rev 74: 1
[108] Lisk DJ, Gutenman WH, Rutzke M, Kuntz HT, Chu G (1992) Arch Environ Contam Toxicol 22: 190
[109] Lahann RW (1976) Water, Air and Soil Pollut 6: 3
[110] Europ Gemeinschaft (1986) Council Directive on the Protection of the Environment and in Particular of the Soil when Sewage Sludge is Used in Agriculture. Off J Europ Comm Nr 181/6
[111] Reisenbauer HM, Tabilch AA, Stout PR (1962) Soil Sci Soc Amer Proc 26: 23
[112] Davies EB (1965) Soil Sci 81: 209
[113] Jones LJ (1957) J Soil Sci 8: 313
[114] Jones CHP, Smith BH (1972) Plant and Soil 37: 649
[115] Vlek PLG, Lindsay WL (1977) J Soil Sci Soc Am 41: 42
[116] Barrow NJ (1977) In: Chappell WR, Peterson KK (Hrsg) Molybdenum in the Environment, Bd 1. Marcel Dekker, New York
[117] Barrow NJ (1973) Soil Sci 116: 423
[118] Barrow NJ, Shaw TC (1975) Soil Sci 119: 301
[119] Smith BH, Leeper GW (1969) J Soil Sci 20: 246
[120] Lal S, De SK, Shukla RK (1971) Anales de Telafologia y Agrobiologia 30: 423
[121] Szalay A, Szilagyi M (1968) Plant and Soil 29: 219
[122] Goodman BA, Cheshire MV (1962) Nature 299: 618
[123] Bloomfield C, Kelso WI (1973) J Soil Sci 24: 368
[124] Gupta UC (1971) Plant and Soil 34: 249
[125] Selevtsova GA (1969) Agrokhitriya 9: 74
[126] Mitchell RL (1964) In: Bear FE (Hrsg) Chemistry of the Soil, 2.Aufl. Reinhold, New York
[127] Kubbota J, Lemon ER, Allaway WH (1963) Soil Sci Amer Proc 27: 679
[128] Ferguson WSA, Lewis AJ, Watson SJ (1943) J Agric Sci Comb 33: 44
[129] Feely L (1990) Irish J Agricl Res 29: 129
[130] Cox A (1992) Hortscience 27: 894
[131] Schrauzer GN (1977) In: Chappell WR, Peterson KK (Hrsg) Molybdenum in the Environment, Bd 1. Marcel Dekker, New York
[132] Peres JRR, Nery M, Fraco A (1976) In: Annals of the Fifteenth Brazilian Congress of Soil Science, Campurias, Brazil. Brazilian Society of Soil Science
[133] Witt HH, Jungle A (1977) A Pflanzenernähr Bodenk 140: 209
[134] Follet RH, Murphy LS, Donahue RL (1981) Fertilizers and Soil Amendments. PrenticeHall, Englewood Cliffs/NJ
[135] Epstein E (1972) Mineral Nutrition of Plants: Principles and Perspectives. Wiley, New York
[136] Fido RJ, Gundry CS, Hewitt GJ, Notton BA (1977) Aust J Plant Physiol 4: 675

[137] Bozhenko VP, Balycieva VN (1977) Sov Plant Physiol 24: 28 1

[138] Fedorova EE, Potatueva YA (1984) Sov Plant Phsiol 31: 876

[139] Duval L, More E, Sicot A (1992) Comptus Rendus de l'Academie d'agriculture de France 78: 27

[140] Tiffin LO (1972) In: Mortvedt JJ, Giordano PM, Lindsay WL (Hrsg) Micronutrients in Agriculture. Soil Sci Soc Amer, Madison/WI

[141] Krasinskaya NP, Letunovea SV (1982) Agrokhimiya 9: 108

[142] Dey BK, Ghosh A (1986) J Indian Soc Soil Sci 34: 264

[143] Loutit MW, Loutit JS (1967) Plant and Soil 27: 335

[144] Mosse B (1957) Nature 179: 922

[145] Ledtunova SV, Gribovskaya IF (1975) Agrokhimiya 3: 123

[146] Domsch KH, Jagnow J, Anderson TH (1983) Resid Rev 86: 65

[147] Beeson KC, Matrone G (1976) The Soil Factor in Nutrition: Animal and Human. Marcel Dekker, New York

[148] Williams JH, Gogna JC (1981) Proc Int Conf on Heavy Metals in The Environment, Amsterdam. CEP Consultants, Edinburgh

[149] Davis RA (1981) Proc Int Conf on Heavy Metals in the Environment, Amsterdam. CEP Consultants, Edinburgh

[150] Hornick SB, Baker DE, Guss SB (1975) Symposium on Molybdenum in the Environment, Denver/CO

14.4 Silber

Silber ist ein Edelmetall von großer wirtschaftlicher und historischer Bedeutung. Frühe Hinweise auf Silber sind in vielen alten Handschriften zu finden. Am Ausgrabungsort des Großen Chaldäischen Tempels in Ur und in den Gräbern der Pharaonen wurden acht Jahrtausende alte Artefakte aus Silber gefunden. Im Kodex des Menes, der Ägypten bis etwa 5500 v.Chr. regierte, wurde bestimmt, daß ein Teil Gold im Wert zweieinhalb Teilen Silber entspricht. Um das Jahr 4000 v. Chr. hatten die Assyrer ein auf Silber basierendes Handelssystem entwickelt. Andere in alten Manuskripten erwähnte Anwendungen dieses Metalls umfassen die Herstellung von Götzenbildern, Schreinen, Schalen, Vasen, Flaschen und Schmuckgegenständen. Zu den wichtigsten heutigen Einsatzgebieten gehören Erzeugung von Dünnschichtgrundierungen für die galvanische Beschichtung sowie die Herstellung von Spiegeln, elektrischen Kontakten, Legierungen, Münzen und Schmuckgegenständen. Außerdem findet das Metall vielfältige Anwendung in der Zahnmedizin, Optik, Photographie und Medizin. Die größten Silberproduzenten der Welt mit je über 1000 t pro Jahr sind Kanada, die USA, Mexiko, Nicaragua und Rußland. In Europa liefern Schweden, Spanien und das ehemalige Jugoslawien die größten Mengen.

Wie Kupfer und Gold gehört Silber zur Gruppe I b des Periodensystems. Es ist das reaktivste Edelmetall und bildet die drei kationischen Spezies Ag^+, Ag^{2+} und Ag^{3+}, von denen nur die einwertige Form umweltrelevant ist. Silber stellt in dieser Oxidationsstufe eines der am stärksten toxischen Schwermetallen für eine Reihe von Lebensformen dar, insbesondere für Mikroorganismen, Algen und Fische, und es blockiert manche Stoffwechselprozesse [151–156]. Für Säugetiere ist Silber relativ harmlos. Wegen seiner mikrobiziden Wirkung findet es industrielle Verwendung. Silber ist insofern fast einzigartig, als die meisten seiner Verbindungen zwar nur sehr wenig löslich sind, es aber dennoch in der löslichen Fraktion ungemein toxisch wirkt [157]. Da Ag^+ leicht reduziert wird, besitzt es für Lebewesen unter natürlichen Bedingungen nur geringe Resorbierbarkeit. Silbersulfid (Ag_2S) kann durch die Oxidation zum Sulfat relativ leicht in Lösung gehen. Die toxische Wirkung von Silber basiert auf dem Bindungsvermögen von Ag^+ gegenüber Enzymen und anderen aktiven Molekülen an der Zelloberfläche. Der Mechanismus der Enzyminhibierung beruht im wesentlichen auf der Bindung an Thiogruppen (Bildung von Silbermercaptiden).

Laborversuche haben ergeben, daß Silber eines der stärksten Gifte für Mikroorganismen und biochemische Prozesse in Böden ist. So töten $6 \cdot 10^{-9}$ g Ag^+/l *Escherichia coli* innerhalb von 2–24 h ab, je nach Anzahl der vorhandenen Bakterien [158]. Die heterotrophe Aktivität der Bakterien wird bereits durch 10^{-10} g Ag/ml herabgesetzt [159]. Silbernitrat in einer Konzentration von 10^{-8} g Ag/ml tötete 50% des Pilzes *Alternaria tenuis*; von den untersuchten Metallen wirkte nur Osmium stärker toxisch [160]. In Anbetracht dieser Befunde wurde Besorgnis über die möglichen schädlichen Auswirkungen von Ag^+ auf die Mikrobenpopulation von Böden und über den resultierenden Einfluß auf die biochemischen Prozesse in Böden geäußert. Drucker et al. [161] zeigten, daß Silbergehalte von 1 mg/kg die Gesamtzahl der aeroben Bodenbakterien und die Atmung von Bodenkulturen verminderten. Von den 17 untersuchten Elementen wirkte Silber dabei am stärksten toxisch. Hoffmann u. Hendrix [162] wiesen nach, daß gelöstes Silber schon bei 0,1 µg/ml einen schädlichen Einfluß auf *Thiobacillus ferrooxidans* ausübte und daß das Wachstum in Lösungen ab einem Gehalt von 1,0 µg Ag/ml behindert wurde. Schädliche Auswirkungen von Silber auf verschiedene mikrobielle Stoffwechselprozesse wie Glukoseveratmung [163], CO_2-Freisetzung [164], Stick-stoffassimilation [155] und Arylsulfataseaktivität [156] waren in Böden zu verzeichnen, die im Labor mit Silber angereichert wurden. Bisher ist aber noch kein Versuch unternommen worden, den Einfluß von Silber auf Stoffwechselprozesse unter Feldbedingungen zu untersuchen. Die Wirkung von Silber auf die bodenmikrobiellen Funktionen wird durch eine Reihe von Faktoren eingeschränkt. Zum einen ist nur ein Teil des gesamten Silbers biologisch verfügbar (s. unten). Zum anderen wird Ag^+ leicht reduziert oder in Form schwerlöslicher Verbindungen wie AgCl ausgefällt. Sulfide wie Argentit (Ag_2S) gehen nur unter besonderen Umständen in Lösung, was das Auftreten von Silberionen in manchen Böden begrenzt (s. unten). Drittens haben verschiedene Autoren beobachtet, daß einige Pilz- und Bakterienarten Silber ohne sichtbare schädliche Auswirkungen ansammeln können. So wurden aus Böden z.B. einige Bakterienstämme isoliert, die sehr hohe Silberkonzentrationen (0,1 M Ag^+) tolerieren können [165]. Diese Bodenbakterien, besonders *Pseudomonas* und *Thiobacillus*, verfügen über eine ausgeprägte Fähigkeit zur Ansammlung von Silber und über eine hohe Toleranz gegenüber diesem Element, was auf der Reduktion des Silberions zu elementarem Silber oder der Bildung von Ag_2S beruhen könnte [166].

Noch vor nicht allzu langer Zeit war ein Mangel an Informationen zur Umweltchemie des Silbers zu verzeichnen, was vor allem an analytischen Problemen infolge der niedrigen Gehalte lag. Heute gehört die Bestimmung solch geringer Konzentrationen mit Hilfe von flammenloser Atomabsorptionsspektrometrie (ETAAS) oder Neutronenaktivierungsanalyse (NAA) zur Routine. Zur konventionellen NAA von Silber wird die Probe einmalig zur Bildung von ^{110m}Ag [1] bestrahlt. Bei einer Halbwertszeit dieses Isomers von 253 Tagen ist das Verfahren recht zeitaufwendig. Daher setzt man häufig ein zyklisches Aktivierungsprogramm ein, das für das kurzlebige Isotop ^{110}Ag (Halbwertszeit 24 Tage) optimiert wurde, wobei die Probe zwischen der Bestrahlungsquelle und dem Detektor hin und her wechselt [167–169]. Für die terrestrische Häufigkeit des Silbers liegen eine Reihe unterschiedlicher Schätzungen vor. Goldschmidt [171] gab einen Wert von 0,2 mg/kg für die Lithosphäre an. Später vorgeschlagene Werte liegen in gleichen Größenordnung [172–174]. Silber tritt in massiven Sulfiderzen [175], in vererzten Gängen in Form des gediegenen Metalls [176] und in verschiedenen natürlichen Legierungen auf. Es ist jedoch wesentlich häufiger als Nebenbestandteil in einer Vielzahl von Mineralien zu finden. Silberhaltiger Bleiglanz (Galenit, PbS) ist dabei das häufigste, aber es gibt auch Paragenesen mit Antimon, Arsen, Tellur und Selen. Galenit und Sphalerit (ZnS) sind aufgrund von isomorpher Substituition häufig an Silber angereichert [177]. Halogenidhaltige Mineralien, die in der Oxidationszone von Lagerstätten und in geringen Tiefen unter der Oberfläche auftreten, sind weniger häufige Quellen für Silber. Ursprünglich wurde Silber bei der Röstreduktion von Pb-Ag-Sulfiden und der anschließenden Entsilberung des Rohbleis gewonnen. Im antiken Griechenland war das Kupellationsverfahren zur Trennung der Metalle weit verbreitet. Heute fällt Silber meist als Nebenprodukt bei der Gewinnung von Unedelmetallen wie Nickel, Blei und Zink an sowie bei der Raffination von Kupfer-, Platin- und Golderzen mittels einer Reihe von Verfahren wie Cyanidlaugerei, Ausschmelzen und Elektrolyse.

---

[1] Das Symbol „m" hinter der Massenzahl bedeutet, daß es sich hier um einen relativ langlebigen angeregten Kernzustand handelt, ein sog. Isomer.

Magmatische Gesteine enthalten im Mittel 0,1 mg Ag/kg, Sedimentgesteine 0,05–0,25 mg/kg und Tonschiefer, die reich an organischer Substanz sind, bis zu 1 mg/kg. Sedimente weisen häufig etwas höhere Gehalte als Böden auf und sind in der Umgebung vererzter Gebiete und anthropogener Quellen meist mit diesem Element angereichert. Der höchste bisher bekannte Wert beträgt 154 mg Ag/kg in einem extrem verunreinigten Abschnitt des Rheins [178]. Erhöhte Silbergehalte wurden auch in Stoffen anthropogener Herkunft wie Klärschlamm (bis zu 960 mg/kg [179, 180]) und Kommunalabfällen [181] festgestellt. Es muß dabei aber betont werden, daß dieser außergewöhnlich hohe Wert für eine der Klärschlammproben auf den Einleitungen eines photographischen Betriebs in das Einzugsgebiet der Kläranlage beruht.

Der übliche Silbergehalt von Böden liegt bei $0,01(GK)$–5 mg/kg mit einem Durchschnitt von 0,1 mg/kg [173]. Böden auf Schwarzschiefern oder auf Gesteinen mit hohen Gehalten an organischem Material sind mit 0,5 mg Ag/kg üblicherweise deutlich reicher an Silber als Böden auf Sandsteinen (0,05 mg/kg) oder Kalksteinen (0,07 mg/kg) [182]. In einigen Fällen zeigte sich, daß der Silbergehalt in Böden den des Ausgangsgesteins genau widerspiegelt und lithologische Grenzen und Vererzungszonen nachzeichnet [183, 184]. Hier zeigen sich die Einsatzmöglichkeiten von Bodenanalysen zur raschen geochemischen Vorerkundung beim Prospektieren. Dabei ist allerdings Vorsicht angebracht, da Böden aus Oberflächenmaterial, das nicht dem tiefer lagernden Gestein entstammt, oder sehr junge Böden ein falsches Bild vom Silbergehalt des Untergrundgesteins geben können. Verunreinigte Böden aus vererzten Gebieten können bis 10 mg Ag/kg enthalten [168].

Silber kann in mehreren Oxidationsstufen (0, +1, +2, +3) auftreten, allerdings wiesen Lindsay et al. [185, 186] anhand chemisch-thermodynamischer Überlegungen nach, daß in Böden nur die Stufen 0 und +1 von Bedeutung sind. Dieser Studie zufolge ist zu erwarten, daß Silber in stark reduzierenden Böden in Form sulfidischer Mineralien ausfällt und daß alle Silberhalogenide (außer Silberfluorid) hinreichend unlöslich sind, um als mögliche stabile Phasen angesehen zu werden. In stark oxidierenden Böden ist gediegenes Silber nicht beständig, da es unter diesem Bedingungen zu leicht in Lösung geht. Dort wird die Löslichkeit von Ag^+ wahrscheinlich durch eines der Silberhalogenide festgelegt. Ag_2CO_3 und Ag_3PO_4 sind zu gut löslich, als daß sie in Böden von Bedeutung sein könnten [185, 186].

Das Verhalten von Silber in Böden wird stark durch die herrschenden pH- und Redoxbedingungen sowie durch die Wechselwirkungen mit organischer Substanz beeinflußt. In Freilandböden neigt Silber zur Anreicherung in den obersten, an organischem Material reichen Horizonten [187, 188]. Presant u. Tupper [187] fanden bei einer detaillierten Untersuchung der Verteilung des Silbers in einer Reihe kanadischer Podsole die folgenden Spannweiten in den einzelnen Horizonten (jeweils in mg/kg): L-H 0,2–7,8; A_e 0,1–1,7; B1 0,2–0,6; B2 0,1–0,7; C 0,1–0,9. Andere Untersuchungen ergaben, daß im Oberboden angesammeltes Silber persistiert und daß eine Auswaschung nur langsam erfolgt. Elutionsversuche mit z. B. ^{110m}Ag und stabilen Silbersalzen ergaben, daß Silber in Böden im Vergleich zu anderen Metallen sehr wenig mobil ist [189, 190]. Die starke Bindung im Boden zeigt sich beispielsweise in den USA in Gebieten, über denen man seit geraumer Zeit Luft zur Auslösung von Regenfällen mit Kondensationskeimen aus Silberiodid „beimpft". Sokol u. Klein [191] untersuchten Böden eines solchen Gebiets und stellten fest, daß nahezu das gesamte abgelagerte Silber in den obersten 20 mm des Bodens verblieben war. Die Silbergehalte im Boden nahmen mit jeden 20 mm zusätzlicher Tiefe um eine Größenordnung ab. Die Mobilität von

Silber wird durch den Zerfall von Humus oder eine Senkung des pH-Werts verstärkt [189, 190]. Die Sorption von Silber an verschiedenen Mineralsubstraten wie z.B. Kaolinit [192], Eisenoxidhydrate [191], Manganoxide [192] und an eine Reihe von Böden [189, 194] ließ sich unter Benutzung der Freundlich-Gleichung mit guten Resultaten modellieren.

Verschiedene Studien mit Bodenextraktionsmitteln erbrachten weitere Anhaltspunkte für die vergleichsweise geringe Löslichkeit und Beweglichkeit von Silber. Sequenzielle und selektive Extraktionsverfahren zeigten eine ausgeprägte Affinität zwischen Silber und organischer Substanz im Boden sowie Fe-/Mn-Oxiden. Bei einer Untersuchung von Böden aus vererzten Gebieten in Wales mit verschiedenen chemischen Extraktionsmitteln beobachteten Jones et al. [168], daß keines der Extraktionsmittel alleine mehr als 10% des Gesamtsilbers im Boden, das durch Aufschluß in konzentrierter Salpetersäure bestimmt wurde, entfernen konnte. Die Gesamtmenge an löslichem und austauschbarem Silber lag bei etwa 0,4– 40 µg/kg und entsprach nur einem geringen Teil (< 1%) des gesamten Silbers im Boden. Das biologisch verfügbare Silber, experimentell bestimmt mit 0,005 M DTPA (Diethylentriaminpentaessigsäure) oder 1 M HNO_3, lag bei 3–540 µg/kg (< 5% des Gesamtsilbers). Daraus ergibt sich, daß biologisch verfügbares Silber hauptsächlich in komplex gebundener oder adsorbierter Form vorliegt. Da die Gesamtgehalte an Silber mehr als eine Größenordnung höher sind als die mit DTPA oder verdünnter Salpetersäure extrahierbaren, scheint es, daß das Silber hauptsächlich in der Mineralfraktion okkludiert ist bzw. mit dieser gemeinsam ausgefällt wurde. Die walisischen Böden wurden auch einer chemischen Fraktionierung unterzogen. Böden, die mit Silber und anderen Schwermetallen aus 80–150 Jahre zurückliegenden Bergbauaktivitäten verunreinigt waren, enthielten nur vernachlässigbare Mengen an leicht austauschbarem Silber. Nahezu die Hälfte des gesamten Silbers befand sich im Rückstand der Extraktion und konnte nur durch starke Säuren in Lösung gebracht werden [195, 196]. Intaktes Bodenkernmaterial mit hohen Gehalten an organischer Substanz, das mit ^{110m}Ag versetzt wurde, enthielt nach einem Jahr noch einen beträchtlichen Anteil dieses Kernisomers in leicht austauschbarer Form. Der größte Teil war jedoch in „säurereduzierbarer" oder „oxidierbarer organischer" Form gebunden [195]. Aus der erwiesenermaßen starken Bindung zwischen organischem Material im Boden und Silber ergibt sich zum einen, daß Humus die kurzfristige Verfügbarkeit von Silber steuert, und zum anderen, daß die Prospektion auf Silber mittels chemischer Analyse des Bodenhumus für Voruntersuchungen nützlich sein kann. Die Bindung in der Rückstandsfraktion kann einen Mechanismus darstellen, der die Bioverfügbarkeit dieses Elements langfristig herabsetzt. Daß sich Silber im marinen Umfeld in Ferromanganknollen anreichert, ist nachgewiesen [197]. Bei gewissen Böden könnte diese Wechselwirkung ebenfalls von Bedeutung sein [193, 194]. Organisch gebundenes Bodensilber stellt sicherlich einen bedeutenden Teil des gesamten Silbers dar und dürfte bei der Steuerung des Kreislaufs, der Mobilität und des Verhaltens von Silber in Böden eine große Rolle spielen. Silber wird im Humus und dem organischen Material des Bodens angereichert und tritt in Humuskomplexen an organische Liganden gebunden auf [173]. Die ausgeprägte Adsorption des Silbers durch Humusbestandteile bzw. die Bildung verhältnismäßig stabiler organischer Komplexe verhindert vermutlich die anschließende Entfernung aus dem Oberboden [189, 190]. Die Komplexbildung dürfte nicht auf Huminsäuren beschränkt sein, da Fulvosäuren ebenfalls ein starkes Rückhaltevermögen für dieses Element aufweisen. Es wurde berichtet, daß Fulvosäuren in manchen nicht verunreinigten Böden bis zu 30 mg Ag/kg enthalten [198, 199].

Als Spurenbestandteil wurde Silber in vielen Pflanzenformen wie z.B. Pilzen [169, 200–204], Bryophyten [169, 203, 204] und höheren Pflanzen [169, 173, 205] nachgewiesen. Die Gehalte variieren stark, liegen jedoch meist unter 1 mg Ag/kg Asche [173]. Daten zum Silbergehalt von Pflanzen wurden bisher meist bei der biogeochemischen Exploration auf Erze gesammelt und sind daher häufig auf einige wenige Arten beschränkt [173, 206–208]. Zu den Spannweiten des Silbergehalts von Pflanzen liegen kaum Daten vor.

Byrne et al. [202] untersuchten die Silberakkumulation verschiedener Pilze, die im ehemaligen Jugoslawien und in Deutschland auf nicht verunreinigten Standorten wuchsen. Aus einem Boden mit weniger als 0,1 mg Ag/kg reicherte ein Exemplar von *Agaricus campestris* bis 133 mg Ag/kg an, und für sechs Pilzarten betrug der Medianwert 30 mg Ag/kg. *Boletus* und Mitglieder der Lycoperdaceae enthalten ebenfalls beträchtliche Silberkonzentrationen, wobei die Fähigkeit Silber anzureichern, auch innerhalb einer bestimmten Gattung stark schwanken kann [169]. Sporophoren verschiedener Arten können Silber über den Bodengehalt hinaus anreichern, was als Hinweis darauf zu werten ist, daß die Pilzhyphen und die Aktivität der Mycorrhizae eine wichtige Rolle bei der Anreicherung und nachhaltigen Retention des Silbers in der Rhizosphäre spielen dürften.

Zur Aufnahme von Silber durch höhere Pflanzen liegen verschiedene Studien vor [209–211]. Wallace et al. [211] untersuchten die Aufnahme aus Nährlösungen und stellten fest, daß die letale Konzentration für Buschbohnen (*Phaseolus vulgaris*) mit 10^{-4} M AgNO$_3$ erreicht wird und daß der Ertrag schon bei 10^{-5} M stark verringert war. Bei dieser Behandlung lagen die Silbergehalte in den Blättern bei 5,8 mg/kg, in Stengeln bei 5,1 mg/kg und in den Wurzeln bei 1760 mg/kg. In späteren Veröffentlichungen wurde die Silberanreicherung in den Wurzeln bestätigt [209, 210, 212]. Autoradiogramme von Bohnen- und Maispflanzen mit Hilfe von [110m]Ag zeigten, daß Silber in Bohnentrieben gleichmäßig verteilt eingelagert ist, daß hingegen die Blattspitzen von Mais Zonen erhöhter Aktivität aufwiesen, und zwar entlang der Blattränder und dort, wo unter den Spitzen Guttation aufgetreten war. Die Wurzeln waren hoch belastet und die Triebe, insbesondere bei frischem Wachstum, sammelten Silber selbst dann noch weiter an, nachdem die intakte Pflanze zurück in eine silberfreie Lösung umgesetzt wurde. Bei hohen Gehalten in Pflanzengeweben kann Ag$^+$ als Ag$_2$S ausgefällt oder zu metallischem Silber reduziert werden, was zu einer Dunkelfärbung des betreffenden Gewebes führen kann. In einigen Fällen scheint Silber Pflanzen für eine Infektion durch Mikroorganismen anfällig zu machen. So berichteten Hausebeck et al. [213], daß mit Silberthiosulfat behandelte Pelargonien eine erhöhte Anfälligkeit für eine Infektion durch den pathogenen Bodenpilz *Pythium ultimum* entwickelten, die häufig zum Absterben der Pflanzen führte. Silberthiosulfat wird oft zur Verringerung der Ethylenproduktion bei Pflanzen eingesetzt, was ein Indiz dafür sein könnte, daß die Ethylenbildung als Reaktion auf Pilzinfektion einen Teil der Verteidigungsstrategie der Pflanzen darstellt und daß erhöhte Silbergehalte in Pflanzen diesen Mechanismus ausschalten. Der fortwährende Einsatz von Silberthiosulfat im Gartenbau dürfte in Zukunft noch andere Beispiele für solche Wechselwirkungen liefern.

Literatur: Silber

[151] Chamber CW, Proctor CM, Kabler PW (1962) J Am Water Works Assoc 54: 208–216
[152] Horsfall JG (1956) Principles of Fungicidal Action. Chronica Botanica Co, Waltham/MA

[153] Jones JRE (1939) J Exp Biol 16: 425–437
[154] Shaw WHR (1954) Science 120: 361–363
[155] Liang CN, Tabatabai MA (1977) Environ Pollut 12: 141–147
[156] Al-Khafaji AA, Tabatabai MA (1979) Soil Sci 127: 129–133
[157] Copper CF, Jolly WC (1970) Water Resources Res 6: 88–98
[158] Lawrence CA, Block SS (1968) Disinfection, Sterilisation and Preservation. Lea und Febiger, Philadelphia/PA
[159] Albright LJ, Wentworth JW, Wilson EM (1972) Water Res 6: 1589–1596
[160] Somers E (1961) Ann Appl Biol 49: 246–253
[161] Drucker H, Garland TR, Wildung RE (1979) In: Kharasck N (Hrsg) Trace Metals in Health and Disease. Raven Press, New York
[162] Hoffman LE, Hendrix JL (1976) Biotechnol Bioengin 18: 1161–1165
[163] Molise EM, Klein DA (1974) Ann Meeting Am Soc Microbial 74: 2
[164] Cornfield AH (1977) Geoderma 19: 199–203
[165] Charley RC, Bull AT (1979) Arch Microbiol 123: 239–244
[166] Pooley FD (1982) Nature 296: 642–643
[167] Steinnes E (1980) J Radioanal Chem 58: 387–39 1
[168] Jones KC, Peterson PJ, Davies BE (1984) Geoderma 33: 157–168
[169] Jones KC, Peterson PJ, Davics BE, Minski MJ (1985) Intern J Environ Anal Chem 21: 23–32
[170] Goldschmidt VM (1954) Geochemistry. Blackwell, Oxford
[171] Green J (1959) Bull Geol Surv Soc Amer 70: 1127–1184
[172] Taylor SR (1964) Geochim Cosmochim Acta 28: 1273
[173] Boyle RW (1968) Bull Geol Surv Can 160
[174] Smith IC, Carson BL (1977) Trace Metals in the Environment, Bd 2. Silver. Ann Arbor Science, Ann Arbor/MI
[175] Amcoff O (1984) Mineral Deposita 19: 63–69
[176] Watson PH, Godwin CI, Christopher PA (1982) Can J Earth Sci 19: 1264–1274
[177] El Shazly EM, Webb JS, Williams D (1956) Trans Inst Min Metall 66:241–271
[178] Dissanayake CB, Kritsotakis K, Tobschall HJ (1984) Internal J Environ Stud 22: 109–119
[179] Beckett PHT (1978) Wat Pollut Controls 539–546
[180] Gerstle RW, Albrinck DN (1982) J Air Pollut Control Assoc 32: 1119–1123
[181] Greenberg RR, Zoller WH, Gordon GE (1978) Environ Sci Technol 12: 566–573
[182] Jones KC, Peterson PJ, Davies BE (1983) Minerals in the Environ 5: 122–127
[183] Cox R, Curtis R (1977) J Geochem Explor 8: 189–202
[184] Leavitt SW, Goodell HG (1979) J Geochem Explor 11: 89–100
[185] Lindsay WL (1974) Chemical Equilibria in Soils. Wiley, New York
[186] Lindsay WL, Sadiq M (1978) In: Klein DA (Hrsg) The Environmental Impact of Ice Nucleating Agents. Dowden, Hutchinson and Ross, Stroudsburg/PA, S 25–40
[187] Presant EW, Tupper WM (1963) Can J Soil Sci 45: 305–310
[188] Romney EM, Wallace A, Wood R, El-Gazzar AM, Childress JV, Alexander JV (1979) Commun Soil Sci Plant Anal 8: 719–725
[189] Cameron RD (1973) PhD Thesis, Colorado State Univ
[190] Khan S, Nadan D, Khan NN (1982) Environ Pollut (Ser B) 4: 119–125
[191] Sokol RA, Klein DA (1975) J Environ Qual 4: 211–214
[192] Daniels EA, Rao SM (1983) Int J Appl Radial Isot 34: 981–984
[193] Dyck W (1968) Can J Chem 46: 1441–1444
[194] Anderson BJ, Jenne EA, Chao TT (1973) Geochim Cosmochim Acta 37: 611–622
[195] Jones KC, Davies BE, Peterson PJ (1986) Geoderma 37: 157–174
[196] Jones KC (1986) Environ Pollut (Ser B) 12: 249–263
[197] Bolton BR, Ostwald J, Monzier M (1986) Nature 320: 518–520
[198] Chen T, Senesi N, Schnitzer M (1978) Geoderma 20: 87–104
[199] Jones KC, Peterson PJ (1986) Plant and Soil 95: 3–8
[200] Schmitt JA, Meisch HU, Reinle WZ (1978) Naturforsch 33e: 608–615

[201] Alien RW, Steinnes E (1978) Chemosphere 4: 371–378
[202] Byrne AR, Dermelj M, Vakselj T (1979) Chemosphere 10: 815–821
[203] Shacklette HAT (1965) US Geol Surv Bull 1198-D
[204] Jones KC, Peterson PJ, Davies BE (1985) Water, Air and Soil Pollut 24: 329–338
[205] Horovitz CT, Schock HH, Horovitz-Kisimova LA (1974) Plant and Soil 40
[206] Warren HV, Delavault RE (1950) Bull Geol Soc Amer 61:123–128
[207] Webb JS, Millman AP (1950) Trans Inst Min and Metall 60: 473–504
[208] Warren HV, Towers GHN, Horsky SJ, Kruckeberg A, Lipp C (1983) Western Miner 19–25
[209] Koontz HV, Berle KL (1980) Plant Physiol 65: 336–339
[210] Ward NI, Roberts E, Brooks RR (1979) New Zealand J Sci 22: 129–132
[211] Wallace A, Alexander GV, Chaudhry F (1977) M Commun Soil Sci Plant Anal 8: 751–756
[212] Ward NI, Brooks RR, Roberts E (1977) Environ Pollut 13: 269–280
[213] Hausebeck MK, Stephens CT, Heins RD (1989) Plant Disease 73: 627–630

14.5   Thallium

Thallium ist ein seltenes Element und tritt in der Lithosphäre fein verteilt auf. Schätzungen seiner mittleren Häufigkeit in der Erdkruste liegen bei 0,5–1 mg/kg [214]. Nur wenige Lagerstätten von Thalliummineralien sind bekannt. Es handelt sich dabei hauptsächlich um Sulfide (s. Tabelle 14.3). Die Vorkommen befinden sich in der Schweiz, im ehemaligen Jugoslawien, im Kaukasus und in den zentralasiatischen Republiken der früheren Sowjetunion. Der größte Teil des Thalliums in der Erdkruste liegt jedoch stark dispers vor, indem es Kalium in regelloser Weise isomorph in Mineralien wie Feldspat, Glimmer und Tonen [215, 216] ersetzt.

Zum Status von Thallium in Böden liegen nur wenige genauere Informationen vor. Veröffentlichte Thalliumwerte betragen 0,06–0,5 mg/kg i.T. [214], 0,1 mg/kg [217], 2,5–4,0 mg/kg [218], 5 mg/kg [219], 0,5–10 mg/kg [220] und 100–350 µg/kg [221], wobei in der letztgenannten Studie die gepulste, anodische Stripping-Voltammetrie benutzt wurde. In Tabelle 14.4 sind die von Logan [222] veröffentlichten Thalliumgehalte einer Reihe britischer Böden zusammengestellt. Dabei fallen selbst die in der Metallanomalie bei Shipham festgestellten Werte in den Bereich der von Smith u. Carson [214] genannten Durchschnittswerte. Es wird davon ausgegangen, daß sich die Literaturwerte auf das „Gesamtthallium" im Boden beziehen. Hinweise auf das „extrahierbare" Thallium fehlen ebenso wie Angaben zu möglichen Extraktionsmitteln.

Thallium findet zwar vielfältige Verwendung in der Industrie, zur Zeit aber jeweils nur in kleinem Maßstab. Sein Einsatz als Katalysator bei organischen Syntheseprozessen [214, 224] nimmt ebenso zu wie die Verwendung in der Halbleiterindustrie und in der Elektrotechnik [225]. Es kommt auch bei der Herstellung von Spezialgläsern und als Bestandteil von niedrigschmelzenden Legierungen zum Einsatz [214]. Bis zu seinem Verbot in vielen Ländern in der Mitte der siebziger Jahre wurde es hauptsächlich als Pflanzenschutzmittel und Nagetiergift eingesetzt [214]. Die Weltproduktion lag 1970 bei schätzungsweise 10–12 t/Jahr [216], fiel dann aber aufgrund des Verbots thalliumhaltiger Pestizide auf 0,5 t/Jahr [214]. Die aus industriellen Prozessen rückgewinnbare Thalliummenge übersteigt die Primärproduktion bei weitem. Zitco [227] ist der Ansicht, daß das Verunreinigungspotential von Thallium nicht an seiner industriellen Produktion gemessen werden sollte, sondern an der aus Abfallprodukten in die Atmosphäre freigesetzten Menge.

Thallium wird hauptsächlich aus Flugstäuben gewonnen, die bei der Verhüttung von sulfatischen Blei- und Zinkerzen entstehen und bis zu 5300 mg Tl/kg enthalten [214]. Das Element wird oft auch bei der Verbrennung fossiler Brennstoffe freigesetzt. US-amerikanische Kohlen enthalten im Mittel 0,7 mg Tl/kg [214], von denen wenigstens 50% in Form von kleineren

Tabelle 14.3.   Natürlich vorkommende Thalliummineralien

Mineral	Zusammensetzung
Lorandit	$TlAsS_2$
Urbait	$Hg_3Tl_4As_8Sb_2S_{20}$
Hutchinsonit	$(Pb,Tl)_2(Cu,Ag)As_5S_{10}$
Crooksit	$(Cu,Tl,Ag)_2Se$
Hatchit	$PbTlAgAs_2S_5$

Tabelle 14.4. Mit HNO_3 extrahierbares Thallium in britischen Böden [mg/kg]. Zahlen in Klammern = Probenanzahl; jede Probe = Durchschnitt von drei Bestimmungen [222]

Standort	Tl-Gehalt (Spannweite)
Kent (4)	0,06–0,18
Berkshire (2)	0,035–0,15
London (7)	0,12–0,29
New Forest, Hants (3)	0,04–0,35
Shipham, Somerset (5)	0,42–0,99
Bangor, Gwynedd (3)	0,04–0,09
Prestatyn, Clwyd (2)	0,05–0,13
Hesketh Bank, Lancastershire (3)	0,04–0,08
Perthshire (3)	0,03–0,32

lungengängigen Partikeln in die Atmosphäre emittiert werden, die bis zu 76 mg Tl/kg enthalten können [228]. Aufgrund dieser Zahlenwerte wurde die Gesamtemission an Thallium auf 180 t/Jahr geschätzt. Der Thalliumgehalt von Öl wurde bisher kaum untersucht. Yen [229] führt es als eines von 24 Elementen auf, die bei der spektrographischen Analyse US-amerikanischer Rohöle gefunden wurden. Einige russische Rohöle enthalten 0,4–0,5 µg Tl/kg [230]. Da mindestens 90 % des Metallgehalts von Öl in Asphalten und im Rückstandsöl angereichert werden, sollten diese sicherheitshalber auf Thallium untersucht werden. Bestimmte Ölschiefer in den USA enthalten bis zu 25,8 mg Tl/kg [214].

Die Verarbeitung von Metallen stellt eine weitere bedeutende Quelle für Thallium in der Umwelt dar. Aufgrund seiner Flüchtigkeit ist zu erwarten, daß der größte Teil des enthaltenen Thalliums bei den zur Erzvorbehandlung und zur nachfolgenden Metallraffination erforderlichen hohen Temperaturen von 900–1400°C verflüchtigt werden.

Die bei der Zinkverhüttung emittierten Thalliummengen sind nur schwer vorauszusagen. Zitco [227] schätzte, daß mit Zinkabfällen jährlich bis zu 48 t Thallium anfallen. Die Verhüttung von Blei ist eine weitere für die Umwelt wichtige Thalliumquelle. Die Sinterstäube werden bei diesem Verfahren recycelt, bis sie einen erhöhten Cadmiumgehalt erreicht haben. Parallel steigt dabei der Thalliumgehalt der Stäube an. Es besteht daher durch Bleihütten eine relativ große Gefahr „unkontrollierter" Thalliumemission in die Atmosphäre [214]. Smith u. Carson [214] nehmen an, daß auch die Produktion von Mangan eine wichtige Quelle für Thalliumemissionen darstellt. US-amerikanische Manganerze enthalten mehrere tausend Milligramm Tl/kg, von denen jährlich bis zu 140 t Thallium durch unkontrollierte Staubemissionen freigesetzt werden. Aus der Tiefsee gewonnene Manganknollen enthalten Thallium in der Größenordnung einiger Prozent [214]. Thallium tritt desweiteren in erhöhten Konzentrationen in den Aufbereitungsrückständen von Golderzen und den gewonnenen Goldkonzentraten auf, da es mit goldhaltigen Erzen vergesellschaftet ist. Bei einer Goldmine im US-Staat Utah wurde geschätzt, daß in ihrer Abraumhalde mehr als 2000 t Thallium enthalten sind. In den USA dürften jährlich bis zu 350 t Thallium in die Umwelt abgegeben werden, vor allem in Form von Abfällen und Schlacken.

Zur chemischen Form, in welcher Thallium in Böden vorliegt, gibt es kaum Informationen. Es wird allgemein angenommen, daß Thallium als Tl^+ auftritt und auch in dieser Form in Lösung geht [215, 231]. Thallium wird in Sedimenten angereichert, insbesondere in einer stark reduzierenden Umgebung, in der sich organisches Material unter anaeroben Bedingungen ansammelt. Unter stark oxidierenden Bedingungen wird Thallium aus Lösungen als Tl^{3+} durch Fällung zusammen mit Mangan oder Eisen entfernt [214].

Crafts [232, 233] beobachtete, daß Tl_2SO_4 in den obersten 10 cm verschiedener Bodenarten fest gebunden und nicht in tiefere Horizonte ausgespült wird. McCool [234] ist der Ansicht, daß Thallium aus Lösungen durch Ionenaustausch entfernt werden kann. Neuere Untersuchungen an alluvialen Böden mit bzw. ohne Anreicherung von Thallium lieferten Hinweise auf eine Fraktionierung von natürlichem und anthropogenem Thallium [235]. Die stärkste Anreicherung im verunreinigten Boden war in der mit Essigsäure und mit Ammoniumchlorid/Ammoniumnitrat extrahierbaren Fraktion zu verzeichnen, was auf Adsorption hindeutet. Ackerpflanzen, die auf dem verunreinigten Boden wuchsen, entfernten einen beträchtlichen Teil des Thalliumreservoirs im Boden durch Aufnahme in ihre Biomasse.

Detaillierte Angaben zur Aufnahme von Thallium durch Pflanzen stammen aus der Zeit, als Thallium noch in unterirdischen Ködern zur Bekämpfung von Nagetieren eingesetzt wurde. Brooks [236] stellte in der Nähe solcher Köder eine Sterilisierung des Bodens fest. Im Experiment zeigte sich eine völlige Vernichtung der Vegetation in der Umgebung der Köder sowie das Ausbleiben jeglicher Regeneration auch noch zwei Jahre nach ihrer Ausbringung. McMurty [237] stellte fest, daß Tabakpflanzen bei Thalliumgehalten im Boden von 35 mg/kg bzw. 75 mg/kg schwer geschädigt bzw. abgetötet wurden und daß bei denselben Arten bereits 1 mg Tl/kg in Nährlösungen toxisch wirkte. McCool [234] führte einem sandigen Lehmboden Thallium(I)-sulfat zu. Er beobachtete bei Ackerpflanzen unter Zufuhr von 2,1 mg Tl/kg geringfügige Wachstumsbeeinträchtigungen und schwere Schäden bei 8,5 mg Tl/kg. Crafts [232] stellte fest, daß die Toxizität von Thallium in Böden niedriger Fruchtbarkeit am höchsten ist und daß tonige Lehmböden in der Lage sind, Thalliumgehalte bis zu 10000 mg/kg unschädlich zu machen. Aus einer Reihe von Versuchen zur Aufnahme von Thallium, die an eingetopften Pflanzen durchgeführt wurden, schlossen Horn et al. [238], daß eine Zufuhr von 5–10 mg/kg positiv auf das Pflanzenwachstum wirkte und toxische Effekte erst bei 100–1000 mg Tl/kg auftraten.

Neuere Untersuchungen zur Aufnahme von Thallium durch Pflanzen ergaben folgende wesentlichen Erkenntnisse:

– Thallium ist ein mobiles Element, das leicht von den Wurzeln in die Triebe gelangt.

– Bei der Aufnahme besteht eine ausgeprägte Konkurrenz mit Kalium [235, 239–242].

Tl^+-Ionen werden aktiv von abgeschnittenen *Hordeum*-Wurzeln aufgenommen, während Tl^{3+}-Ionen im selben System passiv, wahrscheinlich durch Kationenaustausch und Diffusion, absorbiert werden [222]. Versuche mit ganzen Pflanzen von *Lycopersicon esculentum*, denen entweder Tl^+ oder Tl^{3+} zugeführt wurde, führten jedoch zu von dem zuvor genannten Versuch abweichenden Ergebnissen. Zwischen beiden Formen des Thalliums ergaben sich in bezug auf Aufnahme und Wachstumshemmung nur geringe Unterschiede, weshalb vermutet wurde, daß das Tl^{3+} vor der Aufnahme in die Pflanze in einem bislang unbekannten Reaktionsschritt reduziert wird [222]. Die Aufnahme von Thallium durch Sojabohnen wurde in hydroponischen Kulturen und unter Feldbedingungen nach Einsatz von Bodenverbesserern untersucht. Bei Zufuhr niedrige Thalliummengen (1 µM) zu den hydroponisch wachsenden Pflanzen wurden deren Biomasse und Nährstoffgehalt drastisch reduziert. Diese Behandlung führte außerdem zu einer Verringerung der Knotenzahl an den Halmen der Pflanzen sowie zur Verkümmerung der Wurzeln und zu Chlorose in reifen Blättern mit ausreichendem Eisengehalt. Der Anstieg des Thalliumgehalts in den Pflanzen war von einer Zunahme des Kaliumgehalts begleitet, während die Gehalte an Calcium, Magnesium und Mangan in den Mangelbereich abfielen [243].

Daß K^+ einen Einfluß auf die Aufnahme von Tl^+ hat, ist nicht überraschend. Beide Elemente besitzen ähnliche Ionenradien, und Tl^+ kann Alkalikationen in einigen Enzymsystemen, insbesondere in Na- und K-ATP-ase, ersetzen [244]. Zu den anderen ebenfalls hierdurch beeinflußten Systemen gehören die Pyruvatkinase [245] und Phosphatasen [246]. Thallium kann bei der Aktivierung bestimmter Säugetier-ATP-asen eine bis zu zehnmal höhere Wirksamkeit als Kalium besitzen [244, 247].

Eine Herabsetzung des Kaliumgehalts von Nährlösungen verstärkte den Thalliumtransport und die Toxizität bei *Zea* und *Lycopersicon*, wobei aber die Gehalte in den Wurzeln im wesentlichen gleich blieben [240]. Pflanzen, denen nur 25 % der „normalen" Kaliummenge zur Verfügung gestellt wurde, enthielten immer noch 100–200mal mehr Kalium als Thallium. Eine Erklärung der Toxizität des Thalliums allein durch Kaliumverdrängung ist somit vermutlich eine unzulässige Simplifizierung. Tl^+ wird in der Tat über das K^+-System durch die Wurzeln aufgenommen [241]; wenn man jedoch die Ergebnisse von Untersuchungen zur konkurrierenden Aufnahme zugrundelegt, so weist Tl^+ eine geringere Affinität als K^+ für dieses Transportsystem auf. Studien zur Aufnahme von Thallium durch die schwimmende Wasserpflanze *Lemna minor* ergaben bei höherer Thalliumdosierung (5–10 µM) eine scheinbare Sättigung in der Aufnahme, wobei sich eine stationäre Thalliumkonzentration nach einer Expositionsdauer von 140 h einstellte. Die Schlußfolgerung war, daß das Thallium hauptsächlich in den Zellvakuolen gespeichert wird, da die behandelten Pflanzen auch nach 140stündiger Exposition gegen eine thalliumfreie Lösung bis zu 80 % des ursprünglichen stationären Thalliumgehalts beibehielten. Die Aufnahme des Thalliums verlief somit nahezu vollständig aktiv [248].

Bei den Auswirkungen von Thallium auf den Pflanzenstoffwechsel sind die Verringerung der Photosynthese und der Atmung zu nennen [249, 250]. Thallium wirkt sich auch auf die Funktionsfähigkeit der Stomata aus. Eine Lösung mit 2 mg Tl/l führte zu einer Verkleinerung der Spaltöffnungen um bis zu 90 %. Die Samenkeimung von *Plantago maritima* wurde durch Thallium(I)-nitrat beeinträchtigt, wobei dieser Effekt durch K^+-Gabe abgemildert werden konnte [251]. Ähnliche Behinderungen der Samenkeimung wurden bei einer Reihe von landwirtschaftlich genutzten Pflanzen berichtet: Rüben und Salat wiesen die höchste Empfindlichkeit gegenüber Thalliumgaben auf, wohingegen Getreide (Weizen und Hirse) eine höhere Resistenz besaßen [252]. Der obere kritische Thalliumgehalt, der das Wachstum von Frühjahrsgerste um 10 % verringerte, lag in Lösungskulturen bei 0,5 mg/kg [252]. Untersuchungen zur Bindung und Speziation von Thallium in Pflanzen stimmten darin überein, daß der größte Teil des Thalliums in den Geweben in Form freier Ionen vorliegt [254, 255]. In *Lemna* trat 80 % des Thalliums in Ionenform auf, wobei sich im Zellwasser keine nennenswerten Thalliummengen befanden [254]. Bei mit Thallium behandeltem Raps ergab die Zellfraktionierung, daß bis zu 70 % des gesamten Thalliums in der Pflanze im Cytosol in nicht komplex gebundener Form enthalten war. Für eine Methylierung von Thallium ergaben sich keine Hinweise. Die Schlußfolgerung war, daß Thallium zwar wahrscheinlich an Peptide gebunden ist, die ein Molekulargewicht von 3800 g/mol besitzen und keine schwefelhaltigen Aminosäuren enthalten, daß aber erhöhte Thalliumgehalte im Gewebe nicht zu einer Zunahme dieser natürlichen thalliumbindenden Reagenzien führen [255].

Der am besten dokumentierte Fall einer Verunreinigung mit Thallium stammt aus der Umgebung des nordrheinwestfälischen Zementwerks Lengerich, in dem jahrelang zur Produktion von Ofenmehl, einem Zwischenprodukt bei der Zementherstellung, ein Eisenerz eingesetzt wurde, das etwa 0,03 % Thallium enthielt, was Thalliumemission von 3–5 kg/Tag zur Folge hatte [256, 257]. Untersuchungen ergaben, daß 80 % der ortsansässigen Bevölkerung erhöhte Thalliumgehalte im Urin aufwiesen. Unter normalen Bedingungen liegt der obere Grenzwert in Urin bei 0,8 µg Tl/l. In diesem Fall jedoch wurden Gehalte von bis zu 76,5 µg Tl/l festgestellt. Wie sich herausstellte, bestand der Hauptpfad für die Aufnahme von Thallium durch die Bevölkerung im Verzehr von verunreinigten Gemüsen aus Gärten in der Nähe des Zementwerks. Bei einer großen Zahl von Einwohnern wurden thalliumbedingte Gesundheitsstörungen wie z.B. Depression, Schlaflosigkeit und andere „nervöse Störungen" festgestellt. Nachdem vor dem Verzehr örtlich angebauter Gemüse und dem Konsum von Innereien aus lokal aufgezogenen Tieren gewarnt wurde, sanken die Thalliumgehalte in der Bevölkerung innerhalb von zwölf Monaten beträchtlich ab [257]. Hoffmann et al. [258] bauten landwirtschaftliche Pflanzen auf Böden mit unterschiedlichen natürlichen Thalliumgehalten an sowie auf Böden, die mit Thallium(I)-nitrat behandelt waren. Grünkohl, Kohlrabi und Raps reicherten Thallium selbst aus Böden mit geringem Thalliumgehalt stark an. Die Autoren kamen zu dem Schluß, daß „ein Thalliumgehalt im Boden von 1 mg/kg als höchster zulässiger Grenzwert empfohlen werden sollte". Nach Fluckiger (persönliche Mitteilung) wurde dieser Wert in der Schweiz verdoppelt; dort wurde ein Thalliumgesamtgehalt von 2 mg/kg als empfohlener Höchstwert für landwirtschaftlich genutzte Böden angesetzt. Eine russische Veröffentlichung beschreibt das Auftreten einer Thalliumvergiftung in der ukrainischen Stadt Chernotzky [259]. Viele Einwohner klagten über Haarausfall und Halluzinationen, und mindestens 160 Personen benötigten ärztliche Behandlung. Die Böden der Stadt sind anscheinend stark mit Thallium verunreinigt, dessen Herkunft allerdings unbekannt ist. Es gibt Hinweise darauf, daß unsachgemäße industrielle Lagerung und/oder der Einsatz von Thallium als hausgemachter Treibstoffzusatz für die Verunreinigung verantwortlich sein könnten.

Über die natürliche Thalliumvererzung der Region um Aslar im Süden des ehemaligen Jugoslawiens liegen Berichte vor, nach denen bei den dortigen Weidewiederkäuern Anzeichen für eine Thalliumvergiftung beobachtet wurden [260, 261]. Die Thalliumgehalte willkürlich gesammelter Pflanzenproben aus diesem Gebiet ergaben bei verschiedenen Gattungen Werte von 10–5990 mg/kg Asche. Die Veröffentlichungen enthalten allerdings weder Angaben zum Thalliumgehalt der Böden, von denen diese Proben stammten, noch zu der Frage, ob die Pflanzen vor der spektrographischen Analyse gewaschen worden waren. Detailliertere Untersuchungen in diesem Gebiet könnten wertvolle Erkenntnisse über den natürlichen biogeochemischen Thalliumkreislauf liefern und Voraussagen zur Umweltgefährdung bei zukünftig auftretenden Verunreinigungen durch dieses außergewöhnlich toxische Element ermöglichen.

Literatur: Thallium

[214] Smith IC, Carson BL (1977) Trace Metals in the Environment, I. Thallium. Ann Arbor Science, Ann Arbor/MI
[215] Shaw DM (1952) Geochim Cosmochim Acta 2: 118
[216] Day FH (1963) Chemical Elements in Nature. Harrap, London
[217] Bowen HJ (1966) Trace Elements in Biochemistry. Academic Press, London
[218] Seeger R, Gross M (1981) Z Leben Unters Forsch 173: 9
[219] Reilly C (1983) Metal Contamination of Our Food. Applied Science, London
[220] Umweltbelastung durch Thallium. Dokumentation der Landesanstalt für Immissionsschutz (LIS) des Landes Nordrhein-Westfalen (1980)
[221] Lukaszewski Z, Zembrzuski W (1992) Talanta 39: 221
[222] Logan PG (1985) Thallium uptake and transport in plants. PhD Thesis, CNAA
[223] Taylor EC, McKillop A (1970) Acc Chem Res 3: 338
[224] Kurosawa H (1983) J Organometall Chem 254: 107
[225] Izmerov NF (Hrsg)(1982) Scientific Reviews of the Soviet Literature on the Toxicity and Hazards of Chemicals. Thallium, Bd 17. UN Environmental Programme, Moskau
[226] Kogan BJ (1970) Chem Abs 76: 153
[227] Zitko V (1975) Sci Total Env 4: 185
[228] Natusch DFS, Wallace JR, Evans CA (1973) Science 183: 76
[229] Yen TF (1975) In: Yen TF (Hrsg) The Role of Trace Metals in Petroleum. S 1–30
[230] Nuriev AI, Efendiev GK (1966) Chem Abs 65: 15099
[231] Wedepohl KH (Hrsg)(1972) Handbook of Geochemistry. Springer-Verlag, Berlin Heidelberg New York
[232] Crafts AS (1934) Science 79: 62
[233] Crafts AS (1936) Hilgardia 10: 3 77
[234] McCool MM (1933) Contrib Boyce Thomspon Inst 5: 289
[235] Lehn H, Schoer J (1987) Plant and Soil 97: 253
[236] Brooks SC (1932) Science 75: 105
[237] McMurtey JE (1932) Science 76: 86
[238] Horn EE, Ward JC, Munch JC, Garlough FE (1936) The Effect of Thallium on Plant Growth. USDA Circular 409, Washington/DC
[239] Logan PG, Lepp NW, Phipps DA (1984) Trace Substance in Env Health 18: 570
[240] Logan PG, Lepp NW, Phipps DA (1984) Proc VI Int Colloq Optimisation of Plant Nutrition, Montpellier. S 345
[241] Logan PG, Lepp NW, Phipps DA (1985) Rev Port Chim 17: 411
[242] Allus MA, Martin MH, Nickless G (1987) Ghemosphere 16: 929
[243] Kaplan DI, Adrinao DC, Sajwan KS (1990) J Env Qual 19: 359
[244] Britten JS, Blank M (1968) Biochim Biophys Acia 159: 160
[245] Reuben J, Kane FJ (1971) J Biol Chem 20: 6227
[246] Inturrisi CE (1969) Biochim Biophys Acta 179: 630
[247] Mullins LJ, Moore PD (1960) J Gen Physiol 43: 759
[248] Kwan KMH, Smith S (1990) New Phytol 117: 9 1
[249] Bazzaz FA, Carlson RW, Rolfe GL (1974) Environ Pollut 7: 241
[250] Carlson RW, Bazzaz FA, Rolfe GL (1975) Environ Res 10:113
[251] Siegel BZ, Siegel SM (1974) Bioinorganic Chim 4: 93
[252] Carlson CL, Adriano DC, Sajwan KS, Abels SL, Driver JT (1991) Water, Air and Soil Pollution 59: 231
[253] Davis RD, Beckett PHT, Wollan E (1978) Plant and Soil 49: 395
[254] Kwan KMH, Smith S (1990) Chem Spec Bioavail 2: 77
[255] Guenther K, Umland F (1989) J Inorg Biochem 36: 63
[256] Prinz VB, Krause GHM, Stratmann H (1979) Staub 39: 457

[257] Brockhaus A, Dolgner R, Ewers U, Weigand H, Freir I, Jermann E, Kramer U . In: Holmstedt B, Lanwerys R, Mercier M, Roberfroid M (Hrsg) Mechanisms of Toxicity and Hazard Evaluation. Elsevier/North Holland, Amsterdam

[258] Hoffmann VGG, Schweiger P, Scholl W (1982) Landwirtsch Forschung 35: 45

[259]   (1989) New Scientist 1649: 28

[260] Zyka V (1970) Sb Geol Ved Technol Geochem 10: 91

[261] Zyka V (1974) Sb Geol Ved Technol Geochem 12: 157

14.6   Uran

Es besteht beträchtliches Interesse am Verhalten des Urans in Böden (und noch mehr an dem der Transuranmetalle), da diese Elemente große Bedeutung für die kerntechnische Industrie besitzen. Verläßliche Prospektionsverfahren mußten entwickelt werden, und es war erforderlich, die Kreisläufe dieser Elemente, ihren Verbleib und ihre langfristigen Auswirkungen auf die Gesundheit genau zu untersuchen. Eine recht umfangreiche Literatur liegt zur Umweltchemie des Plutoniums und der anderen Transurane vor. Der Leser wird auf radiochemische Veröffentlichungen, z.B. im *Journal of Environmental Radiochemistry,* und verschiedene Monographien zu diesem Thema verwiesen [313–315]. In diesem Abschnitt soll speziell das Uran behandelt werden.

Das natürlich vorkommende Uran besteht aus drei instabilen Isotopen mit den Atommassen 234, 235 und 238. Von diesen besitzt ^{238}U mit $4,51 \cdot 10^9$ Jahren die längste Halbwertszeit und macht 99,28 % des gesamten Urans in der Erdkruste aus. Es befindet sich normalerweise im Gleichgewicht mit ^{234}U, das nur zu 0,0058 % vorhanden ist und ebenfalls zur Uran-Radium-Zerfallsreihe gehört. ^{235}U mit einer Halbwertszeit von $0,7 \cdot 10^9$ Jahre ist das Ausgangsisotop der Uran-Actinium-Reihe und ist mit 0,71 % vertreten. Aufgrund der langen Halbwertszeiten wird der Urangehalt von Umweltproben üblicherweise durch Messung der Radioaktivität bestimmt. Die Neutronenaktivierungsanalyse stellt eine verbreitete alternative Meßmethode dar [315, 316]. Urangehalte werden in der Literatur statt in normalen Massekonzentrationen häufig durch die Strahlungsaktivität (in pCi/g oder Beq/g) angegeben.

Die Urangehalte der verschiedenen Gesteinstypen schwanken stark. Der durchschnittliche Gehalt in Krustengesteinen liegt bei 2,5 mg/kg mit einer Spannweite von 0,05–5 mg/kg. Typische Strahlungsaktivitäten betragen für Erstarrungsgesteine 1,3 pCi/g und für Sand–steine, Tonschiefer und Kalksteine 0,4 pCi/g. Sedimentgesteine mit einem hohen Anteil an organischem Material wie z.B. Kohlen sowie Phosphatlagerstätten sind oft an Uran angereichert. Der Anreicherungsprozeß wird ausführlich von Manskaya u. Drozdova [317] beschrieben. Er beruht im wesentlichen auf der Reduktion von Uran(VI) zu Uran(IV) und der anschließenden Fällung verhältnismäßig wenig löslicher Phosphat- und Sulfidverbindungen. Typische Gehalte in Böden liegen in derselben Größenordnung wie in Gesteinen; der Mittelwert beträgt etwa 1 mg/kg. Pflanzenaschen enthalten in der Regel 0,6 mg/kg und Süßwasser aus nicht vererzten Gebieten 0,5 µg/l [318]. Die Mineralien Zirkon und Apatit sind häufig reich an Uran. Wenn ein Gestein ausreichend hohe Mengen dieser Erze enthält, kann sein Alter radiometrisch bestimmt werden, indem man die Aktivitäten von ^{235}U, ^{238}U und ihrer Zerfallsprodukte bestimmt und zu den bekannten Halbwertszeiten in Bezug setzt. Industriell abgebaute Uranlagerstätten enthalten meist die Mineralien Uraninit (Pechblende, UO_2) und Coffinit ($USiO_4$) oder seltener Phosphorite bzw. uranhaltiges organisches Material. Elemente, die in verschiedenen Gesteinen häufig mit Uran vergesellschaftet auftreten, sind P, Ag, Mo, Pb und F in Phosphoriten, Mo, Pb und F in uranreichen Erzgängen sowie Se, Mo, V, Cu und Pb in Sandsteinen [319].

Uran wird in vielen Teilen Nordamerikas gewonnen, so z.B. in den Staaten New Mexico, Wyoming, Utah und Colorado. Mehr als 90 % des Urans in den USA fällt allerdings als Nebenprodukt bei der Phosphatgewinnung in Florida an, wo die Phosphaterze bis zu 120 mg U/kg enthalten (im Mittel 40 mg U/kg). Nordafrikanische Phosphaterze, die zweitwichtigste Quelle der Welt für Phosphatdünger, enthalten etwa 20–30 mg U/kg. Zur Zeit werden

Uranerze mit mehr als 0,01 % U_3O_8 als abbauwürdig eingestuft; die meisten im Abbau befindlichen Lagerstätten enthalten aber im Mittel 0,04–0,42 % [313]. Der Kreislauf der Kernbrennstoffe umfaßt die Gewinnung des uranhaltigen Erzes, seine Zerkleinerung auf eine gut transportierbare Größe, die chemische Umwandlung und Reinigung, die Anreicherung des spaltbaren Isotops [235]U und schließlich die Herstellung von Reaktorbrennstoff von geeigneter Form. Nachdem die Brennelemente in Reaktor bis zu einem bestimmten Gehalt „abgebrannt" sind, müssen sie für eine gewisse Zeit gelagert werden, bis die kurzlebigen Spaltprodukte zerfallen sind. Sie werden dann entweder endgelagert oder wiederaufbereitet, um das unverbrauchte spaltbare Material von den nicht weiter nutzbaren Abfallprodukten zu trennen. Eine lokale Anreicherung von Uran in Böden kann in vielen Fällen eine Folge der Erzgewinnung und -aufbereitung sein. Andere Prozesse, die zur Freisetzung von Uran in die Umwelt und anschließend zu einer Retention des Elements in Böden führen, sind die Verbrennung von Kohle, deren erhöhte Urangehalte in die Atmosphäre emittiert oder in Flugaschen konzentriert werden können [321], sowie der Einsatz von Phosphatdüngern auf landwirtschaftlichen Böden.

Zum Urangehalt von Böden liegen vergleichsweise wenig Daten vor. Nur Oberflächenböden in den USA wurden genauer untersucht, wobei sich zeigte, daß sich der Urangehalt der einzelnen Bodentypen nur wenig unterscheidet. Die von Kabata-Pendias u. Pendias [318] zusammengefaßten weltweiten Werte ergeben für Uran eine geringe Spannweite von 0,79–11 mg/kg. Meriwether et al. [321] bestimmten [238]U und seine Zerfallsprodukte in Böden des US-Staates Louisiana und beobachteten dabei einen groben Zusammenhang mit den bodentaxonomischen Gruppen. Sie stellten z.B. fest, daß die niedrigsten Werte stets in den Udults[2] des höher gelegenen nördlichen Teils des Staates auftraten und die höchsten Gehalte in den Aquepts[2] der Flußniederungen und in den Hemists[2] der Küstenmarschen. Dies wurde als Hinweis darauf gewertet, daß Prozesse wie Verwitterung, Feststofftransport und Auflösung zu einer Anreicherung dieses Elements in wassergesättigten Böden führen.

Im Unterschied zu anderen Kationen ist Uran unter oxidierenden Bedingungen über die gesamte pH-Skala hinweg mäßig mobil und unter reduzierenden Bedingungen immobil [319]. Die Bildung des Oxykations UO_2^{2+} (Uranyl) könnte für die Löslichkeit von Uran innerhalb eines breiten pH-Bereichs verantwortlich sein. Außerdem könnten verschiedene organische Säuren die Löslichkeit des Urans in Böden erhöhen [322, 323]. Seine Löslichkeit dürfte durch die Bildung nur schwach löslicher Fällungsprodukte (wie Phosphate und Oxide) sowie durch die Adsorption an Tone und organischer Substanz beschränkt werden. Die wichtigsten wäßrigen Spezies sind vermutlich UO_2^{2+}, $UO_2(CO_3)_3^{4-}$, $UO_2(CO_3)_2^{2-}$ und $UO_2(HPO_4)_2^{2-}$, wobei $UO_2(CO_3)_3^{4-}$ und Phosphatverbindungen die dominanten Spezies in alkalischem Milieu darstellen [334].

Langjährige, kontinuierliche Ausbringung von Phosphatdüngern kann zu einer Erhöhung der Urangehalte im Boden führen. Je nachdem, welches Phosphaterz eingesetzt wird, welches Produktionsverfahren für das Düngemittel verwendet wurde und in welchen Mengen dieser Dünger ausgebracht wird, werden unterschiedliche Uranmengen in die Böden eingetragen [325–327]. Uran(IV) kann im Apatitgitter Ca^{2+}-Ionen substituieren. Bei der Verwitterung wird es leicht zu Uran(VI) oxidiert. Apatit wird bei der Herstellung von Superphosphat durch Schwefelsäure zersetzt, wobei das enthaltene Uran in Form der wasserlöslichen Verbindungen Uranylsulfat $\langle(UO_2)SO_4\rangle$ und Uransulfat $\langle U(SO_4)_2\rangle$ erhalten bleibt.

---

[2] Zur Erläuterung siehe Anhang, Teil 9.

Rothbaum et al. [325] veröffentlichten einen umfangreichen, interessanten Bericht zur Ansammlung von Uran in Böden aus den mit Superphosphat auf Acker- und Weideflächen ausgebrachten Uranmengen. Sie untersuchten landwirtschaftliche Versuchsflächen in Rothamsted (England) und in Neuseeland, auf denen über viele Jahre Phosphatdünger in bekannten Mengen ausgebracht worden waren. Die Ausbringungsraten von Superphosphat entsprachen bei drei Versuchen in Rothamsted jährlich 33 kg P/ha und 15 g U/ha bzw. bei einem neuseeländischen Versuch jährlich 37 kg P/ha und 16 g U/ha. Der größte Teil des seit 1889 mit dem Superphosphat auf den tonigen Lehmboden in Rothamsted ausgebrachten Urans (etwa 1300 g/ha) wurde wie der Phosphor in der Pflugschicht der Ackerböden zurückgehalten oder in der organischen Schicht von Böden unter Weideflächen adsorbiert. Der Urangehalt der Unterböden (23–46 cm) ergab im Durchschnitt keinen Hinweis auf eine Urananreicherung durch den Einsatz von Superphosphat. Im Gegensatz zu Phosphor schien Uran in den Weideflächen durch Transport und Auswaschung nur wenig umgelagert worden zu sein. Zwei Bodenproben wurden mit Hilfe einer Bromoform-Ethanol-Mischung der Dichte 2,2 g/cm^3 in eine „leichte" und eine „schwere" Fraktion getrennt und auf Uran analysiert. In Böden ohne Phosphordüngung enthielt die „leichte", an organischem Material reichere Fraktion weniger Uran als die „schwere" Fraktion mit nur wenig organischer Substanz. Allerdings erhöhte das über 85 Jahre mit dem Superphosphat eingebrachte Uran den Urangehalt der „leichten" Fraktion etwa viermal so stark wie den der „schweren" Fraktion. Die gesamte Uranmenge, die im Fall der Broadbalk-Serie durch Weizenkörner und -stroh aus dem Boden entfernt wurde, beläuft sich auf maximal 10 g U/ha innerhalb von 88 Jahren, wenn man den durchschnittlichen Ernteertrag und einen Urangehalt der Pflanzen von maximal 0,02 g U/t zugrunde legt. Rothbaum et al. [325] betonten, daß ihren Untersuchungen zufolge nahezu das gesamte durch Superphosphat eingebrachte Uran im Oberflächenhorizont der Böden verblieb, merkten jedoch an, daß dies nicht notwendigerweise im Widerspruch zu den Arbeiten von Spalding u. Sackett [328] steht, die deutlich erhöhte Urangehalte in Flüssen feststellten, welche aus stark gedüngten und bewirtschafteten Landwirtschaftsflächen im Südwesten der USA abfließen. Sie waren der Ansicht, daß die von Spalding u. Sackett [328] beobachtete Anreicherung auf Verluste durch Auswaschung und Bodenerosion zurückgeführt werden könnte. Sie argumentierten, Uran könne in Abwesenheit von organischer Substanz generell als mobil angesehen werden und in der Oxidationsstufe +6 als Carbonatkomplex transportiert werden, der sich in kohlensäurereichen Grundwässern und Aquiferen leicht bilde [329], oder als Uranyldikation [330]. Zu erwähnen ist noch, daß Urangehalte mit den Gehalten an organischem Material in Relation gebracht wurden [331] und daß Uran durch Huminsäuren adsorbiert werden kann [323].

Ryan [332] vertrat die Ansicht, daß der Eintrag von Uran in Landwirtschaftsflächen durch Phosphatdüngung die von der Bevölkerung aufgenommene Strahlendosis nicht erheblich erhöht. Dennoch kann eine langfristige Düngung bei normalen Ausbringungsraten im Verlauf eines Jahrhunderts kumulativ zu einer Erhöhung des Urangehalts landwirtschaftlicher Böden um etwa 50 % führen. Phosphor wird in Form von Phosphaterz manchmal dem Rinderfutter zugesetzt, was erhöhte Gehalten an Uran (und Radium) in der Kuhmilch zur Folge haben kann [333].

Angaben zur Extrahierbarkeit von Uran und zu seiner Vergesellschaftung in Böden sind bemerkenswert selten. Bisher wurde anscheinend nur eine recht spezielle Untersuchung dazu durchgeführt, nämlich die von Lowson u. Short [334], die ein Verfahren zur Trennung der

Hauptphasen (amorphe Eisenoxide, kristalline Eisenoxide und schwer verwitterbare Stoffe) entwickelt haben. Sie untersuchten die Verteilung von ^{238}U und seinen Zerfallsprodukten zwischen diesen Phasen in Böden aus dem Northern Territory Australiens. Ein Schritt bei der selektiven Extraktion, der für organisch gebundene Stoffe, wurde absichtlich ausgelassen, da man der Ansicht war, daß diese Fraktion in Böden aus einer solchen ariden Region nur von geringer Bedeutung ist. Der Großteil des Urans trat zusammen mit den Eisenphasen auf, und in diesen beiden zusammen lag der ^{238}U-Gehalt um zwei Größenordnungen höher als in der verwitterungsresistenten Phase. Ionenaustauscher sowie amorphe Aluminiumoxid- und Kieselsäurephasen waren nicht in nennenswerten Mengen vorhanden. In der Nähe der Bodenoberfläche war mehr Uran mit der kristallinen Eisenphase als mit der amorphen vergesellschaftet. Für die Verteilung und Vergesellschaftung des Urans in Böden gemäßigter Breiten sowie generell in Böden aus Gebieten, in denen organisches Material auftritt, dürfte diese Arbeit allerdings nur von geringer Aussagekraft sein.

Die Suche nach neuen Uranlagerstätten zur Deckung des Bedarfs der Atomindustrie hat zu beträchtlichem Interesse an biogeochemischen Prospektionsverfahren geführt. Eine ganze Reihe davon wurde bereits eingesetzt, allerdings mit unterschiedlichem Erfolg. Ein recht gut entwickeltes Verfahren zur Lokalisierung verdeckter Uranlagerstätten ist die Bestimmung von Radon in Bodengasen und natürlichen Wässern [335]. Dieses Verfahren wurde in Kanada vom dortigen geologischen Bundesamt [336–339] sowie von verschiedenen Regierungsstellen in Großbritannien [340–342] bei umfangreichen Übersichtsuntersuchungen eingesetzt. Ein Vorteil ist dabei, daß die Radonanomalien im Bodengas meist deutlicher ausgeprägt sind als die des Urans in den Böden. An mehreren Orten wurden anomale Radongehalte über Erzen gemessen, die unter bis zu 100 m starken Sedimentdeckschichten lagen. Die Exploration auf der Basis der Urangehalte von Böden wurde bisher kaum eingesetzt, da Radioaktivität und Radon als Indikatoren wesentlich effektiver sind. Es hat sich allerdings bei der Untersuchung von organischen Böden und Mooren sowie insbesondere bei organischen Binnenseesedimenten gezeigt, daß der Urangehalt unter besonderen Umständen doch eine recht starke Aussagekraft besitzen kann. So beschrieben z.B. Michie et al. [341] eine hydromorphe Urananomalie in Böden infolge einer Aussickerung unterhalb einer vererzten Gesteinszone in Schottland. Die Urangehalte der Böden innerhalb der Anomalie lagen über 7 mg/kg.

Die geochemische Exploration und die Identifizierung von Urananomalien gelang auch mit Hilfe von Flußwasserproben [343, 344]. Bei regionalen Übersichtsuntersuchungen in Saskatchewan (Kanada) wurden Binnenseewässer untersucht. Benachbarte Seen mit Urangehalten vom Doppelten der Hintergrundwerte steckten sich über mehrere Kilometer erstreckende Anomalien ab, wobei größere Anomalien innerhalb dieser Gebiete offenbar auf lokale Quellen zurückzuführen waren [337, 345]. Es gibt auch Analysedaten von Flußsedimenten; Rose u. Keith [346] empfehlen, das Uran zur Verdeutlichung der Anomalie in organischem Material und in Eisenoxiden selektiv zu extrahieren und die Silicate im Rückstand zu belassen.

Die Aufnahme von Actinoiden durch terrestrische Pflanzen aus Böden wird im allgemeinen als gering angesehen, ist jedoch bei den einzelnen Elementen unterschiedlich. Der Konzentrationsquotient Pflanze/Boden liegt z.B. für Plutonium bei 10^{-4} oder darunter, allerdings gibt es Hinweise darauf, daß dieser Faktor für Uran bis zu 10^{-1} oder mehr betragen kann [313, 347]. Tracy et al. [348] untersuchten Gärten in Port Hope in der kanadischen Provinz Ontario, die durch Abfälle aus der Uranaufbereitung verunreinigt waren. Dabei wurden die

Gesamtgehalte an Uran in Böden und Gartenpflanzen gemessen. Die höchsten Gehalte wurden in Wurzel- und Stengelgemüsen festgestellt, wohingegen sie in Obst am niedrigsten waren. Der mittlere Konzentrationsfaktor für Uran lag bei $0,075 \cdot 10^{-3}$. Die Hintergrundwerte der dortigen Böden lagen bei 2 mg/kg in der 0–15 cm Schicht; in den verunreinigten Gärten wurden Gehalte von 7,5–420 mg/kg festgestellt. Diesen Befunden zum Trotz gab es bemerkenswerte Erfolge bei der biogeochemischen Prospektion auf Basis von Pflanzengewebeanalysen. Daraus ergibt sich, daß die lösliche Uranfraktion leicht durch Pflanzen aufgenommen werden kann. In vererzten Gebieten kann die Vegetation bis zu einhundertmal mehr Uran ansammeln als Pflanzen aus anderen Regionen.

Ein Großteil der Arbeiten neueren Datums über Uran in Pflanzen wurde von Dunn [349–352] in der kanadischen Provinz Saskatchewan durchgeführt. Er bemerkte, daß „der unberührte boreale Wald in Zentralkanada ein hervorragendes Feldlabor für biogeochemische Untersuchungen darstellt", da der natürliche Elementkreislauf durch die Vegetation in ausreichender Entfernung von anthropogenen Verunreinigungsquellen untersucht werden kann [351]. Unter diesen Bedingungen wurden außergewöhnlich hohe Urangehalte in vielen Vegetationstypen beobachtet, insbesondere in den Zweigen der Schwarzfichte (*Picea mariana*). Diese enthalten mancherorts über 1000 mg U/kg i.T. (nadelfrei gemessen), während die Hintergrundwerte 1(*EG*)–6 mg/kg betragen. Mit Hilfe der Analyse von Zweigen wurde eine starke biogeochemische Urananomalie in der Nähe des Wollaston-Sees entdeckt, die sich über eine Fläche von mindestens 3600 km^2 erstreckt. Dunn [351] betont, daß zum Ausgleich saisonaler Unterschiede bei der Probennahme ähnliche Wachstumsbereiche der Pflanzen, also z.B. das Holz der letzten zehn Jahre einzelner Bäume, zugrundegelegt werden sollten. Nach seinen Untersuchungen nehmen Urangehalte meist in der Reihenfolge Zweige > Blätter > Wurzeln > Stamm ab, was im Einklang mit den Befunden von Steubing et al. [353] steht. Das Uran wandert demzufolge in die oberidischen Extremitäten der Bäume. Interessanterweise ist bei der Anomalie am Wollaston-See keinerlei Korrelation erkennbar zwischen dem Urangehalt der Zweige und dem des Muttergesteins, des überlagernden Schutts, der Torfe oder Böden – sie alle weisen normale Hintergrundgehalte auf. Allerdings liegen alle bekannten Uranlagerstätten in dieser Provinz in einer Tiefe von 60–250 m unter der Oberfläche. Die Formationswässer in der Nähe der Erzkörper im Bereich Wollaston weisen erhöhte Urangehalte von bis zu etwa 50 µg/l auf. Es wird daher angenommen, daß die Anomalie auf eine hauptsächlich aufwärts gerichtete Bewegung schwach uranhaltiger Formationswässer aus uranhaltigen Ausgangsmaterialien heraus zurückzuführen ist und auf die Aufnahme des Urans durch die tief hinabreichenden Baumwurzeln des borealen Waldes. Weitere Daten zum Urangehalt von Vegetation wurden wie folgt berichtet: bis zu 2,2 mg/kg Asche von Bäumen auf einem vererzten Standort; bis zu 1800 mg/kg in aquatischen Moosen aus dem Basin Creek im Zentralteil des US-Staates Idaho, in dem bei Quellwässern Gehalte von bis zu 6,5 µg/l festgestellt wurden [354]. Bei Pflanzen aus dem Thompson-Bezirk in Utah (USA) wurden bei tiefwurzelnden Arten wie Eiche (*Quercus*) und Wacholder (*Juniperus*) Urangehalte von 2–10 mg/kg in Trieben und 140–1600 mg/kg in Wurzeln festgestellt, das Konzentrationsverhältnis Triebe/Wurzeln lag hier bei 19–200. Für Flachwurzler betrugen die Urangehalte in den Trieben 1,2–70 mg/kg, in den Wurzeln 2–70 mg/kg und die Verhältniszahlen 0,5–5,6 [355, 356]. Zur Phytotoxizität von Bodenuran bestehen ganz unterschiedliche Ansichten. Gehalten von nur 5 mg/kg, die eindeutig im Bereich von Hintergrundwerten liegen, wurden toxische Auswirkungen zugeschrieben, während in vielen Untersuchungen auch bei

Konzentrationen von 500–5000 mg U/kg Boden keine Toxizität festgestellt wurde[3] . Bei Laborversuchen mit Rübsen (*Brassica rapa*) in Böden mit experimentell festgelegten Urangehalten traten bei Gehalten von unter 300 mg/kg keine Anzeichen von Schädigung auf [357]. Überhöhte Urangehalte in Pflanzen wirken sich in Genommutationen (abnormale Anzahl von Chromosomen), ungewöhnlich geformten Früchten, sterilen apetalen Formen und gestielten Blattrosetten aus [357]. Der größte Teil des Urans in den Pflanzenwurzeln scheint in den Spitzen als Autunit $\langle Ca(UO_2)_2PO_4\rangle$ auszukristallisieren [358]. Das Uran, welches bis zu den Trieben der Pflanze gelangt, dürfte in Proteinkomplexen gebunden sein.

Literatur: Uran

[313] Whicker FW, Schultz V (1982) Radioecology: Nuclear Energy and the Environment, Bd 1. CRC, Boca Raton/FL

[314] Eisenbud M (1987) Environmental Radioactivity from Nature, Industrial and Military Sources, 3. Aufl. Academic Press, New York

[315] Ostle D, Coleman RF, Ball TK (1972) In: Bowie SHU (Hrsg) Uranium Prospecting Handbook. Institution of Mining and Metallurgy, London, S 95–109

[316] Reimer GM (1975) J Geochem Expor 4: 425–431

[317] Manskaya SM, Drozodova TV (1968) Geochemistry of Organic Substances. Pergamon Press, Oxford, Kap 6, S 164–172

[318] Kabata-Pendias A, Pendias H (1984) Trace Elements in Soils and Plants. CRC, Boca Raton/FL

[319] Rose AW, Hawkes HE, Webb JS (1979) Geochemistry in Mineral Exploration, 2. Aufl. Academic Press, New York

[320] Paspastefanou C, Manolopoulou M, Charalambous S (1987) In: Seminar on the Cycling of Long-lived Radionuclides in the Biosphere: Observations and Models. 15–19 September 1986. Madrid, Commission of the European Communities

[321] Meriwether JR, Beck JN, Keeley DN, Langley MP, Thompson RH, Young JC (1988) J Environ Qual 17: 562–568

[322] Szalay A (1957) Acta Phys Acad Sci Hungary 8: 25–35

[323] Szalay A (1964) Geochim Cosmochim Acta 28: 1605–1614

[324] Langmuir D (1978) Geochim Cosmochim Acta 42: 547–570

[325] Rothbaum HP, McGaveston DA, Wall T, Johnston AE, Mattingly GEG (1979) J Soil Sci 30: 147–153

[326] Mustonen R (1985) Sci Total Environ 45: 127–134

[327] Menzel RG (1968) J Agric Fd Chem 16: 231–234

[328] Spalding KF, Sackett W (1972) Science 175: 629–631

[329] Betcher RN, Gascoyne M, Brown D (1988) Can J Earth Sci 25: 2089

[330] Hostetler PB, Garrels RM (1962) Econ Geol 57:137–167

[331] Talibudeen O (1964) Soils Fertil 27: 347–359

[332] Ryan MT (1981) Nucl Saf 22: 70–76

[333] Reid DG, Sackett WM, Spalding RF (1977) Health Phys 32: 535–540

[334] Lowson RT, Short SA (1985) In: Bulman RA, Copper JR (Hrsg) Speciation of Fission and Activation Products in the Environment. Elsevier Applied Science, London, S 128–142

[335] Smith AY, Barreto PMC, Pournis S (1976) In: Exploration for Uranium Ore Deposits. International Atomic Energy Agency, Wien, S 185–211

[336] Dyck W, Smith AY (1969) Colorado School of Mines Quarterly 64: 223–235

[337] Dyck W, Dass AS, Durham CC (1971) Toronto Symposium, S 132–150

---

[3] Auf tierisches Leben wirkt Uran zusätzlich zu seiner Radiotoxizität stark chemotoxisch. (Anm. d. Übers.)

[338] Dyck W (1973) Geol Survey Canada 73: 28
[339] Dyck W, Chatterjee AK, Gemmell DA (1976) J Geochem Explor 6: 139–162
[340] Bowie SHU, Ostle D, Ball TK (1971) Toronto Symposium, S 103–111
[341] Michie UM, Gallagher MJ, Simson A (1973) London Symposium, S 117–130
[342] Miller JM, Ostle D (1973) In: Uranium Exploration Methods. International Atomic Energy Agency, Wien, S 237–247
[343] Wodzicki A (1959) N Z J Geol Geophys 2: 602–612
[344] Denson NM, Zeller HD, Stephens JG (1956) US Geol Survey Prof Paper 300: 673–680
[345] MacDonald JA (1969) Colorado School of Mines Quarterly 64: 357–376
[346] Rose AW, Keith ML (1976) J Geochem Explor 6: 119–137
[347] Vyas BN, Mistry KV (1981) Plant and Soil 59: 75
[348] Tracy BL, Prantl FA, Quinn JM (1983) Health Phys 44: 469–477
[349] Dunn CE (1981) Summary of Investigations. Saskatchewan Geological Survey Miscellaneous Report 81-4, S 117–126
[350] Dunn CE (1983) Summary of Investigations. Saskatchewan Geological Survey Miscellaneous Report 83-4, S 106–122
[351] Dunn CE In: Carlisle D, Berry WL, Kaplan IR, Watterson JR (Hrsg) Mineral Exploration: Biological Systems and Organic Matter. Rubey Series, Bd 5. Prentice-Hall, Englewood Cliffs/NJ, S 134–149
[352] Dunn CE (1981) J Geochem Explor 15: 437–452
[353] Steubing L, Haeke J, Biermann J, Gnittke J (1989) Angew Botanik 63: 361
[354] Shacklette HT, Erdman JA (1982) J Geochim Explor 17: 221–236
[355] Cannon HL (1960) US Geol Survey Bull 1085-A, S 1–50
[356] Cannon HL (1960) Science 132: 591–598
[357] Sheppard SC, Evenden WG, Anderson AJ (1992) Environ Toxicol Water Qual 7: 275
[358] Cannon HL (1957) US Geol Survey Bull 1030-M, S 399–516

14.7   Vanadium

Vanadium ist in der Lithosphäre weit verbreitet, der mittlere Gehalt beträgt 150 mg/kg und liegt in der gleichen Größenordnung wie der von Nickel, Kupfer, Zink und Blei; allerdings tritt Vanadium feiner verteilt als diese Metalle auf [359, 360]. Wenigstens 60 Vanadiumerze sind bekannt, von denen das Polysulfid (Partronit), das zusammen mit Schwefel sowie mit Nickel- und Eisensulfiden auftritt, am häufigsten vorkommt [361]. In Erstarrungsgesteinen ist Vanadium meist an basische, vor allem an titanhaltige Magmatite gebunden und kann dort in höheren Konzentrationen vorliegen. Der Vanadiumgehalt saurer und silicatreicher Gesteine ist wesentlich niedriger [362]. Metamorphe und sedimentäre Gesteine nehmen bezüglich ihres Vanadiumgehalts eine Mittelstellung zwischen den basischen und sauren Erstarrungsgesteinen ein. Da V^{3+} einen ähnlichen Ionenradius wie Fe^{3+} besitzt, kann es letzteres in vielen Eisenmineralien ersetzen. Es besteht allgemein Übereinstimmung darin, daß Vanadium in Gesteinen in Form eines unlöslichen V^{3+}-Salzes auftritt und nur selten (in einigen Sulfid–mineralien) auch als V^{2+} [363].

Der Vanadiumgehalt eines Bodens hängt vom Ausgangsmaterial und von den bodenbildenden Prozessen ab, wobei die Zusammensetzung der Ausgangsmaterialien für den Vanadiumgehalt reifer Böden, deren Entwicklung abgeschlossen ist, von geringerer Bedeutung ist. Mitchell [364] berichtete bei einer Reihe schottischer Böden Vanadiumgehalte von 20–250 mg/kg und brachte die Unterschiede mit den jeweiligen Ausgangsmaterialien in Verbindung. Untersuchungen in Polen ergaben einen mittleren Hintergrundwert von 18,4 mg/kg i. T., wobei die Gehalte in schluffigen und lehmigen Böden höher lagen als in sandigen [365]. Swaine [366] gab eine Spannweite von 20–500 mg V/kg für „normale" Böden an, während der häufig zitierte Durchschnittswert von 100 mg V/kg von Vinogradov [367] und Hopkins et al. [368] stammt.

Der Anteil des „extrahierbaren" Vanadiums in Böden hängt vom Extraktionsmittel, von der Bodenart und vom Entwässerungsgrad ab. Berrow u. Mitchell [369] fanden für das „extrahierbare" Vanadium in einer Reihe schottischer Böden eine Spannweite von 0,03–26 mg/kg, je nach Grad der Bodenentwässerung und dem eingesetzten Extraktionsmittel. EDTA war dabei wirkungsvoller als Essigsäure, was auf eine organisch gebundene Vanadiumfraktion hinweist.

Vanadium findet in der Industrie breite und vielseitige Anwendung, z. B. in Metallurgie, Elektronik und Färberei sowie als Katalysator. Die effektiv verbrauchten Vanadiummengen sind in jedem Fall gering und dürften nur zu einem sehr geringen Eintrag in die Umwelt führen. Es scheint, daß die wichtigste anthropogene Quelle für die Anreicherung von Vanadium in Böden die Rückstände sind, die bei der Verbrennung fossiler Brennstoffe anfallen. Flugaschen wurden wegen ihrer häufig festgestellten hohen Vanadiumgehalte als eine wesentliche Vanadiumquelle genannt, bei einer Reihe von Versuchen konnten jedoch keine toxische Wirkung des Vanadiums auf Pflanzen festgestellt werden, die in mit Flugasche behandelten Böden wuchsen [370–372]. Klärschlämme [373, 374] und Phosphatdünger [375] wurden ebenfalls untersucht, aber es wurde festgestellt, daß sie keine nennenswerten potentiellen Quellen für einen Eintrag von Vanadium in Landwirtschaftsflächen darstellen.

Die Verbrennung von Kohle und Öl stellt somit die wichtigste Quelle der Anreicherung von Vanadium in der Umwelt dar. Vanadium ist das häufigste Spurenelement in Erdölprodukten und sammelt sich insbesondere in den schwereren Fraktionen an. Bertine u. Goldberg [376] gaben als mittlere Vanadiumkonzentration in Rohöl einen Wert von 50 mg/kg bei einer Spannweite von 0,6–1400 mg/kg an. Venezolanische Rohöle weisen erhöhte Vanadiumgehalte auf, der Mittelwert beträgt hier 112 mg V/kg bei einem Maximum von 1400 mg V/kg [377]. Das Vanadium tritt in einem metallorganischen Porphyrinkomplex von geringer Flüchtigkeit auf und wird daher bei der Destillation angereichert, was zu einem erhöhten Vanadiumgehalt der Rückstandsöle führt. Das venezolanische Bunker-C-Öl beispielsweise ist auf 870 mg V/kg angereichert [378]. Solche Restöle werden als Hausbrandmaterial und zur Energieerzeugung verwendet. Bei der Verbrennung wird Vanadium in Form von V_2O_5-Partikeln freigesetzt, und zwar rund 1 t V_2O_5 je 1000 t Rohöl [378]. Auf der Basis dieser Werte wird geschätzt, daß die Emission von Vanadium bei der Ölverbrennung mengenmäßig derjenigen aus natürlichen Vanadiumquellen entspricht. Vanadiumhaltige Stäube können über große Distanzen transportiert werden [379].

Jacks [380] untersuchte den Verbleib von abgelagertem Vanadium in der Umwelt. Er beobachtete, daß 5 % des Vanadiums aus seinem Untersuchungsgebiet mit dem Oberflächenwasser abgeführt wurde, während der größte Teil im Boden zurückgehalten wurde, hauptsächlich in Verbindung mit organischer Substanz. Bei den von ihm beobachteten Depositionsraten, so das Fazit des Autors, stelle die Vanadiumakkumulation im Boden kein Umweltrisiko dar.

Es besteht ein Mangel an Informationen zu Form und Verhalten des Vanadiums in Böden. Während der Bodenbildung wird das V^{3+} im Mineralgitter zu V^{5+} oxidiert [367, 381]. Oxyanionen von V^{5+} sind über einen weiten pH-Bereich löslich und stellen nach allgemeiner Ansicht die mobile Form des Vanadiums in Böden dar, wobei das Ausmaß der Mobilität von den jeweils herrschenden physikalischen und geochemischen Faktoren abhängt [368]. Goldschmidt [382] beschrieb vier große Gruppen von Faktoren, die eine Ausfällung weniger löslicher Vanadiumverbindungen auslösen können:

- Anwesenheit von Reduktionsmitteln,
- lokale Konzentrationen von Elementen wie Calcium, die unlösliche Vanadate bilden können,
- Ausfällung in Gegenwart von Uranyl- $(UO_2)^{2+}$-Kationen,
- Anwesenheit von Al^{3+}- oder Fe^{3+}-Ionen.

Reduktionsmittel wie organisches Material spielen beim Kreislauf des Vanadiums in Böden eine bedeutende Rolle. Szalay u. Szilagy [383] wiesen nach, daß Vanadat durch Huminsäuren reduziert wird, was eine Anreicherung im Boden zur Folge hat.

Goodman u. Cheshire [384] beobachteten bei der Inkubation einer Torf-Humus-Zubereitung ebenfalls eine Reduktion von V^{5+} zu V^{4+}. Cheshire et al. [385] zeigten, daß Vanadium mit der Humin- und der Fulvosäurefraktion eines Bodens vergesellschaftet ist und stellten Vergleiche mit anderen Metalle an. Der Anteil der mit Alkalien extrahierbaren, d. h. an die Humin- und Fulvosäurefraktion gebundenen Metalle am jeweiligen Gesamtgehalt nimmt in der folgenden Reihenfolge ab:

Cu > Al > V > Ni = Co > Mn > Cr > Fe > Sr > Ba.

Die Autoren beobachteten außerdem eine ungleiche Verteilung des Vanadiums zwischen der Humin- und Fulvosäurefraktion, wobei in letzterer mehr Vanadium festgestellt wurde.

Taylor u. Giles [386] vermuten, daß Vanadium in bestimmten Böden als Vanadylkomplex mobil ist, insbesondere wenn es zusammen mit Eisenoxiden auftritt. In einem Bodensystem kann man sich mehrere Vanadium-„Reservoirs" vorstellen (s. Abb. 14.1). Der Austausch zwischen diesen hängt von den vorherrschenden physikalischen, chemischen und biologischen Bedingungen ab.

Die wenigen detaillierten Untersuchungen zum Vanadium, die in der Literatur zu finden sind, lassen vermuten, daß der durchschnittliche Vanadiumgehalt von Pflanzen auf nicht verunreinigten und als normal bezeichenbaren Böden zwischen 0,5–2,0 mg/kg i.T. liegt [360, 377, 387]. Diese Zahlen sind wenig aussagekräftig, da viele Bodenfaktoren wie z.B. pH-Wert, Redoxpotential und Gehalt an organischem Material einen starken Einfluß auf die pflanzliche Aufnahme ausüben. Es ist bekannt, daß es vanadiumsammelnde Pflanzen gibt. Cannon [388] beobachtete durchschnittliche Gehalte von 144 mg V/kg in Pflanzen der Art *Astragalus confertiflorus* auf vanadiumhaltigem Boden über Sandstein im US Staat Utah. Auch verschiedene andere für diese Region typische Arten wiesen erhöhte Vanadiumgehalte auf (s. Tabelle 14.5).

Erhöhte Vanadiumgehalte in den Sporenträgern des Basidiomycetenpilzes *Amanita muscaria* sind schon länger bekannt [389–393]. Vanadium tritt hier in dem ungewöhnlichen metallorganischen Komplex Amavadin auf, dessen Synthese und Funktion zur Zeit noch unklar sind [394, 395]. Diese Sporenträger stellen einen bedeutenden biogeochemischen Pfad für Vanadium dar [393]. Berechnungen, die auf Laborversuchen mit in Waldböden eingebrachtem pulverisiertem Sporenträgergewebe beruhen, zeigen, daß eine umfangreiche Population von *A. muscaria* innerhalb von 14 Tagen (der durchschnittlichen Lebensspanne eines einzelnen Sporenträgers) etwa 0,65% des gesamten Vanadiumreservoirs in den obersten 5 cm einer skeletalen Pararendsina umsetzen kann. Diese rasche biologische Konzentrierung von Vanadium ist einzigartig.

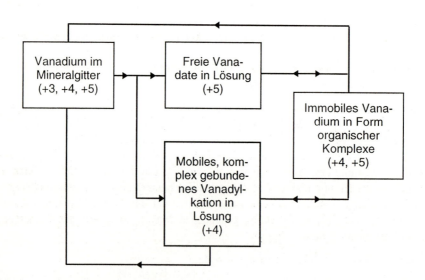

Abb. 14.1.   Vanadium-„Reservoirs" im Boden

Tabelle 14.5. Vanadiumgehalt [mg/kg] im Gewebe von Pflanzen auf vanadiumhaltigen Böden in den USA [368, 388]

Pflanzenart	Vanadiumgehalt im Gewebe
Astragalus confertiflorus	144
Allium macropetallum	133
Astragalus preussi	67
Oenothera caespitosa	38
Castilleja angustifolia	37
Chrysothamnus viscidiflorus	37
Eriogonum inflatum	15
Lepidium montanum	11
Triticum aestivum (Weizen)	5

Die Ergebnisse von Labor- und Feldversuchen zeigen eine starke Tendenz des Vanadiums, sich in den Wurzeln anzusammeln [393, 396–399], wohingegen Baisouny [400] bei topfgezogenen Tomaten eine gleichmäßigere Verteilung beobachtete. Wenn Vanadium in Form von VO^{2+} ⟨Vanadium(IV)⟩ oder VO_3^- ⟨Vanadium(V)⟩ zugeführt wird, so ergeben sich bei der Aufnahme und der Verteilung innerhalb der Pflanze nur geringe Unterschiede zwischen den beiden Formen. ESR-Untersuchungen zeigen die Bildung von VO^{2+} in Wurzeln von *Hordeum*, denen ursprünglich VO_3^- zugeführt wurde [401]. Diese Reduktion könnte die Ähnlichkeiten zwischen den beiden Formen erklären und auf eine Immobilisierung des Vanadiums im Wurzelsystem hinweisen. Studien zu den Wechselwirkungen zwischen VO^{2+}-, VO_3^-- und Ca^{2+}-Ionen unterstützen diese Hypothese. Ca^{2+} hat nur einen geringen Einfluß auf Aufnahme und Transport des Vanadiums in Mais (*Zea*), wenn die Zufuhr in Form von VO^{2+} stattfindet, führt aber zu einer beträchtlichen Verringerung der Aufnahme von VO_3^-. Dies läßt vermuten, daß vor der Aufnahme Calciumvanadat gebildet wird, was eine nennenswerte extrazelluläre Reduktion von V^{5+} zu V^{4+} während der Aufnahme ausschließen dürfte [396]. Um den reduktiven Schritt genauer zu lokalisieren, muß weiterer experimenteller Aufwand betrieben werden.

Die Frage, ob Vanadium für das Pflanzenwachstum essentiell ist, wurde intensiv diskutiert. Seine essentielle Bedeutung als Mikronährstoff wurde bei bestimmten Grünalgen nachgewiesen [402] und wird bei einigen marinen Makroalgen vermutet [403]. Hewitt [404] und Welch u. Huffmann [405] brachten verschiedene Nutzpflanzen in Nährlösungen, die nur 2–4 µg V/l enthielten zur vollen Reife. Ein obligater Vanadiumbedarf der Pflanzen wird somit wahrscheinlich bereits unterhalb dieser Konzentrationen gedeckt.

Als spezifischer Katalysator wirkt Vanadium bei der Stickstoffassimilation in *Azotobacter* mit, wo es das Molybdän im Enzym Nitrogenase ersetzen kann. Es ist dort jedoch nicht so wirksam wie das molybdänhaltige Enzym, vermutlich aufgrund einer niedrigeren Stabilität [406–408]. Der Stickstoffmetabolismus von Leguminosen reagiert auf eine Behandlung mit Vanadium. Zusätze von 8 µM Vanadiumlösung zu *Phaseolus*-Pflanzen führten zu einem verstärkten Wachstum und höherer Nitratreduktaseaktivität sowie zu einem Anstieg des Proteingehalts in den Blättern gegen Ende des Versuchszeitraums [409].

Auf Vanadium zurückführbare Phytotoxizität wurde schon früh bei Versuchen mit Phosphatdüngern festgestellt [410]. Warington [411, 412] beobachtete Vanadiumtoxizität bei Sojabohnen, die jedoch durch Zufuhr von Eisen gemildert werden konnte. Wallace et al. [370] wiesen nach, daß Buschbohnen nach Zufuhr von 10^{-4} M Vanadatlösung zu den Wurzeln weniger Trockensubstanz produzierten. Hara et al. [413] beschrieben eine Wachstumshemmung bei Kohlpflanzen, wenn die Vanadiumgehalte in den Wurzeln Werte von 2500 mg/kg i.T. überschritten. Lepp [414] stellte einen nur geringen Einfluß von VO^{2+} auf die Keimung von Salatsamen (*Lettuca sativa*), jedoch eine starke Verminderung des anschließenden Wachstums der Sämlinge fest. Eine Behandlung mit niedrigen Vanadiumkonzentrationen förderte das Wurzelwachstum bei Sämlingen von sechs verschiedenen Nutzpflanzen [415]. Das Wachstum von Wurzelhaaren bei der Kohlart *Brassica oleracea* cv *acephala* wurde durch Vanadiumkonzentrationen in der Nährlösung von unter 1 mg V/l angeregt, aber schon bei Gehalten von über 3 mg/l war starke Toxizität festzustellen [415]. Singh u. Wort [416] untersuchten die Applikation von $VOSO_4$ auf Blätter von Zuckerrüben. Sie beobachteten eine starke Abnahme des Blattwachstums in Verbindung mit einer Zunahme des Zuckergehalts der Speicherwurzeln. Weitere Arbeiten von Singh [398] ergaben bei Vanadiumgehalten von über 0,25 mg/l in der Nährlösung schädliche Auswirkungen bei Mais. Dieser Ergebnis wurde durch Hidalgo et al. [417] an Zwiebelwurzeln bestätigt.

Untersuchungen der Toxizität an ganzen Pflanzen ergaben, daß der Bodentyp einen beträchtlichen Einfluß auf die Pflanzenreaktion hat [415]. Kohlpflanzen, die bei einer Dosis von 80 mg V/kg in einem Sandboden aus Blanton gezüchtet wurden, wiesen eine Verringerung der Trockenmasse auf, während beim Wachstum auf lehmigem Sand aus Orangebury selbst bei 100 mg V/kg keine Wirkung zu verzeichnen war. Dies läßt sich auf eine Verringerung des pflanzenverfügbaren Vanadiums als Folge von Wechselwirkungen mit den Bodenbestandteilen zurückführen. Es hat sich gezeigt, daß Humin- und Fulvosäuren die Toxizität von Vanadium für in Töpfen gezogenen Mais (*Zea mays* L.) herabsetzt [418]. Der Zusatz von Humaten oder Fulvaten zu vanadiumhaltigen Lösungen, die zur Behandlung von Testpflanzen eingesetzt wurden, ergab gegenüber einem alleinigen Gehalt an Vanadium ein verstärktes Wachstum. Dabei war die Behandlung mit Humat wirkungsamer als mit Fulvat. Aller et al. [419] veröffentlichten eine Zusammenstellung jüngerer Daten zur Auswirkung von Vanadium auf das Wachstum von Nutzpflanzen. Nach Versuchen mit *Hordeum*-Sämlingen nannten Davies et al. [420] einen oberen kritischen Vanadiumgehalt von 2 mg/kg für die Wachstumsminderung heranwachsender Triebe, einen Wert, der mit den Angaben von Hara [413] für Kohl in guter Übereinstimmung steht.

Angaben zu Freilandverunreinigungen durch Vanadium sind sehr selten. Trotz der Schätzungen von Vouk u. Piver [421], daß die aus anthropogenen Quellen in die Atmosphäre emittierten Vanadiummengen die weltweite Produktion dieses Metalls überschreiten, gibt es nur wenig Hinweise auf phytotoxische Auswirkungen. Vaccarino et al. [422] beschrieben Fälle von Blatt- und Fruchtnekrose im Zusammenhang mit der vanadiumhaltigen Flugasche eines Kraftwerks, in dem Schweröl verbrannt wurde. Eine jüngere Untersuchung auf den Kanarischen Inseln zur Vanadiumemission eines Ölkraftwerks ergab, daß die Verunreinigung der dortigen Vegetation auf die direkte Umgebung der Quelle (< 1 km Entfernung) beschränkt war und im wesentlichen auf trockene Deposition von Flugasche zurückzuführen war, die mit Vanadium angereichert war [423]. Vanadium aus Flugaschen könnte sich in der Zukunft zu einem Umweltproblem entwickeln. Es wurde errechnet, daß sich die Gesamtgehalte an Vanadium im Boden bei einer Flugascheausbringungsrate von 167 t/ha um bis zu 10 % erhöhen [424]. Aus Flugaschen kann Vanadium in der Endphase der Verwitterung sowohl unter sauren als auch alkalischen Bedingungen herausgelöst werden [425]. Bei der chemischen Verwitterung alkalischer Flugaschen können leicht bis zu 50 % des gesamten Vanadiums freigesetzt werden [426].

Auch Zementwerke können Verunreinigungsquellen für Vanadium darstellen. Bei einer Studie in Kairo (Ägypten) wurde eine solche Fabrik als signifikante Verunreinigungsquelle identifiziert, und zwar aufgrund von erhöhten Vanadiumgehalten im eingesetzten Rohmaterial und der Verbrennung fossiler Brennstoffe bei der Herstellung [427].

In Anbetracht der gut dokumentierten Inhibitionswirkung von VO_3^- auf die Na-/K-ATPase-Aktivität in Zellen besteht für alle Lebewesen die potentielle Gefahr bedrohlicher Wirkungen von Vanadium [428]. Allerdings wird VO_3^- in vivo leicht und vollständig zu VO^{2+} reduziert, welches diese lebenswichtigen Systeme nicht beeinflußt, was bedeutet, daß von Vanadium letzten Endes wohl nur ein geringes Umweltrisiko ausgeht.

Literatur: Vanadium

[359] Fleischer M (1971) Ann N Y Acad Sci 199: 6
[360] Bertrand D (1950) In: Survey of Contemporary Knowledge of Biochemistry. Am Museum Natural History Bulletin 94
[361] Clarke RJH (1968) The Chemistry of Titanium and Vanadium. Elsevier, New York
[362] Van Zinderen-Bakker EM, Jaworski JF (1980) Effects of Vanadium in the Canadian Environment. Env Secretariat Pub No 18132, NRCC/CNRC, Ottawa/Kanada
[363] Rose ER (1973) Econ Geol Rep 27. Dept Energy, Mines and Resources, Ottawa/Kanada
[364] Mitchell RL (1971) MAFF Tech Bull 21: 8
[365] Dudka S, Markert B (1992) Sci Tot Env 122: 279
[366] Swaine DJ (1955) Commonwealth Bureau of Soil Science Tech Comm 48: 117
[367] Vinogradov AP (1959) The Geochemistry of Rare and Dispersed Chemical Elements in Soils. Consultants Bureau, New York
[368] Hopkins LL, Cannon HL, Meisch AT, Welch RM, Nielson PM (1977) Geochem Environ 2: 93
[369] Berrow ML, Mitchell ML (1980) Trans Roy Soc Edinburgh Earth Sci 71: 105
[370] Wallace A, Alexander GV, Chaudhry FM (1977) Common Soil Sci Plant Anal 8: 751
[371] Adriano DL, Page AL, Elseewi AA, Change AC, Straughan IL (1980) J Environ Qual 9: 333
[372] Jastrow JD, Zimmerman CA, Dvorak AJ, Hinchman RR (1981) J Environ Qual 10: 154
[373] Berrow ML, Webber J (1972) J Sci Fd Agric 23: 93
[374] Bradford GR, Page AL, Lund LJ, Olmstead E (1975) J Environ Qual 4: 123
[375] Goodroad LL, Caldwell AC (1979) J Environ Qual 8: 493
[376] Bertine L, Goldberg EC (1971) Science 177: 233
[377] Bengtsson S, Tyler G (1976) Vanadium in the Environment. A Technical Report. MARC, London
[378] Zoller WH, Gordon GE, Gladney ES, Jones AG (1972) In: Kothny EL (Hrsg) Trace Elements in the Environment. Am Chem Soc
[379] Brosset C (1976) Ambio 5: 157
[380] Jacks G (1976) Environ Pollut 11: 289
[381] Yen TF (1972) Trace Substances in Environmental Health VI, S 347
[382] Goldschmidt VM (1958) Geochemistry. Clarendon, Oxford
[383] Szalay A, Szilagy U (1977) Geochim Cosmochim Acta 31: 1
[384] Goodman BA, Cheshire MV (1975) Geochim Cosmochim Acta 39: 1111

[385] Cheshire MV, Berrow ML, Goodman BA, Mundie CM (1977) Geochim Cosmochim Acta 41: 1131
[386] Taylor RM, Giles JB (1970) J Soil Sci 27: 203
[387] Schroeder HA, Balassa JJ, Tipton JH (1963) J Chron Dis 16: 1047
[388] Cannon HL (1963) Soil Sci 96: 196
[389] Ter Meulen H (1931) Rec Trans Chem Pays-Bas 50: 491
[390] Bertrand D (1943) Bull Soc Chim Biol 25: 194
[391] Byrne AR, Ravnik V, Kosta L (1976) Sci Total Env 6: 65
[392] Tyler G (1980) Trans Br Mycol Soc 74: 41
[393] Lepp NW, Harrison SCS, Morrell BG (1987) Env Geochem Health 9: 61
[394] Kneifel H, Bayer R (1973) Angew Chem 85: 542
[395] Lancashire RJ (1980) Chem Education 17: 88
[396] Morrell BG, Lepp NW, Phipps DA (1983) Min Environ 5: 79
[397] Welch RM (1973) Plant Physiol 51: 825
[398] Singh BR (1971) Plant and Soil 34: 209
[399] Wallace A (1989) Soil Sci 147: 461
[400] Baisouny FM (1984) J Plant Nutr 7: 1059
[401] Morrell BG, Lepp NW, Phipps DA (1986) Env Geochem Health 8: 14
[402] Arnon DJ, Wessel G (1953) Nature 172: 1039
[403] Fries L (1982) Planta 154: 393
[404] Hewitt EJ (1966) Sand and Water Culture Methods Used in the Study of Plant Nutrition. C.A.B., Farnham
[405] Welch RM, Huffman EWD Jr (1973) Plant Physiol 52: 183
[406] Mishra DK, Kumar HD (1984) Biol Plant 26: 448
[407] Vaishampayan A, Hementaranjan A (1984) Plant Cell Physiol 25: 845
[408] Eady R, Robson R, Postgate J (1987) New Scientist 114: 59
[409] Salo D, Alvarez M, Martin S (1992) Suelo y Planto 2: 723
[410] Brenchley WE (1933) J Agric Sci 22: 704
[411] Warington K (1951) Ann Appl Biol 38: 624
[412] Warington K (1954) Ann Appl Biol 38: 1
[413] Hara T, Sonoda Y, Iwai I (1976) Soil Sci Plant Nutr 22: 307
[414] Lepp NW (1977) Z Pflanzenphysiol 83: 185
[415] Kaplan DI, Sajwan KS, Adriano DC, Gettier S (1990) Water Air Soil Pollut 53: 203
[416] Singh BR, Wort DJ (1969) Plant Physiol 44: 1312
[417] Hidalgo A, Navas P, Garciaherdugo G (1988) Environ Expt Bot 28: 131
[418] Ullah SM, Gerzabek MH (1991) Bodenkultur 42: 123
[419] Aller AJ, Bernal JL, Jesus de Nòzal M, Deban L (1990) J Sci Fd Agric 51: 447
[420] Davis RD, Beckett PHT, Wollan E (1918) Plant Soil 49: 395
[421] Vouk VB, Piver WT (1983) Env Health Perspect 47: 201
[422] Vaccarino C, Gimmino G, Tripodi MN, Lagona G, LoGuicide L, Materese R (1983) Agric Ecosystems Environ 10, 275
[423] Alvarez CE, Fernandez M, Perez N, Inglesia E, Snelling R (1993) J Env Sci Health A (Env Sci Eng) 28: 269
[424] Warren CJ, Evans LJ, Sheard RW (1993) Waste Man Res 11: 3
[425] Texeira EC, Samama J, Brun A (1992) Env Tech 13: 1187
[426] Warren CJ, Dudas MJ (1988) Sci Tot Env 76: 229
[427] Hindy KT, Abel-Shafy HI, Farag SA (1990) Environ Pollut 66: 195
[428] Macara IG (1980) TIBS 5: 92

14.8 Zinn

Zinn war eines der ersten unter den bereits im Altertum vom Menschen genutzten Metalle. Es ist seit etwa 3000 v. Chr. bekannt und wird in dieser Hinsicht nur von Kupfer, Gold und Silber übertroffen. Die Cu-Sn-Legierung Bronze wurde etwa 2500 v. Chr. erfunden. Elementares Zinn tritt in zwei Kristallmodifikationen auf. α-Zinn (graues Zinn) besitzt eine Diamantstruktur und ist nur unterhalb von 13,2 °C stabil. Oberhalb dieser Umwandlungstemperatur tritt die metallische β-Form (Weißzinn) auf [262]. Zinn wird in der modernen Industrie zu einer Vielzahl von Zwecken eingesetzt: als Schutzüberzug, zum Löten, als Lagermetall und in vielen anderen Legierungen. Die weltweite Produktion organischer Zinnverbindungen hat stark zugenommen, da diese in großen Mengen als Stabilisator für PVC, als homogene Katalysatoren bei der Vulkanisierung und als biozide Agenzien verwendet werden. Unter den biozid wirkenden Mitteln sind Agrochemikalien, Fungizide, Konservierungsmittel und Fäulnishemmer in Farben zum marinen Einsatz [263, 264].

Zinn tritt zwar überall in der Natur auf, seine Gehalte sind jedoch meist einheitlich niedrig. Es wird in Böden als Spurenelement angesehen und tritt üblicherweise in Konzentrationen von 1 – 10 mg/kg auf; in zinnreichen Böden und Erzlagerstätten sind demgegenüber Anreicherungen um 3 – 4 Größenordnungen möglich [265]. Der Zinngehalt von Böden liegt in derselben Größenordnung wie der von Cobalt und Molybdän [263].

Das wichtigste und am weitesten verbreitete aller Zinnmineralien ist der Cassiterit (SnO_2), auch Zinnstein genannt. Er tritt in pneumatolytischen und hochtemperierten hydrothermalen Gängen oder in metasomatischen Lagerstätten auf, die innig mit kieselsäurereichen magmatischen Gesteinen wie Graniten und Rhyolithen assoziiert sind [266]. Cassiterit entsteht gewöhnlich als Rückstand bei der chemischen Verwitterung. Daher kann er sich in Schichten oder Bändern unterschiedlicher Mächtigkeit, sog. Seifen, zu wirtschaftlich nutzbaren Lagerstätten wie in West-Malaysia, Bolivien, Indonesien, Zaire, Thailand und Rußland anreichern. Zinn ist auch in vielen Sulfidlagerstätten in Form verhältnismäßig reiner Sulfide oder zusammen mit einer Reihe anderer Metalle in komplexeren Sulfiden zu finden, von denen Stannit ($CuFeSnS_4$) das bedeutendste ist [265, 267].

Die durchschnittlichen Zinngehalte in verbreiteten Gesteinen liegen üblicherweise bei 3,6 mg/kg für kieselsäurereiche, bei 1,5 mg/kg für intermediäre, 0,9 mg/kg für basische und 0,35 mg/kg für ultrabasische Gesteine, während in tonigen Sedimentgesteinen die Gehalte mit 6 – 10 mg/kg deutlich höher liegen [268, 269]. In Böden stammt das Zinn im wesentlichen aus den unterlagernden Ausgangsgesteinen, obwohl die oberen Horizonte aller Böden ähnliche Zinngehalte aufweisen [270]. Als Zinngehalte für Böden wurden 1 – 4,6 mg/kg angegeben [271, 272]; Böden mit Gehalten von 1 – 10 mg/kg wurden als nicht-verunreinigt bezeichnet [273, 274]. Die umfangreichste Untersuchung der Zinngehalte von US-amerikanischen Böden stammt von Shacklette u. Boerngen [275], die einen mittleren Gehalt von 1,3 mg Sn/kg angaben. In Böden aus vererzten oder verunreinigten Böden sind Zinngehalte von über 250 mg/kg nicht ungewöhnlich [276 – 278].

Zinn kann auf einer Vielzahl von Wegen in landwirtschaftlich genutzte Böden gelangen, so z. B. durch das Einbringen von Bodenverbesserern wie Klärschlamm und Flugasche sowie durch zinnorganische Pestizide. Es kann des weiteren aus Abraumhalden und zinnhaltigen Produkten durch biologische, chemische oder mechanische Prozesse ausgewaschen werden.

Zum Zinngehalt von Klärschlämmen liegen keine zuverlässigen Daten vor, es ist jedoch bekannt, daß Zinn eine hohe Affinität zur organischen Fraktion besitzt und daß es in humusreichen Sedimenten bis 80–100 mg/kg bzw. in Sedimenten mit einem hohen Gehalt an organischem Material bis 239 mg/kg angereichert sein kann [279, 280]. Als durchschnittlicher Zinngehalt von Flugasche wurde ein Wert von 4,8 mg/kg genannt [281].

Der Transport von Zinn von den Kontinenten in die Hydrosphäre läuft im wesentlichen über die Atmosphäre ab. Zinn ist eines der drei Elemente, die in der Staubfracht der Atmosphäre gegenüber dem Gehalt in der Erdkruste am stärksten angereichert sind; die anderen beiden Elemente sind Blei und Thallium [282]. Für Staubteilchen in der Luft wurden Zinngehalte von bis zu 340 mg/kg berichtet [283]. Der Gesamtgehalt an Zinn in der Luft schwankt je nach Herkunft der Proben beträchtlich. Typische Werte liegen in stark industrialisierten Gebieten bei 300 ng/m^3 und in städtischen Bereichen bei 10 mg/m^3, wohingegen von ländlichen Gebieten Werte von unter 3 ng/m^3 berichtet werden [277, 282, 284]. In der Nähe einer Zinnhütte betrug der Zinngehalt in Blättern von *Ehretia microphylla* 2165 mg/kg i. T., was eher auf eine Deposition von zinnhaltigen Teilchen aus der Luft schließen läßt, die dann durch epicuticulare Wachse und Blatthärchen auf der Oberfläche festgehalten wurden, und weniger auf eine Aufnahme des Zinns aus dem Boden [285, 286]. Die mittlere Zinnkonzentration von Staubteilchen über den Ozeanen der Nordhalbkugel wurde mit 12–800 ng/m^3 angegeben, wobei die Gehalte mit Abstand von der Küste abnehmen. Über den Ozeanen der Südhalbkugel ist der Wert um 1–2 Größenordnungen niedriger [281]. Man schätzt, daß unter den anthropogenen Emissionen von Zinn die Müllverbrennung und die Herstellung von NE-Metallen dominieren, da Zinn bei Hochtemperaturprozessen stark flüchtig ist. Im Vergleich dazu sind natürliche Einträge wie Meeresgischt, Bodenstaub, Vulkanismus und Waldbrände nur von geringer Bedeutung [282]. Eine Ausnahme ist hier die Biomethylierung, welche die einzige ins Gewicht fallende natürliche Quelle darstellt [282].

Über das geochemische Verhalten von Zinn bei Verwitterungsprozessen und über seine Mobilität im Grundwasser oder in Sickerwässern liegen kaum Informationen vor. Das Element bildet einfache Verbindungen wie Oxide, Halogenide, Sulfate, Phosphate und Carbonate in den Oxidationsstufen +2 und +4. Das Normalpotential für das Paar Sn^{4+}/Sn^{2+} beträgt –0,15 V [263]. Zinn(II)-Verbindungen werden unter relativ milden Bedingungen wie z.B. in Gegenwart von gelöstem atmosphärischem Sauerstoff leicht zu Zinn(IV)-Spezies oxidiert. Die Geschwindigkeit der Oxidation von Sn^{2+} kann besonders in solchen Lösungen herabgesetzt werden, die ausreichend starke Elektronendonatoren wie Fluoride und Chloride enthalten. In Lösungen mit pH-Werten über 6 läuft die Oxidation rascher ab Hier können Zinn(II)-Verbindungen als verhältnismäßig starke Reduktionsmittel fungieren.

Die Mobilität von Zinn in natürlichen Wässern ist sehr gering und hängt stark vom pH-Wert ab. Die Zinngehalte in salzhaltigem Wasser und Meerwasser liegen bei etwa 0,01–0,3 µg/kg, wohingegen Werte über 1 mg/kg ein Hinweis auf Verunreinigungen sind [288–290]. In Flüssen betragen die Konzentrationen üblicherweise 0,3–17 µg/kg [282, 291], und Werte von über 17 µg/kg wurden in Grundwasser in West-Malaysia gemessen, das von Sickerwässern aus Abraumhalden von Zinngruben [285] infiltriert wurde. Die verhältnismäßig niedrigen Zinnkonzentrationen in der Hydrosphäre beruhen auf der geringen Löslichkeit der Zinnoxide und ihrer leichten Adsorption an und Fällung mit Oxiden des Eisens und Mangans, während in Sedimenten und unter reduzierenden Bedingungen Zinnsulfide als begrenzender Faktor wirken [292]. Sowohl Sn^{2+} als auch Sn^{4+} neigen in Lösung zur Hydrolyse;

beim Transport von Zinn in der Hydrosphäre sind daher die wesentlichen Spezies Stannat-ionen wie $SnO(OH)_3^-$ [293]. Die Konzentration von in Flüssen gelöstem und suspendiertem Zinn schwankt je nach der Art des Flusses und dem Standort stark. Byrd u. Andrea [294] stellten bei einer umfassenden Untersuchung von 39 Flüssen aus verschiedenen Ländern fest, daß die Gehalte zwischen wenigen Picomol/Liter in unberührten Bergflüssen und 500 µg/kg in verunreinigten Flüssen wie dem Río Tinto in Spanien schwanken. Der arithmetische Mit-telwert für gelöstes Zinn lag bei 2–3 µg/kg. Es zeigte sich, daß der Gehalt an dispersem Zinn um etwa eine Größenordnung über dem des gelösten lag.

Außerdem bildet Zinn in beiden Oxidationsstufen lösliche Koordinationskomplexe mit vielen natürlich vorkommenden Verbindungen wie Aminosäuren und Proteinen [295, 296]. Derartige Verbindungen könnten bei den Umlagerungsmechanismen für Zinn in Pflanzen von essentieller Bedeutung sein, obwohl noch keine derartigen Verbindungen isoliert werden konnten. Curtin et al. [297] identifizierten eine organische Zinnverbindung in den Ausdün-stungen der Nadeln einer Konifere und deuteten an, daß diese Verbindung bei der Wande-rung von Zinn innerhalb des Baums eine Rolle spielen könnte.

In einheimischen Pflanzen werden nur selten meßbare Zinngehalte beobachtet; sie liegen meist im Bereich von 20–30 mg/kg Asche [270]. Für landwirtschaftlich genutzte Pflanzen liegen die Gehalte bei 1,6–7,9 mg/kg i.T. [298, 299] und für Mais und Weizen bei 15 mg/kg Asche [300]. Für Nahrungspflanzen wie Möhren und Zuckerrüben wurden Gehalte von 0,04–0,1 mg/kg i.T. [301] und 15 mg/kg Asche genannt [300].

Zinn sammelt sich hauptsächlich in den Wurzeln an; erhöhte Gehalte von bis zu 17 mg/kg Asche wurden allerdings bei Zweigen und Blättern von Birken und Eichen gemessen [302]. Millmann [276] beobachtete ein Maximum von nur 1 mg/kg i.T. in Zweigen verschiedener Baumarten, die auf Böden wuchsen, welche bis zu 250 mg Sn/kg in Form von Cassiterit enthielten. Farnarten wie *Gleichiena linearis* und *Cyclosorus unitus* in der Umgebung west-malaysischer Zinngruben und auf deren Halden enthielten hingegen bis zu 326 mg Sn/kg Asche bzw. 127 mg Sn/kg Asche [286]. Nach Sarosiek u. Klys [303] lassen sich diese Pflan-zen sowie einige andere aus ihrer eigenen Untersuchung, die zwischen 12–84 mg Sn/kg Asche enthielten, als Zinnsammler bezeichnen. Die biologische Anreicherung von Zinn aus Böden wird stark durch die Form beeinflußt, in der es vorliegt. Die Aufnahme sollte in sol-chen Gebieten stärker sein, in denen Stannit und andere Zinnsulfide vorkommen, da diese Mineralien wesentlich leichter als Cassiterit oxidiert werden und verfügbares Zinn in Form kolloider Stannate liefern [276].

Es gibt weder Hinweise, daß Zinn für Pflanzen nützlich ist noch daß es ihnen Schäden zu-fügt. Laboruntersuchungen mit Zuckerrüben ergaben, daß Sn^{2+}-Lösungen von bis zu 40 mg/kg in Sandkulturen das Wachstum in keiner Weise beeinflußten [304].

Der verstärkte Einsatz organischer Zinnverbindungen in Bioziden und schimmelhemmen-den Mitteln zeigt sich in den erhöhten Gehalten dieser Spezies in der Umwelt. So wurden insbesondere Gehalte an Monomethyl- und Dimethylzinn von 2–49 µg/kg in Sedimenten festgestellt [305], und bis zu 400 ng/l wurden bei einer umfassenden Untersuchung spani-scher Häfen durch Gomez-Ariza et al. [306] gefunden. Andere Forscher berichteten geringere Gehalte in Flüssen, Ästuaren und den Ozeanen [307, 308]. Diese organischen Zinnverbin-dungen dürften auf anthropogene Quellen zurückzuführen sein. Braman und Tompkins [309] beobachteten jedoch in einem Süßwasser Methylzinngehalte von bis zu 9,1 ng/l, die natür-licher Herkunft zu sein scheinen. Die Möglichkeit der Methylierung von Zinn wurde von einer Reihe von Autoren untersucht [310–312], und es wird vermutet, daß Bakterien wie die aus sauerstoffarmen Sedimenten isolierten *Desulfovito* spp ein Auslöser der Zinnmethylierung sein könnten, wobei der Mechanismus dem der Arsenmethylierung ähneln könnte [310]. Organozinnverbindungen wirken toxisch auf Prokaryonten und Eukaryonten; ihre Wirkung wird jedoch durch Hydrolyse unter Einfluß des Sonnenlichts herabgesetzt. Trotz des zunehmenden Einsatzes organischer Zinnverbindungen in Bioziden ergab die Analyse von Pflanzengeweben im Verlauf der letzten Jahre keine Hinweise auf eine merkliche Ansammlung von Zinn, was wohl auf die geringe Bioverfügbarkeit zurückzuführen ist [263].

Es besteht ein Mangel an Daten zu den Auswirkungen von Zinn auf die Umwelt, da die hierzu erforderlichen äußerst präzisen modernen Analyseverfahren erst seit kurzem verfügbar sind. Viele Fragen sind noch ungeklärt, darunter insbesondere die Bedeutung der Biomethylierung für die Umlagerung von Zinn sowie der Einfluß verschiedener Zinnspezies und ihrer Wechselwirkungen mit Böden und Pflanzenteilen auf die Bioverfügbarkeit und die Verteilung innerhalb der Pflanze.

Literatur: Zinn

[262] Lide DR (Hrsg) (1991) Handbook of Chemistry and Physics, 72. Aufl. CRC, Boca Raton/FL, S 4
[263] Tsangaris JM, Williams DR (1992) Appl Organomet Chem 6:3
[264] Weber G (1985) Fresenius Z Anal Chem 321: 217
[265] Wedepohl KH (Hrsg) (1974) In: Tin. Handbook of Geochemistry, Bd 2/4. Springer-Verlag, Berlin Heidelberg New York
[266] Singh DS, Bean JH (1967) International Tin Conference 2: 457
[267] Yim WW (1981) Environ Geol 4: 245
[268] Hamaguchi H, Kuroda R, Onuma N, Kawabuchi K, Mitsubayashi T, Hosohara K (1964) Geochim Cosmochim Acta 28: 1039
[269] Onishi H, Sandell EB (1957) Geochim Cosmochim Acta 12: 262
[270] Kabata-Pendias A, Pendias H (1984) In: Tin. Trace Elements in Soils and Plants. CRC, Boca Raton/FL, S 154
[271] Presant EW (1971) Geol Surv Can Bull 174: 1
[272] Kick H, Burger H, Sommer K (1980) Landwirtsch Forsch 33: 12
[273] Chapman HD (1972) Diagnostic Criteria for Plants and Soils. Univ California Press, Riverside/CA, S 793
[274] Schroll E (1975) Analytische Geochemie. Enke, Stuttgart
[275] Shacklette HT, Boerngen JG (1984) US Geol Surv Prof Paper 1270
[276] Millman AP (1957) Geochim Cosmochim Acta 12: 85
[277] Hutzinger O (Hrsg) (1980) Handbook of Environmental Chemistry, Bd 1A. Springer-Verlag, Berlin Heidelberg New York
[278] Bowen HJM (1966) Trace Elements in Biochemistry. Academic Press, London
[279] Dogan S, Haerdi W (1980) Int J Environ Anal Chem 8: 249
[280] Hallas LE, Cooney JJ (1981) Appl Environ Microbiol 446
[281] Imura H, Suzuki N (1981) Talanta 28: 73
[282] Byrd JT, Andrea MO (1982) Science 218: 565
[283] Sugimae A (1974) Anal Chem 46: 1123
[284] Tabor EC, Warren WV (1958) Arch Ind Health 17: 145
[285] Peterson PJ, Burton MAS, Gregson M, Nye SM, Porter EK (1979) Sci Total Environ 11: 213

[286] Peterson PJ, Burton MAS, Gregson M, Nye SM, Porter EK (1976) Trace Substances in Environmental Health, Bd 10. University of Missouri, Columbia/MO, S 123
[287] Lantzy RJ, Mackenzie FT (1979) Geochim Cosmochim Acta 43: 511
[288] Clark RB (1989) Marine Pollution, Oxford Scientific, Oxford, S 70
[289] Greenberg RR, Kingston HM (1983) Anal Chem 55: 1160
[290] Hodge VF, Seidel SL, Goldberg ED (1979) Anal Chem 51: 1256
[291] Andrea MO, Byrd JT, Froehlich PN (1983) Environ Sci Technol 17: 131
[292] Sager M (1986) Microchim Acta 1986: 129
[293] Macchi G, Pettine M (1980) Environ Sci Technol 14: 815
[294] Byrd JT, Andrea MO (1986) Geochim Cosmochim Acta 50: 835
[295] Cusack PA, Smith PJ (1982) J Chem Soc Dalton Trans 1982: 439
[296] Rose MR, Lock EA (1970) Biochem J 120: 151
[297] Curtin GC, King HD, Mosier EL (1974) Geochem Explor 3: 245
[298] Kent NK (1942) J Soc Ind Chem 61: 183
[299] Zook EG, Green FE, Morris ER (1970) Cereal Chem 47: 72
[300] Connor JJ, Shacklette HT (1975) US Geol Survey Prof Paper 1975: 574
[301] Duke JA (1970) Econ Bot 23: 344
[302] Harbaugh JW (1950) Econ Geol 45: 548
[303] Sarosiek J, Klys J (1962) Acta Soc Botan Polon 31: 737
[304] Schroeder HA, Balassa JJ, Tippon IH (1964) J Chron Dis 17:
[305] Weber JH, Randall L, Han JS (1985) Env Tech Lett 7: 571
[306] Gomez-Ariza JL, Morales E, Ruiz-Beitez M (1992) Analyst 117: 641
[307] Maguire RJ (1984) Environ Sci Technol 18: 291
[308] Maguire RJ, Tkacz RJ, Chau GA (1986) Chemosphere 15: 253
[309] Braman RS, Tompkins MA (1979) Anal Chem 51: 12
[310] Sigleo AC, Hattori A (1985) Marine and Estuarine Geochemistry. Lewis, Chelsea/MI, S 239
[311] Ashby JR, Craig HJ (1988) Sci Total Environ 73: 127
[312] McDonald L, Trevors JT (1988) Water Air Soil Poll 40: 215

Anhang

ANH 1 Chemische Eigenschaften der Schwermetalle

Element	Gruppe im PSE	Ordnungs-zahl	Atommasse	Ionen	Ionenradius[a]	Elektro-negativität[b]	Ionenladung/Ionenradius
Ag	I b	47	107,87	Ag^+	1,26	1,9	–
As	V a	33	74,92	As^{3+}	0,58	–	–
				As^{5+}	0,46	1,9	–
Au	I b	79	196,97	Au^+	1,37	2,4	–
Cd	II b	48	122,40	Cd^{2+}	0,97	1,7	–
Co	VIII b	27	58,93	Co^{2+}	0,72	1,8	2,6
Cr	VI b	24	52,00	Cr^{3+}	0,63	1,6	4,3
				Cr^{6+}	0,52	–	16,0
Cu	I b	29	63,54	Cu^+	0,96	1,9	–
				Cu^{2+}	0,72	2,0	2,5
Hg	II b	80	200,59	Hg^{2+}	1,10	1,9	–
Mn	VII b	25	54,94	Mn^{2+}	0,80	1,5	–
				Mn^{3+}	0,66	–	–
				Mn^{4+}	0,60	–	6,5
Mo	VI b	42	95,94	Mo^{4+}	0,70	–	–
				Mo^{6+}	0,62	1,8	12,0
Ni	VIII b	28	59,71	Ni^{2+}	0,69	1,8	2,6
Pb	IV a	82	207,19	Pb^{2+}	1,20	1,8	1,9
Sb	V a	51	121,75	Sb^{3+}	0,76	–	–
				Sb^{5+}	0,622	1,9	–
Se	VI a	34	78,96	Se^+	[2,00]	2,4	3,7
				Se^{6+}	0,42	–	–
Sn	IV a	50	118,69	Sn^{2+}	0,93	1,8	1,5
				Sn^{4+}	0,71	1,9	–
Tl	III a	81	204,37	Tl^+	1,47	–	–
				Tl^{3+}	0,95	1,8	–
U	Actinoide	92	238,04	U^{4+}	0,97	–	–
				U^{6+}	0,80	1,7	–
V	V b	23	50,94	V^{3+}	0,74	1,6	–
				V^{4+}	[0,65]	–	–
				V^{5+}	0,59	–	11,0
W	VI b	74	183,85	W^{6+}	0,62	1,7	–
Zn	II b	30	65,37	Zn^{2+}	0,74	1,7	2,6

[a] Ionenradius für oktaedrische Koordination

[b] *EN* anderer Elemente: H 2,1; I 2,4; S 2,5; O 3,5; Cl 3,0; F 4,0 (nach L. Pauling). Die Bindung zwischen zwei Atomen ist um so stärker ionisch, je stärker sich ihre Elektronegativitäten unterscheiden. Der Charakter einer Bindung ist um so stärker kovalent, je ähnlicher die Elektronegativitäten der beteiligten Atome sind.

Literatur

Kabata-Pendias A, Pendias H (1992) Trace Elements in Soils and Plants, 2. Aufl. CRC Press, Boca Raton/FL
Krauskopf KB (1967) Introduction to Geochemistry, McGraw-Hill, New York

---

ANH 2 Schwermetallgehalte von Böden und Pflanzen [mg/kg]

Element	Spannweite der Gehalte in Böden[a]	Kritische Gesamtkonz. in Böden[b]	Spannweite der Gehalte in Pflanzen[a]	Kritische Konz. in Pflanzen[c] A	B
Ag	0,01–8	2	0,1–0,8		1–4
As	0,1–40	20–50	0,02–7	5–20	1–20
Au	0,001–0,02	–	⊂ 0,0017	–	<1
Cd	0,01–2,0	3–8	0,1–2,4	5–30	4–200
Co	0,5–65	25–50	0,02–1	15–50	4–40
Cr	5–1500	75–100	0,03–14	5–30	2–18
Cu	2–250	60–125	5–20	20–100	5–64
Hg	0,01–0,5	0,3–5	0,005–0,17	1–3	1–8
Mn	20–10000	1500–3000	20–1000	300–500	100–7000
Mo	0,1–40	2–10	0,03–5	10–50	–
Ni	2–750	100	0,02–5	10–100	8–220
Pb	2–300	100–400	0,2–20	30–300	–
Sb	0,2–10	5–10	0,0001–0,2	–	1–2
Se	0,1–5	5–10	0,001–2	5–30	3–40
Sn	1–200	50	0,2–6,8	60	63
Tl	0,1–0,8	1	0,03–3	20	–
U	0,7–9	–	0,005–0,06	–	–
V	3–500	50–100	0,001–1,5	5–10	1–13
W	0,5–83	–	0,005–0,155	–	–
Zn	1–900	70–400	1–400	100–400	100–900

Anmerkungen und Literatur

[a] Daten hauptsächlich aus: Bowen HJM (1979) Environmental Chemistry of the Elements, Academic Press, London

[b] Die kritischen Gesamtkonzentrationen in Böden bezeichnen den Bereich, oberhalb dessen toxizische Effekte als möglich angesehen werden. Werte aus: Kabata-Pendias A, Pendias H (1992) Trace Elements in Soils and Plants, 2. Aufl. CRC Press, Boca Raton/FL

[c] Die kritischen Konzentrationen in Pflanzen geben den Bereich an, oberhalb dessen toxische Auswirkungen wahrscheinlich sind. (A) Werte aus: Kabata-Pendias A, Pendias H (1992) Trace Elements in Soils and Plants, 2. Aufl. CRC Press, Boca Raton/FL; (B) Werte, die wahrscheinlich zu einer Ertragsminderung um 10% führen; aus: McNichol RD, Beckett PHT (1985) Plant and Soil 85: 107–129

ANH 3 Zulässige Höchstwerte für Schwermetallgehalte in mit Klärschlamm
behandelten Böden in verschiedenen Ländern [mg/kg]

Land	Cd	Cr	Cu	Hg	Ni	Pb	Zn
EU	1–3	100–150	50–140	1–1,5	30–75	50–300	150–300
Frankreich	2	150	100	1	50	100	300
Deutschland	1,5	100	60	1	50	100	200
Italien	3	150	100	–	50	100	300
Großbritannien	3	400	135	1	75	300	300
Dänemark	0,5	30	40	0,5	15	40	100
Finnland	0,5	200	100	0,2	60	60	150
Norwegen	1	100	50	1	30	50	150
Schweden	0,5	30	40	0,5	15	40	100
USA	20	1500	750	8	210	150	1400

Literatur
McGrath SP, Chang AC, Page AL, Witter E (1994) Environ Rev 2

ANH 4 Bestimmungen der amerikanischen Umweltschutzbehörde EPA
für auf Böden ausgebrachte Klärschlämme (Teil 503)

Schwermetall	Zulässiger Höchst-wert in Schlamm [mg/kg]	Zulässiger Höchst-wert in „sauberem" Schlamm [mg/kg]	Maximale jährliche Höchstbelastung [kg/ha]	Maximale kumulatve Schadstoffbelastung [kg/ha]
As	75	41	2,0	41
Cd	85	39	1,9	39
Cr	3000	1200	150	3000
Cu	4300	1500	75	1500
Pb	840	300	15	300
Hg	57	17	0,85	17
Mo	75	18	0,90	18
Ni	420	420	21	420
Se	100	36	5,0	100
Zn	7500	2800	140	2800

Literatur
US Environmental Protection Agency (1993) Standards for the Use or Disposal of Sewage Sludge. Federal
Register 58: 210–247

ANH 5 Länderübergreifende SM-Hintergrundwerte aus ländlich geprägten Gebieten in Deutschland [ppm]

Ackeroberboden

Substrat	Sand		Löß		Geschiebelehm		Küstensedimente	
n	27		54 [a]		26		–	
Quantil	50%	90%	50%	90%	50%	90%	50%	90%
As	2	3	7	9,6	3	5,4	–	–
Cd	<0,3	<0,3	<0,3	<0,3	<0,3	<0,3	–	–
Cr	–	–	125	149	–	–	–	–
Cu	3	13	20	25	10	14	–	–
Hg	0,03	0,35	0,08	0,16	0,05	0,08	–	–
Ni	<3	<3	32	44	11	19	–	–
Pb	13	40	41	51	28	32	–	–
Sb	<0,3	<0,3	0,6	1,1	0,3	0,9	–	–
Zn	14	51	65	89	40	76	–	–

[a] Anzahl Proben *n* für Cr: 34

Grünlandoberboden

Substrat	Sande		Löß		Geschiebelehm		Küstensedimente	
n	–		–		–		38	
Quantil	50%	90%	50%	90%	50%	90%	50%	90%
As	–	–	–	–	–	–	11,0	15,2
Cd	–	–	–	–	–	–	0,5	0,9
Cr	–	–	–	–	–	–	–	–
Cu	–	–	–	–	–	–	15	30
Hg	–	–	–	–	–	–	0,17	0,49
Ni	–	–	–	–	–	–	23	31
Pb	–	–	–	–	–	–	48	62
Sb	–	–	–	–	–	–	0,5	1,2
Zn	–	–	–	–	–	–	125	169

[a] Anz. Proben für Cr: 32

Ackeroberboden (fortgesetzt)

Tonstein		Sandstein		Kalkstein		Basalt		Alle Substr.	
79		112		–		136		Spannweite	
50%	90%	50%	90%	–	–	50%	90%	50%	
8	10	5	7	–	–	3	5	2–8	As
0,5	1,1	0,3	0,9	–	–	0,5	0,8	0,3(*GK*)–0,5	Cd
–	–	–	–	–	–	–	–	(125)	Cr
21	27	12	15	–	–	49	71	3–49	Cu
0,07	0,14	0,07	0,11	–	–	0,06	0,10	0,03–0,08	Hg
43	74	16	30	–	–	204	339	3(*GK*)–204	Ni
47	61	45	75	–	–	42	49	13–47	Pb
0,3	0,6	0,3	0,6	–	–	–	–	0,3(*GK*)–0,6	Sb
92	121	41	63	–	–	137	168	14–137	Zn

Grünlandoberboden (fortgesetzt)

Tonstein		Sandstein		Kalkstein		Basalt		Alle Substr.	SM
207 [a]		112		–		119		Spannweite	
50%	90%	50%	90%	50%	90%	50%	90%	50%	
8	11	5	7	–	–	4	6	4–11	As
0,4	1,1	0,3	0,6	–	–	0,6	1,3	0,3–0,6	Cd
112	133	–	–	–	–	–	–	(112)	Cr
18	24	9	15	–	–	44	67	9–44	Cu
0,07	0,11	0,06	0,09	–	–	0,06	0,11	0,06–0,17	Hg
58	76	16	30	–	–	180	273	16–180	Ni
49	66	44	65	–	–	47	55	44–49	Pb
0,6	0,9	0,3	0,6	–	–	–	–	0,3–0,6	Sb
99	123	38	79	–	–	127	167	38–127	Zn

Waldoberboden

Substrat	Sande		Löß		Geschiebelehm		Küstensedimente	
n	120 [a]		61 [b]		20		–	
Quantil	50%	90%	50%	90%	50%	90%	50%	90%
As	2	4	6	10,9	5	8	–	–
Cd	<0,3	<0,3	<0,3	<0,3	<0,3	<0,3	–	–
Cr	7	21	111	124	–	–	–	–
Cu	<3	<3	10	16	7	18	–	–
Hg	0,04	0,14	0,05	0,18	0,08	0,17	–	–
Ni	4	10	21	34	12	41	–	–
Pb	19	38	32	59	29	44	–	–
Sb	0,4	1,0	0,4	1,6	0,4	0,9	–	–
Zn	14	33	46	81	36	71	–	–

Abweichende Anz. Proben für Cr: [a] 71, [b] 43, [c] 79, [d] 59

Waldbodenauflage

Substrat	Sande		Löß		Geschiebelehm		Küstensedimente	
n	107		22		22		–	
Quantil	50%	90%	50%	90%	50%	90%	50%	90%
As	3	10	4	15	2	8,7	–	–
Cd	0,9	1,7	0,7	1,3	0,7	1,3	–	–
Cr	–	–	–	–	–	–	–	–
Cu	24	69	14	96	18	116	–	–
Hg	0,45	0,95	0,4	1,58	0,35	0,83	–	–
Ni	13	25	18	49	11	18	–	–
Pb	141	356	90	587	82	266	–	–
Sb	2,8	7,5	0,8	8,4	1,0	6,8	–	–
Zn	117	231	73	287	82	266	–	–

Waldoberboden (fortgesetzt)

| Tonstein | | Sandstein | | Kalkstein | | Basalt | | Alle Substr. | |
| 196 [c] | | 286 [d] | | 442 | | 68 | | Spannweite | |
50%	90%	50%	90%	50%	90%	50%	90%	50%	
8	15	4	8	9	18	4	6	2–8	As
0,3	1,3	<0,3	<0,3	0,8	1,5	0,5	1,2	0,3(GK)–0,5	Cd
105	126	39	91	–	–	–	–	7–111	Cr
16	24	6	12	15	22	40	61	3(GK)–40	Cu
0,13	0,29	0,08	0,18	0,15	0,25	0,08	0,14	0,04–0,13	Hg
40	56	6	19	18	29	165	274	41–65	Ni
61	117	45	75	72	102	55	76	19–61	Pb
0,8	1,8	0,6	1,5	0,5	0,8	0,4	0,7	0,4–0,8	Sb
85	129	21	64	82	132	152	190	14–152	Zn

Waldbodenauflage (fortgesetzt)

| Tonstein | | Sandstein | | Kalkstein | | Basalt | | Alle Substr. | |
| 220 | | 281 | | – | | 79 | | Spannweite | |
50%	90%	50%	90%	50%	90%	50%	90%	50%	
4	9	4	7	–	–	2	5	3–4	As
0,7	1,4	0,6	1,2	–	–	1,0	1,5	0,6–1,0	Cd
–	–	–	–	–	–	–	–	–	Cr
19	36	18	28	–	–	28	49	14–28	Cu
0,45	0,95	0,35	1,04	–	–	0,25	0,5	0,25–0,45	Hg
20	39	12	20	–	–	57	136	11–57	Ni
108	340	135	215	–	–	84	212	82–141	Pb
1,8	4,3	2,1	3,9	–	–	1,2	3,3	0,8–2,8	Sb
85	144	66	120	–	–	106	150	66–117	Zn

Literatur
Bund-Länder-Arbeitsgruppe Bodenschutz (LABO) (1995) Bodenhintergrund- und Referenzwerte in Deutschland. Bayerisches Staatsministerium für Landesentwicklung und Umweltfragen

ANH 6 Schwellenkonzentrationen für Metalle in verunreinigten Böden Großbritanniens, die für die nachstehend aufgeführten Nutzungen erschlossen werden sollen [mg/kg] (DOE- ICRCL)

Metall	Beabsichtigte Nutzung	Schwellenwert
Für die menschliche Gesundheit gefährliche Schadstoffe		
As	Garten, Kleingärten	10
	Parks, Spielplätze, offene Flächen	40
Cd	Garten, Kleingärten	3
	Parks, Spielplätze, offene Flächen	15
Cr(IV)[a]	Garten, Kleingärten	25
	Parks, Spielplätze, offene Flächen	–
Cr (gesamt)	Garten, Kleingärten	600
	Parks, Spielplätze, offene Flächen	1000
Pb	Garten, Kleingärten	500
	Parks, Spielplätze, offene Flächen	2000
Hg	Garten, Kleingärten	1
	Parks, Spielplätze, offene Flächen	20
Se	Garten, Kleingärten	3
	Parks, Spielplätze, offene Flächen	6
Für die menschliche Gesundheit i. a. nicht schädliche, jedoch phytotoxische Stoffe		
B (wasserlöslich)		3
Cu (gesamt)		130
Cu (extrahierbar)[b]		50
Ni (gesamt)	Pflanzenanbau u. a.	70
Ni (extrahierbar)[b]		20
Zn (gesamt)		300
Zn (extrahierbar)[b]		130

[a] Cr(VI) mit 0,1 M HCl extrahiert (bei 37,5 °C)
[b] Kupfer, Nickel und Zink mit 0,05 M EDTA extrahiert

Literatur

Department of the Environment, Interdepartmental Committee on the Redevelopment of Contaminated Land (1987) Guidance on the Assessement and Redevelopment of Contaminated Land. DOE-ICRCL, London, Guidance Note 59/83

ANH 7 Richtwerte und Qualitätsstandards der Niederlande zur Beurteilung von
Bodenverunreinigungen

Schwermetall	Referenzwert A [a]	Interventionswert C [a]	Testwert B [b]
As	29	50	30
Ba	200	2000	400
Cd	0,8	12	5
Co	10	300	50
Cr	100	380	250
Cu	36	190	100
Hg	0,3	10	2
Mo	10	200	40
Ni	35	210	100
Pb	85	530	150
Sn	20	300	50
Zn	140	720	500

[1] A- und C-Werte sind in aktuellem Gebrauch. A = Referenzwert, basiert auf Konzentrationen, die in Naturschutzgebieten gemessen wurden, wo nur eine Verunreinigung durch atmosphärische Deposition erfolgt. C = Interventionswert, oberhalb dessen der Boden saniert werden muß

[2] B-Wert wurde 1986 vorgeschlagen, wird aber mittlerweile nicht mehr verwendet und ist hier nur der Vollständigkeit halber aufgeführt. B = Testwert, der weitere Untersuchungen indiziert

Literatur
Netherlands Ministry of Housing, Physical Planning and Environment (1986 und 1991) Environmental Quality Standards for Soil and Water. Netherlands Ministry of Housing, Physical Planning and Environment, Leidschendam/Niederlande

---

ANH 8 Elementgehalte in ausgewählten zertifizierten Eichmaterialien

a) Lieferant: Analytischer Qualitätskontrolldienst, Internationale Atomenergieagentur Wien, Postfach 100, A-1400 Wien

IAEA-Material Nr. 6

Element	^{90}Sr	^{137}Cs	^{226}Ra	^{239}Pu
Gehalt [Bq/kg]	30,34	52,65	79,92	1,04

IAEA-Material Nr. 7

Element	As	Ce	Co	Cr	Cs	Cu	Dy	Eu	Hf	La	Mn
Gehalt [µg/g]	13	61	8,9	60	5,4	11	3,9	1,0	5,1	28	631

Element	Nd	Pb	Rb	Sb	Sc	Sm	Sr	Ta	Tb	Th	U
Gehalt [µg/g]	30	60	51	1,7	8,3	5,1	108	0,8	0,6	8,2	2,6

Element	V	Y	Zn	Zr
Gehalt [µg/g]	66	21	104	185

b) Lieferant: EU-Kommission, Eichbehörde (BCR), Rue de la Loi, B-1049 Brüssel

BCR-Material Nr. 141: Kalkiger Lehmboden

Zertifizierte Gehalte:

Element	Cd	Cu	Hg	Pb	Zn
Gehalt [µg/g]	0,36	32,6	$56,8 \cdot 10^{-3}$	29,4	81,3

Hinweiswerte:

Element	Se	Cr	Co	Mn	Ni
Ø-Gehalt [µg/g]	0,16	75	9,2	547	30,9

Außerdem Hinweiswerte für 20 weitere Elemente

Mit Königswasser bestimmte Gehalte:

Element	Cd	Cr	Cu	Mn	Ni	Pb	Zn
Gehalt [µg/g]	0,3	53	31,2	512	28,0	26,3	70

Hinweiswerte für mit Königswasser bestimmte Gehalte von sieben weiteren Elementen

BCR-Material Nr. 142: Leichter sandiger Boden

Zertifizierte Gehalte:

Element	Cd	Cu	Hg	Ni	Pb	Zn
Gehalt [µg/g]	0,25	27,5	0,104	29,2	37,8	92,1

Hinweiswerte:

Element	Se	Cr	Co	Mn
Gehalt [µg/g]	0,53	74,9	7,9	569

Hinweiswerte für 31 weitere Elemente

Mit Königswasser bestimmte Gehalte:

Element	Cd	Cr	Cu	Mn	Ni	Pb	Zn
Gehalt [µg/g]	0,22	44,4	25,3	527	28,9	30,9	79,6

Hinweiswerte für mit Königswasser bestimmte Gehalte von acht weiteren Elementen

BCR-Material Nr. 143: Mit Klärschlamm behandelter Boden

Zertifizierte Gehalte:

Element	Cd	Cu	Hg	Ni	Pb	Zn
Gehalt [µg/g]	31,1	236,5	3,92	99,5	1333	1272

Hinweiswerte:

Element	Co	Cr	Mn	Se
Ø-Gehalt [µg/g]	11,8	228	999	0,6

Hinweiswerte für 34 weitere Elemente

Mit Königswasser bestimmte Gehalte

Element	Cd	Cr	Cu	Mn	Ni	Pb	Zn
Gehalt [µg/g]	31,5	208	236	935	92,7	1317	1301

Hinweiswerte für mit Königswasser bestimmte Gehalte von neun weiteren Elementen

BCR-Material Nr. 144:   Klärschlamm aus Haushaltsabwasser

BCR-Material Nr. 145:   Klärschlamm aus Haushaltsabwasser mit etwas Industrieabwasser

BCR-Material Nr. 146:   Klärschlamm hauptsächlich aus Industrieabwasser

c) Lieferant: Canadian Reference Materials Project, Mineral Sciences Laboratory, CANMET, 555 Booth St. Ottawa, Kanada, K1A 0G1

CRMP-Referenzboden SO1

Empfohlene Werte:

Element	Al	Ca	Fe	K	Mg	Mn	P	Si	Ti
Gehalt [%]	9,38	1,80	6,00	2,68	2,31	0,089	0,062	25,72	0,53

Element	Cr	Cu	Hg	Ni	Pb	V	Zn
Gehalt [µg/g]	160	61	0,022	94	21	139	140

CRMP-Referenzboden SO2

Empfohlene Werte:

Element	Al	Ca	Fe	K	Mg	Mn	Si	Ti
Gehalt [%]	8,07	1,96	5,56	2,45	0,54	0,072	24,99	0,86

Element	Cr	Cu	Hg	Pb	Sr	V	Zn
Gehalt [µg/g]	16	7	0,082	21	340	64	124

CRMP-Referenzboden SO3

Empfohlene Werte:

Element	Al	Fe	K	Mn	Na	Si
Gehalt [%]	3,05	1,51	1,16	0,052	0,74	15,86

Element	Cr	Cu	Hg	Ni	Pb	Sr	Zn
Gehalt [µg/g]	26	17	0,017	16	14	217	52

CRMP-Material SO4

Empfohlene Werte:

Element	Al	Ca	Fe	K	Mg	Mn	Si	Ti
Gehalt (%)	5,60	1,16	2,43	1,76	0,60	0,062	0,097	0,36

Element	Cr	Cu	Hg	Pb	Sr	V	Zn
Gehalt (µg/g)	66	23	29	19	188	101	97

Literatur
EU-Kommission (1983) Berichte EHR8833EN, EHR8834EN, EHR8835EN, EHR8836EN, EHR8837EN
EHR8837EN, EU-Kommission, Brüssel
Bowman WS, et al. (1979) Geostandards Newsletter 3: 2

ANH 9 Vergleich der US-amerikanischen Bodentaxonomie mit dem Boden-klassifizierungsschema der FAO/UNESCO

US-Bodentaxonomie	FAO/UNESCO	Beschreibung
Andept	Andosol	Vulkanischer Boden
Aquept		Schlecht entwässernder Inceptisol
Argiboroll	Greyzem	Grauer Waldboden
Eutrochrept	Cambisol	Braunerden
Fluvent	Fluvisol	Alluvialer Boden
Glossudalf, Glossoboralf	Podsoluvisol	Brauner podsolischer Boden
Hapludult, Haploxerult	Acrisol	Saurer Boden
Haplaquent, Psammaquent	Gleysol	Hydromorpher Boden
Haploboroll, Vermiboroll	Tschernozem	Schwarzerde (Steppe)
Hapludalf, Haploxeralf	Luvisol	„Sol Lessivé" (ausgeschlämmter B.)
Hapludoll	Phaeozem	Verwitterter Tschernozem
Hemist		Histosol m. relativ wenig OM-Gehalt
Histosol	Histosol	Torf, Moor, Schlick
Lithic Haplumbrept	Ranker	Silicatboden
Lithosol	Lithosol	Inceptisol über Festgestein
Mollic Arodisol	Xerosol	Halbwüstenboden
Natrustalf, Natrixeral, Naturgid	Solonetz	Alkaliboden
Orthent, Psamment	Regosol	Inceptisol über Lockergestein
Oxisol	Ferralsol	Lateritischer Boden (Tropen)
Palexeralf, Paleustalf	Planosol	„Sols Lessives"
Psamment	Arenosol	Sandiger Boden
Rendoll	Rendzina	Kalkiger Boden
Solarthid, Solarthidic Haplustoll	Solontschak	Salzboden
Spodosol, Orthod	Podsol	Bleicherde
Tropudalf, Paleudalf, Rhodustalf	Nitosol	Glanztonboden
Typic Aridisol	Yermosol	Wüstenboden
Udult		Ultisol aus gemäßigtem Klima
Ustoll	Kastanozem	Rotbrauner Steppenboden
Vertisol	Vertisol	Hydroturbationsboden

Literatur
Clayden B (1982) In: Bridges EM, Davidson DA (Hrsg) Principles and Applications of Soil Geography. Longman, London
Kabata-Pendias A, Pendias H (1992) Trace Elements in Soils and Plants, 2. Aufl. CRC Press, Boca Raton/FL

ANH 10 Trivialnamen und botanische Bezeichnungen landwirtschaftlich genutzter Pflanzen

Trivialname	Botanischer Name	Botanischer Name	Trivialname
Alfalfa	*Medicago sativa* L.	*Allium cepa* L.	Zwiebeln
Blattkohl	*Brassica oleracea* var. *acephala*	*Allium porrum* L.	Lauch
Bohnen	*Phaseolus vulgaris*	*Apium graveolens* var. *dulce*	Sellerie
Chinakohl	*Brassica chinensis*	*Arachis hypogaea* L.	Erdnüsse
Erdnüsse	*Arachis hypogaea* L.	*Avena sativa* L.	Hafer
Flachs	*Linum usitatissimum* L.	*Beta vulgaris* var. *altissima*	Zuckerrübe
Gerste	*Hordeum vulgare* L.	*Beta vulgaris* var. *cicla* L.	Mangold
Gurken	*Cucumis sativus* L.	*Beta vulgaris* var. *crassa* Alef	Rote Beete
Hafer	*Avena sativa* L.	*Brassica chinensis*	Chinakohl
Hirse	*Sorghum vulgare* L.	*Brassica napus* L.	Raps
Kartoffeln	*Solanum tuberosum* L.	*Brassica oleracea* var. *acephala*	Blattkohl
Klee	*Trifolium* spp (*Leguminosae*)	*Brassica oleracea* var. *capitata*	Kopfkohl
Kopfkohl	*Brassica oleracea* var. *capitata*	*Bromus inermis* L.	Weiche Trespe
Kürbis	*Cucurbita bepo* L.	*Cucumis sativus* L.	Gurken
Lauch	*Allium porrum* L.	*Cucurbita bepo* L.	Kürbis, Squash
Linsen	*Lens culinaris* L.	*Daucus carota* L.	Möhren
Luzerne	*Medicago sativa* L.	*Festuca rubra*	Roter Schwingel
Mais	*Zea mais* L.	*Festuca* spp	Schwingel (Gräser)
Mangold	*Beta vulgaris* var. *cicla* L.	*Glycine max* L.	Sojabohnen
Möhren	*Daucus carota* L.	*Hordeum vulgare* L.	Gerste
Mohrenhirse	*Sorghum sudanese* (Piper)	*Lactuca sativa* L.	Salat
Raigras, Englisches	*Lolium perenne* L.	*Lens culinaris* L.	Linsen
Raps	*Brassica napus* L.	*Linum usitatissimum* L.	Flachs
Rettich	*Raphanus sativus* L.	*Lolium perenne* L.	Raigras, Winterlolch
Roggen	*Secale cereale* L.	*Lycopersicum esculum* Mill	Tomaten
Rote Beete	*Beta vulgaris* var. *crassa* Alef	*Medicago sativa* L.	Alfalfa, Luzerne
Rotschwingel	*Festuca rubra*	*Nicotina sinensis* L.	Tabak
Salat	*Lactuca sativa* L.	*Phaseolus vulgaris*	Bohnen
Schwingel	*Festuca* spp	*Raphanus sativus* L.	Rettich
Sellerie	*Apium graveolens* var. *dulce*	*Secale cereale* L.	Roggen
Sojabohnen	*Glycine max* L.	*Solanum tuberosum* L.	Kartoffeln
Sorgho	*Sorghum sudanese* (Piper)	*Sorghum sudanese* (Piper)	Mohrenhirse, Sorgho
Spinat	*Spinacia oleracea* L.	*Sorghum vulgare* L.	Hirse
Squash	*Cucurbita bepo* L.	*Spinacia oleracea* L.	Spinat
Tabak	*Nicotina sinensis* L.	*Trifolium* spp (Leguminosae)	Klee
Tomaten	*Lycopersicum esculum* Mill	*Triticum aestivum* L.	Weizen
Weiche Trespe	*Bromus inermis* L.	*Zea mais* L.	Mais
Weizen	*Triticum aestivum* L.		
Winterlolch	*Lolium perenne* L.		
Zuckerrübe	*Beta vulgaris* var. *altissima*		
Zwiebeln	*Allium cepa* L.		

Internet-Adressen

Das Internet hat in den letzten Jahren als Informationsmedium stark an Bedeutung gewonnen. Auch zu den für das vorliegende Werk relevanten Themen ist dort ein umfangreiches Angebot an interessanten Beiträgen zu finden, aus dem im folgenden eine thematisch gegliederte Auswahl präsentiert wird. Die meisten Web-Seiten enthalten zudem Querverweise, sog. Links, auf weitere URLs (Internet-Adressen), denen zu folgen sich häufig lohnt. Aufgrund der notorischen Adreßfluktuationen im Internet kann die dauerhafte Verfügbarkeit der angegebenen Ressourcen allerdings nicht gewährleistet werden.

URL 1 Institute, an denen Beitragsautoren dieses Werks beschäftigt sind/waren

```
http://cnas.ucr.edu/~saprc/home.html
http://es-sv1.lancs.ac.uk/es/research/research.html
http://www.brad.ac.uk/acad/envsci/enviscir.htm
http://www.cas.psu.edu/
http://www.hogent.be/hg/biotech/biotech.htm
http://www.kje.ntnu.no/kjemieng.htm
http://www.livjm.ac.uk/bes/
http://www.rdg.ac.uk/AcaDepts/as/home.html
http://www.res.bbsrc.ac.uk/rothamsted.html
http://www.sac.ac.uk/
http://www.science.plym.ac.uk/DEPARTMENTS/Environmental/
http://www.strath.ac.uk/Departments/Chemistry/
```

URL 2 Schwermetalle

```
http://agksun1.bio-geo.uni karlsruhe.de/schriftenreihe/kurzbd27.html
http://archiv.berliner-morgenpost.de/bm/archiv1998/980226/
        brandenburg/story14.html
http://argyrodit.mineral.tu-freiberg.de/geochemie/artspek/artspek.html
http://atsdr1.atsdr.cdc.gov:8080/cxlead.html
http://ich401.ich.kfa-juelich.de/baade/regen.html
http://info.uibk.ac.at:70/0/c/fodok/docs/7180201.html
http://ipfr.bau-verm.uni-karlsruhe.de/Umweltdaten/1ud/bii/bii-08.html
http://ipfr.bau-verm.uni-karlsruhe.de/Umweltdaten/1ud/biii-n/biii-02.html
http://iridium.nttc.edu/Heavy_Metals/
http://ls10-www.informatik.uni-dortmund.de/~henning/demo2/Boden/
        Boden-s202.html
http://mlucom6.urz.uni-halle.de/geographie/geooeko/sa-abs6.htm
http://ourworld.compuserve.com/homepages/indikator/index.htm
http://www.aqua-technik.de/page4.html
http://www.baselland.ch/docs/bud/boden/text10d.htm
```

```
http://www.baselland.ch/docs/bud/boden/text11ab.htm
http://www.blackwell.de/demos/wabo/wabo9709.htm
http://www.blackwell.de/journale/wabo/kur98-01.htm
http://www.blackwell.de/journale/wabo/kur98-03.htm
http://www.blackwell.de/journale/wabo/kur98-04.htm
http://www.dgg.de/pub/
http://www.faw.uni-ulm.de:9876/Umweltdaten/1ud/biii-n/biii-02.html
http://www.fh-kehl.de/Projekte/boden/boden_2b_eu_01.htm
http://www.fh-niederrhein.de/fb01/envitec.htm
http://www.garmisch-partenkirchen.com/gesundheitsamt/of/umwelt/noxen/
        noxen_chemisch/metalle/metalle_index.htm
http://www.hamburg.de/Behoerden/Umweltbehoerde/duawww/dea8/236e_22e.htm
http://www.hamburg.de/Behoerden/Umweltbehoerde/duawww/dea8/238e_24e.htm
http://www.hamburg.de/Behoerden/Umweltbehoerde/duawww/dea8/2436_24e.htm
http://www.htw-zittau.de/ihi/umvtech.htm
http://www.hygiene.ruhr-uni-bochum.de/hygiene/rueckblick/
        schwermetalle-altlasten.html
http://www.icf.de/UISonline/dua96/html/d1031_01.htm
http://www.icf.de/UISonline/dua96/html/d1031_05.htm
http://www.iww.rwth-aachen.de/German/Diplomarbeiten/
        MichaelKoch/Auszug.html
http://www.jugend-forscht.de/wettbewerb/archiv/1993_Bio.html
http://www.mineral.tu-freiberg.de/geochemie/bergbau/dfg/ticho/
        pbisotopie.html
http://www.mineral.tu-
        freiberg.de/info/local/geochemiker/abstracts/v_metzger.html
http://www.mineral.tu-freiberg.de/info/local/geochemiker/abstracts/
        p_wippermann1.html
http://www.nutri-science.de/de/lexikon/lexikonSchwermetalle.html
http://www.oeko.de/deutsch/reaktor/10kirgis.htm
http://www.pb.fal.de/pb1082.htm
http://www.pb.fal.de/pb1084.htm
http://www.pb.fal.de/pb1135.htm
http://www.sbg.ac.at/geo/agit/papers95/pwezyk.htm
http://www.ubavie.gv.at/info/publ/Rlist/reports/r108z.htm
http://www.ubavie.gv.at/info/ubainfo/1995/ui10/95-10-1.htm
http://www.unep.org/unep/gpa/ich3d.htm
http://www.uni-sb.de/philfak/fb6/physgeo/danism.html
http://www.uni-sb.de/philfak/fb6/physgeo/heavy2.html
http://www.verwaltung.uni-wuppertal.de/forsch/fb9/theim01.html
http://www.zeitkom.de/klima-magazin/begriffe/schwermetalle.html
http://www2.shef.ac.uk/chemistry/web-elements/genr/
news:sci.chem.organomet
```

URL 3   Spurenelemente

```
http://lurch.bangor.ac.uk/dj/lectures/plant%20nutrition/index.html
http://www.agric.gov.ab.ca/agdex/500/3200002.html
http://www.cco.caltech.edu/~aquaria/Krib/Plants/Fertilizer/
        nutrient-deficiency.html
```

```
http://www.hbuk.co.uk/hb/cat/5/3/z/798700.htm
http://www.natureaquarium.com/nutrient.htm
http://www.smallgrains.org/Techfile/Franzen.htm
http://www.soils.wisc.edu/~barak/images/mug_frm.htm
http://www.uni-hohenheim.de/institute/pflanzenernaehrung/habs729.htm
http://www.verinet.com/goldenharvest/page32.html
http://www-aghort.massey.ac.nz/departs/soilsc/cybsoil/poster/
        tracels/selenium.htm
http://www-aghort.massey.ac.nz/departs/soilsc/cybsoil/poster/tracels/
        copper.htm
```

URL 4   Analytik

```
http://vdf.ethz.ch/vdf/inhalt/1956in.html
http://www.analytik.de/
http://www.chemie.hu-berlin.de/analytch/index.html
http://www.enviroclub.com
http://www.fh-mgladbach.de/fb01/iua.htm
http://www.uni-sb.de/matfak/fb12/iaua/index.html
news:sci.chem.analytical
```

URL 5   Bezugsquellen für Eichsubstanzen

```
http://www.iaea.org/databases/dbdir/db2.htm
http://www.irmm.jrc.be/
http://www.NRCan.gc.ca/mms/ms-e.htm
```

URL 6   Geowissenschaften

```
http://128.174.173.205/earthsci_links.html
http://agksun1.bio-geo.uni-karlsruhe.de/
http://akanthit.mineral.tu-freiberg.de/geologie/hot_geo_links.html
http://allserv.rug.ac.be/~gbaert/links.html
http://atlas.es.mq.edu.au/users/pingram/v_earth.htm
http://bonzo.geowiss.nat.tu-bs.de/
http://btgyx2.geo.uni-bayreuth.de/hydrologie/Welcome.html
http://dc.smu.edu/SEPM_SP/home.html
http://exodus.open.ac.uk/index.html
http://galaxy.einet.net/galaxy/Science/Geosciences.html
http://geopal.uibk.ac.at/
http://geowww.geo.tcu.edu/geolinks.html
http://geowww.uibk.ac.at/univ/index.html
http://gp8.bg.tu-berlin.de/hydro/index.html
```

```
http://granit.geo.uni-bonn.de/
http://gs.ucsd.edu/
http://gug.uni-soilsci.gwdg.de/index.htm
http://hercules.geology.uiuc.edu/~schimmri/jge/geology.html
http://hpkom21.geo.uni-leipzig.de/
http://info.er.usgs.gov/network/science/earth/earth.html
http://info.uibk.ac.at/c/c7/c714/
http://kaos.erin.gov.au/other_servers/category/Geoscience.html
http://ladmac.lanl.gov/mgls/mgls.html
http://mindepos.bg.tu-berlin.de/fb09/
http://mindepos.bg.tu-berlin.de/lager
http://pc5.uni-minpet.gwdg.de/minhomeg.htm
http://rhodesit.min.uni-kiel.de/Welcome.html
http://rock0.ethz.ch/
http://sandbox.geology.yale.edu/
http://servermac.geologie.uni-frankfurt.de/
http://shell.rmi.net/~michaelg/index.html
http://teachserv.earth.ox.ac.uk/resources/resource.html
http://therion.minpet.unibas.ch/geoweb.html
http://uni-mainz.de/FB/Geo/Geologie/ag/index.html
http://userpage.fu-berlin.de/~allggeo
http://www.aescon.com/geosociety/index.html
http://www.awi-bremerhaven.de/
http://www.beloit.edu/~SEPM/
http://www.bgi.uni-bayreuth.de/
http://www.bgr.de/gga/home.htm
http://www.bris.ac.uk/Depts/Geol/gig/gig.html
http://www.chemie.fu-berlin.de/~mininst/Welcome.html
http://www.chemie.tu-muenchen.de/geologie/welcome.htm
http://www.chemie.tu-muenchen.de/mineral/Welcome.html
http://www.dgg.de/
http://www.earthsci.unibe.ch/links.htm
http://www.edvz.sbg.ac.at/gew/home.htm
http://www.emr.ca/gsc/
http://www.englib.cornell.edu/geology_resources/ORES/earthscience.html
http://www.eos.ubc.ca/eoshome.html
http://www.erdw.ethz.ch/
http://www.geo.tu-freiberg.de/institut/index.html
http://www.geocities.com/RainForest/7945/geo.htm
http://www.geographie.uni-trier.de:8080/
http://www.geol.uni-erlangen.de/
http://www.geologie.tu-clausthal.de/
http://www.geologie.uni-freiburg.de/
http://www.geologie.uni-halle.de/igw/igw.html
http://www.geologie.uni-wuerzburg.de/
http://www.geologylink.com/
http://www.geomar.de/
http://www.geowiss.uni-hamburg.de/geo/
http://www.gfz-potsdam.de/
http://www.gkss.de/index.html
http://www.glg.ed.ac.uk/
http://www.gpi.uni-kiel.de/
http://www.g-v.de/
```

```
http://www.gwdg.de/~abirkef/igdl.htm
http://www.iaag.geo.uni-muenchen.de/agh/
http://www.imgp.gwdg.de/
http://www.iml.rwth-aachen.de/
http://www.immr.tu-clausthal.de/lager/sga.html
http://www.info-mine.com/technomine/ege/exploration.html
http://www.inggeo.tu-clausthal.de/geo-server/geoserver-germany.html
http://www.jcu.edu.au/dept/Earth/weblinks/weblinks.html
http://www.kri.physik.uni-muenchen.de/geo/geo.html
http://www.laum.uni-hannover.de/iln/geowissenschaften.html
http://www.lib.berkeley.edu/EART/surveys.html
http://www.lih.rwth-aachen.de/Welcome.html
http://www.links2go.com/channel/Geoscience/
http://www.mineral.tu-freiberg.de/index_en.html
http://www.nb.net/~downs/downsge.htm
http://www.ngu.no/iah/iah.html
http://www.pacificnet.net/~gimills/main.html
http://www.palmod.uni-bremen.de/
http://www.potsdam.ifag.de/server/geo.html
http://www.reading.ac.uk:80/PRIS/
http://www.rgu.ac.uk/schools/egrg/home.htm
http://www.rrze.uni-erlangen.de/docs/FAU/fakultaet/natIII/
        geol_appl/index.ht
http://www.ruhr-uni-bochum.de/exogeol/geowiss.html
http://www.ruhr-uni-bochum.de/hardrock/geol/
http://www.rus.uni-stuttgart.de/imi/
http://www.rwth-aachen.de/geow/
http://www.rz.uni-frankfurt.de/FB/fb17/IMIN/
http://www.rz.uni-frankfurt.de/IMGF/fb17.html
http://www.rz.uni-potsdam.de/u/Geowissenschaft/index.htm
http://www.sbg.ac.at/min/home.htm
http://www.sdgs.usd.edu/esci/geodepts.htm
http://www.shef.ac.uk/chemistry/web-elements/web-elements-home.html
http://www.shef.ac.uk/uni/academic/D-H/es/
http://www.slb.com:80/petr.dir/.guthery.html
http://www.th-darmstadt.de:/fb/geo/
http://www.thomson.com/wadsworth/ritter/resframe.html
http://www.tt.uni-hannover.de/forkat/forkat95/0018.htm
http://www.tu-berlin.de/~messev/index.html
http://www.tu-bs.de/institute/geowiss/
http://www.tu-dresden.de/fgh/home.html
http://www.tu-freiberg.de/~wwwggb/index.html
http://www.uni-essen.de/geologie/
http://www.unifr.ch/geology/
http://www.uni-freiburg.de/minpet/welcome.html
http://www.uni-freiburg.de/univ/3w/fakults/geo/geolog.htm
http://www.unige.ch/sciences/terre/esr/
http://www.unige.ch/sciences/terre/geologie/goodlnks.htm
http://www.uni-geochem.gwdg.de/docs/home.htm
http://www.uni-giessen.de/~gg1011/
http://www.uni-greifswald.de/fakul/geologie/geo1.htm
http://www.uni-hannover.de/fb/fb-geo.html
http://www.uni-heidelberg.de/institute/fak15/index.html
```

```
http://www.uni-heidelberg.de/institute/fak15/ugc/i02/index.htm
http://www.uni-jena.de/chemie/geowiss/
http://www.uni-karlsruhe.de/~ipg/index.de.html
http://www.uni-koeln.de/math-nat-fak/geologie/index.html
http://www.uni-koeln.de/math-nat-fak/mineral/index.html
http://www.unileoben.ac.at./~buero62/
http://www.uni-mainz.de/FB/Geo/Geologie/GeoInst.html
http://www.uni-mainz.de/FB/Geo/Geologie/GeoSoc.html
http://www.uni-marburg.de/geowissenschaften/
http://www.uni-muenster.de/Chemie/MI/
http://www.uni-muenster.de/GeoPalaeontologie/
http://www.uni-sb.de/philfak/fb6/fr66/tpw/p_ingram/v_earth.htm
http://www.uni-stuttgart.de/UNIuser/igps/home.html
http://www.uni-trier.de/uni/fb6/hydrologie/homepage.htm
http://www.uni-tuebingen.de/uni/e16/
http://www.univie.ac.at/Geologie/
http://www.uni-wuerzburg.de/geologie/index.html
http://www.uni-wuerzburg.de/mineralogie/links.html
http://www.utexas.edu/world/lecture/earthsci/
http://www.yahoo.com/Science/Earth_Sciences/Geology_and_Geophysics/
       Courses/
http://www-geol.unine.ch/
http://www-sst.unil.ch/
news:sci.geo.hydrology
```

URL 7   Boden- und Landwirtschaftskunde

```
gopher://gopher.edv.agrar.tu-muenchen.de:70/1
http://128.171.125.23/HIsoils/HIsoils.html
http://aisws6.jrc.it:2001/docs/soil/soil.html
http://aisws6.jrc.it:2001/docs/soil/soil.html
http://allserv.rug.ac.be/~gbaert/links.html#Soil
http://allserv.rug.ac.be/~gbaert/links.html#Soil Science
http://asae.org/hotlist/abe/
http://bgfserver.mv.slu.se/markvet/links.htm
http://bgfserver.mv.slu.se/markvet/markveng.htm
http://btgyx2.geo.uni-bayreuth.de/bodenphysik/Welcome.html
http://edcwww.cr.usgs.gov/glis/hyper/guide/world_soil
http://explorer1.explorer.it/AIP/link.htm
http://globe.ngdc.noaa.gov/sda-bin/wt/ghp/tg+L(en)+UP(soil/Contents)
http://hammock.ifas.ufl.edu/txt/fairs/aa/339.html
http://hintze-online.com/sos/soils-online.html
http://home.t-online.de/home/Anneliese.Nuske-Schueler/BK_Abk.htm
http://ibm.rhrz.uni-bonn.de/iol/
http://lurch.bangor.ac.uk/dj/societies.html
http://mindepos.bg.tu-berlin.de/eurolat/
http://nespal.cpes.peachnet.edu/pf/
http://pilot.msu.edu/user/guilherm/esc.htm
http://pubpages.unh.edu/~harter/crystal.htm
http://saffron.res.bbsrc.ac.uk/cgi-bin/somnet
```

```
http://soils.ag.uidaho.edu/teaching/soils206/orders/index.htm
http://syllabus.syr.edu/esf/rdbriggs/for345/syllabus.htm
http://vdf.ethz.ch/vdf/info/1956.html
http://vendigo.uni-soilsci.gwdg.de/einf-gr.htm
http://vendigo.uni-soilsci.gwdg.de/soilsidx.htm
http://web.ukonline.co.uk/a.buckley/soil.htm
http://www.acs.bolton.ac.uk/~pm4
http://www.agri.upm.edu.my/jst/drsoil.html
http://www.agri.upm.edu.my/jst/soilinfo.html
http://www.agriculture.com/lira/lira.cgi/EN
http://www.agro.wau.nl/ssg/links/links.htm
http://www.agronomy.org/sssagloss/
http://www.bfl.gv.at/
http://www.bfl.gv.at/andere/alva/alvahome.htm
http://www.bgr.de/N2/TEXT/homen2.htm
http://www.bib.wau.nl/agralin/ss-lsw.html
http://www.boden.uni-bonn.de/
http://www.boku.ac.at/
http://www.ces.ncsu.edu/depts/soilsci/homepage.html
http://www.cgiar.org/isnar/arow/arowintr.htm
http://www.cirad.fr/isss/aisse.html
http://www.dlg-frankfurt.de/index.htm
http://www.essc.psu.edu/sssa/
http://www.et.fh-osnabrueck.de/fbgb/bowi/index.html
http://www.fal.de/
http://www.fh-weihenstephan.de/va/boden.htm
http://www.geo.uj.edu.pl/infocenter/soilsc.htm
http://www.geo.uni-bayreuth.de/bodenkunde/
http://www.geocities.com/RainForest/7945/agric.htm
http://www.geocities.com/RainForest/7945/soils.htm
http://www.geowiss.uni-hamburg.de/geo/i-boden/index.htm
http://www.geowiss.uni-hamburg.de/geo/i-boden/links.htm
http://www.gsf.de/iboe/
http://www.ifas.ufl.edu/~soilweb/soilsite.htm
http://www.ifas.ufl.edu/www/agator/htm/ag.htm
http://www.ifgb.uni-hannover.de/
http://www.irim.com/ssm/home.htm
http://www.isric.nl/
http://www.isric.nl/
http://www.itc.nl/~rossiter/research/rsrch_ss.html
http://www.landw.uni-halle.de/
http://www.loek.agrar.tu-muenchen.de/loek/index.html
http://www.mcb.co.uk/services/conferen/join.htm#health_&_environment
http://www.mycorrhiza.com
http://www.nap.edu/readingroom/books/sludge/
http://www.ngdc.noaa.gov/wdc/wdcc1/wdcc1_soils.html
http://www.nscss.org/ac.html
http://www.nscss.org/soil.html
http://www.pb.fal.de/hp-pb-e.htm
http://www.prtcl.com/tol/home.htm
http://www.reading.ac.uk/AcaDepts/as/SoilSci/WORLD/worldlist.html
http://www.res.bbsrc.ac.uk/soils/somnet/
http://www.sna.com/registry
```

```
http://www.soils.org/sssa.html
http://www.soils.umn.edu/academics/classes/soil3125/doc/labunts.htm
http://www.statlab.iastate.edu/soils/index.html/
http://www.statlab.iastate.edu/soils/soiltax/
http://www.statlab.iastate.edu/survey/SQI/sqihome.shtml
http://www.swcs.org
http://www.thomson.com/wadsworth/ritter/soil.html
http://www.uni-bonn.de/iol/
http://www.uni-giessen.de/~ghj1/bokuhome.htm
http://www.uni-hohenheim.de/~kurt/dbg1.html
http://www.uni-hohenheim.de/~kuzyakov/soil-ex.html
http://www.uni-hohenheim.de/institutes/plant_nutrition/hhyphae.htm
http://www.uni-kiel.de:8080/plantnutrition_soilscience/
http://www.uni-paderborn.de/extern/fb/8/boden/bo_links.htm
http://www.uni-soilsci.gwdg.de/soil-hmp.htm
http://www.uwa.edu.au/cyllene/soilweb/
http://www.wolfe.net/~psmall/soil.html
http://www.zalf.de/
http://www-aghort.massey.ac.nz/departs/soilsc/soilsc.htm
http://www-uni.ams.med.uni-goettingen.de/JFB/Agrar/9192.html
http://wwwscas.cit.cornell.edu/rbb1/bryant/soillink.htm
http://wwwscas.cit.cornell.edu/wwwscas/faculty/bryant.html
news:alt.agriculture.misc
news:alt.sustainable.agriculture
news:sci.agriculture
```

URL 8   Bodenverschmutzung

```
http://ls10-www.informatik.uni-dortmund.de/~henning/demo2/Boden/
        Boden-s183.html
http://www.bionet.net/boden/abflist.htm
http://www.bionet.net/BODEN/paramet.htm
http://www.contaminatedland.co.uk/
http://www.faw.uni-ulm.de:9876/Umweltdaten/1ud/biii-n/biii-01_1.html
http://www.foe.co.uk/cri
http://www.nicole.org/
http://www.s-direktnet.de/homepages/denninger/bodkon.htm
```

URL 9   Entsorgung

```
http://www.bionet.net/
http://www.entsorga.de/
http://www.tsdcentral.com/haztech
http://www.tu-harburg.de/aws/
http://www.waste.uni-essen.de/
http://www.wwi.de/
```

URL 10 Toxikologie

```
gopher://atlas.chem.utah.edu:70/11/MSDS
gopher://ecosys.drdr.virginia.edu/11/library/gen/toxics
gopher://gopher.mc.duke.edu/
gopher://gopher.who.ch/1
http://ace.orst.edu/info/extoxnet/
http://aorta.library.mun.ca/med/basic/toxicol/heavmet.htm
http://atsdr1.atsdr.cdc.gov:8080/hazdat.html
http://atsdr1.atsdr.cdc.gov:8080/toxfaq.html
http://earth1.epa.gov:80/ceppo/
http://hazard.com/
http://phs.os.dhhs.gov/phs/webheal.html
http://physchem.ox.ac.uk/MSDS/
http://sun10.sep.bnl.gov/seproot.html
http://www.aqd.nps.gov/toxic/index.html
http://www.esdx.org/esdhome.html
http://www.healthy.net:80/library/books/Haas/minerals/toxic.htm
http://www.iuct.fhg.de/
http://www.skcinc.com/niosh/
```

URL 11 Forschungszentren

```
http://www.dkrz.de/
http://www.fzk.de/
http://www.kfa-juelich.de/forschung/umwelt.html
http://www.ufz.de/
```

URL 12 Ökologie und Umweltschutz

```
gopher://gopher.tu-clausthal.de/11/TUC/Umwelt
http:///www.ovam.be/cgi-bin/ovam-read-eng/English/choice
http://btgyx2.geo.uni-bayreuth.de/vgoed/index.html
http://commsun.its.csiro.au/index.html
http://dbu.umweltschutz.de/index.htm
http://ecologia.nier.org/
http://gug.uni-soilsci.gwdg.de/
http://kaos.erin.gov.au/erin.html
http://ourworld.compuserve.com/homepages/uniterra/_sites.htm
http://pan.cedar.univie.ac.at
http://users.aimnet.com/~ils/database.htm
http://www.admin.ch/buwal/
http://www.asn-linz.ac.at/schule/chemie/ch_um.htm
http://www.awi-bremerhaven.de/WBGU/wbgu_jg1994_kurz.html
http://www.bayern.de/STMLU/lexikon/lexikon.htm
```

```
http://www.bio-geo.uni-karlsruhe.de/ifgg1/Main.htm
http://www.bremen.de/info/umweltsenator/index.html
http://www.bund.net/
http://www.cbs.nl/temp/lmi/lmi100.htm
http://www.ccds.cincinnati.oh.us/~olsonm/el/
http://www.cdc.gov/nceh/0ncehhom.htm
http://www.cedar.univie.ac.at/
http://www.cf.ac.uk/uwcc/vier/index.html
http://www.ci.seattle.wa.us/business/dc
http://www.clay.net
http://www.csa.com/
http://www.dnr.de/
http://www.ecnc.nl/
http://www.econet.apc.org/econet/
http://www.eea.eu.int/
http://www.ei.jrc.it/
http://www.ends.co.uk/
http://www.enn.com/
http://www.envirobiz.com/home.htm
http://www.envirolink.org/
http://www.environ.se/www-eng/enghome.htm
http://www.envision.net/osites/environ/envrelat.html
http://www.faw.uni-ulm.de:9876/Umweltdaten/1ud/1_titel/inh_titel.html
http://www.gcrio.org
http://www.geocities.com/RainForest/7945/envir.htm
http://www.gnet.org/
http://www.greenpeace.de/
http://www.greenpeace.org/
http://www.grida.no/
http://www.hcn.org/1993/mar22/dir/wr2.html
http://www.henkel.de/deutsch/frames/umwelt/u05_05.htm
http://www.iai.fzk.de/Fachgruppe/GI/umweltres.html
http://www.ifeu.de/
http://www.infostarbase.com/tnr/enviro/
http://www.ipcc.ch/
http://www.lib.kth.se/~lg/envsite.htm
http://www.ltt.rwth-aachen.de/uwf/uwfleit.html
http://www.lua.nrw.de/
http://www.mines.edu/fs_home/jhoran/ch126/amd.htm
http://www.mit.edu:8001/people/howes/environ.html
http://www.mu.uni-hannover.de/cds
http://www.nabu.de/
http://www.net24.net/ecotechnikum/
http://www.niehs.nih.gov/home.html
http://www.oeko.de/deutsch/bereiche.htm
http://www.oneworldweb.de/
http://www.ornl.gov/ORNLReview/rev29-12/text/environ.htm
http://www.ovam.be/internetrefs/english.htm
http://www.rec.hu/
http://www.rmi.org/
http://www.sensut.berlin.de/SenSUT/umwelt/uisonline/index.html
http://www.sierraclub.org/
```

```
http://www.soils.umn.edu:8003/h5015/msmith.htm
http://www.stmk.gv.at/umwelt/luis/luft/glossar.htm
http://www.t0.or.at/~global2000/links.html
http://www.tec.org
http://www.tpesp.es/informe/HTM/CH1DOS/PARTI.HTM
http://www.tu-bs.de/institute/igg/
http://www.tu-clausthal.de/FKU/
http://www.tuev-rheinland.de/tsu/IfUE
http://www.ubka.uni-karlsruhe.de/hylib/ub-info/fachinfo/umwelt/umwelt.html
http://www.ufz.de/
http://www.uis-extern.um.bwl.de/lfu/
http://www.ulb.ac.be/ceese/cds.html
http://www.umsicht.fhg.de/
http://www.umwelt.de/katalyse/publikat.htm
http://www.umwelt.org/link.htm
http://www.umwelt.tu-cottbus.de/fakultaet/ls/22/vorstellung.html
http://www.umweltbundesamt.de/uba-info/d-willko.htm
http://www.umweltbundesamt.de/uba-info-daten-e/daten-e/
        environmental-disasters.htm
http://www.umweltbundesamt.de/uba-info-medien-e/index.htm
http://www.unep.ch
http://www.unep.org/
http://www.unepie.org/home.html
http://www.unfccc.de/
http://www.uni-hohenheim.de/~akoe/oekoland.html
http://www.ut.tu-harburg.de/
http://www.utoronto.ca/env/esnewmay.htm
http://www.vito.be/emis/wwwlinks/milieu.htm
http://www.wasy.de/
http://www.wiwi.hu-berlin.de/uba/
http://www.wupperinst.org/
http://www.wwf.de
http://www.yahoo.com/Society_and_Culture/Environment_and_Nature/
http://www2.free.de/WiLa/Umweltberatung/Umweltlinks.html
news:de.soc.umwelt
news:fido.ger.umwelt
news:maus.soc.umwelt
news:sci.environment
news:talk.environment
news:uk.environment
```

URL 13 Gesetzliche Bestimmungen

```
http://sunsite.informatik.rwth-aachen.de/Knowledge/germlaws/
http://woschmi.zfn.uni-bremen.de/info/quantech/data/grenzwerte/
        grenzwerte.html
http://www.bionet.net/boden/grenzwe.htm
http://www.bionet.net/GESETZ/KLAERSCH.HTM
```

URL 14 Behörden, Ministerien und Verbände

```
http://ib.fgov.be/test/geo/home.html
http://info.er.usgs.gov/
http://kaos.erin.gov.au/portfolio/epg/other_govt.html
http://pns.brandenburg.de/land/munr/
http://www.aist.go.jp:7128/
http://www.awi-bremerhaven.de/WBGU/
http://www.bayern.de/STMLU/
http://www.berlin.de/root/index_graphics_german/
http://www.bgr.de/allgemei/infonlfb.htm
http://www.bmu.de/
http://www.bremen.de/hauptit.html
http://www.brgm.fr/
http://www.ceaa.gc.ca/agency/agency_e.htm
http://www.dainet.de/BML
http://www.dbu.de/
http://www.doe.ca/envhome.html
http://www.dpie.gov.au/
http://www.ec.gc.ca/envhome.html
http://www.eea.dk/
http://www.eic.or.jp/eanet/index-e.html
http://www.enea.it
http://www.environ.se/
http://www.environment-agency.gov.uk/
http://www.environnement.gouv.fr/DEUTSCH/deutsch.htm
http://www.epa.gov/
http://www.erin.gov.au/
http://www.fao.org/
http://www.gla.nrw.de/
http://www.gsf.fi/
http://www.hamburg.de/Behoerden/Umweltbehoerde/
http://www.hamburg.de/Umwelt/welcome.htm
http://www.herasum.de
http://www.kms.min.dk/
http://www.maff.gov.uk/
http://www.mem.dk/ukindex.htm
http://www.mev.etat.lu/home.html
http://www.minvrom.nl
http://www.mu.lsa-net.de/
http://www.mu.niedersachsen.de/
http://www.murl.nrw.de/url/titel.htm
http://www.mvnet.de/
http://www.nkw.ac.uk/bgs/index.html
http://www.pacificnet.net/~gimills/surveys.htm
http://www.rlp.de/
http://www.sachsen.de/deutsch/wirtschaft/wirtschaft.html
http://www.schleswig-holstein.de/landsh/landesreg/min_umwelt/umwelt.html
http://www.sft.no/
http://www.thueringen.de/natur/natur.htm
http://www.ubavie.gv.at/
http://www.uis-extern.um.bwl.de/
```

http://www.umweltbundesamt.de/
http://www.umweltrat.de/
http://www.unep.org/
http://www.uni-mainz.de/FB/Geo/Geologie/GeoSurv.html
http://www.usbm.gov/
http://www.usda.gov
http://www.usgs.gov/network/science/earth/index.html

URL 15 Virtuelle Bibliotheken, Datenbanken und Suchmaschinen

http://134.76.160.77/onl-olc.html
http://alf.zfn.uni-bremen.de/~wwwsuub/
http://dino.wiz.uni-kassel.de/dain.html
http://earthsystems.org/Environment.shtml
http://ecosys.drdr.virginia.edu/Environment.html
http://envirolink.org/seel/
http://hbksun17.fzk.de:8080/ZUDIS/is-world.html
http://ifgsun1.gm.ufz.de:8000/app_home/anfrage.htm
http://library.envirolink.org/index.htm
http://link.bubl.ac.uk:80/environment
http://www.nalusda.gov/
http://utcat.library.utoronto.ca:8002/db/ENVPOL/search.html
http://www.biblio.tu-bs.de/vegetation/
http://www.boku.ac.at/sonst.html
http://www.cas.org
http://www.cdc.gov/niosh/database.html
http://www.cdc.gov/niosh/homepage.htm
http://www.cdc.gov/niosh/nioshtic.html
http://www.chiemgau.com/forumoekologie/umweltbuecherei
http://www.dainet.de:8080/ELFIS/SF
http://www.deutsche-bank.de/leistung/eco-select/suche.htm
http://www.dino-online.de/seiten/go14gbo.htm
http://www.dino-online.de/seiten/go14ggl.htm
http://www.dino-online.de/umwelt.html
http://www.doe.gov/html/dra/dra.html
http://www.esdim.noaa.gov/NOAA-Catalog/full-text.html
http://www.fiz-karlsruhe.de/
http://www.geo.ucalgary.ca/VL-EarthSciences.html
http://www.geog.uni-hannover.de/searchwww.html
http://www.hbz-nrw.de/hbz/germlst/Welcome.html
http://www.inf-wiss.uni-konstanz.de/Res/nachschlagen.html
http://www.laum.uni-hannover.de/iln/bibliotheken/bibliotheken.html
http://www.metla.fi/info/vlib/soils/
http://www.nlm.nih.gov/
http://www.oneworld.de/ecofinder/
http://www.rz.uni-duesseldorf.de/WWW/ulb/uws.html
http://www.rz.uni-karlsruhe.de/Outerspace/VirtualLibrary/55.de.html
http://www.swbv.uni-konstanz.de/bibldienste/deutsch.html
http://www.ubka.uni-karlsruhe.de/kvk.html
http://www.umwelt-explorer.de/index.htm

```
http://www.webdirectory.com/
http://www.wlb-stuttgart.de/~www/kataloge/verbuende.html
http://www-crewes.geo.ucalgary.ca/VL-Geophysics.html
http://www-fes.gmd.de/library/allegro.html
http://www-vl-es.geo.ucalgary.ca/VL-EarthSciences.html
```

URL 16 On-line Zeitschriften

```
gopher://jei.umd.edu:71/11/Geotimes/
http://drseuss.lib.uidaho.edu:70/docs/egj.html
http://hintze-online.com/sos/index.html
http://link.springer.de/ol/gol/
http://sun1.rrzn.uni-hannover.de/zpub/
http://users.skynet.be/Belgeol/Bgeolmg.html
http://www.aescon.com/geosociety/pubs/geology.htm
http://www.bmu.gv.at/
http://www.eawag.ch/pub/eanews/
http://www.ecodec.org/
http://www.erich-schmidt-verlag.de/Mags/alts.htm
http://www.erich-schmidt-verlag.de/Mags/dwa.htm
http://www.erich-schmidt-verlag.de/Mags/ma.htm
http://www.erich-schmidt-verlag.de/Mags/zbos.htm
http://www.gcw.nl/kiosk/njas/
http://www.geowissenschaften.de
http://www.glg.ed.ac.uk/~ajsw/doc/journals_FAQ.html
http://www.gly.bris.ac.uk/www/TerraNova/terranova.html
http://www.hintze-online.com/sos/
http://www.publish.csiro.au/journals/ajsr/electronic.html
http://www.umweltmedizin.de/Pages/Kongress/PrktUmwm/UM97/
        Poster/Arnold.html
http://www.uni-mainz.de/FB/Geo/Geologie/GeoJournals.html
http://www.wwilkins.com/SS/
```

Deutschsprachige Literatur

Im folgenden wird ein Überblick über deutschsprachige Literatur zu den im Buch angesprochenen Themenkreisen gegeben, dessen Umfang und Weitläufigkeit zum „Stöbern" einladen soll. Um Entwicklungstrends verfolgen zu können, wurden z. T. auch ältere Werke und Artikel aufgenommen, die im Handel nicht mehr erhältlich sind, aber über die meisten Staats-, Landes- und Hochschulbibliotheken weiterhin zugänglich sind. Einen bequemen Zugang zum deutschen Bibliotheksvebund bieten einige der im vorhergehenden Abschnitt unter URL 15 (Virtuelle Bibliotheken) angegebenen Internet-Adressen sowie in besonders übersichtlicher Weise die Adresse „http://www.gbv.de/w3-bvb-karte.html".

Die nachfolgende Literaturaufstellung versteht sich als Auswahl und erhebt keinen Anspruch auf Vollständigkeit. Damit bei der Fülle des Materials eine gewisse Übersichtlichkeit gewahrt bleibt, wurde die Literatur grob in einzelne Gebiete gegliedert. Bei Titeln, die sich nach diesem Schema nicht eindeutig klassifizieren ließen, erfolgte eine willkürliche Zuordnung nach dem thematischen Schwerpunkt.

In der Literaturzusammenstellung treten die folgenden Abkürzungen häufiger auf:

Abkürzung	Erläuterung
ATV	Abwassertechnische Vereinigung e.V.
BGA	Bundesgesundheitsamt (ehemaliges)
BDI	Bundesverband der Deutschen Industrie e.V.
BMELF	Bundesministerium für Ernährung, Landwirtschaft und Forsten
BMZ	Bundesministerium für wirtschafliche Zusammenarbeit
BUWAL	Bundesamt für Umwelt, Wald und Landschaft
DFG	Deutsche Forschungsgemeinschaft
DVWK	Deutscher Verband für Wasserwirtschaft und Kulturbau
FAC	Forschungsanstalt für Agrikulturchemie und Umwelthygiene, Schweiz
FAL	Bundesforschungsanstalt für Landwirtschaft, Braunschweig-Völkenrode
GKSS	Gesellschaft für Kernenergieverwertung in Schiffbau und Schiffahrt
GLA	Geologisches Landesamt Bayern
KTBL	Kuratorium für Technik und Bauwesen in der Landwirtschaft
LAGA	Länderarbeitsgemeinschaft Abfall
LAWA	Länderarbeitsgemeinschaft Wasser
LIS	Landesanstalt für Immissionsschutz, Nordrhein-Westfalen
LÖLF	Landesanstalt für Ökologie, Landesentwicklung und Forstplanung, Nordrhein-Westfalen
LUFA	Landwirtschaftliche Untersuchungs- und Forschungsanstalt
LWA	Landesamt für Wasser und Abfall, Nordrhein-Westfalen
MURL	Ministerium für Umwelt, Raumordnung und Landwirtschaft, Nordrhein-Westfalen
SRU	Rat von Sachverständigen für Umweltfragen
TÜV	Technischer Überwachungsverein
UBA	Umweltbundesamt
VCI	Verband der Chemischen Industrie e.V.
VDLUFA	Verband Deutscher Landwirtschaftlicher Untersuchungs- und Forschungsanstalten
ZEBS	Zentrale Erfassungs- und Bewertungsstelle

LIT 1   Schwermetalle

LIT 1.1   Allgemeines zu Schwermetallen

- Anonym (1976) Bericht „Motorenbenzin und Umwelt" an das Eidgenössische Department des Inneren, Bern, Schweiz
- Anonym (1979) Vorträge Schwermetallkongreß, London. Chem Rundsch 32, Nr 47
- Anonym (1981) Überall ist Cadmium. Spektr d Wiss 1981(9): 23–24
- Anonym (1983) Umwelt- und Gesundheitsrisiken für Arsen. Schmidt, Berlin
- Axenfeld F, Munch J, Pacyna JM, Duiser J, Veldt C (1992) Test-Emissionsdatenbasis der Spurenelemente As, Cd, Hg, Zn und der speziellen organischen Verbindungen Lindan, HCB, PCB und PAK für Modellrechnungen in Europa. Dornier, Friedrichshafen
- BDI (Hrsg) (1982) Cadmium – Eine Dokumentation. BDI, Köln
- Becker K, Seiwert M, Bernigau W, Hoffmann K, Krause C, Nöllke P, Schulz C, Schwabe R (1996) Umwelt-Survey 1990/92, Bd 7. Quecksilber – Zusammenhangsanalyse. WaBoLu-Hefte 1996/06
- Bernigau W, Becker K, Chutch-Abelmann W, Henke M, Krause C, Schulz C, Schwarz E, Thefeld W (1993) Umwelt-Survey 1985/86, Bd 4b. Blei. WaBoLu-Hefte 1993/07
- Biesewig G, Collet W, Ewers U (1987) Schwermetalle in der Umwelt Umwelthygienische und gesundheitliche Aspekte In: Lahmann, E Jander K (Hrsg) Schriftenreihe Verein f Wasser-Boden-Lufthygiene eV, Nr 74
- Böhm E, Schäfers K (1990) Maßnahmen zur Minderung des Cadmiumeintrags in die Umwelt. Fraunhofer-Institut für Systemtechnik und Innovationsforschung, Bericht ISI-B-25-90
- Bolk F, Anke M, Schneider HJ (Hrsg) (1977) Cadmium-Symposium. Friedrich-Schiller-Univ Jena
- Breckle SW, Kahle H (Hrsg) (1985) Symposium Schwermetalle und Saure Depositionen 1983, Bielefeld. Bielefelder ökologische Beiträge Bd 1
- Brodersen K (1982) Quecksilber – ein giftiges, nützliches und ungewöhnliches Element. ChiuZ 1982(1): 23–31
- Brummer A, Fedders S, Fehr G (1989) Schwermetalle: Schwerwiegend für uns... Landesverband Bürgerinitiativen Umweltschutz, Niedersachsen
- Bundesarbeitgeberverband Chemie, Verband der Chemischen Industrie (Hrsg) (1987) Fakten zur Chemie-Diskussion. Schwermetalle in der Umwelt. VCI, Frankfurt
- Diehl JF (1981) Cadmium und Umwelt. VDI-Schriftenreihe, Heft 3, VDI, Düsseldorf
- Fiedler HJ (Hrsg) (1993) Spurenelemente in der Umwelt. 2. Aufl, Fischer, Stuttgart
- Friedel J (1996) Untersuchungen zur Lipophilierung von Schwermetallionen in Gegenwart von Tensiden und Huminsäuren. Diss, Univ Halle
- Haas H (1995) Mechanismen des Transports von Mineralstoffen und Spurenelementen. 9. Jahrestagung der Gesellschaft für Mineralstoffe und Spurenelemente eV, Homburg/Saar, Oktober 1993. Wiss Verl-Ges, Stuttgart
- Hackl A, Malissa H (1980) Schwermetalle in der Umwelt. Schriftenreihe TU Wien Bd 17. Springer, Wien New York
- Hanf H (1973) Mögliche Gefährdung der Umwelt durch Pflanzenschutzmaßnahmen. Anz Schädlingskde Pflanzen-Umweltschutz XLVI: 97
- Hanslik G (1960) Arzneilich verwendete Mineralien. Dtsch Apotheker-Verl, Stuttgart
- Heckel E (1986) Schwermetalle und chlorierte Kohlenwasserstoffe. Umwelt (Düsseldorf) 16(1): 31–39
- Heinisch E (1994) Schadstoffatlas Osteuropa. Ökologisch-chemische und ökotoxikologische Fallstudien über organische Spurenstoffe und Schwermetalle in Ost-Mitteleuropa. ecomed, Landsberg
- Isenbeck M, Schröter J, Kretschmer W, Mattheß G, Pekdeger A, Schulz HD (1985) Die Problematik des Retardationskonzeptes, dargestellt am Beispiel ausgewählter Schwermetalle. Meyniana 37: 47–64
- Jaenicke L (1996) Der Kreislauf des Quecksilbers. ChiuZ 1996: 193
- Kägi JHR, Nordberg M (Hrsg) (1979) Metallothionein. Birkhäuser, Basel
- Kirchartz B (1994) Reaktion und Abscheidung von Spurenelementen beim Brennen des Zementklinkers. Schriftenreihe Zementind Bd 56. Bau + Technik, Düsseldorf

– Kohler EE, Heinerl H (1995) Die Analyse des Schadstofftransports in Tongesteinen. Zeitschr angew Geol 41: 124–127
– Kühling W, Werner E, Hübers HA, Pesch HJ, Fabig KR, Meyn T, Merz T (1997) In: Deutsche Gesellschaft f Umwelt- u Humantoxikologie eV (Hrsg) Schwermetalle als Umweltbelastung für den Menschen. Bedrohte Wohnwelt durch Innenraumgifte. Joker, 06/1997
– Lahmann E (Hrsg) (1987) Schwermetalle in der Umwelt: umwelthygienische und gesundheitliche Aspekte. Schriftenreihe des Vereins für Wasser-, Boden- und Lufthygiene Nr 74. Fischer, Stuttgart
– Landesgewerbeamt Bayern (Hrsg) (1991) Eintrag von Schwermetallen in die Umwelt. UBA, Berlin
– LAUM (Hrsg) (1981) Chrom-Studie des Bund-Länder Arbeitskreises „Umweltchemikalien". Hess Landesanst f Umwelt, Wiesbaden
– Leumann P, Beuggert H (1977) Chimia 31: 447–452
– Lörcher K (1989) Schulversuche zur Problematik „Schwermetalle und Umwelt": Untersuchungen und Beobachtungen an Pflanzen. Keimung und Keimlinge der Gartenkresse (Lepidium sativum) unter Einwirkung der Schwermetalle Blei und Cadmium. Franzbecker, Bad Salzdetfurth
– Merian E (1982) Tagung „Schwermetalle in der Umwelt", Amsterdam. Chem Rundsch 35(16): 9–13
– Merian E (1987) Tagung „Schwermetalle in der Umwelt". Metall (Berlin) 41(12): 1263–1266
– Merian E (Hrsg) (1984) Metalle in der Umwelt. Verteilung, Analytik und biologische Relevanz. VCH, Weinheim
– Ministerium für Arbeit, Gesundheit und Soziales (Hrsg) (1980) Umweltbelastung durch Thallium – Untersuchung in der Umgebung der Dyckerhoff-Zementwerke AG in Lengerich sowie anderer Thalliumemittenten im Lande Nordrhein-Westfalen. Landesanstalt für Immissionsschutz/Ministerium für Arbeit, Gesundheit und Soziales/Ministerium für Ernährung, Landwirtschaft und Forsten des Landes Nordrhein-Westfalen, Düsseldorf
– Ministerium für Arbeit, Gesundheit und Soziales (Hrsg) (1983) Umweltprobleme durch Schwermetalle im Raum Stolberg 1983. Minist Arb, Gesundh, Soz Land Nordrhein-Westfalen, Düsseldorf
– Mühleib F, Settele H (1985) Schwermetalle – eine Gefahr für uns alle? Blei, Cadmium, Quecksilber. 3.Aufl, Verbraucherzentrale Nordrhein-Westfalen, Düsseldorf
– Müller C v, Haisch A, Peretzki F, Rutzmoser K, Pawlitzki KH, Hege U, Henkelmann G, Kagerer J, Jordan F (1997) Stoffeinträge, Stoffausträge, Schwermetall-Bilanzierung verschiedener Betriebstypen. Bodenkultur und Pflanzenbau Bd 97. Bayer Landesanst Bodenkultur Pflanzenb, München
– Müller RL (1989) Proliferationskinetische Studien am eukaryoten Einzeller-Organismus zur Kombinationswirkung von Schwermetallen. Forum Städtehyg 1989(6): 356
– Papke G (1981) Chrom-Studie. Hessische Landesanstalt für Umwelt, Wiesbaden
– Rizk NJ (1984) Präparation und Analyse von Huminstoffen und ihre Wechselwirkung mit Metallen. Diss, Univ Göttingen
– Rösler HJ (Hrsg) (1976) Spurenelemente im Wirkungsbereich Industrie-Biosphäre, Vorträge zum Berg- und Hüttenmännischen Tag 1975. Freiberger Forschungshefte C 317
– Schliebs R (1980) Die technische Chemie des Chroms. ChiuZ 1980(1): 13–17
– Schürmann M (1994) Der Arsenfund von Hochdahl. In: Niederbergische Geschichte, Bd 1. Erkrath 1994
– Schwarz E, Chutsch M, Krause C, Schulz C, Thefeld W (1993) Umwelt-Survey 1990/92, Bd 4a. Cadmium. WaBoLu-Hefte 1993/02
– Spiridonov AA (1986) Kupfer in der Geschichte der Menschheit. Dtsch Verl f Grundstoffind, Leipzig
– Thein J, Schäfer A (Hrsg) (1996) Geologische Stoffkreisläufe und ihre Veränderungen durch den Menschen, 148. Hauptvers DGG. Deutsche Geologische Gesellschaft, Hannover
– Thomson AJ (1977) Giftige Elemente in der Umwelt. Nachr Chem Techn Lab 25: 708–710
– Tölg G, Lorenz I (1977) Quecksilber – ein Problemelement für den Menschen? ChiuZ 1977(5): 150–156
– UBA (Hrsg) (1980) Cadmium-Bericht. UBA, Berlin
– UBA (Hrsg) (1980) Richtlinien zur Emissionsminderung in Nicht-Eisen-Metall-Industrien. Ergebnisse der UN Economic Commissions for Europe-TASK Force for the Development of Guidelines for the Control of Emissions from the Non-Ferrous Metallurgical Industries, Dec 1979. UBA Materialien. Schmidt, Berlin
– UBA (Hrsg) (1980) Umwelt- und Gesundheitskriterien für Quecksilber. UBA-Ber 1980/5. Schmidt, Berlin
– UBA (Hrsg) (1981) Ein Beitrag zum Problem der Umweltbelastung durch nicht oder schwer abbaubare Stoffe, dargestellt am Beispiel Cadmium. UBA, Berlin

– UBA (Hrsg) (1982) Protokoll der Sachverständigenanhörung zu Cadmium. Bundesministerium des Inneren/UBA, Berlin
– Umlandt O (1923) Untersuchungen über die örtliche Wirkung der Schwermetall-Ionen. Diss, Univ Göttingen
– Vahrenkamp H (1988) Zink, ein langweiliges Element? ChiuZ 1988: 73–84
– VDI (Hrsg) (1984) Schwermetalle in der Umwelt, Grundsatzstudie im Auftrag des Bundesministers des Inneren und des Umweltbundesamtes. VDI, Düsseldorf
– Wedepohl KH (1981) Naturwiss 68: 110–119

LIT 1.2   Schwermetalle in Gesteinen und Böden

– Abo-Rady MDK (1985) Schwermetalle in Lockerbraunerden im Vogelsberg und Taunus. Geol Jahrb Hessen 113: 229–250
– Ade C (1997) Schwermetall-Verteilung in Böden und Sedimenten der jüngsten Horloff-Aue (Mittelhessen). Dipl, Univ Frankfurt/M
– Aichberger K (1983) Schwermetalle in Böden Oberösterreichs und analytische Erfassung. Mitt Österr Bodenkdl Ges 27: 128–129
– Aichberger KW, Bachler W, Bichler H (1982) Schwermetalle in Böden Oberösterreichs und deren Verteilung im Bodenprofil. Landwirtsch Forsch 38: 350–362
– Andreae H (1993) Verteilung von Schwermetallen in einem forstlich genutzten Wassereinzugsgebiet unter dem Einfluß saurer Deposition am Beispiel der Sösemulde (Westharz). Ber Forschungszent Waldökosyst Göttingen A 99: 1–161
– Anonym (1981) Untersuchung der Schwermetall-Bodenbelastung in NRW. Umweltschutz-Dienst Sitler 11: 6
– Anonym (1983) Schwermetallbelastung der Flußauen. Umweltschutz-Dienst Sitler 13(8): 8
– Anonym (1997) Boden-Dauerbeobachtungs-Flächen (BDF): Bericht nach 10jähriger Laufzeit 1985 – 1995, Tl 2: Stoffeinträge, Stoffausträge, Schwermetall-Bilanzierung verschiedener Betriebstypen. Bodenkultur und Pflanzenbau (München) 1997/5
– Arbeitsgemeinschaft Alpenländer (Hrsg) (1995) Bewertung von Stoffbelastungen der Böden am Beispiel von Schwermetallen. Expertentagung der gemeinsamen Arbeitsgruppe Bodenschutz, Bozen 10.–11. 11.1994. Bayerisches Staatsministerium für Landesentwicklung und Umweltfragen, München
– Asche N (1985) Schwermetalleinträge am Beispiel emissionsnah gelegener Waldökosysteme. Mitt Dtsch Bodenkdl Ges 43(1) 331–336
– Asche N, Beese F (1986) Untersuchungen zur Schwermetalladsorption in einem sauren Waldboden. Zeitschr Pflanzenernähr Bodenkd 149(2): 172–180
– Außendorf M (1994) Säulenversuch zur Aufklärung der Schwermetalldynamik auf einem mit Kompost gedüngten sauren Waldboden. Bayreuther Bodenkdl Ber 3
– Außendorf M, Deschauer H (1993) Einfluß von gelöstem organischen Kohlenstoff (DOC), pH und Ionenstärke auf die Schwermetallverlagerung in einem Podsol nach Kompostdüngung. In: Jahrestagung 1993, Kommission I bis VII, Bodenbelastung, Schutz. Mitt Dtsch Bodenkdl Ges 72(1): 307–310
– Bachmann G, Schmidt S, Bannick CG (1996) Hintergrundwerte für Schwermetalle in Böden. Wasser+Boden 48(4): 8–11
– Balzer W (1993) Auswirkungen langjähriger Klärschlammdüngung und daraus resultierender Schwermetallakkumulationen auf den mikrobiologischen Status verschiedener Böden. Wiss Fachverl, Giessen; Diss, Univ Giessen
– Banasova V (1981) Dislokation von Schwermetallen neben der Autobahn Bratislava-Malacky. Pb, Cd und Zn-Gehalt des Bodens. Biologia 36(1): 57–67
– Bartl H (1993) Kolloidchemische Wechselwirkungen von Schwermetall-Fällungsprodukten mit Tonen. Diss, TH Darmstadt
– Bauer I, Bor J (1995) Lithogene, geogene und anthropogene Schwermetallgehalte von Lößböden an den Beispielen von Kupfer, Zink, Nickel, Blei, Quecksilber und Cadmium. Mainzer geowiss Mitt 24: 47–70
– Bauer I, Sprenger M, Bor J (1992) Die Berechnung lithogener und geogener Schwermetallgehalte von Lößböden am Beispiel von Kupfer, Zink und Blei. Mainzer geowiss Mitt 21: 7–34

- Bauske B (1994) Einfluß von Salzlösungen unterschiedlicher Zusammensetzung auf die Mobilität von Schwermetallen in Straßenrandböden und im Laborauslaugversuch. Hamburger Bodenkdl Arb 24; Diss, Univ Hamburg
- Beck RD (1993) Halbquantitative Bestimmung des Lößlehmanteils in Böden und seine Bedeutung als Quelle geogener Schwermetalle. Geol Jahrb Hessen 121: 169–180
- Becker K (1992) Langfristige Änderung des Schwermetallgehaltes im Boden in Abhängigkeit von seiner Bearbeitung und landwirtschaftlichen Nutzung. Diss, TU Berlin
- Behrens D, Wiesner J (Hrsg) (1989) Beurteilung von Schwermetallkontaminationen im Boden. DECHEMA, Frankfurt/M
- Bergfeldt T (1995) Schwermetallgehalte in Böden und Pflanzen alter Bergbaustandorte im Mittleren Schwarzwald. Luft-Boden-Abfall 33. Umweltministerium Baden-Württemberg, Stuttgart
- Bergfeldt T (1995) Untersuchungen der Arsen- und Schwermetallmobilität in Bergbauhalden und kontaminierten Böden im Gebiet des Mittleren Schwarzwaldes. Karlsruher geochemische Hefte Bd 6
- Bergseth H, Stuanes A (1976) Selektivität von Humusmaterial gegenüber einigen Schwermetallionen. Acta Agric Scand 26: 52–58
- Besenecker H, Daniels CH, Hofmann W, Höhndorf A, Knabe W, Kuster H (1981) Horizontbeständige Schwermineralanreichungen in pliozänen Sanden des niedersächsischen Küstenraumes. Geol Jahrb D 49: 1–23
- Betzenhammer G (1990) Schwermetalle in den Auensedimenten der Ems zwischen Bad Urach und Neckartenzlingen. Tübinger geogr Stud 105: 79–122
- Beuge P, Bombach G, Klemm W, Naundorf A, Pierra A (1993) Die Speciation von Quecksilber und Arsen in Böden und Gewässersedimenten. Vortrag zum XLIV. Berg- und Hüttenmännischen Tag vom 16.–19. Juni 1993 an der Bergakademie Freiberg
- Beuge P, Kluge A, Klemm W, Metzner I, Sieder J, Voland B (1992) Normale und anormale Schwermetallkonzentrationen in Auenböden aus geochemischer Sicht.- Vortrag zur Tagung „Stoffliche Belastung von Böden" der Gesellschaft für Geowissenschaften eV, 11.–12.12.1992, Freiberg
- Beuge P, Sieder J, Kluge A, Metzner I, Voland B (1992) Charakteristische Ursachen für Schwermetallbelastungen von Auenböden im Einzugsgebiet von Mulde und Elbe. Vortrag zum 4. Magdeburger Gewässerschutzseminar „Die Situation der Elbe", 22.-26.9.1992, Spindleruv Mlyn, CSFR
- Bibo J, Sieber R (1987) Hessisches Schadstoffuntersuchungsprogramm. Schwermetalluntersuchung in hessischen Kleingärten 1984–1985. Landwirtschaftliche Fachinformation Nr 35. HLELL, Kassel Verlag
- Birke C (1991) Der Schwermetalltransfer aus langjährig mit Siedlungsabfällen gedüngten Böden in Kulturpflanzen und dessen Prognose durch chemische Extraktionsverfahren Diss, Univ Bonn
- Blume HP (1981) Schwermetallverteilung und -bilanzen typischer Waldböden aus nordischem Geschiebemergel. Zeitschr Pflanzenernähr Bodenkd 144(2) 156–163
- Blume HP, Brümmer G (1987) Prognose des Verhaltens von Schwermetallen in Böden mit einfachen Feldmethoden. Mitt DtschBodenkdl Ges 53: 111–117
- Blume HP, Hellriegel TH (1981) Blei- und Cadmium-Status Berliner Böden. Zeitschr Pflanzenernähr Bodenkd 144: 181–196
- Bodenschutzzentrum des Landes Nordrhein-Westfalen (Hrsg) (1993) Schwermetallgehalte in Waldböden des Kreises Recklinghausen – Statistische und kartographische Auswertungen. Abschlußbericht zum Projekt. Oberhausen
- Böhlmann D (1991) Ökologie von Umweltbelastungen in Boden und Nahrung. Basiswissen Biologie Bd 5. Fischer
- Bor J, Krzyzanowski J (1987) Rechenmodelle zur Schwermetallbilanzierung in Böden. Mainzer geowiss Mitt 16: 307–326
- Bor J, Krzyzanowski J (1988) Ermittlung der Schwermetallmobilität im Boden. Mainzer geowiss Mitt 17: 235–248
- Borsdorf KH, Malinowski D, Naumann M (1995) Radiologische Belastung der Böden in Sachsen. Zeitschr angew Geol 41: 111–117
- Botschek P (1995) Untersuchungen zur Tiefenverlagerung von Nitrat und Schwermetallen im Boden nach unterschiedlich hoher Klärschlammdüngung im Herbst. Cuvillier, Göttingen; Diss, Univ Bonn
- Brück D (1995) Schwermetalle in Aueböden: Bewertung von Gefahrenpotentialen am Beispiel der saarländischen Blies. Arb Geogr Inst Univ d Saarlandes 42; Diss, Univ Saarbrücken

– Brümmer GW, Hornburg V, Hiller DA (1991): Schwermetallbelastung von Böden. Mitt Dtsch Bodenkdl Ges 63: 31–42
– Brüne H (1986) In: VDLUFA-Kongreß 1985. VDLUFA-Schriftenreihe, Heft 16, S 85–102
– Brüne H, Ellinghaus R, Heyn J (1982) Schwermetallgehalte hessischer Böden und ergänzende Untersuchungen zur Schwermetallaufnahme durch Pflanzen. Kali-Briefe (LFA Büntehof) 16(5): 271–291
– Buchter B, Richner G, Schulin R, Flühler H (1992) Übersicht über bestehende Stofftransportmodelle zur Analyse von Mobilisierungs- und Auswaschungsprozessen von Schwermetallen im Boden. Schriftenreihe Umwelt Nr 165 (Boden). Dokumentationsdienst BUWAL, Bern
– Burghardt H (1992) Stabilität von Schwermetall-Humatkomplexen und die Pflanzenverfügbarkeit der darin enthaltenen Schwermetalle. Diss, Univ Göttingen
– Burghardt O, Zezschwitz E v (1979) Flugstaubbeeinflußte Böden im Bereich des Siebengebirges. Geol Jahrb F 7: 5–43
– Burghardt VW, Zuzok A, Heinen P (1987) Untersuchungen zur Kennzeichnung der Anreicherung und Verteilung von Schwermetallen in urbanen Boden. Landsch+Stadt 19(1): 30–38
– Burghardt W, Bahmani-Yekta M, Schneider T (1990) Merkmale, Nähr- und Schadstoffgehalte von Kleingärten im nördlichen Ruhrgebiet. Mitt DtschBodenkdl Ges 61: 69–72
– Burhenne M, Schneider I, Bukowsky H (1997) Schwermetalle in Böden der Rieselfelder Berlin-Süd. UWSF Zeitschr Umweltch Ökotox 9(2): 94
– Crößmann G . Schwermetalle in land- und forstwirtschaftlich genutzten Böden des Kreises Lippe. Kreisverw Lippe, Umweltamt, Detmold
– Crößmann G (1983, 1986, 1987) Forschungsberichte der LUFA Münster
– Crößmann G (1987) Schwermetalle in den Böden des Kreises Herford: eine Bestandsaufnahme. Kreisverw Herford, Umweltamt
– Crößmann G (1989) Die Belastung von Böden auf Sportschießplätzen durch Bleischrot und Wurftauben. UBA-Texte 1989/35
– Crößmann G (1990) Schwermetalle in Kulturböden des Kreises Gütersloh: eine Bestandsaufnahme. Kreisverw Gütersloh, Umweltamt
– Crößmann G, Wüstemann M (1995) Belastungen in Haus- und Kleingärten durch anorganische und organische Stoffe mit Schädigungspotential: Sachstandsdokumentation. Tl 1: Böden und Komposte, Tl 2: Gemüse und Obst. UBA-Texte 1995/11
– Cubelic M (1996) Verkehrsbedingte Edel- und Schwermetallimmissionen in Böden ausgewählter Autobahnstandorte Baden-Württembergs. Dipl, Univ Karlsruhe
– Cubelic M, Pecoroni R, Schäfer J, Eckhardt JD, Berner Z, Stüben D (1997) Verteilung verkehrsbedingter Edelmetallimmissionen in Böden. UWSF Zeitschr Umweltch Ökotox 9(5): 249–258
– Czurda K, Wagner JF (1982) Diffusion und Sorption von Schwermetallen in tonigen Barrieregesteinen. In: Rentz O, Steirth J, Zilliox L (Hrsg) Premier colloque scientifique des Universites du Rhin superieur, Recherches sur l'environnement dans la region, S 785–793. Univ Rhin Super, Freiburg, Frankreich
– Degen L (1995) Schwermetalle in Baselbieter Siedlungsböden: eine Untersuchung über die aktuellen Schwermetallgehalte in fünf typischen Siedlungsböden vom Kanton Basel-Landschaft. Geogr Inst Univ Basel
– Dehn B (1988) Bioverfügbarkeit von Schwermetallen in Abhängigkeit von Bodeneigenschaften und Präsenz der endotrophen (VA) Mycorrhiza unter Freilandbedingungen. ETH-Hochschulschriften-Nr 8574; Diss, ETH Zürich
– Dehner U (1994) Das Verteilungsmuster von Schwermetallen in der Rheinaue des Hessischen Rieds. Geol Jahrb Hessen 122: 159–171
– Deissmann G (1996) Verteilung und Herkunft von Schwermetallen in Waldböden der Nordeifel. Verl der Augustinus-Buchh, Aachen; Diss, TH Aachen (1995)
– Deißmann G, Plüger WL (1993) Stabile Pb-Isotope als Indikatoren für anthropogene und geogene Schwermetalleinträge in Waldböden der nördlichen Eifel. Europ Journ Min 5(1): 42
– Delschen T (1989) Untersuchungen zur Schwermetallverfügbarkeit in klärschlammgedüngten Böden unter Feldbedingungen und im Gefäßversuch. Diss, Univ Bonn
– Delschen T, Rück F (1997) Eckpunkte zur Gefahrenbeurteilung von schwermetallbelasteten Böden im Hinblick auf den Pfad Boden/Pflanze. Bodenschutz 1997(4): 114

– Diaby K (1996) Untersuchungen zum Schwermetall- und Nährstoffhaushalt in Halleschen Kleingartenanlagen: ein Beitrag zur geoökologischen Charakteristik der Stadtregion Halle. Edition Wissensch, Reihe Geowiss 13. Tectum, Marburg; Diss, Univ Halle

– Diedel R, Friedrich G, Grassegger G (1986) Geochemie und Vererzung im Rheinischen Schiefergebirge Geochemische, lagerstättenkundliche und bodenphysikalische Untersuchungen zur Mineralisation und zur Schwermetallbelastung der Böden. Fortschr Geol Rheinland Westfalen Nr 34. Geol Landesamt NRW, Krefeld

– Diez T, Rosopulo A (1977) Schwermetallgehalte in Böden und Pflanzen nach extrem hohen Klärschlammgaben. Landwirtsch Forsch 33(1): 236–248

– Dill H, Zech W (1980) Schwermineralverteilung in einigen Bayerischen Deckschicht- und Bodenprofilen. Geol Jahrb D 41: 3–22

– Dölling M (1995) Bindungsformen und Mobilität ausgewählter Schwermetalle in Abhängigkeit des Verwitterungsgrades aufgehaldeter Ton-, Silt- und Sandsteine (Berge) des Oberkarbons. Diss, Univ Essen

– Dosch W, Memapuri E (1974) Adsorptionseigenschaften schwermetallbeladener Tonminerale. Fortschr Mineral 52(2): 52

– Dües G (1987) Untersuchungen zu den Bindungsformen und ökologisch wirksamen Fraktionen ausgewählter toxischer Schwermetalle in ihrer Tiefenverteilung in Hamburger Böden. Hamburger bodenkdl Arb 9; Diss, Univ Hamburg

– Eberhardt J (1988) Geogene und anthropogene Schwermetallgehalte in Aueböden: Untersuchungen in Einzugsgebiet und Aue des Oberen Neckars und seiner Nebenflüsse Schlichem und Eschach sowie in der Kocheraue. Diss, Univ Stuttgart

– Eberlein K (1994) Schwermetallgehalte kleingärtnerisch genutzter Standorte in Abhängigkeit von der Nutzungsdauer. Untersuchungen an ausgewählten Kleingartenanlagen Bremens. Diss, Univ Erlangen-Nürnberg

– Eggersglüss D, Müller G (1991) Schwermetalle und Nährstoffe in Gartenböden des Rhein-Neckar-Raums: Ergebnisse flächendeckender Untersuchungen. Heidelberger geowissenschaftliche Abhandlungen 49, Univ Heidelberg

– Eiberweiser M (1995) Untersuchung zur Schwermetall-Tiefenverteilung in Böden und periglazialen Deckschichten des ostbayerischen Kristallins und seiner Randgebiete. Diss, Univ Regensburg

– Eiberweiser M, Völkel J (1993) Schwermetallverteilung als Indikator für Schichtwechsel in Böden des ostbayerischen Grundgebirges und seiner Randgebiete. In: Jahrestagung 1993 Kommission I bis VII, Bodenbelastung, Schutz. Mitt Dtsch Bodenkdl Ges 72(1): 327–330

– Elspaß R (1988) Mobile und mobilisierbare Schwermetallfraktionen in Böden und im Bodenwasser, dargestellt für die Elemente Blei, Cadmium, Eisen, Mangan, Nickel und Zink unter landwirtschaftlichen Nutzflächen. Marburger geogr Schr 109. Diss, Univ Marburg (1987)

– Ender R (1986) Schwermetallbilanzen von Lysimeterböden, am Beispiel der Elemente Vanadin, Chrom, Mangan, Eisen, Kobalt, Nickel, Cadmium und Blei. Marburger geogr Schr 102

– Ender R, Müller KH (1986) Lysimeterversuche zur Schwermetall-Bilanzierung agrarisch genutzter Böden, Schwermetalle im Ackerboden. Umwelt (Düsseldorf) 16(5): 393–397

– Endres J (1988) Schwermetallverteilung anthropogen und nicht anthropogen belasteter Böden über zwei Vererzungen in der Eifel. Diss, Univ Mainz

– Ewers U, Freier I, Turfeld M, Brockhaus A, Hofstetter I, König W, Leisner-Saaber J, Delschen T (1993) Untersuchungen zu Schwermetallbelastung von Böden und Gartenprodukten. Gesundh-Wes 55: 318–325

– Fahrenhorst C (1993) Retardation und Mobilität von Blei, Antimon und Arsen im Boden am Fallbeispiel von Schrotschießplätzen. Bodenökol Bodengen 11; Diss, TU Berlin

– Faßbender HW, Seekamp G (1976) Fraktionen und Löslichkeit der Schwermetalle Cd, Co, Cr, Cu, Ni und Pb im Boden. Geoderma 16: 55–69, 447

– Fechner F (1991) Geotechnische und umweltgeologische Untersuchungen zur Erfassung des Gefährdungspotentials von schwermetallbelasteten Böden und Sedimenten. Gießener geol Schr Nr 45. Lenz, Gießen; Diss, Univ Gießen

– Federer P (1993) Verteilung und Mobilität der Schwermetalle Cadmium, Kupfer und Zink in anthropogen belasteten, kalkreichen Böden. ETH-Hochschulschr-Nr 10169; Diss, ETH Zürich

– Federer P, Sticher H (1994) Zusammensetzung und Spezierung der Bodenlösung eines mit Schwermetallen belasteten kalkreichen Bodens. Zeitschr Pflanzenernähr Bodenkdl 157(2): 131–138

– Feist B, Niehus B, Peklo G, Popp P, Thuß U (1995) Vorkommen und Transfer von Dioxinen und Schwermetallen im Raum Merseburg, Lützen, Naumburg, Zeitz. UFZ (Halle) Ber Nr 1/1995
– Felix-Henningsen P, Erber C (1992) Gehalte und Bindungsformen von Schwermetallen in Böden der Rieselfelder von Münster (Westfalen). Kieler geogr Schr 85: 59–73
– Feuereißen S (1986) Belastbarkeit von Böden mit Schwermetallen aus Klärschlamm im Hinblick auf Wachstum und Mineralstoffgehalt verschiedener Getreidearten. Ulmer, Stuttgart; Diss, Univ Hohenheim (1985)
– Fic M (1987) Adsorptions- und Desorptions-Verhalten von Cadmium, Chrom, Kupfer und Zink an ausgewählten Böden und Sanden. Diss, Univ Kiel
– Figueras JL (1996) Einfluß der organischen Substanz auf die Löslichkeit von Schwermetallen in Anwesenheit von Bindemitteln. Dipl, Inst Terrest Ökol, ETH Zürich
– Filipinski M, Grupe M (1990) Verteilungsmuster lithogener, pedogener und anthropogener Schwermetalle in Böden. Zeitschr Pflanzen Bodenkdl 153: 69–73
– Filipinski M, Pluquet E, Kuntze H (1987) Löslichkeit anthropogen, pedogen und geogen angereicherter Schwermetalle. Mitt Dtsch Bodenkdl Ges 55: 307-311
– Filius A (1993) Schwermetall-Sorption und -Verlagerung in Böden. Diss, TU Braunschweig
– Fischer K (1996) Freisetzung von Schwermetallen aus bodenbildenden Festphasen und Böden unter der Einwirkung von natürlichen organischen Chelatbildnern. Umweltgeochemische, umweltanalytische und umweltschutztechnische Aspekte. Habil, TU München
– Fischer L, Brümmer GW (1993) Schwermetallbindung durch Goethit, Adsorption, Diffusion und Festlegung verschiedener Schwermetalle. In: Jahrestagung 1993 Kommission I bis VII, Bodenbelastung, Schutz. Mitt Dtsch Bodenkdl Ges 72(1) 335–338
– Fischer WR (1987) Das Verhalten von Spurenelementen im Boden. Naturwiss 74(2): 63–70
– Förstner U (1995) Redoxeinflüsse auf die Bindungsform und Mobilität von Spurenmetallen im Untergrund. In: Schöttler U, Schulte-Ebbert U (Hrsg) Schadstoffe im Grundwasser Band 3, Verhalten von Schadstoffen im Untergrund bei der Infiltration von Oberflächenwasser am Beispiel des Untersuchungsgebietes „Insel Hengsen" im Ruhrtal bei Schwerte. S 309–391. Deutsche Forschungsgemeinschaft/VCH, Weinheim
– Förstner U, Ahlf W, Calmano W, Schumann C, Sellhorn C (1983) Einfluß von NTA auf die Sorption von Schwermetallen an definierten Feststoffphasen. Vom Wasser 61: 155–168
– Frank K (1990) Tongesteine. Retention von Schwermetallen und die Einflußnahme künstlicher Komplexbildner. Schriftenreihe Angew Geol Karlsruhe Bd 11; Diss, Univ Karlsruhe
– Fränzle O (1988) Naturraumgliederung mit Hilfe der Schwermetallbelastbarkeit von Böden. Ber Dtsch Landesknd 62(2): 287–303
– Fränzle O, Fränzle U (1991) Die Schwermetallbelastung schleswig-holsteinischer Böden. Kieler geogr Schr 80: 20–36
– Frey-Wehrmann SG (1991) Bindungsformen von Blei, Zink, Cadmium und Kupfer in Böden der nördlichen Eifel. Mitt Miner Lagerstättenkd 36; Diss, TH Aachen (1990)
– Fricke (1994) Schwermetalle und organische Schadstoffe in Böden und Pflanzen in Kleingartenanlagen der Stadt Magdeburg. Wasser+Boden 1994(9): 56
– Fröhlich S (1997) Variabilität der Bindungsstärken von Schwermetallen auf einer Sanierungsfläche im Bodenbelastungsgebiet Dornach. Dipl, Inst Terrest Ökol, ETH Zürich
– Fuchs D, Kritsotakis K, Tobschall HJ (1981) Schwermetall-Humate und ihre geochemische Bedeutung. In: Allegre CJ, Lugmair GW, O'Nions RK, Wörmann E, Rosenhauer M (Hrsg) Frühjahrestagung Sekt Geochem Dtsch Mineralog Ges. Fortschr Mineralog B59(1): 236–237
– Funke M (1994) Schwermetallverteilung in Podsolen des Hochtaunus. Dipl, Univ Frankfurt/M
– Gäbler HE, Schneider J (1996) Untersuchungen und Bewertung der Schwermetallbelastung sowie der pH-abhängigen Mobilisierbarkeit von Schwermetallen in Auenböden im Harzvorland. GDCh-Umwelttagung 1996 Ulm, Umwelt und Chemie, V 48
– Gabriel D, Maqsud N (1985) Schwermetallgehalte von Böden im nördlichen Rheinhessen. Pollichia-Buch 9, Bad Dürkheim
– Geldsetzer FO (1994) Untersuchungen zur Adsorption anionischer Schwermetall-Komplexe an Aluminiumoxid. Diss, Univ Düsseldorf
– Gerlach R, Radtke U, Spona KD, Baum G (1993) Schwermetallbelastungen wassergebundener Decken auf Kinderspielplätzen. Düsseldorfer geogr Schr 31: 231–249

– Gerth J (1985) Untersuchungen zur Adsorption von Ni, Zn und Cd durch Bodentonfraktionen unterschiedlichen Stoffbestandes und verschiedener Bodenkomponenten. Diss, Univ Kiel
– Gerth J, Brümmer G (1983) Adsorption und Festlegung von Nickel, Zink und Cadmium durch Goethit. Fresen Zeitschr Anal Chem 316: 616–620
– Ghafoor-Saheli H (1996) Untersuchungen zur Mobilisierung und Immobilisierung von Schwermetallen in offenen Grubenräumen, Halden und Böden. Papierflieger, Clausthal-Zellerfeld; Diss, TU Clausthal
– Giani L, Henken R, Schröder H (1994) Schwermetallanreicherungen in Salzmarschen der südlichen Nordseeküste. Zeitschr Pflanzenernähr Bodenkdl 157(4): 259–264
– Giese U, Müller P, Simon K (1994) Leicht mobilisierbare Elementanteile in den Graniten des Südschwarzwaldes. Eur Journ Mineral 6: 354
– Gill H (1996) Verkehrsbedingte Schwermetallbelastung im Murgtal bei Gaggenau. Dipl, Univ Karlsruhe
– Glatzel G, Kazda M, Lindebner L (1986) Die Belastung von Buchenwaldökosystemen durch Schadstoffdeposition im Nahbereich städtischer Ballungsgebiete. Düsseldorfer geobotanische Kolloquien Nr 3
– Goldschmidt VM, Krejci Graf K, Witte H (1948) Spuren-Metalle in Sedimenten. Nachr Akad Wiss Göttingen, Math-Phys Kl, Math-Phys-Chem Abt 2: 35–52
– Golshani JF (1980) Verteilung der Spurenelemente Kupfer, Zink, Blei und Quecksilber in verschiedenen Bodenhorizonten und Korngrößenfraktionen über vererzten Gesteinen des Saar-Nahe-Gebietes. Mainzer geowiss Mitt 8: 151–168
– Golwer A (1989) Geogene Gehalte ausgewählter Schwermetalle in mineralischen Böden von Hessen. Wasser+Boden 41(5): 310
– Golwer A (1991) Belastung von Böden und Grundwasser durch Verkehrswege. Forum Städtehyg 42: 266–275
– González-Blanco J (1995) Wechselwirkung von Tensiden mit Schwermetallen an Tonmineralen und an Böden. Ber FZ Jülich Nr 3093; Diss, Univ Düsseldorf
– Götschmann A (1997) Untersuchungen zur Herkunft und Verteilung des Cadmiums in den Böden der ersten Jurakette. Dipl, Inst Terrest Ökol, ETH Zürich
– Grenzius R (1988) Starke Bodenversauerung und Schwermetallanreicherung durch Stammabfluß in der Innenstadt von Berlin. Mitt Dtsch Bodenkdl Ges 56: 369–374
– Greulich P (1988) Schwermetalle in Fichten und Böden im Burgwald (Hessen) – Untersuchungen zur räumlichen Variabilitat der Elemente Blei, Cadmium, Nickel, Zink, Calcium und Magnesium unter besonderer Berücksichtigung des Reliefeinflusses. Marburger geogr Schr 111: 158; Diss, Univ Marburg
– Grobecker KH (1990) Schwermetallbelastung durch Blei und Quecksilber in zwei terrestrischen und einem aquatischen Ökosystem. Diss, Univ Gießen
– Gruhn A (1986) Änderung der Stoff-Flüsse, insbesondere der Schwermetall-Mobilität, unter dem Einfluß des „sauren" Regens in der wasserungesättigten Zone eines Podsol-Standortes. Ber Geol-Paläontol Inst, Univ Kiel, Bd 14; Diss, Univ Kiel
– Gruhn A, Mattheß G, Pekdeger A, Scholtis A (1985) Die Rolle der gelösten organischen Substanz beim Transport von Schwermetallen in der ungesättigten Bodenzone. In: Hölting B, Ehlers W (Hrsg) Gemeinsame Tagung der Fachsektion Hydrogeologie und der Deutschen Bodenkundlichen Gesellschaft, Zeitschr DGG 136(2): 417–427 und in: Goldberg G, Strebel O, Wolff J (Hrsg) Nachr DGG 32: 20
– Grunewald K (1993) Bodenzustand und -belastung aktueller und ehemaliger Rieselfelder südlich Berlins. Potsdamer geogr Forsch 5; Diss, Univ Potsdam
– Grupe M (1989) Schwermetallgehalte in Böden in Abhängigkeit vom Ausgangssubstrat. In: Referate der Deutschen Bodenkundlichen Gesellschaft, Mitt Dtsch Bodenkdl Ges 59(2): 895–896
– Grupe M (1993) Verfügbarkeit von Schwermetallen auf geogen und anthropogen hoch belasteten Standorten im Raum Stolberg/Rheinland. Dechemiana 146: 337–348
– Grupe M, Kuntze H (1988) Zur Ermittlung der Schwermetallverfügbarkeit lithogen und anthropogen belasteter Standorte, 1, Cd und Cu. Zeitschr Pflanzenernähr Bodenkdl 151(5): 319–324
– Gsponer R (1996) Ursachendifferenziertes Vorgehen zur verdachtsorientierten Erkundung von Schwermetallbelastungen im Boden. Diss, Inst Terrestr Ökol, ETH Zürich
– Guggenberger G (1993) Komplexierung von Schwermetallen an hydrophobe und hydrophile DOM-Fraktionen. Mitt Dtsch Bodenkdl Ges 71: 265–268
– Gürel A (1991) Veränderung im Stoffbestand der Verwitterungsdecke als Folge natürlicher Bodenbildungsprozesse und anthropogener atmosphärischer Deposition (Säure, Schwermetall). Ber FZ Waldökosyst A 82; Diss, Univ Göttingen

– Hamer K (1993) Entwicklung von Laborversuchen als Grundlage für die Modellierung des Transportverhaltens von Arsenat, Blei, Cadmium und Kupfer in wassergesättigten Säulen. Ber Fachber Geowiss Univ Bremen 39; Diss, Univ Bremen
– Hanke L (1987) Schwermetalluntersuchungen an repräsentativen Bodenprofilen im Lennebergwald bei Mainz. Mitt Pollichia 74: 115–141
– Hanschmann G, Opp C (1993) Schwermetallgehalte in Wald-, Wiesen- und Ackerböden bei Bitterfeld (Sachsen-Anhalt). In: Jahrestagung 1993, Kommission I bis VII, Bodenbelastung, Schutz. Mitt Dtsch Bodenkdl Ges 72(1) 365–368
– Hansen R (1980) Konzentrationen und Transport von Schwermetallen im Ökotop Weinberg, dargestellt an ausgewählten Reblagen der Trierer Region. Forschungsstelle Bodenerosion der Universität Trier, Mertesdorf (Ruwertal) Bd 6
– Heierli C, Rammelt R (1992) Zinkmobilität in Waldböden – untersucht an Bodenprofilen im Schwermetallbelastungsgebiet Gerlafingen/Biberist. Dipl, Inst Terrest Ökol, ETH Zürich
– Hein A, Sauerbeck D (1988) Aufnahme und Extrahierbarkeit des Schwermetalls Nickel in Abhängigkeit von Boden, Herkunft und Pflanzenart Tl 1. Pflanzenverfügbarkeit und Extraktionsverhalten anthropogener Nickelherkünfte. In: Abfallstoffe als Dünger – Möglichkeiten und Grenzen. VDLUFA-Schriftenreihe, Heft 23, S 335–341
– Held T (1995) Stoffhaushaltliche Untersuchungen in Kleingärten der Stadt Witten/Ruhr mit besonderer Berücksichtigung der Schwermetalle. Bochumer geogr Arbeiten 61; Diss, Ruhr-Univ Bochum
– Held T (1997) Schwermetalle: Chemische Zeitbomben in Stadtböden: Die Bodennutzung als Steuergröße der Speicherkapazität. UWSF Zeitschr Umweltch Ökotox 9(4): 185–192
– Henze H (1991) Schwermetalle in Böden verschiedener Nutzungsformen im Kreis Steinfurt Schwermetalle in Böden verschiedener Nutzungsformen im Kreis Steinfurt. Diss, Univ Münster
– Hermann R (1995) Untersuchungen zu vertikalen und horizontalen Schwermetallverteilung in Auenböden des Mittel- und Unterlaufs der Murr unter Berücksichtigung der Überflutungshäufigkeit. Dipl, Univ Stuttgart
– Herms U (1982) Untersuchungen zur Schwermetallöslichkeit in kontaminierten Böden und kompostierten Siedlungsabfällen in Abhängigkeit von Bodenreaktion, Redoxbedingungen und Stoffbestand. Diss, Univ Kiel
– Herms U, Brümmer G (1978) Einfluß organischer Substanzen auf die Löslichkeit von Schwermetallen. Mitt Dtsch Bodenkdl Ges 27: 181–192
– Herms U, Brümmer G (1978) Löslichkeit von Schwermetallen in Siedlungsabfällen und Böden in Abhängigkeit von pH-Wert, Redoxbedingungen und Stoffbestand. Mitt Dtsch Bodenkdl Ges 27: 23–43
– Herms U, Brümmer G (1984) Einflußgrößen der Schwermetallöslichkeit und -bindung in Böden. Zeitschr Pflanzenernähr Bodenkd 147: 400–424
– Herms U, Peterson F (1990) Schwermetallanreicherung unter Masten von Überlandleitungen. Zeitschr Kulturtechn Landentw 31(2): 101–105
– Herweg U, Müller A, Zumbroich T (1992) Schwermetallbelastung in Sedimenten und Auenböden des Oberbergischen Kreises als Relikte vergangener Bergbautätigkeit, Wissenschaftliches Arbeiten aus behördlicher Sicht. Abfallwirt Journ 4(2): 110–115
– Hess A (1993) Verteilung, Mobilität und Verfügbarkeit von Quecksilber in Böden und Sedimenten am Beispiel zweier hochbelasteter Industriestandorte. Diss, Univ Heidelberg
– Hess G (1992) Die Schwermetallkonzentrationen in Rebbergböden der Ostschweiz und ihre rebbauliche Bedeutung. Diss, TH Zürich
– Hessischer Minister für Landwirtschaft und Forsten (Hrsg) (1986) Bericht zur Schwermetall-Situation landwirtschaftlich genutzter Böden in Hessen. Die kleine Hessen-Biothek – Erkenntnisse – Einblicke. Wiesbaden
– Heymann H (1994) Schwermetalle und Arsen in Hamburger Kleingärten – Bodenbelastung und Pflanzenverfügbarkeit. Hamburger Bodenkdl Arb 23; Diss, Univ Hamburg
– Heyn B (1989) Elementflüsse und Elementbilanzen in Waldökosystemen der Bärhalde (Südschwarzwald). Freiburger Bodenkdl Abh 23
– Heyn B, Zöttl H W, Hädrich F, Stahr K (1987) Steuerung des Nähr- und Spurenelement-Umsatzes an der Bärhalde (Südschwarzwald). Mitt Dtsch Bodenkdl Ges 55: 351–356

– Hildebrandt EE (1974) Die Bindung von Emissionsblei in Böden. Freiburger Bodenkdl Abh 4: 1–147
– Hille J, Ruske R, Scholz RW, Walkow F (Hrsg) (1992) Bitterfeld: Modellhafte ökologische Bestands-aufnahme einer kontaminierten Industrieregion – Beiträge der 1. Bitterfelder Umweltkonferenz. Schadstoffe und Umwelt Bd 10. Schmidt, Berlin
– Hindel R, Fleige H (1991) Schwermetalle in Böden der Bundesrepublik Deutschland – geogene und anthropogene Anteile. UBA Texte 10/91. Umweltbundesamt, Berlin
– Hinz C, Buchter B, Flühler H (1996) Schwermetalltransport im ungesättigten Boden: Kadmium in einem Bodenmonolithen. Zeitschr Dtsch Geol Ges 147: 499–506
– Hodel M (1994) Untersuchungen zur Festlegung und Mobilisierung der Elemente As, Cd, Ni und Pb an ausgewählten Festphasen unterbesonderer Berücksichtigung des Einflusses von Huminstoffen. Karlsruher geochem Hefte Bd 5
– Hoene-Schweikert H (1979) Schwermetalle in Pflanzen und Böden aus dem Elsenzgebiet. Diss, Univ Heidelberg
– Hoins U (1991) Zur Schwermetall-Adsorption an oxidischen Oberflächen: der Einfluß von Sulfat. Diss, ETH Zürich
– Hoke S (1995) Schwermetalle im Boden der Stadt Halle/Saale. Kölner geogr Arb 65: 91–104
– Höllwarth M (1988) Zur Schwermetallbelastung eines „immissionsfreien" Gebietes am Beispiel der Nordfriesischen Insel Amrum. Geoökodyn 9(1): 53–61
– Höllwarth M, Harres HP, Friedrich H (1985) Beziehungen von Schwermetallgehalten in Böden und Eibennadeln städtischer Standorte. Flora (Jena) 177(3/4): 227–235
– Horion B, Friedrich G (1986) Die Verteilung von Schwermetallen, Arsen, Quecksilber und Jod im Nebengestein und in Böden im Bereich sulfidischer Erzgänge im nordöstlichen Siegerland. Fortschr Geol Rheinld Westf (Krefeld) 34: 319–336
– Hornburg V (1991) Untersuchungen zur Mobilität und Verfügbarkeit von Cadmium, Zink, Mangan, Blei und Kupfer in Böden. Bonner bodenkdl Abh 2
– Hornburg V (1996) Schwermetall-Gesamtgehalte in verschiedenen Böden nordrhein-westfälischer Naturräume. Geol Jahrb A 144: 209–254
– Hornburg V, Brümmer GW (1989) Untersuchungen zur Mobilität und Verfügbarkeit von Schwermetallen in Böden. In: Referate der Deutschen Bodenkundlichen Gesellschaft. Mitt Dtsch Bodenkdl Ges 59(2): 727–732
– Hornburg V, Brümmer GW (1991) Schwermetall-Verfügbarkeit und -Transfer in Abhängigkeit von der Bodenreaktion und dem Stoffbestand der Böden. Mitt Dtsch Bodenkdl Ges 66(2): 661–664
– Irion G (1982) Sedimentdatierung durch anthropogene Schwermetalle. Natur+Museum 112(6): 183–189
– Joneck M, Prinz R (1993) Schwermetallgehalte in Böden des Maintales und angrenzender Nebentäler. GLA-Fachber (München) 10
– Jung W, Knitzschke G, Gerlach R (1974) Zu den „Schadstoffkomponenten" Arsen, Antimon, Wismut, Tellur und Quecksilber im Kupferschiefer des Südostharzvorlands. Zeitschr Angew Geol 20(5): 205–211
– Kalcher KU, Kosmus W, Pietsch R (1983) Untersuchungen zur vertikalen Verteilung der toxischen Spurenmetalle Blei und Cadmium innerhalb eines Hochmoores. Telma 13. 173–183
– Kalcher KU, Pietsch R (1984) Vergleichende Untersuchungen über den Gehalt an Aminosäuren und Spurenelementen in fünf österreichischen Torfen. Telma 14: 203–216
– Kämmerer A, Vance GF (1993) Schwermetallgehalte in bayerischen und nordamerikanischen Koniferenwäldern, ein Vergleich. In: Jahrestagung 1993, Kommission I bis VII, Bodenbelastung, Schutz. Mitt Dtsch Bodenkdl Ges 72(1): 731–734
– Kasperowski E (1993) Schwermetalle in Böden im Raum Arnoldstein. Monographien Bd 33. Umweltbundesamt; Wien
– Kazda M, Glatzel G (1984) Schwermetallanreicherung und Schwermetallverfügbarkeit im Einsickerungsbereich vom Stammablaufwasser in Buchenwäldern (Fagus sylvatica) des Wienerwaldes. Zeitschr Pflanzen Bodenkdl 147: 743–752
– Kazda M, Glatzel G, Lindebner L (1986) Schwermetallanreicherung und -mobilität im Waldboden. Mitt Österr Geol Ges 79: 131–142
– Kazemi A (1989) Vergleichende Untersuchung zur Belastung von Böden und Bodenverbesserungsmitteln mit Schwermetallen und Arsen in Berlin (West). Abfallw-Journ (Berlin) 1(9): 63–70

– Keilen K (1978) Spurenelementverteilung und Bodenentwicklung im Bärhaldegranitgebiet, Südschwarzwald. Freiburger Bodenkdl Abh 8
– Keller T, Desaules A (1997) Flächenbezogene Bodenbelastung mit Schwermetallen durch Klärschlamm. Schriftenreihe der FAL Nr 23. Institut für Umweltschutz und Landwirtschaft (IUL), Liebefeld-Bern / Eidgenössische Forschungsanstalt für Agrarökologie und Landbau (FAL), Zürich-Reckenholz
– Kerndorff H (1980) Analytische und experimentelle Untersuchungen zur Bedeutung der Humin- und Fulvosäuren als Reaktionspartner für Schwermetalle in anthropogen belasteten und unbelasteten Regionen. Diss, Univ Mainz
– Kilian W (1982) Waldstandorte und Böden sowie deren Schwermetallbelastung im Immissionsgebiet Arnoldstein. In: Das immissionsökologische Projekt Arnoldstein, eine interdisziplinäre Studie. Carinthia II, Sonderh 39: 325–350
– Kirschey KG (1978) Schwermetallverteilung in Böden kristalliner Bereiche der Saar-Nahe-Senke. Diss, Univ Bonn
– Kissling C (1992) Theoretisches Modell zur Beurteilung der anthropogenen Schwermetallbelastungen in Böden. Fallbeispiel: Oberrheinische Tiefebene. Heidelberger geowiss Abh 60; Diss, Univ Heidelberg
– Klegraf D (1995) Überflutungsbedingte Schwermetallgehalte in Oberböden der Enztalaue im Grünlandbereich: Auswirkungen von Hochwassererreignissen. Dipl, Univ Stuttgart
– Klein P, Pirkl H (1986) Schwermetalle in Böden. Mitt Österr Geol Ges 79: 143–162
– Klinger T, Fiedler HJ (1996) Zur Spurenelement-Vertikalverteilung in Waldbodenprofilen Ostdeutschlands. Chemie d Erde 56(1): 65–78
– Kloke A (1974) Blei-, Zink- und Cadmiumanreicherungen in Böden und Pflanzen. Staub Reinhalt Luft 34: 18–21
– Kloke A, Eikmann T (1991) Bodenverunreinigungen. Gesundheit und Umwelt Bd 11. Europ Akad f Umweltfragen, Tübingen
– Kloke A, Wiesner J, König A (1994) Beurteilung von Schwermetallen in Böden von Ballungsgebieten: Arsen, Blei und Cadmium. In: Kreysa G v, Wiesner J (Hrsg) Resümee der DECHEMA-Arbeitsgruppe „Bewertung von Gefährdungspotentialen im Bodenschutz". DECHEMA, Frankfurt/M
– Knappe S, Keese U (1995) Lysimeteruntersuchungen zum Einfluß von Löß-Parabraunerde und Löß-Schwarzerde auf Schwermetallgehalte in Pflanzen, Boden- und Sickerwasser. In: VDLUFA-Kongreß 1995, Garmisch-Partenkirchen, „Grünland als Produktionsstandort und Element der Landschaftsgestaltung". VDLUFA-Schriftenreihe, Heft 40
– Koch D (1993) Erfassung und Bewertung der Schwermetallmobilität über Sickerwässer aus Böden hoher geogener Anreicherung und zusätzlicher Belastung. Diss, Univ Göttingen
– Koch D, Grupe M (1993) Mobilität von Schwermetallen geogener/anthropogener Herkunft. In: Jahrestagung 1993, Kommission I bis VII, Bodenbelastung, Schutz. Mitt Dtsch Bodenkdl Ges 72(1): 385–388
– Koch U (1995) Untersuchung der Umweltbelastung in Bezug auf Boden, Wasser und Vegetation durch Bergbauaktivitäten durch die ehemalige Nickelerzgrube Horbach-Wittenschwand bei St. Blasien, Süd-Schwarzwald. Dipl, Univ Karlsruhe
– Köck M, Pichler-Semmelrock F (1993) Schwermetalle in steirischen Böden Schwermetalle in steirischen Böden. Ursachen und Auswirkungen erhöhter Schwermetallkonzentrationen in steirischen Böden (Gutachten). Informationszentrale für Umweltschutz, Graz
– Koenies H (1985) Über die Eigenart der Mikrostandorte im Fußbereich der Altbuchen unter besonderer Berücksichtigung der Schwermetallgehalte in der organischen Auflage und im Oberboden. Ber FZ Waldökosyst Göttingen Nr 9; Diss, Univ Kassel (1982)
– König N (1986) Einfluß der natürlichen organischen Substanzen auf die Schwermetallmobilisierung in sauren Waldböden durch Komplexierungs- und Sorptionsreaktionen. In: 1. Humuskolloquium der DBG. Mitt Dtsch Bodenkdl Ges 45
– König W (1986) Schwermetallbelastung von Böden und Kulturpflanzen einiger ehemaliger Erzabbaugebiete in Nordrhein-Westfalen. Fortschr Geol Rheinl Westf 34: 455–470
– König W (1986) Ursachen und Einflußfaktoren für die Schwermetallgehalte von Böden und Kulturpflanzen: dargestellt anhand von Ergebnissen einer Erhebungsuntersuchung in Nordrhein-Westfalen. Forschung und Beratung, Reihe C, Wissenschaftliche Berichte und Diskussionsbeiträge H 43. Landwirtschaftsverl Münster-Hiltrup

– König W (1988) Schwermetallbelastung von Böden und Pflanzen in Haus- und Kleingärten des Ruhrgebietes. Verhandl Ges Ökol 18: 325–331
– König W, Baccini P, Ulrich B (1986) Der Einfluß der natürlichen organischen Substanzen auf die Metallverteilung zwischen Boden und Bodenlösung in einem sauren Waldböden. Zeitschr Pflanzen Bodenkdl 149: 68–82
– König W, Krämer F (1985) Schwermetallbelastung von Böden und Kulturpflanzen in Nordrhein-Westfalen. Bd 10 d Schriftenreihe d Landesanst f Ökolog, Landschaftsentw u. Forstpl NRW. Landwirtschaftsverl, Münster-Hiltrup
– Konopasek J (1980) Schwermetalladsorption an Torfen. Diss, Univ Mainz
– Kopisch-Obuch FW (1971) Schwermetallbindung durch verschiedenartige Humuskörper und Humusfraktionen. Diss, Univ Hohenheim
– Köster W, Merkel D (1981) Systematische Untersuchungen auf Schwermetallbelastung am Harzrand. Bodenuntersuchungen in Gittelde, Astfeld-Langelsheim und Liebenburg. Landwirtschaftskammer Hannover
– Köster W, Merkel D (1985) Schwermetalluntersuchungen landwirtschaftlich genutzter Böden und Pflanzen in Niedersachsen. Niedersächs. Landwirtschaftskammer, Hannover
– Koziol M (1997) Schwermetall- und Metalloidgehalte und ihre Umweltrelevanz in den historischen Quecksilber-Bergbaugebieten des Nordpfälzer Berglandes. Diss, Univ Mainz
– Kratz W (1988) Ökosystemare Untersuchungen zur Schwermetallkontamination eines immissionsbelasteten Forstsaumes an der Autobahn Avus in Berlin (West). Verhandl Ges Ökol 18: 409–413
– Krause O, König V, Münch U (1994) Anorganische Spurenstoffe: Vorkommen in Böden und Grundwasser Thüringens. Übersichten zur Tierernährung 22(1): 164–174
– Krömer E (1981) Geochemische Untersuchungen zur Verteilung von Quecksilber. Diss, RWTH Aachen
– Krüger A, Schneider B, Neumeister H, Kupsch H (1995) Akkumulation und Transport von Schwermetallen in Böden des Bitterfelder Industriegebietes. Geoökodyn 16(1) 25–56
– Kruse K (1993) Die Adsorption von Schwermetallionen an verschiedenen Tonen. Veröff ETH-IGT 203. Verl der Fachvereine, Zürich
– Kücke M (1992) Einfluß langjährig hoher Klärschlammgaben und Schwermetallanreicherung im Boden auf das Wurzelwachstum und die Mikorrhiza-Infektion unterschiedlicher Kulturpflanzen. In: Merbach W (Hrsg) Ökophysiologie des Wurzelraumes, S 32–35. Deutsche Landakademie Thomas Müntzer
– Kuntze H (1991) Geogene und anthropogene Schwermetalle in Böden: Lösbarkeit und Pflanzenaufnahme. Kennzeichnung der Empfindlichkeit der Böden gegenüber Schwermetallen unter Berücksichtigung geogener, pedogener und anthropogener Anteile. UBA-Texte 1991/22
– Kuntze H, Herms U (1986) Bedeutung geogener und pedogener Faktoren für die weitere Belastung der Böden mit Schwermetallen. Naturwiss 73(4): 195–204
– Kuntze H, Herms U, Pluquet E (1984) Schwermetalle in Böden – Bewertung und Gegenmaßnahmen. Geol Jahrb A 75: 715–736
– Kurtenacker M (1995) Lithogene und nutzungsbedingte Schwermetall- und Arsengehalte in rheinlandpfälzischen Boden. Pollichia Bd 31. Pollichia, Bad Dürkheim; Diss, Univ Trier (1993)
– Küster H, Kaa R, Rehfuess KE (1988) Beziehung zwischen Landnutzung und der Deposition von Blei und Cadmium in Torfen am Nordrand der Alpen. Naturwiss 75: 611–613
– Lamersdorf N (1987) Spurenstoffe im Wurzelraum von Fichtelwald-Ökosystemen. Mitt Dtsch Bodenkdl Ges 55: 619–624
– Lamersdorf N (1988) Verteilung und Akkumulation von Spurenstoffen in Waldökosystemen. Ber FZ Waldökosyst Göttingen A36
– Lamersdorf N, König N (1985) Der Einfluß von Düngungsmaßnahmen auf den Schwermetall-Output in 100 cm Bodentiefe und die Reaktion des pH-Wertes, des organischen C-Gehaltes und der Schwermetallkonzentration in wässerigen Bodenextrakten aus Bodenprofilen der Versuchsflächen auf die Düngungsmaßnahmen. Mitt Dtsch Bodenkdl Ges 43(1): 403–408
– Landesanstalt für Umweltschutz Baden-Württemberg – Arbeitsgruppe Bodenschutz (Hrsg) (1990) Schwermetallgehalte von Böden aus verschiedenen Ausgangsgesteinen in Baden-Württemberg, Sachstandsber 4
– Landesanstalt für Umweltschutz Baden-Württemberg (Hrsg) (1994) Schwermetallgehalte in Böden aus verschiedenen Ausgangsgesteinen Baden-Württembergs. Materialien zum Bodenschutz 3
– Lehmann M (1993) Bergbaualtlasten im Hirschbach/Schlapbachtal. Dipl, Univ Karlsruhe

– Leidmann P (1994) Freisetzung von Schwermetallen aus bodentypischen Festphasen unter Einwirkung natürlicher organischer Komplexbildner. Diss, TU München
– Leinweber P (1996) Schwermetallgehalte und Schwermetallbindungsvermögen der Böden im agrarischen Intensivgebiet Südoldenburg. Oldenburgische Volksztg
– Lenz W (1986) Untersuchungen zur Schwermetallbelastung und -mobilität im ehemaligen Blei-Zink-Revier Bad Ems/Holzappel. Gießener geol Schr 40
– Leutwein F (1952) Das Vorkommen von Spurenmetallen in organogenen Sedimenten. Acta Geologica Academiae Scientiarum Hungaricae = Magyar Tudomanyos Akademia Foeldtani Koezloenye 1: 143–157
– Lichtfuß R, Andersen HU (1983) Spurenelementverteilung in jungpleistozänen Bodentoposequenzen Ostholsteins. Mitt Dtsch Bodenkdl Ges 38: 227–232
– Liebe F, Brümmer GW (1997) Mobile und mobilisierbare Gehalte an anorganischen Schadstoffen in Böden Nordrhein-Westfalens. Materialien zu Altlastensanierung und Bodenschutz, LUA NRW
– Liebe F, Welp G, Brümmer GW (1997) Mobilität anorganischer Schadstoffe in Böden Nordrhein-Westfalens: lösliche, mobile, mobilisierbare und gesamte Elementgehalte in Böden und Beziehungen zu Bodeneigenschaften und Elementgehalten in Pflanzen. Materialien zur Altlastensanierung und zum Bodenschutz Nr 2. Landesumweltamt Nordrhein-Westfalen, Essen
– Lienert D (1993) Verhalten von linearen Alkylbenzolsulfonaten in Sandböden und deren Einfluß auf die Mobilität von persistenten Umweltchemikalien und Elementen im Vergleich zu dem anderer Tenside. Diss, TU München
– Lindenmair J (1997) Vergleichende Schwermetalluntersuchungen von Waldbodenprofilen auf Flugsanden (Untermainebene und Hessisches Ried). Dipl, Univ Frankfurt/M
– Lingg K (1995) Schwermetalleinträge in Landwirtschaftsböden durch Hilfsstoffe. Dipl, Inst Terrest Ökol, ETH Zürich
– Lingg K, Meuli R, Schulin R (1996) Schwermetalleinträge in Landwirtschaftsböden. Agrarforschung 3: 105–108
– Lohr M (1995) Schwermetalle in Auenboden des Rheinisch-Bergischen Kreises. Kölner geogr Arb 65: 77–90
– LÖLF (Hrsg) (1989) Aufstellung vorläufiger Hintergrundwerte für Schwermetalle in Böden von Nordrhein-Westfalen. Landesanst f Ökolog, Landschaftsentw u. Forstpl NRW, Recklinghausen
– Lorenz B (1996) Der Kupferschieferausstrich am östlichen Harzrand und seine Auswirkungen auf die Bodenschwermetallgehalte - Untersuchung zweier Catenen an einem Lößhang westlich Ahlsdorf. Dipl, Univ Frankfurt/M
– Lorz C (1996) Zur Problematik des geologischen Aufbaus der Bodendecke und der Verteilung von geogenen Schwermetallen. Geoökodyn 17(1): 25–44
– Lübben S, Rietz E, Sauerbeck D (1993) Tiefenverteilung von Schwermetallen in zwei verschiedenen Böden als Folge langjähriger Klärschlammgaben. Mitt Dtsch Bodenkdl Gese 72: 1375–1378
– Lux W (1986) Schwermetallgehalte und -isoplethen in Böden, subhydrischen Ablagerungen und Pflanzen im Südosten Hamburgs. Hamburger Bodenkdl Arb5; Diss, Univ Hamburg
– Lux W, Hintze B (1983) Erste Beurteilung der Schwermetallbelastung in Böden der Freien und Hansestadt Hamburg. In: Tagung Dtsch Bodenkdl Ges, Mitt Dtsch Bodenkdl Ges 38: 239–244
– Mahlberg A (1990) Schwermetalle in Böden, Pflanzen, Fließgewässern und ihren Sedimenten im Bananenanbaugebiet Barú (Panama). Heidelberger geowiss Abh 35; Diss, Univ Heidelberg (1989)
– Manz M (1995) Umweltbelastungen durch Arsen und Schwermetalle in Böden, Halden, Pflanzen und Schlacken ehemaliger Bergbaugebiete des Mittleren- und Südlichen Schwarzwaldes. Karlsruher geochem Hefte 1995(7): 227; Diss, Univ Karlsruhe
– Manz M, Puchelt H, Fritsche R (1995) Schwermetallgehalte in Böden und Pflanzen alter Bergbaustandorte im Südschwarzwald. Luft-Boden-Abfall 1995: 32
– Margane J (1992) Änderung der Schwermetallbindungsformen in thermisch behandeltem Bodenmaterial. Sonderveröffentl Geol Inst Univ Köln 87; Diss, Univ Köln
– Martin W, Ruppert H, Fried G (1991) Veränderung von Elementgehalten, pH-Wert und potentieller Kationenaustauschkapazität in ausgewählten Böden Bayerns. GLA-Fachber 6
– Matschullat J, Heinrichs H, Schneider J, Siewers U (1990) Schwermetalle und Gewässerversauerung, Untersuchungen zum Verhalten von Schadstoffen in bewaldeten Ökosystemen im Harz. Zeitschr Dtsch Geol Gesell 141(1): 139–150

– Mayer R (1978) Adsorptionsisothermen als Regelgrößen beim Transport von Schwermetallen in Böden. Zeitschr Pflanzenernähr Bodenkd 141: 11 – 28
– Mayer R (1981) Natürliche und anthropogene Komponenten des Schwermetallhaushalts von Waldökosystemen. Göttinger Bodenkdl Ber 70
– Mayer R (1983) Schwermetalle in Waldökosystem der Lüneburger Heide. In: Tagung Dtsch Bodenkdl Ges, Mitt Dtsch Bodenkdl Ges 38: 251 – 256
– Mayer R, Heinrichs H (1977) Gehalte an 26 Elementen (einschließlich Spurenelementen) in Düngemitteln und Böden sowie Bodenvorräte und Flüssebilanzen in zwei Waldökosystemen. Mitt Dtsch Bodenkdl Ges 25: 367 – 376
– Meier C (1992) Einfluß des Substratangebotes in Form von Pflanzenmaterial oder reinen Substanzen auf die mikrobielle Biomasse schwermetallbelasteter Böden. Diss, TU Braunschweig
– Meißner R, Rupp H, Guhr H (1993) Schwermetallbelastung von Boden und Wasser im Bereich der Magdeburger Rieselfeder und Auswirkungen auf deren künftige Nutzung. GKSS Ext Ber 39; Wasser+Boden 45(2): 76
– Menke B (1987) Geobotanische und geochemische Untersuchungen an einem Torfprofil zur Frage natürlicher und anthropogener Elementverfrachtungen. Geol Jahrb A95: 3 – 102
– Merkle A (1996) Untersuchungen zur Schwermetallbelastung und -gefährdung von Böden in einer als Klärschlammdeponie genutzten Aue (Mussenbachtal, Stuttgart-Mühlhausen). Dipl, Univ Stuttgart
– Meshref H (1981) Schwermetallstatus (Cu, Fe, Mn, Zn) Berliner Böden unterschiedlicher Nutzung. Diss, TU Berlin
– Mesterheide N (1996) Verteilung von umweltrelevanten Spurenmetallen in Bodenprofilen von Regenwasserabflüssen der Autobahn A7 und ihre Herkunft aus dem Straßenverkehr. Dipl, Univ Göttingen
– Metzger R, Kramm U, Plüger WL (1996) Pb-Isotopen als Indikatoren für die Schwermetallbelastung der Böden im ehemaligen Pb-Zn-Bergbaugebiet Stolberg/Nord-Eifel. Schriftenreihe Dtsch Geol Ges 1: 106
– Meuli R, Attinger W, Grünwald A, Steiger B v, Pepels A, Schulin R (1996) Reproduzierbarkeit einer regionalen Erhebung der Bodenbelastung durch Schwermetalle, dargestellt am Beispiel eines Testgebietes im Zürcher Furttal. Amt für Gewässerschutz und Wasserbau (AGW) des Kantons Zürich
– Meuli R, Steiger B v, Webster R, Schulin R (1995) Sind regionale Bodenuntersuchungen reproduzierbar? Ein Fallbeispiel. Mitt Dtsch Bodenkdl Ges 76: 373 – 376
– Meuser H (1996) Berücksichtigung der Metalle Be, Co, Sb, Se, Sn und V bei Bodenuntersuchungen auf Altablagerungen. Altlasten-Spektrum 2: 82 – 93
– Meuser H, Bailly F, Kleinwort S, Wolf N, Wüstefeld M (1993) Unterschiedliche Ursachen für erhöhte Schwermetallgehalte in einigen industriebeeinflußten Auenböden. In: Jahrestagung 1993, Kommission I bis VII, Bodenbelastung, Schutz. Mitt Dtsch Bodenkdl Ges 72(1): 409 – 412
– Meyer D (1996) Immobilisierung von Blei und Cadmium durch Eisenhydroxid und eisenbeladenem Montmorillonit. Ein Beitrag zur sanften Bodensanierung. Dipl, Inst Terrest Ökol, ETH Zürich
– Michenfelder A (1993) Labor- und Geländeuntersuchungen zum Transportverhalten und Rückhaltevermögen landwirtschaftlich genutzter Böden gegenüber Schwermetallen und Pflanzenschutzmitteln. Schriftenreihe Angew Geol Karlsruhe Bd 27; Diss, Univ Karlsruhe
– Mies E (1987) Elementeinträge in tannenreiche Mischbestände des Südschwarzwaldes. Freiburger Bodenkdl Abh 18
– Mohr HD (1985) Schwermetalle in Boden, Rebe und Wein: Untersuchung zur Anreicherung von Schwermetallen aus Siedlungsabfällen (Müllkompost, Müllklärschlammkompost) in Weinbergsböden, Reben, Most u. Wein. Schriftenreihe Bundesmin f Ernährung, Landwirtschaft und Forsten A 308. Landwirtschaftsverl Münster-Hiltrup
– Moritz R (1994) Erfassung der Schwermetallbelastung landwirtschaftlich genutzter Böden nach Klärschlammausbringung. Diss, Univ Freiburg
– Mosimann T (Hrsg) (1986) Bodenschädigung durch den Menschen. In: Jahrestagung der Schweizerischen Naturforschenden Gesellschaft, 4. 10. 1985, Biel. Bodenkundliche Gesellschaft der Schweiz (BGS) Dokument Nr 3. Juris, Zürich
– Müller A, Zumbroich T, Herweg U (1992) Schwermetallbelastung von Auenböden im Bergischen Blei-Zink-Erzbezirk – ein methodischer Ansatz zur orientierenden, großräumigen Gefährdungsabschätzung. LÖLF-Mitteilungen 1992, S 29 – 33

– Müller G (1992/1993) Schadstoffbelastung in Böden von Hochwasserüberflutungsflächen des Rheins. Ministerium für Umwelt Rheinland-Pfalz, Mainz
– Müller G, Haamann L, Kubat R, Noë (1987) Schwermetalle und Nährstoffe in den Böden des Rhein-Neckar-Kreises und des Stadtgebietes von Heidelberg. Heidelberger geowiss Abh 13
– Müller G, Yahya A (Hrsg) (1992) Schadstoffbelastung in Böden von Hochwasserüberflutungsflächen des Rheins: Literaturstudie und Zusammenstellung vorhandener Untersuchungen. Materialien zum Hochwasserschutz am Rhein. Ministerium für Umwelt, Rheinland-Pfalz, Mainz
– Müller G, Yahya A (Hrsg) (1993) Schadstoffbelastung in Böden von Hochwasserüberflutungsflächen des Rheins: Kurzfassung der erstellten Literaturstudie und Zusammenstellung vorhandener Untersuchungen. Ministerium für Umwelt Rheinland-Pfalz, Mainz
– Müller KH (1986) Verbreitung und Herkunft von Schwermetallen auf landwirtschaftlichen und forstlichen Nutzflächen. Marburger geogr Schr 100: 92–116
– Müller N, Lamersdorf N (1995) Verteilung und Mobilität von Schwermetallen in einem pollenanalytisch datierten Torfkern aus dem Roten Moor (Hochharz). Telma 25: 143–162
– Münch D (1991) Naturschutzgebiete in der Großstadt und ihre Bodenbelastung. INFU-Werkstattreihe Bd 21. M & N, Unna
– Münch D, Ullrich C (1993) Kontamination des Randbodens durch PAK und Schwermetalle an asphaltierten Waldwegen und Straßen. In: Jahrestagung 1993, Kommission I bis VII, Bodenbelastung, Schutz. Mitt Dtsch Bodenkdl Ges 72(1): 417–420
– Mustafa M (1994) Bodengenese und Schwermetallbelastung in den Spülfeldern der Überschlickungsgebiete Emden-Riepe. Diss, Univ Oldenburg
– Nachstedt U (1992) Kinetische Untersuchungen zur Wechselwirkung von Schwermetallionen mit suspendierten Tonmineralien. Diss, Univ Bielefeld
– Nätscher R (1986) Schwermetallbelastungen im Großraum München und in Flußtälern gemessen, Bodenschutz in Bayern. Umwelt (Düsseldorf) 16(3): 225–226
– Navabi K (1996) Auswirkung einer CaO-Tonmatrix auf die Immobilisierung von Schwermetallen, die mikrobielle Aktivität und das Pflanzenwachstum in einem kontaminierten Versuchsboden im Modellversuch. Cuvillier, Göttingen; Diss, TU Braunschweig
– Neite H (1989) Zum Einfluß von pH und organischem Kohlenstoffgehalt auf die Löslichkeit von Eisen, Blei, Mangan und Zink in Waldböden. Zeitschr Pflanzenernähr Bodenkd 152: 441–445
– Neite H, Kazda M, Paulissen D (1992) Schwermetallgehalte in Waldböden Nordrhein-Westfalens. Zeitschr Pflanzen Bodenkdl 155: 217–222
– Neite H, Wittig R (1988) Blei- und Zinkgehalte in Böden und Pflanzen einiger Buchenwälder Nordrhein-Westfalens. Verhandl Ges Ökol 18: 425–429
– Norra S (1995) Schwermetallbelastung von Böden entlang innerstädtischer Straßen. Dipl, Univ Karlsruhe
– Norra S (1997) Anorganische Schadstoffbelastung in Stäuben, Straßensedimenten, Böden und Pflanzen entlang innerstädtischer Straßen am Beispiel von sechs Standorten in Karlsruhe. Karlsruher Berichte zur Geographie und Geoökologie 10
– Obermann P, Cremer S (1993) Mobilisierung von Schwermetallen in Porenwässern von belasteten Böden und Deponien. Entwicklung eines aussagekräftigen Elutionsverfahrens. Materialien zur Ermittlung und Sanierung von Altlasten Nr 6. Landesamt für Wasser und Abfall NRW, Düsseldorf; Diss (Cremer), Univ Bochum (1992)
– Obrecht JM, Schluep M (1994) Untersuchungen über die Herkunft der Schwermetalle in den Böden am Munt la Schera im Schweizerischen Nationalpark. Dipl, Inst Terrest Ökol, ETH Zürich
– Obrecht JM, Schluep M (1995) Schwermetalle in den Böden am Munt la Schera: woher kommen sie? Cratschla 3(1): 47–54.
– Obrist J, Steiger B v, Schulin R, Schärer F, Baccini P (1993) Regionale Früherkennung der Schwermetall- und Phosphorbelastung von Landwirtschaftsböden mit der Stoffbuchhaltung „Proterra". Landwirtschaft. Schweiz 6: 513–518
– Opp C (1995) Zur profil- und standortbedingten Differenzierung von Schwermetallgesamtgehalten nordmongolischer Böden im Vergleich zu mitteldeutschen Boden. Geoökodyn 16(3/4): 265–282
– Ortlam D (1989) Geologie, Schwermetalle und Salzwasserfronten im Untergrund von Bremen und ihre Auswirkungen. Neues Jahrbuch für Geologie und Paläontologie 1989(6): 489–512

– Pecoroni R (1996) Verkehrsbedingte Edel- und Schwermetallbelastung in Böden am Beispiel des Autobahnstandortes Walldorf (BAB 6). Dipl, Univ Karlsruhe
– Perl J, Sauerbeck D / FIZ Karlsruhe (Hrsg) (1988) Schwermetallbelastung von Böden, Bodenorganismen und Pflanzen durch Klärschlämme. BINE Projekt Info-Service
– Pfeiffer EM, Freytag J, Scharpenseel HW (1991) Untersuchung zur Schwermetall- und Arsenbelastung von Böden und Pflanzen im Stadtgebiet von Metro Manila, Philippinen. Mitt Dtsch Bodenkdl Ges. 66(2): 1169–1172
– Pfeiffer H (1993) Schwermetalle in Böden des nordöstlichen Teils des Kreises Steinfurt. Diss, Univ Münster (Westfalen)
– Pfeiffer L (1990) Schwermineralanalysen an Dünensanden aus Trockengebieten mit Beispielen aus Südsahara, Sahel und Sudan sowie der Namib und der Taklamakan. Habil, Univ Bonn
– Popp P, Feist B, Niehus B, Peklo G, Thuß U (1997) Vorkommen und Verteilung von toxisch relevanten organischen Komponenten und Schwermetallen in ausgewählten Untersuchungsgebieten. UFZ (Halle) Ber 25/1997; Stadtökologische Forschungen 14
– Priesack E, Schulte A, Beese F (1991) Ein Modell zur Beschreibung des Transports der Schwermetalle Cd, Cu, Pb und Zn in der ungesättigten Bodenzone. Verh Ges f Ökologie 20(2): 859–863
– Prosi F, Höne-Schweikert H, Müller G (1979) Verteilungsmuster von Schwermetallen in einem ländlichen Raum. Beispiel: Einzugsgebiet der Elsenz (Nord-Baden). Naturwiss 66(11): 573–575
– Puchelt H, Walk H (1980) Umweltrelevante Spurenelemente in Boden eines alten Bergbaugebietes. Naturwiss 67(4): 190–191
– Radtke U (Hrsg) (1993) Schwermetalle. Untersuchungen zur Schwermetallverteilung und -dynamik in rezenten Böden, Paläoböden, Flußsedimenten, Mooren und Kinderspielplätzen. Düsseldorfer geogr Schr 31
– Radtke U, Gaida R, Sauer KH (1990) Verteilung der Schwermetalle Blei und Zink in unterschiedlichen Böden entlang der Bundesautobahn 46 zwischen Düsseldorf und Wuppertal im Raum Haan/Hilden. Acta Biologica Benrodis 2(2): 173–190
– Rehrauer M (1991) Schwermetalle in Böden und Pflanzen eines ehemaligen Bergbaugebietes: Wiesloch/ Rhein-Neckar-Kreis. Diss, Univ Heidelberg
– Reinartz F (1989) Schwermetallanreicherung und Nährstoffversorgung in Boden und Reeben sowie Nährstoffauswaschung beim Einsatz von Rindenkomposten zur Humusanreicherung in einer skelettreichen Steilhangweinbauanlage. Diss, Univ Bonn
– Rensch M (1996) Der Einfluß der Bergbaualtlasten verschiedenen Alters auf die liegenden Sedimente zweier Profile in Wiesloch (Baden). Dipl, Univ Karlsruhe
– Rietz E (1990) Extraktionsverhalten und Bindungseigenschaften von Schwermetallen auf einem langjährig mit Klärschlamm gedüngten Feldversuchsstandort. In: Landwirtschaft im Spannungsfeld von Belastungsfaktoren und gesellschaftlichen Ansprüchen. VDLUFA-Schriftenreihe, Heft 32, S 957–964
– Rietz E, Sauerbeck D, Timmermann F, Lüders A (1984) Pflanzenverfügbarkeit und Mobilität von Cadmium, Blei, Zink und Kupfer in Abhängigkeit von der Kalkung eines schwermetallverseuchten Bodens. Landwirtsch Forsch (Sonderheft) 40: 295–306
– Rietz E, Söchtig H, Sauerbeck D (1982) Extraktionsverhalten und Bindung von Schwermetallen in Böden unterschiedlichen Belastungsgrades. Mitt Inform FAL 3: 2; Landwirtsch Forsch (Sonderheft) 38: 382–393
– Rietzschel R (1997) Ermittlung des Gefahrenpotentials einer Altablagerung im rezenten Überflutungsbereich der Untermainaue bei Offenbach. Schwermetallgesamtgehalte und mobile Anteile. Dipl, Univ Frankfurt/M
– Rigon S, Schib E, Stenz B (1993) Ein Fall für drei: die Deponie "Les Abattes" bei le Locle. Untersuchungen zu den Auswirkungen der schwermetallbelasteten Auflageschicht auf Pflanzen und Untergrund. Dipl, Inst Terrest Ökol, ETH Zürich
– Rohde G (1975) Schwermetalle in Lebewesen und Böden: eine Literaturstudie zur Beurteilung der Schwermetallanreicherung in Böden nach Zufuhr von Klärschlamm und Stadtkomposten. Mitt Arbeitskr Nutzbarmachung von Siedlungsabfällen, Sonderheft 2. Nord-Süd-Werbung, München
– Ruck A (1989) Beurteilung von Schadstoffen im Boden, ein Kriterienkatalog. Mitt Dtsch Bodenkdl Ges 59(2): 965–968
– Ruppert H (1984) Spurenmetallgehalte in Böden als Ausdruck des geologischen Substrates und der Umweltbelastung. In: 62. Jahrestagung der Deutschen Mineralogischen Gesellschaft, gemeinsam mit der Öster-

reichischen Mineralogischen Gesellschaft und der Schweizerischen Mineralogischen und Petrographischen Gesellschaft. Fortschr Miner, Beiheft 62(1): 201–202
– Ruppert H (1988) Schwermetallgehalte in Böden des Donautales. GLA-Fachber 4. Bayerisches Geologisches Landesamt, München
– Ruppert H (1990) Natürliche Spurenmetallgehalte in Böden und ihre anthropogene Überprägung. Mitt Österr Geol Ges 83: 243–265
– Ruppert H (1991) Zur Problematik der Abschätzung anthropogener Stoffgehalte in Böden am Beispiel von Schwermetallen. GLA-Fachber 6:37–55
– Ruppert H, Joneck M (1988) Anthropogene Schwermetallanreicherungen in bayerischen Böden vor dem Hintergrund der natürlichen Grundgehalte. Bayer Staatsministerium für Landesentwicklung und Umweltfragen: Materialien 54
– Ruppert H, Schmidt F (1987) Natürliche Grundgehalte und anthropogene Anreicherungen von Schwermetallen in Böden Bayerns: Bestimmung von Schwermetallen im Boden sowie die ihr Verhalten beeinflussenden Bodeneigenschaften. GLA-Fachber 2, München
– Ruppert H, Schmidt F, Joneck M, Jerz H, Drexler O (1988) Schwermetallgehalte in Böden des Donautales. Bayr Geol Landesamt, Fachber Bd 4
– Ruske R, Lauer M, Heymann T (1994) Beurteilung diffuser Bodenkontaminationen in den neuen Bundesländern. UBA-Texte 1994/61
– Salt C (1987) Schwermetalle in einem Rieselfeld-Ökosystem. Landschaftsentwicklung und Umweltforschung 53; Diss, TU Berlin
– Sauer M, Walter C (1998) Schwermetalle in Auenlehmen der Bremer Wesermarsch: Geogene und anthropogene Gehalte. Wasser+Boden 1998(1)
– Sauerbeck D (1986) Vorkommen, Verhalten und Bedeutung von anorganischen Schadstoffen in Böden. In: Bodenschutz, Tagung über Umweltforschung. Hohenheimer Arbeiten. Ulmer, Stuttgart
– Sauerbeck D, Latacz-Lohmann U, Schmidt R (1996) Beurteilung von Bodenbelastungen und ihre wirtschaftlichen Auswirkungen in Bulgarien. UBA-Texte 1996/10
– Sauerbeck D, Styperek P (1988) Schadstoffe im Boden, insbesondere Schwermetalle und organische Schadstoffe aus langjähriger Anwendung von Siedlungsabfällen. UBA-Texte 1988/16
– Schaaf H (1986) Untersuchungen über Akkumulation, Aufnahme und Verlagerung von Schwermetallen bei langjähriger Anwendung von Klärschlamm verschiedener Aufbereitung im Landbau. Fleck, Niederkleen; Diss, Univ Gießen
– Schäfer H (1984) Streuabbauverzögerung durch Akkumulation von Schadstoffen in Buchenwäldern. Verhandl Ges Ökol 14: 309–318
– Schäfer H (1986) Auswirkungen der Bodenversauerung und Schwermetallakkumulation in Wäldern auf die CO_2-Produktion und Dekomposition der Streu. Verhandl Ges Ökol 16: 279–290
– Scharpenseel HW, Beckmann H (1975) Schwermetalluntersuchungen an terrestrischen, hydromorphen und subhydrischen Böden aus ländlichen sowie stadt- und industrienahen Bereichen. Landwirtschaftl Forsch 28: 128–134
– Schellmann G, Radtke U (1990) Schwermetallgehalte holozäner Bodenchronosequenzen auf Löß des Niederbayerischen Dungaus östlich von Regensburg. Acta Biologica Benrodis 2(2): 151-160
– Schenk M, Börke M, Wecken S (1990) Schwermetallgehalt von Böden und Erntegut aus Kleingärten Hannovers. Ber Naturhist Ges Hannover 132: 19–30
– Scherelis G (1989) Untersuchungen zur profildifferenzierten Variabilität der Schwermetalle Cr, Mn, Fe, Ni, Cu, Zn und Pb in rezenten und fossilen Parabraunerden Baden-Württembergs. Stuttgarter geogr Stud 112; Diss, Univ Stuttgart
– Schmidt H (1988) Schwermetallprofile in Sedimenten vor Südkalifornien, Zeugnis anthropogener Verschmutzungsgeschichte? In: Richter DK (Hrsg) 3. Treffen deutschsprachiger Sedimentologen, Bochumer geol geotechn Arb 29
– Schmidt M (1987) Atmosphärischer Eintrag und interner Umsatz von Schwermetallen in Waldökosystemen. Ber FZ Waldökosyst Göttingen A 34; Diss, GH Kassel
– Schmidt W, Hiller J, Sollich T (1986) Neuanlage eines Versuchs zur Mobilisierung von Schwermetallen durch Regenwürmer. In: Kiefer H, König LA (Hrsg) Jahresbericht 1986 der Hauptabteilung Sicherheit, KFZ Karlsruhe 4207: 150–154

– Schmidt W, Liese T, Sollich T (1985) Einfluß von Regenwürmern auf die Verteilung und Mobilisierung von Schwermetallen in Bodensäulen. In: Jahresbericht 1985 der Hauptabteilung Sicherheit. KFZ Karlsruhe 4067: 155–157

– Schmidt W, Liese T, Sollich T (1985) Verteilung von Schadstoffen durch Regenwürmer (Lumbricus terrestris), Teil 1, Anreicherung von Blei, Chrom, Cobalt, Nickel und Cadmium in Wurmaggregaten und Wurmgewebe. Kfz Karlsruhe 4028, S 1–28

– Schmidt W, Liese T, Sollich T (1985) Verteilung von Schadstoffen durch Regenwürmer (Lumbricus terrestris), Teil 2, Vertikaler Transport der Elemente Blei, Chrom, Cobalt, Nickel und Cadmium durch Regenwürmer. Kfz Karlsruhe 4028, S 29–78

– Schmitt HW, Sticher HS (1983) Langfristige Trendanalyse von Schwermetallgehalt und Verfügbarkeit bei zunehmender Belastung des Bodens. Mitt Dtsch Bodenkdl Ges 38: 283–288

– Schmitt HW, Sticher HS (1987) Modelle für die Berechnung der Verlagerung von Schwermetallen in mehrhorizontigen Böden. Mitt Dtsch Bodenkdl Ges 55: 421–426

– Schmitz M (1985) Die Löslichkeit und Pflanzenverfügbarkeit von Schwermetallen in langjährig mit Klärschlamm gedüngten Böden. Diss, Univ Gießen

– Schneider FK (1982) Untersuchungen über den Gehalt an Blei und anderen Schwermetallen in den Böden und Halden des Raumes Stolberg (Rheinland). Geol Jahrb D 53: 3–31, Schweizerbart, Stuttgart

– Schneiderhöhn H (1949) Das Vorkommen von Titan, Vanadium, Chrom, Molybdän, Nickel und einigen anderen Spurenmetallen in deutschen Sedimentgesteinen. Neues Jahrb Miner Geol Paläont, Abh A 1–3: 50–72

– Schoer J, Nagel U (1980) Thallium in Pflanzen und Böden. Untersuchungen im südlichen Rhein-Neckar-Kreis. Naturwiss 67(5): 261–262

– Schönhard G (1979) Vergleich der Wirkung von Kalk und einem Kationenaustauscher bei der Festlegung von Schwermetallen im Boden. Landw Forsch 32: 395–404

– Schönhard G (1986) Schwermetalle im Boden. Umwelt (Düsseldorf) 16(2): 135–136

– Schuck S (1997) Schwermetalluntersuchungen in Auenböden am nördlichen Oberrhein. Dipl, Univ Frankfurt/M

– Schulin R (1996) Beurteilung von Bodenbelastungen durch Schwermetalle. In: Dokumentation der VSA-Fachtagung „Korrosionsschutz – Umweltschonender Oberflächenschutz im Freien" vom 12. September 1995 in Bern, Bd 2, S 1–12

– Schulin R, Borer F (1995) Schwermetall-Belastungen von Kulturböden im Siedlungsraum: das Beispiel Dornach. In: Bächtold HG, Schmid WA (Hrsg) Altlasten und Raumplanung, S 141–152

– Schulte A (1988) Adsorption von Schwermetallen in repräsentativen Böden Israels und Nordwestdeutschlands in Abhängigkeit von der spezifischen Oberfläche. Ber FZ Waldökosyst Göttingen A 46

– Schulte A, Beese F (1994) Adsorptionsdichte-Isothermen von Schwermetallen und ihre ökologische Bedeutung. Zeitschr Pflanzenernähr Bodenkdl 157(4): 295–303

– Schultz R (1987) Vergleichende Betrachtung des Schwermetallhaushalts verschiedener Waldökosysteme Norddeutschlands. Ber FZ Waldökosysteme/Waldsterben Univ Göttingen A 32; Diss, GH Kassel

– Schultz R, Mayer R (1987) Schwermetall-Bilanzen von Blei und Cadmium auf Sand- und Lößböden nordwestdeutscher Waldstandorte. Mitt Dtsch Bodenkdl Ges 55: 427–432

– Schultz R, Schmidt M, Godt J, Mayer R (1986) Schwermetallflüsse und deren Bilanzierungen in Waldökosystemen. Verhandl Ges Ökol 16: 297–303

– Schulz R, Lamersdorf N (1987) Schwermetallverteilung in einem Fichtenwaldökosystem im Solling. Verhandl Ges Ökol 17: 543–547

– Schütze G, Nagel HD (1997) Berechnung kritischer Schwermetalleinträge in den Boden unter dem Aspekt der Vorsorge. Bodenschutz 1997(1): 14

– Schweiger (1984) Anreicherung von Schwermetallen im Boden durch Klärschlammdüngung. Wasser+ Boden 1984: 65

– Schwertmann U, Fischer WR, Fechter H (1982) Spurenelemente in Bodensequenzen, 2. Zwei Pararendzina-Pseudogley-Sequenzen aus Löß. Zeitschr Pflanzenernähr Bodenkd 145(2): 181–196

– Schwertmann U, Fischer WR, Fechter H (1982) Spurenelemente in Bodensequenzen, 1. Zwei Braunerde-Podsol-Sequenzen aus Tonschieferschutt. Zeitschr Pflanzenernähr Bodenkd 145(2): 161–180

– Siebe C, Fischer WR (1991) Schwermetallbelastung von Böden durch landwirtschaftliche Nutzung städtischer Abwässer in Zentral-Mexiko. Mitt Dtsch Bodenkdl Ges. 66(2) 1189–1192

– Siebe-Grabach C (1994) Akkumulation, Mobilität und Verfügbarkeit von Schwermetallen in langjährig mit städtischen Abwässern bewässerten Böden in Zentralmexiko. Hohenheimer bodenkdl Hefte Nr 17. Univ Hohenheim, Inst f Bodenkunde u Standortslehre

– Siewers U (1990) Schwermetalle und Gewässerversauerung – Untersuchungen zum Verhalten von Schadstoffen in bewaldeten Ökosystemen. Zeitschr Dtsch Geol Ges 141: 139–150

– Sommer B (1984) Pflanzenverfügbarkeit von Schwermetallen in einer Löß-Parabraunerde nach langjähriger Düngung mit Klärschlämmen. Diss, Univ Hohenheim

– Sommer B, Marschner H / Ministerium für Ernährung, Landwirtschaft, Umwelt und Forsten (Hrsg) (1986) Pflanzenverfügbarkeit von Schwermetallen nach langjähriger Düngung mit Klärschlämmen. Agrar- und Umweltforschung in Baden-Württemberg Bd 13. Ulmer, Stuttgart

– Späte A (1988) Die Düngung von Müllklärschlamm-Kompost als Vorratsgabe im Weinbau und ihre Auswirkungen auf Ertragsentwicklung, Nitratauswaschung und Schwermetallbelastung des Systems Boden, Rebe und Sickerwasser. Diss, Univ Bonn

– Spona KD (1993) Untersuchung zur Verteilung und zum Verhalten von Schwermetallen in Böden eines städtischen Raumes: das Beispiel Duisburg. Diss, Univ Düsseldorf

– Steiger B v, Attinger W, Grünwald A, Schulin R (1991) Erhebung der Bodenvorbelastung mit Schwermetallen bei Weinfelden. Kanton Thurgau, Amt für Umweltschutz / Inst Terrest Ökol, ETH Zürich

– Streck T (1993) Schwermetallverlagerung in einem Sandboden im Feldmaßstab: Messung und Modellierung. Diss, TU Braunschweig

– Suttner T (1996) Hintergrundgehalte für Schwermetalle in Böden der bayerischen Alpen. In: ARGE Alp (Hrsg) Spezifische Bodenbelastungen im Alpenraum. ARGE Alp, München

– Sühs K (1986) Orientierende Untersuchung über den Schwermetallgehalt im Boden des Stadtgebietes Erlangen. Forum Städtehyg 1986: 265

– Swartjes FA (1990) Numerische Simulation der eindimensionalen Schwermetallverlagerung im homogenen gesättigten/ungesättigten Boden: Fallstudie „Rieselfelder Karolinenhöhe, Berlin Gatow". Diss, TU Berlin

– Swartjes FA, Fahrenhorst C, Renger M (1991) Entwicklung und Erprobung eines Simulationsmodelles für die Verlagerung von Schwermetallen in wasserungesättigten Böden. UBA-Texte 1991/47

– Tauche U (1993) Adsorption von Schwermetallen an Hämatit (α-Fe_2O_3) aus wäßriger Lösung. Diss, Univ Essen

– Taylor T (1989) Zum Transportverhalten der Schwermetalle Cadmium, Chrom, Kupfer und Zink in ausgewählten Böden und Sanden. Diss, Univ Kiel

– Teichgräber B (1988) Bestandsaufnahme einiger anorganischer Spurenstoffe in einem Ackerbaugebiet. Wasser+Boden 40(1): 26–30

– Terytze K, Kroschel P, Traulsen BD (1997) Quecksilberbelastung der Böden des Biosphärenreservates Spreewald und deren Transfer in Pflanzen. Bodenschutz 1997(3): 83

– Thiemeyer H (1989) Schwermetallgehalte von typischen Böden einer Toposequenz im Hessischen Ried. Geoökodynamik. 1989. 10(1): 47-62

– Titova NA, Schulz E, Körschens M (1995) Untersuchungen zur Verteilung von Schwermetallen in verschiedenen Bodenfraktionen zur Abschätzung ihrer Mobilität und damit des Risikos für die Umwelt. Arch Acker Pflanzenkd Bodenkd 39: 93–105

– Trüby P (1983) Elementumsatz in einer bewässerten Pararendzina der südlichen Oberrheinebene unter besonderer Berücksichtigung der Schwermetalle. Freiburger Bodenkdl Abh 12; Diss, Univ Freiburg (1984)

– UBA (Hrsg) (1988) Schadstoffe im Boden. UBA, Berlin

– UBA (Hrsg) (1991) Schwermetalle in Böden. UBA, Berlin

– UBA (Hrsg) (1995) Auswirkungen von Güllehochlastflächen in den neuen Ländern auf Böden und Gewässer und Entwicklung von Maßnahmen zur Minderung der davon ausgehenden Umweltbelastungen. UBA-Texte 1995/17

– UBA (Hrsg) (1995) Belastungen in Haus- und Kleingärten durch anorganische und organische Stoffe mit Schädigungspotential – Sachstandsdokumentation. UBA-Texte 1995/11

– UBA (Hrsg) (1996) Kennzeichnung der Empfindlichkeit der Böden gegenüber Schwermetallen unter Berücksichtigung von lithogenem Grundgehalt, pedogener An- und Abreicherung sowie anthropogener Zusatzbelastung, Teil I +II. UBA-Texte 1996/55+56

- Umierski H (1995) Untersuchungen zur Schadstoffaufnahme von kalkhaltigen Natursteinen unter Berücksichtigung der katalytischen Effekte von Übergangsmetallen. Diss, Univ Münster
- Unger HJ, Prinz D / Ministerium für Umwelt Baden-Württemberg (Hrsg) (1992) Verkehrsbedingte Immissionen in Baden-Württemberg: Schwermetalle und organische Fremdstoffe in straßennahen Böden und Aufwuchs. Luft, Boden, Abfall 19
- van Saan B (1995) Schwermetalle in Wäldern in der Umgebung der Bleihütte Braubach. Ber Geowiss 2. Shaker, Aachen; Diss, Univ Trier
- Vetter H, Kowalewsky HH, Säle M (1983) Cadmiumbelastung von Böden und Pflanzen in der Bundesrepublik Deutschland. VDLUFA-Schriftenreihe, Heft 9
- Veulliet EJ (1994) Simulation von Schadstoffmigration im geklüfteten Grundgebirge. Schriftenreihe Angew Geol Karlsruhe 28; Diss, Univ Karlsruhe (1993)
- Vogel H, Desaules A, Häni H (1989) Schwermetallgehalte in den Böden der Schweiz: flächenbezogene Angaben über natürliche Grundgehalte und Akkumulationsgehalte einiger Schwermetalle in den Böden der Schweiz. Reihe Boden Bd 40. NFP 22, Liebefeld-Bern
- Wagner U, Schmidt W (1990) Die Schwermetallbelastung zweier Autobahnstandorte bei unterschiedlichen Pflegemaßnahmen. Verhandl Ges Ökol 19(2): 624–631
- Walk H (1982) Die Gehalte der Schwermetalle Cd, Tl, Pb, Bi und weiterer Spurenelemente in natürlichen Böden und ihren Ausgangsgesteinen Südwestdeutschlands. Diss, TH Karlsruhe
- Walk H, Puchelt H (1981) Umweltrelevante Spurenelemente in Böden Südwestdeutschland und deren Ausgangsgesteinen. In: 59. Jahrestagung der Deutschen Mineralogischen Gesellschaft und der Tagung der Österreichischen Mineralogischen Gesellschaft. Fortschr Miner, Beiheft 59(1): 197–199
- Walter D (1997) Vergleich der Schwermetallgehalte von rezenten Hochflutsedimenten und Ah-Horizonten der Aueböden des Enzmittel- und Unterlaufes. Dipl, Univ Stuttgart
- Walter M (1995) Geowissenschaftliche Untersuchung einer Altlastenverdachtsfläche im Heilquellenschutzgebiet von Bad König im Odenwald unter besonderer Berücksichtigung ausgewählter Schwermetalle. Dipl, Univ Frankfurt/M
- Wang S (1995) Verhalten von Schwermetallen in Böden unter besonderer Berücksichtigung der Mobilität in Abhängigkeit von ihren Konzentrationen. Hohenheimer Bodenkdl Hefte 27; Diss, Univ Hohenheim (1994)
- Weißflog L, Orendt C (1995) Untersuchungen zur Mobilisierung sedimentierter Schwermetalle durch die Reduktion der kalkhaltigen Flugstaubimmission im Bereich der Dübener und Dahlener Heide. In: Tagung „Energie und Umwelt '95", TU Bergakademie Freiberg, 22.–23.03.95, S 189–190
- Wenzel W (1995) Verteilung und Mobilität von Schwermetallen in Böden. Habil-Schr, Univ f Bodenkultur, Wien
- Weß J (1990) Die Korrosion von Bleischrot auf Böden von Sportschießplätzen: eine Untersuchung zur Mobilität von Schwermetallen mit Hilfe der Spurenanalyse. Diss, FU Berlin
- Wesseler J (1991) Schwermetallgehalte in Ackerböden und Nutzpflanzen Berlins sowie Aufnahmemodell für Kulturgräser. Landschaftsentwicklung und Umweltforschung 82; Diss, TU Berlin (1990)
- Wichtmann H (1986) Boden, Bodenlösung und Vegetation auf Standorten mit starker Schwermetallbelastung im ehemaligen Bergbaurevier Mechernich. Fortschr Geol Rheinl Westf 34: 471–492
- Widyatmoko H (1994) Schwermetalle in quartären Paläoböden im Mittelrhein-Gebiet. Diss, Univ Köln
- Wilke BM (1982) Über Sorption und Wirkung von Blei auf die biologische Aktivität terrestrischer Humusformen. Zeitschr Pflanzenernähr Bodenkd 145: 52–65
- Wilke BM (1985) Selenitadsorption an Waldhumusformen. Zeitschr Pflanzenernähr Bodenkd 148: 183–19
- Wilke BM (1986) Einfluß verschiedener potentieller anorganischer Schadstoffe auf die mikrobielle Aktivität von Waldhumusformen unterschiedlicher Pufferkapazität. Bayreuther Geowiss Arb 8
- Wilke BM (1986) Langzeitwirkungen von Blei, Cadmium, Nickel und Fluor auf die mikrobielle Aktivität eines humosen Lehms. Trans 13th Int Congr Soil Sci, Hamburg, Vol 2, S 660–661
- Wilke BM (1987) Langzeitwirkungen von Kupfer und Zink auf die mikrobielle Aktivität eines humosen, lehmigen Sandes. Landwirtsch Forsch 40: 336–343
- Wilke BM (1987) Sorption und Wirkung von Arsen auf die mikrobielle Aktivität von Waldhumusformen. Zeitschr Pflanzenernähr Bodenkd 150: 273–278

– Wilke BM (1988) Langzeitwirkungen potentieller anorganischer Schadstoffe auf die mikrobielle Aktivität einer sandigen Braunerde. Zeitschr Pflanzenernähr Bodenkd 151: 131–136
– Wilke BM, Keuffel AB (1988) Kurzzeittests zur Abschätzung langfristiger Wirkungen potentieller anorganischer Schadstoffe auf die mikrobielle Aktivität von Böden. Zeitschr Pflanzenernähr Bodenkd 151: 399–403
– Wilcke W (1996) Kleinräumige chemische Heterogenität in Böden: Verteilung von Aluminium, Schwermetallen und polyzyklischen aromatischen Kohlenwasserstoffen in Aggregaten. Diss, Univ Bayreuth, Bayreuther bodenkdl Ber 48
– Wilcke W, Döhler H (1995) Schwermetalle in der Landwirtschaft: Quellen, Flüsse, Verbleib. KTBL-Arbeitspapier 217. Landwirtschaftsverl, Münster-Hiltrup
– Wilcke W, Kaupenjohann M (1993) Kleinräumige Verteilung verschiedener Schwermetallbindungsformen in aggregierten bayerischen Waldböden. In: Jahrestagung 1993, Kommission I bis VII, Bodenbelastung, Schutz. Mitt Dtsch Bodenkdl Ges 72(1): 473–476
– Wilcke W, Kaupenjohann M, Hüttl R (1995) Schwermetallverteilung in Aggregatkern und -schale entlang eines Depositionsgradienten. Mitt Dtsch Bodenkdl Ges 76(1): 491–494
– Zakosek H, Schröder D, Wiechmann H (1981) Schwermetallgehalte in einer Bodenchronosequenz aus Hochflutlehmen am Niederrhein. In: Bönigk W, Tillmanns W (Hrsg) Sonderveröffentl Geol Inst Univ Köln 41: 305–317
– Zauner G (1996) Schwermetallgehalte und -bindungsformen in Gesteinen und Böden aus südwestdeutschem Jura und Keuper. Hohenheimer bodenkdl Hefte 31; Diss, Univ Hohenheim
– Zauner G, Papenfuß KH, Jahn R, Stahr K (1993) Gesteine als Quelle von Schwermetallen in Böden. In: Jahrestagung 1993, Kommission I bis VII, Bodenbelastung, Schutz. Mitt Dtsch Bodenkdl Ges 72(1): 477–480
– Zenker, M (1997) Schwermetalluntersuchungen in Böden der Untermainaue bei Offenbach und Frankfurt. Dipl, Univ Frankfurt/M
– Zereini F, Alt F, Rankenburg K, Beyer JM, Artelt S (1997) Verteilung von Platingruppenelementen (PGE) in den Umweltkompartimenten Boden, Schlamm, Straßenstaub, Straßenkehrgut und Wasser: Emission von PGE aus Kfz-Abgaskatalysatoren. UWSF Zeitschr Umweltch Ökotox 9(4): 193–200
– Zereini F, Zientek C, Urban H (1993) Konzentration und Verteilung von Platingruppenelementen (PGE) in Böden. UWSF Z Umweltchem Ökotox 5(3): 130–134
– Zezschwitz E v (1986) Änderungen der Schwermetallgehalte nordwestdeutscher Waldböden unter Immisionseinfluß. Geol Jahrb F 21: 3–61
– Zezschwitz E v (1995) Schwermetallgehalte des Waldhumus im rheinisch-westfälischen Bergland. Ber FZ Waldökosyst B 43
– Zöttl HW (1987) Stoffumsätze in Ökosystemen des Schwarzwaldes. Forstwiss Cbl 106: 105–114

LIT 1.3   Schwermetalle in Wässern und Sedimenten

– Abadian H (1976) Mineralbestand, Schwermetallgehalte und Sorptionsvorgänge in Sediment, Schweb und Wasser des oberen Neckars. Diss, Univ Tübingen
– Abo-Rady MDK (1978) Die Belastung der oberen Leine mit Schwermetallen durch kommunale und industrielle Abwässer, ermittelt anhand von Wasser-, Sediment-, Fisch- und Pflanzenuntersuchungen. Diss, Univ Göttingen
– Abo-Rady MDK (1980) Schwermetalle in den Sedimenten der oberen Leine. Dtsch Gewässerkdl Mitt 24(3): 93–100
– Ahrens M (1991) Chronostratigraphische Bewertung der Schwermetallbelastung von Sedimenten der Unterhavel in Berlin. Diss, FU Berlin
– Albrecht A, Goudsmit G, Qian J, Sigg L, Xue HB, Kobler D, Lück A, Weidmann Y (1997) Transport von Kobalt im Bielersee – dem Aarewasser auf der Spur. EAWAG news 43 D: 21
– Alfaro-Barbosa JM (1995) Charakterisierung der Schwermetall- und Radionuklidbelastung der wichtigsten Fließgewässer des sächsischen Erzgebirges. Diss, Univ Hamburg
– Anonym (1980) Vorträge Pro Aqua-Pro Vita, Basel. Chem Rundsch 33, Nr 30

– Anonym (1981) Schwermetallbelastung der Elbe aus Hamburgs Abwässern. Umweltschutz-Dienst Sitler 11: 9–10
– Anonym (1985) Wenig Schwermetalle in den Sedimenten des Bodensees. Bild d Wissensch 22(2): 10–11
– Anonym (1993) Allgemeine Kenngrößen, Nährstoffe, Spurenstoffe und anorganische Schadstoffe, biologische Kenngrößen. DVWK-Merkblätter zur Wasserwirtschaft 227. Wirtsch Verl-Ges Gas + Wasser
– Arentz L (1983) Verbreitungsmuster von Schwermetallen in Flußsedimenten, bachnahen Böden und Petasites hybridus L. in Nordeifel und Börde. Verhandl Ges Ökol 10: 437–440
– Arnold A, Hanisch C, Hänsel C, Jendryschik K, Müller A, Zerling L, Dittrich K, Lohse M, Walther A, Werner G (1995) Bestandsaufnahme der Schwermetallsituation im Gewässersystem der Weißen Elster und im Bitterfelder Muldestausee. In: FZ Karlsruhe (Hrsg) Die Belastung der Elbe Teil 1 – Elbenebenflüsse, S 1–26. PtWt, Bonn
– Arnold H (1983) Schwermetalle im Wasser und Sediment der Ems. Diss, Univ Münster
– Banat K, Förstner U, Müller G (1972) Schwermetalle in den Sedimenten des Rheins. Umschau Wiss Techn 72(6): 192–193
– Banat K, Förstner U, Müller G (1972) Schwermetalle in Sedimenten von Donau, Rhein, Ems, Weser und Elbe im Bereich der Bundesrepublik Deutschland. Naturwiss 59: 525–528
– Bart G, Gunten HR v (1978) Spurenelemente in der Aare (Schweiz). Schweizerische Zeitschrift für Hydrologie 39(2) 277–298
– Bartelt RD, Förstner U (1977) Schwermetalle im staugeregelten Neckar, Untersuchungen an Sedimenten, Algen und Wasserproben. Jahresber Mitt Oberrh Geol Ver 59: 247–263
– Barth E (1994) Schwermetallverteilung in rezenten Sedimenten im Bereich der Wehebachtalsperre (Nordeifel). Aachener geowiss Beitr Bd 4. Verl der Augustinus-Buchh, Aachen; Diss, RWTH Aachen
– Bäumer HP (1978) Strömungsprozesse und Verteilung von Schwermetallkonzentrationen in Sedimenten gezeitenfreier Flußmündungen. Fallstudie: Mündungsgebiet des Bodenseezuflusses Schussen. Diss, FU Berlin
– Bayerisches Staatsministerium des Innern (Hrsg) LAWA 2000 – Deutsche Anforderungen an einen fortschrittlichen Grundwasserschutz in der Europäischen Gemeinschaft
– Bergfeldt B (1994) Lösungs- und Austauschprozesse in der ungesättigten Bodenwasserzone und Auswirkungen auf das Grundwasser. Karlsruher geochemische Hefte Bd 4
– Bergmann H, Lehnen O, Seehaus HM (1978) Untersuchungen zum Transport von Schwermetallen im Emsästuar, I. Methodik und erste Ergebnisse. Dtsch Gewässerkdl Mitt 22(4): 106–112
– Bergmann H, Müller-Hoberg C (1977) Spurenmetalle in Küstengewässern. Bundesanst Gewässerkd Koblenz
– Beuge P, Greif A, Hoppe T, Klemm W, Kleeberg R, Kluge A, Mosler U, Starke R, Alfaro J, Haurand M, Knöchel A, Meyer A (1995) Erfassung und Beurteilung der Schadstoffbelastung des Muldesystems. In: Die Belastung der Elbe Teil 1, Elbenebenflüsse. Forschungszentrum Karlsruhe (im Auftrag des BMBF)
– Beuge P, Greif A, Klemm W, Kluge A, Mosler U, Starke R (1995) Schwermetallverteilung und Mineralogie der Fluß-Sedimente und Aueböden des Muldesystems. Vortrag auf dem 10. Sedimentologentreffen „SEDIMENT '95“, 24.–28. Mai 1995, Freiberg
– Beuge P, Hoppe T, Klemm W, Kluge A, Knöchel A, Starke R (1995) Der Einfluß des Uranbergbaus auf die Spurenelemente in der Zwickauer Mulde. Vortrag auf der Internationalen Konferenz „Uranbergbau und Hydrogeologie“ 4.–7. Oktober 1995 in Freiberg. In: Merkel B, Hurst S, Löhnert EP, Struckmeier W (Hrsg) GeoCongress 1 – Uranium Mining and Hydrogeology. Sven von Loga, Köln
– Beuge P, Hoppe T, Klemm W, Kluge A, Mosler U, Starke R (1994) Schwermetalle in den Sedimenten des Muldensystems – Gehalte und Bindungsformen. Vortrag auf der 72. Jahrestagung der DMG in Freiberg 1994
– Beuge P, Klemm W, Knöchel A, Starke R, Voland B (1993) Die Schwermetallgehalte des Muldensystems in Sachsen – Ursachen aus natürlicher Mineralisation, Bergbau und Industrie. Vortrag zum XLIV. Berg- und Hüttenmännischen Tag vom 16.–19. Juni 1993 an der Bergakademie Freiberg
– Beuge P, Kluge A, Starke R, Hoppe T (1994) Schwermetalle im Flußsystem der Mulde. Vortrag zur Klausurtagung der Sächsischen Akademie der Wissenschaften im Hydrobiologischen Laboratorium Neunzehnhain vom 11.–12. Mai 1994
– Beuge P, Müller A, Einax J, Müller G (1997) Schwermetallverteilung zwischen Wasser und Schwebstoff in ausgewählten deutschen Nebenflüssen. Vortrag auf dem Workshop „Bewertung der Ergebnisse aus der Elbeschadstofforschung – Empfehlungen für die Praxis“, 28.–30. April 1997 in Geesthacht

– Billwitz K, Hänschen M, Udelnow C (1981) Der Alkali-, Erdalkali- und Schwermetallgehalt in Gewässern der Umgebung von Halle (Saale). Hercynia 18(3): 332–346
– Birke M, Schulze W (1987) Variation der Spurenelementgehalte in rezenten fluviatilen Sedimenten. Zeitschr Angew Geol 33(10): 253–258
– Birke M, Schulze W (1988) Anreicherungs- und Bindungsformen der Spurenelemente in rezenten fluviatilen Sedimenten. Zeitschr Angew Geol 34(5): 135–139
– Bräuning E (1979) Statische Auswertung von Haupt- und Spurenelementen in Mineral- und Thermalwasseranalysen der Bundesrepublik Deutschland. JÜl-Spez 60, KfA Jülich; Diss, TH Aachen
– Breder R (1981) Die Belastung des Rheins mit toxischen Metallen. Diss, Univ Bonn
– Brügmann L (1990) Bestimmung gelöster und suspendierter Schwermetalle in der Elbe. Dtsch Hydrogr Zeitschr 43(3) 127–135
– Brügmann L, Bublitz G, Hennings U (1980) Der Gehalt von Spurenmetallen in Sedimentkernen der westlichen Ostee. Zeitschr Angew Geol 26(8): 398–405
– Bührer H, Szabo E, Ambühl H (1985) Die Belastung des Greifensees mit Phosphor, Stickstoff, Kohlenstoff, geochemischen Stoffen und Schwermetallen in den Jahren 1977/78. Schriftenreihe der EAWAG Nr 1, Dübendorf (Schweiz)
– Bundesministerium für Umwelt (Hrsg) (1987) Schadstoffeinträge in der Nordsee. Bundesministerium für Umwelt, Naturschutz und Reaktorsicherheit, Bonn
– Caspers G (1994) Metallkonzentrationen in mittelalterlichen und neuzeitlichen Flußablagerungen im Mündungsbereich der Aller. Zeitschr angew Geol 40: 31–37
– Cherif A (1984) Auswirkungen schwermetallbelasteter Oberflächengewässer auf die Primärproduktion, aufgezeigt am Beispiel der Wöltingeroder Seenplatte (Nordharz). Diss, Univ Göttingen
– Claussen T (1983) Schwermetallverunreinigungen in Überschwemmungsgebieten von Niederrhein und Ruhr. Umwelt (Düsseldorf) 13(6): 426–427; Wasser+Boden 1982: 536
– Dahmke A (1991) Schwermetallspuren und geochemische Gleichgewichte zwischen Porenlösung und Sediment im Wesermündungsgebiet. Ber FB Geowiss Univ Bremen 12
– Damm E (1992) Frühdiagenetische Verteilung von Schwermetallen in Schlicksedimenten der westlichen Ostsee. Ber FB Geowiss Univ Bremen 31; Diss, Univ Bremen
– Daus B (1996) Charakterisierung der Bindungsform von Schwermetallen in regionalen Flußsedimenten und deren chemometrische Interpretation. Diss, Univ Halle
– Daus B, Zwanziger HW (1996) Einfluß der Korngröße auf die Bindungsform von Schwermetallen in Flußsedimenten. Vom Wasser 87: 113–123
– Degen U (1981) Rhein und Elbe, Wieviel Schwermetall im Sediment? Bild d Wissensch 18(8): 8
– Dinka M (1990) Schwermetallbelastung zweier seichter Seen (Neusiedler See und Balaton – Österreich und Ungarn. Mitt Österr Geol Ges 83: 9–22
– Ditter P (1982) Einfluß der naturräumlichen Ausstattung, Bodennutzung und Besiedlung auf die Schwermetallgehalte (Zn, Pb, Cd) von Oberflächengewässern im ländlichen Raum, untersucht in Einzugsgebieten des Waldeck-Sachsenhausener Buntsandsteingebietes und des Lahn-Dill-Berglandes. Diss, Univ Gießen
– Dittmar T (1995) Untersuchungen zur räumlichen, zeitlichen und chemischen Variabilität von Schwermetallen im Flußsystem des Rio Elqui, Chile. Dipl, Univ Bayreuth
– Dörjes J, Little-Gadow S, Schäfer A (1976) Zur Schwermetallverteilung in litoralen Sedimenten der ostfriesischen Küste. Senckenbergiana Maritima 8(1–3): 103–109
– Dorten WS (1986) Ermittlung der aktuellen Schwermetallbelastungen in den Mittelmeerästuarien von Rhone, Ebro, Po und Arno. Diss, Univ Bonn
– Dreves W (1981) Das Verhalten mehrwertiger Phenole und ihrer huminsäurehaltigen Polymerisate gegenüber Schwermetallen im Wasser. Diss, GH Kassel
– Duré G (Hrsg) (1982) Schadstoffbelastungen in Donau und Main. Schriftenreihe Landesamt f Umweltschutz (München) Bd 48. Oldenbourg, München
– Dusny HR (1993) Schwermetallmuster während Regenwasserabflusses in unterschiedlichen kommunalen Kanälen. Dipl, Univ Bayreuth
– Dusny HR, Striebel T (1993) Transport und Rückhaltemöglichkeiten von Schwermetallen in der Misch- und Trennkanalisation bei Regenwasserabfluß. Wasser Abwasser Praxis 2 (6): 380–385
– Fanger HU (1991) Schwermetalle in der Elbe und ihre Bilanzierung. GKSS Ext Ber 73: 8–14

- Fanger HU, Michaelis W, Müller A (1985) Untersuchungen zum Schwebstoff- und Schwermetalltransport in der Tideelbe. Jahresber Int Büro GKSS 1984: 26–39. GKSS, Geesthacht
- Farhad H (1984) Schwermetalle in Flußsedimenten (Regnitz, Mittelfranken) in Abhängigkeit von Sediment-Parametern. Diss, Univ Erlangen-Nürnberg
- Fengler G, Förstner U, Gust G (1997) Entwicklung und Verifizierung eines Modells zum Schwermetallübergang von naturnah mobilisierten aquatischen Sedimenten. TU Hamburg-Harburg, Arbeitsbereich Umweltschutztechnik, Forschungstätigkeit 1995-1997, S 8
- Fleckseder H (1986) Schwermetalle in der österreichischen Donau, Vesuch einer Beurteilung anhand der vorhandenen Daten für Hg, Cd, Pb u. Zn. Wasser und Abwasser (Wien) 30: 483–509
- Flügge G (1985) Gewässerökologische Überwachung der Elbe: Sauerstoffmangel/Fischsterben/Schwermetalle/chlorierte Kohlenwasserstoffe. Analyse der Ursachen. Abh Naturw Verein Bremen 40(3): 217–232
- Förstner U (Hrsg) (1982) Schadstoffe im Wasser, Metalle, Phenole, algenbürtige Schadstoffe. Boldt, Boppard
- Förstner U, Ahlf W, Calmano W, Sellhorn C (1984) Schwermetall/Feststoff-Wechselwirkungen in Ästuargewässern: Sorptionsexperimente mit organischen Partikeln. Vom Wasser 63: 141–156
- Förstner U, Gerth J, Kammer F vd (1997) Untersuchung von Steuerprozessen und kapazitätsbestimmenden Matrixeigenschaften beim Transport von Spurenelementen in redox-variablen Grundwasserleitern. TU Hamburg-Harburg, Arbeitsbereich Umweltschutztechnik, Forschungstätigkeit 1995-1997, S 9
- Förstner U, Müller G (1974) Schwermetallanreicherungen in datierten Sedimentkernen aus dem Bodensee und aus dem Tegernsee. TMPM - Tschermaks Mineral Petrogr Mitt 21(3/4): 145–163
- Förstner U, Müller G (1974) Schwermetalle in Flüssen und Seen als Ausdruck der Umweltverschmutzung. Springer, Berlin Heidelberg New York Tokyo
- Förstner U, Müller G, Wagner G (1974) Schwermetalle in Sedimenten des Bodensees. Naturwiss 61(6): 270
- Förstner U, Reineck HE (1974) Die Anreicherung von Spurenelementen in den rezenten Sedimenten eines Profilkerns aus der Deutschen Bucht. Senckenbergiana Maritima 6(2): 175–184
- Förstner U, Schumann C (1985) Untersuchungen über die Bindung und Mobilisation von ausgewählten Spurenelementen bei der künstlichen Grundwasseranreicherung. UBA-Texte 1985/32
- Fricke K (1953) Der Schwermetallgehalt der Mineralquellen. Zeitschr Erzbergb Metallhüttenw NF 6(7): 257–266
- Frimmel FH, Geywith J, Velikov BL (1983) Modellversuche zum Ligandeneinfluß auf den Schwermetalltransport im Grundwasser. Vom Wasser 61: 17–20
- Fytianos K (1982) Schwermetalle in den Fließgewässern und Flußsedimenten des West-Harzes. Gas Wasserf Wasser Abwasser 123(4): 194–198
- Gadow S, Schäfer A (1973) Die Sedimente der Deutschen Bucht, Korngrößen, Tonmineralien und Schwermetalle. Senckenbergiana Maritima 5: 165–178
- Gaida R, Radtke U (1990) Schwermetalle in den Auensedimenten der Wupper. Decheniana 143: 434–445
- Gast RE (1980) Die Sedimente der Meldorfer Bucht (Deutsche Bucht), ihre Sedimentpetrographie und Besiedlung, Typisierung und Schwermetallgehalte. Diss, Univ Kiel
- Gäth S, Sternheim M, Frede HG (1990) Einfluß des Kraftfahrzeugverkehrs auf den Schwermetallgehalt von Straßenabflußwasser. Forum Städte-Hygiene 41(5): 235–238
- Gaumert Th (1992) Schwermetallbelastung in Sedimenten des Elbmündungsbereiches. Wasser+Boden 1992(3): 123
- Gebhardt H, Taux K (1983) Untersuchungen zum Schwermetallgehalt ufernaher Sedimente der Unterweser. Naturwiss 70(2): 89–90
- Gellermann R, Stolz W (1997) Uran in Wässern: Untersuchungen in ostdeutschen Flüssen und Grundgewässern. UWSF Zeitschr Umweltch Ökotox 9(2): 87
- Gellert G, Stommel A, Klinke G, Kirch H (1992) Rücklösung von Schwermetallen aus stark belasteten Sedimenten eines Stausees und ihre biologisch akute schädigende Wirkung. Wasser+Boden 1992(3): 131
- Georgotas N, Udluft P (1973) Schwermetallgehalt und Mineralisation der fränkischen Saale in Abhängigkeit der Wasserführung. Zeitschr Dtsch Geol Ges 124(2): 545–554
- Ghuma MS (1995) Gehaltsbestimmungen und Remobilisierungsverhalten von Schwermetallen und Phenolen in Saalesedimenten mittels Atomspektroskopie und Gaschromatographie. Diss, Univ Halle-Wittenberg

– Glück MTC (1984) Wechselwirkungen von Schwermetallen, Schwebstoffen und organischen Komplex-
  bildnern in natürlichen Wässern. Diss, TH Darmstadt
– Goldberg G, Lepper J, Röhling HG (1995) Geogene Arsengehalte in Gesteinen und Grundwässern des
  Buntsandsteins in Südniedersachsen. Zeitschr angew Geol 41: 118–124
– Golwer A, Schneider W (1979) Belastung des unterirdischen Wassers mit anorganischen Spurenstoffen im
  Gebiet von Straßen. Gas Wasserf Wasser Abwasser 120(10): 461–467
– Golwer A, Schneider W (1983) Untersuchung über die Belastung der unterirdischen Wassers mit anorgani-
  schen toxischen Stoffen im Gebiet von Straßen. Forschg Straßenb Verkehrstechn 391:
– Görtz, Maasfeld, Ann (1984) Untersuchungen über den Einfluß saurer Depositionen auf den Metallaustrag
  in Fließgewässer. Wasser+Boden 1984: 538
– Grupe M, Wiechmann H (1985) Untersuchungen zur Schwermetallbelastung von Böden und Pflanzen im
  Überflutungsbereich von Rhein und Sieg. Mitt Dtsch Bodenkdl Ges 43(1): 359–364
– Guhr H, Prange A, Puncochár P, Wilken RD, Büttner B (Hrsg) (1994) Die Elbe im Spannungsfeld zwischen
  Ökologie und Ökonomie. Teubner, Stuttgart
– Gunkel G (1986) Untersuchungen zum Verhalten von Schwermetallen in Gewässern, 1. Die Bedeutung
  eisenoxidierender Bakterien für die Kopräzipitation von Schwermetallen. Arch Hydrobiol 105(4): 489–515
– Gunkel G, Sztraka A (1986) Untersuchungen zum Verhalten von Schwermetallen in Gewässern, 2. Die
  Bedeutung der Eisen- und Mangan-Remobilisierung für die hypolimnische Anreicherung von Schwerme-
  tallen. Arch Hydrobiol 106(1): 91–117
– Haarich M, Schmidt D (1993) Schwermetalle in der Nordsee: Ergebnisse der ZISCH-Großaufnahme vom
  28.1–6.3.1987. Dtsch Hydrogr Zeitschr 45: 137–201, 371–431
– Harms A (1996) Die bodennahe Trübezone der Mecklenburger Bucht unter besonderer Betrachtung der
  Stoffdynamik bei Schwermetallen. Meereswiss Ber 20; Diss, Univ Rostock (1995)
– Hartge E, Johannes H, Migge G, Kirchesch V, Müller D (1984) Spezielle Fragen zur Wassergüte in Ober-
  flächengewässern I. Untersuchungen über das Verhalten ausgewählter Schwermetalle in Gewässern von
  Rheinland-Pfalz und Hessen. II. Messung und Auswertung des biochemischen Sauerstoffbedarfs (BSB) und
  verwandter Parameter bei der Gewässerüberwachung. DVWK-Schriftenreihe Bd 68. Wirtsch Verlagsges
  Gas Wasser, Bonn
– Hasenpusch K, Rietz E, Kücke M (1993) Nährstoff- und Schwermetallgehalte in Böden, Erosionsmaterial,
  Schwebstoff und Sediment der Vorfluter. Mitt Dtsch Bodenkdl Ges 72: 715–718
– Heinisch E, Klein S, Giese F, Terytze K (1989) Geo- und Bioakkumulation spezieller Spurenstoffe in aqua-
  tischen Systemen – ökonomische und ökotoxikologische Zusammenhänge. Acta Hydrophysica 33(1): 15–40
– Heinrichs H, Mayer R (1982) Die räumliche Variabilität von Schwermetall-Konzentrationen in Niederschlägen
  und Sickerwasser von Waldstandorten des Sollings. Zeitschr Pflanzenernähr Bodenkdl 145(2) 202–206
– Hellmann H (1970) Die Charakterisierung von Sedimenten auf Grund ihres Gehaltes an Spurenmetallen.
  Dtsch Gewässerkdl Mitt 14(6) 160–164
– Hellmann H (1993) Hochflutablagerungen und ihre Schwermetallbelastung – Beispiel Neckar. Wasser+
  Boden 1993(10): 804
– Heravi F (1984) Schwermetalle in Flußsedimenten (Regnitz, Mittelfranken) in Abhängigkeit von Sediment-
  Parametern. Diss, Univ Erlangen-Nürnberg
– Herch A (1997) Untersuchungen zur hydrogeochemischen Charakteristik der Spurenelemente und Schwe-
  felspezies im Aachener Thermalwasser. Mitt Ingenieurbiol Hydrogeol Nr 64. Diss, RWTH Aachen (1996)
– Hock M, Runte KH (1992) Sedimentologisch-geochemische Untersuchungen zur zeitlichen Entwicklung
  der Schwermetallbelastung im Wattgebiet vor dem Morsum-Kliff/Sylt. Meyniana 44: 129–137
– Hock M, Runte KH (1993) Sedimentologisch-geochemische Untersuchungen zur Schwermetallentwicklung
  in den Wattgebieten nördlich der Hallig Öland. Meyniana 45: 181–189
– Hock M, Runte KH (1996) Schwermetallkonzentrationen in einem Schichtprofil aus den Watten nordwest-
  lich von Busum. Meyniana 48: 35–48
– Hoena H (1981) Schwermetallbelastung in Oberflächengewässern und Sedimenten im Münsterland. Diss,
  Univ Münster
– Hölting B (1982) Geogene Konzentration von Spurenstoffen, insbesondere Schwermetallen, in Grundwässern ausgewählter Gebiete Hessens und vergleichende Auswertungen mit Grund-(Mineral-)Wässern
  anderer Gebiete. Geol Jahrb Hessen 110: 137–214

– Höpner T (1989) Der ökologische Zustand der Nordsee. ChiuZ 1989: 1–9
– Hoppe T (1995) Geochemische Untersuchungen an Gewässern und ihren Sedimenten im Einzugsgebiet der Mulde. Diss, TU Freiberg
– Hoppe T, Kluge A, Jurk M, Schkade WK (1996) Radioaktive Isotope in Sedimenten der Freiberger Mulde, Zwickauer Mulde, vereinten Mulde. UWSF Zeitschr Umweltchem Ökotox 8(2): 83–88
– Hoppe T, Kluge A, Schach HG (1993) Der Stausee Glauchau – eine Schadstoffsenke für Schwermetalle aus der Erzaufbereitung, Industrie und aus dem kommunalen Bereich. Vortrag zum XLIV. Berg- und Hüttenmännischen Tag vom 16.-19. Juni 1993 an der Bergakademie Freiberg
– Horst J, Donnert D, Eberle SH (1991) Untersuchungen über den Stoffaustausch von Schwermetallen zwischen Sediment und Wasserphase unter dem Einfluß von Nitrilotriessigsäure. KfK-Report-Nr 4852
– Hötzl H, Reichert B (Hrsg) (1996) Schadstoffe im Grundwasser, Bd 4. Wiley-VCH, Weinheim
– Hurrle H (1983) Über den Einfluß des früheren Bergbaus auf die Schwermetallgehalte in den Bachsedimenten des Südschwarzwaldes. Jahresh Geol Landesamt Baden-Württemberg 25: 43–54
– Imhoff KR, Koppe P, Dietz F (1980) Resultate der mehrjährigen Untersuchungen über Herkunft, Verhalten und Verbleib von Schwermetallen in der Ruhr. Gas Wasserf Wasser Abwasser 121(8) 383–391
– Imke B (1982) Schwermetalle im Wasser und Sediment der unteren Lippe. Diss, Univ Münster
– Irion G (1994) Schwermetalle in Nordseesedimenten. Natur+Museum 124(4/5): 146–159
– Irmer U, Knauth HD, Weiler K (1985) Einfluß der Schwebstoffbildung auf Bindung und Verteilung ökotoxischer Schwermetalle in der Tideelbe. Vom Wasser 65: 37–61
– Irmer U, Weiler K, Wolter K (1986) Untersuchungen zur Schwermetall- und Schwebstoffdynamik im Elbeästuar. Mögliche Folgerungen für die Überwachungspraxis. Vom Wasser 67: 111–123
– Jäppen W, Steffen D (1984) Sedimentuntersuchungen auf Schwermetalle an der niedersächsischen Küste. In: Mitt Niedersächs Landesamt f Wasserw Nr 10. Hildesheim
– Jathe B, Schirmer M (1988) Chlorierte KW und toxische Schwermetalle in und an Unter- und Außenweser. Forschungsber 10204354
– Käding J, Reißig H, Helbig J (1976) Inhaltsstoffe in Fließgewässern unter besonderer Berücksichtigung toxischer Spurenstoffe. In: Wasser und Umweltschutz, Vorträge zum Berg- und Hüttenmännischen Tag 1975. Anonym. Freiberger Forschungshefte C 318: 21–35
– Kahler-Jenett E (1985) Adsorption von Schwermetall-Ionen an fluviatilen Sedimenten der Lahn, der Ohm und des Roten Wassers. Diss, Univ Marburg
– Kari FG (1987) Abspülung von organischen Umweltchemikalien und Schwermetallen in einem städtischen Einzugsgebiet. Dipl, Univ Bayreuth
– Kari FG, Herrmann R (1989) Abspülung von organischen Spurenschadstoffen und Schwermetallen aus einem städtischen Einzugsgebiet: Ganglinienanalyse, Korngrößenzuordnung und Metallspeziesauftrennung. DGM 33(5/6): 172–183
– Kern U, Wüst W, Daub J, Striebel T, Herrmann R (1992) Abspülverhalten von Schwermetallen und organischen Mikroschadstoffen im Straßenabfluß. gwf Wasser Abwasser 133(11): 567–574
– Kersten M (1989) Mechanismen und Bilanz der Schwermetallfreisetzung aus einem Süßwasserwatt der Elbe. Diss, TU Hamburg-Harburg
– Kiefer KW (Hrsg) (1996) Grundwasserschadensfälle durch Bodenkontamination. Blottner, Taunusstein
– Klüssendorf B (1991) Schwermetall-Belastung und Biomonitoring des Ortasees und seiner Zuflüsse. Maraun, Frankfurt/M; Diss, Univ Gießen (1990)
– Knauth HD, Sturm R, Milde P (1990) Zur Belastung des Weserästuars und der südlichen Deutschen Bucht mit chlorierten Kohlenwasserstoffen und ausgewählten Schwermetallen: ein im Rahmen des Meßprogramms Weser in Bremen (MEWEB) erstelltes Teilgutachten „Beurteilung des Gütezustandes des Weserästuars". GKSS Ext Report-Nr 42
– Knauth HD, Gandraß J, Sturm R (1993) Vorkommen und Verhalten organischer und anorganischer Mikroverunreinigung in der mittleren und unteren Elbe. UBA-Berichte 8/93. Schmidt, Berlin
– Köhler S (1994) Polarographische Untersuchungen zum Gleichgewicht und zur Kinetik der Festlegung von Schwermetallen an definierten Feststoffen natürlicher Grundwasserableiter. Dipl, Univ Karlsruhe
– Kölling A (1991) Frühdiagenetische Prozesse und Stoff-Flüsse in marinen und ästuarinen Sedimenten: Schwermetallspuren und geochemische Gleichgewichte zwischen Porenlösung und Sediment im Wesermündungsgebiet Ber FB Geowiss Univ Bremen 15; Diss, Univ Bremen

– König J (1899) Die Verunreinigung der Gewässer, deren schädliche Folgen sowie die Reinigung von Trink-
und Schmutzwasser. 2. Aufl, Springer, Berlin
– Koppe P, Kornatzki KH (1991) Entwicklung der aquatischen Schwermetallbelastung im Ruhreinzugsgebiet
in den letzten Jahrzehnten. Forum Städtehyg 1991(1): 45
– Kracht F (1992) Einflußnahme frühdiagenetische Prozesse auf die Schwermetallanreicherung in Sedimen-
ten aus dem Wattgebiet der Wesermündung und aus dem Schlickgebiet des Deutschen Bucht südöstlich von
Helgoland. Shaker, Aachen; Diss, Univ Bremen
– Kracht F, Dahmke A, Schulz HD (1990) Bindungsformen und Mobilität von Schwermetallen in Sedimenten
des Weser-Ästuars. Nachr Dtsch Geol Ges 43: 55
– Kralik M, Sager M (1985) Schwermetalle in der Donau im Raum Wien. Eine Vorstudie. In: Kürsten M
(Hrsg) 137. Hauptvers DGG, Nachr Dtsch Geol Ges 33: 53–54
– Kralik M, Sager M (1986) Schwermetalle in Donau- und Donaukanalsedimenten in und östlich von Wien.
Eine Vorstudie. Österr Wasserwirtsch 38(1/2): 8–14
– Kralik M, Sager M (1986) Umweltindikator „Schwermetalle", Gesamtgehalte und Mobilität in österreichi-
schen Donausedimenten. Mitt Österr Geol Ges 79: 77–90
– Kremling K, Otto C, Petersen H (1979) Spurenmetall-Untersuchungen in den Förden der Kieler Bucht. Ber
Inst Meereskd Christian-Albrechts-Universiät Kiel 66
– Kress S (1993) Sedimente und Schwermetalle im sublakustrinen Rinnensystem des Bodensees. Diss, Univ
Köln
– Kuballa J (1997) Speciesanalytik von zinnorganischen Verbindungen zur Aufklärung ihrer Biopfade in der
aquatischen Umwelt. Diss, TU Hamburg-Harburg
– Lammerz U (1982) Ursachen der Schwermetallbelastung der Hamburger Alster. Sediment und Siele und ihr
Vergleich zu Klärschlämmen aus dem Hamburger Raum. Diss, Univ Hamburg
– Lammerz U (1983) Die Hamburger Außenalster, Belastung der Sedimente mit Schwermetallen. Naturwiss
70(12): 572–574
– Lammerz U (1984) Schwermetallbelastung der Hamburger Außenalster und Vergleich der Sedimente mit
Klärschlamm. Mitt Geol-Paläont Inst Univ Hamburg 57: 157–223
– Laschka D, Striebel T, Daub J, Nachtwey M (1996) Platin im Regenabfluß einer Straße. UWSF Zeitschr
Umweltch Ökotox 8(3): 124
– LAWA (1996) Wasserbeschaffenheit ausgewählter Fließgewässer in der Bundesrepublik Deutschland.
Datensammlung Schwermetalle. UBA-Texte 1996/13
– Lehmann R, Michler G (1985) Paläoökologische Untersuchungen an Sedimentkernen aus dem Wörthsee
mit besonderer Berücksichtigung der Schwermetallgehalte. Ber Akad Natursch Landsch-pfl (Laufen) 9: 99–
122
– Leipe T, Brügmann L, Bittner U (1989) Zur Verteilung von Schwermetallen in rezenten Brackwassersedi-
menten der Boddengewässer der DDR. Chemie d Erde 49(1): 21–38
– Lichtfuß R (1977) Schwermetalle in den Sedimenten schleswig-holsteinischer Fließgewässer: Untersuchungen zu Gesamtgehalten und Bindungsformen. Diss, Univ Kiel
– Lichtfuß R, Brümmer G (1977) Schwermetallbelastung von Elbe-Sedimenten. Naturwiss 64(3) 122–125
– Lichtfuß R, Brümmer G (1981) Gehalte an organischer Substanz, Schwermetallen und Phosphor in Dichte-
fraktionen von fluvialen Unterwasserböden. Geoderma 25(3/4): 245–265
– Lichtfuß R, Brümmer G (1981) Natürlicher Gehalt und anthropogene Anreicherung von Schwermetallen in
den Sedimenten von Elbe, Eider, Trave und Schwentine. Catena (Gießen) 8(3/4): 251–264
– Liepe T, Brugmann L, Bittner U (1989) Zur Verteilung von Schwermetallen in rezenten Brackwassersedi-
menten der Boddengewässer der DDR. Chemie d Erde 49(1): 21–38
– Lindorfer H (1997) Relikte ehemaliger Metallgewinnung als Quelle von Schwermetall-Belastungen in
rezenten Überflutungssedimenten des niedersächsischen Harzvorlandes. Dipl, Univ Göttingen
– Linsmaier B (1984) Physikalisch-chemische Untersuchungen von Quellgewässern verschiedener Bereiche
Nordrhein-Westfalens und der mittleren Oberpfalz. Diss, Univ Münster (Westfalen)
– Little-Gadow S, Schäfer A (1974) Schwermetalle in den Sedimenten der Jade, Bestandsaufnahme und
Vergleich mit der inneren Deutschen Bucht. Senckenbergiana Maritima 6(2): 161–174
– Lodemann CKW, Bukenberger U (1973) Schwermetallspuren im Bereich des oberen Neckars. Gas Wasserf
Wasser Abwasser 114(10): 478–487

- Lorenz J (1997) Remobilisierung von Schwermetallen aus ruhenden Gewässersedimenten durch EDTA und NTA bei aerober und anaerober Wasserphase. Wiss Ber FZKA 5977; Diss, Univ Karlsruhe
- Löschke J (1981) Die Schwermetallbelastung der Sedimente des oberen Neckars. In: 1. Neckar-Umwelt-Symposium, Inst Sedimentforsch Univ. Heidelberg, S 43–48
- Löschke J, Mackeprank M, Schwabenthan D (1979) Verteilung und Schwermetallgehalte der Sedimente in Neckar und Eschach südlich von Rottweil. Zeitschr Dtsch Geol Ges 130(1): 217–229
- Ludwig G, Harre W (1973) Die sorbierten Kationen mariner Tonsedimente in Abhängigkeit von Diagenese und Versenkungstiefe. Geol Jahrb D3: 13–34
- Maaß B, Miehlich G (1988) Die Wirkung des Redoxpotentials auf die Zusammensetzung der Porenlösung in Hafenschlickspülfeldern. Mitt Dtsch Bodenkdl Ges 56: 289–294
- Malle KG (1978) Wie schmutzig ist der Rhein? ChiuZ 1978(4): 111–122
- Malle KG (1983) Der Rhein – Modell für den Gewässerschutz. Spektr d Wiss 1983(8): 22
- Malle KG (1991) Der Gütezustand des Rheins. ChiuZ 1991: 257–267
- Mart L (1979) Ermittlung und Vergleich des Pegels toxischer Spurenmetalle in nordatlantischen und mediterranen Küstengewässern. Diss, RWTH, Aachen
- Martin M, Beuge P, Kluge A, Hoppe T (1994) Grubenwässer des Erzgebirges – Quellen von Schwermetalle in der Elbe. Spekt d Wiss 1994(5):102–107
- Matschullat J, Heinrichs H, Schneider J, Sturm M (1987) Schwermetallgehalte in Seesedimenten des Westharzes (BRD). Chemie d Erde 47(3/4): 181–194
- Meiwirth K, Kruse L, Wachtendorf S, Wienberg M, Zabel M, Schulz HD (1996) Schwermetall-Anreicherungen in Ostsee-Sedimenten (Kieler Bucht) – Frühdiagenese und anthropogener Eintrag. Zeitschr Dtsch Geol Ges 147(1): 137–144
- Michaelis W (1985) Schwebstoff- und Schwermetalltransport in Tideflüssen. Umwelt (Düsseldorf) 15(5): S 427–433
- Michler G, Schramel P (1984) Schwermetallgehalte in Sedimentbohrkernen aus dem Walchensee und dem Kochelsee (Bayerische Alpen) als Indikatoren für Veränderungen im Einzugsgebiet. Münchner Stud Soz Wirtsch-geogr 26: 139–164
- Michler G, Steinberg C, Schramel P (1981) Schwermetallgehalte in Sedimenten südbayerischer Seen als Indikatoren langfristiger Umweltbelastung. Wasserwirtsch 71(11): 323–330
- Morency M, Weiß H (1994) Die Trennung von Schadstoffen aus dem Mansfelder Theisenschlamm (Sachsen-Anhalt). In: Sanierungsverbund Mansfeld eV (Hrsg) Theisenschlamm-Tag, Kolloq v 07.12.93, Mansfeld
- Müller A, Hanisch C, Zerling L (1998) Schwermetalle im Gewässersystem der Weißen Elster – Natürliche und anthropogene Elementverteilung im Sediment, im Schwebstoff und in der gelösten Phase. Abhandl Sächs Akad d Wiss (Leipzig) Bd 58. Akademie Verl, Berlin
- Müller A, Ortmann R, Eissmann L (1988) Die Schwerminerale im fluviatilen Quartär des mittleren Saale-Elbe-Gebietes. Altenburger naturwiss Forsch 4
- Müller G (1979) Schwermetalle in den Sedimenten des Rheins, Veränderungen seit 1971. Umschau Wiss Techn 79(24): 778–783
- Müller G (1980) Anstieg der Schwermetallkonzentration in Sedimenten der Elbe bei Stade (1975–1980). Naturwiss 67(11): 560–561
- Müller G (1980) Schwermetalle in Sedimenten des staugeregelten Neckars. Veränderungen seit 1974. Naturwiss 67(6): 308–309
- Müller G (1981) Sedimente als Kriterien der Wassergüte: Die Schwermetallbelastung des Neckars und seiner Nebenflüsse. Umschau Wiss Techn 81(15): 455–458
- Müller G (1981) Sedimente als Kriterien für den Gütezustand eines Gewässers, Eine Bestandsaufnahme der Schwermetallbelastung des Neckars und seiner Nebenflüsse. In: 1. Neckar-Umwelt-Symposium, Inst Sedimentforsch Univ Heidelberg, S 14–24
- Müller G (1985) Unseren Flüssen geht's wieder besser: Weniger Schwermetalle im Sediment. Bild d Wissensch 22(10): 74–97
- Müller G (1986) Schwermetallbelastung der Sedimente und Gewässergüte des Neckars 1972–1979–1985, ein Vergleich. In: 2. Neckar-Umwelt-Symposium. Heidelb Geowiss Arb 5: 1–12
- Müller G (1997) Eintrag anthropogener Schwermetalle in den Bodensee. Naturwiss 84: 37–38

– Müller G, Born J (1995) Bestandsaufnahme der Schwermetallsituation in den Gewässersystemen von Mulde und Weißer Elster im Hinblick auf die zukünftige Gewässergüte. Teilprojekt 6: Sedimentuntersuchungen Muldenstein. Abschlußbericht, Univ Heidelberg, Inst für Umwelt-Geochemie
– Müller G, Förstner U (1976) Schwermetalle in den Sedimenten der Elbe bei Stade, Veränderungen seit 1973. Naturwiss 63(5): 242–243
– Müller G, Furrer R (1994) Die Belastung der Elbe mit Schwermetallen. Naturwiss 81: 401–405
– Müller G, Yahya A, Gentner P (1993) Die Schwermetallbelastung der Sedimente des Neckars und seiner Zuflüsse, Heidelb Geowiss Abh 69, Inst f Sedimentforsch, Univ Heidelberg
– Müller-Kahle E (1968) Jahreszeitliche Schwankungen der Schwermetallgehalte einiger Flüsse in der Provinz Neuquen, Argentinien. Zeitschr Erzbergb Metallhüttenw 21(3) 104–108
– Naumann U (1997) Schwermetalluntersuchungen an der Filtrat- und Schwebstoffphase des Wassers der Schwarzen Elster. Diss, TU Dresden
– Neuland H, Schrimpff E, Herrmann R (1978) Zur Änderung der Spurenmetallgehalte im fließenden Wasserkörper und in den Sedimenten entlang eines Flußabschnittes des roten Mains in Abhängigkeit von Redoxpotential, pH und anderen Einflußgrößen. Catena (Gießen) 5(1–8): 19–31
– Neuland H, Thomas W (1979) Eine spektralanalytische Untersuchung zur Verteilung von Schwermetallen in Flüssen, dargestellt an Flußsedimenten der Swist. Beitr Hydrol 6: 51–72
– Neumayr V (1979) Schwermetallspuren und Ursachen ihrer Verbreitung in Grundwässern an der Westküste von Schleswig-Holstein. Diss, Univ Kiel
– Niemitz W, Braukmann B, Haberer K, Hochmüller K, Wagner R (1985-1998) Vom Wasser Bde 65–90. Wiley-VCH, Weinheim
– Noack U, Gorsler M (1984) Schwermetalle in Ufersedimenten der Aller. Mitt Wasseruntersuchungsamt Niedersachsen 10, Hildesheim
– Oelker W (1989) Schwermetalle in Wasser und Sediment der Lippe. Diss, Univ Münster (Westfalen)
– Pohl C, Hennings U(1995) Ostsee-Monitoring: die Schwermetall-Situation in der Ostsee in den Jahren 1992-1995. Inst f Ostseeforschung Univ Rostock (Warnemünde)
– Priesack E (1994) Verlagerung von Schwermetallen in das Grundwasser. Hochschulreihe Aachen 147: 35
– Prös (1982) Saisonale Veränderungen der Schwermetallösungsfracht eines kalkalpinen Wildbaches. Wasser+Boden 1982: 21
– Prosi F (1977) Schwermetallbelastung in den Sedimenten der Elsenz. Diss, Univ Heidelberg
– Prosi F (1981) Schwermetall-Transfer aus dem Wasser und aus dem Sediment in Organismen, Untersuchungen im Neckar-Einzugsgebiet. In: 1. Neckar-Umwelt-Symposium, Inst Sedimentforsch, Univ Heidelb, S 79–84
– Prosi F, Segner H (1986) Biotestverfahren zur Abschätzung der Bioverfügbarkeit von Schwermetallen in Sedimenten des Neckars. In: 2. Neckar-Umwelt-Symposium. Heidelb Geowiss Arb 5: 96–101
– Prösl KH (1977) Hydrogeologie der Tiroler Achen unter Berücksichtigung der Schwermetallführung alpiner Gewässer. Diss, TU München
– Prösl KH (1980) Der Schwermetallaustrag alpiner Wildbäche. Österr Wasser+Abfall 124
– Prösl KH (1982) Saisonelle Veränderungen der Schwermetallösungsfracht eines kalkalpinen Wildbaches. Wasser+Boden 34(1): 21–24
– Recke M (1987) Untersuchungen über den Einfluß von Oxidationsprozessen auf die phasenspezifischen Bindungsformen und die Mobilisierbarkeit von Schwermetallen in anoxischen Sedimenten. Heidelberger Geowiss Abh 11
– Reichel B (1982) Die Schwermetalle Cd, Pb, Cu und Zn und andere Anzeichen anthropogener Verschmutzung im Grundwasser, Flußwasser und Niederschlag und in Talsedimenten nordwestlich von Erlangen. Diss, Univ Erlangen-Nürnberg
– Reichert J (Hrsg) (1981) Schadstoffe im Wasser. 1. Metalle. DFG-Ber. Boldt, Boppard
– Reuther R (1983) Anreicherung und Bindung von Schwermetallen in See-Sedimenten unter dem Einfluß saurer Niederschläge. Diss, Univ Heidelberg
– Rinne D (1983) Zur Situation der Schwermetalle im Rhein nach Untersuchungen des Landesamtes für Gewässerkunde Rheinland-Pfalz. Wasser+Boden 1983: 532
– Rinne D (1984) Schwermetalle in den Flüssen Nahe, Lahn, Mosel und Saar nach Untersuchungen des Landesamtes für Gewässerkunde Rheinland-Pfalz. Wasser+Boden 36(11): 534–538

- Rosel J, Irion G, Niedermeyer RO (1996) Die jungholozänen Sedimente des Greifwalder Boddens (südliche Ostsee) unter besonderer Berücksichtigung ihrer Schwermetallgehalte. Senckenbergiana Maritima 27(1/2): 57–66
- Rudolph H (1967) Spurenelementuntersuchungen an rezenten Ablagerungen der westlichen Ostsee im Rahmen sedimentpetrographischer Arbeiten. Dtsch Ges Geol Wiss, Ber B 12(2): 215
- Runkel M (1992) Untersuchungen zur Sorption und Desorption von Schwermetallen an Lahnsedimenten und zur Beurteilung der Gefährdung der Lahn durch Schwermetalle. Diss, Univ Marburg
- Schenk R (1994) Verteilung und Dynamik von Schwermetallen in Sedimenten der Wupper. Diss, Univ Düsseldorf
- Schenk R (1995) Schwermetalle in aktuellen Sedimenten der Wupper. Dtsch Geowasserkdl Mitt 39(4/5): 145–152
- Schenk R, Gaida R (1994) Die Belastung der Sedimente der Wupper (von Wuppertal-Buchenhofen bis zur Mündung) mit Schwermetallen. In: Natur am Niederrhein NF 1994(9): 57–67
- Schirmer M (1989) Belastung des Weserästuars mit Schwermetallen. Geowiss (Weinheim) 7(4): 114
- Schirmer M, Liebsch H (1988) Auftreten und Verbleib von Schwermetallen im tidebeeinflußten Weserästuar. Die Weser 62(7/8): 194–195
- Schmidt G, Zierdt M, Frühauf M (1992) Die wassergebundene Schwermetallemission aus Halden des Mansfelder Kupferschieferbergbaus in das Vorflutsystem des Süßen Sees. Geoökodyn 13(2): 153–172
- Schneider W (1976) Geochemie und Hydrochemie des Flußgebietes der Diemel unter besonderer Berücksichtigung der Schwermetalle Kupfer, Zink und Blei. Diss, Univ Bochum
- Schoer J, Förstner U (1987) Abschätzung der Langzeitbelastung von Grundwasser durch die Ablagerung metallhaltiger Feststoffe. Vom Wasser 69: 23–32
- Schöller H (1974) Schwermetalle in Flüssen und Seen, Ausdruck der Umweltverschmutzung. Chemical Geology 14(1/2): 146–147
- Schönfisch G (1990) Schwermetallgehalte in Flußsedimenten des Mains und Oberrheins. Diss, Univ Düsseldorf
- Schoppe-Fülling C (1982) Schwermetalle in Brunnenwässern und Stadtwässern im Gebiet Steinfurt und Münster. Münchener Beiträge zur Abwasser-, Fischerei- und Flußbiologie Bd 34. Oldenbourg, München; Diss, Univ Münster
- Schör J (1981) Zeitliche Entwicklung der Schwermetall-Belastung in den Sedimenten des mittleren Nekkars. In: 1. Neckar-Umwelt-Symposium, Inst Sedimentforsch, Univ Heidelberg, S 25–33
- Schör J, Förstner U (1980) Die Entwicklung der Schwermetall-Verschmutzung im mittleren Neckar. Dtsch Gewässerkdl Mitt 24(6): 153–158
- Schott P (1989) Schwermetallgehalte in den Sedimenten des Schlachtensees in Berlin(West). Diss, FU Berlin
- Schöttle M (1978) Geochemische Untersuchungen an rezenten Sedimenten des Kontinentalrandes von NW-Afrika zwischen Kanarischen und Kapverdischen Inseln unter besonderer Berücksichtigung der Gehalte an Schwermetallen. Gießener geol Schr 17
- Schöttler U, Schulte-Ebbert U (Hrsg) (1995) Schadstoffe im Grundwasser, Bd 3. VCH, Weinheim
- Schreiber M (1982) Schwermetalluntersuchungen an Sedimenten des Niddasystems. Diss, Univ Frankfurt/M
- Schulte-Ebbert U (1991) Verhalten von anorganischen Spurenstoffen bei wechselnden Redoxverhältnissen im Grundwasser. Dortmunder Beiträge zur Wasserforschung Nr 43. Institut für Wasserforschung GmbH, Dortmund / Dortmunder Stadtwerke AG
- Schultz-Sternberg R (1991) Der Einfluß von Schwermetallbelastung und Bodenversauerung auf die Sickerwasserqualität von Laub- und Nadelwaldökosystemen an Standorten des pleistocänen Flachlandes und des Buntsandsteins. Mitt Dtsch Bodenkdl Ges 66(2): 727–730
- Schulz-Baldes M (1986) Schwermetalle im Wattenmeer, Experimente mit den Bremerhavener Caissons. Geowiss iUZ 4(6): 188–193
- Schwarzer K, Brunswig D (1992) Akkumulation von Schadstoffen in Ästuaren: Die Sedimentbeschaffenheit des Neustädter Binnenwassers als Ergebnis seiner Stoffaustauschfunktion zwischen Wassereinzugsgebiet und Ostsee. Meyniana 44: 111–127
- Schwedhelm E (1984) Bioelemente in den Nordseewatten. Diss, Univ Heidelberg

- Schwedhelm E, Irion G (1985) Schwermetalle und Nährelemente in den Sedimenten der deutschen Nordseewatten. Courier Forschungsinst Senckenberg 73, Frankfurt/M
- Schwer AD (1983) Vorkommen und Verhalten von Schwermetallen und Pestiziden im Wassereinzugsgebiet der Donau und des Rheins. Diss, Univ München
- Sigg L, Sturm M, Stumm W (1982) Schwermetalle im Bodensee, Mechanismen der Konzentrationsregulierung. Naturwiss 69(11): 546–548
- Skowronek F (1994) Frühdiagnetische Stoff-Flüsse gelöster Schwermetalle an der Oberfläche von Sedimenten des Weser-Ästuars. Ber FB Geowiss Univ Bremen 48; Diss, Univ Bremen
- Spickermann W, Stork G (1984) Untersuchungen an Sedimenten aus dem Bereich der oberen Lahn: Quecksilber-Bestimmung und faktorenanalytische Auswertung. In: Fresenius W, Luderwald I (Hrsg) Environmental Research and Protection: Inorganic Analysis, S 361–365. Springer, Berlin Heidelberg New York Tokyo
- Starke A (1993) Die Belastung der Zwickauer Mulde und ihrer Nebenflüsse 1992 unter Berücksichtigung des Einflusses abgeworfener Grubenbaue des Uranbergbaues um Schneeberg. Dipl, Bergakademie Freiberg
- Starke R (1994) Die Belastung der Freiberger, Zwickauer und vereinten Mulde. Vortrag auf dem Workshop „Schwermetallbelastung der Sedimente von Elbe- und Elbenebenflüssen" der Arbeitsgemeinschaft für die Reinhaltung der Elbe (ARGE Elbe) am 26. und 27. September 1994 in Geesthacht
- Steffen D (1986) Die Bedeutung der Feinkornfraktion in niedersächsischen Küstensedimenten bei Schwermetalluntersuchungen. Wasser+Boden 1986: 623
- Steffen D, Rischbieter D (1998) Trendbetrachtung über die Belastung von Gewässersedimenten mit Schwermetallen: Zeitraum 1986 bis 1996. Oberirdische Gewässer 7/98. Niedersächs Landesamt für Ökologie, Hildesheim
- Striebel T (1994) Konzentrationen und physikochemisches Verhalten von Schwermetallen und Hauptionen in Regenabflüssen städtischer Straßen. Shaker, Aachen; Diss, Univ Bayreuth
- Symader W (1984) Raumzeitliches Verhalten gelöster und suspendierter Schwermetalle: eine Untersuchung zum Stofftransport in Gewässern der Nordeifel und niederrheinischen Bucht. Erdkundliches Wissen (Steiner, Stuttgart) Beiheft 67
- Symader W, Herrmann R (1979) Schwermetalle in Lösung – eine Untersuchung über ihr zeitliches Verhalten in Fließgewässern. Catena 6(1): 1–21
- Tan TL, Thormann D (1981) Blei und Cadmium im Weser-Ästuar und der Deutschen Bucht, Beziehungen zwischen Bakterienpopulationen, Schwermetallen und organischem Kohlenstoff. Veröfftl Inst Meeresforsch Bremerhaven 19(1): 1–20
- ten Thoren A (1997) Erreicht die Schwermetallfracht von Fließgewässern das Nahrungsnetz ufergebundener Organismen? Untersuchungen an einem Tieflandfluß, der Hase, in der Nähe von Osnabrück, westliches Niedersachsen. Diss, TU Berlin
- Tent L (1982) Auswirkungen der Schwermetallbelastung von Tidegewässern am Beispiel der Elbe. Wasserwirtsch 72(2): 60–62
- Tent L (1983) Schwermetalle in Schwebstoffen und Sedimenten des Hamburger Elbebereichs. Vom Wasser 61: 99–110
- Thomas W (1981) Konzentrationen und Einträge von PCA, Chlorkohlenwasserstoffen und Spurenmetallen im Niederschlag – Vergleich stadtnaher und ländlicher Untersuchungsstandorte. Dtsch Gewässerkdl Mitt 25: 120–129
- Thomas W, Neuland H (1979) Zur Änderung der Schwermetallgehalte im Flußsediment entlang einer Fließstrecke. Dtsch Gewässerkdl Mitt 23(3): 61–64
- Töpfer K (1988) Aufgaben und Erfolg des Gewässerschutzes: Beispiel Rhein. Spektr d Wiss 1988(4): 23
- Tschopp J (1979) Die Verunreinigung der Seen mit Schwermetallen, Modelle für die Regulierung der Metallkonzentrationen. Diss, TH Zürich
- UBA (Hrsg) (1996) Wasserbeschaffenheit ausgewählter Fließgewässer in der Bundesrepublik Deutschland: Datensammlung/LAWA-AK „Qualitative Hydrologie der Fließgewässer" (QHF). Umweltbundesamt, Berlin
- UBA (Hrsg) (1997) Umwelt-Survey 1990/92, Band 5: Trinkwasser. Deskription der Spurenelementgehalte im Haushalts- und Wasserwerks-Trinkwasser der Bevölkerung in der Bundesrepublik Deutschland. WaBoLu-Hefte 1997/05
- Udluft P (1981) Bilanzierung des Niederschlagseintrags und Grundwasseraustrags von anorganischen Spurenstoffen. Hydrochem Hydrogeol Mitt (TU München) 4: 61–80

- Wallmann K (1990) Die Frühdiagenese und ihr Einfluß auf die Mobilität der Spurenelemente As, Cd, Co, Cu, Ni, Pb und Zn in Sediment- und Schwebstoffsuspensionen. Diss, TU Hamburg-Harburg
- Wallmann K (1992) Die Löslichkeit und die Bindungsformen von Spurenmetallen in anaeroben Sedimenten. Vom Wasser 78: 1–20
- Walther W (1982) Aspekte der diffusen Gewässerbelastung (anorganische, organische Spurenstoffe, Beziehung zwischen Bodennutzung und Stickstoff in Gewässern). In: Anthropogene Einflüsse auf die Grundwasserbeschaffenheit in Niedersachsen, Fallstudien 1982. Veröff Inst Stadtbauwesen, TU Braunschweig 34: 1–36
- Weiß H, Teutsch G, Daus B (1998) Sanierungsforschung in regional kontaminierten Aquiferen (SAFIRA) – Bericht zur Machbarkeitsstudien für den Modellstandort Bitterfeld. UFZ (Halle) Ber Nr 27/1997
- Wellershaus S (1981) Schadstoffe vom Fluß ins Meer. Umschau Wiss Techn 81(15): 459
- Wilke O (1991) Spurenanalytische Untersuchung von natürlichen Mineralwässern auf Gehalt und Oxidationszustand von Mangan, Arsen und Chrom. WaBoLu 91/06
- Winde F (1996) Schlammablagerungen in urbanen Vorflutern – Ursachen, Schwermetallbelastung und Remobilisierbarkeit, untersucht an Vorflutern der Saaleaue bei Halle. Edition Wissenschaft, Reihe Geowissenschaften Nr 23. Diss, Univ Halle-Wittenberg
- Winkler HA (1978) Schwermetalle in Donau-Sedimenten. Umschau Wiss Techn 78(21): 672–673
- Wirth K (1974) Spurenelementgehalte in Quellwässern und ihre Beziehungen zum durchflossenen Gestein. Geol Mitt (Aachen) 12(4): 367–388
- Wischmeier-Bayer M, Derschau C v, Rumpf C, Pleschka E, Bayer E, Schuster J, Bertelsbeck N / Wissenschaftsladen Gießen eV (Hrsg) (1995) Schadstoffe im Wasser Bd 2: Schwermetalle und weitere Einzelparameter. Verl f Akad Schr, Frankfurt/M
- Wüst W (1990) Transportverhalten ausgewählter Schwermetallspezies in der Straßenabspülung. Dipl, Univ Bayreuth
- Zahn MT (1988) Die Ausbreitung von Schwermetallen und Anionen im Grundwasser der quartären Kiese aus dem Raum München (Dornach): Ergebnisse von Labor- und Geländeversuchen. Gesellschaft für Strahlen- und Umweltforschung (GSF, München) Ber Nr 26; Diss, Univ München
- Zahn MT (1990) Transportprozesse bei der Ausbreitung von Schwermetallen im Grundwasser quartärer Kiese aus dem Raum München. In: 5. Wissenschaftl Tagg Hydrol Wasserwirtsch, Folgen anthropogener Einflüsse auf den Wasserhaushalt und die Wasserbewirtschaftung. Mitt Inst Wasserwesen 38a: 253–261
- Zirkwitz HW (1992) Fällungs- und Sorptionsverhalten von Metallen aus chlorid- und sulfathaltigen sauren Mehrkomponentensystemen. Heidelberger geowiss Abh 52; Diss, Univ Heidelberg
- Zumbroich T (1991) Die Schwermetallbelastung ausgewählter Talsperren und ihrer Wassereinzugsgebiete im Oberbergischen Land: vergleichende Untersuchungen zum Eintrag von Cu, Fe, Mn, Pb und Zn in aquatisch-terrestrische Ökosysteme eines ehemaligen Erzbergbaugebietes. Diss, Univ Bonn

LIT 1.4 Schwermetalle in der Atmosphäre, Filterung

- Angerer G, Böhm E, Schön M, Tötsch W (1990) Möglichkeiten und Ausmaß der Minderung luftgängiger Emissionen durch neue Umweltschutztechniken. Fraunhofer-Institut für Systemtechnik und Innovationsforschung, Bericht ISI-B-2-90
- Anonym (1987) Verminderung der Schwermetallstäube in Abgasen bei Sonderabfallverbrennung. Umwelt (Bonn) 6: 224–225
- Anonym (1991) Schwermetalle in der Atmosphäre. Naturw Rundsch 44(1): 27
- Braun H, Metzger M, Vogg H (1984) Neue Erkenntnisse über metallische Schadstoffe in der Luft. In: Fresenius W, Luderwald I (Hrsg) Environmental Research and Protection: Inorganic Analysis, S 304–308. Springer, Berlin Heidelberg New York Tokyo
- Breuer G (1997) Luftverschmutzung durch Schwermetalle in der Antike. Naturw Rundsch 50(2): 74–75
- Bröker G, Gliwa H (1979) Das Emissionsverhalten von kleinen Altölverbrennungseinrichtungen unter besonderer Berücksichtigung der Schwermetalle Blei, Zink und Cadmium. Schriftenreihe LIS Nr 49. Girardet, Essen
- Bröker G, Schilling B (1983) Schwermetallemissionen bei der Verbrennung kommunaler Klärschlämme. LIS-Berichte Nr 40. Landesanst f Immissionsschutz NRW, Essen

- Ergenzinger P (1985) Niederschläge von Staub und Schwermetallen in Berlin (West). In: Hofmeister B (Hrsg) Beiträge zur Geographie eines Großstadtraumes, Festschrift zum 45. Deutschen Geographentag in Berlin vom 30.9.-2.10.1985. Reimer, Berlin, S 137–167
- Flucke B, Steenheuer C (1984) Untersuchungen zur Reinigung der Abgase eines Großziegelwerkes von Schwermetall- und Fluorverbindungen mit integrierter Wärmerückgewinnung. UBA-Forschungsbericht 84-017
- Freie und Hansestadt Hamburg, Umweltbehörde (Hrsg) (1987) Ergebnisse der Staub- und Schwermetall-Niederschlagsmessungen im Nordosten Hamburgs im Jahr 1986. Hamburger Umweltber 18
- Freie und Hansestadt Hamburg, Umweltbehörde (Hrsg) (1987) Ergebnisse der Staub- und Schwermetall-Niederschlagsmessungen im Nordwesten Hamburgs im Jahr 1985. Hamburger Umweltber 12
- Geisen S (1992) Physikalisch-chemisches Verhalten aerosolgebundener Spurenmetalle bei der Dachabspülung. Dipl, Univ Bayreuth
- Georgii HW (1984) Untersuchung des atmosphärischen Schadstoffeintrags in Waldgebieten in der Bundesrepublik Deutschland. UBA-Forschungsbericht, Frankfurt/M
- Georgii HW, Perseke C, Rohbock E (1982) Feststellung der Deposition von sauren und langzeitwirksamen Spurenstoffen aus Belastungsgebieten. UBA-Forschungsber 104 02 600, Frankfurt/M
- Glasow A (1996) Metallanreicherungen in Flugstäuben – Eine Fallstudie in der Nähe eines Betonwerkes. Dipl, Univ Göttingen
- Glavac V (1986) Die Abhängigkeit der Schwermetalldeposition in Waldbeständen von der Höhenlage. Natur+Landsch (Stuttgart) 61(2): 43–47
- Glavac V, Koenies H (1986) Kleinräumige Verteilung der pflanzenaufnehmbaren Mineralstoffe in den vom Stammablaufwasser beeinflußten Bodenbereichen alter Buchen verschiedener Waldgesellschaften. Düsseldorfer geobotanische Kolloquien Nr 3
- Glavac V, Koenies H, Jochheim H (1989) Schwermetallakkumulation, Aluminiumfreisetzung und Streuabbauverzögerung in den vom Stammablaufwasser geprägten Bodenbereichen alter Buchen und ihre Auswirkung auf den Pflanzenbewuchs. Schlußbericht Arbeitsgruppe für Pflanzen-, Vegetations- und Landschaftsökologie, GH Kassel
- Görlach U (1988) Die jahreszeitliche Variation von atmosphärischem Blei, Zink und Mangan im antarktischen Küstenbereich. Diss, Univ Heidelberg
- Gutberlet H (1985) Messung der Schwermetallabscheidung einer Rauchgasentschwefelungsanlage nach dem Kalkwaschverfahren. VGB-TW 303. VGB-Kraftwerkstechnik GmbH, Verl Techn-Wiss Schr, Essen
- Gutberlet J (1991) Industrieproduktion und Umweltzerstörung im Wirtschaftsraum Cubatao/Sao Paulo (Brasilien). Eine Fallstudie zur Erfassung und Bearbeitung ausgewählter sozio-ökonomischer und ökologischer Konflikte unter besonderer Berücksichtigung der atmosphärischen Schwermetallbelastung. Tübinger geogr Stud 106: 336
- Herrmann R (1984) Atmosphärische Transporte und raumzeitliche Verteilung von Mikroschadstoffen (Spurenmetalle, Organochlorpestizide, polyzyklische aromatische Kohlenwasserstoffe) in Nordostbayern. Erdkunde 38(1): 55–63
- Jockel W (1993) Schwermetallemissionen in die Atmosphäre. Entsorgungspraxis 10: 718–721
- Kazda M (1985) Untersuchung von Schwermetelldepositionsvorgängen aus Analysen fraktionell gesammelter Stammabflußproben und Jahresgang der Schwermetalldeposition in einem Buchenwaldökosystem des stadtnahen Wienerwaldes. Diss, Univ für Bodenkultur Wien
- Kola R, Steil HU (1989) Verminderung der Schwermetall-Emissionen einer Feinzinkanlage durch prozeß- und abscheidetechnische Maßnahmen mit Abwärmenutzung. Berzelius-Metallhütten GmbH, Duisburg; UBA-Forschungsber AP 1096
- Krause C (1990) Umwelt-Survey, Bd 3a: Wohn-Innenraum – Spurenelementgehalte im Hausstaub. Inst f Wasser-, Boden- u Lufthygiene d Bundesgesundheitsamtes, Berlin. WaBoLu-Hefte Nr 1991/02
- Lieback JU (1985) Staub- und Schwermetallkonzentrationen im Berliner Stadtaerosol und deren Bewertung aus der Sicht der Lufthygiene. VDI-Fortschr-Ber Reihe 15, Nr 34. VDI, Düsseldorf; Diss, TU Berlin
- Littmann T (1994) Immissionsbelastung durch Schwebstaub und Spurenstoffe im ländlichen Raum Nordwestdeutschlands. Bochumer geogr Arb 59
- Markewitz P (1991) Theoretische Untersuchungen zum Verhalten von Schwermetallen in Kohlekraftwerken. Kfa Jülich, Report-Nr 2497; Diss, Univ Essen

- Mayr P, Sommer R, Wiesinger H (1983) Schwermetalle im Schwebestaub. Messungen im Raum Linz in der Zeit von Dez. 1981 bis Mai 1983. Land Oberösterreich, Linz
- Meyercordt J (1992) Untersuchungen zum langjährigen Verlauf von Schwermetalldepositionen in ausgewählten schleswig-holsteinischen Salzmarschen auf der Basis von Radionuklidmessungen. GKSS Ext Rep 92/107; Diss, Univ Hamburg
- Moriske HJ, Trauer I, Kneisler R, Rüden H (1987) Schwermetallkonzentration im Stadtaerosol: Vergleich von Hausbrand- und Kfz-Emissions- mit früheren Imissionsstaubproben in Berlin-West. Forum Städtehyg 1987: 58
- Nürnberg HW, Nguyen UD, Valenta P (1983) Deposition von Säure und toxischen Schwermetallen mit den Niederschlägen in der Bundesrepublik Deutschland. In: Jahresber Kfa Jülich 1982/83, 5: 4–53
- Oldiges H (1982) Zur Frage der Begrenzung der Schwermetallbelastung in der Atemluft aus gesundheitlicher Sicht. In: VDLUFA-Kongreß 1982, Münster, „Stand und Leistung agrikulturchemischer und agrarbiologischer Forschung". Landwirtschaftl Forsch Sonderh 39, S 28–34
- Piechotowski I (1990) Überwachung der Schwermetallbelastung der Luft in Schleswig-Holstein und ihre toxikologische Bewertung. Diss, Univ Kiel
- Plüss (1993) Charakterisierung von Rauchgasreinigungsrückständen aus Müllverbrennungsanlagen und deren Immobilisierung mit Tonmineralien. IGT-Veröffentlichungen Bd 205. Hochschulverl ETH Zürich
- Rachwalsky U (1989) Untersuchungen zur Verflüchtigung von Schwermetallen bei der Abfallverbrennung mit Sauerstoff. Ber KFA Jülich 2309, Diss, TH Aachen
- Rädlein N (1991) Spurenanalyse von Schwermetallen in antarktischen Schnee- und Reifproben sowie in Aerosolen aus Filter- und Impaktorbesaugungen über dem Atlantik von der Antarktis bis nach Europa. Diss, Univ Regensburg
- Reich T (1990) Ergebnisse der Staub- und Schwermetall-Niederschlagsmessungen 1988 und der Schwebstaubmessungen 1988/89 in Rothenburgsort. Hamburger Umweltber 28
- Reich T, Hamann M (1988) Ergebnisse der Staub- und Schwermetall-Niederschlagsmessungen im Südosten Hamburgs: Meßjahr 1987. Hamburger Umweltber 26
- Rentz O, Veaux C, Karl U (1996) Ermittlung der Schwermetallemissionen aus stationären Anlagen in Baden-Württemberg und im Elsaß, hier: Feuerungsanlagen. Ber FZKA-PEF 144
- Ritz J (1993) Mechanismen und Wirksamkeit der Fällung von Schwermetallen aus Rauchgaswaschwässern von Müllverbrennungsanlagen. Diss, TU Berlin
- Rohbock E (1984) Der atmosphärische Eintrag von Schwermetallen über trockene und feuchte Deposition. Diss, Univ Frankfurt/M
- Rösler HJ, Beuge P, Müller E (1967) Einfluß des Hüttenrauches von Freiberg und Halsbrücke auf die Spurenelementgehalte der Böden. Dtsch Ges Geol Wiss, Ber B 12(3): 330
- Schaaf R (1982) Luftbelastung durch Metallverbindungen aus Produkten. UBA-Texte 1982/38
- Scheuer A (1984) Untersuchungen zur Abscheidung von Schwermetallemissionen aus Rauchgasen an Trockenadditiven. VDI-Fortschr-Ber Reihe 3, Nr 86. VDI, Düsseldorf; Diss, Univ Dortmund
- Schickerling N (1996) Erfassung der Schwermetallimmissionen im Umfeld der Sonderabfall-Entsorgungsanlage Schwabach. Diss, Univ Erlangen-Nürnberg
- Schladot JD, Nürnberg HW (1982) Atmosphärische Belastung durch toxische Metalle in der BRD – Emission und Deposition. Ber KFA Jülich 1776
- Schlögl R, Indlekofer P, Oelhafen P (1987) Mikropartikelemissionen von Verbrennungsmotoren mit Abgasreinigung. Angew Chem 99: 312–322
- Schroeder J, Reuss C (1883) Die Beschädigung der Vegetation durch Rauch und die Oberharzer Hüttenrauch-Schäden. Parey, Berlin
- Schulte A, Balacz A, Block I, Gehrmann J (1996) Entwicklung der Emission und Niederschlagsdeposition von Schwermetallen in Böden Deutschlands Tl 1. Zeitschr Pflanzenernähr Bodenkd 159: 377–383
- Schulte A, Gehrmann J (1996) Entwicklung der Emission und Niederschlagsdeposition von Schwermetallen in Böden Deutschlands Tl 2. Zeitschr Pflanzenernähr Bodenkd 159: 385–389
- Schulte A, Gehrmann J, Wenzel W (1995) Entwicklung der Niederschlagsdeposition von Arsen in Waldökosystemen. Forstarch 66: 86–90
- Schultz R (1986) Schwermetalleinträge und ihre Kronenraumpassage in verschiedenen Waldökosystemen in Norddeutschland. Verhandl Ges Ökol 14: 287–292

– Schultz R, Lamersdorf N, Heinrichs H, Mayer R, Ulrich B (1987) Raten der Deposition, der Vorratsänderungen und des Austrags einiger Spurenelemente in Waldökosystemen. DFG-Abschlußber. UR35/46-1
– Schultz R, Mayer R (1985) Schwermetalleinträge in Böden verschiedener industrieferner Waldstandorte. Mitt Dtsch Bodenkdl Ges 43(1): 471–476
– Schunke E, Thomas W (1983) Unterschungen über atmosphärenbürtige Schadstoffe in der Ökosphäre Islands. Ber Forschungsst Nedri-As, Hveragerdi, Island, Bd 39
– Stöckhardt U (1853) Untersuchungen junger Fichten und Kiefern, welche durch den Rauch der Antonshütte krank geworden sind. Tharandter Forstl Jahrb 9
– Stößel RP (1987) Untersuchungen zur Naß- und Trockendeposition von Schwermetallen auf der Insel Pellworm. Diss, Univ Hamburg
– VDI (Hrsg) (1974) Schwermetalle als Luftverunreinigung: Blei, Zink und Cadmium. VDI-Kolloquium Düsseldorf 1973. VDI-Berichte 203. VDI, Düsseldorf
– Völkening J (1988) Bestimmung von Spurenmetallen in Proben aus der marinen Umgebung und der Antarktis als Grundlage für das Verständnis des atmosphärischen Transportes von Schwermetallen und Analyse von Metallspuren in Reinstkupfermatrices. Diss, Univ Regensburg
– Weisweiler W, Mallonn E (1992) Thalliumiodidbildung, Verflüchtigung, Anreicherung. Iod und Thallium im Zementproduktionsprozess. Staub Reinhalt Luft 52(3): 107–112
– Wiegand V (1993) Verminderung diffuser Schwermetall-Emissionen in einer Rösthütte durch prozeß- und abscheidetechnische Maßnahmen sowie durch Verminderung unkontrollierter thermischer Raumströmungen. Abschlußbericht. Ruhr-Zink GmbH, Datteln
– Zink P (1988) Analytische Untersuchungen von Elektrofilterstäuben aus Müllverbrennungsanlagen (MVA) unter besonderer Berücksichtigung des Schwermetalls Blei. KfK Ber 4368; Diss, Univ Karlsruhe

LIT 1.5   Schwermetalle in Pflanzen und Pilzen

– Aeissen G (1989) Schwermetall-Untersuchungen an Wasserpflanzen der Nau. Dipl, Univ Ulm
– Anonym (1971) Quecksilber und die Photosynthese in Plankton. ChiuZ 1971(1): 31
– Anonym (1984) Waldsterben durch Blei im Benzin? Spektr d Wiss 1984(12): 29
– Atri FR (1983) Schwermetalle und Wasserpflanzen. Aufnahme und Akkumulation von Schwermetallen und anderen anorganischen Schadstoffen bei höheren aquatischen Makrophyten. Schriftenreihe Verein f Wasser-Boden-Lufthyg 55. Fischer, Stuttgart
– Balmer M, Kulli B (1994) Der Einfluß von NTA auf die Zink- und Kupferaufnahme durch Lattich und Raygras. Dipl, Inst Terrest Ökol, ETH Zürich
– Bockelmann C, Pohlandt K, Marutzky R (1995) Konzentration ausgewählter Elemente in Holzsortimenten. Chlor, Fluor und Schwermetalle. Holz als Roh- und Werkstoff 53(4): 377–383
– Breuer K (1992) Schwermetallakkumulation und Kationenaustausch bei Moosen der Gattung Sphagnum: experimentelle Bestimmung von Selektivitätskoeffizienten. Diss, TU München
– Brodowski M (1997) Schwermetallgehalte von Nutzpflanzen bei unterschiedlicher Bodenbewirtschaftung in einem landwirtschaftlichen Dauerversuch. Fortschr-Ber VDI Reihe 14, Bd 80. VDI, Düsseldorf; Diss, TU Berlin (1996)
– Brown G (1993) Pflanzensoziologische, vegetationsökologische und ökophysiologische Untersuchungen der Schwermetallrasen der Eifel. Diss, Univ Bonn
– Brune A (1994) Wirkung von Schwermetallen und Mechanismen zu ihrer Entgiftung in Hordeum vulgare. Diss, Univ Würzburg
– Burghardt W, Dettmar J, Jakobi F, König W, Wilkens M (1991) Schwermetalltransfer Boden/Wildpflanzen auf Standorten der Eisen- und Stahlindustrie. In: Tagung Dtsch Bodenkdl Ges, Mitt Dtsch Bodenkdl Ges 66: 605–608
– Claussen T (1987) Schwermetallgrenzwerte für Laub städtischer Gehölze – Ermittlung über die Asche in der Trockensubstanz. Forum Städtehyg 1987: 270
– Clement M, Werner W (1987) Schwermetallgehalte des Mooses Mnium hornum in Buchenwäldern der Westfälischen Bucht. Verhandl Ges Ökol 17: 549–555

– Crößmann G (1988) Kreislauf im System Boden-Pflanze-Nutztier auf Standorten mit extrem hoher Cadmium- und Nickelbelastung durch Klärschlammaufbringung. UBA-Texte 1988/08. UBA, Berlin
– Daniels FJA, Geringhoff H (1994) Pflanzengesellschaften auf schwermetallreichen Böden der Briloner Hochfläche. Tuexenia (14): 143–150
– Dettmar J (1992) Industrietypische Flora und Vegetation im Ruhrgebiet. Dissertationes Botanicae 191. Borntraeger, Berlin
– DFG (Hrsg) (1985) Antimon, Arsen, Brom, Cadmium, Chrom, Molybdän, Nickel, Quecksilber, Vanadium und Zinn in Pflanze und Tier. DFG Forschungsbericht 2,1. Univ Hohenheim, FB Tierische Produktion
– Dietl G (1987) Abhängigkeit der Schwermetallaufnahme höherer Pilze von der Substratzusammensetzung und von Standortsfaktoren. Bibliotheca mycologica 110. Cramer/Borntraeger, Berlin; Diss, Univ Ulm
– Diez T, Krauß M (1990) Schwermetallaufnahme durch Gemüsepflanzen bei extremer Bodenbelastung. Bayer Landwirtsch Jahrb 67: 549–559. BLV, München
– Duwensee HA (1989) Festuca guestfalica BOENN. ex REICHENB. kommt im Harz auf Schwermetallböden vor. Floristische Rundbriefe 23(1): 31–32
– Duwensee HA (1992) Zur Anthocyanfärbung bei Agrostis stolonifera L. auf Schwermetallböden. Floristische Rundbriefe 26(1): 48–49
– Eckel B (1997) Aufnahme und Wirkung der Schwermetalle Cadmium (Cd) und Kupfer (Cu) bei ausgewählten Weidenarten. Dipl, Universität für Bodenkultur, Wien
– Engl A (1996) Selektive Aufnahme von Blei-, Kupfer-, Cadmium- und Zinkionen durch Saccharomyces cerevisiae und Paracoccus denitrificans. Diss, Univ Bonn
– Ernst W (1968) Das Violetum calaminariae westfalicum, eine Schwermetallpflanzengesellschaft bei Blankenrode in Westfalen. Mitt florist-soziolog Arbeitsgem 13: 263–268
– Ernst W (1968) Der Schwermetallrasen von Blankenrode, das Violetum calaminariae westfalicum. Mitt florist-soziolog Arbeitsgem 13: 261–262
– Ernst W (1972) Schwermetallresistenz und Mineralstoffhaushalt. Forschungsber Land Nordrhein-Westfalen Nr 2251. Westdtsch Verl, Opladen
– Ernst W (1974) Schwermetallvegetation der Erde. Geobotanica selecta 5. Fischer, Stuttgart
– Ernst W, Mathys W, Janiesch P (1975) Physiologische Grundlagen der Schwermetallresistenz: Enzymaktivitäten und organische Säuren. Forschungsber Land Nordrhein-Westfalen Nr 2496. Westdtsch Verl, Opladen
– Fabig B (1982) Einfluß von Al und den Schwermetallen Fe, Mn, Zn, Cu, Pb und Cd auf die Effizienz der VA-Mykorrhiza bei tropischen und subtropischen Pflanzen. Diss, Univ Göttingen
– Fenke K (1977) Die Chromaufnahme durch Kulturpflanzen bei Verwendung chromhaltiger Düngemittel. Diss, Univ Bonn
– Filipinski M (1989) Pflanzenaufnahme und Lösbarkeit von Schwermetallen aus Böden hoher geogener Anreicherung und zusätzlicher Belastung. Diss, Univ Göttingen
– Friederich M (1996) Phytochelatine: präparative, enzymatische Synthese und Untersuchungen zum Ferntransport von Schwermetallen in Pflanzen. Diss, Univ München
– Gerlach A (1983) Die Stickstoff-Nettomineralisation in schwermetallreichen Böden des Westharzes. Verhandl Ges Ökol 11: 131–144
– Gottfroh A (1991) Anreicherung von Spurenmetallen (Cd, Cu, Pb, Zn) in Algenproben aus dem Golf von Thessaloniki, Griechenland. Dipl, Univ Bayreuth
– Grill E (1987) Phytochelatine: Die schwermetallbindenden Peptide der höheren Pflanzen. Diss, Univ München
– Grill E, Zenk MH (1989) Wie schützen sich Pflanzen vor toxischen Schwermetallen? ChiuZ 1989: 193–199
– Grün R (1990) Schwermetalle im System Boden-Pflanze nach praktischer Klärschlammdüngung auf charakteristischen Böden des Weser-Ems-Gebietes. Diss, Univ Oldenburg
– Grün R, Pusch F (1989) Schwermetalle in Agrarökosystemen, Schwermetalle im System Boden-Pflanze nach mehrjähriger Klärschlammdüngung auf charakteristischen Böden des Weser-Ems-Gebietes. In: Referate der Deutschen Bodenkundlichen Gesellschaft, Mitt Dtsch Bodenkdl Ges 59(2): 711–716; Diss, Univ Oldenburg (1990)
– Günther K . Beiträge zur Multielement-Speziation in pflanzlichen Lebensmitteln: Studien zur Bindungsform zahlreicher Elemente unter besonderer Berücksichtigung von Zink und Cadmium. FZ Jülich (ICG 7)

– Gusenleitner J (1983) Schwermetalle im System Boden-Pflanze. Mitt Österr Bodenkdl Ges 27: 126–127
– Haase NU (1985) Untersuchungen über die Beteiligung organischer Stickstoffverbindungen am akropetalen Ferntransport von Kupfer, Mangan und Cadmium in Pflanzenwurzeln. Diss, Univ Göttingen
– Hammer D (1997) Schwermetallakkumulation durch Weidenstecklinge auf vier Schweizer Böden. Aufnahme-Effizienz in Abhängigkeit des Bodens. Dipl, Inst Terrest Ökol, ETH Zürich
– Hannker D (1997) Untersuchungen zum Boden-Pflanze-Transfer. Verkehrsbedingte Edelmetall- und Schwermetallimmissionen. Dipl, Univ Karlsruhe
– Hartlieb M (1992) Untersuchungen zum Schwermetallhaushalt verschiedener Serpentinitpflanzen der Wojaleite bei Wurlitz, Lkr. Hof/Ofr. Ber Bayer Botan Ges 63: 37–60
– Hasselbach G (1992) Ergebnisse zum Schwermetalltransfer Boden/Pflanze aufgrund von Gefäßversuchen und chemischen Extraktionsverfahren mit Böden aus langjährigen Klärschlamm-Feldversuchen. Diss, Univ Giessen
– Helal HM, Ramadan AB, Azam F, Fleckenstein J (1996) Schwermetallaufnahme durch Kulturpflanzen unter Salzstreß. In: VDLUFA-Kongreß 1996, Trier. VDLUFA-Schriftenreihe, Heft 44, S 675–678
– Helal HM, Ramadan M, Fleckenstein J (1995) Vergleichende Untersuchungen zur Schwermetallbelastung von Kulturpflanzen in Ägypten. In: VDLUFA-Kongreß 1995. VDLUFA-Schriftenreihe, Heft 40, 749–752
– Helal HM, Rietz E, Sauerbeck D (1991) Aufnahme und Verlagerung von Schwermetallen in Leinpflanzen. In: Umweltaspekte der Tierproduktion. VDLUFA-Schriftenreihe, Heft 33, S 757–760
– Helmers E, Mergel N (1997) Platin in belasteten Gräsern. Anstieg der Emissionen aus PKW-Abgaskatalysatoren. UWSF Zeitschr Umweltch Ökotox 9(3): 147
– Hess CR (1990) Möglichkeiten der Begrünung schwermetallsalzbelasteter Substrate. Diss, Univ Hannover
– Hofmann F, Born M (1986) Der Schwermetallgehalt in Jahrringen von Bäumen: Eignet sich die Jahrringanalyse zur Erstellung von Chronologien der Umweltbelastung? Verhandl Ges Ökol 16: 343–350
– Hornburg V, Brümmer GW (1990) Schwermetallverfügbarkeit in Böden und Gehalte im Weizenkorn und in anderen Pflanzen. VDLUFA-Schriftenreihe, Heft 32, S 821–826
– Jaenicke L (1996) Schwermetallresistenz. ChiuZ 1996: 105
– Kirchhoff M (1989) Untersuchungen zur Umweltbelastung durch Schwermetalle: Akkumulation, Deposition, Verteilung und physiologische Wirkung auf Sphagnen. Diss, Univ Kiel
– Kirchhoff M, Rudolph H (1989) Schwermetallgehalte von Sphagnen aus verschiedenen Mooren Schleswig-Holsteins. Telma 19: 113–135
– Knapp R (1978) Trockenrasen und Therophyten-Fluren auf Kalk-, Sand-, Grus- und Schwermetallböden im mittleren Hessen. Oberhess Naturwiss Zeitschr 44: 71–91
– Kneer R (1993) Phytochelatine: Analytik, Komplexstruktur, Schwermetalltoleranz, Verbreitung im Pilzreich und präparative, enzymatische Synthese. Diss, Univ München
– Knoche H, Klein M, Hester A (1997) TRANSFER – Programm zur Analyse des Schwermetalltransfers vom Boden in die Pflanze. Fraunhofer-Institut für Umweltchemie und Ökotoxikologie, Schmallenberg
– König W (1986) Ausmaß und Ursache der Blei- und Cadmiumbelastung von Gemüse aus Duisburger Gartenanlage. Forum Städtehyg 1986: 98
– Kratz W, Bielitz K (1987) Streuabbau und Schwermetalldynamik (Pb, Cd) in Blatt- und Nadelstreu in ballungsraumnahen Waldökosystemen. Verhandl Ges Ökol 17: 473–478
– Krooß J, Stolz P, Thurmann U, Wosniok W, Peek RD, Giese H (1998) Statistisch ermittelte Hintergrundkonzentrationen für Schwermetallgehalte naturbelassener Hölzer. Holz-Zentralblatt
– Lange OL, Ziegler H (1963) Der Schwermetallgehalt von Flechten aus dem Acarosporetum sinopicae auf Erzschlackenhalden des Harzes. Mitt florist-soziolog Arbeitsgem 10: 156–183
– Lassak R (1996) Biosorption von Schwermetallen aus wäßrigen Lösungen durch pflanzliche Biomasse. Diss, Univ Hohenheim
– Lehn H (1988) Aufnahme und Verteilung von Thallium, Cadmium, Blei und Zink in ausgewählten Nutzpflanzen. Maraun, Frankfurt/M; Diss, Univ Heidelberg (1986)
– Leopold I (1997) Charakterisierung Schwermetall-bindender Komponenten in pflanzlichen Systemen durch Kopplung chromatographischer und atomspektroskopischer Analysenverfahren. Diss, Univ Halle-Wittenberg
– Lietz W (1987) Aufnahme der Schwermetalle Zink, Cadmium und Blei und deren synergistische Wirkung auf die Grünalge Chlorella saccharophila und die aus der Oker isolierte Alge Chlorella vulgaris. Diss, TU Braunschweig

– Löbe D (1975) Schwermetall-Kontamination von Phytoplankton unter natürlichen Verhältnissen und in Laborkulturen. Ber Inst Meereskd (Kiel) Nr 16

– Lorch D (1974) Toxizität, Aufnahme und Speicherung der Schwermetalle Blei, Mangan und Quecksilber durch dieSüßwassergrünalge Microthamnion kuetzingianum Naeg. Diss, Univ Hamburg

– Lübben S (1991) Sortenbedingte Unterschiede bei der Aufnahme von Schwermetallen durch verschiedene Gemüsepflanzen. In: Umweltaspekte der Tierproduktion. VDLUFA-Schriftenreihe, Heft 33, S 605–612

– Lübben S (1993) Vergleichende Untersuchungen zur Schwermetallaufnahme verschiedener Kulturpflanzen aus klärschlammgedüngten Böden und deren Prognose durch Bodenextraktion. FAL, Braunschweig; Diss, Univ Göttingen

– Lübben S, Müller A, Helal HM (1991) Der Einfluß der Bodendichte auf die Aufnahme und Verteilung von Schwermetallen durch Buschbohnenpflanzen. In: Tagung der Deutschen Bodenkundlichen Gesellschaft, Oldenburg, 1991, S 677–680.

– Lübben S, Rietz E, Schaller A, Birke CH, Hasselbach G (1990) Auswirkungen von Langzeitbelastungen mit Siedlungsabfallen auf den Schwermetalltransfer Boden-Pflanze. In: Ordnungsgemäße Landwirtschaft: Messen, Bewerten, Beraten. VDLUFA-Schriftenreihe, Heft 30, S 267–268

– Lübben S, Sauerbeck D (1989) Aufnahme von Schwermetallen durch Weizen und ihre Verteilung in der Pflanze. In: Anke M (Hrsg) 6th International Trace Element Symposium: As, B, Br, Co, Cr, F, Fe, Mn, Ni, Sb, Sc, Si, Sn and other ultra trace elements, Friedrich-Schiller-Univ Jena, 1989, Vol. 4, S 1295–1302

– Ludwig C, Märki M (1997) Schwermetallaufnahme von Futterrüben in Abhängigkeit der Düngung. Risikoabschätzung für Pflanze, Tier und Mensch. Dipl, Inst Terrest Ökol, ETH Zürich

– Maisenbacher P (1992) Schwermetallaufnahme durch Ackerpflanzen in verschieden höher belasteten Gebieten Baden-Württembergs auf neutralen bis schwach alkalischen Böden. Ber KfK PWAB 10; Diss, Univ Karlsruhe (1991)

– Möller K, Kätzel R, Löffler S (1998) Veränderungen der Nadelinhaltsstoffe schwermetallbelasteter Waldkiefern (Pinus sylvestris) der ehemaligen Rieselfelder Berlin-Nord. Forstwiss Centralbl 117(2): 81

– Nauenburg JD (1988) Zur Karyologie und Taxonomie der heimischen Schwermetallsippen der Gattung Viola, Sekt. Melanium. Decheniana 141: 96–102

– Neite H, Neikes N, Wittig R (1991) Verteilung von Schwermetallen im Wurzelbereich und den Organen von Waldbodenpflanzen aus Buchenwäldern. Flora (Jena) 185(5): 325–333

– Padeken K (1998) Schwermetallaufnahme verschiedener Pflanzenarten unter besonderer Berücksichtigung der N- und P-Ernährung. Landbauforschung Braunschweig-Völkenrode, Sonderheft 182; Diss, Univ Göttingen (1997)

– Padeken K, Helal HM (1995) Cd-Aufnahme von Raps und Weizen bei variiertem Nährstoffangebot. In: VDLUFA-Schriftenreihe, Heft 40, S 881–884

– Peters U, Peitzmeier E (1988) Vergleichende Untersuchung der Schwermetallgehalte eines Erlen-Eschen-Quellwaldes im Ruhrgebiet (Bochum) und am Rand der Südeifel. Verhandl Ges Ökol 18: 131–138

– Pluquet E (1984) Die Bedeutung des Tongehaltes und des pH-Wertes für die Schwermetallaufnahme einiger Kulturpflanzen aus kontaminierten Böden. UBA-Texte 1984/40

– Post A, Weis N (1996) Blei- und Cadmiumgehalte von Erzeugnissen aus Bremer und Bremerhavener Kleingärten. Bremer Umweltbeiträge 1996(5): 4–6

– Rietz E, Kücke M (1992) Schwermetallgehalte in Wurzeln und Sproß unterschiedlicher Kulturpflanzen in Abhängigkeit vom pH-Wert und vom Schwermetallgehalt des Bodens. In: Ökologische Aspekte extensiver Landbewirtschaftung. VDLUFA-Schriftenreihe, Heft 35, S 693–696

– Rossbach M (1986) Instrumentelle Neutronenaktivierungsanalyse zur standortabhängigen Aufnahme und Verteilung von Spurenelementen durch die Salzmarschpflanze Aster tripolium von Marschwiesen des Scheldeestuars, Niederlande. Report Nr Jül Spez 365, KfA Jülich; Diss, Univ Köln

– Sauerbeck D (1983) Welche Schwermetallgehalte in Pflanzen dürfen nicht überschritten werden, um Wachstumsbeeinträchtigungen zu vermeiden? Landwirtschaftl Forsch (Sonderheft) 39: 108–129

– Sauerbeck D, Harms H (1993) Beurteilung der Aufnahme von Schwermetallen und organischen Schadstoffen durch landwirtschaftliche Nutzpflanzen. In: BMU (Hrsg) Tagung „Perspektiven der biologischen Abfallbehandlung", S 62–85

– Schiller W (1974) Versuche zur Kupferresistenz bei Schwermetallökotypen von Silene cucubalus Wib. Flora 1634: 327–341

– Schuster HK (1979) Experimentelle Untersuchungen zur Schwermetallresistenz von submersen Makrophyten. Dissertationes botanicae 50. Cramer, Vaduz; Diss, Univ Bremen (1978)
– Seitz P, Bibo J (1986) Hessisches Schadstoffuntersuchungsprogramm. Schwermetalluntersuchungen 1981–1985, Bereich Erwerbsgemüsebau. Landwirtschaftliche Fachinformation Nr 1986/11. Hessisches Landesamt für Ernährung, Landwirtschaft und Landentwicklung, Kassel
– Sennhauser M (1998) Phytoremediation: Effizienz und Strategien der Wurzeln von Nicotiana tabacum und Brassica juncea in einem schwermetallbelasteten Boden. Dipl, Inst Terrest Ökol, ETH Zürich
– Steinhagen-Schneider G (1981) Fucus Vesiculosus als Schwermetall-Bioakkumulator. Der Einfluß von Temperatur, Salzgehalt und Metallkombination auf die Inkorporationsleistung. Ber Inst f Meereskd (Kiel) Nr 93; Diss, Univ Kiel
– Stenz B, Schulin R, Schenk M (1997) Schwermetallaufnahme durch Kulturpflanzen auf belasteten Böden. Wasser+Boden 49: 7–14
– Stolz P, Krooß J (1997) Aktuelle Daten zu Schwermetallgehalten inhomogener Altholzmischsortimente. UTECH-Seminar „Einstufen, Aufbereiten und Verwerten von Holz und Holzabfällen" 18./19.2.1997, Berlin
– Sühs K (1994) Versuche über die simultane Aufnahme der Schwermetalle Cd, Hg, Pb, Cu, Zn und Se in Pilzfruchtkörper. Forum Städtehyg 1994: 91
– Symader W (1983) Räumliche Verbreitungsmuster der Belastung Kölner Stadtbäume durch einzelne Schwermetalle. Verhandl Ges Ökol 10: S 481–483
– Thumann J (1990) Die Rolle der Phytochelatine im Schwermetallstoffwechsel der Pflanzenzelle. Diss, Univ München
– Tiemann J (1996) Untersuchungen zur biogenen Metallausfällung an der Alge Cyanidium caldarium in sauren Extraktionswässern, Dipl, TU Hamburg-Harburg
– Traulsen BD (1985) Belastungssituation durch Cadmium, Chrom, Kobalt, Nickel und Thallium und deren Wirkung auf verschiedene Pflanzenarten. Diss, TU Berlin
– Trüby P (1987) Zur Schwermetallverteilung in Waldbäumen. Mitt Dtsch Bodenkdl Ges 55: 663–666
– Trüby P (1994) Zum Schwermetallhaushalt von Waldbäumen. Freiburger bodenkdl Abh 33; Habil, Univ Freiburg (1993)
– Trüby P, Zöttl HW (1990) Schwermetallbelastung und Gesundheitszustand von Waldbäumen. KFK-PEF Berichte 61(1): 257–269
– Turcsanyi G, Fangmeier A (1990) Blei- und Cadmiumgehalt von Buchenwurzeln (Fagus sylvatica). Zeitschr Pflanzen Bodenkdl 153: 197–200
– UBA (Hrsg) (1987) Entscheidungshilfen für die Prüfung in Sonderfällen nach TA Luft (Nr. 2.2.1.3) Teil III: Beurteilung einer Belastung von Nahrungs- und Futterpflanzen mit Cadmium, Blei, Thallium und Fluor. UBA-Texte 1987/08. Schmidt, Berlin
– UBA (Hrsg) (1995) Die Nickelaufnahme von Pflanzen aus verschiedenen Böden und Bindungsformen und ihre Prognose durch chemische Extraktionsverfahren. UBA-Texte 1995/33
– Urech JA (1987) Untersuchungen über den Langzeiteinfluß von Schwermetallen auf das Crustaceen-Plankton. Diss, ETH Zürich
– Vetter M (1983) Schwermetalle in der Nahrung – akute Gefährdung für Mensch und Tier? Aktuelle Bedeutung für Futter- und Nahrungspflanzen. In: VDLUFA-Infotag 1982, Bonn. VDLUFA-Schriftenreihe, Heft 6: 21–40
– Vogler K (1993) Schwermetallaufnahme der Vegetation in Abhängigkeit von sorptionsrelevanten Bodeneigenschaften. Bestandsaufnahme des Schwermetallgehaltes landwirtschaftlicher Kulturpflanzen in normal belasteten Gebieten der Schweiz. ETH-Hochschulschr-Nr 10117. Diss, ETH Zürich
– Vogler K, Schmitt HW (1990) Schwermetalltransfer Boden-Pflanze. Beziehung zwischen der Schwermetallbelastung des Bodens und der Pflanzenaufnahme als Funktion sorptionsrelevanter Bodeneigenschaften. Reihe Boden Nr 53. NFP 22, Liebelfeld-Bern
– Westermeier-Hitschfeld RC (1982) Zonierung, Biomasse, Energiegehalt und Schwermetall-Akkumulation mariner Algen aus Chile, Helgoland und Spanien. Diss, Univ Gießen
– Wiedemann H (1986) Untersuchungen von Schwermetallgehalten in Feinwurzeln von Waldbäumen. Dipl, Univ Göttingen
– Wittig R, Baumen T (1992) Schwermetallrasen (Violetum calaminariae rhenanicum Ernst 1964) im engeren Stadtgebiet von Stolberg/Rheinland. Acta Biologica Benrodis 4(1/2): 67–80

– Wittke S (1994) Akkumulation von Metallen in aquatischen Moosen der Rote Weißeritz und ihrer Neben-bäche (Osterzgebirge). Dipl, Univ Göttingen
– Zumbroich T, Herweg U, Müller A (1994) Zur Schwermetallbelastung von Nutzpflanzen in einer Region mit ehemaligem Erzbergbau. Wasser+Boden 1994(1): 26

LIT 1.6   Schwermetalle in Mensch und Tier

– Anonym (1984) Bleikonzentration im Blut. ChiuZ 1984(4): 144
– Anonym (1984) Schwermetall-bindende Bakterien. ChiuZ 1984(6): 212
– Back HG (1985) Aufnahme und Verteilung von Schwermetallen in Anneliden, unter besonderer Berück-sichtigung limnischer Tubificiden (Oligochaeta). Diss, Univ Heidelberg
– Backhaus B (1987) Umsatz und Toxizität der Schwermetalle Cadmium, Blei und Zink im Verlauf der Entwicklung eines holometabolen Insekts. Untersuchungen an Laborkulturen der Taufliege Drosophila me-lanogaster Meig. Diss, TH Aachen
– Baumgardt B (1985) Spurenanalytische Untersuchungen zur Schwermetallbelastung von Lungengeweben: ein Beitrag zur Objektivierung beruflicher Gefährdungen. Diss, Univ Bochum
– Becker PH, Conrad B, Sperveslage H (1989) Chlororganische Verbindungen und Schwermetalle in weib-lichen Silbermöwen (Larus argentatus) und ihren Eiern mit bekannter Legefolge. Vogelwarte 35(1): 1–10
– Becker PH, Terne W, Rüssel HA (1985) Schadstoffe in Gelegen von Brutvögeln der deutschen Nordseekü-ste. 2. Quecksilber. Journ Ornithol 126(3): 253–261
– BGA (Hrsg) (1978) Blei und Umwelt II, Beiträge zum Problem der Bleibelastung des Menschen. BGA-Bericht 1/78. Reimer, Berlin
– BGA (Hrsg) (1980) Ad-hoc-Felduntersuchungen über die Schwermetallbelastung der Bevölkerung im Raum Oker im März 1980. BGA-Berichte 2/80. Reimer, Berlin
– Bremer Umweltministerium (Hrsg) (1985) Schwermetalle – Endlager Mensch, Kölner Volksblatt, Köln
– Busch D, Schirmer M (1989) Schwermetallbelastungen von Brassen im bremischen Bereich des Weser-systems. Gutachten zur Beurteilung des Gewässergütezustandes der Unterweser, Univ Bremen
– Campos NH (1984) Zur Belastung einiger Muschelarten von der karibischen Küste Kolumbiens mit Schwermetallen. Diss, Univ Kiel
– Conze J (1987) Schwermetallgehalte in Blut, Urin und Haaren von nur gelegentlich belasteten Angehörigen des öffentlichen Dienstes (Forschungsbereich): eine retrospektive Studie 1975 bis 1984. Diss, TH Aachen
– Crößmann G, Bortlisz J (1986) Untersuchungen zum Übergang (carry over) von Mengen- und Spurenele-menten aus dem Aufwuchs von Böschungen und Deichen der Emscher in weidende Schafe. Forum Städte-hyg 1986: 186
– Cumbrowski J (1991) Die Schwermetallbelastung des Menschen durch die Umwelt. Forum Städtehyg 1991(3): 134
– Dittmar H, Vogel K (1968) Die Spurenelemente Mangan und Vanadium in Brachiopodenschalen in Ab-hängigkeit vom Biotop. Chemical Geology 3(2): 95–110
– Engelhart A (1997) Herkömmliche und dioxinähnliche polychlorierte Biphenyle und Schwermetalle in Iltissen aus Baden-Württemberg. Berichte aus der Biologie. Shaker, Aachen
– Ewers U (1990) Untersuchungen zur Cadmiumbelastung der Bevölkerung der Bundesrepublik Deutschland. Schadstoffe und Umwelt Bd 4. Schmidt, Berlin
– Ewers U, Turfeld M, Freier A, Brockhaus A (1996) Zähne als Indikatoren der Blei- und Cadmiumbelastung des Menschen. UWSF Zeitschr Umweltch Ökotox 8(6): 312
– Filip F (1986) Mikroorganismen und Quecksilber – eine Übersicht. Forum Städtehyg 1986: 243
– Glockemann B, Larink O (1989) Einfluß von Klärschlammdüngung und Schwermetallbelastung auf Mil-ben, speziell Gamasiden, in einem Ackerboden. Pedobiologia 33(4): 237–245
– Gogolin F (1991) Induzierbarkeit des Schwermetall-bindenden Proteins Metallothionein durch Zink in den pankreatischen Inseln der Maus. Diss, Univ Düsseldorf
– Hahn E, Hahn K, Ellenberg H (1988) Schwermetallgehalte in Federn von Elstern (Pica pica) – Folge exo-gener Auflagerung aus der Atmosphäre? Verhandl Ges Ökol 18: 317–324

- Hahn E, Hahn K, Stoeppler M (1989) Schwermetalle in Federn von Habichten (Accipiter gentilis) aus unterschiedlich belasteten Gebieten. Journ Ornithol 130(3): 303–309
- Hapke HJ (1983) Schwermetalle in der Nahrung – akute Gefährdung für Mensch und Tier? Aktuelle Bedeutung für Mensch und Tier. In: VDLUFA-Infotag 1982, Bonn. VDLUFA-Schriftenreihe, Heft 6: 4–21
- Höbel C (1984) Zum Schwermetallgehalt im Ökosystem der Deutschen Bucht, mit besonderer Berücksichtigung rezentmariner, benthischer Foraminiferen. Beitr Meerestechn (Clausthal-Zellerfeld) 8; Diss, TU Clausthal
- Höffel I, Müller P (1983) Schwermetallrückstände in Honigbienen (Apis mellifi L.) in einem Ökosystem (Saarbrücken). Forum Städtehyg 34: 191
- Holm J (1988) Erkennung und Beurteilung von flächenhaften Schwermetall- und Pestizidkontaminationen beim Wild: neueste Erkenntnisse aus dem Forschungsvorhaben. Staatliches Veterinäruntersuchungsamt, Braunschweig
- Jary E (1988) Cadmium-, Zink-, Kupfer- und Calciumgehalte in Nieren, Lebern und Muskulatur von Schlachttieren aus Beständen mit klärschlammbeaufschlagten Futterflächen. Diss, Univ Gießen
- Köck G (1991) Schwermetalle und Fische: Anforderungen an die Wassergüte. Bundesmin f Land- u Forstwirtsch, Wien:
- Koop U (1989) Untersuchungen über die Schwermetallanreicherung in Fischen aus schwermetallbelasteten Gewässern im Hinblick auf deren fischereiliche Nutzung. Diss, Univ Göttingen
- Krause C (1996) Umwelt-Survey 1990/92, Band 1b. Human-Biomonitoring. Deskription der Spurenelementgehalte im Haar der Bevölkerung in der Bundesrepublik Deutschland. WaBoLu-Hefte 1996/02
- Krause C, Babisch W, Becker K, Bernigau W, Helm D, Hoffmann K, Nöllke P, Schulz C, Schwabe R, Seifert M, Thefeld W (1996) Umwelt-Survey 1990/92, Bd 1a. Studienbeschreibung und Human-Biomonitoring. Deskription der Spurenelementgehalte in Blut und Urin der Bevölkerung in der BRD. WaBoLu-Hefte 1996/01
- Kremer H (1994) Verteilungsmuster der Schwermetalle Blei, Cadmium und Quecksilber in Weich- und Hartgeweben mariner Säugetiere aus deutschen Küstengewässern. Schriften der Bundesforschungsanstalt für Fischerei Nr 21
- Labedzka-Izykowski M (1988) Wirkung von Schwebstäuben, Flugasche-Fraktionen und Schwermetall-Verbindungen auf die Freisetzung aktiver Sauerstoffspezies aus aktivierten Kaninchen-Alveolarmakrophagen. Diss, Univ Hamburg
- Lee M (1989) Untersuchungen über den Einfluß der Expositionsdauer, der Konzentration und der Bindungsform von Cadmium auf die Retention und Verteilung in Organen und Geweben der Ratte. Diss, Univ Hohenheim
- Lehnert G, Szadkowski D (1983) Die Bleibelastung des Menschen. VCH, Weinheim
- Luber B (1986) Toxische und essentielle Spurenelemente in Lebern und Mageninhalten einheimischer wildlebender Mäusearten. Diss, Univ München
- Merl G, Müller P (1983) Schwermetalle und chlorierte Kohlenwasserstoffe in Dreissena polymorpha-Populationen Mitteleuropas. Forum Städtehyg 34: 178
- Meßner B (1991) Schwermetalle in Fischen einiger Kärntner Gewässer. Österr Wasser+Abfall 9: 234
- Müller W, Geyer H, Korte F (1974) Beiträge zur ökologischen Chemie LXVII – Untersuchung über die Methyl- und Gesamtquecksilberkontamination von Fischen aus einem süddeutschen Fluß. Chemosphere 3: 19
- Noddack I, Noddack W (1940) Häufigkeit der Schwermetalle in Meerestieren. Arkiv för zoologi 32 A: 4. Almqvist & Wiksell, Stockholm
- Nüßlein F, Feicht EA, Schulte-Hostede A, Kettrup A (1997) Abschätzung der Quecksilberexposition bei den Bewohnern in der Umgebung eines Altstandortes. UWSF Zeitschr Umweltch Ökotox 9(3): 136
- Parey K (1988) Kontamination von Rhein-Fischen mit Schwermetallen und Organochlorverbindungen: Auswirkungen auf die Reproduktion und deren weitere Gefährdung durch die virale hämorrhagische Septikämie (VHS). Naturwissenschaften 3, Schäuble, Rheinfelden; Diss, Univ Freiburg (Breisgau)
- Paulsen F (1995) Vergleichende Untersuchung von Arsen, Blei und Cadmium in Blut und Haaren von verschiedenen Personengruppen. Diss, Univ Kiel
- Prescher S (1992) Ökologie und Biologie der Diptera, insbesondere der Brachycera, eines klärschlammgedüngten Ackerbodens. Diss, TU Braunschweig

- Rummler HG (1988) Einflüsse des Lebensalters auf das Kumulationsverhalten von Cadmium, Zink und Kupfer bei Ratten nach Cadmium-Belastung über das Trinkwasser. Diss, Univ Hohenheim
- Saffari P (1984) Ablagerungen von toxischen Schwermetallen im menschlichen Zahn. Diss, Univ Mainz
- Sochtig W (1989) Schwermetallakkumulation verschiedener Größenklassen der Larven von Baetis rhodani Pict. (Baetidae: Ephemeroptera) in der Oker bei Goslar/Probsteiburg (Niedersachsen). Braunschweiger Naturkdl Schr 3(2): 561–565
- Soria SP (1988) Untersuchungen zur Schwermetallbelastung von Perna viridis und Crassostrea iredale aus der Bucht von Manila (Philippinen). Diss, Univ Kiel
- Späth ML (1982) Schwermetallgehalt in menschlichen Haaren in Abhängigkeit einer industriellen Bleibelastung: eine prospektive Untersuchung zur Feststellung der chronischen, subklinischen Belastung bei Schulkindern aus der Umgebung eines industriellen Blei-Emittenten. Diss, FU Berlin
- Sures B (1996) Untersuchungen zur Schwermetallakkumulation von Helminthen im Vergleich zu ihren aquatischen Wirten. Diss, Univ Karlsruhe
- Timm KR (1978) Hämatologische Befunde an bleibelasteten Kindern aus einem industriellen Schwermetall-Risikogebiet. Diss, TH Aachen
- Timotius KH (1986) Isolierung und Charakterisierung von metallresistenten wasserstoffoxidierenden Bakterien. Diss, Univ Göttingen
- Weisenfeld P (1988) Die Cadmium- und Bleibelastung von Regenwürmern in industrienahen, kultivierten Boden in Berlin (West) Verhandl Ges Ökol 18 285–287
- Yediler A (1987) Die synergistische Wirkung der Wasserparameter, Temperatur, Sauerstoffgehalt und Strömung auf das Akkumulationsverhalten des Schwermetalls Quecksilber ($HgCl_2$) in verschiedenen Karpfenorganen (Cyprinus carpio L). Diss, Univ München

LIT 1.7   Schwermetalle in sonstigen Stoffen

- Ammon R, Collet P, Dewes E, Einbrodt HJ, Lehmann G, Möller S, Kampe W, Müller P (1983) Blei und Cadmium in Nahrungsmitteln und Trinkwasser. Wiss und Umwelt ISU (RWTH Aachen) 1/83: 1–45
- Arts W, Bretschneider HJ (1985) Schadstoffe im Trinkwasser. Zum Beispiel Schwermetalle. Wissenschaftsmagazin (TU Berlin) 8: 80–83
- Arts W, Bretschneider HJ: Geschuhn A, Wefer H (1985) Blei im Berliner Trinkwasser, Tl 2. Forum Städtehyg 1985: 46
- BUWAL (1991) Schwermetalle und Fluor in Mineraldüngern. Schriftenreihe Umwelt Bd 162. Bundesamt für Umwelt, Wald und Landschaft (BUWAL), Bern, und Forschungsanstalt für Agrikulturchemie und Umwelthygiene (FAC)
- Crößmann G (1978) Zink- und Kupfergehalte in wirtschaftseigenen Grundfuttermitteln: Ergebnisse von Erhebungsuntersuchungen in Westfalen-Lippe. Forschung und Beratung C 33. Landwirtschaftsverl, Münster-Hiltrup
- Crößmann G, Seifert D (1980) Quecksilber und Arsen in der Nahrungskette: 1. Vorkommen in Futtermitteln, 2. Quecksilberemissionen und ihre Auswirkungen auf Boden und Pflanzen. LUFA Westfalen-Lippe, Münster
- Gorbauch H, Rump HH, Alter G, Schmitt-Henco CH (1984) Untersuchung von Thallium in Rohstoff- und Umweltproben. In: Fresenius W, Luderwald I Hrsg) Environmental Research and Protection: Inorganic Analysis, S 236–240. Springer, Berlin Heidelberg New York Tokyo
- Hartmann B (1990) Zur Spurenanalyse von Schwermetall-Verbindungen (Cd, Pb) und deren mögliches Vorkommen in Filder-Weißkohl bzw. Sauerkraut. Diss, Univ Hohenheim
- Käferstein FK, Müller J, Kossen MT (1981) Schwermetalle in Säuglingsnahrung. ZEBS-Berichte 1981(1), Reimer, Berlin
- Kallischnigg G (1982) Schwermetallgehalte in Bier. Ber ZEBS Umweltchemik 1982(2). Reimer, Berlin
- Kampe W (1983) Blei und Cadmium in der Nahrung – eine aktuelle Gefährdung. Forum Städtehyg 34: 236
- Kautz K, Pickhardt W, Riepe W, Schaaf R, Scholz A, Zimmermeyer G (1984) Spurenelemente in der Steinkohle, ihre Verteilung bei der Verbrennung und ihre biologische Wirkung. Glückauf-Forschungsh 45(5): 228–237

– Kazemi A (1989) Schwermetallbelastung von Straßenkehricht mit unterschiedlicher Kfz-Frequenz. Forum Städtehyg 1989(3): 153
– Kirsch H (1981) Die Herkunft der Spurenelemente Zink, Cadmium and Vanadium in Steinkohlen und ihre Verhalten bei der Verbrennung. Forschungsber BMFT, Technologische Forschung und Entwicklung, Nichtnukleare Energietechnik 81-054, S 54. Zentralstelle für Luft- und Raumfahrtdokumentation und Information (ZLDI) der Deutschen Forschungs- und Versuchsanstalt für Luft- und Raumfahrt, München
– Knezevic G (1981) Untersuchungen über den Schwermetallgehalt von Dauerbackwaren – Bestimmung von Blei und Cadmium mittels flammenloser AAS. Zucker- und Süsswaren-Wirtschaft 34(7/8): 242–244
– Knezevic G (1982) Schwermetalle in Lebensmitteln. 2. Mitt: Über den Gehalt an Blei in Rohkakao und in Kakao-Halb- und Fertigprodukten. Deutsche Lebensmittel-Rundschau 78(5): 178–180
– Knezevic G (1982) Schwermetalle in Lebensmitteln. Über den Zinkgehalt in Rohkakao, Kakao-Halb- und Fertigprodukten. Zucker- und Süsswaren-Wirtschaft 35(4): 97–99
– Knezevic G (1983) Schwermetalle in Lebensmitteln. 3. Mitt: Über den Gehalt an Arsen in Rohkakao und in Kakao-Halb- und -Fertigprodukten. Deutsche Lebensmittel-Rundschau 79(7): 232–233
– Knezevic G (1985) Schwermetalle in Lebensmitteln. 4. Mitt: Über den Gehalt an Nickel in Rohkakao und in Kakao-Halb- und -Fertigprodukten. Deutsche Lebensmittel-Rundschau 81(11): 362–364
– Knezevic G (1986) Schwermetallspuren in Papier und Papiererzeugnissen. Verpackungs-Rundschau 37(6): 39–42
– Knezevic G (1987) Keine Belastungen durch Spurenelemente in Rohkakao und Kakao-Halb- und Fertigprodukten. Zucker- und Süsswaren-Wirtschaft 40(7/8): 287–289
– Knezevic G (1987) Schwermetalle in Lebensmitteln. 5. Mitt: Über den Kobaltgehalt in Rohkakao und Kakaofertigprodukten. Deutsche Lebensmittel-Rundschau 83(1): 16–17
– Kursawa-Stucke HJ (Hrsg) (1984) Cadmium in Lebensmitteln: Ursachen, Wirkungszusammenhänge und Handlungsstrategien für den Verbraucher. 2. Aufl, Stiftung Verbraucherinst, Berlin
– Lemm R v, Hartleb M (1982) Untersuchung über den Schwermetallgehalt in Tennenbelägen von Oldenburger Sportplätzen. Information zu Energie und Umwelt B 5. Univ Oldenburg, Bremen
– Magin-Konietzka I (1988) Abbau der Schwermetallbelastung aus Wasserversorgungsleitungen: Bleibericht. UBA-Texte 1988/11
– Ocker HD (1992) Rückstände und Kontaminanten in Getreide und Getreideprodukten. Behr, Hamburg
– Otte MU (1953) Spurenelemente in einigen deutschen Steinkohlen. Chemie d Erde 16(3): 239–294
– Pfannhauser W (1989) Untersuchung der Belastung verzehrfertiger Nahrung in Österreich mit Schwermetallen (Pb, Cd, As, Hg). Sektion 7, Bundeskanzleramt Republik Österreich, Wien
– Piloty M, Ocker HD, Klein H (1981) Schwermetalle in Speisekleie und Speisekleie-Erzeugnissen. ZEBS-Berichte 1981/3. Reimer, Berlin
– Quek UH (1988) Spurenmetallabspülung von Dächern. Dipl, Univ Bayreuth
– Riehm G (1994) Schwermetalle im Innenraum: Nachweis und Vorkommen in Hausstaub und Materialien. 1. Aufl, Maraun, Frankfurt/M
– Schäferjohann V (1995) Untersuchungen zur Adsorption von Schwermetallen an Straßenstaub. Dipl, Univ Bayreuth
– Schenker D (1984) Betrachtungen zum Cadmiumgehalt von Tabakerzeugnissen. Forum Städtehyg 35: 17
– Schröder R (1992) Geochemische und statistische Untersuchungen zur Bindung und Verteilung der kohlenrelevanten Spurenelemente Arsen, Beryllium, Cadmium, Kobalt, Chrom, Kupfer, Quecksilber, Mangan, Molybdän, Nickel, Blei, Uran, Vanadium und Zink in Flözkohlen des Westfals des Ruhrgebietes. Shaker, Aachen
– Stelz A (1988) Untersuchungen zur Kontamination der Muttermilch in Hessen mit chlorierten Kohlenwasserstoffen und zur Verunreinigung mit Arsen, Blei und Cadmium in drei ausgewählten hessischen Gebieten. Diss, Univ Gießen
– Striebel T, Gruber A (1997) Schwermetalle in Straßenstäuben und Schlammtopfsedimenten in Bayreuth: Konzentrationsbereiche, Einfluß der Verkehrsbelastung, Bindungsformen. Gefahrst Reinhalt Luft 57: 325–331
– Takacs P, Korbuly J (1973) Beiträge zur Natur der Beziehungen zwischen organischer Braunkohlensubstanz und Spurenelementen. In: Bull 9th Congr Carpatho-Balkan Geol Assoc, Vol 4, S 97–107. Akad Kiado, Budapest
– Wagner KH, Siddiqi I (1973) Schadstoffanreicherung in Wein. Chemosphere 2: 85

LIT 2   Spurenelemente

- Anke M (Hrsg) (1995–1997) Mengen- und Spurenelemente. 15.–17. Arbeitstagung Univ Jena. Schubert, Leipzig
- Anke M, Meissner D, Bergmann H (1994) Defizite und Überschüsse an Mengen- und Spurenelementen in der Ernährung. 10. Jahrestagung Gesellschaft für Mineralstoffe und Spurenelemente eV, 14. Arbeitstagung Mengen- und Spurenelemente 1994. Schubert, Leipzig
- Anke M, Partschefeld M, Kursa J, Kroupova V (1983) Selenmangelmyopathie. Wiss Zeitschr Friedrich-Schiller-Univ Jena, Math-Nat R 32: 809–820
- Anke M, Schneider HJ, Brückner C (Hrsg) (1980) 3. Spurenelement-Symposium „Arsen". Friedrich-Schiller-Univ, Jena
- Anonym (1976) Spurenelemente im Wirkungsbereich Industrie – Biosphäre. Vorträge zum Berg- und Hüttenmännischen Tag 1975 in Freiberg. Freiberger Forschungshefte C 317. Dtsch Verl f Grundstoffind, Leipzig
- Anonym (1976) Spurenelemente mit toxischer Wirkung. Tabellen über Gehalte in Futtermitteln. Daten und Dokumente zum Umweltschutz Nr. 11. Dokumentationsstelle Univ Stuttgart-Hohenheim
- Anonym (1981) Die biologische Rolle einiger seltener Elemente. ChiuZ 1981(1): 35
- Anonym (1981) Spurenelemente in der Umwelt. ChiuZ 1981(5): 176
- Becker K, Nöllke P, Hermann-Kunz E, Krause C, Schenker D, Schulz C (1996) Umwelt-Survey 1990/91, Band 3: Zufuhr von Spurenelementen und Schadstoffen mit der Nahrung (Duplikate und Diet History) in den alten Bundesländern. WaBoLu-Hefte 1996/03
- Bersin Th (1973) Biochemie der Mineral- und Spurenelemente. Akad Verl, Frankfurt
- Bertelsmann Stiftung (Hrsg) (1994–1997) Mineralstoffe, Spurenelemente und Vitamine. Bedeutung für das Immunsystem im Alter/Klinische Aspekte und chemische Analyse/Gesundheitsvorsorge. Bertelsmann Stiftung /VVA, Gütersloh
- Betke K (1975) In der Entwicklung von Mensch und Tier vernachlässigte Elemente in der Säuglingsernährung. 1. Spurenelement-Symposium Rottach-Egern November 1974. Urban & Schwarzenberg, München
- Brätter P, Gramm HJ (1992) Mineralstoffe und Spurenelemente in der Ernährung der Menschen. Blackwell, Berlin
- Eschnauer H (1974) Spurenelemente in Wein und anderen Getränken. VCH, Weinheim
- Flohé L, Straßburger W, Günzler WA (1987) Selen in der enzymatischen Katalyse. ChiuZ 1987(2): 44–49
- Flüh M (1988) Untersuchungen zur Verbesserung der Diagnose der Mangan-Versorgung von Getreidepflanzen und Ackerböden in Schleswig-Holstein. Schriftenreihe des Instituts Bd 4, Kiel
- Forchhammer K, Böck A (1991) Biologie und Biochemie des Elementes Selen. Naturwiss 78: 497–504
- Frey R (Hrsg) (1979) Spurenelemente: Physiologie, Pathobiochemie, Therapie. Bedeutung ihrer Komplexe für die moderne Medizin. Thieme, Stuttgart
- Gladtke E (Hrsg) (1979) Spurenelemente: Analytik, Umsatz, Bedarf, Mangel und Toxikologie. Symposium Bad Kissingen 1977. Thieme, Stuttgart
- Gladtke E (Hrsg) (1985) Spurenelemente: Stoffwechsel, Ernährung, Imbalancen, Ultra-Trace-Elemente. 3. Spurenelementesymposion Konstanz 1984. Thieme, Stuttgart
- Holtmeier HJ, Kuhn M, Rummel K (1976) Zink, ein lebenswichtiges Mineral. Wiss Verlagsges, Stuttgart
- Kieffer F (1979) Spurenelemente steuern die Gesundheit. Sandoz-Bulletin 51–53
- Köhrle J (1998) (Hrsg) Mineralstoffe und Spurenelemente. Molekularbiologie, Interaktion mit dem Hormonsystem, Analytik. Tagungsbd 12. Jahrestagung Ges Mineralstoffe und Spurenelemente, Würzburg 1996. Wiss Verl-Ges, Stuttgart
- Lang K (1974) Wasser, Mineralstoffe, Spurenelemente. Eine Einführung für Studierende der Medizin, Biologie, Chemie, Pharmazie und Ernährungswissenschaft. Steinkopff, Darmstadt
- Lombeck I (1997) Spurenelemente. Bedarf, Vergiftungen, Wechselwirkungen und neuere Meßmethoden. Wiss Verl-Ges, Stuttgart
- Neumann KH (1962) Untersuchungen über den Einfluß essentieller Schwermetalle auf das Wachstum und den Proteinstoffwechsel von Karottengewebekulturen. Diss, Univ Gießen

– Riehle G (1964) Einige Untersuchungen über den Einfluß der essentiellen Schwermetalle Eisen, Molybdän und Kupfer auf die Ertragsbildung und den Proteinstoffwechsel von Hafer (Avena sativa L.) unter Berücksichtigung der Entwicklung auf Hochmoorboden. Diss, Univ Gießen
– Rilling S (1993) Kompendium der Mineralstoffe und Spurenelemente. Haug, Heidelberg
– Schenkel H (1994) Anorganische Spurenstoffe – Gesundheitliche Wirkungen bei Menschen und Tier. Übersichten zur Tierernährung 22(1): 176–183
– Schlettwein-Gsell D, Mommsen-Straub S (1973) Spurenelemente in Lebensmitteln. Internationale Zeitschrift für Vitamin- und Ernährungsforschung Beiheft 13. Huber, Bern
– Schnug E, Haneklaus S (1990) Molybdänversorgung im intensiven Rapsanbau. Raps 8(4): 188 – 191
– Scholz H (1996) Mineralstoffe und Spurenelemente. Trias, Stuttgart
– Schrauzer GN (1983) Selen – Neuere Entwicklungen aus der Biologie, Biochemie und Medizin. Fischer, Heidelberg
– Schulz W (Hrsg) (1983) Spurenelemente in der Nephrologie. Dustri, München-Deisenhofen
– Stanway A (1991) Spurenelemente: So helfen Sie Ihrer Gesundheit. Jopp, Wiesbaden
– Thefeld von, Stelte, Grimm (1995) Versorgung Erwachsener mit Mineralstoffen und Spurenelementen in der Bundesrepublik. VERA-Schriftenreihe Bd 5. Fleck, Niederkleen
– Warburg O (1946) Schwermetalle als Wirkungsgruppen von Fermenten. Sänger, Berlin
– Wolfram G, Kirchgeßner M (Hrsg) (1990) Spurenelemente und Ernährung. Wiss Symp, Hannover 1989. Wiss Verl-Ges, Stuttgart
– Zahn G (1961) Spurenelemente: ihre Bedeutung für Pflanze und Tier. Die neue Brehm-Bücherei Bd 272. Ziemsen, Wittenberg Lutherstadt
– Zumkley H (1985) Spurenelemente. Dustri, München-Deisenhofen

LIT 3   Analytik

LIT 3.1   Vorbereitung, Auswertung

– Ad-Hoc-Arbeitsgruppe Boden (1996) Anleitung zur Entnahme von Bodenproben. Geol Jahrb G 1: 3–34
– Ad-Hoc-Geochemie (1998) Leitfaden für die Auswahl und Bewertung von hydrogeographischen Parametern und Analysen – Probenahme und Analytik. Geol Jahrb G 6
– Anonym (1995) Bodenanalytik – Strategische Planung für die Beprobung Teil I+II. ENTSORGA 1995(5): 78 und (6):96
– Birke M, Rauch U, Helmert M (1993) Umweltgeochemie des Ballungsraumes Berlin-Schöneweide, 2: Auswertungsmethodik – Multivariate statistische Bearbeitung der Daten. Zeitschr angew Geol 39: 9–19
– Brockhaus A, Ewers U (1984) Verknüpfung analytischer und epidemiologischer Daten zur Aufdeckung von Kontaminationswegen und -quellen für die Schwermetallbelastung des Menschen. In: Fresenius W, Luderwald I (Hrsg) Environmental Research and Protection: Inorganic Analysis, S 441–450. Springer, Berlin Heidelberg New York Tokyo
– Crößmann G (1996) Chemische Bodenanalytik: Probenvorbereitung und Vor-Ort-Analytik. Nachrichten aus Chemie, Technik und Laboratorium 44: 5
– Doerffel K (1962) Beurteilung von Analyseverfahren und Ergebnissen. Springer, Berlin Göttingen Heidelberg
– Doerffel K (1966) Statistik in der Analytischen Chemie. VEB Dtsch Verl f Grundstoffind, Leipzig
– Doerffel K, Eckschlager (1990) Chemometrische Strategien in der Analytik. Dtsch Verl f Grundstoffind, Leipzig
– Einax JW (1998) Probennahme in der Umweltanmalytik – Chemometrische Aspekte. In: Günzler H (Hrsg) Analytiker-Taschenbuch 19, S 113–135. Springer, Berlin Heidelberg New York Tokyo

– Funk W, Dammann V, Donnevert G (1992) Qualitätssicherung in der Analytischen Chemie. VCH, Weinheim

– Griepink B, Marchandise H (1986) Referenzmaterialien. In: Fresenius W (Hrsg) Analytiker-Taschenbuch 6, S 3–16. Springer, Berlin Heidelberg New York Tokyo

– Gudernatsch H (1983) Probenahme und Probeaufbereitung von Wässern. In: Bock R (Hrsg) Analytiker-Taschenbuch 3, S 23–35. Springer, Berlin Heidelberg New York Tokyo

– Hadeler A, Calmano W, Ahlf W (1995) Ein integratives Beurteilungsverfahren für schwermetallbelastete Sedimente. Vom Wasser 85: 285–294

– Harres HP, Sauerwein M (1994) Nichtparametrische Verfahren als „saubere" Statistik. Dargestellt am Beispiel von Schwermetallbelastungen auf Südsardinien. Geoökodyn 15(2): 133–150

– Heckel E, Kumar D (1985) Kritische Bestandsaufnahme der bei Wasser- und Abwasseruntersuchungen angewandten Meß- und Analysenverfahren für die Schwermetalle As, Pb, Cd, Ni, Tl und Zn. Fortschr-Ber VDI Reihe 15 Bd 39. VDI, Düsseldorf

– Hein H, Kunze W (1995) Umweltanalytik mit Spektrometrie und Chromatographie. Von der Laborgestaltung bis zur Dateninterpretation. 2. Aufl, VCH, Weinheim

– Hellmann H (1993) Der chemische Sediment-Qualitätsindex, Vorschlag zu einer vorläufigen Bewertung der Schwermetalle. UWSF Zeitschr Umweltch Ökotox 5(6): 327–335

– Hennings V (1993) Vorgehensweise zur Vorerkundung, Beprobung, Analytik und Bewertung schadstoffkontaminierter Böden. Geol Jahrb F 27: 219–256

– Hildenbrand E, Turian G (1996) Bodenprobennahme und Bewertung von Bodenkontaminationen. expert, Renningen-Malmsheim

– Kaiser R, Gottschalk G (1972) Elementare Tests zur Beurteilung von Meßdaten, Bd 1. BI Wissenschaftsverl, Mannheim

– Kluge A (1997) Anwendung multivariater statistischer Verfahren auf geochemische Fließgewässerdaten des Muldensystems (Sachsen, BRD). Wiss Mitt TU Freiberg, Inst Geol, 1997/3

– Knapp G, Wegschneider W (1980) Grenzen der Atomabsorptionsspektroskopie. In: Kienitz H (Hrsg) Analytiker-Taschenbuch 1, S 149–163. Springer, Berlin Heidelberg New York

– Kraft G (1980) Probenahme an festen Stoffen. In: Kienitz H (Hrsg) Analytiker-Taschenbuch 1, S 3–17. Springer, Berlin Heidelberg New York

– Krieg M (1995) Untersuchungen zur Analytik und chemometrischen Bewertung von Schwermetallverteilungen in anthropogen belasteten Böden. Diss, Univ Jena

– Lorentz W (1998) Strategien und Methoden der Abfallanalytik. In: Günzler H (Hrsg) Analytiker-Taschenbuch 18, 113–140. Springer, Berlin Heidelberg New York Tokyo

– Malle KG (1986) Spurenanalytik im Umweltschutz, Möglichkeiten und Grenzen. Spektr d Wiss 1986(10): 62–73

– Mathys W, Junge E (1989) Möglichkeiten und Grenzen der Analyse von Schwermetallimmissionen durch flächendeckend rastermäßige und gezielte Boden- und Sedimentuntersuchungen. Forum Städtehyg 1989(6): 341

– Müller H, Bahrig B (1997) Betrachtungen zur Probenahme für umweltanalytische Meßgrößen aus der Sicht der Meßtechnik. Altlastenspektr 1997: 232–237

– Nothbaum N, Scholz RW, May TW (1994) Probenplanung und Datenanalyse bei kontaminierten Böden. Schadstoffe und Umwelt Bd 13. Schmidt, Berlin

– Ottendorfer LJ (1986) Schwermetalluntersuchungen im Sediment der Donau – spezielle Probleme der Probenentnahme. Hochschulreihe Aachen 86

– Pfüller U (1983) Solubilisationsmethoden. In: Bock R (Hrsg) Analytiker-Taschenbuch 3, S 123–137. Springer, Berlin Heidelberg New York Tokyo

– Ruppert H (1992) Totalaufschluß von Böden, Schlämmen, Lockersedimenten und Festgesteinen mit Säuren zur nachfolgenden Bestimmung der Element-Gesamtgehalte. Entwurf zur Vornorm an das Deutsche Institut für Normung, Berlin

– Schirmacher M, Schmidt D (1991) Probenvorbehandlungs- und Analysenmethoden zur Bestimmung von Schwermetallen in marinen Schwebstoffen. Bundesamt f Seeschiffahrt und Hydrographie, Wiss-techn Ber 1/91

– Schmidt D (1983) Neuere Erkenntnisse und Methoden zur Probenahme von Meerwasser für die Ultraspurenanalyse von Schwermetallen. Fresenius Zeitschr Anal Chem 316: 566–571

– Soldt U (1997) Quantitative Untersuchung und Bewertung von Bodenbelastungen mit geostatistischen und multivariat-statistischen Methoden. Diss, Univ Jena
– Steiger B v (1992) Analyse von Probenahmestrategien für Schwermetallmessungen im Oberboden. Inst Terrest Ökol, ETH Zürich
– Stoeppler M (1984) Bedeutung von Umweltprobenbanken – Anorganisch-analytische Aufgabenstellungen und erste Ergebnisse des Deutschen Umweltprobenbankprogramms. In: Fresenius W, Luderwald I (Hrsg) Environmental Research and Protection: Inorganic Analysis, S 228–235. Springer, Berlin Heidelberg New York Tokyo
– Stoeppler M (Hrsg) (1994) Probenahme und Aufschluß. Basis der Spurenanalytik. Springer, Berlin Heidelberg New York Tokyo
– Sztraka A, Gunkel G, Heller S (1986) Möglichkeiten der Probennahme mit Hilfe eines Dialysestabes für die AAS-Bestimmung gelöster Schwermetalle in Wasser- und Schlammproben. Vom Wasser 66: 243–253
– Tölg G (1976) Spurenanalyse der Elemente, Zahlenlotto oder exakte Wissenschaft? Naturwiss 63(3): 99–110
– UBA (Hrsg) Umweltprobenbank des Bundes – Verfahrensrichtlinien für Probenahme, Transport, Lagerung und chemische Charakterisierung von Umwelt- und Human-Organproben. Loseblattwerk. Schmidt, Berlin
– Weinzierl O, Wolfbauer J (1990) Unterscheidung geogener und anthropogener Schwermetallbelastungen in alpinen Böden mittels Hauptkomponentenanalyse. Mitt Österr Geol Ges 83: 283–296

LIT 3.2   Chemische/Physikalische Methoden

– Abo-Rady MDK (1979) Schwermetallbestimmung in zwei biologischen und zwei geologischen Standards mit Hilfe der AAS. Fresenius Zeitschr Anal Chem 296(5): 380–382
– Andersson J, Bahadir M, Depner W, Gauglitz G, Kettrup A, Stadlbauer E, Weber R (1991) Buch der Umweltanalytik Bd 3. GIT, Darmstadt
– Angerer J, Fleischer M, Machata G, Pilz W, Schaller KH, Seiler H, Stoeppler M, Zorn H (1981) Aufschlußverfahren zur Bestimmung von Metallen in biologischem Material. VCH, Weinheim
– Angerer J, Geldmacher-von Mallinckrodt M (Hrsg) (1990) Analytik für Mensch und Umwelt. VCH, Weinheim
– Anonym (1993) Bodenbeschaffenheit – Ammoniumnitratextraktion zur Bestimmung mobiler Spurenelemente in Mineralböden (DIN V 19-730). Beuth, Berlin
– Anonym . Deutsche Einheitsverfahren zur Wasser-, Abwasser- und Schlammuntersuchung. Physikalische, chemische, biologische und bakteriologische Verfahren, Loseblattwerk. Wiley-VCH
– Backhaus G (1987) Bessere Nachweisgrenzen in der ICP-AES. Hochschulreihe Aachen 99
– Bayerisches Landesamt (Hrsg) (1992) Möglichkeiten und Grenzen der Spurenanalytik. Jahresber Bayer Landesamt Wasserwirtsch 1991, S 91. Bayerisches Landesamt für Wasserwirtschaft, München
– Behne D (1986) Spurenelementanalyse in biologischen Proben. In: Fresenius W (Hrsg) Analytiker-Taschenbuch 6, S 237–280. Springer, Berlin Heidelberg New York Tokyo
– Bender F (Hrsg) (1986) Angewandte Geowissenschaften. Bd 4: Untersuchungsmethoden für Metall- und Nichtmetallrohstoffe, ... Enke, Stuttgart
– Berge H, Trinh XG, Brügmann L (1987) Beiträge zu Spurenanalytik von Metallen, 1. Inversvoltammetrische Bestimmungen von Uranspuren. Wiss Zeitschr Univ Rostock, Math-Nat Reihe 36(8): 29–32
– Berge H, Trinh XG, Brügmann L (1987) Beiträge zur Spurenanalytik von Metallen, 2. Bestimmungen von Arsenspuren durch Cathodic-Stripping-Voltammetrie (CSV) nach Voranreicherung über intermetallische Verbindungen. Wiss Zeitschr Univ Rostock, Math-Nat Reihe 36(8): 33–35
– Berge H, Trinh XG, Brügmann L (1987) Beiträge zur Spurenanalytik von Metallen, 3, Adsorptionsvoltammetrische Bestimmung von Kobaltspuren in Gegenwart von Nickel. Wiss Zeitschr Univ Rostock, Math-Nat Reihe 36(8): 36–38
– Beyer C (1996) Quantitative anorganische Analytik. Vieweg, Braunschweig
– Biester H (1994) Möglichkeiten der Anwendung eines temperaturgesteuerten Pyrolyseverfahrens zur Bestimmung der Bindungsform des Quecksilbers in Böden und Sedimenten. Diss, Univ Heidelberg

- Birke M, Rauch U, Helmert M (1992) Umweltgeochemie des Ballungsraumes Berlin-Schöneweide, 1: Bearbeitungsmethodik – Elementverteilung in Böden und Grundwässern. Zeitschr angew Geol 38: 57–66
- Blaszkewicz M, Baumhör G, Neidhart B (1984) Kopplung von HPLC und chemischem Reaktionsdetektor zur Trennung und Bestimmung von bleiorganischen Verbindungen. Fresenius Zeitschr Anal Chem 317: 221–225
- Bock R (1972) Aufschlußmethoden der anorganischen und organischen Chemie. VCH, Weinheim
- Bock R (1980) Lösen und Aufschließen. In: Kienitz H (Hrsg) Analytiker-Taschenbuch 1, S 19–42. Springer, Berlin Heidelberg New York
- Böcker J (1997) Spektroskopie. Instrumentelle Analytik mit Atom-und Molekülspektrometrie. Vogel, Würzburg
- Boenigk W (1983) Schwermineralanalyse. Enke, Stuttgart
- Bojinova P (1996) Harmonisierung von Untersuchungsverfahren und Standardisierung von Bewertungsmaßnahmen für den Bodenschutz in Bulgarien. UBA-Texte 1996/65
- Brauch HJ, Cammann K, Friege H / Hewlett-Packard (Hrsg) (1991) Buch der Umweltanalytik – Band 2, Analytik und Gewässerreinhaltung. GIT, Darmstadt
- Brauch HJ, Schädel A, Schulz J / Hewlett-Packard (Hrsg) (1990) Buch der Umweltanalytik – Band 1, Probenvorbereitung, Chromatographische und spektroskopische Methoden, Informationssysteme. GIT, Darmstadt
- Breder R, Welp G (1991) Voltammetrische Bestimmung von Cd, Pb, Cu und Zn in Bodenlösungen. Mitt Dtsch Bodenkdl Ges 66: 279–282
- Bredthauer U (1996) Einsatz der Fließinjektionsanalyse in Verbindung mit der GFAAS zur Schwermetallbestimmung im Spuren- und Ultraspurenbereich in umweltrelevanten Proben. Schriftenreihe Angewandte Analytik 30; Diss, Univ Hamburg
- Brokaert JAC (1990) ICP-Massenspektrometrie. In: Günzler H (Hrsg) Analytiker-Taschenbuch 9, S 127–163. Springer, Berlin Heidelberg New York Tokyo
- Brückner HP, Drews G, Kritsotakis K, Tobschall HJ (1987) Zur Verteilung einiger Haupt- und Spurenelemente in Böden, 1. Die Bestimmung der Gesamtelementgehalte mit Hilfe der ICP-AES. Chemie d Erde 46(1/2): 33–39
- Brühl CE (1994) Chemische Sensoren zur Schwermetalldetektion. Diss, Univ Ulm
- Brümmer G, Cottenie A (1983) Proceedings Anorganische Analytik in Umweltforschung und Umweltschutz. KFA Jülich
- Buijle R, Haftka FJ (1969) Spurenanalyse von Edelmetallen in Wasser mittels selektiver Ionenaustauscher und Emissionsspektrographie. In: Coloquio Espectroscopico Internacional, XV, Comunicaciones sobre geoquimica y cosmoquimica.. Boletin Geologico y Minero 80(5): 475
- Burba P, Schäfer W (1981) Atomabsorptionsspektrometrische Bestimmung (FAAS) von Schwermetallen in bakteriell gewonnener Erzlauge (Jarosit) nach analytischer Trennung an Cellulose. Erzmetall 34: 582–587
- Burba P, Willmer PG (1982) Atomabsorptionsspektrometrische Bestimmung von Schwermetallspuren in Wässern nach Multielement-Anreicherung an Cellulose-HYPHAN. Vom Wasser 58: 43-58
- Calmano W (1985) Schwermetall-Bindungsformen in Küstensedimenten: Standardisierung von Extraktionsmethoden. BMFT Forschungsber M85-004. FIZ Energie Phys Math, Karlsruhe
- Camman K, Galster H (1995) Die Arbeiten mit ionenselektiven Elektroden. 3. Aufl, Springer, Berlin Heidelberg New York Tokyo
- Christ GA, Harston SJ, Hembeck HW (1992) GLP-Handbuch für Praktiker. GIT, Darmstadt
- Coja C (1994) Entwicklung und Untersuchung von Methoden zur Immobilisierung und Freisetzung von Substanzen für die Herstellung von Schwermetallstandard- und Reagenzlösungen. Berichte aus der Chemie. Shaker, Aachen
- Crößmann G (1988) Schwermetalle in der Bodenlösung – Möglichkeiten und Grenzen ihrer analytischen Bestimmung für die Praxis. Hochschulreihe Aachen 105
- Czerwinski C (1970) Eine spektrochemische Schnellmethode zur Bestimmung von Spurenelementen in Gesteins und Bodenproben für die geochemische Prospektion. Zeitschr Angew Geol 16(9/10): 421–423
- Daldrup T, Franke JP (1993) Metallscreening aus Urin bei akuten Vergiftungen: schneller Nachweis von Antimon, Arsen, Bismut, Blei, Cadmium, Cobalt, Indium, Kupfer, Nickel, Thallium, Zink und Zinn. Wiley-VCH, Weinheim

– de Oude NT (1980) Die induktiv gekoppelte Plasmaspektroskopie zur Bestimmung von Schwermetallen. Hochschulreihe Aachen 44
– Debus R, Hund K (1995) Entwicklung analytischer Methoden zur Erfassung biologisch relevanter Belastungen von Böden – Ökotoxikologische Analytik im Boden und in Extrakten. In: GSF-Forschungszentrum für Umwelt und Gesundheit, München (Hrsg) Statusseminar zum Förderschwerpunkt Ökotoxikologie des BMBF, Forschungsbericht des Projektträgers 2/95
– Degner R, Leibl S (1995) pH messen. So wird's gemacht! VCH, Weinheim
– Desaules A / Eidgenössische Forschungsanstalt für Agrikulturchemie und Umwelthygiene (Hrsg) (1993) Die Vergleichbarkeit der Analysenresultate von Schwermetall- und Fluoridkonzentrationen in Bodenproben: Auswertung des VSBo-Ringversuches 1992 und Vergleich mit den Ergebnissenvon 1989 und 1991. Schriftenreihe der FAC Liebefeld-Bern Nr 15.
– Deutschmann G, Rummenhohl H, Tarrah J (1997) Die Bestimmung der effektiven Kationenaustauschkapazität von Gesteinen. Zeitschr Pflanzenernähr Bodenkdl 160: 151–155
– Dietze HJ (1991) Massenspektrometrische Spurenanalyse mit Funken- und Laserionisation. In: Günzler H (Hrsg) Analytiker-Taschenbuch 10, S 249–295. Springer, Berlin Heidelberg New York Tokyo
– Dittrich K (1989) Flammenlose AAS. In: Borsdorf R (Hrsg) Analytiker-Taschenbuch 8, S 38–91. Springer, Berlin Heidelberg New York Tokyo
– Doerffel K, Geyer R (1994) Analytikum. 9. Aufl, Dtsch Verl f Grundstoffind, Leipzig
– Dornemann A, Kleist H (1978) Schnelles Verfahren für die Extraktion von Schwermetall-Nanospuren aus wäßriger Lösung. Zeitsch Anal Chem 291(5): 349–353
– Düreth-Joneck S (1992) Entwicklung eines naturnahen, praxisorientierten Mobilitätstests für Schwermetalle und Arsen in kontaminierten Böden. Ber Institut für Siedlungswasserwirtschaft, Universität Karlsruhe, Nr 66; Diss, Univ Karlsruhe
– Elquist B (1980) Bestimmumng von Schwermetallen wie Cd, Pb, Cu, Zn und Hg mit dem Striptec-System. Hochschulreihe Aachen 44
– Elsholz O (1990) Einsatz der Fließinjektionsanalyse zur Vereinfachung und Mechanisierung von Anreicherungstechniken zur Schwermetallbestimmung mit der Atomspektrometrie. Diss, TU Berlin
– Emons H (1995) Voltammetrische Analytik anoranischer Stoffe. In: Günzler H (Hrsg) Analytiker-Taschenbuch 13, S 111–139. Springer, Berlin Heidelberg New York Tokyo
– Erzinger J, Puchelt H (1982) Methoden zur Bestimmung umweltrelevanter Spurenelemente in geologischem Material. Erzmetall 35(4): 173–179
– Fachgruppe Wasserchemie in der GDCh in Gemeinschaft mit dem Normenausschuß Wasserwesen im DIN (Hrsg) (1984–1989) Deutsche Einheitsverfahren zur Wasser-, Abwasser- und Schlamm-Untersuchung, Bd 13–22. VCH, Weinheim
– Fränzle O (1995) Handlungsanleitung für Schadstoffuntersuchungen in Böden. UBA-Texte 1995/26
– Friedrich G, Kulms M (1969) Eine Methode zur Bestimmung geringer Konzentrationen von Quecksilber in Gesteinen und Böden. Erzmetall 22: 74–80, 214–218
– Frimmel FH, Winckler A (1975) Differenzierte Bestimmung verschiedener Quecksilberverbindungen in Wasser und Sedimenten. Vom Wasser 45: 285–298
– Frühauf M (1992) Zur Problematik und Methodik der Getrennterfassung geogener und anthropogener Schwermetallgehalte in Böden. Geoökodyn 13(2): 97–120
– Gärtner M, Jochum KP, Hofmann AW, Kratz JV (1994) Bestimmung von Übergangselementen in geologischen Proben mittels DCP-Atomemissionsspektrometrie (DCP-AES). Jahresbericht 1993 des Instituts für Kernchemie der Universität Mainz 1994, Nr 21
– GLA (Hrsg) (1985) Merkblatt für die Entnahme und Aufbereitung von Bodenproben zur Untersuchung von Schwermetallen in Böden für die Einrichtung einer Bodenprobenbank. Enthält außerdem: Bodenkataster Bayern / Ruppert H . Bestimmung von Schwermetallen im Boden sowie die ihr Verhalten beeinflussenden Bodeneigenschaften. Bayr Geolog Landesamt, München
– Götz A (1989) Entwicklung und Anwendung von Meßtechniken zur Bestimmung von Schwermetallspuren und ihrer Bindungsformen in unterschiedlichen Umweltmaterialien mit Hilfe eines THQ. Diss, Univ Regensburg
– Götzl A, Malissa H jun, Riepe W (1997) Analytische Schnellerkennungsmethoden: Bewertung abzulagernder Abfälle und Kontrolle von Deponien. UWSF Zeitschr Umwelch Ökotox 9(5): 245–248

– Greim L (1976) Spurenanalyse von Quarzproben mittels instrumenteller Neutronenaktivierungsanalyse. GKSS Ext Ber 37
– Grobenski Zeitschr (1987) Instrumentation zur Bestimmung der Schwermetalle mittels Atomspektroskopie. Hochschulreihe Aachen 92
– Großmann D, Khorasani R, Niecke M (1988) Untersuchungen zur Fixierung von Schwermetallen in verfestigtem Hafensediment mit der Protonenmikrosonde (PIXE). In: 66. Jahrest Dtsch Mineralog Ges, Fortschritte der Mineralogie, B66(1): 47
– Gulden HH (1976) Verfahren zur dünnschichtchromatographischen Prüfung auf Schwermetalle in biologischem Material. Diss, Univ Erlangen-Nürnberg
– Günther K (1996) Beiträge zur Multielement-Speziation in pflanzlichen Lebensmitteln Beiträge zur Multielement-Speziation in pflanzlichen Lebensmitteln: Studien zur Bindungsform zahlreicher Elemente unter besonderer Berücksichtigung von Zink und Cadmium. FZ Jülich Report-Nr Jül 3358; Habil, Univ Bonn
– Guth E (1995) Untersuchungen zur quantitativen Bestimmung von Schwermetallen mittels differentieller Pulspolarographie und Atomabsorptionsspektroskopie. Diss, Univ Erlangen-Nürnberg
– Hackmann W (1982) Beitrag zur analytischen Erfassung von Schwermetallen und Arsen in technischen Produkten der Zuckergewinnung mittels Atomabsorptionsspektrometrie. Diss, TU Braunschweig
– Hahn JU, Schöler HF (1983) Qualitative und quantitative Röntgenanalyse von Schwermetallen in Sedimenten im REM durch Röntgenfluoreszenz-Anregung, Tl 1+2. Fresenius Zeitschr Anal Chem 315(8): 679–682, 683–686
– Hartmann-Frimmel F (1980) Quecksilber und Organoquecksilberverbindungen im Wasser. In: Kienitz H (Hrsg) Analytiker-Taschenbuch 1, S 391–402. Springer, Berlin Heidelberg New York
– Harzdorf C (1990) Spurenanalytik des Chroms. Thieme, Stuttgart
– Hauenstein M, Maier-Harth U (1995) Optimierte Bestimmung der potentiellen Kationenaustauschkapazität zur Quantifizierung des Schadstoffrückhaltevermögens von geologischen Barrieregesteinen, Kompensationsschichten und mineralischen Deponiebasisabdichtungen. Mainzer geowiss Mitt 24: 269–278
– Hein H, Kunze W (1995) Umweltanalytik mit Spektrometrie und Chromatographie – Von der Laborgestaltung bis zur Dateninterpretation. 2. Aufl, Wiley-VCH
– Heinrichs H, Hermann AG (1990) Praktikum der analytischen Geochemie. Springer, Berlin Heidelberg New York Tokyo
– Heinrichs H, Lange J (1972) Spuren- und Mikroanalyse silikatischer Proben mit der flammenlosen Atomabsorptions-Spektrophotometrie. Fortschr Miner 50(1): 35–37
– Henschler D (Hrsg) (1978) Analysen in biologischem Material. VCH, Weinheim
– Heumann KG (1990) Elementspurenbestimmung mit der massenspektrometrischen Isotopenverdünnungsanalyse. In: Günzler H (Hrsg) Analytiker-Taschenbuch 9, S 191–224. Springer, Berlin Heidelberg New York Tokyo
– Hiller DA, Brümmer GW (1991) Elektronenmikrostrahlanalysen zur Erfassung der Schwermetallbindungsformen in Böden unterschiedlicher Schwermetallbelastung. Bonner Bodenkdl Abh 4: 173; Mitt Dtsch Bodenkdl Ges 66(2): 1085–1088
– Hillmann P (1992) Spurenanalytische Bestimmung von Schwermetallen mittels der Gaschromatographie. Diss, Univ Nürnberg
– Hintelmann H (1993) Speziesanalytik von organischen Quecksilberverbindungen zur Aufklärung ihrer Biopfade an kontaminierten Standorten. Diss, Univ Hamburg
– Hintsche R (1997) Schwermetall- und Immunoanalysen mit vielkanaligen Ultramikroelektroden-Arrays. GIT Labor Fachzeitschr 1997: 178
– Hoffmann G . Die Untersuchung von Böden – Handbuch der landwirtschaftlichen Versuchs- und Untersuchungsmethodik, Loseblattwerk. VDLUFA, Darmstadt
– Holler S, Schäfers C, Sonnenberg J (1996) Umweltanalytik und Ökotoxikologie. Springer, Berlin Heidelberg New York Tokyo
– Horn P, Hölzl S, Schaaf P (1993) Pb- und Sr-Isotopensignaturen als Herkunftsindikatoren für anthropogene und geogene Kontamination. Isotopenpraxis 28: 263–272
– Hornig I (1988) Spurenelementuntersuchungen an Karbonatiten mit Hilfe der ICP-AES. Diss, Univ Freiburg

– Jochum KP, Hofmann AW, Haller M, Radtke M, Knöchel A, Vincze L, Janssens K, Dingwell DB (1996) Röntgenfluoreszenzanalyse mit Synchrotronstrahlung (SY-XRF) – ein mikroanalytisches Verfahren für geochemische Untersuchungen. Ber Dtsch Miner Ges; Eur Journ Miner 8(1): 121

– Jochum KP, Laue HJ, Dienemann C, Seufert HM, Stoll B, Achtermann H, Flanz M, Hofmann AW (1996) Funkenmassenspektrometrie mit Multi-Ionenzählung (MIC-SSMS): ein neues Verfahren zur genauen, schnellen und empfindlichen Spurenelement-Analyse. 3. Symp „Massenspektrometrische Verfahren der Elementspurenanalyse", FZ Jülich 1996, S 42

– Keil R (1981) Spurenbestimmung von Thallium in Gesteinen durch Flammen-oder flammenlose Atomabsorptions-Spektralphotometrie nach Vorkonzentrierung durch Extraktion. Fresenius Zeitschr Anal Chem 309(3): 181–185

– Kettrup A, Grote M (1981) Herstellung selektiver chelatbildender Ionenaustauscher zur Anreicherung von Metallen. Forschungsberichte des Landes NRW Nr 3070. Westdtsch Verl, Opladen

– Kettrup A, Grote M, Seshadri T (1982) Präparation und praktische Erprobung selektiver Ionenaustauscher zur Anreicherung von Metallionen Präparation und praktische Erprobung selektiver Ionenaustauscher zur Anreicherung von Metallionen. Forschungsberichte des Landes NRW Nr 3136. Westdtsch Verl, Opladen

– Kettrup A, Weiß J (1997) Spurenanalytische Bestimmung von Ionen. Ionenchromatographie und Kapillarelektrophorese. ecomed, Landsberg

– Klemm W (1972) Spektrochemische Bestimmung von Spurenelementen in kleinen Erdöl- und Bitumenproben. Zeitschr Angew Geol 18(5): 202–206

– Klenke T (1987) Schwermetall-Analyse von Flußsedimenten und organischen Säuren. Wasser Luft Betr 31(1/2): 18–20

– Klös H, Schoch V (1996) Schnelle, direkte Immissionskontrolle von Uraneinleitern. UWSF Zeitschr Umweltch Ökotox 8(1): 7

– Knöchel A, Prange A (1981) Analytik von Elementspuren in Meerwasser, I, Tracerstudien zur Entwicklung von spurenanalytischen Verfahren für die Multielementbestimmung von Schwermetallen in wäßrigen Lösungen mit Hilfe von Varianten der energiedispersiven Röntgenfluoreszenzanalyse. Fresenius Zeitschr Anal Chem 306(4): 252–258

– Knopp R (1996) Laserinduzierte Breakdowndetektion zur Charakterisierung und Quantifizierung aquatischer Kolloide. Diss, TU München

– Koch OG, Koch-Dedic GA (1974) Handbuch der Spurenanalyse. 2. Aufl, Springer, Berlin Heidelberg Nw York

– Kördel W (1995) Erfassung biologisch relevanter Bodenbelastungen. In: Fachgruppe „Umweltchemie und Ökotoxikologie" der GDCh (Hrsg) Mitteilungsblatt 2/95, 4–10

– Kördel W, Wahle U (1995) Entwicklung analytischer Methoden zur Erfassung biologisch relevanter Belastungen von Böden – Extraktion und chemische Analytik biologisch relevanter Belastungen. In: GSF-Forschungszentrum für Umwelt und Gesundheit, München (Hrsg) Statusseminar zum Förderschwerpunkt Ökotoxikologie des BMBF, Forschungsbericht des Projektträgers 2/95

– Korte F (1973) Methodicum chimicum: kritische Übersicht bewährter Arbeitsmethoden und ihre Anwendung in Chemie, Naturwissenschaft und Medizin, Bd 1: Analytik. Thieme, Stuttgart

– Köster W, Merkel D (1982) Extraktion von leichtlöslichen Spurenelementen mit 0,1 m CaCl$_2$-Lösung. Landwirtsch Forsch Sh 39: 245–254

– Kotz L, Kaiser G, Tschöpel P, Tölg G (1972) Aufschluß biologischer Matrices für die Bestimmung sehr niedriger Spurenelementgehalte bei begrenzter Einwaage mit Salpetersäure unter Druck in einem Teflongefäß. Zeitschr Anal Chem 260: 207–209

– Kraemer H (1992) Der Einsatz der differentiellen Pulsinversvoltammetrie zur Untersuchung des Zusammenhangs zwischen Immissionsbelastung durch Säure und Schwermetalle und der realen Schadstoffverteilung in Böden und Pflanzen: eine methodische Studie im Rahmen des hessischen Großforschungsprojektes „Waldsterben durch Immissionen". Diss, Univ Bonn

– Kraft G (1980) Elektrochemische Analysenverfahren. In: Kienitz H (Hrsg) Analytiker-Taschenbuch 1, S 103–147. Springer, Berlin Heidelberg New York

– Kunze UR (1990) Grundlagen der quantitativen Analyse. Thieme, Stuttgart

– Kurfürst U (1991) Die direkte Analyse von Feststoffen mit Hilfe der Graphitrohr-AAS. In: Günzler H (Hrsg) Analytiker-Taschenbuch 10, S 189–248. Springer, Berlin Heidelberg New York Tokyo

– Kurfürst U, Knezevic G (1985) Schwermetallbestimmung in Papieren – ein Methodenvergleich. Feststoff- und Aufschlußanalyse mit Graphitrohr-AAS. Fresenius Zeitschr Anal Chem 322: 717–718
– Kurfürst U, Rues B (1981) Schwermetallbestimmung (Pb,Cd,Hg) in Klärschlämmen ohne chemischen Aufschluß mit der Zeeman-Atomabsorptionsspektroskopie. Fresenius Zeitschr Anal Chem 308(1): 1–6
– Lange-Hesse K (1991) Membrantrennmethoden und Verbundverfahren mit AAS und UV/VIS-Spektroskopie in der Elementspezies-Analytik. Diss, TU Clausthal
– LAWA (Hrsg) (1993) AQS-Merkblätter für die Wasser-, Abwasser- und Schlammuntersuchung. Schmidt, Berlin
– Lerchi MR (1994) Optische Sensoren für giftige Schwermetalle in umweltrelevanten wäßrigen Proben. ETH Hochschulschriften-Nr 10797; Diss, ETH Zürich
– Lewandowski J (1996) Bodenschadstoffanalytik. expert, Ehningen
– Lewandowski J, Leitschuh S, Koss V (1997) Schadstoffe im Boden. Eine Einführung in Analytik und Bewertung. Springer, Berlin Heidelberg New York Tokyo
– Lichtfuß R, Brümmer G (1978) Röntgenfluoreszenzanalyse von umweltrelevanten Spurenelementen in Sedimenten und Böden. Chem Geol 21(1/2): 51–61
– Lieser KH (1986) Spurenanalyse der Elemente: Anreicherung durch Austauscher und Sorbentien. In: Fresenius W (Hrsg) Analytiker-Taschenbuch 6, S 125–168. Springer, Berlin Heidelberg New York Tokyo
– Lubecki A, Walk H (1986) Schwermetallüberwachung mittels automatischer radionuklidangeregter Röntgenfluoreszenzanalyse (SARRA). Ber KfK 4079
– Lux W, Fichtner (1992) Quantitative Anorganische Analyse. 9. Aufl, Springer, Berlin Heidelberg New York Tokyo
– Maier D, Sinemus HW, Wiedeking E (1979) AAS-Bestimmung gelöster Spurenelemente im Bodenseewasser des Überlinger Sees. Fresenius Zeitschr Anal Chem 296(2/3): 114–124
– Maier HG (1990) Lebensmitttel- und Umweltanalytik. Methoden und Anwendungen. Steinkopff, Darmstadt
– Marchig V (1973) Vergleichende Untersuchungen verschiedener Methoden der Porenwasser-Gewinnung. Geol Jahrb D 3: 3–12
– Marr IL, Cresser MS, Ottendorfer LJ (1988) Umweltanalytik – Eine allgemeine Einführung. Thieme, Stuttgart
– Matter L (Hrsg) (1994) Lebensmittel- und Umweltanalytik anorganischer Spurenbestandteile. VCH, Weinheim
– Matter L (Hrsg) (1995) Lebensmittel- und Umweltanalytik mit der Spektrometrie. VCH, Weinheim
– Meierer H (1984) Untersuchungen zur gaschromatographischen Bestimmung von Schwermetallen und Anwendung der Chelat-Gaschromatographie auf die Bestimmung von Spurenelementen in Biomatrices im Vergleich mit anderen Verfahren. Diss, Univ Mainz
– Moczala-Geppert S (1995) Entwicklung und Anwendung ionenpaarchromatographischer Verfahren zur Metallspeziation. Diss, Univ Kassel
– Mönke H (1974) Atomspektroskopische Spurenanalyse, Überblick über ihre Methoden, apparativen Voraussetzungen, und Anwendungsgebiete. Moderne Spurenanalytik 1. Geest & Portig, Leipzig
– Müller GO (1992) Lehr- und Übungsbuch der anorganischen analytischen Chemie. Bd 3: Quantitativ-anorganisches Praktikum. 7. Aufl, Harri Deutsch, Frankfurt
– Müller-Wettlaufer G (1993) Aufschluß und Messung von quecksilberbelasteten biologischen Matrices unter Berücksichtigung der Bindungsform. Diss, Univ Hohenheim
– Noe K (1990) Korngrößen-bezogene Methoden zur Erkennung und Bewertung anthropogener Schwermetall-Belastungen in Böden – Fallbeispiel Rhein-Neckar-Raum. Heidelberger geowiss Abh 36
– Nürnberg HW (1981) Differentielle Pulspolarographie, Pulsvoltammetrie und Pulsinversvoltammetrie. Analytiker-Taschenbuch 2, S 211–230. Springer, Berlin Heidelberg New York
– Otto M (1995) Analytische Chemie. VCH, Weinheim
– Otto M (1998) Spektroskopische Multikomponenten-Analytik mit Hilfe chemometrischer Methoden. In: Günzler H (Hrsg) Analytiker-Taschenbuch 17, S 3–28. Springer, Berlin Heidelberg New York Tokyo
– Pape H (1977) Leitfaden zur Bestimmung von Erzen und mineralischen Rohstoffen: geochemische Grundlagen der Lagerstättenbildung; Bestimmungsschlüssel für Erze nach äußeren Kennzeichen; chemische Vorproben. Enke, Stuttgart
– Pimminger M, Grasserbauer M, Schroll E, Cerny I (1983) Multielement-Spurenanalyse in Mikrobereichen von geologischen Proben mit SIMS. Fresenius Zeitschr Anal Chem 316(3): 293–298

– Plsko E (1979) Zum Problem des Matrixeffektes bei der spektrochemischen Spurenanalyse geologischer Materialien. Wiss Zeitschr Math-Nat Univ Leipzig 28(4): 401–407
– Pöppelbaum M, Boom G van den (1980) Eine Methode zur Bestimmung der Quecksilbergehalte in Festgesteinen. Geol Jahrb D 37: 5–14
– Prange A (1984) Entwicklung eines spurenanalytischen Verfahrens zur Bestimmung von gelösten Schwermetallen in Meerwasser mit Hilfe der Totalreflexions-Röntgenfluoreszenzanalyse. GKSS Ext Ber 84/6; Diss, Univ Hamburg (1983)
– Prediger J (1994) Untersuchung der Gleichwertigkeit von Massenspektronomie mit induktiv gekoppeltem Plasma und Graphitrohr-Atomspektronomie bei der Schwermetallbestimmung. Hessische Landesanst für Umwelt, Wiesbasden (Hrsg) Umweltplanung, Arbeits- und Umweltschutz Bd 164; Dipl, FH Nürnberg
– Pusewey M (1990) Entwicklung einer Methode zur Bestimmung des organisch gebundenen Schwermetallanteils in Flußwasser. Diss, Univ Karlsruhe
– Queirolo-P FA (1989) Leistungsfähiges voltammetrisches Analysenverfahren zur Spurenbestimmung der Schwermetalle Cd, Pb, Cu und Zn in kleinen Holzmengen. Anwendung zur Untersuchung der radialen und axialen Schwermetallverteilung in Eichen (Quercus robur und Quercus petraea) aus dem belasteten Königsteingebiet (Taunus, B.R.D.) und dem unbelasteten Isla-Teja-Gebiet (Valdivia, Rep. Chile). Ber KfA Jülich Nr 2333
– Raith B (1980) Spurenelementanalyse von Umweltchemikalien durch ioneninduzierte Röntgenstrahlung. Forschungsber Land Nordrhein-Westfalen 2982. WestdtschVerl, Opladen
– Reich M (1985) Über Anreicherungs- und Abtrennungsverfahren für die Spurenanalyse von Cadmium, Blei, Nickel, Cobalt und Kupfer aus wäßrigen Lösungen. Diss, Univ Hamburg
– Reichel BR, Reichel B, Poll KG (1981) Zur Analytik humangefährlicher Spurenelemente in Flußsedimenten. Gas Wasserf Wasser Abwasser 122(2): 69–72
– Richly W (1992) Meß- und Analyseverfahren für feste Abfallstoffe, für Schadstoffe in Abwasser und Abgasen. Vogel, Würzburg
– Romberg B (1996) Chemische Screening-Tests zur Bestimmung von Schwermetallspuren in Wässern und ihre Korrelation mit atomspektroskopischen Methoden. Diss, Univ Halle-Wittenberg
– Roth M (1977) Spurenelementanalyse durch ioneninduzierte Röntgenstrahlung. Forschungsber Land Nordrhein-Westfalen 2625, Opladen
– Rottmann L (1994) Entwicklung und Anwendung einer on-line-Isotopenverdünnungstechnik für die HPLC-ICP-MS-Kopplung zur Bestimmung von Schwermetall-Wechselwirkungen mit organischen Wasserinhaltsstoffen in natürlichen aquatischen Systemen. Diss, Univ Regensburg
– Rükgauer M, Kruse-Jarres JD (1996) Analytik von Kupfer in Körperflüssigkeiten. In: Günzler H (Hrsg) Analytiker-Taschenbuch 14, S 283–300. Springer, Berlin Heidelberg New York Tokyo
– Rükgauer M, Kruse-Jarres JD (1996) Analytik von Zink in Körperflüssigkeiten. In: Günzler H (Hrsg) Analytiker-Taschenbuch 14, S 301–314. Springer, Berlin Heidelberg New York Tokyo
– Rump HH, Krist H (1998) Laborhandbuch für die Untersuchung von Wasser, Abwasser und Boden. 3. Aufl, VCH, Weinheim
– Rump HH, Scholz B (1995) Untersuchung von Abfällen, Reststoffen und Altlasten. VCH, Weinheim
– Ruppert H (1990) Anwendung der ICP-MS bei der Untersuchung von Böden, Mineralien, Gesteinen und Wasser. In: Seminar „Plasma-Massenspektrometrie (ICP-MS)", Haus der Technik, Essen
– Sager M (1986) Spurenanalytik des Thalliums. Thieme, Stuttgart
– Sager M (1994) Spurenanalytik des Selens. In: Günzler H (Hrsg) Analytiker-Taschenbuch 12, S 258–312. Springer, Berlin Heidelberg New York Tokyo
– Sager M, Tölg G (1984) Spurenanalytik des Thalliums. In: Fresenius W (Hrsg) Analytiker-Taschenbuch 4, S 443–466. Springer, Berlin Heidelberg New York Tokyo
– Schladot JD (1982) Über die Charakterisierung von Blei-Pollutionsquellen durch Isotopenverhältnismessung und zur Bestimmung von Blei und Thallium in Kohlen nach der Isotopenverdünnungsmethode: ein Beitrag zur Anwendung moderner massenspektrometrischer Verfahren in der ökologischen Chemie. Diss, TH Aachen
– Schmidt D, Freimann P (1984) AAS-Ultraspurenbestimmung von Quecksilber im Meerwasser der Nordsee, der Ostsee und des Nordmeers. In: Fresenius W, Luderwald I (Hrsg) Environmental Research and Protection: Inorganic Analysis, S 385–387. Springer, Berlin Heidelberg New York Tokyo

- Schmidt M (1988) Entwicklung flüssigkeits-chromatographischer Verfahren zur Schwermetallbestimmung im Spurenbereich und deren Anwendung in der Elementspeziesanalytik wäßriger Proben. GKSS Ext Ber 88/19; Diss, Univ Kiel
- Schnier C, Heiland K, Niedergesäß E, Schnug E, Nagorny K (1987) Untersuchung von Düngerphosphaten auf Spuren- und Nebenbestandteile mit der intrumentellen Neutronenaktivierungsanalyse (INAA). In: VDLUFA-Kongreß 1987. VDLUFA-Schriftenreihe, Heft 23, S 571–581
- Schnier C, Schnug E (1981) Spurenelementbestimmung in Pflanzenmaterial mit instrumenteller Neutronen-aktivierungsanalyse (INAA) unter besonderer Berücksichtigung des Molybdäns. In: VDLUFA-Kongreß 1981, Trier. Landwirtschaftl Forsch Sonderh 38, S 736–750
- Schönburg M (1987) Radiometrische Datierung und quantitative Elementbestimmung in Sediment-Tiefenprofilen mit Hilfe kernphysikalischer sowie röntgenfluoreszenz- und atomemissionsspektrometrischer Verfahren. Diss, Univ Hamburg
- Schöneborn C (1982) Probleme der Schwermetallanalytik, Beispiele aus dem Bereich der Grundwasserüberwachung. In: Anthropogene Einflüsse auf die Grundwasserbeschaffenheit in Niedersachsen, Fallstudien 1982. Veröffentl Inst Stadtbauwesen, TU Braunschweig 34: 291–304
- Schöttler H (1980) Schwermetallmessung. Dipl, TH Bremerhaven
- Schramel P (1997) Anwendung der ICP-MS für die Spurenelementbestimmung in biologischen Materialien. In: Günzler H (Hrsg) Analytiker-Taschenbuch 15, S 89–120. Springer, Berlin Heidelberg New York Tokyo
- Schramel P, Wolf A, Lill G (1984) Untersuchungen über die Eignung verschiedener Probenarten als Indikatoren für Schwermetallbelastung. In: Fresenius W, Luderwald I (Hrsg) Environmental Research and Protection: Inorganic Analysis, S 471–477. Springer, Berlin Heidelberg New York Tokyo
- Schron W, Bombach G, Beuge P (1983) Schnellverfahren zur flammenlosen AAS-Bestimmung von Spurenelementen in geologischen Proben. Spectrochim Acta B 10: 1269–1276
- Schrön W, Kaiser G, Bombach G (1983) Die emissionsspektrographische Spurenelement-Bestimmung in geologischen Proben mit halbautomatischer Plattenauswertung. Zeitschr Angew Geol 29(11): 559–565
- Schwedt G (1981) Gas-chromatographische Trenn- und Bestimmungsmethoden in der anorganischen Spurenanalyse. In: Bock R (Hrsg) Analytiker-Taschenbuch 2, S 161–179. Springer, Berlin Heidelberg New York
- Schwedt G (1981) Methoden zur Bestimmung von Element-Spezies in natürlichen Wässern. In: Bock R (Hrsg) Analytiker-Taschenbuch 2, S 255–266. Springer, Berlin Heidelberg New York
- Schwedt G (1995) Analytische Chemie. Grundlagen, Methoden und Praxis. Thieme, Stuttgart
- Schwedt G (1995) Mobile Umweltanalytik. Schnelltestverfahren und Vor-Ort-Meßtechniken. Vogel, Würzburg
- Schwedt G (1997) Elementespeziesanalytik. ChiuZ 31: 183–189
- Schwedt G, Dunemann L (1983) Vergleichende Untersuchungen zur photometrischen Spurenanalyse des Molybdäns in Bio- und Geomaterialien. Fresenius Zeitschr Anal Chem 315(4): 297–300
- Seng HJ (1996) Praxisgerechte Analytik von Boden, Abfall und Altlasten vor dem Hintergrund neuer Grenz- und Richtwerte. expert, Ehningen
- Seufert HM, Jochum KP (1996) Spurenelementanalysen von geologischen Standardgläsern mit der Laserionisations-Massenspektrometrie (LIMS): ein Vergleich mit anderen Multielement- und Mikroanalysenverfahren. 3. Symp „Massenspektrometrische Verfahren der Elementspurenanalyse", FZ Jülich 1996, S 75
- Skoog DA, Leary JJ (1996) Instrumentelle Analytik. Springer, Berlin Heidelberg New York Tokyo
- Sohn H (1994) Bestimmung der Schwermetalle Antimon, Arsen, Cadmium, Chrom, Kupfer, Nickel, Quecksilber, Silber und Zink in festen Umweltproben mittels instrumenteller Neutronenaktivierungsanalyse. Diss, Univ Mainz
- Sommerfeld F (1997) Elutionsverfahren zur Charakterisierung der Schwermetall-Mobilisierung aus Feststoffen. Papierflieger, Clausthal-Zellerfeld; Diss, TU Clausthal
- Spychala M (1986) Bestimmung der Haupt- und Nebenbestandteile sowie des Cadmium- und Quecksilbergehaltes von Sedimentproben aus der Elbe mit Hilfe der prompten (n,γ)-Spektroskopie. GKSS Rep 86/E/11; Diss, Univ Hamburg
- Steffen D (1985) Über die Problematik von Schwermetalluntersuchungen am Beispiel der Weser. Wasser+Boden 37(1): 27–29
- Steffen D (1986) Die Bedeutung der Feinkornfraktion in niedersächsischen Küstensedimenten bei Schwermetalluntersuchungen. Wasser+Boden 38(12): 623–625

– Stocker M (1997) Entwicklung und Anwendung eines Verfahrens zur Speziation von Metallorganylen in Sedimenten des Muldesystems mit Hilfe eines gekoppelten GC/AAS-Systems. Berichte aus der Chemie. Shaker, Aachen

– Stoeppler M (1985) Cadmium-Bestimmung in biologischem und Umweltmaterial. In: Fresenius W (Hrsg) Analytiker-Taschenbuch 5, S 199–216. Springer, Berlin Heidelberg New York Tokyo

– Styperek P (1989) Die Cd-Aufnahme von Pflanzen aus verschiedenen Böden und Bindungsformen und ihre Prognose durch chemische Extraktionsverfahren. UBA, Berlin

– Suntheim L, Schaaf H, Deller B (1997) Prüfung der Eignung der CaCl₂/DTPA-Methode nach ALT (CAT-Methode) zur Untersuchung von Ackerböden auf pflanzenverfügbare Nährstoffe. VDLUFA-Schriftenreihe Heft 45. VDLUFA, Darmstadt

– SUPELCO Deutschland (Hrsg) (1993) Themen der Umweltanalytik. Wiley-VCH, Weinheim

– Terytze K, Knoche H, Kördel W (1996) Schwermetallaufnahme durch Pflanzen – Vergleich verschiedener Bodenextraktionsmethoden. ECOTOX-Workshop Environmental Contaminants in Sediments, Soil, Water, Biota: Is Analytical Availability the Same as Bioavailability? How Low is Low Enough? S 20; Winnipeg, 16.–19.06.1996

– Thielicke G (1987) Zusammenstellung einiger wichtiger bodenchemischer und -mechanischer Laboratoriumsmethoden, ihre Anwendungen, Ergebnisdarstellungen und Fehlerquellen. Geol Jahrb Hessen 115: 423–448

– Thöming J, Kammer F vd, Limpens V, Calmano W (1997) Untersuchungen von sequentiellen Extraktionsmethoden zur Bewertung der Schwermetallmobilität in hochkontaminierten Böden. GDCh Jahrestagung Wasserchemie, Lindau, 5.–7. Mai 1997

– Trettenbach J (1984) Spurenbestimmung der Schwermetalle Blei, Cadmium und Thallium in Wässern und organischen Proben durch massenspektrometrische Isotopenverdünnungsanalyse. Diss, Univ Regensburg

– UBA (Hrsg) (1998) Modifizierung und Erprobung eines Verfahrens zur Bestimmung von extrahierbarem Chrom (VI) neben Chrom (III) in Böden. UBA-Texte 1998/06

– Umezaki Y (1971) Bestimmung von Sub-µg-Mengen Quecksilber im Wasser durch flammenlose AAS – Unterscheidung von anorganischem und organischem Quecksilber. Japan Analyst 20: 173–179

– Valenta P(1982) Bedeutung und Einsatz der Polarographie und der Voltammetrie bei der Untersuchung von Umweltproben. Ber KFA Jülich 1803

– Valenta P, Nürnberg HW (1980) Moderne voltammetrische Verfahren zur Analyse und Überwachung toxischer Metalle und Metalloide im Wasser und Abwasser. Hochschulreihe Aachen 44

– VDLUFA (1996) Berichte über qualitätssichernde Normierungsarbeit in den Fachgruppen des VDLUFA Fachgruppe XI Umweltanalytik. VDLUFA-Schriftenreihe Heft 43. VDLUFA, Darmstadt

– VDLUFA (1997) Umweltanalytik – Handbuch der landwirtschaftlichen Versuchs- und Untersuchungsmethodik (Methodenbuch) Bd VII/1. VDLUFA, Darmstadt

– Verein Deutscher Zementwerke (Hrsg) (1993) Bestimmung von Spurenelementen in Stoffen der Zementherstellung. Schriftenreihe der Zementindustrie Bd 55. Bau + Technik, Düsseldorf

– Vogl J (1997) Charakterisierung und Quantifizierung von Schwermetall/Huminstoff-Species durch HPLC/ICP-MS. Diss, Univ Regensburg

– Wagner G (1984) Analysen von standardisierten Pappelblattproben zur Kontrolle der Umweltbelastung durch persistente Schadstoffe. In: Fresenius W, Luderwald I (Hrsg) Environmental Research and Protection: Inorganic Analysis, S 491–493. Springer, Berlin Heidelberg New York Tokyo

– Wahler W (1968) Puls-polarographische Bestimmung der Spurenelemente Zn, Cd, In, Tl, Pb und Bi in 37 geochemischen Referenzproben nach Voranreicherung durch selektive Verdampfung. Neues Jahrb Miner, Abh 108(1): 36–51

– Welter E, Calmano W (1997) Direkte, instrumentelle Bestimmung der Bindungsform von Schwermetallen in Böden. TU Hamburg-Harburg, Arbeitsbereich Umweltschutztechnik, Forschungstätigkeit 1995-1997, S 14

– Welz B (1972) Direkte Bestimmung von Spurenelementen in Gesteinen mit flammenloser Atom-Absorption ohne vorheriges Lösen. Fortschr Miner 50(1): 106

– Welz B (Hrsg) (1984) Fortschritte in der atomspektrometrischen Spurenanalytik. VCH, Weinheim

– Welz B, Fang Z (1994) On-line Trennung und Anreicherung mit Fließinjektion in der Spurenanalytik der Elemente. In: Günzler H (Hrsg) Analytiker-Taschenbuch 12, S 203–240. Springer, Berlin Heidelberg New York Tokyo

- Welz B, Sperling M (1997) Atomabsorptionsspektrometrie. Wiley-VCH, Weinheim
- Werner P (1983) Bestimmung von Metallen in Oberflächengewässer mit AES/IC. Hochschulreihe Aachen 67
- Wiegand C (1994) Entwicklung und Optimierung einer FIA-Mehrkanalzelle zur Simultanbestimmung von Schwermetallionen. Diss, Univ Saarbrücken
- Winistörfer D (1993) Analytisch-methodische Untersuchungen zur Speziierung verschiedener Schwermetalle in Extraktions-Bodenlösungen. Diss, Univ Basel
- Wisbrun RW (1993) Entwicklung eines Screeningsensors zur Detektion von Schwermetallen in Umweltproben auf Basis der laserinduzierten Breakdown-Spektrometrie (LIBS). Diss, TU München
- Wolf P, Schron W, Blankenburg HJ (1990) Zur Methodik der emissionsspektrographischen Gehaltsbestimmung von Spurenelementen in Braunkohlenaschen. Zeitschr Angew Geol 36(5): 189–191
- Zeien H (1995) Chemische Extraktionen zur Bestimmung der Bindungsformen von Schwermetallen in Böden. Bonner bodenkdl Abh 17; Diss, Univ Bonn
- Zeien H, Brümmer GW (1989) Chemische Extraktionen zur Bestimmung von Schwermetallbindungsformen in Böden. Mitt DtschBodenkdl Ges 59(1): 505–510
- Zeien H, Brümmer GW (1991) Ermittlung der Mobilität und Bindungsformen von Schwermetallen in Böden mittels sequentieller Extraktionen. Mitt DtschBodenkdl Ges 66(1): 439–442

LIT 3.3   Biologische/Chemische Methoden

- Ahlf W (1982) Untersuchungen zur Schwermetallbelastung der Elbe unter Verwendung einer neuen Biomonitoring-Technik. Diss, Univ Hamburg
- Ahlf W (1985) Verhalten sedimentgebundener Schwermetalle in einem Algentestsystem, charakterisiert durch Bioakkumulation und Toxizität. Vom Wasser 65: 183–188
- Blumenbach D, Kloke A, Lühr HP (1991) Wirkung von Bodenkontaminationen. Meßlatten für Arsen, Beryllium, Blei, Cadmium, Quecksilber und Selen. UBA-Texte 1991/54
- Böcker R, Fomin A, Kohler A, Arndt U, Konold W, Müller WA (1995) Ber Inst Landschafts- und Pflanzenökologie, Univ Hohenheim 4, Heimbach, Göttingen
- Brüning F (1994) Bryophyten als Akkumulations- und Reaktionsindikatoren: Bioindikations-Untersuchungen zur Identifikation und Wirkungsanalyse von Schwermetall- und Schwefeldioxidbelastung aus anthropogenen Quellen. Shaker, Aachen; Diss, Univ Bremen (1993)
- Busch D (1991) Entwicklung und Erprobung von Methoden für einen Einsatz der Süßwassermuschel Dreissena polymorpha (PALLAS) für ein Biomonitoring von Schwermetallen im Ökosystem Weser. Diss, Univ Bremen
- Clement M (1991) Schwermetallaufnahme von Mnium hornum Hedw. im Hinblick auf seine Eignung als Biomonitor. Diss, Cramer/Borntraeger, Berlin
  Deu M (1990) Biomonitoring von Schwermetallen im Stadtgebiet von Esslingen (a.N.) mit Laubbäumen als Akkumulationsindikatoren: Unterschiede der Anpassung mehrerer Arten in Aufnahme und Anreicherung von Spurenelementen unter verschiedenen städtischen Belastungssituationen. Diss, Univ Bremen
- Dietl G, Muhle H, Winkler S (1986) Höhere Pilze als Bioindikatoren für die Schwermetallbelastung von Böden. Verhandl Ges Ökologie. 16: 351–359
- Dott W, Hund K (1997) Biologische Testmethoden für Böden. 4. Bericht des interdisziplinären Arbeitskreises „Umweltbiotechnologie – Boden" der DECHEMA 1995. Schmidt, Berlin
- Doyle U, Herpin U, Markert B. Siewers U, Lieth H, Bau H (1996) Monitoring der Schwermetallbelastung in der Bundesrepublik Deutschland mit Hilfe von Moosanalysen am Beispiel des Konzentrationsmusters von Blei. Verhandlungen der Gesellschaft für Ökologie: 25. Jahrestagung 1995, Dresden/Tharandt, Bd 26, S 17–23. Fischer, Stuttgart
- Ebbinghaus E (1994) Biomonitoring von Schwermetallen im Stadtgebiet von Esslingen (a. N.): langfristige Spurenelement-Anreicherung in Boden und Borke von Roßkastanie (Aesculus hippocastanum L.) als Indikatoren städtischer Belastung. Diss, Univ Bremen
- Engelke R (1984) Schwermetallgehalte in Laubmoosen des Hamburger Stadtgebietes und Untersuchung zur Sensibilität bei experimenteller Belastung. Diss, Univ Hamburg

- Erhardt W, Höpker A, Fischer I (1996) Verfahren zur immissionsbedingten Stoffanreicherung in standardisierten Graskulturen. UWSF Zeitschr Umweltch Ökotox 8(4): 237
- Fachgruppe Wasserchemie in der GDCh (Hrsg) (1993) Biochemische Methoden zur Schadstofferfassung im Wasser – Möglichkeiten und Grenzen.: Wiley-VCH, Weinheim
- Hahn E (1991) Schwermetallgehalte in Vogelfedern: ihre Ursache und der Einsatz von Federn standorttreuer Vogelarten im Rahmen von Bioindikationsverfahren. Ber FZ Jülich 2493; Diss, Univ Bonn
- Hall EA (1995) Biosensoren. Springer, Berlin Heidelberg New York Tokyo
- Harold G, Wimmer R, Edelbauer A, Halbwachs G (1993) Die Schwarzerle als Bioindikator. Nachweis schwermetallhaltiger Emissionen eines Aluminiumwerkes. Staub Reinhalt Luft 53(1): 27–29
- Harres HP, Friedrich H, Höllwarth M, Seuffert O (1985) Schwermetallbelastung städtischer Böden und ihre Beziehung zur Bioindikation. Geol Jahrb Hessen 113: 251–270
- Herpin U (1995) Monitoring der Schwermetallbelastung in der Bundesrepublik Deutschland mit Hilfe von Moosanalysen. UBA-Texte 1995/31
- Horn A, Schmidt W (1996) Waldbodenpflanzen als Nährstoff- und Schwermetallindikatoren in Buchennaturwäldern. Verhandl Ges Ökol 1996(26): 25–30
- Hund K (1994) Entwicklung von biologischen Testsystemen zur Kennzeichnung der Bodenqualität. UBA-Texte 1994/45. UBA, Berlin
- Kandeler E, Lüftenegger G, Schwarz S (1992) Bodenmikrobiologische Prozesse und Testaceen (Protozoa) als Indikatoren für Schwermetallbelastung. Zeitschr Pflanzenernähr Bodenkd 155(4): 319–322
- Klein R, Paulus M (Hrsg) (1995) Umweltproben bei der Schadstoffanalytik im Biomonitoring. Standards zur Qualitätssicherung bis zum Laboreingang. Fischer, Stuttgart
- Klinkenberg G, Schlungbaum G, Brügmann L (1986) Sedimentchemische Untersuchungen in Küstengewässern der DDR, 26. Zur Wirkung ausgewählter Schwermetalle auf die potentielle Denitrifikationsleistung am Beispiel eutropher Brackwassersysteme. Wiss Zeitschr Wilhelm-Pieck-Univ, Rostock, Math-Naturw R 35(5): 44–47
- Knebel P (1995) Entwicklung eines standardisierten biologischen Schnelltests zur Abschätzung der pflanzenverfügbaren Schwermetallgehalte in Altlast-Verdachtsflächen. Diss, Univ Bonn
- Koch A (1993) Einsatz von Mikroorganismen als Bioindikatoren für Schwermetall. Forum Städtehyg 1993(5/6): 134
- Köhler J, Peichl L (1993) Vergleich verschiedener Moosarten als Bioindikatoren für Schwermetalle in Bayern, Abschlußbericht. Umwelt & Entwicklung Bayern, Materialien Nr 90. Bayerisches Staatsministerium für Landesentwicklung und Umweltfragen, München
- Kratz W (1996) Ökotoxikologische Bioindikation. Schwermetallkonzentrationen, PAK und PCB in Kiefernnadeln. UWSF Zeitschr Umweltch Ökotox 8(3): 130
- Kummer G (1986) Entwicklung einer Schnellmethode zur mikrobiologischen Erfassung der toxischen Wirkung von Schwermetallen im Wasser. Diss, TU München
- Lorenz P (1995) Einführung in die biologisch-mikroskopische Belebtschlammuntersuchung. Quelle & Meyer, Wiesbaden
- Maschke J (1981) Moose als Bioindikatoren von Schwermetall-Immissionen. Bryophytorum bibliotheca Bd 22. Cramer, Vaduz
- Matejko C, Bachmann U, Klimanek EM (1995) Erste Ergebnisse zur Anwendung von Biotests zur Indikation von Schwermetallkontaminationen im Boden. Arch Acker Pflanzenkd Bodenkd 39: 107–116
- Momper P, Redmann HJ (1986) Bioindikation von Schwermetallen mit Makrophyten. Verhandl Ges Ökol 16: 361–368
- Müller P, Stein G (1984) Aufnahme von Blei, Cadmium und Zink im experimentellen Biomonitoring und in Nutzpflanzen. Forum Städtehyg 35: 11
- Nowack K, Mäder P (1995) Literaturstudie zur Empfindlichkeit der mikrobiellen Biomasse und der Bodenatmung auf die Schwermetalle Blei, Kupfer, Cadmium und Zink: Entscheidungs- und Arbeitsgrundlagen für den Einsatz bodenmikrobiologischer Methoden im Bodenschutz. Forschungsinst f Biolog Landbau, Oberwil
- Peichl L, Schmid H, Binniker H (1992) Umweltchemikalien-Monitoring mit Bioindikatoren: bisherige und zukünftige Zielsetzungen des Bayerischen Landesamtes für Umweltschutz. Umwelt & Entwicklung, Materialien Bd 80. Bayerisches Staatsministerium für Landesentwicklung und Umweltfragen, München

– Pöhhacker R, Zech W (1994) Bestimmung mikrobieller Aktivität und Biomasse im Boden als Instrumentarium des Biomonitoring. In: Alef K, Fiedler H, Hutzinger O (Hrsg) Eco-Informa '94, Bd 5, S 335–349
– Ries L, Fiedler H, Wagner G, Hutzinger O (Hrsg) (1993) Eco-Informa '92, Bd 4: Biomonitoring und Umweltprobenbanken, Umweltdatenbanken und Informationssysteme, Ökometrie, Qualitätssicherung. Ecoinforma, Bayreuth
– Schäfer F (1988) Untersuchung von Fichtennadeln auf Eignung als Bioindikator für Schwermetalle. Dipl, Univ Ulm
– Schmid-Grob I, Thöni L, Hertz J (1993) Bestimmung der Deposition von Luftschadstoffen in der Schweiz mit Moosanalysen. Schriftenreihe Umwelt Nr 194. BUWAL, Bern
– Schmutzler F (1991) Schadstoffe und Bienen. Eine Untersuchung mit Blei zum Problemkreis Bioindikatoren. Wiss Umw 1991(3/4): 117–120
– Sommerfeld F, Schwedt G (1996) Wirkungsorientierte Umweltanalytik. UWSF Zeitschr Umweltch Ökotox 8(6): 303
– Stolzenberg HC (1986) Untersuchungen zur Entwicklung eines Schwermetall-Biomonitoring-Verfahrens mit trichalen Algen und Hyphenpilzen im Flußsystem der Oker (Ost-Niedersachsen). Dipl, TU Braunschweig
– Streubing L (1985) Pflanzen als Bioindikatoren für Luftverunreinigungen. ChiuZ 1985(2): 42–47
– Thiel (1992) Vergleichende Untersuchungen über die Eignung von Wattorganismen unterschiedlicher Trophiestufen zum Trendmonitoring ausgewählter Schwermetalle und polychlorierter Biphenyle. Forschungsbericht 10204222. UBA-Texte 1992/15
– Thomas W (1981) Entwicklung eines Immissionsmeßsystems für PCA, Chlorkohlenwasserstoffe und Spurenmetalle mittels epiphytischer Moose – angewandt auf den Raum Bayern. Bayreuther geowiss Arb 3
– Thoni L, Hertz J, Schnyder N (1993) Schätzung der Schwermetalldeposition mit Hilfe des Mooses Bryum argenteum als Biomonitor. Standardisierung der Methode für Cd, Pb, Cu und Zn. Staub Reinhalt Luft 53(7/8): 319–325
– Thriene, Hellwig, Weege, Schulz (1989) Die bakterielle Resistenz als Bioindikator für die Schwermetallbelastung der Umwelt. Forum Städtehyg 1989(6): 350
– Tritschler J, Faus-Kessler T (1997) Der Zusammenhang zwischen zwei Meßnetzen zum Biomonitoring. GSF-Ber Nr 1997/2. GSF-FZ Umwelt und Gesundheit, Neuherberg-Oberschleißheim
– UBA (Hrsg) (1991) Wirkung von Bodenkontaminationen – Meßlatten für Arsen, Beryllium, Blei, Cadmium, Quecksilber und Selen. UBA-Texte 1991/54
– UBA (Hrsg) (1994) Entwicklung von biologischen Testsystemen zur Kennzeichnung der Bodenqualität. UBA-Texte 1994/45
– Wäber M, Laschka D, Peischl L (1996) Biomonitoring verkehrsbedingter Platin-Immissionen. UWSF Zeitschr Umweltch Ökotox 8(1): 3
– Wäber M, Peichl L (1996) Quecksilber: Biomonitoring. UWSF Zeitschr Umweltch Ökotox 8(6): 307
– Wagner G (1987) Entwicklung einer Methode zur großräumigen Überwachung der Umweltkontamination mittels standardisierter Pappelblattproben von Pyramidenpappeln (Populus nigra „Italica") am Beispiel von Blei, Cadmium und Zink. KfA Jülich Reportnr Jül Spez 412; Diss, Univ Saarbrücken
– Weritz N (1990) Mikrobielle Untersuchungen in Stadtböden unterschiedlicher Nutzung und Schwermetallbelastung zur Charakterisierung der Bodenfunktionalität. Diss, Univ Trier
– Wolf A, Schramel P, Lill G, Hohn H (1984) Bestimmung von Spurenelementen in Moos- und Bodenproben zur Untersuchung der Eignung als Indikatoren für Umweltbelastung. Fresenius Zeitschr Anal Chem 317(5): 512–519
– Zechmeister H (1994) Biomonitoring der Schwermetalldepositionen mittels Moosen in Österreich: eine Studie im Auftrag des Umweltbundesamtes und des Bundesministeriums für Wissenschaft und Forschung. Monographien Umweltbundesamt Wien, Bd 42
– Zierdt M (1992) Die zeitliche Auflösung des Immissionsfeldes von Schwermetallen und des Säure-Basen-Verhältnisses in der Luft anhand des Indikators Baumborke. Geoökodyn 13(1): 21–28
– Zierdt M (1997) Umweltmonitoring mit natürlichen Indikatoren. Springer, Berlin Heidelberg New York Tokyo

LIT 4   Biologie

- Alef K (1991) Methodenhandbuch Bodenmikrobiologie. Aktivitäten, Biomasse, Differenzierung. ecomed, Landsberg
- Battersby AR, Frobel K (1982) Porphyrin-Biosynthese. ChiuZ 1982(4): 124–134
- Beck T (1968) Mikrobiologie des Bodens. Bayer Landwirtschaftsverl, München
- Berends A (1993) Untersuchungen über Ausmaß, Mechanismus und Anwendung der Schwermetall-Biosorption mit freien und immobilisierten Zellen. Diss, Univ Hohenheim
- Bille M (1995) Untersuchungen zur bakteriellen Oxidation von Pyrit und anderen Schwermetallsulfiden durch Leptospirillum ferrooxidans. Cuvillier, Göttingen; Diss, Univ Braunschweig
- Brucker G, Kalusche D (1976) Bodenbiologisches Praktikum. Quelle und Meyer, Heidelberg
- de Lillelund H, Elster K, Schwoerbel S (Hrsg) (1987) Bioakkumulation in Nahrungsketten – Zur Problematik der Akkumulation von Umweltchemikalien in aquatischen Systemen. Ergebnisse aus dem Schwerpunktprogramm „Nahrungskettenprobleme". Wiley-VCH, Weinheim
- Dorrong A (1992) Heterotrophe Mikroorganismen aus Erzlaugungsbiotopen, ihre Ökologie und ihr Einfluß auf die Schwermetall-Laugung. Diss, TU Braunschweig
- Dunger W (1983) Tiere im Boden. 2. Aufl, Ziemsen, Wittenberg
- Dunger W, Fiedler HJ (1996) Methoden der Bodenbiologie. 2. Aufl, Fischer, Stuttgart
- Engelhardt HJ (1996) Einfluß von Mytilus edulis auf Mineraldegradation und Elementmobilisierung in Wattsedimenten Norddeutschlands. Diss, Univ Bremen
- Francé RH (1995) Das Leben im Boden. Das Edaphon.. Deukalion, Holm
- Fritsche W (1996) Umwelt-Mikrobiologie. Grundlagen und Anwendungen. UTB/Fischer, Stuttgart
- Haider K (1996) Biochemie des Bodens. Enke, Stuttgart
- Harborne JB (1995) Ökologische Biochemie. Spektrum, Heidelberg
- Hintze T (1996) Die Phosphatasen des Bodens und ihre Beeinflussung durch Zink und Kupfer: ein enzymkinetischer Versuchsansatz. Shaker, Aachen; Diss, Univ Trier (1995)
- Jungmann J (1994) Ubiquitin-vermittelte Cadmium-Resistenz und MAC1-abhängige Regulation des Kupfer- und Eisenstoffwechsels. Diss, Univ Tübingen
- Köhler M, Völsgen F (1997) Geomikrobiologie. Wiley-VCH, Weinheim
- Krebs W (1997) Mikrobiell induzierte Mobilisierung von Metallen aus Rückständen der Kehrichtverbrennung. Diss, Univ Zürich
- Lemke K (1994) Schwermetallresistenz in den zwei Alcaligenes-Stämmen. Alcaligenes entrophus CH34 und Alcaligenes-xylosoxydans 31A. Cuvillier, Essen
- Müller G (1965) Bodenbiologie. Fischer, Jena
- Näveke R (1984) Untersuchung der Wirkung schwacher elektrischer Ströme auf den Verlauf der Schwermetall-Mobilisierung aus sulfidischen Erzen durch Thiobacter. TH Braunschweig
- Näveke R (1993) Bakterielle Laugung von Armerz: ökologische Untersuchungen an Mikroorganismen-Biozönosen ausgewählter rumänischer Erzgruben mit Labor- und Feldversuchen zur Schwermetall-Laugung, Schlußbericht. TU Braunschweig
- Primack RB (1995) Naturschutzbiologie. Spektrum, Heidelberg
- Redl B, Tiefenbrunner F (1986) Einfluß von Schwermetallen auf die Wärmeproduktion bei der Aktivitätsmessung im isothermen Mikrokalorimeter. Forum Städtehyg 1986: 326
- Sauermost R (Hrsg) (1994) Herder Lexikon der Biologie. Spektrum, Heidelberg
- Schinner F (Hrsg) (1993) Bodenbiologische Arbeitsmethoden. 2. Aufl, Springer, Berlin Heidelberg NY Tokyo
- Schinner F, Sonnleitner R (1996) Bodenökologie – Mikrobiologie und Bodenenzymatik, Bd 1: Grundlagen, Klima, Vegetation und Bodentyp. Springer, Berlin Heidelberg New York Tokyo
- Schinner F, Sonnleitner R (1996) Bodenökologie – Mikrobiologie und Bodenenzymatik, Bd 2: Bodenbewirtschaftung, Düngung und Rekultivierung. Springer, Berlin Heidelberg New York Tokyo
- Schinner F, Sonnleitner R (1997) Bodenökologie – Mikrobiologie und Bodenenzymatik, Bd 3: Pflanzenschutzmittel, Agrarhilfstoffe und organische Umweltchemie. Springer, Berlin Heidelberg New York Tokyo
- Schinner F, Sonnleitner R (1997) Bodenökologie – Mikrobiologie und Bodenenzymatik, Bd 4: Anorganische Schadstoffe. Springer, Berlin Heidelberg New York Tokyo

– Sprenger B (1996) Umweltmikrobiologische Praxis. Mikrobiologische und biotechnische Methoden und Versuche. Springer, Berlin Heidelberg New York Tokyo
– Topp W (1981) Biologie de Bodenorganismen. Quelle & Meyer, Stuttgart
– Wilke BM (1986) Einfluß verschiedener potentieller anorganischer Schadstoffe auf die mikrobielle Aktivität von Waldhumusformen unterschiedlicher Pufferkapazität. Bayreuther geowiss Arb 8

LIT 5   Botanik, Biologie der Pflanzen

– Baumeister W, Ernst W, Rüther F (1967) Zur Soziologie und Ökologie europäischer Schwermetall-Pflanzengesellschaften. Westdtsch Verl, Köln
– Bäumer K (1992) Allgemeiner Pflanzenbau. 3. Aufl, Ulmer, Stuttgart
– Brunold C, Rüegsegger (1996) Streß bei Pflanzen. UTB, Stuttgart
– Chaboussou (1996) Pflanzengesundheit und ihre Beeinträchtigung. 2. Aufl, Müller/Hüthig, Heidelberg
– Dierschke H (1994) Pflanzensoziologie. Grundlagen und Methoden. UTB/Ulmer, Stuttgart
– Elster EF (1996) Phytopathologie. Spektrum, Heidelberg
– Heldt HW (1996) Pflanzenbiochemie. Spektrum, Heidelberg
– Hertstein U, Jäger HJ (1987) Veränderungen der interspezifischen Konkurrenz von Pflanzen unterschiedlicher Schadstofftoleranz unter Schadstoffbelastung. Verhandl Ges Ökol 17: 785–792
– Heß D (1991) Pflanzenphysiologie. 9. Aufl, Ulmer, Stuttgart
– Kindl H (1994) Biochemie der Pflanzen. 4. Aufl, Springer, Berlin Heidelberg New York Tokyo
– Kinzel H von, Albert R, Ernst O, Hohenester A, Kusel-Fetzmann E, Weber M (1982) Pflanzenökologie und Mineralstoffwechsel, Ulmer, Stuttgart
– Mengel K (1991) Ernährung und Stoffwechsel der Pflanze. 7. Aufl, Fischer, Jena
– Merbach W (Hrsg) (1995) Mikroökologische Prozesse im System Pflanze-Boden. Teubner, Stuttgart
– Nürnberg U (1965) Biologie und Geschichte unserer Kulturpflanzen. Kleine naturwiss Bibl, Reihe Biol, Bd 1. Geest & Portig, Leipzig
– Runge F (1994) Die Pflanzengesellschaften Mitteleuropas. 13. Aufl, Aschendorff, Münster
– Steubing L, Fangmeier A (1992) Pflanzenökologisches Praktikum. UTB/Ulmer, Stuttgart
– Strasburger E, Noll F, Schenk H, Schimper AFW (1991) Lehrbuch der Botanik. 33. Aufl, Fischer, Stuttgart
– UBA (Hrsg) (1997) Kompendium der für Freisetzungen relevanten Pflanzen, hier: Solanaceae, Poaceae, Leguminosae. UBA-Texte 1997/62. Schmidt, Berlin
– Urbanska KM (1992) Populationsbiologie der Pflanzen. UTB/Fischer, Stuttgart
– Willert DJ von, Mattyssek R, Herppich W (1995) Experimentelle Pflanzenökologie – Grundlagen und Anwendungen. Thieme, Stuttgart
– Wilmanns O (1993) Ökologische Pflanzensoziologie. 5. Aufl, UTB/Quelle & Meyer, Stuttgart

LIT 6   Chemie

– Beuge P (1976) Geochemie des Quecksilbers. Freiberger Forschungshefte C 313
– Bliefert C (1997) Umweltchemie. Wiley-VCH, Weinheim
– Blume R, Bader HJ (1990) Umweltchemie im Experiment. 2. Aufl, Cornelsen, Berlin
– Demuth R (1993) Chemie und Umweltbelastung. Diesterweg, Frankfurt
– Emsley J (1994) Die Elemente. de Gruyter, Berlin
– Fellenberg G (1997) Chemie der Umweltbelastung. 3. Aufl, Teubner, Stuttgart
– Gerstenberger H (1995) Isotopengeochemie. ChiuZ 1995: 307–315
– Gill RCO (1993) Chemische Grundlagen der Geowissenschaften. Enke, Stuttgart

- Greenwood NN, Earnshaw A (1990) Chemie der Elemente. VCH, Weinheim
- Greib B (1992) Zur Geochemie des Kupfers im Sediment-Wasser-Bereich des Etang de Mauguio, einem Haffsee an der französischen Mittelmeerküste. Dipl, Univ Bayreuth
- Hamer K, Sieger R (1994) Anwendung des Modells CoTAM zur Simulation von Stofftransport und geochemischen Reaktionen. Ernst & Sohn, Berlin
- Harper HA, Löffler G, Petrides PE, Weiss L (1975) Physiologische Chemie. Springer, Berlin Göttingen Heidelberg New York
- Hay RKM (1983) Chemie für Ökologen. Enke, Stuttgart
- Hintze B (1985) Geochemie der umweltrelevanten Schwermetalle in den vorindustriellen Schlickablagerungen des Elbe-Unterlaufs. Hamburger Bodenkdl Arb 2; Diss, Univ Hamburg
- Hollemann A, Wiberg E (1995) Lehrbuch der anorganischen Chemie. 101. Aufl, deGruyter, Berlin
- Kaim W, Schwederski B (1995) Bioanorganische Chemie. 2. Aufl, Teubner, Stuttgart
- Kersten M, Förstner U (1996) Ingenieurgeochemie. Springer, Berlin Heidelberg New York Tokyo
- Klöpffer W (1995) Verhalten und Abbau von Umwelt-Chemikalien. Physikalisch-chemische Grundlagen. ecomed, Landsberg
- Kolditz L (Hrsg) (1993) Anorganikum. 13. Aufl, Barth, Leipzig
- Korte F (Hrsg) (1992) Lehrbuch der ökologischen Chemie. 3. Aufl, Thieme, Stuttgart
- Koß V (1997) Umweltchemie. Springer, Berlin Heidelberg New York Tokyo
- Kümmel R, Papp S (1990) Umweltchemie – eine Einführung. 2. Aufl, Dtsch Verl f Grundstoffind, Leipzig
- Lippard SJ, Berg JM (1995) Bioanorganische Chemie. Spektrum, Heidelberg
- Mason B, Moore CB (1985) Grundzüge der Geochemie. Enke, Stuttart
- Matschullat J, Tobschall HJ, Voigt HJ (Hrsg) (1997) Geochemie und Umwelt: relevante Prozesse in Atmo-, Pedo- und Hydrosphäre. Springer, Berlin Heidelberg New York Tokyo
- Remy H (1973) Lehrbuch der Anorganischen Chemie, 13. Aufl. Geest u. Portig, Leipzig
- Rüde T (1995) Beiträge zur Geochemie des Arsens. Karlsruher geochem Hefte 10
- Schroll, E (1975) Analytische Geochemie, Bd. I: Methodik. Enke, Stuttgart
- Schroll, E (1976) Analytische Geochemie, Bd. II: Grundlagen und Anwendungen. Enke, Stuttgart
- Schwedt G (1996) Taschenatlas Umweltchemie. Chemie, Analytik, Umwelt. Thieme, Stuttgart
- Schwertmann U (1985) Geochemie umweltrelevanter Spurenstoffe. Ein Bericht über das Schwerpunktprogramm der Deutschen Forschungsgemeinschaft. Mitt DFG 14: 73–104
- Seim R (Hrsg) (1990) Grundlagen der Geochemie. Dtsch Verl f Grundstoffind , Leipzig
- Simova M (1987) Geochemie von Spurenelementen in magmatogenen Gesteinen mittelkretazischer Konglomerate des westlichen Abschnittes der Klippenzone (Westkarpaten) und genetische Zusammenhänge. Acta Geologica et Geographica, Universitatis Comenianae, Geologica 43: 85 -109
- Tobschall HJ (1985) Chemische Speciation und Umwelt. Spektr d Wiss 1985(1): 29
- Usdowski HE (1975) Fraktionierung der Spurenelemente bei der Kristallisation. Springer, Berlin Heidelberg New York
- Valeton I, Khoo F (1979) Zur Geochemie umweltrelevanter Spurenelemente in der Elbe zwischen Lauenburg und Hamburg. Mitt Geol-Paläont Inst Univ Hamburg. 49: 147–174
- Vinogradov AP (1954) Geochemie seltener und nur in Spuren vorhandener chemischer Elemente im Boden. Akademie Verl, Berlin
- Wedepohl KH (1967) Geochemie. Sammlung Göschen, Bd 1224/1224a/1224b. de Gruyter, Berlin
- Wimmenauer W, Hurrle H, Renk A (1982) Geochemie umweltrelevanter Spurenelemente. Forschungsber Albert-Ludwigs-Universität Freiburg im Breisgau
- Ziechmann W, Müller-Wegener U (1990) Bodenchemie. Spektrum, Heidelberg

LIT 7   Physik

- Beblo M (Hrsg) (1997) Umweltgeophysik. Ernst & Sohn, Berlin
- Berckhemer H (1990) Grundlagen der Geophysik. Wissensch Buchges, Darmstadt

- Boeker E, Grondelle R v (1996) Physik und Umwelt. Vieweg, Braunschweig
- Cara M (1994) Geophysik. Springer, Berlin Heidelberg New York Tokyo
- Hartge KH, Horn R (1991) Einführung in die Bodenphysik. 2. Aufl, Enke, Stuttgart
- Hartge KH, Horn R (1992) Die physikalische Untersuchung von Böden. 3. Aufl, Enke, Stuttgart
- Huwe B (1994) BAPS, eine Sammlung bodenphysikalischer Basisprogramme. Programmdokumentation, Universität Bayreuth.
- Jacobs, Meyer (1992) Geophysik – Signale aus der Erde. Teuhner, Stuttgart
- Kertz W (1995) Einführung in die Geophysik Bd 1 + 2. Spektrum, Heidelberg
- Lauterbach R (Hrsg) (1975) Physik des Planeten Erde. Enke, Stuttgart
- Leute U (1995) Physik und ihre Anwendungen in Technik und Umwelt. Hanser, München
- Militzer H, Weber (Hrsg) (1985) Angewandte Geophysik Bd. 2: Geoelektrik, Geothermik, Radiometrie, Aerogeophysik. Springer, Berlin Heidelberg New York Tokyo
- Wedler G (1970) Adsorption. VCH, Weinheim

LIT 8   Geologie

- Bender F (Hrsg) (1981) Angewandte Geowissenschaften. Bd 1: Geologische Geländeaufnahme, Strukturgeologie, Gefügekunde, Bodenkunde, Mineralogie, Petrographie, Geochemie, ... Enke, Stuttgart
- Bloom AL (1989) Die Oberfläche der Erde. Geowissen kompakt. 2. Aufl, Enke, Stuttgart
- Haubold H, Daber R (Hrsg) (1989) Fachlexikon ABC Fossilien, Minerale und geologische Begriffe. Harri Deutsch, Thun
- Henningsen D, Katzung G (1992) Einführung in die Geologie Deutschlands. 4. Aufl, Enke, Stuttgart
- Kern M (1988) Geologie im Gelände. Enke, Stuttgart
- Lenz L, Wiedersich B (1993) Grundlagen der Geologie und Landschaltsformen. Dtsch Verl f Grundstoffind, Leipzig
- Mattauer M (1993) Strukturgeologie. Enke, Stuttgart
- Meschede M (1994) Methoden der Strukturgeologie. Enke, Stuttgart
- Mohr K (1993) Geologie und Minerallagerstätten des Harzes. 2. Aufl, Schweizerbart, Stuttgart
- Murawski H (1992) Geologisches Wörterbuch. 9. Aufl, Enke, Stuttart
- Pätz H, Rascher J, Seifert A (1989) Kohle – ein Kapitel aus dem Tagebuch der Erde. 2. Aufl, Teubner, Leipzig
- Press F, Siever R (1995) Allgemeine Geologie. Spektrum, Heidelberg
- Prinz H (1991) Abriß der Ingenieurgeologie. 2. Aufl, Enke, Stuttgart
- Putnam WC (1969) Geologie. deGruyter, Berlin
- Richter D (1992) Allgemeine Geologie. 4. Aufl, deGruyter, Berlin
- Schmidt K (1990) Erdgeschichte. 4. Aufl, de Gruyter, Berlin
- Stanley SM (1994) Historische Geologie. Eine Einführung in die Geschichte der Erde und des Lebens. Spektrum, Heidelberg
- Stirrup M, Heierli H (1993) Grundwissen in Geologie: ein Lehr- und Lernbuch auf elementarer Basis. Ott, Thun
- Strobach K (1991) Unser Planet Erde. Ursprung und Dynamik. Borntraeger, Berlin
- Wagenbreth O, Steiner W (1990) Geologische Streifzüge. 4. Aufl, Dtsch Verl f Grundstoffind, Leipzig
- Walter R (1995) Geologie von Mitteleuropa. 6. Aufl, Schweizerbart, Stuttgart
- Wilhelmy H (1990) Geomorphologie in Stichworten. Tl 2: Exogene Morphodynamik I. 5. Aufl, Borntraeger/Hirt, Stuttgart/Ulm
- Wilhelmy H (1992) Geomorphologie in Stichworten. Tl 3: Exogene Morphodynamik II. 5. Aufl, Borntraeger/Hirt, Stuttgart/Ulm
- Wilhelmy H (1995) Geomorphologie in Stichworten. Tl 1: Endogene Kräfte. 5. Aufl, Borntraeger/Hirt, Stuttgart/Ulm
- Wilhelmy H (1995) Geomorphologie in Stichworten. Tl 4: Klimageomorphologie. Borntraeger/Hirt, Stuttgart/Ulm

LIT 9   Geographie, Bodenbeobachtung, Kataster

- Allnoch G (1985) Überregionales Kataster der Schadstoffbelastung des Bodens. UBA-Texte 1985/24
- Altermann M, Feldmann R, Steininger M (1997) Schwermetallgehalte der Böden im mitteldeutschen Ballungsraum – ein Überblick. UFZ (Halle) Ber Nr 15/1997
- Anonym (1993) Schadstoffe in Sedimenten des deutschen Wattenmeeres, Kartierung der Sedimentbelastung mit Schwermetallen und Chlorkohlenwasserstoffen. Umwelt (Bonn) 1993(12) 479–480
- Barth N (1996) Bodenatlas des Freistaates Sachsen Tl 1: Hintergrundwerte für Schwermetalle und Arsen in landwirtschaftlich genutzten Böden. Sächsisches Landesamt für Umwelt und Geologie, Radebeul
- Crößmann G (1986) Schwermetalle in Böden verschiedener Nutzungsformen im Kreis Unna, Bodenbelastungskarte 1. Umweltbericht 2. Umweltamt, Kreisverw Unna
- Crößmann G (1988) Schwermetalle in Böden des Kreises Unna. Zum Einfluß von Verkehrswegen, Überschwemmungen durch Fließgewässer und von Klärschlammaufbringungen, Bodenbelastungskarte 2. Umweltbericht 6. Umweltamt, Kreisverw Unna
- Crößmann G (1993) Anorganische und organische Schadstoffe in Böden von Kleingartenanlagen im Kreis Unna. Bestandsaufnahme, Wertung, Empfehlung. Bodenbelastungskarte 3, Umweltbericht 8. Umweltamt, Kreisverw Unna
- Fauth H, Hindel R, Siewers U, Zinner J / Bundesanst Geowiss und Rohst, Hannover (Hrsg) (1985) Geochemischer Atlas Bundesrepublik Deutschland. Verteilung von Schwermetallen in Wässern und Bachsedimenten. Schweizerbart, Stuttgart
- Fiebig KH (1995) Umweltatlas. Leitfaden mit Praxisbeispielen für die Erarbeitung kommunaler Umweltatlanten Bd I + II. Kulturbuchverlag Berlin
- Ganssen R (1972) Bodengeographie mit besonderer Berücksichtigung der Böden Mitteleuropas. 2. Aufl, Koehler, Stuttgart
- Ganssen R, Hädrich (Hrsg) (1965) Atlas zur Bodenkunde. BI, Mannheim
- Gesellschaft für Umweltgeowissenschaften (Hrsg) (1996) Geoinformationssysteme (GIS) in Geo- und Umweltwissenschaften. Springer, Berlin Heidelberg New York Tokyo
- GLA (1985) Bodenkataster Bayern. Bayer Geol Landesamt, München
- Goudie A (1995) Physische Geographie. Spektrum, Heidelberg
- Hauenstein M, Bor J / Geologisches Landesamt Rheinland-Pfalz (Hrsg) (1996) Bodenbelastungskataster Rheinland-Pfalz. 1. Aufl, Ministerium für Umwelt und Forsten Rheinland-Pfalz, Mainz
- Herrmann R (1976) Modellvorstellungen zur räumlichen Verteilung von Spurenmetallverunreinigungen in der Bundesrepublik Deutschland, angezeigt durch den Metallgehalt in epiphytischen Moosen. Erdkunde 30(4): 241–253
- Kleefisch B, Küs J (Hrsg) (1997) Das Bodendauerbeobachtungsprogramm von Niedersachsen – Methodik und Ergebnisse. Arbeitshefte Boden 2: 3–122. Schweizerbart, Stuttgart
- Krämer F (1976) Erste Untersuchungen zur Erstellung eines Bodenbelastungskatasters (Pb, Zn, Cd, Cu) im Raum Duisburg-Dinslaken. Schriftenreihe Landesamt Immission Bodenschutz Bd 39: 45–48
- Küs J (1987) Bodenuntersuchungsprogramm Stadtwald Hannover. Niedersächs Landesamt f Bodenforsch, Hannover, Archivnr 101 322
- Louis H, Fischer K (1979) Lehrbuch der Allgemeinen Geographie, Bd. 1: Allgemeine Geomorphologie. 4. Aufl, de Gruyter, Berlin
- Opp C (1993) Geographische Beiträge zur Analyse und Bewertung von Formen der Bodenbelastung im Halle-Leipziger Raum. Ber Dtsch Landeskd 67(1): 67–84
- Reiche EW (1992) Regionalisierende Auswertung des Schwermetallkatasters Schleswig-Holstein auf der Grundlage eines Geographischen Informationssystems. Kieler geogr Schr 85: 42–58
- Rosenberg F, Sabel KJ (1996) Hintergrundgehalte umweltrelevanter Schwermetalle in Gesteinen und oberflächennahem Untergrund Hessens, Übersichtskarte 1:300000. Hess Landesamt f Bodenforsch
- Schleyer R (1993) Kartierung der Verschmutzungsempfindlichkeit von Grundwasser (durch multivariate statistische Auswertung geologischer, geographischer und hydrogeochemischer Daten). WaBoLu 93/04
- Schmidt JM (1988) Belastung limnischer Sedimente durch Schwermetalle: Versuch eines Seenkatasters unter besonderer Berücksichtigung einiger Berliner Grünewaldseen. Diss, FU Berlin

- Semmel A (1991) Grundlagen der physischen Geographie I: Relief, Gestein, Boden. Wiss Buchges, Darmstadt
- Semmel A (1993) Grundzüge der Bodengeographie. 3. Aufl, Teubner, Stuttgart
- Steininger A, Müller U (1993) Nutzung von Daten der Bodenkartierung für Auswertungsfragen zum Bodenschutz am Beispiel der potentiellen Schwermetallgefährdung. Geol Jahrb F 27: 207–218
- Talke A, Müller U (1993) Nutzung von Daten der Bodenkartierung für Auswertungsfragen zum Bodenschutz am Beispiel der potentiellen Schwermetallgefährdung. Geol Jahrb F27: 197–205
- Thiele V, Neite H (1993) Bodeninformationssystem des Landes NRW (BIS NRW): Organisationsvorschlag. In: Ries L (Hrsg) Biomonitoring & Umweltprobenbanken, Umweltdatenbanken & Informationssysteme, Ökometrie, Qualitätssicherung. Eco-Informa '92, Bd 4, S 185-196. Ecoinforma, Bayreuth
- Tuchschmid MP (1995) Quantifizierung und Regionalisierug von Schwermetall- und Fluorgehalten bodenbildender Gesteine der Schweiz. Umwelt-Materialien Nr 32 (Boden). Dokumentationsdienst BUWAL, Bern
- UBA (Hrsg) (1994) Vergleichsstudie für den Aufbau umweltbezogener Geographischer Informationssysteme. UBA-Texte 1994/36
- UBA (Hrsg) (1995) Methodenbausteine im Bodeninformationssystem Fachinformationssystem Bodenschutz/Brandenburg. UBA-Texte 1995/62
- UBA (Hrsg) (1998) Bestandsaufnahme und Analyse von Umweltanwendungen Geographischer Informationssysteme (GIS) in Bund und Ländern. UBA-Texte 1998/07. Schmidt, Berlin
- Umlandverband Frankfurt (Hrsg) (1993) Bodenkataster und Bodenschwermetallkarte des Umlandverbandes Frankfurt. Umweltschutzbericht Teil V – Bodenschutz Band 2. Umlandverband Frankfurt/M

LIT 10   Mineralogie und Petrologie

- Anonym (1975) Die Anreicherung der Elemente in Manganknollen. ChiuZ 1975(3): 96
- Bachmann HG (1953) Beiträge zur Kristallchemie natürlicher und künstlicher Schwermetallvanadate, 1. Die Morphologie des Descloizit (und des Pyrobelonit). Neues Jahrbuch für Mineralogie, Monatshefte 3+4: 68–82
- Bachmann HG (1953) Beiträge zur Kristallchemie natürlicher und künstlicher Schwermetallvanadate, 2. Die Kristallstruktur des Descloizit. Neues Jahrbuch für Mineralogie, Monatshefte 9+10: 193–208
- Bachmann HG (1953) Beiträge zur Kristallchemie natürlicher und künstlicher Schwermetallvanadate, 3. Das Bleiorthovanadat, seine Darstellung, Kristallstruktur und Isotypiebeziehungen. Neues Jahrbuch für Mineralogie, Monatshefte 9+10: 209–223
- Barth E (1994) Schwermetallverteilung in rezenten Sedimenten im Bereich der Wehebachtalsperre (Nordeifel). Aachener geowiss Beitr 4 / Mitt Miner Lagerstättenkd 45. Verl Augustinus-Buchh, Aachen; Diss, TH Aachen
- Boom G van den (1974) Quecksilbergehalt der Bodenluft als Indikator bei der Prospektion auf Erzlagerstätten. Geol Jahrb D 9: 105–115
- Böttcher ME (1993) Die experimentelle Untersuchung lagerstättenrelevanter Metall-Anreicherungsreaktionen aus wäßrigen Lösungen unter besonderer Berücksichtigung der Bildung von Rhodochrosit ($MnCO_3$). Diss, Univ Göttingen
- Bräuer H (1970) Spurenelementgehalte in granitischen Gesteinen des Thüringer Waldes und des Erzgebirges. Freiberger Forschungsh C259: 83–139
- Celebi H, Peker I, Utlu F (1995) Die Spurenelemente Cd und Sb der Mn-Fe-Erze aus der West-Euphrat-Hälfte des Lagerstättendistriktes Keban, Provinz Elazig/Osttürkei. Chemie d Erde 55(2): 119–132
- Correns CW (1968) Einführung in die Mineralogie. Springer, Berlin Heidelberg New York
- Dill H (1980) Das Antimonvorkommen bei Wolfersgrün/Frankenwald. Geol Jahrb D 41: 23–37
- Dill H (1980) Neue Ergebnisse zur Mineralogie der primären Uranträger auf den Gruben Höhensteinweg/Poppenreuth und Wäldel/Mähring in Nordostbayern mit besonderer Berücksichtigung der Uran-Titan- und Phosphor-Kohlenstoff-Verbindungen. Geol Jahrb D 42: 3–39
- Dill H (1981) Zwei selenidführende Uranmineralisationen aus dem ostbayerischen Moldanubikum und ihre mögliche Bedeutung für die Klärung der Lagerstättengenese. Geol Jahrb D 48: 37–47

- Dill H (1982) Geologie und Mineralogie des Uranvorkommens am Höhensteinweg bei Poppenreuth (NE-Bayern) – Ein Lagerstättenmodell. Geol Jahrb D 50: 3–83
- Engelhardt W v (Hrsg) (1988) Sediment-Petrologie, Tl 3: Die Bildung von Sedimenten und Sedimentgesteinen. Schweizerbart, Stuttgart
- Evans AE (1992) Erzlagerstättenkunde. Enke, Stuttgart
- Fruth I (1966) Spurengehalte der Zinkblenden verschiedener Pb-Zn-Vorkommen in den nördlichen Kalkalpen. Chemie d Erde 25(2): 105–125
- Füchtbauer H, Müller G (Hrsg) (1988) Sediment-Petrologie, Tl 2: Sedimente und Sedimentgesteine. 4. Aufl, Schweizerbart, Stuttgart
- Gebert H (1989) Schichtgebundene Manganlagerstätten. Enke, Stuttgart
- Goldschmidt VM, Peters C (1933) Über die Anreicherung seltener Elemente in Steinkohlen. Nachr Ges Wiss Göttingen, 371–86
- Gudden H, Schmid H (1981) Über Bunt- und Schwermetallführung in ostbayerischen Trias-Sedimenten anhand einiger neuer Bohrungen. In: Neumann R, Günther R (Hrsg) Rahmenprogramm Rohstofforschung, Statusseminar 1981, Mineralische Rohstoffe, Statusbericht. KFA Jülich, S 269–280
- Heim D (1990) Tone und Tonminerale. Enke, Stuttart
- Henglein M (1924) Erz- und Mineral-Lagerstätten des Schwarzwaldes. Schweizerbart, Stuttgart
- Herzberg W (1966) Spurenelemente in den Unterrotliegend-Sedimenten der Saar-Nahe-Senke. Geol Rundsch 55(1): 48–59
- Hochleitner R (1996) Minerale. Bestimmen nach äußeren Kennzeichen. 3. Aufl, Schweizerbart, Stuttgart
- Jasmund K (1955) Die silicatischen Tonminerale. VCH, Weinheim
- Jasmund K, Lagaly G (Hrsg) (1993) Tonminerale und Tone. Struktur, Eigenschaften, Anwendung und Einsatz in Industrie und Umwelt. Steinkopff, Darmstadt
- Jepsen K (1974) Untersuchungen zur Violettfärbung eisenreicher lateritischer Konkretionshorizonte und Gedanken zur Geochemie des Vanadiums. Geol Jahrb D 9: 85–104
- Kirsch, H (1965) Technische Mineralogie. Vogel, Würzburg
- Koensler W (1989) Sand und Kies. Mineralogie, Vorkommen, Eigenschaften, Einsatzmöglichkeiten Enke, Stgt
- Kordes E (1935) Über die Beziehung zwischen den Dissoziationsdampfdrucken der Schwermetallsulfide und ihrer Ausscheidungsfolge auf hydrothermalen Erzlagerstätten. Fortschr Miner 19(1): 31–32
- Korff HC, Schrimpff I, Brandner I, Janocha F (1980) Einfluß der Orographie auf die räumliche Verteilung von Schadstoffen im Steigerwald und Fichtelgebirge. Bayreuther geowiss Arb 1: 39–56
- Krusch P (1913) Primäre und sekundäre Erze unter besonderer Berücksichtigung der „gelösten" und der „schwermetallreichen" Erze. Sess Internat Geol Congr 1913, S 275–286
- Ludwig G, Figge K (1979) Schwermineralvorkommen und Sandverteilung in der Deutschen Bucht. Geol Jahrb D 32: 23–68
- Lukas W (1970) Die räumliche Antimon-Spurenverteilung in der Antimonitlagerstätte Schlaining im Burgenland. Neues Jahrb Miner 1970(3): 97–112
- Machatschki F (1946) Grundlagen der allgemeinen Mineralogie und Kristallchemie. Springer, Wien
- Machatschki F (1953) Spezielle Mineralogie auf geochemischer Grundlage. Springer, Wien
- Mange MA, Maurer HFW (1991) Schwerminerale in Farbe. Enke, Stuttgart
- Marchig V, Gundlach H (1976/1977) Zur Geochemie von Manganknollen aus dem Zentralpazifik und ihrer Sedimentunterlage. Geol Jahrb D 16: 57–75; D 23: 67–100
- Matthes S (1996) Mineralogie. 5. Aufl, Springer, Berlin Heidelberg New York Tokyo
- Merz C (1992) Laboruntersuchungen zum Migrationsverhalten von Cadmium, Zink, Eisen und Mangan in Lockergesteinen unter Wahrung der natürlichen Milieubedingungen mit Hilfe der Radionuklidtracerung. Berliner geowiss Abh A 141; Diss, FU Berlin
- Müller F (1991) Gesteinskunde. 3. Aufl, Ebner, Ulm
- Nickel E (1984) Grundwissen in Mineralogie, Bd 1–3. Ott, Thun
- Niedermayr G (1982) Bodenschätze Sibiriens. Methoden der Auffindung und Auswertung. Veröff Naturhistor Museum Nr 20. Naturhistorisches Museum, Wien
- Nöltner T (1991) Spurenelementgehalte und Genese eines geringmächtigen Schwarzpelits (Unterkarbon II alpha) aus dem Oberharz (Profil an der Neuen Harzstraße, Lerbach). In: Müller A, Steingrobe B (Hrsg) New approaches in exploration geology. Zentralbl Geol Paläont Inst 1991(8): 1139–1154

- Paschen D (1997) Untersuchungen über Spurenelementgehalte in Nebengesteinen der Steinkohlenflöze. DMT-Ber Forsch Entw Bd 53. DMT, Bochum
- Pellant C (1994) Steine und Minerale. Ravensburger; Ravensburg
- Pohl W (1992) Petraschecks Lagerstättenlehre. 4. Aufl, Schweizerbart, Stuttgart
- Ramdohr P, Strunz H (Hrsg) (1998) Klockmanns Lehrbuch der Mineralogie. 17. Aufl, Enke, Stuttgart
- Rath R (1990) Mineralogische Phasenlehre. Enke, Stuttgart
- Rösler HJ (1991) Lehrbuch der Mineralogie. 5. Aufl, Dtsch Verl f Grundstoffind, Leipzig
- Rothe P (1994) Gesteine. Entstehung, Zerstörung, Umbildung. Wiss Buchges, Darmstadt
- Schalich J, Schneider FK, Stadler G (1986) Die Bleierzlagerstätte Mechernich: Grundlage des Wohlstandes, Belastung für den Boden. Geol Landesamt Nordrhein-Westfalen, Krefeld
- Schneiderhöhn H (1962) Erzlagerstätten. 4. Aufl, Fischer, Stuttgart
- Schnier C, Gundlach H, Marchig V (1976) Spurenanalytische Untersuchungen von Manganknollen, Sedimenten und Porenwässern mittels Neutronenaktivierungsanalyse als Forschungsbeitrag zur Manganknollengenese. GKSS Ext Ber 27
- Schröcke H, Weiner KL (1991) Mineralogie. deGruyter, Berlin
- Schroll E (1955) Über das Vorkommen einiger Spurenmetalle in Blei-Zink-Erzen der ostalpinen Metallprovinz. Tschermak's Mineralog Petrogr Mitt 5(3): 183–208
- Schulze EG (1968) Zur Petrographie, Petrochemie und Spurenelement-Verteilung einiger Gesteinsgänge im nördlichen Oberharz. Tschermaks Mineralog Petrogr Mitt 12(4): 403–438
- Schumann W (1973) Steine und Mineralien. BLV, München
- Schumann W (1995) Mineralien aus aller Welt. BLV, München
- Schürmann E (1888) Über die Verwandschaft der Schwermetalle zum Schwefel. Diss, Univ Tübingen
- Sperling H (1973/1979/1981) Monographien der deutschen Blei-Zink-Erzlagerstätten 3 – Die Blei-Zink-Erzgänge des Oberharzes. Geol Jahrb D 2; D 34; D 46
- Sperling H (1979) Monographien der deutschen Blei-Zink-Erzlagerstätten 6 – Die Blei-Zink-Erzlagerstätten von Ramsbeck und Umgebung. Geol Jahrb D 33
- Sperling H (1986) Das Neue Lager der Blei-Zink-Erzlagerstätte Rammelsberg. Geol Jahrb D85
- Sperling H, Walcher E (1986) Die Blei-Zink-Erzlagerstätte Rammelsberg (ausgenommen neues Lager). Geol Jahrb D 91
- Strübel G (1986) Einführung in die Mineralogie. Wiss Buchges, Darmstadt
- Strübel G (1991) Mineralfundorte in Europa. Enke, Stuttgart
- Strübel G (1995) Mineralogie – Grundlagen und Methoden. 2. Aufl, Enke, Stuttgart
- Strübel G, Zimmer SH (1991) Lexikon der Minerale. 2. Aufl, Enke, Stuttgart
- Strunz H (1952) Mineralien und Lagerstätten in Ostbayern. Bosse, Regensburg
- Strunz H (1962) Die Uranfunde in Bayern von 1804 bis 1962. Bosse, Regensburg
- Strunz H (1982) Mineralogische Tabellen. 8. Aufl, Akad. Verlagsges. Leipzig
- Tucker ME (1985) Einführung in die Sedimentpetrologie. Enke, Stuttgart
- Utlu F, Celebi H, Peker I (1995) Die Spurenelemente Cd, Sb, Pb und Zn der Cu-Erze aus der Massivsulfidlagerstätte Ergani-Maden, Provinz Elazig/Osttürkei. Chemie d Erde 55(3): 189–204
- Wimmenauer W (1985) Petrographie der magmatischen und metamorphen Gesteine. Enke, Stuttgart
- Yardley BWD (1997) Einführung in die Petrologie metamorpher Gesteine. Enke, Stuttgart

LIT 11 Bergbau und Verhüttung

- Agricola G (1987) De Re Metallica Libri XII. VDI/Springer, Berlin
- Ahlfeld F (1958) Zinn und Wolfram. Die Metallischen Rohstoffe Bd 11. Enke, Stuttgart
- Anonym (1975) TGL-Taschenbuch NE-Metalle. Kupfer und Kupferlegierungen, Werkstoffe und Halbzeug. 2. Aufl, Dtsch Verl f Grundstoffind, Leipzig
- Anonym (1976) TGL-Taschenbuch NE-Metalle: Edelmetalle, Blei, Zinn, Zink und sonstige Schwermetalle, Werkstoffe und Halbzeuge. 2. Aufl, Dtsch Verl f Grundstoffind, Leipzig

– Anonym (1994) Gold und die Folgen – Die Auswirkungen des Goldbergbaus auf Sozialgefüge und Umwelt im Amazonasraum. Volksblatt, Köln
– Barthel F (1993) Die Urangewinnung auf dem Gebiet der ehemaligen DDR von 1945–1990. Geol Jahrb A 142: 335–346
– Berg G, Friedensburg F (1941) Kupfer. Die Metallischen Rohstoffe Bd 4. Enke, Stuttgart
– Berg G, Friedensburg F (1942) Mangan. Die Metallischen Rohstoffe Bd 5. Enke, Stuttgart
– Berg G, Friedensburg F (1944) Nickel und Kobalt. Die Metallischen Rohstoffe Bd 6. Enke, Stuttgart
– Berg G, Friedensburg F (1953) Gold. Die Metallischen Rohstoffe Bd 3. 2. Aufl, Enke, Stuttgart
– Berg G, Friedensburg F, Sommerlatte H (1950) Blei und Zink. Die Metallischen Rohstoffe Bd 9. Enke, Stgt
– Donath M (1962) Chrom. Die Metallischen Rohstoffe Bd 14. Enke, Stuttgart
– Feiser J (1966) Nebenmetalle. Die Metallischen Rohstoffe Bd 17. Enke, Stuttgart
– Friedensburg F, Dorstewitz G (1976) Die Bergwirtschaft der Erde. 7. Aufl, Enke, Stuttgart
– Gale NH, Stos-Gale Zeitschr (1981) Blei und Silber in der ägäischen Kultur. Spektr d Wiss 1981(8): 92
– Gatzweiler R, Mager D (1993) Altlasten der Uranbergbaus. Geowiss 11(5/6): 164–172
– Gussone R (1985) Zur Geschichte des Blei-Zink-Erzbergbaues im Raum Aachen-Stolberg. Montanhistorische Exkursion. In: 6. Int Goldschmidt Conference Vol 1(1), S. 547; Fortschr Miner 63(2): 39–53
– Hänsel B, Schulz HD (1980) Frühe Kupfer-Verhüttung auf Helgoland. Spektr d Wiss 1980(2): 10
– Hänsel C (Hrsg) (1991) Umweltgestaltung in der Bergbaulandschaft. Akademie, Berlin
– Harres HP, Höllwarth M, Seuffert O (1987) Altlasten besonderer Art. Erzgewinnung in Sardinien und Schwermetallbelastung. Eine Untersuchung am Beispiel des Riu sa Duchessa. Geoökodyn 8(1): 1–48
– Hauptmann A (1987) Archäometallurgie – frühe Kupfergewinnung in Fenan. Spektr d Wiss 1987(8): 21
– Jovanović B (1980) Anfänge des Kupferbergbaus in Europa. Spektr d Wiss 1980(3): 108
– Karhnak JM (1982) Bergbau. Spektr d Wiss 1982(11): 58
– Kerschagl R (1961) Silber. Die Metallischen Rohstoffe Bd 13. Enke, Stuttgart
– Krause M (1981) Eine Schwermetallprospektion im alten Porsa-Neverfjord-Grubenbezirk von Nord-Norwegen. Diss, Univ Mainz
– Krusch P (1937) Vanadium, Uran, Radium. Die Metallischen Rohstoffe Bd 1. Enke, Stuttgart
– Krusch P (1938) Molybdän. Monazit, Mesothorium. Die Metallischen Rohstoffe Bd 2. Enke, Stuttgart
– Liese F (1997) Spurenelemente in Lagerstätten. Schriftenreihe d Gesellschaft Deutscher Metallhütten- und Bergleute Heft 80. GDMB, Clausthal-Zellerfeld
– Look ER (1985) Geologie, Bergbau und Urgeschichte im Braunschweiger Land. Geol Jahrb A 88: 3–452
– Matzke UD (1987) Blei-, Zink- und Alkalientfernung beim Sintern von Reicherzmischungen. Diss, TH Aachen
– Mederer J, Wippermann T (1994) Mineralogische und geochemische Zusammensetzung von Antimonschlacke und Antimonerzen und ihr Freisetzungsverhalten für Schwermetalle. Zeitschr Angew Geol 40(1): 38–40
– Militzer H, Schön J (1986) Angewandte Geophysik im Ingenieur- und Bergbau. 2. Aufl, Enke, Stuttgart
– Minikin A (1996) Historische Umweltverschmutzung durch frühe Kupfergewinnung. Chemie in unserer Zeit 1996: 193
– Paas N (1997) Untersuchungen zur Ermittlung der geochemischen Barriere von Gesteinen aus dem Umfeld untertägiger Versatzräume im Steinkohlebergbau des Ruhrkarbons. DMT-Ber Forsch Entw Nr 54. DMT, Bochum; Diss, Univ Bonn
– Pawlek F (1983) Metallhüttenkunde. de Gruyter, Berlin
– Pernicka E, Bachmann HG (1983) Archäometallurgische Untersuchungen zur antiken Silbergewinnung in Laurion, Tl 3. Das Verhalten einiger Spurenelemente beim Abtreiben des Bleis. Erzmetall 36(12): 592–597
– Quiring H (1945) Antimon. Die Metallischen Rohstoffe Bd 7. Enke, Stuttgart
– Rechenberg HP (1960) Molybdän. Die Metallischen Rohstoffe Bd 12. Enke, Stuttgart
– Schubert H (1989) Aufbereitung fester mineralischer Rohstoffe. 4. Aufl, Dtsch Verl Grundstoffind, Leipzig
– SDAG Wismut (1991) Seilfahrt. 2. Aufl, Bode, Haltern
– Tafel V (1951) Lehrbuch der Metallhüttenkunde. Hirzel, Leipzig
– Wagenbreth O, Wächter E (1990) Bergbau im Erzgebirge. 4. Aufl, Dtsch Verl f Grundstoffind, Leipzig
– Wieland-Werke AG (Hrsg) (1964) Das Wieland-Buch Schwermetalle: Eigenschaften und Verarbeitung. 3. Aufl, Wieland-Werke AG, Metallwerke, Ulm/Donau

– Winterhager H, Kammel R (1965) Schmelzflußelektrolytische Gewinnung von Schwermetallen aus sulfidischen Rohstoffen. Forschungsberichte des Landes Nordrhein-Westfalen Nr 1463. Westdtsch Verl, Köln
– Young JE (1993) Umweltproblem Bergbau. Wochenschau, Schwalbach

LIT 12   Wasserkunde

– Bohle HW (1995) Spezielle Ökologie: Limnische Systeme. Springer, Berlin Heidelberg New York Tokyo
– Busch KF, Luckner L, Tiemer K (1993) Lehrbuch der Hydrogeologie Bd 3: Geohydraulik. 3. Aufl. Borntraeger, Berlin
– Frimmel FH (Hrsg) (1997) Wasser und Gewässer. Spektrum, Heidelberg
– Frimmel FH(1998) Handbuch Wasser: Ökologie, Analytik, Technologie. Spektrum, Heidelberg
– Frimmel FH, Gordalla BC (Hrsg) (1996) Gewässergütekriterien. Ergebnisse eines Rundgesprächs, Senatskommission für Wasserforschung, Mitteilung 13. VCH, Weinheim
– Höll K (1986) Wasser. 7. Aufl, deGruyter, Berlin
– Hölting B (1996) Hydrogeologie. 5. Aufl, Enke, Stuttgart
– Jordan H, Weder HJ (1995) Hydrogeologie. Grundlagen und Methoden. 2. Aufl, Enke, Stuttgart
– Katalyse eV (Hrsg) (1993) Das Wasserbuch. Kiepenheuer & Witsch, Köln
– Kummert R, Stumm W (1992) Gewässer als Ökosysteme. Grundlagen des Gewässerschutzes. 3. Aufl, vdf, Zürich / Teubner, Stuttgart
– Langguth HR, Voigt R (1980) Hydrogeologische Methoden. Springer Berlin Heidelberg New York
– Liebschen, Baumgärtner (1996) Allgemeine Hydrologie: Quantitative Hydrologie. Lehrbuch der Hydrologie. 2. Aufl, Borntraeger
– Magoulas G, Magnusson B, Leist HJ, Meyer B, Grote U (Hrsg) (1995) Ökologisch orientierter Grund- und Trinkwasserschutz. Oldenbourg, München
– Mattheß G (1994) Lehrbuch der Hydrogeologie Bd 2: Die Beschaffenheit des Grundwassers. 3. Aufl. Borntraeger, Berlin
– Matheß G, Ubell K (1983) Lehrbuch der Hydrogeologie Bd 1: Allgemeine Hydrogeologie – Grundwasserhaushalt. Borntraeger, Berlin
– Meyer de Stadelhofen C (1994) Anwendung geophysikalischer Methoden in der Hydrogeologie. Springer, Berlin Heidelberg New York Tokyo
– Mühlnickel R (Hrsg) (1992) Gewässerschutz in den neuen Bundesländern: Bilanz und neue Konzepte. Landschaftsentwicklung und Umweltforschung, Bd 88. TU Berlin
– Nehring D (1996) Gefährdung und Schutz der Ostsee vor Umweltbelastungen. ChiuZ 1996: 300–307
– Pinneker EV (1992) Lehrbuch der Hydrogeologie Bd 6: Das Wasser in der Litho- und Asthenosphäre. Borntraeger, Berlin
– Quentin KE (1988) Trinkwasser. Springer, Berlin Heidelberg New York Tokyo
– Rheinheimer G (1991) Mikrobiologie der Gewässer. 5. Aufl, Fischer, Stuttgart
– Richter W, Lillich W (1975) Abriß der Hydrogeologie. Schweizerbart, Stuttgart
– Schleyer R, Kerndorff H (1992) Die Grundwasserqualität westdeutscher Trinkwasserressourcen. VCH, Weinheim
– Schwoerbel J (1994) Methoden der Hydrobiologie. UTB 979. 4. Aufl, UTB/Fischer, Stuttgart
– Schwoerbel J (1998) Einführung in die Limnologie. 8. Aufl, Fischer, Stuttgart
– Sigg L, Stumm W (1995) Aquatische Chemie. Eine Einführung in die Chemie wäßriger Lösungen und in die Chemie natürlicher Gewässer. 4. Aufl, vdf, Zürich / Teubner, Stuttgart
– Steinberg C, Bernhardt H, Klapper H . Handbuch Angewandte Limnologie, Loseblattwerk. ecomed, Landsberg
– UBA (Hrsg) (1987) Was Sie schon immer über Wasser wissen wollten. Kohlhammer, Stuttgart
– Voigt HJ (1990) Hydrogeochemie – eine Einführung in die Beschaffenheitsentwicklung des Grundwassers. Springer, Berlin Heidelberg New York Tokyo

LIT 13   Bodenkunde

– Ahl C, Becker KW, Jörgensen, RG, Klages FW, Wildhagen H (1996) Aspekte und Grundlagen der Bodenkunde. Inst f Bodenwiss, Univ Göttingen
– Arbeitskreis Bodensystematik (1985) Systematik der Böden der BRD. Mitt Dtsch Bodenkdl Ges 44
– Auerswald K (1993 Bodeneigenschaften und Bodenerosion. Bornträger, Berlin
– Biedermann R (1869) Einige Beiträge zur Frage der Bodenabsorption. Land Vers Stat 11: 81–95
– Blume HP, Felix-Henningsen P (1995) Handbuch der Bodenkunde, Loseblattwerk. ecomed, Landsberg
– Bochter R (1995) Boden und Bodenuntersuchungen. Aulis, Köln
– Brümmer G (1981) Ad- und Desorption oder Ausfällung und Auflösung als Funktion der Lösungskonzentration bestimmender Vorgänge in Böden. Mitt DtschBodenkdl Ges 30: 7–18
– Brümmer G (1982) Einfluß des Menschen auf den Stoffhaushalt der Böden. Christiana Albertina 17: 59–70
– Deutschmann G (1995) Die Bedeutung des Gesteins für Austausch- und Pufferprozesse. Mitt Dtsch Bodenkdl Ges 76: 241–244
– DVWK (Hrsg) (1988) Filtereigenschaften des Bodens gegenüber Schadstoffen Tl 1: Beurteilung der Fähigkeit von Böden, zugeführte Schwermetalle zu immobilisieren. DVWK-Merkblätter zur Wasserwirtschaft 212. Parey, Hamburg
– Engelhardt W v (1969) Porenraum der Sedimente. Springer, Berlin Göttingen Heidelberg
– Enßlin W, Krahn R, Skupin S (1996) Böden untersuchen. Quelle & Meyer, Wiesbaden
– Fiedler HJ, Hunger W (1970) Geologische Grundlagen der Bodenkunde und Standortslehre. Steinkopff, Dresden
– Fiedler HJ, Reissig H (1964) Lehrbuch der Bodenkunde. Fischer, Jena
– Fleige H, Hindel R (1987) Auswirkungen pedogenetischer Prozesse auf die Schwermetallverteilung im Bodenprofil. Mitt Dtsch Bodenkdl Ges 55: 313–319
– Flühler H (1992) Stofftransport in strukturierten Boden. Mensuration-Photogrammetrie-Genie-Rural 8: 430–433
– Frei E, Peyer K (1991) Boden-Agrarpedologie. Entstehung, Aufbau, Funktionen, Bedeutung und Nutzung des Bodens. Haupt, Bern
– Ganssen R (1965) Grundsätze der Bodenbildung. BI, Mannheim
– Göttlich KH (1976) Moor- und Torfkunde. Schweizerbart, Stuttgart
– Hefer B, Wilhelm M, Idel H (1997) Schadstoffbelastung durch Persorption von Bodenpartikeln. UWSF Zeitschr Umweltch Ökotox 9(5): 259–266
– Heres D (1991) Bodenbelastung: zur Problematik eines Begriffes und zu dessen Definitionen. Geoökodyn 12(1/2): 123–138
– Hintermaier-Erhard G (1996) Systematik der Böden Deutschlands. Enke, Stuttgart
– Huwe B (1993) Struktur und Funktion von Böden. Spektrum/Universität Bayreuth 2: 10–11
– Kaupenjohann M, Wilcke W (1995) Untersuchungen zur pH-Pufferkinetik von Böden mit einer neuen pHstat-Technik. Mitt Dtsch Bodenkdl Ges 76(2): 1441–1444
– Kördel W (1996) Puffer-, Filter- und Umwandlungsprozesse in Böden unter dem Aspekt der Chemikalienbelastung. In: Behret H, Nagel R (Hrsg) GDCh-Monographie Bd 5: Beratergremium für umweltrelevante Altstoffe (BUA), Chemikalienbewertung in der Europäischen Union. Konzepte für den terrestrischen Bereich. GDCh, Frankfurt, S 67–100
– Kubiena WL (1953) Bestimmungsbuch und Systematik der Böden Europas. Enke, Stuttgart
– Kuntze H (1991) Filterfunktionen der Böden. Geol Jahrb A 127: 235–254
– Kuntze H, Roeschmann G, Schwerdtfeger G (1994) Bodenkunde. 5. Aufl, UTB, Stuttgart
– Lieberoth (1982) Bodenkunde. Dtsch Landwirtschaftverl, Berlin
– Ludwig B, Prenzel J (1994) Bodenchemische Gleichgewichtsmodelle für Batchversuche mit Berücksichtigung metallorganischer Komplexe. Mitt Dtsch Bodenkdl Ges 74: 453–456
– Mückenhausen E (1977) Entstehung, Eigenschaften und Systematik der Böden der BRD. 2. Aufl, DLG, Frankfurt/M
– Mückenhausen E (1993) Die Bodenkunde und ihre geologischen, geomorphologischen, mineralogischen und petrologischen Grundlagen. 4. Aufl, DLG, Frankfurt/M

- Müller C v, Henkelmann G, Haisch A (1997) Boden-Dauerbeobachtungs-Flächen (BDF), Tl 1, Einführung Stoffbestand des Bodens – Nährstoffe, Schadstoffe. Bodenkultur und Pflanzenbau Bd 97. Bayer Landesanst Bodenkultur Pflanzenbau, München
- Müller G (1989) Bodenkunde. Dtsch Landwirtschaftsverl, Berlin
- Prenzel J, Ludwig B, Anurugsa B (1997) Modellierungen und Untersuchungen zur Kationensorption tropischer Böden. Mittl Dtsch Bodenkdl Ges 85(1): 319–320
- Rehfuess KE (1990) Waldböden. 2. Aufl, Parey, Hamburg
- Rowell DL (1997) Bodenkunde. Springer, Berlin Heidelberg New York Tokyo
- Sauerbeck D (1985) Funktionen, Güte und Belastbarkeit des Bodens aus agrikulturchemischer Sicht. Kohlhammer, Stuttgart
- Schachtzabel H, Blumenstein O (1997) Systemalterung bei der Modellierung hemerober Geosysteme. UWSF Zeitschr Umweltch Ökotox 9(1): 12
- Scheffer F, Schachtschabel P (1992) Lehrbuch der Bodenkunde. 13. Aufl, Enke, Stuttgart
- Scheffer F, Ulrich B (1960) Humus. Enke, Stuttgart
- Schlichting E (1965) Chemie der Erde 24: 11–26
- Schlichting E (1993) Einführung in die Bodenkunde. 3. Aufl, Blackwell, Berlin
- Schlichting E, Blume HP, Stahr (1995) Bodenkundliches Praktikum. 2. Aufl, Blackwell, Berlin
- Schlichting E, Schwertmann (Hrsg) (1973) Pseudogley und Gley. VCH Weinheim
- Schroeder D (1992) Bodenkunde in Stichworten. 5. Aufl, Borntraeger, Berlin
- Schroeder D, Blum WEH (1992) Bodenkunde in Stichworten. 5. Aufl, Hirt/Borntraeger, Berlin
- Schulin R (1992) Boden – Grundlage für Leben und Überleben. Mensuration-Photogrammetrie-Genie Rural 8/92: 423–429
- Schweikle V, Römbke J / Landesanstalt für Umweltschutz Baden-Württemberg (Hrsg) (1997) Boden als Lebensraum für Bodenorganismen: bodenbiologische Standortklassifikation. Literaturstudie. Texte und Berichte zum Bodenschutz Bd 4. LfU, Karlsruhe
- Spiteller M (1985) Beiträge zur Struktur und Dynamik von Huminstoffen. Göttinger bodenkdl Ber 84; Habil, Univ Göttingen
- UBA (Hrsg) (1992) Kleinräumige Bodencharakterisierung mittels Mikromethoden (Literaturstudie). UBA-Texte 1992/30
- UBA (Hrsg) (1993) Grundlagen zur Bewertung der Belastbarkeit von Böden als Teilen von Ökosystemen. UBA-Texte 1993/59
- Ulrich B, Khanna PK (1971) Methodische Untersuchungen über Kationengehalt einer Bodenlösung und Schofieldsche Potentiale. Göttinger Bodenkdl Ber 19
- Wiechmann H (1978) Stoffverlagerung in Podsolen. Hohenheimer Arbeiten Bd 94. Ulmer, Stuttgart
- Wild A (1995) Umweltorientierte Bodenkunde. Spektrum, Heidelberg
- Ziechmann W (1996) Huminstoffe und ihre Wirkungen. Spektrum, Heidelberg

LIT 14 Bodenschutz- und -sanierung

- Abad-Farahani HF (1996) Verfahren zur chemischen Immobilisierung von Schwermetallen in in kontaminierten Böden am Beispiel der Kupferhütte Ilsenburg. Diss, FU Berlin
- Alef K (Hrsg) (1994) Biologische Bodensanierung. Methodenbuch. VCH, Weinheim
- Alef K, Fiedler H, Hutzinger O (Hrsg) (1993) Eco-Informa '92, Bd 2: Bodensanierung, Bodenkontamination, Verhalten und ökotoxikologische Wirkung von Umweltchemikalien im Boden. Ecoinforma, Bayreuth
- Alef K, Fiedler H, Hutzinger O (Hrsg) (1994) Bodenkontamination, Bodensanierung, Bodeninformationssysteme. In: Eco-Informa '94 Bd 6, S 225–236. Umweltbundesamt, Wien
- Anonym (1997) Böden in Niedersachsen – Teil 1: Bodeneigenschaften, Bodennutzung und Bodenschutz. Niedersächsisches Bodeninformationssystem NIBIS – Fachinformationssystem Bodenkunde. Schweizerbart, Stuttgart

– Anonym (1997) Sanierung kontaminierter Böden. Schriftenreihe Dtsch Verb Wasserwirtsch Kulturbau e V 116. Wirtschafts Verl Ges Gas+Wasser, Bonn
– Anonym (1997) Wasser und Boden – Nutzung, Belastung und Schutz in Niedersachsen. Nieders Akad Geowiss Veröffentl Nr 11. Schweizerbart, Stuttgart
– Arbeitskreis Stadtböden (Hrsg) (1996) Urbaner Bodenschutz. Springer, Berlin Heidelberg New York Tokyo
– Balmer M, Kulli B, Geiger G, Lothenbach B, Krebs R (1995) Der Einfluß von NTA auf die Schwermetallaufnahme durch Pflanzen im Rahmen der sanften Bodensanierung. Bodenkdl Ges d Schweiz 6: 7–11
– Beermann A (1995) Untersuchungen zu einem elektrochemischen Verfahren für die Dekontamination von quecksilberbelastetem Boden. Dipl, TU Hamburg-Harburg
– Bipp HP (1996) Einsatz von Zuckersäuren und Hydroxycarbonsäuren zur Dekontamination schwermetallbelasteter Böden sowie ihre Freisetzung aus kohlenhydrathaltigen Reststoffen. Diss, TU München
– Blume HP (1992) Handbuch des Bodenschutzes – Bodenökologie und Bodenbelastung, vorbeugende und abwehrende Schutzmaßnahmen. 2. Aufl, ecomed, Landsberg
– Bollow T (1993) Untersuchung und Sanierungsmöglichkeiten einer Boden- und Grundwasserkontamination eines Porenaquifers durch die Kraftstoffadditive 1,2-Dibromethan, 1,2-Dichlorethan und Organobleiverbindungen am Beispiel einer Fallstudie. Diss, Univ Münster
– Bork HR, Grimme (1996) Schutz des Bodens. Umweltschutz – Grundlagen und Praxis Bd 4. Economica, Bonn
– Brauer H (Hrsg) (1996) Handbuch des Umweltschutzes und der Umweltschutztechnik, Bd 5. Sanierender Umweltschutz. Springer, Berlin Heidelberg New York Tokyo
– Brehmer I (1995) Untersuchungen zur Anwendung der Schaumfraktionierung auf reale saure Bodenextrakte bei der Reinigung schwermetallkontaminierter Böden. Dipl, TU Hamburg-Harburg
– Bundesverband Boden e V (Hrsg) Boden, Bodenkunde, Bodenschutz und der Sachverständige für Böden. BVB-Information Heft 1
– Delschen T (1994) Sanierung schwermetallbelasteter Gärten durch Bodenüberdeckung. Wasser+Boden 1994(12): 19
– Denzler E (1996) Bodensanierung mit Pflanzen: Zink- und Kupferaufnahme von Indischem Senf und von Lattich. Dipl, Inst Terrest Ökol, ETH Zürich
– Deutsches Institut für Bodenschutz Urbanistik (1998) Bodenschutz – Einführung und Wegweiser zu Adressen, Zeitschriften, Literatur. Schmidt, Berlin
– Dominik P, Paetz A (1995) Methodenhandbuch Bodenschutz I. UBA, Berlin
– Fellenberg G (1994) Boden in Not. Trias, Stuttgart
– Fiedler HJ (Hrsg) (1990) Bodennutzung und Bodenschutz. Fischer, Stuttgart
– Fischer B, Köchling P . Praxisratgeber Altlastensanierung, Loseblattwerk. WEKA, Zürich
– Franzius V (Hrsg) (1992) Altlastensanierung. Economica, Bonn
– Franzius V (Hrsg) (1992) Reinigung kontaminierter Böden. Economica, Bonn
– Franzius V (Hrsg) (1995) Sanierung kontaminierter Standorte. Abfallwirtschaft Bd 79. Schmidt, Berlin
– Franzius V, Stegmann R, Wolf K, Brandt R (Hrsg) Handbuch der Altlastensanierung, Loseblattwerk. Müller/Schenck, Heidelberg
– Friege H (1997) Enquete-Kommission „Schutz des Menschen und der Umwelt", Umweltqualitäts- und Umwelthandlungsziele für die Funktion von Böden. UWSF Zeitschr Umweltch Ökotox 9(6): 409
– Furrer G, Lothenbach B, Schulin R (1997) Naturnahe Bindemittel für die Immobilisierung von Schwermetallen in belasteten Kulturböden. TerraTech 2: 43–44
– Geiger G, Schulin R (1995) Risikoanalyse, Sanierungs- und Überwachungsvorschläge für das schwermetallbelastete Gebiet von Dornach. Amt für Umweltschutz des Kantons Solothurn, AfU-Berichte 2
– Gläßler W, Meyer DE, Wohnlich S (Hrsg) (1995) Handbuch für die Umweltsanierung. Ernst & Sohn, Berlin
– Haase E (1988) Pflanzen reinigen Schwermetall-Böden. Umwelt (Düsseldorf) 18(7/8): 342–344
– Hänsch U (1996) Optimierung einer kontinuierlichen Schaum-fraktionierungsanlage zur Behandlung schwermetall-kontaminierter Extrakte aus der Bodensanierung. Dipl, TU Hamburg-Harburg
– Harms M (1996) Wirtschaftlichkeitsbetrachtungen einer mobilen Anlage zur Reinigung schwermetallkontaminierter Böden. Dipl, TU Hamburg-Harburg

– Henning R (1993) Reinigung von quecksilberkontaminierten Böden mit Hilfe eines kombinierten Wasch- und Destillationsverfahrens. In: Arendt F, Annokkee GJ, Bosmann R, van den Brink WJ (Hrsg) Altlastensanierung '93, S 1335–1344. Kluwer, Dordrecht
– Hesske S, Schulin R, Scholz RW (1998) Sanfte Bodensanierung zwischen Theorie und Praxis. ETH Bulletin 268: 42–45
– Hiller DA, Meuser H (1998) Urbane Böden. Springer, Berlin Heidelberg New York Tokyo
– Janiak K, Calmano W (1997) Darstellung von Komplexbildnern zur Abtrennung von Schwermetallen aus sauren Lösungen mittels Ionenflotation. TU Hamburg-Harburg, Arbeitsbereich Umweltschutztechnik, Forschungstätigkeit 1995-1997, S 21
– Kayser A, Felix HR (1997) Biologische Dekontamination schwermetallbelasteter Böden mit metallakkumulierenden Pflanzen – Ergebnisse nach 3 Jahren Feldversuchen. Bull Bodenkdl Ges d Schweiz 21: 97–100
– Keller R (1990) Untersuchungen zur in-situ Sanierung von Schwermetall-Kontaminationen im Boden und Grundwasser. Diss, Univ Kiel
– Kleinschmidt V (1996) Untersuchungen zur Sanierbarkeit Cr- und As-belasteter Böden und Substrate von Altstandorten der Lederindustrie. Dipl, TU Hamburg-Harburg
– Kloke A (1993) Nutzungsmöglichkeiten und Sanierung belasteter Böden. VDLUFA-Schriftenreihe Heft 34. 2. Aufl, VDLUFA, Darmstadt
– Kolb A (1993) Bodenschutz: standortökologische Bewertung der Filter- und Puffereigenschaften von Böden mittels Feldmethoden – unter besonderer Berücksichtigung der Schwermetalle. Dipl, Univ Stuttgart
– Koschinsky S (1996) Auswirkungen einer dauerhaften Schwermetallbelastung und einer rezenten Schwermetallimmobilisierung mit einer CaO-Tonmatrix auf Bodenmikroorganismen. Cuvillier, Essen
– Krebs R, Lothenbach B, Gupta SK, Furrer G, Schulin R (1994) Sanfte Sanierungsmethoden für schwermetallbelastete Böden. Bodenkdl Gesellschaft der Schweiz Dokument 5: 47–51
– Krieger K (1996) Versuche zur kontinuierlichen Schaumfraktionierung von Schwermetallionen aus essigsauren Modell-Bodenextrakten. Dipl, TU Hamburg-Harburg
– Kuballa B (1996) Vergleich von Verfahren zur Reinigung schwermetallhaltiger Lösungen im Hinblick auf ihren Einsatz für die Sanierung kontaminierter Böden. Dipl, TU Hamburg-Harburg
– Landesanstalt für Umweltschutz Baden-Württemberg (Hrsg) (1992) Schriftenreihe „Materialien zur Altlastenbearbeitung" Band 9: Handbuch historische Erhebung von altlastverdächtigen Flächen. Karlsruhe
– Landesanstalt für Umweltschutz Baden-Württemberg (Hrsg) (1993) Schriftenreihe „Materialien zur Altlastenbearbeitung" Band 3: Branchenkatalog zur historischen Erhebung von Altstandorten, CD-ROM. Gesellschaft für angewandte Hydrologie und Kartographie, Freiburg
– Landesanstalt für Umweltschutz Baden-Württemberg (Hrsg) (1993) Schriftenreihe „Materialien zur Altlastenbearbeitung" Band 11: Handbuch Bodenwäsche. Karlsruhe
– Langen M (1995) Untersuchungen zu Grundlagen der naßmechanischen Bodenwäsche unter besonderer Berücksichtigung der Abtrennung von Schwermetallträgerstoffen durch Dichtesortierung und Magnetscheidung. Aachener geowiss Beitr Nr 18. Mainz, Aachen; Diss, TH Aachen
– Langen M, Hoberg H, Hamacher B (1994) Möglichkeiten zur Abtrennung von Schwermetallkontaminationen aus Böden. Aufbereit-Techn 35(1): 1–12
– Lothenbach B, Furrer G, Schulin R (1995) Sanfte Bodensanierung – eine Lösung für schwermetallbelastete Böden? Mitt Dtsch Bodenkdl Ges 76: 1329–1332
– Lothenbach B, Krebs R, Furrer G, Gupta SK, Schulin R (1996) Immobilisierung von Schwermetallen – eine Lösung für schwermetallbelastete Böden? Bodenkdl Ges d Schweiz Dokument 8: 19–24
– Lotze O (1996) Elektrolytische Abscheidung von Schwermetallen aus organisch-sauren Bodenextrakten – Untersuchungen zu einem kombinierten Extraktions- und Elektrolyseverfahren. Dipl, TU Hamburg-Harburg
– Luther G, Thöming J (1995) Hg-Dekontamination: Verfahrenstechnik. In: Luther, G, Schulze-Erfurt, W (Hrsg) GKSS-Workshop Reinigung (Hg-)kontaminierter Schluffe. GKSS-Bericht 95/E/69
– Lynar W Graf zu, Schneider U, Frahms E (1989) Bodenschutz in Stadt- und Industrielandschaften. Blottner, Taunusstein
– Müller U, Talke A (1989) Nutzung des Niedersächsischen Bodeninformationssystems NIBIS für Auswertungsfragen zum Bodenschutz, 2, Auswertungsmethode, Schwermetallgefährdungspotential. Mitt Dtsch Bodenkdl Ges 59(2): 941–942

– Navabi K (1996) Auswirkung einer CaO-Tonmatrix auf die Immobilisierung von Schwermetallen, die mikrobielle Aktivität und das Pflanzenwachstum in einem kontaminierten Versuchsboden im Modellversuch. Cuvillier, Essen

– Padeken K, Helal HM (1995) Dekontaminierung schwermetallbelasteter Böden durch Pflanzen. VDLUFA-Schriftenreihe, Heft 40, S 885–888

– Pahl MH (Hrsg) (1996) Bodennutzung, Bodenschädigung und Bodensanierung. Universität Paderborn und Westfälisches Umwelt-Zentrum

– Pflug U (1997) Untersuchungen zur Fällung von Quecksilber-, Cadmium-, Blei-, Kupfer- und Zinksulfid im basischen Milieu in kontaminierten Böden. Diss, TU Freiberg

– Pietsch J (Hrsg) (1995) Stichwort „Bodenschutz" im Handwörterbuch der Raumordnung. Akademie für Raumforschung und Landesplanung, Hannover

– Pietsch J, Kamieth H (1991) Stadtböden. Entwicklungen, Belastungen, Bewertung und Planung. Blottner, Taunusstein

– Riemschneider P (1996) Schwermetallfreisetzung aus anthropogen belasteten Böden mittels aminosäurehaltiger Reststoffhydrolysate. Diss, TU München

– Rinn G (1997) Untersuchungen zur Schwermetallaufnahme und Akkumulation von Haldenpflanzen vor dem Hintergrund einer biologischen Bodendekontamination. Diss, Univ Gießen

– Roos HJ (1995) Schwermetallentfernung aus Böden und Rückständen mit Hilfe organischer Komplexbildner. Abfall-Recycling-Altlasten Bd 7; Diss, RWTH Aachen

– Roos HJ, Forge F, Schröder H (1994) Schwermetallentfernung aus belasteten Böden. Hochschulreihe Aachen 147: 27

– Scheel I (1995) Haldenlaugung als Teilschritt einer Bodendekontaminationstechnik für Quecksilber. Dipl, TU Hamburg-Harburg

– Schindewolf U (1990) Reinigung schwermetallbelasteter Böden. ChiuZ 1990: 264

– Schwarz J (1994) Systematik für Informationsgrundlagen zur Bewertung von (Schad)stoffgehalten in Böden. Altlastenspektrum, 2

– Stegmann R (Hrsg) (1993) Bodenreinigung. Hamburger Berichte 6, Economica, Bonn

– Stichnothe H (1997) Elektrokinetische Dekontamination von Cd-haltigem Kaolinton und die Bestimmung wichtiger Transportparameter. VDI-Fortschr-Ber Reihe 15 Bd 191. VDI, Düsseldorf. Diss, Univ GH Duisburg

– Tarnow A (1996) Saure Extraktion schwermetallkontaminierter Böden – Untersuchung der Metallbindungsformen und physikalisch-chemischer Parameter. Dipl, TU Hamburg-Harburg

– Thöming J, Calmano W (1995) Reinigung schwermetallkontaminierter Böden durch saure Extraktion und elektrolytische Metallabscheidung, Wasser+Boden 47(2): 8–11

– Thöming J, Calmano W (1995) Untersuchungen zur elektrolytischen Metallabtrennung aus sauren Bodenextrakten. In: Elektrochemie und Werkstoffe, GDCh Monographie, Bd 2, S 493

– Thöming J, Calmano W (1997) Reinigung schwermetallkontaminierter Böden mittels Säureextraktion und Elektrolyse. TU Hamburg-Harburg, Arbeitsbereich Umweltschutztechnik, Forschungstätigkeit 1995-1997, S 22

– Thöming J, Calmano W (1997) Untersuchung und Entwicklung elektrochemischer Verfahren zur Dekontamination quecksilberbelasteter Schluffe. TU Hamburg-Harburg, Arbeitsbereich Umweltschutztechnik, Forschungstätigkeit 1995-1997, S 23

– Thöming J, Lotze O, Calmano W (1996) Reinigung schwermetallkontaminierter Böden: Gegenstromextraktion mit Kreislaufführung organischer Säuren. In: Neue Techniken der Bodenreinigung, Economia, Bonn, S 53–64

– Tondorf S (1995) Elektroosmose zur Sanierung kontaminierter Böden. Liliom, München

– Töpfer K (1988) Bericht der Bundesregierung an dem Deutschen Bundestag. Maßnahmen zum Bodenschutz. Bundesministerium für Umwelt, Naturschutz und Reaktorsicherheit, Bonn

– Umlandverband (Hrsg) (1991) Bodenschutzkonzept des Umlandverbandes Frankfurt und Bericht über die verkehrsbedingte Bodenschwermetallbelastung im Verbandsgebiet. Umweltschutzbericht Teil V Bodenschutz Band 1. Umlandverband Frankfurt/M

– Unger A (1995) Saure Extraktion schwermetallkontaminierter Böden. Dipl, TU Hamburg-Harburg

– Wagner J, Calmano W (1995) Untersuchung zur elektrolytischen Abscheidung von Metallen aus sauren Extrakten hochkontaminierter Böden. Wasser+Boden 47(2): 8–11

– Weiß H, Wennrich R, Mattusch J, Morency M, Daus B (1996): Untersuchungen zum Arsenaustrag aus Rückständen der Zinnerzaufbereitung im Erzgebirge – Fallstudie Bielatal. Workshop „Passive Systeme zur in-situ-Sanierung von Boden und Grundwasser", Dresden, 02.05.96
– Wiebe A (1997) Schwermetallfixierung in thermisch behandelten Bodenmaterialien: Auswirkung unterschiedlich hoher Kontaminationen und Optimierung durch Zuschläge. Berichte aus der Umwelttechnik. Shaker, Aachen; Diss, Univ Köln
– Wilderer PA, Faulstich M, Schiegl C, Kaukal B (Hrsg) (1997) Altlastensanierung in Bayern. Konzepte – Technologien – Erfolge. Berichte aus Wassergüte- und Abfallwirtschaft, TU München, Nr 129
– Wille F (1993) Bodensanierungsverfahren. Vogel, Würzburg
– Wirz D (1996) Sanfte Sanierung von kupferbelasteten Rebbergböden: Topfexperimente mit Al-Montmorillonit und Al13. Dipl, Inst Terrest Ökol, ETH Zürich
– Wirz D, Lothenbach B, Furrer G, Schulin R (1997) Sanfte Sanierung kupferbelasteter Rebbergböden – Topfexperimente mit Al-Montmorillonit und Al13. Bull Bodenkdl Ges d Schweiz 21: 101–104
– Wolf K, van den Brink WJ, Colon FL (Hrsg) (1988) Altlastensanierung 88. Kluwer Academic, Dordrecht
– Wömmel S, Calmano W (1995) Sorption von Schwermetallen durch Eisenphosphat-Kolloide in essigsauren Bodenextrakten. Acta hydrochimica et hydrobiologica 23(2): 76–79
– Wömmel S, Calmano W (1997) Neue Verfahren zur Abtrennung von Schwermetallen aus sauren Bodenextrakten. TU Hamburg-Harburg, Arbeitsbereich Umweltschutztechnik, Forschungstätigkeit 1995-1997, S 20
– Zollinger F (1989) Bodenschutz – ein neues Arbeitsgebiet des Umweltschutzes? Mensuration-Photogrammetrie-Genie-Rural 1989(6): 381–385
– Zoumis T, Calmano W (1997) Entwicklung geochemischer Methoden zur naturnahen Schadstoffdemobilisierung im Muldesystem. TU Hamburg-Harburg, Arbeitsbereich Umweltschutztechnik, Forschungstätigkeit 1995–1997, S 26

LIT 15 · Land- und Forstwirtschaft

– Abel W (1978) Geschichte der deutschen Landwirtschaft vom frühen Mittelalter bis zum 19. Jahrhundert. 3. Aufl, Ulmer, Stuttgart
– Abrahamczik E (1966/1968) In: Linser H, Scharrer K (Hrsg) Handbuch der Pflanzenernährung und Düngung 2: Boden und Düngemittel Bd 1+2. Springer, Wien New York
– Amberger A (1987) Pflanzenernährung. Ulmer, Stuttgart
– Anonym (1981) Beachtung ökologischer Grenzen bei der Landbewirtschaftung: Bioindikatoren, Bodenerosion, Schadstoffe im Boden, Verlagerung von Pflanzennährstoffen, Artenschutz. Ber Landwirtsch Sonderh 197. Parey, Hamburg
– Arnon DI (1969/1972) In: Linser H, Scharrer K (Hrsg) Handbuch der Pflanzenernährung und Düngung, 1: Pflanzenernährung Bd 1+2. Springer, Wien New York
– Atanasiu N (1965) In: Linser H, Scharrer K (Hrsg) Handbuch der Pflanzenernährung und Düngung, 3: Düngung der Kulturpflanzen Bd 1+2. Springer, Wien New York
– Baumeister W, Ernst W (1978) Mineralstoffe und Pflanzenwachstum. 3. Aufl, Fischer, Stuttgart
– Bäumer K (1971) Allgemeiner Pflanzenbau. UTB-Ulmer, Stuttgart
– Bergmann W (1990) Die Ermittlung der Nährstoff- und Düngerbedürftigkeit von Böden und Pflanzen aus historischer Sicht. Inst f Pflanzenernähr + Ökotoxikol, Jena
– Bergmann W (Hrsg) (1993) Ernährungsstörungen bei Kulturpflanzen. 3. Aufl, Fischer, Jena
– BMELF (Hrsg) (1992) Bodennutzung und Bodenfruchtbarkeit. BMELF, Bonn
– Boysen P (1992) Schwermetalle und andere Schadstoffe in Düngemitteln. UBA-Texte 1992/55
– Diez T, Weigelt H (1987) Böden unter landwirtschaftlicher Nutzung. VLV, München
– Durning AB (1993) Zeitbombe Viehwirtschaft – Folgen der Massentierhaltung für die Umwelt. Eine ökologische Bilanz. Wochenschau, Schwalbach
– Faul O, Gerber A, Kärcher A (Hrsg) (1994) Ökologischer Landbau. SÖL-Sonderausgabe 58. Deukalion, Holm

- Feldmann R, Henle K, Auge H, Flachowsky J, Klotz S, Krönert R (Hrsg) (1997) Regeneration und nachhaltige Landnutzung. Konzepte für belastete Zonen. Springer, Berlin Heidelberg New York Tokyo
- Fiedler HJ, Nebe FH, Hoffmann W (1973) Forstliche Pflanzenernährung und Düngung. Fischer, Stuttgart
- Finck A (1991) Pflanzenernährung in Stichworten. 5. Aufl, Borntraeger, Berlin
- Finck A (1992) Dünger und Düngung. 2. Aufl, VCH, Weinheim
- Finck A (1993) Spurennährstoffe in Schleswig-Holstein, Aktuelle Fragen zur Versorgung, Düngung, Bedeutung. In: Jahrestagung 1993, Kommission I bis VII, Bodenbelastung, Schutz. Mitt Dtsch Bodenkdl Ges 72(1): 691–694
- Franck E (1978) Ermittlung von Zink-Ertragswerten für Hafer und Weizen. Diss, Univ Kiel
- Franke W (1981) Nutzpflanzenkunde. 2. Aufl, Thieme, Stuttgart
- Franz G (1962) Deutsche Agrargeschichte. Ulmer, Stuttgart
- Gehlen P (1987) Bodenchemische, bodenbiologische und bodenphysikalische Untersuchungen konventionell und biologisch bewirtschafteter Acker-, Gemüse-, Obst- und Weinbauflächen. Diss, Univ Bonn
- Geissler G (1980) Pflanzenbau. Parey, Berlin
- Haber W, Salzwedel J (1992) Umweltprobleme der Landwirtschaft. Metzler-Poeschel, Stuttgart
- Heissenhuber A, Katzek J, Meusel F, Ring H (Hrsg) (1994) Landwirtschaft und Umwelt. Economica, Bonn
- Heres D (1994) Möglichkeiten zur Beurteilung des gemeinsamen Eintrags von Schwermetallen und Pflanzennährstoffen in den Boden durch Düngung. Untersuchungen am Beispiel von Gartenböden im Raum Mainz. Geoökodyn 15(3): 279–291
- Hofmeister H, Garve E (1986) Lebensraum Acker. Parey, Hamburg
- Kampe W (1981) Die pflanzenbauliche Bedeutung von Schwermetallen. Forum Städtehyg 32: 36
- Kersebaum C (1993) Stoffdynamik stillgelegter landwirtschaftlicher Flächen. UBA-Texte 1993/54
- Knauer N (1993) Ökologie und Landwirtschaft. Ulmer, Stuttgart
- Körschens M (Hrsg) (1995) Strategische Regeneration belasteter Agrarökosysteme des mitteldeutschen Schwarzerdegebietes. Teubner, Stuttgart
- Krug H (1986) Gemüseproduktion. Parey, Berlin
- Linckh G (Hrsg) (1996) Nachhaltige Land- und Forstwirtschaft. Springer, Berlin Heidelberg New York Tokyo
- Lingg K, Meuli R, Schulin R (1996) Schwermetalleinträge in Landwirtschaftsböden. Agrarforschung 3: 105–108
- Lünzer I, Vogtmann H (Hrsg) Ökologische Landwirtschaft. Pflanzenbau, Tierhaltung, Management. Loseblattwerk. Springer, Berlin Heidelberg New York Tokyo
- Manusch P, Pieringer E (Hrsg) (1995) Ökologische Grünlandbewirtschaftung. Müller/Hüthig, Heidelber
- Normann-Schmidt S (1995) Auf der Suche nach der umweltgerechten Landwirtschaft. Verpflichtungen von Land- und Wasserwirtschaft. Oldenbourg, München
- Öhmichen J (1983) Pflanzenproduktion. Parey, Berlin
- Preuschen G (1994) Ackerbaulehre nach ökologischen Gesetzen. 2. Aufl, Müller/Hüthig, Heidelberg
- Sambraus H, Boehncke E (Hrsg) (1990) Ökologische Tierhaltung. 3. Aufl, Müller/Hüthig, Heidelberg
- Sattler F, Wistinghausen E v (1989) Der landwirtschaftliche Betrieb. 2. Aufl, Ulmer, Stuttgart
- Schilke K (Hrsg) (1992) Agrarökologie. Schroedel, Hannover
- Schröder D (1985) Umweltprobleme der Landwirtschaft. Spektr d Wiss 1985(8): 18–19
- Schulte-Karring H (1970) Die meliorative Bodenbewirtschaftung. Warlich, Ahrweiler
- Schütt P (1972) Weltwirtschaftpflanzen. Parey, Berlin
- SRU (Hrsg) (1985) Umweltprobleme der Landwirtschaft. Kohlhammer, Stuttgart
- Streit ME, Wildenmann R, Jesinghaus J (Hrsg) (1989) Landwirtschaft und Umwelt. Nomos, Baden-Baden
- Thomas F, Vögel R (1993) Gute Argumente: Ökologische Landwirtschaft. 2. Aufl, Beck, München
- Thomasius H, Schmid P (1996) Wald, Forstwirtschaft und Umwelt. Economica, Bonn
- Tivy J (1993) Landwirtschaft und Umwelt. Spektrum, Heidelberg
- UBA (Hrsg) (1994) Stoffliche Belastung der Gewässer durch die Landwirtschaft und Maßnahmen zur ihrer Verringerung. UBA-Berichte. Schmidt, Berlin
- Vogtmann H (Hrsg) (1991) Ökologische Landwirtschaft: Landbau mit Zukunft. 2. Aufl, Müller/Hüthig, Heidelberg
- Weiger H, Willer H (Hrsg) (1998) Naturschutz durch ökologischen Landbau. Deukalion, Holm

– Werner A (Hrsg) (1995) Folgenabschätzung in der Landnutzungsforschung. Zweite gemeinsame Tagung der Biologischen Bundesanstalt und des Zentrums für Agrarlandschafts- und Landnutzungsforschung (ZALF) eV, Müncheberg, 1. 12. 1994. ZALF-Ber Nr 22
– Wilcke W, Döhler H (1995) Schwermetalle in der Landwirtschaft. Quellen, Flüsse, Verbleib. KTBL-Arbeitspapier Nr 217. Landwirtschaftsverl, Münster-Hiltrup

LIT 16   Abprodukte/Deponien/Altlasten

– Angerer G (1993) Verwertung von Elektronikschrott. Abfallwirtschaft Bd 59. Schmidt, Berlin
– Anonym (1973) Umwelt und Qualität des Lebens, Studie über die Quellen und die Mengen der in der BRD und Frankreich in die Umwelt abgeleiteten festen, flüssigen und gasförmigen Rückstände und Abfälle von Schwermetallen, EG-Studie EUR 5005. Kienbaum, Gummersbach
– Anonym (1980) Die Verwendung von Müll- und Müllklärschlamm-Komposten in der Landwirtschaft. Die toxikologische Bedeutung der Schwermetall-Gehalte. GDI- Informationstagung 1980. Gottlieb-Duttweiler-Institut, Rüschlikon, Schweiz
– Anonym (1981) Deutsche Bucht: Abfallgrube vor der Haustür. Spektr d Wiss 1981(7): 10–11
– Anonym (1993) Abfallbeseitigung und Deponien – Anforderungen an Abfall und Deponie. Umweltgeologie heute, Bd 1. Ernst & Sohn, Berlin
– Anonym (1998) Zeitgemäße Deponietechnik. Seminar am 7. und 8. April 1998, Stuttgart. Stuttgarter Ber Abfallwirtsch 69. Schmidt, Berlin
– Apostel J (1994) Schwermetall-und Fremdstoffgehalte von Komposten in Abhängigkeit von Kompostierungsverfahren und Ausgangsmaterialien. Dipl, Univ Karlsruhe
– Arendt G (1983) Ermittlung der Quellen ausgewählter Schadstoffe und des Verbleibs im Klärschlamm. BMFT Forschungsbericht T83,1–T83,281
– Augsburg A, Köster R, Amme M, Eberle SH (1997) Mobilität und Festphasenspeziation von Kupfer aus Schlacken der Hausmüllverbrennung. Altlastenspektr 1997(3): 144
– Azari D (1996) Das Emissionsverhalten von konditioniertem Klärschlamm und Klärschlammasche bei der Zwischenlagerung und Deponierung. Diplomarb TU Hamburg-Harburg, Arbeitsbereich Abfallwirtschaft
– Barkowski D (1993) Altlasten. Handbuch zur Ermittlung und Abwehr von Gefahren durch kontaminierte Standorte. 4. Aufl, Müller/Hüthig, Heidelberg
– Bauer J . Integrierte Umwelttechnik. Abwasser – Abfall – Abluft, Loseblattwerk. ecomed, Landsberg
– Bayerische Landesanstalt für Wasserforschung (Hrsg) (1982) Schwermetalle im Abwasser, Gewässer und Schlamm. Abwasserbiologischer Fortbildungskurs 1981. Münchener Beiträge zur Abwasser-, Fischerei- und Flußbiologie Bd 34. Oldenbourg, München
– Becker U (1990) Komplexierung von Schwermetallen durch die partikuläre Substanz in Müllsickerwässern. Dipl, Univ Bayreuth
– Bever J (1994) Perspektiven der Klärschlammentsorgung. Oldenbourg, München
– Bidlingmaier W (1990) Schwermetalle im Hausmüll: Herkunft, Schadwirkung, Analyse. Stuttgarter Ber Abfallwirtsch Bd 42; Habil, Univ Stuttgart
– Blickwedel P, Mach R (1983) Behandlung und Verwertung von Klärschlamm. Forum Städtehyg 34: 122
– Blum B (1996) Schadstoffe in elektrischen und elektronischen Geräten. Springer, Berlin Heidelberg New York Tokyo
– Böhm E, Kunz P (1984) Landwirtschaftliche Klärschlammverwertung in kleinen Kläranlageneinzugsgebieten. Ein Lösungskonzept zur Minderung von Schwermetallemissionen. Korrespondenz Abwasser 31(1): 31–38
– Boller M (1994) Die Rolle der Siedlungsentwässerung bei der Schadstoffanreicherung in Böden. EAWAG news 38 D: 17
– Borries JW (1992) Altlastenerfassung und -bewertung. Vogel, Würzburg
– Bortlisz J (1991) Über Schwermetallwerte für Klärschlamm. Hochschulreihe Aachen 120: 145
– Brandt E (Hrsg) (1993) Altlasten – Bewertung, Sanierung, Finanzierung. 3. Aufl, Blottner, Taunusstein

– Brandt E, Beudt J, Bousonville R (Hrsg) (1996) Rüstungsaltlasten. Untersuchung, Probenahme und Sanierung. Springer, Berlin Heidelberg New York Tokyo
– Braun B (1974) Wirkung von chromhaltigen Gerbereischlämmen auf Wachstum und Chromaufnahme bei verschiedenen Nutzpflanzen. Diss, Univ Bonn
– Bröker G, Schilling B (1983) Schwermetallemissionen bei der Verbrennung kommunaler Klärschlämme. LIS-Berichte 40
– Brüne H (1981) Schwermetalle in Klärschlämmen und Böden Hessens. Forum Städtehyg 32: 171
– Bundesanstalt für Geowissenschaften und Rohstoffe (Hrsg) (1995–1996) Handbuch zur Erkundung des Untergrundes von Deponien und Altlasten, Bd 1 + 2. Springer, Berlin Heidelberg New York Tokyo
– Burkhardt G (1996) Handbuch der Deponietechnik. Springer, Berlin Heidelberg New York Tokyo
– Calmano W (1989) Schwermetalle in kontaminierten Feststoffen: chemische Reaktionen, Bewertung der Umweltverträglichkeit, Behandlungsmethoden am Beispiel von Baggerschlämmen. TÜV Rheinland, Köln; Habil TU Hamburg-Harburg
– Cord-Landwehr K (1994) Einführung in die Abfallwirtschaft. Teubner, Stuttgart
– Das bessere Müllkonzept Bayern eV (Hrsg) (1995) Klärschlamm – woher? wohin? was tun? Alternativen zur Klärschlammverbrennung. Universitätsverlag, Ulm
– Deschauer H (1995) Eignung von Bioabfallkompost als Dünger im Wald (Untersuchungen zu den Auswirkungen einer Bioabfalldüngung auf den Elementumsatz, die Schwermetalldynamik und das Verhalten von polyzyklischen aromatischen Kohlenwasserstoffen in einem humus- und nährstoffarmen Kiefernbestand. Bayreuther bodenkdl Ber 4
– Dettwiller J (1981) Voraussetzungen zur Verwertung der Klärschlämme in der Schweiz. Forum Städtehyg 32: 159
– Deutsche Gesellschaft für Erd- und Grundbau eV (Hrsg) (1993) Empfehlungen des Arbeitskreises „Geotechnik der Deponien und Altlasten" (GDA). 2. Aufl, Ernst & Sohn, Berlin
– Ditter P (1982) Schwermetalle im Boden eines Klärschlamm-Versuchsfeldes. Zeitschr Pflanzenernähr Bodenkdl 145(4): 390–397
– Ditter P (1985) Siedlungseinflüsse auf Blei- und Zinkgehalte eines Vorfluters im ländlichen Raum. Forum Städtehyg 1985: 140
– Dörhöfer G, Thein J, Wiggering H (Hrsg) (1993) Abfallbeseitigung und Deponien. Ernst & Sohn, Berlin
– Drescher J (1997) Deponiebau. Ernst & Sohn, Berlin
– Dusch K (1996) Kommunale Klärschlammbehandlung. expert, Ehningen
– Eitner R (1994) Klärschlammentsorgung. Economica, Bonn
– El Bassam N (1982) Kontamination von Pflanzen, Böden und Grundwasser durch Schwermetalle aus Industrie- und Siedlungsabfällen. Gas Wasserf Wasser Abwasser 123(11): 539–549
– Emberger J (1993) Kompostierung und Vergärung. Vogel, Würzburg
– Ernst W (1985) Schwermetallimmissionen – ökophysiologische und populationsgenetische Aspekte. Düsseldorfer geobotan Koll 2: 43–57
– FAC (Hrsg) (1980) Schwermetallgehalte der Müll- und Müllklärschlammkomposte in der Schweiz. Untersuchungsbericht der FAC, FAW und RAC
– Fachgruppe Wasserchemie in der GDCh (Hrsg) (1997) Chemie und Biologie der Altlasten. Wiley-VCH, Weinheim
– Finke A (1997) Untersuchungen zur Transformation und Mobilität toxischer Stoffe aus Dünnschichtsolarzellen auf der Basis von intermetallischen Verbindungen ($CuIn$-$GaSe_2$ und CdTe). Diss, TU München
– Firk W (1986) Schwermetalle in Abwasser und anfallenden Schlämmen – Bilanzierung auf drei Kläranlagen. Hochschulreihe Aachen 85
– Forsthofer K, Reppe S (1995) Inventarisierung von Bodenkontaminationen auf Liegenschaften der Westgruppe der ehemals sowjetischen Truppen. UBA-Texte 1995/36
– Förstner U (1987) Demobilisierung von Schwermetallen in Schlämmen und festen Abfallstoffen. In: Straub H, Hösel G, Schenkel W (Hrsg) Handbuch Müll- und Abfallbeseitigung. Schmidt, Berlin
– Gebhardt H, Grün R, Pusch F (1988) Zur Anreicherung von Schwermetallen in Böden und Kulturpflanzen durch praktische Klärschlammdüngung. Zeitschr Pflanzenernähr Bodenkdl 151(5): 307–310
– Gerzabek MH (1992) Schwermetalle in den Huminstoffen eines Müll- und Müllklärschlammkompostes. OEFZS-Ber 4619. Österr FZ Seibersdorf, Wien

– Gharaibeh; Schuller; Gels, Hollmann: (1994) Belastung der Umgebung der Akeidir-Müllkippe in Nordjordanien durch Schwermetalle und Organohalogenverbindungen. Wasser+Boden 1994(8): 54
– Gossow V (1993) Umwelt- und Entsorgungstechnik. Entsorgungspraxis Bau- und Verfahrenstechnik. 2. Aufl, Bauverlag, Wiesbaden
– Gottschall R (1993) Kompostierung. 5. Aufl, Müller/Hüthig, Heidelberg
– Gruber A (1992) Chemische Spezifizierung und räumliche Verteilung von Schwermetallen aus Schlammtopfsedimenten und in Straßenstaub. Dipl, Univ Bayreuth
– Gutekunst B (1988) Sielhautuntersuchungen zur Einkreisung schwermetallhaltiger Einleitungen. ISSW-Schriftenreihe Nr 49; Diss, Univ Karlsruhe
– Haase I (1995) Bewertung des Schadstoffpotentials von Wasserwerksschlämmen. Diss, TU Hamburg-Harburg
– Hahn H (1994) Verhalten von Schadstoffen bei der Müllaufbereitung. Diss, Univ Tübingen
– Haritopoulou T (1996) Polycyclische aromatische Kohlenwasserstoffe und Schwermetalle in urbanen Entwässerungssystemen: Aufkommen, Transport und Verbleib. Schriftenreihe des Instituts für Siedlungswasserwirtschaft (ISWW), Universität Karlsruhe, Nr 77. Oldenbourg, München. Diss, Univ Karlsruhe
– Heinrichs H (1995) Umweltgeochemie von Müll. Aufschluß 46: 155–162
– Hellmann H (1992) Schwermetall-Gehalte der Feinkornfraktion (<20 mm-Fraktion) von Schwebstoffen aus automatischen Entnahmestationen: Normierung über das Referenzelement Eisen. Zeitschr Wasser Abwasser-Forsch 20(4): 215–228
– Herms U (1982) Untersuchungen zur Schwermetallöslichkeit in kontaminierten Böden und kompostierten Siedlungsabfällen in Abhängigkeit von Bodenreaktion, Redoxbedingungen und Stoffbestand. Diss, Univ Kiel
– Herms U, Brümmer G (1980) Einfluß der Bodenreaktion auf Löslichkeit und tolerierbare Gesamtgehalte an Nickel, Kupfer, Zink, Cadmium und Blei in Böden und kompostierbaren Siedlungsabfällen. Landwirtsch Forsch 33: 408–423
– Herms U, Tent L (1982) Schwermetallgehalte in Hafenschlick sowie in landwirtschaftlich genutzten Hafenschlamm-Spülfeldern im Raum Hamburg. Geol Jahrb F 12: 3–11
– Hiller F (1990) Die Batterie und die Umwelt. 2. Aufl, expert, Ehningen
– Hiltmann W, Stribny B (1998) Tonmineralogie und Bodenphysik. In: Bundesanstalt für Geowissenschaften und Rohstoffe (Hrsg) Handbuch zur Erkundung des Untergrundes von Deponien und Altlasten, Bd 5
– Hirschheydt (1985) Über einen Feldversuch zur Wirkung von Schwermetallen aus Müllkompost. Wasser+Boden 1985: 228, 381, 594
– Hirschheydt, Hertelendy (1983) Über einen Vegetationsversuch mit oxydiertem metallhaltigem Klärschlamm und Müllkompost. Wasser+Boden 1983: 484
– Hirschmann G, Förstner U (1997) Langzeitverhalten von Müllverbrennungsschlacken. TU Hamburg-Harburg, Arbeitsbereich Umweltschutztechnik, Forschungstätigkeit 1995-1997, S 25
– Hoffmann J, Kunze V, Kiesel G, Tauchnitz JG (1986) Modelltheoretische Betrachtungen zum Verhalten von Schwermetallionen in Kommunalmülldeponien am Beispiel von bleiionenhaltigen Abfällen. Hercynia 23(4): 418–433
– Huber F (1994) Beurteilung des Einflusses der zukünftigen Kehrichtverbrennungsanlage „Thurgau" auf die Schwermetallbelastung des Bodens. Dipl, Inst Terrest Ökol, ETH Zürich
– Huber H, Jaros M, Lechner P (98) Langfristiges Emissionsverhalten von MVA-Schlacke. Wasser+Boden 1998(2)
– Huber L (1976) Schwermetalle in den Abläufen von Erdölraffinerien. Forsch-Ber Deutsche Gesellschaft für Mineralölwissenschaft und Kohlechemie eV Nr 45143, Hamburg
– Jager J, Kruse H, Lahl U, Reinhardt T, Zeschmer-Lahl B (1997) Emissionen aus mechanisch-biologischen Restabfallbehandlungsanlagen (MBA): Anorganische und organische Stoffe mit toxischem Wuirkungspotential. Altlastenspektr 1997(6): 333
– Jobst J (1989) Klärschlamm – wertvoller Rohstoff oder Abfall? UmweltMagazin 1989 (3): 24–26
– Kahmann L (1981) Kompostqualitätskriterien und Schwermetalle, Vortr 40. Abfalltechn Koll Univ Stuttgart, 13.3.1981. Müll+Abf 13(7): 188–194
– Kazemi A (1983) Zur Verwertbarkeit von Siedlungsabfallkomposten unter dem Aspekt der Anreicherung von Blei, Cadmium und Zink im Boden und in Gemüsepflanzen. Landschaftsentw Umweltf 15; Diss, TU Berlin

– Kernbeis R (1996) Der Beitrag ausgewählter diffuser Quellen zur Schwermetallbelastung im Klärschlamm. Dipl, TU-Wien, Inst Wassergüte + Abfallwirtschaft
– Kipka A, Luckscheiter B, Lutze W (1994) Verglasung konventioneller, schwermetallhaltiger Abfälle aus Müllverbrennungsanlagen. KfK Report-Nr 5270
– Kistler RC (1986) Das Verhalten der Schwermetalle bei der Pyrolyse von Klärschlamm. Diss, TH Zürich
– Koch TC, Seeberger J, Petrik H (1986) Ökologische Müllverwertung. Müller, Karlsruhe
– Koellner W, Fichtler W (1996) Recycling von Elektro- und Elektronikschrott. Springer, Berlin Heidelberg New York Tokyo
– Kompa R (1995) Altlasten und kontaminierte Böden '94. TÜV Rheinland, Köln
– Koppe P, Stozek A (1993) Kommunales Abwasser, seine Inhaltsstoffe nach Herkunft, Zusammensetzung und Reaktionen im Kläranlagenprozeß einschließlich Klärschlämme. 3. Aufl, Vulkan, Essen
– Köppel K (1988) Geophysikalische und Schwermetall-Untersuchungen an einer Altdeponie im Norden Nürnbergs. Geol Bl Nordost-Bayern Angrenz Geb 38(3/4): 227–242
– Koß V (1996) Schwermetalle in Altlasten: Wesentlich für das Gefahrenpotential ist die Wasserlöslichkeit, nicht die Gesamtmenge. Umwelt (Düsseldorf) 26(4): 46–47
– Kowalewski JB (1993) Altlastenlexikon. Glückauf, Essen
– Krauß P, Wilke M (1997) Schadstoffe in Bioabfallkompost. Altlastenspektr 1997(4): 211
– Kümmlee G (1985) Zum Verhalten von potentiellen Schadstoffen in Hausmüll und Hausmüllkompost. VDI Fortschr-Ber Reihe 15 Bd 37. VDI, Düsseldorf
– Kunz P (1987) Schwermetalle im Klärschlamm. Beilage KA-Informationen für das Betriebspersonal von Abwasseranlagen, Folge 2. Korrespondenz Abwasser 1987(4)
– LAGA (Hrsg) (1990) Erfassung, Gefahrenbeurteilung und Sanierung von Altlasten. Schmidt, Berlin
– LAGA (Hrsg) (1992) Alternativen der Klärschlammentsorgung. Schmidt, Berlin
– LAGA (Hrsg) (1993) Altablagerung und Altlasten, Abfallwirtschaft Bd 37. Schmidt, Berlin
– Leonhard K, Hegemann W, Pfeiffer W (1985) Die Wirkung von Schwermetallen im Klärschlamm: Kupfer, Zink und Silber. Berichte aus Wassergütewirtschaft und Gesundheitsingenieurwesen 62, TU München
– Leschber R (Hrsg) (1993) Boden- und Grundwasserverunreinigungen aus Punkt- und Flächenquellen. Wasser-, Boden- und Lufthygiene Bd 90. Fischer, Stuttgart
– Lindert M, Görtz W (1997) Vergleich der Verwertbarkeit von Aschen und Schlacken. Altlastenspektr 1997(10): 701
– Loipführer A (Hrsg) (1995) Untersuchung von Bioabfallkomposten, Grüngutkomposten und Komposten aus der Hausgarten- und Gemeinschaftskompostierung auf ihren Gehalt an Schwermetallen, PCDD/F, PCB und AOX. Bayerisches Landesamt für Umweltschutz, München
– Lühr HP (Hrsg) (1995) Altlastenbehandlung. Schmidt, Berlin
– Lührte R v (1997) Verwertung von Bremer Baggergut als Material zur Oberflächenabdichtung von Deponien: geochemisches Langzeitverhalten und Schwermetall-Mobilität (Cd, Cu, Ni, Pb, Zn). Ber FB Geowiss Univ Bremen 100; Diss, Univ Bremen
– Malle KG (1988) Baggerschlamm aus Rotterdam. Umwelt (Düsseldorf) 18(4): 143–146
– Margni M (1996) Schwermetallhaltiges Pflanzenmaterial: mögliche Entsorgungswege. Dipl, Inst Terrest Ökol, ETH Zürich
– Margni M, Lothenbach B, Schulin R (1997) Entsorgungsverfahren für schwermetallbelastetes Pflanzenmaterial. TerraTech 2: 53–57
– Marquardt K (1995) Entsorgung organisch und anorganisch hochbelasteter Abwässer aus Müllentsorgungsanlagen. expert, Ehningen
– Martins O, Kowald R (1990) Einfluß der Rottedauer auf die Nährstoff- und Schwermetallgehalte eines Müllkompostes. Forum Städtehyg 1990(3): 144
– Merian E (1982) Tagung „Verwendung von Klärschlammkomposten in der Landwirtschaft" des GDI. Chem Rundsch 35(10): 3
– Müller C, Haisch A, Peretzki F, Rutzmoser K, Pawlitzki K, Hege U, Henkelmann G, Kagerer J, Jordan F (1997) Stoffeinträge, Stoffausträge, Schwermetall-Bilanzierung verschiedener Betriebstypen. Bodenkultur und Pflanzenbau Nr 97, Tl 2. Bayerische Landesanstalt f Bodenkultur u Pflanzenbau 11/1997
– Müller G (1986) Chemische Dekontaminierung: Ein Konzept zur endgültigen Entsorgung Schwermetallbelasteter Schlämme und Böden. Heidelb Geowiss Arb 6: 377–384

- Müller G (1995) Das Schwarze Meer, ein sicheres Endlager für schwermetallkontaminierte Feststoffe? Geowiss (Weinheim) 13(5/6): 202–206
- Müller KR, Schmitt-Gleser G . Handbuch der Abfallentsorgung, Loseblattwerk. ecomed, Landsberg
- Müller W, Rohleder H, Klein W, Korte F (1974) Modellstudie zur Abfallbeseitigung – Verhalten repräsentativer xenobiotischer Substanzen bei der Müllkompostierung, GSF-Bericht 104. Ges f Strahlen- und Umweltforsch, München
- Neumaier H, Weber HH (Hrsg) (1996) Altlasten – Erkennen, Bewerten, Sanieren. 3. Aufl, Springer, Berlin Heidelberg New York Tokyo
- Nickel W (Hrsg) (1996) Recycling-Handbuch. VDI/Springer, Berlin
- Nöller R (1994) Umgang mit Altlasten. Maßnahmen zur Schadensabwehr. expert, Ehningen
- Nolte RF (1986) Herkunft und Stofffluß-Bilanz der sieben Schwermetalle für die 562 hessischen Kläranlagen. Hochschulreihe Aachen 85
- Olberts BM (1986) Untersuchungen zur Wirkung von Branntkalk auf qualitätsbestimmende Eigenschaften von entwässertem Klärschlamm unter besonderer Berücksichtigung des Verhaltens der Schwermetalle. Diss, Univ Gießen
- Pfaff M, Schütze G (1995) Auswirkungen von Güllehochlastflächen in den neuen Ländern auf Böden und Gewässer und Entwicklung von Massnahmen zur Minderung der davon ausgehenden Umweltbelastungen. UBA-Texte 1995/17
- Pfaff-Schley H (Hrsg) (1995) Militärische Altlasten 1995. Abfallwirtschaft Bd 75. Schmidt, Berlin
- Pfaff-Schley H (Hrsg) (1997) Rüstungsaltlasten. Untersuchung, Probenahme und Sanierung. Springer, Berlin Heidelberg New York Tokyo
- Rebele F, Dettmar J (1995) Industriebrachen. Ulmer, Stuttgart
- Rehding C, Herrmann R, Peiffer S (1990) Schwermetallmobilität im Verlauf des anaeroben Abbaus fester kommunaler Abfälle. Vom Wasser 75: 229–243
- Reimann DO (Hrsg) (1991) Klärschlammentsorgung I. VDI, Düsseldorf
- Reimann DO (Hrsg) (1994) Entsorgung von Schlacken und sonstigen Reststoffen. Müll und Abfall Bd 31. Schmidt, Berlin
- Riegler, Eckhardt (1982) Die landwirtschaftliche Klärschlammverwertung unter dem Blickwinkel aktueller Schwermetallgehalte. Wasser+Boden 1982: 205
- Roehl KE (1997 Experimentelle Untersuchungen zu Retardation und Bindungsformen von Schwermetallen in tonigen Deponiebarrieren. Schriftenreihe angew Geol Karlsruhe Bd 46; Diss, Univ Karlsruhe
- Roesner J (1992) Schwermetallmigration nach Klärschlammgaben auf Ackerflächen im Raum Neustadt/Weinstraße. Materialien zur Geographie 20; Dipl, Univ Mannheim
- Rogl GC (1997) Beitrag zur Risikoabschätzung von anorganischen Schadstoffen bei der landwirtschaftlichen Verwertung von Klärschlamm. Dipl, Univ f Bodenkultur, Wien
- Roll J (1996) Entsorgungstechnik. Chemie und Verfahren. Wiley-VCH, Weinheim
- Römbke J, Marschner A (1995) Grundlagen für die Beurteilung des ökotoxikologischen Gefährdungspotentials von Altstoffen im Medium Boden. UBA-ForschBer 94 006
- Rothe N (1988) Mobilisierbarkeit von Schwermetallen aus Klärschlämmen unterschiedlicher physikalisch-chemischer Zusammensetzung unter definierten pH-Bedingungen. Diss, Univ Kiel
- Sauerbeck D, Lübben S (Hrsg) (1991) Auswirkungen von Siedlungsabfällen auf Böden, Bodenorganismen und Pflanzen.. Ber Ökol Forsch 6, FZ Jülich
- Schaar W (1996) Untersuchungen von Schwermetallflüssen in kommunalen Abwasserreinigungsanlagen. Dipl, TU-Wien, Inst Wassergüte + Abfallwirtschaft
- Schäfer K (1967) Feld- und Gefäßversuche zur landwirtschaftlichen Verwertung von schwermetallhaltigen, flüssigen Faulschlämmen. Diss, Univ Bonn
- Scheffler H, Mohry H (Hrsg) (1995) Abfallwirtschaftliche Stoffkreisläufe. Teubner, Stuttgart
- Schenkel W, Butzkamm-Erker R (1990) Klärschlammentsorgung. Die neuen Rahmenbedingungen und künftigen Entsorgungswege. Korrespondenz Abwasser 37: 1037–1053
- Schenkel W, Witte H (1994) Klärschlamm-Entsorgungskonzepte. expert, Ehningen
- Schimmelpfeng L (Hrsg) (1993) Altlasten, Deponietechnik, Kompostierung. Academia, St Augustin
- Schlauer R (1995) Die Problematik der Müllverbrennung. Lösungskonzepte am Beispiel der Bundeshauptstadt Wien. Vulkan, Essen

– Schlögl M (1995) Recycling von Elektro- und Elektronikschrott. Vogel, Würzburg
– Schmid G (1992) Deponietechnik. Vogel, Würzburg
– Schmidt J (1995) Altautoverwertung und -entsorgung. expert, Ehningen
– Schmidt J, Leithner R (1995) Automobilrecycling. Springer, Berlin Heidelberg New York Tokyo
– Schmidt JC (1994) Möglichkeiten und Grenzen der Konditionierung von Abbränden und die Abschätzung der langfristigen Schadstoffmobilität. Diss, TU Hamburg-Harburg
– Schneider C (1989) Komplexierung von Cadmium durch gelöste organische Substanz im Verlauf des anaeroben Abbaus von Hausmüll. Dipl, Univ Bayreuth
– Schoemakers J (1985) Schwermetalle in Boden und Pflanze nach Anwendung hoher Gaben Müllkompost. Kali-Briefe 17(10): 785–798
– Schöler HF, Thofern E (1982) Beeinflussung des Nähr- und Schadstofftranportes in einem Fließgewässer durch eine Mülldeponie, II. Mitteilung. Der Schwermetallgehalt in Sedimenten eines kleines Fließgewässers. Dtsch Gewässerkdl Mitt 26(4): 98–101
– Scholl W (1981) Definition von Schadstoffen im Zusammenhang mit der Bewertung der Schwermetallfracht von Klärschlamm aus ländlichen und industriellen Einzugsgebieten. Hochschulreihe Aachen 45
– Schuller E (1988) Enzymaktivitäten und mikrobielle Biomassen in schwermetallkontaminierten Böden von Altlasten. Verhandl Ges Ökol 18: 339–348
– Schuller E (1991) Schwermetalle, mikrobielle Biomassen und Enzymaktivitäten in Oberböden von Altlasten. Wasser und Abfall 47
– Schultheiss S (1990) Boden- und Grundwasserverunreinigungen durch Altdeponien und ehemalige Industriestandorte, dargestellt an Beispielen im Landkreis Ludwigsburg/Württemberg. Diss, TU Clausthal
– Siewers U, Wippermann T (1997) Geochemische Erkundung und Bewertung von Altlasten auf militärisch genutzten Flächen. Arbeitshefte Boden des NLfB, Nr 1. Schweizerbart, Stuttgart
– Simmleit N, Doetsch P, Hempfling R, Stubenrauch S, Mathews T, Koschmieder HJ (1993) Weiterentwicklung und Erprobung des Bewertungsmodells zur Gefahrenbeurteilung bei Altlasten (Forschungsber 93-10340107). UBA, Berlin
– Simson J v (1983) Kanalisation und Städtehyg im 19. Jahrhundert. VDI, Düsseldorf
– Soddemann B (1985) Schwermetalluntersuchungen an Klärschlämmen im Raum Westfalen. Diss, Univ Münster
– Sommer G (1978) Gefäßversuche zur Ermittlung der Schadgrenzen von Cd, Cu, Pb und Zn im Hinblick auf den Einsatz von Abfallstoffen in der Landwirtschaft. Landw Forsch 35: 350–364
– Spangenberg H (1994) Vegetationsgeographische Untersuchungen an schwermetallhaltigen Abraumhalden des Sangerhäuser Reviers und der Mansfelder Mulde. Dipl, Univ Erlangen-Nürnberg
– Sprenger FJ (1983) Einfluß erhöhter Schwermetallgehalte und Organohalogenverbindungen auf den Faulprozeß und die weitere Schlammverwertung. Hochschulreihe Aachen 59
– Spyra W (1996) Rüstungsaltlasten. expert, Ehningen
– SRU (Hrsg) (1991) Abfallwirtschaft. Metzler-Poeschel, Stuttgart
– SRU (Hrsg) (1995) Altlasten-Sondergutachten. Metzler-Poeschel, Stuttgart
– Stark W, Kernbeis R, Schachermayer E, Ritter E, Brunner PH (1995) Wo liegen die Grenzen der Schadstoffentfrachtung des Klärschlammes? Tl 1: Schwermetalle. TU-Wien, Inst Wassergüte + Abfallwirtschaft
– Tabasaran O (1994) Abfallwirtschaft – Abfalltechnik. Ernst & Sohn, Berlin
– Tabasaran O (1997) Abfalltechnologie. Ernst & Sohn, Berlin
– Tauchnitz J, Knobloch G, Wiesener G, Schumann H, Kunze V, Mahrla W, Hanrieder M, Kiesel G, Hennig H (1983) Zur Ablagerung der industriellen Abprodukte, 27. Mitteilung: Zum Verhalten von Schwermetallionen in Deponiestandorten. Zeitschr Angew Geol 29(7) 311–317
– Tauchnitz J, Mahrla W, Schnabel R, Hennig H (1981) Zur Ablagerung der industriellen Abprodukte, 19. Mitteilung. Cyanid und Chromationen als Auslaugungen sogenannter reiner Schadstoffdeponien und ihre Wechselwirkungen mit dem Deponieuntergrund. Zeitschr Angew Geol 27(11): 539–543
– Tiltmann KO (Hrsg) (1994) Recyclingpraxis Elektronik. TÜV Rheinland, Köln
– Tiltmann KO . Recycling betrieblicher Abfälle, Loseblattwerk. Weka, Zürich
– UBA (Hrsg) (1996) Handbuch der Recyclingverfahren. 3. Aufl, Schmidt, Berlin
– UBA (Hrsg) (1997) Simulation von Strömungs- und Transportprozessen für die Bewertung von Altlasten, Teil 1+2. UBA-Texte 1997/86 + 1997/90

– Ulken R (1987) Nähr- und Schadstoffgehalte in Klär- und Flußschlämmen, Müll und Müllkomposten. VDLUFA-Schriftenreihe, Heft 22
– Urban AI, Bilitewski B (1996) Thermische Verfahren in der Abfallwirtschaft. Springer, Berlin Heidelberg New York Tokyo
– Vogelsang D (1993) Geophysik an Altlasten. 2. Aufl, Springer, Berlin Heidelberg New York Tokyo
– Vogg H (1984) Verhalten von (Schwer-)Metallen bei der Verbrennung kommunaler Abfälle. Chemie Ingenieur Technik 1984: 740
– Völker M (1986) Über das Verhalten von Schwermetallen und chlororganischen Verbindungen bei der Klärschlammkompostierung. Diss, Univ Tübingen
– Voss JH, Urban B (1991) Beurteilung von Schwermetallbelastungen auf militärischen Truppenübungs- und Schießplätzen. Mitt Dtsch Bodenkdl Ges 66(2): 881–884
– Wagner JF (1992) Verlagerung und Festlegung von Schwermetallen in tonigen Deponieabdichtungen: ein Vergleich von Labor- und Geländestudien. Schriftenreihe Angew Geol Karlsruhe 22; Habil, Univ Karlsruhe
– Weber HH (Hrsg) (1993) Altlasten erkennen, bewerten, sanieren. 2. Aufl, Springer, Berlin Heidelberg New York Tokyo
– Werner W, Brenk C (1997) Entwicklung eines integrierten Nährstoffversorgungs-Konzepts als Basis eines umweltverträglichen, flächendeckenden Recyclings kommunaler Abfälle (Sekundärrohstoffdünger) in Nordrhein-Westfalen und regionalisierte Bilanzierung der Schwermetallflüsse. Umweltverträgliche und standortgerechte Landwirtschaft, Forschungsberichte Bd 48. Univ Bonn
– Wiedemann HU (1997) Behandlung von Schlämmen mittels Kalk. Eine Revision. UBA-Berichte. Schmidt, Berlin
– Wilgeroth U (1996) Analysen zu Schwermetallpfaden bei der thermischen Verwertung von Reststoffen in Kohlenkraftwerken. Diss, TU Clausthal
– Windelen-Hoyer U (1992) Recycling von Kunststoff-Metall-Verbunden. Hanser, München
– WLB-Handbuch Umwelttechnik 1994. 16. Aufl, Vereinigte Fachverl, Frankfurt/M
– Wrießnig K (1996) Kompostbereitung und -anwendung: Vor- und Nachteile. Diplomarbeit, Universität für Bodenkultur, Wien
– Würsch P (1992) Erfassung des Klärschlammflusses und der damit verbundenen Stoffflüsse (P, Cu, Zn, Cd, Pb) im Rahmen des Stoffbuchhaltungsmodelles „Proterra". Dipl, Inst Terrest Ökol, ETH Zürich
– Zimmermann JK (1996) Müllverbrennung. Werner, Düsseldorf

LIT 17 Wasser- und Abwasserbehandlung

– Abwassertechnische Vereinigung eV (Hrsg) (1985) Lehr- und Handbuch der Abwassertechnik, Bd 7. Industrieabwässer mit anorganischen Inhaltsstoffen. 3. Aufl, Ernst & Sohn, Berlin
– Abwassertechnische Vereinigung eV (Hrsg) (1996) ATV Handbuch „Klärschlamm". 4. Aufl, Ernst & Sohn, Berlin
– Arthen A (1992) Untersuchungen zum Verhalten der Schwermetalle Blei, Cadmium, Kupfer und Zink unter wechselnden Ex- und Infiltrationsbedingungen bei der Uferfiltration. Schriftenreihe Angew Geol Karlsruhe Bd 20; Diss, Univ Karlsruhe
– Arts W, Böckenhaupt W, Bretschneider HJ, Vater C (1987) Untersuchung zur Eignung eines kommerziellen Haushalts-Trinkwasserfilters zur Elimination von Schwermetall-, insbesondere Bleiionen aus dem Leitungswasser. Forum Städtehyg 1987: 69
– ATV (Hrsg) (1997) Biologische und weitergehende Abwasserreinigung. Ernst & Sohn, Berlin
– Behrends C (1995) Entwicklung und Erprobung schwermetallbindender Substanzen auf Chitosanbasis mit besonderer Affinität zu Nickel, Cadmium und Zink. Diss, Univ Oldenburg
– Berends A, Hartmeier W (1992) Biosorption von Schwermetallen im Trinkwasserbereich. Wasser+Boden 1992(8): 508
– Bischofsberger W, Hegemann W (1993) Lexikon der Abwassertechnik. 5. Aufl, Vulkan, Essen

- Böhm E, Kunz P (1982) Untersuchung zur Verminderung der Schwermetallgehalte – vor allem Cadmium – im kommunalen Klärschlamm. Fraunhofer-Institut für Systemtechnik und Innovationsforschung, Karlsruhe
- Brand K (1989) Untersuchungen über die Festlegung und Remobilisierung der Schwermetalle Blei, Cadmium, Kupfer und Zink bei der Uferfiltration. Schriftenreihe Angew Geol Karlsruhe Bd 6; Diss, Univ Karlsruhe
- Calmano W, Ahlf W (1988) Bakterielle Laugung von Schwermetallen aus Baggerschlamm – Optimierung des Verfahrens im Labormaßstab. Wasser+Boden 1988: 30
- Chaluppa H (1982) Schwermetallanreicherung durch Belebtschlämme. Diss, Univ Münster, Westf.
- Choi SK (1993) Untersuchung zur Schwermetallelimination aus Abwasser durch die Ausfällung mit künstlich hergestelltem Magnetit. Diss, TU Hamburg
- Daiminger UA (1996) Reaktivextraktion in Hohlfasermodulen: Möglichkeiten und Grenzen einer neuen Trenntechnik. Diss, TU München
- Dehnad F, Kunkel F (1994) Schwermetallhaltige Baggerschlämme und deren Behandlung am Beispiel „Aufbereitung von Hafenschlick". Wasser+Boden 46(5): 38, 53–58
- Dirksen E (1994) Entwicklung und Erprobung eines Chelatharzes zur Schwermetallbindung auf der Basis von Chitosan. Diss, Univ Oldenburg
- Fischwasser K, Schilling H (1992) Schwermetalleliminierung aus Abwässern. Wasser, Luft und Boden 4: 34–36
- Fischwasser K, Schilling H (1993) Restschwermetalleliminierung aus komplexbildnerhaltigen Abwässern. Hochschulreihe Aachen 136: 381
- Förster M (1979) Abtrennung von Schwermetallspuren aus konzentrierten Salzlösungen und aus organischen Lösungsmittel mit chelatbildenden Celluloseaustauschern. Diss, TH Darmstadt
- Förstner U (1986) Bindung und Mobilisierung von Schwermetallen in Langsam-Sandfiltern. UBA-Texte 1986/06
- Förstner U, Calmano W, Kersten M (1986) Immobilisierung von Schwermetallen in Baggerschlämmen. Hochschulreihe Aachen 85
- Gauer J (1996) Synthese kationenaktiver Derivate auf Holzbasis und Untersuchungen über ihren Einsatz zur Entfernung von Schwermetallen aus wäßrigen Lösungen. Diss, Univ Saarbrücken
- Gohlke O (1993) Thermische Inertisierung von Rückständen der Müllverbrennung: Immobilisierung und Verdampfung von Schwermetallen. Diss, TU München
- Göttner JJ (1987) Möglichkeiten der weitgehenden Schadstoffimmobilisierung in Deponien für mineralische Abfälle. In: Fehlau KP, Stief K (Hrsg) Fortschritte der Deponietechnik 1987. Entstehung und Beherrschung von Emissionen, Auswertung von Deponie-Meßdaten, Perspektiven der Deponietechnik, Deponieuntergrund, Deponieabdichtung. Abfallwirtschaft in Forschung und Praxis Bd 19, S 49–66. Schmidt, Bielefeld
- Grobosch T (1997) Zur Abtrennung von Arsen und anderen Schwermetallen mit Ionenaustauschern und imprägnierten Adsorberpolymeren. Diss, Univ Potsdam
- Gutekunst B, Hahn HH (1983) Untersuchungen zur Verminderung der Schwermetallkonzentrationen in kommunalen Klärschlämmen mit Hilfe komplexbildender Substanzen. BMFT Forschungsber T 83/158
- Haberer K, Stürzer U (1978) Natürliche Silicate zur Entfernung von toxischen Spurenelementen aus Wässern. Naturwiss 65(9): 487
- Hahn HH (1987) Wassertechnologie. Fällung, Flockung, Separation. Springer, Berlin Heidelberg New York Tokyo
- Hancke K (1994) Wasseraufbereitung. Chemie und chemische Verfahrenstechnik. 3. Aufl, VDI/Springer, Berlin
- Harmssen H, Holzenkamp J, Zimmermann S, Fleckenstein J, Klemps R, Weiland P (1997) Bioabfallgärung mit optimierter Schwermetallabscheidung. Forschung, Technik und Innovation 22: 57–61
- Hartinger L (1990) Stand der Technik bei der Elimination von Schwermetallen aus dem Abwasser. Hochschulreihe Aachen 112: 463
- Hartmann L (1992) Biologische Abwasserreinigung. Springer, Berlin Heidelberg New York Tokyo
- Henschke D, Jekel M, Ritz J (1993) Schwermetallentfernung mit Sulfid und Organosulfiden. Hochschulreihe Aachen 136: 327

– Hoppe H (1992) Komplexgeprägte Polymere als selektive Adsorbentien für Schwermetallionen. Diss, Univ Düsseldorf
– Hosang W, Bischof W (1993) Abwassertechnik. 10. Aufl, Teubner, Stuttgart
– Huckfeldt U (1983) Zum Problem der Quecksilbereliminierung und der Schwermetallanalytik in Prozeßwässern der neuartigen Rauchgaswäsche eines Müllkraftwerkes. Diss, Univ Hamburg
– Institut Fresenius, Forschungsinstitut für Wassertechnologie, RWTH Aachen (Hrsg) (1994) Abwassertechnologie. 2. Aufl, Springer, Berlin Heidelberg New York Tokyo
– Jenckel E, Lillin H v (1955) Über einen für Schwermetalle selektiven Ionenaustauscher. Forsch-Ber Wirtschafts- und Verkehrsministeriums Nordrhein-Westfalen Nr 133. Westdtsch Verl, Köln
– Kaes-Hoppe H (1987) Untersuchungen zum Reinigungsvermögen des Untergrundes bei direkter und indirekter Einleitung von toxischen Schwermetallen. UBA-Texte 1987/04
– Karimnia M (1989) Rückgewinnung von Fe(III)-Kationen und Phosphaten sowie Abtrennung von Schwermetallen aus Fällungsschlämmen der Phosphateliminierung. VDI-Fortschr-Ber Reihe 15 Bd 69. VDI, Düsseldorf; Diss, TU Berlin
– Keldenich K (1989) Sorption von Quecksilber und anderen Schwermetallen an Aktivkohlen für die Reinhaltung von Wasser und Luft. Diss, Univ GH Essen
– Kermer K (1991) Physikalisch-chemische Verfahren zur Wasser-, Abwasser-, Schlammbehandlung und Wertstoffrückgewinnung. Verl f Bauwesen, Berlin
– Kern MJ (1992) Anwendung selektiver Komplexbildner zur Schwermetallentfernung aus Getränken. Geisenheimer Ber 9; Diss, Univ Gießen (1991)
– Kind T (1997) Extraktive Abtrennung von Schwermetallen aus Prozeßlösungen der Hausmüllverbrennung. Wiss Ber FZ Karlsruhe (Technik und Umwelt) 5975
– Klopp R (1994) Begrenzung der anorganischen Schadstoffe im Klärschlamm in Abhängigkeit vom Verhalten der Indirekteinleiter. In: Wasser-Abwasser-Praxis 3(4): 52–61
– Knoch W (1994) Wasserversorgung, Abwasserreinigung und Abfallentsorgung. Chemische und analytische Grundlagen. 2. Aufl, VCH, Weinheim
– Koppe P (1982) Abnahme des Gehaltes an Schwermetallen und chlorierten Kohlenwasserstoffen bei der biologischen Abwasserbehandlung. Hochschulreihe Aachen 50
– Koppe P (1983) Schadstoffelimination in Abwässern vor Einleitung in eine öffentliche Abwasseranlage unter Berücksichtigung der zulässigen Gehalte im Klärschlamm. Zeitschr Gewässerschutz – Wasser –Abwasser 59: 159–176
– Kroggel T (1997) Entfernung und Rückgewinnung von Schwermetallen aus Prozeßabwässern durch den Einsatz von Azakronenethern oder anderen Ionenaustauschern. Dipl, FH Offenburg
– Krüger-Betz M (1986) Wertstoffgewinnung aus industriellem Klärschlamm durch Pyrolyse in einer indirekt beheizten Wirbelschicht unter Berücksichtigung der Schwermetallverteilung auf die Produktfraktionen. Diss, Univ Hamburg
– Kunz P (1995) Behandlung von Abwasser. 4. Aufl, Vogel, Würzburg
– Landgrebe J (1994) Chemische und verfahrenstechnische Störungen bei der Reinigung nicht vermeidbarer schwermetallhaltiger Galvanikabwässer. Diss, TU Berlin
– Lothenbach B, Krebs R (1992) Eliminierung von Schwermetallen aus industriellen Abwässern. Dipl, Inst Terrest Ökol, ETH Zürich
– Ludwig G, Simon J, Zörkendörfer E (1983) Reinigung schwermetallhaltiger Industrieabwässer mit Schwarztorf-Granulaten als Filter und Kationenaustauscher sowie die Rückgewinnung der Schwermetalle. Geol Jahrb Reihe D 62. Schweizerbart, Stuttgart
– Mangels J (1985) Untersuchungen über die Eignung von Trismercapto-s-Triazin zur Dekontamination schwermetallhaltiger Wässer. Allgemeine ökologische Studien 7. Förderverein Umweltschutz Unterelbe, 03/1985
– Mattuschka B (1994) Schwermetallsorption mittels Abfallbiomasse. Diss, Univ Halle-Wittenberg
– Mayer-Schwinning G, Brauer HW, Herden H (1995) Zeolithe zur Dioxin/Furan- und Schwermetallabscheidung. Staub Reinhalt Luft 55(5): 183–188
– Meißner G (1992) Untersuchungen zum Sorptionsverhalten von Schwermetallen an Klärschlämmen unter Einfluß der chelatisierenden Komplexbildner EDTA und NTA. Diss, Univ Marburg

– Meyenburg G (1997) Sorptionseigenschaften hochtemperaturbehandelter Bodenmaterialien und ihre Eignung als Filtersubstrat für schwermetallbelastete Wässer. Hamburger Bodenkdl Arb 34; Diss, Univ Hamburg

– Meyer U (1990) Abtrennung von Schwermetallen aus Rohwasser in Aktivkohlefiltern. Diss, TH Darmstadt

– Michelbach S, Striebel T, Wöhrle C (1992) Absetzbarkeit von schwermetallbelasteten Feststoffen im Mischwasser. gwf Wasser Abwasser 133 (8): 404–410

– Nähle C (1980) Über den Einfluß biogener und anthropogener Komplexbildner auf die Eliminierung von Schwermetallen bei der Langsamsandfiltration. Veröffentlichungen des Instituts für Wasserforschung GmbH, Dortmund, und der Hydrologischen Abteilung der Dortmunder Stadtwerke AG Nr 32

– Neitzel V, Iske U (1998) Abwasser. Wiley-VCH, Weinheim

– Neubauer J, Pöllmann H (1990) Einbau von Schwermetallen in Silikatapatite. Eur Journ Miner Beih 1: 191

– Pack H (1996) Schwermetalle in Abwasserströmen: Biosorption und Auswirkungen auf eine schadstoffabbauende Bakterienkultur. ibvt-Schriftenreihe Nr 2. FIT, Paderborn; Diss, Univ Paderborn

– Peiffer S (1989) Biogeochemische Regulation der Spurenmetallöslichkeit während der anaeroben Zersetzung fester kommunaler Abfälle. Diss, Univ Bayreuth

– Pöpel F . Lehrbuch für Abwassertechnik und Gewässerschutz, Loseblattwerk. Dtsch Fachschr Verl, Heidelberg

– Pöppinghaus K, Schneider W, Fresenius W (Hrsg) (1994) Abwassertechnologie. Entstehung, Ableitung, Behandlung, Analytik. 2. Aufl, Springer, Berlin Heidelberg New York Tokyo

– Rahm HD (1994) Untersuchungen zur Entfernung von Schwermetallen in Spurenkonzentrationen aus Rohwasser für die Trinkwassergewinnung mit Hilfe eines chelatbildenden Kationenaustauschers. Diss, Univ GH Duisburg

– Ramiaramanana PXH (1996) Elektrochemische Abtrennung und Abscheidung von Schwermetallen aus sauren Extraktionslösungen. Ber FZ Jülich 3234; Diss, Univ Düsseldorf

– Rammholdt TN (1994) Schwermetallproblematik in Brennereiprozessen: Entwicklung eines biologischen Verfahrens zur Abtrennung von Schwermetallen aus Melasseschlempe. Diss, TU Berlin

– Ried A (1992) Analytik von Schwermetallen und EDTA im Abwasser und deren Verhalten während der Abwasserreinigung. Diss, Univ Marburg

– Ried M (1990) Schwermetallelimination aus Klärschlamm: kritische Beurteilung der Möglichkeit eines Säureverfahrens. Diss, Univ München

– Roennefahrt K (1991) Fällungs-, Flockungs- und Filtrationsverfahren zur Aufbereitung von schwermetallhaltigen Abwässern aus Zink- und Bleihütten und Betrieben zur Herstellung von Reinstmetalle. Hochschulreihe Aachen 125: 82

– Röhricht M (1993) Mikrobielle Verfahren zur Entfernung von Schwermetallen aus wäßrigen Lösungen im Vergleich zu Ionenaustauschern. VDI Fortschr-Ber 15/101, VDI, Düsseldorf; Diss, Univ Essen (1992)

– Rossel HG (1987) Hydrometallurgische Abtrennung von Schwermetallen aus Schlämmen. Diss, TU Berlin

– Rüffer H, Rosenwinkel KH (Hrsg) (1990) Taschenbuch der Industrieabwasserreinigung. Oldenbourg, München

– Schäfer J (1994) Dekontaminationswirkung von Eisen- und Mangan-Hydroxiden für arsenhaltige Wässer. Dipl, Univ Karlsruhe

– Schlegel R (1977) Darstellungen und Untersuchungen des Schwermetallionenbindungsvermögens einiger polymerer Imidazolcarbonsäuren. Diss, FU Berlin

– Schmeiss HJ (1990) Das Verhalten von Schwermetallen bei der Abwasserreinigung im Normalbetrieb und während Feldversuchen mit Nitriloessigsäure (NTA) in einer kommunalen Kläranlage. Diss, Univ Heidelberg

– Schöttler U (1972) Untersuchungen zur Bestimmung der Reinigungswirkung von Böden am Beispiel von Schwermetallionen (Zn, Cu und Pb). Geol Mitt 12(1) 61–76

– Schöttler U (1973) Die Reinigungswirkung von Böden am Beispiel von Schwermetallen. Zeitschr DGG 124(2): 555–566

– Schöttler, U (1975) Das Verhalten von Schwermetallen bei der Langsamfiltration. Zeitschr Dtsch Geol Ges 126: 373–384

– Schuhmacher C (1995) Entfernung von Schwermetallen aus wäßrigen Medien durch Retention an chemisch modifizierter chitinhaltiger Abfallbiomasse. Diss, Univ Saarbrücken

– Schwan A (1980) Verhalten und Wirkung von toxischen Schwermetallen bei der chemischen und biochemischen Wasseraufbereitung. Diss, TU Dresden
– Stichnothe H, Thöming J, Calmano W (1997) Entwicklung und Erprobung der Pilotanlage eines Verfahrens zur Entsorgung von schwermetallkontaminierten Böden mittels Haufenlaugung, integrierter Abwasserbehandlung und Wiedergewinnung der Metalle nach dem Prinzip der Container-Reinigung. TU Hamburg-Harburg, Arbeitsbereich Umweltschutztechnik, Forschungstätigkeit 1995-1997, S 24
– Tillmanns W (1982) Zur Bedeutung der Tonminerale als Adsorbens für Schwermetalle. TIZ-Fachber 106(2): 137–139
– Toussaint B, Rehner G, Held T (1998) Sanierung von Grundwasserschäden: Defizite der Grundwassererkundung. Möglichkeiten und Grenzen konventioneller und neuerer Sanierungsverfahren. Kontakt & Studium Bd 563. expert, Renningen
– UBA (Hrsg) (1987) Deponiesickerwasserbehandlung. Symposium 9.–11.4.1986, Aachen. UBA Materialien. Schmidt, Berlin
– UBA (Hrsg) (1998) Maßnahmen zur Emissionsminderung bei stationären Quellen in der Bundesrepublik Deutschland Band II: Minderung von Schwermetallemissionen. UBA-Texte 1998/26. Schmidt, Berlin
– Vater C (1992) Untersuchungen zum Einsatz von chelatbildenden Ionenaustauschern für die selektive Abscheidung von Schwermetallionen aus Abwässern von Müllverbrennungsanlagen. Diss, TU Berlin
– Wiedemann HU (1995) Organo-Tone in der Abfalltechnik – Literaturbericht. UBA-Berichte. Schmidt, Berlin
– Wissing FW (1995) Wasserreinigung mit Pflanzen. Ulmer, Stuttgart
– Woller N (1994) Reaktive flüssig-flüssig Extraktion von Schwermetallen aus Deponiesickerwasser: Charakterisierung und Anwendung. Ber FZ Jülich Nr 2921; Diss, Univ Düsseldorf
– Wunsch P (1995) Minderung der Schwermetall- und polychlorierten Dibenzodioxin/Dibenzofuran-Kontamination in Produkten der thermischen Abfallbehandlung. Diss, TU München
– Ziemann A (1994) Verfahren zur Schwermetallentfernung aus Abwasserschlämmen. Forum Städtehyg 1994: 214

LIT 18   Toxikologie

– Abriel W (1996) Amalgam, in aller Munde. Wissenswertes zur Vergiftung mit Quecksilber und anderen Schwermetallen. Haug, Heidelberg
– Anonym (1977) Tagungsber Int Symp Industrial Toxicology, Guildford UK. Chem Rundsch 30(35) (Sn)
– Anonym (1980) Interpretation von ökotoxikologischen Testresultaten, Proc SECOTOX, Antibes. Chem Rundsch 33, Nr 49
– Boje R, Rudolph P (1992) Ökotoxikologie. 2 Aufl, ecomed, Landsberg
– Dartsch PC, Schmahl FW (1997) In-vitro-screening von Gefahrstoffen in der Arbeits- und Umweltmedizin: Bewertung der akuten Toxizität von drei- und sechswertigen Chromverbindungen. UWSF Zeitschr Umweltch Ökotox 9(6): 327
– Dekant W (1995) Toxikologie für Chemiker und Biologen. Spektrum, Heidelberg
– Derix S (1994) Einfluß von essentiellen Spurenelementen und toxischen Schwermetallen auf mesenchymale Stoffwechselprozesse des Knochens. Diss, Univ Bonn
– Dieckhoff HJ (1986) Vergiftung der Haussäugetiere mit dem Schwermetall Kupfer unter besonderer Berücksichtigung der Wiederkäuer: eine Literaturstudie. Diss, Tierärztl Hochsch Hannover
– Dieter HH, Seffner W (1994) Kupfer und frühkindliche Leberzirrhose. Dokumentation des 2. Elsteraner Fachgesprächs, 25./26.10.93. WaBoLu 94/09
– Estler CJ (1995) Pharmakologie und Toxikologie. 4. Aufl, Schattauer, Stuttgart
– Fent K (1998) Ökotoxikologie: Umweltchemie, Toxikologie, Ökologie. Thieme, Stuttgart
– Fischer AB (1986) Untersuchungen der akuten und chronischen Toxizität von Metallen an isolierten Säugerzellen. Forum Städtehyg 1986: 366

- Fischer AB (1995) Zelluläre Toxizität von Schwermetallen: akute und chronische Wirkungen auf Säugerzellkulturen. Wiss Fachverl, Gießen; Habil, Univ Gießen (1992)
- Forth W, Henschler D, Rummel W (Hrsg) (1996) Pharmakologie und Toxikologie. 7. Aufl, Spektrum, Heidelberg
- Frimmer M (1986) Pharmakologie und Toxikologie. Schattauer, Stuttgart
- Ganong WF (1974) Lehrbuch der Medizinischen Physiologie, 3. Aufl. Springer, Berlin Heidelberg New York
- Gebhart E (1977) Chemische Mutagenese. Fischer, Stuttgart
- Geldmacher V, Mallinckrodt M (1984) Bedeutung der Schwermetalle in der Humantoxikologie. In: Fresenius W, Luderwald I (Hrsg) Environmental Research and Protection: Inorganic Analysis, S 427–432. Springer, Berlin Heidelberg New York Tokyo
- Gerlach A (1983) Die Stickstoff-Nettomineralisation in schwermetallreichen Böden des Westharzes. Verhandl Ges Ökol 11: 131–144
- Godbold DL (1991) Die Wirkung von Aluminium und Schwermetallen auf Picea abies Sämlinge. Schriften aus der Forstlichen Fakultät der Universität Göttingen und der Niedersächsischen Forstlichen Versuchsanstalt 104. Sauerländer, Frankfurt/M
- Grafl HJ (1982) Untersuchungen zur Wirkung der Schwermetalle Cadmium, Zink, Blei und Quecksilber auf Hefen der Gattungen Saccharomyces, Saccharomycopsis und Candida. Diss, Univ Gießen
- Greim H, Deml E (Hrsg) (1996) Toxikologie. Eine Einführung für alle Naturwissenschaftler und Mediziner. Wiley-VCH, Weinheim
- Hammel W (1997) Bewertung einer Schwermetallbelastung des Bodens aus ökotoxikologischer Sicht – unter besonderer Berücksichtigung von Antimon. Diss, Univ Gießen
- Hammel W, Steubing L, Debus R (1996) Toxische Wirkungen von Antimon auf Repräsentanten trophischer Ebenen von Bodenbiozönosen. Mitt Dtsch Bodenkdl Ges 81: 263–266
- Hapke HJ (1975) Toxikologie für Veterinärmediziner. Enke, Stuttgart
- Hapke HJ, Barke E, Spikermann A (1981) Abschlußbericht über Versuche zur Feststellung der Toxizität von Thallium bei Schafen. Tierärztliche Hochschule Hannover
- Hassauer M, Kalberlah F, Oltmanns J, Schneider K (1993) Basisdaten Toxikologie für umweltrelevante Stoffe zur Gefahrenbeurteilung bei Altlasten. UBA-Berichte. Schmidt, Berlin
- Henkel W (1991) Kombinationswirkungen von Umweltfaktoren – Untersuchung der Einwirkungen physikalischer und chemischer Noxen auf den Organismus. Schadstoffe und Umwelt Bd 7. Schmidt, Berlin
- Hochstein B (1993) Vergleichende Untersuchungen zur Zytotoxizität von Schwermetallverbindungen an Säugerzellen und Protozoen. Diss, Med Hochsch Erfurt
- Hock B, Elstner EF (1995) Schadwirkungen auf Pflanzen. Lehrbuch der Pflanzentoxikologie. 3. Aufl, Spektrum, Heidelberg
- Hodenberg A v, Finck A (1975) Ermittlung von Toxizitätsgrenzwerten für Zink, Kupfer und Blei in Hafer und Rotklee. Zeitschr Pflanzen Bodenkdl 138: 489–503
- Hofer R, Lackner R (1995) Fischtoxikologie. Fischer, Stuttgart
- Irmer U (1982) Die Wirkung der Schwermetalle Blei, Cadmium und Mangan auf die Süßwassergrünalgen Chlamydomonas Reinhardii Dangeard und Chlorella Fusca Shihira et Krauss. Vergleichende Untersuchung zur Anreicherung, Toxizität und ultracytochemischen Lokalisation. Diss, Univ Hamburg
- Jaenicke L (1995) Arsenverbindungen. ChiuZ 1995: 326
- Joachim OT (1994) Toxische Wirkungen von Pb, Zn und Cd auf Wachstum, Mineralhaushalt und auf Funktionen des Wurzelplasmalemmas von Betula pendula. Diss, Univ Bonn
- Klein W, Debus R, Herrchen M, Hund K, Kördel W (1997) Ökotoxikologische Beurteilung von Bodenverunreinigungen. In: Bayer E, Ballschmiter K, Behret H, Frimmel FH, Merz W, Obst U (Hrsg) Umwelt und Chemie, GDCh-Monographie Bd. 8, Umwelttagung 1996, GDCh, Frankfurt, S 163–174
- Koch M (1995) Komplexchemisches und bakterientoxisches Verhalten ausgewählter Schwermetallphosphonatkomplexe. Stuttgarter Ber z Siedlungswasserwirtsch Bd 134. Oldenbourg, München; Diss, Univ Stuttgart
- Krieger T, Eikmann T, Eikmann S (1992) Zum human- und ökotoxikologischen Wissensstand der Wirkungen von Schadstoffen in Boden von Kokereialtstandorten bis Mitte der 70er Jahre. Wiss Umw 1992(1): 111–116

- Kuschinsky G, Lüllmann H, Mohr K (1993) Kurzes Lehrbuch der Pharmakologie und Toxikologie. 13. Aufl, Thieme, Stuttgart
- Lindner E (1990) Toxikologie der Nahrungsmittel. 4. Aufl, Thieme, Stuttgart
- Lohs K, Martinez D (1996) Entgiftung. Fischer/UTB, Stuttgart
- Löwe S (1989) Cadmium, ein Schwermetall mit nephrotoxischer Wirkung. Forum Städtehyg 1989(5): 286
- Lübben B (1991) Auswirkungen von Klärschlammdüngung und Schwermetallbelastung auf die Collembolenfauna eines Ackerbodens. Diss, TU Braunschweig
- Mangir M (1987) Die Wirkung von Schwermetallen insbesondere von Cadmium und Quecksilber, auf DNA-, RNA- und Ribosomenstoffwechsel bei Hefen und Säugerzellen. Diss, FU Berlin
- Marquardt H, Schäfer SG (1994) Lehrbuch der Toxikologie. Spektrum, Heidelberg
- Meinert H (1974) Wie gefährlich sind quecksilberhaltige Pflanzenschutzmittel? Bad Landw Wochenbl (Karlsruhe) 6: 238
- Moeschlin S (1980) Klinik und Therapie von Vergiftungen, 6. Aufl. Thieme, Stuttgart
- Mutschler E (1996) Arzneimittelwirkungen – Lehrbuch der Pharmakologie und Toxikologie. 7. Aufl, Wiss VerlGes, Stuttgart
- Oberdisse E, Hackenthal E, Kuschinsky K (1997) Pharmakologie und Toxikologie. Springer, Berlin Heidelberg New York Tokyo
- Ohnesorge FK (1985) Toxikologische Bewertung von Arsen, Blei, Cadmium, Nickel, Thallium und Zink. VDI-Fortschr-Ber 15/38. VDI, Düsseldorf
- Rieger R, Michaelis A (1967) Chromosomenmutationen. Fischer, Jena
- Rieß MH, Wefers H, Weigel HP (1997) Ökotoxikologische Bewertung von Sedimentschadstoffen. UWSF Zeitschr Umweltch Ökotox 9(4): 201
- Rudolph E (1993) Untersuchungen zur Biosorption und zur Toxizität von Schwermetallen auf Bakterien. Diss, Univ Paderborn
- Schimmelpfennig W, Dieter HH, Tabert M (1996) Frühkindliche Leberzirrhose und Kupfergehalt des Trink- bzw. Brunnenwassers Multizentrische retrospektive klinische Studie zur Häufigkeit, Verteilung und Ätiologie in Deutschland. UBA-Texte 96/07
- Schlegel H (1985) Schwermetalltoxizität bei Fichtenkeimlingen (Picea abies K.). Dipl-Arb, Univ Göttingen
- Schröter S (1996) Toxikologie des Kadmiums. Kohlhammer, Stuttgart
- Schwedt G (1995) Toxikologisches Lexikon zum Umweltchemikalienrecht (ChemG, GefStoffV und ChemVerbotsV). Vogel, Würzburg
- Timbrell JA (1993) Toxikologie für Einsteiger. Spektrum, Heidelberg
- UBA (Hrsg) (1993) Basisdaten Toxikologie für umweltrelevante Stoffe zur Gefahrenbeurteilung bei Altlasten. UBA-Texte 1993/04. Schmidt, Berlin
- Wystrcil HG, Maier-Reiter W, Arndt U (1987) Zur Ökotoxikologie des Thalliums. Agrar- und Umweltforschung in Baden-Württemberg 16. Ulmer, Stuttgart

LIT 19   Ökologie und Umweltschutz

- Abelshauser W (Hrsg) (1994) Umweltgeschichte. Umweltverträgliches Wirtschaften in historischer Perspektive. Vandenhoeck & Ruprecht, Göttingen
- Alloway BJ, Ayres DC (1996) Schadstoffe in der Umwelt: Chemische Grundlagen zur Beurteilung von Luft-, Wasser- und Bodenverschmutzung. Spektrum, Heidelberg
- Altenkirch W (1977) Ökologie. Diesterweg, Frankfurt/M
- Altner G, Mettler-Meibom B, Simonis UE, Weizsäcker EU v (Hrsg) (1996) Jahrbuch Ökologie 1997. Beck, München
- Anonym . Daten zur Umwelt 1984, 1986/87, 1988/89, 1990/91, 1992/93 und 1997. Schmidt, Berlin
- Bahadir M, Parlar H, Spiteller M (Hrsg) (1994) Springer-Umweltlexikon. Springer, Berlin Heidelberg New York Tokyo
- Bank M (1995) Basiswissen Umwelttechnik. 3. Aufl, Vogel, Würzburg

- Baum F (1993) Umweltschutz in der Praxis. 2. Aufl, Oldenbourg, München
- Becker M (1995) Umwelt, Chemie, Schadstoffe. Ein Register zum Nachschlagen. Dialis, Wuppertal
- Beier E (1994) Umweltlexikon für Ingenieure und Techniker. VCH, Weinheim
- Begon ME, Townsend CR, Harper JL (1998) Ökologie. Spektrum, Heidelberg
- Berndt J (1995) Umweltbiochemie. Fischer/UTB, Stuttgart
- Bick H (1989) Ökologie. Fischer, Stuttgart
- Birr R (1992) Umweltschutztechnik. 5. Aufl, Dtsch Verl f Grundstoffind, Leipzig
- BMZ (Hrsg) (1993) Umwelt-Handbuch. Arbeitsmaterialien zur Erfassung und Bewertung von Umweltwirkungen. Bd 1 – 3. Vieweg, Braunschweig
- Boehringer UR (1988) Die Umweltprobenbank – Instrument ökologischer Vorsorge. Spektr d Wiss 1988(9): 15
- Boehringer UR (Hrsg) (1981) Umweltprobenbank – Ergebnisse der Vorstudien. UBA, Berlin
- Bossel H (1994) Umweltwissen – Daten, Fakten, Zusammenhänge. 2. Aufl, Springer, Berlin Heidelberg New York Tokyo
- Bowler PJ (1996) Viewegs Geschichte der Umweltwissenschaften. Vieweg, Braunschweig
- Brauer H (1996) Additiver Umweltschutz – Behandlung von Abwässern. Springer, Berlin Heidelberg New York Tokyo
- Brauer H (Hrsg) (1996) Handbuch des Umweltschutzes und der Umweltschutztechnik. Bd 3. Additiver Umweltschutz: Behandlung von Abluft und Abgasen. Springer, Berlin Heidelberg New York Tokyo
- Brauer H (Hrsg) (1996) Handbuch des Umweltschutzes und der Umweltschutztechnik, Bd 2. Produktions- und produktintegrierter Umweltschutz. Springer, Berlin Heidelberg New York Tokyo
- Bronder M (1996) Technischer Umweltschutz. Spektrum, Heidelberg
- Brucker G, Flindt R, Kunsch K (1995) Biologisch-ökologische Techniken. 2. Aufl, Quelle & Meyer, Wiesbdn
- Brucker G, Kalusche D (1990) Boden und Umwelt. 2. Aufl, Quelle & Meyer, Heidelberg
- Brüggemeier FJ, Rommelspacher T (1989) Besiegte Natur: Geschichte der Umwelt im 19. und 20 Jahrhundert. 2. Aufl, Beck, München
- Brüggemeier FJ, Rommelspacher T (1992) Blauer Himmel über der Ruhr, Geschichte der Umwelt im Ruhrgebiet 1840 – 1990. Klartext, Essen
- Brüggemeier FJ, Toyka-Seid M. (Hrsg) (1995) Industrie – Natur. Lesebuch zur Geschichte der Umwelt im 19. Jahrhundert. Campus, Frankfurt
- Bundesumweltministerium (Hrsg) (1992) Umweltschutz in Deutschland. Nationalbericht der Bundesrepublik Deutschland für die Konferenz der Vereinten Nationen über Umwelt und Entwicklung, Brasilien, Juni 1992. Economica, Bonn
- Butler TJ, Galloway JN, Likens GE, Wright RF (1979) Saurer Regen. Spektr d Wiss 1979(12): 72
- Deutsches Institut für Fernstudienforschung (Hrsg) (1997) Veränderung von Böden durch anthropogene Einflüsse. Springer, Berlin Heidelberg New York Tokyo
- Diercke Wörterbuch Ökologie und Umwelt (1993) dtv, München
- Dieren W van (1995) Mit der Natur rechnen. Der neue Club-of-Rome-Bericht. 2. Aufl, Birkhäuser, Basel
- Dolezel P (1986) Wann ist ein Schadstoff ein Schadstoff? Mitt Österr Geol Ges 79: 127 – 129
- Dreyhaupt FJ (Hrsg) (1994) VDI-Lexikon Umwelttechnik. VDI/Springer, Berlin
- Elster EF (1987) Bioakkumulation in Nahrungsketten. VCH, Weinheim
- Erdmann KH, Kastenholz HG (Hrsg) (1995) Umwelt- und Naturschutz am Ende des 20. Jahrhunderts. Springer, Berlin Heidelberg New York Tokyo
- Erdmann KH, Spandau L (1996) Naturschutz in Deutschland. Strategien, Lösungen, Perspektiven. Ulmer, Stuttgart
- Fellenberg G (1996) Umweltbelastungen aus ökologischer Sicht. Teubner, Stuttgart
- Fiedler HJ, Grosse H (Hrsg) (1996) Umweltschutz. Grundlagen, Planung, Technologien, Management. Fischer, Stuttgart
- Fleischhauer W, Falkenhain G (1994) Angewandte Umwelttechnik. Cornelsen, Berlin
- Förstner U (1995) Umweltschutztechnik – Eine Einführung. 5. Aufl, Springer, Berlin Heidelberg New York Tokyo
- Friege H (Hrsg) (1985) Die tückische Hypothek: Chemiepolitik für Schwermetalle. Schriftenreihe des BMELF Nr A 308. Müller, Karlsruhe

- Fritsch B (1993) Mensch – Umwelt -- Wissen. 3. Aufl, Teubner, Stuttgart
- Galler J (1995) Lehrbuch Umweltschutz. Fakten, Kreisläufe, Maßnahmen. ecomed, Landsberg
- Gisi U, Schenker R, Schulin R, Stadelmann FX, Sticher H (1996) Bodenökologie. 2. Aufl, Thieme, Stgt
- Glavac V, Hakes W (1996) Vegetationsökologie. Grundlagen, Aufgaben, Methoden. Fischer, Stuttgart
- Goudie A (1994) Mensch und Umwelt. Eine Einführung. Spektrum, Heidelberg
- Graf HU (1980) Ökologie. Westermann, Braunschweig
- Gravenhorst G, Perseke C, Rohbock E (1980) Untersuchung über die trockene und feuchte Deposition von Luftverunreinigungen in der Bundesrepublik Deutschland. UBA, Berlin
- Haber W (1993) Ökologische Grundlagen des Umweltschutzes. Economica, Bonn
- Hafner L, Philipp E (1978) Ökologie. Schrödel, Hannover
- Hagenau G (1995) Lexikon Technik und Umwelt. Holland + Josenhans, Stuttgart
- Hardman D, McEldowney S, Waite S (1996) Umweltverschmutzung. Ökologische Aspekte und biologische Behandlung. Springer, Berlin Heidelberg New York Tokyo
- Heinrichs H (1993) Die Wirkung von Aerosolkomponenten auf Böden und Gewässer industrieferner Standorte: eine geochemische Bilanzierung. Habil, Univ Göttingen
- Heintz A, Reinhardt GA (1996) Chemie und Umwelt. 4. Aufl, Vieweg, Braunschweig
- Hendinger H (1977) Landschaftsökologie. Westermann, Braunschweig
- Holzbaur U, Kolb M, Roßwag H (1996) Umwelttechnik und Umweltmanagement. Spektrum, Heidelberg
- Holzbaur U, Roßwag H, Kolb M (Hrsg) (1996) Einführung in das Umweltmanagement und Umwelttechnik. Spektrum, Heidelberg
- Hulpke H, Koch HA, Wagner R (Hrsg) (1993) Römpp Lexikon Umwelt. Thieme, Stuttgart
- Hutzinger O (1991) Umweltwissenschaften und Schadstoff-Forschung, Bd 3. Ecomed, Landsberg
- Institut für Umweltgeschichte (Hrsg) (1993) Umweltgeschichte und Umweltzukunft. Forum Wissenschaft Bd 19. Institut für Umweltgeschichte und Regionalentwicklung eV, Berlin
- Jäger H (1994) Einführung in die Umweltgeschichte. WBV, Schorndorf
- Jedicke E (Hrsg) (1993) Praktische Landschaftspflege. Grundlagen und Maßnahmen. Ulmer, Stuttgart
- Jöger U (Hrsg) (1989) Praktische Ökologie. Diesterweg/Sauerländer, Frankfurt
- Kalusche D (1978) Ökologie. Biologische Arbeiten Bd 25. Quelle & Mayer, Heidelberg
- Kalusche D (1996) Ökologie in Zahlen. Eine Datensammlung in Tabellen mit über 10000 Einzelwerten. Fischer, Stuttgart
- Katalyse eV (Hrsg) (1993) Das Umweltlexikon. 3. Aufl, Kiepenheuer & Witsch, Köln
- Klötzli F (1980) Unsere Umwelt und wir. Hallwag, Bern
- Knauer N (1981) Vegetationskunde und Landschaftsökologie. Quelle & Mayer, Heidelberg
- Knodel H, Kull U (1981) Ökologie und Umweltschutz. Studienreihe Biologie Bd 4. Metzler, Stuttgart
- Kuttler W (Hrsg) (1995) Handbuch zur Ökologie. 2. Aufl, Analytica, Berlin
- Larcher W (1994) Ökophysiologie der Pflanzen. 5. Aufl, UTB/Ulmer, Stuttgart
- Lehmann G, Mittag M . Fachlexikon Umwelt, Loseblattwerk. Weka, Zürich
- Lerch G (1991) Pflanzenökologie. Akademie, Berlin
- Leser H (1978) Landschaftsökologie. Ulmer, Stuttgart
- Leser H (Hrsg) (1996) Lexikon „Ökologie & Umwelt". Westermann, Braunschweig
- Marquardt-Mau B, Mayer J, Mikelskis H (1993) Lexikon ökologisches Grundwissen. Rowohlt, Reinbek
- Matschullat J, Heinrichs H, Schneider J, Ulrich B (Hrsg) (1994) Gefahr für Ökosysteme und Wasserqualität. Ergebnisse interdisziplinärer Forschung im Harz. Springer, Berlin Heidelberg New York Tokyo
- Matschullat J, Müller G (Hrsg) (1994) Geowissenschaften und Umwelt. Springer, Berlin Heidelberg New York Tokyo
- Mühlenberg M (1993) Freilandökologie. 3. Aufl, UTB/Quelle & Meyer, Stuttgart
- Mühlenberg M, Slowig J (1996) Kulturlandschaft als Lebensraum. UTB/Quelle & Meyer, Stuttgart
- Müller G (1986) Schadstoffe in Sedimenten, Sedimente als Schadstoffe. Mitt Österr Geol Ges 79: 107–126; Fortschr Miner, Beiheft 64, S 124–125
- MURL-Kommunalverband Ruhrgebiet (Hrsg) (1989) Naturschutzprogramm Ruhrgebiet
- Müschelknautz E (Hrsg) (1997) Hütte Umweltschutztechnik. Springer, Berlin Heidelberg New York Tokyo
- Niemann L, Jahnke S, Feige GB (1988) Radioaktive Kontamination von Pflanzen und Böden nach dem Reaktorunfall in Tschernobyl. Verhandl Ges Ökol 18: 873–882

– Nisbet EG (1994) Globale Umweltveränderungen. Spektrum, Heidelberg
– Odum EP (1991) Prinzipien der Ökologie. Lebensräume, Stoffkreisläufe, Wachstumsgrenzen. Spektrum, Heidelberg
– Odum EP (1997) Grundlagen der Ökologie. 3. Aufl, Thieme, Stuttgart
– OECD (Hrsg) (1993) Umwelt – global. Dritter Bericht zur Umweltsituation. Economica, Bonn
– Olschowy G (1978), Natur- und Umweltschutz in der Bundesrepublik Deutschland, Parey, Hamburg
– Olschowy G (1982) Natur- und Umweltschutz in der Bundesrepublik Deutschland. Funkkolleg 1981/82 „Mensch und Umwelt", Blackwell, Berlin
– O'Riordan T (1996) Umweltwissenschaften und Umweltmanagement. Ein interdisziplinäres Lehrbuch. Springer, Berlin Heidelberg New York Tokyo
– Osche G (1979) Ökologie. Grundlagen, Erkenntnisse, Entwicklungen der Umweltforschung. Herder, Freiburg
– Parlar H, Angerhöfer D (1995) Chemische Ökotoxikologie. 2. Aufl, Springer, Berlin Heidelberg New York Tokyo
– Philipp B (Hrsg) (1994) Einführung in die Umwelttechnik. 2. Aufl, Vieweg, Braunschweig
– Pott R (1995) Die Pflanzengesellschaften Deutschlands. 2. Aufl, UTB/Ulmer, Stuttgart
– Rabotnov TA (1995) Phytozönologie. Struktur und Dynamik natürlicher Ökosysteme. UTB/Ulmer, Stgt
– Redmann HJ (1998) Giftstoffe weltweit. Einführung in die Ökotoxologie. Hirzel, Stuttgart
– Reichelt G, Schwoerbel W (1974) Ökologie. Cornelsen, Velhagen + Klasing, Berlin
– Reinelt P v, Rudolph P, Kreimes K (Hrsg) (1993) Ökotoxikologie, 2. Symposium, 14. 9. 1992, Schloß Ettlingen. Landesanst f Umweltsch Baden-Württemberg, Angewandte Ökologie 5
– Remmert H (1992) Ökologie. 5. Aufl, Springer, Berlin Heidelberg New York Tokyo
– Rippen G (Hrsg) (1995) Handbuch Umweltchemikalien. ecomed, Landsberg
– Rosenkranz D, Einsele G, Harress HM (Hrsg) (1995) Bodenschutz-Loseblattsammlung. Schmidt, Berlin
– Rottländer E, Reinhard P, Rentschler M (1997) Veränderung von Böden durch anthropogene Einflüsse. Springer, Berlin Heidelberg New York Tokyo
– Schäfer H (1995) Energiewirtschaft und Umwelt. Economica, Bonn
– Schedler K (1994) Handbuch Umwelt – Technik, Recht. 3. Aufl, expert, Ehningen
– Schlee D (1992) Ökologische Biochemie. 2. Aufl, Fischer, Stuttgart
– Schmid G, Patzies M, Sibich K (1996) Umwelttechnisches Lexikon. Vogel, Würzburg
– Schubert R (1991) Bioindikation in terristrischen Ökosystemen. 2. Aufl, Fischer, Stuttgart
– Schubert R (1991) Lehrbuch der Ökologie. 3. Aufl, Fischer, Stuttgart
– Seager J (Hrsg) (1995) Der Öko-Atlas. Dietz, Bonn
– SRU (1985) Umweltprobleme der Landwirtschaft. 423 5 Kohlhammer, Stuttgart
– SRU (Hrsg) (1997) Umweltgutachten 1997. Metzler-Poeschel, Stuttgart (erscheint jährlich)
– Steubing L, Buchwald K, Braun, EP (1995) Natur- und Umweltschutz – Ökologische Grundlagen, Methoden, Umsetzung. Fischer, Stuttgart
– Stier B (1980) Ökologie. Thieme, Stuttgart
– Streit B (1994) Lexikon Ökotoxikologie. 2. Aufl, VCH, Weinheim
– Strubelt O (1996) Gifte in Natur und Umwelt. Arzneimittel und Drogen, Pestizide und Schwermetalle. Spektrum, Heidelberg
– Stugren B (1977) Grundlagen der allgemeinen Ökologie. Fischer, Stuttgart
– Tietmann K (1985) Daten zur Umwelt 1984. Spektr d Wiss 1985(2): 21
– Tischler W (1993) Einführung in die Ökologie. 4. Aufl, Fischer, Stuttgart
– Tourbier P, Ullrich C (1991) Umwelttechnik von A bis Z. Cornelsen, Berlin
– Trepl L (1994) Geschichte der Ökologie vom 17. Jahrhundert bis zur Gegenwart. 2. Aufl, Beltz, Weinheim
– UBA (Hrsg) (1986) Informationen zur Geschichte des Umweltschutzes. UBA, Berlin
– UBA (Hrsg) (1995) Umweltdaten 1995. UBA, Berlin
– UBA (Hrsg) (1996) Ausmaß und ökologische Gefahren der Versauerung von Böden unter Wald. UBA-Berichte 96/01. Schmidt, Berlin
– UBA (Hrsg) Daten zur Umwelt. Schmidt, Berlin (erscheint jährlich)
– Uexküll J v (1973) Theoretische Biologie. Nachdr. d. Ausg. v 1928. Suhrkamp-Taschenbuch Wissenschaft 20. Suhrkamp, Frankfurt/M

- Uexküll T v (Hrsg) (1980) Kompositionslehre der Natur. Biologie als undogmatische Naturwissenschaft. Ausgewählte Schriften von Jakob (Johann) von Uexkuell. Ullstein, Frankfurt/M
- Umweltministerium Baden-Würtemberg (Hrsg) (1994) Saurer Regen. Probleme für Wasser, Boden und Organismen. ecomed, Landsberg
- Veerhoff M, Roscher S, Brümmer GW (1996) Ausmaß und ökologische Gefahren der Versauerung von Böden unter Wald. UBA-Berichte. Schmidt, Berlin
- Vogl J, Heigl A, Schäfer K (Hrsg) Handbuch des Umweltschutzes, Loseblattwerk. ecomed, Landsberg
- Walletschek H, Graw J (Hrsg) (1995) Öko-Lexikon. 5. Aufl, Beck, München
- Walter H, Breckle SW (1991–1998) Ökologie der Erde, Bd. 1–4. UTB/Fischer, Stuttgart
- Warnecke G, Huch M (1992) Tatort „Erde". Menschliche Eingriffe in Naturraum und Klima. 2. Aufl, Springer, Berlin Heidelberg New York Tokyo
- Weizsäcker EU v, Lovins AB, Lovins LH (1995) Faktor Vier. Doppelter Wohlstand – halbierter Naturverbrauch. Der neue Bericht an den Club of Rome. Droemer, München
- Winkler F, Worch E (1986) Verfahrenschemie und Umweltschutz – eine Einführung, VEB DtschVerl d Wissensch, Berlin
- Wissenschaftlicher Beirat der Bundesregierung (Hrsg) (1995) „Globale Umweltveränderungen", Jahresgutachten 1994. Welt im Wandel: Gefährdung der Böden. Economica, Bonn
- World Resources Institute/UNEP/UNDP (1988-1997) Internationaler Umweltatlas. Jahrhuch der Weltressourcen. Bd. 1–10. ecomed, Landsberg

LIT 20   Umweltrecht

- Ambros W (1992) Klärschlamverordnung. AID-Informationen 23, Bonn
- Anonym (1981) Verordnung über die Gefährlichkeitsmerkmale von Stoffen und Zubereitungen nach dem Chemikaliengesetz (ChemG Gefährlichkeitsmerkmale-V) vom 18.12.1981. BGBl I: 1487
- Anonym (1990) Metalle auf Kinderspielplätzen. Erlaß des Ministeriums für Arbeit, Gesundheit und Soziales NRW vom 10.08.1990 (VB 4-0292.5.3)
- Anonym (1990) Zweite allgemeine Verwaltungsvorschrift zum Abfallgesetz (TA Abfall). Teil 1: Technische Anleitung zur Lagerung, chemisch/physikalischen und biologischen Behandlung und Verbrennung von besonders überwachungsbedürftigen Abfällen (TA Sonderabfall) v 23.04.1990. GMBl. 11: 169
- Anonym (1992) Klärschlammverordnung (AbfKlärV), Bundesgesetzblatt 1992 Teil I, 912–934
- Anonym (1993) Einheitliche Bewertungsgrundsätze zu vorhandenen Bodenverunreinigungen und Altlasten. Gemeinsames Arbeitspapier der Länderarbeitsgemeinschaften Bodenschutz, Wasser und Abfall vom Juli 1993
- Anonym (1994) Anforderungen an die stoffliche Verwertung von mineralischen Reststoffen und Abfällen. Technische Regeln der Länderarbeitsgemeinschaft Abfall vom 01.03.1994
- Anonym (1986/1987) Verordnung über gefährliche Stoffe (Gefahrstoffverordnung, GefStoffV) v 26.08. 1986. BGBl I: 1470. Geändert durch Verordnung vom 16.12.1987. BGBl I: 2721
- Anonym (1988) Richtlinie des Rates vom 12.06.1986 über den Schutz der Umwelt und insbesondere der Böden bei der Verwendung von Klärschlamm in der Landwirtschaft (86/278/EWG). Amtsbl EG L 181: 6–11, Brüssel
- Anonym (1989) Allgemeine Rahmenvorschrift über die Mindestanforderungen an das Einleiten von Abwasser in Gewässer. Bundestagsdrucksache 198/89 v 24.04.1989, Anh 51 zur Allgemeinen Verwaltungsvorschrift „Siedlungsabfalldeponien". GMBl v 08.09.1989
- Aurand K (Hrsg) (1991) Die Trinkwasserverordnung. 3. Aufl, Schmidt, Berlin
- Bender B, Sparwasser R, Engel R (1995) Umweltrecht. 3. Aufl, Müller/Hüthig, Heidelberg
- Brandt E, Brandt J, Eisoldt F, Sahs S (1992) Bodenschutz und Bodenpolitik. Economica, Bonn
- Bückmann W (1993) Beiträge zum Bodenschutz. TU Berlin
- Bundesminister des Inneren (1985) Bodenschutzkonzeption der Bundesregierung, BT-Drs. 10/2977. Kohlhammer, Stuttgart

– Bundesminister des Inneren (1988) Maßnahmen zum Bodenschutz, BT-Drs. 11/1625. Kohlhammer, Stuttgart
– Bundesministerium für Umwelt, Naturschutz und Reaktorsicherheit (1995) Regierungsentwurf für ein Bundes-Bodenschutzgesetz, BT-Drs. 13/6701
– Deutscher Bundestag (1985) Bodenschutzkonzeption der Bundesregierung, BT-Drs 10/2977, Bonn
– Deutscher Bundestag (1995) Beschluß vom 1.6.1995, BT-Drs. 13/1533, Bonn
– Deutscher Bundestag (1997) Entwurf eines Gesetzes zum Schutz des Bodens, BT- Drs 13/6701, Bonn
– Engelhardt D (1993) Abwasserrecht – Abwassertechnik. Gesetze –-Verordnungen – Vorschriften – Richtlinien. VDI, Düsseldorf
– Enquete-Kommission „Schutz des Menschen und der Umwelt" des Deutschen Bundestags (1994) Die Industriegesellschaft gestalten. Economica, Bonn
– Enquete-Kommission „Schutz des Menschen und der Umwelt" des Deutschen Bundestags (1997) Konzept Nachhaltigkeit. Dtsch Bundestag, Parlamentsreihe „Zur Sache" 1/97, Bonn
– Erbguth W, Stollmann F (1996) Die Bodenschutz- und Altlastengesetze der Länder vor dem Hintergrund des Entwurfs eines Bundes-Bodenschutzgesetzes. UPR 1996, 281 ff
– Gossow V (Hrsg) (1995) Altlastensanierung. 2. Aufl, Bauverlag, Wiesbaden
– Heiermann R (1992) Der Schutz des Bodens vor Schadstoffeintrag. Schriften zum Umweltrecht 26; Diss, Univ Hannover. Duncker & Humblot, Berlin
– Held M, Kümmerer K (1997) Vorschlag für ein Übereinkommen zum nachhaltigen Umgang mit Böden (Bodenkonvention). UWSF Zeitschr Umweltch Ökotox 9(6): 421
– Jarass HD, Klöpfer M, Kunig P, Papier H, Peine FJ, Rehbinder E, Salzwedel J, Schmidt-Assmann E (1994) Umweltgesetzbuch, Besonderer Teil. Schmidt, Berlin
– Joneck M (1997) Umweltpolitik und Gesetzgebung: Das Bundes-Bodenschutzgesetz: Anmerkungen zum Regierungsentwurf. UWSF Zeitschr Umweltch Ökotox 9(6): 417
– Kahl W, Voßkuhle A (Hrsg) (1998) Grundkurs Umweltrecht. 2. Aufl, Spektrum, Heidelberg
– Kimminich O, Storm PC (Hrsg) (1996) Handwörterbuch des Umweltrechts (CD-ROM). Schmidt, Berlin
– Kippels K (Hrsg) Abwasserrecht, Loseblattwerk. Müller/Hüthig, Heidelberg
– Klöpfer M, Rehbinder E, Schmidt-Assmann E (1991) Umweltgesetzbuch, Allgemeiner Teil. UBA Berichte. 2. Aufl, Schmidt, Berlin
– Kraus W (1991) Klärschlammverordnung in der Landwirtschaft unter besonderer Berücksichtigung des ATV-Klärschlammfonds. ATV Landesgruppentagung Bayern, Lichtenfels
– Lersner H Freiherr v (1991) Der Boden als Schutzgut des Umweltrechts. Geol Jahrb A 127: 19–26
– Nauschütt J (1992) Altlasten. 2. Aufl, Nomos, Baden-Baden
– Pfaff-Schley H (Hrsg) (1996) Bodenschutz und Umgang mit kontaminierten Böden, Bodenschutzgesetze, Prüfwerte, Verfahrensempfehlungen. Springer, Berlin Heidelberg New York Tokyo
– Schimmelpfeng L, Huber R (Hrsg) (1995) Elektrik-/Elektronikschrott, Datenträgerentsorgung. Möglichkeiten und Grenzen der Elektronikschrottverordnung. Springer, Berlin Heidelberg New York Tokyo
– Schlabach E (1996) Das neue Bundesbodenschutzgesetz: Ein Entwurf mit Lücken! W + B 1996, 12: 7
– Schlabach E, Mehlich U, Simon A (1996) Umweltrecht Baden-Württemberg. Nomos, Baden-Baden
– Schmidt R (1992) Einführung in das Umweltrecht. 3. Aufl, Beck, München
– Schulz R (1995) Die Lastentragung bei der Sanierung von Bodenkontaminationen. Duncker & Humblot, Berlin
– Storm PC (1995) Umweltrecht. 6. Aufl, Schmidt, Berlin
– UBA (Hrsg) Dokumentation wassergefährdender Stoffe. Datenblattsammlung, Loseblattwerk. Hirzel, Stuttgart
– Weidemann C (Hrsg) (1992) Abfallgesetz mit Verordnungen, Verwaltungsvorschriften und sonstigen einschlägigen Regelungen. Beck-Texte/dtv 5569, München

LIT 21   Grenz- und Richtwerte

- Anonym (1995) Bewertungskriterien für die Beurteilung stofflicher Belastungen von Böden und Grundwasser in Berlin. Senatsverwaltungen für Gesundheit sowie für Stadtentwicklung und Umweltschutz
- Arndt U, Böcker R, Kohler A (Hrsg) (1995) Grenzwerte und Grenzwertproblematik im Umweltbereich. 27. Hohenheimer Umwelttagung 1995, S 133 – 143
- Bachmann G, Bertges WD, König W (1997) Ableitung bundeseinheitlicher Prüfwerte zur Gefahrenbeurteilung von kontaminierten Böden und Altlasten. Ergebnisse einer Arbeitsgruppe von LABO und LAGA. Altlastenspektr 1997: 74 – 79
- Behra R, Genoni GP, Sigg L (1992) Festlegung von Qualitätszielen für Metalle in Fließgewässern. EAWAG news 36 D: 19
- Clausen T (1988/1993) Problematische Schwermetallgrenzwerte in der Umweltzeichenvergaberichtlinie für Komposterzeugnisse. Forum Städtehyg 1988: 106; Wasser+Boden 1993: 151
- Dieter HH, Grohmann A (1995) Grenzwerte für Stoffe in der Umwelt als Instrument der Umwelthygiene. Bundesgesundhbl 38, 179 – 186
- DLG (Hrsg) (1994) Grenzwerte für umweltrelevante Spurenstoffe. Tagungsband der DLG-Umweltgespräche 1. Dtsch Landwirtsch.-Ges, Frankfurt
- Ewers U, Viereck L, Herget J (1994) Bestandsaufnahme der vorliegenden Richtwerte zur Beurteilung von Bodenverunreinigungen und synoptische Darstellung der diesen Werten zugrundeliegenden Ableitungskriterien und -modelle. UBA-Texte 1994/35
- Furrer OJ, Keller P, Häni H, Gupta SK (1980) Schadstoffgrenzwerte – Entstehung und Notwendigkeit, EAS-Seminar Landwirtschaftliche Verwertung von Abwässerschlämmen, Basel
- Hämmann M, Gupta SK (1997) Herleitung von Prüf- und Sanierungswerten für anorganische Schadstoffe im Boden. Reihe Umwelt-Materialien Nr 83. Bundesamt für Umwelt, Wald und Landschaft, Bern
- Hecht R (1986) Schwellen-, Richt- und Grenzwerte für tolerierbare Schadstoffgehalte im Grundwasser und Boden. In: Striegnitz M (Hrsg) Sanierung von Altlasten Deponien und anderen kontaminierten Standorten, Erfahrungen und Problemstellungen. Loccumer Prot 3: 13 – 33
- Hein H, Schwedt G (1993) Richt- und Grenzwerte Luft, Wasser, Boden, Abfall. 3. Aufl, Vogel, Würzburg
- Hildenbrand E (1996) Dritte Verwaltungsvorschrift des Umweltministeriums Baden-Württemberg zum Bodenschutzgesetz über die Ermittlung und Einstufung von Gehalten anorganischer Schadstoffe im Boden (VwV Anorganische Schadstoffe). In: Bodenschutz und Umgang mit kontaminierten Böden, Bodenschutzgesetze, Prüfwerte, Verfahrensempfehlungen
- Jaedicke W, Kern K, Wollmann H (1993) Internationaler Vergleich von Verfahren zur Festlegung von Umweltstandards. UBA-Berichte. Schmidt, Berlin
- Jaroni HW, Trenck T von der (1995) Prüfwerte zum Schutz von Menschen auf kontaminierten Böden. Forum Städtehyg 46: 315 – 329
- Kloke A (1980) Richtwerte '80: Orientierungsdaten für tolerierbare Gesamtgehalte einiger Elemente in Kulturböden. Mitt VDLUFA 1 – 3, 9 – 11
- Kloke A (1984) Problematik von Orientierungs-, Richt- und Grenzwerten für Schwermetalle in biologischen Substanzen. Loccumer Protokolle 2: 61 – 119
- Kloke A (1988) Das „Drei-Bereiche-System" für die Bewertung von Böden mit Schadstoffbelastung. In: VDLUFA-Kongreß 1988. VDLUFA-Schriftenreihe, Heft 28(3), S 7 – 27
- Knoche H (1996) Schadstoffe in Ökosystemen – Ableitung von Bodennormwertkonzepten aus vorliegenden Analysedaten. Maraun, Frankfurt/M; Diss, Univ Mainz.
- Koch R (1995) Umweltchemikalien. Physikalisch-chemische Daten, Toxizitäten, Grenz- und Richtwerte, Umweltverhalten. 3. Aufl, VCH, Weinheim

– Kowalewski J (1996) Prüfwerte -> Eingreifwerte -> Sanierungszielwerte. Ernst & Sohn, Berlin
– Kramer M, Viereck L, Eikmann T, König W, Bertges WD, Gableske R (1990) Ableitung von Richtwerten für Metalle auf Kinderspielplätzen in Nordrhein-Westfalen. Forum Städtehyg 1990(6): 297
– Kramer M, Viereck L, Exner M (1991) Praktische Erfahrungen bei der Umsetzung des Erlasses „Metalle auf Kinderspielplätzen". Forum Städtehyg 1991(3): 130
– LÖLF (Hrsg) (1988) Mindestuntersuchungsprogramm Kulturboden zur Gefährdungsabschätzung von Altablagerungen und Altstandorten in Hinblick auf eine landwirtschaftliche oder gärtnerische Nutzung. Ministerium für Umwelt, Raumordnung und Landwirtschaft des Landes Nordrhein-Westfalen, Recklinghausen
– Lühr HP, Jorns A, Staupe J (1994) Einleitewerte für kontaminierte Wässer, IWS 14. 2. Aufl, Schmidt, Berlin
– Ott W (1995) Grenzwerte zum Schutz des Bodens gegen Schadstoffe. Diss. Uni Frankfurt/M
– Roß-Reginek E (1992) Normwerte im Bodenschutz. UBA-Texte 1992/28
– Roth L . Grenzwerte – Kennzahlen zur Umweltbelastung in Deutschland und der EG, Loseblattwerk. ecomed, Landsberg
– Salzwedel J (1994) Rechtliche Maßstäbe für die Sanierung von Altlasten – Bewirtschaftungsermessen der Wasserbehörden bei Grundwasservorkommen, Inhalt und Grenzen der Störerverantwortlichkeit. VDI-Berichte Nr. 1119, 21–23
– Schudoma D (1994) Ableitung von Zielvorgaben zum Schutz oberirdischer Binnengewässer für die Schwermetalle Blei, Cadmium, Chrom, Kupfer, Nickel, Quecksilber und Zink. UBA-Texte 1994/52
– Steffen (1989) Richtwerte zur Beurteilung von Schwermetallen in Flußsedimenten. Wasser+Boden 1989: 240
– Stofen D (1974) Gesundheitliche Höchstwerte für Schadstoffe in Trinkwasser. Gas Wasserf Wasser Abwasser 115(2): 67–71
– Trenk KT v d (1997) Verunreinigte Böden. Prüfwerte und Konzepte – Ein kritischer Überblick. UWSF Zeitschr Umweltch Ökotox 9(2): 97
– UBA (Hrsg) (1997) Erprobung von Zielvorgaben für gefährliche Stoffe an ausgewählten Fließgewässern – Vergleich von Belastungsdaten und Zielvorgaben für Schwermetalle (1991–1994). UBA-Texte 1997/14
– Viereck L, Kramer M, Eikmann T, König W, Bertges WD, Gableske R, Krieger T, Michels S, Exner M, Weber H (1991) Ableitung von Richtwerten für Metalle auf Kinderspielplätzen in Nordrhein-Westfalen. Öff Gesundh-Wes 53: 7–15
– Viereck-Götte L, Ewers U (1994) Bestandsaufnahme der in Regelwerken und Handlungsempfehlungen der Länder- und Bundesbehörden vorliegenden Richtwerte zur Beurteilung von Bodenverunreinigungen. Altlasten-Spektrum 4: 217–222

Sachverzeichnis

Druck: Strauss Offsetdruck, Mörlenbach
Verarbeitung: Schäffer, Grünstadt